医学細胞生物学

STEVEN R. GOODMAN 編

永田和宏・竹縄忠臣・田代 啓
野田 亮・森 正敬・八杉貞雄 訳

東京化学同人

MEDICAL CELL BIOLOGY
Third Edition

edited by **Steven R. Goodman, PhD**

C.L. and Amelia A. Lundell Professor of Life Sciences
The University of Texas at Dallas, Richardson, Texas
Adjunct Professor of Cell Biology
University of Texas Southwestern Medical Center, Dallas, Texas

Copyright © 2008, Elsevier Inc. All rights reserved. This edition of *Medical Cell Biology* edited by Steven Goodman (ISBN 978-0-12-370458-0) is published by arrangement with ELSEVIER INC of 200 Wheeler Road, 6th floor, Burlington, MA 01803, USA. The Japanese translation edition is published by Tokyo Kagaku Dozin Co., Ltd.

Steven Goodman 編 "医学細胞生物学" 第3版 は, ELSEVIER INC (200 Wheeler Road, 6th floor, Burlington, MA 01803, USA) との契約に基づいて刊行された. 本書の日本語版は株式会社東京化学同人から刊行された.

本書 "Medical Cell Biology, third edition" を

私の家族

Cindy（妻），Sue（妹），Laela, Gena, Jessie, David, Christie, Laurie（子供たち）

私の友人たち

Obe, Ian, Charlie, Lynn, Santosh, Sandi, Rocky, Steve L., Stephen, Da Hsuan, ほか大勢の友人たち

尊敬する科学者たち

Britton Chance, Aaron Ciechanover, Russell Hulse, Alan MacDiarmid

そして，私の過去および現在の学生たちに捧げる．

序

　長い間待たれていた"医学細胞生物学"の第3版をここにお届けする．前2版と同じ考え方に立ち，ほぼ300ページの分量のなかに，医学に関連する細胞生物学を，焦点を絞って記述するよう心がけた．この点に関しては，ヒトと動物の細胞生物学に焦点を絞ることにより，今回もまた基礎科学とヒトの病気との関係を明確に説明することができた．この教科書の対象となる読者は，健康に関する専門性をもった学生（医学，オステオパシー（整骨治療学），歯学，獣医学，看護学およびそれらに関連した学科の学生），および将来健康科学の専門家として活躍する学部学生，専門課程の学生たちを想定している．

　構想は同じだが，第3版はこれまでのものとは大きく違っている．Warren Zimmer博士と私自身を例外として，他の執筆者は完全に新しくなった．この版では，それぞれの章は，合衆国および英国の異なった地域に居住する，その分野の専門家によって書かれている．その結果，テキストは完全に書き直され，最新のものになった．さらにこの版では，細胞死にかかわる重要な章が新しく付け加わった（第10章）．加えて第2章から第10章までのそれぞれに2例の細胞生物学に関連する臨床例が簡潔に描写されているが，それらはStephen Shohet医学博士のすぐれた記述によるものである．また現代の細胞生物学および医学の理解のための，ゲノミクスおよびプロテオミクスの重要性をも強調した．いくつかの章においてはシステム生物学的アプローチを採用した．たとえば第8章"細胞内シグナル伝達"においては，シグナル伝達を説明するのに心臓および心臓病を用いたし，第9章"細胞周期と癌"においては，癌の生物学を，第10章"プログラム細胞死"においては，細胞死のシグナル伝達経路を説明する土台として，神経科学および神経疾患を取上げた．すべての図は新規のものを用いるか，あるいは改訂し，フルカラーで示した．Academic Press社（Elsevier社の一部門）は魅力的で理解しやすいテキストをつくるために，素晴らしい協力をもって我々を助けてくれた．

　我々はここに"医学細胞生物学（第3版）"を公にできることに誇りをもっている．前2版は教育関係の分野で好評を博したが，この第3版はいっそう充実していることは疑いない．講義をする立場の人々は，教育のツールとして最適のものと感じるであろうし，学生たちはこの魅力的な教科書を学んでいく間に，その読みやすさを大いに楽しむことだろう．いつもながら，我々は読者諸氏のコメントを歓迎し，また感謝する．それらのすべては，未来の学生たちのために，改版ごとにより良くするのに役立つものである．

　私は"医学細胞生物学（第3版）"のすべての執筆者に感謝するものである．彼らはユニークでかつ美しい教科書の制作に大きな努力を払ってくれた．

Steven R. Goodman

執 筆 者

Mustapha Bahassi, Ph.D. (第9章)
Department of Cell Biology, Neurobiology and Anatomy
University of Cincinnati Medical Center
Cincinnati, Ohio

Gail A. Breen, Ph.D. (第4章)
Department of Molecular and Cell Biology
University of Texas at Dallas
Richardson, Texas

John G. Burr, Ph.D. (第1章)
Associate Professor
Department of Molecular and Cell Biology
University of Texas at Dallas
Richardson, Texas

Santosh R. D'Mello, Ph.D. (第10章)
Professor
Department of Molecular and Cell Biology
University of Texas at Dallas
Richardson, Texas

Rockford K. Draper, Ph.D. (第4章)
Professor
Department of Molecular and Cell Biology and Department of Chemistry
University of Texas at Dallas
Richardson, Texas

David Garrod, Ph.D. (第6章)
Professor of Developmental Biology
Faculty of Life Sciences
The University of Manchester
Manchester, England

Steven R. Goodman, Ph.D. (第3章)
Editor-in-Chief, *Experimental Biology and Medicine*
C.L. and Amelia A. Lundell Professor of Life Sciences
Professor of Molecular and Cell Biology
University of Texas at Dallas
Richardson, Texas
Adjunct Professor of Cell Biology
University of Texas Southwestern Medical Center
Dallas, Texas

Frans A. Kuypers, Ph.D. (第2章)
Senior Scientist
Children's Hospital Oakland Research Institute
Oakland, California

Eduardo Mascereno, Ph.D. (第8章)
Department of Anatomy and Cell Biology
State University New York–Downstate
Brooklyn, New York

Stephen Shohet, M.D. (臨床例)
Internal Medicine
San Francisco, California

M.A.Q. Siddiqui, Ph.D. (第8章)
Department of Anatomy and Cell Biology
State University New York–Downstate
Brooklyn, New York

Peter J. Stambrook, Ph.D. (第9章)
Department of Cell Biology, Neurobiology and Anatomy
University of Cincinnati Medical Center
Cincinnati, Ohio

Michael Wagner, Ph.D. (第8章)
Department of Anatomy and Cell Biology
State University New York–Downstate
Brooklyn, New York

Danna B. Zimmer, Ph.D. (第7章)
Associate Professor of Veterinary Pathobiology
College of Veterinary Medicine & Biomedical Sciences
Department of Veterinary Pathobiology
Texas A&M University
College Station, Texas

Warren E. Zimmer, Ph.D. (第3章, 第5章)
Department of Systems Biology and Translational Medicine
College of Medicine
Texas A&M University, Health Science Center
College Station, Texas

訳　者　序

　医学における種々の病態を，個別の現象として記述してそれを覚え込むという時代ははるか昔に終わっている．すべての病気，病態には原因があり，そのほぼすべては細胞という生命現象の根幹に関する知識なくしては，とうてい理解することはかなわない．現代の医学研究においては，細胞生物学は最低限知っておかなければならない必須の学問分野である．

　細胞生物学とは何かという定義へのアプローチにはさまざまのものがあろうが，私なりの考え方をいえば，細胞生物学とは個々の分子の挙動を，細胞という"場"のなかで理解しようとする学問と規定できるのではないかと考えている．従来の"細胞学"のように，細胞を丸ごと外側から観察するのではなく，かといって，個々の分子の構造や機能にのみ注意を向けるのでもない．個々の分子が細胞活動という時空間的コンテクストのなかで，どのように相互作用し，どのような構造的基盤のうえにその機能を発揮するのか，それがひいては細胞自体の挙動をどのように規定しているのか，そのような個々の分子とそれが機能を発揮できる場との両者を視野に入れなければ"細胞生物学"は十分な理解を得ることはできない．

　このような観点からも，"細胞生物学"が現代の生命科学の根幹をなす領域であることはいうまでもない．細胞生物学の知識なくしては，生命科学という学問分野自体が成立しないといっても過言ではない．医学を対象とした場合にも，その重要性はますます大きくなるにせよ，小さくなることはありえない．

　しかるにわが国においては，いまだ医学を視野においた細胞生物学の教科書として十分なものはさほど多くはないように思われる．"医学を視野においた細胞生物学"といった場合に何が重要かは，人それぞれの意見があろう．一つはっきりしていることは，個体を常に意識においていることであるはずだ．細胞個々の内部，あるいはその外部環境で起こっている現象が，多細胞生物たるヒトという存在において，どのような意味をもつのか．分子から細胞へ，細胞から組織・器官へ，そしてさらに個体へという生体のヒエラルキーを意識することなくしては，医学研究あるいは医学理解に役立つものとはなりがたいだろう．

　いま一つ留意すべきは，個々の細胞生物学的知識が，いかに実際の病気や病態とリンクしているのか，その原理と現象とをつなぐようなベクトルの志向である．細胞という実際には目に見えない世界のきわめてわずかな不具合が，個体としてのヒトに重篤な病態を招来するのであり，細胞からヒトへという二つの世界をつなぐ意識が，医学のための細胞生物学には求められるというべきである．

　本書は Steven R. Goodman 博士を編者とする "Medical Cell Biology" のわが国初の翻訳である．本書はすでに第3版ということだが，このことは，すでに本書が"医学細胞生物学"の教科書として定評を得ていることを示しているだろう．改めて読んでみて，教科書

として簡潔で，かつ十分な情報量を実にわかりやすい図とともに提示しているのに強い印象を受けた．なるほど版を重ねるだけの内容はあると納得したのである．日本語版でも図をすべてカラーで再録できたのは，読者の理解を考えるとありがたいことであった．

第1章から第6章までは，多くの細胞生物学と同様の構成でオーソドックスな章立てとなっているが，そのなかでも動物医科学を意識した，特に人間を対象とし，基礎だけでなく臨床医学を意識した項目に重点を置いた記述が試みられている．さらに第7章以降は，医学に直接関係する話題として，多くの医学論文を読むのに必須の項目が並んでいる．各ポイントに実際の臨床例が，その病気の発見の歴史などとともに記述されているのもうれしいことである．若い読者は，実際に未知の病気がどのような過程を経て，発見され解明されていくのかを，ダイジェスト版ではあれ実感することができるだろう．それは取りも直さず，本書に記載されている細胞生物学的理解が，病態解明と治療戦略の探究に必須のものであることを雄弁に物語るものともなっていよう．

将来，基礎医学あるいは臨床医学をめざす学部学生および大学院学生にとって，本書は，細胞生物学的知識の基盤をしっかりさせるという意味で，最適の教科書であると実感している．本書が多くの読者を得て，わが国でも医学部学生に共通の教科書として定着していくことを願っている．

本書の翻訳にあたっては，それぞれの章にふさわしい専門の先生方の協力を仰ぐことができた．研究者としても素晴らしい業績を残されている方々ばかりであるが，お忙しい時間を割いて，本書の趣旨に賛同し，ご協力いただけたことは望外の喜びであった．最後に，東京化学同人の住田六連氏，内藤みどりさんには，本書翻訳の機会を与えていただき，さらに多くの協力をいただいたことに感謝したい．行き届いた配慮と注意深い指摘・校正がなければ本書が世に出ることはなかったであろう．

2009年12月

訳者を代表して

永 田 和 宏

翻　　訳

永 田 和 宏	京都大学再生医科学研究所 教授，理学博士	(6章)
竹 縄 忠 臣	神戸大学大学院医学研究科 教授，薬学博士	(3章)
田 代 　 啓	京都府立医科大学大学院医学研究科 教授，医学博士	(5章)
野 田 　 亮	京都大学大学院医学研究科 教授，医学博士	(8, 9章)
森 　 正 敬	崇城大学薬学部 教授，医学博士	(1, 2, 4章)
八 杉 貞 雄	京都産業大学工学部 教授，理学博士	(7, 10章)

翻　訳　協　力

植 田 彰 彦	京都大学医学部分子腫瘍学教室	(8章)
大 見 奈 津 江	京都府立医科大学大学院医学研究科ゲノム医科学部門 助教，医学博士	(5章)
田 中 雅 深	京都府立医科大学大学院医学研究科ゲノム医科学部門	(5章)
中 野 正 和	京都府立医科大学大学院医学研究科ゲノム医科学部門 助教，工学博士	(5章)
藤 澤 孝 夫	京都大学医学部分子腫瘍学教室	(9章)
八 木 知 人	京都府立医科大学大学院医学研究科 学内講師，医学博士	(5章)

(五十音順)

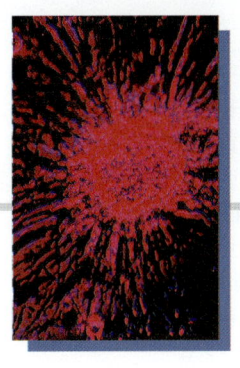

目　　次

1. 細胞生物学の研究手法 ··········· 1

顕微鏡：細胞生物学研究の最初の機器の一つ ······ 5
　　蛍光顕微鏡 ··········· 8
　　免疫標識法 ··········· 10
　　遺伝的標識法 ··········· 15
電子顕微鏡 ··········· 17
　　透過型電子顕微鏡 ··········· 17
　　走査型電子顕微鏡 ··········· 19
原子間力顕微鏡 ··········· 20
細胞生物学の他の研究手法 ··········· 21
　　細胞培養法 ··········· 22
　　フローサイトメトリー ··········· 24
　　細胞分画法 ··········· 25
プロテオミクスとゲノミクスの手法は
　　　　　　　　　後の章で述べる ··· 27
まとめ ··········· 27

ボックス 1・1　哺乳動物細胞の細胞小器官と
　　　　　　　　　　　　細胞内構造 ··· 1
ボックス 1・2　顕微鏡の分解能と倍率 ··········· 6
ボックス 1・3　抗　　　体 ··········· 8
ボックス 1・4　タンパク質の精製と特性解析の
　　　　　　　　　　　　標準的な方法 ··· 11

2. 細　胞　膜 ··········· 29

膜の脂質 ··········· 30
　　ヒトや動物の生体膜の脂質組成はリン脂質,
　　　　　　コレステロールおよび糖脂質を含む ··· 30
　　膜脂質はたえず代謝回転している ··········· 32
　　膜脂質はたえず流動している ··········· 35
　　膜タンパク質-脂質相互作用は細胞機能の
　　　　　　重要なメディエーターとして働く ··· 38
　　内在性膜タンパク質および表在性膜タンパク質の
　　　　　　　　　　　構造と機能は異なる ··· 38
膜タンパク質の構成 ··········· 39
　　膜の研究は顕微鏡やフローサイトメトリーなどの
　　　　光学的技術によって飛躍的に発展した ··· 40
　　鎌状赤血球症では膜リン脂質に
　　　　　　　　　　　重大な変化が起こる ··· 43
　　細胞膜は選択透過性をもち,
　　　　　　細胞内外の異なる環境を維持している ··· 44
　　膜を横切る水の輸送は浸透による ··········· 46
ドナン効果と水の移動 ··········· 47
促進輸送 ··········· 48
能動輸送 ··········· 49
二次性能動輸送 ··········· 50
イオンチャネルと膜電位 ··········· 51
　　膜電位は細胞膜の両側の電荷の
　　　　　　　　　　　違いによって生じる ··· 54
　　活動電位は軸索小丘で発生する ··········· 56
まとめ ··········· 58

臨床例 2・1 ··········· 36
臨床例 2・2 ··········· 43

3. 細胞骨格 ……………………………………………………………………………………… 60

ミクロフィラメント ……………………………… 60
  アクチンに基づく細胞骨格構造は
        筋肉組織において最初にみつけられた … 60
  骨格筋は筋線維の束化によって生じる ……… 62
  骨格筋の機能単位はサルコメアである ……… 62
  細いフィラメントはアクチン，トロポミオシン，
        トロポニンとトロポモジュリンよりなる … 63
  太いフィラメントはミオシンよりなる ……… 65
  結合タンパク質は筋原線維構築の保持に
        役立っている … 66
  筋収縮では太いフィラメントと細いフィラメント
        がサルコメア中で相互にスライドする … 68
  ATPの加水分解が細いフィラメントの架橋に
        必要である … 68
  骨格筋収縮のカルシウム調節はトロポニンと
        トロポミオシンによってひき起こされる … 70
  骨格筋の細胞内カルシウムは特殊な膜構造物，
        筋小胞体で調節される … 70
  3種の筋肉組織が存在する ……………………… 72
  平滑筋の収縮装置はアクチンとミオシンを含む …… 74
  平滑筋の収縮はミオシンに基づいたカルシウム
        イオン調節機序によって起こる … 76
  平滑筋の収縮は多段階で影響される ………… 78
  アクチン-ミオシン収縮装置は
        非筋細胞にもみられる … 78
  多くのミオシン超遺伝子ファミリータンパク質が
        細胞質内でアクチンフィラメントに沿った
        小胞や物質の移動にかかわっている … 79
  Fアクチンの束が上皮細胞の絨毛を形づくる ……… 80
  表層に近い細胞質のゲル-ゾル状態はアクチンの
        動的な状態で調節されている … 80
  細胞運動にはアクチン動態の協調的な変化が
        必要である … 81
  アクチンに基づく機能の阻害 …………………… 83

アクチン結合タンパク質 ………………………… 83
  ERMファミリーはアクチンの末端と
        細胞膜の細胞質側表面をつなぐ … 85
スペクトリン膜骨格 ……………………………… 85
  赤血球スペクトリン膜骨格の構造や機能は
        きわめて詳しく理解されている … 85
  スペクトリンは赤血球以外の細胞にも
        普遍的に存在する … 88
  スペクトリンⅠとⅡ，αアクチニンと
        ジストロフィンはスペクトリンスーパー遺伝子
        ファミリーを形成する … 89
アクチン動態の調節 ……………………………… 90
中間径フィラメント ……………………………… 91
  均一でないタンパク質群がさまざまな細胞で
        中間径フィラメントを構築する … 92
  いかにしてそのような不均一なタンパク質グループ
        すべてが中間径フィラメントを構築
        できるのか？… 92
微小管 ……………………………………………… 94
  微小管はチューブリンで構成されるポリマー …… 94
  微小管は急速な重合，脱重合を行う ………… 94
  微小管のマイナス端をキャップすることで
        中心体は微小管形成中心として機能する … 95
  細胞質微小管の調節 …………………………… 97
  微小管は細胞内小胞および小器官の輸送に関与する … 98
  繊毛と鞭毛は微小管よりできた特殊な構造体である … 99
  軸糸の微小管は安定である …………………… 100
  微小管の滑りが軸糸の運動を生じる ………… 100
  微小管とモータータンパク質は有糸分裂の
        紡錘体形成に関与する … 101
まとめ ……………………………………………… 103

臨床例3・1 ………………………………………… 87
臨床例3・2 ………………………………………… 90

4. 細胞小器官の構造と機能 ……………………………………………………………… 104

核 …………………………………………………… 106
小胞体 ……………………………………………… 107
  滑面小胞体 ……………………………………… 107
  粗面小胞体 ……………………………………… 110
小胞体以降：小胞輸送 …………………………… 121
  小胞の出芽，ターゲッティングと融合の概要 …… 121
  小胞体からゴルジ体への小胞輸送と
        COPⅡ被覆小胞 … 124

ゴルジ体 …………………………………………… 125
  ゴルジ体における逆行性輸送 ………………… 126
  ゴルジ体における順行性輸送 ………………… 128
  ゴルジ体以降 …………………………………… 128
  構成性分泌と調節性分泌 ……………………… 129
  リソソーム酵素はマンノース6-リン酸シグナル
        によってリソソームへ輸送される … 129

エンドサイトーシス，エンドソームと
　　　　　　　　　　　リソソーム …131
　クラスリン依存性エンドサイトーシス ………132
　低密度リポタンパク質とトランスフェリンの
　　　　受容体依存性エンドサイトーシス …132
　多胞体 ………………………………………134
リソソーム ……………………………………134
　ユビキチン-プロテアソーム系は非リソソーム系の
　　　　タンパク質分解に働く …136
ミトコンドリア ………………………………137
　酸化的リン酸化によるATP産生 ……………138

ミトコンドリアの遺伝系 ………………………144
ミトコンドリアの機能が障害されると
　　　　　　　　　　　ミトコンドリア病が起こる …145
ミトコンドリアタンパク質の大部分は
　　　　　　　　　　　細胞質ゾルから輸送される …147
ペルオキシソーム ………………………………149
まとめ …………………………………………151

臨床例4・1 …………………………………120
臨床例4・2 …………………………………146

5. 遺伝子発現の調節 …………………………………………………………………………152

細胞核 …………………………………………152
　核の構造 ……………………………………152
　核の機能 ……………………………………159
DNA複製と修復は重要な核機能である ………160
　DNA複製は細胞周期の合成期（S期）に行われる …160
　DNA修復は細胞の生存に必要な過程である ……162
遺伝子発現調節 ………………………………168
　ゲノミクスとプロテオミクス ………………168
　特定の塩基配列でDNAを切断する制限酵素 ……168
　遺伝子クローニングによってどんなDNA配列でも
　　　　大量に生産できる …169
　遺伝子の一次構造はDNA塩基配列決定
　　　　（シークエンシング）で迅速に決定されうる …171
　PCR（ポリメラーゼ連鎖反応）でゲノムの
　　　　特定領域を増幅できる …173

バイオインフォマティクス：ゲノミクスと
　　　　プロテオミクスは個人最適化医療の
　　　　実現の可能性を提供する …174
遺伝子導入マウスは遺伝病モデルである ………176
遺伝子発現：DNAからタンパク質への
　　　　　　　　　　　情報伝達 …178
遺伝子治療 ……………………………………193
　効果的な遺伝子治療法の開発には
　　　　多くのハードルがある …193
　遺伝子治療には
　　　　多くの戦略を用いることができる …193
まとめ …………………………………………194

臨床例5・1 …………………………………161
臨床例5・2 …………………………………163

6. 細胞接着と細胞外マトリックス ……………………………………………………………196

細胞接着 ………………………………………197
　たいていの細胞接着分子は，四つの遺伝子
　　　　ファミリーのうちのどれかに属している …197
　カドヘリンはカルシウム感受性の
　　　　細胞-細胞間接着分子である …197
　免疫グロブリンファミリーには
　　　　多くの重要な細胞接着分子が含まれている …198
　セレクチンは炭水化物結合性の
　　　　接着分子受容体である …200
　インテグリンは細胞-細胞間および細胞-基質間
　　　　接着に働く二量体の受容体である …200
細胞間のジャンクション（連結） ……………201
　タイトジャンクションは細胞間隙透過性および
　　　　細胞極性を制御する …202
　接着結合は細胞間接着に重要である …………204

デスモゾームは組織の完全性を維持する ………206
ギャップ結合は細胞間連絡のための
　　　　　　　　　　　チャネルである …209
ヘミデスモゾームは細胞-マトリックス間の
　　　　　　　　　　　接着を維持する …211
フォーカルコンタクトは培養細胞と基質との間に
　　　　　　　　　　　つくられる接着である …212
細胞接着は組織の機能において
　　　　多くの重要な役割を果たす …214
結合は上皮のバリアー機能と極性を維持する ……214
白血球は感染や傷害と闘うために接着し，
　　　　また移動する必要がある …216
血小板は接着して血液凝固を形成する …………218
胚発生には多くの細胞接着に依存する現象が
　　　　　　　　　　　関係する …219

接着分子受容体は細胞の挙動を制御する
　　　　　　　シグナルを伝達する … 221
細胞増殖および細胞の生存は接着に依存する … 222
細胞接着は細胞分化を制御する … 223
細胞外マトリックス … 224
　コラーゲンは細胞外マトリックスのなかで
　　　　　最も豊富なタンパク質である … 224
　グリコサミノグリカンとプロテオグリカンは
　　　　　水を吸収し，圧縮に耐える … 226
　エラスチンとフィブリリンは
　　　　　組織に弾性を与えている … 228
　フィブロネクチンは細胞接着に重要である … 228

ラミニンは基底膜の主要成分である … 229
基底膜は細胞接着に特化した薄い
　　　　　マトリックスの層をなす … 230
フィブリンは必要時，速やかに血栓マトリックス
　　　　　の形成と会合を行う … 231
正常および異常な血栓形成と
　　　　　フォンウィルブランド因子 … 232
まとめ … 233

臨床例 6・1 … 208
臨床例 6・2 … 218

7. 細胞間シグナル伝達 … 235

細胞間シグナル伝達の一般的様式 … 235
　リガンドとして機能する
　　　　　細胞間シグナル伝達分子 … 235
　細胞はシグナル伝達分子に対して異なる
　　　　　反応を示す … 236
　細胞間シグナル伝達分子は複数の機構によって
　　　　　作用する … 237
ホルモン … 238
　脂溶性ホルモンは細胞内受容体を活性化する … 239
　脂溶性ホルモンに対する受容体は核内受容体
　　　　　スーパーファミリーのメンバーである … 239
　ペプチドホルモンは膜結合型受容体を
　　　　　活性化する … 240
　視床下部-下垂体軸 … 242
成 長 因 子 … 243
　神経成長因子 … 244
　成長因子ファミリー … 244
　成長因子の合成と放出 … 244
　成長因子受容体は酵素結合型受容体である … 245
　成長因子は傍分泌と自己分泌シグナル伝達物質
　　　　　である … 245

　いくつかの成長因子は長距離に働きうる … 245
　いくつかの成長因子は細胞外マトリックス
　　　　　構成要素と相互作用する … 245
ヒスタミン … 246
　ヒスタミン受容体のサブタイプ … 246
　マスト細胞のヒスタミンの放出と
　　　　　アレルギー反応 … 247
ガス：一酸化窒素と一酸化炭素 … 248
エイコサノイド … 249
神経伝達物質 … 250
　電気シナプスと化学シナプス … 250
　原型的な化学シナプス：神経筋接合部 … 251
　神経伝達物質の特徴，合成，代謝 … 254
　神経伝達物質受容体 … 255
　神経伝達物質機能の分岐と収束 … 255
　時空間的加重 … 256
まとめ … 257

臨床例 7・1 … 241
臨床例 7・2 … 253

8. 細胞内シグナル伝達 … 258

シグナルは細胞表面の受容体を介して
　　　　　伝えられる場合が多い … 258
受容体型チロシンキナーゼと
　　　　　Ras 依存性シグナル伝達 … 259
　線維芽細胞成長因子 … 260
　ニューレギュリン … 260
セリン/トレオニンキナーゼ受容体による
　　　　　シグナル伝達 … 262
　BMP（骨形成タンパク質） … 262

　Nodal … 264
非キナーゼ型受容体によるシグナル伝達 … 266
　Wnt ファミリー … 266
　Hedgehog ファミリー … 268
　Notch … 269
ステロイドホルモン受容体を介した
　　　　　シグナル伝達 … 273
G タンパク質共役型受容体を介した
　　　　　シグナル伝達 … 275

レニン-アンギオテンシン-アルドステロン系
　　　　　　　　（RAAS）によるシグナル伝達…277
Jak-STAT 経路によるシグナル伝達……………277
カルシウム/カルモジュリン・
　　　　　　　　　　シグナル伝達経路…278
カルシニューリン-NFAT 経路による
　　　　　　　　　　　　シグナル伝達…280

イオンチャネル型受容体によるシグナル伝達……280
心肥大症におけるシグナル伝達…………………280
まとめ……………………………………………280

臨床例 8・1 ……………………………………276
臨床例 8・2 ……………………………………281

9. 細胞周期と癌 ……………………………………………………………………283

細胞周期研究の歴史………………………………283
サイクリンによる細胞周期の制御………………285
　サイクリン………………………………………285
　サイクリン依存性キナーゼ（CDK）…………285
　CDK 阻害タンパク質……………………………286
　Cdc25 ホスファターゼ…………………………286
　p53………………………………………………286
　pRb………………………………………………287
有糸分裂……………………………………………288
　有糸分裂とは何か？……………………………288
　間期と有糸分裂期………………………………288
　有糸分裂の各段階………………………………289
　細胞周期チェックポイント……………………290
　DNA 損傷チェックポイントにかかわる分子群…291
減数分裂……………………………………………291
DNA 損傷のセンサー分子…………………………293
　ATM と ATR………………………………………293
　メディエーターはセンサーとシグナル伝達分子に
　　　　　　　　　　　同時に結合する…294

細胞周期制御にかかわるキナーゼ CHEK1,
　　　　　　　　　　　　　CHEK2…294
細胞周期制御における重要なエフェクター p53 と
　　　　　　　　　Cdc25 ホスファターゼ…295
G₁/S チェックポイント …………………………295
S 期チェックポイント……………………………296
G₂/M チェックポイント …………………………296
細胞周期の異常と癌………………………………297
　発癌における G₁/S 移行の異常 ………………297
　pRb 経路と癌……………………………………298
　ATM と癌…………………………………………298
　p53 と癌…………………………………………299
チェックポイントキナーゼと癌…………………299
　CHEK1 と癌………………………………………299
　CHEK2 と癌………………………………………300
まとめ………………………………………………300

臨床例 9・1 ……………………………………287
臨床例 9・2 ……………………………………293

10. プログラム細胞死 ……………………………………………………………302

プログラム細胞死のいろいろな種類……………303
　正常状態で起こるニューロンの死は，他の細胞
　　　　　から供給される因子によって制御される…305
神経栄養因子受容体………………………………307
　アポトーシスは細胞内在性の遺伝プログラム
　　　　　　　　　　　によって制御される…307
カスパーゼ…………………………………………308
　カスパーゼ阻害…………………………………311
Bcl-2 タンパク質…………………………………313

アポトーシス細胞の貪食…………………………314
細胞の生存を促進するシグナル伝達経路………314
　PI3K-Akt シグナル伝達経路……………………315
　Raf-MEK-ERK シグナル伝達経路………………316
アポトーシスとヒトの病気………………………317
まとめ………………………………………………319

臨床例 10・1 …………………………………317
臨床例 10・2 …………………………………318

欧文索引 ………………………………………………………………………………………321
和文索引 ………………………………………………………………………………………327

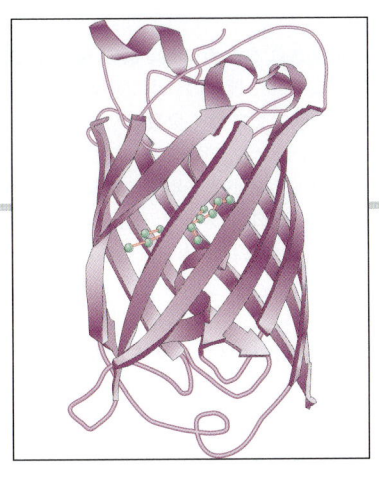

1

細胞生物学の研究手法

　ヒトゲノムプロジェクトは細胞生物学の研究に革命をもたらしたが，今後も医療に大きなインパクトを与え続けるであろう．ヒトゲノム上におよそ25,000種のタンパク質遺伝子が同定された．

　これらの遺伝子の約60％については，すでに構造と機能がわかっているタンパク質とのアミノ酸配列の相同性に基づいて，その機能をある程度予測することができる．一方，残り40％の遺伝子の機能については，データベースのタンパク質との相同性がみつからないため，完全に放置されてきた．したがって，今後の大きな仕事の一つは，これらの多数の新規タンパク質の機能を解明することであろう．

　細胞は生物の働きの基本単位であるので，このプロジェクトはすなわち，細胞の一生における新規タンパク質の機能を調べることである．したがって，このプロジェクトはおもに細胞生物学者の仕事ということになり，その研究には分子細胞生物学の最新の強力な研究手法が必要である．本章では，これらの研究手法について概説する．

　あるタンパク質の機能を解析するときに，細胞生物学者がまず調べることの一つは，そのタンパク質の細胞内局在部位である．たとえば，核なのか細胞質なのか，細胞膜の表層タンパク質なのか，細胞小器官の一つに存在するのか，などを調べる．タンパク質の細胞内局在を知ることによって，機能解析実験の方向性が決まってくる（ボックス1・1に，細胞小器官と細胞内構造の概略を示す）．

ボックス 1・1　哺乳動物細胞の細胞小器官と細胞内構造

　細胞は生命の基本単位である．おおまかにいうと，細胞には原核細胞と真核細胞がある．原核細胞（真正細菌と古細菌）は核をもたない．すなわち，DNAは二重膜をもつ特別な細胞小器官に包まれていない．一方，真核細胞は核をもち，原核細胞よりはるかに大きく，原核細胞にはみられない多くの細胞小器官や細胞内構造を含んでいる．一般的な真核細胞の構造を図1・Aに示す．

核

　核（nucleus）は**染色体**（chromosome）を含むが，そのほかに染色体DNAのRNAへの転写や，RNAのプロセシングと核外輸送に関与するすべての酵素や因子を含んでいる．さらに，転写調節に関与するすべての転写因子やクロマチン修飾因子を含む．核は**二重膜**（double membrane）よりなる核膜に包まれ，核膜にはタンパク質でできた多数の孔（**核膜孔複合体** nuclear pore complex，核孔複合体ともいう）が存在する．分子量が約17,000～60,000のタンパク質は，この核膜孔複合体を通って核質と細胞質の間を出入りする．分子量17,000以下の分子は核膜孔を自由に通過するが，分子量60,000以上のタンパク質は通過できない．大きなリボ核タンパク質複合体は，形を変えて核膜孔を通過すると考えられる．核内には**核小体**（nucleolus）のほかに，カハール体（Cajal body）やコイル体（gemini of coiled body，

（次ページへつづく）

GEMS），およびクロマチン間顆粒クラスター（inter-chromatin granule cluster, 核スペックル）とよばれる多数の小さい構造が観察される．核小体の機能は次節で述べる．他の小さい構造物の機能はよくわかっていないが，メッセンジャーRNA（mRNA）やリボソームRNA（rRNA）の発現調節や，プロセシングに関与する低分子RNAおよび低分子リボ核タンパク質の動的な集合体と考えられる．核膜の外膜は粗面小胞体につながっている．

核小体

核小体（nucleolus）は，核の中で最もはっきり見える構造である．構造体として周囲とはっきり分かれているが，膜には包まれていない．核小体は**リボソームRNA（rRNA）遺伝子の転写**の場である．二倍体のヒト細胞にはrRNA遺伝子が約400個存在し，5種の異なる染色体上に縦列反復配列（タンデムリピート）として散在している．五つの染色体上に散らばって存在するrRNA遺伝子は，転写されるために核小体に集合する．これは，細胞質で合成された種々のリボソームタンパク質や，rRNAのプロセシングに働く複数のリボ核タンパク質が会合するのと似ている．リボソームの大サブユニットも小サブユニットも核小体で組立てられ，その後細胞質へ輸送される．**テロメラーゼ**（telomerase）のRNA成分とタンパク質成分も核小体で組立てられる．

リボソーム

リボソーム（ribosome）は**タンパク質合成**の場である．真核細胞のリボソームは，大サブユニット（60S）と小サブユニット（40S）から構成されている．大サブユニットは3個のRNA分子（5S, 5.8S, 28S）と約49個の異なるタンパク質を含み，小サブユニットは1個のRNA分子（18S）と33個のタンパク質を含む．40Sリボソームは，一群の翻訳開始因子と結合するとともに，開始メチオニン-転移RNA（tRNA）分子に結合し，形成された複合体はmRNA分子の5′末端に結合する．こ

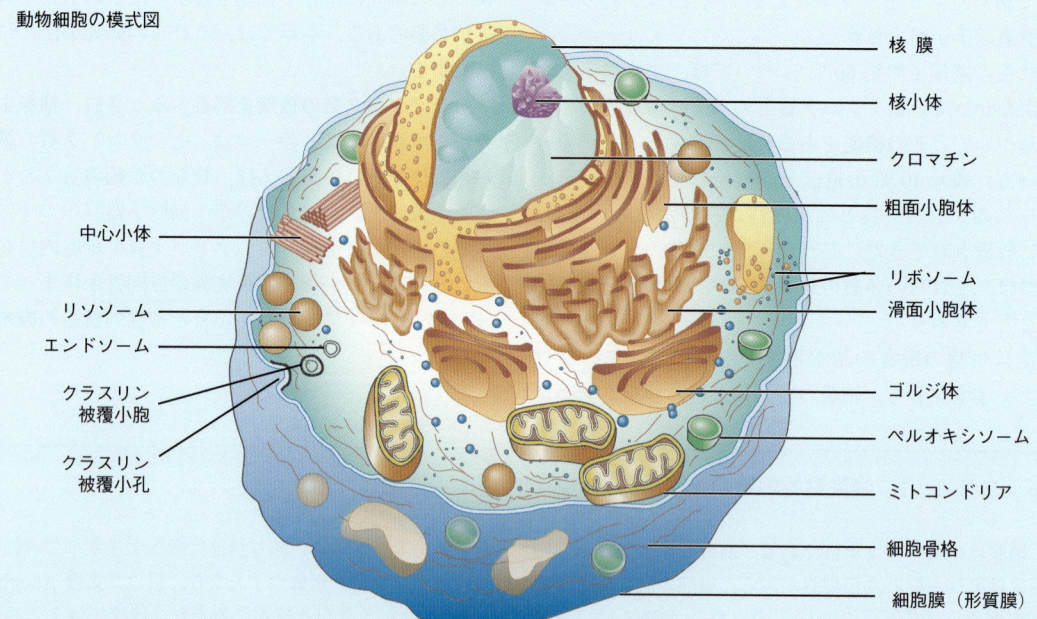

動物細胞の模式図

図1・A **動物細胞の模式図**．細胞小器官や細胞内構造物の機能のまとめを以下に示す．**ミトコンドリア**：1) クエン酸回路（クレブス回路）が存在し，酸化的リン酸化によってATPを産生する．2) シトクロム c などのアポトーシス開始タンパク質を放出する．**細胞骨格**：ミクロフィラメント，中間径フィラメント，および微小管を含む．細胞の形の維持や運動に働く．**細胞膜（形質膜）**：脂質二重層と膜タンパク質からできている．**核**：クロマチン（DNAと結合タンパク質），遺伝子調節タンパク質，RNAの合成とプロセシングに関与する酵素などを含む．**核小体**：リボソームRNAの合成とリボソーム組立ての場．**リボソーム**：タンパク質合成の場．**粗面小胞体，ゴルジ体，および輸送小胞**：細胞膜タンパク質や分泌タンパク質の合成と細胞内輸送．**滑面小胞体**：脂質を合成する．肝細胞では解毒代謝を行う．**滑面小胞体内腔**：Ca^{2+} 貯蔵庫として働く．**クラスリン被覆小孔，クラスリン被覆小胞，および後期エンドソーム**：細胞外タンパク質を取込み，リソソームへ輸送する．**リソソーム**：消化酵素を含む．**ペルオキシソーム**：特定の脂質（極長鎖脂肪酸など）の$β$酸化を行う．〔S. Freeman, "Biological Science, 1st Ed.", Prentice Hall, Upper Saddle River, N.J.（2002）より改変〕

こに大サブユニットが結合し，形成された80Sリボソームは mRNA 上のトリプレットコドンに基づいて，正しいアミノアシル tRNA 分子を選び，そのアミノ酸を伸長中のペプチドに結合させることによって，mRNA にコードされたタンパク質を合成する．

粗面小胞体，ゴルジ体と輸送小胞

小胞体（ER）は細胞内の膜系で，核膜の外膜につながっている．核の近くにある小胞体にはリボソームが付着しており，**粗面小胞体**（rough endoplasmic reticulum, rough ER）とよばれる．粗面小胞体に結合しているリボソームでは，細胞膜タンパク質と分泌タンパク質の合成が行われる．これらのタンパク質はアミノ末端に特有のシグナル配列をもち，"シグナル認識粒子"とよばれるリボソーム結合粒子に結合する．シグナル認識粒子はついで，タンパク質を合成しつつあるリボソームを小胞体膜上の結合部位に運ぶ．合成中のポリペプチド鎖は，合成されつつ小胞体膜の小孔を通って小胞体内腔へ，完全にまたは途中まで通過する．これらのタンパク質は，ペプチド鎖の複数の部位で糖鎖付加を受ける．糖鎖付加の多くは N 結合型糖鎖付加で，合成中のポリペプチドが小胞体内腔に輸送されると同時に起こる．もう一つの糖鎖付加である O 結合型糖鎖付加はそれより遅れて，小胞体内腔またはゴルジ体内の種々の部分で起こる．タンパク質合成が完了すると，タンパク質は粗面小胞体と**滑面小胞体**（smooth ER）との隣接部位（**移行型小胞体** transitional ER とよばれる粗面小胞体上の特別な領域）に移行する．この部位から積み荷のタンパク質を含む**輸送小胞**（transport vesicle）が出芽し，**シスゴルジ網**（cis-Golgi network）に融合することにより，積み荷タンパク質を**ゴルジ体**（Golgi body, ゴルジ装置 Golgi apparatus）へ運ぶ．ゴルジ体の**シス槽**（cis cisterna），**中間槽**（medial cisterna）および**トランス槽**（trans cisterna）では，これらの糖タンパク質のオリゴ糖鎖は種々の修飾を受け，あるタンパク質は切断されたり他の修飾を受けたりする．修飾を受けたタンパク質は**トランスゴルジ網**（trans-Golgi network）から出芽する小胞に含まれてゴルジ体を離れ，細胞膜へ運ばれる．

滑面小胞体

滑面小胞体（smooth endoplasmic reticulum, smooth ER）は粗面小胞体とつながっており，核から離れたところに存在する．粗面小胞体が，多くの細胞で平たい中空のパンケーキのような形をしているのに対し，滑面小胞体は通常管状の構造をしており，レース様小胞構造を形成している．滑面小胞体は**脂質代謝**（たとえばコレステロール合成）の重要な場である．滑面小胞体はまた，たとえば肝細胞では，種々の膜結合型**解毒酵素**（たとえばシトクロム P450 酵素群）が有毒な疎水性分子（たとえばフェノバルビタール）を酸化して，これらの分子の解毒したり水に溶けやすくしたりしている．

滑面小胞体内腔はまた，細胞内 Ca^{2+} の重要な貯蔵場所である．粗面小胞体膜には，ホルモンのセカンドメッセンジャー分子の一つであるイノシトール 1,4,5-トリスリン酸（IP_3）に応答して開口する，リガンド依存性チャネルが存在する．すべての細胞の細胞質ゾルは，静止時には Ca^{2+} はほとんどなく，小胞体のプールから Ca^{2+} が放出されて細胞質ゾルの Ca^{2+} 濃度が一時的に上昇すると，細胞外シグナル（細胞によって異なる）に対する種々の応答が開始される．また小胞体膜には多数の Ca^{2+} ポンプが存在し，一時的に放出された Ca^{2+} を小胞体内腔へ回収する．筋収縮は，筋線維に固有の滑面小胞体である**筋小胞体**（sarcoplasmic reticulum）からの Ca^{2+} の放出によって開始される．

クラスリン被覆小孔，クラスリン被覆小胞，初期および後期エンドソーム

細胞外タンパク質リガンド（コレステロールを含む低密度リポタンパク質粒子や，鉄を含むトランスフェリンなど）に対する受容体は，細胞表面に散在するくぼみ様構造に集まる．これらのくぼみ構造は，**クラスリン**（clathrin）とよばれるタンパク質のオリゴマーでできた半かご構造によって裏打ちされており，**クラスリン被覆小孔**（clathrin-coated pit）とよばれる．受容体にリガンドが結合すると，**受容体依存性エンドサイトーシス**（receptor-mediated endocytosis）の過程が開始される．この過程では，まずクラスリン単量体が重合して球状のかご構造をつくり，その中に細胞膜と細胞膜に結合している膜貫通受容体とリガンドを包み込んだ**クラスリン被覆小胞**（clathrin-coated vesicle）が形成され，細胞内に取込まれる．ついで，クラスリンが脱重合して脱コートが起こるが，小胞膜に存在するプロトンポンプの働きで脱コートした小胞の内腔は酸性となり，**初期エンドソーム**（early endosome）となる．酸性 pH（pH 6）では受容体とリガンドが解離し，空になった受容体は初期エンドソームから出芽する小胞によって細胞膜に戻され，再利用される．初期エンドソームは**多胞体**（multivesicular body）となり，さらに酸性化が進み，**後期エンドソーム**（late endosome）となる．最後に，後期エンドソームは，ゴルジ体に由来する多数の加水分解酵素を含む球状の小胞と融合し，**リソソーム**（lysosome）となる（第4章を参照）．あるいは，後期エンドソームは，すでに存在しているリソソームと融合する．

細胞表面に観察されるもう一つの"くぼみ"は，**カベオラ**（caveola，複数形は caveolae）とよばれる杯状の構造である．カベオラでは，クラスリンの代わりに，カ

（次ページへつづく）

ベオリン(caveolin)とよばれる複数回膜貫通タンパク質が結合している。カベオラ膜はコレステロールやスフィンゴ脂質を多く含み，細胞膜上に見られる小さい不安定な脂質構造である**脂質ラフト**(lipid raft)と深く関係している。多くの成長ホルモン受容体がカベオラに局在している。特定の細胞では，カベオラは細胞膜から摘まみとられて小胞となり，細胞を横切って反対側の細胞膜と融合する。この過程は**トランスサイトーシス**(transcytosis)とよばれる。

リソーム

リソーム(lysosome)は膜に包まれた酸性(pH 5)の細胞小器官で，不均一な大きさや形をしており，40種以上の加水分解酵素を含んでいる。これらの加水分解酵素は，リソームの酸性 pH で最も活性が強く，pH 7の中性ではほとんど活性がない。リソームの加水分解酵素の多くは糖タンパク質で，粗面小胞体に結合しているリボソームで合成され，ゴルジ体で修飾を受けてマンノース6-リン酸のタグを付けられ，このタグがシグナルとなってリソームへ輸送される。これらの加水分解酵素は，すべての生体高分子を分解することができ，エンドサイトーシスやファゴサイトーシス(貪食作用)によって細胞内に取込んだ物質を分解する。さらにリソームは，**オートファジー**(autophagy)とよばれる過程において，細胞の高分子物質の正常な代謝回転にきわめて重要な働きをしている。生体高分子の分解によって生じるアミノ酸や単糖やヌクレオチドなどは，リソームから細胞質ゾルへ運ばれ，再利用される。リソームの加水分解酵素が欠損すると，**リソーム蓄積症**(lysosomal storage disease; テイ・サックス病，ゴーシェ病，ニーマン・ピック病など)とよばれる遺伝病をひき起こす。これらの病気では，分解されない物質(基質)がリソームに蓄積する。

ペルオキシソーム

ペルオキシソーム(peroxisome)は小型の細胞小器官で，**脂質の酸化**，特に膜脂質に由来する脂肪酸の酸化に重要な役割を果たす。ミトコンドリアの脂肪酸β酸化では CO_2 とアデノシン三リン酸(ATP)が生じるのに対し，ペルオキシソームのβ酸化では，脂肪酸の炭化水素鎖の炭素が2個ずつ分解されてアセチル CoA となり，アセチル CoA は細胞質ゾルに運ばれ，合成反応に再利用される。ATP 合成に共役しないβ酸化はミトコンドリアでも起こるが(訳者注：特に褐色脂肪細胞のミトコンドリアで顕著である)，そのおもな場所はペルオキシソームである。特に，特定の膜脂質に由来する**長鎖および極長鎖脂肪酸**の酸化は，ペルオキシソームにおいてのみ起こる。ペルオキシソームの酸化酵素によって使われる酸素から，過酸化水素(H_2O_2)が生じる。一方，ペルオキシソームには大量の**カタラーゼ**(catalase)が存在し，H_2O_2 を O_2 と H_2O に分解する。また，そのペルオキシダーゼ活性によって種々の物質を酸化するとともに，H_2O_2 は還元されて水になる。肝臓のカタラーゼは，飲用したアルコールの代謝にも関与する。脂肪酸化における役割に加えて，ペルオキシソームは生合成反応でも大切な役割を果たしている。たとえば，特定の糖脂質はペルオキシソームで合成される。糖脂質の**プラスマローゲン**(plasmalogen)合成において，グリセロール骨格のエーテル結合形成を含む初期の反応は，ペルオキシソームで行われる。後半の反応は細胞質ゾルで行われる。プラスマローゲンは，心臓のリン脂質のおよそ50％，ミエリンのエタノールアミンリン脂質の80〜90％を占めている。ペルオキシソームの機能が障害されると，**X染色体性アドレノロイコジストロフィー**(X-linked adrenoleukodystrophy)や**ツェルベーガー症候群**(Zellweger syndrome)などの遺伝病を起こす。

ミトコンドリア

ミトコンドリア(mitochondria，単数形は mito-chondrion)は，好気的呼吸における ATP 合成のおもな場である。ミトコンドリアは二枚膜で包まれた細胞小器官で，細菌とほぼ同じ大きさである。実際ミトコンドリアは，現在の真核細胞の祖先細胞の細胞質に入り込んだ共生細菌から生じたものである。現在でも，環状 DNA 分子や原核細胞型のリボソームなど，細菌の特徴を保持している。ミトコンドリアの内膜は高度に陥入し，ミトコンドリア内腔(**マトリックス**，matrix)に突き出した**クリステ**(cristae)とよばれる櫛状構造を形成している。**クエン酸回路**(citric acid cycle)の反応はマトリックスで行われ，高エネルギー分子である NADH や $FADH_2$ が生成され，その電子は内膜に存在する受容体分子に渡される。電子はさらに，一連の電子伝達体を含む**電子伝達系**(electron transport system)を経由して O_2 に伝達され，O_2 は還元されて H_2O となる。内膜の電子伝達系を電子が伝達されると，マトリックスから内膜と外膜の間の膜間腔にプロトンがくみ出されて蓄積し，内膜を隔てて電気化学的ポテンシャルが形成される。プロトンが，内膜に存在する **ATP 合成酵素**(ATP synthase)のチャネルを通って膜間腔からマトリックスに戻るエネルギーを用いて，ATP が合成される。この過程を**酸化的リン酸化**(oxidative phosphorylation)という。

電子伝達系の伝達分子の一つに，**シトクロム** c (cytochrome c)がある。この分子は小さい可溶性のタンパク質で，膜間腔に存在する。最近，このシトクロム c が，プログラム細胞死(**アポトーシス**，apoptosis)と

よばれる過程に重要な役割を果たすことが明らかになった（第10章参照）．種々のアポトーシスシグナルに応答して，ミトコンドリア外膜に小孔をつくるような分子（アポトーシス誘導性のBcl-2ファミリーメンバー）が生成され，シトクロムc（および他のアポトーシス誘導性分子）が細胞質ゾルに流出する．シトクロムcはApaf-1とよばれるタンパク質に結合し，**カスパーゼ**（caspase）とよばれるプロテアーゼのカスケードが活性化され，細胞死が起こる．

細胞骨格

細胞骨格（cytoskeleton）は3種の線維タンパク質重合体で構成されており，これらのタンパク質重合体はサブユニット単量体のプールと平衡状態にある．3種類の線維は，直径が小さい方から，**ミクロフィラメント**（microfilament），**中間径フィラメント**（intermediate filament），および**微小管**（microtubule）である．ミクロフィラメントのサブユニットタンパク質は，**アクチン**（actin）とよばれる単量体タンパク質で，微小管のサブユニットタンパク質は**チューブリン**（tubulin；αチューブリン＋βチューブリン）とよばれる二量体タンパク質である．中間径フィラメントはヘテロ重合体で，そのサブユニットは組織や細胞によって異なる．中間径フィラメントのサブユニットタンパク質には，**ビメンチン**（vimentin），**デスミン**（desmin），**ラミン**（lamin；ラミンA，B，C），**ケラチン**（keratin，複数の酸性および塩基性ケラチン），**ニューロフィラメントタンパク質**（neurofilament protein；NF-L，NF-M，NF-H）などがある．

微小管とミクロフィラメントは，細胞内の特定の場所でダイナミックに重合したり脱重合したりしている．またこれらの細胞骨格は，種々の**モータータンパク質**（motor protein；**キネシン** kinesin，**ダイニン** dynein，**ミオシン** myosin）とともに，細胞の運動や収縮に働く．中間径フィラメントは，細胞の全体的な構造の強度を保ったり，組織の細胞にずり力を分配する働きをしている．核ラミンは，核膜の内表面に強く弾力性のある網状構造を形成し，核膜の裏打ちをしている．**単純性表皮水疱症**（epidermolysis bullosa simplex）とよばれる遺伝病は，ケラチン遺伝子の変異によって起こる．

中心小体

中心小体（centriole）は，2本の円筒状の構造物が対になって互いに直交した構造をしている．それぞれの円筒の周囲には9本のゆるい"羽根板"が結合しており，それぞれの羽根板は3本の微小管が平行に結合して平板状になっている．中心体は，性質のよくわかっていないタンパク質からなる不定形の外周物質に取囲まれている．一対の中心小体と外周物質を含めた全体の構造物を**中心体**（centrosome）という．中心体の外周物質はチューブリンの一つであるγチューブリン（γ-tubulin）でできた多数の環構造を含んでいる．γチューブリン環は微小管重合の核となり，細胞内のほとんどの微小管は核の近くにある中心体から始まっている．

細胞膜

細胞の表面に存在する**細胞膜**（cell membrane；形質膜 plasma membrane）は，リン脂質二重層とタンパク質からできている．リン脂質二重層は本来，電荷のある分子や水溶性分子を通さない．これらの分子の膜透過は，チャネルや輸送体として働く一群の膜貫通タンパク質によって起こる．輸送には，分子の濃度勾配に従って輸送する促進拡散（受動輸送）と，濃度勾配に逆らって輸送する能動輸送がある．他のグループの膜タンパク質は，細胞同士の接着に働いたり，細胞と細胞外マトリックスとの結合に働く．第三のグループの膜タンパク質は，細胞外シグナル分子の受容体として働き，シグナルを細胞内に伝達し，細胞の応答を開始させる．

細胞質と細胞質ゾル

細胞質（cytoplasm）は細胞の核外のすべてを含む．細胞質ゾルと細胞質の区別は重要である．**細胞質ゾル**（cytosol）は，細胞質から膜に囲まれた種々の細胞小器官を除いたものである．したがって細胞質ゾルは，細胞質の膜性細胞小器官（ミトコンドリア，小胞体，ゴルジ体，ペルオキシソーム，輸送小胞，エンドソームなど）を除いた核外のすべての高分子や溶質に加えて，細胞骨格やリボソームや中心体など膜に包まれていない構造物を含む．

タンパク質の細胞内局在を調べるのにまず用いられる機器の一つは，顕微鏡である．

顕微鏡：細胞生物学研究の最初の機器の一つ

顕微鏡は，細胞の形態や細胞内の構造を調べるためのおもな手法として，歴史的にいろいろな形で使われてきた．さらに最近では，細胞内における生体分子の局在や運動を解析するのに，盛んに用いられている．以下に大きく2種類の顕微鏡，すなわち**光学顕微鏡**（light microscope）と**電子顕微鏡**（electron microscope, EM）について述べる（しかし，顕微鏡の世界は**原子間力顕微鏡**（atomic force microscope）の開発によって，さらに広がっている）．

ボックス 1・2　顕微鏡の分解能と倍率

顕微鏡の有効性を決める二つの性質は，**倍率**（magnification）と**分解能**（resolution）である．光学顕微鏡は，像を拡大するためにガラスのレンズを組合わせたものを用いる．一方，電子顕微鏡は拡大像を得るために電磁石を用いる（図1・B）．

しかしながら，光（と電子）の波の性質によって，ある点に達する光は，異なる経路の波の位相が合うと強め合い，位相が異なると弱め合って，明るい領域と暗い領域が形成される．この現象は**干渉**（diffraction）とよばれ，これによって直線状の光は平行な干渉縞を形成し，点状の光は同心円の干渉縞を形成する（図1・C）．

光学像の明瞭さの基本的な限度を示す**分解能**（resolution）は，近接した2点を見分ける最小の距離（d）で定義される．1873年にErnst Abbé は，光学顕微鏡の分解能が照射光の**波長**に比例することを示した．すなわち，光の波長が短いほどdの値は小さく，分解能は大きい．Abbé はさらに，分解能がつぎの二つによっても影響を受けることを示した．一つは顕微鏡の対物レンズの**集光性**（light-gathering property）であり，もう一つは対物レンズと試料の間の**媒質の屈折率**（refractive index of the medium，たとえば空気や油）である．対物レンズの集光性は焦点距離に依存し，**開口角**（angular aperture，α）とよばれる値で示される．αは試料の焦点から対物レンズに入る光の円錐の角度の2分の1である（図1・D）．これらの三つのパラメーターはAbbéのつぎの式で示される．

$$d = \frac{0.16\,\lambda}{n \sin \alpha}$$

ここでdは分解能，λは照射光の波長，nは対物レンズと試料の間の媒質の屈折率，αは開口角を示す．対物レンズの性質を示すこの式（$n \sin \alpha$）の値は**開口数**（numerical aperture，NA）とよばれる．$\sin \alpha$の最大値は1.0であり，油浸レンズ以外の最も優れた対物レンズの開口

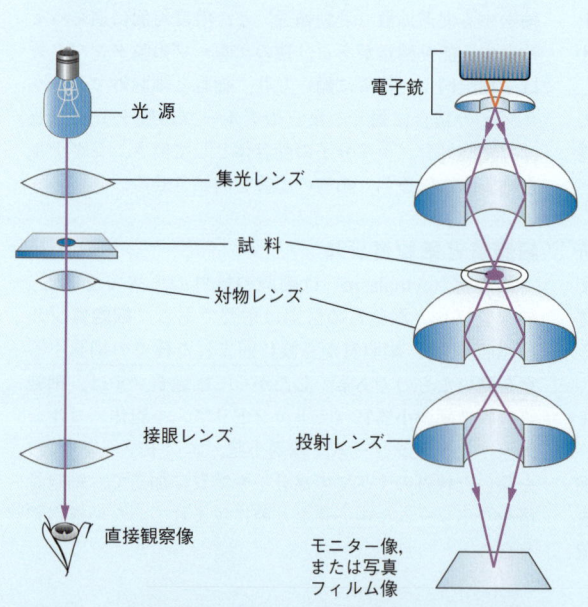

図1・B　光学顕微鏡と透過型電子顕微鏡のレンズ系の比較．光学顕微鏡（左）では，光は集光レンズによって試料の上に光を集める．ついで，試料の像は対物レンズと接眼レンズによって1000倍まで拡大される．透過型電子顕微鏡（右）では，電磁石が集光レンズ，対物レンズ，および接眼（投射）レンズとして働き，電子を集めて試料の像を250,000倍まで拡大する．〔B. Alberts *et al.*, "Molecular Biology of the Cell, 4th Ed.", Garland Science, New York（2002）より改変〕

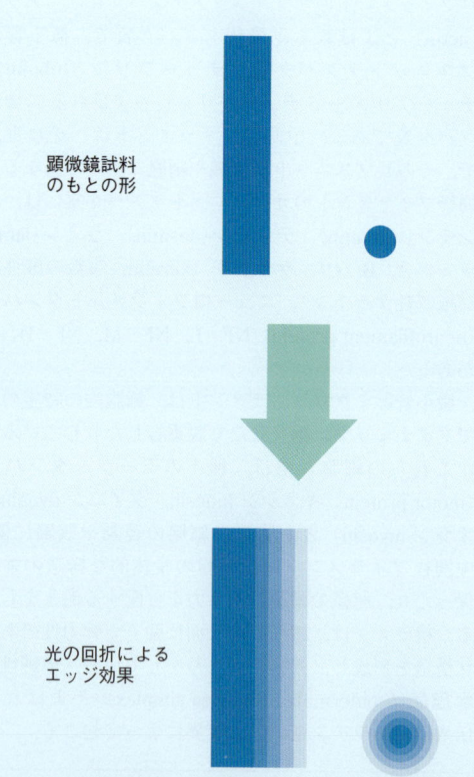

図1・C　試料を通過する光は回折して，エッジ効果を生じる．光波が物体の縁（エッジ）の近くを通過するとき，光は曲がって斜角に広がる．この現象を回折という．回折によって光波が合わさったり打消し合ったりする干渉が起こり，エッジ効果を生じる．このエッジ効果が拡大像の分解能の限界となる．〔B. Alberts *et al.*, "Molecular Biology of the Cell, 4th Ed.", Garland Science, New York（2002）より改変〕

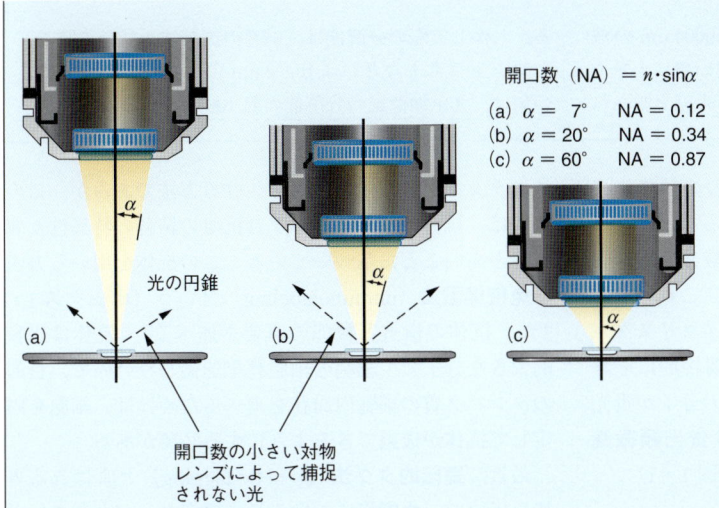

図 1・D 開口数．対物レンズの開口数は $n \sin\alpha$ で表される．ここで n は試料と対物レンズ間の媒質（空気）の屈折率を示し，α は開口角で，試料中の 1 点から対物レンズに入る円錐状の光の頂角の 2 分の 1 を示す．対物レンズの開口数が大きいほど（a，b，c の順），試料から多くの光を集めることができる．(http://www.microscopyu.com/articles/formulas/formulasna.html より改変)

数は 1.0 に近い（たとえば 0.95）．一方，鉱油の屈折率は 1.52 であり，最も優れた油浸対物レンズの開口数は 1.5 に近い（通常 1.4）．

　よく整備された光学顕微鏡で，波長が約 400 nm（0.4 μm）の青色の照射光と，開口数が約 1.4 の油浸レンズを用いた場合，分解能はおよそ 0.2 μm である．この値はリソソームの直径に近く，0.2 μm の分解能は肉眼の約 1000 倍である．

　分解能 0.2 μm の顕微鏡像は，写真としては何倍にでも拡大できるが，さらに詳しい情報は得られない．標準的な光学顕微鏡では 0.2 μm を超える分解能を得ることはできず，顕微鏡像をそれ以上拡大しても無駄であり，それ以上の情報は得られない．

　加速電圧が 100,000 V の透過型電子顕微鏡（trans-

（次ページへつづく）

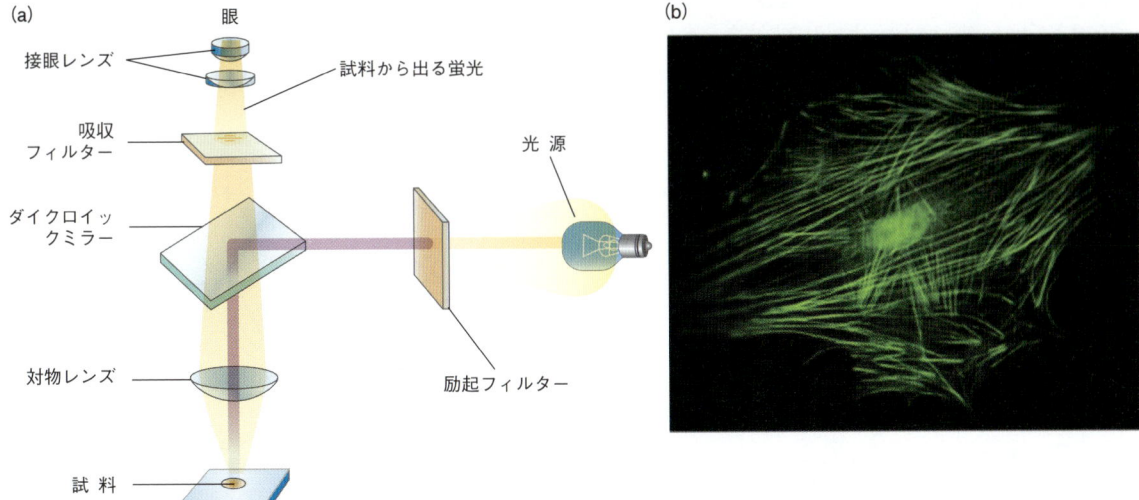

図 1・1　蛍光顕微鏡．(a) 蛍光顕微鏡の光学系．蛍光分子を励起するように波長調整された投射光はダイクロイックミラーで反射され，試料上に集められる．試料から出る蛍光（励起光より波長が長い）はダイクロイックミラーを通過し，像が観察される．(b) 蛍光標識した抗アクチン抗体で染色したヒト皮膚線維芽細胞の蛍光顕微鏡像．細胞を固定して透過性とし，フルオレセインを結合した抗体と反応させる．結合しない抗体を洗い去ってから観察する．〔(a) H. Lodish, A. Berk, S. L. Zipursky, P. Matsudaira, D. Baltimore, J. Darnell, "Molecular Cell Biology, 4th Ed.", W. H. Freeman, New York (2000) より改変；(b) E. Lazarides 氏より提供〕

mission electron microscope) では，約 0.0004 nm の波長の電子が生じる．電子顕微鏡の有効な開口角は小さく（約 0.02），Abbé の式より，0.1 nm の分解能が予測される．しかし実際の分解能は，試料の調製法や試料の厚さやコントラストなどにより，2 nm（20 Å）である．この値は，光学顕微鏡の分解能の約 100 倍である．

標準的な光学顕微鏡の分解能は可視光の波長で決まり，小型の細胞小器官の直径にほぼ相当する（ボックス 1・2 参照）．しかし，タンパク質分子や核酸分子を観察できる種々の新しい手法が開発されている．これらの新しい手法の代表は，有機蛍光分子や量子ナノクリスタル（"量子ドット"）を用いて，直接的または間接的にそれぞれの高分子を標識する方法である．目的の分子が蛍光標識されると，この分子の細胞内局在は**蛍光顕微鏡**（fluorescence microscope）で観察できる（図 1・1）．

蛍光顕微鏡

多くの場合，特定のタンパク質の細胞内局在を調べるのに，まず蛍光顕微鏡が用いられる．よく用いられる方法はタンパク質に蛍光タグをつける方法であるが，この方法は，抗体分子とタンパク質抗原の結合の特異性と親和性が高いことに基づいている．この抗体を用いる方法を**免疫標識法**（immunolabeling）という（ボックス 1・3 に，抗体の構造と機能の概要を述べる）．抗体は比較的大きな分子で生細胞の細胞膜を通過しないので，目的のタンパク質の細胞内局在を調べるためには，細胞を固定して抗体が透過できるようにする必要がある．

最近，**遺伝的タグ法**（genetic tagging）とよばれる方法を用いて，生細胞における蛍光標識タンパク質の局在や運動を観察することが可能になった．この方法では，目的のタンパク質のアミノ末端またはカルボキシ末端に，**緑色蛍光タンパク質**（green fluorescent protein,

---

ボックス 1・3 抗 体

抗体（antibody）は**可溶性免疫グロブリン**（soluble immunoglobulin）ともよばれ，免疫に重要な役割を果たす特殊なタンパク質であり，個体に感染した病原体がつくる外来分子（**抗原**，antigen）と強く結合する性質をもつ．抗体分子は Y 字状のタンパク質で，2 本の同じ**重鎖**（heavy chain）と 2 本の同じ**軽鎖**（light chain）からできている（図 1・E）．重鎖のカルボキシ末端（C 末端）半分はジスルフィド結合で結合し（抗体の尾部），**Fc ドメイン**（Fc domain）とよばれる．一方，2 本の腕の部分は **Fab ドメイン**（Fab domain）とよばれ，その先端に抗原が結合する．

免疫グロブリンは **B 細胞**（B cell）とよばれるリンパ球によって合成され，最初は B 細胞表面に膜貫通タンパク質として発現し，**細胞表面免疫グロブリン M**

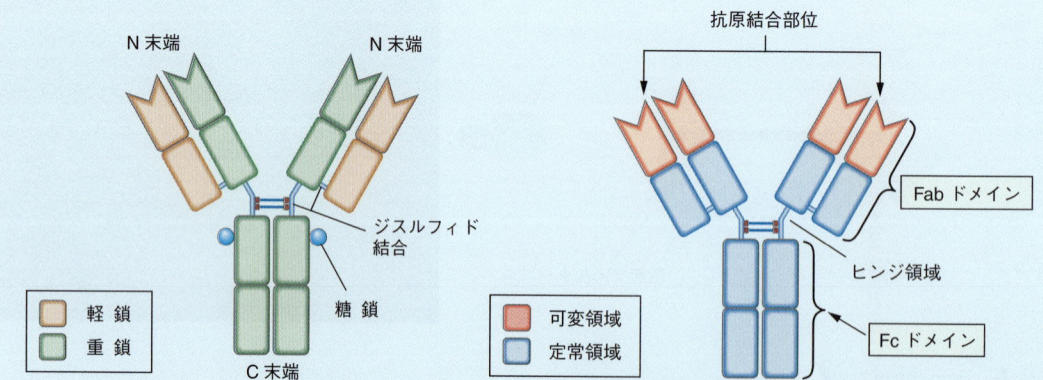

図 1・E　**抗体分子の構造**．抗体分子は，2 本の同じ重鎖と 2 本の同じ軽鎖から構成される．重鎖のカルボキシ末端半分はジスルフィド結合で結合しており，**Fc ドメイン**とよばれる．一方，先端に抗原結合部位をもつ 2 本の腕は，**Fab ドメイン**とよばれる．すべての免疫グロブリンは糖鎖が付加されており，糖タンパク質（glycoprotein）に属する．ここには IgG 分子を示す．IgM, IgA, および IgE もほぼ同じ構造をもつが，IgM と IgE の Fc ドメインは IgG のものより大きい．異なるクラスの免疫グロブリンでは，異なる部位に糖鎖が結合している．〔P. Parham, The Immune System, 2nd Ed."，Garland Publishing, New York（2005）より改変〕

(surface immunoglobulin M, 細胞表面 IgM) とよばれる (B 細胞には **IgD** とよばれる細胞表面免疫グロブリンも少量発現する). 毎日骨髄でつくられる数百万個の B 細胞は, それぞれ結合特異性の異なる免疫グロブリンを産生する. 免疫グロブリンの結合の特異性は, それぞれの免疫グロブリン分子の重鎖と軽鎖のアミノ末端 (N 末端) 側の特異なアミノ酸配列 (**可変配列 variable sequence** とよばれる) によって決まる.

ある B 細胞が相手の抗原に出合うと, B 細胞は初めて増殖し, 抗体を分泌する**形質細胞** (plasma cell) に分化する. 増殖中の B 細胞の一部は早く形質細胞に分化し, 可溶性の **IgM** を分泌する. 可溶性 IgM は五量体分子で, 結合親和性は比較的低い. 残りの B 細胞は遅れて分化し, **体細胞高頻度変異** (somatic hypermutation) と**クラススイッチ** (class switching) とよばれる過程を受ける. 体細胞高頻度変異の過程では, 免疫グロブリンの重鎖と軽鎖の可変領域をコードする DNA に特異的に変異が生じ, そのなかでより親和性が高い免疫グロブリンを発現する B 細胞が選択される. "クラススイッチ" とは, 最初すべての B 細胞に発現する IgM タイプの Fc ドメイン (Fcμ) をコードする DNA 断片が, 異なる Fc ドメインをコードするドメインに置き換わることである. B 細胞の免疫グロブリン遺伝子において, 三つの異なる Fc ドメインをコードする三つの遺伝子断片のどれでも Fcμ 断片に置き換わることができるので, クラススイッチが起こると, 三つの異なる種類 (クラス) の抗体のどれかが分泌される. これらの三つのクラスの抗体は **IgG**, **IgA** および **IgE** とよばれる. 発現する抗体のクラスは, 感染する病原体の種類に依存する. たとえば, IgE は多くの寄生虫に対して最も有効であり, IgA は粘膜の感染を防御し, IgG は多くの病原体に対して有効であり, 血中濃度が最も高い. これらの四つのクラスの抗体 (IgM, IgG, IgA, IgE) の Fc ドメインは, 互いに異なる特異的なアミノ酸配列をもつ. そして, 4 種の Fc ドメインはそれぞれ特異な機能をもち, 抗体が抗原に結合した後, 免疫系の特定の働きを活性化する. B 細胞の形質細胞への分化は, **リンパ節**や**脾臓**などの**二次リンパ組織** (secondary lymphoid tissue) で起こる.

抗体が結合する抗原上の特異な分子構造は, **エピトープ** (epitope) とよばれる. 抗原がタンパク質の場合, エピトープはいくつかの近接するアミノ酸で構成される. 外来性のタンパク質を実験動物に注射すると, 複数の B 細胞の分化が開始し, 形質細胞クローンの集団が生じる. それぞれの形質細胞クローン集団は, 抗原タンパク質表面の複数のエピトープの一つに結合する特定の抗体を分泌する. したがって, 免疫した動物から取出した血清は, 免疫に用いた抗原タンパク質に対する複数の抗体を含み, このような血清を**多クローン抗血清** (poly

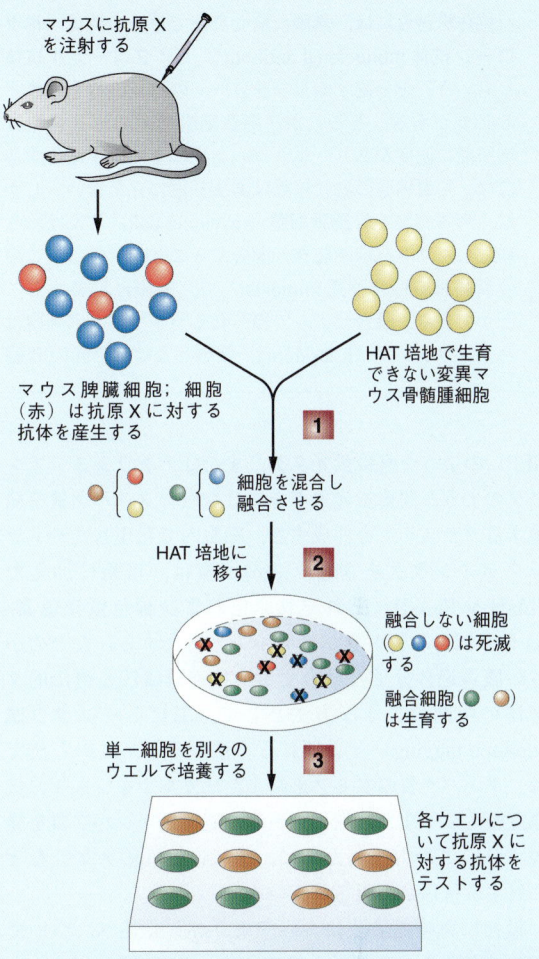

図 1・F　単クローン抗体. 1: 免疫したマウスの脾臓から得た抗体産生細胞と骨髄腫細胞を融合させる. **2**: 融合したハイブリドーマ細胞と融合しなかった親細胞の混合物を, 特別な培地 (HAT 培地) に移す. この培地では, 融合していない骨髄腫細胞の親細胞は死滅する. 融合しなかったマウス脾臓細胞は, 限られた増殖能のため, そのうちに死滅する. ハイブリドーマ細胞は HAT 培地で生育し, 親の骨髄腫細胞と同様に無限に増殖する能力をもつ. **3**: HAT 培地での選択の後, 細胞を希釈し, それぞれのウエルで生育している個々のクローンについて, 目的の抗体産生をテストする. 〔H. Lodish, A. Berk, P. Matsudaira, C.A. Kaiser, M. Krieger, M.P. Scott, S.L. Zipursky, J. Darnell, "Molecular Cell Biology, 5th Ed.", W.H. Freeman, New York (2004) より改変〕

clonal antiserum) とよぶ. この多クローン抗体を精製して, ウェスタンブロット法や免疫蛍光顕微鏡法などに用いることができる.

しかし医療や診断の目的のためには, 単一のエピトープに対する抗体を調製することが有用である. このよう

(次ページへつづく)

> な抗体を得るには，無限に培養可能で単一の抗体（**単ク
> ローン抗体** monoclonal antibody, モノクローナル抗体
> ともいう）を分泌する単一クローンの形質細胞を単離す
> る必要がある．ところが，形質細胞や前駆体B細胞は
> 増殖能に限度があり，単クローン抗体をたえず産生す
> るには，形質細胞の初代培養はあまり役に立たない．しか
> し，形質細胞を**骨髄腫細胞**（myeloma cell）とよばれる
> 癌化したリンパ球細胞株と融合することができる．この
> 骨髄腫細胞は"**不死** immortal"で，無限に培養するこ
> とができる．融合によって得られるハイブリッド細胞は
> **ハイブリドーマ**（hybridoma）細胞とよばれ，元のB細
> 胞／形質細胞と同様に単クローン抗体を産生し，しかも
> 元の骨髄腫細胞と同様に無限に培養，増殖できる．この
> 手法を実際に応用するには，マウスをたとえばタンパク
> 質Xという特定の抗原で免疫する．数回の追加免疫の
> 後，マウスの脾臓から活性化B細胞と形質細胞の前駆
> 細胞の集団を採取する．これらの細胞を骨髄腫細胞と融
> 合し，ハイブリドーマ細胞を特定の選択培地で選択する
> （融合しなかった親細胞はこの培地で死滅する）．つい
> で，目的の単クローン抗体を産生するハイブリドーマを
> 同定する（図1・F）．

GFP）のような直接蛍光タグ，またはテトラシステイン
タグのような間接蛍光タグをつけた融合タンパク質を発
現するプラスミドを作成する．細胞内で発現したテトラ
システインタグを含むタンパク質は，培地に加えた
FlAsHやReAsH（それぞれ赤色および緑色蛍光色素．
Asを2個含みテトラシステインと結合する）などの小
さい膜透過性分子と結合する．免疫標識法と遺伝的タ
グ法の中間のような方法として，**エピトープタグ法**
（epitope tagging）とよばれる方法がある．この方法で
は，タンパク質のアミノ末端またはカルボキシ末端に抗
原性をもつアミノ酸配列をつけた組換えタンパク質を発
現する．この方法のために，すでに"mycタグ"など
に対する抗体が市販されている．

　最初に免疫標識法についてより詳しく述べ，ついで
GFPを例として遺伝的タグ法について述べる．

免疫標識法

　特定のタンパク質に対する特異的な抗体と，光学顕微
鏡または電子顕微鏡を組合わせると，タンパク質の細胞
内局在を明らかにするうえで有用な方法となる．

　蛍光光学顕微鏡に用いるには，抗体のFcドメインに
蛍光タグ（フルオレセインなど）を化学的に結合させ
る．透過型電子顕微鏡に用いるには，鉄を多く含むタン
パク質のフェリチンやナノゴールド粒子などの電子密度
の高いタグを抗体に結合させる．これらの二つの手法
は，それぞれ免疫蛍光顕微鏡法および免疫電子顕微鏡法
とよばれる．免疫蛍光法の例として，線維芽細胞のアク
チンの"ストレスファイバー"を観察した像を図1・1
（b）に示す．免疫電子顕微鏡の例は，後ほど図1・4に
示す．

　つぎに，特定のタンパク質に対する抗体のつくり方に
ついて述べる．

抗ペプチド抗体

　抗体を作成する一つの方法は，まず遺伝子から推定さ
れるタンパク質のアミノ酸配列に相当するペプチドを化
学合成する．このペプチドを血清アルブミンやキーホー
ルリンペットヘモシアニン（よく使用される）などの担
体タンパク質に化学的に結合させ，このペプチド−担体
複合体でウサギなどの動物を免疫する．

　この手法には一つ問題がある．新しく発見された遺伝
子で，その産物のタンパク質の性質がまったくわかって
いない場合，このタンパク質の三次構造に関する情報も
ないことになる．したがって，免疫に用いるために選ん
だアミノ酸配列が，正しくフォールドしたタンパク質の
表面に出ているかどうかわからない．もし選択したペプ
チドがフォールドしたタンパク質の内部に埋もれている
場合には，この抗ペプチド抗体は，細胞内のフォールド
したタンパク質には結合しないであろう．ところが，ア
ミノ末端やカルボキシ末端のアミノ酸配列が，フォール
ドしたタンパク質の表面に出ていることが多いことがわ
かってきた．したがって，アミノ末端またはカルボキシ
末端のアミノ酸配列に相当するペプチドを用いて，ウサ
ギを免疫することがよく行われる．また，親水性のアミ
ノ酸配列はフォールドしたタンパク質の表面に出ている
ことが多いので，目的のタンパク質の推定アミノ酸配列
に親水性の部分が存在すれば，免疫用ペプチドのよい候
補となる．

　上に述べたように，目的のタンパク質が正しくフォー
ルドした状態の場合には，抗ペプチド抗体は使えない
こともある．しかし，抗ペプチド抗体は**ウェスタンブ
ロット法**（western blotting）に使用できることが多い
（ボックス1・4参照）．

顕微鏡：細胞生物学研究の最初の機器の一つ

ボックス 1・4　タンパク質の精製と特性解析の標準的な方法

　タンパク質の大きさと，ある pH における全体の電荷（等電点とよばれるタンパク質の性質に依存する）は，タンパク質ごとに異なる．タンパク質の他の性質（疎水性，糖鎖付加やリン酸化などの翻訳後修飾，リガンド結合性など）も精製の原理として用いられるが，大きさと電荷はタンパク質の精製と特性解析のための種々の手法の基礎となっている．

　タンパク質精製の最もよく用いられるのは，**液体クロマトグラフィー**（liquid chromatography）である．この方法では，目的のタンパク質を含むタンパク質混合液（たとえば，特定の塩濃度の緩衝液を含む細胞抽出液）を，特定の多孔性，または電荷，またはその両方をもつ細かい粒子（充填剤）が詰まったカラムの上に重層する．カラムはあらかじめ，同じまたは同様の緩衝液で平衡化しておく（図 1・G）．ついで，タンパク質の混合液をのせたカラムに"展開液"を流す．粒子の性質と展開液の性質によって，種々のタンパク質は異なる速度でカラム中を移動し，タンパク質の混合物は分離される．よく用いられる2種類の充填剤粒子に，大きさで分けるもの（**ゲル濾過クロマトグラフィー**，gel-filtration chromatography）と電荷で分けるもの（**イオン交換クロマトグラフィー**，ion-exchange chromatography）がある．3番目の方法（**アフィニティークロマトグラフィー**，affinity chromatography）では，目的のタンパク質が特異的に結合する分子を粒子に結合させる．たとえば，もしタンパク質が酵素の場合には，その酵素が強く結合する基質アナログを粒子に結合させておく．また大変よく用いられる方法として，タンパク質の性質がまったく不明で，その三次構造に関する情報がない場合，遺伝子操作によって，たとえば"6×ヒスチジン"タグや"グルタチオン S-トランスフェラーゼ"（GST）タグを付けたタンパク質を発現させる．これらのタグ付きタンパク質は，それぞれ Ni^{2+}-ニトリロ酢酸やグルタチオンを結合させた粒子に特異的に結合する（図 1・H）．さらに，粒子に抗体を結合させる場合もある．これは**免疫アフィニティークロマトグラフィー**（immunoaffinity chromatography）とよばれる．

　これらのタンパク質分離の原理（大きさ，電荷）を応用した分析法に，ゲル電気泳動法がある．電気泳動は電場における分子の運動である．よく用いられる分析的ゲル電気泳動法は，**ドデシル硫酸ナトリウムポリアクリルアミドゲル電気泳動法**（sodium dodecyl sulfate polyacrylamide gel electrophoresis, SDS-PAGE）である．ポリアクリルアミドゲルは，好みの多孔度（硬さ）で作成することができる．したがって，負電荷をもつ小さいタンパク質はゲルマトリックスを通って電極に向かって容易に移動できるが，大きなタンパク質はゆっくり移動するようにゲルの硬さを調整する．タンパク質の本来の電荷は，ゲル中での電気泳動度を決める因子として用いることができるが，負電荷をもつ界面活性剤である **SDS**（ドデシル硫酸ナトリウム）でタンパク質を変性させる方が便利である．SDS 分子は，疎水性の炭化水素"尾部"と，親水性で陰イオン性の硫酸"頭部"をもつ．そしてこの SDS 分子は，その尾部がポリペプチド鎖全長にわたってほぼ隙間なく結合し，タンパク質を変性させる．タンパク質の本来の電荷は，結合した多くの SDS 分子の負電荷のために無視できるようになり，すべてのタンパク質は一様に負に荷電した分子となる．したがって，SDS で変性したタンパク質は，多価陰イオン分子としてポリアクリルアミドゲル中を陽電極に向かって，ポリペプチドの大きさに従って移動する．泳動後には，小さいタンパク質ほどゲルの先端近くまで泳動され，大きいタンパク質ほど遅れて泳動される（図 1・I）．

　SDS-PAGE を応用した有用な手法に，**ウェスタン**

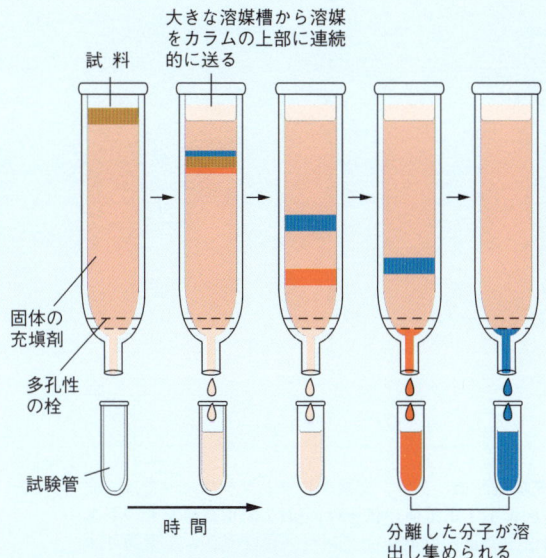

図 1・G　カラムクロマトグラフィー．特定の溶媒で平衡化した樹脂の多孔性のカラムを用意し，タンパク質の混合液を含む試料をカラムの上部にのせる．試料はカラムを通って溶出され，溶出液は順次試験管に採取する．カラムの樹脂の性質によって，性質の異なるタンパク質は異なる速度でカラムから溶出される．〔B. Alberts *et al.*, "Molecular Biology of the Cell, 4th Ed.", Garland Science, New York（2002）より改変〕

（次ページへつづく）

ブロット法（western blotting；**イムノブロット法** immunoblotting）がある．この方法では，まずタンパク質の混合物をSDS-PAGEで分離し，分離したタンパク質をニトロセルロース膜などの特殊な膜に移すと，タンパク質はニトロセルロース膜に強く結合する．この膜を特定のタンパク質に対する抗体（一次抗体）を含む液に浸すと，抗体は特定のタンパク質に結合する．結合しない抗体は洗い流し，ついで一次抗体に対する，酵素を結合させた二次抗体を加える．二次抗体に結合した酵素（たとえばアルカリホスファターゼ）は基質を発色させたり，蛍光のある産物に転換したり，反応の副産物として光を発生させたりする．これを利用して，ニトロセルロース膜上の抗原抗体複合体を検出することができる（図1・J）．

多くのタンパク質を含む複雑な混合液（たとえば細胞抽出液）の場合，たまたまタンパク質の大きさが同じ，

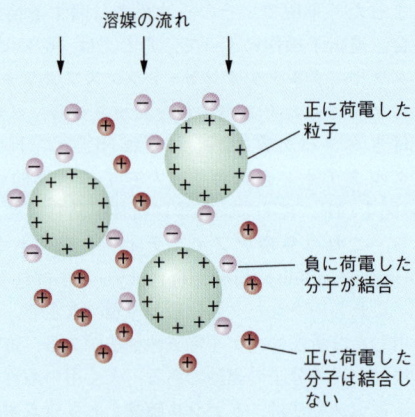

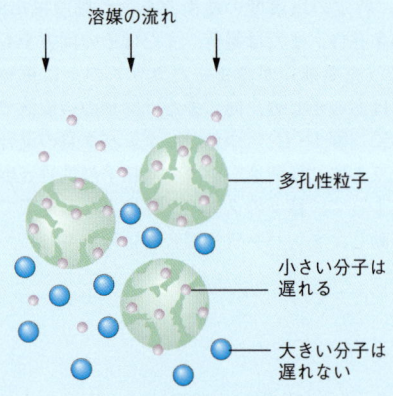

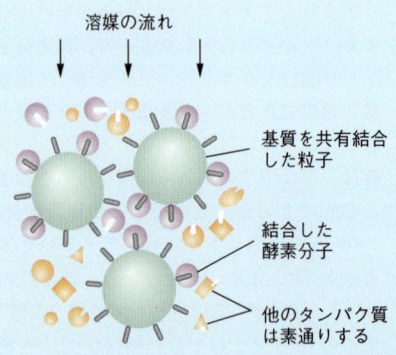

図 1・H　カラムクロマトグラフィーに用いる3種類の充填剤．(a) イオン交換クロマトグラフィーでは，充填剤の粒子は正電荷または負電荷をもつ（たとえば，図に示す正電荷の粒子は，pH 7で正電荷をもつジエチルアミノエチル基を結合させてある）．pH 7の緩衝液中で正に荷電したタンパク質はカラムを素通りする．負に荷電したタンパク質は粒子に結合し，ついで溶出液の塩濃度を徐々に上げて溶出する．(b) ゲル濾過クロマトグラフィーでは，粒子に一定の大きさの孔が開いており，この孔に入らない大きいタンパク質は粒子の外側を通り，カラムの"ボイド容量"に溶出される．孔より小さいタンパク質はいろいろな程度で孔に入り込み，孔を通過するので，カラムから遅れて溶出される．(c) アフィニティークロマトグラフィーでは，目的のタンパク質と特異的に結合する分子を粒子に結合させる．ここに示す例では，結合する分子は特定の酵素の基質または基質アナログである．また，目的のタンパク質に対する抗体を結合させることもできる．これは**免疫アフィニティークロマトグラフィー**とよばれる．〔H. Lodish, A. Berk, P. Matsudaira, C.A. Kaiser, M. Krieger, M. P. Scott, S. L. Zipursky, J. Darnell, "Molecular Cell Biology, 5th Ed.", W.H. Freeman, New York（2004）より改変〕

顕微鏡：細胞生物学研究の最初の機器の一つ

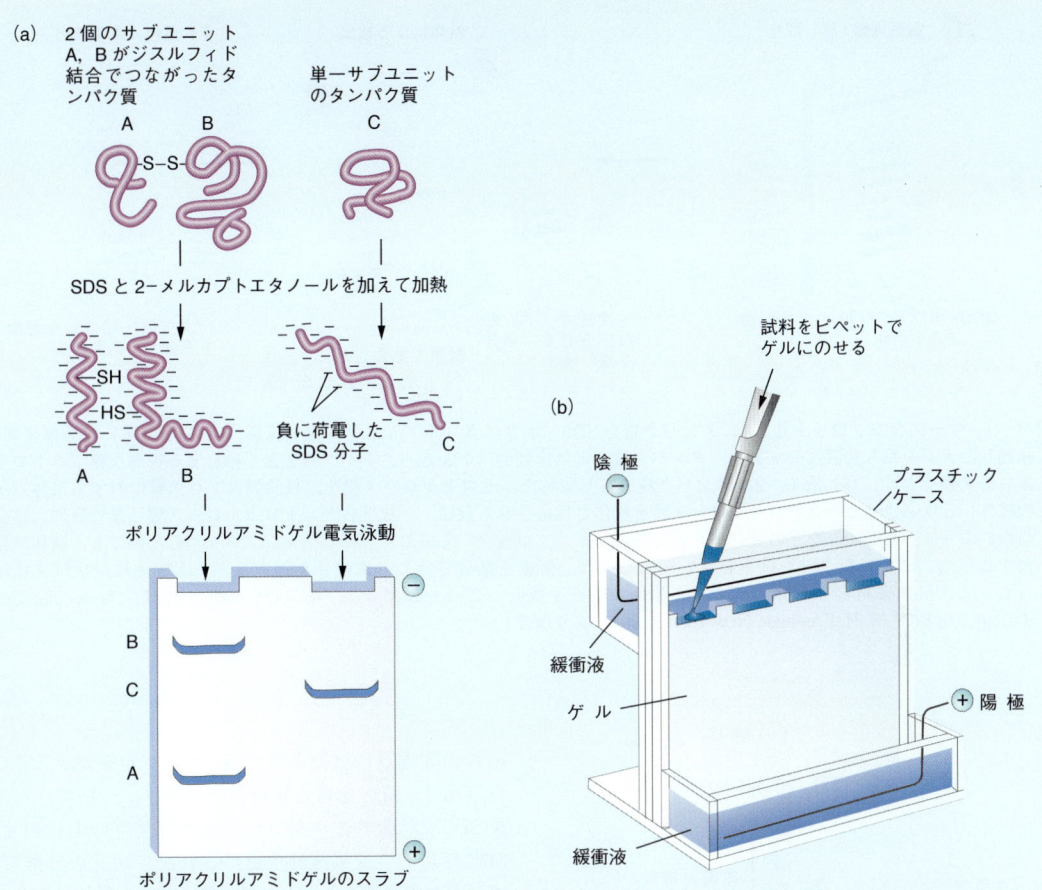

図 1・I　SDS-ポリアクリルアミドゲル電気泳動（SDS-PAGE）． (a) タンパク質を含む試料に負電荷をもつ界面活性剤 SDS（ドデシル硫酸ナトリウム）を加えて熱すると，タンパク質は変性し，結合した SDS 分子の負電荷で一様に覆われる．ジスルフィド（S-S）結合は2-メルカプトエタノールを用いて還元する．(b) 試料にポリアクリルアミドスラブ平面ゲルのウエルにのせ，ゲルに電圧をかける．負に荷電した SDS-タンパク質複合体はゲルの先端の陽極に向かって泳動される．小さいタンパク質はゲルの孔を通って速く移動するが，大きいタンパク質は遅く移動する．したがって，タンパク質は大きさによって分離され，分子量が小さいほど先端に近く，分子量が大きいほどゲルトップに近くなる．〔B. Alberts *et al.*, "Molecular Biology of the Cell, 4th Ed.", Garland Science, New York（2002）より改変〕

またはほとんど同じだと，SDS-PAGE では分離できない．このような場合には，**二次元ゲル電気泳動法**（two-dimensional gel electrophoresis）とよばれる，さらに高分離能の手法を用いることができる（図1・K）．一次元では，**等電点電気泳動法**（isoelectric focusing, IEF）とよばれる方法によって，タンパク質の混合物をそれぞれの**等電点**（isoelectric point）に基づいて分離する（等電点は，タンパク質が正味の電荷をもたない pH と定義することができる．タンパク質を構成するアミノ酸には，酸性アミノ酸や塩基性アミノ酸が多く含まれる．低い pH では塩基性アミノ酸は正に荷電し，高い pH では酸性アミノ酸は負に荷電する．どのタンパク質でも，正電荷の数と負電荷の数が同じになり，正味の電荷をもたない pH が存在する．これがそのタンパク質の等電点である）．

二次元ゲル電気泳動のための IEF を行う場合には，最初にタンパク質を 8 M 尿素で完全に変性させる．ついで，8 M 尿素と種々の等電点をもつ低分子の混合物（アンフォライト，ampholyte）を含むポリアクリルアミドゲルのガラス管に試料をのせる．ゲルに電圧をかけると，アンフォライトが電場を移動し，安定な pH 勾配が形成される．試料中のタンパク質は，pH 勾配中を等電点の pH に向かって移動し，そこで移動を停止し，1本の細いバンドとなる．すべてのタンパク質がそれ

（次ページへつづく）

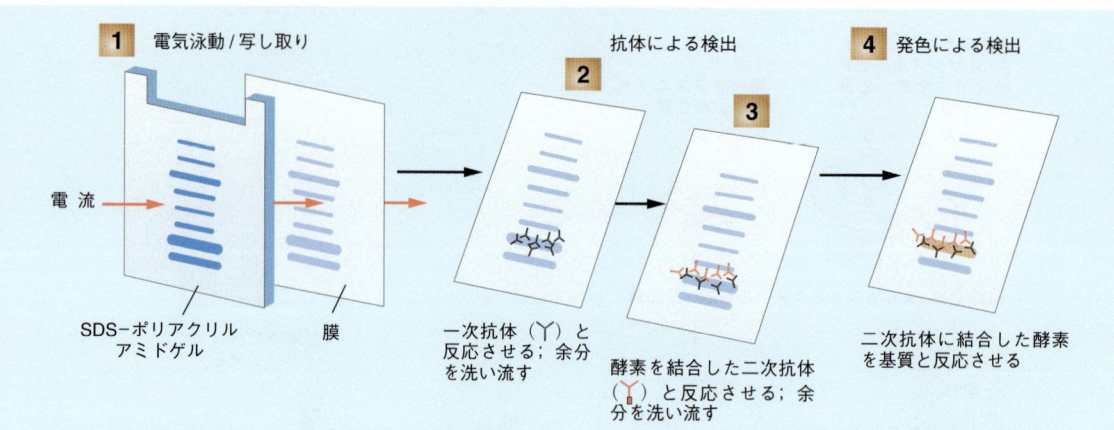

図 1・J　ウェスタンブロット法. 1: タンパク質を SDS-ポリアクリルアミドゲル電気泳動 (SDS-PAGE) で分離する. 泳動したゲルを転写装置にセットし, タンパク質を電気泳動的にゲルからタンパク質を強く結合する特殊な膜 (ニトロセルロース膜など) に写し取る. 2: タンパク質を写し取ったニトロセルロース膜を, 目的のタンパク質に対する抗体 (一次抗体) と反応させる (ニトロセルロース膜を抗体と反応させる前に, 一次抗体がニトロセルロース膜に非特異的に結合しないように, カゼインなどのタンパク質で処理して"ブロック"しておく. カゼインでブロックした後でも, 抗体は結合する). 3: 結合しなかった抗体を洗い流した後に, 酵素を結合させた二次抗体を加える. 二次抗体は一次抗体に結合し, 二次抗体に結合した酵素によって発色産物が生成し, これを検出する (4). 〔H. Lodish *et al.*, "Molecular Cell Biology, 5th Ed.", W. H. Freeman, New York (2004) より改変〕

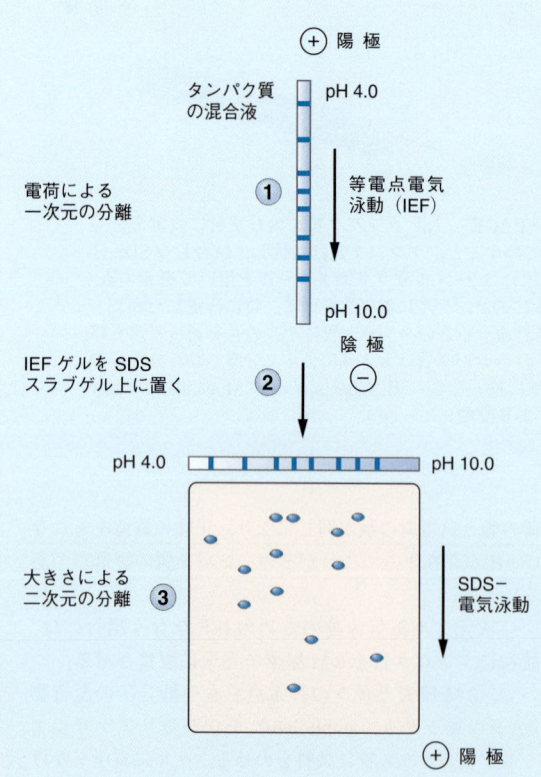

それぞれの等電点に泳動された後, IEF ゲルをガラス管から取出し, SDS を含む緩衝液中に浸す. ついで, ゲルを SDS-ポリアクリルアミドスラブゲルの上にのせ, SDS 存在下で電気泳動する. これが二次元の分離で, タンパク質は大きさによって分離される. 最初に電荷で分離し, ついで大きさで分離する 2 段階の分離法によって, タンパク質の複雑な混合物も大変よく分離することができる.

図 1・K　二次元ゲル電気泳動. 1: 試料中のタンパク質をまず, 等電点電気泳動法 (IEF) とよばれる手法を用いて, pH 勾配をつくった細いチューブゲル中で, 等電点によって分離する. これが"一次元"の分離である. 2: IEF ゲルを SDS 溶液中に浸し, SDS-ポリアクリルアミドスラブゲルの上部に置く. 3: SDS-PAGE による"二次元"泳動を行い, タンパク質をサイズによって分離する. 〔H. Lodish *et al.*, "Molecular Cell Biology, 5th Ed.", W. H. Freeman, New York (2004) より改変〕

抗ペプチド抗体には, つぎのような便利な特徴がある. 抗体添加時に過剰のペプチドを加えると, 抗原タンパク質と競合するので, 抗体とタンパク質の結合の特異性を調べることができる.

全長タンパク質に対する抗体

ウサギを合成ペプチドで免疫する代わりに，全長タンパク質または安定なサブドメイン（たとえば，1回膜貫通タンパク質の細胞外球状ドメイン）で免疫する方法もある．全長タンパク質で免疫する場合は，比較的大量のタンパク質（数十～数百 mg）を精製する必要がある．プラスミドやウイルス由来の**タンパク質発現ベクター**（protein-expression vector）を用いることにより，大量のタンパク質を発現させることが可能になった．発現ベクターにアミノ酸コード配列を挿入することにより，カルボキシ末端に"タグ"をつけたタンパク質を発現させることができる．このタグを用いたアフィニティー精製により，過剰発現させたタンパク質を迅速かつ効率よく精製できる．"6×ヒスチジン"タグと"GST"タグがよく用いられる．

クローン化した遺伝子の発現に大腸菌 *Escherichia coli* がよく用いられるが，原核生物と真核生物のコドン使用頻度が異なるため（すなわち，それぞれのコドンに対応する tRNA の濃度が異なるため），ヒトの遺伝子は大腸菌の中で十分発現しないことがある．さらに，大腸菌の中で過剰発現させたタンパク質は，しばしば**封入体**（inclusion body）とよばれる凝集体を形成する．また，糖鎖付加などの修飾は起こらない．したがって，ヒトの遺伝子は酵母の強力な誘導発現ベクターや，Sf9 細胞中で昆虫バキュロウイルス *Autographa californica* のベクターなどを用いて，真核細胞の発現系で発現させる方がよいことが多い．

十分量のタンパク質が精製できると，ウサギを免疫して**多クローン抗血清**（polyclonal antiserum）を調製したり，マウスを免疫して**単クローン抗体**（monoclonal antibody）を調製したりできる．

遺伝的標識法

緑色蛍光タンパク質

緑色蛍光タンパク質（green fluorescent protein, GFP）は，オワンクラゲ *Aequorea victoria* で初めて発見され，精製された．クラゲが刺激されると，GFP は発光タンパク質であるエクオリンと共同して，緑色の蛍光を発する．簡単にまとめると，つぎのようになる．クラゲが興奮すると，膜の Ca^{2+} チャネルが開口し，細胞質ゾルの Ca^{2+} 濃度が上昇する．この Ca^{2+} によってエクオリンが励起され，励起されたエクオリンは，ATP の加水分解のエネルギーを用いて青い光を出す．エクオリンが発する青色光のエネルギーは，量子力学的共鳴によって隣接する GFP を励起する．励起された GFP は，明るい緑色の蛍光を発する．このようにして，クラゲは興奮すると"暗闇の中で緑色に光る"ことができる．エクオリンと GFP の間の共鳴エネルギー移動は，自然にみられる**蛍光共鳴エネルギー移動**（fluorescence resonance energy transfer, FRET）の一例である（後述）．

GFP の遺伝子が単離され，いろいろな生物や細胞の中で GFP の蛍光が最も強くなるような変異遺伝子が作成された．さらに，GFP を特定のタンパク質のアミノ末端またはカルボキシ末端に結合させた融合タンパク質を発現させることが可能になった．種々の生物から GFP 遺伝子が単離され，現在では青色蛍光タンパク質（BFP），シアン蛍光タンパク質（CFP），黄色蛍光タンパク質，赤色蛍光タンパク質など，いろいろな色の蛍光タンパク質が使えるようになっている．

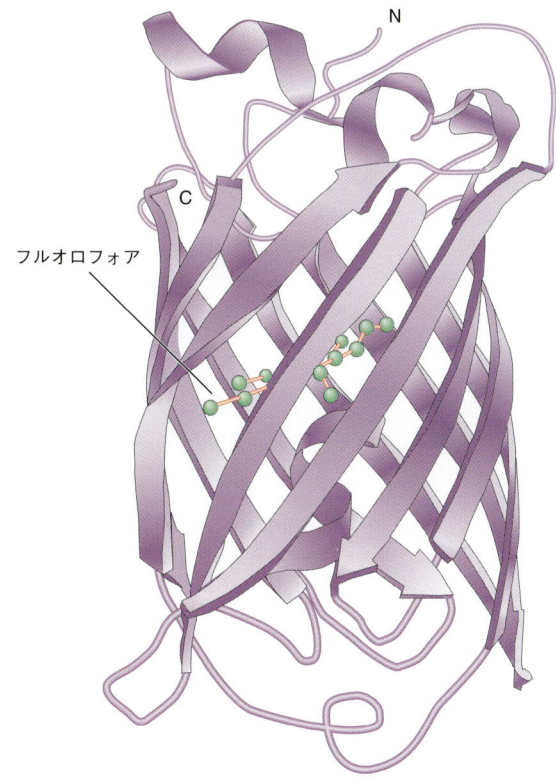

図 1・2 緑色蛍光タンパク質（GFP）の構造．GFP は 11 本の β シートからなる β バレルタンパク質で，バレルの中に短い α ヘリックスが存在する．アミノ末端とカルボキシ末端は外側に出ており，安定な β バレル構造の形成には含まれていない．タンパク質が合成され折りたたまれた後の約 1 時間以内に，タンパク質の中で自己触媒的な成熟プロセスが起こり，バレルの内側の複数のアミノ酸側鎖と酸素が反応して，バレルの中にある α ヘリックスに共有結合した形でフルオロフォアが形成される．〔M. Ormö *et al.*, *Science*, **273**, 1392～1395（1995）より改変〕

GFPはβバレルタンパク質である（構造を図1・2に示す）．GFPタンパク質が合成され，折りたたまれ，その後の約1時間以内に，つぎのような自己触媒的な成熟反応が起こる．バレルの中で隣接するセリンとグリシンとチロシンの側鎖と酸素が反応し合って，αヘリックスのバレル中央に近い部分に結合した形で，フルオロフォアを形成する．GFPのフルオロフォアは蛍光顕微鏡の青色光によって励起され，緑色の蛍光を発する．

GFPのアミノ末端とカルボキシ末端は，GFPタンパク質の外側に出ていてβバレル構造に含まれない．したがって，GFPのコード領域を発現ベクターに組込んで，特定のタンパク質のアミノ末端またはカルボキシ末端にGFPをつないだ融合タンパク質を発現させることができる．すでに述べたように，特定のタンパク質をGFPのような蛍光分子で遺伝子工学的に標識する大きな利点は，生細胞内におけるタンパク質の局在を観察できることである．タンパク質の細胞内局在がわかるのみならず，そのタンパク質が最終場所へ輸送される経路も観察

することができる．たとえば，GFPで標識したヒト免疫不全ウイルス（HIV）タンパク質を用いることによって，HIVが細胞に感染した後，HIVの逆転写複合体が細胞周辺から微小管に沿って核へ移行することが明らかになった．

FRET技術は，生細胞内におけるタンパク質間の相互作用を調べるのに用いられる．本章ですでに述べたように，オワンクラゲでは，エクオリンから出る青い光のエネルギーが，共鳴エネルギー移動の量子化学的過程によってGFPを励起するのに使われる．このようなエネルギー移動は，ドナー分子とアクセプター分子が互いに近接している（10 nm以内）場合にのみ起こる．この方法を用いることにより，ある条件下において細胞内で二つのタンパク質が結合するかどうかを調べることができる．両方のタンパク質をドナーとアクセプターの対の蛍光タンパク質（CFPとGFPなど）で標識し，細胞内で発現させる．CFPを紫色の光で励起すると青色の蛍光が出る．もし細胞内で二つのタンパク質が結合していな

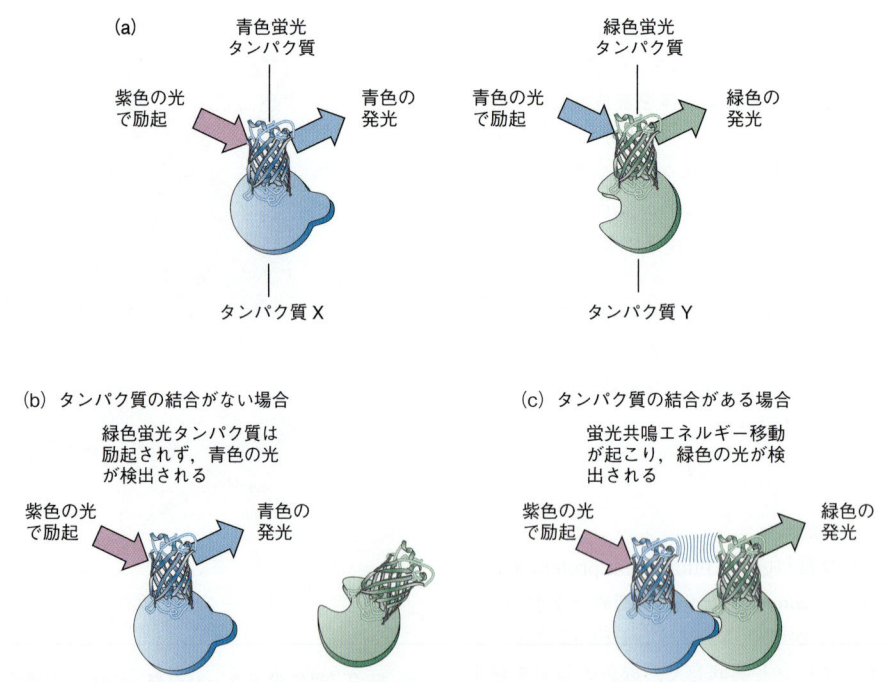

図1・3 蛍光共鳴エネルギー移動（**FRET**）．(a) 二つのタンパク質（タンパク質XとY）を，それぞれ青色蛍光タンパク質（BFP）と緑色蛍光タンパク質（GFP）との融合タンパク質として，細胞内で発現させる．BFPを紫色の光で励起すると，青色の蛍光が出る．一方，GFPを青色の光で励起すると，緑色の蛍光が出る．(b) もし二つのタンパク質が細胞内で結合していない場合，BFPを紫色の光で励起すると青色の蛍光が出るのみである．(c) しかし，もし二つのタンパク質が結合していると，励起されたBFP分子とGFPタンパク質の間に共鳴エネルギー移動が起こり，紫色の光で励起すると緑色の蛍光が検出される．〔B. Alberts, *et al.*, "Molecular Biology of the Cell, 4th Ed.", Garland Science, New York（2002）より改変〕

い場合，紫色の光を照射すると青色の蛍光が出る．しかし，もし二つのタンパク質が結合していると，CFPから出る蛍光は共鳴エネルギー移動によって相手のタンパク質に結合したGFPに捕捉され，緑色の蛍光が検出される（図1・3）．

では，まず試料をグルタルアルデヒドや四酸化オスミウムなどの架橋剤で共有結合による固定を行い，脱水し，プラスチックに包埋する．電子は物質を透過する力が弱いので，生物組織を包埋したプラスチックのブロックからウルトラミクロトームを用いて超薄切片を調製する．

電子顕微鏡

電子顕微鏡（electron microscope, EM）は，**透過型電子顕微鏡**（transmission EM）と**走査型電子顕微鏡**（scanning EM）とに大別される．最初に，**低温電子顕微鏡**（cryoelectron microscope）の手法を含め，透過型電子顕微鏡について述べる．

透過型電子顕微鏡

光学顕微鏡が可視光を用いるのに対して，透過型電子顕微鏡は，電子を用いる．透過電子顕微鏡において，電子を発生させたり，焦点に集めたり，試料を透過した後の電子を集めたりする構成要素は，光学顕微鏡のそれぞれの構成要素に機能的に対応している（図1・B参照）．光源の代わりに電子源（電子銃）があり，電子は電圧によって陽極に向かって加速する．電子顕微鏡では，電子はガラス製のレンズの代わりに，**電磁石**によって焦点に集められる．電子は空気中の分子によって散乱されるので，電子の飛翔経路や試料室は**真空**に保つ必要がある．

電子は，電磁波というよりは粒子状の物体と考えられることが多いが，量子力学によると，電子は粒子であることも波であることも可能である．すべての波の場合と同様に，電子の周波数（したがって波長）はエネルギーの関数であり，そのエネルギーは，電子顕微鏡においては，電子源からの電子を駆動する加速電圧の関数である．典型的な電子顕微鏡は，約100,000 Vの加速電圧を発生させることができ，この電圧は**原子の大きさより短い波長**に相当するエネルギーをもつ電子を発生させる．したがって，理論的には原子レベル以下の分解能をもつことになる！しかし，レンズのひずみや試料の厚さなど多くの因子によって，実際の分解能ははるかに低い．生物試料の場合，通常の条件下での電子顕微鏡の分解能は，約2 nmである．この値は，光学顕微鏡の分解能の100倍以上である．この分解能の向上によって，光学顕微鏡による拡大が油浸レンズを用いて約1000倍であるのに対し，電子顕微鏡による拡大は250,000倍まで可能である．

電子顕微鏡の試料室は高度の真空なので，細胞を生きた状態で観察することはできない．代表的な試料調製法

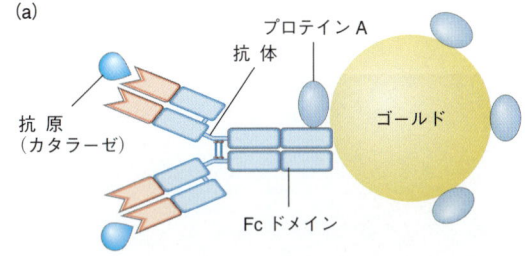

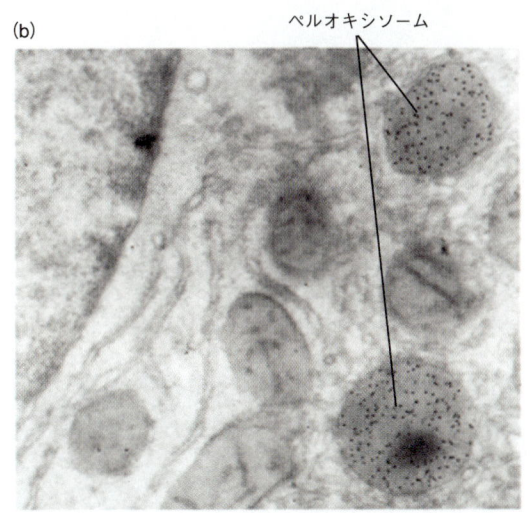

図1・4 プロテインA結合ゴールド粒子は，透過型電子顕微鏡で抗原抗体複合体の局在を調べるのに用いられる．(a) プロテインAは細菌のタンパク質で，抗体分子のFcドメインに特異的に結合し，抗体と抗原（ここでは例として酵素カタラーゼを示す）の結合には影響しない．プロテインAはまた，コロイド状のゴールド粒子の表面に強く吸着される．(b) 固定した肝臓の組織片を抗カタラーゼ抗体と反応させると，抗体は組織中のカタラーゼ分子に結合する．結合しなかった抗体を洗い流した後，組織片をプロテインAを結合させたコロイドゴールド粒子と反応させる．すると，電子密度の高いゴールド粒子がカタラーゼに結合している抗体分子に結合し，電子顕微鏡で黒いドットとして観察される．この電子顕微鏡写真では，カタラーゼがペルオキシソームにのみ存在していることがわかる．〔(a) H. Lodish, A. Berk, P. Matsudaira, C.A. Kaiser, M. Kreiger, M.P. Scott, S.L. Zipursky, J. Darnell, "Molecular Cell Biology, 5th Ed.", W. H. Freeman, New York（2004）より改変；(b) H. J. Geuze, *et al.*, *J. Cell Biol.*, **89**, 653（1981）, Rockefeller University Press より〕

この超薄切片（厚さ50～100 nm）を小さい円形のグリッドにのせ，電子顕微鏡で観察する．

電子は細胞のすべての部分を同じように透過するので，膜や種々の細胞内高分子の像を得るためには，組織を重金属で"染色"する必要がある．たとえば，固定剤として用いる**四酸化オスミウム**（osmium tetraoxide）は，膜リン脂質の不飽和炭化水素の炭素-炭素二重結合に結合する．オスミウムは大きくて重い原子なので，電子を屈折させ，オスミウムで染色された膜は電子顕微鏡像で濃く見える．同じように，**鉛塩**（lead salt）や**ウラン塩**（uranium salt）も種々の細胞内高分子にいろいろな強さで結合するので，電子顕微鏡用の細胞の染色に用いられる．

これまでに，電子顕微鏡で細胞の全体像を観察する方法について述べてきたが，多くの場合，明らかにしたいのは特定の分子（通常はタンパク質）の細胞内局在である．ここで再び，タンパク質に対する特異抗体が重要になる．この場合には，電子密度の高い分子で標識した抗体を用いるが，最もよく用いられる標識は，**プロテインA**（protein A）とよばれる抗体結合タンパク質を結合させたコロイド状ゴールド（金，gold）のナノ粒子で（図1・4），市販されている．ゴールドで標識した抗体は，GFPやmycタグや，他のエピトープで遺伝子工学的に標識した融合タンパク質の染色にも用いることができる．

細胞表面や高分子複合体などの，より立体的な像が要求される場合がある．透過型電子顕微鏡では，二つの方法が用いられる．一つは**ネガティブ染色法**（negative staining）で，もう一つは**メタルシャドウィング**（metal shadowing）とよばれる方法である．ネガティブ染色法では，観察する物体（たとえばウイルス粒子）を電子密度の高い物質の溶液（たとえば酢酸ウラニルの5％水溶液）に浮遊し，この浮遊液の1滴をプラスチックの薄いシートの上におき，このシートを電子顕微鏡の試料用のグリッドにのせる．余分の液を除き，残りの液が乾燥すると，へこんだ部分に電子密度の高い物質が残り，図1・5（a）に示すような像が得られる．

もう一つの方法であるメタルシャドウィングを，図1・6に示す．化学的に固定した試料，凍結試料，または乾燥試料を雲母製のシートの上に置き，これを真空チャンバーの中に入れる．試料の斜上にあるフィラメントを熱すると，試料の表面から上に出た部分の片側が金属イオンにより被覆され，**メタルレプリカ**（metal replica）が作成できる．これを電子顕微鏡で観察すると，電子は金属でコートされた表面は透過しないが，物体の影になり金属でコートされない部分は透過する．得られる像は，通常陰画としてプリントするが，きわめて立体的に見える（図1・5b参照）．

凍結試料（次節を参照）の場合には，メタルシャドウィングを行った後，試料の全表面をカーボンのフィルムで覆う．もとの細胞成分を除去すると，メタルカーボンレプリカを電子顕微鏡で観察することができる．メタルシャドウィングと凍結割断法（freeze fracture）とよ

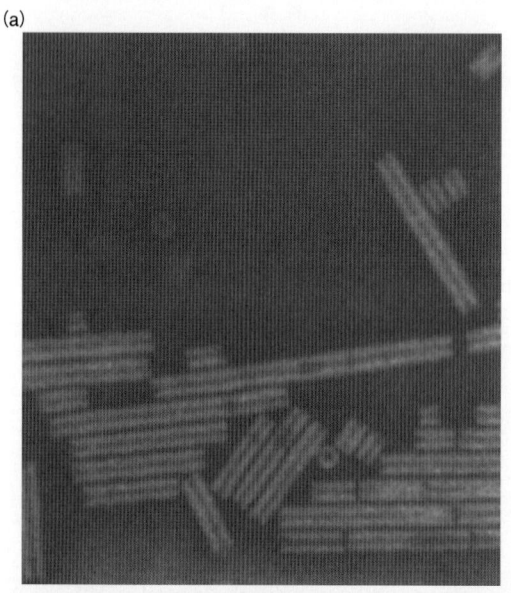

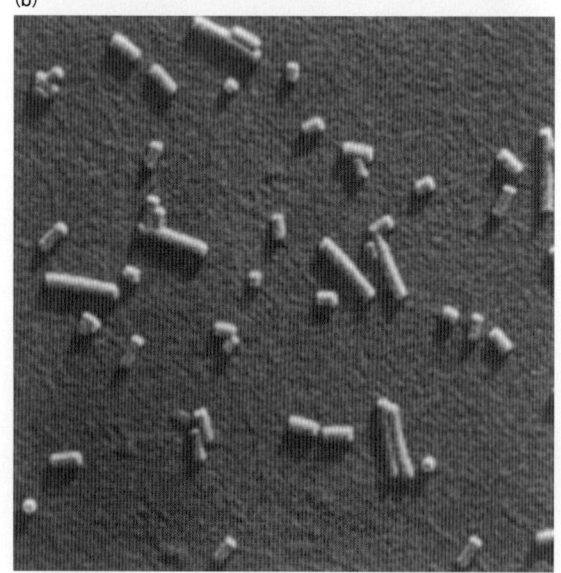

図1・5 **ネガティブ染色された試料とメタルシャドウィング試料の電子顕微鏡像**．タバコモザイクウイルス標品を，(a) リンタングステン酸カリウムでネガティブ染色するか，(b) クロムでシャドウィングした．〔M. K. Corbett 氏より提供〕

ばれる試料調製法を組合わせると，生体膜上のタンパク質の配置を観察することができる．

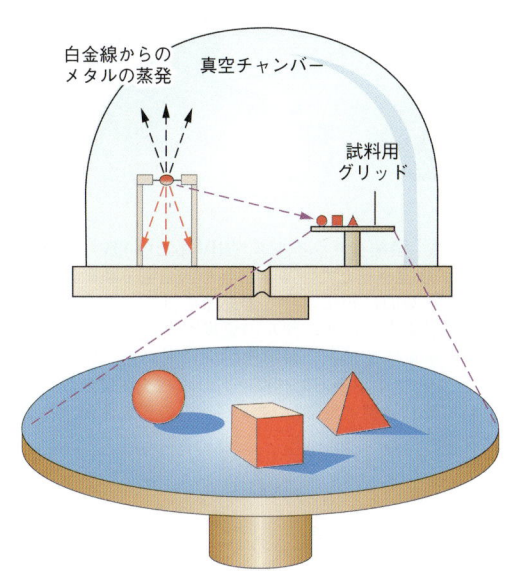

図 1・6 メタルシャドウィング．試料を特別なベル状の容器に入れ，真空にする．メタル電極を熱すると，電極の表面からメタル原子が蒸発する．蒸発したメタル原子は試料の表面にスプレーされ，試料に影をつくる．〔G. Karp, "Cell and Molecular Biology, 3rd Ed.", John Wiley & Sons, New York（2002）より改変〕

低温電子顕微鏡

標準的な固定に伴う試料の脱水や包埋の操作によって，タンパク質は変性する．したがって，電子顕微鏡で分子構造を拡大して観察するとき，構造が変形する可能性がある．この問題を解決する一つの方法は，低温電子顕微鏡法（cryoelectron microscopy）である．この方法では，試料（試料ステージ上の薄いフィルムの中に浮遊させることが多い）を液体プロパン（−42℃）中に入れるか，液体ヘリウム（−269℃）で冷やした金属ブロックの上で，急速に凍結する．氷の大きな結晶ができると分子構造が壊れるが，急速凍結では微小結晶の氷が形成され，分子構造の破壊を防ぐことができる．凍結試料を−160℃に保った特殊なホルダーの上にのせる．場合によっては，試料表面の水を凍結乾燥によって除き（"凍結エッチング freeze-etching"），メタルシャドウィングを行うと，図1・7のような像が得られる．

そのほかに，ウイルス粒子のように多数の同一構造を

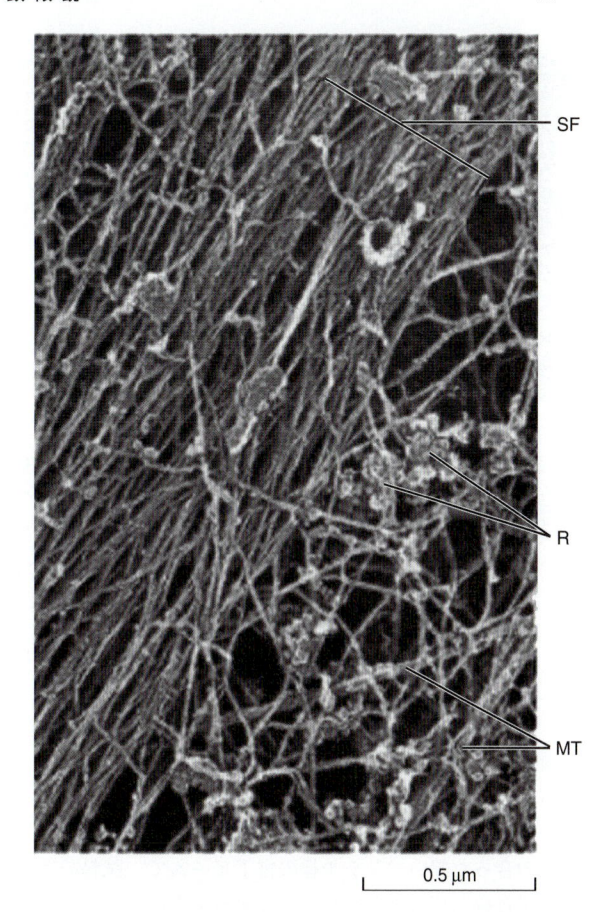

図 1・7 ディープエッチングによって得られた，細胞骨格線維の低温電子顕微鏡像．線維芽細胞を非イオン性界面活性剤トリトン X−100（Sigma, St. Louis）でやさしく処理すると，細胞膜が溶解し，可溶性の細胞質タンパク質が遊離するが，細胞骨格線維の構造は保たれる．界面活性剤で処理した細胞を急速凍結し，ディープエッチングし，白金でシャドウィングし，標準的な透過型電子顕微鏡で観察した．MT，微小管；R，ポリリボソーム（ポリソーム）；SF，アクチンのストレスファイバー．〔J.E. Heuzer, M. Kirschner, *J. Cell Biol.*, **86**, 212 (1980), Rockefeller University Press より〕

観察する場合には，多くの断層面像とコンピューターによる平均化技術を組合わせることにより，三次元像を得ることができる．この技術により，たとえば，それまでわからなかった HIV ウイルスエンベロープのスパイクの"三脚"構造が明らかになった（図1・8）．

走査型電子顕微鏡

メタルコートした試料の表面は，もう一つの型の電子顕微鏡である走査型電子顕微鏡（scanning electron microscope）によって，詳しく観察することができる．透過型電子顕微鏡のメタルシャドウィングと異なり，走査型電子顕微鏡の場合には，試料の表面全体をメタルで

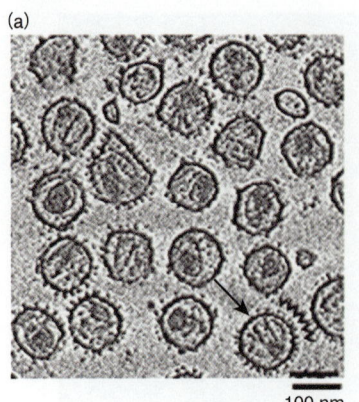

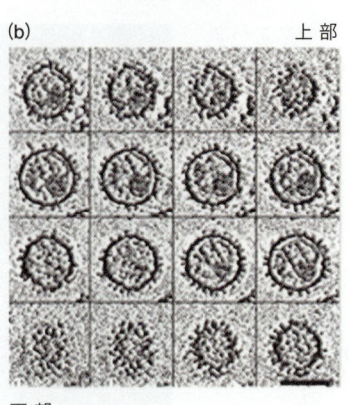

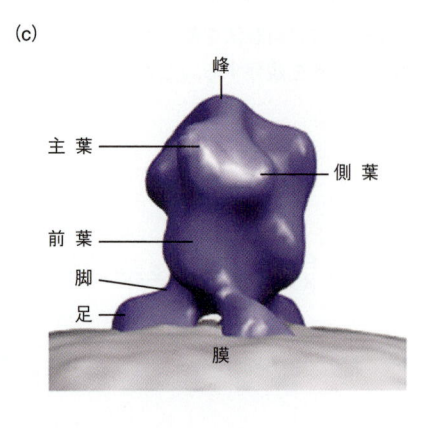

図 1·8 ヒト免疫不全ウイルス（HIV）の低温電子顕微鏡像と断層撮影法. 濃縮したウイルス（HIV または SIV）の浮遊液をグリッド上にのせ，グリッドを $-196\,℃$ の液体エタンの中に入れて急速凍結した．凍結試料を低温電子顕微鏡のグリッドホルダーにのせ，×43,200 で観察した．試料ホルダーの角度を連続的に変化させて連続像を得て，コンピューター処理により三次元構造を構築した．(a) 視野のウイルス．ここに示すウイルスはサルの免疫不全ウイルス（SIV）で，HIV より表面のスパイクタンパク質の密度が高い．矢印で示すウイルス粒子を，断層像解析に用いた．(b) コンピューター処理によって得られた，ウイルスの横断面（上から下へ）．(c) ウイルスエンベロープのスパイク複合体の断層構造．ウイルスの 1 本の gp120（スパイクの球状部）と 2 本の gp41（膜貫通型"足部"）タンパク質の三量体が，ねじれた三脚構造をつくっている．〔P. Zhu, *et al.*, *Nature*, **441**, 847（2006）より〕

被覆する．走査型電子顕微鏡の電子銃や焦点合わせの電磁石は，普通の透過型電子顕微鏡と同様だが，電子ビームの光路に電磁石がもう一つついている．この磁石は，焦点の合った細いペンシル様の電子ビームで，試料の表面を平行線（ラスタ模様）で走査するように設計されている．後方散乱した電子と，メタルで被覆した試料（通常は金または金-白金で被覆する）から放出される二次電子を焦点に集めると，走査像が得られる．走査型電子顕微鏡の分解能は，走査電子ビームの直径に依存する．最新の装置は，約 5 nm の分解能をもつきわめて細いビームを出すことができるので，きわめて詳細な顕微鏡像が得られる（図 1·9）.

原子間力顕微鏡

原子間力顕微鏡（atomic force microscope, AFM）は 1980 年代に開発され，細胞生物学の分野でますます重要な方法になっている．AFM の原理を図 1·10 に示す．ナノスケールのカンチレバー（板ばね）チップが試料表面の上を移動し，カンチレバーチップの上下の動きを，

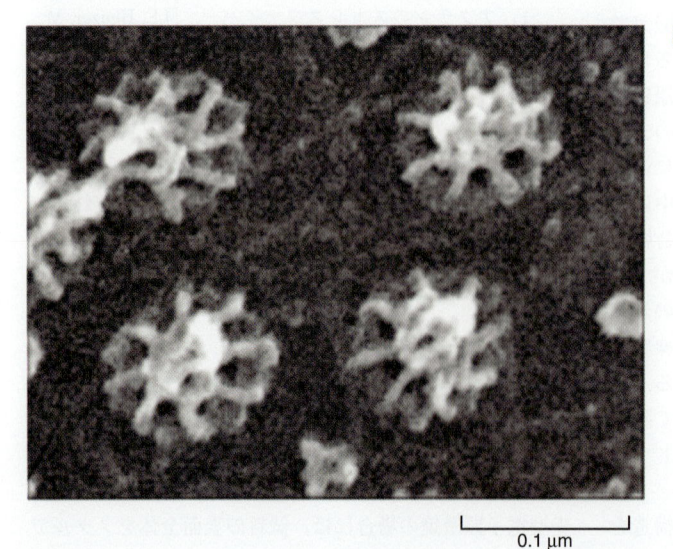

図 1·9a 核膜孔複合体の高分解走査型電子顕微鏡像. 核膜を精製し，走査型電子顕微鏡で観察した．核の内側から見た核膜孔の電子顕微鏡像を示す．〔M.W. Goldberg, T.D. Allen, *J. Cell Biol.*, **119**, 1429（1992）, Rockefeller University Press より〕

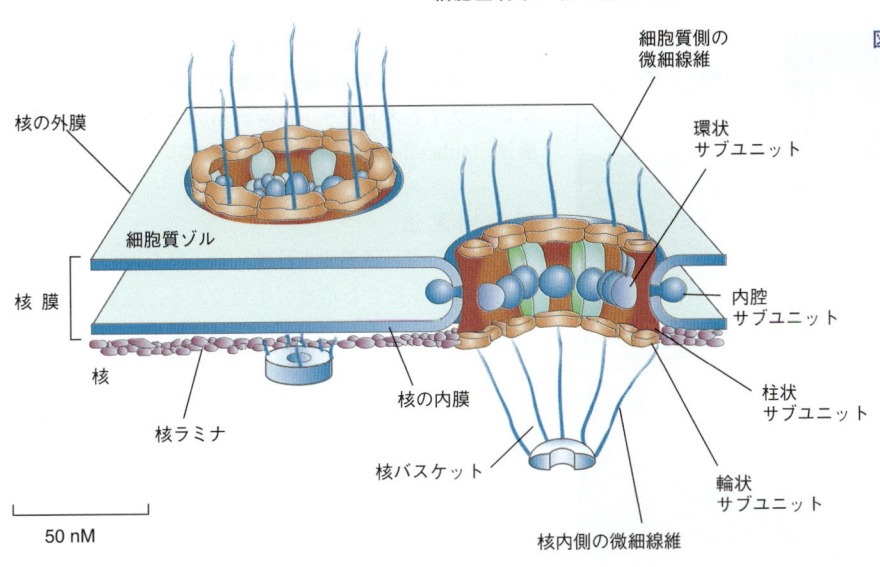

図 1・9b 現在の核膜孔の構造モデル〔B. Alberts, et al., "Molecular Biology of the Cell, 4th Ed.", Garland Science, New York（2002）より改変〕

図 1・10 原子間力顕微鏡（**AFM**）．AFM では，弾力性のあるカンチレバー（板ばね）に鋭利なチップがついた微小なプローブ（探針）で，試料を走査する．プローブが試料の上を移動するときに生じるプローブの変形を，カンチレバーのたわみから計測する．すなわち，レーザー光をカンチレバーの先端に当て，その反射光の変化を複数のフォトダイオードで検出する．

カンチレバーの背面に当てたレーザー光の反射角度の変化によって検出する．ナノメートルレベルの変化を検出することができ，最高の走査型電子顕微鏡と同等あるいはそれ以上の分解能が得られる．

AFM で走査する試料は，走査型電子顕微鏡法で必要なメタル被覆や真空を必要としない．走査型電子顕微鏡と比較して原子間力顕微鏡の特に優れた点は，水溶液中の試料や，さらに培養液中の生細胞を走査できることである．原子間力顕微鏡を用いることによって，たとえば，単離した核膜を用いて（ATPの存在下で），Ca^{2+}の添加・除去による核膜孔の開閉がリアルタイムで証明された．また，生きた膵臓の腺房細胞の頂端面に，融合細孔（fusion pore）とよばれる新しい細胞表面構造が発見された（図 1・11）．

AFM の応用は断層撮影だけではない．たとえば，プローブのチップを試料に押しつけることによって，微小切断が可能となり，単一染色体上の特定部位を切出すことができる（図 1・12）！

さらに AFM には，構造解析以外に，生物物理学的であるが細胞生物学に役立つ使用法がある．この場合には，カンチレバーチップは結合力や変形力を測定するのに用いられる．たとえば，リガンドや反応分子をカンチレバーチップに取付ける．チップを試料に結合させた後に，チップを持ち上げたり，チップが結合している試料を動かすのに要する力を測定することができる．このような実験により，タンパク質のドメインをアンフォールドするのに要する力や，レクチンと糖タンパク質の結合力などを調べることができる．

細胞生物学の他の研究手法

ゲノムプロジェクトで発見された新しい遺伝子の機能

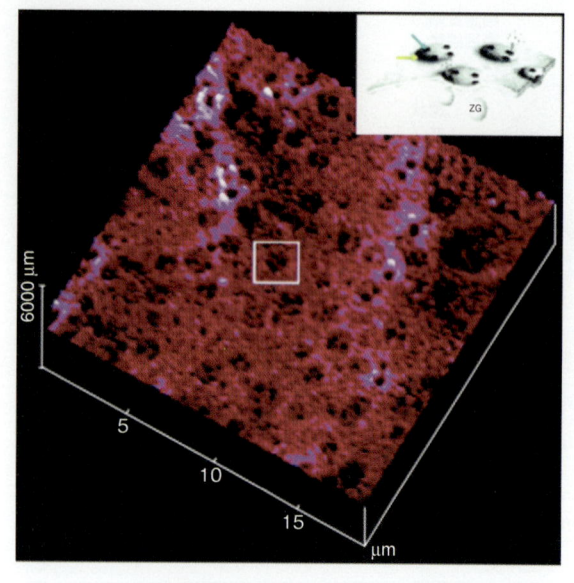

図1・11　生細胞膜の融合細孔の原子間力顕微鏡（AFM）像．生きている膵臓の腺房細胞の頂膜をAFMで走査すると，多くの細孔構造が観察された．これらの細孔は，頂膜上の安定なピット構造の中に存在する（ピット構造の一つを白線の四角で囲む）．挿入図：融合細孔における分泌小胞のドッキングと融合の模式図．幅が100〜180 nmの融合小胞（青い矢印）が"ピット"（黄色の矢印）の中に存在する．ZG，チモーゲン顆粒．〔J. Hörber, M. Miles, *Science*, **302**, 1002（2003）より〕

解析において，顕微鏡法のほかにも多くの有用な技術がある．以下に，**動物細胞培養法**（animal cell culture），**フローサイトメトリー**（flow cytometry），および**細胞分画法**（subcellular fractionation）について述べる．

細胞培養法

多くの細菌（栄養要求性株）は，糖などの炭素源と数種類の塩のみを含む培地で生育できる．従属栄養生物である動物は，アミノ酸やビタミンや脂質の一部を合成する能力を失い，これらの栄養素を食物から取入れなければならない．たとえば，哺乳類は10種類のアミノ酸を食物から取入れる必要がある．哺乳動物細胞を培養するには，これらの10種類のアミノ酸に加えて，動物体内では腸内細菌や肝臓などで合成される3種のアミノ酸（システイン，グルタミン，チロシン）が必要である．1960年代までに，哺乳動物細胞の増殖に必要なアミノ酸や微量栄養素（ビタミン，ミネラル）が明らかになったが，細胞の生存と増殖のためには，培養液にさらに血清（通常5〜10 %）を加える必要があることがわかった．その後，血清にはつぎのような必須タンパク質と成長因子（増殖因子）が含まれていることが明らかになった．1）寒冷不溶性グロブリン（フィブロネクチンの可溶型）などの**細胞外マトリックスタンパク質**（extra-

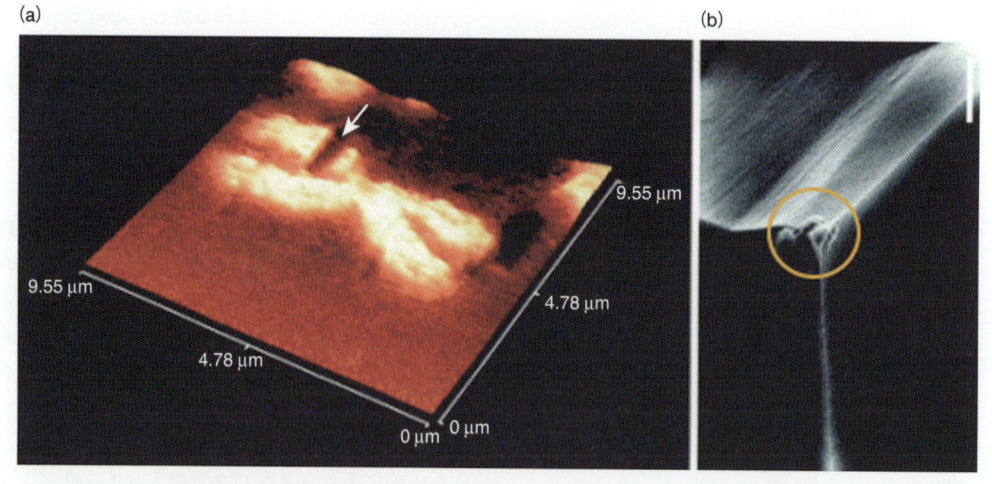

図1・12　ヒト染色体の原子間力顕微鏡による"生検（バイオプシー）"．細胞分裂中期の染色体標本を，顕微鏡用のスライドガラス上に通常の方法で作成し，固定した．ついで空気乾燥と脱水を行い，まずAFMでノンコンタクトモードで走査した．(a) 染色体の特定の部分を切出すためには，プローブに17 μNの下方に向かう一定の力を与えながら，プローブを動かして切断する．(b) (a)の切断に用いたプローブの先端の走査型電子顕微鏡像．染色体から切出した染色体断片がプローブの先端に付着しているところを円で囲む．試料中のDNAは，PCR（ポリメラーゼ連鎖反応）によって増幅することができる．〔D. Fotiadis, *et al.*, *Micron*, **33**, 385（2002）より〕

cellular matrix protein). これらのタンパク質は培養皿の表面をコートし，細胞が接着するための生理的分子として働く．2) **トランスフェリン**（transferrin）．生理的な形で鉄を供給する．3) 3種の**ポリペプチド性成長因子**（polypeptide growth factor）．すなわち，血小板由来成長因子と上皮成長因子とインスリン様成長因子．現在では，血清に含まれる必須因子の精製標品を加えて，完全に組成のわかった増殖培地（合成培地）を調製することができる．合成培地はある場合には有用であるが，通常は現在でも血清が用いられる．

胚の組織は，間葉系や上皮由来の種々の細胞を含んでいるので，培養細胞の材料としては最も適している．しかしすぐに，結合組織の線維芽細胞とよく似た間葉系由来の細胞がほとんどを占めるようになる．この線維芽細胞様細胞は，他のより分化した上皮細胞より速く増殖するので，すぐに他の細胞を圧してしまう．したがって，たとえば肝細胞や乳腺上皮細胞など，より分化した細胞（胚組織または成体組織由来の）を研究する場合には，特別の操作が必要である．また，分化した細胞を長く培養する場合，その分化形質を保ち続けるのが困難なことが多い．一方線維芽細胞は，哺乳動物の分子細胞生物学の基本を解明するのに，大変役に立った．

培養細胞を得るためには，組織をトリプシンやコラゲナーゼなどのタンパク質分解酵素（プロテアーゼ）の薄い溶液でやさしく処理する．このとき，キレート剤であるエチレンジアミン四酢酸（EDTA）を加えることが多い．この操作によって，細胞間の結合がゆるくなり，細胞外マトリックスが壊れ，細胞の浮遊液ができる．細胞を培養液に浮遊させ，滅菌したガラス製または特殊処理したプラスチック製（こちらの方がよく用いられる）の培養皿に移す．細胞は培養皿の底にくっつき，平たく伸びて，培養皿の表面を動いたり増殖したりするようになる．最後には，細胞（線維芽細胞）は皿の表面一杯になり，単層を形成する．この時点で細胞の増殖と運動は著しく低下するか，または停止する．この現象は，**増殖の接触阻止**（contact inhibition of growth）とよばれる．この時点で（通常は細胞をまいてから3～5日後），細胞を再びトリプシン溶液で処理して皿から剥がし，その一部を新しい培養液に浮遊させ，新しい培養皿に移す．この操作を，培養細胞のトリプシン処理（trypsinization）とよぶ．

細胞株と樹立細胞系

動物組織から新しく取出した細胞は，最初はよく増殖するが，その後徐々に増殖速度が低下し，増殖を停止する．この増殖の停止は，動物の種類と年齢によって異なるが，通常は20回から50回の細胞分裂の間に起こる．この現象は**細胞老化**（cellular senescence）とよばれ，それに先立つ増殖速度の低下はクライシス（crisis，クリーゼ）とよばれる（図1・13）．ときどき，特にネズ

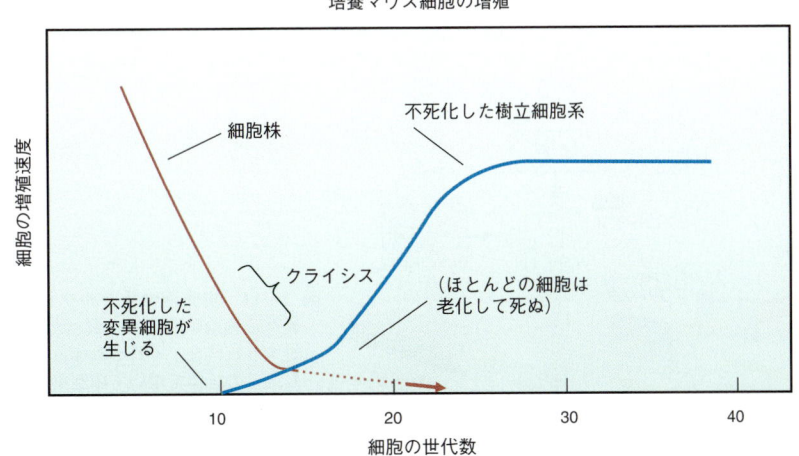

図1・13　**細胞株と樹立細胞系**．ネズミ類の細胞（マウス胚細胞など）を培養すると，最初はよく増殖し，この時期の細胞は"細胞株"とよばれる．しかしその後数回の分裂の後，増殖速度は低下し，細胞は"クライシス"とよばれる時期に入る．さらにその後，ほとんどすべての細胞は老化して死ぬ．しかしながら，しばしば培養細胞の中から無限に増殖できる"不死"の変異細胞が出現する．この変異細胞の子孫細胞が"樹立細胞系"となる．これらの不死化細胞はほとんどの場合，異数体である．〔G. J. Todaro, H. Green, *J. Cell Biol.*, **17**, 299～313（1963）より改変〕

ミ類の細胞では，老化による細胞増殖の制限を逃れて無限に増殖する変異細胞が出現する．これらの細胞は，**樹立細胞系**（established cell line）とよばれる．たとえば，マウス胚細胞ではこのような細胞がしばしば出現する．3T3細胞系とよばれる有名な細胞系は，このようにして得られた細胞系の一つである．細胞系は，培養系で無限に増殖できることより，しばしば"不死"といわれる．マウス3T3細胞のように自然に発生した細胞系は，通常染色体構成に異常があり，前癌的な性質をもつ．

ヒト細胞の初代培養の場合には，クライシスを逃れて樹立細胞系ができることはない．クライシス前のヒトやマウスの細胞は**細胞株**（cell strain），もっと一般的には"初代細胞"とよばれる．しかし初代細胞という言葉は，より正確には，二次培養を行うために動物から新しく取出した，トリプシン処理前の細胞をさす．

細胞老化には，真核細胞の直鎖状染色体DNAの両端に存在する，**テロメア**（telomere）とよばれる繰返し非コード配列がきわめて深く関係する．DNA複製の生化学的な仕組みにより，直鎖状DNA分子が複製されるごとに末端の配列が少しずつ失われる．テロメア配列は，染色体DNAが複製されるときに短くなる"ジャンク"末端DNAとして働き，染色体DNAのコード領域を保護する役割を果たしている．きわめて初期の胚細胞や成体の生殖系細胞や特定の幹細胞では，**テロメラーゼ**（telomerase）とよばれる酵素が発現し，細胞増殖の間もテロメアの長さを維持している．しかし，ほとんどの体細胞ではテロメラーゼは発現しておらず，その結果，DNAが複製されて細胞が分裂するごとにテロメアDNAは短くなる．何回かの細胞分裂の後に，短縮したテロメアDNAは限界に達し，老化プログラムの細胞機構が始動する（たとえば，それ以上の細胞増殖を停止させるなど）．

正常細胞が癌細胞に転換する重要な段階の一つは，テロメラーゼ発現が再活性化されることである．その結果，癌細胞はテロメアの長さを保つことができるので，老化を免がれ，"不死"となる．したがって，癌細胞は細胞培養になじむと，樹立細胞系として増殖する．現在までに，正常なヒト細胞に由来する樹立細胞系は得られていない．入手できる唯一のヒトの樹立細胞系は**HeLa**細胞系で，広く使用されている．このHeLa細胞は，1950年代にHenrietta Lacksという名前の女性の子宮頸癌から得られた．正常な動物細胞は，増殖するために接着して広がることが必要であるが（これを**増殖の"足場要求性（足場依存性）**anchorage requirement"という），HeLa細胞や他の癌由来の樹立細胞系は増殖の足場要求性を失い，細菌や酵母細胞のように浮遊状態で増殖できる．

フローサイトメトリー

フローサイトメトリー（flow cytometry）は，細胞の大きさや粒状性や，細胞に結合させた蛍光標識の強度に基づいて，それぞれの細胞の数を数えたり分離したりする手法である．この解析を行うのに最もよく用いられる装置は，**蛍光活性化セルソーター**（fluorescence-activated cell sorter, FACS）とよばれる．標準的なFACS装置の設計図を図1・14に示す．この装置では，

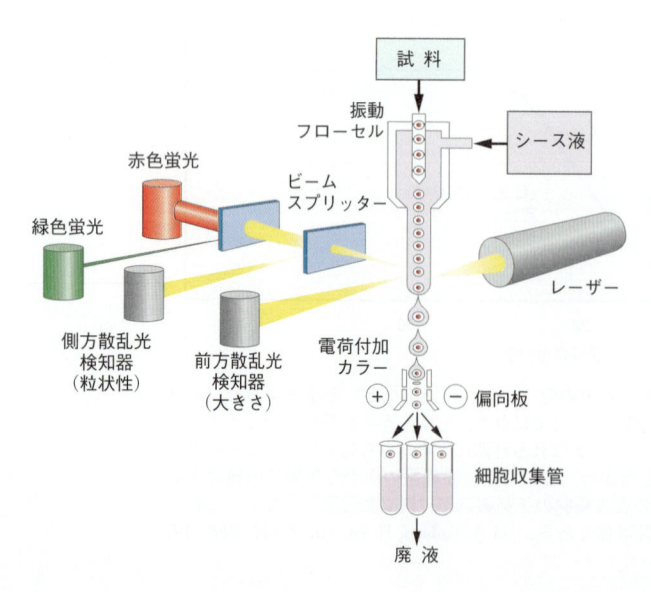

図1・14 蛍光活性化セルソーター（FACS）．二つの異なる細胞膜タンパク質（たとえばCD4とCD8）に対する抗体を，それぞれ赤色と緑色の蛍光分子で標識し，この抗体を用いて細胞集団（たとえば，細胞表面にCD4やCD8を発現している細胞集団）を標識する．標識した細胞を振動フローセルに通すと，細胞1個ずつ含む小滴に分かれる．これらの小滴をレーザー光で励起する．それぞれの小滴について，前方散乱レーザー光，側方散乱レーザー光，赤色蛍光，および緑色蛍光を測定する．これらの測定に基づき，それぞれの小滴に正（＋）または負（－）の電荷を与え，荷電した偏向板によって分離し，収集管に分取する．〔I.M. Roitt, J. Brostoff, D. Male, "Immunology, 5th Ed.", Mosby Year-Book, St. Louis（1998）より改変〕

細胞は一列になってシース液に入り，細胞を含むシース液が特殊な振動ノズルを通ると，ほぼ細胞と同じ大きさの小滴ができる．ほとんどの小滴は細胞を含まないが，一部の小滴は1個の細胞を含む（細胞を含まない小滴や，二つ以上の細胞や凝集体を含む小滴は検出され除かれる）．細胞がノズルに入る直前に，それぞれの細胞はレーザー光で励起され，蛍光色素で標識された細胞は蛍光を発する．前方散乱光や側方散乱光も測定する．これらの測定に基づき，それぞれの小滴は正電荷または負電荷を与えられ（空の小滴や細胞塊を含む小滴は荷電しない），強力な電場によって偏向し（電荷がないと偏向しない），特殊な試料分取器に送られる．

FACS装置は，細胞集団の性質の解析に用いることもできるし（**サイトメトリー**，cytometry），細胞の亜集団の分離に用いることもできる（**セルソーティング**，cell sorting）．初期の装置は，1個のレーザーと4個の光検出器（それぞれ，細胞サイズ測定用の前方散乱光検出器，粒状性測定用の側方散乱光検出器，赤色蛍光検出器，および緑色蛍光検出器）を備えていた．これらの装置は，特定の細胞表面タンパク質に対する赤や緑の蛍光で標識した単クローン抗体を使用して，リンパ球の分化過程における種々の前駆細胞の役割を解明するのに，おおいに役立った．

第二世代，第三世代の装置は，3個のレーザーを使い12種に及ぶ蛍光色に基づいて，細胞を検出したり分離することができる．FACS解析は，たとえばそれぞれのT細胞集団によるサイトカイン産生や，活性化マーカー分子の発現，細胞亜集団におけるアポトーシス誘導などの研究に，きわめて有用である．FACSは，単クローン抗体で標識した細胞表面マーカーを検出するだけでなく，細胞融合後にわずかに存在するハイブリドーマクローンを分離するのにも使用される．この方法によって，有用な単クローン抗体を産生するハイブリドーマクローン（通常では，他の細胞の盛んな増殖によって失われる）を救い出すことができる．また，GFPなどと融合させたレポーター標識タンパク質を発現させる方法と組合わせることにより，レポーターを発現している少数の細胞を検出し分離することができる．フローサイトメトリーの他の応用については，第2章で述べる．

細胞分画法

細胞分画法は，細胞破砕と遠心分離を含む一連の手法である．20世紀後半に，細胞の内部構造を形成している種々の画分や膜構造や細胞小器官が発見されたが（ボックス1・1参照），これらの発見には細胞分画法が深くかかわっている．細胞分画法は，現在の細胞生物学者にとっても，よく用いる研究手法の一つである．

細胞の破砕

細胞の破砕法にはいろいろあるが，どの方法を用いるかは，細胞や組織の種類や研究の目的に依存する．たとえば，培養細胞をやさしく破砕するのによく用いられるのは，ダウンスホモジェナイザーとよばれる装置がある．**ダウンスホモジェナイザー**（Dounce homogenizer）はガラス管と，精巧に磨いたガラス球が先端についたガラス棒（ペストル）からできている．ガラス球は，細胞浮遊液を入れた特殊なガラス管にぴったり接触しながら上下できるように作られている．ガラス棒を数回上下させることにより，核や細胞小器官を壊さずに多くの細胞を破砕することができる．

遠心分離法

細胞を破砕した後，細胞ホモジェネートに含まれる種々の成分を，大きさや質量や比重に基づいて分離するのに，遠心分離法が用いられる．ホモジェネートを大まかに分画するのによく用いられる方法は，遠心力と遠心時間を段階的に上げながら遠心し，それぞれの遠心後の沈殿を集める方法である．まず低速で短時間遠心すると，未破砕の細胞と核が沈殿する．この上清をより速い，中程度の速度で遠心すると，ミトコンドリアなどの細胞小器官が沈殿する．その上清をさらに高速で長時間遠心すると，ミクロソーム（小胞体）やその他の小さい小胞が沈殿する（図1・15）．このタイプの遠心法を**分画遠心法**（differential centrifugation）という．分画遠心法は，大きさや質量が著しく異なる細胞内成分を分離するのに有用である．しかし，この方法で得られた沈殿には，細胞の種々の成分が混じっている．たとえば，ダウンスホモジェナイザーで破砕したホモジェネートの場合，低速の核画分には非破砕細胞のみならず，核を包み込んだ細胞膜の大きな断片が含まれる．またミトコンドリア画分には，リソソームやペルオキシソームが含まれる．

さらに高度の精製と詳細な解析には，つぎの二つの遠心法が用いられる．**レートゾーン遠心法**（rate-zonal centrifugation；**沈降速度法** velocity sedimentation ともよばれる）と，**平衡密度勾配遠心法**（equilibrium density gradient centrifugation；**等密度勾配遠心法** isopycnic density gradient centrifugation ともよばれる）である．どちらの方法でも，細胞内構造物の試料（細胞破砕液または分画遠心法で得られた沈殿）を，スクロースなどの高密度溶液の勾配の上部に狭い層にしてのせる．

レートゾーン遠心法（図1・16a）では，試料を比較

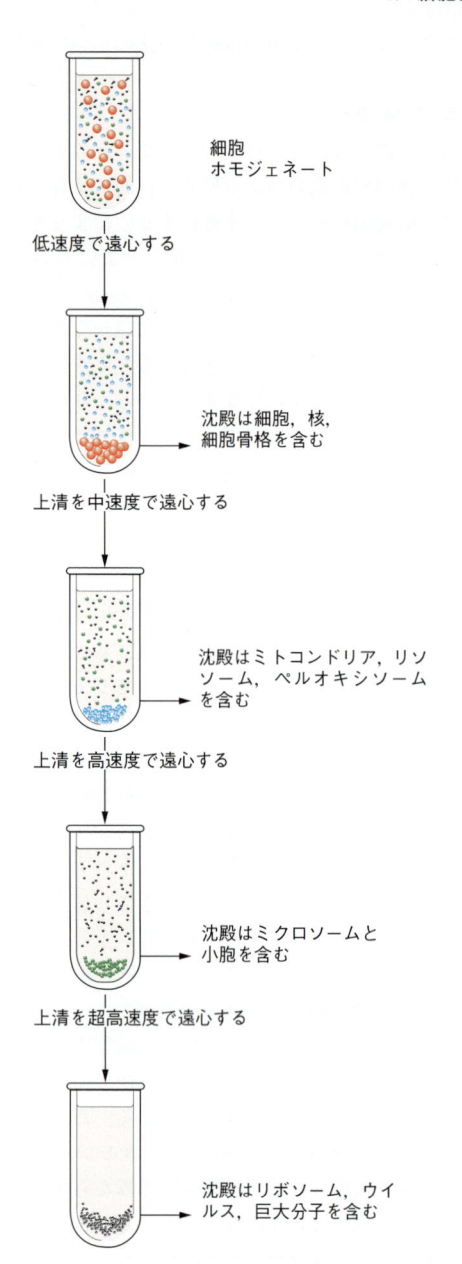

図1・15 **分画遠心法**. 細胞の破砕液を遠心管に入れ，遠心管を調製用超遠心機のローターにセットする．低速で短時間（$800 \times g$, 10分）遠心すると，未破砕の細胞と核が沈殿する．その上清を新しい遠心管に移し，より高速でより長時間（$12,000 \times g$, 20分）遠心すると，細胞小器官（ミトコンドリア，リソソーム，ペルオキシソーム）が沈殿する．その上清をさらに高速で長時間（$50,000 \times g$, 2時間）遠心すると，ミクロソーム（小胞体やゴルジ体の膜の小さい断片）が沈殿する．その上清を超高速（$300,000 \times g$, 3時間）で遠心すると，遊離リボソームやウイルスや他の巨大分子複合体が沈殿する．〔B. Alberts, *et al.*, "Molecular Biology of the Cell, 4th Ed.", Garland Science, New York（2002）より改変〕

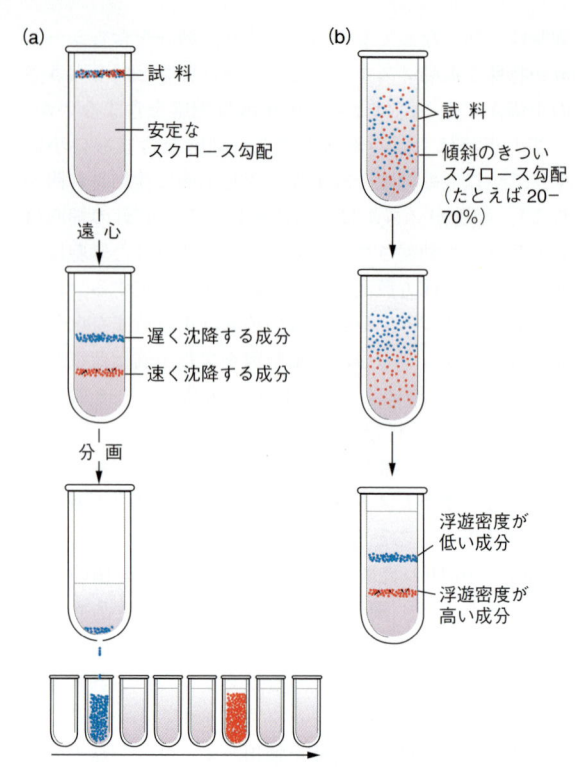

図1・16 **レートゾーン遠心法と平衡密度勾配遠心法**．（a）レートゾーン遠心法では，試料を傾斜のゆるいスクロース勾配の上に重層する．遠心すると，試料中の種々の成分は，それぞれの沈降係数に従って遠心管の底に向かって沈降する．成分を分離した後，プラスチック遠心管の底に穴を開け，画分を分取する．（b）平衡密度勾配遠心法では，試料中の成分を分子の密度によって分離する．試料は傾斜のきついスクロース勾配の上に重層するか，またはスクロース勾配の中に加える．遠心を行うと，それぞれの成分はその浮遊密度と同じ勾配の位置まで移動する．この位置で移動を停止し，勾配中でバンドを形成する．〔B. Alberts, *et al.*, "Molecular Biology of the Cell, 4th Ed.", Garland Science, New York（2002）より改変〕

的ゆるいスクロース勾配（たとえば5–20％スクロース）の上に重層し，適当な速度で（試料中の物質の大きさと質量に基づいて）遠心する．この場合，細胞成分を沈殿させるのではなく，物質をその大きさと形と比重に基づいて分離するために，遠心力を用いる．ゆるいスクロース勾配は，沈降する物質が対流によって混ざらないように安定化する働きをする．試料に含まれる成分を，それぞれの沈降速度によって分離した後（通常は，最も速い成分が沈殿する前に），遠心を停止する．遠心管の底に穴を開け，分離した成分を順番に分取し，分析に用いる．この方法を用いて，たとえばリボソームとポリソーム（ポリリボソーム）が初めて単離され，その性質

が解析された．遠心中に粒子が沈降する速度は，"**沈降係数** sedimentation coefficient"とよばれる値で示され，しばしば**スベドベリ単位** svedberg（S）で表される．Sの値は，物質の質量と浮遊密度と形の関数である．たとえば，哺乳動物リボソームの大サブユニットと小サブユニットの沈降係数は 60S と 40S であり，全リボソームの沈降係数は 80S である．

上に述べた遠心分離法では，物質は主としてその質量と大きさに基づいて分離される．一方，細胞成分は**浮遊密度**（buoyant density）によっても分離することができる．たとえば，種々のタンパク質は分子量が大きく異なるが，すべてのタンパク質はほぼ同じ浮遊密度（約 1.3 g/cm^3）をもつ．炭水化物の浮遊密度は約 1.6 g/cm^3 で，RNA は約 2.0 g/cm^3，膜リン脂質は約 1.05 g/cm^3，脂質とタンパク質を含む生体膜の浮遊密度は約 1.2 g/cm^3 である．これらの固有の分子密度の違いに基づき，**平衡密度勾配遠心法**（equilibrium density gradient centrifugation）を用いて，種々の細胞成分を分離することができる（図 1・16 b 参照）．この場合にも，通常，試料は濃い溶液の勾配の上に重層する．生体膜や細胞小器官の分離にはスクロースを用いる．普通 20－70 ％ スクロース勾配が用いられ，1.1－1.35 g/cm^3 の密度勾配ができる．タンパク質や核酸を分離する場合には，さらに高い塩化セシウム密度勾配が用いられる．数時間の遠心の間に，細胞成分はそれぞれの浮遊密度と同じ密度の位置まで移動し，そこで移動を停止し，勾配中のそれぞれの平衡点で薄い板状の"バンド"を形成する．たとえば，粗面小胞体膜，滑面小胞体膜，リソソーム，ミトコンドリア，およびペルオキシソームはそれぞれ固有の浮遊密度をもち，この方法で互いに分離することができる．

プロテオミクスとゲノミクスの手法は後の章で述べる

ゲノムプロジェクトで新しくみつかった多くの遺伝子の機能を解明することはきわめて重要であるが，現在の細胞生物学の目標はそれだけではない．細胞生物学者が貢献できる他の重要な研究目標には，癌，発生，幹細胞の性質と機能，そしてたぶん最も手ごわいのが Francis Crick の言葉を借りると"意識の神経関連"の分子メカニズムをより深く理解することが含まれる．終わりがないと思われるこれらの研究においては，本章に述べた手法に加えて，他の多くの手法が必要である．これらの手法のなかで二つの最も重要なものは，**質量分析法**（mass spectrometry）と**マイクロアレイ**（microarray）である．マイクロアレイはしばしば"ジーンチップ（gene chip）"ともよばれる．これらの方法については，第 5 章で述べる．

上に述べたような問題を解明するための一つの手法は，**システム生物学**（systems biology）とよばれる分野である．この分野では，それぞれのシグナル伝達経路や遺伝子発現調節系の関係の全貌を解明し，さらにこれらが統合されて細胞のすべての挙動を決定する仕組みを明らかにしようとする研究が行われる．システム生物学的な考え方は，本書で述べるすべての問題を研究するうえで必須である．

まとめ

細胞生物学者は，まだ性質がわかっていない多くのタンパク質の機能を解析するために使用できる，多くの強力で精巧な機器をもっている．これらのなかで，蛍光顕微鏡や電子顕微鏡や原子間力顕微鏡を含む顕微鏡技術と免疫学的手法は，最も有用である．細胞培養法を用いることによって，均一な細胞種を使ってタンパク質の発現や解析ができるし，フローサイトメトリーによって細胞集団の迅速きわめて高感度の解析ができる．相補 DNA のエピトープタグ法により，特に細胞分画法や液体クロマトグラフィーなどの標準的な方法を組合わせることにより，効率的なアフィニティー精製が可能である．二次元電気泳動法とウェスタンブロット法は，複雑なタンパク質混合物を分離し解析するための強力な分析法である．

参考文献

全体を通じて

B. Alberts, A. Johnson, J. Lewis, M. Raff, K. Roberts, P. Walter, 'Manipulating proteins, DNA, and RNA', "Molecular Biology of the Cell, 4th Ed.", Garland Science, New York（2002）.

蛍光顕微鏡

B.N.G. Giepmans, S.R. Adams, M.H. Ellisman, R.Y. Tsien, 'The fluorescent toolbox for assessing protein location and function', *Science*, **312**, 217～224（2006）.

R.Y. Tsien, 'The green fluorescent protein', *Annu. Rev. Biochem.*, **67**, 509～544（1998）.

抗体

E. Harlow, D. Lane, "Using Antibodies. A Laboratory Manual", Cold Spring Harbor Laboratory Press, Cold Spring Harbor, New York（1999）.

電子顕微鏡
M.A. Hayat, "Principles and Techniques of Electron Microscopy, 4th Ed.", Cambridge University Press, Cambridge (2000).

原子間力顕微鏡
D. Fotiadis, S. Scheuring, S.A. Muller, A. Engel, D.J. Muller, 'Imaging and manipulation of biological structures with the AFM', *Micron*, **33**, 385～397 (2002).

J.K.H. Hörber, M.J. Miles, 'Scanning probe evolution in biology', *Science*, **302**, 1002～1005 (2003).

細胞培養法
"Basic Cell Culture: A Practical Approach", ed. by J. M. Davis, IRL Press, Oxford, England (1994).

フローサイトメトリー
L.A. Herzenberg, D. Parks, B. Sahaf, O. Perez, M. Roederer, L.A. Herzenberg, 'The history and future of the fluorescence activated cell sorter and flow cytometry', *Clin. Chem.*, **48**, 1819～1827 (2002).

細胞分画法
K.E. Howell, E. Devaney, J. Gruenberg, 'Subcellular fractionation of tissue culture cells', *Trends Biochem. Sci.*, **14**, 44～48 (1989).

2

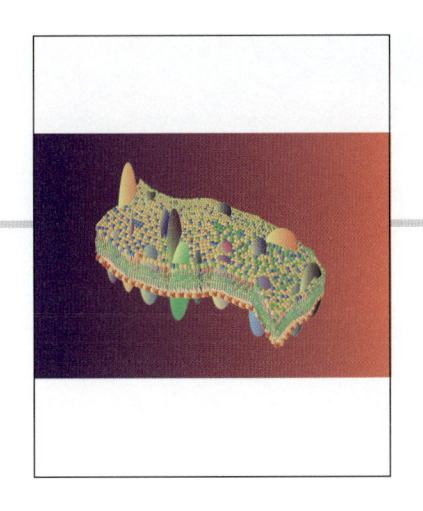

細　胞　膜

　生体膜（biological membrane）は脂質とタンパク質から構成されている．異なる細胞区画の間の壁を形成し，内と外を隔てている．生体膜の障壁なしには細胞は働くことができない．すなわち，膜の正しい構造と機能は生命にとって必須である．

　膜の重要な構成要素であるリン脂質は，親水性の頭部が外側の水と接し，脂肪酸の炭化水素尾部が疎水性の内部で向き合うように並ぶ（図2・1）．この配置を決める力は**疎水効果**（hydrophobic effect）とよばれる．疎水効果は，おそらく生体分子を組立てて，細胞膜（形質膜）や細胞小器官などの複雑な構造をつくるのに働く因子として最も重要である．疎水効果はまた，水溶液中で起こる両親媒性分子のミセル形成など，いろいろな反応にも重要である．

　キッチンで観察される油と水の分離は，疎水効果による．水は水素原子が部分的に正電荷を，酸素原子が部分的に負電荷をもつ極性分子である．水分子はその極性によって，互いに水素結合を形成して集合する性質をもつ．

　水溶液に炭化水素や脂質を加えると水分子の水素結合がいったん壊れるが，水分子の新しい水素結合の形成によって炭化水素の集合が起こる．リン脂質分子は両親媒性で，親水性の極性頭部と疎水性の脂肪酸尾部をもっている．両親媒性のリン脂質を水に入れると，疎水性の脂肪酸尾部が水から遠ざかるように内側に集まり，球状のミセルまたは脂質二重層を形成する．球状ミセルでは脂肪酸尾部が中央に集まり，親水性頭部が外側を向いており，脂質二重層では2枚のリン脂質一重層膜が脂肪酸尾部を内側にして重なっている（図2・1）．脂質二重層は最終的には，疎水性の末端が水に接しないように球状の小胞を形成する．リン脂質分子の形によっては，極性頭部同士が近接して疎水性尾部が外側に露出したような構造をとることもある．このような構造は，脂質二重層の疎水性の内部でみられる．

　リン脂質は水溶液中でミセルや二重層を形成するほかに，空気と水の境界面で炭化水素尾部が空気に接し，親水性頭部が水に接する一重層（単分子層）を形成することもある．この現象は1925年にオランダの薬剤師GorterとGrendelによって発見された．彼らはヒトの赤血球膜から脂質を抽出し，水の表面に置いた．すると，リン脂質膜で覆われた表面積は，脂質の抽出に用いた赤血球膜の表面積の2倍であった．この実験に基づいて，彼らは赤血球膜の脂質が二重層であるとの結論を得た．1965年，英国のケンブリッジにある動物生理学農学研究所のAlec Banghamらは，リン脂質が小胞をつくることを示した．この微小なリン脂質の小胞，すなわちリポソームは細胞膜と共通の性質をもっている．1974年，コーネル大学のEfraim RackerとWalther Stoeckeniusは脂質膜にバクテリオロドプシンとATPアーゼを組込み，光によってATPを合成することに成功した．この実験によって，生体膜に似た単純な人工膜を研究室でつくることができるようになった．1972年，SingerとNicolsonは膜の流動モザイクモデルを提唱した（図2・2）．このモデルの基本は，膜タンパク質がその疎水性部分を脂質二重層の疎水性内部に，親水性部分を水溶液に接するように埋込まれていることである．膜に埋込まれた膜タンパク質は"脂質の海に浮かぶ氷山"のように流動すると考えられた．生体膜をきわめて簡略

30　　　　　　　　　　　　　　　　2. 細 胞 膜

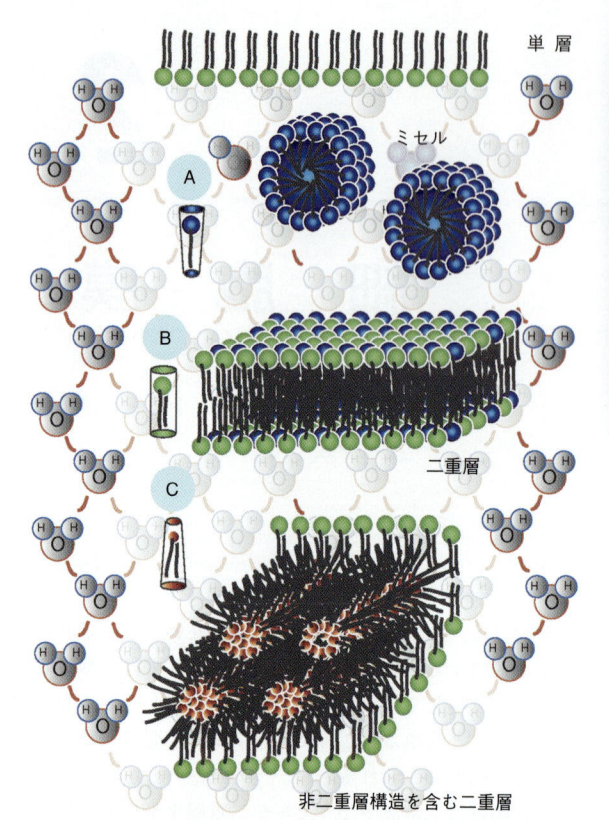

図 2・1　疎水効果は脂質の再編成を起こし，脂質二重層などを形成する．リン脂質を水に加えると，水同士の水素結合を強く破壊する．その結果，リン脂質はその非極性尾部を水から遠ざけ，ミセルや二重層や二重層以外の特定の構造や一層を形成する．疎水効果の駆動力は，水分子がその酸素原子と水素原子の間の水素結合力を最大にしようとすることで生じる．形成される脂質の構造は，脂質の種類と環境によって決まる．脂質分子の形（頭部の大きさと側鎖の性質）が形成される脂質の構造を決めるといえる．界面活性分子のように逆円錐形の分子（A）は，ミセルなどの正に湾曲した（親水性頭部が外表面に出た）構造を形成する．一方，円筒形の脂質分子（B）は二重層をつくりやすい．また円錐形分子（C）の場合には，六方晶形（HⅡ）相のように負に湾曲した（疎水性尾部が外表面に出た）構造をとりやすい．混合脂質ではこれらの構造の組合わせが観察される．

図 2・2　Singer と Nicolson によって提唱された生体膜の流動モザイクモデル．このモデルでは，膜に埋込まれた球状の内在性膜タンパク質は，リン脂質とコレステロールの海の中を自由に動くことができる．

に描く場合は，膜タンパク質をボールのように単純に表し，多様性に富むリン脂質も"球と棒"で表す．脂質二重層に埋込まれたある膜タンパク質の詳しいモデルを図2・16に示す．

　この二重層モデルは，現在でもほとんどそのままの形で生きている．しかし生体膜の構造はもっと複雑である．膜の表層に存在するタンパク質も大切な働きをしている．膜はたえず形を変えており，膜内での脂質-脂質，タンパク質-タンパク質，脂質-タンパク質相互作用や，膜の外側や内側にある構成分子との相互作用が膜の働きを決めている．脂質二重層内での動きや膜を通しての動きはきわめてダイナミックであるが，不規則ではない．すべての膜タンパク質が自由に動くわけではなく，また脂質は特定の領域に集まることがあるので，脂質とタンパク質の膜内での分布は不規則である．また脂質もタンパク質も，膜の内側と外側で大きく異なる分布を示す．タンパク質と脂質の組成と分布を維持することは，タンパク質-脂質相互作用や二重層膜の働きにきわめて大切である．

　哺乳動物細胞の細胞膜や細胞小器官膜を含むすべての生体膜は，共通の基本構造をもっている．生体膜は脂質二重層を基本構造とし，細胞の内と外や，細胞内区画を分ける選択的な透過障壁として働く．したがって，細胞外液の組成は細胞内液の組成と異なり，また細胞質ゾルの極性分子の組成は小胞体やゴルジ体（ゴルジ装置）やミトコンドリアなどの細胞小器官の内部の組成と異なっている．本章では，おもに細胞膜について述べる．

膜 の 脂 質

ヒトや動物の生体膜の脂質組成は
　　　　　　リン脂質，コレステロールおよび糖脂質を含む
　生体の細胞膜や細胞小器官膜は，脂質を 40～80％ 含んでいる．これらの脂質のなかで最も多いのはリン脂質である．ヒトや動物の膜に存在する 4 種の主要なリン脂質は，グリセロリン脂質であるホスファチジルコリン（PC），ホスファチジルセリン（PS），ホスファチジルエタノールアミン（PE），およびスフィンゴシンを含むス

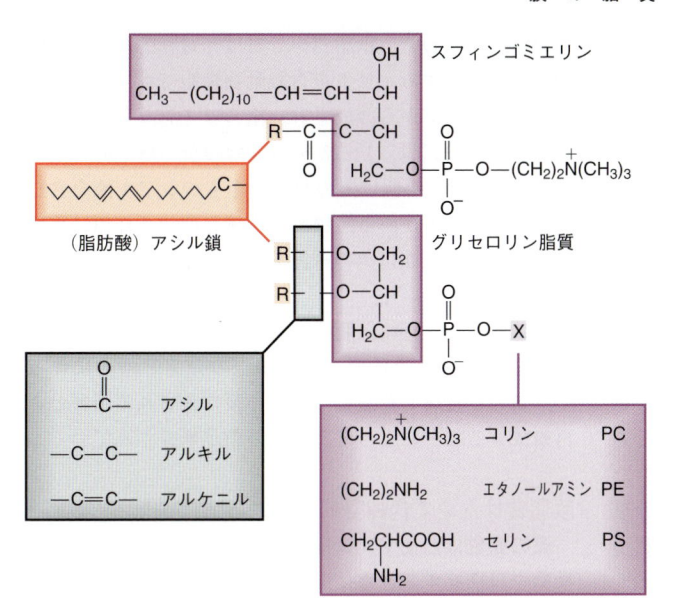

図 2・3　リン脂質の構造．すべてのリン脂質は極性の親水性頭部と非極性の疎水性炭化水素尾部をもつ．グリセロリン脂質はグリセロール骨格をもつ．グリセロールの1位と2位の炭素に結合した長い炭素鎖はリン脂質分子の疎水性部分を形成する．一方，3位の炭素に結合したリン酸と，リン酸を介して結合した頭部が親水性部分を形成する．スフィンゴミエリンでは，スフィンゴシンが骨格となる．スフィンゴシンの炭化水素鎖に加えて，長鎖脂肪酸が第二の疎水性尾部となる．ホスファチジルコリンもスフィンゴミエリンもコリンを含む極性頭部をもつ．

フィンゴミエリンである．膜にはそのほかに，ホスファチジルイノシトール（PI）やホスファジン酸（PA）など多くのリン脂質が少量存在する．これらの分子は量的には少ないが，重要な生理機能をもっている．リン脂質の極性頭部はコリン，セリン，エタノールアミン，イノシトールなどがあり，グリセロールやスフィンゴシン骨格のC-3の位置にリン酸エステル結合で結合している（図2・3）．グリセロリン脂質の疎水性部分はグリセロールのC-1とC-2に結合した脂肪酸の炭化水素鎖を含み，スフィンゴミエリンの場合にはスフィンゴシンに結合した脂肪酸を含む．極性頭部の電荷は，その種類と周囲の溶液のpHによって異なる．中性pHではPSは正味の負電荷をもつ．一方，PCは1個の負電荷（リン酸）と1個の正電荷（コリン）をもち，中性pHでは双性イオンとして挙動する．これらの異なるリン脂質は，頭部や骨格（グリセロールかスフィンゴシン）が異なるだけではない．脂肪酸がグリセロール骨格に結合する形式にも，エーテル結合，ビニルエーテル結合，エステル結合がある．さらに，脂肪酸の長さも炭素14から26まであり，二重結合も0個から6個まである．

ヒトを含む動物の細胞膜のリン脂質はふつう，偶数の炭素原子（16, 18, または20）の脂肪酸を含んでいる．脂肪酸の一つ（多くの場合グリセロリン脂質のC-2の位置に結合している）は，二重結合を一つ以上含む不飽和脂肪酸である．飽和脂肪酸は直線状であるが，不飽和脂肪酸（通常シス形二重結合をもつ）は二重結合の位置で折れ曲がる．

リン脂質分子の脂肪酸尾部は，ファンデルワールス力によって互いに結合している．この相互作用の強さは，脂肪酸の二重結合の数によって変わる．たとえば，パルミチン酸（炭素数16，二重結合0）を二つもつリン脂質は，パルミチン酸とオレイン酸（炭素数18，二重結合1）をもつリン脂質よりも強く，周囲のリン脂質と相互作用する．

これらのすべての分子，すなわち"分子種"は異なる化学的，物理化学的性質をもっている．膜の性質は，これらの分子種の相対的な量によって決まる．それでは，ある生体膜に数千もの分子がでたらめに分布しているかというと，そうではない．分子種の組成は，細胞や膜の種類によって異なる．たとえば，ヒト赤血球膜のリン脂質のおよそ25 %はPCである．このPCのおよそ10 %において，グリセロールのsn-1とsn-2の位置にパルミチン酸がエステル結合している．2分子のパルミチン酸（炭素数16，二重結合0）を含むリン脂質の構造を図2・4に示す．この分子の相対的な量は，赤血球の一生を通してほぼ一定に保たれている．この比率が変わると，赤血球膜の働きが障害されると思われる．ヒト赤血球では，PCおよびPSグリセロリン脂質の90 %以上は，2分子の脂肪酸がエステル結合したタイプである．一方PE（グリセロリン脂質の約25 %を占める）では，グリセロールのsn-1位の約40 %に脂肪酸がビニルエーテル結合している．これらのプラスマローゲンリン脂質の一例（1-パルミテニル-2-リノレオイルPE）を図2・4に示す．

コレステロールは生体膜の主要成分でもある（図2・4参照）．コレステロールは，極性のヒドロキシ基と疎水

性の平面状ステロイド環をもつ両親媒性分子である．コレステロールはリン脂質と相互作用する．コレステロールのヒドロキシ基はリン脂質の極性頭部と接し，ステロイド環は脂肪酸鎖とは平行で膜表面とは垂直にリン脂質中に入り込み，膜リン脂質の構造を変化させる．純粋な脂質二重層膜においても，膜リン脂質はその多彩な性質によって，異なる挙動を示す．たとえば，ジパルミトイルホスファチジルコリン（DPPC）は，パルミチン酸と周囲との強いファンデルワールス力によって，室温で固体またはゲル状である．一方パルミトイルオレオイルホスファチジルコリン（POPC）は，パルミチン酸-オレイン酸ペアと周囲との相互作用が弱く，室温で液体である．DPPCとPOPCを混ぜると，異なる相互作用のために，北極海の氷棚のように，両者は二重層の中で分離する．ここに等モルのコレステロールを加えると，脂肪酸とのファンデルワールス力が変化し，DPPCとPOPCは混じり合うようになる．したがって，コレステロールのおもな働きは，脂質二重層における"分子種の仲介人"ということができる．

これらの主要な脂質は脂質二重層の基本的な構造を決めているが，ほかにも多くの脂質分子が微量存在し，生体膜の働きに重要な役割を果たしている．たとえば，細胞膜には糖鎖が結合した種々の糖脂質が存在する．細胞膜に含まれる糖脂質の糖鎖は，通常細胞の外側に存在している．すなわち，糖脂質の分布は非対称的で，二重層の外層に存在する．ヒトを含む動物細胞では，糖脂質はおもにセラミドから合成され，糖スフィンゴ脂質とよばれる．糖脂質には，1～15個の電荷のない糖が結合した中性糖脂質と，1個以上の負電荷をもつシアル酸を含むガングリオシドがある．糖脂質は細胞間相互作用に重要であり，細胞表面に負の電荷を与え，免疫反応に重要な役割を果たしている．

上に述べたように，脂質二重層は多くの脂質分子種からなる複雑な構造体である．細胞の分化と増殖に伴って，新しく合成した脂質と既存の膜に含まれる脂質とを再構成することによって，新しい膜が形成されていく．

膜脂質はたえず代謝回転している

膜の脂質はたえず代謝回転している．分解と再構成は構造を再構築するときに重要であり，修復の過程でも起こる．たとえば，エンドサイトーシスやエキソサイトーシス，膜の融合を含むような過程，生体膜の構造変化を伴うような過程でみられる（図2・5）．すなわち，分解と再構成はこのような生体膜の輸送を可能にするだけでなく，膜の再構築や修復にも必要である．小胞体とゴルジ体，細胞膜などの異なる膜の間で，たえず脂質が動いているのはその一例である．このような脂質の活発な代謝回転にもかかわらず，それぞれの膜はそれぞれの機能に必要な固有の脂質組成を保っている．すなわち，脂質のランダム化を防ぎ，脂質組成を構築し維持する仕組みが働いている．しかし，脂質組成を"感知"して，特異的な脂質組成を構築する仕組みの詳細は，よくわかっていない．

脂質の代謝回転のもう一つの例は，脂質の酸化的修飾とその修復で，すべての膜でみられる（図2・6）．われわれは，生きるために酸素を利用するという能力のために，高い代償を払っている．酸素は電子と結合する性質があり，活性酸素種（reactive oxygen species, ROS）の不対電子は反応性が高い．多価不飽和脂肪酸はROSの攻撃を受けやすい．ROSは，脂質二重層中のビタミンEなどを含む複雑な抗酸化システムをくぐり抜けて，脂肪酸の二重結合と反応し，酸素を挿入する．その結果，脂質二重層のパッキングが変わり，障壁としての働きが障害される．ホスホリパーゼは膜のこの異常を感知し，脂肪酸のエステル結合を切断する（図2・7）．この結果生じる遊離アルコールをもつ"リゾリン脂質"は，再アシル化してリン脂質に戻さねばならない．脂肪酸は，そのカルボキシ基にATPのエネルギーを用いて補酵素A（CoA）が結合し，チオエステルが形成され活性化される．したがって，この反応を行う酵素であるアシル

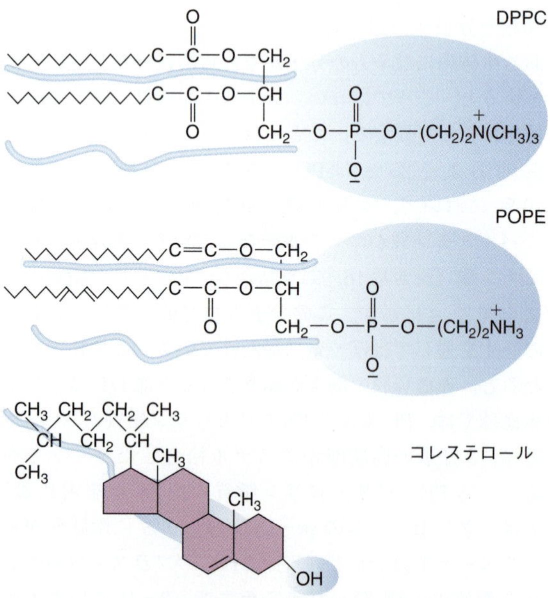

図2・4 二つのグリセロリン脂質，ジパルミトイルホスファチジルコリン（DPPC）と1-パルミテニル-2-リノレオイルプラスマローゲンホスファチジルエタノールアミン（POPE），およびコレステロールの構造

CoA シンターゼ（ACSL）によって，チオエステル結合中にエネルギーを蓄えた活性脂肪酸が合成されることになる．アシル CoA 分子はついでリゾリン脂質アシル CoA アシルトランスフェラーゼ（LAT）反応に使用され，脂肪酸とリゾリン脂質がエステル結合し，新しいリン脂質分子が生成するとともに，CoA が再生される．

ROS による脂質二重層の傷害が非選択的で，すべての脂肪酸（食物に由来する）が修復反応に利用できると仮定すると，脂質二重層の組成を元に戻すための修復反応はきわめて特異的でなければならない．この反応には，多くのアイソフォームを含む膨大な数の酵素群が働いているが，これらの酵素の多くは性質がまだよくわかっていない．修復の仕組みを理解したり，この仕組みが障害されたときの病態を理解するためには，これらの酵素の働きを明らかにすることが必要である．

脂質の代謝は，膜を再構築したり修復したりする場合のほかにも，生理的過程の正常な反応として行われる．例として，ホスホリパーゼの作用をみてみよう．リン脂質のエステル結合は，この結合に水を加えて切断する加水分解酵素によって切断される．ホスホリパーゼは，局在場所や分子量や性質の異なる多くの酵素からなる，大きなファミリーを形成している．切断するエステル結合の部位によって，つぎのように分類することができる（図 2・7）．ホスホリパーゼ D は，リン酸と頭部の間のエステル結合を切断する．ホスファチジルコリン（PC）が切断されると，ホスファチジン酸（PA）とコリンが生じる．ホスホリパーゼ C はグリセロール骨格の C-3 の位置で切断し，ジアシルグリセロール（DAG）を生じる．スフィンゴミエリンが C 型酵素で分解されると，セラミドが生じる．ホスホリパーゼ A_2 は C-2 の位置で切断し，リゾリン脂質を生じる（図 2・6参照）．

これらのホスホリパーゼによって生じる生成物は，生

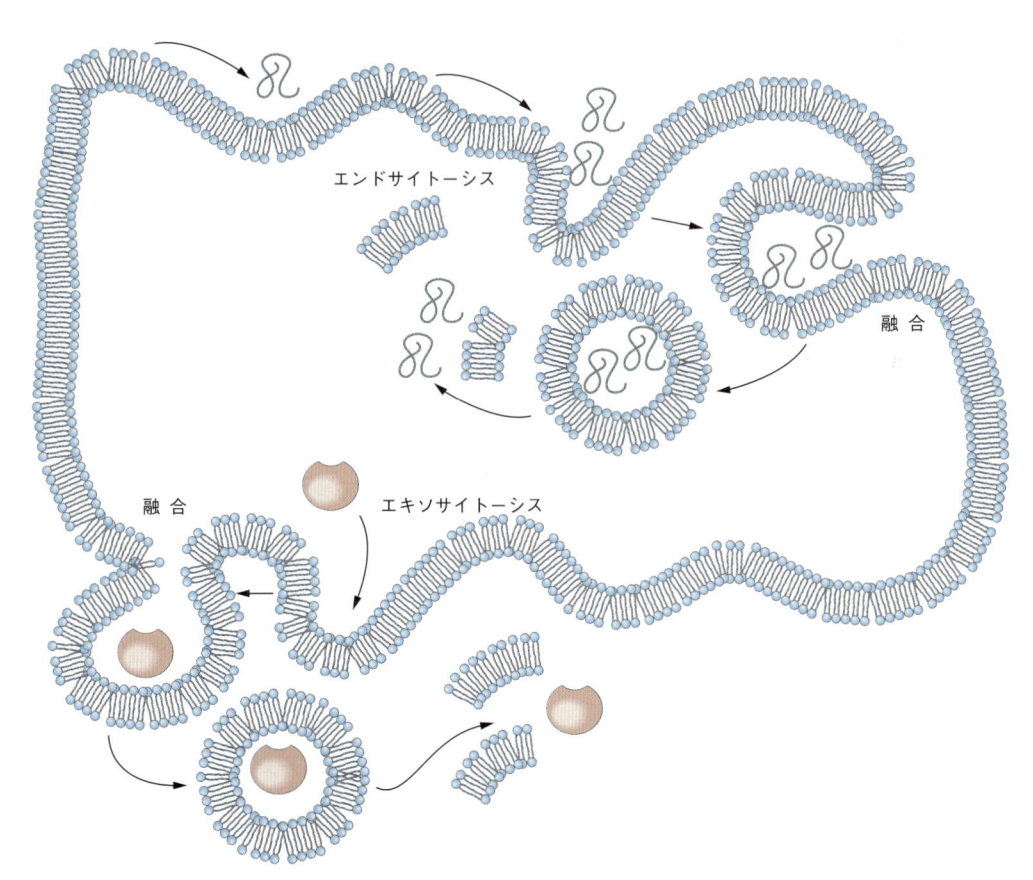

図 2・5 エンドサイトーシスとエキソサイトーシス．粒子などの高分子物質は，エンドサイトーシスとよばれる能動的な過程によって細胞に取込まれる．細胞膜はその部分で脂質の組成を変化させて粒子を包み込み，最後に細胞膜が融合して閉じ，小胞が形成される．細胞膜の脂質はその後，元の組成に戻るように再構築される．ファゴサイトーシスはエンドサイトーシスの一例である．エキソサイトーシスでは同様の過程が逆向きに起こる．例として，細胞外酵素やホルモンの分泌や，神経伝達物質の放出などがある．

理的に重要な働きをしている．ホスホリパーゼA_2によるアラキドン酸の遊離は，炎症の過程でシグナル分子として働くロイコトリエンやトロンボキサンなどの合成において，最初の重要な反応である．PCからホスホリパーゼD（PAが生成する）とホスホリパーゼA_2の2反応によって生成するリゾホスファチジン酸（LPA）は，創傷治癒などの多くの過程で強力な脂質メディエーターとして働く．ホスホリパーゼCの作用で生じるDAGは，細胞内シグナル伝達に働く．セラミド（スフィンゴミエリナーゼによって生成する）などの，スフィンゴミエリンから生じる生成物も生理的に重要である．もう一つの重要な産物はスフィンゴシン1-リン酸で，この分子はLPAと構造が類似しており，LPAとともにシグナル伝達経路で働いている．ホスファチジルイノシトールのリン酸化型であるホスファチジルイノシトールビスリン酸（PIP_2）が，ホスホリパーゼCで分解されて生成するイノシトールトリスリン酸（IP_3）は，細胞内シグナル伝達のきわめて重要なメディエーターである．脂質を介するシグナル伝達の一例を図2・8に示

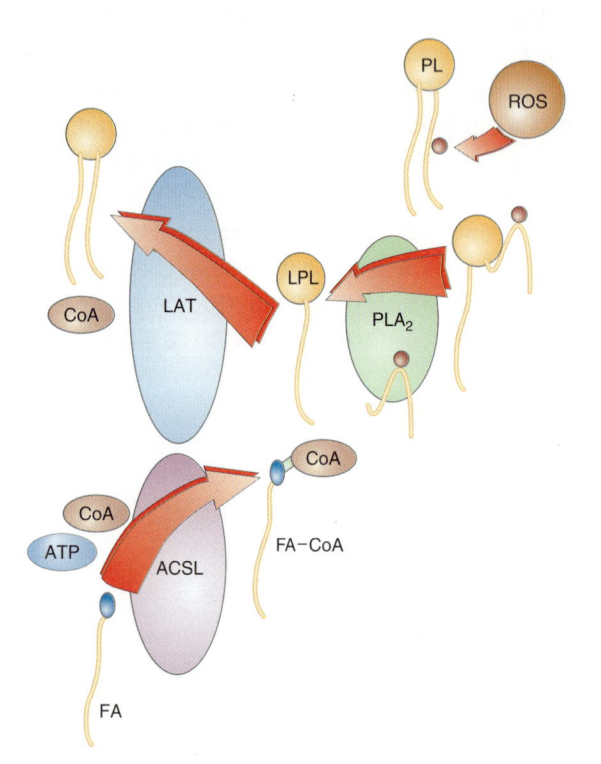

図2・6　酸化的に傷害されたリン脂質の修復．活性酸素種（ROS）は，リン脂質（PL）に含まれる不飽和脂肪酸（FA）を酸化する．ホスホリパーゼA_2（PLA_2）はこれを認識し，リン脂質をリゾリン脂質（LPL）に分解する．脂肪酸は，アシルCoAシンターゼ（ACSL）によってATPを用いてアシルCoA（FA-CoA）に活性化される．アシルCoAとLPLから，LPLアシルCoAアシルトランスフェラーゼ（LAT）によってリン脂質が再生される．遊離したCoAは次回の反応に用いられる．

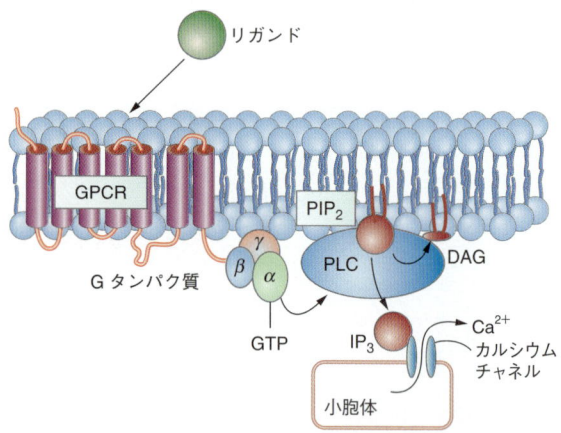

図2・8　Gタンパク質を介するシグナル伝達．リガンドは細胞膜上のGタンパク質共役型受容体（GPCR）に結合する．ついでホスホリパーゼCが活性化され，ホスファチジルイノシトールビスリン酸（PIP_2）をジアシルグリセロール（DAG）とイノシトールトリスリン酸（IP_3）に分解する．IP_3は小胞体からカルシウムを遊離させ，細胞質ゾルのカルシウムを上昇させ，シグナルが伝達される．

図2・7　ホスホリパーゼはリン脂質を加水分解する．ホスホリパーゼの種名は，分解するエステル結合によって決められている．ホスホリパーゼA_2（PLA_2）とホスホリパーゼD（PLD）とホスホリパーゼC（PLC）を示す．

す．Gタンパク質（GTP結合タンパク質）共役型受容体（GPCR）の細胞外部分にリガンドが結合すると，受容体が活性化され，シグナルが細胞内に伝達される．GPCRは心血管系，呼吸器系，消化管系，神経系，精神系，代謝系，内分泌系などの多くの障害に深くかかわっている．GPCRは，共役しているGタンパク質の種類によっていくつかのグループに分類される．これらのGPCRは，種々のシグナル伝達経路を活性化するが，その一つに，ホスホリパーゼCを活性化し，DAGとIP_3を含む生理活性分子を生成する経路がある．

上に述べたように，リン脂質の代謝回転は，膜のリン

脂質組成の維持を含む多くの生理過程において，重要な役割を果たしている．

膜脂質はたえず流動している

　脂質二重層の複雑な構成に加えて，膜はきわめて動的な系であることを理解しておくことが大切である．この動的な性質は，しばしば流動性（fluidity）や運動性（mobility）やパッキング（packing）という言葉で表される．膜リン脂質が生体膜の中で行う運動には，いくつかの型がある（図2・9）．

　リン脂質は，分子の長い中心軸の周りを速い速度で回転することができる．リン脂質の脂肪酸鎖はやわらかで，あらゆる方向にくねるように動くことができる（ただし，脂質二重層内部の疎水性部分に向かって動きやすい）．リン脂質は37℃では，生体膜の横方向におよそ 1×10^{-8} cm^2/秒の速度で動くことができる．すなわち，あるリン脂質分子は隣の分子と1秒間に 10^7 回入れ替っていることになる．リン脂質はまた，二重層を横切って動く（フリップ・フロップする）ことができる．このフリップ・フロップは，極性の頭部が脂肪酸鎖の非極性層を通らねばならないので，タンパク質の非存在下では大変遅い．しかしタンパク質が存在すると，この運動は両方向ともに促進される．膜の成分の運動全体をしばしば流動性とよぶが，この言葉は特定の分子，または一群の分子がどのように動いたりゆらいだりするかを示す，曖昧な言葉である．特定の膜成分の運動は，脂質であれタンパク質であれ，隣接する分子とのファンデルワールス力を含む相互作用によって決まる．膜の成分は複雑なので，分子の"パッキング"を決める相互作用は部位によって大きく異なる．すなわち，運動は分子ごとに異なるので，運動全体を記載するのは困難である．コレステロールはリン脂質のパッキングを変える（前述）とともに，リン脂質の水平方向の運動性を低下させるが，このことより，パッキングが運動性を変化させることがわかる．リン脂質は脂質二重層中を速く動くことができるが，この運動はランダムではない．生体膜では，特定の脂質やタンパク質を多く含むドメインが形成される．たとえば，"ラフト（raft）"とよばれる微小ドメインは，シグナル伝達などの生理過程に関与している（図2・8参照）．異なるタンパク質や脂質分子が協調して働くには，これらの分子は近くに集合する必要がある．いいかえると，この構造が壊れると，シグナル伝達などの過程が障害されることになる．細胞膜上のラフトはふつう，スフィンゴミエリン，飽和グリセロリン脂質，コレステロールなどの分子を多く含んでいる．膜のコレステロール含量を低下させるとラフトは消失し，膜の機能が変化する．すべての脂質は膜内においてのみならず，周囲の環境に対しても平衡状態にある．もしこれらの脂質分子が，その疎水効果によって二重層を形成したとしても，この構造は絶対的な"全か無か"の構造ではなく，平衡状態にある．脂質によっては，異なる脂質二重層の間を移動することができる．脂肪酸の炭素数が16以下の場合は疎水性が低下し，一部は二重層から遊離する．したがって，哺乳動物細胞の細胞膜は安定性を保つために，炭素数の少ない脂肪酸をほとんど含んでいない．遊離脂肪酸やリゾリン脂質やコレステロールは比較的に膜から遊離しやすく，他の膜との間を移動しやすい．長鎖脂肪酸を含むリン脂質の膜間の移動は，脂質輸送の乗り物として働く脂質交換タンパク質によって促進される．このタンパク質は脂質と結合し，脂質の疎水性部分を水層に触れないようにしている．脂質交換タンパク質には，脂質に対する特異性が高いものも低いものもある．血清アルブミンはその濃度がおよそ2％と高く，種々の脂質分子と結合して輸送タンパク質として働いている．

　リポタンパク質はその名前が示すように，脂質と特定のタンパク質からできており，これらの脂質分子を肝臓から他の組織へ輸送する．この輸送系が変化すると，細胞膜を含め細胞の脂質組成が変化する．たとえば，赤血球膜はリポタンパク質と脂質を交換する．したがって，リポタンパク質が変化すると，これらの細胞の膜も変化する．肝臓が障害されるとリポタンパク質が変化する結果，血液細胞の膜が変化することがある．細胞にコレステロールが過剰に蓄積すると，細胞機能が障害される．細胞膜は，もともとかなりの量のコレステロールを含んでいるので，少しくらい増加しても大丈夫ではないかと考えられるかも知れない．確かに少しの増減には耐えられるが，明確な限度があり，それを超えると脂質-タンパク質相互作用が変化し，細胞は著しく障害される．

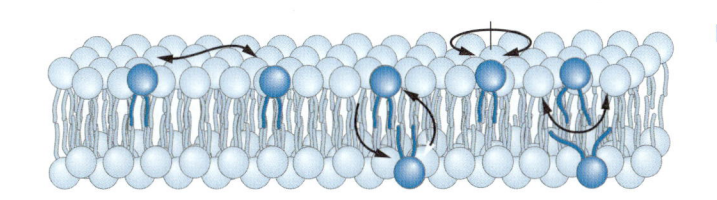

図2・9　**脂質二重層におけるリン脂質の運動**．リン脂質は二重層の水平方向に速く動くことができる．リン脂質は二重層を横切って反転移動することもできる（フリップ・フロップ）．リン脂質は中心軸の周りを速く回転することができる．また，脂肪酸尾部はたえず折れ曲がるような運動をしている．

臨床例 2・1

ティモシー・ドイル（Timothy Doyle）は41歳の白人で失職中の大工で，感謝祭の翌日警察によってボストン市立病院に搬入された．彼は深夜にボストン公園のベンチで寝ているところを発見された．最初はなかなか目を覚まさなかったが，緊急部門（ED）の研修医に"七面鳥を食べた後かなり飲んだ"と話した．脈拍，呼吸，体温は正常．大変やせて無気力で，実年齢より老けてみえる．顔色が大変悪く，明らかに黄疸と思われる．心臓と肺の聴診では異常がなかった．腹部は膨満し，へその周囲には"メズサの頭"とよばれるクモ状の静脈の拡張がみられた．腹部の触診より腹水が明らかである．脾臓は正常の2倍くらい肥大しているらしい．肝辺縁ははっきり触知し，表面は結節性で，深く息を吸った状態で胸部より4横指（8 cm）下がっている．神経学的検査では時間と場所はわかっており，EDの職員も見分けられた．しかし目を閉じた状態で腕を前方に伸ばすと，大きい震えと，手首を繰返してゆっくり曲げるような運動がみられた．EDでの簡単な検査では，ヘモグロビン値は6.8 g/L，網状赤血球19％で，重症の溶血性貧血であった．白血球数は11,000/μLで，血小板数は70,000/μLと低値．血液塗抹検査では，赤血球の大部分が多数の不規則なスパイク様の突起をもつ"拍車"様の細胞に変形していた．

ビリルビン値は8.7 mg/dLで，間接ビリルビンが3.5 mg/dL，直接ビリルビンが5.2 mg/dL．尿の色は濃く，胆汁色素を含む．アルカリホスファターゼは50 IU/L，アスパラギン酸アミノトランスフェラーゼは270 IU/L，アラニンアミノトランスフェラーゼは115 IU/L．プロトロンビン時間は国際標準比（INR）で3.7．容態は安定していたので，研修医はプロトロンビン時間の上昇に対してビタミンKを，またアルコール中毒で起こる手の震えや妄想を防ぐ目的でビタミンBカクテルを注射した．研修医はさらに，血液バンクに適合した血液を6単位依頼した．しかし午前4時に，患者がシーツいっぱいに大量の吐血をしているのが，見回りの看護師によって発見された．血圧は60/40 mmHg，脈拍45．ただちにアドレナリンを注射し，血液バンクに電話で血液を依頼したが，血液が届く前に出血で死亡した．

肝硬変の細胞生物学，診断と治療

患者は，アルコール中毒による重症のレンネック型肝硬変であった．プロトロンビン時間の著しい延長と血小板減少によって，消化管出血が起こりやすい状態であった．消化管出血は，末期の肝障害で門脈圧が上昇している患者でよくみられる．著明な腹部静脈の拡張からわかるように，血圧上昇によって食道静脈瘤が形成され，これが破裂したものである．重度の肝細胞障害を示す検査結果のなかで，拍車様赤血球による溶血性貧血は特に注意が必要である．肝障害の患者で，血漿と赤血球膜のコレステロールバランスが悪いと，短期間に死亡することが多い．

脂質二重層の外層と内層のリン脂質の分布が異なるのに加えて，リン脂質は外層と内層の間を反転移動する．このフリップ・フロップもでたらめに起こるのではなく，二重層に存在するタンパク質によって制御されている．ヒトの正常な赤血球膜におけるリン脂質の分布を，図2・10に示す．ホスファチジルコリン（PC）やスフィンゴミエリン（SM）はおもに外層に存在し，アミノリン脂質のうちホスファチジルエタノールアミン（PE）はおもに内層に，ホスファチジルセリン（PS）はすべて内層に存在する．細胞膜のリン脂質の非対称な分布は，ほとんどの哺乳動物細胞でみられる．PS（とPE）はアミノリン脂質トランスロカーゼ，すなわちフリッパーゼによって外層から内層へ活発に輸送される．この酵素は，1分子のPS分子を輸送するのに1分子のMg-ATPを消費する．最近，このフリッパーゼ（P-ATPアーゼファミリーの一員である）に赤血球で二つのアイソフォームが同定された．しかし，これらのアイソフォームの膜内での構造や機能の違いは，まだ解明されていない．二つのタイプは，ともにアミノリン脂質を輸送するが，PEやPSや他のリン脂質に対する特異性が異なるのかも知れない．

外層から内層への能動輸送のほかに，内層から外層へ脂質を輸送するタンパク質が複数同定されている．これらのタンパク質のなかには，ATPのエネルギーを用いて一方向性に能動輸送するものと，双方向性にランダムに輸送するものがある．これらの輸送において，ATP結合カセット（ATP-binding cassette, ABC）を含むトランスポーターが重要な役割を果たしている．ABCトランスポータースーパーファミリーの代表的なものに，多剤耐性（multidrug resistance, MDR）ATPアーゼや，リポタンパク質代謝に関与するABCA1などがある．

癌研究者は，癌がしばしば広範囲の異なる抗癌薬に対して耐性であることに気づいたが，この観察からMDR ATPアーゼが発見された．この耐性の原因は，癌細胞がMDR ATPアーゼを過剰発現し，ATPの加水分解のエネルギーを用いて疎水性の抗癌薬を細胞外へ排出することによる．多くの抗癌薬は疎水性なので，有効濃度を維持するのは難しい．通常，MDR ATPアーゼは肝臓と腎臓と腸管に発現しており，有害物質をそれぞれ胆汁と尿と腸管内へ排出すると考えられる．したがって，一部の肝癌は広範囲の抗癌薬に耐性であり，治療が難しい．

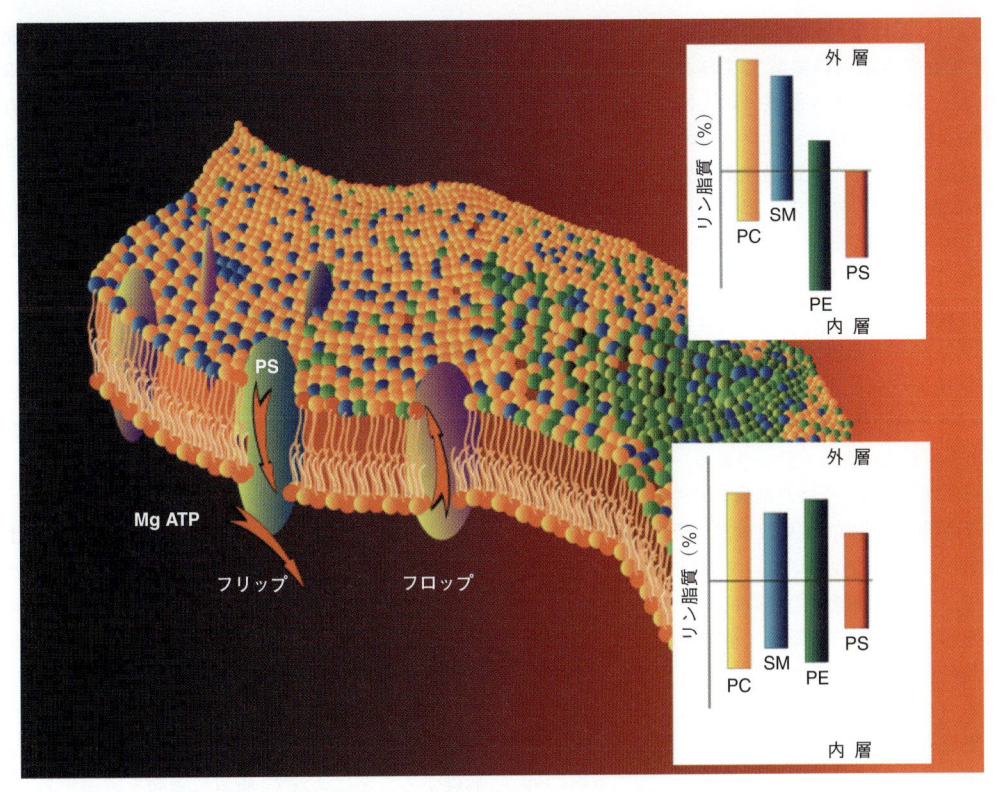

図 2・10　正常なヒト赤血球膜におけるリン脂質の分布．コリンを含むリン脂質（ホスファチジルコリン PC とスフィンゴミエリン SM）はおもに二重層の外層に存在し，一方アミノリン脂質のうちホスファチジルエタノールアミン（PE）はおもに内層に，ホスファチジルセリン（PS）は内層にのみ存在する（挿入図上）．フリッパーゼが不活性化し，リン脂質の内外層のスクランブル化が亢進すると，PS が細胞表面に露出することになる（挿入図下）．

　PS の外層から内層への輸送も，両層間でのリン脂質の交換反応も，PS が細胞表面に露出しないように高度に制御されている．リン脂質の交換反応が活発な場合にも，フリッパーゼが働く限り，PS が細胞表面に露出することはほとんどない．しかし交換反応が活発で，しかもフリッパーゼが不活性化したときには，二重層を横切っての脂質のランダムな移動が起こり，PS が細胞表面に露出し，特定の反応をひき起こす．PS の露出は血小板活性化に深く関係しており，プロトロンビナーゼ複合体などの血液凝固因子の結合部位を形成する．血液凝固因子複合体が細胞表面の PS に結合すると，プロトロンビンはトロンビンに切断され，血液凝固が起こる．しかし，PS のランダムで不適切な露出が起こると，正常な血液凝固反応が障害される．また，PS の露出は細胞の識別と除去にも重要である．アポトーシス，すなわちプログラム細胞死の初期には，PS は細胞表面に露出する．マクロファージはこの異常な細胞表面を認識して，アポトーシスを起こしつつある細胞を貪食する．この貪食によって，アポトーシス細胞が有害な分解産物を細胞外へまき散らすのを防ぐことができる．したがって，PS の細胞外露出はアポトーシス開始の強力なサインとなる．プログラム細胞死は，組織リモデリングにきわめて重要である．フリッパーゼの活性を抑制して脂質のランダム化を促進する過程の仕組みはよくわかっていないが，それに関与するシグナル伝達経路が細胞内で活性化されたり，細胞外からひき起こされたりするのであろう．このシステムの制御がうまくいかなくなり，PS が細胞外に露出すると，その細胞は予定より早く除去されることになる．一方，アポトーシスがうまく制御されていると，細胞は正しく除去され，正常な組織発生が起こる．アポトーシスの厳密な制御はきわめて大切であり，この制御が障害されて癌細胞が生じることがある．これらの過程の調節に，細胞膜を通してのカルシウムの移動が重要な役割を果たしていると考えられる．たとえば，ヒト赤血球ではカルシウム能動輸送体であるカルシウム ATP アーゼが，カルシウムを強い濃度勾配に逆らって

細胞外へ排出している（イオンの輸送については後に述べる）．カルシウム濃度は血漿ではおよそ2 mMであるが，赤血球中ではナノモル濃度（10^{-9} M）に保たれている．生理的な反応またはカルシウムイオノホアの添加によって，細胞のカルシウム透過性が上昇すると，細胞内カルシウム濃度は上昇する．特に，カルシウムATPアーゼがカルシウムを効率よく排出できないときには，細胞内カルシウムが上昇する．カルシウムが上昇すると，リン脂質のスクランブル化が亢進するとともに，おそらくフリッパーゼ活性が低下し，PSが細胞表面に露出する．フリッパーゼ自身が失活したりATPが枯渇してフリッパーゼが十分に働かなくなると，PSが露出し，細胞はアポトーシスによって除去される．すなわち，カルシウムの流れは，傷害を受けた細胞をアポトーシスによって除去する過程の初期に，重要な役割を果たしている．

リン脂質は，頭部の性質によって非対称的に分布するのに加えて，その脂肪酸鎖の性質によって非対称的な運動と分布を示す．一般に，脂質二重層の内層は不飽和度の高い脂肪酸を多く含む．さらに，脂質二重層の主要な成分であるコレステロールの膜を横切る反転輸送は，リン脂質と異なる．コレステロールはその極性頭部が小さいヒドロキシ基なので，リン脂質と異なり，二重層の外層と内層の間を容易にフリップ・フロップすることができる．コレステロールのこの移動は，タンパク質が存在する場合にも起こる．したがって，細胞膜脂質二重層の内外層に存在するコレステロールは，膜の形の変化に応じて二重層間を反転移動する．

上に述べたように，脂質二重層における脂質の水平方向および垂直方向の移動，および特定の領域（平面内または内外層の）における脂質の蓄積は，タンパク質と脂質の相互作用，ひいては生理機能に重要な役割を果たしている．膜内におけるタンパク質と脂質の不均一で非対称的な分布の生理的意義の詳細は，今後の研究を待たねばならない．しかし，膜の動的な構築の意味はつぎの一点に集約できる．すなわち，膜の内層と外層は異なる機能をもち，種々の経路のタンパク質や酵素が効率よく働くための場を提供している．

膜タンパク質-脂質相互作用は
細胞機能の重要なメディエーターとして働く

上に述べたように，脂質の組成と分布と脂質-タンパク質相互作用は，膜の構造と機能，形成，および輸送にきわめて重要である．脂質-タンパク質相互作用は脂質分解，血液凝固，シグナル伝達，細胞質ゾルの適切な組成の維持などの多くの生理機能に，中心的な役割を果たしている．ヒトゲノム計画は脂質を直接の対象としていない．しかし，脂質代謝に働くタンパク質は，脂質や脂質複合体にではなく，DNAにコードされている．ヒトゲノムの理解が大きく進み，多くの情報が得られるようになったことで，脂質-タンパク質相互作用に対する関心が高まっている．

ゲノム解析によって多くの膜タンパク質が同定され，それぞれの脂質の特定の機能が解明された．そして，膜タンパク質分子の特定の部位に特定の脂質が結合していることが明らかになった．これらの成果に基づいて，生体膜機能の分子レベルでの理解が進むと期待される．今後は，膜脂質研究の特異性と膜タンパク質（解析が困難である）の特徴を統合するような研究が重要であろう．

内在性膜タンパク質および
表在性膜タンパク質の構造と機能は異なる

膜タンパク質の基本的な二つの型である内在性膜タンパク質と表在性膜タンパク質は，脂質二重層からの抽出性によって区別される．内在性膜タンパク質は脂質二重層に埋まっており，二重層を破壊して初めて抽出することができる．抽出には界面活性剤が用いられる．両親媒性の界面活性剤は，リン脂質-界面活性剤混合ミセルを形成することによって，脂質二重層を破壊する．このミセルでは，内在性膜タンパク質はミセルの疎水部分で覆われている．一方，表在性膜タンパク質は脂質二重層を破壊せずに抽出することができる．これらの表在性膜タンパク質はしばしば，溶液のイオン強度やpHを変化させ，表在性膜タンパク質とリン脂質の極性頭部または他の膜タンパク質との結合を弱めることによって抽出できる．

種々のタイプの内在性および表在性膜タンパク質が存在する（図2・11）．内在性膜タンパク質のあるものは膜貫通性で，膜を1回貫通している．このタイプのタンパク質は通常，電荷をもつ極性アミノ酸を含む細胞外領域と，脂質二重層の疎水部分でαヘリックスを形成する20〜25個の疎水性アミノ酸残基と，親水性の細胞内領域をもつ．1回膜貫通タンパク質の例として，赤血球膜の主要なシアロ糖タンパク質であるグリコホリンAがある．

一方，αヘリックスによって膜を複数回貫通するタンパク質がある．複数回膜貫通タンパク質にはトランスポーターやイオンチャネルなどがある．1回膜貫通タンパク質と異なり，複数回膜貫通タンパク質は脂質二重層内部に極性の，ときには電荷をもつアミノ酸残基をもつことがある．これらの極性アミノ酸がαヘリックスの片側に存在すると，親水性の小孔をつくることができる．重要な複数回膜貫通タンパク質の一つに，バンド3（band 3）とよばれる赤血球の陰イオン交換タンパク質

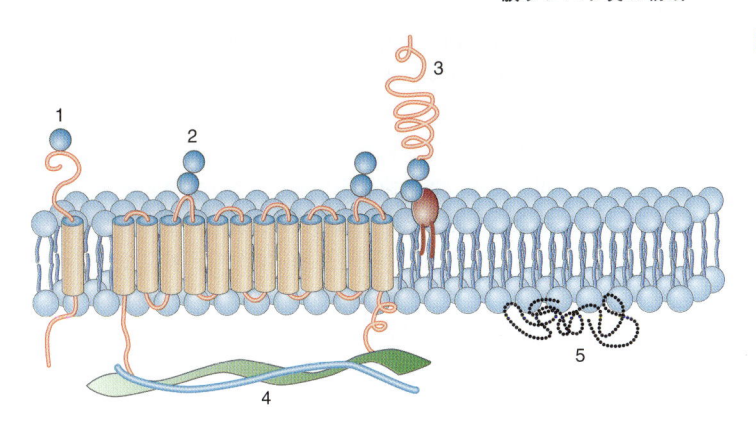

図 2・11 内在性および表在性膜タンパク質. 内在性および表在性膜タンパク質は，いろいろな方法で脂質と相互作用することができる．膜タンパク質には以下のようなものがある．(1) 1回膜貫通の内在性糖タンパク質（タンパク質のαヘリックス部分が脂質二重層を貫通していることに注意），(2) 複数回膜貫通の内在性糖タンパク質（この構造は輸送体やチャネルタンパク質にみられる），(3) タンパク質自身は膜に埋込まれず，ホスファチジルイノシトールの糖部分に共有結合している内在性膜タンパク質，(4) 内在性糖タンパク質，または他の表在性膜タンパク質にイオン結合している表在性膜タンパク質，(5) 膜リン脂質の極性頭部とイオン結合している表在性膜タンパク質．

がある．バンド3タンパク質は，赤血球膜におけるHCO_3^-とCl^-の等モル交換に関与し，肺におけるCO_2の放出に働いている．このタンパク質はαヘリックスによって膜を数回貫通し，細胞内に疎水性の短いカルボキシ末端領域と，親水性の長いアミノ末端領域をもっている．アミノ末端領域には，解糖系酵素とヘモグロビンに対する結合部位と，バンド3タンパク質を細胞骨格につなぎとめる領域が存在する．バンド3の糖鎖部分は赤血球膜の外側に存在する．

膜貫通タンパク質はすべて内在性膜タンパク質であるが，すべての内在性膜タンパク質が膜貫通タンパク質というわけではない．内在性膜タンパク質のいくつかは，脂肪酸またはリン脂質が共有結合しており，これを介して脂質二重層に結合している．その例として，グリコシルホスファチジルイノシトール（GPI）アンカー型タンパク質がある．これらのタンパク質の糖鎖にはホスファチジルイノシトール（PI）が結合しており，このPIがすべてのリン脂質と同様に，脂質二重層中の脂肪酸の疎水性コアに埋まっている．このグループのタンパク質の一例として，アセチルコリンの分解に関与するアセチルコリンエステラーゼがある．

GPIアンカー型タンパク質では，タンパク質自体は脂質二重層の外に存在し，リン脂質を介して脂質二重層に結合しているので，他の膜タンパク質に比べて高い運動性を示す．大きなタンパク質頭部が水溶液相に突き出しているので，その運動性は脂質より小さいが，アミノ酸鎖が脂質二重層に埋まっている膜貫通タンパク質よりは大きい．このような構造は，速い速度で運動する必要がある受容体や酵素に適している．また多くのタンパク質は，脂質二重層の疎水部分との結合を強めるために脂肪酸を利用している．ミリスチン酸（C_{14}）やパルミチン酸（C_{16}）などの脂肪酸が，タンパク質のアミノ酸残基に共有結合している．その一例として，水輸送体のアクアポリンがある．表在性膜タンパク質は，内在性膜タンパク質（または他の表在性膜タンパク質）とのイオン結合によって，またはリン脂質の極性頭部との相互作用によって，膜表面に結合している．

膜タンパク質の構成

脂質と同様に，膜タンパク質は膜の中を水平方向に動くことができる．タンパク質の水平運動は蛍光退色（フォトブリーチ）後の蛍光回復から定量的に測定できる．まず，ある細胞膜タンパク質を蛍光標識する．細胞膜の一部にレーザー光線を当てると，その部分の蛍光が不可逆的に退色する．退色部位に周囲から蛍光分子が移動してくると，蛍光が回復する．退色部位における蛍光の回復率は，移動可能な標識タンパク質の割合と比例する．そして，蛍光の回復速度から拡散定数を求めることができる．このような実験に基づいて，内在性膜タンパク質は人工脂質膜中では10^{-9}〜10^{-10} cm^2/秒の速度で拡散するのに対し，生体膜中では10^{-10}〜10^{-12} cm^2/秒で拡散することがわかっている．生体膜中での拡散速度が小さいのは，タンパク質-タンパク質相互作用，および脂質-タンパク質相互作用による．赤血球膜の陰イオン輸送体であるバンド3はその代表例である．バンド3タンパク質の大部分は赤血球膜中では動くことができないが，人工脂質膜中では速い速度で動くことができる．その理由は，バンド3タンパク質が赤血球膜の細胞質側で細胞骨格と結合していることによる．したがって，バンド3タンパク質自身は水平方向に運動できるが，その運動は赤血球膜を裏打ちしている細胞骨格との相互作用によって制限される．もう一つの例として，前述したGPIアンカー型タンパク質がある．バンド3タンパク質と異な

り，GPIタンパク質は脂質相互作用によってのみ脂質二重層に結合しており，より速く動くことができるはずである．ところが生体膜では，移動しないタンパク質に衝突するため，人工脂質膜中に比べて運動速度が低下する．

膜タンパク質は脂質二重層膜上に不規則に存在しているわけではなく，機能に応じて一定の領域に集まっている．内在性膜タンパク質は脂質と同様に，膜中で中心軸の周りを回転することができる．一方，脂質と異なり，膜の内外層をフリップ・フロップすることはできない．脂質と同じく，タンパク質の内外層の分布は非対称的である．たとえば，スペクトリンは必ず赤血球膜の細胞質側の内層に存在する．一方，グリコホリンAは必ず，アミノ末端領域を赤血球膜の外側に，カルボキシ末端領域を細胞内にもつ．タンパク質は，細胞膜二重層の外層と内層の間をフリップ・フロップできないので，その非対称性は厳密である．糖脂質と同様に，糖タンパク質の糖鎖は生体膜の内外で異なる分布を示す．糖鎖はほとんど例外なく細胞膜の外側に存在する．糖鎖は，タンパク質のアスパラギン残基にN-グリコシド結合によって，またはセリン，トレオニン残基にO-グリコシド結合によって結合している．糖脂質や糖タンパク質の糖鎖は，グリコサミノグリカンとともに，電子顕微鏡で細胞表面に観察される綿毛様の被膜（しばしば**糖衣**または**糖被** glycocalyx とよばれる）を形成している．

膜の研究は顕微鏡やフローサイトメトリーなどの光学的技術によって飛躍的に発展した

膜を研究するために多くの技術が開発されてきた．タンパク質や脂質や糖鎖を標識することによって特定の細胞を同定したり，膜の各成分の機能を研究することができる．現在，微小構造を観察するのに用いられる光学的技術は，およそ300年前に細胞生物学の先駆者によって顕微鏡が開発されたことで始まった．

Antony van Leeuwenhoek はオランダのデルフトの貿易商であった．彼は高等教育を受けず，大学の学位もなく，オランダ語以外の外国語はできなかった．しかし，1716年6月12日の手紙につぎのように書いている．

私が長い間行ってきた研究は，現在私に与えられている称賛を手に入れるためではなく，他の人よりは強いと思われる知識に対する好奇心に基づいている．したがって，重要な発見をしたときには，その発見を論文に記載してすべての研究者に知らせることを，私の義務と考えている．

彼は，しばしば考えられているように顕微鏡を"発明"したのではないが，彼の簡単ではあるが強力な"拡大鏡"によって拡大倍率が著しく上昇した．彼は観察したことを詳細に記載し報告した．細菌，自由生活性や寄生性の原生生物，赤血球，精子，微小な線虫や輪虫などを観察し記載した．彼の研究は広く知られ，科学者に顕微鏡の広い世界を紹介することになった．

現在では，光学顕微鏡に加えて電子顕微鏡や蛍光顕微鏡などの多くの技術が開発され，細胞に関する多くの情報が得られている．細胞生物学の研究，特に生体膜の研究では，フローサイトメトリーがよく用いられるので，簡単に説明し，実験例を述べる．

1980年代以来，フローサイトメーターは一部屋を占めるほどの複雑な装置から，細胞生物学用のデスクトップ装置にまで進歩した．顕微鏡と同じく，この技術によって単一の細胞を解析することができる．フローサイトメトリーでは細胞の形は観察できないが，細胞の光学的性質を解析することができる．顕微鏡と異なり，数百万個の細胞を短時間に解析できる．したがって，細胞集団や，ある細胞集団におけるまれな現象などに関する貴重な情報が得られる．末梢血球などの試料は浮遊細胞であり，フローサイトメトリーは少量の試料で行えるので（これは臨床検査試料として大切な条件である），臨床検査に適している．

フローサイトメトリーの原理を図2・12に示す．多くの変型はあるが，フローサイトメトリーの基本は，一列の細胞がレーザー光の中を通過するように設計されてい

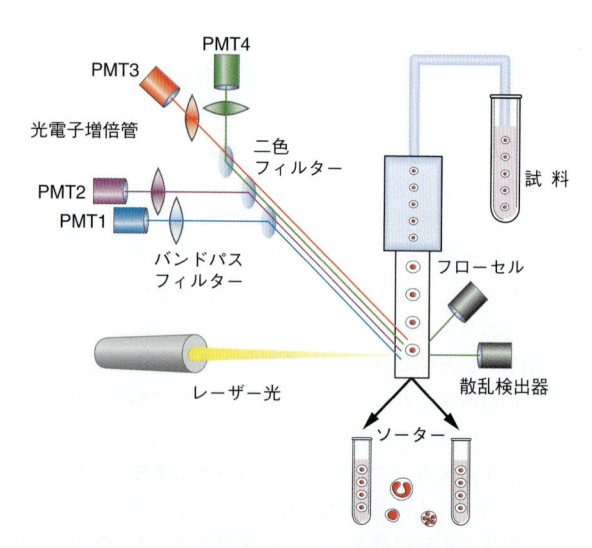

図2・12 フローサイトメトリー． 細胞は一列になってフローセルに入る．細胞がレーザーの光路に入ると，レーザー光は散乱し蛍光が検出される．散乱検出器と光電子増倍管（PMT）のシグナルはコンピューターに送られ，レーザーによって検出された細胞の解析が行われる．結果は，特定の細胞が元の細胞集団から分離されたかどうかで評価される．

る．レーザー光は細胞によって散乱され，検出器を用いて種々の角度での散乱光を測定することにより，散乱の性質が記録される．光散乱は細胞の大きさと内部構造によって変化するので，この解析結果から細胞の性質がわかる．

細胞をフローサイトメーターにかける前に，特定の細胞分子と結合する蛍光プローブ（抗体や色素など）を用いて蛍光標識しておくことができる．これらの蛍光分子にレーザー光線が当たると，蛍光色素が励起される．細胞中で励起された蛍光色素が元の状態に戻るときにエネルギーが放出され，放出された光は光学系に集められ，フィルターを通して発光スペクトルが得られる．波長の異なる光は光電子増倍管（photomultiplier tube, PMT）とよばれる複数の検出器に送られる．PMTからのデータは電気的に処理され，コンピューターによりそれぞれの細胞から放出される光量が算出される．このデータを解析することにより，それぞれの細胞に存在する蛍光分子の量を測定することができる．多くの異なる蛍光色素を同時に使用することができるので，特定の細胞に結合している複数の標識分子の量がわかり，これから細胞表面の特定のタンパク質や脂質の量が計算できる．

これらの機器の性能は，デスクトップコンピューターの開発によって著しく向上した．膨大なデータをリアルタイムで処理して解析したり，集めたデータを解析したりするには，大きな計算力が必要であるが，現在では市販のデスクトップコンピューターやラップトップコンピューターで十分行える．進歩したのは，フローサイトメーターとデータ処理装置だけではない．生体分子用の多くの抗体や標識試薬，蛍光色素が市販され，レーザー光学が進歩することによって，フローサイトメトリーは研究者や臨床家にとってますます使いやすくなっている．

細胞表面分子や細胞内分子に対する蛍光色素や抗体の種類の増加に伴い，フローサイトメーターはマルチパラメーター解析に用いられるようになった．さらに，装置には複数のレーザーと検出器が組込まれ，多くの蛍光分子を同時に励起して検出することができる．通常，1個の試料に1〜2個のレーザーが照射され，2〜4種の蛍光分子が励起される．さらに高度な装置は3〜4個のレーザーを備え，通常8色を検出し，11色を検出するように設定することもできる．

フローサイトメトリーのもう一つの重要な応用は，細胞選別（ソーティング）機能の利用である．セルソーターは，特定の細胞から得られる情報に基づいてその細胞を別の流路に送ることができるので，細胞集団から特定の細胞群を分離して集めることができる．高速度のソーターを用いると多数の細胞が解析できるので，研究

に適した細胞を他の細胞から分離することができる．分離した細胞は，生化学的解析やRNA発現解析に用いたり，薬物の高速スクリーニングに用いたりすることができる．ソーターの簡単な利用例としては，生細胞と死細胞を分けたり，元の組織に由来したり培養中に増えた異なる細胞を分けるのに用いられる．高速度ソーターを用いると，初代培養細胞でも遺伝子導入細胞でも，生細胞と死細胞をおよそ10,000細胞/秒の速度で分離できる．

細胞生物学の研究では，細胞集団を同定するために細胞表層タンパク質の特異的マーカーがよく用いられる．適切なマーカーの同定は，たとえば骨髄移植前後の臨床評価などにきわめて重要である．セルソーターの技術はまた，脂質の構造や運動の解析に用いられる（図2・13）．図2・13の実験では，フリッパーゼ（図2・10参照）の活性に対するSH（スルフヒドリル）試薬の効果を調べている．

一群の赤血球にビオチンを結合し，ストレプトアビジンが結合できるようにする．別の一群の赤血球は，SH試薬であるN-エチルマレイミド（NEM）で処理する．両群の赤血球を1:1で混ぜる．これ以後は，ビオチン化赤血球は未処理対照群として扱われ，アロフィコシアニン（APC）で蛍光標識したストレプトアビジンを混合液に加えることにより，区別できる．フローサイトメトリーでは，これらの細胞はストレプトアビジン（APC）プローブの蛍光チャネルに集まる．NEM処理細胞と未処理細胞の混合液に，ニトロベンゾオキサジアゾール（NBD）-PSを加える．NBD-PSはホスファチジルセリンの蛍光誘導体で，APCとは波長が異なるNBDチャネルで測定できる．このようにして，2色を用いる実験を行った．同様の原理で3色以上の実験を組むこともできる．NBD-PSは疎水効果によって，水層から両群細胞の細胞膜の外層に速やかに組込まれる．フリッパーゼ活性があると，NBD-PSは速やかに細胞膜の内層へ移行するはずである．短時間の反応の後に，細胞の反応液にウシ血清アルブミン（bovine serum albumin, BSA）を加えると，外層に存在するNBD-PSは脂質結合タンパク質であるBSAに引抜かれる．フリッパーゼ活性が高いと，NBD-PSは内層に移行してBSAに引抜かれないので，細胞の蛍光は高く保たれる．一方フリッパーゼが失活するとNBD-PSは外層に残るので，BSAに引抜かれ，細胞の蛍光は減少する．したがって，蛍光が大きいほどフリッパーゼ活性が高いことになる．

この実験の結果とフローサイトメトリーの利用を見てみよう．数百万個の赤血球を材料とし，散乱チャネル（図2・12参照）を用いて赤血球の無傷性を観察する．これによって，溶血した細胞や細胞断片や，APC蛍光

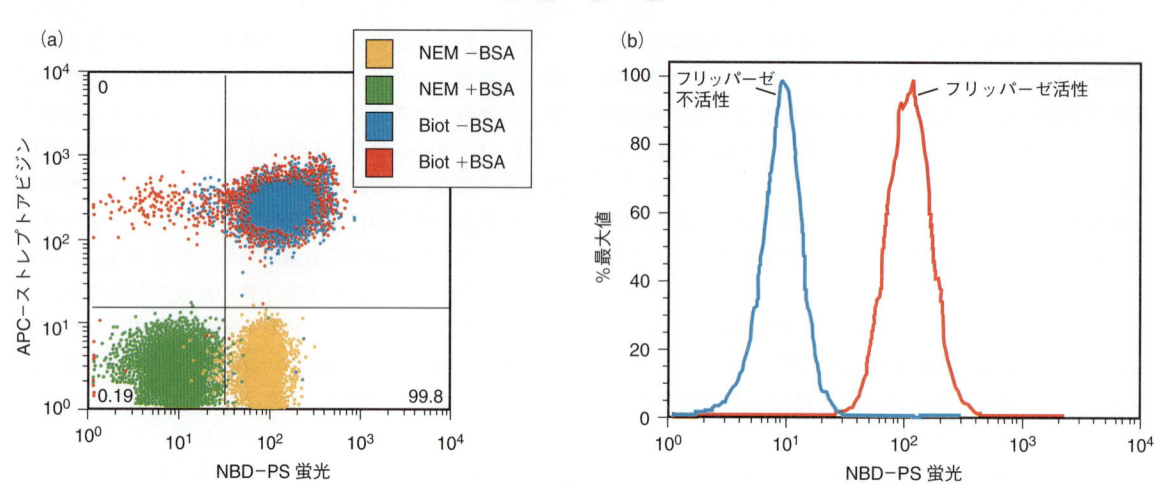

図 2・13　NBD-ホスファチジルセリン (PS) の反転輸送に対する N-エチルマレイミド (NEM) の効果のフローサイトメトリーによる解析. (a) NEM 処理細胞と未処理細胞 (Biot) のドットプロット. NBD-PS 蛍光は BSA (ウシ血清アルブミン) 添加前 (-BSA) と添加後 (+BSA) で測定した. (b) フリッパーゼ活性のある細胞は BSA 処理後に NBD チャネルで高い蛍光を示す.

(ストレプトアビジン標識) や NBD 蛍光 (PS 標識) を示す別の物質によるバックグラウンドを除外することができる. これらの傷害細胞は, 無傷の赤血球とは異なる散乱性を示す. 優れた実験においては, このバックグラウンドが低いことが大切であり, 事実上すべての細胞が無傷でなければならない.

図 2・13 (a) にドットプロットを示す. それぞれのドットは, レーザーで検出した 1 個の細胞を示す. 本実験では, 赤血球用の散乱チャネルで分析しているので, ドットは赤血球を示す. Y 軸には APC 蛍光 (ストレプトアビジン標識) がプロットされている. すなわち, 上方の二つの左右小四角の細胞は, "APC チャネル" で強い蛍光を示すビオチン化赤血球である. 同様に, 下方二つの小四角の細胞は, 細胞表層にビオチンがついておらず, ストレプトアビジンが結合しないので, APC 蛍光を示さない.

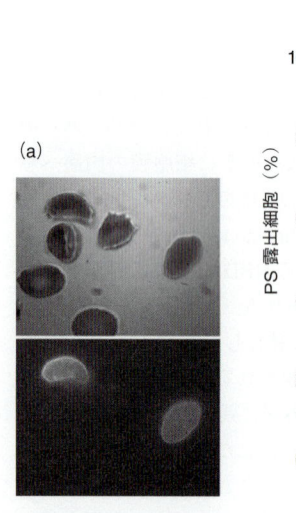

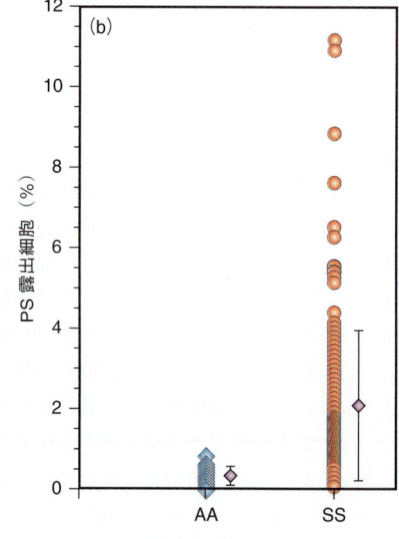

図 2・14　(a) 鎌状赤血球を蛍光標識したアネキシン V と反応させ, 蛍光顕微鏡で観察した例. 上部の写真は通常の顕微鏡で, 下部は蛍光顕微鏡で観察したもの. 一部の細胞が蛍光標識したアネキシン V と結合している. アネキシン V は, もとはヒト胎盤から単離されたタンパク質であるが, カルシウムの存在下で細胞表層のホスファチジルセリン (PS) に結合する. この実験では, アネキシン V をレーザーで励起できる蛍光色素で標識した. そうすると, フローサイトメトリーを用いて細胞集団の中で蛍光をもつ赤血球を同定することができる. アネキシンが結合すれば, 表面に PS が露出していることを示す. **(b) フローサイトメトリーで測定した PS 露出赤血球の割合.** PS が露出した赤血球では, フリッパーゼが失活し, 細胞質ゾルのカルシウムの (一時的な) 増加によって, 細胞膜二重層の内外層間でのリン脂質のランダムな移動が起こると思われる. これらの細胞は, アポトーシス細胞と同様にマクロファージによって認識される. 末梢血液における観察から, PS 露出細胞は速い速度で形成され, それを除去するシステムが追いつかないことがわかる. 血小板では, PS 露出は正常な止血系において重要である. 赤血球における PS の露出は, 正常の止血系のバランスを崩す可能性がある. 事実, PS 露出赤血球は, 鎌状赤血球症患者のプロトロンビン状態, および発作の危険度と関係がある.

AA: 正常ヘモグロビン A のホモ接合体, SS: ヘモグロビン S のホモ接合体. データの右側に平均値 ± SD を示す

BSA処理前には，APC陽性の青い細胞もAPC陰性の橙色の細胞も，膜中に存在するNBD-PSによって高いNBD蛍光を示す（右方の二つの四分四角）．BSAで処理するとAPC陰性の細胞からはNBD-PSが引抜かれるので，蛍光が減少する（緑の細胞）．一方，APC陽性細胞の大部分はNBDチャネルで陽性のままであり（青い細胞と赤い細胞が重なる），ごく一部の細胞のNBDチャネルの蛍光が減少する．この簡単な実験によって，細胞をNEMで処理するとフリッパーゼが失活することがわかる．NBD-PSが細胞膜の外層にとどまるので，BSAによって引抜かれることになる．図2・13（b）は同じデータのヒストグラムを示す．フリッパーゼ活性をもつ細胞（赤）は，フリッパーゼ活性を失った細胞（青）から明確に区別できる．

このin vitro実験によって，フリッパーゼ活性が解析され，SH基の修飾によってフリッパーゼが失活することが示された．それでは，赤血球の種々の病態において，フリッパーゼ活性を測定したり，リン脂質の非対称性の消失やPSの細胞表面の露出を測定したりできるだろうか？答えはイエスである．すでに述べたように，PSの露出の測定はアポトーシス研究ではルーチンに行われている．つぎの節では，鎌状赤血球におけるPSの露出の測定にフローサイトメーターを利用する例について述べる．

鎌状赤血球症では膜リン脂質に重大な変化が起こる

アフリカ部族において，ある病気が5000〜10,000年前から知られていた．1910年，シカゴの医師James B. Herrickは"重症の貧血の1症例において，奇妙な長く伸びた鎌状の赤血球"を記載した．

この"鎌状化赤血球"の分子メカニズムが明らかになるには，その後40年を要した．1940年代の終わり頃，Linus Paulingはタンパク質を分離する方法を確立し，鎌状赤血球症のヘモグロビンが，正常ヘモグロビンと移動度が異なることを示した．1949年に"*Science*"誌に発表された"鎌状赤血球貧血：分子病"というタイトルのPaulingの論文は，現在ではよく知られている分子医学の時代をひらいた．Paulingは異常タンパク質と病気の関係を（初めて）明らかにしたのである．数年後，WatsonとCrickによってDNAの構造が解明され，その後この病気では，第16染色体上のβグロビン遺伝子にAからTへの単一塩基変異が起こり，βグロビンの6番目のグルタミン酸がバリンに置換していることが判明した．この単純な変異によって，ヘモグロビンの性質が大きく変化する．この変異タンパク質は低酸素条件下で凝集し，Herrickが記載した"鎌状"となる．ヘモグロビンの変異は赤血球細胞に大きな影響を及ぼし，特に赤血球膜の性質や，赤血球膜と血管内皮細胞など他の成分との相互作用が変化する．鎌状赤血球症では，赤血球膜の変化によって赤血球の寿命は短くなり，プロトロンビン状態が変化し，赤血球同士または他の血球との相互作用が強くなる．これらが合わさって血管閉塞や虚血再灌流障害が起こり，いわゆる血管閉塞性クライシス（急激な憎悪）をまねく一因となる．鎌状赤血球膜の病態の一つとして，細胞の一部でPSの露出がみられる（図2・14）．鎌状赤血球膜のタンパク質の変化については，第3章で述べる．

臨床例 2・2

ウェンデル・ワシントン（Wendell Washington）は17歳の黒人の少年で，6月2日に"激しい全身痛"を訴え，サクラメント市立病院に入院した．彼は高校を卒業したばかりで（卒業式では卒業生総代を務めた），卒業祝いと戦没者追悼記念日の祝いを兼ねて，クラスでタホー湖へ週末旅行をしていた．天候は異常に暑かった．旅行の途中で彼は熱があるように感じ，大量の水を飲んでも喉の乾きを覚えた．午後の中頃にすべての関節が痛みはじめ，同伴の学校看護師に痛みの治療を頼んだ．痛みを伴う咳も始まった．午後10時には彼は大変調子が悪く，不安をおぼえ入院を希望した．看護師は病気が重いことを認め，ただちに酸素装置つきの救急車をよび，近くのリーノー病院ではなく，サクラメント病院に連れていくよう手配した．救急部には，急病で明らかに脱水症状のある10代の黒人として入院した．彼は苦痛の声を出し，足や胸部や腹部が耐えられないくらい痛いと訴えた．モルヒネ5 mgを投与して検査が行われた．

血圧は110/60 mmHg，脈拍は144で規則的，呼吸数は24，体温は41.2℃．身体検査でのおもな特徴として，乾燥して蒼白な粘膜，右上部肺野の広い範囲に濁音とラ音（聴診での雑音の一つ），および両足の著しい過敏性が認められた．腹部を防御する姿勢をとったが，過敏な部位は認められなかった．肝臓も脾臓も触れず，打診で脾臓の濁音もなかった．胸部X線写真では右側上肺葉と中肺葉に重度の肺炎を認め，苦労して採取した痰の試料からグラム陽性双球菌が検出された．緊急に行った血液分析では，白血球数21,000/μLで92％が多核，ヘモグロビン8.6 g/dL，血小板数210,000/μL．血液塗抹検査では，好中球の左方移動（分葉数が減少する方向への移動）と多核球のデーレ小体（白血球封入体）が観察され，赤血球では変形赤血球症（4＋）と赤血球大小不同が観察された．血液塗抹標本では網状赤血球は8％で，空気乾燥塗抹検査では10％が鎌状赤血球であった．尿量は少なく，比重は1.010で，顕微鏡で高度の血尿を認

めた.彼は高速の酸素供給を受け,体液確保のため輸液が開始された.また,肺炎球菌による肺炎に対して抗生物質が静脈内投与され,血液バンクによる血液型の分析とマッチングの後6単位の輸血が行われた.のちに母親から得られた情報によると,彼は6人の子供のうち鎌状赤血球症の2人目であった.これまでにはたいした症状はなく,中程度の痛みの発作が年に1回あるかないか程度であった.学校では運動は控えていたが,学力は優れ,級友からは高い評価を受けていた.

鎌状赤血球症の細胞生物学と診断,治療

鎌状赤血球症は重篤な慢性溶血性貧血である.この病気は,βグロビンの6番目のアミノ酸残基がグルタミン酸からバリンに置換した変異遺伝子をホモ接合体でもつことによって起こる.Paulingの先駆的研究以来,典型的な分子病とされている.ウェンデルは運悪く,両親から変異鎌状赤血球遺伝子を受け継いだ.本症では,低酸素状態でヘモグロビンの立体構造が変化し,球形の可溶性タンパク質から硬くて長い不溶性の線維に変化する.これが原因となって,赤血球や体の二次的な種々の異常が起こる.酸素分圧の低い微小循環系で赤血球が詰まり,骨が無酸素状態になると,激しい痛みの発作が起こる.脾臓に梗塞が起こると免疫力が低下し,腎臓に梗塞が起こると尿を濃縮する能力が低下し,患者は脱水状態になりやすい.重症の場合には,おそらく膜の粘着性の増加により,心筋梗塞や繰返す脳障害が起こりやすい.都合が悪いことに,低酸素分圧と脱水状態はともに体内での鎌状化を促進する.タホー湖が高地にあることと,天候と発熱による脱水状態とが重なって,鎌状化による発作が起こったと考えられる.また免疫力の低下によって肺炎にかかりやすくなり,肺炎によって低酸素状態が増悪し,致死的な低酸素-鎌状化-低酸素のサイクルに入る危険性が大であった.幸い,看護師がただちに彼を低地の優れた救急部へ送ったお陰で,命は救われた.

フローサイトメトリーは,大きな細胞集団の細胞表面(または細胞内部)に存在するタンパク質や脂質を検出する強力な技術である.また,ここでは述べないが,細胞内の特定のイオンを検出する蛍光プローブもある.これらのプローブは,蛍光顕微鏡を用いてイオンの流れを分析したり,フローサイトメーターを用いてイオン輸送活性が変化した細胞群を検出したりするのに用いることができる(物質の輸送については,以下の節で詳しく述べる).

細胞膜は選択透過性をもち,細胞内外の異なる環境を維持している

今までに膜の構造について述べてきたが,細胞膜(形質膜)の働きについて考えてみよう.細胞膜は細胞の内と外を隔てているので,細胞膜を横切っての分子やイオンの輸送は重要である.この節では異なる輸送の形式,すなわち拡散と浸透と能動輸送について述べる.輸送には,エンドサイトーシスやエキソサイトーシスのような別の仕組みもある(図2・5参照).小さな電荷をもたない分子は,単純拡散によって脂質二重層を通過することができる(図2・15aのI).たとえば,O_2,CO_2,N_2のような電荷をもたない小さい気体分子や,エタノール,グリセロール,尿素などの電荷をもたない極性の小分子は,濃度勾配に従って脂質二重層を通過できる.その仕組みは単純である.液体または気体溶媒に溶けている物質粒子は,たえずランダムなブラウン運動をしている.これらの粒子は,その濃度が溶液全体で均一になるまで,濃度の高い部分から低い部分へ移動する.もし,濃度の高い溶液と低い溶液が透過性のある膜で隔てられた場合,高濃度側の粒子も低濃度側の粒子も膜の反対側へ移行する.しかし,高濃度側にはより多くの粒子が存在するので,粒子の正味の流れは高濃度側から低濃度側へ向かうことになる.この運動は,膜の両側が同じ濃度になるまで続く.両側の濃度が同じになった後も粒子の反対側への移動は続くが,正味(net)の輸送はない.たとえば,ある物質を放射性同位元素で標識しておくと,物質の正味の輸送なしに放射性分子の拡散が観察できる.このような実験は,特定の物質に対して平衡状態にある細胞内のコンパーメントについて応用できる.図2・15(a)Iの場合,すなわち,低分子の細胞外濃度(C_o)が細胞内濃度(C_i)より高く($C_o>C_i$),この分子は細胞膜を透過できるが溶媒は透過できない場合,分子の正味の輸送はフィックの第一法則

$$J = -DA\frac{dc}{dx}$$

に従う.この法則は,拡散速度が膜の表面積(A)と膜を横切っての濃度勾配dc/dx,および**拡散定数**(diffusion coefficient, D)に比例することを示している.拡散定数は,分子が膜を透過する速度を示す値である.拡散の方向は高濃度から低濃度の方向なので,上の法則式にはマイナスがついている.拡散定数Dは,分子が周囲の溶液中で拡散できる速度に比例する.たとえば球状分子の場合には,拡散定数はアインシュタインの式:

$$D = \frac{KT}{6\pi rn}$$

で表すことができる(Kはボルツマン定数,Tはケルビン(K)で示す絶対温度,rは分子半径,nは溶液の粘度を示す).

言い換えると,拡散速度は拡散分子の半径と溶液の粘

度に反比例する．大きい分子の分子質量は r^3 に比例するので，D は（分子質量）$^{1/3}$ に反比例する．たとえば，分子質量が 64 倍大きい分子は 4 倍遅く動く．重要なことは，これが二つのコンパートメント（内と外）の間の運動にも当てはまることである．ある分子の生体膜を通しての拡散を考えるとき，脂質二重層をある "サイズ" のコンパートメントとみなす必要がある（このサイズは，内外の水溶液のコンパートメント間を移動する分子によって異なる）．これは，拡散分子の脂溶性を考えると明らかである．ある分子に対する細胞膜の透過性は，その分子の分配係数（脂質二重層への移動）とともに増加する．同じ分配係数（脂質層に対する親和性が同じ）の分子では，分子質量が大きいほど透過性は小さくなる．O_2，CO_2，N_2，エタノール，グリセロール，尿素などの小さくて脂質に溶ける分子は，脂質二重層を通って濃度勾配に従って拡散する．尿素より 50 倍大きい分配係数をもつジエチル尿素は，尿素よりおよそ 50 倍速く膜を通って拡散する．生体膜を通して拡散する分子の脂質二重層の外表面での濃度は，分配係数を b とすると，bC_o となる．同様に，二重層の内表面の濃度は bC_i である．膜の中における濃度勾配は

$$\frac{dc}{dx} = \frac{b(C_o - C_i)}{dx}$$

となる．物質の脂溶性が高いほど分配係数 b が大きく，膜内での有効な濃度勾配は大きい．もし，生体膜を横切る濃度勾配をフィックの式に入れると，

$$J = -\frac{Db}{dx} \times A(C_o - C_i)$$

となる．Db/dx は透過係数（P）とよばれる．拡散分子の透過係数は分配係数 b，および膜内での拡散係数 D に比例し，膜の厚さ dx に反比例する．したがって，フィックの式を生体膜に適用すると，

$$J = -PA(C_o - C_i)$$

となる．

別の考え方をすると，膜を拡散の第三のコンパートメントとみなすことができる．その "サイズ" は脂質二重層の厚さと，このコンパートメントに対する分子の親和性に依存する．物質は図 2・15(b) に示すように，"三つ" のコンパートメントの間で平衡状態となる．図 2・15(b) は，ある分子をコンパーメント A に加えた後の移動の時間経過を示す．定数 "k" は，コンパートメント A，B，C 間の移動速度を示す．粒子は移動し続けるが，濃度は平衡に達する．このような実験によって，異なるコンパートメント間での拡散速度と分配を求めることができる．

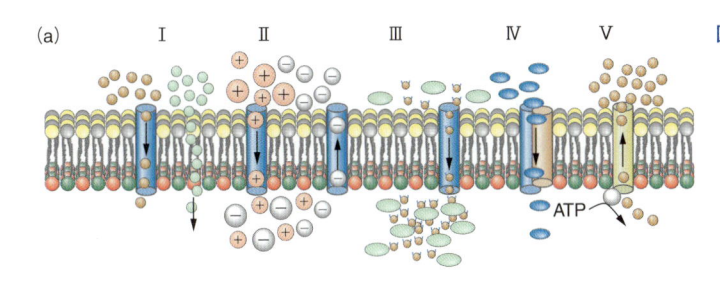

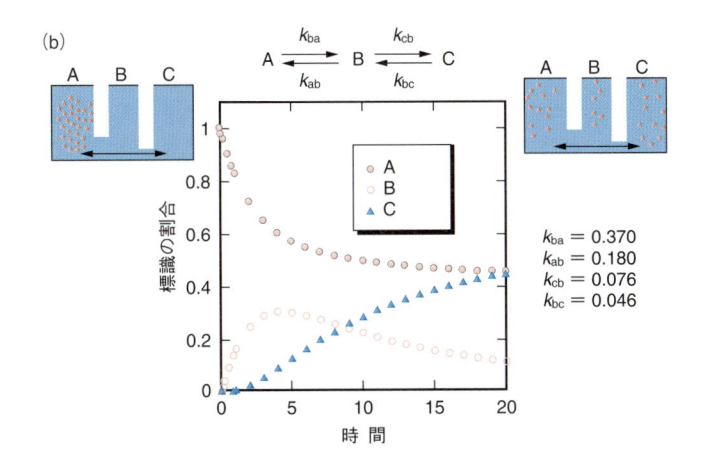

図 2・15 (a) **生体膜輸送の形式**．(I) 小型の親水性および疎水性粒子の濃度勾配に従う拡散．(II) 電荷をもつ親水性分子の電位勾配による拡散．(III) 浸透，すなわち非透過性分子の濃度勾配による溶媒の拡散．(IV) 促進拡散．(V) 濃度勾配に逆らう能動輸送．(b) **三つのコンパートメント A，B，C 間の拡散**．ゼロ時間で標識分子を加え，各コンパートメント間の拡散を調べる．時間とともにコンパートメント A の標識の割合は低下し，他の二つのコンパートメントの標識は増加する．平衡状態に達したとき，各コンパートメントのサイズはそれぞれのコンパートメントの標識の割合から計算できる．

$k_{ba} = 0.370$
$k_{ab} = 0.180$
$k_{cb} = 0.076$
$k_{bc} = 0.046$

フィックの法則は，小型の電荷をもたない分子に適用できる．一方，荷電分子の膜を通しての拡散は，濃度勾配のみならず膜電位に依存する．すなわち，小型の荷電分子の膜透過は，単に濃度勾配にのみ依存するのではなく，電気化学的勾配に依存する．

膜を横切る水の輸送は浸透による

脂質二重層を横切る水の輸送の仕組みは，長い間不明であった．膜の存在理由の一つは，二つの水溶性コンパートメントを隔てることであり，膜の形成は疎水効果に基づく（図2・1参照）．水分子が脂質二重層を透過す

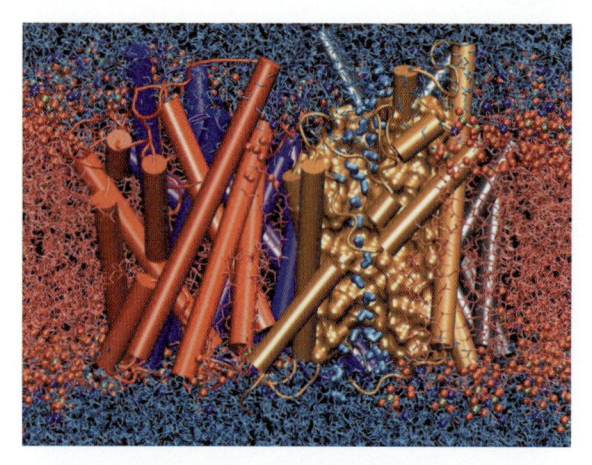

図2・16 水チャネル，すなわちアクアポリンによって促進される水の膜透過（©2004 Emad Tajkhorshid and Klaus Schulten/2004 Winner of Visualization Challenge in Science and Engineering/*Science*）

る仕組みの解明は，アクアポリンの発見によって大きく進んだ（図2・16）．Peter Agre はこの発見により，Roderick MacKinnon によるイオンチャネルの研究とともに，2003年度のノーベル化学賞を受賞した．アクアポリンは，細胞の水含量の調節にきわめて重要な役割を果たす水チャネルである．アクアポリンは細菌，植物，哺乳類を含むすべての生物に広く存在している．ヒトでは10種類以上のアクアポリンが同定されている．腎性尿崩症や遺伝性白内障などの病気は，アクアポリンの機能障害と関係している．アクアポリンは細胞膜内で四量体を形成し，水および，場合によっては他の小さい溶媒分子の膜透過を促進する．大変興味深くまた意外なことに，これらの水チャネルはプロトンのような荷電分子を通さない．プロトンは通常，水層を自由に移動するので，水チャネルを通らないのは不思議である．この性質は，膜の電気化学的ポテンシャルを維持するのにきわめ

て大切である．

浸透（osmosis）は，溶液濃度が高いコンパートメントから低いコンパートメントへの水の流れである．図2・15（a）IVでは，水に透過性のある半透膜が，上部の低濃度溶液と下部の高濃度溶液を分けている．水の移動は上部から下部に向かって起こる．水が下部に移動しないようにするのに必要な圧力を，**浸透圧**（osmotic pressure）という．浸透圧は溶液中の粒子の数によって決まり，**束一性**（colligative property）とよばれる．浸透圧は実際の粒子数によって決まるので，イオン化の程度を考慮する必要がある．浸透圧の計算では，1分子のNaClは二つの粒子として，Na_2SO_4 は三つの粒子として数える．ファントホッフの法則により，浸透圧はつぎのように計算される．

$$浸透圧 = iRTc$$

i: 溶質から生じるイオンの数，R: 理想気体定数，
T: 絶対温度（Kでの表示），c: モル濃度

たとえば，NaClのような溶質の生理的濃度においては，実際に得られる浸透圧の値はファントホッフの法則に基づいて得られる理論値と異なる．したがって，**浸透圧定数**（osmotic coefficient, Φ）とよばれる定数をファントホッフ式に挿入すると，つぎのようになる．

$$浸透圧 (\pi) = \Phi \times iRTc$$

定数Φの値は，溶液が薄くなると1に近づく．上の式の$\Phi \times ic$は**オスモル濃度**（osmolar concentration）とよばれ，単位はリットル当たりのオスモル数（Osm/L）である．オスモル濃度は，しばしば/Lを省略してOsmで表される．生理食塩水（154 mM NaCl, $\Phi = 0.93$）の浸透圧（37℃）を計算すると，

$\pi = (0.93) \times (2) \times (8.2 \times 10^{-2}) \times (310\,K) \times (0.154)$
$= 7.28\,atm$

となる．この溶液のオスモル濃度を計算すると，

$\Phi \times ic = (0.93) \times (2) \times (0.154)$
$= 0.286\,Osm/L$，または 286 mOsm

となる．溶液を比較する場合，低張性と高張性と等張性がある．37℃で154 mM NaClより浸透圧が低い溶液Aは，そのNaCl溶液と比べて<u>低張性</u>である．逆に，154 mM NaCl溶液は溶液Aより<u>高張性</u>である．二つの溶液の浸透圧が同じ場合には，両溶液は**等張性溶液**（iso-osmotic solution）という．

水分子は，アクアポリンの水チャネルを通って速い速度で移動するので，細胞膜は水に対して透過性が大きい．浸透の駆動力は，膜の両側の浸透圧を同じに保とうとする力である．もしNaCl濃度が膜の片方で低下すると，平衡状態に戻すために，水が反対方向に向かって速

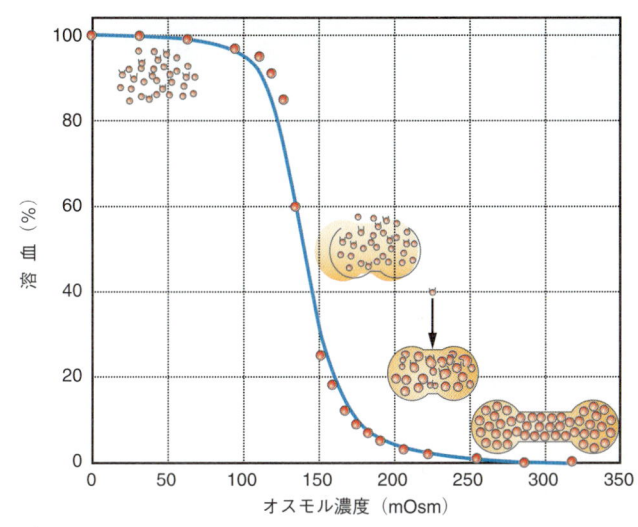

図 2・17 浸透圧計としての赤血球. 赤血球は，等張（290 mOsm）の緩衝液中では正常の容積をもつ．溶液の張性を上げると，赤血球は水を失い収縮する．張性を下げると，水が細胞の中に流入し，細胞は膨大し内圧が上昇する．150 mOsm では，およそ 50 % の赤血球が溶血し，溶液の張性をさらに下げると溶血細胞が急激に増加し，100 % に近づく．

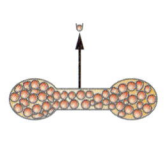

い速度で移動する．例をみてみよう．赤血球はほとんど完全な浸透圧計のように振舞うので，細胞の浸透圧の問題を検討するのに好都合である．154 mM NaCl では，赤血球は正常な形と容量をもつ（図 2・17）．したがって，この NaCl 濃度（286 mOsm）は**等張**（isotonic）である．しかし等張性は動物種により異なる．マウスでは，赤血球の等張性は 330 mOsm である．赤血球は，濃い溶液中（**高張**，hypertonic）では，水が細胞から出ていくので収縮する．一方，薄い溶液中（**低張**，hypotonic）では，水が細胞の中へ入り，赤血球は変形し膨大する．しかし，この膨大には限度がある．赤血球が円盤状から球状に変形し，容量がもとの 1.4 倍に達すると，膜はそれ以上の圧に耐えることができない．細胞は破裂し（溶血），ヘモグロビンやその他の細胞質ゾル成分が放出される．ところで，ある細胞集団のすべての細胞が同じように振舞うわけではない．ある細胞はより速く（より高い浸透圧で）溶血し，他の細胞はより遅く（より低い浸透圧で）溶血する．オスモル濃度と溶血の関係（浸透圧脆弱性曲線とよばれる）を図 2・17 に示す．

赤血球の浸透圧を生じる細胞内分子には，酸素運搬タンパク質であるヘモグロビン，K^+，有機リン酸化合物，Cl^- などがある．これを合わせると，赤血球の細胞質ゾルの張性は 286 mOsm となり，赤血球の正常な形を保つためには，溶液のオスモル濃度は 286 mOsm，浸透圧は 37 ℃ で 7.28 atm にする必要がある．赤血球を取囲む血漿の浸透圧を生じるおもな分子は，Na^+ である．ナトリウムは Na^+, K^+-ATP アーゼの働きによって，細胞外で高濃度に保たれている（後述）．したがって，もしこ

れらのポンプの活性が変化してイオンバランスが変化すると，細胞は膨大したり収縮したりして，正常な性質が失われることになる．

ドナン効果と水の移動

細胞の細胞質ゾルには，タンパク質や RNA のように，負電荷をもち膜を通過できないイオンが多数存在する．これらの非透過性の陰イオンによって，Donnan と Gibbs の予測に従い，透過性陰イオンの再分布が起こる（図 2・18）．

二つのコンパートメント，A と B，が半透膜で隔てられている．両方のコンパートメントは，ともに NaCl を含む．コンパートメント A は，膜を透過できない負電荷のタンパク質を含む．陽イオンと陰イオンの全濃度は，コンパートメント A と B で等しい．Cl^- は最初，コンパートメント B の方がコンパートメント A より高い．膜は Cl^- に透過性なので，濃度勾配に従って B から A へ移動する．すると，電気的中性を保つために Na^+ も A へ移動する．その結果，A の粒子濃度が B より高くなる．同じ電荷数をもつ 1 個の陽イオンと陰イオンの場合，平衡状態での膜両側のイオン分布はドナン式で表される：$[Na]_A[Cl]_A = [Na]_B[Cl]_B$

平衡状態では，コンパートメント A の全粒子数はコンパートメント B より多いので，水が B から A の方向に移動する．同じ理由で，水がドナン効果によって細胞内へ移動するが，この水の移動は Na^+, K^+-ATP アーゼによるイオンのくみ出しによってバランスが保たれている*．

---

* 訳者注: 細胞膜に存在する Na^+, K^+-ATP アーゼは 3 分子の Na^+ を細胞外へ，2 分子の K^+ を細胞内へ輸送するので，正味 1 個の正電荷が細胞外へ移動することになる．

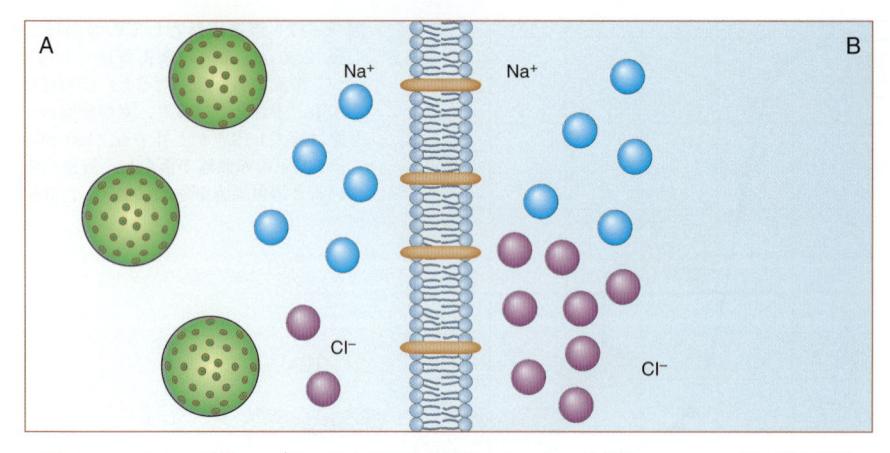

図 2・18　ドナン効果. Na^+ と Cl^- は半透膜を通過できるが，負電荷のタンパク質は膜を通過できず，コンパートメント A にとどまる．最初は，コンパートメント A とコンパートメント B に同じ数の陽イオンと陰イオンが存在する．この状態では，B の Cl^- は，非透過性タンパク質の陰イオンとのバランスをとるために，B より高い．しかし，Cl^- は時間とともに濃度勾配に従って B から A へ移動する．電気的中性を保つために，Na^+ も B から A へ移動する．そうすると，A のオスモル濃度が B より高くなり，水が B から A へ移動することになる．

促進輸送

拡散と浸透は生体膜を横切る受動輸送であり，いままでに述べた法則に従う．しかしながら，多くの分子は透過係数 (P) がきわめて小さく，拡散は遅く，細胞の働きを保つのに間に合わないことが多い．したがって，この輸送過程を促進する必要がある．

多くの分子は，フィックの式から予想されるはるかに速い速度で生体膜を通過することができるが，これは **促進拡散** (facilitated diffusion) とよばれる過程による．この過程には，膜貫通タンパク質がきわめて重要な役割を果たしている．たとえば，赤血球へのグルコースの取込みを考えてみよう．赤血球は代謝のためにグルコースが必要である．血漿中のグルコース濃度（およそ 5 mM）は，赤血球中のグルコース濃度よりはるかに高い．しかし，グルコースは分子サイズが大きく，脂質二

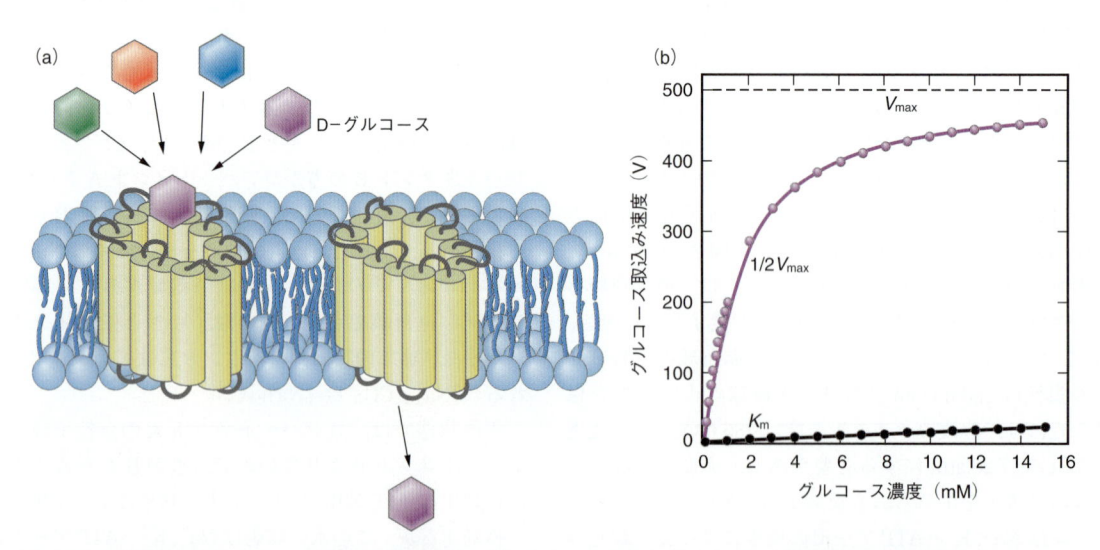

図 2・19　赤血球へのグルコースの輸送：促進拡散．(a) グルコース輸送タンパク質（透過酵素）．(b) グルコースは，脂質二重層を通る単純拡散から予想される（●）よりはるかに速く，濃度勾配に従って赤血球内に輸送される．細胞外のグルコース濃度に対してグルコースの取込みをプロットすると，双曲線になる（●）．取込み速度は外部のグルコース濃度に応じて上昇し，ついには最大速度 (V_{max}) に近づく．K_m は，最大速度の半分の速度を与えるグルコース濃度である．

重層を通って拡散することができない（図 2・19）．グルコースはグルコーストランスポーターの働きによって，濃度勾配に従って速やかに赤血球膜を通過する．グルコースがトランスポーターに結合すると，そのコンホメーションが変化し，グルコースを透過させる．

図 2・19 (b) に示すように，グルコース取込みの速度は飽和する．グルコースが高濃度の場合には，赤血球のすべてのグルコーストランスポーターにグルコースが結合し，最大速度（V_{max}）に達する．K_m は，取込み速度 $V = 1/2V_{max}$ を与えるグルコース濃度である．K_m は，グルコースに対するトランスポーターの親和性を示す．たとえば，D-グルコースに対する K_m は 1.5 mM であるが，L-グルコースに対する K_m は 3000 mM より大きい．このことから，単純拡散と異なり，促進拡散はきわめて（立体）特異性が高いことがわかる．グルコーストランスポーターは D-グルコースを結合するが，L-グルコースをほとんど結合しない．D-グルコースと構造が似ている六炭糖はグルコーストランスポーターによって輸送されるが，K_m は大きい．たとえば，D-マンノースに対する K_m は 20 mM で，D-ガラクトースに対する K_m は 30 mM である．これらの糖類は，赤血球へのグルコースの取込みを競合的に阻害する．図 2・19 (b) の曲線は，酵素活性に対するミカエリス・メンテン式

$$V = \frac{V_{max}}{1 + K_m/C}$$

に一致する（C は基質濃度を示す）．トランスポーターは酵素ではないが，酵素と似た働きをする．酵素は物質を化学的に転換するのに対し，トランスポーターは物質を生体膜を通して輸送し，この輸送は飽和する性質をもつ．グルコーストランスポーターは多数回膜貫通タンパク質であり（図 2・11 参照），12 個の α ヘリックスからなる膜貫通領域をもつ．多数回膜貫通タンパク質は 1 回膜貫通タンパク質に比べて，脂質二重層を貫通する部分のアミノ酸に，極性アミノ酸の割合が大きい．グルコーストランスポーターの細胞外領域に D-グルコースが結合すると，トランスポーターのコンホメーションが変化し，膜貫通部分の極性アミノ酸がグルコースのヒドロキシ基と水素結合を形成し，濃度勾配に従うグルコースの輸送を促進すると考えられる．促進拡散は外部からのエネルギー供給を必要としないので，しばしば**受動輸送**（passive transport）ともよばれる．すなわち，D-グルコースは単純に濃度勾配に従って輸送される．

能動輸送

能動輸送と細胞膜の選択的透過性によって，哺乳動物細胞の細胞質ゾルと細胞外液のイオン組成は大きく異なっている．たとえば，Na^+ 濃度は細胞内に比べて細胞外で 10〜20 倍高く，一方 K^+ 濃度は細胞内で 20〜40 倍高い．血漿のカルシウム濃度はおよそ 2 mM であるが，赤血球中では，カルシウムをエネルギー（ATP）を用いて細胞外へ放出するポンプの働きによって，ナノモル濃度に保たれている．同様に，Na^+, K^+-ATP アーゼは ATP の加水分解のエネルギーを用いて，3 個の Na^+ を電気化学的勾配に逆らって細胞外に放出し，2 個の K^+ を細胞内へ取込む（図 2・20）．ATP の加水分解のエネルギー

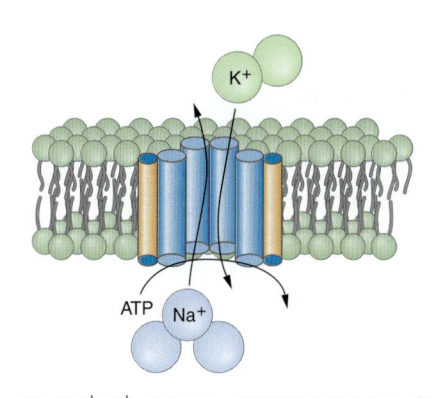

図 2・20 Na^+, K^+-ATP アーゼは電気を発生するポンプである． Na^+, K^+-ATP アーゼは，ATP を ADP と無機リン酸に分解して生じるエネルギーを用いて，3 個の Na^+ を細胞外へ，2 個の K^+ を細胞内へ輸送する．

を直接用いて，分子を電気化学的勾配に逆らって輸送することを**一次性能動輸送**（primary active transport）とよぶが，Na^+, K^+-ATP アーゼはその代表例である．

哺乳類の Na^+, K^+-ATP アーゼの α サブユニットの細胞外領域には，2 個の K^+ および阻害物質ウワバイン（強心配糖体ジギタリスと類似の化合物）に対する結合部位が存在する．細胞内領域には，3 個の Na^+ と ATP に対する結合部位とリン酸化部位が存在する．α サブユニットの 1 個のアスパラギン酸残基が ATP を用いて自己リン酸化されると，ATP アーゼのコンホメーションが変化し，K^+ を輸送する型から Na^+ を輸送する型に転換される．このリン酸がはずれると，Na^+ 輸送型から K^+ 輸送型に戻る．

1 分子の ATP の加水分解によって 3 個の Na^+ を放出し，2 個の K^+ を取込むことには，いくつかの重要な意味がある．第一に，Na^+, K^+-ATP アーゼが 1 回働くと正味 1 個の正電荷が細胞外に運ばれるので，電気発生的である．これは，膜電位の形成に部分的に役立っている．第二に，1 回の ATP 加水分解に伴って，3 個の浸透

圧分子が排出され，2個の浸透圧分子が取込まれる．これは，細胞内の非透過性の高分子陰イオンによる細胞の膨大を防ぐように働く．Ca^{2+} を細胞外へ排出したり，Ca^{2+} を筋細胞の筋小胞体内へ戻したり，水素イオンを胃内腔に分泌したりする場合にも，類似のATPアーゼが働いている．これらのATPアーゼは，リン酸化されるアスパラギン酸残基の前後に類似した配列をもつので，P型ATPアーゼとよばれる．同様に，フリッパーゼは1分子のPSに対して1分子のATPを加水分解し，脂質を濃度勾配に逆らって反転輸送する（図2・10参照）．

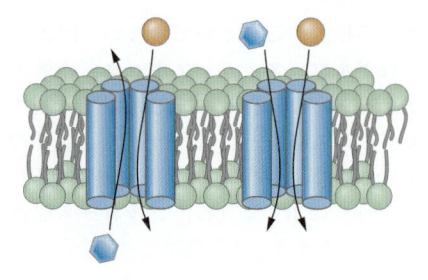

図 2・21 共役輸送．生体膜を横切る特定の分子の輸送は，輸送タンパク質によって他の分子の輸送と共役できる．両方の分子の輸送方向が同じ場合は共輸送とよばれ，逆方向の場合は対向輸送とよばれる．

二次性能動輸送

Na^+ の電気化学的勾配に従う輸送は，他の分子の勾配に逆らう輸送と共役することがある．この輸送は，Na^+ の電気化学的勾配が Na^+, K^+-ATPアーゼによって維持されるので，**二次性能動輸送**（secondary active transport）とよばれる．輸送される分子と共輸送される分子が同じ方向に輸送される場合を**共輸送**（symport）とよび，逆方向に輸送される場合を**対向輸送**（antiport）とよぶ（図2・21）．

共輸送の例としては，食物からのアミノ酸やグルコースの吸収がある．グルコースは腸内腔から小腸上皮細胞の頂膜を通って，Na^+ との共輸送によって細胞内へ取込まれる（図2・22）．

小腸上皮細胞に取込まれたグルコースは，ついで促進拡散によって，濃度勾配に従って側底膜を通って血中へ輸送される．頂膜での輸送は，グルコース–Na^+ 共輸送タンパク質によって行われる．共輸送タンパク質に Na^+ とグルコースが結合するとコンホメーションが変化し，Na^+ とグルコースが一緒に細胞内に輸送される．グルコースを濃度勾配に逆らって輸送するエネルギーは，Na^+ の電気化学的勾配に従う移動から得られる．この過程は，Na^+ を上皮細胞から外へ排出するためのATPの加水分解と，間接的に共役している．同様に，アミノ酸も濃度勾配に逆らって細胞に取込まれる．Na^+ を細胞外へ放出する Na^+, K^+-ATPアーゼは側底膜に存在する．すなわち，グルコースとアミノ酸と Na^+ は頂膜を通って上皮細胞内に取込まれ，側底膜を通って血中へ移行す

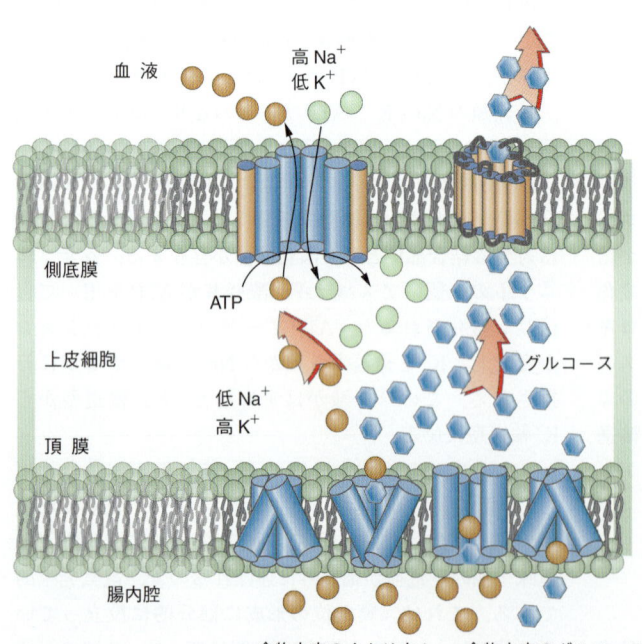

図 2・22 腸上皮細胞におけるグルコースの取込みと放出．グルコースは，腸上皮細胞の頂膜に存在するグルコース–Na^+ 共輸送トランスポーターによって細胞内に取込まれる．グルコース–Na^+ 共輸送タンパク質の細胞外領域の異なる部位に1分子の Na^+ と1分子のグルコースが結合すると，コンホメーションが変化する．このコンホメーション変化によって Na^+ とグルコースの通路が形成され，腸管内腔から上皮細胞内へ輸送される．ついで，共輸送タンパク質は元のコンホメーションに戻る．Na^+ は側底膜に存在する Na^+, K^+-ATPアーゼによって細胞外へ放出される．取込まれたグルコースは，側底膜に存在する透過酵素（受動的グルコーストランスポーター）を介する促進拡散によって，細胞外へ放出され，血中へ移行する．

もう一つの例として，心筋収縮に重要な働きをするNa$^+$とCa^{2+}の対向輸送がある．心筋細胞へのCa^{2+}の取込みによって収縮が開始される．心筋細胞内に蓄積したCa^{2+}は，対向輸送タンパク質の働きによって，Na$^+$が電気化学的勾配に従って細胞内に取込まれるエネルギーを用いて，細胞外へ排出される．ここでも，Na$^+$の電気化学的勾配はNa$^+$,K$^+$-ATPアーゼによって形成される．すなわち，この系は二次性能動輸送のもう一つの例である．ジゴキシン（クリストジギン，ラノキシン）やウワバインなどの薬は，心筋の収縮力を高める．これらの薬はNa$^+$,K$^+$-ATPアーゼを阻害し，細胞内のNa$^+$を増加させる．するとNa$^+$の電気化学的勾配が減少し，Na$^+$-Ca^{2+}対向輸送が阻害される．その結果，細胞内Ca^{2+}が増加し，心収縮が高まる．

イオンチャネルと膜電位

リン脂質二重層膜の疎水的環境は，水溶液中の水和したイオンに対して事実上非透過性である．イオンは膜リン脂質の非極性脂肪酸炭化水素鎖と混ざり合わないので，単純拡散によって脂質二重層を通過することができない．透過酵素はイオンなどの親水性分子を膜を通して輸送するが，もう一つのグループの輸送タンパク質が異なる仕組みで，きわめて効率よく働く．これらの輸送タンパク質は，脂質二重層を貫く親水性のイオンチャネルを形成する．イオンチャネルの働きが担体タンパク質（透過酵素）と大きく異なる点は，エネルギーを消費せずに速い速度でイオンを輸送することである．透過酵素を介する輸送の速度は最大で10^5イオン/秒であるが，チャネルによる輸送は100～1000倍速い．このチャネル系は，神経インパルスの伝導や筋収縮のような迅速な電気信号の伝達のみならず，非興奮系細胞でも多くの重要な反応に関与している．

イオンチャネルの重要な性質の一つとして，イオンチャネルは輸送速度を決めるが，細胞膜を通しての輸送の方向は決まらない．チャネルを介する非イオン分子の輸送は厳密に受動的であり，膜を横切る濃度勾配によってのみ決まる．イオンについては，輸送の方向は膜を横切る化学的濃度勾配と電位の両方によって決まる．

チャネルの概念は150年前に提唱された．しかし，その基本的な性質が明らかになったのは1960年代になってからである．細胞膜に**イオノホア**（ionophore）とよばれる小さな疎水性のタンパク質を加えると，人工的にイオンチャネルが形成されることが発見され，研究が飛躍的に進んだ．イオノホアは，もとは種々の菌類によってつくられる分子であるが，その中のいくつかは抗生物質として利用されている．また，さらに多くのものは細胞生物学者にとって重要な研究試薬となっている．

細胞質ゾルのカルシウム濃度を上げると，リン脂質のランダムな移動が活発になり，リン脂質の非対称性が失われる．実験室では，細胞をカルシウムイオノホアA23187で処理することにより，同じような状態をつくることができる．この試薬を膜に加えると，カルシウムに対する透過性が著しく高まる．通常は，カルシウムポンプがATPのエネルギーを使ってカルシウムを細胞外に排出し，細胞内カルシウム濃度を低く保っているが，イオノホアは拡散速度に近い速度でカルシウムを膜透過させるので，ポンプによる排出が間に合わなくなる．

もう一つの例をあげる．グラミシジンAは15アミノ酸残基からなる直鎖状ポリペプチドで，他のイオノホアと同様にリン脂質二重層に容易に組込まれる．グラミシジンAは膜に組込まれると，特異なαヘリックスを形成する．グラミシジン分子中にD-アミノ酸とL-アミノ酸が交互に存在することによって，ペプチド結合の極性（親水性）のカルボニル酸素原子とアミド窒素原子がヘリックスの中心孔の方向を向き，チャネルの壁を形成する．一方，アミノ酸の疎水性側鎖はヘリックスの外方向を向き，周囲の脂質にイオノホア分子をつなぎとめている（図2・23）．ヘリックス構造をもつ2個のグラミシ

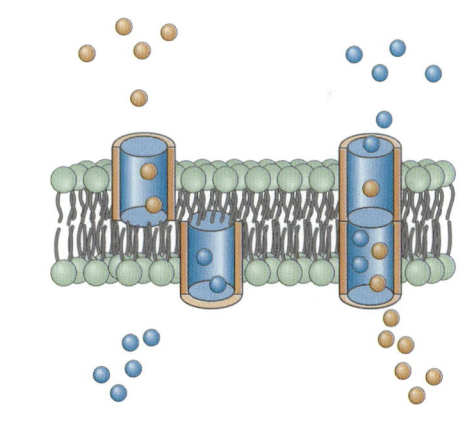

図2・23　グラミシジンAによって形成されるヘリックスと膜貫通チャネルの構造． 2分子のグラミシジンAが頭部同士で結合して二量体を形成し，脂質二重層を貫通する．

ジンA分子が，端と端で縦方向に結合して脂質二重層を貫通すると考えられる．この単純なチャネルをもつ膜の輸送速度はイオンによって異なり，解析の結果，グラミシジンAチャネルは小分子の陰イオンより陽イオン

を通しやすいことがわかった．また動物の多くのチャネルでみられるように，イオンが一列になって透過するためには，部分的な脱水和が必要であることがわかった．

哺乳動物細胞にチャネル形成タンパク質を発現させると，やはり膜にヘリックスを形成するが，グラミシジンAのようなイオノホアとは基本的に異なる．真核生物の膜貫通タンパク質はL-アミノ酸のみからできているので，そのαヘリックスには中央の孔がない．ポリペプチド骨格のカルボニル酸素やアミド窒素は互いに水素結合を形成し，水と相互作用できない．その結果，膜タンパク質のαヘリックスは疎水性となり，脂質二重層と強く結合する．いくつかの膜貫通領域を，親水性アミノ酸残基が水相のチャネルに接し，一方疎水性アミノ酸残基が脂質二重層に接するように配置することによって，図2・24に示すアセチルコリン受容体のようなチャネルが形成される．

今日までに，多数の異なるイオンチャネルが報告されている．チャネルの多くは糖タンパク質で，複数のαヘリックスからなる膜貫通領域と，その間に細胞外や細胞内に突き出した親水性部分をもつ．チャネルのイオン輸送速度が速いことを考えると，膜の両側の適切なイオンバランスを維持するためには，透過性の調節が重要と考えられる．イオンチャネルは一般に，短時間の安定した開状態（open state）と，安定な閉状態（closed state）を含む二つ以上のコンホメーションをもつ．種々のタイプの刺激がイオンチャネルの開閉，すなわちゲーティング（gating）を調節している．イオンチャネルは大きく，3種類の迅速に開閉するチャネルと，ゆっくり開閉するチャネルであるギャップ結合の四つに分類される（図2・25）．

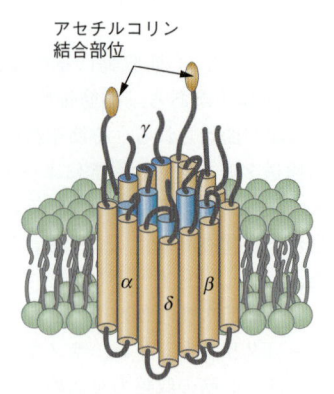

図2・24 アセチルコリン受容体のモデル．アセチルコリン受容体の五量体構造は，リガンド依存性チャネルファミリーの他の多くのメンバーに共通する特徴である．サブユニットの二つは同じで，三つは異なる．二つのαサブユニットそれぞれに，アセチルコリンに対する細胞外結合部位が存在する．

電位依存性チャネル（voltage-gated channel）は，神経や筋における長距離の電気信号の伝導に働いており，静止状態の細胞膜の膜電位の変化に応じて開口する．**リガンド依存性チャネル**（ligand-gated channel）は電位変化には反応せず，化学的リガンドの可逆的な非共有結合によって開口する．これらのリガンドには，受容体の細胞外領域に結合する神経伝達物質や薬物がある．細胞内のセカンドメッセンジャー分子や，チャネルの細胞内領域に結合している酵素によって，チャネルのコンホメーション状態が変化することもある．リガンド依存性イオンチャネルは，異なる神経細胞の間や，神経細胞と筋や腺の間のシナプスを介する，迅速な情報伝達に働いてい

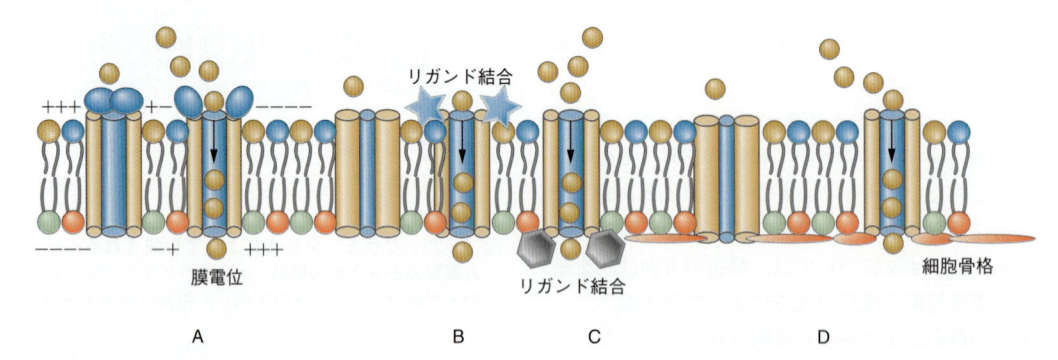

図2・25 異なる開閉の仕組みをもつ4種のイオンチャネル．イオンチャネルは開口シグナルによって分類される．A: 電位依存性チャネルは膜電位の変化によって開口する．リガンド依存性受容体は，細胞外の神経伝達分子（B），またはヌクレオチドやイオンなどの細胞内メディエーター（C）などの特異的なリガンドが結合すると開口する．D: 機械的に開閉するチャネル（機械受容チャネル）は，細胞骨格線維によってチャネルタンパク質に結合している細胞膜の動きを感知して開口する．それぞれのエフェクターは，チャネルタンパク質のアロステリック変化をひき起こしてチャネルを開口させ，膜を通してイオンを輸送する．

る．いくつかの細胞には**機械的に開閉するチャネル**（mechanically gated channel），すなわち**機械受容チャネル**（mechanosensitive channel）が存在し，細胞の変形に応じて開口する．第四のチャネルは**ギャップ結合**（gap junction）で，細胞間腔を経由することなく，隣接する細胞間のイオン輸送を行う．ギャップ結合の開閉は迅速ではなく，細胞内のCa^{2+}や水素イオンの濃度の変化に応じてゆっくり開閉する．リガンド依存性チャネルの例としては，骨格筋細胞のアセチルコリンによって開口するチャネル（アセチルコリン受容体）がある．アセチルコリン以外の多くの神経伝達物質もいろいろな場所で，それぞれのイオンチャネルに結合することにより働いている．一般的に，それぞれのリガンドに対して特異的なイオンチャネル受容体があり，開口すると特定のイオンを選択的に透過させる．アセチルコリン依存性チャネルは，神経終末とそれに隣接する筋細胞膜の部分からなる**シナプス**（synapse）とよばれる特定の接合部（神経筋接合部）に局在している．刺激を受けた神経終末から遊離したアセチルコリンはシナプス間隙中を拡散し，神経伝達物質として筋細胞膜上のアセチルコリン受容体チャネルタンパク質に結合して作用する．2分子のアセチルコリンが受容体のαサブユニットに結合するとコンホメーションが変化し，チャネルは1ミリ秒ほどごく短時間開口し，アセチルコリンが結合した状態のまま閉じる（図2・26）．

いったんチャネルが閉じると，アセチルコリンはチャネルから遊離し，チャネルは非結合のコンホメーションに戻る．それぞれのサブユニットに存在する四つの膜貫通αヘリックスのなかで，最も親水性アミノ酸に富むαヘリックス領域が，チャネル孔の壁をつくっている．これらのリガンド依存性チャネルが複数のサブユニットから構成されているのに対し，Na^+とCa^{2+}に対する電位依存性チャネルは1本の長いポリペプチドからできている．1本のポリペプチド上の四つの疎水性ドメインが四量体を形成し，電位依存性チャネルをつくると考えられる．電位依存性K^+チャネルはNa^+チャネルやCa^{2+}チャネルと少し異なり，4本の同一サブユニットから構成されている．この違いにもかかわらず，K^+とCa^{2+}とNa^+に対するチャネルの構造はきわめてよく似ている．これらの電位依存性チャネルでは，膜貫通ヘリックスの一つが膜の脱分極を感知するセンサーとして働き，チャネルタンパク質のコンホメーションを変化させ，チャネルを開口させると考えられる．

哺乳動物細胞膜のイオンチャネルは，通過させるイオンに対して選択性を示す．神経筋接合部のアセチルコリン受容体は小さい陽イオン（K^+，Na^+，Ca^{2+}）を通過させるが，陰イオンは通過させない．K^+，Na^+，またはCa^{2+}のどれか一つの陽イオンしか通さないチャネルもある．同様に，Cl^-のみを通すチャネルも同定されている．たとえば，電位依存性K^+チャネルの孔は小さくてCa^{2+}を通さない．興味深いことに，このK^+チャネルは，Na^+が小さいイオンであるにもかかわらず，Na^+よりK^+に対して100倍大きい選択性をもつ．溶液中での陽イオンの水和が重要な役割を果たすと考えられる．Na^+のイオン径はK^+より小さいが，電荷密度や電場はNa^+の方が大きい．したがって，Na^+はK^+より強く周囲の水分子と相互作用する．これによってNa^+の移動度は低下し，静電的に結合した水分子の被膜によって"事実上の"直径は大きくなり，水和したNa^+は径の小さいK^+チャネルを通過できない．イオンチャネルは，神経細胞や筋細胞における電気シグナル伝導の役割が最もよく知られているが，程度の差はあれすべての細胞において他の働きをしている．細胞膜のイオンに対する選択性は，種々のチャネルの相対的な割合によって決まる．1個の神経細胞には4種もの異なるイオンチャネルが存在する．神経細胞や筋細胞にしばしば存在するチャネルの一つに，**K^+漏えいチャネル**（K^+ leak channel）がある．このチャネルの開口は特別の開口シグナルを必要としない．このチャネルは，体内のすべての細胞におい

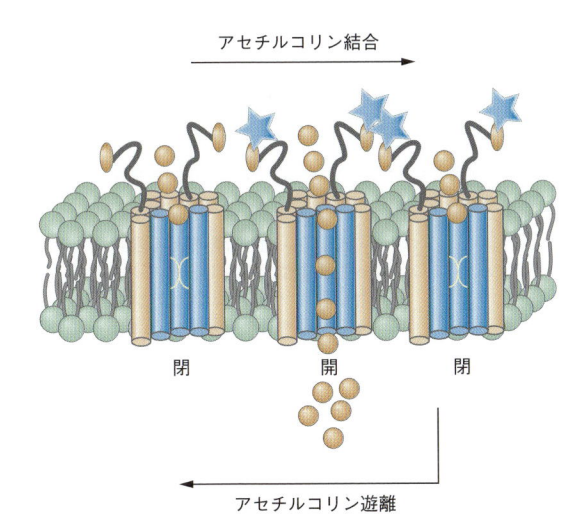

図2・26 アセチルコリンで開閉するイオンチャネルの三つのコンホメーション．イオンチャネルに2分子のアセチルコリンが結合すると，チャネルタンパク質のコンホメーションが変化し，チャネルが開口する．しかしこの効果は一時的であり，チャネルはアセチルコリンが結合部位に結合した状態のまま閉じる．リガンドが受容体から離れると，チャネルは元の開口可能な閉コンホメーションに戻る．

て細胞膜内外の電位差，すなわち**膜電位**（membrane potential）を維持する働きをしている．

膜電位は細胞膜の両側の電荷の違いによって生じる

細胞の細胞質ゾルでは負電荷イオンが正電荷イオンよりわずかに多く，細胞外液では正電荷イオンが負電荷イオンよりわずかに多く保たれている（図2・27a）．脂質二重層膜のイオン伝導性は小さく，細胞膜両側の膜電位はコンデンサーに似ている．その結果，膜の細胞質ゾル側に負電荷が蓄積すると，膜の外側に正電荷を引き寄せる．膜（5.0 nm）の両側に生じる電位勾配はほぼ 200,000 V/cm である．したがって，膜電位と膜を横切るイオン勾配は，多くの生物学的過程の電気的駆動力として働く．

膜電位 V_m は $V_m = V_i − V_o$ と定義される．ここで V_i は細胞内電位，V_o は細胞外電位である．V_o を任意にゼロとすると，**静止状態にある**（resting）細胞の V_m は，細胞質のわずかな正味の負電荷によって負となる．膜電位はおもに K^+, Na^+, $Cl^−$, およびアミノ酸や他の代謝物のような有機陰イオン（$A^−$）の四つで形成される．これらのなかで，Na^+ と $Cl^−$ の濃度は細胞外で高く，一方 K^+ と $A^−$ は細胞内に多い．Na^+, K^+−ATP アーゼが細胞から Na^+ を能動的に放出することによって，水の細胞内流入が抑制され，細胞質ゾルの浸透圧バランスが保たれている．Na^+, K^+−ATP アーゼの働きで3個の Na^+ が放出されると同時に，2個の K^+ が細胞質ゾルに入り，細胞膜非透過性の有機陰イオンとのバランスがとれる．

神経細胞や筋細胞には多数の Na^+ チャネルが存在する．Na^+ チャネルは細胞の静止時には閉じている．したがって，Na^+, K^+−ATP アーゼによって排出された Na^+ は強い勾配を形成するが，細胞内に入ることはできない．一方静止時には，非ゲート K^+ 漏えいチャネルのみ開いている．その結果，K^+ は強い勾配に従って K^+ 漏えいチャネルを通って細胞外へ漏出し，この細胞外への拡散は，細胞質ゾルの有機陰イオンが K^+ を引き寄せる内向きの力とつり合うまで続く（図2・27b 参照）．

すなわち，特定のイオンを膜チャネルを通して輸送する正味の電気化学的勾配は，濃度勾配と電位勾配によって決まる．この二つの力がつり合う場合は電気化学的勾配はゼロとなり，膜を通る正味の輸送は起こらない．あるイオンの細胞内外の濃度がわかると，そのイオンを平衡に保つために必要な電位，すなわち**平衡電位**（equilibrium potential）はネルンスト式から計算できる．K^+ に対するネルンスト式は：

$$E_K = \frac{RT}{ZF} \ln \frac{[K^+]_o}{[K^+]_i}$$

ここで，E_K は K^+ の平衡電位の値，R は気体定数（8.31 J K^{-1} mol^{-1}, 2 cal mol^{-1} K^{-1}），T は K で表示した絶対温度，F はファラデー定数（9.62×10^4 J V^{-1}·mol^{-1}, 2.3×10^4 cal V^{-1} mol^{-1}），$[K^+]_o$ と $[K^+]_i$ は細胞外と細胞内の K^+ 濃度を示す．K^+ などの一価陽イオンの場合，電荷（Z）＝ +1 で 37 ℃ において，RT/ZF は 27 mV である．哺乳類の組織では，平均的な $[K^+]_o$ と $[K^+]_i$ を用いて計算すると，

$$E_K = −96 \, mV$$

となる．他のイオンの膜平衡電位は同様に計算できる．最終的に，細胞内の静止膜電位（V_R）は，それぞれの

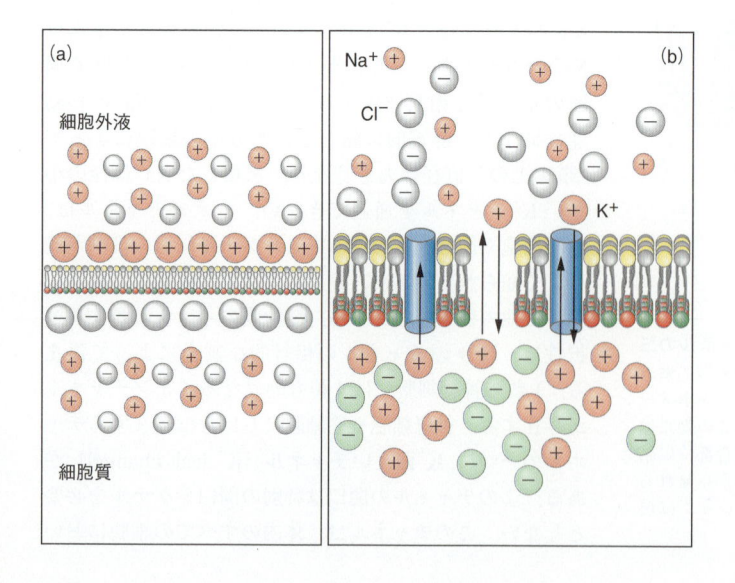

図 2・27 **(a) 細胞膜による電荷の分離によって膜電位が生じる．**膜の内側の余分の負電荷と，それに見合う外側の正電荷によって，非透過性の脂質二重層を横切る膜電位差が生じる．膜の両側の電荷は厚さ 1 nm 以下の薄い層に濃縮されており，細胞内の全イオンのごく一部によって形成される．**(b) 相対する力が細胞膜を通しての K^+ の輸送を調節する．**膜電位は主として，K^+, Na^+, Cl^-, およびアミノ酸や他の代謝物のような負の有機イオン（−）の四つで形成される．K^+ のみを通す細胞の静止膜電位は，K^+ の濃度勾配に従う細胞外への受動拡散によって生じる．K^+ の流出が続くと細胞内には余分の負電荷が生じ（負の有機イオンの超過），$[K^+]_o$ が形成され，K^+ を細胞内に戻そうとする電気的な力が生じる．この二つの相対する力が等しくなると，平衡に達する．

イオンの透過性と細胞内外の濃度によって決まる．ゴールドマン式は，それぞれの濃度と透過性で決まるイオンの流れの寄与を合わせたものである．

$$V_R = \frac{RT}{F} \ln \frac{P_K[K^+]_o + P_{Na}[Na^+]_o + P_{Cl}[Cl^-]_i}{P_K[K^+]_i + P_{Na}[Na^+]_i + P_{Cl}[Cl^-]_o}$$

それぞれのイオンの寄与を考慮すると，この式は大変簡単になる．Ca^{2+} の寄与は小さいので含まれていない．Cl^- は非ゲート Cl^- チャネルを介して平衡状態にあり，ほとんどは細胞外液に存在し，細胞内の非透過性陰イオンとバランスを保っている．すなわち，もしあるイオンの透過性が他のイオンよりはるかに大きくなったとき（たとえば $P_K \gg P_{Cl}, P_{Na}$），ゴールドマン式はそのイオンに対するネルンスト式に還元される．静止細胞では，開状態の K^+ 漏えいチャネルの数は Na^+ チャネルに比べてははるかに多く，細胞は Na^+ よりは K^+ に対してはるかに透過性が高い．動物細胞では V_R に対する Na^+ 流入の寄与はきわめて小さく，V_R は -80 から -90 mV なる．この値は E_K に近く，E_{Na} とは大きく異なる．

すなわち，神経細胞や筋細胞には複数のイオン選択的チャネルが存在し，V_R はそれぞれの透過性イオン（K^+，Na^+，Cl^-）に対する膜の透過性と，細胞内外の濃度によって変化する．たとえば，グリア細胞の膜には非ゲート K^+ 漏えいチャネルしか存在しないので，V_R はほとんど E_K に近い．もし図2・28に示すように，グリア細胞の細胞膜にわずかな Na^+ チャネルが開くとどうなるであろうか？ Na^+ 濃度は細胞内より細胞外で高いので，Na^+ は Na^+ チャネルを通って受動的に細胞内へ流入する．Na^+，K^+-ATPアーゼと E_K（-96 mV）によって生じる，わずかに負の膜電位による電気的引力も，Na^+ を細胞内に引き入れるように働く．Na^+ に対する平衡電位はネルンスト式から計算できる．

$$E_{Na} = +67\,\text{mV}$$

すなわち E_{Na} は E_K のみから生じる V_R（-96 mV）から163 mVの差がある．その結果，電気的力と化学的力の両方が同じ内向き方向に働き，Na^+ を細胞内に輸送する強い電気化学的勾配を形成する．Na^+ が細胞内に流入すると細胞は脱分極する．すなわち，膜による電荷の分離を低下させ，細胞外部に対する細胞内部の電気陰性度を小さくする．もし神経細胞の細胞膜の K^+ 流出とわずかな Na^+ 流入が続くと $[K^+]_i$ は急激に低下し，$[Na]_i$ は徐々に上昇し，膜を隔てる両イオンの勾配は消失し，V_R は低下する．これに対して，Na^+，K^+-ATPアーゼは3個の Na^+ を細胞外へ排出するとともに2個の K^+ を細胞内へ取込むことによって，V_R は一定に保たれる．このポンプは，その働きによって正味1個の正電荷が流出し，細胞内部の負電荷を相対的に少し上昇させるので，**電気発生的**（electrogenic）である．このように，チャネルを介するイオンの受動的拡散は，エネルギーを要する能動輸送によってバランスが保たれる．二つの過程の間が定常状態に達すると，膜を横切る正味のイオンの移動がゼロとなり，この状態の膜電位が静止膜電位である（図2・28）．

あるイオンに対する膜透過性を高めるような細胞の変化が起こると，膜電位は V_R からそのイオンの平衡電位の方向に向かって変化する．このような V_R からの一時的な変化と開閉型イオンチャネルの開口は，神経細胞膜上や神経細胞間や神経細胞と筋細胞間で情報を伝える電気シグナルの基礎となっている．

神経細胞は，自然に広がる局所電位と自発的に伝わる活動電位によって，軸索に沿ってシグナルを伝達する．細胞膜が刺激を受けて特定のイオンに対する透過性が上昇すると，局所的な電位が発生する．もし Na^+ が流入すると負の膜電位が減少し，シグナルは**脱分極**（depolarize）する．逆に，ある神経細胞では Cl^- の流入が亢進して負の電位が増加し，静止状態に対して**過分極**（hyperpolarize）する．開状態の膜チャネルを通って神経細胞に入った電流は，それぞれの神経細胞の性質によって決まる一定の距離で全方向に広がる．シグナルが入った部位の電位シグナルは，その部位から遠ざかるにつれて対数的に低下する．脱分極の波が広がるにつれて急速に弱くなっても，**樹状突起**（dendrite）とよばれる比較的短

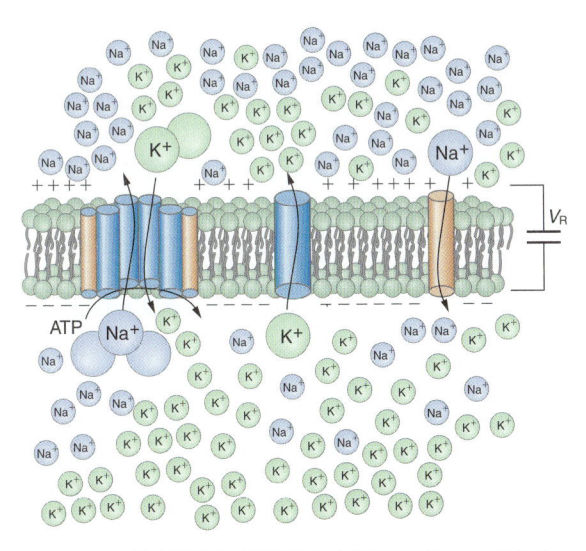

図 2・28 静止膜電位は受動輸送と能動輸送によって保たれる． 静止状態の細胞では，受動拡散による Na^+ の流入および K^+ の流出と，Na^+，K^+-ATPアーゼによる両イオンの逆向きの能動輸送とがつり合い，定常状態が保たれる．

い入力線維に沿って電気シグナルを細胞体に運ぶには十分である．しかしこのようなシグナルは，細胞体から長い**軸索**（axon）に沿って伝わる前に消失してしまうであろう（図2・29）．

（action potential）として伝えられる．活動電位は，軸索が細胞体から始まる**軸索小丘**（axon hillock）とよばれる部位で発生する．

電気シグナルは軸索小丘で電位依存性Na^+チャネルと出会い，活動電位を発生させる．適当な電流が加わると，少数の電位依存性Na^+チャネルが開口し，少量のNa^+が電気化学的勾配に従って流入する．Na^+の流入によって細胞はさらに強く脱分極し，さらに多くの電位依存性チャネルが開口し，さらに多くのNa^+が流入する．この脱分極の自己増幅機構は，膜電位（V_R）が約-90 mV（哺乳類の筋細胞や神経細胞の場合）から約-50 mVになるまで，すなわちNa^+に対する平衡電位（E_{Na}）に達するまで続く．電流は軸索に沿って拡散する．このようにして，局所的な脱分極として始まった電位変化は軸索起始部で閾値に達し，活動電位が発生する．

活動電位を発生した細胞膜の部位は，つぎの二つの仕組みによってもとの静止電位に戻る．第一に，開口した電位依存性Na^+チャネルは，このコンホメーションが不安定であるため，脱分極した膜上で速やかに閉じる．チャネルはいったん閉じると，膜が再分極するまで不応となり開口できない．アセチルコリン受容体の場合（図2・26参照）と同様に，電位依存性Na^+チャネルには三つの異なるコンホメーション，すなわち閉で応答状態と，開状態，および閉で不応状態がある．しかし電位依存性Na^+チャネルの場合には，リガンドではなく電位変化によってこれらの状態が変化する（図2・30）．

活動電位の消失に関与する第二の仕組みは，電位依存性K^+チャネルの開口である．このチャネルは，脱分極に対して電位依存性Na^+チャネルよりゆっくり応答し，活動電位がピークに近づくまで開口しない．膜電位が-50 mVの状態において，細胞内にK^+の外向きの強い電気化学的勾配が形成される．ここで電位依存性K^+チャネルが一時的に開口すると，K^+の流出が起こる．その結果，細胞内の正電荷が急速に失われ，細胞は速やかに再分極する．電位依存性Na^+チャネルは閉じ，非ゲートK^+チャネルの漏えいに加えて電位依存性K^+チャネルが開口し，K^+がどっと流出する．膜電位がK^+の平衡電位の近くまで戻ると，電位依存性K^+チャネルが閉じ，不活性化されたNa^+チャネルが再活性化される．このように，電位依存性K^+チャネルは，活動電位の消失と膜の再分極を促進することによって，同じ部位につぎの活動電位が生じるまでの不応期（<1ミリ秒）を短縮させる．すなわち，脊椎動物における活動電位は，軸索の種類により1〜100 m/秒の速度で軸索末端に向かって，一時的な脱分極の波として自動的に伝導される．

活動電位の全か無かの性質によって，軸索の比較的長

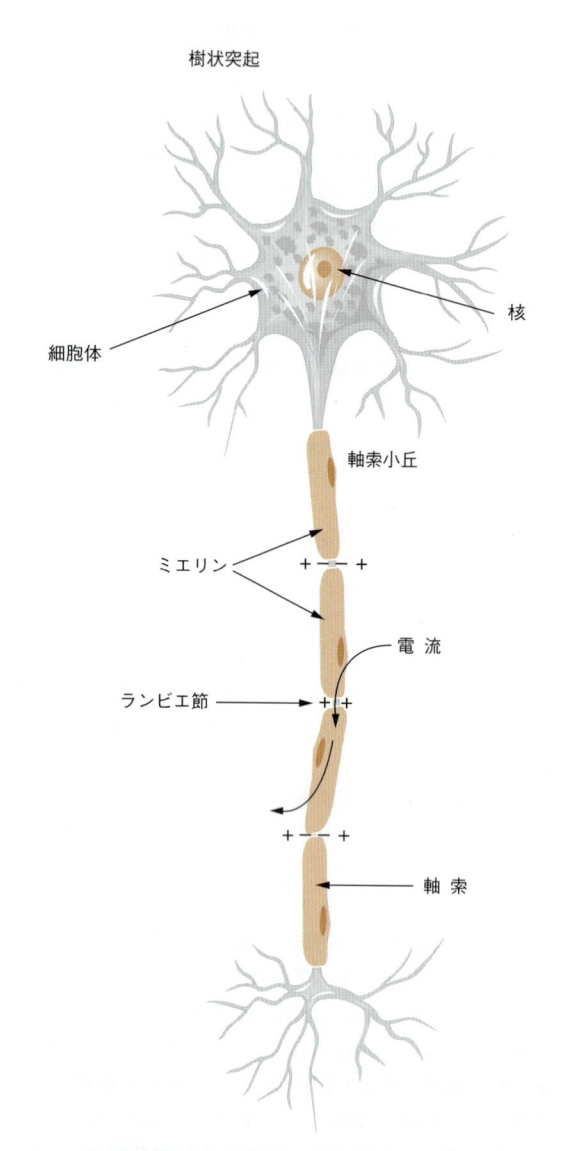

図2・29　典型的な神経細胞．樹状突起から入る局所的電位は細胞体に集まり，軸索の付け根に達する．軸索小丘とよばれる領域で生じた活動電位は軸索に沿って神経終末まで伝導され，そこで神経分泌の一連の反応が起こる．

活動電位は軸索小丘で発生する

"神経インパルス"は樹状突起から細胞体へ局所電位として運ばれ，細胞体から軸索に沿って**活動電位**

い距離にわたって，適切なシグナルを保つことができる．しかしながら，ケーブルテレビや DSL（デジタル加入者線 degital subscriber line）モデムや電力グリッドの場合と同様に，神経インパルスが伝わる効率は軸索の他のいくつかの性質によって決まる．活動電位が軸索の細胞膜のある領域からつぎの領域へ伝わるに従い，局部電流は軸索内を拡散し，隣接する領域を閾値まで脱分極させる．これが起こるための有効距離は，電気の流れが決まるのと同じ原理によって決まる．軸索の場合，軸索の細胞質ゾルの内部抵抗（r_i）と，開いたチャネルから漏れ出る電流（K^+）に対する膜抵抗（r_m）が重要なパラメーターとなる．r_i が低下するか，または r_m が上昇すると，より大きな電流が軸索のより長い距離を伝わり，隣接する膜の静電容量をより速く充電することができる．軸索の直径がわずか 2 倍になる（r_i が低下する）だけで，神経インパルスの伝導速度はかなり速くなる．軸索の外周が 2 倍になり，その結果断面当たりの開状態のイオンチャネルの数が 2 倍になると，r_m は低下する．しかしこの低下は，軸索の断面積が 4 倍になり，r_i が 4 分の 1 に低下することで打消される．軸索の直径が大きくなることによる正味の効果は，活動電位の伝導速度を上昇させる．イカにおいて進化した巨大軸索の速い伝導はうまく働いているが，この戦略をヒトに用いると木の幹ほどの脊髄が必要になるので適切でない．脊椎動物では，多くの軸索をミエリン（myelin, ミエリン鞘 myelin sheath）で絶縁することによって，エネルギーと空間の

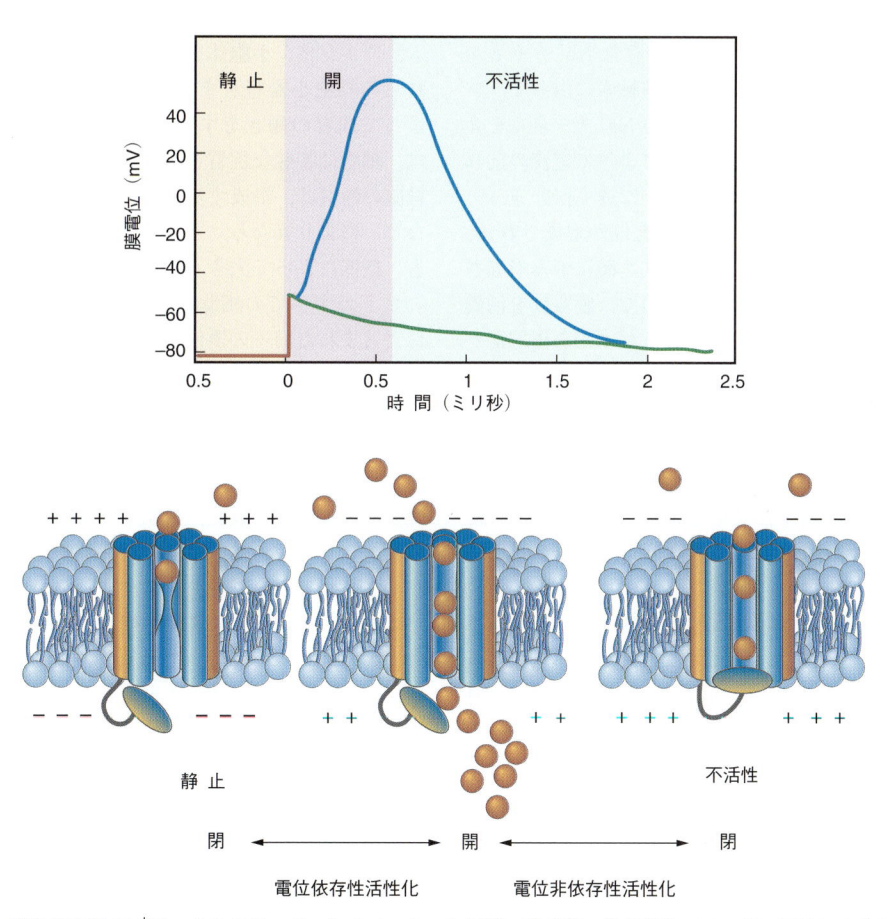

図 2・30　**電位依存性 Na^+ チャネルの三つのコンホメーション状態**．哺乳類の神経細胞では，短い電流に応答して閾値の約 $-50\,mV$（赤い曲線）まで脱分極すると，チャネルタンパク質のチャネルの端にある活性化ゲートが開き，電位依存性チャネルが開口する．イオンが流入し，膜電位は上昇する（青い曲線）．開状態は不安定で，チャネルタンパク質の細胞質ゾル部分によって形成されるゲート不活性化機構によって速やかに不活性化される．膜電位が $+50\,mV$ の最大値に達すると Na^+ チャネルは不応となり，非開閉性 K^+ 漏えいチャネルを介する K^+ の流出は続くため，膜電位は静止電位まで低下する．Na^+ チャネルが活性な閉状態に戻るまで，つぎの活動電位は発生しない．もし電位依存性 Na^+ チャネルが存在しないと，電気的刺激で生じる小さな脱分極はただちに消失するであろう（緑の曲線）．

大きな節約が達成された．

ミエリンの形成と維持は，つぎの2種類のグリア細胞によって行われる．中枢神経ではオリゴデンドロサイト，末梢神経ではシュワン細胞である．これらの細胞は大量の平たい細胞膜をつくり，軸索の周りをぐるぐる巻き，厚さ200層にも及ぶ生化学的に特異な鞘を形成する．ミエリンを形成する1個のシュワン細胞は1本の軸索を包み，軸索の約1 mmを包む**結節**とよばれる鞘の分節を形成する．一方，1個のオリゴデンドロサイトは細胞体から多くの枝を伸ばし，それが平たく伸びて40本もの異なる軸索を包む．

ミエリン膜はタンパク質に対して脂質の割合がきわめて高く，しかも重層しているので，膜の抵抗（R_m）が大きく，軸索の電気的性質は著しく改善される．一つのミエリン結節と隣の結節の間には**ランビエ節**（node of Ranvier，ランビエ絞輪）とよばれる長さ0.5〜20 mmの領域がある（図2・29参照）．電位依存性Na^+チャネルを含むほとんどの膜チャネルは，有髄軸索に沿ってランビエ節に限局している．ランビエ節のNa^+チャネルを介して軸索に入った電流は，r_mの上昇によって電流の漏れが減少するため，無髄軸索よりはるかに速く伝わる．

無髄軸索では，全長にわたって膜電位が形成される．一方，有髄軸索では，膜電位はランビエ節にのみ形成される．有髄軸索は静電容量が小さいので，膜電位を活動電位が発生する閾値まで下げるのに，わずかな正電荷が流入すれば十分である．したがって，ミエリンは神経インパルスの速度を上昇させるのに加えて，軸索伝導に要するエネルギーを劇的に減少させる．無髄軸索では，膜電位を回復させるために，軸索全長にわたってNa^+, K^+-ATPアーゼの働きが必要である．有髄軸索では，Na^+, K^+-ATPアーゼによる膜電位の回復はランビエ節のみでよい．

ミエリンは神経インパルスの伝導速度を上げる働きをしているので，ミエリンやミエリン形成細胞が傷害されると，神経障害が起こる．ミエリンが脱落した軸索は神経インパルスの伝導速度が低下したり，伝導しなくなる．シュワン細胞と異なり，オリゴデンドロサイトは多くの場合十分には再生しないので，脳や脊髄の傷害による伝導障害は特に重篤である．さらに，1個のオリゴデンドロサイトは複数の軸索を包むミエリン結節を形成するので，その障害は大きくなる．多発性硬化症は中枢神経系をおかす代表的な脱髄疾患であり，最も頻度が高い．この病気でよくみられる臨床症状は，速い神経伝導に最も強く依存する感覚ニューロン系や運動ニューロン系の障害による．

まとめ

膜は細胞や細胞小器官の隔壁を形成している．膜は外部から内部を隔て，各画分に固有のDNA, RNA, タンパク質などの分子やイオンを保っている．膜がなければ，われわれが知っているような生命は存在しない．原核細胞の細胞膜（形質膜）はしばしば外側の細胞壁で保護されており，単一の細胞質画分を囲んでいる．真核細胞は細胞膜で包まれ，外部から隔てられている．細胞内には核，ミトコンドリア，リソソーム，ペルオキシソーム，ゴルジ体，小胞体を含む細胞小器官が存在する．これらの細胞小器官もまた膜で隔てられており，これによって固有の働きをすることができる．多細胞生物では，細胞は特殊な性質をもつ細胞に分化する．哺乳動物細胞の性質は，形成する臓器・組織（心臓，腎臓，肝臓など）により異なる．さらに一つの臓器・組織においても，機能によって大きく異なる細胞が存在する．

ヒトのすべての細胞は1個の受精卵に由来し，DNAに書込まれた同一の遺伝情報をもつ．それぞれの臓器のそれぞれの細胞の性質は遺伝子発現の違いによって決まるが，それぞれの膜の性質の違いも遺伝子発現の違いによる．細胞膜と細胞小器官の膜はそれぞれの働きに応じて異なるが，基本構造は同じである．すべての膜は水溶性画分の隔壁を形成し，透過させる物質に対して特異的である．したがって，細胞が神経細胞であっても腎臓細胞であっても（または分化しても）膜の基本構造は同じであるが，生体膜を形成する脂質やタンパク質は膜の働きにより著しく異なる．この組成の違いによって，それぞれの細胞は固有の構造と形態をもち，他の細胞と相互作用し，特定のイオンやタンパク質などの物質を膜を通して輸送することができる．

本章では，すべての哺乳動物細胞に存在し，多彩な性質と機能をもつ生体膜の基礎となる膜の種々の性質について述べた．

参考文献

B. de Kruijff, 'Biomembranes', *Biochim. Biophys. Acta*, **1666** (1〜2), 1〜290 (2004).

"Sickle Cell Disease, Basic Principles and Clinical Practice", ed. by S. Embury, R. Hebbel, N. Mohandas, M. Steinberg, Raven Press, New York (1994).

R. Hoffman, J. E. Benz, S. Shattil, B. Furie, H. Cohen, L. Silberstein, P. McGlave, "Hematology, Basic Principles and Practice", Elsevier, New York (2005).

H. Shapiro, "Practical Flow Cytometry", Wiley-Liss, New York (2005).

S. J. Singer, G. L. Nicolson, 'The fluid mosaic model of the structure of cell membranes', *Science*, **175**, 720〜731 (1972).

C. Tanford, "The Hydrophobic Effect", John Wiley & Sons, New York (1980).

"The structure of Biological Membranes", ed. by P. Yeagle, CRC Press, London (1992).

3 細胞骨格

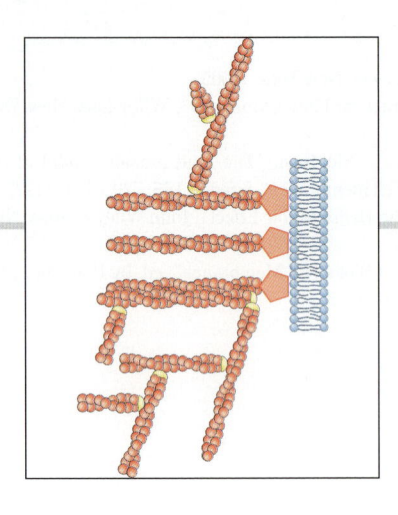

　真核細胞の興味深い特徴は細胞（内）小器官を欠いた細胞質画分を含む抽出液に，抽出方法に応じて，細胞の形を保持したり，動かしたり，または収縮させたりさえする能力があることである．この細胞質画分による構造の維持は細胞質を横切って走るタンパク質フィラメントの複雑なネットワーク（網状組織），いわゆる**細胞骨格**（cytoskeleton）によってなされている．細胞骨格は単に構造的な基盤としての細胞の受動的特徴であるばかりでなく，細胞の運動や細胞の形の変化および筋肉細胞の収縮をつかさどる動的な構造でもある．また細胞骨格は細胞質内の小器官を細胞内のある場所からある場所へと移動させる装置としても働く．さらに，最近の研究により，細胞骨格は細胞の細胞質のマスターオーガナイザーとして，以前には細胞質内を自由に拡散すると考えられていたリボ核酸（RNA）やタンパク質を特異的な場所に局在化させるための結合部位をつくり出していることもわかってきた．

　驚くことに，細胞骨格の多くの活性は3種のおもだったタンパク質の集合，**アクチンフィラメント**（actin filament），**微小管**（microtubule）および**中間径フィラメント**（intermediate filament, IF）によって生じる．おのおのの種類の線維や微小管は単量体タンパク質の特異的な結合によってつくられる．細胞骨格の構造の動的な局面は，集合体の長さや細胞内での位置，およびタンパク質複合体，小器官や細胞膜と結合するためフィラメントや微小管に沿っての特異的な結合部位，を制御するさまざまな調節タンパク質によって規定されている．このようにして，タンパク質フィラメントや微小管を細胞骨格と定義するが，それらの修飾および調節タンパク質の関与によりさまざまな広範な活性がもたらされる．本章では個々の細胞骨格の構築物とタンパク質の相互作用によってつくられる形について，まず始めにアクチンフィラメントから解説する．最初によくわかっている筋肉細胞の収縮について述べ，つぎに膜骨格複合体や非筋細胞で形成される構造物への関与について述べる．細胞運動への考察を通して，いかに細胞骨格の異なった成分が統合されたネットワークとして一緒に働き必須の細胞機能をひき起こすかを考える．最後に，細胞骨格成分の中間径フィラメントや微小管について述べる．

ミクロフィラメント

アクチンに基づく細胞骨格構造は筋肉組織において最初にみつけられた

　アクチンは筋肉組織から初めて単離され，当初筋肉組織のみに存在すると思われていた．しかしながら，アクチンはすべての細胞に存在し，非筋細胞において全タンパク質量の5〜30％を占める．アクチンはすべての細胞に存在するが，非筋細胞から抽出されたアクチンは骨格筋より抽出されたものとは異なっている．ヒトや動物細胞において，アクチンには6種のアイソフォームが存在している．骨格筋におけるα骨格筋型アクチン，心臓の筋肉に発現しているα心筋型アクチン，循環器系の平滑筋に発現しているα血管型アクチン，内臓の平滑筋に発現しているγ腸型アクチン，非筋細胞におもに発現しているβおよびγ細胞質型アクチンである．アクチンはきわめてよく保存されたタンパク質で，異なったアイソフォーム間で80％以上のアミノ酸が同一である．アミ

ノ酸残基のおもな違いはアクチンアイソフォームのN末端に存在し，それらの単量体アクチンのフィラメントへの重合速度にはほとんど影響しない．しかしその違いは特異的なアクチン結合タンパク質あるいは調節タンパク質との結合に必須である（詳しくは本章の後半での記述を参照されたい）．

すべての細胞においてアクチンを基盤とする細胞骨格構造に共通の多くのタンパク質成分も，最初は筋肉組織から単離された．筋肉では，これらのタンパク質は厳密に構築され，筋肉細胞の特殊化した収縮装置を形成する．それゆえ，非筋肉細胞でのアクチンを基盤とする骨格構造を理解しやすくするため，筋肉細胞でのアクチン

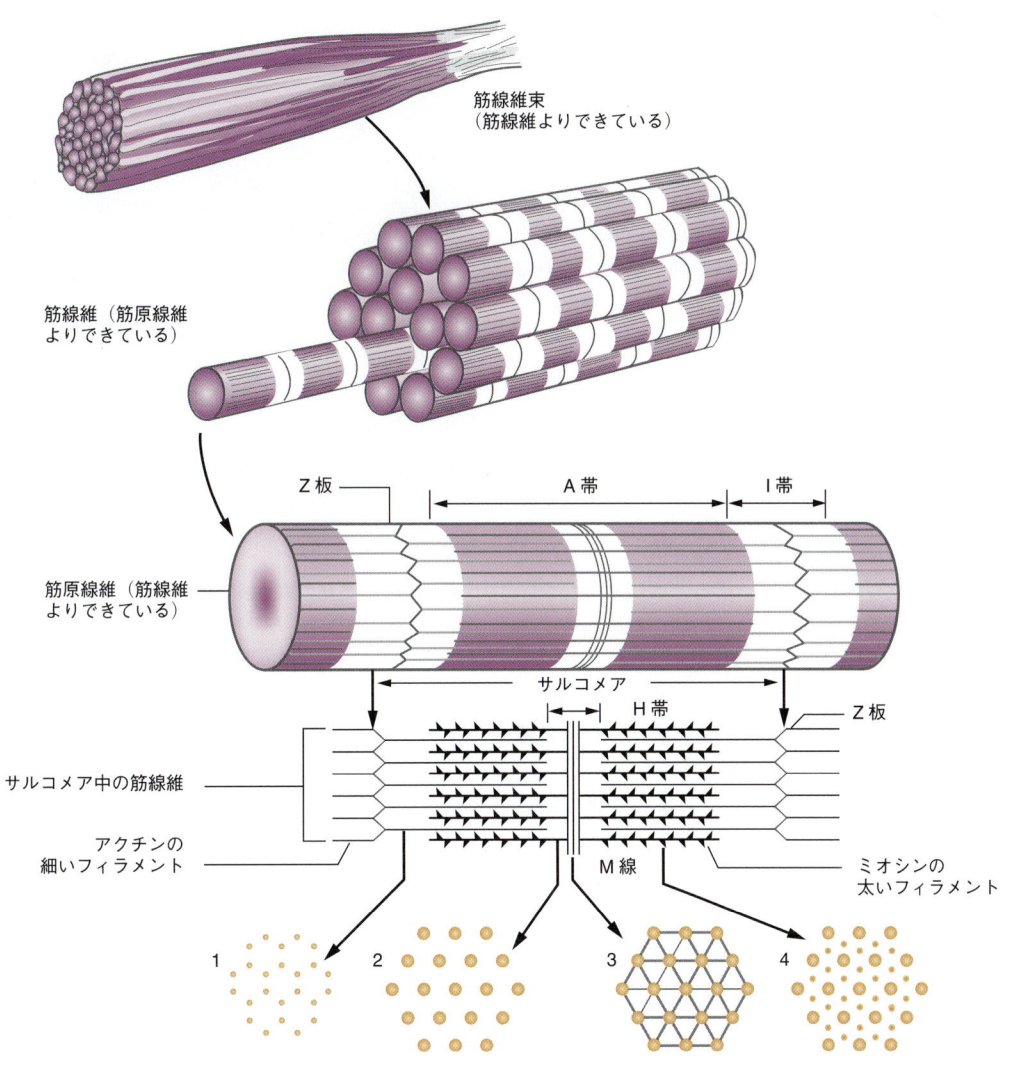

図 3・1　**骨格筋の構築**．骨格筋は筋線維束とよばれる線維の束でできている．さらにおのおのの筋線維束は長い多核の筋線維の束でできている筋肉組織の細胞で構成される．筋肉細胞には筋原線維があり，高度に組織化され並んだミオシンⅡ（太い）とアクチンフィラメント（細い）よりできている．筋線維の極度な構造的組織化のため骨格筋は横縞模様に見える．筋線維はサルコメアという骨格筋の機能単位で構成され，一つのZ板からつぎのZ板に伸びている．アクチンの細いフィラメントはZ板（明るく染まるⅠ帯）からサルコメアの中心へと伸び，そこでミオシンの太いフィラメント（暗く染まるA帯）と重なり合う．Z板近くのサルコメアの横断面（1）は約 8 nm のアクチンの細いフィラメントを示し，A帯領域の横断面（4）は約 15 nm の太いフィラメントが 6 個のアクチンの細いフィラメントの六角形の並びで囲まれている．H帯と称せられるA帯領域の中央部に近いサルコメアの横断面（2）はミオシンの太いフィラメントの組織を示す．一方，H帯の中央の横断面（3）はM線をつくる太いフィラメントの構築にかかわるフィラメントのネットワークを示す．〔W. Bloom, D.W. Fawcett, "A Textbook of Histology, 10th Ed.", W. B. Saunders, Philadelphia (1975) より改変〕

骨格筋は筋線維の束化によって生じる

骨格筋の構築の全体像から分子レベルに至る機序を図3・1に載せた．骨格筋は数 cm の長さになりうる，長い円柱状の多核の細胞よりなる．個々の筋線維は筋肉に血液を供給する毛細血管網を担う**筋線維内鞘**（endomysium）とよばれる繊細な，ほどけた結合織で囲まれる．おのおのの筋線維の束はまとめられて，**筋周膜**（perimysium）とよばれる1層の結合織につながる筋線維束（fasciculus）を形成する．その束はさらにまとめられ**筋外膜**（epimysium）とよばれる厚くて固い結合織の層で覆われる筋肉組織を形づくる．筋肉組織の3種の結合織層はコラーゲンやエラスチン線維を含むが，互いにその厚さは異なる．骨格筋は，通常骨格や骨に張付いている腱に接着して体の特殊な運動を起こす．

骨格筋の機能単位はサルコメアである

おのおのの骨格筋細胞または筋線維は，**筋原線維**（myofibril）とよばれる規則正しく並んだフィラメントの多くの束よりできている．それら筋原線維内の高度に組立てられたフィラメントの配列のため，骨格筋は横縞模様の特徴をもち，または縞状の外見をもつ．骨格筋は顕微鏡を通して見られるように，構造と機能の関係を示す最もよい生物学的な例である．骨格筋の縦断面を光学顕微鏡や電子顕微鏡で見ると，規則正しく並んだバンド様の像が観察される（図3・2）．これらは**A帯**（A band），**I帯**（I band）および**Z板**（Z disk）または**Z線**（Z line）とよばれる．

A帯は筋線維の暗く染まる領域で，重なり合う細いフィラメントおよびミオシンIIよりなる．明るく染まるI帯は細い線維を含み，その主要な成分はアクチンである．Z板は暗い線として見え，I帯を分断している．骨格筋を電子顕微鏡で観察すると，暗く染まるA帯はH帯（H band）およびM線（M line）と名づけられた異なった領域よりなることがわかる．H帯はA帯の中央領域内のより明るく染まる部分で，暗く染まるM線により分断されている．A帯のこの領域でミオシンの太いフィラメントが組立てられる．

二つのZ板の間にある筋原線維の一区画はA帯全体と二つの隣合ったI帯半分の領域よりなり，**サルコメア**（sarcomere）とよばれる．サルコメアは筋原線維の機能的収縮単位である．ミオシンの太いフィラメントがA帯を特徴づけ，サルコメアの二つのZ板から等距離にある．サルコメアの細いフィラメントはZ板に結合し，明るく染色されるI帯領域を通して伸び，一部A帯の中に入り，そこで太いミオシンフィラメントと重なり合っている．Z板はサルコメアの細いフィラメントをつなぎ止める役割をしている．サルコメアのさまざまな部位の横断面の観察により，太いフィラメントと細いフィラメントの関係についてより詳細な情報が得られる（図3・1）．I帯の横断面は細いフィラメントのみを示し，六角形状に配列されている．A帯のH領域を通る切断面は太いフィラメントのみを示す．一方，A帯のM帯領域の切断面はコイル状のフィラメントのネットワークとなり，双極性ミオシンの太いフィラメントの集合体を示している．細いフィラメントが太いミオシンフィラメントと重なり合うA帯の断面は，おのおのの太いフィラメントが6個の細いフィラメントで囲まれていることを示している．この太いフィラメントと細いフィラメントの配列はサルコメアに欠くことのできない構造的特徴

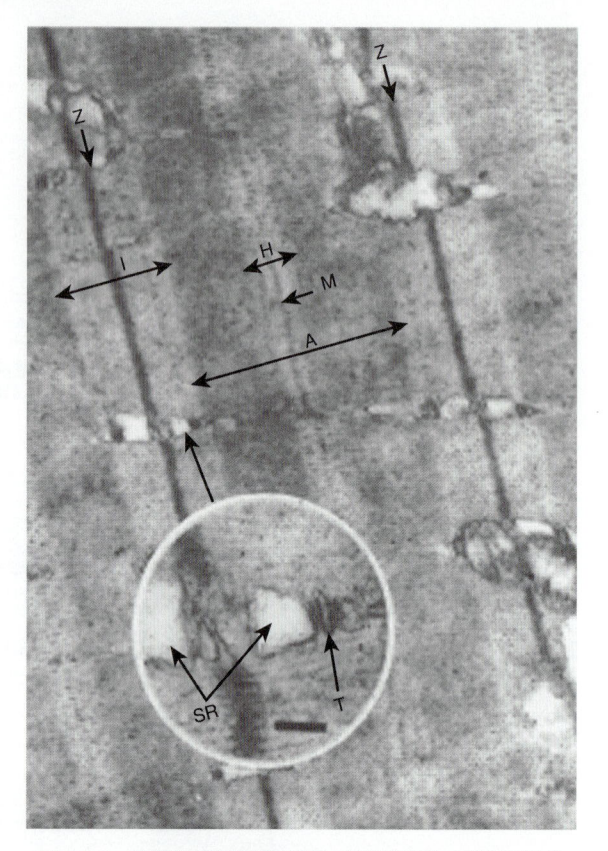

図3・2 骨格筋の電子顕微鏡像．骨格筋細胞の縦断面は筋原線維から派生した横縞模様の規則正しいパターンを示す．この低倍率電子顕微鏡像に示されるように，骨格筋細胞は平行に並んだ多くの筋原線維をもつ．この繰返し構造においてZ板をはっきりと認識できる．サルコメアのA, I およびH帯とM線の長さの単位は 0.3 μm．挿入図：筋小胞体（SR）の終末嚢や付随するT管（横行管，T）．(Phillip Fields 博士提供)

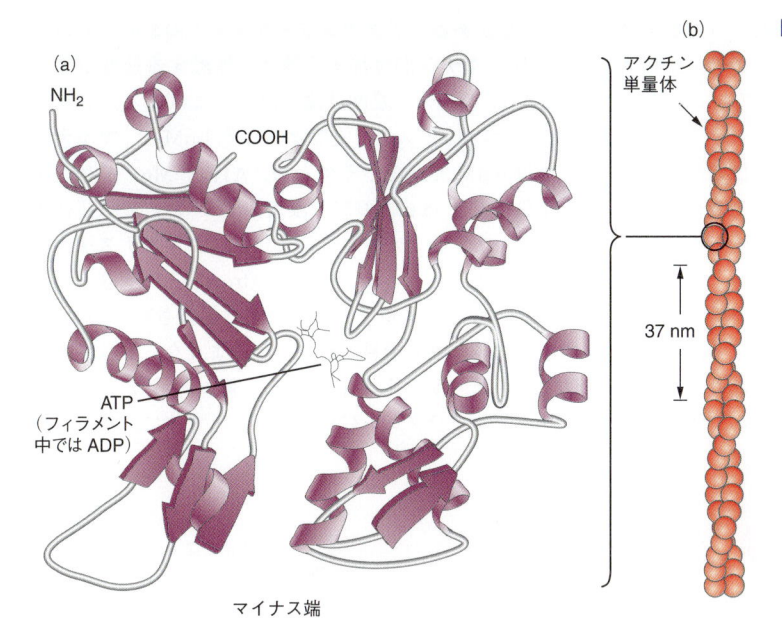

図 3・3 球状 G アクチンおよび線維状 F アクチンの構造. (a) G アクチンは 43 kDa の単量体で 4 個の構造ドメインをもつ．ATP や ADP が離れているドメイン 1 や 3 でできた溝の中で G アクチンと結合する．(b) F アクチンは重合した G アクチン単量体（球状）よりなるヘリックス状のフィラメントである．フィラメントは 14 個の G アクチン単量体ごと，37 nm ごとにヘリックスを一周する．

であり，収縮過程におけるフィラメントの滑りに必要である．

細いフィラメントはアクチン，トロポミオシン，トロポニンとトロポモジュリンよりなる

すべての真核細胞は直径が 7〜8 nm のフィラメントを含み，**ミクロフィラメント**（microfilament）とよばれ，アクチンタンパク質のポリマーよりできている．これらのフィラメントは通常**フィラメント状のアクチン**（filamentous actin）または **F アクチン**（F-actin）とよばれ，分子量 43,000（43 kDa）の **G アクチン**（G-actin）とよばれる球形の単量体アクチンの重合によってつくられる．おのおのの F アクチンミクロフィラメントは 2 本のヘリックス状に絡み合った G アクチン単量体鎖よりなり，そのヘリックスは 37 nm もしくは 14 個の G アクチンで一周する（図 3・3）．

G アクチン単量体がアクチンフィラメントに重合するためには ATP（adenosine triphosphate）と結合する必要がある．ATP の加水分解速度は単量体アクチンのときは遅いが，単量体がいったんアクチンフィラメントに

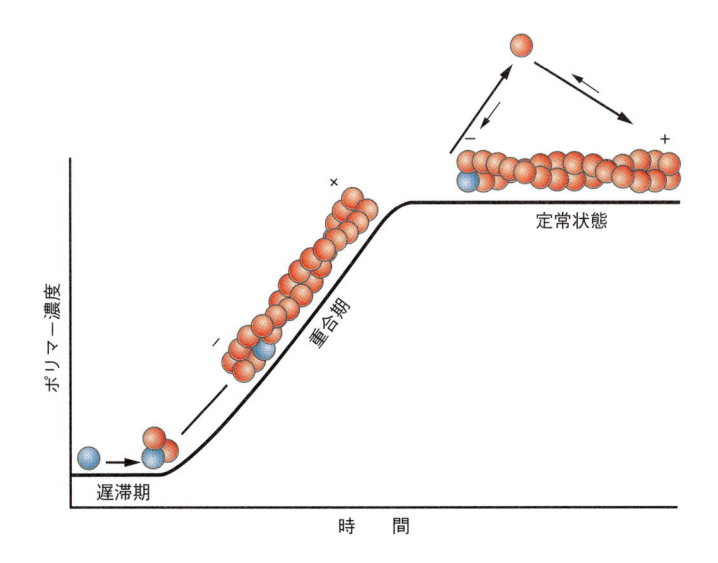

図 3・4 アクチンの重合. アクチン重合は 3 段階で行われる．(1) 遅滞期: 三つの単量体アクチンによる核化が起こる．(2) 重合期: 単量体アクチンがアクチンフィラメントのプラス（＋）端に入り，アクチンフィラメントが伸びる．(3) 定常状態: 単量体アクチンがプラス端に付加され，同じ速さでマイナス（－）端から除かれる．

64   3. 細胞骨格

取込まれると急激に速くなる．ATPとMg^{2+}（もしくは生理的な濃度の塩）が十分な濃度のGアクチンに加えられると，自然にFアクチンへと重合していく．重合過程は数段階に分けられる（図3・4）．

最初は3個の単量体Gアクチンが集合して三量体アクチンを形成する遅滞期である．いったん三量体アクチンができると，それがGアクチン重合の種あるいは核となり，重合期にはアクチンフィラメントへと重合していく．最終的には，定常状態に達し，Gアクチン単量体が取込まれる速度とフィラメントから離脱する速度が一致する．アクチンフィラメントには極性があり，速く伸長するプラス（＋）端とゆっくり伸長するマイナス（−）端がある．アクチンフィラメントのおのおのの端でのGアクチンが付加する速度と解離する速度が等しくなるGアクチン濃度は臨界濃度とよばれる．プラス端でのそのGアクチン濃度はおよそ1 μMで，マイナス端では8 μMである．そのため，ATPやMg^{2+}が存在する条件で，1～8 μMの間の濃度のGアクチンが存在する場合，アクチンがプラス端に付加されマイナス端から取除かれるというトレッドミル（treadmill）状態が形成される．もしエネルギーがこの系に供給されない場合，永続的に続く動力機械となり，そのようなことは熱力学的にありえない．しかしながら，個々のGアクチンがアクチンフィラメントに付加されるとすぐに，無機リン

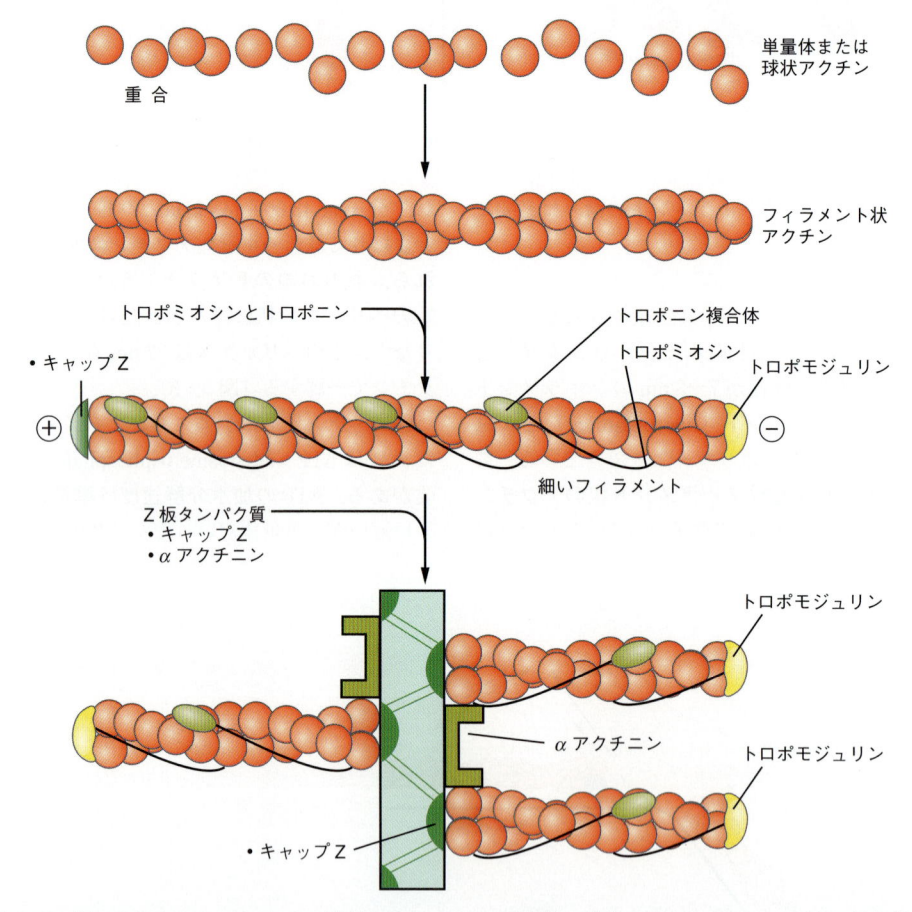

図3・5 **細いアクチンフィラメントの形成とサルコメアでの配置**．球状の単量体アクチンが頭部‒尾部結合によりヘリックス状のアクチンフィラメント（Fアクチン）を形成する．この細いフィラメントはFアクチンフィラメントとアクチンフィラメントの溝に沿って並ぶ棒状のトロポミオシン分子とトロポニンポリペプチドの複合体で形成される．サルコメアにおいて，細いフィラメントはZ板におもにキャップZやαアクチニンからなる結合タンパク質を通して，つながれる．Z板の正確な構造はわかっていない．この図で示されているタンパク質の相互作用は単離したキャップZやαアクチニンの試験管内での性質に基づいている．図示されているように，Z板に存在するタンパク質の特異的なタンパク質相互作用により細いフィラメントがプラス端で固定化し，サルコメアでのアクチンの細いフィラメントの極性を保っている．マイナス端はトロポモジュリンでキャップされている．

酸（P_i）の放出を伴うATPのADP（adenosine diphosphate）への分解が起こる．このことはいくつかの興味深い問題を投げかける．最初の疑問は，筋肉や非筋細胞の細胞質内のアクチン濃度は100 μMよりも多いので，われわれの体の細胞内のほとんどのアクチンはフィラメント状のアクチン（なぜならプラスまたはマイナス端の臨界濃度よりもはるかに多いから）でなければならないということ．しかしながら，ほとんどの細胞は一定量のGアクチン単量体のプールを保持する機構をもっている．なぜこのような現象が起こるのか？ 2番目に，トレッドミル状態が生きた細胞内でも生じるのか？ その答えはイエスである．このことについては本章の後半でとりあげる．

Fアクチンは骨格筋の細いフィラメント中で圧倒的に多いタンパク質であるが，これらのフィラメントはトロポミオシン，トロポニンやトロポモジュリンという他のタンパク質も含んでいる（図3・5）．

トロポミオシンは長い棒状の分子（～41 nmの長さ）であり，ミオシン，特にミオシン分子の棒状の末尾ドメインと類似しているためそうよばれる．トロポミオシンは2個の同一のサブユニットの二量体よりなる．個々のサブユニットのポリペプチドはαヘリックス状で，二つのヘリックス鎖が互いにコイル状に絡みつき，強固な棒状の分子を形成している．トロポミオシンはアクチンフィラメントの全長にわたって結合し，ヘリックス状Fアクチン分子の溝に沿って並び，フィラメントを安定化し強固にしている．

もう一つの骨格筋の細いフィラメントのおもな調節タンパク質はトロポニンである．トロポニンは三つのポリペプチド，トロポニンT（TnT），トロポニンI（TnI）およびトロポニンC（TnC）の複合体である．これらのポリペプチドはトロポニン複合体中におけるおのおのの機能に基づいて名づけられている．たとえば，TnTはトロポミオシン結合作用により，TnIは収縮においてのCa^{2+}調節の阻害的役割のため（後に述べる），TnCはそのCa^{2+}結合活性のため，そのように名づけられた．トロポニン複合体は，サブユニットIとCでできた球状の頭部とTでできた長い尾部をもち，細長く伸びた構造をしている．Tサブユニットで形成される尾部はトロポミオシンと結合し，アクチンフィラメント上でのトロポニン複合体の結合位置を決めていると考えられている．アクチンフィラメント内では7個のアクチン単量体ごとに1個のトロポニンが結合しているので，Tサブユニットとトロポミオシンの特異的な相互作用による複合体の位置決めは収縮制御能に不可欠である．

トロポモジュリン（43 kDaの球状タンパク質）はトロポミオシンに結合し，アクチンフィラメントのマイナス端をキャップし，サルコメア中で細いアクチンフィラメントの長さを制御している．

太いフィラメントはミオシンよりなる

ミオシンは最初，筋肉細胞中に存在すると記載されたが，今では非筋肉細胞の普遍的な成分として知られている．骨格筋を含むほとんどの細胞でみつかっているミオシンの主要な種類は，それが二つの球形の頭部もしくはモータードメインを含むことから，**ミオシンⅡ**（myosin Ⅱ）とよばれる．ミオシンⅡはおよそ460 kDaの分子サイズで，コイル状のヘリックスになった尾部と二つの球状の頭部よりなる200 kDaの二つの同一の重鎖をもつ（図3・6）．

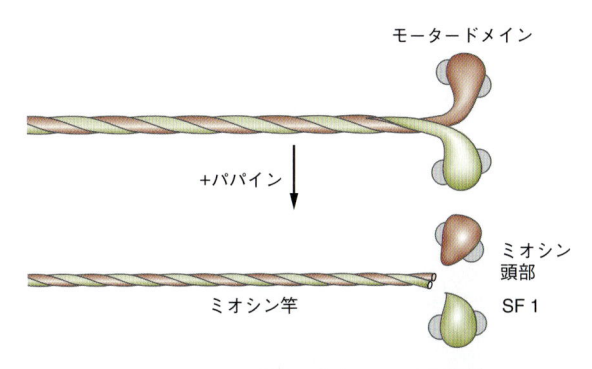

図3・6 ミオシンⅡの構造とパパインによる切断．ミオシンⅡは150 nmの長さの線維状のタンパク質で，二つの球状の頭部をもつ．ミオシンⅡをタンパク質分解酵素のパパインで処理すると二つのミオシン頭部（SF1断片）がミオシンの竿より外れる．

コイル状のヘリックスを形成するにはミオシンの重鎖は7個のアミノ酸の繰返し配列，たとえばa,b,c,d,e,f,g, a,b,c,d,e,f,gでaとdの位置に疎水性のアミノ酸がくる，をもたなければならない．αヘリックスは3.5アミノ酸ごとに1回転するので，そのようなアミノ酸の繰返しはヘリックスの周りをゆっくりと回転する疎水性の帯をつくり出す．この疎水性の帯を水の多い環境から遠ざけて埋込むため，二つのαヘリックスは互いにコイル状に巻き合う．ミオシン分子はさらに二つの対になった20 kDaと18 kDaの軽鎖をもつ．これらの軽鎖はミオシンの頭部に結合している．精製したミオシンをパパインというタンパク質分解酵素で分解すると，球状の頭部（SF1断片とよばれる）をミオシンの尾部と分離することができる（図3・6）．生理的なイオン強度とpHに

したミオシンの尾部は自発的に骨格筋にあるような太いフィラメントを形成する．SF1頭部は筋肉収縮に必要なすべてのミオシンATPアーゼ活性を含んでいる．精製した頭部を前もって形成させておいたアクチンフィラメントに加え，電子顕微鏡で観察すると，SF断片は一方向を向いた矢じりのように見える．矢じり端はマイナス端もしくはゆっくりと伸びるフィラメントの端の方を向き，反矢じり端はプラス端もしくは速く伸びる端の方を向いている（図3・7）．

ミオシンのSF1断片と相互作用するアクチンフィラメントの極性は筋収縮に重要である（図3・7）．タンパク質分解酵素によって切られてできたミオシンⅡの尾部の凝集によって示されるように，太いフィラメント形成はミオシン分子の尾部もしくは棒状部位の互いの結合によって生じる．ミオシンⅡ重鎖二量体の結合は棒状の尾部の疎水性相互作用によって生じ，フィラメントの形成はコイル状になったミオシンⅡ尾部間の相互作用で生じる．筋肉では300から400のミオシンⅡ二量体の棒状線維の尾部が一緒に詰込まれ，双極性の15 nm

の直径の太いフィラメントを形成する．このミオシンⅡ尾部同士が結合した結果，逆向きに並んだミオシンⅡ尾部よりなる裸の中央部分をもつフィラメントが形成される（図3・8）．

球状のミオシンⅡ頭部はヘリックス状配列の末端において14 nmの規則性をもってフィラメントから飛び出している．そして太いフィラメントは高次の構造を示す．球状頭部の配列によって決定される極性をもったフィラメントが裸の中央部分に対し対照的に位置し，ミオシンの頭部が逆方向に向き合っている．

結合タンパク質は筋原線維構築の保持に役立っている

脊椎動物の骨格筋において，太いまたは細いフィラメントの構造的方向性は収縮に不可欠である．よって，この構造を保持することが筋肉の機能に重要となる．太いまたは細いフィラメントに結合し，筋原線維の保持に重要な役割を果たす，いくつかのタンパク質（たぶん，すべてが必要ではない）が同定されている．

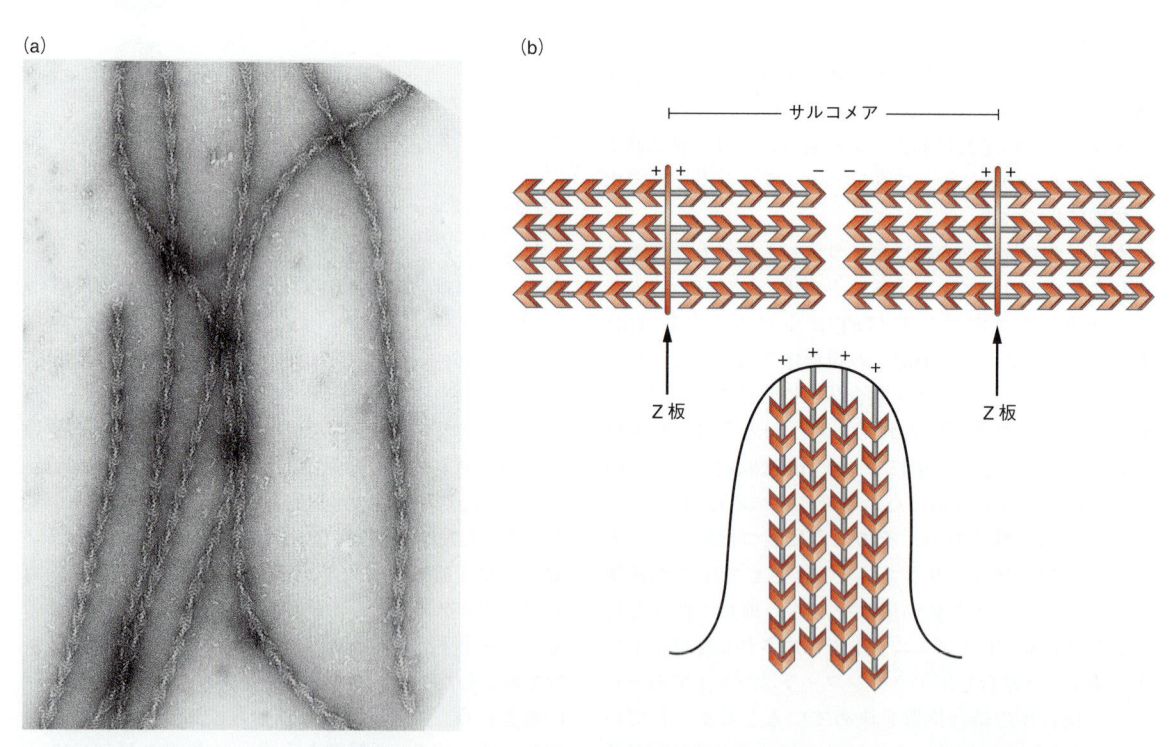

図 3・7 アクチンフィラメントは極性をもつ． アクチンフィラメントの極性はミオシンのSF1断片を標識することで，見ることができる．(a) 試験管内で作成したミオシンSF1断片に結合したアクチンフィラメントの電子顕微鏡像．ミオシン断片がアクチンフィラメントに結合し，その極性を示している．ミオシン頭部が矢じりのように見える．矢じりはアクチンフィラメントのマイナス端を向き，反矢じり端はアクチンフィラメントのプラス端を向いている．(b) サルコメアでは，反やじり端（プラス端）はZ板につながっている．アクチンフィラメントが細胞膜の細胞質表面に結合されているとき，膜と接着するのはプラス端である．ここで示した例はアクチンフィラメントの微絨毛先端への結合である．

分は二つの同一のサブユニット（分子量190,000）よりなる線維状タンパク質，αアクチニンである．αアクチニンのN末端ドメインはアクチンフィラメントの結合，架橋をする機能をもつ細胞骨格タンパク質（原則的にスペクトリン超遺伝子ファミリーのタンパク質）のN末端ドメインと高い類似性がある．αアクチニンはN末端でアクチンフィラメントの側鎖に強く結合し，隣接した細いフィラメントを一緒にZ板で束化する．Z板の厳密な構造は不明であるが，それはZ板に隣接した二つのサルコメアに伸びる逆方向の極性をもった2セットの重なり合ったアクチンフィラメントを含み，細いフィラメントはキャップZやαアクチニンのようなタンパク質と結合してZ板構造に固定化されている．前に述べたように，43 kDaのタンパク質のトロポモジュリンがアクチンフィラメントのマイナス端，遅く伸びる端に結合し，キャップし，それらの長さを調節している．

骨格筋では，筋線維の相対的位置を維持し，重合したフィラメントの長さを調節する機構が存在する．タイチン（titin，コネクチンともいう）とネブリン（nebulin）という二つのタンパク質がそれらの機能に重要である（図3・9）.

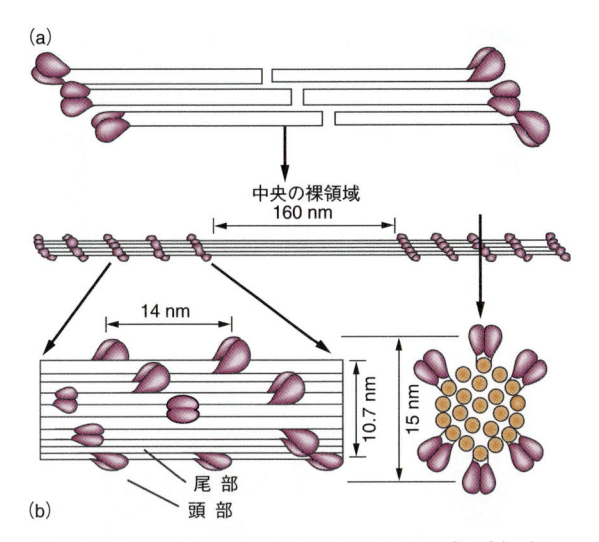

図 3・8 ミオシンの太いフィラメントの形成．(a) 太いフィラメントの形成はミオシンⅡ分子の棒状尾部ドメインの端と端との結合により始められる．(b) その結果，両端に球状の頭部をもつ双極性の太いフィラメントが形成される．その頭部は，ミオシンⅡ尾部ドメインよりなる160 nmの中央の裸の領域で隔てられている．フィラメントの端ではミオシンの球状の頭部ドメインは，10.7 nmの直径の中央の芯から14 nmごとに飛び出している．連続的なミオシン頭部が線維の周りを回り，ミオシン頭部ドメインを6列含み，サルコメアの隣の細いフィラメントと接触するフィラメントを形成する．

細いフィラメントはサルコメアのZ板構造で終わり，そこに結合している．Z板は細いフィラメントを固定している．フィラメントのプラス端がZ板に結合し，マイナス端はサルコメアの中央部分に向かって伸びている．そのため，1サルコメア単位（sarcomere unit，二つの隣接したZ板構造間の長さで規定される）は，おのおののZ板から伸び，サルコメアの中央部分のどちらの側からも逆向きの極性を示すアクチンフィラメントを含んでいる．二つのサブユニットタンパク質（分子量32,000と36,000）よりなるキャップZ（Cap Z）はアクチンフィラメントのプラス端に特異的に結合し，細いフィラメントのZ板への結合を助けるタンパク質の一つである．キャップZはアクチンフィラメントの速く伸びる端またはプラス端に結合するので，アクチンフィラメントの成長や脱重合を阻害し，筋原線維のフィラメントを非常に安定な構造にしている．Z板への局在により，キャップZは細いフィラメントの固定化を，たぶんZ板の他のタンパク質と結合することで，助けているのではないかと思われる（図3・5）．Z板のおもな成

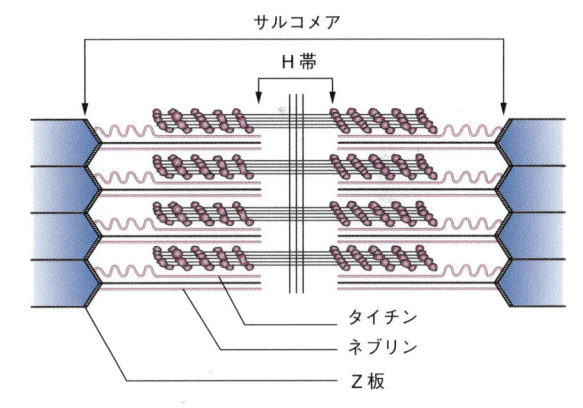

図 3・9 タイチンとネブリン：骨格筋サルコメアの修飾タンパク質．タイチンとネブリンのサルコメア内での局在を示した．タイチンは弾性に富みミオシンの太いフィラメントをZ板につなぐ大きなタンパク質で，サルコメア中でそれらの局在を保つ．ネブリンはZ板に固定化されている線維状のタンパク質で細いアクチンフィラメントとほとんど併置されている．細いフィラメントとの密接な関係からネブリン線維はサルコメアのアクチンフィラメントの構築にかかわっていると考えられている．

タイチンは大きな線維状のタンパク質で，太いフィラメントをZ板に結合させている．タイチンは今日記載されている最大のタンパク質（約350万Da）で長い一

連の免疫グロブリン様ドメインの配列をもつ．そしてミオシンの太いフィラメントをサルコメア構造の中央に位置するように保つ．さらにタイチンはフィラメントを正しい方向に保つため弾性のあるバンドとして働き，筋肉収縮の間にサルコメアが構造的変形をするのを阻害しているのかもしれない．もう一つの大きな線維状タンパク質であるネブリンはZ盤から細いフィラメントのマイナス端に至る，長くて伸び縮みしないフィラメントを形成する．ネブリンは35個のアミノ酸が繰返されたアクチン結合モチーフをもっている．その厳密な長さとアクチンフィラメントとの繰返し結合を考えると，ネブリン線維は細いフィラメントへ重合して入るアクチン単量体の数を制御し，筋肉形成期に細いフィラメントが規則的な幾何学模様を形成するのを助けているのかも知れない．

筋収縮では太いフィラメントと細いフィラメントがサルコメア中で相互にスライドする

収縮した筋肉と弛緩している筋肉の電子顕微鏡による，サルコメアとA帯とI帯の長さの観測から，筋肉の収縮の機序が確立された．アクチンの細いフィラメントとミオシンの太いフィラメントの滑りにより，サルコメア単位内でこれらのフィラメントは互いにすれ違う．これらの測定により個々のフィラメントの長さが筋肉収縮で変化しないことが明らかになった．しかし，二つの隣合うZ板間の距離は，収縮した筋肉では弛緩した筋肉より短くなる．サルコメアの長さが収縮した筋肉で減少したとき，I帯領域は短くなり，一方A帯の長さは変化しない（図3・10）．

太いフィラメントと細いフィラメントの長さは変化しないので，I帯の長さの変化は細いフィラメントが太いフィラメントを滑り，重なり合う場合のみ生じる．そのため，サルコメアの中心線（M線と規定される）を挟んで，太いフィラメントと細いフィラメントが逆向きの極性をもつことにより，サルコメアの短縮は，Z板に結合している細いアクチンフィラメントがサルコメアの中心に向かって太いミオシンフィラメントを滑ることでひき起こされる．**滑り説**（sliding filament model）とよばれるこの筋肉収縮モデルは，1954年に最初に提唱され，その後の収縮の分子機序の詳細解明へとつながった．

ATPの加水分解が細いフィラメントの架橋に必要である

骨格筋の収縮には，ミオシンⅡの頭部と細いフィラメントとの相互作用が必要である．これらの相互作用

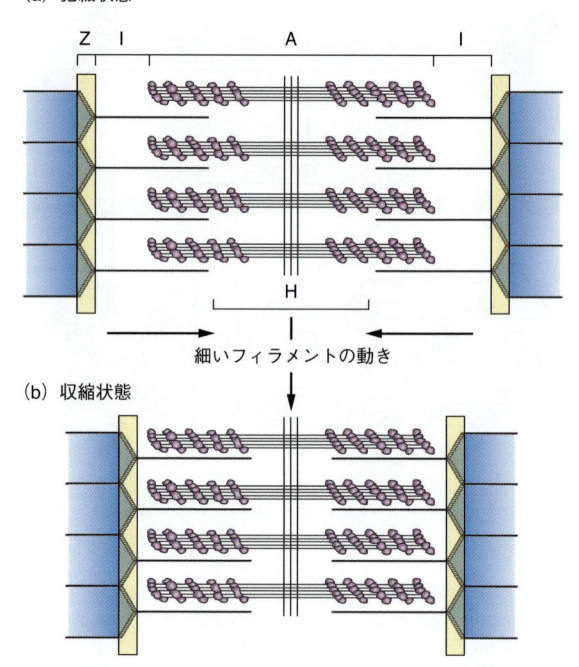

図3・10　筋肉収縮の滑りフィラメントモデル． 筋肉の収縮は筋線維がサルコメア中で互いに滑ることで起こる．(a) 弛緩した筋肉では細いフィラメントはミオシンの太いフィラメントと完全には重なり合わないで，明らかなI帯が存在する．(b) 収縮時には細いフィラメントがサルコメアの中央に向かって動くが，細いフィラメントがZ板に固定化されているために，それらの動きでサルコメアが短くなる．細いフィラメントの滑りは，双極性ミオシンの太いフィラメントの球状頭部ドメインと結合することで促進される．

は，球状のミオシンⅡ頭部に存在するATPアーゼ活性による高エネルギー分子ATPとの結合と加水分解によって行われる．ATPによってひき起こされるミオシンⅡとアクチンの相互作用の詳細を，図3・11に図説する．

ミオシンⅡの頭部がATP分子と結合すると，ミオシン-アクチンの結合が弱くなる．そしてミオシンⅡ頭部が細いフィラメントから外れる（ステップ1）．ATPのADPと無機リン酸（P_i）への分解は活性化されたミオシンⅡ頭部をつくり出し，構造変化を生じる．その変化は分子の柔軟なつなぎ目領域で促進され，ミオシンⅡ頭部は隣接する細いアクチンフィラメントと垂直になる（ステップ2）．これら二つのステージ間の変化は可逆的である．なぜならば，ADPと無機リン酸はミオシンⅡ頭部に結合したままで残り，ATPの加水分解で放出されたエネルギーはミオシンⅡ頭部の回転から生じたひ

ずんだ結合に蓄えられる．活性化したミオシンII分子は隣のアクチン分子と結合する．この結合によって無機リン酸の解離が起こり，今度はミオシン-アクチンの相互作用が強まる（ステップ3）．この強い結合はミオシンII頭部の構造変化を起こし，固定されたミオシンIIフィラメントへアクチンフィラメントを引っ張るという"強くこぐ力"を発生させ，収縮へ至る（ステップ4）．このステップの生成物はいわゆる硬直化した複合体で，アクチン-ミオシンの結合は固定化され，太いフィラメントと細いフィラメントは互いに動き合うことはできない．もし（死後の場合のように）ATPがない場合，筋肉はミオシンとアクチンの強い結合により硬直した状態になる．この状態を**死後硬直**（rigor mortis）という．正常な条件下では，ATP分子が結合しているADPに置き換わり，アクチンフィラメントのミオシン頭部からの解離を生じ，筋肉を効果的に弛緩させ，サイクルのステップ1に戻る．新たに結合したATPの加水分解は筋肉にさらなるラウンドのミオシン-アクチン相互作用へと備えさせる．

ミオシン-アクチン相互作用のおのおののサイクルにより，アクチンの細いフィラメントはおよそ10 nm動く．複数のミオシンIIの頭部が協調作用し，フィラメントの調和のとれた動きやこれらの相互作用を制御して，筋肉線維の速い収縮を完成させている．おのおのの太いフィラメントは複数のミオシンIIの棒状部位の集合で形成され，片側におよそ300から400のらせん状に飛び出している頭部を含むフィラメントよりなる双極性のフィラメントになる．この配置により太いフィラメントと細いフィラメントが複数の場所で接触できる（**架橋相互作用**，cross-bridge interaction）．細いフィラメントの全長に沿って，ミオシン-アクチンサイクルのさまざまな箇所でミオシンIIの架橋ができる（図3・11）．その結果，集団の架橋されたアクチンの接着により細いフィラメントが太いフィラメントに対し滑らかで速い動きができるようになる．おのおののミオシン頭部は1秒間におおよそ5回回転し，ミオシンの太いフィラメントとアクチンの細いフィラメントをおよそ15 µm/secの速さで滑らせる．サルコメアはおおよそ20 msecに10 ％長さを短くすることができる．

筋原線維全体でフィラメントの滑りを効率よく協調させ，機械的な運動を可能にする筋肉収縮を起こさせるため，ミオシンII頭部の架橋の相互作用はカルシウムの一時的な上昇により細胞レベルで調節されている．カルシウムによる筋肉収縮の調節は，細いフィラメント上でのトロポニン-トロポミオシン複合体によるミオシン-アクチン相互作用の阻害を抑制することでひき起こされる．この調節に含まれる特別な相互作用についてはつぎの章で議論する．

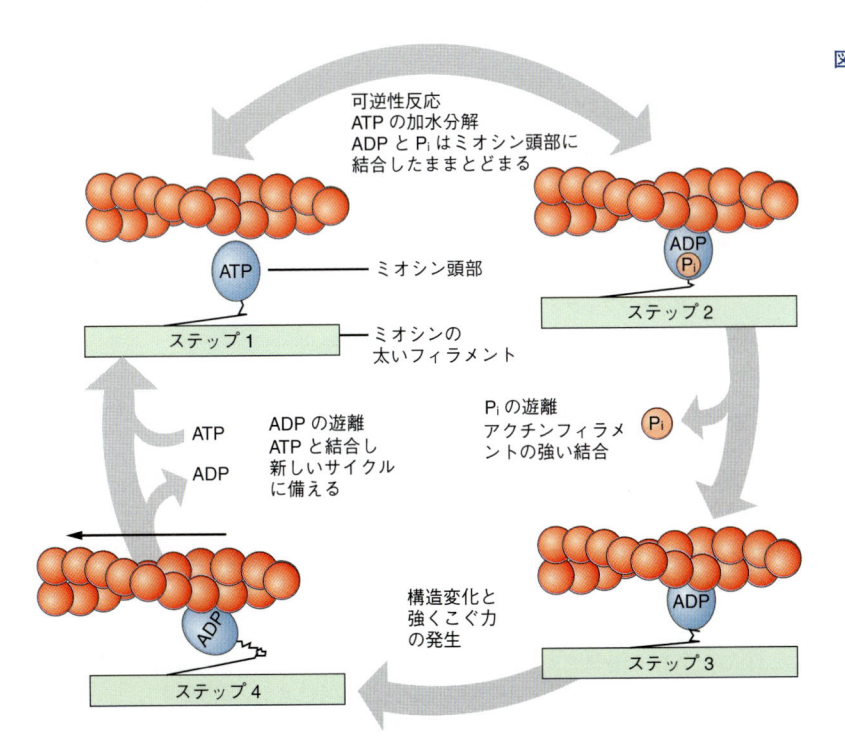

図3・11 収縮時に生じるATPによって動かされるミオシン-アクチン相互作用の図説．ATPのミオシン頭部への結合でアクチンフィラメントから外れる（ステップ1）．ATPのADP + P_i への加水分解でミオシン頭部がアクチンフィラメントに接触する（ステップ2）．ミオシンのアクチンフィラメントとの最初の接触でP_i が外れ，強いアクチンフィラメント結合が起こる（ステップ3）．この強い結合はミオシン頭部の構造的変化をひき起こしてアクチンフィラメントを引っ張り，強力なこぎ（power stroke）が生じる（ステップ4）．この構造変化はADPの遊離を伴う．さらにATPが結合するとアクチンフィラメントが外れ，ミオシン頭部がつぎのサイクルの位置に戻る．

骨格筋収縮のカルシウム調節はトロポニンとトロポミオシンによってひき起こされる

精製したアクチンからつくったフィラメントにミオシンを混ぜると，ミオシンのATPアーゼ活性はカルシウムの存在に関係なく最大活性にまで促進される．しかし，もしアクチンとトロポミオシンとトロポニンよりなる細いフィラメントを精製したミオシンに加えると，ミオシンのATPアーゼ活性の促進は完全にカルシウムの存在に依存する．本反応におけるカルシウムに依存したATPの加水分解は，細いフィラメント上でトロポミオシンとトロポニンの存在によって生じるアクチンとミオシンの相互作用の阻害を解除することで促進される（図3・12）．

おのおのの棒状トロポミオシン分子は七つのアクチン単分子に結合し，ヘリックス状のアクチンフィラメントの溝に沿って並ぶ．三つのポリペプチド，TnT，TnIとTnCよりなるトロポニン複合体は，おのおののトロポミオシン分子の特定の部位に結合する．長く伸びた形のTnT分子（分子量37,000）はトロポミオシンのC末端領域に結合し，TnIおよびTnCをトロポミオシンにつなぎとめる．TnI（分子量22,000）はアクチンとTnTに結合して，トロポミオシンと協力してアクチンフィラメントの形態変化をひき起こしてミオシン頭部との結合を弱める．この弱い結合ではミオシンのATPアーゼ活性を活性化することはできない．TnC（分子量20,000）はTnIと一緒にトロポミオシン複合体の球状ドメインを形成する．カルシウム結合サブユニットであるTnCは細胞内カルシウム受容体タンパク質であるカルモジュリンと似た構造や機能をもつ．TnCの4箇所のカルシウム結合部位すべてにカルシウムが結合すると，アクチンのミオシンATPアーゼ活性化のTnIやトロポミオシンによる阻害が解かれ，筋原線維の収縮が起こる．TnCにカルシウムが結合すると，トロポミオシンはアクチンヘリックスの中央部に移動して単量体アクチンのミオシン頭部が結合する部位が露出し，ミオシンATPアーゼの活性化が起こる．ATPの加水分解により架橋相互作用とフィラメントの滑りのサイクルが回る．アクチンフィラメントのミオシン活性化部位は筋原線維が静止期にあるときにはトロポニン-トロポミオシン複合体によりふさがれ，活性化状態のときは露出している．このようにして骨格筋の収縮は細胞内カルシウムイオンの濃度によって調節されている．

骨格筋の細胞内カルシウムは特殊な膜構造物，筋小胞体で調節される

静止もしくは弛緩状態の場合，骨格筋細胞中のカルシウムイオン濃度は低い．よって筋肉の収縮と弛緩のサイクルを保つにはカルシウムイオン濃度の調節を行う機構がなくてはならない．そのうえ，力を発生させるような調和のとれた筋収縮にはすべての構成筋線維や筋原線維の同調した収縮が必要である．そのために，収縮に際して筋原線維の全長にわたって必要とされるカルシウムイ

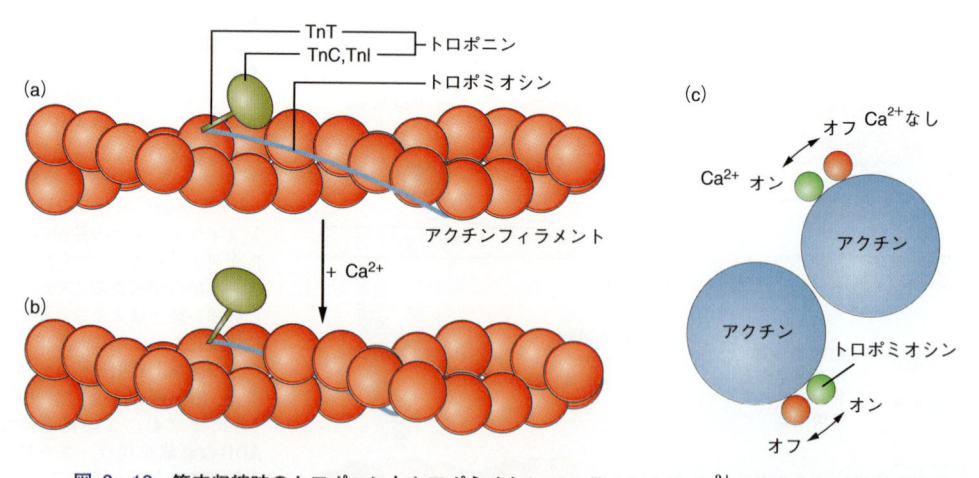

図3・12 筋肉収縮時のトロポニンとトロポミオシンフィラメントのCa^{2+}で仲介される運動の図説．(a) 筋肉弛緩時，トロポミオシンフィラメントはアクチンフィラメントに沿って並ぶ七つのアクチン単量体の外側のドメインに結合する．トロポニン複合体はトロポミオシンと棒状のトロポニンT (TnT) ポリペプチドを介して結合している．(b) Ca^{2+}の存在下では，トロポニンC (TnC) がカルシウムに結合し，トロポニン (TnCとTnI) の球状ドメインをトロポミオシンフィラメントから遠ざける．(c) この動きがヘリックス状のアクチンフィラメントの溝の内部へとトロポミオシンが移動するのを助け，その結果ミオシン頭部がアクチン単量体の解放された部位と結合する．

オン濃度の急激な変化には単なる拡散以外の機構によるカルシウム調節が必要である．単なる拡散では骨格筋細胞での筋原線維の同調した収縮には遅すぎる．筋肉細胞全体に規則的にカルシウムイオンを配達するために，小胞体（ER）から派生した膜に結合した特殊な管状組織が存在する．

骨格筋を電子顕微鏡で観察すると筋小胞体（sarcoplasmic reticulum, SR）とよばれる滑らかな膜でできた，筋原線維で周囲を囲まれたネットワークが見える．SRは膜限定チューブとおのおのの筋原線維のA帯の外側を囲む槽のネットワークでできている．さらに，SRは**終末嚢**（terminal sac）もしくは**終末槽**（terminal cisternae）とよばれるおのおのの筋原線維のA-I連結部を囲む膜状のチャネルの規則正しい構造よりなる．終末槽は筋線維膜（筋肉細胞の細胞膜）の陥入によって生じた**横行管**（transverse tubule, T管）とよばれる特殊なチャネルに近接している．T管は隣接した筋原線維からの終末槽に接触し，三連構造を形成している（図3・13）．これらの構造は外部からの刺激（運動神経からのシグナルなど）を筋収縮に協調させるのに重要である．

SRは全筋肉の1％から5％を占める体積の膜でできた小胞を形成し，筋細胞質や筋原線維から取去られたカルシウムイオンの貯蔵庫として機能している．カルシウムイオン濃度保持の役割のため，SR膜には，細胞質からSR内にカルシウムを吸上げるカルシウムATPアーゼを含む，カルシウム輸送にかかわる多くのタンパク質が存在する．カルシウムポンプのATPアーゼ活性によって加水分解された1 molのATPに対して，2 molのカルシウムがSR内へ取込まれる．このような能動輸送機構は静止期の筋肉において低濃度のカルシウムイオンを保つのに役立っている．貯蔵されたカルシウムはSRから筋細胞質へ，活動電位が筋線維膜へ伝播するに伴い，放出される．活動電位はカルシウム遊離を刺激し，T管システムを介して伝播する．電圧感受性タンパク質センサーはT管膜に存在し，**ジヒドロピリジン感受性受容体**（dihydropyridine-sensitive receptor, DHSR）とよばれ，活動電位を感じて，その刺激をSRに**リアノジン受容体**（ryanodine receptor）といわれるSRカルシウムチャネルと直接結合して伝える．これらのタンパク質，DHSRとリアノジン受容体は，他の細胞でみつかっているカルシウムを内部貯蔵庫から遊離させるタンパク質，いわゆるIP$_3$（イノシトール1,4,5-トリスリン酸）受容体経路といわれる，とよく似ている（第8章を参照のこと）．電子顕微鏡で観察したとき，筋肉でこれらのタンパク質がつくる大きな複合体はしばしば足状に見え，SRの"足"と称せられる．その効果は一時的な活動電位による筋細胞質へのカルシウムパルスの放出である．遊離されたカルシウムは，トロポニン複合体と細いフィラメント上で結合することで収縮をひき起こす．収縮後，カルシウムは能動的にSRの管腔内へカルシウムATPアーゼにより運ばれ，その結果筋肉は弛緩状態へと戻る（図3・14）．

SRの管腔内には，取込まれたカルシウムイオンに結合し貯蔵するタンパク質が存在している（図3・14）．最もよく調べられている例として，カルセケストリン（calsequestrin）がある．カルセケストリンのカルシウムに対しての結合親和性は低いが，おのおのの分子は40～43個のCa^{2+}に結合する．このように，カルセケストリンは同じような性質をもつタンパク質と共同して，効率よくSR管腔内のカルシウムイオン濃度を20～30 mM（すべてのカルシウムイオンが溶液中で遊離状態にあった場合）から0.5 mMへと減少させる．SR管腔内でカルシウムイオンと結合することで，カルシウムポンプが働かなければならない濃度勾配を大幅に減少させる

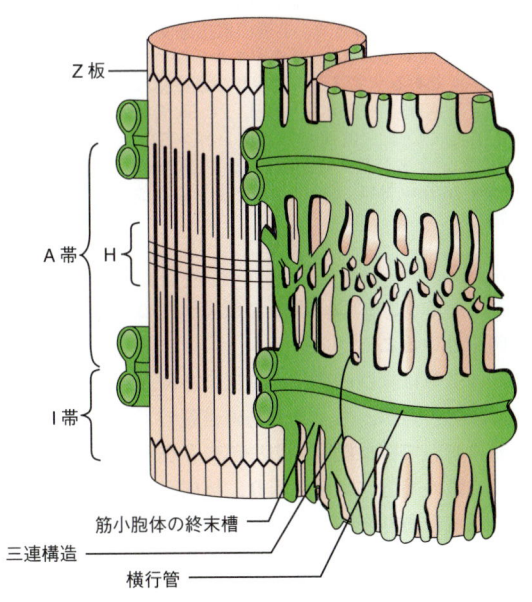

図3・13 骨格筋線維の一部の筋小胞体（SR）と横行管（T管）ネットワークの組織の図示． SRは特殊な滑らかな小胞体（ER）で，筋肉ではCa^{2+}の貯蔵庫として働く．SRは筋原線維を取巻く膜状の管のネットワークを形づくる．サルコメアのA-I帯接合部ではSRはより規則正しいチャネルを形成し，終末槽とよばれる．二つの終末槽は筋線維膜の特殊な折りたたみよりできた2番目の管系，T管で隔てられている．これらの三つの膜結合管は三連構造（triad）として知られる．T管はサルコメアのA-I接合部領域でSRの終末槽と側面を接している．〔D.H. Cormack, "Ham's Histology, 9th Ed.", J.B. Lippincott, Philadelphia (1987)より改変〕

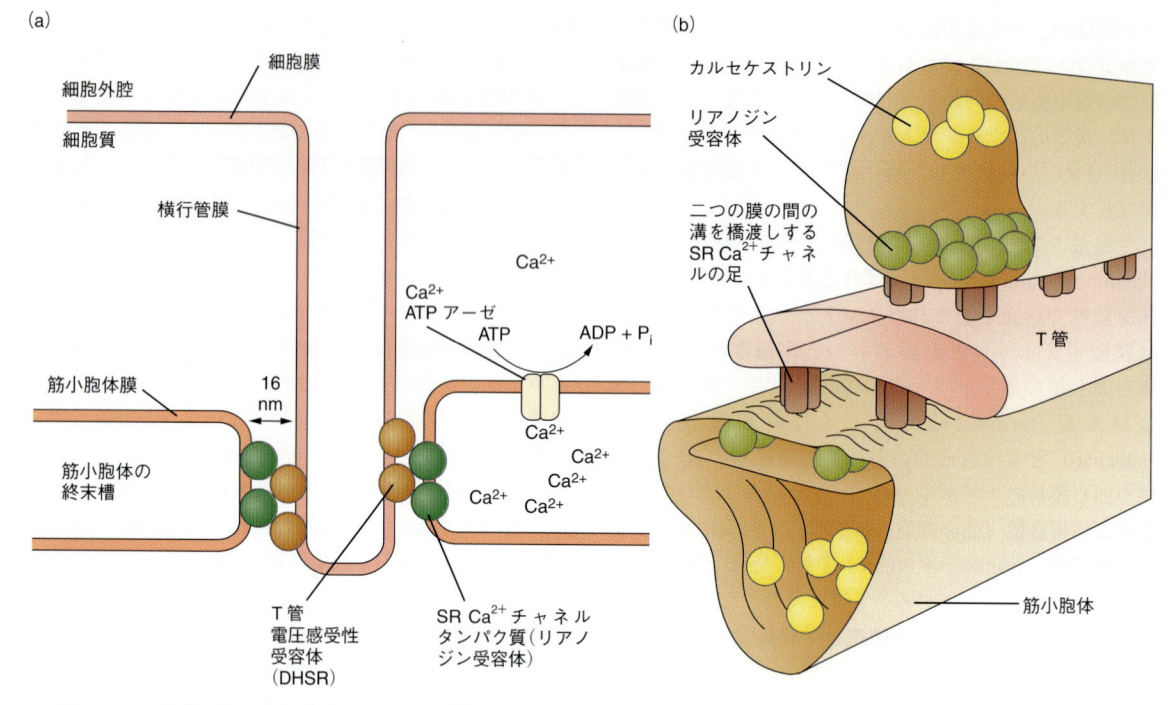

図 3・14 筋肉の筋小胞体（SR）による Ca^{2+} 調節のモデル．(a) 横行管（T管）とSRの終末槽結合の図説．SRの Ca^{2+} チャネルはT管の電圧感受性 Ca^{2+} チャネルと直接接触している．脱分極しているとき，T管の電圧感受性タンパク質（DHSR）は構造変化を起こし，さらにSRの Ca^{2+} チャネルと密接に接触しているため，SRチャネルを開いて，カルシウムを細胞質内に放出する．この Ca^{2+} 遊離はDHSRとSRの Ca^{2+} チャネルであるリアノジン受容体の直接結合で起こるので，必然的に遅延することなく生じる．細胞質中の Ca^{2+} はSR膜の Ca^{2+}-ATPアーゼポンプによってSR管腔内に戻される．(b) T管とSR終末槽の関係図．T管とSR終末槽は近接して存在している．SRチャネルタンパク質の足がT管とSR膜の間の溝を橋渡ししている．SRの管腔内にはカルセケストリンというタンパク質が存在し，内部の Ca^{2+} と弱く結合し，遊離 Ca^{2+} の有効内部濃度を減少させている．〔(a) W. S. Agnew, *Nature*, **344**, 299〜303 (1988) より改変．(b) B. R. Eisenberg, R. S. Eisenberg, *Gen. Physiol.*, **79**, 1〜17 (1982) より改変〕

ことができる．

3種の筋肉組織が存在する

前項では骨格筋の収縮装置について焦点を当ててきた．脊椎動物にはさらに二つの種類の筋肉が存在する．心筋は心臓の壁を形成し，心臓の近傍のおもな血管壁にも見いだされる．平滑筋は体の中空の内臓（たとえば小腸）や大部分の血管にみられる．これら3種のすべての筋肉はアクチン-ミオシン構造を用い，フィラメントの滑りによる収縮を行う．しかしながらこれらの異なった筋肉細胞では，収縮装置の構造や収縮の調節にはいくつかの基本的な相違がみられる．

心筋組織：個々の細胞からできた横紋筋

心臓組織は，光学顕微鏡下で骨格筋のように横紋構造を示す長い線維よりなっている．心筋の横紋構造は，収縮装置のアクチンとミオシンフィラメントの高度に組織化された配列に起因する．心筋は見かけ上，横紋の骨格筋と似ているが，二つのおもな組織学上の基準でこれらの筋肉を分けることができる．

最初の基準は細胞内の核の位置である．骨格筋において核は細胞の辺縁，ちょうど筋線維膜の下に存在し，一方心筋において核は細胞の中央部に存在する．このようにして心臓の細胞には核の周り，核周辺のスペースに何もない領域があり，筋線維は核の周りを迂回している．

心筋を骨格筋と見分ける二つ目の基準は心筋の**組み手構造**（intercalated disk）とよばれる暗く染色される構造である．これらは一つ一つの心筋細胞を分けている特別な接着複合体である．このようにして，心筋線維は単一の細胞の配列によってつくられ，個々の細胞が融合して多核の線維になることでつくられる骨格筋線維とは異なる．光学顕微鏡下では組み手構造は細胞を区別する，直線構造に見えるが，電子顕微鏡下では不規則な階段様の構造に見え，細胞間接着の部位では，あるところは水平に，あるところは縦状に見える．そのため，個々の心筋細胞は互いに入組んで，心筋線維を形成する（図3・

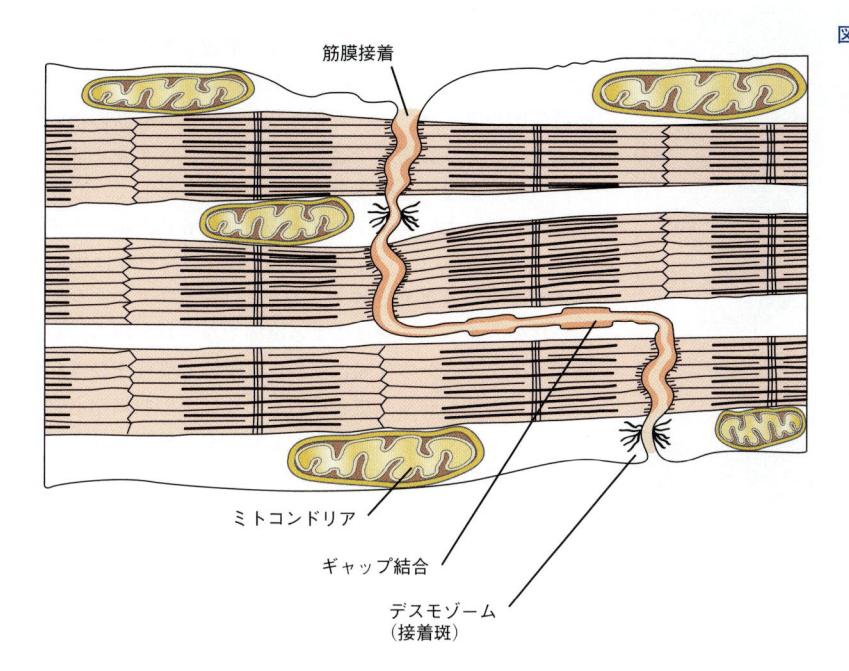

図 3・15 二つの心筋細胞の間の組み手構造.組み手構造は階段様の構造を示し,心筋細胞が互いに入組むことができるようにしている.この構造の横断面には細胞をつなぐデスモゾームや筋膜接着といわれる接着複合体が存在する.接着複合体はZ板構造と同じような機能をもち,隣接する細胞からの細いアクチンフィラメントを固定する.つなぎ手構造の縦断面にはギャップ結合がみられる.これらの接着複合体は細胞同士の情報のやり取りに携わりそのため,隣接する心筋細胞は電気的に共役している.

15).このような細胞と細胞の接着の並び方によって,心筋は血液を排出できる中空状の器官を効率よくつくるための直線状の線維と枝分かれ状の線維を含むことができる.

組み手構造の他の領域には特別な接着複合体をもつ(図3・15).組み手構造の横断または縦断面では,二つの接着複合体が存在する.一つは**デスモゾーム**(desmosome)で,それらはしばしば**接着斑**(macula adherens)とよばれる.これらの接着は隣合った心臓細胞をともに保持する接着部位として働く.この細胞膜領域において,2番目の接着複合体は**筋膜接着**(fascia adherens)とよばれ,隣接する細胞の細いフィラメントと結合し,それらをミオシンの太い線維につなぎ止める.組み手構造の縦断面には**ギャップ結合**(gap junction)とよばれる接合構造(ときどきネクサスと称される)がある.この接着によって心臓細胞は小さな細胞質物質を交換できる.ギャップ結合による接着によって心筋細胞の電気的共役ができるようになり,これらの細胞間での収縮の同調が可能となる.

心臓中のある筋肉細胞はプルキンエ線維とよばれ,電気刺激を伝達するように特殊化されている.これらの細胞はまとめられ,束ねられ,二つの枝分かれを形成し,おのおのの心室につながる.組織学的にはこれらの細胞は周りを取囲む心筋細胞よりも大きくて不規則な形をしている.プルキンエ細胞は大きなグリコーゲンの貯蔵をもち,それらの周辺には筋原線維の小さな束をもっている.これら特殊な伝導線維は,電気刺激を心筋に最終的に伝える役割を果たす.

心筋の収縮装置は骨格筋の収縮装置に似ている

心筋は横紋様に見え,収縮装置をつくっている太いフィラメントと細いフィラメントが並んでいる.心筋の電子顕微鏡像から骨格筋に見られるのと似た,筋原線維のバンド状の模様があるのがわかる.骨格筋と同じように,これらのバンドはA帯,I帯およびZ板とよばれる.暗く染色されるA帯はミオシンとそれに重なる細いフィラメントよりなる太いフィラメントを含む筋線維の領域である.I帯は細いアクチンフィラメントを含みアクチンフィラメントが接着しているZ板により分断されている.骨格筋と比べて,心筋の筋線維の構造の一つの著明な違いはいくつかのアクチンの細いフィラメントが組み手構造領域につながっていることである(図3・16).

組み手構造の横断面での筋膜接着は細いアクチンフィラメントを細胞の末端につなぎとめる役割を果たす.いかにしてこの接着複合体が細いアクチンフィラメントに結合し,配列させているかの分子的詳細は明らかではないが,これらの複合体はZ板のように働き,おのおのの太いミオシンフィラメントの周りに6個のアクチンフィラメントを正確に並べる.

およびトロポニンでできている．これらのタンパク質は骨格筋でみられるのと同じ複合体を形成するが，それらは骨格筋でみられるポリペプチドとは異なる，つまり心筋特異的なアイソフォームよりなっている．心筋の細いフィラメントは骨格筋で論じたのと同じストイキオメトリー（化学量論）と構造をもつ．このようにして，心筋においては，太いフィラメントの周りに6個の細いフィラメントが並んでいて，心筋の収縮や架橋形成は細いフィラメントを基盤とするトロポニン-トロポミオシン複合体のカルシウム濃度による調節でなされている．心筋のαアクチニンの欠陥は家族性拡張性心筋症をひき起こす．拡張性心筋症の患者は右もしくは左の収縮期ポンプ機能がうまく働かなくなり，心肥大や心拡張をひき起こし，初期の心不全に至る．

平滑筋はサルコメアを含まない

平滑筋は，小さな血管壁の20μmの長さから小腸の200～300μmの長さまで大きさを変えることができる個々の細胞よりなっている．平滑筋細胞は融合した形の特徴をもつ．細胞は中央部分が厚く端はしだいに細くなっていく．平滑筋は細胞間コミュニケーションの場（すなわちギャップ結合）や機械的結合の場として働く各種接着斑によって一緒に結びつけられた細胞シートよりできている．平滑筋細胞は結合織マトリックスの合成，貯蔵を活発に行い，細胞を埋込み，中空の内臓の広がりを限定している．

平滑筋細胞は太いフィラメントと細いフィラメントの高度に秩序だった配列をもたない．だから，横紋様には見えない．電子顕微鏡像では多くの**高密度構造**（dense body）があり，細胞の細胞質全域に見られる．高密度構造のおもなタンパク質成分はアクチン結合タンパク質のαアクチニンで骨格筋のZ板と同じ役割を果たす．実際アクチンの細いフィラメントが高密度構造に接しているのがみられる．デスミンとビメンチンという二つのタンパク質は中間径フィラメント（IF）という種類のタンパク質（後に記述）に属するが，平滑筋細胞には高濃度に発現している．これらのタンパク質によってつくられるフィラメントは平滑筋細胞において著明であり，高密度構造と細胞骨格網をつなぐ役割を果たしていると思われる．これらの結合は高密度構造の場所を保持することで収縮を助け（図3・17），細胞膜を内向きに引っ張ることにより，細胞を動かす．

平滑筋の収縮装置はアクチンとミオシンを含む

アクチンとミオシンを平滑筋から単離でき，試験管内でこれらのタンパク質が収縮に際し，フィラメントを滑

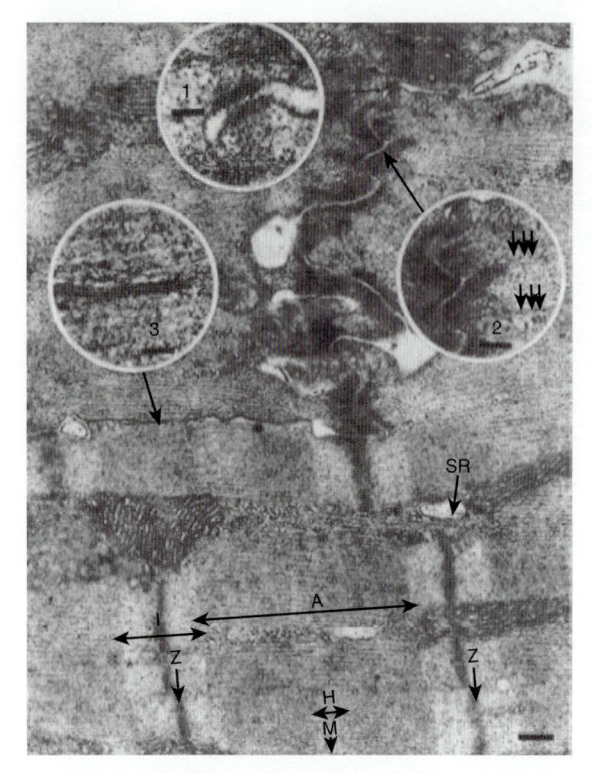

図3・16 心筋の電子顕微鏡像．心筋細胞の電子顕微鏡像から筋原線維がサルコメアに規則正しく並んでいるのがわかる．この配列から，サルコメアのZ板，A，I帯とH帯およびM線を簡単にみつけ出すことができる．挿入図は組み手構造の接合部の拡大写真である．(1) 接着斑またはデスモゾーム，(2) 筋膜接着，(3) ギャップ結合筋膜接着に到達する細いフィラメントが見られる．スケールバー：0.2μm；挿入図は0.05μm．（Phillip Fields博士提供）

心筋の太いフィラメントは骨格筋にみられるのと同様，サブユニット構造をもちミオシンIIの心筋アイソフォームよりなる．心筋ミオシンIIはおおよそ分子量200,000の二つの重鎖をもつ．それらは棒状の尾部ドメイン同士の結合により集合し，N末端の球状の頭部ドメインへとたたみ込まれる．四つの軽鎖があり，2個ずつ対になった分子量18,000と分子量20,000の軽鎖がおのおのの分子の頭部領域に結合している．心筋ミオシンIIの球状頭部領域には，アクチンで活性化されるATPアーゼ活性があり，架橋形成と収縮に関与する．しかしながら，心筋で発現しているミオシンアイソザイムは骨格筋に比べて弱いATPアーゼ活性しかもたない．家族性心筋肥大症は心筋のβミオシン（頭部近くかモータードメイン）やミオシン軽鎖やトロポニンやトロポミオシンの欠陥で生じる．この病気は1000人中2人の確率で起こり，臨床的には心肥大や不整脈となって現れる．

心筋の細いフィラメントはアクチン，トロポミオシン

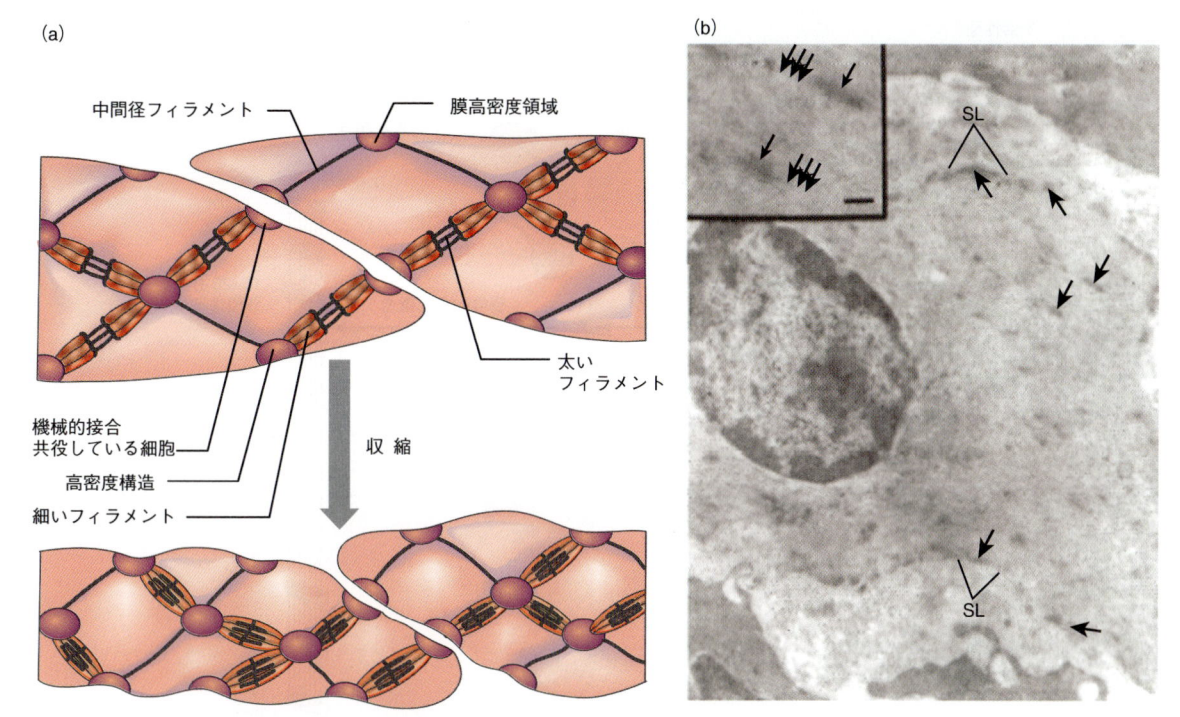

図 3・17 平滑筋の細胞骨格および筋線維成分の構築．(a) 平滑筋細胞は横紋筋のように構築されていない小さな収縮成分を含む．多くの細いアクチンフィラメントは横紋筋のZ板と同じ働きをする平滑筋細胞質内の高密度構造（dense body）に固定されている．デスミンやビメンチンのような中間径フィラメントが高密度構造と細胞骨格をつないでいる．この連携は収縮に大切で，細胞膜を内側に引っ張り細胞の形を変える．(b) 平滑筋細胞の電子顕微鏡写真．高密度構造が細胞全体および筋線維膜（SL）の近くに見える．挿入図は拡大写真．筋線維（小さい矢印）が高密度構造（太い矢印）から出ている．スケールバー：0.29 pm．〔(b) は Phillip Fields 博士提供〕

らせることを示すことができる．しかしながら，平滑筋の収縮の調節は横紋筋とは異なった機序で行われる．平滑筋と横紋筋の細いフィラメントは同じような構造をとるが，カルシウム調節タンパク質であるトロポニンは平滑筋には存在しない．アクチンやトロポミオシンの細胞内の量は平滑筋の方が横紋筋よりも多い（およそ2倍）．これは平滑筋でのミオシン含量が少ないことと合わせて，細いフィラメントと太いフィラメントの比が横紋筋では（6：1）であるのに対し，平滑筋では（12：1）と大きくなることを意味する．

平滑筋は細胞の長軸に沿って並んだ多くの細いフィラメントを含む．これらの細いフィラメントは細胞質の高密度構造に埋込まれ，それらの接着点に対して同じ極性を示す．細いフィラメントは高密度構造にプラス端で結合し，マイナス端は細胞質内に伸びている．このようにして，平滑筋のフィラメントは横紋筋ほど高度に組織化されていないが，平滑筋内のアクチンの細いフィラメントに極性があるので，ミオシンの架橋サイクルによる収縮は高密度構造を互いに引っ張り合える．これは平滑筋の収縮にはきわめて重要なことで，細胞膜を内側に引っ張り，必然的に細胞の形を変え，力を発生させる．いくつかの共役した細胞の形の変化が平滑筋収縮の力を発生する．

平滑筋から単離したミオシンは横紋筋のミオシンとは異なった性質をもつ．骨格筋同様，平滑筋のミオシンは二つの重鎖と四つの軽鎖よりなる．ミオシンの二つの軽鎖ポリペプチドは平滑筋のおのおのの球状な頭部領域に結合している．しかしながら，平滑筋のミオシンはある条件下のみフィラメントを形成できる．平滑筋から単離したミオシンを脱リン酸させた場合，完全に可溶性である．沈殿法によるアッセイや電子顕微鏡による解析で，脱リン酸されたミオシンは尾部領域が球状の頭部領域まで達したコンパクトな形にたたみ込まれていることがわかった．このような形では単離されたミオシンは太いフィラメントを形成しにくく，アクチンで活性化されるATPアーゼ活性は必然的に阻害されている．ミオシン軽鎖キナーゼ（myosin light chain kinase, MLCK）という酵素で平滑筋ミオシンの18 kDa の軽鎖がリン酸化さ

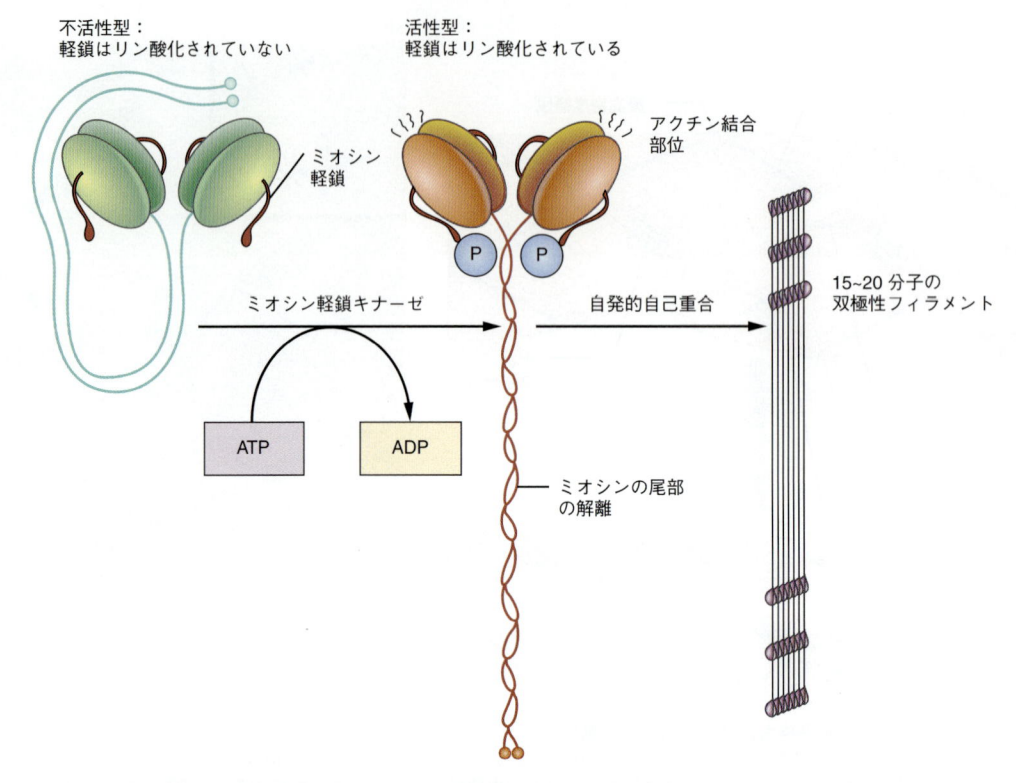

図 3・18 平滑筋ミオシンの太いフィラメントの構築モデル．平滑筋細胞からとった脱リン酸されたミオシンは不活性型であり，球状の頭部ドメインと結合している尾部ドメインの形態のため，太いフィラメントをすぐに形成できない．18 kDa のミオシン軽鎖のリン酸化は二つの効果をもつ．ミオシン頭部の形態変化をもたらし，アクチン結合部位を露出することと，ミオシンの尾部を不活性型から解き放ち，ミオシン分子を双極性の太いフィラメントに組立てることである．〔B. Alberts, D. Bray, J. Lewis, *et al.*, "Molecular Biology of the Cell, 2nd Ed.", Garland Publishing, New York〔1989〕より改変〕

れると，尾部領域が頭部領域から外れる（図3・18）．その結果外れたミオシンの尾部は双極性の太いフィラメントを形成できる．そのうえ，双極性フィラメントをつくるため，尾部が自由になると頭部の ATP アーゼの活性化をひき起こす（架橋形成を起こす）．

平滑筋の収縮はミオシンに基づいたカルシウムイオン調節機序によって起こる

平滑筋には横紋筋の細いフィラメントに見られるようなカルシウム調節タンパク質であるトロポニンがなく，平滑筋の収縮を起こすには細胞内カルシウム濃度がマイクロモルレベルにまで上昇する必要がある．平滑筋収縮のカルシウム調節はミオシン分子のリン酸化状態の変化によって生じる．平滑筋収縮の調節はミオシンを基盤としているといえる．刺激され，平滑筋細胞質中のカルシウムが増加すると，遊離されたカルシウムは最初にカルシウム結合タンパク質であるカルモジュリン（calmodulin）に出合う．カルモジュリンはすべての細胞に存在し，**調節タンパク質**（modulator protein）とよばれる．カルモジュリン分子には酵素活性はないが，カルシウムと結合することで，その効果を発揮する．カルシウム-カルモジュリン複合体は他のタンパク質と結合できるようになり，それらの活性を調節する．そのようなカルモジュリン調節タンパク質の一つは，平滑筋ミオシン軽鎖キナーゼ（SmMLCK）である．カルシウム-カルモジュリンがなければ，SmMLCK は不活性の状態にある．カルシウム-カルモジュリンが結合すると，SmMLCK は活性型となり，平滑筋ミオシン II の 18 kDa 調節性軽鎖をリン酸化する（図3・19）．

このリン酸化によってミオシン II が太いフィラメントに集められ，平滑筋の細いフィラメントと太いフィラメントの架橋形成が生じる．このようにして，ミオシン軽鎖のリン酸化は，架橋形成や筋収縮サイクルには欠かせない現象である．筋肉弛緩中はカルシウムイオン濃度が減少し，脱リン酸が起こる．細胞内カルシウム濃度の減少は SmMLCK の不活性化をひき起こす（カルシウ

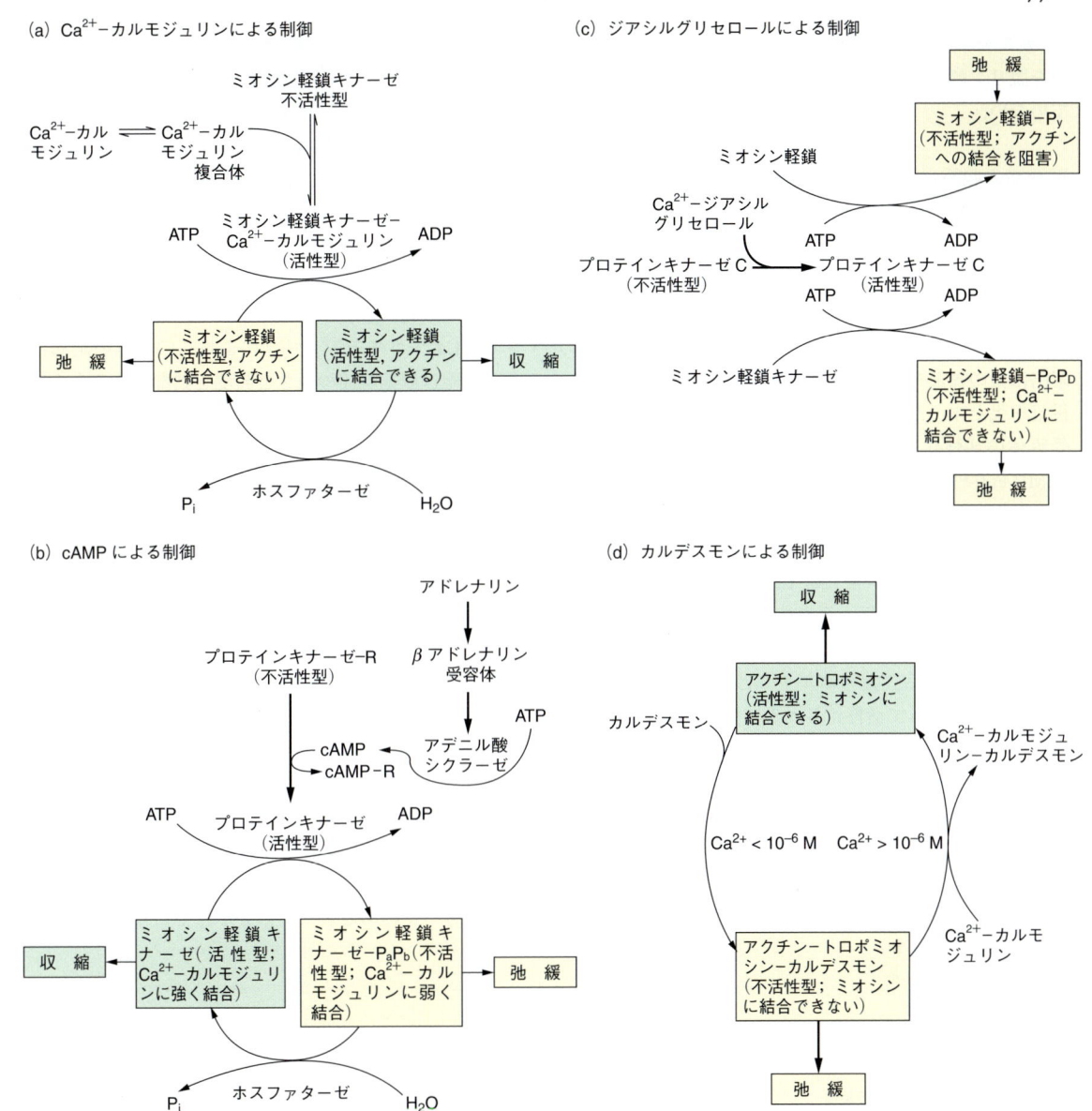

図 3・19 平滑筋の収縮と弛緩を制御する機序．(a) Ca^{2+}-カルモジュリンによる制御: 細胞内 Ca^{2+} の上昇により，過剰な Ca^{2+} がカルモジュリンと結合する．すると Ca^{2+}-カルモジュリン複合体はミオシン軽鎖 (LC) キナーゼと結合し，活性化させる．活性化されたキナーゼはミオシンの調節軽鎖を X 部位でリン酸化し収縮をひき起こす．細胞内 Ca^{2+} 濃度が $0.1\,\mu M$ より低くなると，Ca^{2+}-カルモジュリン複合体がミオシン軽鎖キナーゼより解離し，ミオシン軽鎖キナーゼを不活性型にする．このような条件下，Ca^{2+} に活性を依存しないミオシン軽鎖ホスファターゼはミオシンを脱リン酸して弛緩を生じる．(b) サイクリックアデノシン一リン酸 (cAMP) による制御: アドレナリンのようなカテコールアミンによる β アドレナリン受容体の刺激はアデニル酸シクラーゼの活性化を起こし，細胞内 cAMP 量を増加させる．その結果，cAMP 依存性プロテインキナーゼが活性化され，ミオシン軽鎖キナーゼをカルモジュリン結合ドメイン近くの A および B 部位でリン酸化する．するとミオシン軽鎖キナーゼのカルモジュリンへの親和性が減少し，不活性型となり，ミオシンの調節性軽鎖をリン酸化できず，弛緩する．(c) ジアシルグリセロール仲介の制御: ジアシルグリセロールと Ca^{2+} はプロテインキナーゼ C の活性を促進し，ミオシン軽鎖キナーゼの cAMP 依存性のキナーゼとは異なる部位 (C および D 部位) をリン酸化する．さらに，プロテインキナーゼ C はミオシンの調節性軽鎖のミオシンをミオシン軽鎖キナーゼとは異なった部位でリン酸化する．これら両方のリン酸化ともタンパク質を不活性型にし，弛緩をひき起こす．(d) カルデスモンによる制御: 低濃度の Ca^{2+} ($<1\,\mu M$) では，カルデスモンはトロポミオシンやアクチンと結合し，ミオシンの結合を阻害して，筋肉が弛緩された状態を保つ．細胞内 Ca^{2+} 濃度が上昇すると，Ca^{2+} はカルモジュリンと結合し，Ca^{2+}-カルモジュリン複合体はカルデスモンと結合する．その結果，カルデスモンはアクチンフィラメントから外れ，収縮する．〔R. S. Adelstein, E. Eisenberg, *Annu. Rev. Biochem.*, **49**, 92~125 (1980); H. Rasmussen, Y. Takuwa, S. Park, *FASEB J.*, **1**, 177~185 (1983) より改変〕

ム–カルモジュリン結合の逆反応により）．ミオシン軽鎖を脱リン酸する脱リン酸酵素の調節機序はよくわかっていない．

平滑筋の収縮は多段階で影響される

平滑筋の収縮は神経やホルモンなど，さまざまな刺激によってひき起こされるので，いくつかの機序で調節されていると考えられる．これらのなかにはcAMPやジアシルグリセロールやカルデスモンというタンパク質による調節も含まれる（図3・19）．これらのおのおのの経路は負の調節をする．つまり平滑筋の弛緩状態を保つ役目を果たす．たとえば，平滑筋細胞のβアドレナリン受容体の活性化は細胞内cAMP量を上昇させ，ついでcAMP依存性プロテインキナーゼ（プロテインキナーゼA）を活性化させる．平滑筋でのcAMP依存性プロテインキナーゼの標的の一つは平滑筋MLCK（SmMLCK）である．MLCKのリン酸化はCa^{2+}-カルモジュリン複合体への親和性を弱める．その結果，平滑筋MLCKはミオシンをリン酸化できず，ミオシン（と平滑筋）は弛緩状態のままになる．他のホルモンはCa^{2+}とジアシルグリセロールによって活性化されるプロテインキナーゼCの活性化によって，平滑筋を弛緩させる．プロテインキナーゼCの活性化は平滑筋MLCKをリン酸化させ不活性状態にとどめる．

ホルモンによる収縮の調節に加えて，平滑筋は細いアクチンフィラメントと結合するCa^{2+}結合タンパク質を含み収縮に影響を与える．カルデスモンは引き伸ばされた形のカルモジュリン結合タンパク質である．Ca^{2+}が存在しない場合，カルデスモンは平滑筋のアクチンフィラメントと結合し，アクチンとミオシンの相互作用を制限する．Ca^{2+}濃度が増加すると，Ca^{2+}-カルモジュリン複合体はカルデスモンと結合し，細いフィラメントからカルデスモンを引抜く．このようにして，Ca^{2+}-カルモジュリン複合体はアクチンの細いフィラメント上でのカルデスモンによる阻害を解くことに加えて，ミオシン頭部のリン酸化に影響を与えることで，平滑筋収縮を制御する．Ca^{2+}-カルモジュリンによるこの二重の制御により，細胞は収縮時間の長さと頻度を制御できるようになる．

アクチン–ミオシン収縮装置は非筋細胞にもみられる

非筋細胞において，アクチン／ミオシンの比はおよそ100：1の割合である．太いフィラメントとミクロフィラメントは細胞質内で形成されるが，それらは重合していないミオシンや単量体アクチンのプールと平衡関係にある．非筋細胞の太いフィラメントは骨格筋のそれらより短く，ミオシンとアクチンフィラメントは骨格筋にみられるような高度に構築された配列を示さないが，それらは依然非筋細胞での収縮を担っている．図3・20には二つの例を示している．

細胞分裂終期に収縮環とよばれるリングが分裂溝の細胞質膜表面に形成される．この収縮環は（ベルトが腰の周りをきつく締めるように）分かれていく二つの細胞間

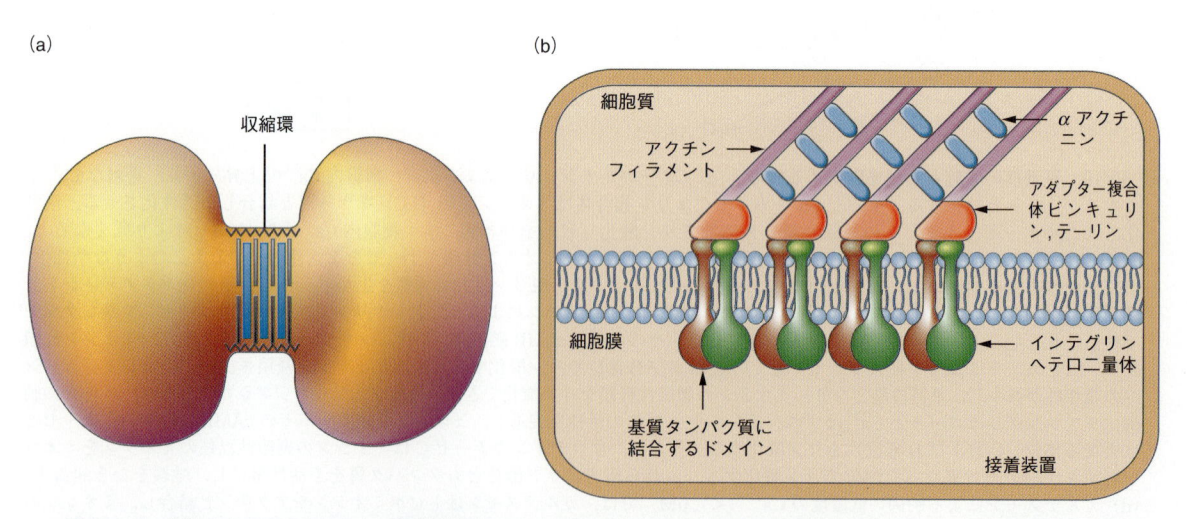

図3・20 **非筋アクチンとミオシンは収縮機能をもつ．**非筋アクチンとミオシンが収縮活性をもつ二つの例を示す．アクチンとミオシンの集合で細胞の中央に収縮環（a）をつくり，細胞分裂を起こす．ストレスファイバーの単純化した図（b）．ストレスファイバーは細胞膜と接着斑（フォーカルコンタクト）で結合し，アクトミオシンの収縮活性により基質に接着している線維芽細胞を平たくする．

に割れ目を形成する．細胞分裂終期の少し前に，分裂溝になる場所で，アクチンフィラメントが形成され始める．加えて，遊離ミオシンが同じ場所で，重合し始め，アクチンやアクチン結合タンパク質であるαアクチニンと一緒に，収縮環を形成する．細胞膜に結合しているアクチンフィラメントは混合した極性をもち，短いミオシンフィラメントはATP分解エネルギーを利用することができ，分裂している細胞をダンベル（亜鈴）様の形にする収縮力を生じる．細胞分裂前に，アクチンとミオシンフィラメントは急激に脱重合する．

非筋細胞の収縮の二つ目の例は線維芽細胞内で形成されるストレスファイバーによる細胞膜上での引く力である．線維芽細胞はわれわれの体の器官の周りの結合組織全体で，細胞外基質タンパク質を合成し，それに接着している細胞である．線維芽細胞の細胞膜は組織培養のシャーレ内でも，体の結合織内でも，**接着斑**（adhesion plaque，あるいはフォーカルコンタクト focal contact）とよばれる部位で細胞外基質と結合している．これらの接着部位では，インテグリンファミリーの膜貫通タンパク質はフィブロネクチンのような細胞外基質タンパク質と細胞外表面で結合している．この結合は細胞膜を外側に引っ張る．インテグリンはαとβサブユニットのさまざまなアイソフォームを含むヘテロ二量体よりなり，その組合わせによりどの細胞外基質と結合するかの特異性が決まる．同じインテグリンが細胞質内の膜表面で**ストレスファイバー**（stress fiber）とよばれる束化したアクチンフィラメントに結合しているので，線維芽細胞は引っ張られることはない．ストレスファイバーは並行に並んで結合している混ざった極性をもつ入組んだアクチンの束を含む．ストレスファイバーはプラス端のキャッピングタンパク質同様，**テーリン**（talin）とか**ビンキュリン**（vinculin）とよばれるアダプタータンパク質を通して，インテグリンに結合する．接着斑の細胞膜側の端に結合するのも，基質に結合していない線維芽細胞のその面でプラス端キャッピングタンパク質に結合するのもアクチンの束のプラス端である．ストレスファイバーは短いミオシンフィラメントを含み，束になったアクチン上で収縮力を発生する．その結果，外向きの細胞外基質の引っ張りに対抗して，細胞膜上で内向きの引っ張りを生じる．そして，培養系では線維芽細胞は平たくなる．ストレスファイバーは線維芽細胞が基質に接着すると急激に構築され，細胞が基質から外れると急激に脱重合する．束化アクチンの脱重合により細胞は丸い形をとる．

三つ目の例は，上皮細胞のタイトジャンクションの下に位置する接着ベルトに結合するアクチンとミオシンフィラメントである．上皮細胞層の隣接する細胞はEカドヘリン（E-cadherin）もしくはウボモルリン（uvomorulin）とよばれるCa^{2+}依存性の膜貫通タンパク質によって15〜20 nm離れている．Eカドヘリンはアクチン結合タンパク質であるαアクチニンやビンキュリンを通して，細胞質側表面の膜のまわりに接着ベルトを形成するアクチンフィラメントの束の側鎖に結合する．ミオシンフィラメントとこの周辺のFアクチンは収縮して，上皮細胞を管状にたたむなどヒトの発生過程で重要な役割を果たす．神経板において，この収縮は，ヒトの発生において管腔側を狭め，神経板を回転させて神経管を形成する．

多くのミオシン超遺伝子ファミリータンパク質が細胞質内でアクチンフィラメントに沿った小胞や物質の移動にかかわっている

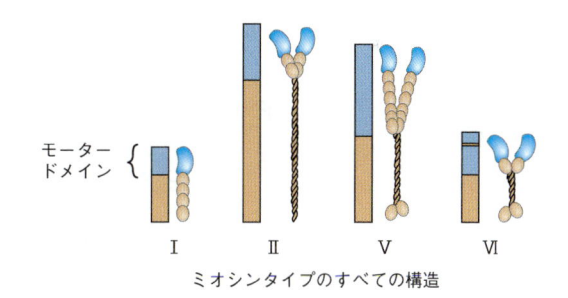

現在ミオシンには多くのファミリータンパク質が存在することがわかっている．ヒトのゲノム上40のミオシン遺伝子が存在する．これらのすべてのミオシンが共通してもつものは保存されたモータードメインである．しかし，その尾部のドメインはおのおの異なり，そのため，幅広い機能が発揮される．まず四つのミオシン（I，II，VとVI）を解説していく（図3・21）．

図3・21 ミオシンファミリーの四つの構成タンパク質．ミオシンI，II，VおよびVIのドメイン構造を示す．すべてのタンパク質が青色で示してあるN末端に共通のモータードメインと，橙色で示してあるC末端の可変領域をもち，それがため異なった機能をもつ．ミオシンのすべてはミオシンVI以外アクチンのプラス端に向かって動き，ミオシンVIはマイナス端に向かって動く．これはモータードメインの構造中（青色で示す）の小さな断裂（アミノ酸配列の変化）による．

収縮にかかわる，筋肉のミオシン（ミオシンII）の発見の後，つぎに記載されたのはミオシンIである．ミオシンIはただ一つのモーター頭部と短い尾部をもつためそのように命名された．ミオシンIはATP加水分解の

エネルギーをもとに，アクチンのプラス端に向かって動く能力をもつ．そのようにして，細胞質内で顆粒状の積み荷を運び，細胞内での構築を助ける．多くの他のミオシンがその後みつかり，発見の順に応じて命名された（ミオシンIIIからミオシンXVIIIまで）．ミオシンVは二つの頭をもち小胞および小器官の輸送にかかわる．ミオシンVIはモータードメインの保存されている配列中に欠損があり，ミオシンファミリーのなかでアクチンフィラメントのマイナス端に向かって動く唯一のミオシンである．方向性をもった移動と尾部のドメインの多様性によって，細胞質内を通して，さまざまな積み荷がアクチンの線路上を移動できるようになっている．

Fアクチンの束が上皮細胞の絨毛を形づくる

体の表面，内部器官，体腔，管，管腔などを覆う上皮細胞は，管腔側表面に**微絨毛**（microvillus, 複数形 microvilli）とよばれる，多数の指状の突起をもった吸収細胞をもつ．これらの微絨毛は上皮細胞の管腔側の細胞膜の表面積を広げ，重要な栄養物の吸収効率を高める．およそ幅が80 nmで長さが1 μmの微絨毛がその形と垂直の位置を保つためには，安定した細胞骨格の足場が必要である．安定で高度に組織化された20から30の束化されたアクチンフィラメントの芯が微絨毛に平行して走り，細胞膜の細胞質側表面に結合し，足場をつくっている（図3・22）．

アクチンフィラメントは二つのタンパク質，フィンブリン（fimbrin）とビリン（villin）で束化されている．アクチン束化タンパク質はFアクチンに対して2箇所の結合部位をもつという特徴がある．それらはらせん状階段のアクチンフィラメントの側鎖に結合するので，フィラメントを平行した束にまとめることができる．ビリンには興味深い別の機能もある．10^{-6} M以上のCa^{2+}濃度の場合，ビリンはアクチン切断タンパク質となる（この種のタンパク質についてはこの章で後に議論する）．束化されたアクチンはそのプラス端で，微絨毛の細胞膜の先端にまだ特定されていないタンパク質で接着している．微絨毛の細胞膜の側壁への束化されたアクチンの横向きの接着はカルモジュリンとミオシンI（小さいミオシン）を含む複合体を通して行われる．微絨毛のアクチンフィラメントの軸となる束は上皮細胞の管腔細胞膜表面の直下で途切れる．その部位はアクチンフィラメント，アクチン結合タンパク質と中間径フィラメントからなる網の目を含むため，**終末網**（terminal web）とよばれる．アクチン架橋タンパク質である，スペクトリンII（または非赤血球スペクトリン）と短いミオシンフィラメントは束化されたアクチンの軸に垂直に走り，隣接するそれらに接着する．スペクトリンIIおよびミオシンへの，核となる束の接着は微絨毛を垂直に保つのに役立つと考えられている．スペクトリンIIはアクチンの核となる束を中間径フィラメントに架橋している．

表層に近い細胞質のゲル−ゾル状態はアクチンの動的な状態で調節されている

ヒトや動物の細胞の細胞質は，ゲルの性質をもつ部位とゾル状態へと液化する部位をもつ．細胞質のゲル−ゾル変換は細胞の形態変化や運動の制御に必須である．細胞質内のゲル−ゾル変換はアクチンの動的な状態やアクチン結合タンパク質との相互作用で調節されている．

たとえば，細胞膜直下の細胞質にはその領域から細胞内小器官を排除する，太い三次元の網目状になったアクチンフィラメントがある．長いアクチンフィラメントは互いに結合する性質をもち，高い粘性溶液を生じる．膜近辺の細胞質においては，しかしながらこれらのアクチ

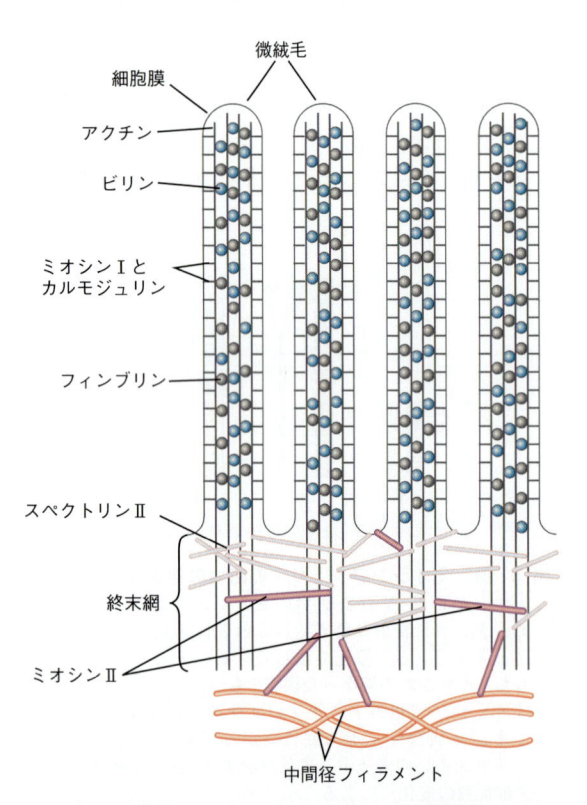

図3・22 束化したアクチンフィラメントは微絨毛中で構造的機能をもつ．束化したアクチンが微絨毛の端のプラス端に結合している．アクチンフィラメントはビリンやフィンブリンにより束化され，束化したものは微絨毛細胞膜の側壁にミオシンIやカルモジュリンで結合されている．微絨毛の基底部では非赤血球型のスペクトリン（スペクトリンII）とミオシンIIが隣接する束化したアクチンや中間径フィラメントをつなぐ．

ンフィラメントは長い，線維状のアクチン架橋タンパク質によって，三次元の網目状へと架橋される．二つの最も一般的なアクチン架橋タンパク質はスペクトリンⅡ（非赤血球スペクトリン）とフィラミンである．これら二つのタンパク質は端に分かれた二つのアクチン結合部位をもつ長い，線維状の形をとる．時折，細胞膜下の細胞質が液状化することはさまざまな機能発現に必要である．たとえば，マクロファージが細菌に接触したとき，膜周辺のアクチンのネットワークは局所的に脱重合し，細胞表面は微生物を貪食するために再構築される．これは局所的に細胞質 Ca^{2+} 濃度が 10^{-6} M にまで上昇することでひき起こされ，Ca^{2+} に感受性の**ゲルゾリン**（gelsolin）とよばれるアクチン切断タンパク質を活性化して，アクチンフィラメントを短いプロトフィラメントに分解する．その過程で，ゲルゾリン分子は切断されたアクチンフィラメントのプラス端に結合してその端をふさぐ．ゲルゾリンはホスファチジルイノシトール 4,5-ビスリン酸（PIP_2）と結合すると，アクチンフィラメントのプラス端から外れる（このことについてはアクチン動態の調節の項で後ほど議論する）．

異なった機序でアクチンフィラメントの切断をひき起こすタンパク質に**コフィリン**（cofilin）がある．コフィリンはアクチン脱重合因子（actin depolymerizing factor）とよばれるタンパク質ファミリーの一員である．コフィリンはGアクチンとアクチンフィラメントの側鎖に結合し，ヘリックス状態を固くしトルクを増す．その結果，これらの引っ張られたアクチンフィラメントは機械的ストレスで簡単に切断されるようになり，アクチン伸長の核化のための新たなプラス端が生じる．

非筋細胞のアクチンの濃度は 50〜200 μM で，Fアクチンのプラス端およびマイナス端の臨界濃度よりはるかに高いのにもかかわらず，ほとんどの細胞はたった 50 %のアクチンが重合しているにすぎない．非筋細胞のアクチンは動的状態にあり，必要に応じて重合と脱重合を行う．非筋細胞内でのGアクチンプールは小さなアクチン結合タンパク質である**サイモシン**（thymosin）ファミリーにより保たれている．サイモシン $β_4$ はGアクチンに結合する 5 kDa のタンパク質である．サイモシンに結合したGアクチンは ATP を分解もできないし交換もできず，Fアクチンのプラス端やマイナス端にも結合できない．たとえば，運動している細胞の先導端で急速なアクチン重合が必要な場合，活性化されたプロフィリンがサイモシンとGアクチンへの結合を競合する．そしてプロフィリン-アクチン複合体がアクチンフィラメントのプラス端に結合した後，プロフィリンが解離していく．プロフィリンは ATP 結合溝とは反対側のGアクチンの 2 番目と 4 番目のドメインに結合する．プロフィリンの結合によりGアクチンの構造変化が生じ，溝部分がさらに開き，より速い ATP-ADP 交換が起こる．ATP に結合したGアクチンが局所的に遊離されると，急激な重合が促進される．プロフィリンは，リン酸化とイノシトールリン脂質の結合で活性化される．図 3・23 に，サイモシンとプロフィリンの機能がまとめられている．

細胞運動にはアクチン動態の協調的な変化が必要である

細胞の移動，もしくは**細胞運動**（cell motility）はヒトの発生に必須である．多くの細胞が胎生期に動く．動く軸索の先端では成長円錐（growth cone）がシナプスの目標に向かって動き，マクロファージや好中球は感染部位に向かって動き，線維芽細胞は結合織の中を動く．細胞運動は癌の生物学においても重要である．癌細胞は原発巣を形成し，原発巣から抜出て隣の組織に浸潤し，

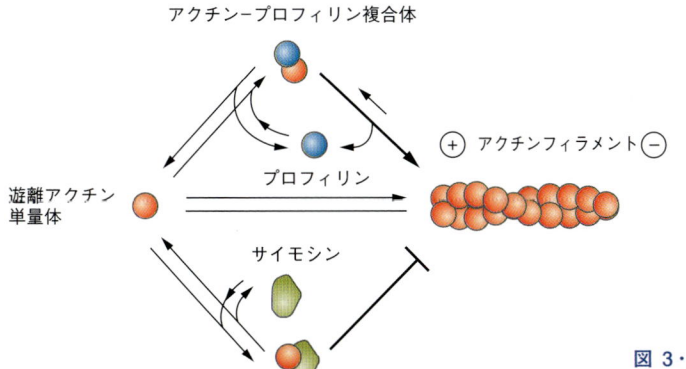

図 3・23 サイモシンとプロフィリンのアクチン重合と脱重合動態における役割．サイモシンとプロフィリンのアクチンとの相互作用のまとめ．

血管内に入っていく．そのため，いかにして細胞が動くかを理解することは重要である．

細胞移動は先導端での細胞膜の突出，基質への接着，アクチンフィラメントの張力発生と細胞尾部の退縮の段階に分かれる（図3・24）．

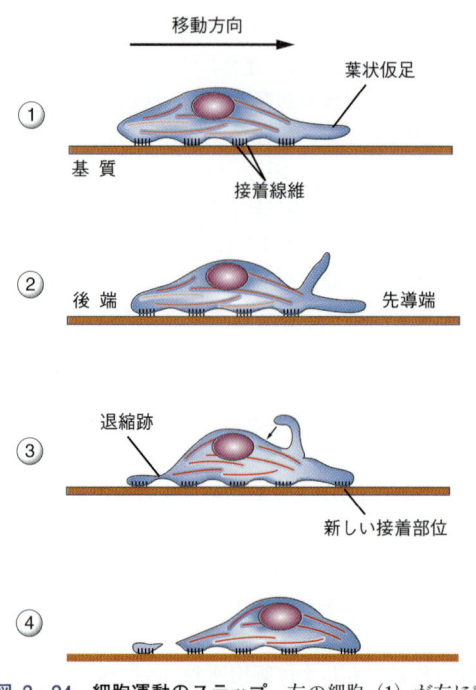

図3・24 細胞運動のステップ． 左の細胞（1）が右に動いている．細胞は最初平たいシート状の細胞膜の突起を伸ばす（葉状仮足，2）．突起は基質に接着し，または再度細胞体の方へ退縮する（3）．突起は基質に接着しアクチンフィラメントが接着斑に結合する部位を形成する（4）．アクチンフィラメントの張力が細胞を前に引っ張り，尾部の残りを後方へ残す．

細胞膜の突出には，シート状の突起である葉状仮足と，細胞先導端の尖った細い突起の糸状仮足またはマイクロスパイクとよばれるものがある．葉状仮足や糸状仮足形成には二つの過程がある．膜に接着しているアクチンフィラメントのプラス端での急激な重合により，膜を前に押しやることと，ミオシンⅡによる収縮によって生じる，細胞後部に向かっての逆向きのアクチンフィラメントの流れである．プラス端での重合が逆向きの流れより速い場合，細胞は前に進む．両者のバランスがとれている場合，細胞は静止している（図3・25）．

葉状仮足はプラス端を細胞膜に接着させた枝分かれ状のアクチンフィラメントを含む．細胞膜の細胞質側表面への接着はフォルミン（formin）とよばれるタンパク質ファミリーによって行われる．フォルミンには二つのアクチン結合ドメインがあって，新たに単量体アクチンが加えられ，プラス端に向かって動いている間もアクチンフィラメントに結合したままでいられる．アクチンフィラメントの枝分かれはArp2/3核化複合体によって生じる．この複合体は，タンパク質のアミノ酸組成がアクチンと45％同一である二つのアクチン関連タンパク質（actin-related protein, Arp2とArp3）と五つの小さいタンパク質および核化促進因子を含む．Arp2/3核化複合体はすでに存在するアクチンフィラメントの側鎖にマイナス端で結合し，新たなアクチンフィラメントのプラス端成長を核化できる．Arp2/3複合体によって生じる枝は元のフィラメントに対し70度になっている．それゆえ，葉状仮足はプラス端をもった枝分かれ状のアクチン網目によって前方に押され，細胞膜を押出す（図3・26）．

糸状仮足は先端に接し，プラス端の重合を伴う束化された並列に走るアクチンフィラメントによって形成される．アクチンフィラメントはファシン（fascin）とよばれる束化タンパク質により糸状仮足内で束化される．その結果，細胞が前方に動くためのアンテナのように，固

図3・25 運動している細胞の突起形成は，先導部でのアクチンの重合と後方へのアクチンフィラメントの逆行性の流れのバランスによって成り立つ．〔W. M. Becker et al., "The World of the Cell, 6th Ed.", Pearson, Benjamin Cummings（2006）より改変〕

いマイクロスパイクとして働く．

葉状仮足は細胞の外側で細胞外基質タンパク質と結合しているインテグリンや細胞質側に存在するリンカーとかアダプタータンパク質との相互作用を通して細胞表面につながる．これらのリンカー（テーリン，ビンキュリン，αアクチニン）タンパク質は以前に述べたように接着斑でアクチンフィラメントにつながる．

細胞運動のもう一つの形態はアメーバ様移動である．これらの運動形態はアメーバ，粘菌および白血球でみられる．アメーバ様移動では細胞は偽足を伸ばす．移動の基本は，細胞質の末端で太い，ゼラチン状の束化されたアクチンの細胞外膜が突起の方向に液状の細胞内膜に変換することである．そして，細胞内膜が細胞外膜へと固まり，偽足の先端をゲルに変化させる．一連のゲル−ゾル−ゲルゾルの変換が細胞を前方に進ませる．その間，細胞の後部ではゲル−ゾル変換が細胞の後部を退縮させる．局所的にカルシウム濃度が増加した結果生じる，ゲルゾリンによるアクチンフィラメントの切断はゲル−ゾル変換を生じる．逆のゾル−ゲル変換はアクチンの重合や架橋でひき起こされる．

体や胎児を構成する細胞は方向性をもった移動をする．この方向性をもった移動は細胞表面で認識される拡散可能な分子によりひき起こされる．これらの拡散可能な分子は，細胞がその因子に近づいていくか遠ざかっていくかで，化学誘因因子とか化学忌避因子とよばれる．また化学的濃度勾配による方向性をもった運動は化学遊走（chemotaxis）といわれる．化学遊走の例をあげると，好中球の細菌感染部位に向かっての移動がある．好中球の表面には低濃度の N−ホルミル化ペプチドを検出できる受容体が存在する．原核生物では（真核生物にはない）N末端にメチオニンをもったタンパク質をつくるので，これらのペプチドをもったタンパク質は細菌由来のものだといえる．このようにして，好中球表面の受容体は細菌の感染源に向かってこの白血球を動かす．

アクチンに基づく機能の阻害

サイトカラシンはさまざまな粘菌により分泌される一連の化合物であるが，細胞運動を阻害する．サイトカラシンはミクロフィラメントのプラス端に結合し，さらなる重合を抑制し，細胞運動，貪食作用，ミクロフィラメントによる小器官や小胞の輸送を阻害し，葉状仮足やマイクロスパイク形成を阻害する．ラトランキュリンは海綿から抽出され，単量体アクチンに結合し安定化する．その結果，アクチンフィラメントの脱重合が生じる．ラトランキュリンはアクチンに対してサイトカラシンと同じような作用をもつ．ファロイジンは毒キノコであるタマゴテングタケ *Amanita phalloides* より採られたアルカロイドでミクロフィラメントを安定化し脱重合を阻害する．これらの化合物は細胞運動を阻害する．ということで，細胞運動にはアクチンフィラメントの重合と脱重合が必要なことがわかる．

アクチン結合タンパク質

図 3・27 と表 3・1 にアクチンに結合するさまざまなタンパク質の機能をまとめた．これまで，細胞内のアクチンに基づく構築について述べてきた（細胞の細胞質内での）．これからアクチンフィラメントが細胞膜の細胞質側表面に結合する二つの機序について述べる．最初に，**ERM** ファミリー（ERM family）を介しての結合と，つぎに**スペクトリン膜骨格**（spectrin membrane

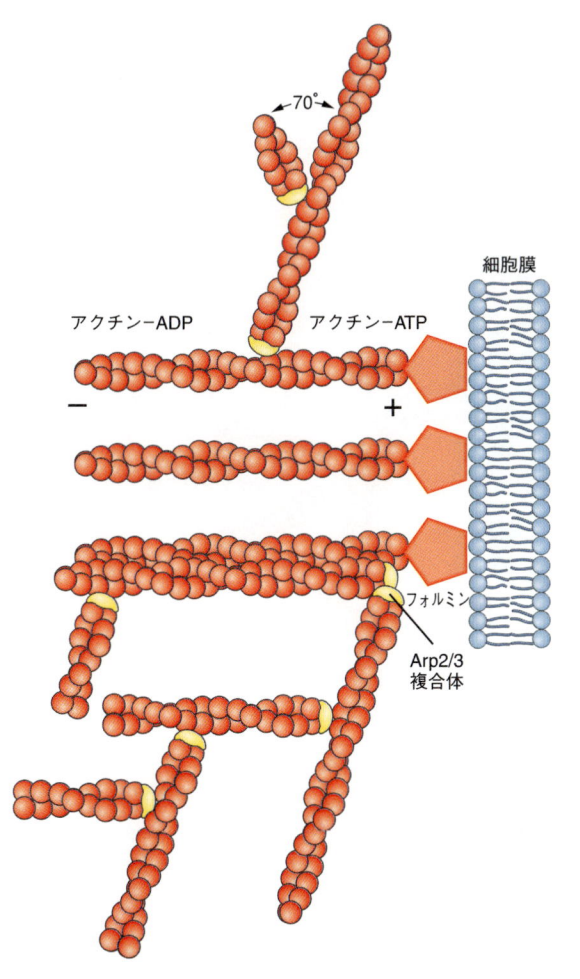

図 3・26　フォルミンと Arp2/3 の葉状仮足でのアクチンフィラメントの重合，枝分かれおよび膜への結合における役割

3. 細胞骨格

表 3・1 アクチン結合タンパク質

タンパク質	機　能	タンパク質	機　能
トロポミオシン	フィラメントの安定化	ミオシンⅡ	筋肉中でフィラメントを滑らせる
フィンブリン, αアクチニン, ビリン	フィラメントの束化	ミオシンⅠ	フィラメント上の小胞を動かす
フォルミン, Arp2/3	核化, 重合と枝分かれ形成	キャップZ	フィラメントのプラス端をキャップする
フィラミン	フィラメントの架橋	プロフィリン, サイモシン	アクチン単量体に結合
スペクトリンⅠ/Ⅱ	膜骨格のフィラメントの架橋		
ゲルゾリン	フィラメントの断片化		

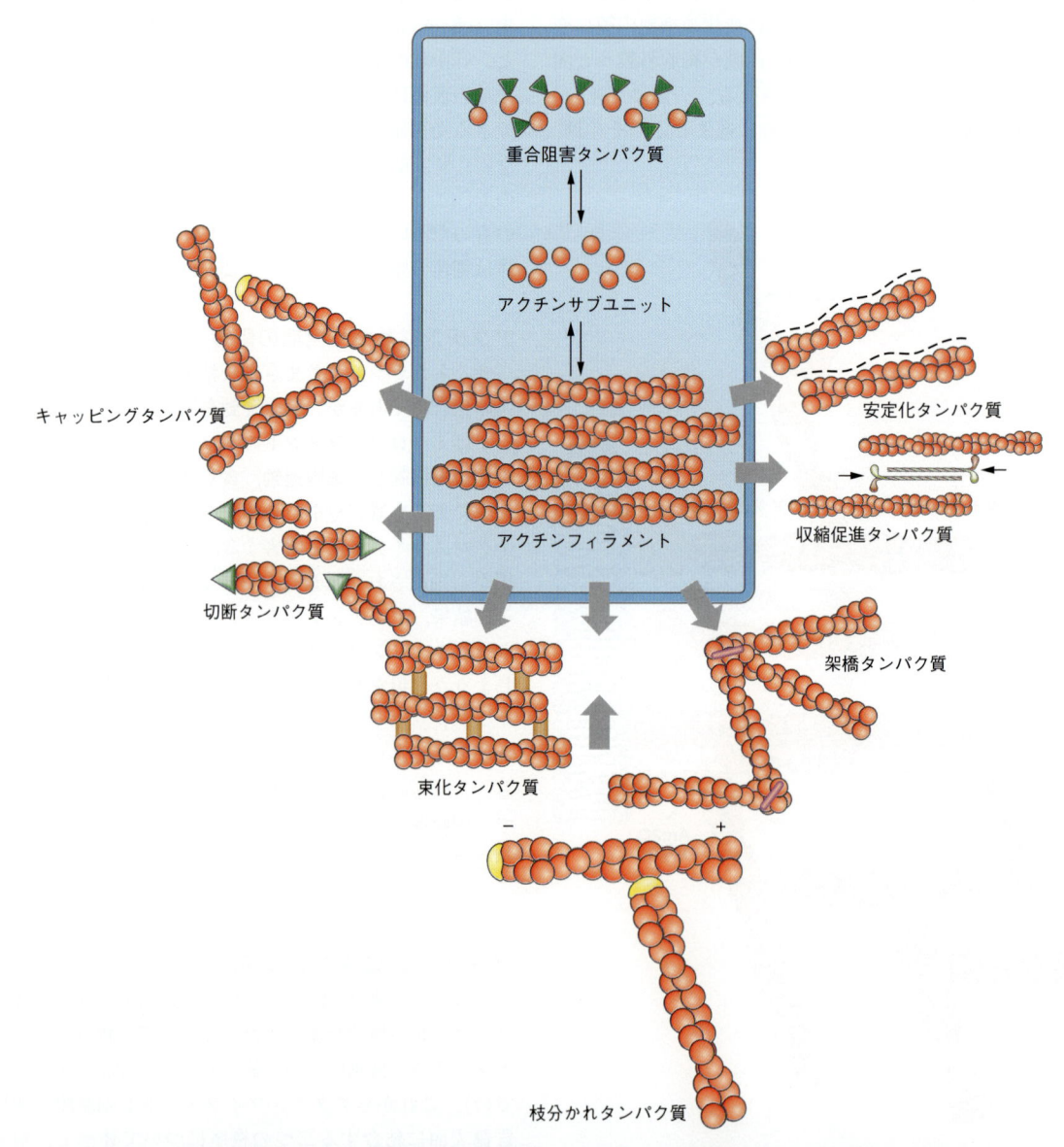

図 3・27　アクチン結合タンパク質のさまざまな役割. さまざまなアクチン結合タンパク質による細胞内アクチン構築制御の仕方. 〔C.C. Widnell, K.H. Pfenninger, "Essential Cell Biology", Williams & Wilkins, Baltimore (1990) より改変〕

skeleton）での結合について述べる.

ERM ファミリーはアクチンの末端と細胞膜の細胞質側表面をつなぐ

4.1 タンパク質関連タンパク質である ERM ファミリー（エズリン ezrin，ラディキシン radixin とモエシン moesin の頭文字）は，多くの細胞種で細胞膜にアクチンフィラメントを結合させる．活性化された ERM タンパク質の C 末端ドメインはすでにできているアクチンフィラメントの側鎖に結合し，N 末端ドメインは CD44（ヒアルロン酸受容体）のような膜貫通タンパク質の細胞質側ドメインに結合する（図 3・28）.

マーリン（merlin）とよばれる ERM タンパク質の欠陥は神経線維腫症（neurofibromatosis）とよばれるヒトの遺伝的疾患をひき起こし，多くの良性腫瘍が聴覚神経や神経系の他の部位に発症する．ERM の結合はリン酸化や PIP_2 の結合で調節されている.

スペクトリン膜骨格

スペクトリン膜骨格は最初赤血球で見いだされ，今日では赤血球以外にも普遍的に存在することが知られている．細胞の形や膜の安定性を保ち，細胞膜内での膜貫通タンパク質の横方向の動きや場所を制御するのに必要である.

赤血球スペクトリン膜骨格の構造や機能はきわめて詳しく理解されている

スペクトリン膜骨格は哺乳類の赤血球において初めてみつけられ，よく理解されている．ヒト赤血球のスペクトリン膜骨格は赤血球を両凹の形に保ち，弾力性と柔軟性を与え，膜タンパク質の横方向への動きをコントロールする．これらの性質は直径 2 μm の小さな毛細血管を通過する際に，直径 8 μm もある円盤状の赤血球がその形を連続して変形させるには重要なことである.

主要な骨格タンパク質は**スペクトリン I**（spectrin I）と**アクチン**（actin）と，4.1 タンパク質（protein 4.1；SDS-ポリアクリルアミドゲル電気泳動の泳動状態に基づいての命名）である．スペクトリン I はおおよそ 280 kDa の α 鎖と 246 kDa の β 鎖の大きな二つのサブユニットよりなる．スペクトリンの最も単純な形は逆平行に走る αβ 鎖よりなるヘテロ二量体である．しかしながら，赤血球の細胞質側表面では二つのヘテロ二量体が頭部同士で結合し，αβ 鎖が二つ集まった四量体を形成している．スペクトリン四量体のおのおのの端はアクチン結合部位を含み，スペクトリン I はアクチンフィラメントを架橋して細胞膜の細胞質側表面を覆う二次元の網目構造をつくる．アクチンフィラメントは短くて，およそ 14 個の単量体アクチンの長さ（〜33 nm）である．それゆえ，それらは**アクチンプロトフィラメント**（actin protofilament）とよばれる．アクチンプロトフィラメントは**トロポミオシン**（tropomyosin）により安定化され，マイナス端を**トロポモジュリン**（tropomodulin）でキャップされ，おのおののプロトフィラメントは 6 個のスペクトリン四量体と結合し，六角形の格子の並びを形成する．スペクトリン-F アクチン複合体は 4.1 タンパク質やアデューシンによって安定化され，さらに四量体スペクトリンの端に結合している．スペクトリン骨格は

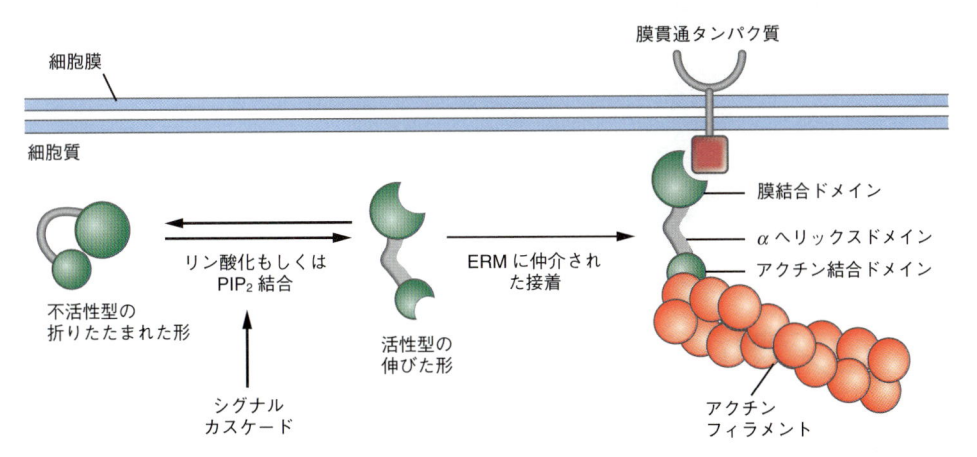

図 3・28 **ERM タンパク質はアクチンフィラメントのプラス端と細胞膜とを結びつける役割をする．**折りたたまれて不活性型の場合，ERM タンパク質はアクチンフィラメントのプラス端に結合できない，または CD44 のような膜貫通タンパク質の細胞質ドメインに結合できない．しかしながら，ERM タンパク質がリン酸化や PIP_2 の結合で活性化され，折りたたみが解けると膜貫通タンパク質やアクチンフィラメントと接合できるようになる．

2 種類の様式で膜の二重層に結合している．**アンキリン** (ankyrin) とよばれる末梢に存在するタンパク質はヘテロ二量体の接合末端でスペクトリン β サブユニットに結合し，スペクトリンをバンド 3 の細胞質に存在する N 末端ドメインに結びつける．4.1 タンパク質はスペクトリン-アクチン相互作用を安定化することに加えて，グリコホリンファミリーの一種に結合し，二重層への架け橋として働く．膜骨格の構造を図 3・29 に示す．

4.1 タンパク質やアデューシンの A キナーゼ（プロテインキナーゼ A）や C キナーゼ（プロテインキナーゼ C）によるリン酸化はおのおのスペクトリン-4.1 タンパク質-アデューシンやスペクトリン-アデューシン-アクチンの三つのタンパク質の複合体形成を抑える．最近，Goodman らは α スペクトリンが多くの標的タンパク質同様，自身の四量体の尾部の近くをユビキチン化できる E2/E3 ユビキチン結合，連結活性をもつことを見いだした．α スペクトリンの C 末端尾部のユビキチン化はスペクトリン-4.1 タンパク質-アクチンとスペクトリン-アデューシン-アクチン複合体の親和性を抑制する．後に述べるように，このことはスペクトリンのユビキチン化が著明に消失している鎌状赤血球症の患者の赤血球においては重要になってくる．

スペクトリン膜骨格によって正常な赤血球の両凹の形が保たれるので，これらのタンパク質の遺伝的欠陥は異常な赤血球の形と安定性をもたらす．遺伝性球状赤血球症（HS）は白人においてよくみられ，その赤血球は球状でもろい，出血性貧血である（図 3・30）.

HS の共通の優性形を示すすべての患者は，スペクトリンの量がアンキリンやバンド 3 の，もしくは両方の遺伝的欠陥により，少量から中程度減少している．少数の HS 患者では 4.1 タンパク質に結合できないというスペクトリン分子の欠陥があり，そのためスペクトリン-

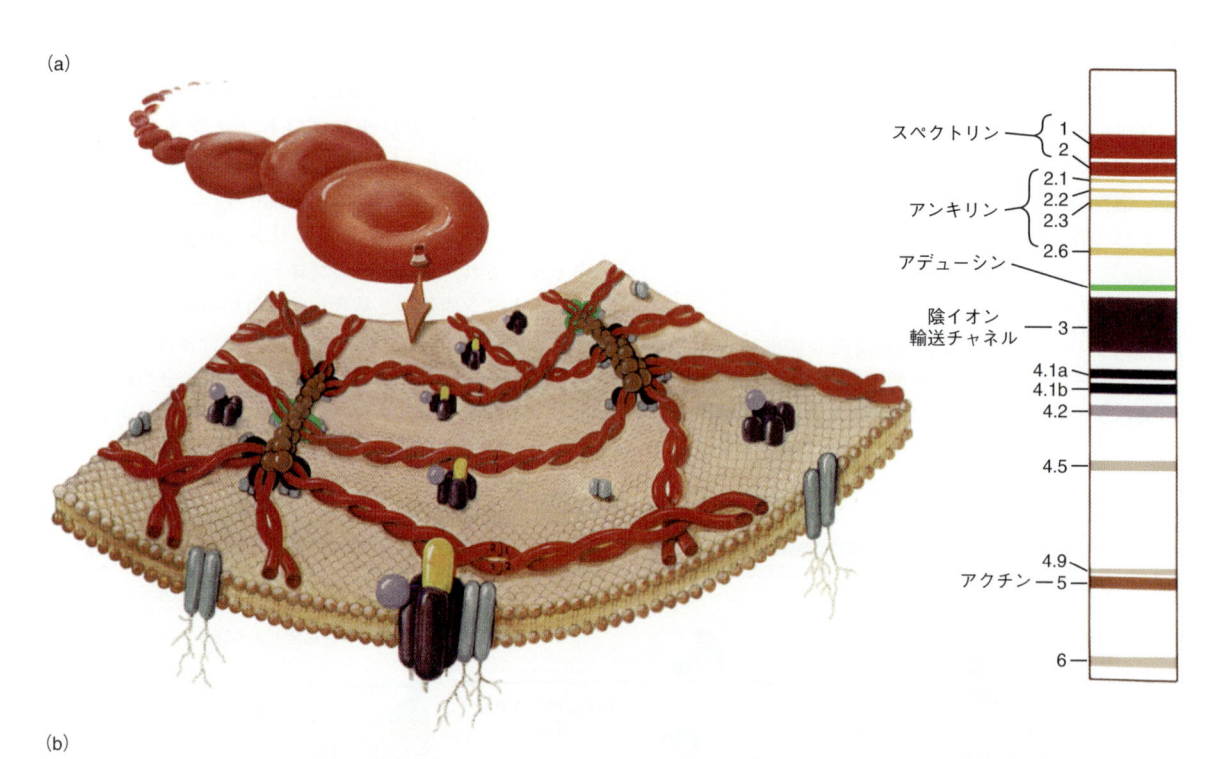

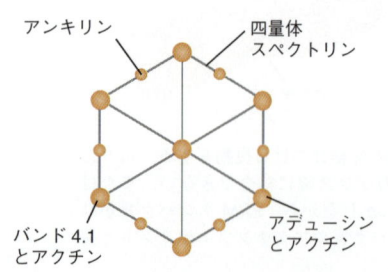

図 3・29 赤血球スペクトリン膜骨格におけるタンパク質相互作用．(a) 膜骨格内のタンパク質相互作用の概要の図説とそれらのタンパク質の色を合わせた赤血球タンパク質の SDS-ポリアクリルアミドゲル電気泳動（SDS-PAGE）（右）．(b) ネガティブ染色電子顕微鏡による広がった膜骨格の概要図．スペクトリン四量体（Sp4），三つの腕をもつスペクトリン分子（Sp6）や二重のスペクトリンフィラメント（2Sp4）により架橋されたアクチンプロトフィラメントや 4.1 タンパク質を含む結合複合体の六角形格子が見える．アンキリンはスペクトリンの遠方に端から 80 nm のところでスペクトリンフィラメントに結合している．〔(a) S. R. Goodman, I. S. Zagon, *Brain Res. Bul.*, **13**, 813〜832 (1984) より改変．(b) S. C. Liu, L. H. Derick, J. Palek, *J. Cell Biol.*, **104**, 527〜536 (1987) より改変〕

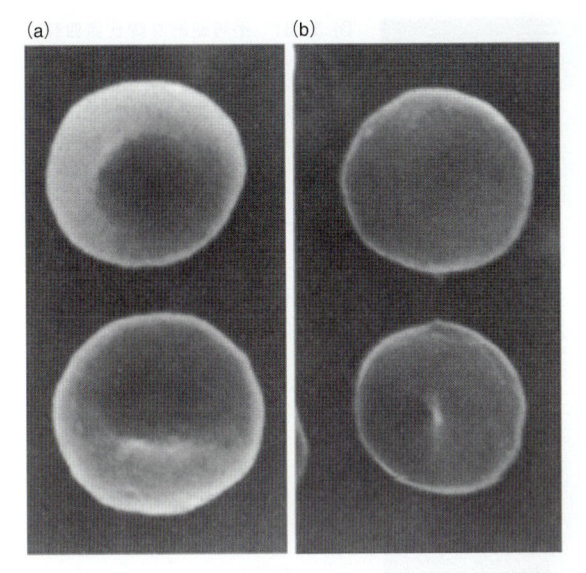

図 3・30 正常および遺伝性球状赤血球症（HS）の走査電子顕微鏡像．（a）正常人からの両面がくぼんだ赤血球．（b）HS 患者からの球状赤血球および口内球状赤血球．〔S. R. Goodman, K. Shiffer, *Am. J. Physiol.*, **244**, C134〜141（1983）より〕

4.1 タンパク質-アクチンの安定した複合体を形成することができない．

臨床例 3・1

　ダグラス・リッチモンド（Douglas Richmond）は 16 歳の英国の東部の寄宿学校の学生である．彼はフットボールチームに入りたがっていたが，学校の看護士は彼の目が黄色いのでまず医師に会って相談を受けるように勧めていた．ダグラスは医師に気分もまったく正常で，症状もまったく出ていなく，すぐにアメリカンフットボールをやりたいのだと言っていた．彼はこの数年目が少し黄色くなっているのに気づいていたが，彼の兄弟，姉妹も黄色がかった目をしていたのでまったく気にとめたことはなかった．

　身体検査により，医師は彼が良好に発育し，ばかげたことで騒ぎだてしない聡明な若者だと認めた．彼は地元でサッカーをしていた．彼の身体は正常で，眼球を包む強膜は明らかに黄色く，手の平のしわのようであった．彼の心臓や肺は正常であった．腹部の検診で，彼も自覚していたことだが，上部四分の一区分が少し柔らかくなっていた．左側の四分の一区分にダグラスが深く息を吸ったときに，肋骨から 2 指下がった場所に何か大きなものが触診されるのに気づいた．医師はこれはダグラスの脾臓であると確信した．それは正常のおよそ倍くらいのサイズであった．その他の所見は英国でのサッカーで痛めたくるぶしの内側に軽い皮膚炎がみられる程度で正常であった．

　医師はダグラスに脾臓が大きくなっているのに気づいたかどうか尋ねた．ダグラスは医師に，気づかなかったが，彼の兄が 3 年前自動車事故で脾臓が破裂し，英国で脾臓を取出さねばならなかったので，その話には興味あると言った．さらに尋問すると，ダグラスは彼の兄弟，姉妹がいつも貧血であると打ち明けた．彼の両親は健在だが，父親は 6 年前，40 歳直前に胆嚢を切除したとも言った．

　ダグラスの最初の研究室での検査で，ヘモグロビン値が 11.8 g/dL と若干減少し，幼若赤血球が 16 ％を占め，白血球，血小板は正常であった．興味深いことに，平均赤血球ヘモグロビン濃度（MCHC）は，自動的に細胞計数器で数えられるが，39 ％に上昇していた．血液の塗抹標本では通常の中心部のくぼみがない，小さくて，暗い，見かけ上密にみえる赤血球が数多く存在した．

　血清ビリルビンは 3.2 mg/dL に上昇し，これはいわゆる間接ビリルビン（脂溶性画分）であった．尿中にはビリルビンは存在しない．免疫学研究室からの報告では肝炎はなく，クームス試験は陰性であった．

　これらの結果から，医師はさらにダグラスの血球の浸透圧試験を行うように依頼した．この結果は 50 ％以上のダグラスの赤血球が 0.5 g％の食塩水で溶血するという，浸透圧にもろいことを示したものだった．

　話を戻すと，医師は彼が西ヨーロッパ人によくみられる遺伝性球状赤血球症（HS）であると告げた．彼の場合，非常によく代償性（体が貧血に対してさまざまに補った結果）に回復し，ほとんど貧血は認められなかった．医師は，ダグラスが毎日少量の葉酸を摂取することで良好な状態を続けられるであろうと予測した．また増加した血液の代謝回転により，父親のようにビリルビン胆石になるであろうが，今のところ特別に注意する必要はないであろうとも言った．しかしながら，医師はダグラスに，肥大した脾臓を傷つけることがあるので，体が接触するようなスポーツは避けるようにと強く忠告した．

　ダグラスは医師に感謝し，チェスチームに選ばれた．

球状赤血球症の細胞生物学，診断と治療

　HS は常染色体の優性出血性疾患である．主要な生理的欠陥は，正常な赤血球の変形を可能にしている余剰な膜脂質の欠如である．この変形は赤血球が微小循環（細動脈，毛細血管，細静脈）の迷路の裂け目をむりやり通るときに必須である．通常は脂質膜を支持し安定化させている赤血球膜骨格を構成するいくつかのタンパク質のうち，どの一つにも特殊な遺伝的欠陥があったら膜の消失が起こりうる．細胞は循環しているので，それらは急速に膜が欠乏し，球状になってくる．そうなると，変形できにくくなり，微小循環，特に脾臓に引っかかりやすくなる．

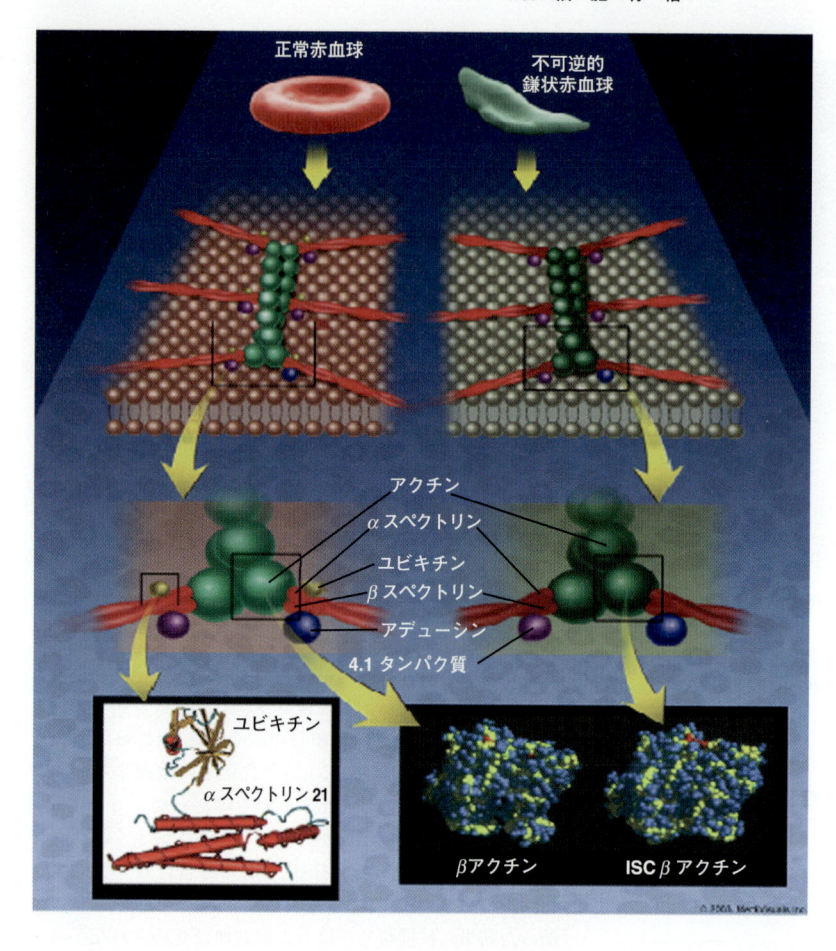

図 3・31 不可逆的な鎌状赤血球（ISC）の分子的基盤．鎌状赤血球およびその膜骨格の再編が不可能なのは，アクチンプロトフィラメントが脱重合できない（暗い緑の単量体で表してある）ことと，スペクトリン-4.1 タンパク質-アクチンやスペクトリン-アデューシン-アクチンの3タンパク質（暗い赤のスペクトリンの尾部で表してある）の強固な複合体形成につながる α スペクトリンのユビキチン化の欠損による．〔S. R. Goodman, *Cell Mol. Biol.*, **50**, 53〜58（2004）より〕

　試験管内では，膜の消失は浸透圧に対する脆弱さでうまく示すことができる．なぜなら細胞は浸透圧計として働き，脂質が減少するとその膜は低浸透圧下で起こる膨張に耐えることができないからである．

　この病気における赤血球の高い MCHC は特徴的である．暗い小さな細胞は顕微鏡では明らかに密に見え，密度勾配遠心で確認される．この興味ある現象は完全には理解されていないが，異常な膜輸送過程に関係しているらしい．

　赤血球が楕円になりもろくなる遺伝性楕円赤血球症で，最も一般的な欠陥は二量体スペクトリンが四量体になれないことである．

　鎌状赤血球貧血の一義的な遺伝的欠陥はヘモグロビン分子にある．しかし鎌状赤血球のある集団は不可逆的に鎌状の赤血球になっていて，それが鎌状赤血球クライシスに至るおもな要因になっている．不可逆的に鎌状になった赤血球の分子的機序は，1) β アクチンの転写後の修飾によりジスルフィド結合ができゆっくりとアクチンフィラメントが脱重合していく．2) スペクトリンのユビキチン化が消失し，ゆっくりと脱重合するスペクトリン-4.1 タンパク質-アクチンやスペクトリン-アデューシン-アクチン複合体となる．その結果，膜骨格が固定化され，形を変化することができない細胞になる（図3・31）．

スペクトリンは赤血球以外の細胞にも普遍的に存在する

　1981 年まで，スペクトリンと膜骨格は赤血球にのみ存在すると思われていた．その年，Goodman らはスペクトリン関連分子が赤血球以外にも普遍的に存在する分子であることを示した．このことから赤血球以外でのスペクトリン分子の機能について，重要な疑問がわいてきた．赤血球以外にもスペクトリンのみならず，アンキリン，4.1 タンパク質，およびバンド3の類似体が膜に沿って存在することもみつけられた．今日までに二つの哺乳動物の α スペクトリン遺伝子と五つの β スペクトリン遺伝子がみつかっている．さらに，二つの非赤血球型

アイソフォームが広く調べられている．一つのアイソフォームはαスペクトリンを含み，選択的にスプライスされた赤血球のβスペクトリン（β-spectrin 1Σ2）に結合している．このアイソフォームは脳，骨格筋や心筋に見いだされている．二つ目のアイソフォームは非赤血球型のαとβスペクトリンを含み，おおよそ60％のアミノ酸配列が赤血球スペクトリンと同一である．このアイソフォームは**スペクトリンⅡ**（spectrin Ⅱ）とよばれ異なった遺伝子の産物で，スペクトリンのなかで最も普遍的な型である．非赤血球細胞に見いだされるスペクトリンⅠとⅡは細胞膜や小器官膜の細胞質表面に沿って存在し，たぶん膜の輪郭や安定性を制御しているのであろう．しかしながら，非赤血球型スペクトリンもまた細胞や組織の細胞質内での多機能架橋分子である．スペクトリンⅡもまた上皮細胞の細胞質の末端の網状部位でアクチンの根元を架橋する．神経内ではスペクトリンⅠとⅡがアクチンフィラメントを細胞質内で微小管，神経線維，小器官やシナプス小胞と結びつける．シナプス前終末のシナプス小胞とスペクトリンの結合はシナプスでの情報伝達の中心的役割を果たす．非赤血球細胞でのスペクトリンとその結合分子は広範に球状のシナプス小胞をシナプス前膜の活性部位に集め，細胞内貯蔵からのカルシウムの遊離を調節し，小胞体，ゴルジ体，および細胞膜間の膜輸送を制御し，DNA修復酵素を傷害を受けたDNAに接着させる．

スペクトリンⅠとⅡ，αアクチニンとジストロフィンはスペクトリンスーパー遺伝子ファミリーを形成する

スペクトリンⅠとⅡの完全なる一次配列が決まった．αおよびβサブユニットともおおよそ106アミノ酸の三重ヘリックスの繰返し単位を含む．繰返し単位はそれらの配列を通して，柔軟なヘリックス構造をとらない領域によって隔てられている．これらの繰返し配列では20％から40％のアミノ酸が同一である．興味あることに，αとβスペクトリンⅠとⅡのN末端およびC末端には典型的な繰返し構造は存在しない．そのうえ，βサブユニットのN末端の140アミノ酸の領域はスペクトリンのアクチン結合ドメインであることが示されている（図3・32）．

αおよびβスペクトリンの配列を通して，スペクトリンⅠとⅡは60％の配列しか同一ではないが，アクチン

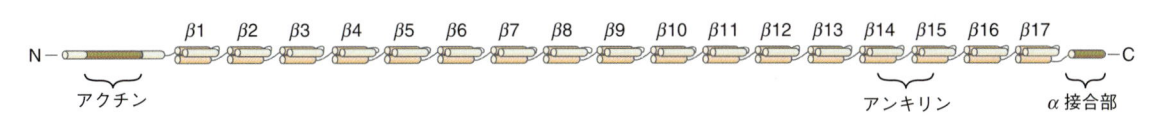

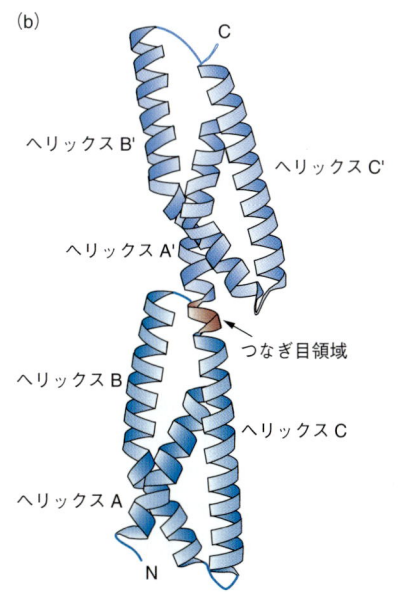

図 3・32　βスペクトリンⅡの構造．(a) スペクトリン超遺伝子ファミリーの構成タンパク質の一例としてβスペクトリンⅡの構造を示した．βスペクトリンⅡはそのN末端でヘリックス状ではないアクチン結合ドメインをもつ．三つのヘリックス状構造の繰返しをもつスペクトリン17個が柔軟なつなぎ領域でつながれている．C末端はαスペクトリンサブユニットとの結合に関与するヘリックス状構造をとらない領域をもつ．(b) 三つのヘリックス状構造の繰返しの詳細な構造．〔(a) Y. Ma, W. E. Zimmer, B. M. Riederer, *et al.*, *Mol. Brain Res.*, **18**, 87～99（1993）より〕

結合部位は 90 % 同一である．

αアクチニン（アクチン束化タンパク質）とジストロフィン（デュシェンヌ Duchenne 筋ジストロフィーの患者で欠損しているタンパク質）はスペクトリン I と II に非常に似た配列をもつ．

臨床例 3・2

ロビー・フランクリン（Robbie Franklin）は 11 歳の少年で，呼吸困難を訴え，車椅子で病院に運ばれた．3 日間にわたり，彼は痛みを伴う咳と 39.7 ℃ に及ぶ熱を発症していた．

身体検査により，彼はやせてはいるが正常に発育した子供で，歳より幼く見えた．両足のくるぶしから太ももにかけては鉄の支柱のようで，ひどい脊柱胸部の後側彎があった．脈は正常だが血圧は 112 mmHg に上昇していた．肺の所見では，打診による濁音や聴診によって左下肺葉に呼吸時にラ音（痰の詰まったような音）や荒い耳障りな摩擦音が聞こえた．

構音障害のある話し方やおそらく知的障害により，彼の経歴をきくことは難しかった．母親が言うにはロビーは 3 歳くらいまでは正常だった．そしてしばしば彼の姉妹と遊んでいる間に転び始め，足の筋が弱くなり始め，立ち上がるには捕まらなければならなくなった．4 年前に，足に痛みを伴った拘縮が生じ始めていた．1 年前には，進行していく弱体化をコントロールしようと，プレドニソン（40 mg/day）の経口投与を始めた．以前には肺の問題はなかった．

研究室での検査で，19,000/μL の白血球数で 85 % が多核であった．多くの白血球がデーレ（Döhle）小体を含んでいた．赤血球や血小板は正常であった．血清クレアチンキナーゼは 3400 IU/L を示し，重い，連続的な筋肉の壊死と一致していた．

デュシェンヌ筋ジストロフィー（DMD）の細胞生物学と診断と治療

ロビーのおもな病気は DMD である．これは進行性の四肢の筋肉の弱体化として若い少年に現れる，X 染色体に由来する劣性遺伝の疾患である．これは筋線維膜のタンパク質，ジストロフィン（dystrophin）の遺伝的異常によって生じる．ジストロフィンは大きな細長いスペクトリン様のタンパク質で，通常細胞外基質のラミニンと細胞膜骨格の F アクチンを結びつけている．筋肉の膜構造と機能を維持するのに必須である．DMD の異常なジストロフィンはこの重要な膜を介しての連結がうまくできず，膜の安定性が失われ，著明なクレアチンキナーゼの漏出を伴った筋線維の壊死が続いて起こる．神経系における膜の不安定化はこれらの多くの患者が抱える精神的困難につながる．

ロビーは現在細菌性の肺炎にかかっている．これは DMD の患者は脊柱側彎（脊柱の周りの筋肉の不均衡により起こる）や肋骨間筋肉が弱くなり呼吸障害を起こすために，よく起こることである．筋肉の脆弱化を抑制するためのステロイドの投与が細菌感染にかかりやすくしている．

ロビーの予後はよくない．彼は数年のうちにますます衰え，拘縮がひどくなり頻繁に肺炎を起こすようになるであろう．彼はおそらく 20 歳までには肺炎にかかって亡くなるであろう．

αアクチニンは 190 kDa の二量体で，二つの逆平行の同一のサブユニットよりなる．ジストロフィンは 800 kDa の二量体で，二つの 400 kDa の逆向きのサブユニットで構成される．αアクチニンもジストロフィンもスペクトリンの繰返し構造と 10～20 % 同一のスペクトリンの三重ヘリックス繰返し単位を含む．両タンパク質は N 末端にヘリックスでない領域を含み，その部位は 60～80 % βスペクトリンのアクチン結合領域と同じである．この所見はジストロフィンの機能と DMD の原因の解明に重要である．ジストロフィンはスペクトリンのアクチン結合領域と同じ配列なので，骨格筋の細胞膜にアクチンフィラメントをつなげる機能をもつと提唱され，かつ実証された．スペクトリン I，スペクトリン II やαアクチニンおよびジストロフィンの共通する構造から，これらは共通の祖先遺伝子から発生してきたもので，**スペクトリン超遺伝子ファミリー**（spectrin supergene family）とよばれる．

アクチン動態の調節

以前にスペクトリンとアクチンの結合が赤血球膜骨格中のスペクトリンのユビキチン化同様に，4.1 タンパク質やアデューシンのリン酸化によって調節されていることについて述べた．しかし細胞骨格を含む細胞におけるアクチン動態の調節はこれよりはるかに複雑である．

第 8 章で議論するように，ホスファチジルイノシトールやその誘導体がそれらのシグナル伝達に関与している．ホスファチジルイノシトールはいくつかのキナーゼにより PIP_2 に変換される．PIP_2 はアクチンのミクロフィラメントの重合，脱重合，アクチン結合タンパク質の結合やゲルゾリンによる切断の重要な調節因子である．PIP_2 は細胞膜の細胞質側でプロフィリンに結合し，アクチンとの結合を抑制する．シグナルによって活性化されたホスホリパーゼ C は PIP_2 を加水分解し，プロフィリンは膜から外れ，G アクチンと結合する．その結

果，ADP-ATP 交換が促進され，G アクチンが重合してF アクチンになる（図3・33）．

鎖キナーゼをリン酸化させる．このリン酸化はミオシン頭部とアクチンフィラメントの結合を促進し，収縮をひき起こす．

そのため，Rho ファミリーの GTP アーゼはアクチンの状態を調節し，アクチンを基盤とする細胞の運動に必須である．Rac，Rho および Cdc42 の線維芽細胞での効果については図3・34に示した．

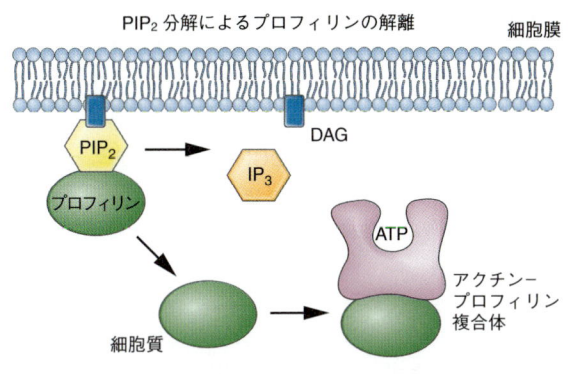

図 3・33 PIP_2 によるプロフィリン-アクチンの相互作用の制御．PIP_2：ホスファチジルイノシトール 4,5-ビスリン酸，IP_3：イノシトール 1,4,5-トリスリン酸，DAG：ジアシルグリセロール．

アクチンを切断するゲルゾリンとコフィリンは両者とも PIP_2 で阻害される．いったん PIP_2 がこれらのタンパク質から外れるか加水分解されたら，フィラメントは切断され，使用可能なプラス端の数が増え，アクチンの重合を促進する．

WASP（Wiskott-Aldrich syndrome protein；ウィスコット・アルドリッチ症候群は血小板や白血球の減少を伴う遺伝性の免疫系不全症である）と Scar/WAVE（WASP family verprolin-homologous protein）は Arp2/3 に結合，活性化して，アクチンの重合を生じる．WASP と Scar は PIP_2 と Rho ファミリータンパク質に結合する．

Rho タンパク質ファミリーには単量体の GTP 結合タンパク質である Cdc42，Rac と Rho がある．これらの GTP アーゼは活性型の GTP 結合型と不活性型の GDP 結合型がありその間を循環している．Cdc42 の活性化は WASP の活性化を生じ，Arp2/3 複合体の活性化とアクチンの重合と束化を生じる．その結果，糸状仮足またはマイクロスパイクの形成が起こる．Rac の活性化は Scar/WAVE や PI(4)P 5-キナーゼの活性化を生じ，葉状仮足や膜ラッフルの形成を起こす．PI(4)P 5-キナーゼは PIP_2 を合成し，F アクチンのプラス端を露出させ，アクチンの重合をひき起こす．Rho の活性化はミオシン II の太いフィラメントを伴ったアクチンを束化し，ストレスファイバーを形成し，接着斑との結合を強める．Rho は ROCK（Rho-associated, coiled-coil-containing kinase；Rho キナーゼ）を活性化させ，ミオシン II の軽

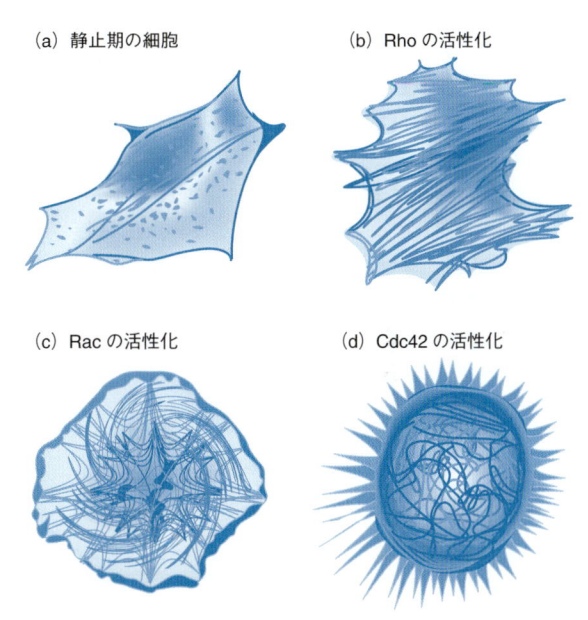

図 3・34 線維芽細胞における Rho ファミリータンパク質活性化によるアクチン構築制御

中間径フィラメント

中間径フィラメント（IF）は直径 10 nm であり，そのため，太さにおいて，ミクロフィラメントとミオシンの太いフィラメントの中間，またはミクロフィラメントと微小管の中間である．ロープ状のフィラメントの機能を明らかにするにはまだ多くの研究が必要であるが，それらの一義的な役割は構造をつくることのようにみえる．すなわち，IF のおもな機能は細胞に課せられる機械的ストレスへの抵抗性を増すことである．筋肉細胞中の IF は隣の筋原線維の Z 板に一緒に結合している．軸索中のニューロフィラメントはこれらの長くて細い突起が破壊されるのを防ぐ構造的補強となり，発生中に軸索の内径が増すにつれ，その数を増す．上皮細胞の IF はデスモゾームに連結され，上皮細胞のシートを安定化する．

均一でないタンパク質群がさまざまな細胞で中間径フィラメントを構築する

IFを形づくる単量体タンパク質はミクロフィラメントや微小管とはいくつかの重要な点で異なる（後に本章で論じる）．さまざまなヒトや動物細胞のIFは異なったタンパク質のグループより構成されているが，ミクロフィラメントはいつもアクチンよりでき，微小管はいつもチューブリンでできている．Gアクチンやチューブリンが球形なのに対し，IFのサブユニットは線維状のタンパク質である．IFサブユニットのほとんどすべてのタンパク質がさまざまな細胞内において安定なIFに取込まれるが，それに対し，アクチンや微小管ではかなりの量の重合されてない型のGアクチンやチューブリンのプールが存在する．IFの重合にはATPやGTPの加水分解によるエネルギーを必要としない．IFは極性をもたないが，ミクロフィラメントや微小管はプラス端とマイナス端をもつ．IFは均一でないサブユニットの種類より構成される（表3・2）．

表 3・2 ヒトの細胞での中間径フィラメント

中間径フィラメント	サブユニット（分子サイズ）	細胞型
ケラチンフィラメント	タイプⅠ酸性ケラチン タイプⅡ中性/塩基性ケラチン （40〜65 kDa）	上皮細胞
ニューロフィラメント	NF_L（70 kDa） NF_M（140 kDa） NF_H（210 kDa）	神経
ビメンチン含有フィラメント	ビメンチン（55 kDa） ビメンチン＋グリア線維性酸性タンパク質（55 kDa） ビメンチン＋デスミン（51 kDa）	線維芽細胞 グリア細胞 筋肉細胞
核ラミナ	ラミン A, B, C（65〜75 kDa）	すべての核のある細胞

† NF_L，ニューロフィラメント軽鎖；NF_M，ニューロフィラメント中鎖；NF_H，ニューロフィラメント重鎖

上皮細胞にみられるケラチンフィラメントはつねに同量の酸性（タイプⅠ）と中性塩基性（タイプⅡ）のケラチンのサブユニットを含む．ヒトには表皮の基底細胞層に発現しているケラチン遺伝子の変異によって生じる遺伝疾患の，単純先天性表皮水疱症がある．この変異はこれらの細胞でケラチンフィラメントの正常なネットワークを壊す．これらのケラチン遺伝子の変異で苦しめられている人々は機械的な傷害に対し感受性が高まり，ほんの軽くつまんだだけでも細胞層の破壊を起こし，皮膚の水膨れを起こす．

ビメンチン，デスミン，グリア線維性酸性タンパク質（glial fibrillary acidic protein, GFAP）およびニューロフィラメント軽鎖（NF_L）はおのおの単独で高分子状のIFを形成できる．しかし，単細胞（たとえば筋肉細胞やグリア細胞）に一緒に存在するときには，それらは一緒に重合できるであろう．しかしながら，ケラチンがビメンチンと共発現する上皮細胞においては，それらは協同して重合できず，その代わり，別々のIFを形成する．軸索や樹状突起内では，NF_L，ニューロフィラメント中鎖（NF_M）やニューロフィラメント重鎖（NF_H）は一緒にニューロフィラメントを形成できる．IFタンパク質の細胞種特異性は転移性の癌細胞の原発組織を同定するため，病理学者によりIFのタイプ特異的単クローン抗体を用いた蛍光染色によく利用される．核ラミナにはIF関連タンパク質であるラミンA，ラミンBとラミンCがある．これらのタンパク質と核内膜上でそれらが形成する格子状構造については第5章で述べる（核を扱った項を参照）．

いかにしてそのような不均一なタンパク質グループすべてが中間径フィラメントを構築できるのか？

分子サイズが40から210 kDaに及ぶIFのタンパク質がすべてIFを形成できることはまさに驚くべきことである．この共通の形態の分子的な基盤を図3・35に書いた．

すべてのIFタンパク質はさまざまなサイズのサブユニット特異的なN末端と，おおよそ310個のアミノ酸よりなる相同性の高い中間αヘリックス領域（三つのヘリックスをとらないギャップをもつ）と，さまざまなサイズのサブユニット特異的C末端よりなる．310個のアミノ酸よりなる相同性の高いαヘリックス領域のみが10 nmのIFのコアとなる部分である．可変領域はコアから伸びて，IFを他の細胞骨格構造と架橋する役割を果たす．IFの形成において，最初のステップは二つの単量体の310個のアミノ酸よりなるαヘリックス領域が互いに巻合い，平行したコイルドコイル構造を形成することである．IFタンパク質にはコイルドコイル構造をつくるのに必要な7回の繰返し構造が310個のアミノ酸よりなるαヘリックス領域に存在する．ついで，二つの

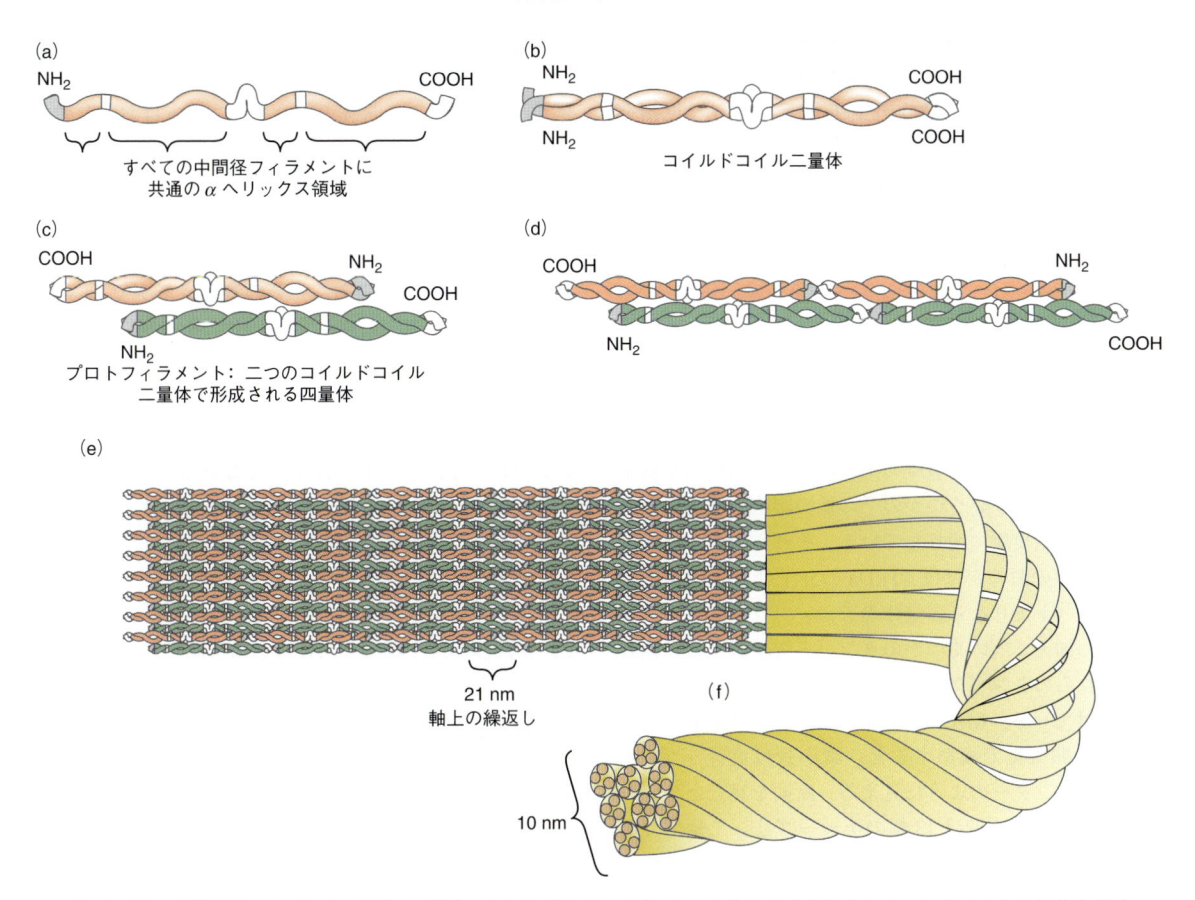

図 3・35 中間径フィラメント（IF）の構築．(a) IF 単量体．(b) 二つの単量体が並行するコイルドコイル二量体を形成する．(c) 二つの二量体が側面-側面相互作用で逆平行の四量体を形成する．(d) 四量体を形成する二つの二量体がずれて組合わさり，高次構造の形成を可能にする．(e) 四量体がヘリックス状並びの中で集合し，8個の四量体（プロトフィラメント）になるまで大きくなる．(f) 中間径フィラメントは長くなり，ロープ状に巻かれていく．〔B. Alberts, D. Bray, J. Lewis, *et al.*, "Molecular Biology of the Cell, 3rd Ed.", Garland Publishing, New York（1994）より改変〕

二量体が逆方向に並んで四量体を形成する．四量体は逆平行構造をもつので，IF には極性はない．IF 四量体は互いに互い違いに横並びに結合して 8 個の四量体（単量体 32 個）になり，IF の壁を形成する．八つの四量体は巻かれてロープ状の IF を形成する．ミクロフィラメントはアクチン結合タンパク質をもち，それを介して他の細胞骨格構造と結合し，また微小管結合タンパク質（microtubule-associated protein, MAP）は微小管と結びつける．IF には特異的な架橋タンパク質があり，たとえばフィラグリンはケラチンフィラメントを束化し，プレクチンはビメンチンを含む IF を束化し，ニューロフィラメントは微小管やミクロフィラメントに対してと同様，互いを束化する．さまざまなニューロフィラメント NF の重および中間サブユニットの C 末端領域はニューロフィラメントを束化して軸索や樹状突起の構造をより安定化している．

これらの IF の結合の重要性はプレクチンの変異をもつヒトの例でわかる．この変異は単純表皮水疱症，筋ジストロフィーと神経変性を複合したような症状を示す．

細胞分裂後期，IF は通常核の周りに固い網を形成する．そして波のように，細胞膜に向かって広がっていく．もし細胞分裂期後期の微小管をコルヒチン（Col-Benemid）またはデメコルチン（コルセミド）で脱重合させた場合，IF は核の周りで壊れる．これは明らかに IF が微小管により高度に構築を制御されていることを示す．スペクトリンⅡの抗体を線維芽細胞に注入した場合，微小管やミクロフィラメントのストレスファイバーに影響ないとしても，IF ネットワークは再び核の周りで壊れる．このことはスペクトリンⅡが IF を他の細胞骨格構造に結びつける重要な役割を果たしているこ

とを意味する．実際，免疫電子顕微鏡による観察で，上皮細胞の末端骨格網や哺乳類動物の神経における軸索および樹状突起内のスペクトリンⅡがそのような役割を果たしていることが示されている．今まで記載してきたことすべてがIFの核壁との結合を示している．さらに，IFはアンキリンやスペクトリンⅡによって細胞膜と結合している．

微小管

微小管はチューブリンで構成されるポリマー

微小管は三つ目の細胞骨格構造であり，繊毛と鞭毛運動，有糸分裂と減数分裂時の染色体動態，細胞内小胞輸送，分泌，およびいくつかのその他の細胞の機能などさまざまな細胞現象に関与している．それらのおもな構成成分は，おのおのがほぼ50 kDaの分子サイズの α と β サブユニットよりなる二量体のチューブリンタンパク質である．加えて，いくつかのタンパク質が微小管に結合し，これらのタンパク質が微小管に基づく運動の特徴を性格づけている．MAPについてはこの項の後半で述べる．電子顕微鏡で観察すると，微小管は直径が24 nmの中空シリンダーのように見える．断面を見たとき，おのおのの微小管の壁は13個のチューブリン二量体で構成されているのが見える．そしてその二量体は13個のプロトフィラメントを形成する．微小管が集合するにつれ，チューブリン分子は伸びていく微小管に加えられ13個のプロトフィラメントを形成する．個々のプロトフィラメントはその長さに沿って α および β サブユニットが交互に並んで構築され，微小管に極性を与えている．チューブリン二量体の α サブユニットはおのおののプロトフィラメントに対し，マイナス端のゆっくりと伸長する方向に向いている．β サブユニットはプラス端を向いている（図 3・36）．

チューブリンは知られているなかで最も保存されているタンパク質の一つである．その意義は不明であるが，高度な保存性はチューブリン分子中に多くの必須の機能サブドメインが存在することことによると推定される．チューブリンには微小管が重合する際のサブユニットの相互作用に必要な領域があるのみならず，GTPと結合する領域やMAPと相互作用する領域やいくつかの異なった薬剤と結合する部位を含んでいる．コルヒチンやビンブラスチン硫酸（Velban）やノコダゾールおよびパクリタキセル（タキソール，Taxol）などチューブリンに結合する薬剤は，微小管の正常な動的な性質を失わせる．紡錘体形成や細胞分裂には適切な微小管の機能の発揮が必要なので，微小管阻害剤は共通して癌の化学療法に使われる．

微小管は急速な重合，脱重合を行う

細胞質内の微小管は急速に重合，脱重合を起こす能力をもつ不安定な構造をしている．この特徴は多くの微小管の機能に重要である．たとえば，細胞質微小管は有糸分裂に入ると急激に分解しなければならない．同様に，脱重合した微小管は有糸分裂紡錘体を構築するために再び形成されなければならない．有糸分裂中に紡錘体微小管が細胞によって壊されることは，染色体分配に必須である．分裂している細胞を微小管の脱重合を阻害する薬剤であるタキソール存在下で培養した場合，染色体の分配は阻害される．微小管骨格が急速に再構築できる能力は，細胞遊走や極性形成など多くの細胞の機能に重要であろう．

アクチンフィラメントと同様に，伸長している微小管は構造的に備わった極性をもつ．この極性は微小管ポリマー中のチューブリンサブユニットのもつ配向性から生じる．伸長している微小管を試験管内で分析すると，サブユニットは伸びているポリマーの一方の端（プラス端）にもう一方の端（マイナス端）より速く結合することがわかる（図 3・37）．

細胞内ではしかしながら微小管のマイナス端は中心体複合体と結合し，ふさがっている．そのため，プラス端でのできごとだけを考えればいい．現在の微小管動態に関する関心は微小管構築時のチューブリンサブユニットへのGTPの結合と，続いて起こる，結合しているGTP

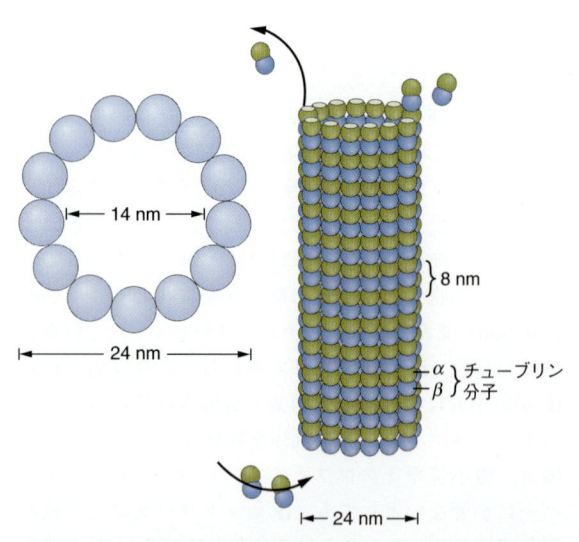

図 3・36　細胞質微小管の形態．微小管の横断的，縦断的表示．

のGDPへの加水分解の機序に注がれている（図3・27）．

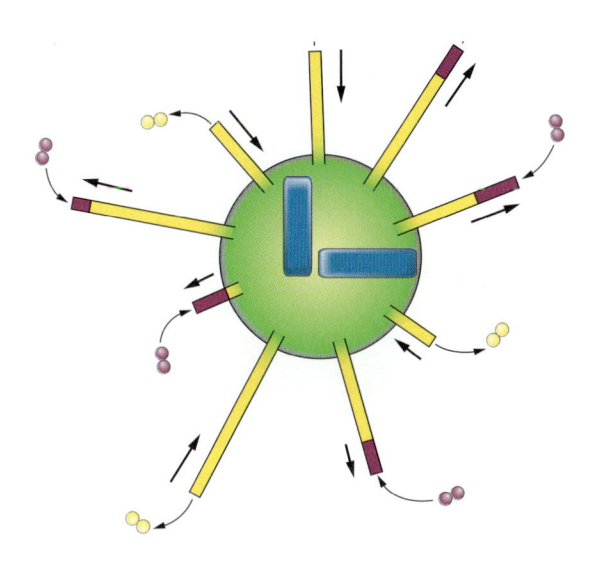

図3・37 微小管の動的不安定性．動的不安定性を示した図．微小管のGDP-チューブリン部は黄色で示してあり，GTP-チューブリン，微小管キャップは紫色で示した．中心体から重合している微小管はGTPキャップを含み，急激に脱重合している微小管はGDP-チューブリンのみを含む．

伸長している微小管ポリマーにチューブリンの二量体が加わるためには，チューブリンの α および β サブユニットはおのおのGTPに結合しなければならない．そしてGTP-チューブリンは微小管の伸びつつある端に入っていくことができ，微小管に組込まれて少したつと，β サブユニットに結合しているGTPはGDPへと加水分解される．実際には，微小管の端には小さなGTP-またはGDP-チューブリンキャップが存在し，それ以外の微小管ポリマーはGDP-チューブリンで構成されている．微小管が急速に伸び続ける限り，チューブリンのサブユニットはGTPが加水分解されるよりも速くチューブに取込まれるので，端にはGTPキャップチューブリンがしばらくそのまま残っている．チューブリンサブユニットはGDP型よりもGTPキャップの微小管により効率よく入っていけるので，この性質は重要である．もし微小管の構築がゆっくりと進む場合，GTPの加水分解が追いつき，GTPキャップのチューブリンはなくなり，微小管全長がGDP-チューブリンになってしまう．このGDPキャップの微小管は不安定で，GDP-チューブリンサブユニットは微小管の端から外れやすくなり，微小管が短くなる．そのうえ，この端からの消失速度は急速で，崩壊 (catastrophe) と称される．もしGTP-チューブリンの加水分解がGTP-チューブリンが組込まれる速度より遅くなった場合，微小管は再び伸長を始める．これは救済 (rescue) と称される．このような微小管の形成，崩壊を**動的不安定性** (dynamic instability) とよぶ．動的不安定性によって，いかにして細胞が急激に微小管骨格を再構築できるかが説明される．

微小管のマイナス端をキャップすることで中心体は微小管形成中心として機能する

細胞質全体で核化し，偶然に配向する他の細胞骨格フィラメントと違って，細胞質微小管はすべて中心体複合体によって核化される．もし培養細胞を固定し，

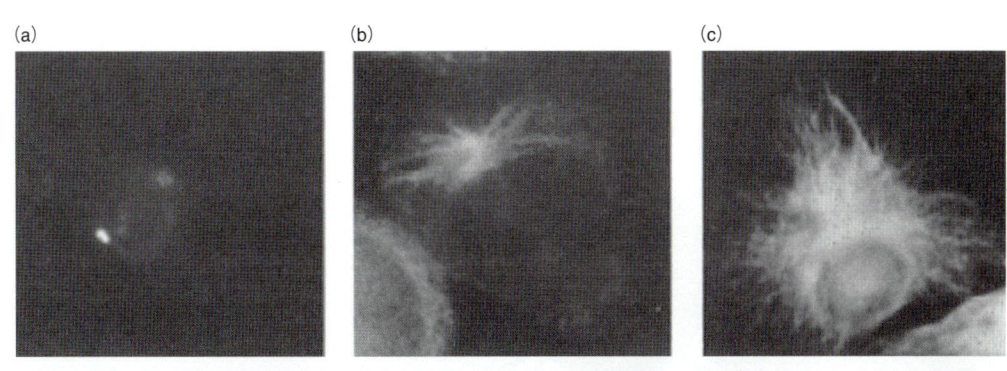

図3・38 中心体は細胞内微小管の核化を行う．抗チューブリン抗体による蛍光染色により，中心体は哺乳動物細胞での微小管形成中心となることが示された．(a) 哺乳動物細胞を実験的に処理し，微小管のすべてを脱重合させた．唯一微小管を含む中心体が見られる．(b) 実験的な処理を中止すると，星状の列をなす微小管が中心体から生じ始める．(c) 時間がたつと，微小管は伸長して細胞質全体を埋め尽くす．（R. Balczon 氏提供）

チューブリン抗体による免疫蛍光染色で観察したなら，核近くから発し，細胞質全体に星状に広がる微小管が観察できるであろう（図3・38）．

星状に広がる微小管の焦点は中心体である．超微細形態を見ると，中心体は一対の中心小体とそれを取巻くオスミン酸親和性の不定形な物質で傍中心小体物質（pericentriolar material）とよばれるものよりなる（図3・39）．一対の中心小体よりなる個々の中心体は互いに直角に配向する．そしておのおのの中心体は9個の短い三連の微小管（0.4〜0.5 μm）でできている．

実験の結果から中心体複合体の微小管核化能は傍中心小体にあって一対の中心小体にはないことがわかっている．微小管を核化する中心体中の構成成分は傍中心小体物質中に含まれるγチューブリンリング複合体（γ-tubulin ring complex）である．

γチューブリンリング複合体はγチューブリンといくつかの修飾タンパク質よりなっている．γチューブリンはチューブリンスーパーファミリータンパク質の特殊な一員で，傍中心小体物質に特異的に局在する．γチューブリンは中心体内で核化複合体を形成し，微小管を形成することが示されている．そのうえ，微小管のマイナス端に結合して，中心体内のγチューブリンはこれらの微小管内の端をキャップする．このことはすべての重合，脱重合という現象が微小管のプラス端で生じなければならないことを意味している．加えるに，微小管のマイナス端がふさがれていることから，どのように細胞内で微小管の形成が生じるのかの推察が容易になる．アクチンミクロフィラメントのように，試験管内では遊離微小管はプラス端で重合したり，マイナス端で脱重合したりする．試験管内ではチューブリンの濃度が高くて，単量体チューブリンが脱重合端から外れるよりも速くチューブ

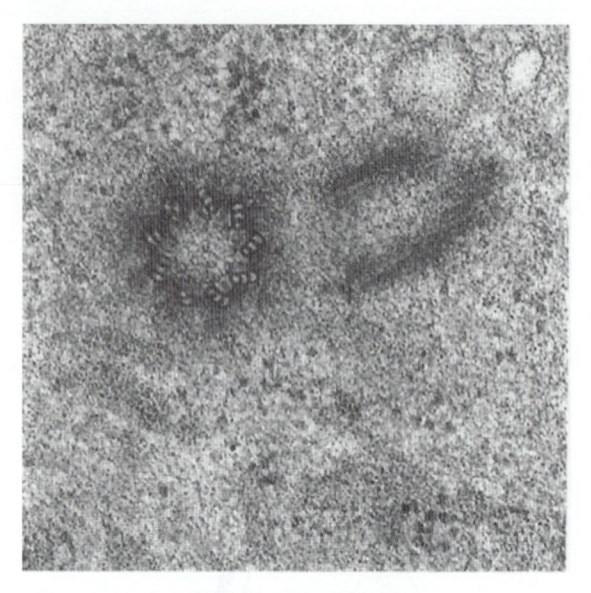

図3・39a　中心体複合体の電子顕微鏡写真．一対の中心小体は互いに直角に配位している．中心小体は9個の短い三連小管よりなり，弱く染色される傍中心小体物質に囲まれている．〔R. Balczon 氏提供〕

リンサブユニットが重合端に組込まれるときのみ，微小管は重合する．明らかに，チューブリンの細胞内での濃度は自然重合に必要な臨界濃度よりも低い．そのため，細胞質内では遊離の状態にある微小管のマイナス端からのチューブリンの解離速度はチューブリンサブユニットがプラス端に付加される速度を上回る．その結果，微小管は自由に細胞質内で形成されず，中心体で核化されなければならない．微小管のマイナス端をキャップするこ

核化部位
（γチューブリン複合体）

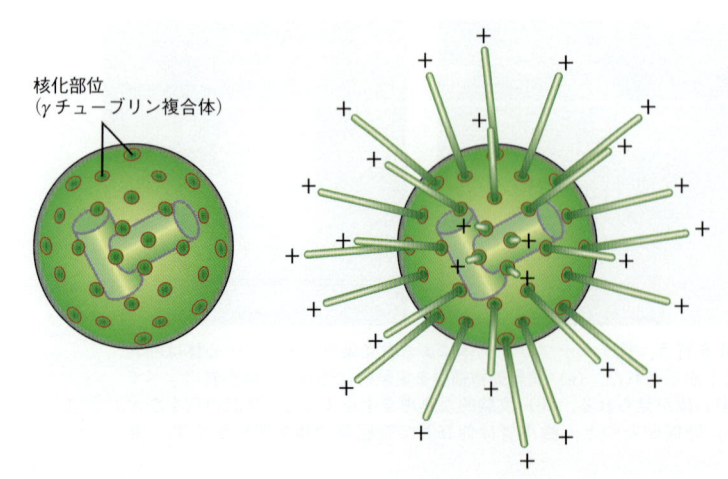

図3・39b　中心体複合体の形態．γチューブリンリング複合体は，中心体からの微小管重合の核化を行う．

とで，中心体は細胞質内チューブリン濃度を低くして自然の微小管重合が起こりにくくしている．チューブリンの濃度が低いので，生理的条件下では細胞内で形成される微小管は中心体と結合しキャップされた微小管のみである．

細胞質微小管の調節

微小管は急速な代謝回転をしているので，動的不安定性を考えた場合に浮かんでくるのはつねに変化している細胞質の一つとしての図である．たとえば，多くの微小管は急激に伸長し，他のものは急速に崩壊している．これらはある程度事実だが，実際に細胞質微小管の平均生存時間はおおよそ10分である．細胞が細胞質微小管を安定させるいくつかの機構をもっているため，微小管は思ったよりも長く存在する．

細胞が微小管を安定化させている一つの手立てはプラス端をキャップすることである．細胞質微小管は中心体によりマイナス端がキャップされているので，プラス端もキャップされたなら脱重合に利用されうる，空いている（フリーの）端がなくなる．この機構は実際，有糸分裂における紡錘体形成に使われる．ある細胞が有糸分裂に入ると，多くの微小管が中心体を離れるように形成され始める．これらの微小管のほとんどは動的不安定性により急速に分解される．しかしながら，ある伸長している微小管は有糸分裂染色体の動原体領域と結合し，動原体タンパク質でプラス端がキャップされる．この微小管キャップはこれらの微小管を選択的に安定化させ，紡錘体形成の重要な過程である．分子的，生化学的な修飾が起こり，細胞質微小管の安定性をさらに増す．これらの微小管の性質の変化はチューブリンの転写後修飾かMAPとの相互作用でひき起こされる．細胞内チューブリンのおもな転写後修飾は細胞内に存在する脱チロシン酵素によるαチューブリンサブユニットのC末端のチロシンの除去である．この脱チロシンはチューブリンが微小管に取込まれた後に生じ，細胞質微小管の安定化や成熟化につながる．しかしながら，脱チロシンは微小管の動力学には影響しないと思われる．たとえば，チロシン化されたチューブリンと脱チロシンしたチューブリンを用いて試験管内で微小管の形成を観察したところ，安定性には変わりがなかった．そのため，脱チロシンは微小管へあるタンパク質が結合し，細胞質の脱チロシン微小管にみられるように安定性を増強するのを促すシグナルとして働いているのではないかと思われる．脱チロシンされた微小管が脱重合すると，細胞質内の酵素によってαチューブリンのC末端にチロシンが再び付加される．

チューブリンにMAPが結合することよっても微小管の性質が修飾される．細胞画分からの抽出で微小管と一緒に精製されたタンパク質をもってMAPと名づけられた．個々のMAPは細胞の種類によっても異なる．しかしながら，MAPの機能に関する情報の多くは神経組織から得た微小管を研究することで得られてきた．神経では2種類のおもなMAPとして**高分子量MAP**（high M_r MAP, 200～300 kDaの小ファミリータンパク質）と**タウタンパク質**（tau protein, 40～60 kDaのポリペプチドのグループ）が同定されている．これらのタンパク質は単量体チューブリンに結合し，微小管の核化を助けることが証明されている．さらに，これらのタンパク質は神経軸索や細胞の特殊な部位でみられる微小管の形に特徴的な強い微小管の束化に関係している（図3・40）．

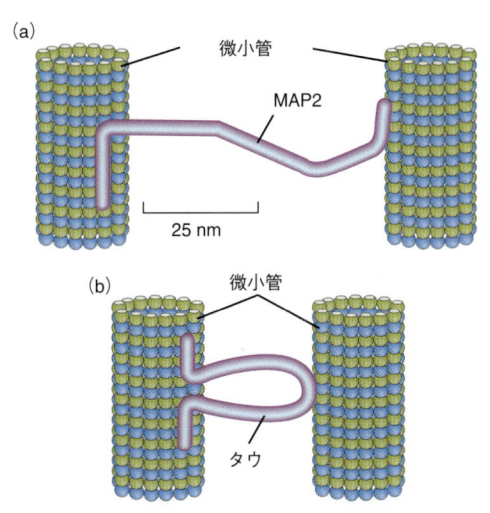

図3・40 **高分子量の微小管結合タンパク質（MAP）とタウが微小管を束ねる．** MAP2はタウよりも長い架橋ドメインをもつので，より強固な微小管の束をつくることができる．

他のタイプのMAPは微小管の長さや重合速度を調節する．細胞内には遊離二量体チューブリンのプールが存在する．その理由の一つは二量体チューブリンに結合して微小管への取込みを阻害する**スタスミン**（stathmin）というタンパク質の存在である．スタスミンとチューブリンはスタスミンのリン酸化で解離する．**カタニン**（katanin）は微小管切断タンパク質で微小管形成中心から微小管を脱離させる．カタニンの切断活性はATP依存的で，離脱した微小管を急激に脱重合する．

微小管は細胞内小胞および小器官の輸送に関与する

微小管の重要な機能の一つは，小器官や小胞の細胞内輸送である．微小管骨格がこの役割を果たすためには，微小管はそのような動的な現象を可能にする力を発生する手段をもたなければならないが，すでに動力発生にかかわると思われる ATP アーゼが同定，精製されている．

細胞内輸送に重要だと思われる二つのファミリーの微小管依存性の ATP アーゼが同定された．これらのファミリーの一つがキネシンとキネシン関連タンパク質（kinesin-related protein, KRP）である．イカの軸索から採られた最初のキネシンは，マイナス端または中心体から遠方のプラス端に向かって，微小管に沿っての小胞の運搬にかかわる大きな多くのサブユニットよりなるタンパク質であった．このシステムによって細胞質内の奥深くのゴルジ体からの出芽によってつくり出され，細胞表層での分泌に至る小胞の輸送が可能となった．神経では細胞体から軸索のシナプス前終末に向かって積み荷を輸送する．

現在，多くのファミリーのキネシンやキネシン関連タンパク質が存在し，よく保存されているモータードメインのみがこれらのタンパク質に共通する性質であることがわかっている．キネシンには二つの重鎖，そこの N 末端近くにモータードメインが存在する，と二つの軽鎖がある．その構造はミオシン II に非常に似ている．他のキネシンおよびキネシン関連タンパク質はモータードメインを N 末端にもち，微小管のプラス端に向かって小胞を運ぶ（たとえば KIF 1B）．またモータードメインを C 末端近くにもつキネシンやキネシン関連タンパク

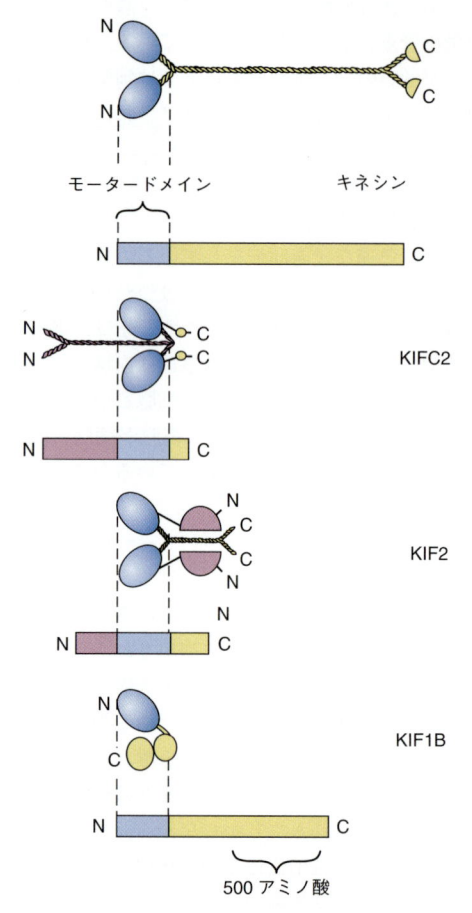

図 3・42　キネシンとキネシン関連タンパク質

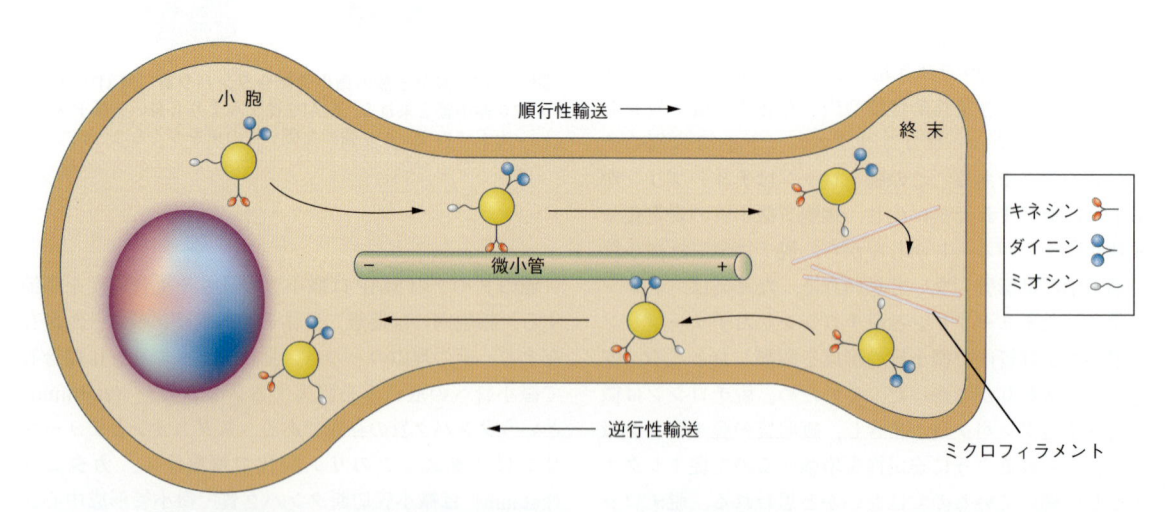

図 3・41　微小管の線路に沿った小胞の輸送．小胞がどのようにして微小管依存 ATP アーゼにより細胞内微小管に沿って輸送されるかを示した図．微小管はプラス端とマイナス端をもつ双極構造である．小胞は順行的（微小管のマイナス端からプラス端に）にキネシンファミリーの構成タンパク質により輸送されると考えられる．ある小胞と小器官は逆行的に（微小管のプラス端からマイナス端に）細胞質内のダイニンやキネシン関連タンパク質により運ばれると考えられている．

質は積み荷を微小管のマイナス端に向かって運ぶ（たとえば KIF C2）．KIF2 はキネシンの変わったファミリーの一員で重鎖の中央近くにモータードメインをもち，微小管に沿って輸送できない．その代わり，このファミリーは，カタストロフィン（catastrophin）と名づけられ，微小管の端に結合し，動的不安定性を促進する．KIF 1B は単量体キネシンファミリーの一員で積み荷を微小管のプラス端に向かって運ぶ（図 3・41）．

細胞運動に関与している他のファミリーの酵素に細胞質型の繊毛の酵素であるダイニン（dynein）がある．細胞質ダイニンは高分子量の多くのサブユニットからなり，微小管に沿ってプラス端からマイナス端に積み荷を運ぶ（図 3・42）．微小管はほとんどの細胞内運動において比較的受動的な役割を果たし，能動的な役割は微小管依存性の ATP アーゼによって行われる．これらのできごとを描くのに，鉄道を考えるとよい．微小管は線路として働き，積み荷を運ぶ動力はキネシンやダイニンのような ATP アーゼによって発生される．

いかにして，積み荷はキネシンやダイニンに結合しているのだろうか？ 膜結合のモーター受容体（membrane-associated motor receptor, MAMR）がキネシンファミリータンパク質の尾部に結合している．MAMR の一例はアミロイド前駆体タンパク質（amyloid precursor protein, APP）である．APP の異常なプロセシングはアルツハイマー病につながる．細胞内ダイニンは膜の小胞とダイナクチン（dynactin）複合体を介して結合する（図 3・43）．

繊毛と鞭毛は微小管よりできた特殊な構造体である

繊毛と鞭毛は，いくつかの異なった細胞でみられる細胞表面から突き出した特殊な突起物である．繊毛は，呼吸管や卵管をつくる上皮細胞の管腔表面に著明に存在する．呼吸管では繊毛は呼吸や鼻を通過してくる粘液をきれいにする役割を果たす．一方，卵管では子宮に向かって卵を運ぶ作用をする．ヒトで鞭毛をもっている細胞のおもなものは，精子である．成熟した精子にとって，波打つ鞭毛は精子が泳ぐ力を発生する．繊毛と鞭毛は同じような微細形態をしている．これらの構造体の中核には軸糸があり，繊毛や鞭毛が折れ曲がる運動をできるようにする微小管とさまざまなタンパク質よりなる複雑な構造をしている．切断面を見ると，軸糸状の微小管は特徴的な 9 対の二連（9＋2）の構造を示す（図 3・44）．

9＋2（nine-plus-two）構造との名称は，軸糸を構成する微小管の方向性により，つけられた．軸糸では，二つの完全な中央の微小管（中心対）が周辺の 9 対の二連微小管のリングで囲まれている．周辺の二連微小管は，13 個のプロトフィラメントよりなっている完全な微小管（A 管）と 11 個のプロトフィラメントよりなる不完全な微小管（B 管）でできている．B 管は一部 A 管と壁を共有している．微小管の 9＋2 の並びは軸糸を横切り，繊毛や鞭毛の基部に局在し，**基底小体**（basal body）とよばれる特殊化した中心小体より伸びて，繊毛や鞭毛の先端近くに至る．

微小管のほかに，いくつかの重要な結合タンパク質が軸糸に存在する．これらのタンパク質は正常な繊毛の機能に必須である．タンパク質性の腕が二連の A 管から隣りあう B 管に向かって伸びている（図 3・43）．これらの腕はダイニン（dynein）とよばれるタンパク質で ATP アーゼ活性をもち，繊毛や鞭毛の運動をつかさどっている．また隣りあう二連の微小管の A 管と B 管の間からネキシン（nexin）とよばれるタンパク質が伸び，隣りあう二連微小管を互いにつないでいる．最終的には，放射状のスポークがおのおのの二連微小管の A 管から伸び，中心微小管対を囲む電子密度の高い中心鞘に接触し，二連微小管を中心微小管対につないでいる．ダイニンの腕，ネキシンの接続，やスポークタンパク質は規則

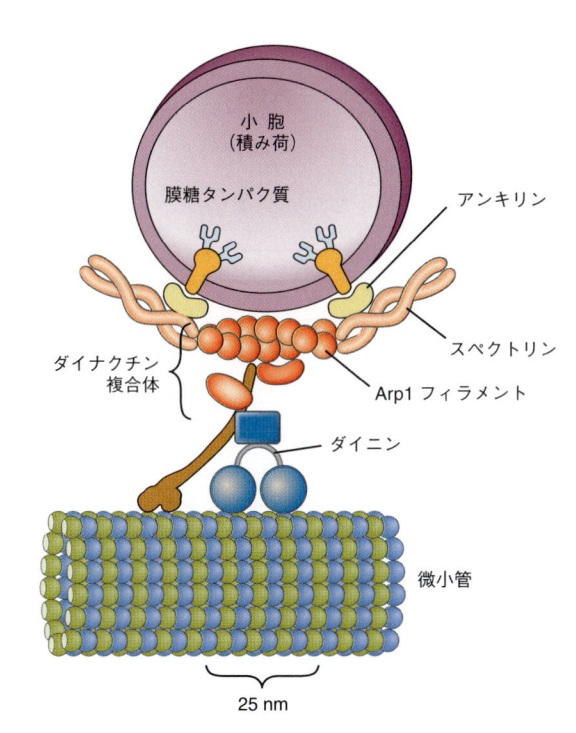

図 3・43 **ダイナクチン複合体が積み荷を細胞質ダイニンと結びつける．** ダイニンの尾部は修飾タンパク質により Arp1 フィラメントに結合し，Arp1 フィラメントは，アンキリンを介して積み荷に結合したスペクトリン膜骨格の中で，アクチンプロトフィラメントと結合している．

正しく軸糸の長さ全体に並んでいる．これらの主要なタンパク質のほかにも，軸糸にさまざまな機能のタンパク質が存在する．

軸糸の微小管は安定である

ほとんどの細胞微小管は急速に重合や，脱重合ができる不安定な構造である．しかし，軸糸の微小管は分解に抵抗性を示す安定した構造である．この安定化を増す要因となる軸糸の修飾の一つは，αチューブリンサブユニットのリシン残基の酵素によるアセチル化である．急速な代謝回転をしている細胞質微小管はアセチル化されていない．脱チロシンされたチューブリンのように，アセチル化したチューブリンは試験管内で修飾されていないチューブリンと同じような動力学的性質をもつ．このことから，軸糸のαチューブリンサブユニットのアセチル化がシグナルとなって，微小管壁に結合するタンパク質が軸糸微小管を安定化させるように働いていることがわかる．

微小管の滑りが軸糸の運動を生じる

軸糸はいろいろな材料から非常に簡単に単離することができる．つまり，繊毛や鞭毛を細胞から刈取り，軸糸の周りの残っている細胞膜を除き，穏やかな界面活性剤を含む緩衝液中で抽出することで採れる．単離した精子の鞭毛をATPを含む緩衝液中に入れると，軸糸は比較的正常な状態で打ち続ける．それゆえ，繊毛や鞭毛の運動に必要なすべての情報は，軸糸のみの構造に含まれると考えられる．軸糸の運動の機序を解剖するために，生化学的および遺伝学的手法が用いられてきた．

単離した軸糸をタンパク質分解酵素で処理すると，ネキシンの架橋と放射状スポークが選択的に消化され，微小管やダイニン腕はそのままで残る．もしこれらのタンパク質分解酵素で処理した軸糸をATPとインキュベートすると，軸糸は元の長さの9倍にまで伸長される．これは9個の周辺二連微小管対が能動的に互いに滑り合うことで生じることが顕微鏡観察でわかってきた．これら処理された軸糸は架橋とスポークを欠くので，ダイニン腕が軸糸に運動能を与えるATPアーゼであることを示している．さらにこの結果はネキシンとスポークタンパク質がダイニン活性を折れ曲がり運動に変え，繊毛や鞭毛運動をひき起こしていることをも示している．実際にこのようになっている．単離した軸糸を低塩濃度で抽出すると，ダイニン腕は外れるが，微小管，ネキシン架橋とスポークタンパク質はそのままである．このような抽出軸糸はATPを加えても打ち振り運動はもはやできない．しかしながら，ATPをダイニン腕を含む塩抽出液に加えると，ATPは活発に加水分解される．そのために，図3・45で示したような機序で繊毛や鞭毛の運動が発揮されると考えられる．

ATPの存在下でダイニンは構造変化を行う．この変

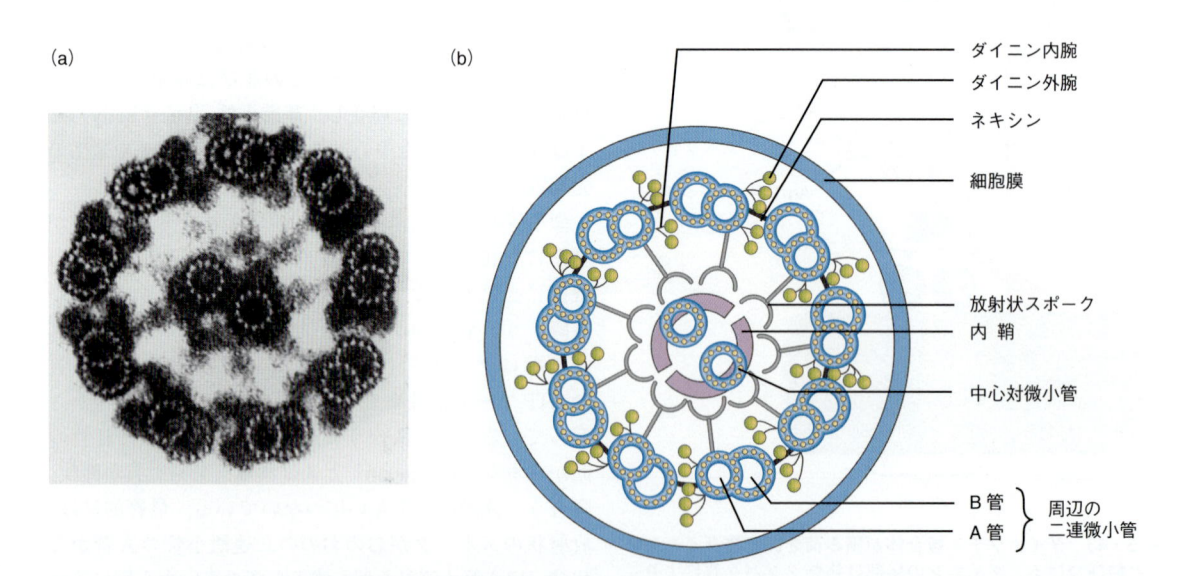

図 3・44 軸糸 9＋2 配列の微小管と他の軸索構成タンパク質．（a）軸糸の9＋2微小管集合体の電子顕微鏡写真．（b）軸糸のタンパク質の構築を示した概説図．〔(a) W.L. Dentler 博士提供．(b) B. Alberts, D. Bray, J. Lewis, *et al*., "Molecular Biology of the Cell, 2nd Ed.", Garland Publishing, New York（1989）より改変〕

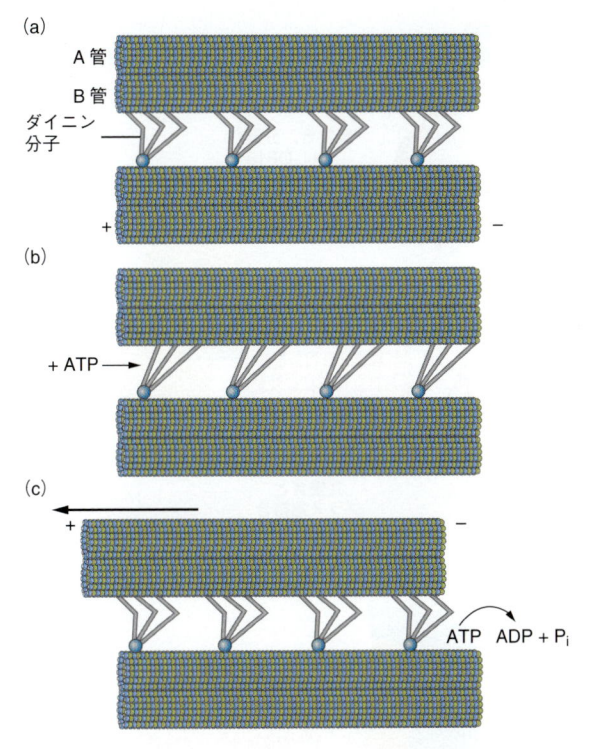

図 3・45 ダイニンの架橋サイクルが繊毛や鞭毛の屈曲をひき起こす．(a) ATP の結合がいかにして ATP アーゼダイニンの構造変化を起こすのかを示した図．(b) ATP の結合によりダイニンは一対の微小管の隣接する壁から外れ，さらに同じ一対の微小管のより遠い場所に再結合する．(c) ATP の ADP への分解で二つの一対の微小管を相互に滑らせる．生体内では，二連の微小管の滑りはネキシンの架橋やスポークタンパク質によって屈曲へと換えられる．

化の効果はダイニン腕が隣の二連微小管対の B 管から外れ，再び同じ二連微小管対の遠方に結合することで現れる．別の ATP がダイニン腕に結合すると，このサイクルが繰返される．しかしながらこのダイニン腕の微小管壁の歩き (walking) はネキシン架橋や放射状スポークによって阻まれ，その結果，隣合う微小管対の滑りが屈曲運動に換えられる．

このような複雑な経路は厳密に制御されなければならない．なぜなら，繊毛や鞭毛が波打つためには，ある場所のダイニン腕は活性化されなければならないし，ある場所のダイニン腕は弛緩しなければならないからである．

軸糸のタンパク質をコードする遺伝子の一つに変異が起こることで生じるヒトの病気がある．想像されるように，そのような疾患をもつ男性は精子が動けないため不妊である．さらに，このような状態に悩まされている患者は，呼吸管の繊毛が粘液を細い気管支や鼻腔から除去できないため慢性の呼吸管障害を示す．

微小管とモータータンパク質は有糸分裂の紡錘体形成に関与する

有糸分裂と紡錘体については第 9 章の細胞周期で議論する．ここでは微小管と MAP とモータータンパク質の有糸分裂紡錘体形成における役割について述べる．

有糸分裂が始まると，中心体や染色体が複製される．分裂前期に核は崩壊し，染色体は凝縮し，さらに分離し始める．間期の微小管は急激な微小管の脱重合の増加と微小管生成の減少により，分解する．その結果，新たに凝縮した染色体にプラス端で結合した微小管が形成される．前中期には二つの中心体から伸び新たに形成された微小管は，凝縮した染色体の動原体 (kinetochore) に接着し動原体微小管を形成し，染色体は微小管列の中心部へ向かって動いていく．二つの染色体から伸びた微小管は逆の極性，逆平行極性を示す．中期には，染色体は逆向きにセットされた動原体微小管で両極の中間平面に並ぶ．2 番目の微小管は紡錘体の中央でオーバーラップする極微小管であり，3 番目の微小管は中心体 (紡錘体極) から重合する星状体微小管で，動原体や極微小管から伸びていく．後期 A には，姉妹染色体は離れ，紡錘極に向かって動く．後期 B では極微小管がさらに伸びて紡錘体の両極は互いに遠ざかる．最終的に終期では細胞質分裂が起こり，核膜が再構築される．図 3・46 に示したように，微小管，MAP およびモータータンパク質の有糸分裂における役割についてはわかり始めてきたところである．この章の始めに述べたように，微小管はリング状の γ チューブリン複合体から生じ，プラス端がGDP キャップを含むとき萎縮を生じる．一方，GTP キャップが存在するときには萎縮から急激に回復する．カタストロフィン (catastrophin) は KinI のように KRP ファミリーの一員で，急激なる萎縮をひき起こす．一方 MAP2 やタウタンパク質のような MAP は微小管を安定化する．EB1 や CLIP170 のような末端結合の MAP は微小管に結合し，動原体と細胞膜を APC や CLASP とよばれるタンパク質で結びつけると考えられている．カタニン (以前の記述を参照) は微小管を切断し，新たな GDP キャップした末端をつくり出し，微小管を中心体から外す．スタスミン/Op18 は二量体チューブリンに結合し，GTP の加水分解を刺激して，重合していないチューブリンプールを保持する．

図 3・46 (b) に示したように，モータータンパク質は有糸分裂で重要な役割を果たす．四量体プラス端キネシンファミリーのタンパク質 (BimC や Eg5 ファミ

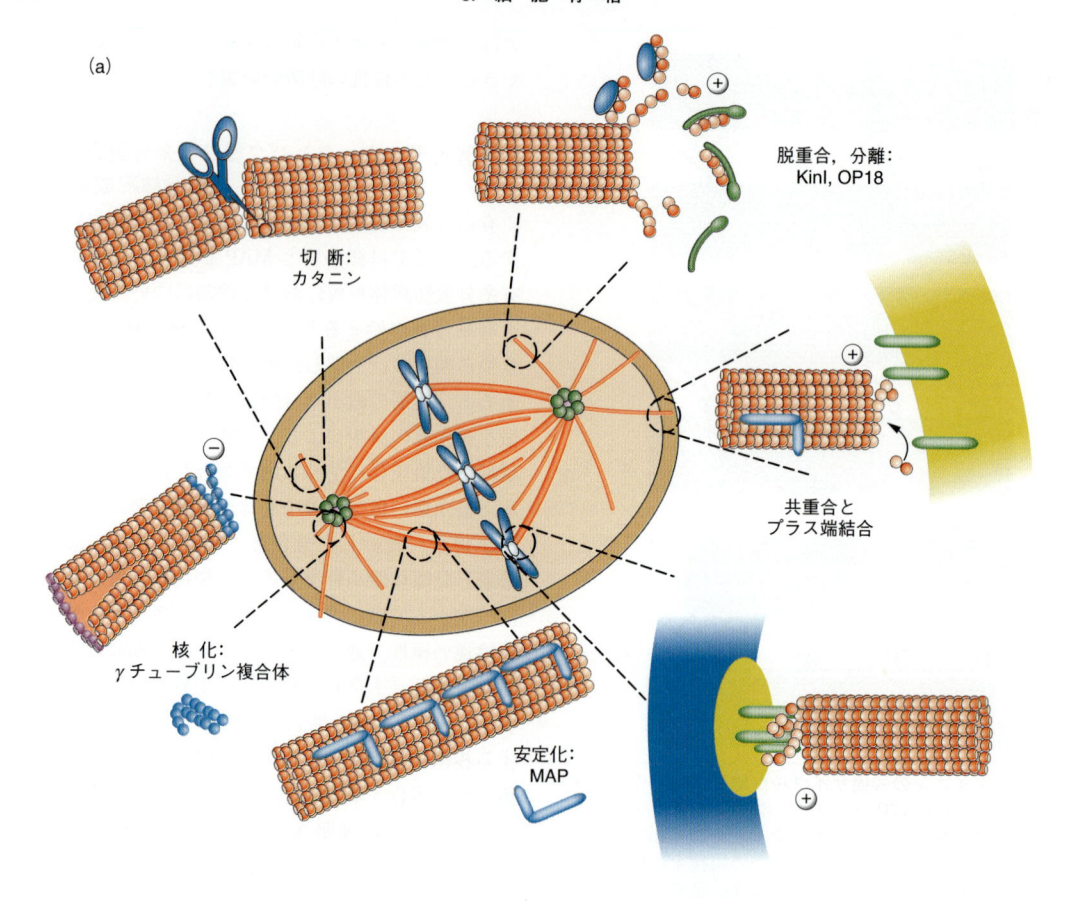

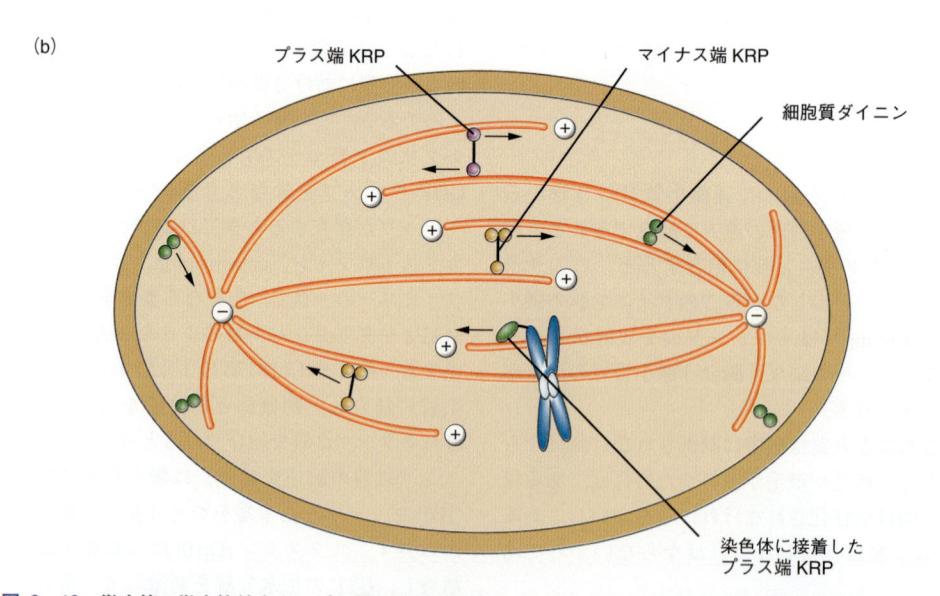

図 3・46 微小管，微小管結合タンパク質および（**MAP**）モータータンパク質の有糸分裂での役割．(a) さまざまな種類の MAP の有糸分裂紡錘体の微小管動態における役割．(b) さまざまな種類のキネシン関連タンパク質（KRP）と細胞質ダイニンの有糸分裂における役割．〔S. Gadde, R. Heald, *Current Biology*, **14**, R797〜R805（2004）より改変〕

リー）は逆向きの極性の微小管に結合し，紡錘極の分離をひき起こす．マイナス端 KRP は微小管を架橋して星状微小管マイナス端を紡錘極に集める．染色体に結合したプラス端 KRP は染色体の微小管への結合と染色体の中期赤道面への移動に関与する．マイナス端の細胞質ダイニンは供給装置（feeder）としての役割を果たし，微小管を紡錘極に向かって運び，そこで微小管のプラス端にある切断機の KinI ファミリータンパク質に渡される．細胞質ダイニンも動原体微小管をプラス端方向に，切断機に向かって動かす．まだ多くの役者が抜けているが，われわれはようやくどのように微小管動態，MAP やモータータンパク質が一緒に働き，有糸分裂にみられる詳細な運動を起こすのかを理解できるようなり始めたばかりである．

まとめ

細胞骨格は収縮，細胞運動，小器官や小胞の細胞質を通しての移動，細胞分裂，細胞質の細胞内構築，細胞極性構築や多くの細胞の恒常性や生存に必要な機能に関与している．これらの役割を三つの基本的な構造により行っている．すなわち，アクチンからできている 7～8 nm の直径のミクロフィラメント，細胞特異的組成をもつ 10 nm の中間径フィラメント，と二量体チューブリンでできている外径が 24 nm の微小管である．細胞骨格は動的な構造でおもに 3 種のフィラメントと管がそれらの長さ，重合状態，架橋程度を調節するタンパク質で調節されている．ミオシンファミリータンパク質は方向性をもって小胞をアクチンミクロフィラメントに沿って動かす．一方，キネシン/KRP やダイニンファミリータンパク質は積み荷を微小管のレールに沿って動かし，有糸分裂の紡錘体形成と機能に必須の役割を果たす．両者の運動とも ATP の加水分解が必要である．ミオシン頭部とアクチンフィラメントの相互作用によって生じる収縮もまた，ATP の加水分解からエネルギーを得ている．

膜骨格は赤血球で初めて見いだされ，細胞の両凹型を保ち，細胞に弾性と柔軟性を与えている．今日，スペクトリンはすべての真核細胞に存在し，これらの膜骨格は膜輸送，DNA 修復，細胞内貯蔵庫よりのカルシウムの遊離やシナプスでの伝達など広範な機能を行っていることが知られている．

参考文献

中間径フィラメント

H. Herrmann, U. Aebi, 'Intermediate filaments and their associates: multi-talented structural elements specifying cytoarchitecture and cytodynamics', *Curr. Opin. Cell Biol.*, **12**, 79 (2000).

ミクロフィラメント

S. Etienne-Manneville, A. Hall, 'Rho GTPases in cell biology', *Nature*, **420**, 629～635 (2002).

T. D. Pollard, G. G. Borisy, 'Cellular motility driven by assembly and disassembly of actin filaments', *Cell*, **112**, 453～455 (2003).

J. A. Spudich, 'The myosin swinging cross-bridge model', *Nat. Rev. Mol. Cell Biol.*, **2**, 387～392 (2001).

H. L. Yin, P. A. Janmey, 'Phosphoinositide regulation of the actin cytoskeleton', *Annu. Rev. Physiol.*, **65**, 761～789 (2003).

微小管

M. Bornens, 'Centrosome composition and microtubule anchoring mechanisms', *Curr. Opin. Cell Biol.*, **14**, 25～34 (2002).

S. A. Endow, 'Kinesin motors as molecular machines', *BioEssays*, **25**, 1212～1219 (2003).

S. Gadde, R. Heald, 'Mechanisms and molecules of the mitotic spindle', *Curr. Biol.*, **14**, R797 (2004).

G. G. Gundersen, E. R. Gomes, Y. Wen, 'Cortical control of microtubule stability and polarization', *Curr. Opin. Cell Biol.*, **16**, 1～7 (2004).

スペクトリン膜骨格

Y. J. Hsu, S. R. Goodman, 'Spectrin and ubiquitination: a review', *Cell Mol. Biol.*, (suppl.51), OL801～OL807 (2005).

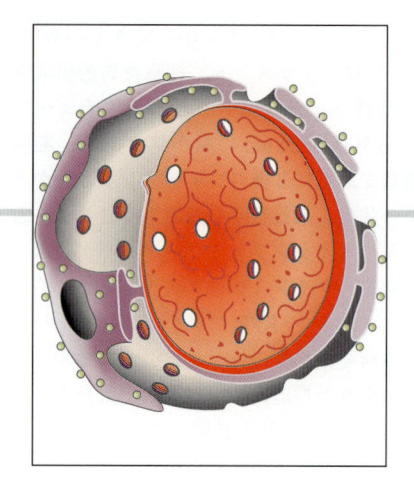

4
細胞小器官の構造と機能

　細菌のような原核生物は1～2 μmほどの大きさで，細胞膜（形質膜ともいう．グラム陰性細菌では2枚）に包まれているが，通常は細胞内に膜をもたない．一方，真核生物の哺乳動物細胞は10～60 μmほどの大きさで，膜に包まれた複雑な細胞小器官をもち，これらの細胞小器官は細胞の働きに必須である．細胞小器官の膜の片側は細胞質ゾルに接し，もう一方の側は細胞小器官の内部，すなわち内腔（ルーメン）に接している．この区画化によって，細胞質ゾルとは異なる種類と量の分子を含む画分が生じる．いくつかの細胞小器官は2枚の膜をもち，その間に膜間腔がある．

　図4・1に，細胞を囲む細胞膜を含め，典型的な哺乳動物細胞の細胞小器官の全体像を示す．人体のほとんどの細胞は固形臓器の中にあり，その細胞膜は隣接する細胞の細胞膜と接している．細胞膜は連続して細胞を取巻いているが，異なるタンパク質や脂質組成をもち，自由には混ざらない二つの部分に分けられる．細胞の外表面が腸内腔のような管腔に面している部分は，頂膜（apical membrane）とよばれる．頂膜からは管腔に向かって微絨毛とよばれる突起が出ている．一方，側方で隣の細胞と接したり，頂膜の反対側で細胞外マトリックス（基質）と接している部分は側底膜（basolateral membrane）とよばれる．頂膜と側底膜のタンパク質や脂質が二つの膜の境を超えて拡散し混じり合わないように，特別な細胞接着装置が存在する．固形臓器の細胞の形は非対称的なので，極性細胞とよばれる．一方，赤血球やリンパ球のように固形臓器に含まれない細胞の場合には，細胞膜は極性がなく均一である．

　核膜は，内膜と外膜の2枚の脂質二重層膜をもつ（図4・1参照）．核膜には核膜孔（核孔）とよばれる構造があり，核の内（核質）と外（細胞質）をつなぐチャネルを形成している．外膜は，細胞内で最も広い表面積をもつ小胞体（ER）と連続している．小胞体には，粗面小胞体（RER）と滑面小胞体（SER）の二つがある．これら二つの小胞体は異なる機能をもつ（後述）．

　ゴルジ体（ゴルジ複合体，ゴルジ装置ともいう）は，少し湾曲したパンケーキ状の膜が通常4～7枚重層した層板構造をしている．層板の形成面はシスゴルジ網（CGN）とよばれ，粗面小胞体から新しく合成された膜を受取る．中間部には，シスゴルジ槽と中間ゴルジ槽とトランスゴルジ槽を含む中間層がある．トランスゴルジ槽に続いてトランスゴルジ網（TGN）とよばれるゴルジ体の末端部があり，膜小胞が細胞膜に向けて送り出されたり，リソソーム行きのエンドソームが形成されたりする．リソソームは，タンパク質，多糖類，脂質，DNA, RNAなどを分解する一群の加水分解酵素を含む細胞小器官である．

　細胞膜からはエンドサイトーシスによって小胞が生じ，小胞は融合して初期エンドソームになる．初期エンドソームから後期エンドソームが生じるが，エンドサイトーシスで生じた小胞の大部分はエンドソームから細胞膜へリサイクルされ，新しい膜を合成しなくて済む．後期エンドソームは，トランスゴルジ網でつくられた膜小胞を受けるとともに，トランスゴルジ網に膜を戻す小胞をつくる．

　上に述べたすべての細胞小器官は，一つの細胞小器官で膜小胞をつくり，その膜小胞が膜輸送経路のつぎの細胞小器官と融合する膜の流れによってつながっている．

多くのタンパク質や脂質は最初に小胞体膜に組込まれ、ゴルジ体へ移行し、さらに細胞膜やエンドソームやリソソームへ移行する。小胞体から細胞膜へ向かう膜輸送は、順行性輸送（anterograde transport）とよばれる。逆方向の膜輸送は逆行性輸送（retrograde transport）とよばれ、順行性輸送で失われた膜が回収され、恒常性が保たれる。それぞれの細胞小器官は機能が異なり、それぞれの機能に必要なタンパク質と脂質の組成をもっている。活発な順行性輸送や逆行性輸送にもかかわらず、それぞれの膜が固有の組成を保っている仕組みはよくわかっていない。興味深いことに、ミトコンドリアとペルオキシソームという哺乳動物細胞の二つの細胞小器官は、上に述べた膜輸送の経路に含まれていない。ミトコンドリアは内膜と外膜の2枚の膜をもつ。ペルオキシソームは1枚の膜に包まれている。ミトコンドリアとペルオキシソームは膜輸送経路とはつながっていないので、タンパク質や脂質を配達する特別な仕組みが存在する。

典型的な哺乳動物細胞はおよそ20,000種類のタンパク質を合成し、その1/2～2/3は合成場所である細胞質ゾルにとどまる。細胞質ゾル以外のタンパク質は膜を透過して分泌されたり、膜タンパク質になったり、膜を透過して細胞内の他の水溶性画分（核やミトコンドリアマトリックスなど）へ輸送される。タンパク質が行き先ごとに選別され輸送される仕組みについて、多くの研究が行われた。その結果、タンパク質の配送先の情報はタンパク質の遺伝子にコードされ、タンパク質の中で"配送

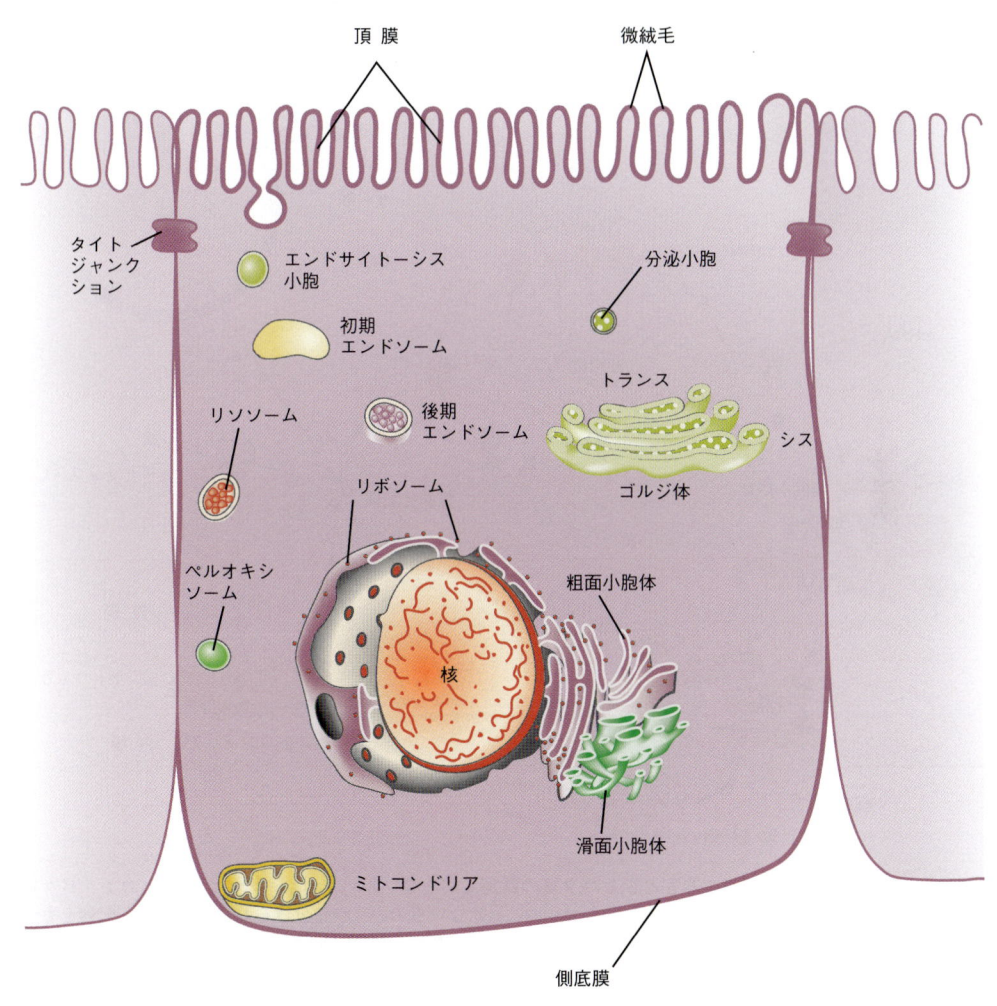

図 4・1　哺乳動物細胞の細胞膜と細胞小器官の全体像. 典型的な哺乳動物細胞の細胞小器官には、核（2枚の膜に包まれている）、粗面小胞体（RER）、滑面小胞体（SER）、ゴルジ体、分泌小胞、種々のエンドソーム、リソソーム、ペルオキシソーム、ミトコンドリア（内膜と外膜をもつ）がある。この図は極性のある細胞を示し、タイトジャンクション（密着結合）によって分けられた頂膜と側底膜をもつ。他の細胞接着はここでは示さないが、第6章で述べる。

4. 細胞小器官の構造と機能

シグナル"となるアミノ酸配列として合成されるという一般的概念が確立した．配送シグナルを読取ってタンパク質を最終場所へ輸送するために，配送先によって異なる複雑な輸送装置が用いられる．細胞内におけるタンパク質輸送の概要を，図4・2に示す．

細胞小器官は多くの病気と深くかかわっており，これらの病気の病態を理解するには，細胞小器官の細胞生物学を理解する必要がある．以下に，それぞれの細胞小器官の構造と機能について述べる．まず核から始め，ついで小胞体について述べ，さらに小胞体から始まる膜輸送経路にある細胞小器官について順次述べる．ついで，ミトコンドリアとペルオキシソームについて述べる．

核

ほとんどの哺乳動物細胞のなかで最も大きく最もよく見える細胞小器官は核であり，核膜 (nuclear envelope) とよばれる2枚の膜で包まれている．核膜の中には核質があり，細胞のDNAを含んでいる（ミトコンドリアDNAを除く）．核質の中には1〜数個の核小体があり，核小体は光学顕微鏡で濃い構造物としてはっきり見えるが，膜に包まれていない．核小体はリボソームRNA (rRNA) が合成され，リボソームに組込まれる場である．核質にはまた，核マトリックス (nuclear matrix) とよばれる線維状の網目構造があり，クロマチンが結合する足場を提供していることがわっている．核内ではDNA合成（複製）とRNA合成（転写）が行われる（詳細は第5章を参照）．核膜の模式図を図4・3 (a) に示す．

内膜は核質に面し，ラミン (lamin) とよばれる線維タンパク質からできた核ラミナの網状構造と接している．核ラミナは核膜の形を保つとともに，細胞分裂時に

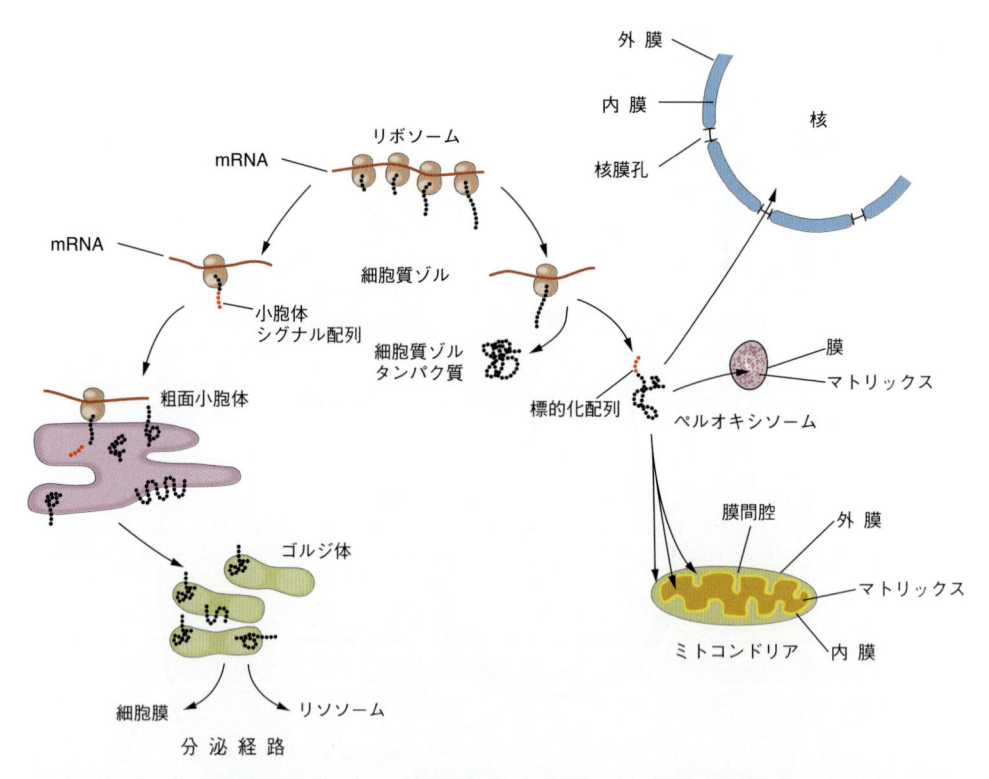

図4・2　哺乳動物細胞の細胞小器官とタンパク質の選別．細胞質ゾルのリボソームで合成途上のタンパク質は，シグナル配列（シグナルペプチド）をもつものともたないものの二つに分けられる．シグナル配列をもつタンパク質を合成しているリボソームは，小胞体に結合し，粗面小胞体 (RER) を形成する．粗面小胞体に結合したリボソーム上で合成されるタンパク質は，ついで粗面小胞体膜を部分的に（内在性膜タンパク質の場合），または完全に（分泌タンパク質の場合）通過する．さらに，タンパク質のアミノ酸配列にコードされたシグナルによって，粗面小胞体から細胞膜に至る膜輸送経路の種々の膜の内在性膜タンパク質になったり，分泌されたりする．膜結合リボソームで合成されない（遊離リボソームで合成される）タンパク質は，そのまま細胞質ゾルにとどまるか，またはミトコンドリアやペルオキシソームや核内部へ移行するシグナルをもち，タンパク質合成が終了した後にシグナルに応じてそれぞれの細胞小器官へ運ばれる．〔H. Lodish, A. Berk, P. Matsudaira *et al.*, "Molecular Cell Biology, 5th Ed.", W.H. Freeman and Company, New York (2004) より〕

小胞体

膜は小胞体につながっており，核膜間腔は小胞体内腔につながっている．多くの細胞の核の外膜には，粗面小胞体と同様にリボソームが結合しており，合成されたタンパク質は核膜を通過したり核膜に組込まれたりする．核膜上には，内膜と外膜が融合してできた核膜孔が存在する（図4・3（b）の小さい矢印を参照）．核内で合成されたrRNAや転移RNA（tRNA），メッセンジャーRNA（mRNA）は細胞質へ運び出される必要があり，また細胞質で合成された核タンパク質は核の中へ運び込む必要がある．この双方向性の輸送は核膜孔を通して行われる（双方向性輸送と核の機能の詳細は，第5章を参照）．

小胞体

小胞体（endoplasmic reticulum，ER）は哺乳動物細胞のなかで最も面積の広い膜系であり，滑面小胞体と粗面小胞体がある．滑面小胞体と粗面小胞体の内腔はつながっているが，二つの膜は形態的にも機能的にも異なる．滑面小胞体を電子顕微鏡で観察すると，多くの場合，管または断面の小胞として観察され，表面は特に特徴がない（図4・4）．粗面小胞体には多数のリボソームが結合しており，分泌タンパク質や内在性膜タンパク質を合成する．粗面小胞体が電子顕微鏡で粗く見えるのは，結合しているリボソームによる（図4・4）．

滑面小胞体

滑面小胞体（smooth endoplasmic reticulum，SER）には多くの働きがあるが，その働きは細胞によって異なる．共通の働きとしては，グリコーゲンからのグルコースの遊離，カルシウムの貯蔵，薬物の解毒，および脂質合成の四つがある．グルコースは，特にグルコース（血糖）の恒常性維持に重要な肝臓と腎臓と腸において，グリコーゲンの形で滑面小胞体に接して蓄えられている．グリコーゲンが分解されるときには，グルコース単位がグリコーゲンから切出されてグルコース1-リン酸となり，さらにグルコース6-リン酸となる．しかし，グルコースを細胞から放出して他の細胞が利用できるようにするためには，グルコースは細胞膜を通過しなくてはならず，そのためには，グルコース6-リン酸からリン酸を除去しなくてはならない．リン酸を除去する酵素であるグルコース-6-ホスファターゼは滑面小胞体に結合しており，グルコースを貯蔵する肝臓と腎臓と腸に多く存在する．グリコーゲン代謝が障害される病気が約12種類知られている．そのうちの一つである1型グリコーゲン蓄積症（フォン ギールケ von Gierke 病）は，グルコース-6-ホスファターゼの遺伝的欠損症である．本症

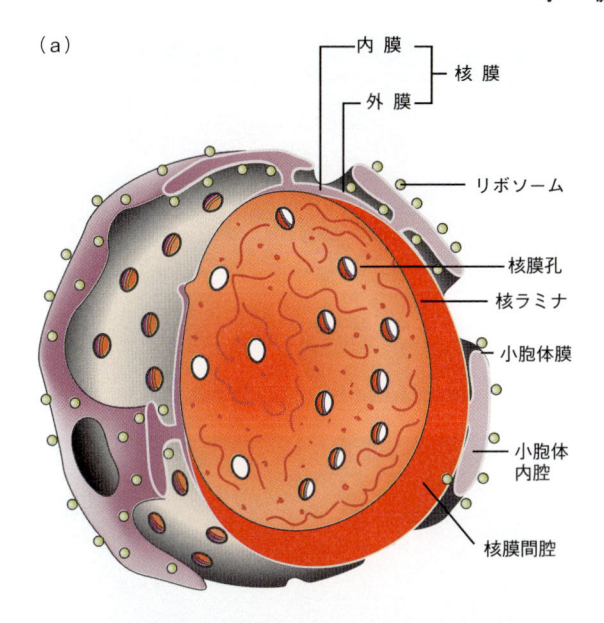

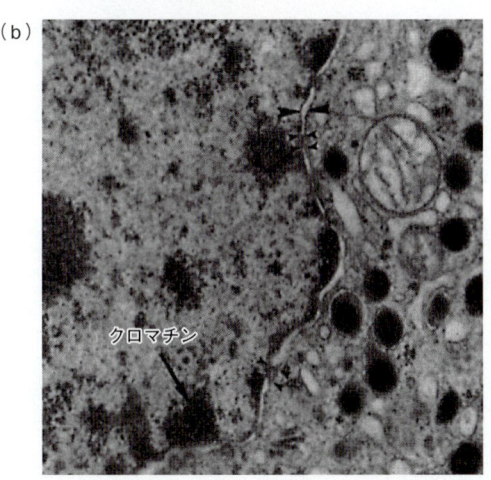

図4・3 核膜と細胞構造との関係．(a) 核を囲む二重膜の模式図を示す．核の内膜は，核ラミナとよばれる線維状タンパク質の網状構造によって裏打ちされている．外膜は小胞体（ER）膜につながっている．図に示すように，外膜にはしばしばリボソームが結合しており，このリボソームではタンパク質が活発に合成され，内膜と外膜の間のスペースである核膜間腔（ERの内腔につながっている）に輸送される．2枚の核膜には多数の核膜孔があり，この孔には細胞質と核質の間の物質輸送を調節するチャネルが存在する．(b) 黄体細胞の核の電子顕微鏡像．大きい矢じりは核膜の内膜と外膜を示し，小さい矢印は核膜孔を示す．〔(b) Philip Fields 博士提供〕

おける核膜の崩壊に重要な役割を果たしている．細胞分裂では核膜は解離し，染色体は分裂中の娘細胞に分配され，核が再構成される．

内膜と外膜の間には，幅がおよそ20～40 nmの核膜間腔がある（図4・3（b）の大きい矢じりを参照）．外

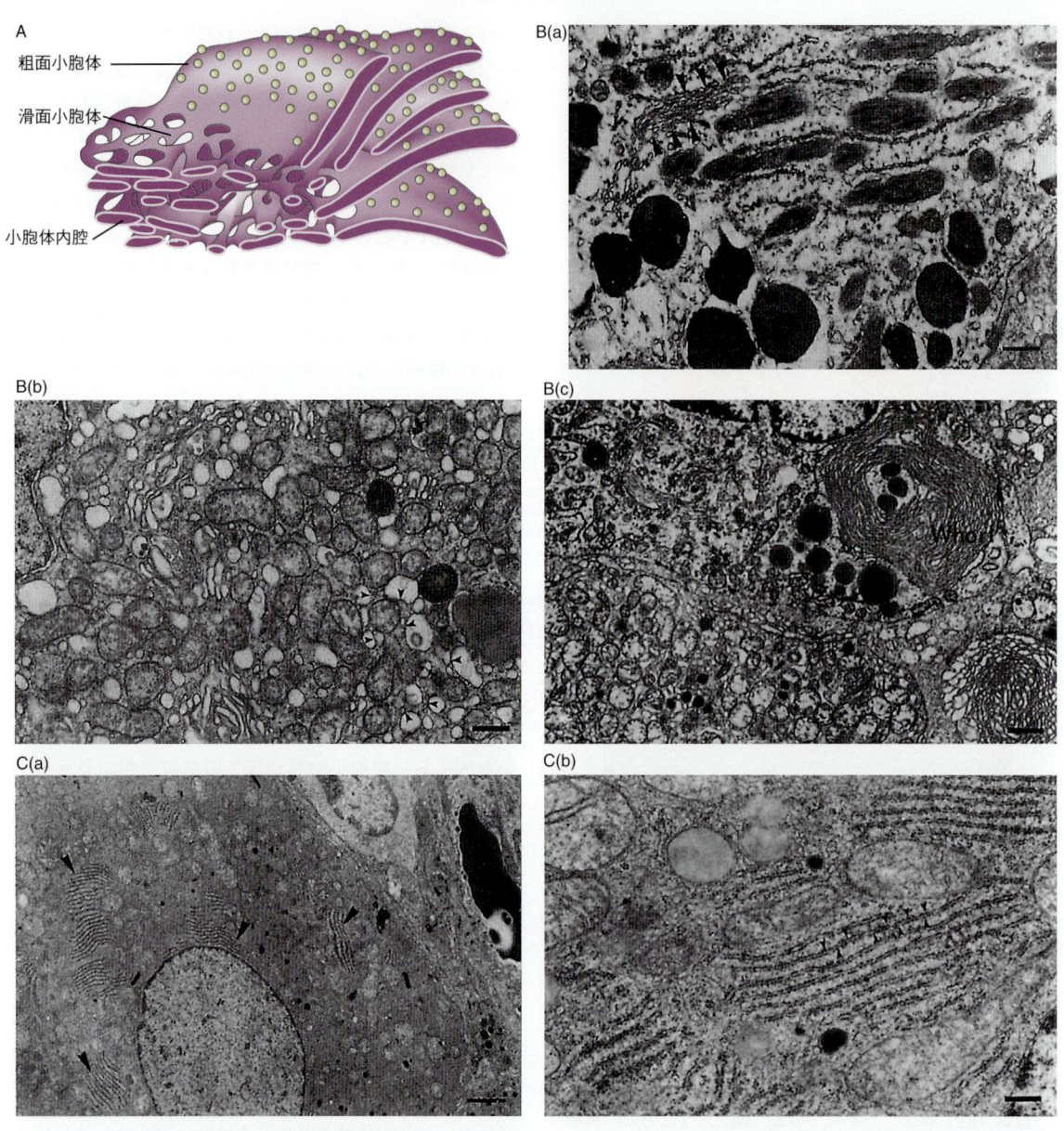

図 4・4 粗面小胞体および滑面小胞体の構造． A: 粗面小胞体（RER）は扁平な袋状の槽が重層した構造をしており，細胞質ゾル面にリボソームが多数結合している．内腔の幅は 20〜30 nm．滑面小胞体（SER）はしばしば径 30〜60 nm の管のような構造で，粗面小胞体につながっており，したがって両小胞体の内腔もつながっている．B: 哺乳動物黄体細胞の滑面小胞体の電子顕微鏡像．滑面小胞体は種々の形で観察されるが，その中の三つの型を示す．(a) 重層した薄板状の滑面小胞体が観察される（矢じりの間）（妊娠中のウシ黄体の小さい黄体細胞）．(b) 細胞質には空の小胞のように見える滑面小胞体が多数存在する（小胞の中に小さい矢じりで示す）．この像はステロイド分泌細胞に特徴的である（妊娠中のウシ黄体の大きい黄体細胞）．スケールバーは 0.39 μm（a, b）；1.31 μm（c）．C: 哺乳動物の大型黄体細胞の粗面小胞体の電子顕微鏡像（妊娠 21 日のラット）．(a) 細胞質全体に重層した粗面小胞体（矢じり）が観察される．(b) 拡大すると，粗面小胞体の細胞質ゾル面にリボソーム（小さい矢じり）が観察される．スケールバーは 1.6 μm（a）；0.27 μm（b）．（B と C の電子顕微鏡写真は Philip Fields 博士提供）

の患者はグリコーゲンを合成することはできるが，分解することができず，時間とともにグリコーゲンが肝臓に蓄積し，肝臓が肥大する．本症では慢性の低血糖や成長障害が起こり，しばしば死に至る．

滑面小胞体は細胞内のカルシウムの貯蔵場所である．カルシウムは能動輸送によって滑面小胞体に取込まれ，

ホルモン刺激に応じて放出される．滑面小胞体は，筋細胞において特に重要でよく発達しており，特別に筋小胞体とよばれる．神経伝達物質が筋細胞表面の受容体に結合すると，情報伝達経路が活性化され，これに応答して筋小胞体からカルシウムが放出される．

シトクロム P450 は，滑面小胞体に存在する大きな酵素ファミリーで，酸素と還元型のニコチンアミドアデニンジヌクレオチドリン酸（NADPH）を用いてステロイドや薬物などの多くの物質をヒドロキシ化する．疎水性薬物はしばしばヒドロキシ化によって溶解度が上昇し，体外への排泄が促進される．異なる薬物に対して特定のシトクロム P450 が誘導される．この酵素誘導によって，滑面小胞体が著しく増加することがある．たとえば，精神安定剤を長期間使用すると，薬剤を解毒するシトクロム P450 が誘導され，滑面小胞体が増加する．薬の不活性化が亢進するとさらに多量の薬が必要となり，これが慢性使用者における習慣性スパイラルの原因の一つとなる．多環式芳香族炭化水素のような発癌物質も，しばしば滑面小胞体のシトクロム P450 によってヒドロキシ化され，発癌性が上昇することが多い．

哺乳動物細胞では，リン脂質やセラミドやステロールは，通常滑面小胞体の細胞質ゾル側に存在する小胞体結合酵素によって合成される．この例外として，ミトコンドリアは特定のリン脂質を合成し，ペルオキシソームはコレステロールや他の脂質を合成することができる．リン脂質合成の最初の段階は，2 分子の脂肪酸アシル CoA（補酵素 A）とグリセロールリン酸が縮合し，ホスファチジン酸を合成する反応である（図 4・5）．2 分子の脂肪酸アシル CoA はグリセロールに別々に結合し，これによってグリセロールの 2 位と 3 位に結合する脂肪酸の種類が調節されている．2 位には不飽和脂肪酸が結合することが多い．細胞質ゾルの遊離脂肪酸は，通常脂肪酸結合タンパク質に結合しており，脂肪酸アシル CoA に転換される．このアシル CoA は，小胞体膜の細胞質ゾル側に存在するアシル転移酵素の基質となり，ホスファチジン酸が合成される．ホスファチジン酸からホスファターゼによってリン酸が除かれてジアシルグリセロールとなり，極性頭部にはシチジンジホスホエタノールアミン（CDP エタノールアミン）やシチジンジホスホコリン（CDP コリン）が結合する（図 4・5 参照）．

リン脂質は，小胞体膜の二重層のうち細胞質ゾル層で合成されるが，膜の内外層で特定の分布をするために

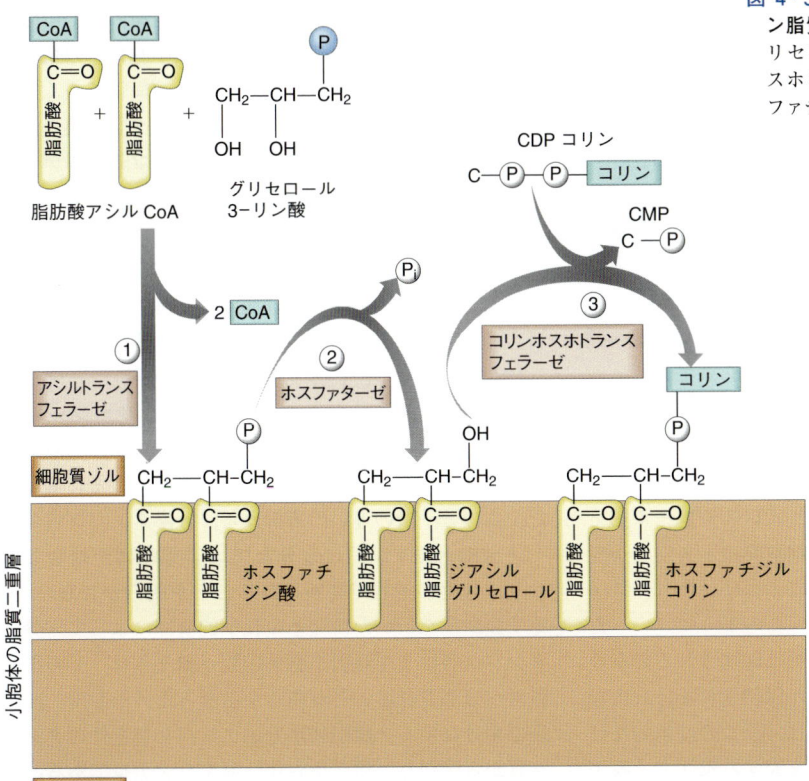

図 4・5　滑面小胞体（SER）におけるリン脂質の合成．脂肪酸アシル CoA とグリセロール 3-リン酸とシチジンジホスホコリン（CDP コリン）からのホスファチジルコリン合成の経路を示す．

は，細胞質ゾル側から外層へ反転輸送する必要がある．一方の層から反対層へのリン脂質の自発的な移動はきわめてまれであり，特定の脂質を反対層へ輸送するフリッパーゼ（flippase）とよばれる酵素タンパク質が進化の途上で生じた．リン脂質はしばしば，二重層の内外層で非対称的に分布している．たとえば，ホスファチジルコリンやスフィンゴミエリンはおもに小胞体膜の内腔側（またはトポロジー的に同等な細胞膜の外層）に存在し，一方ホスファチジルエタノールアミンやホスファチジルセリンはおもに細胞質ゾル側に存在する．膜の両側でのリン脂質の分布は，存在するフリッパーゼの型に依存するので，膜の両層におけるリン脂質の非対称的分布は，フリッパーゼによって制御されると考えられる．しかし，種々の膜で脂質の非対称性が大きく異なる仕組みはわかっていない．

ホスホスフィンゴ脂質や糖スフィンゴ脂質の前駆体であるセラミドは，小胞体内でセリンとパルミトイルCoAから合成される．ホスホスフィンゴ脂質も小胞体内で合成される．ガングリオシドなどの糖スフィンゴ脂質は，セラミドがゴルジ体に運ばれたときに合成され，ゴルジ体の内腔側でグリコシルトランスフェラーゼによって糖鎖が付加される．糖スフィンゴ脂質は，細胞膜の細胞外側または小胞膜の内腔側にのみ存在し，これらの脂質に働くフリッパーゼが存在しないことを示している．

コレステロール合成の律速段階であるメバロン酸の合成は，滑面小胞体の内在性膜タンパク質である3-ヒドロキシ-3-メチルグルタリルCoAレダクターゼ（HMG-CoAレダクターゼ）によって触媒される．コレステロール合成経路の他の酵素や，コレステロールの修飾に関与する酵素も，小胞体に存在する．コレステロールは最初，滑面小胞体の細胞質ゾル側で合成されるが，その後膜の両側に分布し，コレステロールを膜の反対層へ輸送するフリッパーゼが存在することが知られている．

多くの脂質が膜の両層に非対称的に分布しているのみならず，多くの生体膜は固有の脂質組成を保っている．たとえば，哺乳動物の小胞体はホスファチジルコリンを50％以上，スフィンゴミエリンとコレステロールをそれぞれ10％以下含むのに対し，細胞膜はホスファチジルコリンを25％以下，スフィンゴミエリンとコレステロールをそれぞれ20％以上含む．このように，いったん小胞体に組込まれた脂質は他の膜に輸送されるのみならず，それぞれの膜の固有の組成が保持されなければならない．これを可能にするためには，三つの基本的な仕組みがある．第一の仕組みは小胞を介する輸送で，小胞がドナー膜から出芽し，標的膜と融合することによって，脂質をある膜から他の膜へ輸送する．小胞輸送の代表例として，小胞体で形成された小胞が，ゴルジ体を経由してエンドソームや細胞膜へ輸送される経路がある（後述）．セラミドは，糖スフィンゴ脂質に転換されるためにゴルジ体で糖鎖付加を受ける必要があるので，この経路で輸送されると考えられる．一方コレステロールは，小胞体からゴルジ体を経由しないで他の膜へ輸送することができる．実際，小胞体からコレステロールと特定のリン脂質をもって出芽し，これらの脂質をゴルジ体を経由せずに輸送する小胞の存在が確認されている．第二は，脂質輸送タンパク質が特定の脂質を膜から引抜き，脂質を輸送タンパク質の疎水性ポケットに隔離した状態で細胞質ゾル中を拡散し，標的膜にその脂質を渡す仕組みである．第三は，小胞体が他の膜と一時的に接触し，脂質を小胞体から他の膜へ輸送する仕組みである．

粗面小胞体

粗面小胞体（rough endoplasmic reticulum, RER）は，分泌タンパク質や膜タンパク質（哺乳動物細胞ではミトコンドリア膜とペルオキシソーム膜を除く）が，最初に膜を透過したり膜に組込まれたりする場所である．粗面小胞体はリボソームと協力して，細胞内で合成されるタンパク質のなかから分泌タンパク質と膜タンパク質を選び出して，粗面小胞体に標的化させる仕組みをもっている．この過程には，リボソームの粗面小胞体への結合が含まれ，そのために粗面小胞体は電子顕微鏡で粗く見える．粗面小胞体の他の働きは分泌タンパク質や膜タンパク質の修飾と関係しており，糖鎖付加，フォールディング，品質管理，および品質管理の基準に合格しないタンパク質の分解などがある．

分泌タンパク質の粗面小胞体膜透過にはシグナルが必要である

1970年代に細胞生物学者は，成熟分泌タンパク質（細胞外へ分泌されたタンパク質）が，リボソームやtRNA，mRNAなどを含む無細胞タンパク質合成系で合成したタンパク質より分子量が少し小さいことに気づいた．この分子量の違いの解析から，分泌タンパク質のアミノ末端（N末端）に余分なアミノ酸配列が結合しており，分泌の過程で切断されることが明らかになった．電子顕微鏡を用いた研究と生化学的研究によって，分泌タンパク質はまず粗面小胞体内腔へ輸送され，その後細胞外へ分泌されることが明らかになった．そして，N末端の余分なアミノ酸配列が分泌タンパク質を他のタンパク質から区別し，粗面小胞体へ運ぶシグナルである，とする説が提唱された．これはシグナル仮説（signal hypothesis）とよばれ，N末端の余分なアミノ配列はシグナルペプチド（signal peptide）またはシグナル配列（signal sequence）とよばれる．種々の分泌タンパク質のシグナル配列を比較することにより，いくつかの共通の性質が明らかになった（図4・6）．

N末端のシグナルペプチドの長さは通常16～30アミノ酸残基で，6～12個の疎水性アミノ酸が連続したコアがあり，そのN末端側に1個以上の正電荷をもつアミノ酸を含んでいる．疎水性配列のカルボキシ末端（C末端）側にもアミノ酸配列があり，この配列中の特定のアミノ酸は，シグナルペプチダーゼが分泌タンパク質前駆体からシグナルペプチドを切断するのに必要であることがわかった．疎水性アミノ酸のコアが存在する以外には，シグナルペプチドに共通するアミノ酸配列はない．分泌装置によるシグナル配列の認識は特定のアミノ酸ではなく，シグナル配列の疎水性に基づいている．

シグナル仮説は，分泌タンパク質の粗面小胞体膜透過の無細胞再構成系を用いて検証された．反応液は，分泌タンパク質のmRNAと，細胞質ゾルから調製したリボソーム（すなわち，粗面小胞体に結合したリボソームではなく，細胞質ゾルに存在する遊離リボソーム）など，mRNAの翻訳に必要なすべての成分を含む．さらに，ミクロソーム（細胞を破砕したときに粗面小胞体からできる小胞）を加える．実験のデザインを図4・7に示す．

分泌タンパク質をミクロソーム非存在下で合成すると，合成されたタンパク質はシグナルペプチドを含み，糖鎖は付加されなかった．ミクロソームをタンパク質合成の後に加えると，シグナルペプチドは切断されず，タンパク質はミクロソームの外側に存在し，糖鎖は付加されなかった．タンパク質がミクロソームの外側にあることは，加えたプロテアーゼによって分解されることで証明された．しかし，タンパク質合成と同時にミクロソームを加えると，シグナル配列は切断され，タンパク質に糖鎖が付加され，ミクロソームの内側へ移行していた．タンパク質のミクロソーム内移行は，外から加えたプロテアーゼによって分解されないことで証明された．ミクロソーム膜を界面活性剤で破壊すると，タンパク質はミクロソーム外へ遊離し，プロテアーゼで分解された．

これらの実験や他の多くの実験の結果から，つぎのようなモデルが組立てられた．1) 分泌タンパク質は翻訳と共役して，すなわちアミノ酸からタンパク質が合成されつつ，小胞体膜を透過する（しかし，特に酵母では例外がある）．2) シグナルペプチドは膜透過の途中で，タンパク質合成が完了する前に切除される．3) 粗面小胞体の内腔側で，伸長しつつあるポリペプチドに特定の型の糖鎖が付加される．4) 分泌タンパク質の合成と膜透過には，可溶性画分のリボソームが働く．すなわち，細胞質タンパク質を合成するリボソームと，分泌タンパク質を合成するリボソームは同じで，2種類のリボソームがあるわけではない．

分泌タンパク質は，合成が完了する前に小胞体膜を透過し始めるので，分泌タンパク質を合成しつつあるリボソーム複合体を粗面小胞体へ導く仕組みが必要である．分泌タンパク質の無細胞合成系を用いた生化学的研究の途上で，細胞質ゾルタンパク質の合成伸長を阻害しないが，分泌タンパク質の合成伸長を阻害する可溶性因子が同定された．分泌タンパク質を合成しているリボソームと細胞質ゾルタンパク質を合成しているリボソームの間のただ一つの違いは，分泌タンパク質がシグナルペプチドをもつことだけであり，この可溶性因子はシグナル認識粒子（signal recognition particle, SRP）と名づけられた．分泌タンパク質が合成されてシグナルペプチドがリボソームから外へ出ると，SRPが結合してペプチド合成の伸長を停止させ，これによってリボソーム複合体が

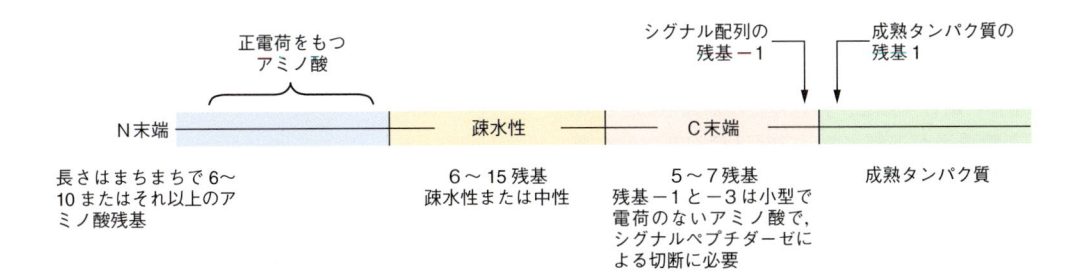

	正電荷をもつアミノ酸			シグナル配列の残基 −1	成熟タンパク質の残基 1
	N末端	疎水性	C末端		成熟タンパク質
	長さはまちまちで6～10またはそれ以上のアミノ酸残基	6～15残基 疎水性または中性	5～7残基 残基−1と−3は小型で電荷のないアミノ酸で，シグナルペプチダーゼによる切断に必要		

図 4・6　シグナルペプチドの性質． シグナルペプチドは通常三つの機能領域をもつ．N末端領域の長さはさまざまで，C末端側に正電荷をもつアミノ酸残基を含む．中央領域は6個から15個の疎水性または中性アミノ酸を含む．C末端領域は5～7アミノ酸残基を含み，−1と−3の位置（成熟タンパク質の最初のアミノ酸残基を+1とする）には小型の電荷をもたないアミノ酸が存在する．−1と−3位のアミノ酸はシグナルペプチダーゼによるシグナルペプチドの除去に必要である．

性アミノ酸領域（メチオニンブリッスル methionine bristle とよばれる）に挟まれた溝からなるシグナル配列の結合部位をもつ．他の SRP サブユニットは，リボソームと結合して翻訳停止に働いたり，タンパク質の膜透過に働く．SRP は，リボソームと同様に RNA とタンパク質を両方含むので，解離可能なリボソームサブユニットと考えることもできる．

SRP の発見により，粗面小胞体上の SRP 受容体の検索が行われた．受容体が発見され，2 個の内在性 GTP 結合膜タンパク質を含む四量体であることがわかった．すなわち，SRP の P54 サブユニットと SRP 受容体という二つの GTP アーゼが，分泌タンパク質を合成しつつあるリボソームを粗面小胞体に結合させるのに働いている．GTP アーゼサイクルはこの過程の精度を上げ，分泌タンパク質を合成しているリボソームのみが SRP 受容体に結合し，ひいては粗面小胞体に結合するのを確実にしていると考えられる．コドン／アンチコドンの選択における GTP アーゼの機能との類似から，GTP 結合型の P54 と SRP 受容体は互いに結合する部位をモニターし，結合の親和性が大きくて結合が十分長く続くと，GTP はグアノシン二リン酸（GDP）に加水分解され，反応が進行すると考えられる．結合が弱い場合には，

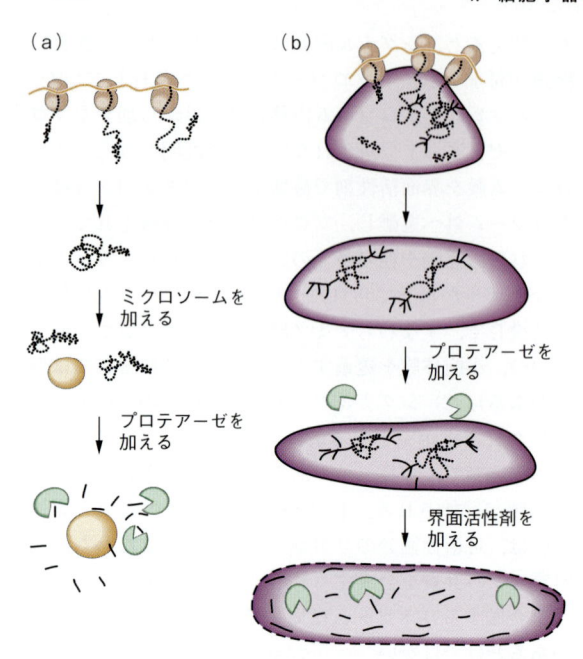

図 4・7　無細胞タンパク質合成系によるシグナル仮説の検証．(a) 分泌タンパク質のメッセンジャー RNA (mRNA) を試験管内で，タンパク質合成が完了してリボソームから遊離するまで翻訳させる．もしミクロソーム（細胞分画法で粗面小胞体からできる小胞）を翻訳後に添加すると，タンパク質はミクロソームに輸送されず，シグナルペプチドは切断されず，タンパク質への糖鎖付加は起こらない．もしプロテアーゼを添加すると，タンパク質はミクロソーム内で保護されないので分解される．(b) 分泌タンパク質の mRNA をミクロソームの存在下で翻訳させる．タンパク質を合成しつつあるリボソームはミクロソームに結合し，タンパク質は合成されつつミクロソーム内腔へ輸送される．タンパク質を分析すると，シグナルペプチドは切断され，タンパク質は N 結合型糖鎖付加を受けていることがわかる．プロテアーゼを加えると，タンパク質はミクロソーム内に隔離されているので分解されない．しかし，もし界面活性剤を加えると，ミクロソーム膜は壊れ，プロテアーゼとタンパク質が出合い，タンパク質は分解される．〔H. Lodish, A. Berk, P. Matsudaira, et al., "Molecular Cell Biology, 5th Ed.", Freeman and Company, New York (2004) より〕

粗面小胞体に結合する時間ができる．リボソーム複合体が粗面小胞体に結合すると，伸長停止は解除され，ペプチド伸長と膜透過が進行する．SRP は最初タンパク質と考えられたが，驚いたことに，精製 SRP は 6 個のポリペプチドに加えて，300 ヌクレオチドの小さな RNA 分子を含むことがわかった．SRP の構造の模式を図 4・8 に示す．

SRP のポリペプチドは P9，P14，P19，P54，P68，および P72 と名づけられた．数字はポリペプチドの分子量を 1000 で割った値を示す．P54 はグアノシン三リン酸（GTP）結合タンパク質で，メチオニンに富む疎水

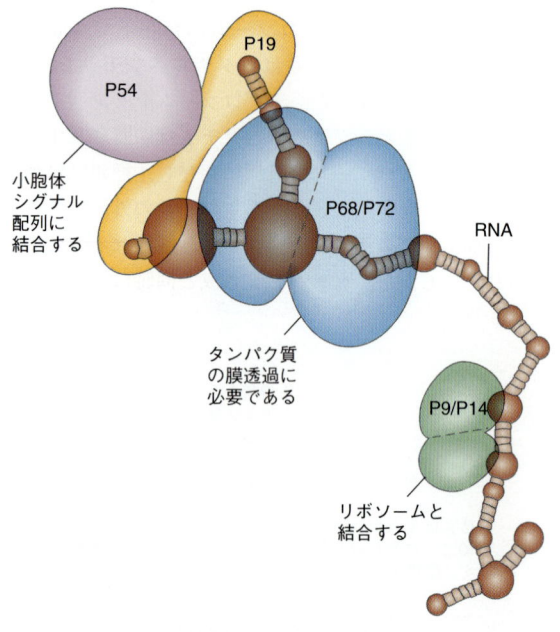

図 4・8　シグナル認識粒子（SRP）の構造．SRP は 6 個のタンパク質（P9，P14，P54，P68 と P72）と 300 ヌクレオチドの RNA を 1 コピー含む．RNA は折りたたまれて複雑な二次構造をつくっている．〔H. Lodish, A. Berk, P. Matsudaira, et al., "Molecular Cell Biology, 5th Ed.", Freeman and Company, New York (2004) より〕

GTPが加水分解される前に複合体が解離し，つぎのステップへ進まない．

シグナル配列は疎水性のコアをもっているので，最初はこのコア部分が粗面小胞体の脂質二重層に挿入され，ポリペプチドの他の部分が続いて膜を透過し，タンパク質の小孔は必要ないと考えられた．しかし現在では，小胞体膜にタンパク質の小孔が存在し，その開閉が厳密に制御されていることがわかっている．この小孔はトランスロコン（translocon）とよばれ，トランスロコンの変異サブユニットを単離する酵母遺伝学研究と，膜透過途上の分泌タンパク質と近隣のトランスロコンサブユニットを化学的に架橋する生化学的研究が合わさって，トランスロコンの構成タンパク質が同定された．トランスロコン複合体の三つの主要タンパク質は10回膜貫通タンパク質であるSec61αと，他の二つのサブユニットSec61βとSec61γである．これらのタンパク質が精製され，トランスロコンが特定の脂質小胞に再構成され，分泌タンパク質を透過させることが示された．これらの実験から，膜を通してタンパク質を輸送するエネルギーは，主としてタンパク質合成時にペプチド伸長に使われるエネルギーであると考えられる．リボソームが結合したトランスロコンの高解像度の構造研究から，小孔の中心にある水溶性チャネルの直径は約2nmで，この大きさは通過する物質によって変化することがわかっている．もし，チャネルの開閉が厳密に制御されなければ，小胞体膜にチャネル孔が開いたままで，細胞質ゾルと小胞体内腔の分子が混じってしまうことになる．チャネルの開閉については二つの説がある．一つは，リボソームが小孔に結合してその周りをしっかりふさぐまで，トランスロコンのサブユニットが集合しないという仮説である．もう一つは，粗面小胞体の内腔側に存在する複数のタンパク質がゲートを形成し，リボソームがトランスロコンの細胞質ゾル側に結合して小孔をふさぐとゲートが開くという考えで，これには証拠もある．小孔の開閉は，本章で後述するように，最初予想されたよりははるかに複雑である．トランスロコン小孔は，透過しつつある膜タンパク質が脂質二重層内へ水平方向に移行できるように，横方向にも開閉している．分泌タンパク質の膜

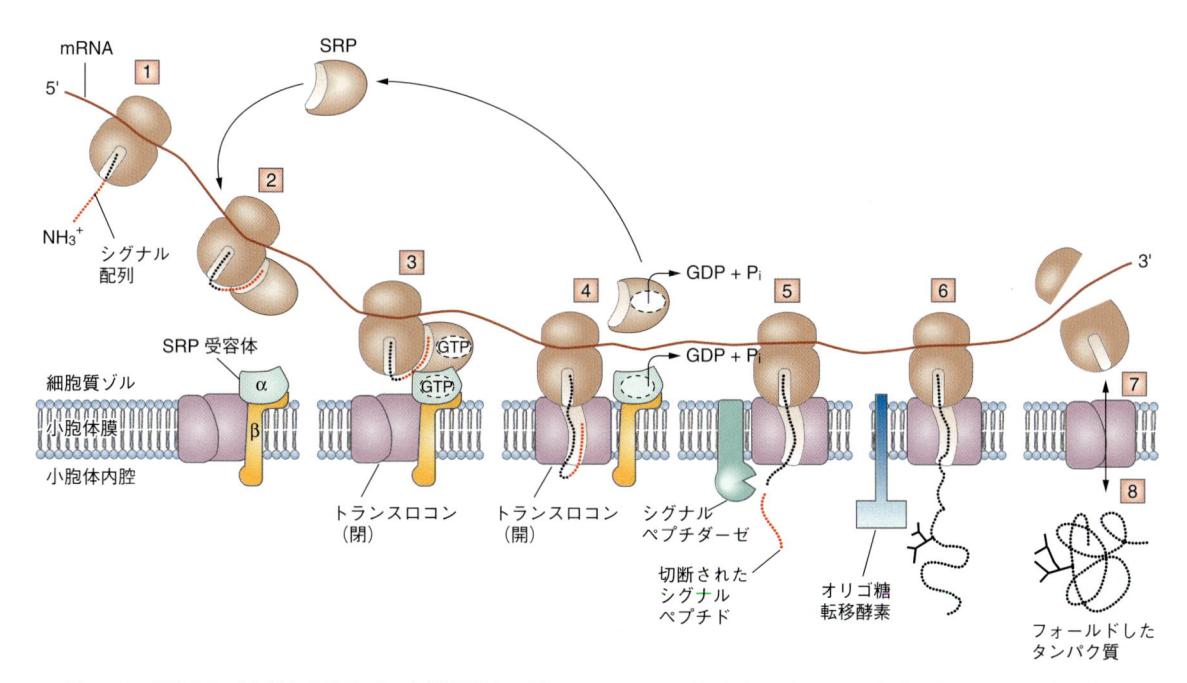

図4・9 分泌タンパク質の小胞体（ER）膜透過のモデル．シグナルペプチドがリボソームから出ると，シグナル認識粒子（SRP）がシグナルペプチドの疎水性アミノ酸領域に結合する．この結合によって，SRP/リボソーム複合体がSRPを介して粗面小胞体（RER）上のSRP受容体に結合するまで，ペプチド合成の伸長が停止する．SRP/リボソーム複合体がトランスロコンと結合すると，GTPが加水分解され，SRPが複合体から解離し，解離したSRPは再びつぎのリボソームを粗面小胞体に運ぶのに用いられる．タンパク質の伸長が再開し，ペプチドはN末端を細胞質ゾル側に残し，ループを形成してトランスロコンに挿入される．伸長反応が進み，ループが小腔内側まで伸びると，シグナルペプチダーゼがシグナルペプチドを切断する．さらに伸長反応が進むと，オリゴ糖転移酵素が特定のアスパラギン残基に，前もって合成されたN結合型オリゴ糖を共有結合で付加する．〔H. Lodish, A. Berk, P. Matsudaira, et al., "Molecular Cell Biology, 5th Ed.", Freeman and Company, New York（2004）より〕

114   4. 細胞小器官の構造と機能

透過のモデルを図4・9に示す.

　分泌タンパク質が合成されてシグナルペプチド部分がリボソームから外へ出ると, SRPと結合する. ペプチド合成の伸長は, リボソーム-SRP複合体がSRP受容体を介して小胞体に結合するまで停止する. 合成中のペプチドはトランスロコンのチャネルに移され, シグナルペプチドはN末端を細胞質ゾル側に残したままループをつくってトランスロコンに挿入される. この過程でGTPはGDPに加水分解され, SRPは細胞質ゾルに遊離して, シグナル配列認識のつぎのサイクルに用いられる. シグナルペプチドは, タンパク質合成が完了する前にシグナルペプチダーゼによって切断され, 切断されたタンパク質のN末端側は, ポリペプチドが伸長するに従って粗面小胞体の内腔へ送込まれる. タンパク質はまた, 伸長途上で糖鎖付加を受ける. この糖鎖付加では, 特定のアスパラギン残基にあらかじめ合成された多糖が結合するが, これについては本章で後ほど詳しく述べる. シグナル仮説およびタンパク質の局在化と膜透過の仕組みの解明は, 細胞生物学と医学の分野に多大な影響を与え, 1999年にはこの分野の最大の貢献者であるGünter Blobelにノーベル医学生理学賞が授与された.

タンパク質の膜への組込みには膜透過停止アンカー配列が必要である

　第2章で述べたように, 1回膜貫通タンパク質は, おもに疎水性または中性アミノ酸を含む1個の膜貫通αヘリックスによって, 脂質二重層に結合している. 1回膜貫通タンパク質は, N末端が膜の内腔側に, C末端が細

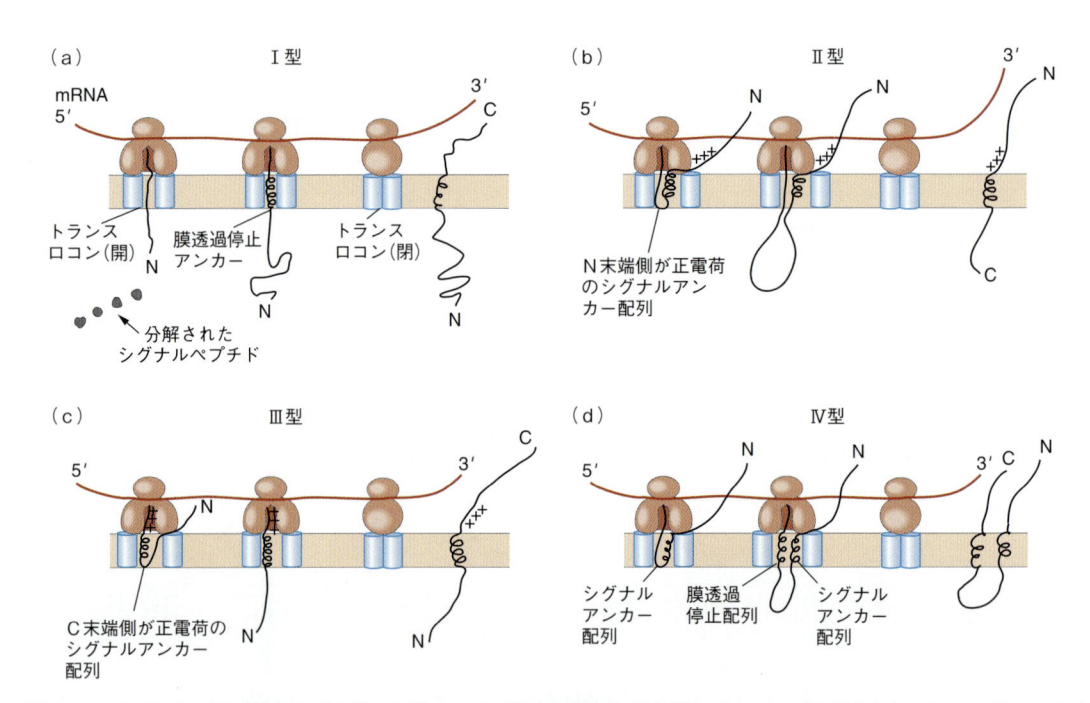

図4・10 I, II, III, IV型膜タンパク質. I型タンパク質は典型的なN末端シグナルペプチドをもち, このシグナルペプチドがリボソームを粗面小胞体 (RER) へ結合させる. タンパク質はループとして膜に挿入され (図4・9参照), シグナルペプチドは切断され分解される. タンパク質の伸長が進行して, N末端を粗面小胞体内腔へ送込む. 2番目の疎水性領域 (膜透過停止アンカー stop-transfer anchor とよばれる) がトランスロコンに入ると, 膜透過が停止し, タンパク質の残りのC末端側は細胞質ゾルにとどまる. 膜透過停止配列によってトランスロコンは横方向に開口し (この仕組みはわかっていない), タンパク質は脂質二重層へ移行し, 疎水性の膜貫通ドメインを介して膜に結合し, 内在性膜タンパク質となる. II型とIII型タンパク質はN末端シグナル配列をもたず, ペプチド内の疎水性ドメインがシグナル配列 (シグナル認識粒子SRPに結合する) と膜アンカーの両方の働きをし, 最終的には膜貫通ドメインとなる. II型タンパク質は, アンカーのN末端側に正電荷アミノ酸のクラスターをもち, シグナルアンカー配列がシグナルペプチドと同様に働き, ループをつくって膜に挿入され, タンパク質のN末端は細胞質ゾルにとどまる. III型タンパク質は, シグナルアンカー配列のC末端側に正電荷アミノ酸のクラスターをもち, タンパク質の膜内の方向が逆になるが, その仕組みはよくわかっていない. タンパク質がN末端を細胞質ゾル側に出したループとして膜に挿入されるが, アンカー部分は正電荷のために膜を通過できず, N末端側がトランスロコンをすり抜けて内腔側へ移行するのかも知れない. IV型タンパク質は複数の膜貫通ドメインをもち, これらがシグナルアンカー配列または膜輸送停止配列として働く. 二つの膜貫通ドメインを示したが, 同じ仕組みで10個以上の膜貫通ドメインをもつタンパク質を形成することができる.

胞質ゾル側に存在するか，あるいはその逆である．それでは，膜貫通ドメインはどのようして膜に組込まれるのであろうか？答えは，シグナル仮説を発展させることにより得られる．もし，分泌タンパク質がN末端のシグナルペプチドに加えて，ペプチド内に疎水性の膜貫通アンカー領域をもっていると，トランスロコンを介するSRP依存性のペプチド輸送の過程で，膜貫通ドメインがリボソームから出てトランスロコンに入ることになる．もし，トランスロコンを介する輸送がこの時点で停止し，トランスロコンが横方向に開くと，膜貫通αヘリックスは脂質二重層内に移行し，最終場所に運ばれる．疎水性の膜アンカー部分がトランスロコンを通るときに膜透過が停止するので，この型の膜貫通配列は膜透過停止アンカー配列とよばれる．ミクロソーム存在下にモデル膜タンパク質を合成する無細胞実験によって，N末端を小胞体内腔側に，C末端を細胞質ゾル側にもつ1回膜貫通タンパク質をつくるには，シグナル仮説を少し発展させればよいことがわかった．これらのタンパク質は分泌タンパク質と同様に，N末端に典型的な切断性のシグナルペプチドをもつ．すなわち，N末端が内腔でC末端が細胞質ゾルの配向をもつタンパク質の二つの特徴は，N末端に切断性シグナルペプチドをもつことと，成熟ペプチド内部に膜透過停止アンカー配列をもつことである．これらの性質をもつ膜タンパク質は，I型内在性膜タンパク質とよばれる（図4・10 a）．

しかし，I型タンパク質と逆の配向をもつタンパク質はどうしてできるのであろうか？このタイプの膜タンパク質は，膜貫通ドメイン自身がSRPによって認識されるシグナルペプチドとして働き，分泌タンパク質と同じ仕組みによって粗面小胞体へ運ばれることがわかった．ただ一つの違いは，膜貫通ドメインはシグナルペプチダーゼによって切断されるアミノ酸配列をもたないので，膜貫通ドメインは切断されない．この型の内在性膜タンパク質は，N末端のシグナルペプチドをもたず，成熟ペプチド内にシグナルペプチドとして働く膜貫通ドメインをもつ．膜貫通ドメインのN末端側には，1個以上の正電荷をもつアミノ酸があり，重要な働きをしている（後述）．膜貫通ドメインがリボソームから出るとSRPが結合し，このリボソーム-SRP複合体はSRP受容体を介して粗面小胞体に結合する．正電荷をもつ膜貫通ドメインのN末端側は細胞質ゾルにとどまり，膜タンパク質は典型的なシグナルペプチドをもつ分泌タンパク質と同様に，トランスロコン中でループを形成する．その結果，リボソームから出たタンパク質のN末端側は細胞質ゾルにとどまる．タンパク質合成が進むにつれてC末端側がリボソームから伸びてきて，トランスロコンを完全に通過する．トランスロコンは横方向に開口し，タンパク質はN末端側が細胞質ゾルに，C末端側が小胞体内腔にある状態で脂質二重層中へ移行する．この仕組みで膜に組込まれる内在性タンパク質は，II型タンパク質（type II protein）とよばれ，N末端のシグナルペプチドをもたず，シグナルペプチドの機能と膜アンカー機能を併せもつ内在性膜貫通ドメインをもつ．すなわち，II型タンパク質はシグナルアンカー配列とよばれる配列をもつ（図4・10 b 参照）．

I型およびII型の1回膜貫通タンパク質に加えて，III型膜貫通タンパク質がある．III型タンパク質は，II型タンパク質と同様にN末端シグナルペプチドをもたないが，配向はN末端が内腔，C末端が細胞質ゾルで，II型膜タンパク質と逆である．構造上の違いは，通常シグナルアンカー配列のN末端側に存在する正電荷のクラスターがなく，その代わりにシグナルアンカー配列のC末端側に正電荷のクラスターが存在する．膜アンカー配列のそばにある正電荷の部分は細胞質ゾルにとどまろうとする．すなわち，膜電位は細胞質ゾル側が負なので，正電荷を引付けると考えられる．III型膜タンパク質は，最初ループを形成してトランスロコンの中に挿入され，アンカー配列のC末端側が細胞質ゾルにとどまり，すでに合成されたN末端側がトランスロコンを通過して内腔へ移行する．ペプチド伸長が進むとタンパク質のC末端側が合成され，細胞質ゾルにとどまる（図4・10 c 参照）．

多くのタンパク質は膜を2回から10回以上貫通し，複数回膜貫通タンパク質（multipass membrane protein）またはIV型内在性膜タンパク質とよばれる．これらのタンパク質の膜への挿入と配向は，I型，II型，およびIII型タンパク質の形成機構の組合わせで理解できる．たとえば，二つの膜貫通ドメインをもち，N末端側に正電荷をもつ典型的なII型シグナルアンカー配列をもつタンパク質を考えてみよう（図4・10 d 参照）．このタンパク質は，最初細胞質ゾルにN末端をもつII型タンパク質として膜に挿入され，ペプチド合成が進んで2番目の膜貫通ドメインがトランスロコンに達する．膜貫通ドメインがトランスロコン小孔に入ると膜透過停止シグナルとして働き，トランスロコンは横方向に開口して，両方の膜貫通ドメインはリン脂質二重層へ移行する．その結果，タンパク質のN末端もC末端もともに細胞質ゾルに存在することになる．もしこのタンパク質に3番目の膜貫通ドメインがあるとすると，そのドメインは膜透過開始アンカー配列として働き，トランスロコンに入って膜貫通ドメインとして働くであろう．しかしこの場合，リボソームは粗面小胞体から解離せず，タンパク

質合成が進行するのにつぎの SRP を必要としない．Ⅳ型タンパク質の 2 番目以降の膜貫通ドメインは，最初の膜貫通ドメインの配向によって決まり，つぎつぎに膜を糸で縫うように配向する．すなわち，もし最初の膜貫通ドメインが N 末端を細胞質ゾルに，C 末端を小胞体内腔に向けて膜を貫通すると，つぎのドメインは N 末端側が小胞体内腔，C 末端が細胞質ゾルで，さらにつぎのドメインはその逆というように続く．偶数の膜貫通ドメインをもつタンパク質は，N 末端と C 末端が同じ側に存在し，一方奇数の膜貫通ドメインをもつタンパク質は，N 末端と C 末端が反対側に存在する．

多くの膜タンパク質について，そのアミノ酸配列から空間配置を予測することができる．現在ではヒトゲノムの配列が利用可能であり，機能不明のタンパク質の配向が予測でき，その機能を知る手がかりになる．したがって，アミノ酸配列から膜タンパク質の空間配置を予測することは，医学においてきわめて重要である．空間配置を決めるには，アミノ酸配列からヒドロパシープロットを作成することが有用である（図 4・11）．

このプロットでは，それぞれのアミノ酸配列に疎水性度に比例した数値を与える．この数値を N 末端から始まる通常 10〜20 アミノ酸残基のウィンドウで加算し，合計値をウィンドウの中央にプロットする．ついでウィンドウを C 末端方向に 1 残基移動し，ヒドロパシー値を計算しプロットする．この操作を 1 残基ずつ C 末端まで繰返すと，ウィンドウのアミノ酸残基の疎水性度のプロットが全長にわたって得られる．疎水性の峰は，通常疎水性残基の連なりを示し，N 末端のシグナルペプチドまたは膜貫通ドメインに相当する．膜貫通配列の N 末端側と C 末端側の電荷を考慮すると，タンパク質の空間配置が予測できる．多くの膜貫通ドメインと複雑な空間配置をもつタンパク質については，実験によって予測配置を確認することが必要である．

いくつかのタンパク質は共有結合した脂質によって脂質二重層に結合する

いくつかのグループのタンパク質は，合成された後に疎水性の脂質（脂肪酸またはゲラニル基やファルネシル基のような疎水性分子）の共有結合による修飾を受け，脂質部分が脂質二重層に挿入され，膜アンカーとして働く．このグループの多くのタンパク質は細胞質ゾルで合成され，脂質が共有結合し，タンパク質は膜の細胞質ゾル側へ挿入される．このグループの膜タンパク質は医学上きわめて重要である．多くのタンパク質は癌原遺伝子産物で，変異すると癌を生じる．たとえば，低分子量 GTP 結合タンパク質である Ras は，しばしばヒトの癌をひき起こすが，活性型 Ras は脂質が共有結合しており，脂質を介して細胞膜に結合している．Ras の活性に

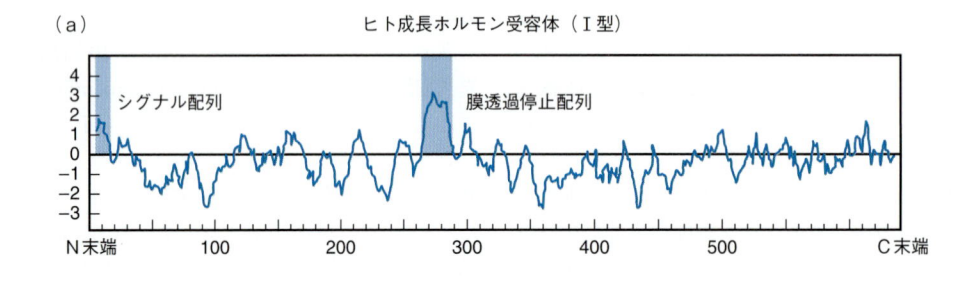

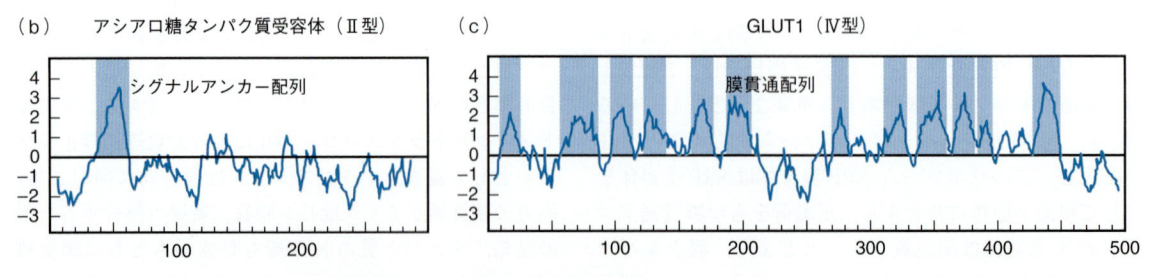

図 4・11 **ヒドロパシー図から内在性膜タンパク質の空間配置を予想できる．** 連続する 20 アミノ酸残基の疎水性度の和を，タンパク質全長にわたってプロットし，ヒドロパシー図を作成した．正の値はタンパク質の比較的疎水性の部分を示し，負の値は比較的親水性の部分を示す．膜貫通配列と予想される部分を図中に青のシャドウで示す．GLUT1（c）のような多数回膜貫通タンパク質（Ⅳ型）の複雑な図は，通常タンパク質の空間配置を調べる他の解析によって確かめる必要がある．〔H. Lodish, A. Berk, P. Matsudaira, *et al*., "Molecular Cell Biology, 5th Ed.", Freeman and Company, New York (2004) より〕

はこの膜結合が重要であり，脂質アンカーを共有結合させる酵素は癌の化学療法の標的候補としてよく研究されている．

もう一つのグループの脂質アンカー膜タンパク質は，複合脂質であるグリコシルホスファチジルイノシトール（GPI）をもつ．この脂質アンカーは，すでに膜に挿入されている膜タンパク質に結合する．すなわち，もとの膜貫通アンカーが切断され，それに置き換わる形でGPIが共有結合する（図4・12）．GPIアンカータンパク質は小胞体内腔側で合成されるので，分泌経路を輸送され細胞膜の表面に局在化する．

分泌タンパク質や膜タンパク質の糖鎖付加は小胞体内で始まる

ほとんどすべての分泌タンパク質と内在性膜タンパク質は，トランスロコンを通って小胞体内腔に入った後

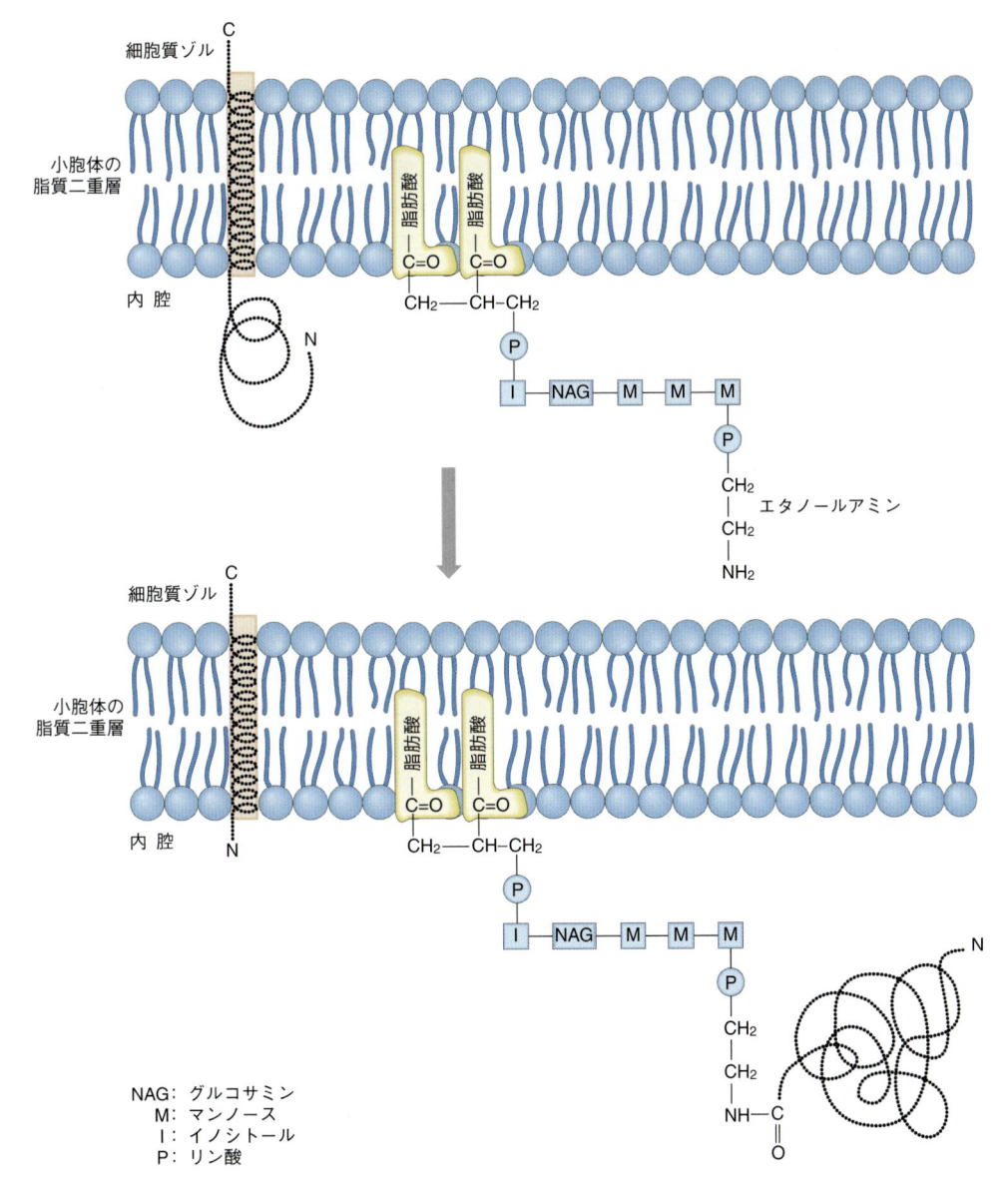

NAG: グルコサミン
M: マンノース
I: イノシトール
P: リン酸

図4・12 グリコシルホスファチジルイノシトール（GPI）アンカー膜タンパク質の形成．小胞体（ER）内腔に存在するエンドプロテアーゼが，膜貫通タンパク質の内腔部分をC末端膜貫通ドメインから切断し，遊離したタンパク質のC末端がGPIアンカーのエタノールアミンのアミノ基に結合する．

に，アスパラギン残基にオリゴ糖が結合することにより糖鎖付加を受ける．この反応はオリゴ糖タンパク質転移酵素によって行われる（図4・13）．

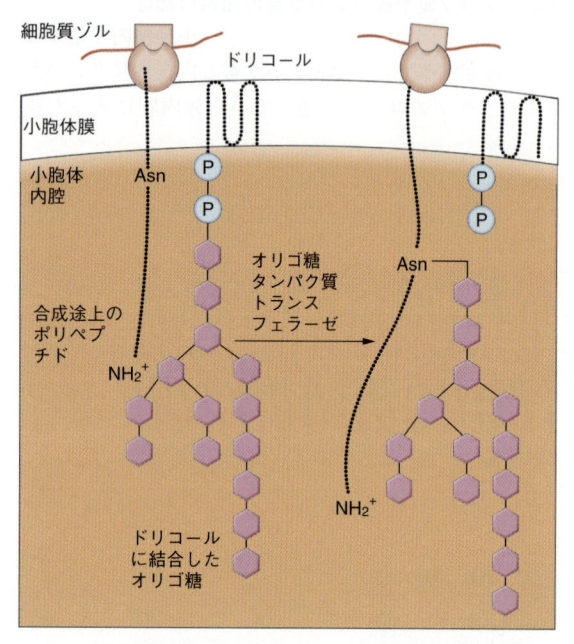

図 4・13 粗面小胞体（RER）におけるN結合型糖鎖付加．
N結合型糖鎖付加の初期段階において，大きな脂肪族炭化水素であるドリコールキャリヤー（末端のヒドロキシ基がリン酸化されている）の上にオリゴ糖が組立てられる．オリゴ糖は単糖が順次結合してつくられる．興味深いことに，この組立てはほとんどの部分は小胞体膜の細胞質ゾル側で行われ，オリゴ糖はついでドリコールに結合したまま膜を通って内腔側へ移行する（これらの初期段階は示されていない）．トランスロコンからアスパラギン（Asn）を含む特定の配列が現れると，オリゴ糖タンパク質転移酵素がオリゴ糖をタンパク質のAsn残基に共有結合する．

このタイプの糖鎖付加は，アスパラギン残基のアミド窒素に結合するので，N結合型（N-linked）とよばれる．糖鎖付加されたアスパラギン残基はすべて，アスパラギン-X-セリン（またはトレオニン）のトリペプチド構造をしており，Xはどのアミノ酸でもよい．このトリペプチド構造は糖鎖付加に必要であるが，すべてのトリペプチドが糖鎖付加されるわけではなく，したがって十分ではない．糖鎖は N-アセチルグルコサミン2分子とマンノース9分子とグルコース3分子を含み，枝分かれしている（図4・13）．この14残基からなるオリゴ糖は，ドリコール（dolichol）とよばれる大きな疎水性のポリイソプレノイド脂質に，ヌクレオチドが結合して活性化された単糖が順次結合して合成されるが，最初はN-アセチルグルコサミンがドリコールに二リン酸結合する．

14残基のオリゴ糖の3個のグルコース残基と1個のマンノース残基が，粗面小胞体の中で除去される．生じたN結合型オリゴ鎖はゴルジ体内でさらに削られ，他の糖が付加される．タンパク質に結合しているN結合型糖鎖は，複雑でしばしば重複する働きをもつ．働きの一つはタンパク質の構造を安定化することで，糖と水との親和性が大きく，タンパク質の糖鎖部分がきわめて水に溶けやすいことと関係している．N結合型糖鎖はしばしば他のタンパク質と結合し，タンパク質-タンパク質相互作用の結合手として働く．たとえば，細胞膜上のいくつかの細胞接着タンパク質は糖鎖結合ドメインをもち，細胞と細胞の接着に働く．さらに，ゴルジ体内においてオリゴ糖のマンノース残基がリン酸化されると，リソソーム酵素をリソソームへ輸送するシグナルとなる（詳細は後述）．また，14残基オリゴ糖の末端の3個のグルコース残基は，小胞体におけるタンパク質のフォールディングと品質管理に重要な働きをする（次章参照）．

小胞体におけるタンパク質のフォールディングと品質管理

タンパク質が最終的な三次構造に折りたたまれるすべての情報は，アミノ酸配列に含まれているが，フォールディングの速度は生物学的時間スケールからすると，遅すぎることが多い．そこで，他のタンパク質のフォールディングを助けるタンパク質が，進化の途上で出現した．タンパク質のフォールディングを触媒するタンパク質の一つのグループはシャペロン（chaperone）とよばれ，リボソームから細胞質ゾルへ出てきた合成途上のタンパク質に結合し，フォールディングを促進する．同様に，粗面小胞体内腔にもシャペロンが存在し，トランスロコンから出てきた合成途上の分泌タンパク質や膜タンパク質のフォールディングを助けている．最近の研究により，粗面小胞体における見事な品質管理の仕組みが明らかになった．この仕組みによって，タンパク質のフォールディングは促進され，ミスフォールドしたタンパク質を粗面小胞体にとどめてゴルジ体への移行を防ぎ，正しくフォールドできないタンパク質は処理される．小胞体（および細胞内の他の画分）におけるタンパク質のミスフォールディングは医学的に重要であり，多くの病気の病態に関係している．

小胞体内腔には大量のシャペロンが存在し，異なる方法でタンパク質のフォールディングを促進している．重鎖結合タンパク質を意味するBiPは，最初は免疫グロブリンの重鎖に結合するタンパク質として発見された．しかし現在では，トランスロコンから出てきた多くのタ

ンパク質の疎水性ペプチド配列に，ATP依存性に結合することがわかっている．その結果，疎水性残基が保護され，水から隔離されたタンパク質の内部へ折りたたまれるのを助ける．分泌タンパク質や細胞膜表面に存在する多くの膜タンパク質は，タンパク質内のシステイン残基の間にジスルフィド結合をもち，細胞外のいろいろな環境に対してタンパク質を安定化している（一方，細胞質ゾルタンパク質は安定な制御された環境に存在し，ジスルフィド結合をもたない）．分泌タンパク質のジスルフィド結合を素早く，かつ正しくつくるために，プロテインジスルフィドイソメラーゼ（protein disulfide isomerase）とよばれる他のクラスのシャペロンが存在し，システイン残基のSH基をジスルフィド結合でつなぐ酸化還元反応を促進する．

カルレティキュリンとカルネキシンはもう一つのタイプのシャペロンで，タンパク質の N 結合型糖鎖に結合してフォールディングを促進する．カルネキシンの作用の詳細を図4・14に示す．

タンパク質がトランスロコンから小胞体内腔へ出ると，BiPが結合してフォールディングを助け，N 結合型糖鎖付加も起こる．タンパク質合成が完了すると，タンパク質はトランスロコンから遊離し，カルネキシンとカルレティキュリンを含む第二の品質管理プロセスが始まる．1回膜貫通タンパク質であるカルネキシンと可溶性タンパク質であるカルレティキュリンは，ともにレクチン（糖結合タンパク質）であり，1個のグルコース残基をもつ糖タンパク質に結合する．カルネキシンの作用を図4・14に示す（カルレティキュリンは可溶性である以外はほとんど同じである）．N 結合型オリゴ糖の最初の2個のグルコース残基が，グルコシダーゼⅠおよびⅡによって除去される．カルネキシンは単一のグルコース残基に結合し，ジスルフィド結合形成を促進するジスルフィドイソメラーゼERp57を含む複合体を形成してフォールディングを助ける．カルネキシンとERp57によるフォールディングが終了すると，最後のグルコースがグルコシダーゼⅡによって除去され，タンパク質は遊離する．もし，タンパク質がまだ正しくフォールドされていない場合には，グリコシルトランスフェラーゼによって1分子のグルコースが再付加され，カルレティキュリンへの結合とフォールディングのつぎのサイクルに入る．タンパク質が正しくフォールドされるとグルコースの再付加は起こらず，品質管理の基準をパスし，小胞によって粗面小胞体からゴルジ体へ輸送される．このフォールディングサイクルは，N 結合型糖鎖付加がシャペロン作用に重要であることを示している．

シャペロンの作用にもかかわらずタンパク質が変性したときには，他の二つの経路が働く．その一つは小胞体関連分解（ER-associated degradation, ERAD）である．このシステムは変性タンパク質をみつけ，タンパク質は小胞体内腔から細胞質ゾルへ放出され，プロテアソームによって分解される．これらのタンパク質が細胞質ゾルへ逆輸送される小胞体の孔の性質など，この経路の詳細

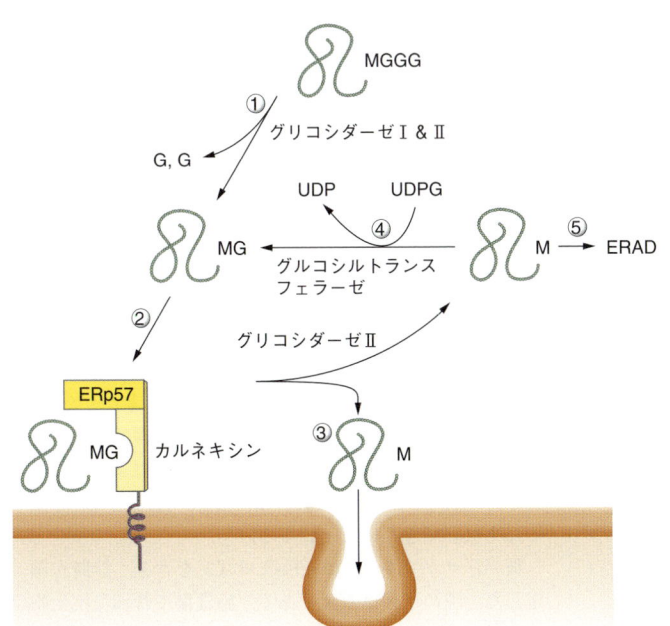

図4・14 **カルネキシンと小胞体（ER）における品質管理**．N 結合型糖鎖をもつタンパク質の N 結合型糖鎖の末端には，3個のグルコースが付いている．(1) 3個のうち最初の1個がグリコシダーゼⅠによって除去され，2番目はグリコシダーゼⅡによって除去され，グルコースが1個結合した形となる．(2) カルネキシン（とカルレティキュリン，図に示していない）は，プロテインジスルフィドイソメラーゼであるERp57とともに，末端にグルコースを1残基もつ N 結合型オリゴ糖に結合する．カルネキシンとERp57は，協力して糖タンパク質のフォールディングを促進する．(3) フォールドしたタンパク質は解離し，最後のグルコース残基がグリコシダーゼⅡによって除去される．正しくフォールドしたタンパク質は，小胞体からゴルジ体に向かう輸送小胞の中に集められる．(4) しかし，タンパク質のフォールディングが十分でない場合には，プロテイングルコシルトランスフェラーゼがミスフォールドを認識し，UDPグルコースを用いてもう一度グルコースを1個付加する．その結果，1個のグルコース残基をもつオリゴ糖が再生され，カルネキシンと結合し，再度のフォールディングを受ける．(5) ミスフォールドがひどくて回復困難なタンパク質は，小胞体関連分解経路（ERAD）に送られ，細胞質ゾルに運び出され，プロテアソームによって分解される．

はよくわかっていない．しかし，小胞体膜の細胞質ゾル側でタンパク質にユビキチンが結合し，プロテアソームによる分解の基質として印がつけられることがわかっている．もし，変性タンパク質が粗面小胞体内腔に蓄積すると，第二の経路が働き，シャペロンが誘導されるとともに，ERAD 経路のタンパク質が誘導され，変性タンパク質の分解が促進される．この経路は，異常タンパク質応答（unfolded protein response, UPR）とよばれ，シャペロンや ERAD に働くタンパク質の誘導など，いくつかの仕組みを含んでいる．

　細胞はなぜ，粗面小胞体の品質管理に，こんなに多彩な方法を用いるのであろうか？ 変性タンパク質は必ず疎水性のアミノ酸配列を水溶液に露出するが，これがタンパク質の凝集をひき起こし，疎水性部分を水から遠ざけようとする．凝集タンパク質の塊は大きくなり，フォールドした他のタンパク質の変性を誘導して凝集体に引込むこともある．すなわち，変性タンパク質は，すでにフォールドしたタンパク質の変性を促進する触媒としての活性をもつ．もし，これらの凝集体が小胞体を離れると，細胞の他の場所に存在するタンパク質の働きを障害するおそれがある．さらに，変性タンパク質は免疫システムに新しい抗原部位を提供するので，そのタンパク質が細胞外に提示されると，不都合な自己免疫反応が起こるかも知れない．粗面小胞体の品質管理は医学上きわめて重要であり，粗面小胞体におけるタンパク質のミスフォールディングに直接的または間接的に関係する 35 以上の病気が知られている．囊胞性線維症はその一つであり，Cl^- トランスポーターの点突然変異によってフォールディングが障害され，粗面小胞体に蓄積する．もし，この変異タンパク質をうまくフォールドさせると，Cl^- トランスポーターとして正常に働くことがわかっている．このような観察に基づき，粗面小胞体でのタンパク質のフォールディングを促進する薬の開発をめざす大規模な研究が始まっている．

臨床例 4・1

　ピーター・ドライズデル（Peter Drysdale）は 13 歳の少年で，公立高校から私立高校へ転校する前に健康診断を受けた．彼はやせていて年齢より幼く見え，慢性疾患をもっているように推察された．最初の検査の肺聴診で，肺全体のあちこちに雑音があり，右中葉に荒いいびき音があり，左下葉野に無気肺が疑われる部分がみつかった．これらの所見から，校医は彼と両親から詳しい病歴を聞き出した．

　彼は満期出産で体重は正常であったが，便通がまっ

たくないので，退院後まもなく病院へ戻された．幸い 3 日間の静脈輸液によって，胃腸は正常に働き始め，自宅へ戻った．成長は遅かったが，両親は彼が 5 歳になって学校に入学するまで特に異常に気づかなかった．入学直後に初めて肺炎を起こし，インフルエンザ菌（haemophilus influenzae）に対する抗生物質療法を受けた．それ以来，年に 2～3 回肺炎を繰返した．肺炎に先立って，しばしば濃い緑色の粘液を伴う激しい咳がみられた．痰の培養では種々の細菌が検出され，広域抗生物質の経口投与を受けた．最後の 2 回の培養では，おもに緑膿菌の変異株が観察された．

　最近，肺の異常に加えて，食後に腹部の右上方部の痛みを訴え，経静脈的胆囊造影法で胆囊結石がみつかり，胆囊炎が疑われた．彼はまた，ほぼ同時に，便塊が大きく，しばしばトイレの水に浮くことに気づいた．これらの情報に基づいて，医師は彼の腋窩腺の分泌液のサンプルを採取した．

囊胞性線維症の細胞生物学と診断，治療

　ピーターは，囊胞性線維症膜貫通調節タンパク質（cystic fibrosis transmembrane conductance regulator, CFTR）の変異による囊胞性線維症である．CFTR は 12 の膜貫通ドメインをもつ塩素チャネルで，第 7 染色体上の遺伝子にコードされている．囊胞性線維症の 3 分の 2 以上は，CFTR の 508 位のフェニルアラニン残基が欠失している．このアミノ酸が欠失するとタンパク質は不安定化し，粗面小胞体内でのフォールディングが遅くなり，小胞体内にとどまり，この章で述べた ERAD 経路で分解される．興味深いことに，この変異をもつ細胞の培養温度を下げるか，またはある化学シャペロンを細胞に加えると，正しくフォールドした CFTR の量が増加し，フォールドした変異タンパク質は Cl^- トランスポーターとして正常に働く．CFTR のフォールディングを促進する薬を開発する大がかりな研究が始まっている．

　CFTR は，表皮細胞の細胞膜を通しての Cl^-（および水）の輸送を調節する．このタンパク質が小胞体から細胞膜に輸送されないと，つぎのような種々の機能障害が起こる．肺における粘液分泌の水分の異常（粘稠化）が起こり，患者は細菌に大変感染しやすくなる．子供の便の水分が低下し，生まれたときに胎便性イレウス（腸閉塞）になるか，のちに病的便秘をきたす．子宮頸部の粘液が濃くなり，不妊になる．胃腸管付属臓器に水と Cl^- の分泌異常が起こり，胆囊結石や胆囊炎をきたしたり，膵臓の外分泌腺の著しい脱水をきたす．生理的重要性は低いが，診断に便利な異常として，汗に含まれる Cl^- の著しい上昇がある．この異常は，汗腺の上皮が Cl^- を適切に再吸収できないことによる．

　彼の汗サンプルは 110 mEq/L の Cl^- を含み，診断が確定した．彼の予後は不良である．肺洗浄や特別な抗生物

質療法によって，肺を一時的に救うことはできる．便の異常はリパーゼの服用によって改善し，胆汁の異常は胆囊摘出によって防ぐことができるかも知れない．しかし残念ながら，慢性で進行性の多臓器障害を起こす可能性が大きい．

小胞体以降：小胞輸送

小胞体，ゴルジ体，リソソーム，細胞膜，および種々のエンドソームは，すべて小胞輸送経路によってつながっており，ある細胞小器官の膜は他の細胞小器官の膜へ輸送される．発送元の膜から小胞が形成され，標的膜に向かって移行し融合することによって，特定の脂質やタンパク質や小胞内の物質を，目的の細胞小器官に輸送する．小胞輸送を行うすべての膜は小胞に積み込む荷を正確に選び出し，小胞を出芽し，標的膜へ輸送して融合させねばならない．膜はさらに，小胞輸送を繰返し行えるように，出芽と融合に使った成分を発送元の膜に戻さねばならない．小胞輸送の分子機構は細かい点では膜によって異なるが，共通点が多い．つぎに，多くの小胞輸送に共通の性質の概要を述べ，続いて小胞体からゴルジ体への小胞輸送について詳しく述べる．

小胞の出芽，ターゲッティングと融合の概要

積み荷（カーゴ）の選別には特別なコートが必要である

積み荷の選別は，小胞が出芽する膜の細胞質ゾル側に，コートの骨格となるタンパク質が集合することから始まる．骨格タンパク質はコート（coat）とよばれる構造の一部で，電子顕微鏡で膜の上に観察することができる．異なる細胞小器官には，異なるコートタンパク質が存在する．コートはしばしば2枚のタンパク質層を含み，膜に近い内層はアダプター（adaptor）とよばれ，特定の内在性膜タンパク質と結合する．この内在性膜タンパク質は，他の膜で働く積み荷自身であることもあり，また膜の内腔側に可溶性積み荷タンパク質に対する結合部位をもつ膜貫通受容体タンパク質のこともある．

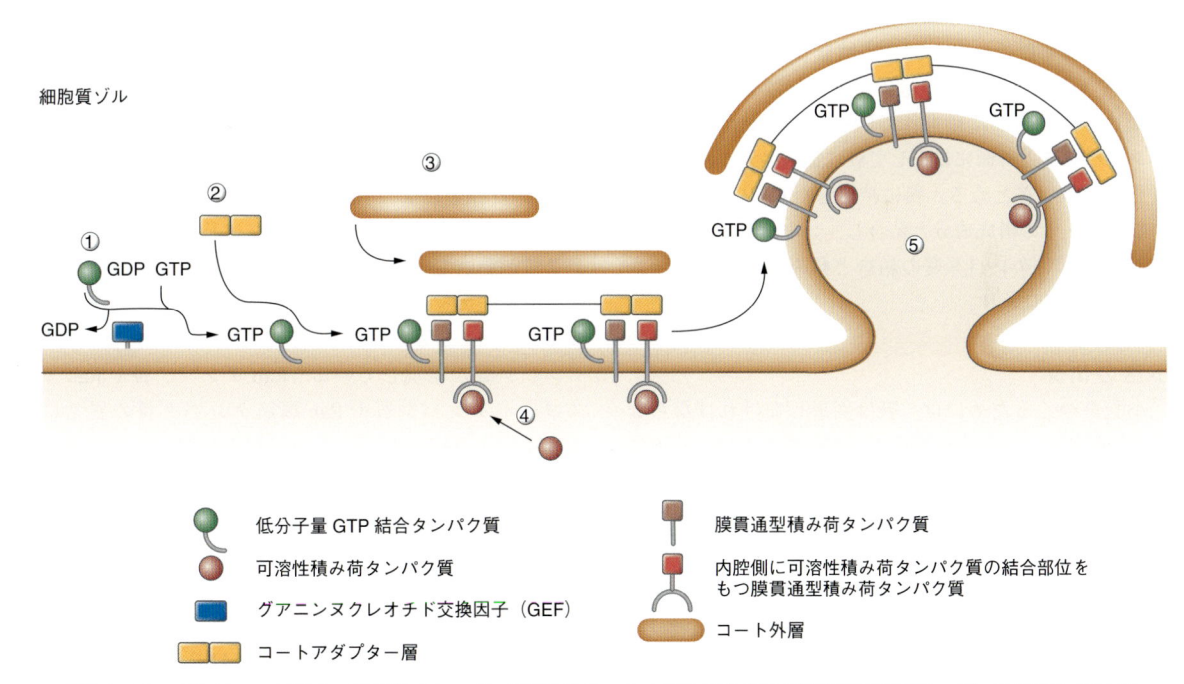

図 4・15 小胞のコート形成，積み荷（カーゴ）の積み込み，および小胞出芽の初期過程のモデル．(1) 低分子量GTP結合タンパク質は，膜に存在するグアニンヌクレオチド交換因子（GEF）によってGDPがGTPに置き換わると，膜に結合する．低分子量GTP結合タンパク質が活性化されると疎水性部分（しばしば脂質が結合している）を露出し，その部分が膜に挿入され，タンパク質を膜の細胞質側につなぎとめる．(2), (3) 活性化されたGTP結合タンパク質はコートの可溶性部分と結合し，コートが膜に結合する．コートは通常，アダプター層と外層の二つの層からなる．(4) アダプター層は，選別シグナルであるアミノ酸配列モチーフをもつ膜貫通タンパク質に結合する．膜貫通タンパク質のいくつかは，膜の内腔側に可溶性の内腔タンパク質に結合するドメインをもち，これらの可溶性タンパク質を小胞形成部位に結合させる．(5) コート層が集合することにより，平らな二重層は変形して小胞を形成する．小胞は出芽し，低分子量GTP結合タンパク質によってGTPがGDPに加水分解され，コートが解離する（図には示していない）．

後者は，小胞が出芽する膜部分の内腔側に特定の可溶性タンパク質を濃縮することができる．積み荷膜タンパク質は，コートのアダプタータンパク質上の結合部位に結合できる構造上の特徴をもっている．ソーティングシグナル（sorting signal）とよばれる構造の特徴は，いくつかのタイプの積み荷に共通のアミノ酸の場合もあるが，もっと複雑で，タンパク質の三次構造にあると考えられる．受容体膜タンパク質は細胞質ゾル側でコートアダプターに結合し，内腔側で可溶性タンパク質と結合するが，さらに可溶性タンパク質のソーティングシグナル（いくつかのソーティングシグナルが知られている）に対する結合部位をもつ必要がある．

それでは，コートタンパク質はどのようにして細胞小器官膜の細胞質ゾル側に結合するのであろうか？　共通してみられる過程として，まず低分子量GTP結合タンパク質が膜表面に結合する．異なる膜は異なるGTP結合タンパク質を利用するが，結合はGDPからGTPへの交換から始まる．この交換反応は，すでに膜に結合しているグアニンヌクレオチド交換因子（guanine nucleotide exchange factor, GEF）によって触媒され，GTP結合タンパク質を膜に結合させる．GTP結合タンパク質は疎水性のヘリックス領域をもち，この領域は，GTP結合タンパク質が細胞質ゾルに溶けているときにはタンパク質内部に埋もれているが，GTPが結合するとタンパク質の外側に露出して膜に挿入され，タンパク質を膜につなぎとめる．膜に結合したGTP結合タンパク質はコートの構成成分と結合し，コート形成が開始される．コートタンパク質の結合と積み荷選別のモデルを，図4・15に示す．

小胞の出芽

小胞をつくるためには，膜は変形しなければならない．一般的に，コートの構成タンパク質またはコートに結合する他のタンパク質が膜に結合し，小胞形成を助けると考えられる．小胞が元の膜から分かれると，コートタンパク質複合体は解離し，ターゲッティングや融合に必要なタンパク質が小胞膜の細胞質ゾル側に露出する．最もよくわかっているモデルでは，GTP結合タンパク質（最初はコートを引寄せるのに働く）によるGTPの加水分解が，コートを解離させるシグナルとなる．コートの成分やGTP結合タンパク質（GDP型）が細胞質ゾルへ遊離し，次回の小胞形成に用いられる．

小胞のターゲッティングと融合

小胞がいったん形成されると，標的膜へ移動して融合し，小胞膜と標的膜は一体となり，小胞内の可溶性成分と標的小器官内腔の成分は混じり合う．タンパク質や脂質を間違った膜に輸送すると細胞にとって危険なので，小胞のターゲッティングと融合は正確でなければならない．ターゲッティングと融合には，小胞輸送と小胞係留と小胞融合の三つのステップがある．酵母のような小型の細胞では，小胞はおもに拡散によって動くと考えられる．しかし大きな哺乳動物細胞では，小胞はしばしば微小管のような細胞骨格の走路の上を移動する．小胞と微小管をつなぐタンパク質が同定されており，微小管上の異なる輸送にかかわる複数のモータータンパク質が，小胞輸送に働いていることが明らかになっている（第3章参照）．

小胞が標的膜に近づくと，まず小胞と標的膜の間に係留が起こる．係留の過程では複数のタンパク質が集合して長く伸びた構造を形成し，小胞を膜につなぎとめる．異なる膜間の小胞輸送には異なる係留因子が使われるが，小胞輸送は少なくとも部分的には，Rabタンパク質（Rab protein）とよばれる低分子量GTPタンパク質によって調節されている．Rabタンパク質は，Rab GTPアーゼ活性化タンパク質とグアニンヌクレオチド交換因子GEFによって調節を受ける，典型的なGTP/GDPサイクルを使って働く．GDP結合型のRabタンパク質は，細胞質ゾルでエスコートタンパク質と結合しているが，活性化されると共有結合している疎水性の脂質アンカーを膜に挿入し，出芽後は小胞膜に含まれる．哺乳動物細胞には60種類以上のRabタンパク質が存在し，それぞれの異なる小胞ターゲッティングに特異的なRabタンパク質が働いているらしい．すなわち，Rabタンパク質は小胞ターゲッティングの特異性に少なくとも部分的に関与していると考えられる．異なる組織では異なるRabタンパク質が発現している．RabタンパクやRabエスコートタンパク質やRab調節タンパク質の異常によって起こる病気が，いくつか知られている．たとえば，全脈絡膜萎縮（コロイデレミア）とよばれる眼の病気は，細胞質ゾルに存在するRab27aのGDP結合型に結合するエスコートタンパク質の欠損によって起こる．

小胞融合はSNAREとよばれる内在性膜タンパク質によって起こるが，SNAREにはv-SNAREとt-SNAREの二つがある（"v"はvesicleを，"t"はtargetを意味する）．出芽した小胞の外側には，標的細胞膜上の相手となるt-SNAREに対する結合部位をもつv-SNAREが存在する．例外はあるが，一般的に小胞には1種のv-SNAREが存在し，標的膜には3種のt-SNAREが存在する．これらのSNARE同士が結合するときには，それぞれのSNAREの1本の両親媒性αヘリックスが集まっ

て4本となり，ロープの糸のように互いにねじれ合って，きわめて安定なコイルドコイル構造を形成する．この強い結合によって小胞の外側と標的膜が接触し，融合が起こると考えられる．小胞の係留と融合のモデルを図4・16に示す．

多くの異なるv-SNAREとt-SNAREを脂質小胞に組込み，融合活性を測定する実験が行われ，上に述べた融合モデルは支持された．他の研究によって，生細胞内でペアをつくることが知られているv-SNAREとt-SNAREの組合わせが，最も高い融合活性を示した．

v-SNAREのリサイクリング

膜が融合した後，v-SNAREとt-SNAREの安定な複合体を解離する仕組みがあり，v-SNAREは元の膜に戻って次回の小胞形成に用いられる．SNARE複合体の解離は，AAAファミリーに属するATPアーゼであるNSFとよばれるタンパク質によって行われる．NSFは最初，ゴルジ膜間の再構成小胞輸送実験系において，小胞融合に必要な可溶性タンパク質として発見された．NSFは，タンパク質のSH基に結合するN-エチルマレイミドによって阻害されることより，N-エチルマレイ

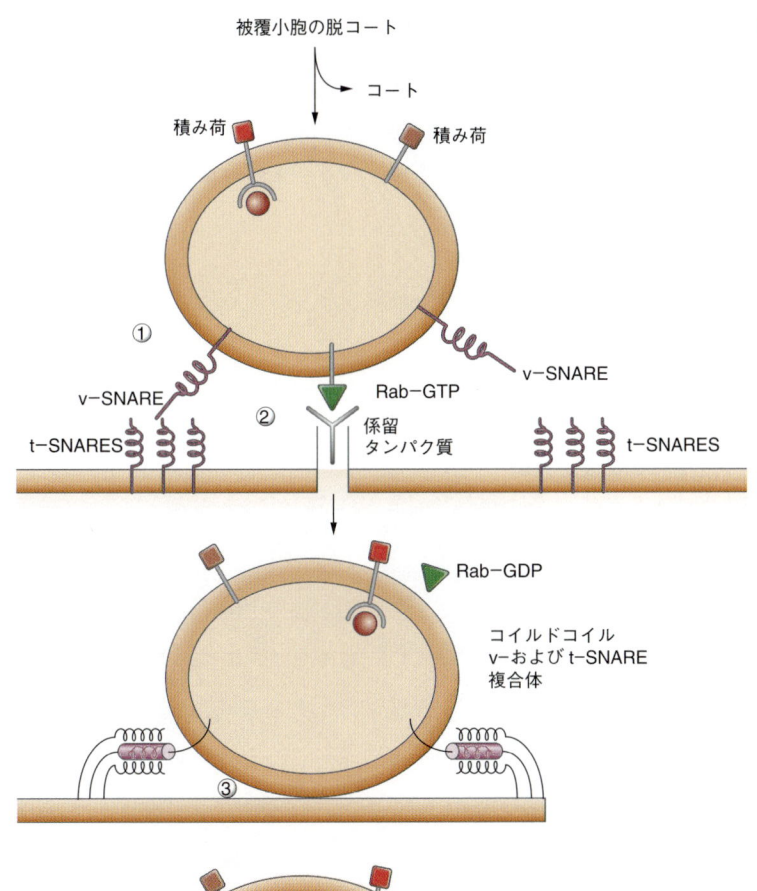

図4・16 **小胞の係留と融合**．(1) 被膜小胞からコートが除かれ，小胞は拡散または細胞骨格を含む輸送系によって標的膜に運ばれる．小胞は積み荷に加えて，小胞形成時に組込んだv-SNAREを含む．グアノシン三リン酸（GTP）が結合した活性型のRabタンパク質も小胞の外側に組込まれる．(2) 係留の段階では，Rab-GTPと標的膜上の係留膜複合体の働きにより，小胞が標的膜に結合する．(3) 小胞膜のv-SNAREと標的膜のt-SNAREが強く結合し，二つの膜の細胞質ゾル側が接触し，融合が起こる．この過程のある時点で，Rabタンパク質のGTPはグアノシン二リン酸（GDP）に加水分解され，不活性なGDP結合型Rabはエスコートタンパク質と結合して細胞質ゾルに遊離する．(4) 融合が完了すると，NSF（N-エチルマレイミド感受性因子）が他のタンパク質と協同してv-SNAREとt-SNAREの複合体を解離し（この段階にATPの加水分解が必要である），遊離したv-SNAREはドナー膜に戻って次回の小胞輸送に働く．

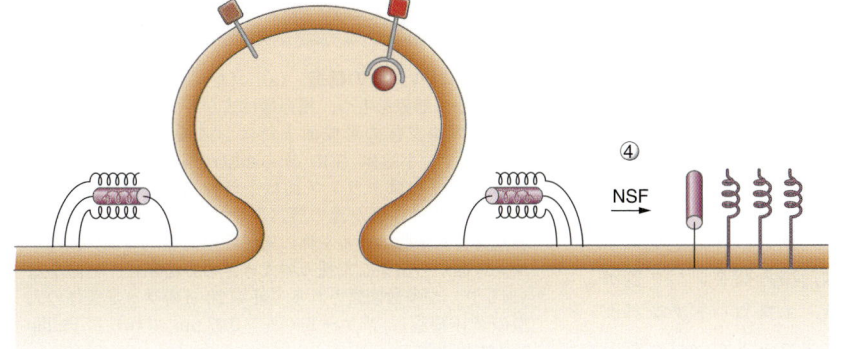

ミド感受性因子（N-ethylmaleimide sensitive factor）という名前がつけられた．最初は融合反応に必要と考えられたが，現在では，NSF が失活すると v-SNARE と t-SNARE が複合体にトラップされ，遊離の SNARE が枯渇し，新しく形成される小胞が SNARE を含まないため，融合が阻害されると考えられている．SNARE 複合体が NSF によって解離すると，v-SNARE は小胞に組込まれ，小胞輸送によって元の膜に戻される．

小胞体からゴルジ体への小胞輸送と COPⅡ被覆小胞

小胞体からゴルジ体へ積み荷を運ぶ小胞は，移行型小胞体とよばれる粗面小胞体の特定の領域で形成される．移行型小胞体部位は電子顕微鏡によって，リボソームが結合していない島状の領域として，粗面小胞体膜全体にわたって観察される．小胞体からゴルジ体への輸送に使われるコートタンパク質は，COPⅡ とよばれる（COP は coat protein を示す）．小胞形成のモデルで示したように，Sar1 とよばれる低分子量 GTP 結合タンパク質が COPⅡを膜に引寄せる．Sar1 は細胞質ゾルで GDP と結合し，移行型小胞体に存在する膜結合型 GEF タンパク質 Sec12 によって，GDP が GTP に交換され活性化される．Sar1 に GTP が結合すると，その N 末端に存在する疎水性 α ヘリックスが露出し，膜内に挿入され，アンカーとなる．Sar1-GTP は，COPⅡ コートタンパク質複合体のアダプター層に存在する Sec23 と Sec24 タンパク質を含む二量体タンパク質複合体に結合する．ついで，Sec13/Sec31 タンパク質からなるコート複合体の第 2 層が，Sar1/Sec23/Sec24 複合体に結合する．Sar1 と Sec23/Sec24 は，積み荷膜タンパク質の細胞質ゾルドメインにあるソーティングシグナルと結合するらしい．Sec24 は二つの異なる積み荷結合部位をもち，積み荷タンパク質の細胞質ゾルドメインに存在する特定のアミノ酸配列と結合する．たとえば，Sec24 上の一つの部位はジアシディックシグナル（diacidic signal）とよばれる Asp-X-Glu 配列（X はどのアミノ酸でもよい）などのソーティング配列をもつタンパク質と結合する．Sec24 上のもう一つの部位は，種々のソーティング配列をもつ積み荷タンパク質と結合する．Sec23 と Sar1 は別の積み荷結合ドメインをもつらしい．

小胞体ソーティングシグナルは曖昧で複雑である．たとえば，ある積み荷タンパク質が Sec23/Sec24 に結合するには，複数のサブユニットをもつタンパク質が重合することが必要である．他の例では，積み荷タンパク質が搬出シグナルを露出するためには，エスコートタンパク質と結合しなくてはならない．エスコートタンパク質の

一つは ERGIC53 で，搬出タンパク質の N 結合型オリゴ糖鎖のマンノース残基と結合すると考えられる．ERGIC53 の変異によるヒト常染色体劣性遺伝病が知られており，血液凝固因子 V と Ⅷ の COPⅡ 小胞への積み込みがうまくいかず，血液凝固障害をきたす．小胞体搬出シグナルの研究から，シグナルの働きは，タンパク質が正しくフォールドしているかどうかに依存する

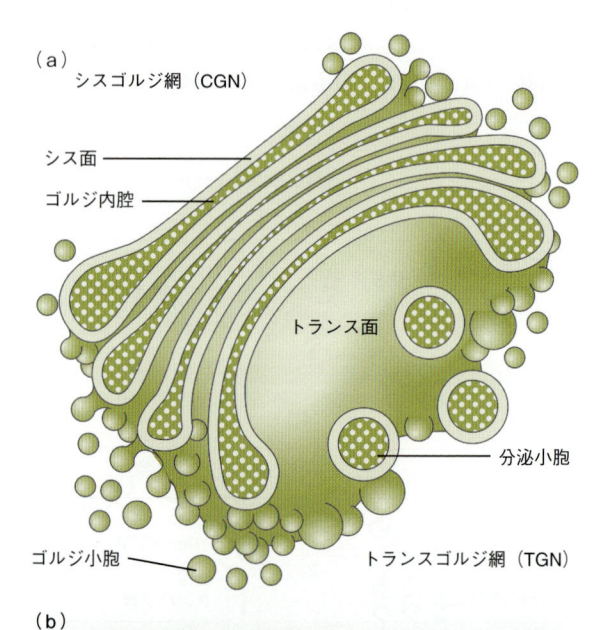

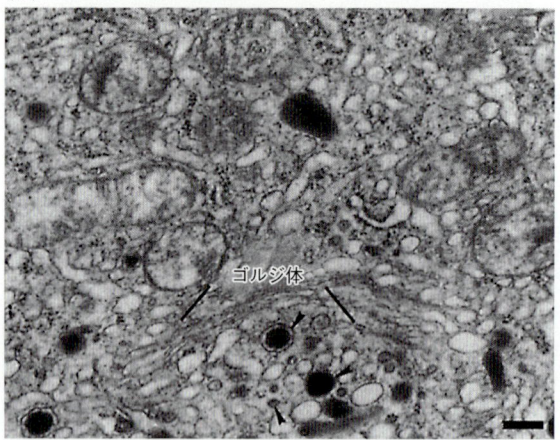

(a)
シスゴルジ網（CGN）
シス面
ゴルジ内腔
トランス面
分泌小胞
ゴルジ小胞
トランスゴルジ網（TGN）

(b)
ゴルジ体

図 4・17　ゴルジ体の構造．(a) ゴルジ体は扁平な袋状の槽からなる層板をもつ．槽の端は広がっていて小胞が出芽する．ゴルジ体の形成面またはシス面はシスゴルジ網（CGN）で，小胞体（ER）から小胞が到着する．ゴルジ体の搬出面またはトランス面はトランスゴルジ網（TGN）で，小胞と積み荷が他の膜に向けて搬出される．(b) 哺乳動物黄体細胞のゴルジ体の電子顕微鏡像．ゴルジ体のトランス面から出芽した種々の大きさの分泌顆粒や分泌小胞（矢じり）が多数観察される（妊娠 20 日のラット黄体の大型の黄体細胞）．スケールバー：0.27 μm．〔(b) は Phillip Fields 氏提供〕

ことが明らかになった．すなわち，タンパク質が粗面小胞体から出芽する小胞に積み込まれるための正しいシグナルを提示するのに，品質管理が重要な指標の一つとなる．

COPⅡ小胞系では，Sar1自身が膜に両親媒性のαヘリックスを挿入することによって膜を湾曲させ，小胞の出芽を開始させる．ついで，Sec23/Sec24複合体が膜の湾曲を安定化させ，小胞形成を助けると考えられる．小胞が膜から分かれると，Sar1-GTPのGTPが加水分解されてコートタンパク質複合体が解離し，COPⅡ複合体（Sar1/Sec23/Sec24/Sec13/Sec31）が遊離する．

脱コートしたCOPⅡ小胞は，出芽した小胞体移行部位の近くで凝集し融合して，形態的に小胞と小管を含む大きなコンパートメントをつくると考えられるが，詳細は不明である．同じ種類の小胞の融合は同種融合（homotypic fusion）とよばれ，膜輸送の他の局面でもみられる．膜融合の係留の段階にはGTP結合タンパク質Rab1が使われるが，Rab1にGTPが結合して活性化されると，p115とよばれるコイルドコイルタンパク質を係留装置に組込む．融合はSNARE複合体の形成によって完成する．同種融合には，それぞれの小胞がv-SNAREとt-SNAREを両方もっていることが必要である．COPⅡの同種融合によって移行型小胞体の近くに形成されたコンパートメントは，小胞小管コンパートメント（vesicular tubular compartment, VTC）とよばれる．SNAREを移行型小胞体に戻すためには，移行型小胞体に近隣するVTCから逆輸送リサイクル小胞が形成されると考えられるが，リサイクリングには，COPⅠとよばれるタンパク質複合体によって被覆された小胞が働いていることが明らかになっている（COPⅠについては本章で後ほど詳しく述べる）．VTCが大きくなると微小管に結合し，一団となって移行型小胞体からゴルジ体のシス領域に移行する．

COPⅡ経路の詳細は，酵母遺伝学と*in vivo*研究と精製分子を用いる*in vitro*小胞再構成研究があいまって解明され，現在も解明されつつある．この経路を含め種々の経路に関与するタンパク質の多くは，まず酵母の変異によって発見され，ついで哺乳動物で同定された．これは，哺乳動物以外の生物を用いる研究が，ヒトの細胞生物学や病気の理解に直接役立った一例である．

ゴルジ体

ゴルジ体の構造と形態を図4・17に示す．小胞体からVTCが到着する形成面は，シスゴルジ網（cis-Golgi network, CGN）とよばれる．分泌タンパク質はシス面に到達し，中間部層板とトランス部層板を経由してトランスゴルジ網（trans-Golgi network, TGN）に運ばれ，そこで仕分けをされ，つぎの行き先である細胞膜またはエンドソームへ分配される．ゴルジ体を経由するタンパク質は，ゴルジ局在酵素によって種々の修飾を受ける．ゴルジ体のおもな機能の一つは，タンパク質がゴルジ体を通過する間にN結合型オリゴ糖鎖を修飾することで，一群のタンパク質には別の型の糖が付加され，マンノース残基にリン酸が付加され，生じたマンノースリン酸はリソソーム酵素をリソソームに運ぶターゲッティングシグナルとして働く．トランスゴルジ網では特定のタンパク質に硫酸が付加され，またあるタンパク質は成熟化の一過程としてタンパク質切断を受ける．これらの修飾を以下の節で述べる．

ゴルジ体におけるタンパク質の糖鎖付加と共有結合による修飾

ゴルジ体におけるN結合型オリゴ糖鎖のプロセシングを，図4・18に示す．粗面小胞体において，N結合型オリゴ糖はトリミングされて2個のN-アセチルグルコサミン残基と8個のマンノース残基をもつようになる．ゴルジ体に到着すると，さらなるトリミングとN-アセチルグルコサミン，ガラクトース，フコース，およびN-アセチルノイラミン酸の付加が起こる．これらの修飾は，ゴルジ体の異なるサブコンパートメントの中で，種々のオリゴ糖鎖の枝の上で起こる．一般的に，より末端の糖がより後方のゴルジコンパートメントで付加され，最後の糖であるN-アセチルノイラミン酸（シアル酸ともいう）がトランスゴルジ網で付加される．リソソーム酵素の場合には，トランスゴルジ網において，特別なN結合型糖鎖修飾が起こる．すなわち，1個以上のマンノース残基の6位がリン酸化される．マンノース6-リン酸は，ついでマンノース6-リン酸受容体に結合する．この受容体は，すべての可溶性の分泌タンパク質からリソソーム酵素を選別し，リソソームへ配送する（詳細は後述する）．

タンパク質にO結合型糖鎖を付加する第二のタイプの糖鎖修飾も，ゴルジ体で起こる．O結合型糖鎖は，タンパク質のセリンまたはトレオニン残基のヒドロキシ基の酸素原子に結合するので，O結合型（O-linked）とよばれる．O結合型オリゴ糖は複数の糖転移酵素群によって，UDPが結合して活性化された単糖がつぎつぎと結合して合成される．それぞれのタンパク質に少数または多数のO結合型糖鎖が付加されて糖タンパク質となり，その分子量の大半を糖が占めるようになる．すなわち，ゴルジ体のサブコンパートメントには，N結合型糖鎖付

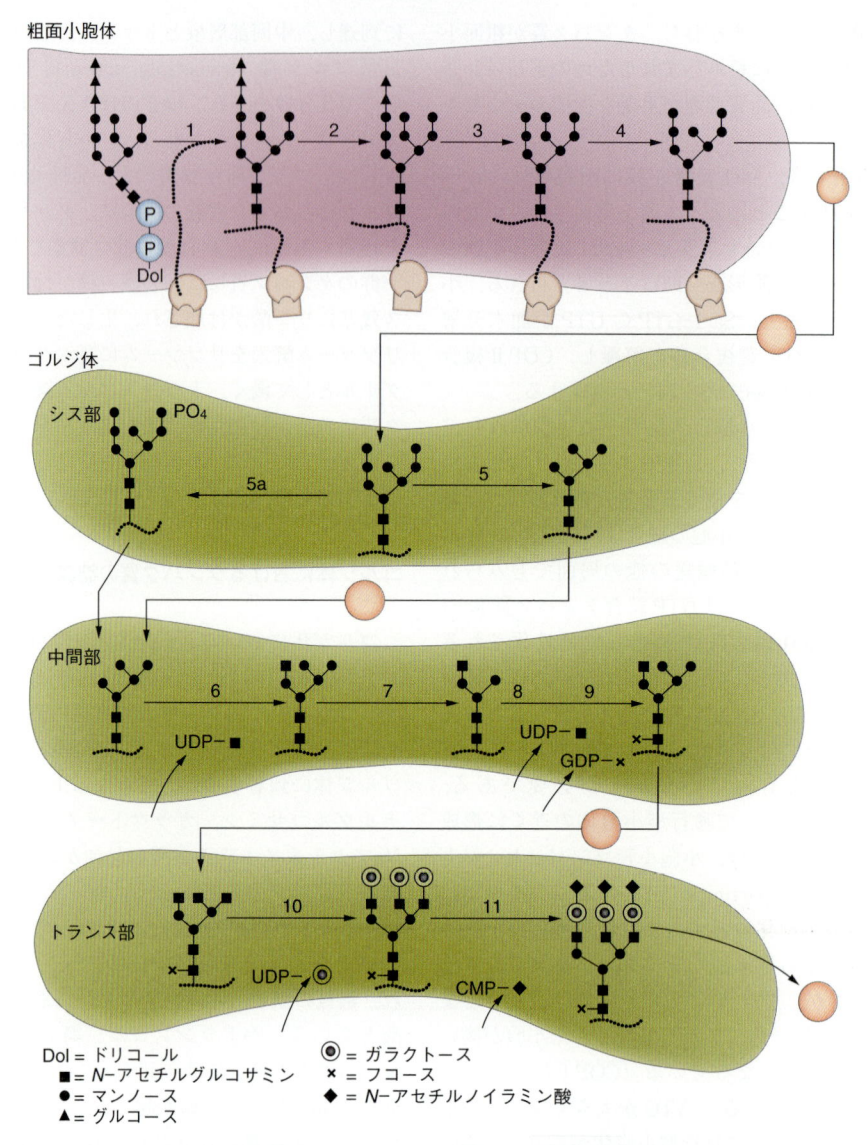

図 4・18 ゴルジ体における糖タンパク質の N 結合型オリゴ糖鎖のプロセシング. プロセシングは、前駆体 N 結合型オリゴ糖（ステップ 1）から始まる 11 段階の酵素反応を含む. まず 3 個のグルコース残基が除去され（ステップ 2, 3）, 続いて 4 個のマンノース残基が除去される（ステップ 4, 5）. リソソーム酵素の場合には, 一つ以上のマンノース残基がリン酸化される. 1 個の N-アセチルグルコサミンが付加され（ステップ 6）, 2 個のマンノース残基が除去され（ステップ 7）, 1 個のフコースと 2 個の N-アセチルグルコサミン残基が付加され（ステップ 8, 9）, 3 個のガラクトース残基が付加され（ステップ 10）, それから 3 個の N-アセチルノイラミン酸残基が付加される（ステップ 11）.

加や O 結合型糖鎖付加に関与する 100 種以上の糖転移酵素が存在する. 同じタンパク質でも, 分子によって糖鎖の構造がまったく同じではないことも多い.

トランスゴルジ網では, 他の二つのタンパク質修飾が起こる. 一つは, 特定のタンパク質のチロシン残基の硫酸化である. もう一つは, トランスゴルジ網におけるいくつかの分泌タンパク質のタンパク質切断で, 分泌タンパク質は活性化される. これはペプチドホルモン（たとえばインスリン）の場合によくみられ, 細胞から分泌される直前まで不活性に保つ仕組みである. ゴルジ体で起こるタンパク質修飾の概略を図 4・19 に示す.

ゴルジ体における逆行性輸送

小胞体からゴルジ体およびそれ以降への膜輸送は複雑

図 4・19 分泌経路の各コンパートメントの機能の概略. タンパク質のフォールディングと N 結合型糖鎖付加，および品質管理は粗面小胞体（RER）で始まる．リソソーム酵素のマンノース残基のリン酸化と O 結合型糖鎖付加，および N 結合型オリゴ糖のトリミングはシスゴルジ網（CGN）で始まる．ひき続く糖鎖のトリミングと N 結合型および O 結合型オリゴ糖への単糖の付加は，中間部およびトランスゴルジ槽と，トランスゴルジ網（TGN）で起こる．タンパク質のチロシン残基の硫酸化はトランスゴルジ網で起こる．

であるが，ゴルジ膜から小胞体への小胞の逆行性輸送は簡単である．逆行性輸送の働きの一つは，順行性輸送に用いる SNARE を粗面小胞体に戻すことである．逆行性輸送のもう一つの大切な働きは，ちょっと複雑だが，流出した小胞体在住タンパク質を小胞体へ戻すことである．粗面小胞体からゴルジ体への順行性輸送の流れは大変大きいので，小胞体在住タンパク質は COPⅡ順行性輸送小胞に巻込まれてしまう．これらの小胞体在住タンパク質は，効率のよい逆行性輸送系によって捕捉され小胞体に戻されなければ，枯渇してしまうであろう．つぎの二つのタイプのタンパク質が，逆行性輸送によって戻される．順行性輸送の COPⅡ被覆小胞が出芽するときに内容液の中に巻込まれた可溶性の小胞体在住タンパク質と，出芽時に小胞膜にたまたま含まれた小胞体在住の内在性膜タンパク質である．可溶性タンパク質と膜タンパク質は，識別されて逆行性輸送小胞に組込まれるための異なる逆行性輸送選別シグナルをもつ．可溶性タンパク質は C 末端に KDEL 配列（Lys-Glu-Asp-Leu，または類似の配列）をもち，内在性膜タンパク質は C 末端に KKXX 配列（Lys-Lys-X-X，または類似の配列）をもつ．これらの簡単な選別シグナルは，種々の可溶性および内在性膜タンパク質のアミノ酸配列を比較することにより見いだされた．これらの配列が選別シグナルとして働くことは，他のタンパク質，たとえば通常は小胞体に在住しないタンパク質に DNA レベルでシグナルを付加する実験で証明された．これらのハイブリッドタンパク質は，小胞体を出た後にきわめて効率よく捕捉されて小胞体に戻され，小胞体在住タンパク質となる．

小胞の逆行性輸送の仕組みは，本章ですでに述べた小胞輸送のモデル（図 4・13 および図 4・14 参照）に当てはめることができる．逆行性輸送小胞に使われるコートタンパク質は COPⅠ（coat protein Ⅰ）とよばれ，コートマー（coatomer）とよばれる 7 個のポリペプチドからなる可溶性複合体として細胞質ゾルに存在する．コートマーは Arf1 とよばれる GTP 結合タンパク質によって細胞質ゾルからゴルジ膜へ運ばれる．Arf1 は GEF によって活性化されるとゴルジ膜に挿入され，コートマーの結合と COPⅠ コートの形成を開始させる．COPⅡ 小胞と同様に，COPⅠ 複合体は選別シグナルと結合する内層と，コートを安定化させるための足場となる外層の 2 層からなると考えられる．内層は積み荷と結合する複数の部位をもつ．その一つは KKXX モチーフと結合し，このモチーフをもつタンパク質を出芽小胞に濃縮させる．KDEL シグナルをもつ可溶性タンパク質の場合には，膜貫通タンパク質である KDEL 受容体が関与する．この受容体は，KDEL シグナルに結合する内腔ドメインと，コートに結合する細胞質ゾルドメインをもち，KDEL シグナルをもつ内腔タンパク質を小胞が出芽する部位に結合させる．小胞が形成されるとコートは解離し，脱コートした小胞は係留因子や SNARE を用いて標的膜と融合する．

COPⅠ 被覆小胞の二つのおもな標的膜は，後方のゴルジ層板の膜と小胞体である．すなわち，COPⅠ 被覆小胞は，トランス側からシス側へ向かってゴルジ体の層板から層板へ，さらにシス層板から小胞体へ，逆方向に物質を運ぶと考えられる．COPⅠ 被覆小胞の方向性の研究には興味深い歴史がある．COPⅠ 被覆小胞の方向性は，最初ゴルジ層板間の小胞輸送の *in vitro* 再構成実験系を用いて研究され，順行性輸送小胞であると考えられた．その後，COPⅠ 小胞が逆行性輸送の積み荷をもつことを示す強い証拠が得られたが，順行性輸送と逆行

性輸送を行う2種類のCOP I 被覆小胞が存在するという可能性はなお存在する（両者の細かい違いはわかっていない）．

ゴルジ体における輸送の研究は現在も活発に行われ，しばしば新しい知見が得られている．たとえば，最近の研究によって，物質を小胞体へ逆行性輸送するのはCOP I 被覆小胞の系だけではないことがわかった．少なくとも一つの COP I 非依存性の逆行性輸送経路が存在し，医学的に重要なタンパク質毒素（大腸菌の病原性株が産生する志賀毒素など）はこの経路を使って細胞を傷害することがわかった．しかし，この経路の詳細はまだわかっていない．細胞小器官の膜輸送の理解がたえず修正されているもう一つの例として，つぎにゴルジ体における順行性輸送について述べる．

ゴルジ体における順行性輸送

ゴルジ体における順行性輸送の仕組みには，小胞シャトルモデルと槽成熟モデルの二つの基本モデルがある（図4・20）．小胞シャトルモデルでは，それぞれのゴルジ膜層板は安定な構造であり，シス側の隣接するゴルジ槽から積み荷を含む順行性輸送小胞を受取り，その積み荷を新しい小胞に積み込んでトランス側の層板に送り出すと考える．逆行性輸送が逆方向に働き，SNAREなどの分子を後方の層板にリサイクルする．一方，槽成熟モデルでは，ゴルジ層板は一時的な構造であり，ある層板は膜のリモデリングによって前方のトランス側の層板に変化すると考える．膜リモデリングは，逆行性輸送小胞を用いて糖転移酵素などのゴルジタンパク質を後方の槽に戻すことによって行われる．このモデルでは，すべての槽は物質を順方向に運ぶ一つの大きな小胞であり，それと同時に膜や酵素を生産ラインの後方の槽に戻すと考えることができる．新しいシスゴルジ網は移行型小胞体に由来する小胞小管コンパートメント（VTC，p.125参照）から生成し，層板を経由して，最終的にトランスゴルジ網になる．

1990年代末までは小胞シャトルモデルが信じられていた．しかしながら，いくつかの証拠によって多くの細胞生物学者の考えが変わった．一つは，COP I 被覆小胞が逆行性輸送を行うのに対して，小胞シャトルモデルに必要な順行性輸送を行う小胞が存在するという証拠が得られなかったのである．もう一つは，魚鱗や大きなコラーゲン複合体のような積み荷は大きすぎて，小さな順行性輸送小胞には入らない．しかし大きな複合体でも，槽が成熟するに伴って，槽に含まれてゴルジ体を輸送することができる．ゴルジ体における積み荷輸送の研究は現在も活発に行われており，研究が進むにつれて新しい発見がなされるであろう．

ゴルジ体以降

トランスゴルジ網からは三つの順行性輸送経路が存在する．一つは構成性分泌小胞で，積み荷をトランスゴルジ網から細胞膜へたえず輸送する．二つ目は調節性分泌小胞で，積み荷を細胞膜へ向けて梱包するが，分泌シグナルに応じてはじめて細胞膜と融合する．三つ目はリソソーム小胞で，リソソーム酵素を後期エンドソームまた

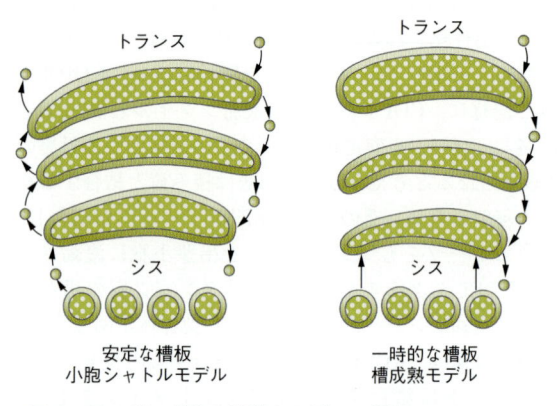

図4・20 ゴルジ体の輸送のモデル．小胞シャトルモデル（左）では，それぞれのゴルジ槽は安定な構造で，後方の槽から小胞を受取り，つぎの槽に小胞を送る．槽成熟モデル（右）ではゴルジ槽は一時的な構造であり，逆行性輸送小胞を用いてシス側の槽板に分子を輸送することによって，膜をリモデリングする．

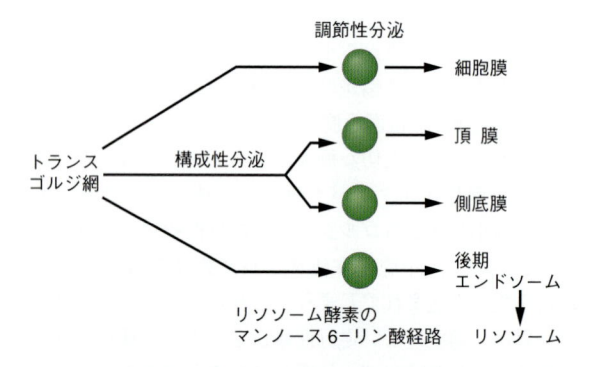

図4・21 トランスゴルジ網からの輸送の概略．トランスゴルジ網以降の分子の輸送には，おもに三つの経路がある．細胞膜へ向かう調節性分泌経路と，細胞膜へ向かう構成性分泌経路と，リソソーム酵素を後期エンドソームへ運ぶマンノース6-リン酸経路である．極性をもつ細胞における細胞膜への輸送には，積み荷を含む小胞を細胞膜の頂膜ドメインへ送る場合と側底膜ドメインへ送る場合がある．

ゴルジ体

はリソームに輸送する．これらの経路の概略を図4・21に示す．

構成性分泌と調節性分泌

小胞はたえずトランスゴルジ網から出て細胞膜の細胞質ゾル側と融合し，ハウスキーピング機能として脂質や膜タンパク質を補給している．この過程で積み荷の選別が行われるかどうかわかっていない．事実，構成性分泌経路の膜輸送の謎は，コートタンパク質が同定されていないことである．さらに，小胞が関係せず，膜の小管がトランスゴルジ網から細胞膜まで伸びて一時的に接触し，物質を輸送するとの説もあるが，この仕組みは議論中である．極性細胞のもう一つの問題は，頂膜と側底膜という二つの組成の異なる細胞膜があることである．頂膜行きの物質と側底膜行きの物質はどのようにして仕分けられ，異なる膜に運ばれるのであろうか？ それぞれ固有の積み荷と SNARE タンパク質をもつ2種類の小胞が同じトランスゴルジ網から出芽し，頂膜または側底膜へ移行することがわかっている．しかし，これらの小胞のコートタンパク質は知られていない．またあるタンパク質は，特に肝細胞においては，まず側底膜へ運ばれ，ついでエンドサイトーシス小胞に組込まれて頂膜へ運ばれることがわかっており，トランスサイトーシス（transcytosis）とよばれる．

調節性分泌小胞は小胞に蓄えるタンパク質を積み込み，必要に応じて分泌する．膵臓のβ細胞によるインスリンの分泌は調節性分泌の例であり，インスリンは小胞に蓄えられ，血糖の上昇に応じて分泌される．タンパク質を調節性分泌小胞に集めるのは，タンパク質が小胞形成部位に凝集するときに起こるらしい．この凝集物は二つ以上の異なる積み荷タンパク質を含むこともある．すなわち，調節性分泌タンパク質上の，互いに凝集する活性をもつ部分が選別シグナルとして働く．凝集体に加わらないタンパク質は小胞に入らない．調節性分泌小胞のコートタンパク質はまだ同定されていない．

リソーム酵素はマンノース 6-リン酸シグナルによってリソームへ輸送される

リソームは，ほとんどの天然巨大分子を消化する多くの可溶性加水分解酵素を含んでいる．リソーム酵素はN末端に切断性のシグナルペプチドをもつ典型的な分泌タンパク質として粗面小胞体内腔に入り，典型的なN結合型オリゴ糖鎖が付加され，フォールドされ，ゴルジ体へ輸送される．リソーム酵素をリソームに輸送するためには，これらの酵素を他のすべての分泌タンパク質から選別し，リソームへ送り出さねばならない．この過程の最初の反応はシスゴルジ網で起こり，リソーム酵素のN結合型オリゴ糖鎖のマンノース残基がリン酸化される．リソーム酵素がリソームへ移行する経路の発見は，基礎科学と臨床科学を結びつけた代表例であり，I細胞病（I cell disease；封入体病，inclusion body disease）とよばれる病気から始まった．I細胞病の患者では，多くのリソーム酵素がリソームに輸送されず，細胞外へ分泌される．多くの酵素の輸送が障害されることから，研究者たちは，この病気の原因が一群の酵素をリソームへ輸送する基本的な経路の障害によると考えた．I細胞病の患者の培養細胞から分泌されるリソーム酵素を正常細胞の培養液に加えると，I細胞リソーム酵素は正常細胞に取込まれなかった．一方，正常細胞のリソーム酵素を正常細胞またはI細胞の培養液に加えると，正常酵素はどちらの細胞にも取込まれた．この実験から，健常人のリソーム酵素とI細胞病患者のリソーム酵素には，構造の違いがあることがわかった．生化学的研究が行われ，正常酵素のマンノース

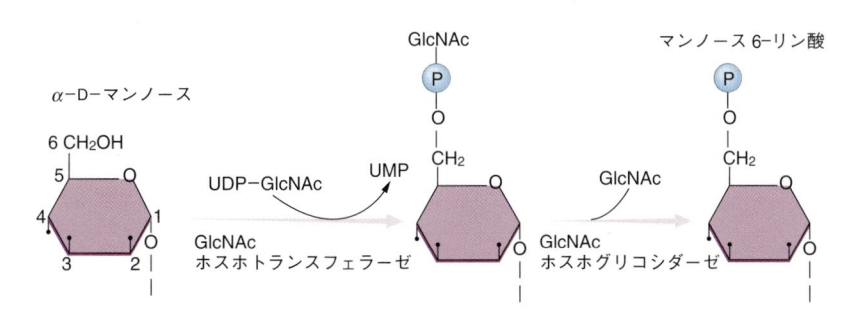

図 4・22 リソーム酵素のマンノース 6-リン酸の生成． マンノース 6-リン酸の付加はシスゴルジ網の中で2段階の反応で起こる．まず，N-アセチルグルコサミン（GlcNAc）ホスホトランスフェラーゼが UDP-GlcNAc を用いて，リソーム酵素のN結合型オリゴ糖鎖のマンノース残基の6位に GlcNAc リン酸をホスホジエステル結合で付加する．つづいて，ホスホグリコシダーゼが GlcNAc を除去し，マンノースの6位にリン酸が残る．

残基にはリン酸が結合しているが，I細胞病の酵素のマンノース残基にはリン酸が結合していないことが明らかになった．

その後の研究により，マンノース6-リン酸（M6-P）受容体が同定された．この受容体は膜貫通タンパク質で，選別シグナルとしてマンノース6-リン酸を含むリソソーム酵素に結合する．興味深いことに，この結合は中性pHで強いが酸性pHで弱く，細胞内においてリソソーム酵素と受容体の結合がpHによって調節されることの基礎になっている．マンノース残基へのリン酸の付加は2段階で起こる．まず，N-アセチルグルコサミンホスホトランスフェラーゼによって，マンノースの6位にUDPで活性化されたN-アセチルグルコサミンからN-アセチルグルコサミンリン酸がマンノース残基に結合し，ついでN-アセチルグルコサミンが切断除去され，マンノースリン酸が生成される（図4・22）．

I細胞病の患者ではN-アセチルグルコサミンホスホトランスフェラーゼが欠損しており，リソソーム酵素はリン酸化されない．リソソーム酵素のソーティングシグナルはリン酸化された糖であり，シグナルペプチドやKDEL残留シグナルのような今までに述べた選別シグナルと異なるようにみえる．しかしホスホトランスフェラーゼが働くためには，リソソーム酵素に特異的で他の分泌タンパク質にはないタンパク質モチーフのシグナルを認識する必要がある．このシグナルは，正しくフォールドしたリソソーム酵素にのみ存在する共通のタンパク質三次元構造である．したがって，リソソーム酵素の選別シグナルも，他の選別シグナルと同様に，最終的にはタンパク質のアミノ酸配列にコードされていることになる．

トランスゴルジ網からリソソームへのリソソーム酵素の輸送経路を図4・23に示す．マンノース6-リン酸標識をもつリソソーム酵素は，他の分泌タンパク質とともにトランスゴルジ網内腔に到着する．トランスゴルジ網のpHはやや酸性であるが，マンノース6-リン酸受容体がリソソーム酵素と結合するには十分であり，リソソーム酵素はトランスゴルジ網から出芽する小胞に積み込まれる．小胞の出芽にはクラスリン（clathrin）とよ

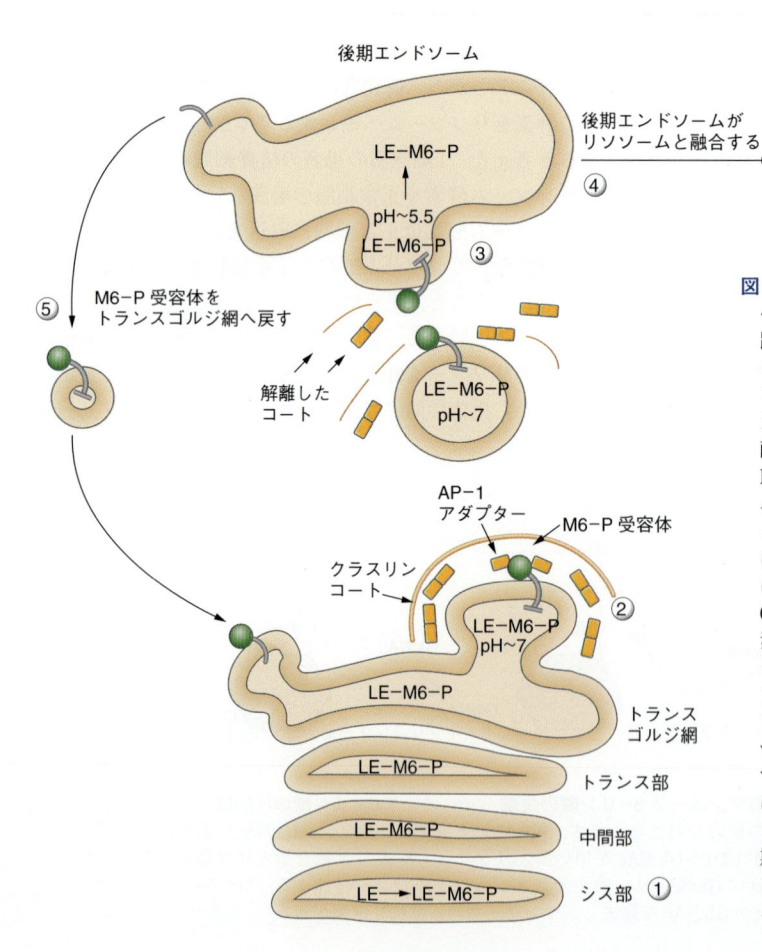

図4・23　リソソーム酵素（LE）をリソソームへ輸送するマンノース6-リン酸（M6-P）経路．(1) リソソーム酵素はシスゴルジ網（CGN）でM6-Pの付加を受け，他の分泌タンパク質とともにゴルジ槽を通ってトランスゴルジ網（TGN）へ運ばれる．(2) リソソーム酵素はM6-Pによってトランスゴルジ網のM6-P受容体に結合し，他の可溶性分泌タンパク質から分けられる．クラスリン/アダプタータンパク質1（AP-1）アダプターコートは，低分子量GTP結合タンパク質Arf（図には示してない）との結合によって集まり，M6-P受容体とそれに結合しているリソソーム酵素が出芽小胞に積み込まれる．(3) 小胞が形成されコートが除かれると，小胞は後期エンドソームと融合するが，ここはpHが低く，リソソーム酵素はM6-P受容体から解離する．(4) ついでリソソーム酵素は，後期エンドソームがすでに存在するリソソームと融合するか，またはリソソームに成熟することによって，リソソームに到着する．(5) M6-P受容体は，後期エンドソームから出芽する小胞によってトランスゴルジ網に戻されるが，この経路に関与するコートは不明である．

ばれるコートタンパク質複合体が用いられるが，クラスリンは今までに述べたコートタンパク質の基本的な性質をもっている．クラスリンと膜との最初の結合には，低分子量GTP結合タンパク質Arf1が働く．Arf1はすでに述べたように，COP I コートとゴルジ膜との結合にも関与し，またあとで述べるように，他のコートと膜との結合にも関与する．Arf1がどのようにして種々のコートと種々の膜との結合に働くのかは，わかっていない．クラスリンコートはアダプタータンパク質1（adaptor protein 1, AP-1）からなる内層をもち，AP-1は四つの異なるサブユニットを1個ずつ含む．AP-1は，マンノース6-リン酸受容体を含む積み荷タンパク質の細胞質ゾルドメインに結合し，リソソーム酵素をコート装置につなぎとめる．コートタンパク質の外層はクラスリンを含む．クラスリンは1本の重鎖と1本の軽鎖からなり，これらが会合してトリスケリオン（triskelion）とよばれる3本の脚をもつ三量体となる．トリスケリオンが重合してクラスリンコートの外層を形成する（図4・23参照）．クラスリン被覆小胞が出芽するとコートは解離し，小胞は特異的なRabタンパク質とSNAREタンパク質を用いて後期エンドソームと融合する．

後期エンドソームのpHは酸性（約5.0～5.5）で，エンドソーム膜に存在するATP依存性のプロトンポンプによって保たれている．マンノース6-リン酸受容体のマンノース6-リン酸に対する親和性はpHに依存し，後期エンドソームの低いpHでは親和性は低く，リソソーム酵素は受容体より解離する．これはリソソーム酵素の輸送を促進するように働き，後期エンドソームにおけるリソソーム酵素の解離の基盤となっている．空になったマンノース6-リン酸受容体は，逆行小胞によってトランスゴルジ網にリサイクルされる．受容体とリガンドの解離にpH勾配を利用するのは，エンドサイトーシス経路で再びみることができる．マンノース6-リン酸受容体をトランスゴルジ網に戻す小胞のタイプは不明である．後期エンドソームの酸性化を阻害する試薬を投与すると，すべての受容体に酵素が結合した状態となり，リソソームへの輸送が阻害される．リソソーム酵素を含んだ後期エンドソームはリソソームと融合し，マンノース6-リン酸のリン酸が除去され，ターゲッティングシグナルが消失する．

トランスゴルジ網には，GGAコートとAP-3複合体とよばれる，少なくともあと二つのコートタンパク質複合体がある．GGAコートは，外層としてクラスリンと結合するアダプター層を形成し，トランスゴルジ網からリソソームへのリソソーム酵素の輸送に働くと思われるが，他の働きもあるかも知れない．AP-3は，AP-1と構造が似た第三のタイプのアダプターで，いくつかの酵素を直接リソソームに輸送するのに働いているらしい．Hermansky-Pudlak症候群2型は，AP-3アダプターのサブユニットの欠損によって起こり，色素沈着障害，免疫力低下，および血液異常を伴う．トランスゴルジ網以降やリソソームタンパク質のターゲッティングについては，不明の点が多い．たとえば，I 細胞病の患者の肝細胞では，リソソーム酵素はリソソームへ正しく輸送されており，別の小胞輸送経路が使われていると考えられる．

エンドサイトーシス，エンドソームとリソソーム

エンドサイトーシスは，細胞膜が小胞を形成して物質を細胞内に取込む現象を示す一般的な言葉である．エンドサイトーシスの特徴は，多くの生理的に重要な分子を細胞内に取込む入口であることと，病原体がしばしばこの経路で細胞内に侵入することである．エンドサイトーシスにはいくつかの異なるタイプがあり，あるタイプは特定の細胞でのみみられ，他のタイプはすべての細胞にみられる．食作用（ファゴサイトーシス）はアクチン依存的に大きな小胞（1μm以上）をつくる場合で，マクロファージや好中球にみられ，しばしば体内に侵入した細菌などの大きな粒子を飲込むのに用いられる．この大きな小胞はファゴソーム（phagosome）とよばれ，リソソームと融合し，飲込んだ物質はリソソーム酵素によって分解される．他のタイプのエンドサイトーシスは，クラスリン非依存性エンドサイトーシスとクラスリン依存性エンドサイトーシスの二つに分けられる．クラスリン非依存性エンドサイトーシスには，いくつかのタイプがある．マクロピノサイトーシスはクラスリン非依存性エンドサイトーシスの一つで，細胞膜がくびれ込んで，ある容量の細胞外液を飲込んだ小胞を形成する．第二のタイプのクラスリン非依存性エンドサイトーシスは，コレステロールやスフィンゴ脂質に富む脂質ラフト（lipid raft）とよばれる膜部分から細胞質ゾルへ小胞を出芽する．第三のタイプは，脂質ラフト部位からカベオリンとよばれるタンパク質を含む小型の小胞を形成する場合で，内皮細胞，脂肪細胞，および線維芽細胞でよくみられる．種々のタイプのクラスリン非依存性エンドサイトーシスの仕組みや機能は，よくわかっていない．クラスリン依存性エンドサイトーシスはその名前が示すように，コートタンパク質であるクラスリンを用いてエンドサイトーシス小胞を形成する．クラスリン依存性エンドサイトーシスはほとんどすべての細胞でみられ，次節で詳しく述べる．

クラスリン依存性エンドサイトーシス

典型的な哺乳動物細胞は，主として50〜100 nmのクラスリン依存性小胞を形成することによって，1時間当たり細胞表面積のおよそ半分の細胞膜を細胞内に取込んでいる．小胞が形成されるとき，細胞外物質はつぎの二つの方法で細胞内に取込まれる．一つは，小胞に飲みまれた溶液に含まれる可溶性成分として取込まれ，もう一つは，小胞が形成される部位で受容体に結合した物質として取込まれる．液体の取込みは従来から飲作用（pinocytosis）とよばれ，一方受容体に結合した物質の取込みは受容体依存性エンドサイトーシス（receptor-mediated endocytosis）とよばれる．受容体依存性エンドサイトーシスは，取込まれる物質が小胞形成部位に濃縮されるため，飲作用に比べてはるかに効率がよい．事実，細胞は細胞外栄養物やシグナル分子を受容体依存性エンドサイトーシスによって取込むために，細胞膜に種々の特異的な受容体を備えている．

クラスリン依存性の受容体依存性エンドサイトーシスの経路は，本章で述べた小胞輸送と基本的によく似ている（図4・15と図4・16参照）．細胞膜の細胞質ゾル側へのコートの結合を開始させる低分子量GTP結合タンパク質は，Arf1とよばれる．コートは，アダプタータンパク質2（AP-2）を含む内層とクラスリンの外層からなる．AP-2は，トランスゴルジ網で用いられるAP-1アダプターと似た構造をもつ．AP-2は，膜貫通受容体の細胞質ゾルドメインに対する結合部位をもち，受容体を効率よく小胞に取込むのに働く．多くの細胞の細胞膜内面のおよそ2％は，たえずクラスリン/AP-2で覆われており，クラスリン被覆小孔（ピット）を形成している．この小孔は，電子顕微鏡で膜の内側に電子密度の高い領域として観察される．いくつかの受容体は，AP-2との結合を介していつもクラスリン被覆小孔に集まっているが，他の受容体は通常AP-2結合部位を露出しておらず，細胞外領域にリガンドが結合してはじめて小胞に結合する．したがって，異なるタイプの受容体が同じクラスリン被覆小孔に結合し，同じ小胞に入ることになる．

小胞が出芽するとクラスリン/AP-2は解離し，小胞は互いに融合して初期エンドソームを形成するか，または既存の初期エンドソームと融合する．これらの融合は，典型的なRabタンパク質とSNAREによって調節される．初期エンドソームは，プロトンを細胞質ゾルから取込むプロトン輸送性ATPアーゼをもち，エンドソームの内腔を酸性にしている．トランスゴルジ網のところで述べたマンノース6-リン酸受容体と，そのリガンドであるマンノース6-リン酸の場合と同様に，多くの（すべてではない）受容体とリガンドの親和性はpHによって制御されている．pHが低いと受容体とリガンドが解離し，リガンドがエンドソーム内腔液中に遊離し，一方空になった受容体は膜にとどまる．この解離はきわめて重要であり，この解離によって受容体は細胞膜へリサイクルされ，つぎのエンドサイトーシスによる取込みに用いられる．リサイクリングは初期エンドソームから始まり，エンドソームから出芽した小胞が細胞膜と融合すると考えられる．しかし，この経路に働くコートタンパク質は同定されていない．初期エンドソームは，出芽によって膜の一部が失われるとその性質が変化し，後期エンドソームになる．上に述べたように，後期エンドソームはトランスゴルジ網よりリソソーム酵素を受取るので，細胞外から取込まれてエンドソームで受容体から遊離したリガンドは，消化酵素と一緒になる．後期エンドソームはついでリソソームと融合し，エンドサイトーシスで取込んだ物質をリソソーム酵素とともにリソソームへ輸送する．クラスリン依存性エンドサイトーシス経路の概略を，図4・24に示す．つぎに，エンドサイトーシス経路の例として，低密度リポタンパク質（LDL）とトランスフェリンの受容体依存性取込みについて詳しく述べる．

低密度リポタンパク質とトランスフェリンの受容体依存性エンドサイトーシス

低密度リポタンパク質（LDL）は血中に存在する直径20〜25 nmのリポタンパク質粒子で，リン脂質の一重層とアポリポタンパク質B-100（アポB-100）からなる外層が，コレステロールエステルのコアを包む構造をしている．LDLは肝臓で合成されたり食物に由来するコレステロールを細胞に運び，受容体依存性エンドサイトーシスによって細胞に取込まれる．LDL受容体は細胞膜に存在する1回膜貫通タンパク質で，細胞外部分はアポB-100に対する結合部位をもち，細胞内部分にAP-2アダプターに対する結合部位をもつ．ヒトの遺伝性疾患である家族性高コレステロール血症の研究によって，LDL受容体の変異が同定され，受容体依存性エンドサイトーシスとコレステロールの恒常性に関する理解が大きく進んだ．あるタイプのLDL受容体変異では，変異タンパク質が被覆小孔に集合しない．変異受容体の解析により，AP-2アダプターに対する結合の選別シグナルであるAsn–Pro–X–Tyr配列（一文字表示ではNPXY．Xはどのアミノ酸でもよい）に変異が同定された．興味深いことに，LDL受容体のこの選別シグナルに結合できないAP-2アダプターのサブユニットの変異もみつかって

いる．この変異AP-2は，同じシグナルをもつ他の受容体とも結合できない．

アポB-100とLDL受容体の構造解析から，LDLがエンドソームの低いpHで受容体から解離する理由が分子レベルで明らかになった．LDL受容体の特定のドメインにヒスチジン残基が存在し，プロトン化するとアポB-100との結合ができなくなり，LDLが解離する．小胞中のLDLはリソソームに運ばれ，そこで分解されてコレステロールを遊離し，コレステロールは細胞で使われる．細胞は，肝臓や食物に由来するコレステロールをLDLから得るか，またはコレステロールを新生合成する．コレステロールが食物から供給され細胞に供給され

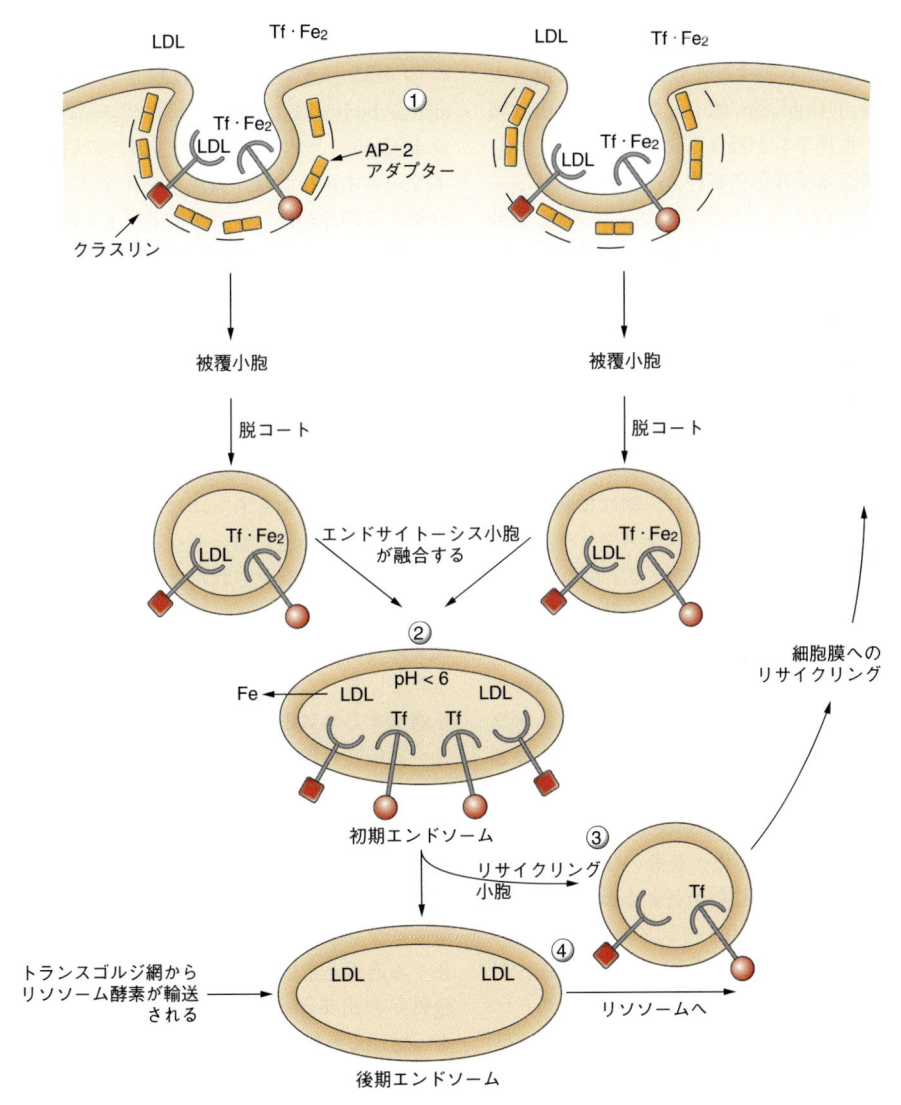

図 4・24 低密度リポタンパク質（LDL）とトランスフェリンのクラスリン依存性エンドサイトーシス． 1) LDLとトランスフェリン（Tf・Fe$_2$）は，細胞膜上のそれぞれの受容体に結合する．これらの膜貫通受容体の細胞内ドメインには，クラスリンコートのアダプタータンパク質2（AP-2）層に結合するペプチド配列があり，クラスリン被覆小胞は細胞膜から出芽する．2) コートが解離すると，小胞は互いに融合して初期エンドソームになるか，またはすでに存在する初期エンドソームと融合する．初期エンドソーム内腔のpHはプロトン輸送ATPアーゼによって低下しており，LDLが受容体から解離したり，鉄がTf・Fe$_2$から解離するが，アポトランスフェリンは受容体と結合したままである．3) ついで，リサイクリング小胞が初期エンドソーム（またはリサイクリングエンドソーム recycling endosome とよばれる構造物．図には示していない）から出芽し，空になったLDL受容体やTf/Tf受容体複合体を細胞膜に戻す．4) 初期エンドソーム内腔のLDLは，内腔液とともに後期エンドソームを経由してリソソームに移行し，そこで分解されてコレステロールを遊離する．

るときは，細胞はコレステロール量を感知し，コレステロール合成をフィードバック抑制する．しかしLDL受容体欠損患者では，食物由来のコレステロールが血中にあっても細胞はそれを取入れることができず，その不足を補うためにコレステロール合成が亢進する．すなわち，食物由来のコレステロールに応じて合成を調節することができず，全身のコレステロールは増加し，若年性の動脈硬化症が起こる．家族性高コレステロール血症とLDLシステムに関する研究は，生物学および医学に大きな影響を与え，1985年にはこの分野の進歩に最も大きく貢献したJoseph Goldstein博士とMichael Brown博士にノーベル医学生理学賞が授与された．

細胞は，少し異なる受容体依存性エンドサイトーシスによって鉄（Fe）を取込む．トランスフェリンは，2分子のFe^{3+}を結合し細胞に運ぶ血清タンパク質である．細胞膜に存在するトランスフェリン受容体は，細胞内ドメインがAP-2アダプターと結合することにより被覆小孔に集積し，受容体と鉄を結合したトランスフェリンの積み荷を細胞内に取込む．しかし，エンドソームの低いpHにおいて，トランスフェリンは受容体から解離しない．一方，トランスフェリン自身が低いpHでコンホメーション変化を起こし，鉄を遊離し，鉄は細胞質ゾルに移行する．鉄を結合していないトランスフェリンはアポトランスフェリン（apotransferrin）とよばれ，受容体と一緒に細胞膜へリサイクルされる．細胞外の中性pHでは，アポトランスフェリンの受容体に対する親和性が低く，アポトランスフェリンは細胞外液中に遊離する．アポトランスフェリンにFe^{3+}が結合すると，トランスフェリン受容体に対する親和性が大きくなり，つぎの受容体依存性エンドサイトーシスと鉄輸送のサイクルに入る．LDLとトランスフェリンの受容体依存性エンドサイトーシス経路を比較すると，経路の仕組みが細胞の必要性に応じていかに変化したかがよくわかる．次節では，受容体依存性エンドサイトーシスの変形として，膜成分自身が分解のためにリソソームへ輸送される仕組みについて述べる．

多胞体

LDLやトランスフェリンのエンドサイトーシス経路と異なり，一部のリガンドは受容体依存性エンドサイトーシスによって細胞内に取込まれ，リソソームで受容体とともに分解される．たとえば，表皮成長因子（EGF, 上皮成長因子）のようなペプチドホルモンとその受容体は，受容体依存性エンドサイトーシスで取込まれた後，ともにリソソームで分解される．ホルモンと受容体がともに分解されると，細胞表面の受容体の数が減少するので，細胞のホルモンに対する感受性は一時的に低下する．他の膜受容体は，細胞成分の生理的な代謝回転の一部としてリソソームで分解される．そうすると，エンドソーム膜の一部が結合したリガンドとともに，いかにして分解のためにリソソームへ運ばれるかが問題になる．通常，リソソーム膜自身は，内腔側に存在する消化に抵抗性の糖タンパク質の層によって，リソソーム酵素による攻撃から守られている．50年以上も前に，エンドソームの電子顕微鏡像において，大きなエンドソームの中に小さい小胞が観察され，多胞体（multivesicular body）または多胞エンドソーム（multivesicular endosome）と名づけられた．最近の研究により，エンドソーム中の小胞は，膜成分をリソソーム酵素によって分解する調節経路の一部であることが明らかになった．

表皮成長因子受容体を含む細胞膜受容体のいくつかは，細胞内ドメインにモノユビキチン化を受ける．このユビキチン化では，一連の反応によって受容体のリシン残基にユビキチンとよばれる小さいタンパク質が共有結合する．ユビキチン化は以下に述べるように，タンパク質分解に関係するいろいろな生体反応のシグナルとなる．AP-2複合体は，ユビキチン化されたタンパク質に対する結合部位をもち，ユビキチン化タンパク質を細胞膜からの出芽小胞に結合させる．エンドサイトーシスの後に，ユビキチン化された受容体は，エンドソーム小胞が出芽するエンドソーム膜上の部位に集積される．この出芽過程に関与するタンパク質複合体が，いくつか同定されている．このなかには，小胞に積み込むタンパク質を選別するユビキチン結合タンパク質や，小胞をエンドソーム内腔へ出芽させるために膜を変形させるタンパク質が含まれる．エンドソーム内に遊離した小胞は，リソソームに運ばれ分解される（図4・25）．

エンドソーム内腔は細胞外スペースに相当し，エンドソーム内部への小胞の出芽は，HIV（ヒト免疫不全ウイルス）など膜エンベロープをもつウイルスが細胞外へ出芽する過程と空間的に似ている．多くのウイルスは，細胞外への出芽に必要なすべてのタンパク質の遺伝子をもっているわけではなく，多胞体が出芽するのに用いる成分を盗用する．多胞体形成と病原ウイルスの生活環の関係を理解することは，ウイルス学の分野できわめて重要であり，これに基づいてウイルスの出芽，ひいてはウイルスの感染を防ぐ方法を開発できるかも知れない．

リソソーム

リソソームの研究の歴史は長い．リソソームは最初，細胞破砕液の遠心分離による生化学的解析において，一

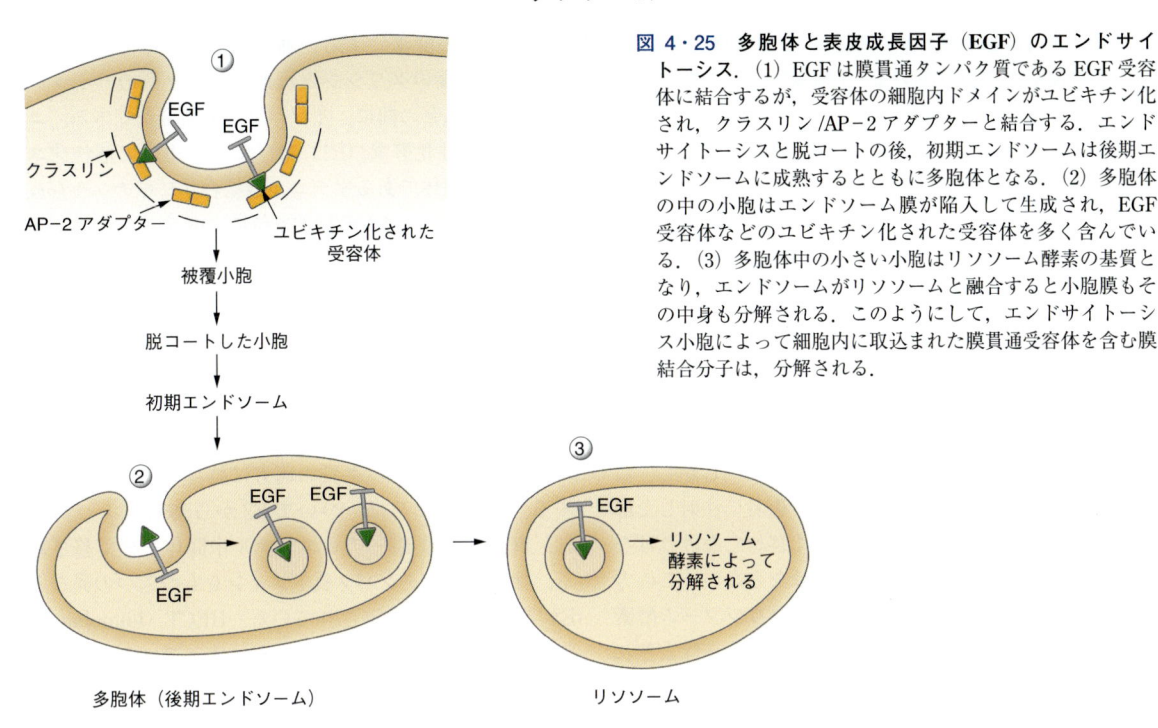

図 4・25 多胞体と表皮成長因子（EGF）のエンドサイトーシス．（1）EGF は膜貫通タンパク質である EGF 受容体に結合するが，受容体の細胞内ドメインがユビキチン化され，クラスリン/AP-2 アダプターと結合する．エンドサイトーシスと脱コートの後，初期エンドソームは後期エンドソームに成熟するとともに多胞体となる．（2）多胞体の中の小胞はエンドソーム膜が陥入して生成され，EGF 受容体などのユビキチン化された受容体を多く含んでいる．（3）多胞体中の小さい小胞はリソソーム酵素の基質となり，エンドソームがリソソームと融合すると小胞膜もその中身も分解される．このようにして，エンドサイトーシス小胞によって細胞内に取込まれた膜貫通受容体を含む膜結合分子は，分解される．

群の酸性加水分解酵素を含む大きな顆粒として発見された．この大きな顆粒は，電子顕微鏡の手法が開発される以前に生化学的に解析され，細胞小器官であると推定された．リソソームはその後電子顕微鏡によって観察され，膜に包まれた細胞小器官であることが証明された．Christian de Duve はこの研究によって，Albert Claude と George Palade とともに，1974 年度のノーベル医学生理学賞を受賞した．このノーベル賞は現代細胞生物学の幕開けとなった．

リソソームは直径 0.2〜0.6 μm の膜で囲まれた小胞で，酸性の最適 pH をもつ種々の加水分解酵素を含んでいる．リソソーム内の pH は，リソソーム膜に存在するプロトン輸送性 ATP アーゼによっておよそ 4.5 に保たれている．この ATP アーゼは，プロトン勾配を用いて ATP を合成するミトコンドリアの ATP 合成酵素と構造的に類似している．加水分解酵素はプロテアーゼ，ヌクレアーゼ，グリコシダーゼ，リパーゼなどを含み，自然界に存在するほとんどすべての高分子を，その構成単位に分解することができる．すでに述べたように，多くのリソソーム酵素はマンノース 6-リン酸シグナルを用いて後期エンドソームへターゲッティングされる．ほとんどのリソソーム酵素は，リソソームに到達するまでは酵素活性をもたないプロ酵素として存在する．プロ酵素がリソソームに到達すると，すでに存在しているリソソームプロテアーゼによって 1〜2 箇所のペプチド結合が切断され，プロ酵素は活性化される．リソソーム膜の内側は糖タンパク質の多糖の保護層で覆われているので，リソソームの加水分解酵素による攻撃を受けない．

アミノ酸や糖やヌクレオチドなどのリソソーム消化産物は，リソソーム膜を通って細胞質ゾルに運ばれ，そこでの栄養分子のプールに入る．すなわち，リソソームの働きの一つは栄養物質を得ることであり，LDL 経路によるコレステロールの細胞への供給についてはすでに述べた．しかし，リソソームは他にも多くの働きをしている．その一つは，食作用による微生物からの防御で，微生物はマクロファージのリソソームに相当するファゴソームによって消化される．もう一つの働きは，受精において精子がリソソーム酵素を細胞外へ放出する場合で，精子の卵への侵入を助ける．第三の働きはオートファジー（自食）とよばれる過程で，細胞は自己の細胞内成分の一部を分解する．オートファジーは正常な代謝回転過程の一部として起こるが，飢餓時の細胞では亢進し，細胞成分は栄養物質に分解されリサイクルされる．オートファジーの最初は，杯状の膜構造が細胞内構造物を包み込んで閉じた液胞を形成する．この自己貪食胞の中には，電子顕微鏡でミトコンドリアの断片などの細胞内構造が観察される．この膜の起源は明確ではないが，小胞体またはエンドソームに由来すると考えられる．この液胞はリソソームと融合し，内容物は消化酵素によって分解される．

リソソーム酵素の遺伝的欠損による40種以上のリソソーム蓄積症が知られている．I細胞病はこのなかの一つであり，リソソーム酵素のリソソームへのターゲッティングに働くマンノース6-リン酸経路の発見の糸口となったことはすでに述べた．テイ・サックス（Tay-Sachs）病はもう一つの代表的な病気で，特にガングリオシドが多い神経組織に糖スフィンゴ脂質が蓄積する．本症は，ガングリオシドの分解において糖鎖を除去するα-ヘキソサミニダーゼの欠損によって起こる．重症のテイ・サックス病の小児は知能障害や麻痺をきたし，生後3～4年以内に死亡する．リソソーム蓄積症が単一のリソソーム酵素の欠損によって起こることがわかると，活性酵素による酵素補充療法が考えられた．しかし，この方法を応用するのは簡単ではない．患者に注射した酵素は，傷害細胞のリソソームへ正しく移行しなければならず，好ましくない場所へ移行してはならない．この方法が試みられた頃には，注射で投与したリソソーム酵素は，治療効果が出る前に細胞によって血中から除去され分解された．この消失の仕組みを調べることにより，酵素の特定の糖残基が，特定の細胞による取込みと分解のシグナルであることがわかった．この糖鎖を修飾して酵素の分解を防ぐことにより，治療効果が得られるようになった．この酵素補充療法はグルコセレブロシダーゼ欠損によるゴーシェ（Gaucher）病やα-ガラクトシダーゼ欠損によるファブリ（Fabry）病に使われ，いくつかの症状の改善に役立っている．酵素補充療法は，基礎細胞生物学と医学の協力が病気の治療に役立っている例である．

ユビキチン-プロテアソーム系は非リソソーム系のタンパク質分解に働く

2004年，テクニオンイスラエル工科大学のAaron CiechanoverとAvram Hershko，および元フォックスチェイス癌センターのIrwin Roseは，ユビキチン-プロテアソーム系の歴史的な発見によりノーベル化学賞を受賞した．ユビキチン-プロテアソーム系は，ATP依存性タンパク質分解の主要な非リソソーム経路である．最初にタンパク質のユビキチン化の仕組みについて，ついでタンパク質分解におけるプロテアソームの働きについて述べる．

ユビキチンは8.6 kDaの高度に保存されたポリペプチドで，すべての真核細胞に遊離の形または他のタンパク質に共有結合した形で存在する．タンパク質のユビキチン化は標的タンパク質の翻訳後修飾であり，ユビキチン化酵素や脱ユビキチン酵素を含む動的な過程である．図4・26に示すように，標的タンパク質のユビキチン付加は多段階反応である．

いくつかの酵素による一連の反応によって，ユビキチンのC末端のグリシンと標的タンパク質のリシンのε-アミノ基との間に，イソペプチド結合ができる．ユビキチン活性化酵素（E1）は，ATPを用いて活性化ユビキチン中間体であるアデニル酸結合ユビキチンを形成し，これを介してE1の活性部位のシステインとユビキチンのC末端のグリシンの間に，高エネルギーチオエステル結合をつくる．活性化ユビキチンは，ついでE1からユビキチン結合酵素（E2）の活性部位のシステインに移される．最後の段階であるユビキチンと標的タンパク質とのイソペプチド結合の形成は，ユビキチン-タンパク質リガーゼ（E3）によって行われる．通常E3は，E2と標的タンパク質の両方に結合し，三者が近接する．ユビキチンは，ついでE2から基質タンパク質に，直接またはE3-チオエステル中間体を経て移される．保存されたタンパク質ドメインをもつ二つの異なるE3ファミリーが同定されている．HECT（homologous to E6-AP carboxyl terminus）ドメインファミリーのメンバーは，ユビキチンとチオエステル中間体を形成し，ユビキチンを基質タンパク質に結合させる．一方，もう一つのRINGドメインE3のメンバーは，ユビキチンを直接標的タンパク質に移すと考えられている．異なるE3メンバーが異なるE2と結合し，特異的なE2/E3の組合わせによって，タンパク質のユビキチン化の特異性が生じると考えられる．もう一つの結合因子であるE4は，ポリユビキチン化に働く．

ユビキチン化は，細胞周期の進行や転写活性化やアポトーシスなど，多くの重要で多彩な細胞活動に関与している．最もよく知られた基質はポリユビキチン化されたタンパク質であり，26Sプロテアソーム複合体によって分解される．四つ以上のユビキチン分子が結合したポリユビキチン鎖は，プロテアソーム19S調節複合体によって認識され，基質タンパク質は20Sコア複合体によって分解される．図4・26（b）に示すように，20S複合体は，四つの重なったリングをもつ樽型分子である．四つのリングのうちの外側にはαリングが二つ，内側にはβリングが二つ存在する．それぞれのリングは七つの異なるサブユニットからなり，活性部位はβリングの特定のサブユニットに存在する．最初に，ポリユビキチン化されたタンパク質は，ユビキチン鎖を介して19S複合体に結合する．この結合によってαリングが広がり，タンパク質は20Sコア複合体の樽の中に入り，分解されて小さいペプチドになる．ペプチドは，細胞質ゾルに存在するアミノペプチダーゼやカルボキシペプダーゼによってアミノ酸に分解される．遊離したポリユビキチン鎖は，特異的な脱ユビキチン酵素によって脱重合さ

れる．

ユビキチンとユビキチン関連酵素は，翻訳，転写因子やリン酸化酵素の活性化，DNA 修復の活性化，タンパク質相互作用の調節など，タンパク質分解に直接関係しない種々の細胞機能の調節にも働いている．第 9 章と 10 章で述べるように，ユビキチン-プロテアソーム系は，いくつかの癌や神経疾患において重要な役割を果たしている．

ミトコンドリア

ミトコンドリアのおもな機能の一つは，酸化的リン酸化によって生じた ATP を細胞に供給することである（図 4・31 参照）．ミトコンドリアはそのほかに，ヘム合成，鉄-硫黄（Fe/S）クラスター合成，ステロイド合成，脂肪酸代謝，細胞の酸化還元状態の調節，カルシウムの恒常性維持，アミノ酸代謝，糖代謝，タンパク質分解など多くの代謝機能に関与している．さらに，ミトコンドリアはプログラム細胞死（アポトーシス）において中心的な役割を果たす（第 10 章参照）．また，特定の細胞でのみ行われるミトコンドリア機能もある．たとえば，肝細胞のミトコンドリアには，タンパク質分解の老廃物であるアンモニアを解毒する酵素が存在する（尿素回路，urea cycle）．

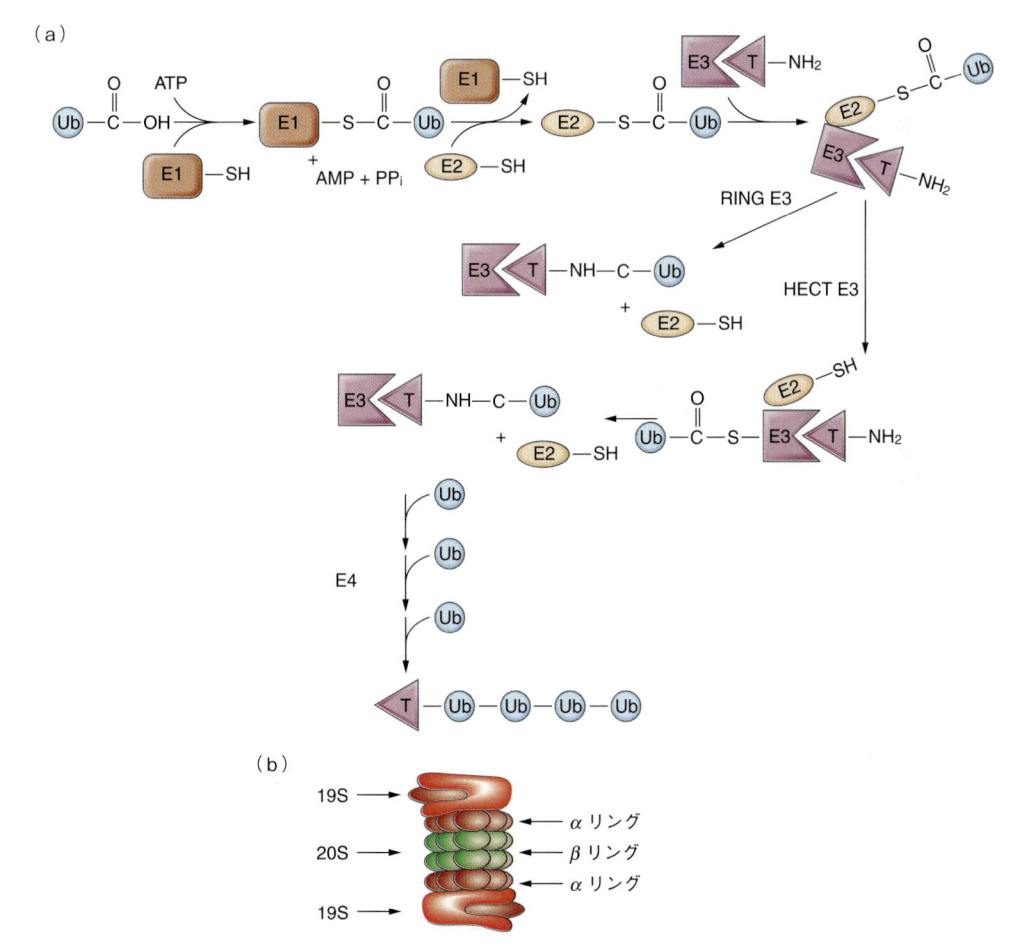

図 4・26 ユビキチン化経路．(a) 遊離ユビキチン（Ub）は ATP 依存性の反応によって活性化され，E1 とユビキチンの C 末端の間にチオエステル中間体が形成される．ユビキチンはついで，再びチオエステル結合によって E2 に移される．E3 酵素には二つの種類がある．E3 の RING ドメインは標的タンパク質（T）と結合し，ユビキチンを直接 E2 から標的タンパク質に移す．HECT ドメインをもつ E3 は，まずユビキチンとチオエステル中間体を形成し，その後ユビキチンを E2 から標的タンパク質に移す．E4 は，ユビキチンの 48 位のリシンとつぎのユビキチンの C 末端を結合させながら，つぎつぎとユビキチンを付加する．(b) プロテアソームの構造．

ミトコンドリアは電子顕微鏡で，長さが 1～2 μm，幅が 0.1～0.5 μm のほぼ長円形の細胞小器官として観察される（図 4・27）．生細胞のミトコンドリアをローダミン 123 などの蛍光色素で染めて観察すると，ミトコンドリアはきわめて動的な細胞小器官であり，形を変えたり融合したり分裂したり動いたりしている．哺乳動物細胞には通常数百～数千個のミトコンドリアが存在するが，その数は細胞の代謝要求性によって変わる．

ミトコンドリアは，外膜と内膜の 2 枚の膜で囲まれている．その結果，内膜と外膜の間の膜間腔と，内膜に囲まれたマトリックスの二つの可溶性画分が生じる（図 4・27 参照）．外膜にはポリン（porin）とよばれる主要な内在性タンパク質が存在する．ポリンは外膜にチャネルを形成し，5000 Da 以下の分子は自由に通過できる．内膜には，呼吸鎖や ATP 産生や，小分子やイオンの膜透過に関与するタンパク質が存在する．内膜はマトリックスに折れ込んでクリステ（cristae）を形成し，内膜の表面積を広げ，ATP 産生の能力を高めている．内膜は，リン脂質の一つであるカルジオリピン（ジホスファチジルグリセロール）を多く含んでいる．カルジオリピンは，内膜脂質二重層の小さいイオンに対する透過性を低下させると考えられている．マトリックスには，ピルビン酸の酸化に関与する酵素やクエン酸回路（citric acid cycle）の酵素などが存在する．マトリックスにはさらに，ミトコンドリアゲノムとタンパク質合成のためのリボソームが存在する．膜間腔には，電子伝達とプログラム細胞死で重要な役割を果たすシトクロム c など，多くのタンパク質が存在する．

酸化的リン酸化による ATP 産生

ミトコンドリアのおもな働きの一つは，酸化的リン酸化による ATP の産生である．1961 年に，Peter Mitchell は，ミトコンドリアの ATP 産生が化学浸透共役（chemiosmotic coupling）と名づけた仕組みによって起こることを提唱した．化学浸透共役を理解するために，細胞質ゾルにおけるピルビン酸と脂肪酸アシル CoA の生成から始めよう．グルコースは，細胞質ゾルで解糖経路によってピルビン酸に転換される（図 4・28）．

正味の反応はつぎのようになる．

グルコース ＋ 2 NAD^+ ＋ 2 ADP ＋ 2 P_i ⟶
　2 ピルビン酸 ＋ $\boxed{2\ NADH}$ ＋ 2 ATP ＋ 2 H^+ ＋ 2 H_2O

解糖で生じた 2 分子の還元型ニコチンアミドアデニンジヌクレオチド（NADH）は，ミトコンドリアに存在する電子伝達系複合体に電子を渡して NAD^+ に再酸化される．ピルビン酸は，ミトコンドリアマトリックスに入って，クエン酸回路の重要な基質であるアセチル CoA に転換される．ミトコンドリアのアセチル CoA のもう一つの供給源は，脂肪酸の酸化である．脂肪酸は，おもに脂肪組織にトリアシルグリセロールとして貯蔵されているが，遊離脂肪酸に分解されて血中へ放出される．脂肪酸は細胞の細胞膜を透過して細胞質ゾルでアシル CoA に転換され，ミトコンドリアマトリックスへ運ばれる．ミトコンドリアマトリックスでは，アシル CoA は，1 サイクルごとに二つのカルボキシ側の炭素を切断してアセチル CoA を生成するサイクルを繰返しながら分解される（図 4・29）．

ピルビン酸や脂肪酸アシル CoA の酸化で生じたアセチル CoA は，クエン酸回路〔クレブス回路（Krebs

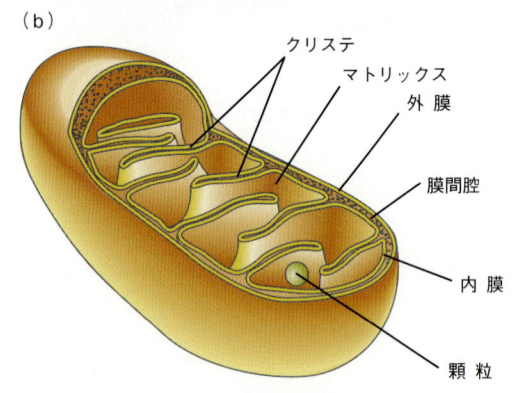

図 4・27　ミトコンドリアの構造．(a) ヒト膵臓外分泌細胞のミトコンドリアの透過電子顕微鏡像．ミトコンドリアは外膜と内膜の 2 枚の膜で囲まれている．内膜は，マトリックスに櫛状に折込んだクリステ（cristae）とよばれる構造を多数もっている．マトリックスには，いくつかの粒子が観察される（Keith R. Porter/Photo Researchers, Inc. の提供による）．(b) ミトコンドリアの膜と画分の模式図．

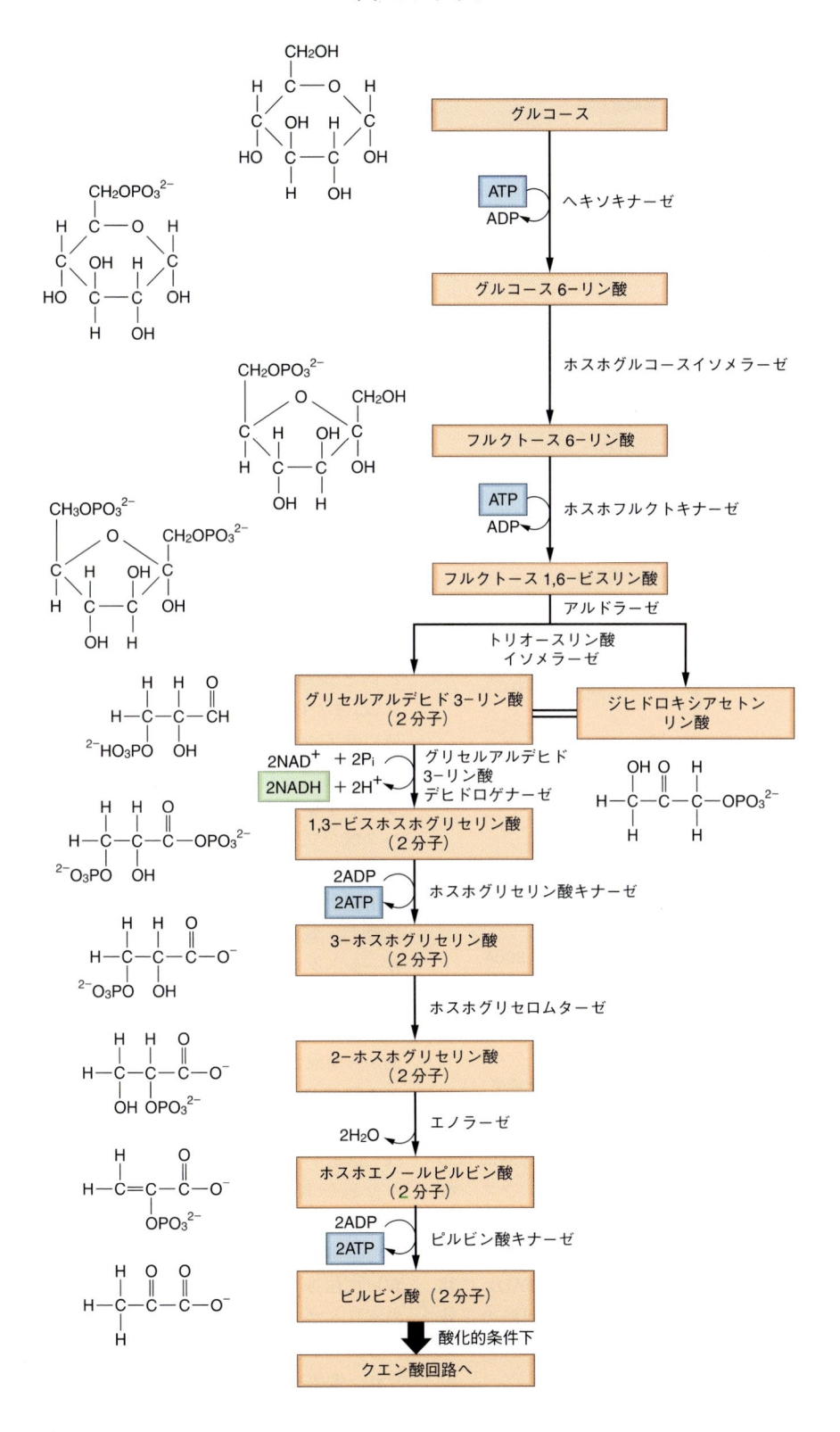

図 4・28 **解糖経路**．グルコースがピルビン酸に分解され，2 分子の NADH と 2 分子の ATP が生成される．

$$R-\underset{\underset{O}{\|}}{C}-O + HSCoA + ATP \longrightarrow R-\underset{\underset{O}{\|}}{C}-SCoA + AMP-PP$$

脂肪酸　CoA　　　　　　脂肪酸 CoA

$$R-CH_2-CH_2-CH_2-\underset{\underset{O}{\|}}{C}-SCoA$$

脂肪酸 CoA

酸化 ↓ FAD → FADH$_2$

$$R-CH_2-CH=CH-\underset{\underset{O}{\|}}{C}-SCoA$$

水和 ↓ H$_2$O

$$R-CH_2-\underset{\underset{OH}{|}}{CH}-CH_2-\underset{\underset{O}{\|}}{C}-SCoA$$

酸化 ↓ NAD$^+$ → NADH + H$^+$

$$R-CH_2-\underset{\underset{O}{\|}}{C}-CH_2-\underset{\underset{O}{\|}}{C}-SCoA$$

チオリシス ↓ HSCoA

$$R-CH_2-\underset{\underset{O}{\|}}{C}-SCoA + H_3C-\underset{\underset{O}{\|}}{C}-SCoA$$

アセチル CoA

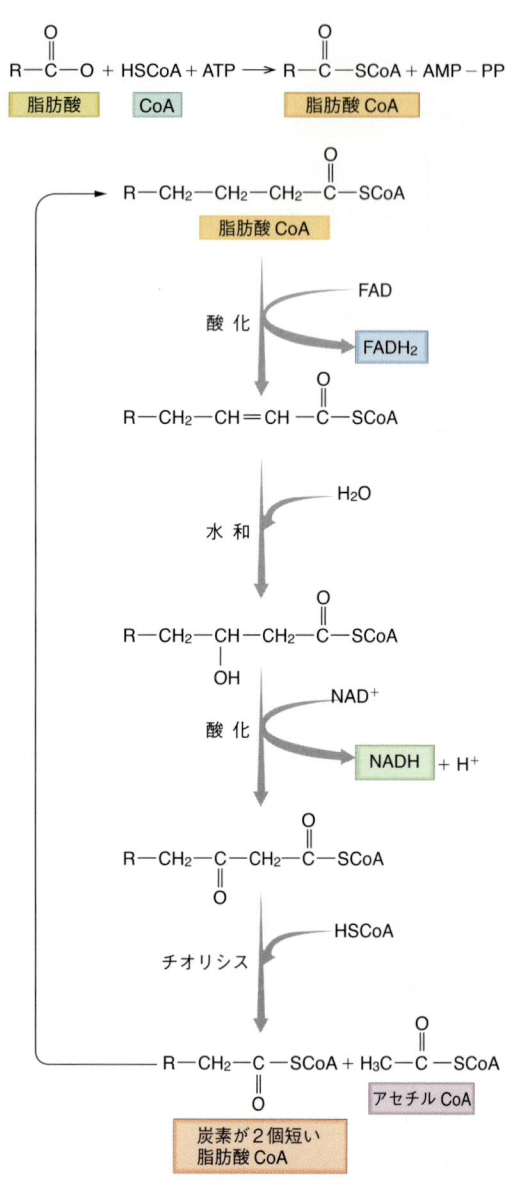

炭素が2個短い脂肪酸 CoA

図 4・29　ミトコンドリアにおける脂肪酸酸化経路

cycle)またはトリカルボン酸回路 (tricarboxylic acid cycle) ともいう〕で燃焼される(図4・30).クエン酸回路においてアセチル CoA は酸化され,2分子の CO_2 となり細胞から放出されるとともに,遊離した電子は NAD^+ とフラビンアデニンジヌクレオチド(FAD)に移されて NADH と FADH$_2$ になる.クエン酸回路の正味の反応はつぎのようになる.

アセチル CoA + 3 NAD$^+$ + FAD + GDP
　　+ P$_i$ + 2 H$_2$O ⟶ 2 CO$_2$ + 3 NADH + FADH$_2$
　　　　　　　　　　　　+ GTP + 2 H$^+$ + CoA-SH

クエン酸回路で生じる 3 NADH と FADH$_2$ と,解糖で生じる NADH の電子は,ミトコンドリア内膜の受容分子に渡され,最終的には酸素を還元して水になる.

ここで化学浸透共役について説明する.NADH(または FADH$_2$)が酸化されるとヒドリドイオン(H$^-$)が生じる.ヒドリドイオンはただちにプロトン(H$^+$)と 2個の高エネルギー電子(2 e$^-$)に変換される.この高エネルギー電子がミトコンドリア呼吸において酸素分子を水に還元する.この過程で約 222 kJ/mol(53 kcal/mol)の自由エネルギーが発生するが,もし高エネルギー電子の伝達が直接起これば,熱として失われるであろう.しかしながら,NADH(または FADH$_2$)から酸素への電子の伝達は,ミトコンドリア内膜に存在する四つのタンパク質複合体に結合している一連の電子伝達体によって行われる.これらのタンパク質複合体の模式図を図 4・31 に示す.NADH の 2個の高エネルギー電子はまず,NADH—ユビキノンオキシドレダクターゼ複合体(複合体 I)に移される.複合体 I は約 950,000 の分子量をもち,約 46 本のポリペプチドからできている.高エネルギー電子は,タンパク質複合体に結合しているフラビンと鉄-硫黄(Fe/S)補欠分子族を介して補酵素 Q(CoQ またはユビキノン)に伝達される.補酵素 Q は 2個の電子を受取り,ユビキノールとなる.電子はまた,コハク酸—ユビキノンオキシドレダクターゼ(複合体 II)を介して補酵素 Q に伝達される.複合体 II は,コハク酸がフマル酸に転換されるときに生じる FADH$_2$ の高エネルギー電子を,Fe/S 中心を経由してユビキノンへ伝達する.脂溶性のユビキノールは膜内を水平方向に移動し,電子をシトクロム b–c_1 複合体(ユビキノール—シトクロム c オキシドレダクターゼ複合体,または複合体 III ともよばれる)へ伝達する.シトクロム b–c_1 複合体は,11 個の異なるサブユニットからなる単量体 2個から構成されている.単量体当たり 3個のシトクロムと 1個の Fe/S グループが含まれている.それぞれのシトクロムは Fe^{3+}(3 価鉄)をもつヘムグループを含み,Fe^{3+} は電子を受取って Fe^{2+}(2 価鉄)となる.シトクロムと Fe/S 複合体は,電子対をユビキノンからシトクロム c に伝達する.シトクロム c は内膜の膜間腔側に結合しており,電子をシトクロム c オキシダーゼ(複合体 IV)に伝達する.シトクロム c オキシダーゼは,13 個のポリペプチドを含む単量体が 2個結合した構造をしている.単量体には 2個のシトクロムと 2個の銅原子が含まれ,電子をシトクロム c から酸素に伝達する.

高エネルギー電子対が複合体 I と III と IV を通って伝達されるとき,プロトンがマトリックスから膜間腔へくみ出される(図 4・31 参照).

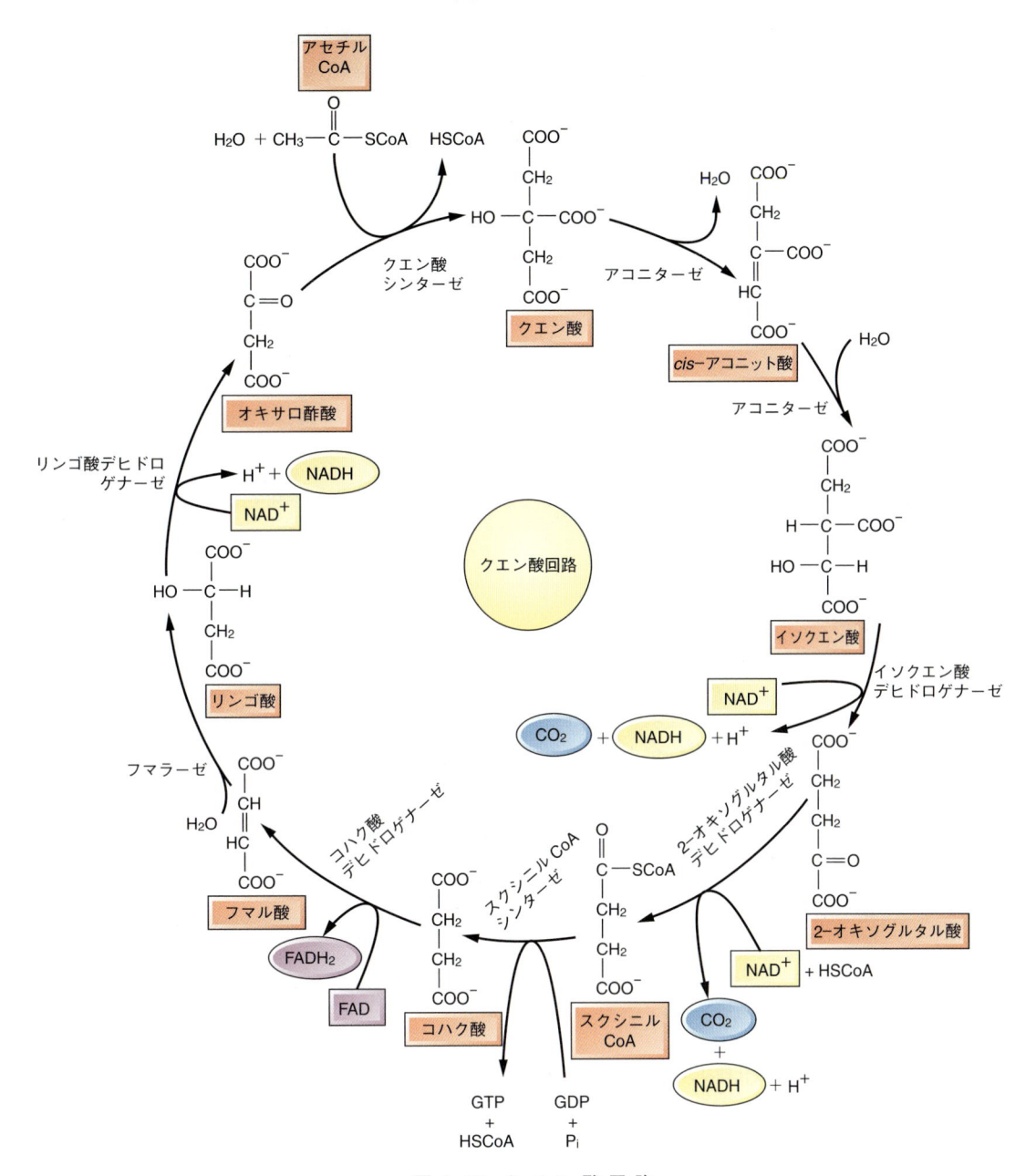

図 4・30 クエン酸回路

　内膜は H⁺ などのイオンに対して非透過性であるが, 膜間腔に移行した H⁺ は外膜のポリンチャネルを通って自由に細胞質ゾルに移行する. プロトンのマトリックスから膜間腔への移動は, つぎのような二つの効果をもつ. 一つは, ミトコンドリア内膜の膜電位はマトリックス側が $-160\,\mathrm{mV}$ となることであり, もう一つは, 細胞質ゾルと膜間腔の pH (pH 7) がマトリックスの pH (pH 8) より約 1 pH 低くなることである. すなわち,

　化学浸透共役説の第一の要点は, 電子が NADH (または $FADH_2$) から電子伝達系を流れると, プロトンがマトリックスから膜間腔へくみ出されることである. プロトンのくみ出しによってプロトン駆動力 (proton motive force, PMF) が形成される. PMF は, 膜間腔のプロトンを電気化学的勾配 (プロトンの濃度勾配 $\Delta\mathrm{pH}$ と膜電位 $\Delta\Psi$ の和) に従ってマトリックスへ戻そうとする力である. 以下に数式を示す.

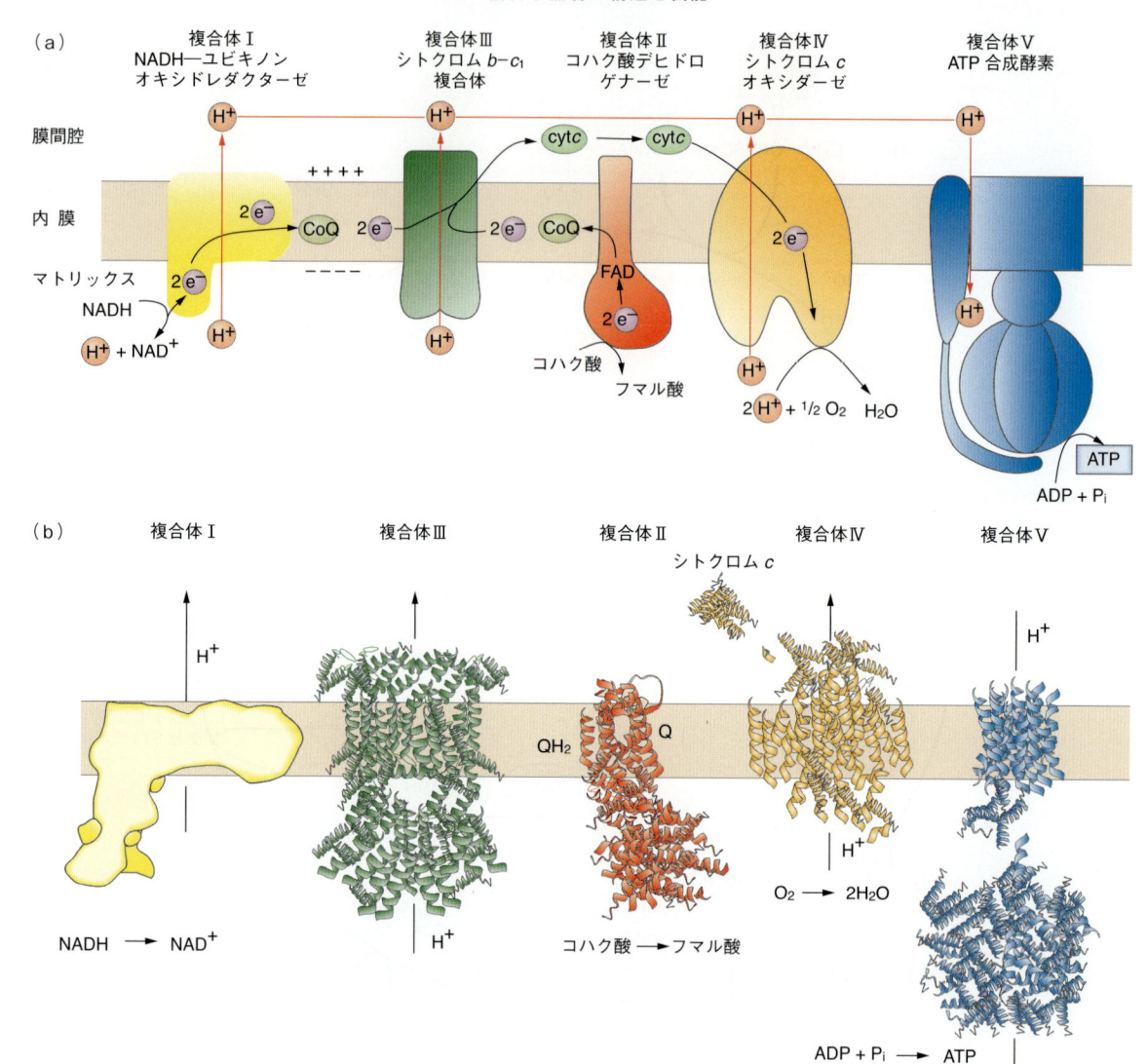

図 4・31 ミトコンドリアの酸化的リン酸化系. (a) ミトコンドリアの酸化的リン酸化系は 5 種の複合体でできている. NADH からの電子は複合体 I から電子伝達鎖に入る. 電子は複合体 I または II から補酵素 Q (CoQ, ユビキノン) に伝達され, さらに複合体 III に伝達される. 電子はついでシトクロム c を経由して複合体 IV に伝達され, さらに酸素に伝達されて水となる. 複合体 I, III, および IV において, プロトンがマトリックスから膜間腔へくみ出され, 内膜を隔ててプロトン勾配が形成される. プロトンが複合体 V (ATP 合成酵素複合体) を通ってマトリックスへ戻るエネルギーを用いて, ATP が合成される. (b) 酸化的リン酸化系 (ミトコンドリアの系と細菌の系は基本的に同じ) の複合体の構造を示す. 複合体 I の構造はまだ決定されていない. (Brian E. Schults, Sunny I. Chan の提供による. The Annual Review of Biophysics Biomolecular Structure, Volume 30 © 2001 Annual Reviews Inc. より)

$$\text{PMF} = \Delta\Psi - \frac{2.3RT}{F} \times \Delta\text{pH}$$

$\Delta\Psi$: 膜電位 = 内膜を隔てて 160 mV
(マトリックスが負)
R: 気体定数 = 8.314 J/K·mol (1.987 cal/degree·mol)
T: 温度 (K)
F: ファラデー定数 = 96.491 J/mV·mol
(23.062 cal/mV·mol)

したがって 37 ℃ ではつぎのようになる.

$$\text{PMF} = \Delta\Psi - 60 \times \Delta\text{pH} = 160 - 60 \times (-1)$$
$$= 220 \text{ mV}$$

すなわち, プロトンは 37 ℃ で約 220 mV の PMF をも

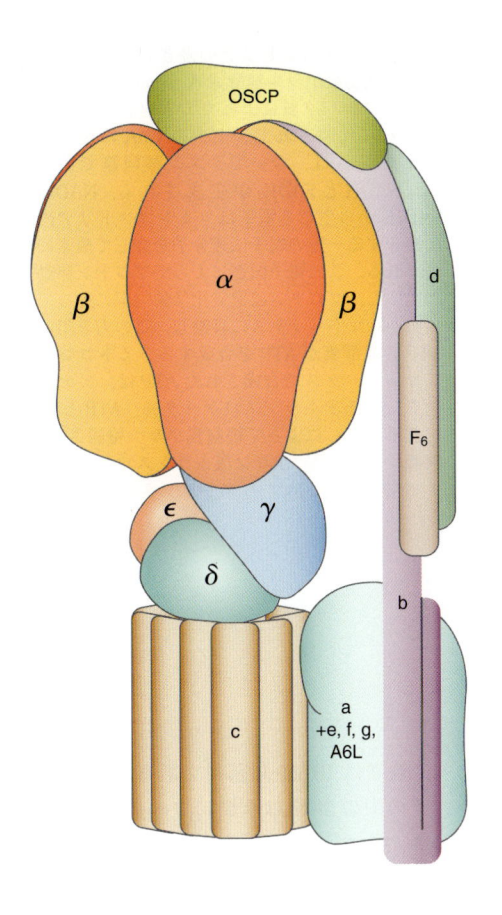

図 4・32 ミトコンドリアのATP合成酵素の構造． ミトコンドリアのATP合成酵素（複合体V）は二つの大きなオリゴマー複合体F_1とF_oからできており，F_1とF_oは中心および側方の棒状サブユニットで結合している．F_o部分は膜に埋込まれており，プロトンが通過するチャネルを形成する．F_oは3種の異なるポリペプチドを含み，ab_2c_{10-14}の構造をしている．触媒活性をもつF_1は5種の異なるサブユニットを含み，その数は3α，3β，1γ，1δおよび1εである．α（赤）とβ（黄）サブユニットは交互に並んでF_1の頭部を形成している．γ，δ，εサブユニットは中心棒を形成し，F_1の$\alpha_3\beta_3$亜複合体をF_o領域のcサブユニットの環につないでいる．プロトンがプロトン駆動力によって膜間腔からマトリックスへ移動すると，cサブユニット環とそれに結合している中心棒が回転する．中心棒がF_1の$\alpha_3\beta_3$亜複合体の中心を回転すると，三つの触媒活性をもつヌクレオチド結合部位に一連のコンホメーション変化が起こり，ATP合成につながる．側方の棒はF_o領域のサブユニットα（ATPアーゼサブユニット6）とF_1頭部をつなぎ，$\alpha\beta$サブユニットを固定している．ウシのミトコンドリアATP合成酵素の側方棒は，サブユニットb, d, F_6とOSCP（oligomycin sensitivity-conferring protein）を含んでいる．ATP合成酵素は，プロトンが電気化学的勾配に従って膜間腔からマトリックスへ移動するときに生じるエネルギーを用いて，ADPと無機リン酸（P_i）からATPを合成する．〔J. E. Walker, V. K. Dickson, 'The peripheral stock of the mitochondrial ATP synthase', *Biochim. Biophys. Acta*, **1757**, 286〜296より〕

ち，プロトンを内膜を通してマトリックスへ移動させる方向に働く．それでは，PMFがどうしてATP合成を起こすのだろうか？ ATP合成は，酸化的リン酸化系のATP合成酵素（複合体V）によって行われる．ミトコンドリアのATP合成酵素は，複数のサブユニットからなる膜結合酵素で，ミトコンドリア内膜のPMFをマトリックスでのATP合成に共役させる．ATP合成酵素は，F_o（エフォー）とF_1とよばれる二つの部分からできており，両者は中央と側方の棒状のサブユニットによって結合している（図4・32）．F_1部分は活性部位であり，5個の異なるサブユニットが$\alpha_3\beta_3\gamma\delta\varepsilon$の構造をつくっている．$F_o$領域は内膜を貫通しており，プロトンが膜間腔からマトリックスへ戻るチャネルを形成している．PMFはプロトンの内膜通過を駆動する．プロトンが内膜を通過すると，F_o膜領域のcサブユニットの環が回転する．cサブユニット環は中央の棒状構造（γ，δ，εサブユニットからなる）に結合しており，この棒状サブユニットも回転する．この中心棒がF_1の$\alpha_3\beta_3$亜複合体の中心を回転すると，3個の触媒βサブユニットが一連のコンホメーション変化を起こし，ATP合成につながる．したがってATP合成酵素は，プロトンがPMFの電気化学的勾配に従ってマトリックスへ戻る力を用いて，ADPと無機リン酸（P_i）からATPを合成する．すなわち，化学浸透共役説の第二の要点は，プロトンがPMFによる電気化学的勾配に従ってATP合成酵素の中を移動し，この移動がATP合成を駆動することである．

電気化学的勾配に従うプロトンの移動は，P_i, ATP, ADP, Ca^{2+}，ピルビン酸などの小分子やイオンがミトコンドリア内膜を出入りする輸送とも共役している（第2章参照）．新しく合成されたATPのミトコンドリアから細胞質ゾルへの輸送は，アデニンヌクレオチドトランスロケーターによって行われる．ATPの電気化学的勾配に従う輸送（ミトコンドリアマトリックスから膜間腔へ，さらに細胞質ゾルへの輸送）は，ADPの逆方向の輸送と共役している．ミトコンドリアマトリックスでのATP合成にはリン酸イオン（P_i）が必要であり，このP_iは細胞質ゾルから取込まねばならない．P_iの取込みは，もう一つの膜輸送タンパク質であるリン酸トランスポーターによって行われ，1個のリン酸イオンと1個のH^+がミトコンドリアマトリックスに取込まれる．この節のまとめを図4・33に示す．

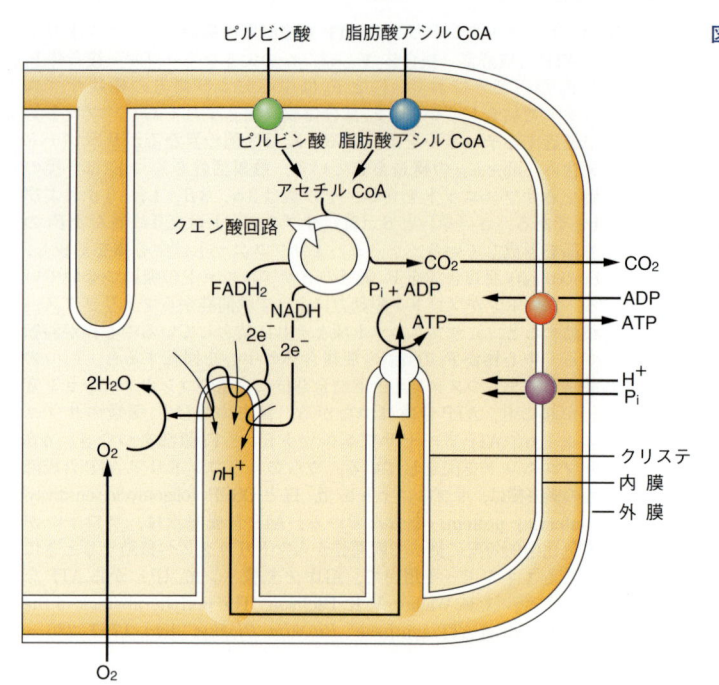

図4・33 ミトコンドリアの働きの概略. ピルビン酸と脂肪酸アシル補酵素A (CoA) は，特異的な輸送タンパク質によってミトコンドリアに輸送され，代謝されてアセチルCoAになる. アセチルCoAは，ついでクエン酸回路で代謝され，NADHとFADH$_2$が生成される. NADHとFADH$_2$から生じる電子は，ミトコンドリア内膜に存在する一連の電子伝達分子を介して酸素に伝達される. この電子伝達によってプロトン駆動力が発生し，プロトンは電気化学的勾配に従って膜間腔からマトリックスに移動し，この力を用いてATP合成酵素がATPを合成する. ミトコンドリアマトリックスで合成されたATPは，アデニンヌクレオチドトランスロケーター (ATPとADPを交換する) によって細胞質ゾルへ輸送される. 無機リン酸 (P_i) はリン酸トランスロケーターによって細胞質ゾルからマトリックスへ輸送される.

ミトコンドリアの遺伝系

ミトコンドリアは固有の遺伝系をもっている. ヒトのミトコンドリアゲノムは環状二本鎖DNA分子で，重鎖と軽鎖の2本の相補鎖からできている (図4・34).

ヒトのミトコンドリアDNA (mtDNA) の全配列が決定されており，長さは16,569塩基対である. 37種の遺伝子を含み，その中の28種は重鎖にコードされ，9種が軽鎖にコードされている. ヒトmtDNAは2種のrRNA (12Sおよび16S rRNA) と22種のtRNAをコードしている. ヒトmtDNAはまた，電子伝達系と酸化的リン酸化に関与する13種のポリペプチドをコードして

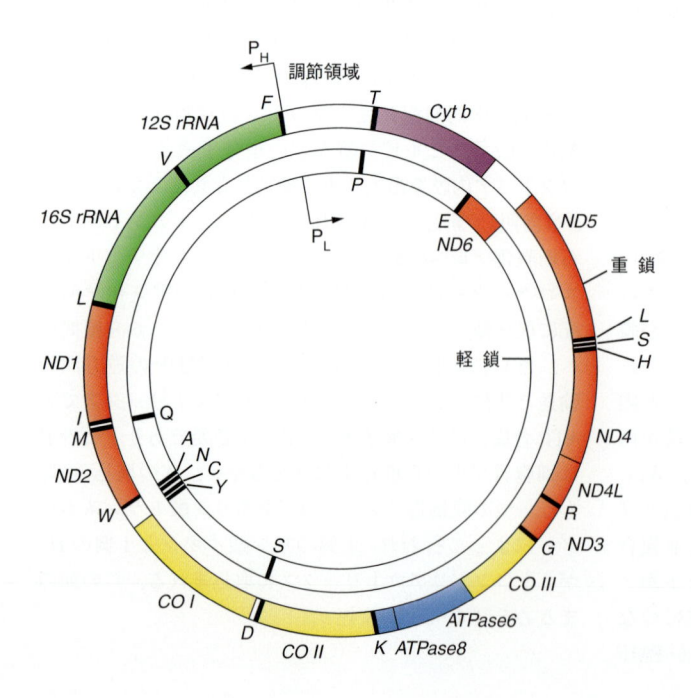

図4・34 ヒトミトコンドリアゲノムの構造. ヒトミトコンドリアDNA (mtDNA) は環状二本鎖分子で，16,569塩基対の大きさをもつ. ヒトmtDNAの二本鎖 (軽鎖と重鎖) にコードされているタンパク質とRNAを示す. 2種のリボソームRNA (rRNA; 12Sと16S rRNA) の遺伝子を緑色で示す. 22種の転移RNA (tRNA) の遺伝子は，アミノ酸に対する黒の一文字表示で示す. ND1, 2, 3, 4L, 4, 5, および6はNADH—ユビキノンオキシドレダクターゼ複合体 (複合体I) のサブユニット1, 2, 3, 4L, 4, 5, および6の遺伝子で，赤色で示す. Cyt bはシトクロムb–c_1複合体 (複合体III) のシトクロムbの遺伝子で，紫色で示す. COI, II, およびIIIはシトクロムcオキシダーゼ複合体 (複合体IV) のサブユニット1, 2, および3の遺伝子で，黄色で示す. ATPase6とATPase8は，ミトコンドリアATP合成酵素 (複合体V) のサブユニット6と8の遺伝子で，青色で示す. 調節領域はDNA複製と転写の調節情報を含む: P_H, 重鎖プロモーター; P_L, 軽鎖プロモーター.

いる．それらは，NADH—ユビキノンオキシドレダクターゼ（複合体I）のサブユニット7種，シトクロム b–c_1 複合体（複合体III）のサブユニット1種（シトクロム b），シトクロム c オキシダーゼ複合体（複合体IV）のサブユニット3種，およびATP合成酵素複合体（複合体V）のサブユニット2種である．ヒトのミトコンドリア1個には2〜10個のミトコンドリアゲノムが存在し，1個の細胞には多数のミトコンドリアが存在する．

ヒトのミトコンドリアゲノムには，多くの興味深い特徴がある．第一に，全ゲノムのほとんどがコード配列である．ミトコンドリアのタンパク質合成には，ミトコンドリアゲノムにコードされた22種のtRNAが必要であるが，このtRNAにミトコンドリアゲノムの第二の特徴がある．ミトコンドリアtRNAの多くは，コドン3番目の4種のヌクレオチドをすべて認識する．したがって，ミトコンドリアmRNAのコドン3番目の位置の"ゆらぎ"はきわめて大きく，"3塩基中2塩基"ペアリングとなる．最後に，ヒトミトコンドリアの遺伝暗号は"普遍"遺伝暗号と異なる（表4・1）．たとえば，UGAは

表 4・1 ヒトミトコンドリアの遺伝暗号と普遍遺伝暗号の違い

コドン	普遍遺伝暗号	ミトコンドリア遺伝暗号
UGA	終止	Trp
AUA	Ile	Met
AGA	Arg	終止
AGG	Arg	終止

普遍遺伝暗号では終止コドンであるが，ヒトmtDNAではトリプトファンをコードする．

mtDNAと核遺伝子の間には，いくつかの重要な違いがある．重要な違いの一つは，ヒトのミトコンドリアゲノムの遺伝形式は母系遺伝である．そのほかに，mtDNAは多数体であり，1個の細胞に数百から数千コピーのmtDNAが存在する．細胞分裂のときには，ミトコンドリアはそのゲノムとともに，ほぼランダムに娘細胞に分配される．さらに，ミトコンドリアゲノムの変異速度は核ゲノムよりはるかに速い（およそ10倍）．

ミトコンドリアの機能が障害されるとミトコンドリア病が起こる

すでに述べたように，ミトコンドリアはエネルギー産生に中心的な役割を果たすとともに，他の多くの生命活動に関与している．これらのミトコンドリア機能のどれかが障害されると，ミトコンドリア病が起こる．ミトコンドリアは，ミトコンドリアゲノムと核ゲノムの両方の支配を受けているので，ミトコンドリア病は核遺伝子の変異によってもミトコンドリアの遺伝子の変異によっても起こる．

ヒトの多くの病気が，ミトコンドリアゲノムの変異と関係することがわかってきた（www.mitomap.org）．mtDNAは母系遺伝するので，これらの病気は通常母親から遺伝する．mtDNAの変異によって起こるミトコンドリア病は臨床的に多様である．ある変異では一つの組織のみ障害され，一方他の変異では多くの組織が障害される．mtDNAの変異は1細胞のすべてのmtDNAコピーに起こることもあり（ホモプラスミー変異），一部のコピーに起こることもある（ヘテロプラスミー変異）．ヘテロプラスミーの場合には，ミトコンドリア機能が障害され臨床的に病気が発症するには，ある割合以上の変異mtDNAが存在すると考えられる（閾値効果）．さらに，細胞分裂におけるミトコンドリアの配分はランダムであり，娘細胞に存在する変異mtDNAの割合は変化する．したがって，ある有害なmtDNAの変異による臨床像は，mtDNAの変異の種類と，特定の組織における変異ミトコンドリアと正常ミトコンドリアの割合と，ミトコンドリアのATP産生に対する組織の依存度によって変わる．神経系や筋肉など酸化エネルギーを大量に必要とする組織は，mtDNA変異によって最も強く障害される．

mtDNAの変異には，mtDNAの大きな変異から点突然変異までいろいろある．いくつかの病気はmtDNAの大きな変異によって起こり，Kearns-Sayre症候群（KSS）や進行性外眼筋麻痺（PEO），Pearson骨髄膵臓症候群などがある．KSSとPEOとPearson症候群は，mtDNAの大きな欠失によってミトコンドリアのタンパク質合成が障害されるために起こる．これらの変異はヘテロプラスミーで，新しく生じることが多い．興味深いことに，PEOは，核遺伝子である *POLG* 遺伝子（ミトコンドリアDNAポリメラーゼγの触媒サブユニットをコードする）や *ANT1* 遺伝子（アデニンヌクレオチドトランスポーターをコードする）の変異によっても起こる．

ミトコンドリア病はmtDNAの点突然変異によっても起こる．mtDNAの大きな変異の場合とは異なり，mtDNAの点突然変異は通常母系遺伝を示す．点突然変異はミトコンドリアのmRNA，tRNA，またはrRNAをコードする遺伝子に起こる．mtDNAの点突然変異はヘテロプラスミーの場合もホモプラスミーの場合もある．Leber遺伝性視神経萎縮症（LHON）は，ホモプラスミーのmtDNA点突然変異の一例である．LHONはまれな母系遺伝病で，通常青年期に視神経の萎縮によって盲

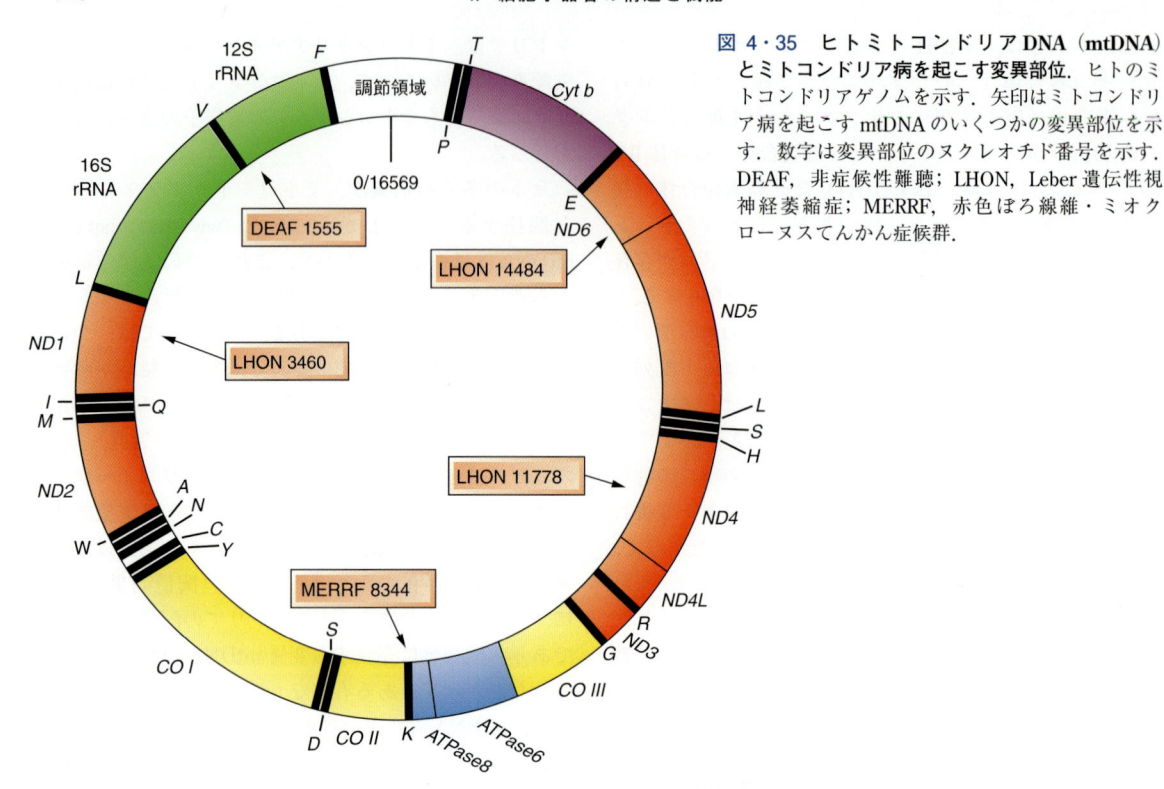

図 4・35　ヒトミトコンドリア DNA（mtDNA）とミトコンドリア病を起こす変異部位．ヒトのミトコンドリアゲノムを示す．矢印はミトコンドリア病を起こす mtDNA のいくつかの変異部位を示す．数字は変異部位のヌクレオチド番号を示す．DEAF, 非症候性難聴; LHON, Leber 遺伝性視神経萎縮症; MERRF, 赤色ぼろ線維・ミオクローヌスてんかん症候群．

目になる．LHON 患者の約 90％ に，酸化的リン酸化系の複合体 I（NADH—ユビキノンオキシドレダクターゼ）のサブユニットをコードする mtDNA 遺伝子に，つぎの三つの突然変異のうちの一つがみられる．3460G＞A（*ND1*），11778G＞A（*ND4*），または 14484T＞C（*ND6*）である（図 4・35）．LHON はまた，酸化的リン酸化系の複合体 III のサブユニットであるシトクロム *b* をコードする mtDNA のミスセンス変異によっても起こる．

臨床例 4・2

　ピーター・フランクリン（Peter Franklin）は 24 歳で法科大学の 1 年生である．6 カ月前にルームメイトと大学卒業を祝ってアルコールを飲みすぎ，意識を失った．しかしけがをした覚えはなく，ひどい二日酔いの後に回復した．1 年次のストレスが強く，犯罪に関する長い授業の後などの夜は，眠るために 1〜2 杯のカクテルを飲むようになった．

　3 カ月前，法律の教科書が読みにくいことに気づいた．日曜日にガールフレンドとフットボールを見ていて，右眼が彼女にさえぎられるとスクラム線がまったく見えず，左眼の視覚に問題があることに気づいたが，眼の痛みはなく，視覚がおかしいことを忘れていた．しかし，彼の兄が 8 年前に自動車事故で亡くなる前に眼の異常を訴えていたので，学生健康センターの眼科医を訪れた．結膜炎や眼の表面の傷はなく，眼圧は両眼とも正常であった．網膜は，左眼の網膜に毛細管が目立つ小さい紅斑がいくつかある以外は異常がみられなかった．通常の眼底検査でも蛍光色素の静脈注射テストによっても，網膜出血のサインはみられなかった．右眼はまったく異常がなく，血中チアミン値も正常であった．

　つぎの 2 カ月の間に彼の視力は徐々に低下し，左眼の中心視を完全に失った．彼は法律の教科書を右眼だけで読み，左眼をふさぐ方が楽と感じた．左方の動いていないものは見えにくく，左側からドアに入るときにドア枠にぶつかりそうになることがあった．

　6 カ月後，右眼にわずかだが同じような症状が始まり，治療を希望した．すでに自動車の運転が困難であった．

Leber 遺伝性視神経萎縮症（LHON）の細胞生物学，診断および治療

　LHON は痛みのない視神経萎縮で，ミトコンドリア DNA の点突然変異によって起こる．LHON の患者の 90％ は，ミトコンドリアの酸化的リン酸化系の鍵酵素である NADH—ユビキノンオキシドレダクターゼのサブユニットをコードする *ND1*, *ND4*, または *ND6* 遺伝子の点突然変異による（図 4・35 参照）．ミトコンドリア遺伝子の変異によるので，ピーターの母親は保因者である．息子も娘も母親から変異遺伝子を受継ぎ，息子のおよそ半数と娘の 10 分の 1 が視力を失うが，失明の違

いの理由はわかっていない．他の遺伝因子または環境因子が関係すると考えられる．ピーターの兄の視力障害は同じ病気によると考えられ，また彼の自動車事故は視力障害によると思われる．

　LHONは通常，家族歴によって中毒性視神経萎縮と区別できる．またアルコール中毒による視神経萎縮の場合には，血中チアミン値によって区別できる．視神経炎とは，眼運動時の痛みがないことで区別できる．また，多発性硬化症の初期に起こる視神経炎は，おもに女性にみられる．LHONは青年期に発症することが多く，両眼がおかされる．有効な治療法はない．

　ミトコンドリアのtRNAおよびrRNA遺伝子の点突然変異も，ミトコンドリア病の原因となる．たとえば，赤色ぼろ線維・ミオクローヌスてんかん症候群（MERRF）は，ミトコンドリアのリシンtRNA遺伝子のTΨCGループの点突然変異によって起こる．また非症候性難聴（DEAF）は12S rRNAの点突然変異によっても起こる．mtDNAの点突然変異によって起こるいくつかのミトコンドリア病を，図4・35に示す．

　ミトコンドリアの働きに重要なタンパク質の核遺伝子の変異も，ミトコンドリア病を起こす．mtDNAの変異と異なり，核遺伝子の変異はメンデル遺伝する．種々のミトコンドリア機能が傷害される核遺伝子の変異が，多数同定されている．変異遺伝子の例としては，酸化的リン酸化系の構造因子やアセンブリー因子の遺伝子，核とミトコンドリアの情報交換に関与するタンパク質の遺伝子，ミトコンドリアの融合や運動に関与するタンパク質の遺伝子，ミトコンドリアタンパク質輸送に関与する遺伝子，脂質膜の構造を調節する遺伝子，ミトコンドリア内膜の輸送を調節する遺伝子などがある．興味深いことに，フリードライヒ（Friedreich）運動失調症や遺伝性痙性対麻痺やウィルソン（Wilson）病などを含むいくつかの神経変性疾患は，ミトコンドリアタンパク質の変異によって起こる．

　ミトコンドリアの機能障害が糖尿病，心血管病，癌，アルツハイマー病，筋萎縮性側索硬化症，ハンチントン病，パーキンソン病などの多くの神経変性疾患に深く関係していることが明らかになってきている．

ミトコンドリアタンパク質の大部分は細胞質ゾルから輸送される

　すでに述べたように，ヒトのmtDNAにコードされるタンパク質は13種のみである．ミトコンドリアのプロテオーム解析から，哺乳動物のミトコンドリアにはおよそ1500種のタンパク質が存在することが明らかになっている．すなわち，ほとんどのミトコンドリアタンパク質は核DNAにコードされており，細胞質ゾルから輸送される．ほとんどのミトコンドリアタンパク質は遊離リボソーム上で前駆体として合成され，翻訳後にミトコンドリアに輸送される．ミトコンドリアタンパク質前駆体は特異的なターゲッティングシグナルをもち，前駆体タンパク質をミトコンドリアへ運ぶ．ミトコンドリアターゲッティングシグナルの構造は多様であるが，ミトコンドリア外膜に存在する受容体タンパク質によって認識される．ミトコンドリアに取込まれたタンパク質は，外膜，内膜，膜間腔およびマトリックスというミトコンドリア内の最終場所へ配送されなければならない．

　まず，タンパク質がどのようにして細胞質ゾルからミトコンドリアマトリックスへ輸送されるのかみてみよう．この輸送経路を図4・36に示す．ほとんどのミトコンドリアマトリックスタンパク質は，アミノ末端に切断性のミトコンドリア移行配列（プレ配列 presequenceとよばれる）をもつ分子量の大きい前駆体の形で合成される．プレ配列はおよそ20～40アミノ酸残基よりなり，複数の正電荷アミノ酸を含み，片方が非極性でもう一方が極性（正電荷アミノ酸を含む）の両親媒性αヘリックスを形成する性質をもつ．前駆体タンパク質は，熱ショックタンパク質Hsp70ファミリーメンバーを含む細胞質ゾルシャペロンが結合して，ほどけた状態に保たれる．前駆体タンパク質はミトコンドリア外膜上の受容体（Tom20とTom22）に結合し，TOM（translocase of the outer membrane）複合体の基本インポート孔（Tom40）に運ばれ，Tom40孔を通って外膜を通過する．タンパク質が膜を通過するためには細胞質ゾルHsp70は解離せねばならず，この段階にATPの加水分解が必要である．前駆体タンパク質は，ついで内膜のチャネルを形成するプレ配列トランスロカーゼ（TIM23複合体）に移される．プレ配列がTim23タンパク質のチャネルに入るためには，ミトコンドリア内膜の電気化学的勾配（$\Delta\Psi$）が必要である．ATP駆動性のプレ配列トランスロカーゼに結合したモーター（presequence translocase-associated motor, PAM）は，前駆体タンパク質を完全にマトリックスに輸送するように働く．PAMインポートモーターの中心となる成分は，ミトコンドリアHsp70（mtHsp70）シャペロンである．前駆体タンパク質がTIM23チャネルからマトリックスに入るとmtHsp70が結合し，マトリックスでのATP加水分解のエネルギーを用いて前駆体がマトリックスへ引込まれる．プレ配列は，マトリックスでマトリックスプロセシングペプチダーゼによって切断される．アンフォールドしたマトリックスタンパク質はHsp60ファミリーのミ

トコンドリアシャペロン（mtHsp60）と結合し，mt-Hsp60はコシャペロニン（mtHsp10）とともにタンパク質を最終的なコンホメーションにフォールドさせる．

すでに述べたように，タンパク質によってはマトリックスではなく，外膜，内膜，または膜間腔へ輸送される．ミトコンドリアタンパク質前駆体は，TOM複合体からミトコンドリア内の各区画へ配送される．前駆体タンパク質の内膜への輸送は，複数の方法で行われる．内膜のいくつかのタンパク質は，上に述べたマトリックスタンパク質と同様に，プレ配列をもつ前駆体の形で合成される．これらのタンパク質の輸送は，プレ配列インポート経路（TOM複合体およびTIM23複合体）を用いる．これらのタンパク質は，プレ配列のうしろに存在する疎水性配送シグナルによってTIM23複合体から内膜に移行し，PAMインポートモーターは関与しない．内膜に配送されるタンパク質のなかには，キャリヤータンパク質のような疎水性タンパク質がある．これらのタンパク質はプレ配列をもたず，成熟タンパク質の内部に複数のミトコンドリア移行シグナルをもつ．これらのタンパク質はミトコンドリア外膜の別の受容体Tom70に結合し，Tom40を通って外膜を通過する．ついで膜間腔の可溶性低分子Timタンパク質（Tim9，Tim10複合体）に結合し，内膜のキャリヤートランスロカーゼ（TIM22複合体）によって内膜に組込まれる．この組込みには内膜の膜電位（$\Delta\Psi$）が必要である．内膜に配送される他のタンパク質は，まず内膜を通過してミトコンドリアマトリックスへ運ばれる．プレ配列が切除されると第二の配送シグナルが現れる．この配送シグナルによって，タンパク質は内膜のもう一つのトランスロカーゼであるOxa1に運ばれ，ここで内膜に組込まれる．Oxa1は，mtDNAにコードされミトコンドリアリボソームで合成されるいくつかの内膜タンパク質のトランスロカーゼとしても働く．

1回膜貫通タンパク質のように，比較的簡単な空間配置をもつ一群の外膜タンパク質の組込みには，TOM複合体だけで十分である．しかし，ポリンやTom40のようなβバレル型外膜タンパク質は，まずTOM複合体を経由して膜間腔へ輸送される．これらの前駆体は，膜間腔の低分子Timタンパク質の助けを借りて外膜のもう一つの複合体であるSAM（sorting and assembly machinery）複合体に移される．これらのミトコンドリア輸送経路を図4・37に示す．

興味深いことに，ミトコンドリアのタンパク質輸送装置の部品が欠損するとミトコンドリア病になる．たとえば，X連鎖劣性神経変性疾患であるMohr–Tranebjaerg症候群（難聴・ジストニー症候群）は，タンパク質のミ

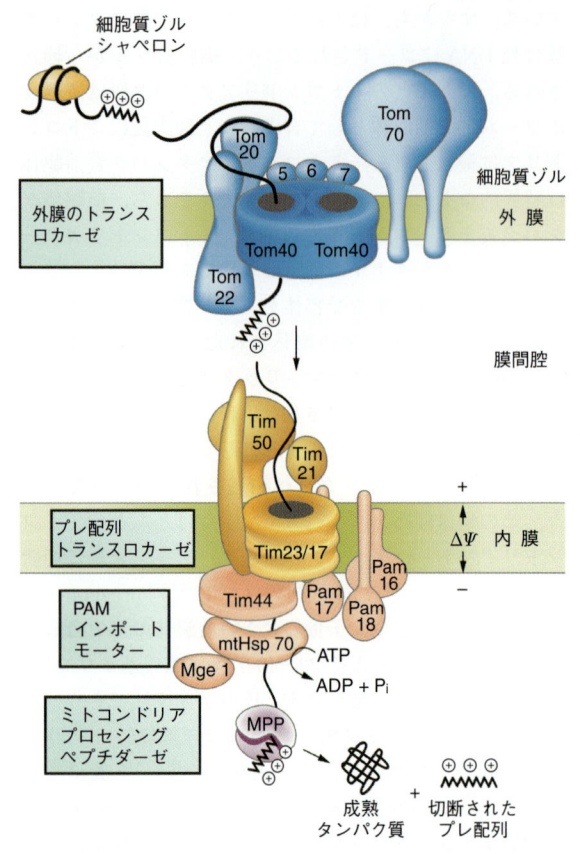

図4・36 タンパク質のミトコンドリアマトリックスへの輸送．タンパク質は，正電荷アミノ酸を含むアミノ末端のプレ配列によってミトコンドリアマトリックスへ輸送される．前駆体タンパク質は，ミトコンドリアに取込まれる前に，熱ショックタンパク質70（Hsp70）のような細胞質ゾルシャペロンによってほどけた状態に保たれる．前駆体はまず受容体Tom20とTom22に結合し，ついでTOM（translocase of the outer membrane）複合体の基本インポート孔（Tom40）に移される．外膜（OM）を通過した後，プレ配列はTom22受容体タンパク質の膜間腔（IMS）ドメインに結合する．プレ配列をもつ前駆体タンパク質は，ついでTim50タンパク質に結合し，内膜（IM）のプレ配列トランスロカーゼ（TIM23複合体）へ移される．前駆体タンパク質をTim23タンパク質でできたチャネルに挿入するには，内膜の膜電位（$\Delta\Psi$）が必要である．プレ配列トランスロカーゼ結合モーター（PAM）は，ATPのエネルギーを用いてタンパク質を完全にマトリックスに輸送する．このインポートモーターの中心的な成分は，ミトコンドリアHsp70（mtHsp70）シャペロンである．mtHsp70とそのヌクレオチド交換因子であるMge1は，Tim44を介して一時的にプレ配列トランスロカーゼに結合する．Pam16とPam18はコシャペロンとして働く．前駆体がマトリックスに入るとmtHsp70が結合し，ATPが繰返し加水分解されて，タンパク質は内膜を通過する．マトリックスでは，プレ配列がミトコンドリアプロセシングペプチダーゼ（MPP）によって切断除去される．〔M. Bohnert, N. Phanner, M. van der Laan, 'A dynamic machinery for mitochondrial precursor proteins', *FEBS Lett.*, **581**, 2802〜2810 (2007) より〕．

トコンドリア輸送に必要なTimタンパク質（Tim8a；難聴・ジストニータンパク質1ともよばれる）の欠損によって起こる．

ペルオキシソーム

ペルオキシソームは直径が0.1〜1μmの小さい一枚膜の細胞小器官で，ほとんどすべての細胞に存在する（図4・38）．ペルオキシソームは脂肪酸酸化，プリン分解，コレステロール合成，胆汁酸合成，エーテル脂質合成など種々の代謝に関与している．

ペルオキシソームは不均一な細胞小器官で，基質（RH_2で示す）をO_2を用いて酸化して過酸化水素を生じる反応を触媒する種々の酵素を含んでいる．反応をつぎに示す．

$$RH_2 + O_2 \longrightarrow R + H_2O_2$$

尿酸，アミノ酸，プリン，メタノール，脂肪酸などの

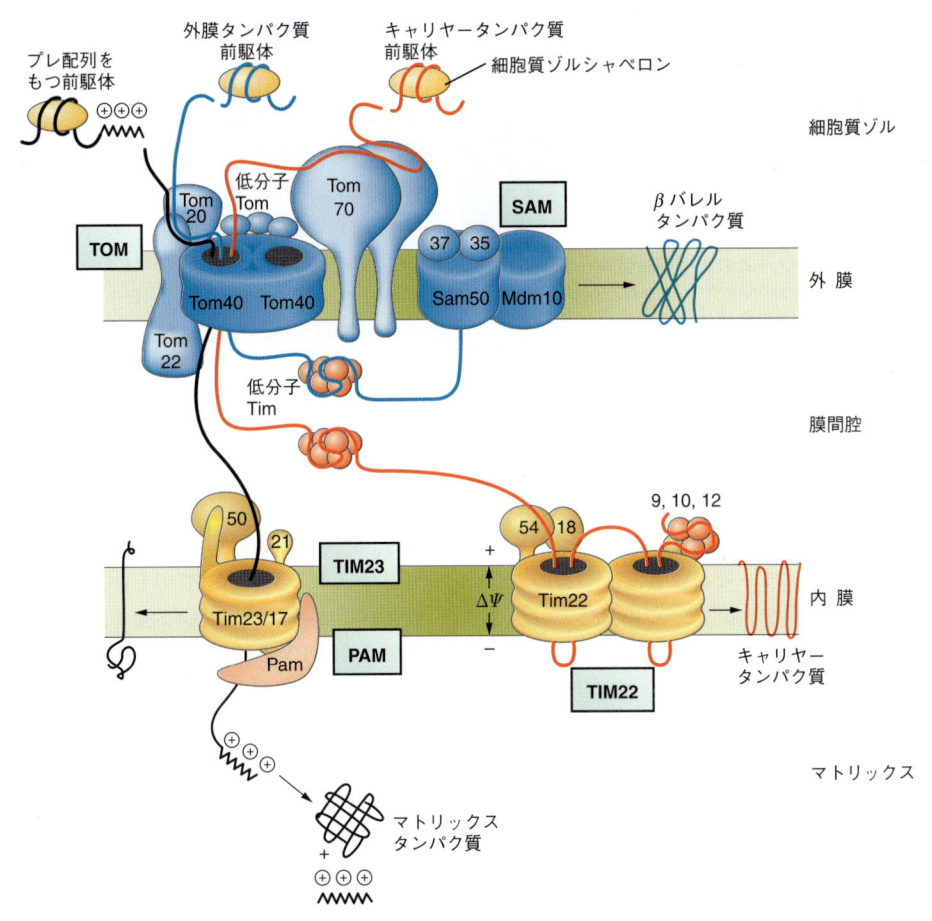

図4・37　タンパク質のミトコンドリアへの輸送経路．ほとんどのミトコンドリア前駆体タンパク質は，細胞質ゾルの遊離リボソーム上で合成される．これらの前駆体タンパク質は細胞質ゾルシャペロンに助けられて受容体であるTOM複合体〔translocase of the outer membrane（TOM）〕に結合し，基本インポート孔（Tom40）を通って外膜を通過する．前駆体タンパク質は，TOM複合体からミトコンドリア内のそれぞれの区画に配送される．アミノ末端にプレ配列をもつ前駆体タンパク質（ほとんどのマトリックスタンパク質を含む）は，内膜のプレ配列トランスロカーゼ（TIM23複合体）およびATP依存性プレ配列トランスロカーゼ結合モーター（PAM複合体）によって内膜を通過する．マトリックスへの輸送には，膜電位（$\Delta\Psi$）とマトリックスでのATPの加水分解の両方が必要である．プレ配列をもついくつかの内膜タンパク質は，TIM23複合体から内膜に組込まれ，PAMインポートモーターは関与しない．内膜の疎水性のキャリヤータンパク質は，TOM複合体から膜間腔（IMS）のTim9–Tim10シャペロン複合体に移され，キャリヤートランスロカーゼ（TIM22複合体）によって内膜に組込まれる．これらの前駆体の内膜への組込みには，内膜の膜電位（$\Delta\Psi$）が必要である．βバレル型外膜タンパク質の前駆体は，TOM複合体から膜間腔の可溶性の低分子Timシャペロンを経由して，外膜のSAM（sorting and assembly machinery）複合体へ移される〔M. Bohnert, N. Phanner, M. van der Laan, 'A dynamic machinery for mitochondrial precursor proteins', *FEBS Lett.*, **581**, 2802〜2810（2007）より〕．

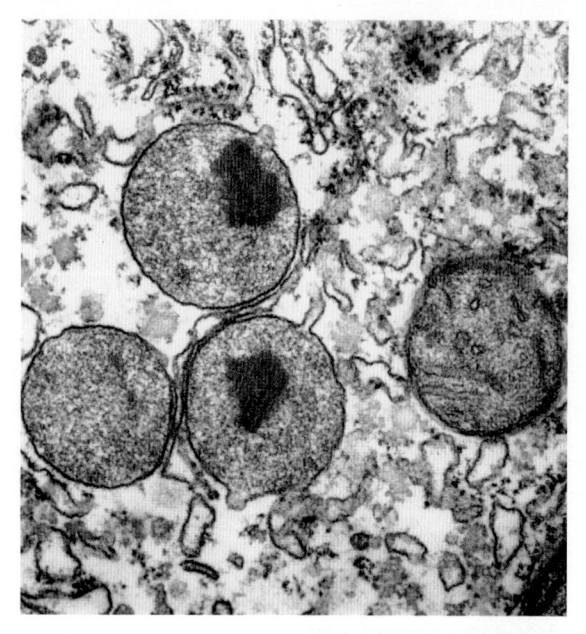

図4・38 **ペルオキシソームの電子顕微鏡像**. 肝細胞の透過電子顕像で，数個のペルオキシソームが観察される．2個のペルオキシソームの中に見える構造は，尿酸オキシダーゼの結晶である．(Don W. Fawcett, Visuals Unlimited より)

多くの基質が，ペルオキシソームの中で上に示す酸化反応によって分解される．

この反応で生じた過酸化水素は，やはりペルオキシソームに存在するカタラーゼによって，つぎの二つの反応のどちらかで分解される*．一つの反応では，カタラーゼは過酸化水素を用いて，アルコールやホルムアルデヒド，亜硝酸，フェノール，ギ酸などの分子を酸化する．一般的な反応を示す．

$$H_2O_2 + RH_2 \longrightarrow R + 2H_2O$$

この反応は肝細胞や腎細胞で重要であり，これらの細胞ではペルオキシソームは種々の毒性物質を解毒する．たとえば，アルコールのおよそ4分の1がこの仕組みによって解毒される．もう一つの反応では，カタラーゼは過酸化水素を H_2O に転換する．

$$2H_2O_2 \longrightarrow 2H_2O + O_2$$

ペルオキシソームのおもな働きの一つは，長鎖および極長鎖脂肪酸の β 酸化である．ヒトでは，脂肪酸はペルオキシソームとミトコンドリアの両方で酸化される（図4・29参照）．短鎖，中鎖およびほとんどの長鎖脂肪酸はミトコンドリアで酸化され，一方，極長鎖脂肪酸と一部の長鎖脂肪酸はペルオキシソームで酸化される．

酸化反応に加えて，ペルオキシソームはいくつかの脂質の生合成に関与する．たとえば，動物細胞ではドリコールとコレステロールが小胞体とペルオキシソームで合成される．ペルオキシソームにはまた，エーテルリン脂質のグループであるプラスマローゲンの合成酵素が存在する．プラスマローゲンは，神経細胞の軸索を取巻くミエリン鞘に多く含まれる脂質である．

ペルオキシソームは，固有のゲノムやリボソームをもたず，すべてのタンパク質は細胞質ゾルから輸送される．ペルオキシソームは，外膜と内部のマトリックスの二つの区画からなる．ほとんどのすべてのペルオキシソームタンパク質は遊離リボソームで合成され，翻訳が完了した後ペルオキシソーム膜を通ってペルオキシソームへ輸送される．ペルオキシソームタンパク質は特異的なペルオキシソーム移行シグナル（peroxisomal targeting signal, PTS）によって移行する．ペルオキシソームマトリックスタンパク質（PTS）とペルオキシソーム膜タンパク質（mPTS）とは，異なる移行シグナルが使われる．

二つのPTSが同定されている．一つはカルボキシ末端に存在するトリペプチド（PTS1）で，もう一つはアミノ末端に存在する9アミノ酸配列（PTS2）である．C末端のPTS1のコンセンサス配列はS/A-K/R-L/Mである．細胞質ゾルの可溶性受容体が，ペルオキシソームマトリックスタンパク質のPTSに結合して，タンパク質をペルオキシソーム膜へ運ぶ．PTS1は受容体Pex5pに結合し，PTS2は受容体Pex7pに結合する．現在では，ペルオキシソームタンパク質は受容体とともにペルオキシソームに移行すると考えられている．ペルオキシソーム内に入ると受容体とペルオキシソームタンパク質は解離し，受容体は細胞質ゾルへ戻る．ミトコンドリアや小胞体への輸送の場合と異なり，輸送に際してPTSは除去されない．またミトコンドリア輸送と異なり，ペルオキシソームタンパク質はフォールドした状態でペルオキシソームへ輸送される．

ペルオキシソーム膜タンパク質は，ペルオキシソームマトリックスタンパク質とは異なる仕組みで選別される（分子機構の詳細はまだ明らかでない）．少なくとも，ペルオキシソーム膜タンパク質の一つであるPex3pは，小胞体を経由してペルオキシソームへ配送されるらしい．

ほとんどの新生ペルオキシソームは，すでに存在する

---

* 訳者注：カタラーゼは通常，過酸化水素を水と酸素に転換する反応（二つの反応のうち下の反応）を触媒する酵素をさす．過酸化水素を用いて基質を酸化する反応（二つの反応のうち上の反応）は，カタラーゼのペルオキシダーゼ型活性とよばれる．

ペルオキシソームの成長と分裂によって形成される．しかし最近の研究によると，ペルオキシソーム形成の *de novo* 経路もあるらしい．

ペルオキシソームの機能障害をきたす多くの遺伝病が同定されている．これらの病気は二つのカテゴリーに分類される．第一のカテゴリーは，単一のペルオキシソーム酵素の欠損によって起こる病気で，X 染色体性アドレノロイコジストロフィー（X-ALD）などがある．X-ALD は，極長鎖脂肪酸をペルオキシソームへ輸送する膜タンパク質の欠損によって起こり，脳と副腎皮質に極長鎖脂肪酸が蓄積する．脳に極長鎖脂肪酸が蓄積すると，神経細胞の軸索を取巻くミエリン鞘が破壊される．第二のカテゴリーは，ペルオキシソーム形成の障害によって起こる一群の病気で，ペルオキシソームのすべての代謝経路が傷害される．これらの病気はペルオキシソーム形成障害病として知られ，ツェルベーガー（Zellweger）症候群を含む．ツェルベーガー症候群は致死性の遺伝病で，タンパク質のペルオキシソーム輸送障害によって起こる．ツェルベーガー症候群では，ペルオキシソームタンパク質の輸送に関与するタンパク質をコードする 12 種の異なる *PEX* 遺伝子の変異が同定されている．

まとめ

真核細胞には，細胞を囲む細胞膜に加えて，膜に囲まれた種々の細胞小器官が存在する．これらの細胞小器官は，小胞を介する膜輸送経路に関係するものと，関係しないものの二つのカテゴリーに分類できる．膜小胞輸送に関係する細胞小器官には，1）小胞体，2）核，3）ゴルジ体，4）種々のエンドソーム，および 5）リソソームが含まれる．小胞体は細胞小器官のなかで表面積が最も広く，ほとんどのタンパク質や脂質が最初に膜に組込まれる場所である．新しく合成されたタンパク質や脂質は，小胞体から小胞輸送によって他の場所へ輸送されていく．核は 2 枚の脂質二重層膜で囲まれており，核膜には動的な核膜孔が存在し，DNA や RNA やタンパク質が核質と細胞質ゾルの間を出入りする．核膜はまた小胞体とつながっており，小胞体が特殊化したものと考えることもできる．ゴルジ体は，膜が重層した構造をしており，脂質やタンパク質の修飾や配送を行う．小胞体でつくられた膜は，ゴルジ体を経由して最終場所へ輸送される．種々のエンドソームは，細胞膜から始まるエンドサイトーシス経路に含まれる．リソソームは，ほとんどの天然高分子を分解する一群の消化酵素を含んでいる．膜に囲まれた細胞小器官で小胞輸送と関係しないものに，ミトコンドリアとペルオキシソームがある．核ゲノムにコードされたミトコンドリアタンパク質と大部分のペルオキシソームタンパク質は，細胞質ゾルの遊離リボソームで合成され，翻訳完了後にそれぞれの細胞小器官へ輸送される．ミトコンドリアのおもな機能は，酸化的エネルギー代謝である．ペルオキシソームは種々の物質の解毒を含む多くの生命活動に関与している．

参考文献

M. Aridora, L.A. Hannan, 'Traffic jam: a compendium of human diseases that affect intracellular transport processes', *Traffic*, **1**, 836〜851 (2000).

M. Aridora, L.A. Hannan, 'Traffic jams II: an update of diseases of intracellular transport', *Traffic*, **3**, 781〜790 (2002).

H. Lodish, A. Berk, P. Matsudaira, *et al.*, "Molecular Cell Biology, 5th Ed.", W.H. Freeman and Company, New York (2004).

C.R. Scriver, W.S. Sly, B. Childs, *et al.*, ed. by C.R. Scriver, W.S. Sly, "The Metabolic and Molecular Bases of Inherited Disease, 8th Ed.", McGraw-Hill Professional, New York (2000).

ミトコンドリア

M.F. Beal, 'Mitochondria take center stage in aging and neurodegeneration', *Ann. Neurol.*, **58**, 495〜505 (2005).

R.W. Taylor, D.M. Turnbull, 'Mitochondrial DNA mutations in human disease', *Nat. Rev. Genet.*, **6**, 389〜402 (2005).

D.C. Wallace, 'A mitochondrial paradigm of metabolic and degenerative disease, aging and cancer: a dawn for evolutionary medicine', *Annu. Rev. Genet.*, **39**, 359〜407 (2005).

W. Wickner, R. Schekman, 'Protein translocation across biological membranes', *Science*, **310**, 1452〜1456 (2005).

N. Wiedemann, A.E. Frazier, N. Pfanner, 'The protein import machinery of mitochondria', *J. Biol. Chem.*, **279**, 14473〜14476 (2004).

ペルオキシソーム

P.A.M. Michels, J. Moyersoen, H. Krazy, *et al.*, 'Peroxisomes, glyoxysomes and glycosomes', *Mol. Membr. Biol.*, **22**, 133〜145 (2005).

R.J.A. Wanders, H.R. Waterham, 'Peroxisomal disorders I: biochemistry and genetics of peroxisome biogenesis disorders', *Clin. Genet.*, **67**, 107〜133 (2004).

5

遺伝子発現の調節

細 胞 核
核 の 構 造
核は特殊な膜複合体である核膜により囲まれている

　核は真核細胞を最も特徴づける細胞（内）小器官である．核内に細胞 DNA のほとんどすべてが隔離されていることは，真核細胞と原核細胞間での主要な相違点として特徴づけられる．核は一般的に球状であり，核区画を明確にする**核膜**（nuclear envelope）とよばれる特別な膜システムにより区切られている．核膜は 2 枚の別個な脂質二重層より形成される（図 5・1）．

　核の内膜（inner nuclear membrane）は，中間径フィラメントの網目状構造やこの脂質二重層構造を支持する働きをもつ核ラミナと密接に接触している．加えてこの核の内膜には，染色体や核 RNA に直接的または間接的に核マトリックスのタンパク質を介して密着する部分をもつタンパク質が含まれている．**核の外膜**（outer nuclear membrane）は，小胞体膜に近接している．活発に膜貫通タンパク質を合成しているリボソームは，しばしば核の外膜と結合している様子が観察されている．核の外膜は特定化された小胞体領域の一部である．核の外膜に結合したリボソーム上で合成されたタンパク質は，内膜または外膜で運命づけられ，あるいは**核膜間腔**（perinuclear space）とよばれる内膜と外膜の間に位置する領域へと膜を介して移動する．

核膜孔は核と細胞質間の情報交換を可能にしている

　核内には，遺伝的な働きにかかわる構成成分のすべてが存在する．その中には，**デオキシリボ核酸**（deoxyribonucleic acid, **DNA**）や**リボ核酸**（ribonucleic acid, **RNA**），核を核として組織化し機能化するタンパク質が含まれている（図 5・2）．

　核マトリックスとラミナの構成タンパク質，RNA および DNA ポリメラーゼ，遺伝子調節タンパク質を含む核タンパク質は，細胞質内で合成され核へと運ばれる．したがって，核タンパク質は核膜の二重膜関門を通過しなければならない．核からその内外への物質の輸送は，**核膜孔**（核孔，nuclear pore）とよばれる核膜に存在する孔により容易となっている．

　核内部と細胞質の間では，核膜孔を通じて連絡や情報交換がとり行われている．電子顕微鏡写真では，中心に存在する核膜孔の周縁部には，高度に組織化された円盤状の構造がみられる．核膜孔の構造は，核膜孔複合体の境界域にタンパク質顆粒サブユニットセットが八角形構造に配置されることにより形づくられている．8 個のタンパク質サブユニットは，核膜孔膜（pore membrane）を横切る**スポーク**（spoke）とよばれるタンパク質セットによって放射状のアーム部位を結合して連結されている．詳細は後述するが，近年の精巧な電子顕微鏡と遺伝的切除研究（遺伝手術研究）によると，核膜孔には中心チャネルを裏打ちする輸送体サブユニットが存在し，核と細胞質の間に関門を形成している．核質と細胞質に面した核膜の内側と外側には，スポークタンパク質と膜リン脂質としっかりと密着した八つの二連サブユニットからなる環状構造が形成されている．これらの構造は核膜孔複合体の形成のために重要であり，全体的な構造のためだけではなく，細胞質と核区画へ伸長しているフィラメントを固着する役割をもつ．核膜孔に環状に付着

細 胞 核   153

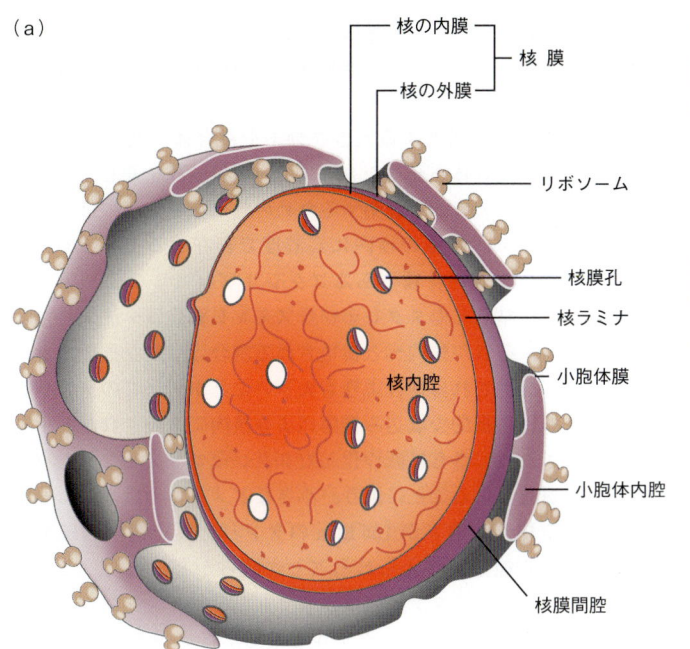

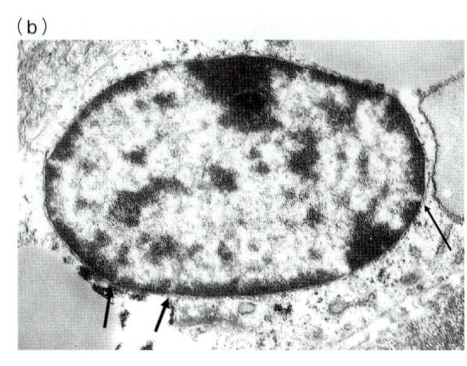

図 5・1　細胞構造と核膜の関係．(a) 図は核を囲む二重膜の核膜を示している．核の内膜は核ラミナとよばれる網目状の線維タンパク質によって裏打ちされている．核の外膜は小胞体膜と連続している．図示するように，核の外膜にはまず外膜と内膜の間，すなわち小胞体の内腔と接続した核膜間腔に入るタンパク質の合成を活発に行っているリボソームが存在する．核膜の二重膜には穿孔された核膜孔チャネルが存在する．(b) 黄体細胞の核の電子顕微鏡写真．太い矢印は核膜の内膜と外膜を表しており，そこには細い矢印で示すように核膜孔が存在している．（Wayne Sampson 博士提供）

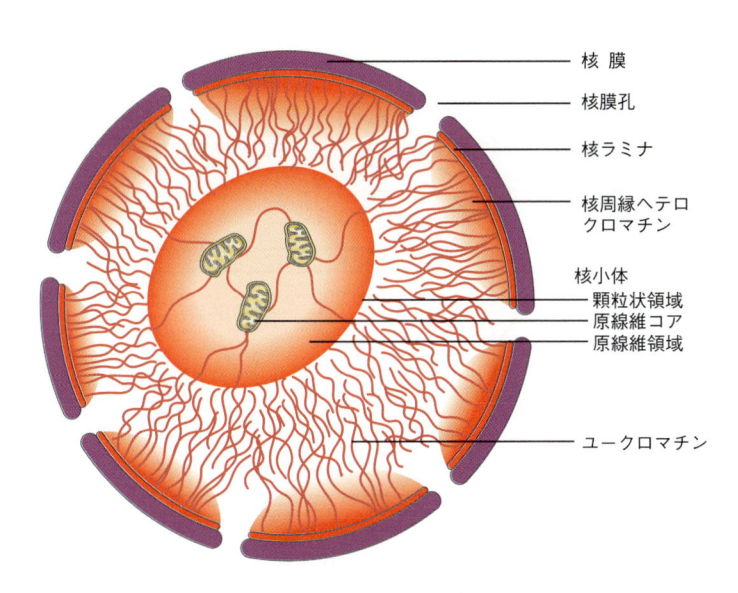

図 5・2　真核細胞における典型的な間期の核を模式的に示したモデル．核の内部組成を示す．内膜は核ラミナのタンパク質網目構造と直に接している．核ラミナは，核小体周縁空間にあるヘテロクロマチンとよばれる強固に凝縮した DNA-タンパク質複合体と結合している．核の大部分は非凝縮 DNA タンパク質複合体であるユークロマチンによって満たされている．間期の核においては，濃く染色された核小体が最も明確な構造物であり，さらに線維状と顆粒状に分かれた構造として観察される．

したこれらのフィラメントは，細胞骨格と核骨格のそれぞれのフィラメントとの相互作用によって，細胞質と核区画を直接的に共役していると考えられる．加えて，核膜孔環状フィラメントは，ここを通過する必要がある分子の認識に関与しているようである．核膜孔は複雑な構成タンパク質により，このような重要な構造を形成している（図5・3）．

核膜孔複合体は核膜の二重膜を貫通し，核膜の内膜と

外膜でその境界の脂質二重層を共有している．これらの二つの膜の間ではタンパク質やリン脂質などの成分を交換することが可能であるにもかかわらず，これらの二つの膜が化学的に異なる状態を維持することを示す事実がある．そのために，核膜孔複合体の構成タンパク質には二つの膜の間で大部分の交換を防ぐための関門が必要不可欠である．

核膜孔複合体は測定により，外側の直径が約 100 nm，内側チャネルの直径が 9 から 10 nm という高度に組織立った構造であることが示された．核膜孔を通過する輸送の特性を調べるために，放射能標識された化合物を細胞質の中へ注入し，それが核内へ出現する速度や割合を実験する方法で評価された．この実験により核膜孔は，イオンと直径が 9 nm よりも小さなタンパク質や分子（60 kDa 相当または，より小さな質量の類縁体）を自由に透過させることが明らかとなった．直径が 9 nm よりも大きな（60 kDa より大きな）核タンパク質ではないタンパク質は核へ移行されない．しかしながら，細胞質内で合成される 60 kDa よりも大きな核常在性のタンパク質は核内へと容易に輸送されることから，核膜を通過する分子の輸送には選択的な作用機序が存在するはずである．

核膜を通過する大きな分子や複合体の選択的な輸送は，受容体を介した方法によって核膜孔を通じて行われる．この概念を説明するための鍵となる実験には，カエルの卵母細胞の核内に高濃度で存在する 165 kDa の五量体タンパク質であるヌクレオプラスミンが利用された．精製したヌクレオプラスミンを細胞質へ注入したとき，それが核内へと蓄積される割合は単純な拡散によって説明される割合よりも大きいことから，このタンパク質は選択的な取込み機序により核内に濃縮されたと示唆された．さらに断片化したヌクレオプラスミンタンパク質を用いることにより，小さなドメインの働きによって全体の大きさが 165 kDa のタンパク質を選択的に輸送する能力が与えられることが明らかとなった．このドメインにはヌクレオプラスミンを核常在性タンパク質として決定づけるシグナルとなるアミノ酸配列が含まれる．このシグナルは**核移行シグナル**（nuclear localiza-

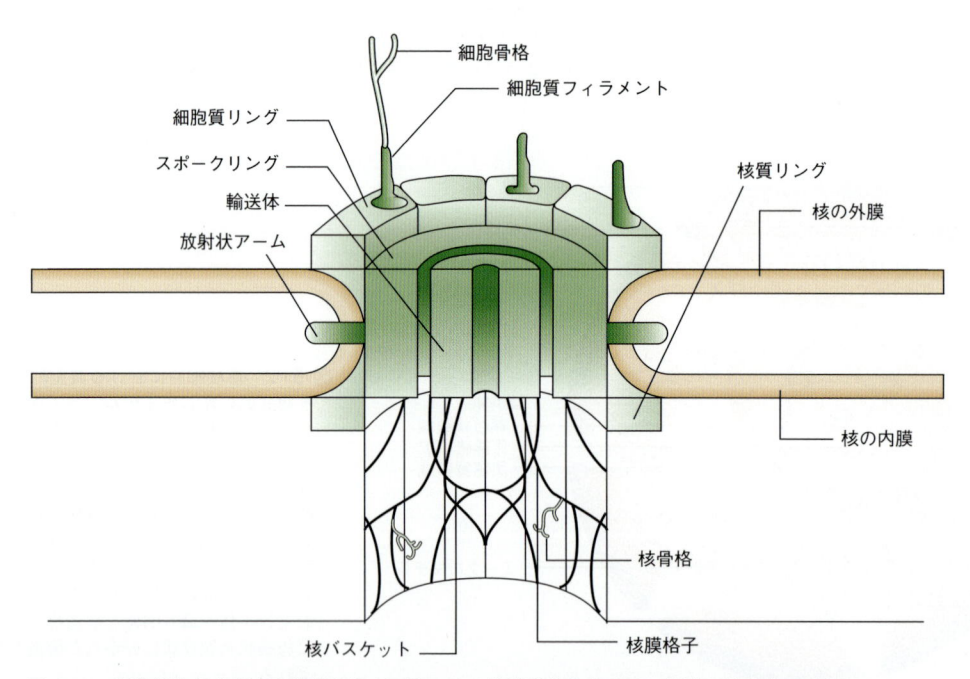

図 5・3　細胞質と核内部との情報交換を可能にする核膜孔複合体の図．核膜孔複合体は直径 100 nm で，八角形の円盤状に形づくられたタンパク質によって構成される．核膜孔複合体は放射状のアームと円状スポークによって核膜（内膜と外膜）の中に固定されている．輸送体となるサブユニットはスポークのすぐ内側にあり，核膜孔複合体の水溶性チャネルを形成している．隣接しているこれらの構造は細胞質リングと核質リングとよばれ，細胞質線維と核質線維と結合して固着されてバスケット状となっている．これらのフィラメント構造によって，細胞骨格（外側）と核マトリックス（内側）の間の潜在的な結合があり，それに加えて核内部と他細胞との間の物理的な結合をも可能にしていると考えられる．〔M. Goldberg, T. Allen, *Curr. Opin. Cell Biol.*, **7**, 301〜307 (1995) より〕

tion sequence/signal, NLS；核局在化シグナルともいう）とよばれる．

　加えて，ヌクレオプラスミンの核移行シグナルは他のタンパク質と連携してそれらを核区画内へと取込むことができる．これは，通常では核内に存在しないタンパク質についても当てはまる．核内への選択的な物質輸送は，エネルギー合成分子（グアノシン三リン酸，GTP）が存在するときにのみ行われる．これらの初期研究により，ヌクレオプラスミンに含まれているドメインがタンパク質核移行のためのシグナル配列として機能すること，またこの輸送は特異的に核膜孔を通じて行われるものでありエネルギー依存的であることが決定的となった．

　核移行シグナルに従ってタンパク質を取込む仕組みには，細胞質内の可溶性タンパク質と，核膜孔複合体として存在し多段階の移行のステップで機能するタンパク質といった多数のタンパク質が関与している．まずはじめに，核移行シグナル（NLS）をもつタンパク質が受容体複合体に結合する．この受容体は多くのサブユニットをもち細胞質内で可溶性であり，輸送されるタンパク質を核膜孔複合体の細胞質リングから伸張するフィラメントとともに移動されるタンパク質とドッキングする機能をもつ．結合した後，より多くのタンパク質が複合体と結合するが，なかでもGTPの加水分解によりタンパク質局在化のエネルギーを与えるGTPアーゼとそれにより活性化されるタンパク質は最も重要である．輸送複合体を形成するタンパク質のすべてが核膜孔を通ってヌクレオプラスミンへと運ばれるわけではなく，この過程で利用されるタンパク質は何らかの仕組みによって細胞質へリサイクルされ，さらなる核輸送のために再利用される．最新のデータに基づいた核輸送モデルを図5・4に示す．

　核輸送に利用されるタンパク質を再利用する仕組みの一つは，その因子を核外の物質を細胞質へ運び出すために利用することである．図5・4に示されるように搬出サイクルでは，運び出される運命にある積み荷タンパク質が細胞質へ輸送するためにシグナルで印づけられていることを除いて，取込み輸送（核移行）サイクルと類似している．核外へ搬出される積み荷タンパク質には，メッセンジャーRNA（mRNA），リボソームRNA, リボソーム，そしておそらく細胞質に往復輸送されるタンパク質が含まれるであろう．これらの核酸やタンパク質は，核外搬出シグナル（NES），一般的には短い疎水性のロイシンに富むドメインをもつタンパク質と結合する．この過程に関与する多くの因子について活発に研究されたにもかかわらず，いまだに解明されないことが多い．

　核移行シグナル配列は，多様な核に輸送されるタンパク質から同定されてきた．表5・1に示したのは，核局在タンパク質と同定された核移行シグナル配列である．

　同定された配列は，だいたい4残基から8残基のアミノ酸からなる小さなドメインで，ほぼすべてが塩基性アミノ酸であり，しかしながらコンセンサス配列（共通配列）はなく，さまざまな異なるタンパク質の位置にもコンセンサス配列はない．同じ核膜孔複合体は核から細胞質へRNAを輸送する役割をもつ．核外への輸送は選択的であり，運び出されるRNA-タンパク質複合体と結合する核膜孔複合体の中に存在する受容体が必要である．運び出される複合体は核外搬出シグナル配列をもつことが現在明らかとなっている．したがって，核膜孔複合体は，核膜を通って輸送されるために，タンパク質複合体がもつ多様なシグナル配列を認識する複数の受容体が含まれるはずである．これは核膜孔複合体のなかの一つのタンパク質の性状であるか，もしくは複数のサブユニットの性状であるかについて，今後の解明が待たれる．

　要約すると，核膜孔は細胞質と核内部との間の情報交換のために重要なチャネルである．分子選別の特徴として，イオンや小さな分子は水性チャネルを通して自由に透過するが，大きなタンパク質複合体は核膜孔を通して選択的に輸送される．この選択的輸送は，核膜孔複合体のなかの受容体様タンパク質と結合するために必要なアミノ酸配列がタンパク質複合体の中に存在することにより，高度に特異的である．核膜孔を通過する移行の過程はエネルギー依存的である．

核の構造は核ラミナと核マトリックスによって決定される

　間期の細胞における核膜の内側の表面は，核ラミナとよばれる網目構造のタンパク質により裏打ちされている．この網目は厚みが30から100 nmの高電子密度の構造であり，核膜内と核辺縁部のクロマチンとの間の情報交換を可能としている．電子顕微鏡による観察では，ラミナは直径が約10 nmのフィラメントにより四角形の格子構造をとっている．これらのフィラメントは中間径フィラメントとして分類され，分子質量60～70 kDaのラミン（lamin）A, B, Cとよばれる3種の膜タンパク質により構成される．ラミンAとCのmRNAは，ラミンAのカルボキシ末端には133個のアミノ酸が追加されることを除いて，同一の遺伝子にコードされたタンパク質であり，選択的にスプライシングされた転写産物である．ラミンBのmRNAは，ラミンA, Cとは異なる遺伝子にコードされているものである．

　単離されたラミンは，長さが約52 nmの棒状構造で

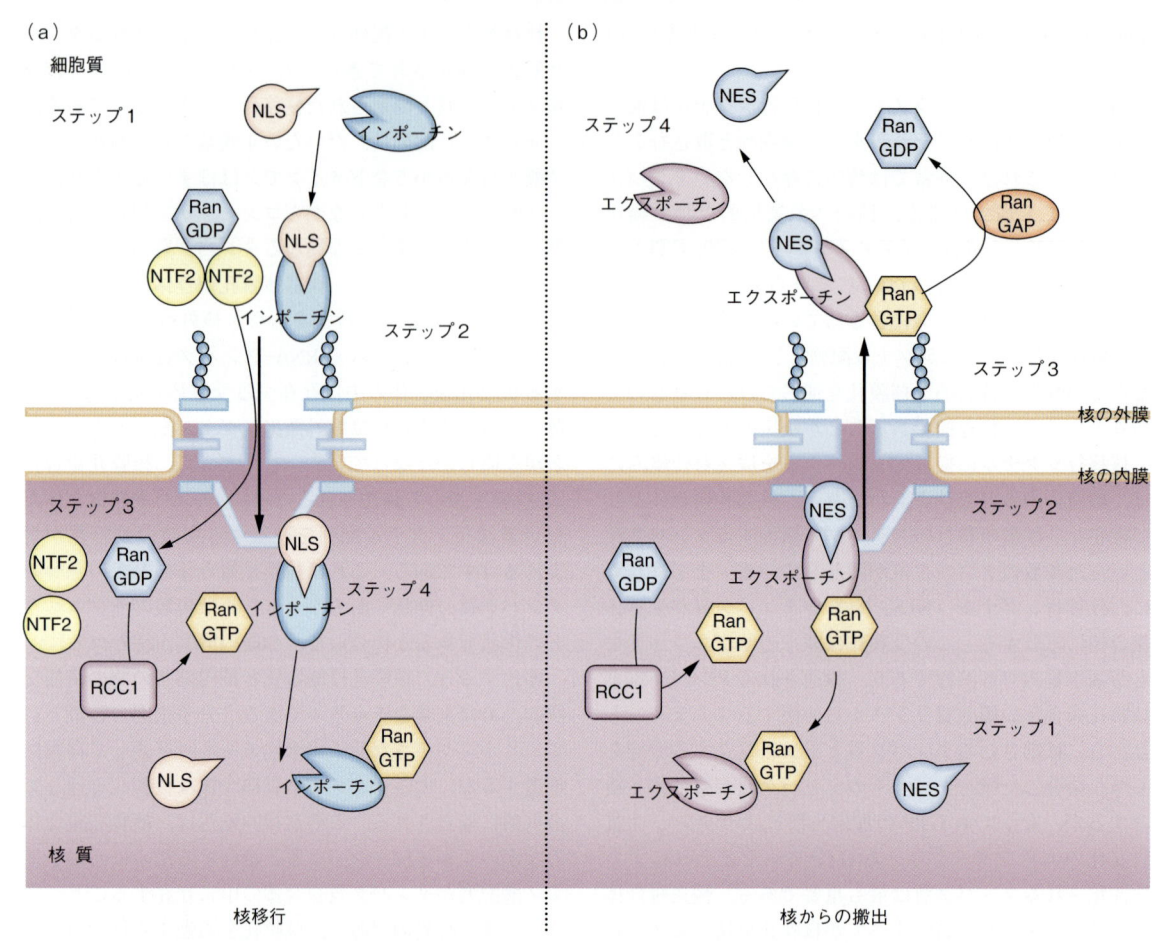

図5・4 核膜孔複合体を介した核移行と核からの搬出に必要なステップの図．(a) 核内に輸送されるタンパク質は，細胞質中で可溶性複合体を形成する細胞質受容体分子（インポーチン）により認識される核移行シグナル（NLS）を提示している（ステップ1）．この結合と認識による複合体は，核膜孔複合体の細胞質リングから伸びている線維と結合する（ステップ2）．この結合によってRan-GTPアーゼとNTF2（核輸送体2）とよばれるアクセサリータンパク質が動員され，輸送複合体との結合が促進され，輸送するために必要なGTPの加水分解を触媒するRan-GTPアーゼと輸送体チャネルを調節している（ステップ3）．核膜孔を移動するために，GTPからGDPへの加水分解エネルギーが使われている（ステップ4）．(b) 核からの搬出も類似した設計である．搬出される積み荷は核外搬出シグナル（NES）を提示しており，エクスポーチンとよばれる受容体により認識され（ステップ1），その後，複合体を形成して核膜孔複合体と結合する（ステップ2）．この結合によって，エネルギーを得るためにエネルギー産生するRan-GTPアーゼが動員され（ステップ3），積み荷は細胞質へと搬出される（ステップ4）．このように，核膜孔複合体を介した核移行と核からの搬出は類似した経路である．Ran GDP：細胞質内に存在するGDPと結合したRanタンパク質，Ran GTP：核内に存在するGTPと結合したRanタンパク質，Ran GAP：GTPアーゼ活性化タンパク質，RCC：regulator of chromosome condition.

表5・1 いろいろな核タンパク質の核移行シグナル配列

タンパク質	シグナル配列の位置	シグナル配列のアミノ酸
ポリオーマウイルス腫瘍抗原	内部：残基126〜132	Pro-Lys-Lys-Lys-Arg-Lys-Val
インフルエンザウイルス核タンパク質	カルボキシ末端：残基336〜345	Ala-Ala-Phe-Glu-Asp-Leu-Arg-Val-Leu-Ser
酵母のタンパク質 matα2	アミノ末端：残基3〜7	Lys-Ile-Pro-Ile-Lys
酵母リボソームタンパク質 L3	アミノ末端：残基18〜24	Pro-Arg-Lys-Arg

† C. Dingwall, R. Laskey, *Annu. Rev. Cell Biol.*, **2**, 367〜390 (1986); R. H. Lyons, B. Ferguson, M. Rosenberg, *Mol. Cell Biol.*, **7**, 2451〜2456 (1987); D. D. Newmeyer, D. J. Forbes, *Cell*, **52**, 641〜653 (1988); D. Christophe, *et al.*, *Cell Signal*, **12**, 337〜341 (2000) より．

あり globular head ドメイン構造をもつ．他の中間径フィラメントと類似したタンパク質であり，長いフィラメント構造の形成は globular head ドメイン構造により仲介されている．ラミンBはラミンA, Cとは異なり，翻訳後修飾によりイソプレニル化されることで膜脂質への付着が可能となっている．核の内膜には分子量約 58,000 の受容体分子があり，ラミンBと特異的に結合する．たとえば核ラミナと膜の結合を促進する働きをもつネスプリンタンパク質ファミリーのように，複数の受容体タンパク質は核の内膜に存在する．またネスプリンタンパク質はアクチン結合ドメインをもち，細胞骨格から核骨格へのシグナル情報を伝達している可能性がある．ラミンAとCは，ラミナとクロマチンの結合を仲介するラミンBと相互作用している．したがって間期の細胞において，3種類すべてのラミンタンパク質は核の内膜に接した状態で存在し，核ラミナ複合体を形成している．

細胞分裂の分裂前期にはクロマチンが凝縮するので，見かけ上では核膜と核ラミナが消失している．図5・5でその概要をモデル化し，細胞周期において核のラミンが核膜の断片化と再形成に関与することを説明している．

電子顕微鏡による研究によると，分裂前期においては小さな小胞に断片化された核膜は小胞体と結合したままである．ラミンBはこれらの小胞と強固に結合してお

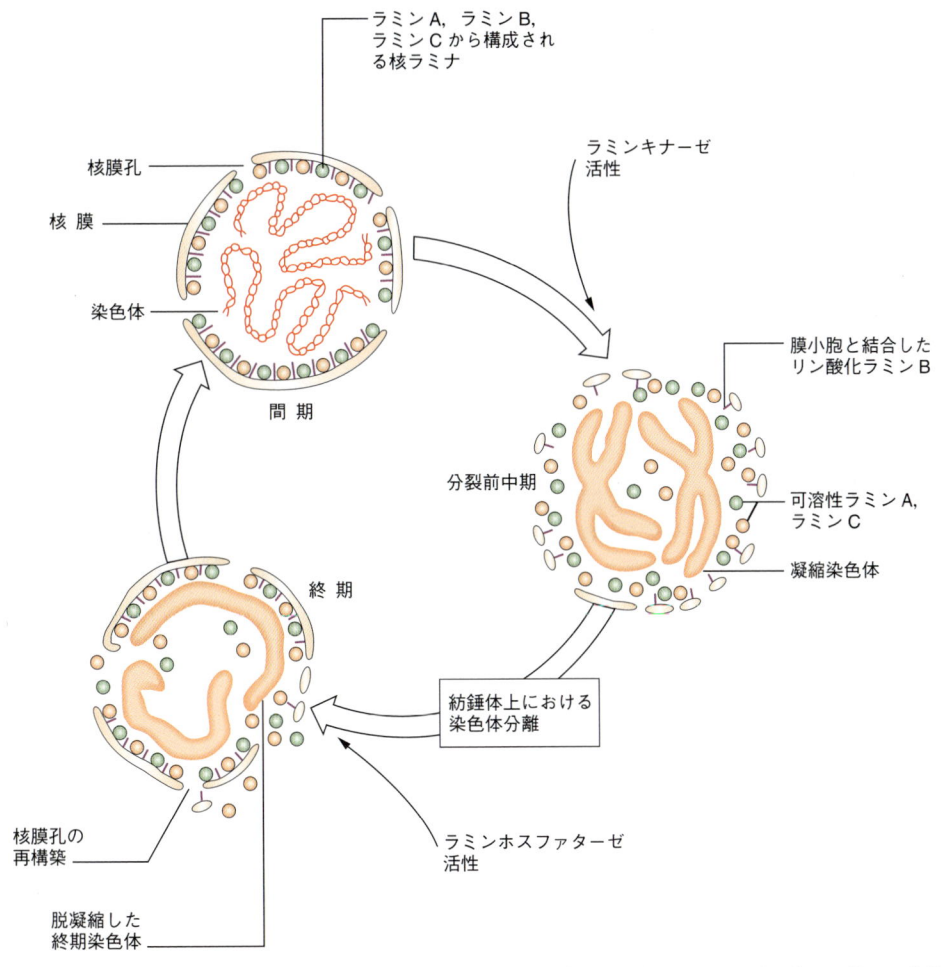

図5・5　有糸分裂におけるラミンタンパク質のリン酸化と核膜構造の関連．細胞が細胞周期の間期から前期へ進行するとき，染色体の凝縮と核膜の断片化が起こる．核膜の断片化はラミンキナーゼの活性化と同時に進行し，これによりラミンタンパク質 (A,B,C) はリン酸化され，核ラミナマトリックスの脱重合が起こる．リン酸化されるとラミンBは分解産物の膜小胞と結合するが，ラミンAとラミンCは分裂前中期の間は拡散している．分裂終期には娘細胞において染色体が脱凝縮されると同時に，ラミンホスファターゼが活性化されることによりラミンタンパク質からリン酸基が除去される．膜結合ラミンBは核ラミナの重合により核形成部位となり核膜が形づくられる．

り，一方でラミン A と C は脱重合して細胞内の至るところに存在している．この脱重合とその後に続く核膜の断片化は，ラミンキナーゼ，p34/cdc2，その他の下流に存在するリン酸化酵素によるリン酸化を介すると考えられている．ラミンはリン酸化されると脱重合し，核膜が断片化されて小胞となる一方で染色体は凝縮する．細胞周期の分裂後期には，分配された娘染色体の周囲に核膜と付随する構造が再構築される．核膜の再構築はラミンを介して，これらのタンパク質からリン酸を除去すると同時に起こるようである．核膜の再構築は娘染色体の脱凝縮に伴って行われる．クロマチンが分散しラミンの脱リン酸が誘導されると，それらが重合してつぎつぎと小胞とラミン B が結合し，通常の中間期の核膜が形成される．しかしながら，核膜の再構築をひき起こす相互作用についてはいまだ解明されていない．ラミンからリン酸を取除く脱リン酸酵素は，おそらく**核マトリックス** (nuclear matrix) とよばれる核の内部構造のコンポーネントであるクロマチンと強く関連していると考えられている．

核マトリックスは構造的にも生化学的にも明らかにされているにもかかわらず，その機能についてはいまだ不明である．おそらく核マトリックスの最も明白な役割は，核の内部構造と組織化を供給することであろう．新規に複製された DNA と DNA 合成に必要な酵素群はマトリックスと結合していることから，マトリックスは DNA 複製機構の役割の一端を担うことが示唆される．最近の研究から，活発に転写が行われている遺伝子とその一次転写産物（たとえばヘテロ核 RNA，hnRNA）は，核マトリックス精製標品の中に濃縮されていることが示された．核内における RNA 転写産物の局在は蛍光標識された核酸プローブを使って追跡され，RNA は，特に核境界の付近でより強いシグナルとして観察された．つまり転写されると RNA は核内で拡散することなく，おそらく核マトリックス線維に結合している間にスプライシングされて成熟 RNA となり，細胞質へと輸送される．これらの実験は，核マトリックスが核の組織化において重要な役割を演じるという概念を支持している．加えて最近では，アクチンそれ自身を含む細胞骨格アクチンの多くの構成成分が，核で観察されている．この新たに核に存在する構成成分として明らかになってきたアクチン骨格は，最も高度に組織化された成分であり，核の機能を効率的に作動させるために必要であると考えられる．

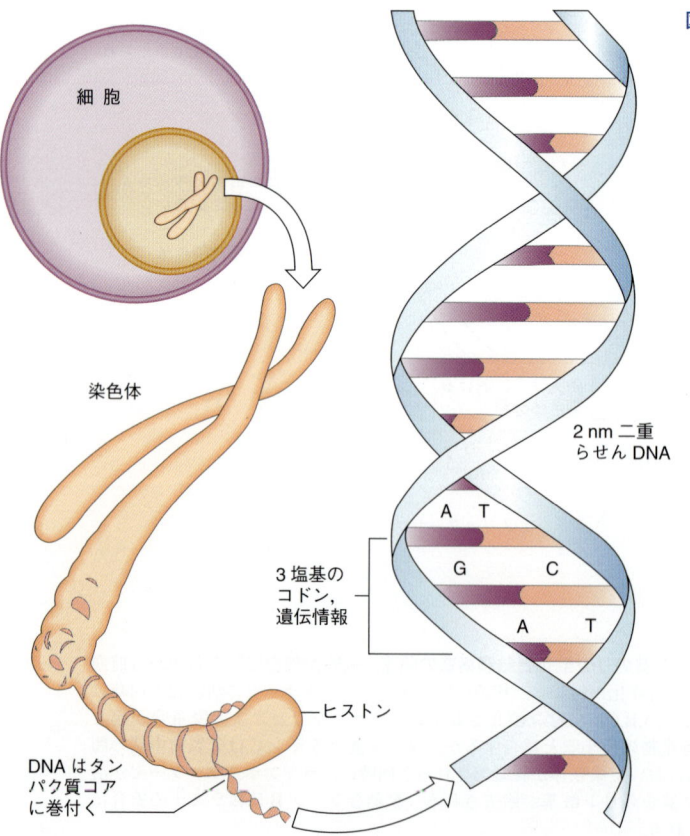

図 5・6 **DNA に保存された遺伝暗号の分子的な詳細と細胞核に存在する染色体の関係**．2 本の逆平行鎖（1 本は上方向 5′ から下方向 3′ へ，もう 1 本はその逆方向）が，ヌクレオチド塩基対によって保持されている DNA モデルを右に示す．ヌクレオチドは厳密に配列された 3 塩基のコドンによって，遺伝情報を保存している．図示するように，直径 2 nm の DNA らせんはタンパク質と結合し，真核細胞の核内に収められている個々の染色体のクロマチン構造を形成している．

核膜に存在する受容体は細胞骨格や核ラミナ，そしておそらく核マトリックスとも接触していることを考慮する必要がある．細胞組織化されていることは細胞内の重要な細胞内小器官内部にまで及び，細胞質を経由して細胞外から核への重要な連結を可能にし，細胞を効率的に機能させるための補助的な役割を演じている．これによって，細胞は環境の変化に速やかに適応し，直面するさまざまな状況のなかで生存することが可能となる．

核の機能

細胞のゲノムは核の中に収められている

核は，DNAからなる細胞の遺伝情報を，ほぼすべてをもっている．DNAは二環構造をもつプリン塩基（アデニンとグアニン）および単環構造をもつピリミジン塩基（チミンとシトシン）の四つのヌクレオチドで構成される．1953年にWatsonとCrickによって解明されたDNAの基本構造は，アデニンとチミンの間と，グアニンとシトシンとの間で形成される塩基対が，水素結合によって保持される2本のポリヌクレオチド鎖である．二本鎖は逆平行にあり相補的にうず巻き状に巻かれ，直径約2 nmの二重らせん構造をとっている．ヌクレオチドは塩基の特異的な配列の中に遺伝情報を含んでおり，秩序ある様式で配置されている．遺伝情報は，**コドン** (codon) とよばれる三つのヌクレオチドからなる遺伝暗号として保存されている．遺伝情報としてのDNAモデルと真核生物における核内の染色体との関係については，図5・6に示した．

真核細胞においてDNA分子は，**染色体** (chromosome) とよばれる直線状に整理された単位にまとめられ染色体の中に保存されている．すべての遺伝情報を生物体の**ゲノム** (genome) とよぶ．ヒトゲノムは，24本に分かれた染色体（22本の常染色体と異なる2本の性染色体）の中に収められた約30億塩基対からなる．二倍体の体細胞には，父親と母親から1本ずつ受継いだ2コピーの染色体が存在し，男性における性染色体についてはY染色体は父親から，X染色体は母親から受継いでいる．したがって，ヒトの二倍体細胞は46本の染色体と約60億塩基対のDNAをもつ．これらの染色体は機能的に分離するための単位であり，複製した染色体を有糸分裂時にその娘細胞に分配する能力をもち，細胞の世代間の統合性を維持している．染色体構造と機能の解析研究により，それぞれの染色体の維持や増殖に必要な三つのドメインや要素が定義された（図5・7）．

DNAにはDNA複製に際して，DNA合成を開始する限られた点として機能する**DNA複製開始点** (DNA replication origin，DNA複製起点ともいう) とよばれる特異的な領域がある．それぞれの染色体にはその長さに応じて多くの複製開始点が散在し，細胞周期におけるS期に非同期的な様式で活性化される．DNA合成がそこで開始されるために特異的な塩基配列が存在するが，すべての領域が同時に活性化されるわけではない．このことは，染色体複製を命令するこれらの配列の間で不均一

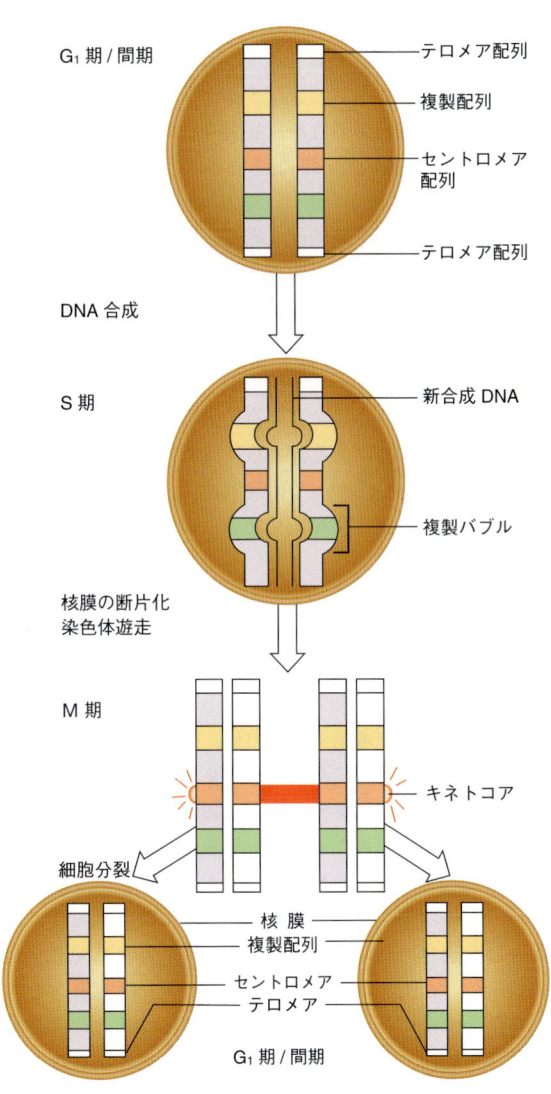

図5・7 染色体の構造維持と増殖に必要な配列成分．真核細胞の核内において個々の染色体が維持されるためには，DNAの三つの配列成分が必要である．一つ目は，細胞周期の間期において分解酵素からの攻撃を避けるために染色体の両端にキャップ状に付加されたテロメア配列である．二つ目として染色体はその複製のために多数の複製開始配列をもち，これは細胞周期の合成期（S期）において複製開始点として役立つ．三つ目のキネトコアはセントロメアDNA配列とよばれる染色体を構成する領域であり，S期の後に核膜が消失し染色体が娘細胞に分配されるときに利用される．

性があることを示唆している．DNAの複製と修復は，細胞維持と疾患において（後述に詳細を示す）重要な過程である．

二番目として，細胞周期のM期において染色体が紡錘糸に付着するために必要な**セントロメア**（centromere）とよばれる重要な配列がある．それぞれの染色体には1箇所のセントロメアがあり，そこでDNAがタンパク質と複合体を形成し**キネトコア**（kinetochore, 動原体）とよばれる構造をとる．この構造は細胞分裂において染色体を娘細胞に分離するときに利用される．

染色体の構造維持のために必要な三番目の配列は，線状にした染色体の両端に位置しており，**テロメア**（telomere）とよばれている．この特異的な配列は，グアニンとシトシンの高頻度な繰返し配列であり，線状染色体の両端に存在すると定義される．これらの配列はテロメラーゼによって複製され，そのテロメアのグアニンに富む配列は特異的な構造をもち，染色体の両端を保護している．テロメアが正確に複製されない場合，染色体の長さが短縮されることとなる．染色体の短縮は，癌のような疾患と関連があり，さらに加齢においてもみられることである．したがって研究者たちは，テロメアの維持能を増強する化合物を発見するために，協力し合いながら研究を行っている．

DNA複製と修復は重要な核機能である
DNA複製は細胞周期の合成期（S期）に行われる

細胞分裂と細胞増殖する能力は，生物の正常な成長と発生にとって決定的に重大な意味をもつ．加えて，成体においては血球細胞や消化管上皮細胞のように，一定の間隔で迅速な細胞再生を起こす組織があり，細胞増殖は重要な過程であることを示している．細胞レベルの成長というものは**細胞周期**（cell cycle）とよばれる高度に制御された過程において行われ，その結果として同じ2個の娘細胞（daughter cell）をつくり出す．細胞周期を通じて，その結果として生じる細胞は個体にその機能をもたせるために，細胞の諸部分を複製する必要がある．前述のとおり，細胞のゲノムの複製と染色体の維持は重要な過程である．この章ではDNA複製と修復のメカニズムについて考察し，細胞周期の調節については第9章において検討する．

DNA複製は，そのときにDNA合成が進行することからS期とよばれている細胞周期の一期間に行われる．DNA合成は**複製開始点**（replication origin）とよばれる染色体上の特異的な位置より開始される．高等真核生物においては一つの決まった開始点配列があるわけではない．対照的に，細菌，ウイルス，酵母においては，それらの複製開始点は非常に限定的な複製開始のヌクレオチド配列がある．ヒト細胞の複製開始点は，アデニンとチミン塩基対が高頻度に含まれる配列であり，これはアデニンとチミンの対結合を引き離すために必要なエネルギーがより少ないからと考えられる．複製するDNA鎖の分離は，アデニンとチミン塩基対を含む複製開始点において促進される．

複製開始点は，**開始複合体**（initiation complex）を形成するタンパク質因子のグループにより認識される．興味深いことに，すべての複製開始点が同時に複製開始されるわけではなく，実際にはS期の異なるタイミングにおいてDNA合成が開始される複製開始点のグループが存在する．一般的に，活発に転写されている遺伝子はS期の初期に複製され，活発に転写されないDNAは後期に複製される．これは，活発に実験的に研究された以下の二つの概念を示唆している．1) 転写と複製は両方の過程で働く因子を共有する可能性があり，2) どの二つの細胞タイプも正確にはまったく同じ遺伝子を発現していないことから，染色体複製を補助的につかさどる複製開始因子が時と所によって異成分を含む可能性がある．複製の開始のためと，損傷を受けたDNAを認識し修復するため，疾患過程の根底となる変異発見のために，異成分を含む複合体が存在している．

開始複合体因子により開始点が決定されると，親DNA鎖が解離し，それぞれが新たなDNA合成のための鋳型となる．DNA合成は，DNAポリメラーゼ酵素によって触媒される．真核細胞では四つのDNAポリメラーゼが知られており，DNAポリメラーゼα，β，γ，δとよばれている．DNAポリメラーゼαは複製のために，DNAポリメラーゼβはおもにDNA修復のために重要である．DNAポリメラーゼγはミトコンドリアの中に多く存在し，ミトコンドリアゲノムの複製と維持に関与している．DNAポリメラーゼδは複製と修復の両方において，おもにDNA鎖を伸長する役割を担う．

すべてのDNAポリメラーゼはDNA鋳型鎖を3′から5′へと複製し，新しく合成されるDNA鎖は5′から3′方向に産生する．ポリメラーゼはすべて唯一の方向性をもって働くことから，DNA複製には多くのタンパク質機能が関与する必要がある．DNA複製は，開始点から二方向的に起こる．これは，DNA複製は（図5・8に示すとおりに）特異的な位置から開始し，二方向に同時に進行することを意味する．

真核細胞の染色体には多くの開始点が存在することと，二方向的に動作することで染色体全体の複製が確実に行われ，相対的に短い時間で達成される．図5・8に

DNA 複製と修復は重要な核機能である

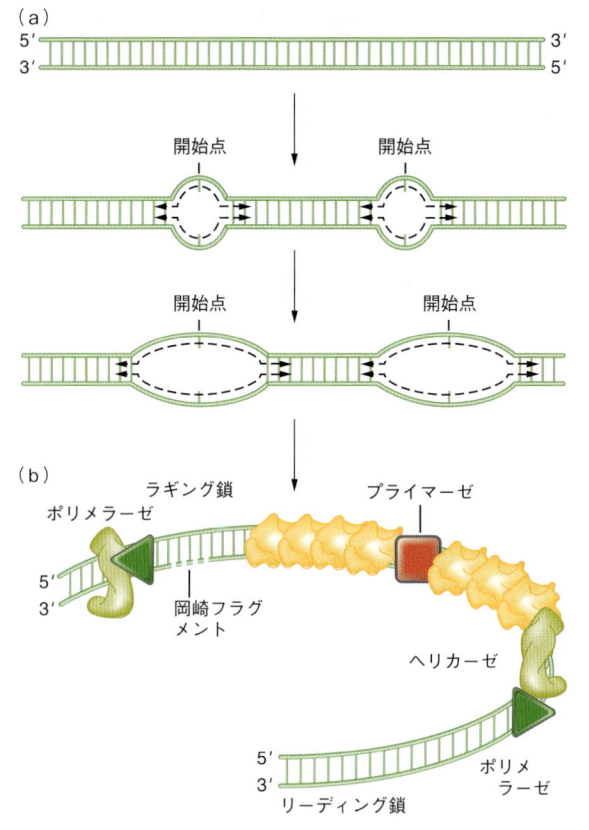

図 5・8 染色体複製の模式図. (a) 離れた二つの複製開始点から始まる DNA 複製の主要なできごとを示す.複製開始点が認識されると,DNA 合成は開始複合体から双方向に進行する.ひとたび合成複合体同士がぶつかると DNA 鎖はライゲーションされて一つながりの二重鎖となる.2 本のうちの 1 本は親 DNA 鎖であり,もう片方は新しく娘DNA 鎖である. (b) 複製開始点に存在するいくつかのタンパク質は,DNA 合成するために重要である.DNA ポリメラーゼは 5′ から 3′ 方向のみ DNA を合成するために,複製開始点から離れたところで二つの反応が起こっている.リーディング鎖とよばれる方では,一つのポリメラーゼ複合体によって 5′ から 3′ 方向へ DNA が合成されている.もう一方では多くの分子が関与している.これには,DNA 鎖を一本鎖に維持するための一本鎖 DNA 結合タンパク質,RNA 鎖をプライマーとして合成を開始するプライマーゼ活性,これらの RNA 鎖をプライマーとしてつくられた小さな DNA 断片である岡崎フラグメントなどが含まれる.岡崎フラグメントはライゲーションされて新たな DNA 鎖を形成する.

示すように,一度合成されると,それぞれの娘分子には 1 本の無処理の親鎖と 1 本の新たに合成された DNA であり,それらは適切な塩基対同士の相補的結合により連結される.したがって,結果として産生された染色体は,いわゆる**半保存的方法**(semiconservative process)により複製される.それぞれの開始点で形成された二重 DNA の複製バブルは**複製フォーク**(replication fork)とよばれている.複製フォークにおいては合成が活発に行われ,多くのタンパク質が協調的に働く必要がある.ヘリカーゼとよばれるタンパク質群により巻戻された親 DNA 鎖は,**トポイソメラーゼ**(topoisomerase)とよばれるタンパク質と一本鎖結合タンパク質の働きにより解離を維持される.これらのタンパク質複合体により,DNA 鎖は離れて保持され,それぞれが DNA ポリメラーゼにより複製される.

DNA は複製フォークから二方向に合成され,ポリメラーゼをそれぞれの DNA 鎖に結合させ DNA 鎖を合成するという最も単純なメカニズムにより合成される.これには DNA 合成が 5′ から 3′ 方向へと 3′ から 5′ 方向への二方向に行われる必要がある.しかし,DNA ポリメラーゼは 5′ から 3′ 方向へのみ DNA を合成するので,ゲノム DNA 合成のためのメカニズムとして DNA 合成のそれぞれの鎖で行われることを考慮しなければならない.放射能標識された DNA 前駆物質を用いた研究により,開始点付近における新たな DNA 鎖の合成は,非対称であり同等ではないことが示された.さらなる研究により,複製フォーク付近にはその長さが 1 から 200 塩基の短い DNA 断片が存在することが明らかとなった.非対称的に DNA が合成されるのは,**リーディング鎖**(leading strand)とよばれる鋳型鎖を 5′ から 3′ 方向へ連続的に合成することと,もう一方のラギング鎖を鋳型として**岡崎フラグメント**(Okazaki fragment)とよばれる短い断片が合成されるからである.岡崎フラグメントもまた 5′ から 3′ 方向へ合成されることから,ヌクレオチド付加の方向は全体的にみた DNA 鎖の伸長方向とは逆向きとなる.短い岡崎フラグメントは合成された後に,ライゲーション(連結)されて一続きの新しいDNA 鎖を形成する.

臨床例 5・1

ニルス・エリクソン(Nils Ericson)は,メイン州オガンクイットの郵便局長の 9 歳の息子である.母親は彼の日焼けの痕がなかなか治らないことを心配して皮膚科医を訪ねた.身体的診察では,機敏で神経質な 9 歳児で,角膜が異常な乳白色なので奇異な凝視するくせがあった.母親は,それはここ数年のことであるが視力に問題はないという.学校でも問題はない.

検査の結果,彼の皮膚には多くのしみ,そばかすがみられ,乾燥して革のように肥厚していた.興味深いことに,患部は顔面,耳,手首に限局していた.しみ,そばかすに加えて,これらの部位に紅斑症がみられ,そのうちのいくつかには小さな白いいぼ状になった部分がみら

れた．また，舌の先端がひりひりするという症状があり，夏の間ずっと治らないと訴えている．

質問に関して母親は，"彼はいつも日焼けにとても敏感である"と話した．そのために，彼にはきちんと長袖長ズボンを着用させ，海岸や砂丘に行くときはいつも日焼け止めを厚く塗るようにしていた．また，彼の兄弟姉妹は日焼けについて問題はないが，父親は日焼けに敏感であり過去数年のうちに皮膚癌の除去を繰返している．

少年は，いやがったが，皮膚科医は手首の病変部から三つの小パンチ生検と舌の組織診断用薄片を採取した．

細胞生物学，診断法，色素性乾皮症の治療

ニルスは色素性乾皮症であった．この常染色体劣性遺伝性の障害は，若年早期に現れ，太陽光線による前癌性の多血症と悪性に変わる皮膚癌との関連性がある．光線性の角化症と基底細胞癌はよくみられる症状である．扁平上皮癌は頻繁には起こらないが，通常は乾皮症患者には黒色腫の危険度が5％あるとされる．角膜の濁りが多くみられ，おそらく皮膚と同様に角膜においても上皮損傷があることを意味している．

色素性乾皮症の患者は，遺伝的にDNA修復機構が不十分であることから太陽光線に対して非常に敏感である．特に，光によりひき起こされる好ましくないDNA二量体を通常は除去する働きをもつさまざまなエンドヌクレアーゼが欠損している．紫外線のなかでも特に表皮を透過するUVB（315～280 nm）は，シクロブタン型ピリミジン二量体や，皮膚細胞DNAにおけるピリミジンと機能障害性の付加体に反応するその他の（6-4）光産物を産生する．通常は，このような付加体は修復エンドヌクレアーゼによって除去され，DNAの損傷は緩和さ

れているが，これらの酵素を欠損する色素性乾皮症の患者は，生化学的な病変を適切に修復することができない．もしも損傷を受けたDNA領域にp53のような癌抑制遺伝子が含まれてそれが阻害されると，その影響を受けた細胞では増殖抑制が利かなくなり癌化が起こる．

彼の皮膚から採取した二つの生検結果によると光線性の角化症であったが，三つ目の生検では検体の周辺部までのすべてが基底細胞癌であった．舌の検体からは，生検部位を超えて局所に浸潤性の扁平上皮細胞癌が認められた．今後，外科的な切除が必要である．

太陽光を厳密に回避することに加えて，皮膚科医は将来的に彼の発癌の可能性を少なくするために，リポソーム被包されたT4N5エンドヌクレアーゼを含むクリームを処方した．

DNA修復は細胞の生存に必要な過程である

DNAの複製ではエラーはほとんど起こらない．これは細胞が，一方向にのみDNAを合成するDNAポリメラーゼと，効率的にエラーを検出し修復する細胞メカニズムをもっているからだと考えられる．塩基の合成時のエラーに加え，細胞のDNAは紫外線の光や，化学物質と活性酸素などの細胞反応産物などによる影響にたえずさらされている．一般にDNA損傷の修復はつぎの3段階で行われる．1) 損傷あるいは変異したDNAの識別，2) 損傷を修復するために必要なタンパク質複合体の会合，3) DNAの修復（図5・9）．

エラーが蔓延すると生体にとっては致命的なので，損傷を受けたDNAは正確に修復される．DNAが損傷を

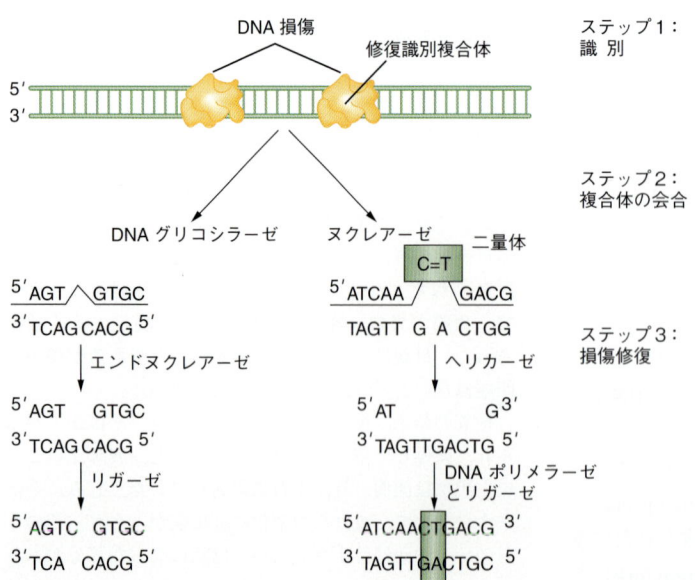

図5・9　真核細胞のDNAの修復反応の主要なステップ． DNA修復過程の主要なステップは以下の通りである．1) 修復されるDNAの識別，2) 適切な修復複合体の会合，3) DNAの修復．識別の過程では，DNA変異や損傷したDNAを特定する働きをもつ修復複合体が，つねにDNAを監視していることが必要である．すなわち，修復複合体を構成するタンパク質の変異を伴う疾患がこれほど多いことからもわかるように，実に多数のタンパク質が複合体を構成している．適切な修復複合体をよび込むためには塩基除去修復あるいはヌクレオチド除去修復のいずれの修復機構を使うかを決定しなければならない．実際の修復には，二本鎖DNA分子を"つぎあて修理する"ポリメラーゼとリガーゼが必要である．

受ける原因は多数あるので，いくつかのタンパク質が正確に損傷を発見し，適切な修復複合体が集まるように合図をする．したがって，これらの検出システムに変異があれば，疾患の根本的原因になりうるということは驚くべきことではない．表5・2はDNA損傷監視複合体構成タンパク質の遺伝子変異が主原因である疾患の一部のリストである．

表 5・2　DNA修復の異常に関連する疾患

疾　患	異常／疾患名
皮膚癌，紫外線過敏症，神経障害	ヌクレオチド除去修復／色素性乾皮症（XP）
大腸癌	ミスマッチ修復（APC）／遺伝性非ポリポーシス大腸癌
白血病，リンパ腫，ゲノム不安定性	ATMプロテインキナーゼ／毛細血管拡張性運動失調症（AT）
乳癌	相同組換え修復ネットワーク（BRCA-2）／家族性乳癌
早老，ゲノム不安定性	DNAヘリカーゼ／ウェルナー症候群
小児発育不全，ゲノム不安定性	DNAヘリカーゼ／ブルーム症候群
先天性異常，白血病，ゲノム不安定性，さまざまな部位の癌	DNA鎖内修復／ファンコーニ貧血

† J. C. Cleaver, D. L. Mitchell, "Cancer Medicine", Vol.1. (2003); J. R. Mitchell, et al., Can. Opin. Cell. Biol., **15**, 232〜240 (2003); Y. Yang, et al., J. Neurosci., **25**, 2522〜2529 (2005); D. S. L. Proietti, et al., DNA Repair, **1**, 209〜223 (2002); R. D. Wood, et al., Science, **291**, 1284〜1289 (2001); A. Sancur, et al., Annu. Rev. Biochem., **73**, 39〜85 (2004) より．

DNA損傷を識別すると，損傷を受けたDNAは二つの修復機構のうちどちらかによって修復される．一つは**塩基除去修復**（base excision repair）とよばれている修復機構で，**DNAグリコシラーゼ**（DNA glycosylase）という酵素によって，損傷を受けた塩基を除去した後に損傷したDNAを除去して修復する．もう一方は，**ヌクレオチド除去修復**（nucleotide excision repair）とよばれていて，損傷を受けた部分をひとかたまりとして，その両端のDNAを切取り除去する．損傷部分を取除いた後には，相補的なDNAを合成して，正確に修復されたDNAをライゲーションして修復を完了する．こうした効率的な修復システムで，DNAの安定性は維持され，保存されるべき遺伝情報の忠実さが保護されて，生体の生存可能性が強化される．

臨床例 5・2

ネイザン・リューベンスタイン（Nathan Rubenstein）は，16歳の男児で，最小限の動作でも労作性呼吸困難になるほどの重度の貧血の症状で，小児血液内科医に紹介された．診察した医師はヘモグロビン値7.2 g/L，白血球数2200/μLおよび血小板数が76,000/μLの検査結果に注目した．彼には，出血性，感染症の既往歴はなかった．彼の兄弟のうちの1人が，数年前に急性骨髄性白血病の急速な経過後死亡したので，ネイザンの母は気にしていた．3人の他の兄弟と姉妹1人は健康である．

診察の結果，ネイザンは実年齢より幼く見え，身長が低く，親指が短く，青白い顔の"奇妙な姿の子供"であった．彼は発熱もないのに，呼吸数は23回で，心拍数は108まで上がっていた．診察室への階段を上っただけで，彼は軽い呼吸困難になっていた．医師は，ネイザンの肩から背にかけて数個の"カフェ・オ・レ"スポットとよばれる色素沈着があることに気づいた．腹部には触知可能な臓器や腫瘍がなかったことを含めて，他の身体検査所見はなかった．

小児血液内科医は，検査室での検査のために採血し，骨髄生検検査を行った．一連の骨レントゲン撮影も依頼した．さらに，彼は，ネイザンの残りの4人の健康な兄弟姉妹たちを移植抗原タイピング（組織型判定）をするために連れてくることと，1週間以内に検査結果を伝えるために，再度来院するように母親に依頼した．また，ネイザンが重篤な貧血であることと，ネイザンには次週はできる限り運動は控えるべきであることを母親に伝えた．さらに，血液型が完全に一致しない限りはネイザンに免疫的抗原感作をしてしまうので，輸血はしたくないと母親に説明した．

ネイザンの血液塗抹標本は，大赤血球症，30%の多核球を含む白血球減少，血小板の大型化を伴う数の減少を示した．骨髄穿刺の結果は骨髄脂肪の増加が85%に達し，血球3系統の分化不全を示していた．赤血球系統は未分化な形態を示した．未熟な巨赤芽球が増加し，白血球系は，全体に未分化な細胞の割合の増加を認め，前骨髄球の増加と，核に特徴的な切れ込みを生じるペルゲル・フェット様（"Pelger Huet-like"）の核異常所見を伴っていた．巨核球には少数だが二核のものがみられた．血液学専門医は，この結果を重篤な"3系統"形成不全を伴う骨髄過形成と診断した．また，彼は，ネイザンの血液サンプルからリンパ球のDNAの安定性の分析評価をするように検査室に依頼した．穏やかにDNAを架橋する薬剤を加えてインキュベートすると，対照に比べて36倍もの染色体断裂を観察した．骨のX線写真は左右両側の痕跡程度の橈骨と短い親指掌部を示していた．

ファンコーニ貧血の細胞生物学，診断，および治療

これらの検査結果から，小児血液内科医はファンコーニ再生不良性貧血と診断した．患者の検査結果と患者の兄弟の移植抗原マッチングについて話をするために再度診察室を訪れたとき，担当医師は，このまま未処置放置するとネイザンは，予後不良であり，25歳までに骨髄形成不全か白血病か何らかの消化管の癌などが高い確率で発症するおそれがあり，死に至る確率が高いと説明した．しかしながら，彼は，幹細胞移植でこのリスクの多くを回避することができると確信していた．

幸い，ネイザンの兄の一人と完全に移植抗原タイプが適合したので，1カ月後ネイザンは兄から幹細胞移植を受けた．4カ月後，骨髄機能は正常に回復し，ネイザンはもはや呼吸不全でなくなり，ヘモグロビン値も12.5 g/Lになり，白血球数と血小板数も正常値の範囲内になった．ネイザンは，彼の遺伝病の重篤な症状の多くを回避したが，一生涯にわたり癌を初期のうちにみつけるように初期徴候に用心しなければならないことも理解している．

DNAは核タンパク質に折りたたまれ，核クロマチンを形成する

核の中のDNAはさまざまな核タンパク質に結合し，DNAタンパク質複合体は**クロマチン**（chromatin）とよばれる．DNA結合タンパク質は，ヒストンと非ヒストンの2種類に大別される．非ヒストンタンパク質には，構造タンパク質であるHMGタンパク質（the high-mobility group of protein，高移動度群タンパク質），調節タンパク質（遺伝子調節における直接的な役割をもつもの；たとえば，Fos，Mycなど），および核の機能に必要な酵素（RNAポリメラーゼ，DNAポリメラーゼ）など，種々のポリペプチドが含まれる．ヒストンは真核細胞にしかなく，核の中でずば抜けて多く存在するタンパク質である．ヒストンは比較的小さいタンパク質であり，正に荷電したアミノ酸（アルギニン，リシン）が多く含まれて，強く正に荷電（塩基性）することで，負に荷電した（酸性の）DNA分子と強く結合する．

ヒストンには，H1，H2A，H2B，H3，およびH4の5種類がある．四つのヒストン，H2A，H2B，H3，そしてH4は，**ヌクレオソーム**（nucleosome）とよばれるDNA–タンパク質複合体の内側にあるコアを構成するので，**ヌクレオソームヒストン**（nucleosomal histone）とよばれる．ヌクレオソームは，クロマチン線維の基本単位であり，電子顕微鏡では，糸に通したビーズのように見える．非特異的なヌクレアーゼでヌクレオソームとヌクレオソームの間のDNAをばらばらに消化することによりヒストン–DNAクロマチン複合体の構造が検討された（図5・10）．

これらの研究により，クロマチンの基本構造は，**ヌクレオソームビーズ**（nucleosomal bead）とよばれる繰返し単位から成り立っていることが明らかになった．ヒストン八量体は，H2A，H2B，H3，およびH4ヒストンそれぞれ2分子ずつからなり，これに約150塩基対の二本鎖DNAが巻き付き，スクレオソームビーズが形成されている．このDNAはヌクレオソームヒストンコア八量体の周囲を2回転する．こうして，およそ直径11 nmのクロマチン線維が形成される．

DNAとタンパク質の最も単純な結合である11 nmのクロマチン線維は，核のクロマチンの折りたたみの基本単位と考えられる．しかしながら，間期の細胞で11 nm

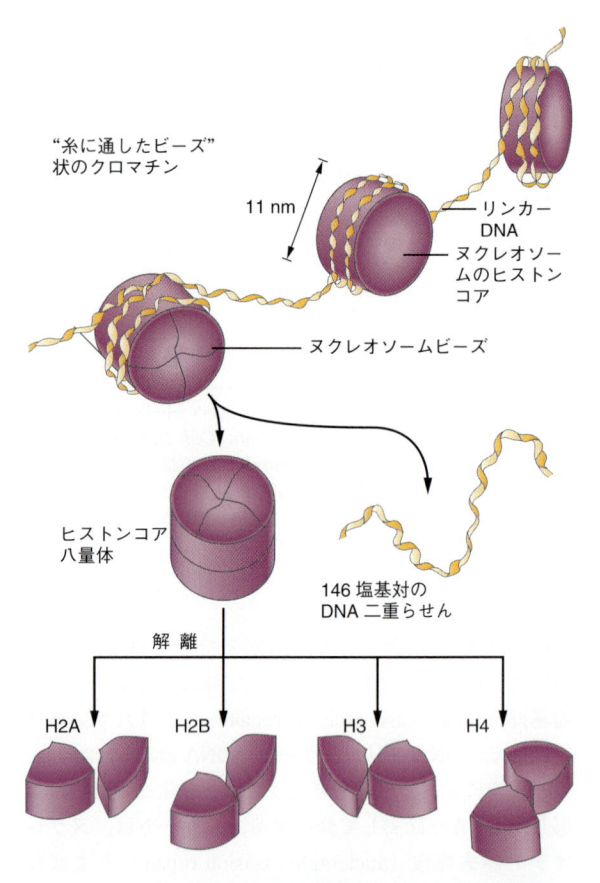

図 5・10　クロマチンの繰返し構造を分析する実験の概要． 非特異的なヌクレアーゼ（デオキシリボヌクレアーゼIなど）によってクロマチンを消化すると，ヌクレオソームとよばれる繰返し単位が現れる．これがクロマチン線維を構成する"ビーズ"である．ビーズはコアタンパク質の周囲を覆う146塩基対の長さで繰返されるDNAから形成される．コアタンパク質はそれぞれ2分子のヒストンコア，またはヌクレオソームヒストン，H2A，H2B，H3，およびH4から形成される．

の線維として見えるのはほんの一部の DNA だけで，おそらくその一部の DNA だけが活発に遺伝子を転写しているのだろう．核を慎重に取扱い，電子顕微鏡で調べるとクロマチンの大部分は直径 30 nm の線維として見える．この 30 nm のクロマチン線維は，もう 1 種類のヒストンであるヒストン H1 によってヌクレオソームが折りたたまれているものであると考えられている．30 nm のクロマチン線維の構成を説明するモデルの一つが，ヌクレオソーム DNA と H1 分子とが結合するものである．おのおののヒストン H1 分子はヌクレオソームの上のその中心部分でヌクレオソームの特定の場所に結合し，隣接したヌクレオソームと連結する接触部位が伸びている（図 5・11）．一定間隔で反復する列に引寄せられるように，この連結はヌクレオソームを固定し，30 nm のクロマチン線維を形成する．

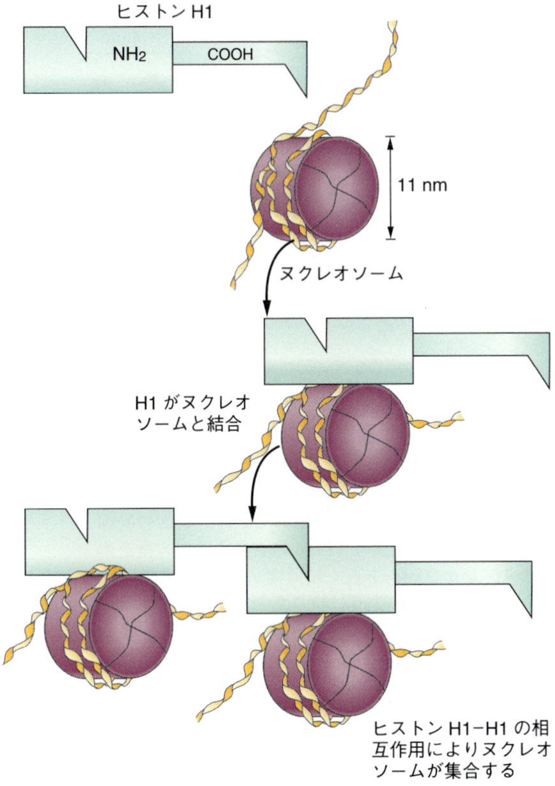

間期における真核細胞の核の中のクロマチンは凝縮の状態によって，二つに大別される．非常に凝縮して，転写活性がないと考えられるクロマチンは**ヘテロクロマチン**（heterochromatin）とよばれる．一般に，間期における核の電子顕微鏡写真では，ヘテロクロマチンは核の周辺部や核小体の周辺の凝集したバンドとして見られる．核内のヘテロクロマチンの量は細胞の転写活性状態によって変化する．すなわち，ヘテロクロマチンは転写が活発な細胞では少量しか存在しないが，成熟した精子の核（転写が不活発な細胞）では，凝縮したクロマチンが優位に存在する．もっとも，典型的な真核細胞ではクロマチンのおよそ 90 % は転写が不活発であると考えられている．この 90 % もの不活発なクロマチンの量は凝縮したヘテロクロマチンの割合よりはるかに多い．したがって，ヘテロクロマチンは不活発なクロマチンのなかでも特別であり，特定の機能をもつだろうと考えられる．たとえば，セントロメア領域の近くの DNA は反復配列 DNA で構成され，これらの配列はヘテロクロマチン DNA の主要部を構成すると考えられる．残りの 10 % の転写活性クロマチンは凝縮せず広がって，**ユークロマチン**（euchromatin）とよばれる．ユークロマチンは，細胞に応じたタンパク質のコードを伴って核を出る RNA 分子を供給する役割を担う．

有糸分裂時にはクロマチンは高度に凝縮し，光学顕微鏡下で，個々の染色体として見ることができる．染色体分裂間期の DNA の凝縮の程度，つまり 30 nm のクロマチン線維ではクロマチンは見えない．クロマチンを見るには，さらに高次の折りたたみ段階を経る必要がある．カエル卵母細胞で発見されたランプブラシ染色体などのように特殊な染色体の外観の研究から，染色体の一部の領域は 30 nm のクロマチン線維がループを形成していることがわかった．これは，特定のタンパク質-DNA 複合体によってループの基部で 30 nm のクロマチン線維が束ねられている．染色体の凝縮化のモデルで，最も凝縮した状態の典型的なヒトの染色体（約 1.4 µm）のサイズを説明するには，図 5・12 が示すように，クロマチンの伸びたループ構造をさらに凝縮させて，凝集したループをらせん状にしっかりと巻付けた構成にしなければならない．

それぞれの染色体の 10^7 塩基対を分裂期でみられたような約 1.4 nm の染色体に高度に圧縮するには，2 nm の二重らせん状の DNA 分子を少なくとも 4 段階折りたたむことが必要である．

ヒトの二倍体細胞は 1 組の性染色体と 22 組の常染色

図 5・11　ヌクレオソームヒストン H1 が 30 nm 線維に凝縮される分子モデル． クロマチンが 30 nm の線維状に凝縮する．ヒストン H1 分子は二つの異なったドメイン：アミノ末端のドメインとカルボキシ末端のアーム状部分からなる．ヌクレオソーム存在下では，H1 分子はその球状ドメインを介してヌクレオソームの特定の領域に結合する，と同時に末端部分が H1 分子をもつ隣のヌクレオソームと結合することが可能になる．その結果，ヒストン H1 のカルボキシ末端領域は H1-H1 タンパク質の相互作用により隣接する H1 ヌクレオソームとの特定部位と接触できるようになる．

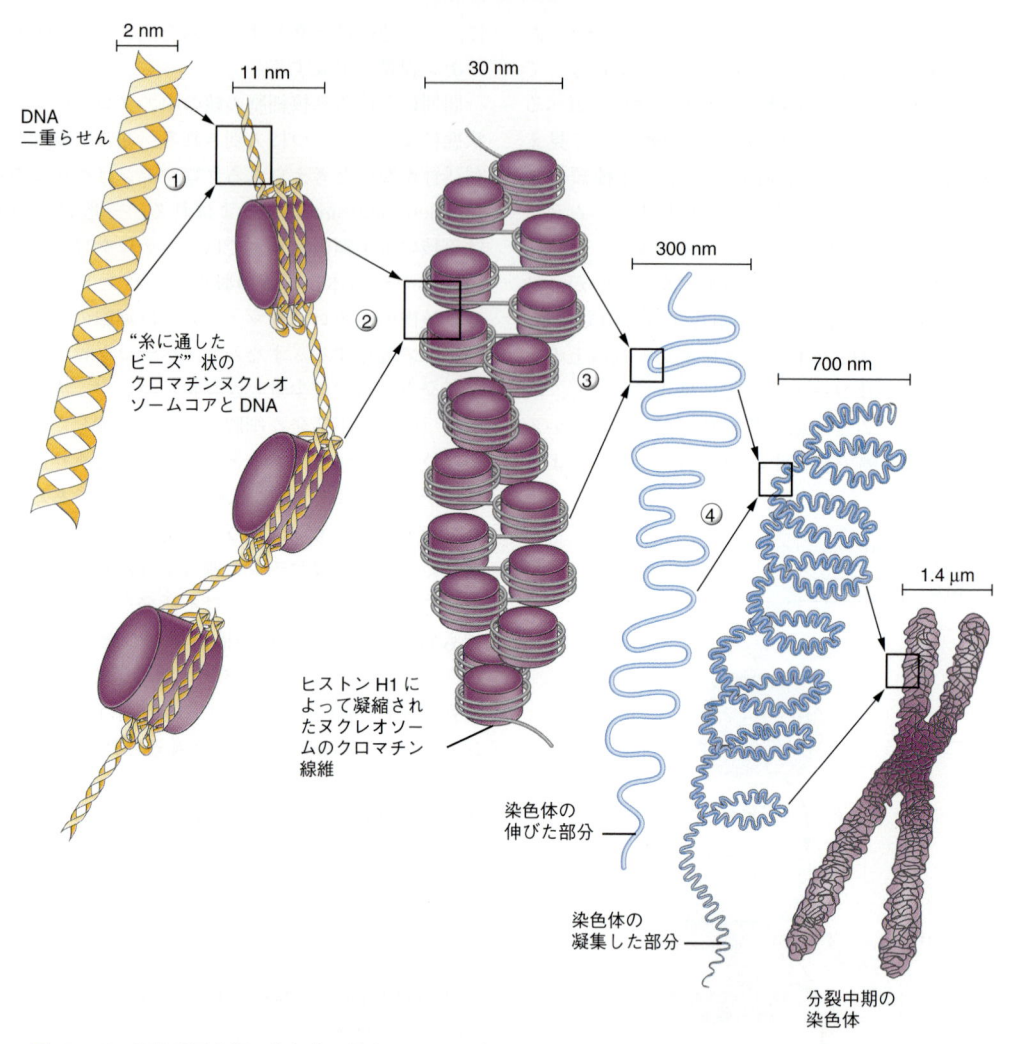

図 5・12 細胞分裂中期の染色体が観察できるほどまでに詰込まれたクロマチン凝縮のモデル．最初の凝縮は DNA 二重らせんとコアヌクレオソームタンパク質とが会合することにより 11 nm のクロマチン線維を形成することから始まる．30 nm の線維を形成するためにはヌクレオソームを近くに引寄せるヒストン H1 が協調的に結合する．30 nm の線維は染色体のループ状部分に相当し，このように折りたたまれた結果，その単位は 10 倍の約 300 nm になる．このループ状の部分はさらにクロマチンを 700 nm に折りたたむ二次ループ構造を形成すると考えられているが，どのような相互作用で折りたたまれるかはいまだ解明されていない．

体があり，合計 46 本の染色体がある．細胞学的方法で完全に凝縮した分裂中期の染色体に，さまざまな染色法や色素を使うと個々の染色体がはっきりと同定できるようになった．たとえば，ギムザ染色で分裂中期の染色体を染色すると，特徴的な **G バンドパターン**（G banding）が得られる．染色体がいったん染色されると，顕微鏡で観察することができる．このような方法で染色された染色体の外観は生体の**核型**（karyotype）とよばれる．図 5・13 に核型分析の例を示す．正常なヒトの女性（46, XX の核型）の分裂中期の染色体のギムザ染色パターンである．

これらの方法によっては，さまざまなヒトの疾患を染色体数の異常と関連づけることができる．第 21 染色体が 1 本余分にあることが特徴であるダウン症の例を図 5・13 に示す．ゲノムにおける，染色体の特定の領域の欠損や転座をもたらす異常は，この技術で確認できる（第 5 染色体短腕の部分欠損が原因の**猫鳴き症候群** cri du chat syndrome など）．したがって，核型検査は特定の遺伝病に関連する染色体異常を特定するための優れた方法であり，遺伝性疾患の出生前遺伝子診断のためには特に有用な技術である．

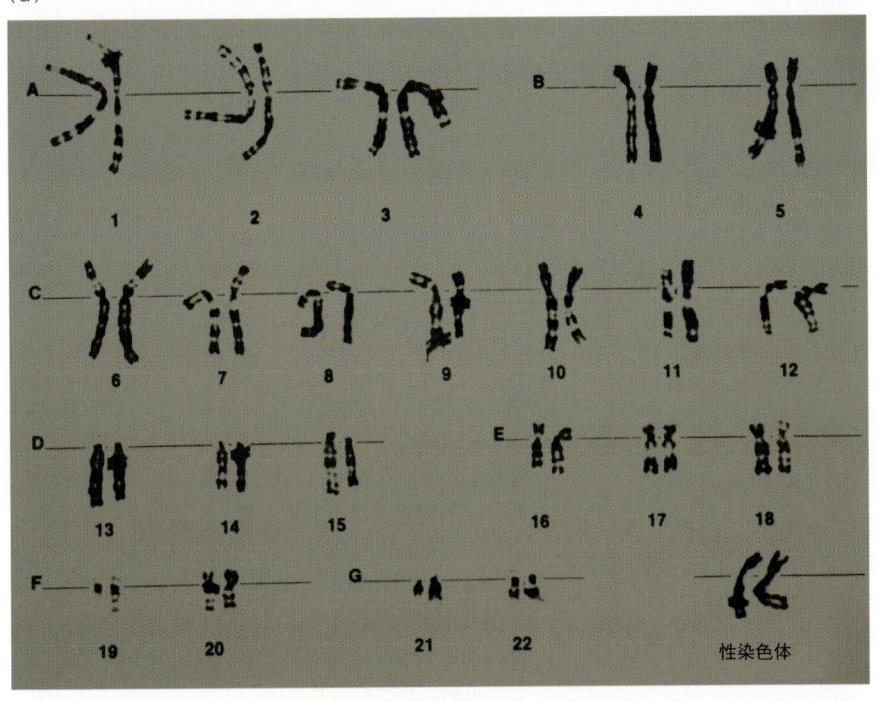

図 5・13 細胞分裂中期のヒト染色体のギムザ染色パターン．(a) Gバンド核型解析例．正常なヒト（女性）の分裂中期の染色体の核型．46,XX 核型であることから女性であることがわかる．(b) ダウン症患者の核型例．第 21 染色体が 3 本観察される．（サウスアラバマ大学医学部遺伝医学教室 Cathy Tuck-Muller 博士提供）

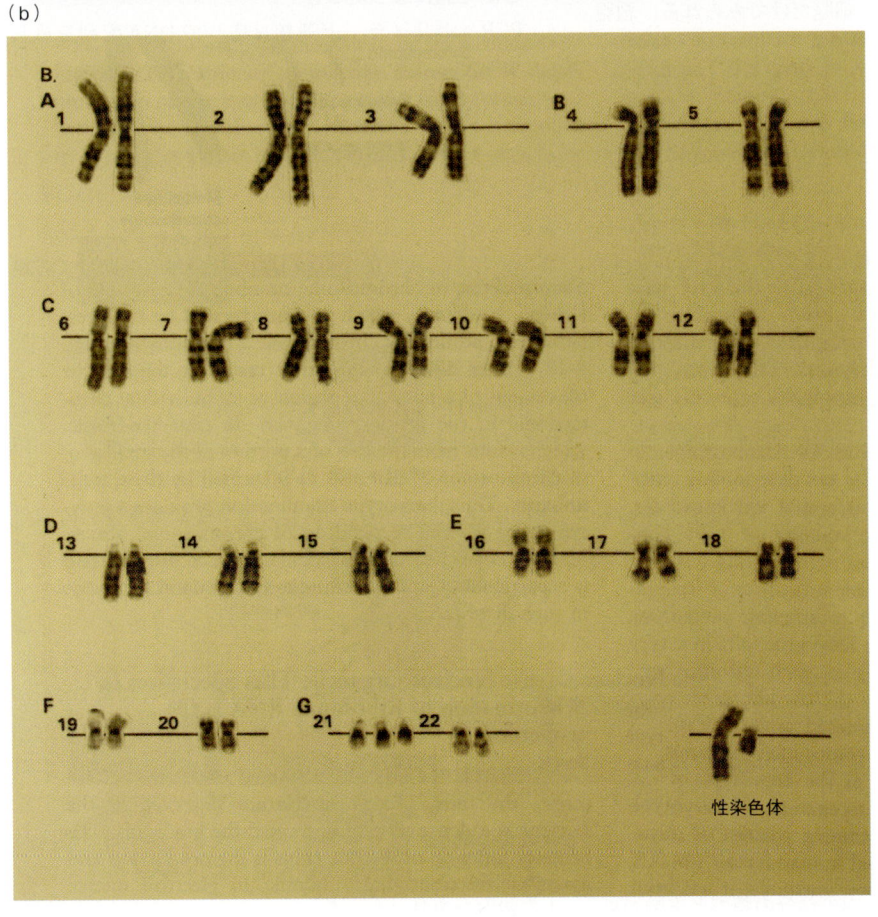

核小体は，リボソーム RNA を形成する核内細胞小器官である

　間期細胞を光学顕微鏡下で観察すると，核内の最も明瞭なものは，密集した構築物で，これは**核小体**（nucleolus）とよばれる．核小体の大きさと形状はその活性に依存している．大量のタンパク質を活発に合成している細胞では，核小体は核の全体積の 25% まで占めるほどであるが，休止中の細胞では，ほとんど見えない．分裂期の異なる細胞では，核小体のサイズの違いが，細胞ステージの違いとしてまず観察される．活発にタンパク質を合成する細胞の核には，より多くの成熟途上のリボソーム前駆体粒子が含まれる．大きな核小体を含む細胞の電子顕微鏡写真では，活発に転写するリボソーム遺伝子増加をきたし，また，おのおののリボソーム遺伝子の転写速度の増加を示すので，核小体サイズの膨張は，おそらくリボソームタンパク質のサブユニットを，リボソーム RNA（rRNA）と集合させるのに必要な時間を反映しているのだろうと考えられる．核小体のサイズ，形，数は病理学的に特定の種類の細胞を同定する根拠として利用される．

　一般的に核小体は，間期の細胞だけでみられる．細胞が分裂期に入り染色体が凝縮するのと同時に，核では，RNA の合成が止まり，核小体が小さくなり消滅する．ヒトでは，rRNA の遺伝子のクラスターは 5 本の染色体（第 13，14，15，21，22 染色体）の先端付近に位置する．すなわち，ヒトの二倍体の体細胞には 10 個のリボソーム遺伝子座がある．有糸分裂につづいて，10 個のリボソーム遺伝子座の**核小体形成部位**（nucleolar organizing region, NOR）とよばれるところで rRNA の合成が再開される．これらの小さな NOR は，たちまち大きく成長して融合し，間期細胞に特有の 1 個の大きい核小体になるので，通常は観察されない．

　間期の細胞では，核小体は rRNA 合成と rRNA と適当なタンパク質が複合体を形成することによって，成熟したリボソームサブユニットを合成することを担う場である．完成したサブユニットは，核膜孔を通って細胞質に輸送され，そこで翻訳装置となる．

遺伝子発現調節
ゲノミクスとプロテオミクス
組換え DNA 技術によって，遺伝子発現の研究が急速に発展した

　現代の細胞生物学の研究の中心は，細胞の働きを分子レベルで理解することである．古典的な生化学のアプローチによって，多くの細胞内の部分の精製と実験が可能になってはいたが，つい最近までは，細胞のゲノム情報の内容を研究する唯一の方法は，変異個体の表現型から遺伝子機能を推測するものであった．このアプローチは重要な研究手段であり，診断用として核型分析などに今でも有用である．しかしながら，研究者は現在，**組換え DNA 技術**（recombinant DNA technology）とよばれる方法によって，特定の遺伝子の正常な機能と病理学的状態における機能がどのようであるかを調べることができるようになった．新しい技術がこの研究分野にどんどん生まれるが，組換え DNA 技術の基礎となる主要なテクニックを以下に説明する．

1. 遺伝子配列の識別と操作を容易にした制限酵素によって，特定の部位の DNA を切断すること．
2. 遺伝子クローニングによって真核生物の特定の DNA 断片を大腸菌で増やして大量分離することが可能になったこと．
3. DNA 配列決定によって精製された DNA 中に含まれる塩基配列を決定することにより，遺伝子の構造の解析とそれがコードするアミノ酸配列を解析することが可能になったこと．
4. PCR（ポリメラーゼ連鎖反応）で DNA 配列を直接増幅すること．これは，ゲノムの特定の領域に遺伝的欠陥がないかどうかを迅速に調べることができる．

　組換え DNA 技術が臨床診断の手段としてますます重要になっているので，本節は最初の項でこれらの技術を説明する．そしてその後，遺伝子発現の概念を検討する．そして，現実的な遺伝子治療法の確立へ向けての概念を述べる．

特定の塩基配列で DNA を切断する制限酵素

　組換え DNA 技術の最も重要な技術の一つは，特定の塩基配列における DNA の二本鎖を切断する酵素（制限酵素）の発見である．この発見は細菌細胞内に運ばれる外来 DNA 分子から，細菌自身を守る防衛機構の研究からもたらされた．細菌のゲノムは，その細菌細胞特有の特定 DNA メチル化パターンをもっていて，このパターンを含まない DNA（たとえば，バクテリオファージによってもち込まれた DNA など）に遭遇すると，それらは分解される．その結果，外来 DNA から細菌 DNA が保護される．最初の制限酵素は大腸菌から精製された．この酵素は特定の短い塩基配列を識別し，DNA 二本鎖の切断を触媒した．特定の塩基配列で DNA を切断することができる何百もの酵素が，さまざまな種類の細菌から単離された．これらの制限酵素群は DNA 分子を特定する強力な道具となった．

特定の細胞から分離したDNAを，これらの制限酵素で切断した断片は，**制限断片**（restriction fragment）とよばれる．制限酵素の切断によってできたDNA断片のサイズは，電気泳動ゲルの上で分離され分析できる．したがって，特定の遺伝子領域を異なる制限酵素の組合わせで処置した後の，制限断片のサイズを比較することによって，おのおのの制限部位の近隣の制限部位との位置関係を示す地図を作成できる（図5・14）．

制限酵素が特定の塩基配列の位置でDNAを切断するので，**制限地図**（restriction map）は，あるDNA断片に制限部位がどう並んでいるかを反映している．これは抽出された均一なDNA断片（たとえばクローンのDNAなど）の共通部分と相違部分を同定する有用な方法である．

生体の全ゲノムを制限酵素で切断し**サザンハイブリダイゼーション**（Southern hybridization）という方法で解析すると何千という断片の中から，特異的な塩基配列をもつ断片が特定できる（図5・15）．

サザンハイブリダイゼーションは，ある家系，または，ある集団内で特定の遺伝子座の構成を調べる有力な方法である．2人の個人間の制限地図の違いは，**制限断片長多型**（restriction fragment length polymorphism, RFLP）とよばれる．この分析は，遺伝病と関連した欠陥遺伝子を含む遺伝子座とその付近を特定するための重要な技術となった（図5・16）．たとえば，RFLP技術を使用して分子レベルで研究され，デュシェンヌ筋ジストロフィーはジストロフィン遺伝子，囊胞性線維症は，囊胞性線維症トランスポーター遺伝子が原因であると解明された．

遺伝子クローニングによってどんなDNA配列でも大量に生産できる

1973年，BoyerとCohenは，あらゆる生物種由来のDNAはDNA断端とDNA断端をつなぐ酵素であるリガーゼによって共有結合で連結することができることを見いだした．彼らの先駆的な実験では，大腸菌によって複製されうる大腸菌から抽出されたDNAに真核生物のDNA断片を組込んだ．二つの由来の異なるDNA断片の端と端とを連結した新たなDNAとなるので，この試験管内で形成されたハイブリッドDNAは**組換えDNA分子**（recombinant DNA）とよばれている．大腸菌が増殖すると大腸菌のDNA断片が複製されるので，真核生物由来のリコンビナント分子のDNA断片も同様に複製される．

この実験は**DNAクローニング**（DNA cloning）に関する例である．クローニングの成功には二つの基本要素

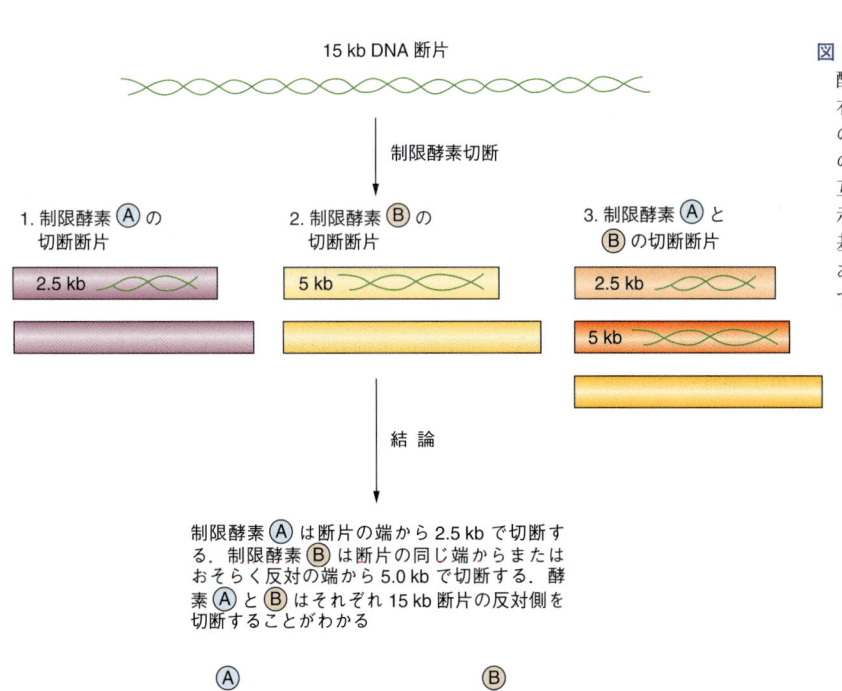

図5・14 制限地図の作成例．制限酵素は，DNA断片を解析するのに有用な道具である．あるDNA断片の制限酵素地図を作成するためにどのようにして制限酵素の切断部位を互いに配置したかを実証する実験を示した．kbはキロベース（キロ塩基対）の略で，1000ヌクレオチドあるいは1000塩基対の長さを示す．

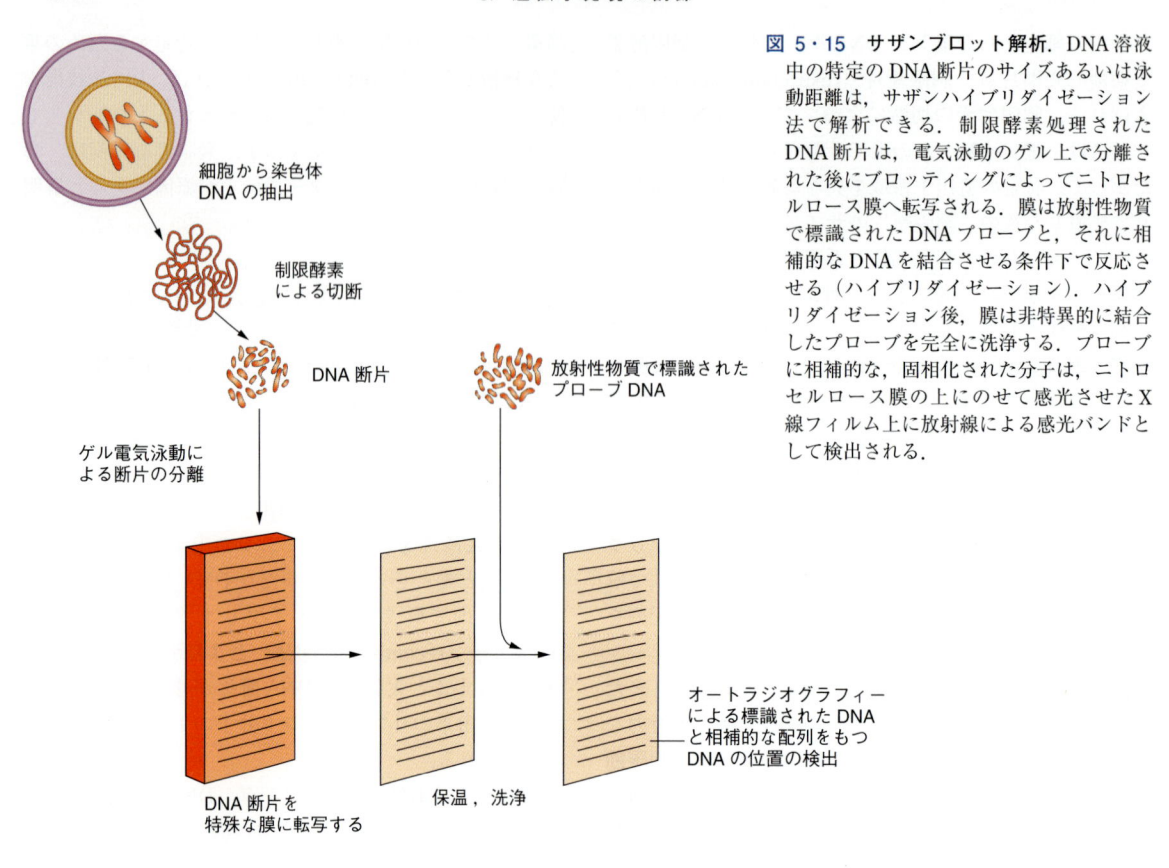

図 5・15 サザンブロット解析． DNA 溶液中の特定の DNA 断片のサイズあるいは泳動距離は，サザンハイブリダイゼーション法で解析できる．制限酵素処理された DNA 断片は，電気泳動のゲル上で分離された後にブロッティングによってニトロセルロース膜へ転写される．膜は放射物質で標識された DNA プローブと，それに相補的な DNA を結合させる条件下で反応させる（ハイブリダイゼーション）．ハイブリダイゼーション後，膜は非特異的に結合したプローブを完全に洗浄する．プローブに相補的な，固相化された分子は，ニトロセルロース膜の上にのせて感光させた X 線フィルム上に放射線による感光バンドとして検出される．

が必要である．一つ目は適切な宿主（ホスト）大腸菌の菌株である．すべてでないにせよ，ほとんどの大腸菌では制限修飾の防衛システムをもっている．しかしながら，多くの菌株が古典的な遺伝学的選択で変更されるか，または修飾されたために，もはやこの防衛機構をもっていない．この種の大腸菌株は，外来 DNA で形質転換（トランスフォーメーション，DNA の取込み）することができそのDNAは壊れずに保存できるので優れた宿主細胞として，クローニング実験で利用される．二つ目の要素は形質転換された大腸菌宿主細胞のなかで，複製開始を指示する大腸菌 DNA 配列があることである．これらの DNA を一般的に DNA ベクターとよび，それにはないが外来 DNA を大腸菌細胞内に運搬する"運び屋"になる（図 5・17）．

クローニングは，特異的な真核生物 DNA を分析するために単離するのに有用な技術である．利用される基本的なクローン DNA には 2 種類ある．1 種類目は，ある mRNA に相補的な DNA（cDNA）クローンであり，2 種類目はゲノム DNA クローンである．ベクター DNA の大腸菌由来部分は複製を指示する複製開始点をもっているので，組換え DNA 分子（大腸菌ベクターと外来遺伝子が連結された DNA など）を導入された大腸

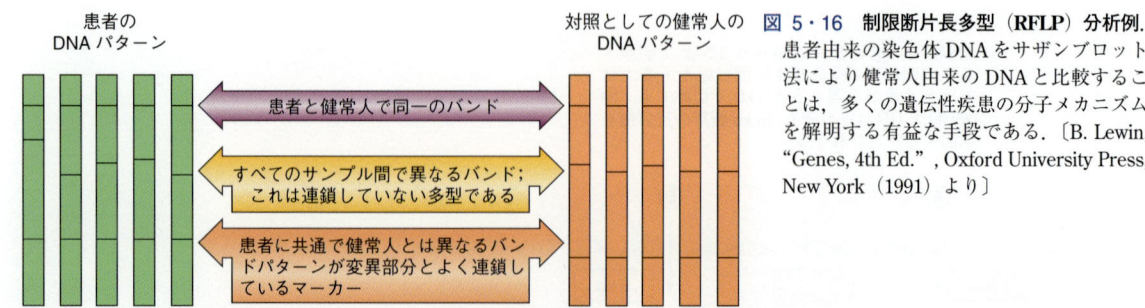

図 5・16 制限断片長多型 (RFLP) 分析例． 患者由来の染色体 DNA をサザンブロット法により健常人由来の DNA と比較することは，多くの遺伝性疾患の分子メカニズムを解明する有益な手段である．〔B. Lewin, "Genes, 4th Ed.", Oxford University Press, New York（1991）より〕

遺伝子の一次構造は DNA 塩基配列決定（シークエンシング）で迅速に決定されうる

菌が増殖すると，お目当ての外来 DNA も増加するので，それを理論上無限に供給して解析に利用することができる．

ヒトの疾患の多くは，遺伝子の一塩基置換が原因であり，その遺伝情報に基づいて変異タンパク質が合成されて機能異常をひき起こしていると考えられる．たとえば，鎌状赤血球貧血は，ヘモグロビン分子のβ鎖遺伝子の一塩基置換により，6 番目の残基のグルタミン酸がバリンに置換されることが原因である．鎌状赤血球貧血以外にも一塩基置換が原因になっているヘモグロビン疾患があるが，これら疾患の一塩基置換はグロビン遺伝子のタンパク質コーディング領域上にはない．たとえば，ヘモグロビンがつくり出されない病気（βサラセミア，β地中海貧血）は，βグロビン遺伝子の一塩基置換のために，mRNA 前駆体（pre-mRNA）をタンパク質合成を指示できる正常な mRNA に正しくプロセスできないことが原因である．これらのβサラセミアの原因は不明であったが，患者の遺伝子をクローニングして遺伝子の一次構造を DNA 配列決定することによって原因が突き止められた．

DNA 塩基配列決定（シークエンシング）は，DNA 断片のヌクレオチド配列の決定にほかならない．DNA 塩基配列決定方法には，二つの主要な方法がある．一つは DNA 分子の化学的性質に基づいている．もう一つは，一本鎖 DNA を鋳型にして DNA を合成する酵素を使う方法で，ジデオキシ チェイン ターミネーション法（dideoxynucleotide chain termination method）とよばれる．どちらの方法も信頼性が高く，多くの研究所で塩基配列決定に用いられた．両方法ともに，DNA 断片の 1 個のヌクレオチド残基数の違いを分離できる特別な電気泳動ゲルに流す（図 5・18）．

塩基配列からアミノ酸を演繹してタンパク質の配列を決定することは現在では一般的である．核酸が含有するのはたった 4 種類の塩基であり，その組合わせによって 20 種類のアミノ酸を指示する DNA は，化学的に単純な分子なのである．そのうえ，ヒトの疾患との関連において遺伝子の一次構造を理解することの重要性は，最近ヒトゲノムの 10^9 ヌクレオチドの塩基配列がものすごい労力をものともせずに完全に解読されたことからもわかるだろう．同じ技術を適用し，さまざまな生物種の全ゲノム配列が決定された．これらのプロジェクトは，バイオインフォマティクス（生命情報工学）とよばれる新たな技術をもたらした．バイオインフォマティクスは本質

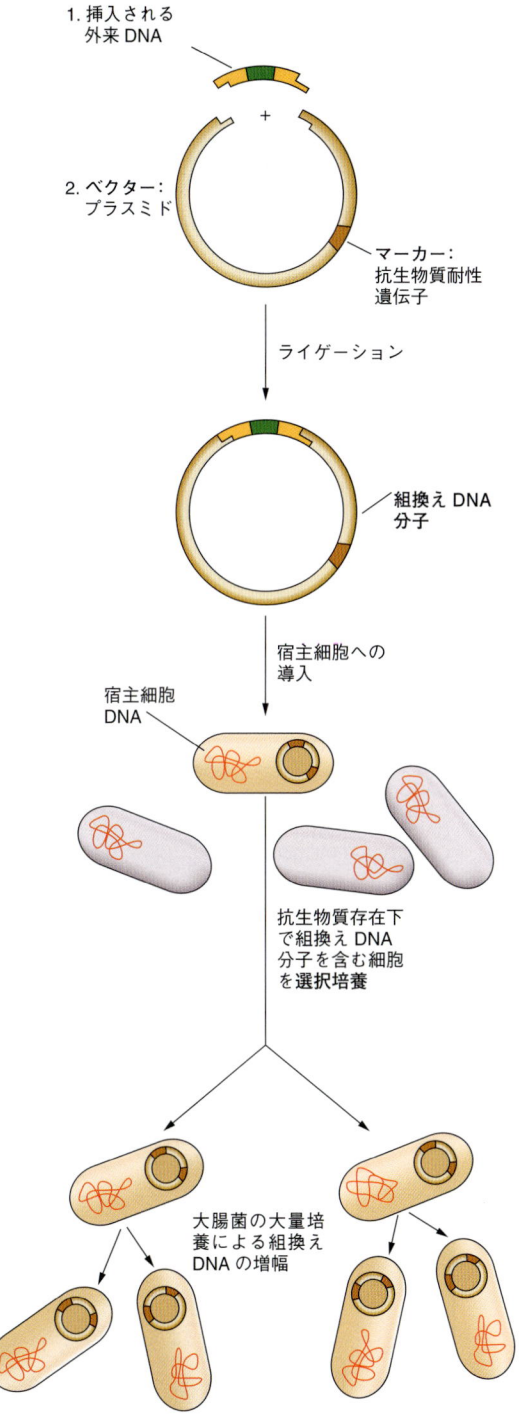

図 5・17　DNA 断片のクローニング． 二つの DNA 断片は共有結合で連結され，組換え DNA 分子を形成する．DNA 断片のうちの一つに大腸菌由来の *ori* 配列とベクター（ここで示すプラスミドのような）が含まれていれば，試験管内でのライゲーション反応産物は宿主大腸菌に導入することができる．プラスミドベクターは薬剤耐性遺伝子をもっており，組換え DNA 分子を取込んだ大腸菌だけを選択できる．

172　　　　　　　　　　　　　　　　　5. 遺伝子発現の調節

(a)

二本鎖DNA型の
M13ベクター
→ 制限酵素切断 → 配列決定される DNA → DNA ライゲーションと大腸菌への形質転換 → 大腸菌細胞

ファージ粒子からの一本鎖 DNA の単離

オリゴヌクレオチドプライマー

M13 DNA へのオリゴヌクレオチドプライマーのアニーリング

3' GTGGACTTAATGCA
5' ─OH
プライマー

dATP
dTTP
α(^{32}P) dCTP
dGTP
DNA ポリメラーゼ

ddATP	ddCTP	ddGTP	ddTTP
_CddA	_ddC	_CACCTddG	_CACCddT
_CACCTGddA	_CAddC	_CACCTGAATTACddG	_CACCTGAAddT
_CACCTGAddA	_CACddC		_CACCTGAATddT
_CACCTGAATTddA	_CACCTGAATTAddC		_CACCTGAATTACGddT

塩基番号
14 T
13 G
12 C
11 A
10 T
9 T
8 A
7 A
6 G
5 T
4 C
3 C
2 A
1 C

ゲル電気泳動のオートラジオグラム　　相補鎖の塩基配列

(b)

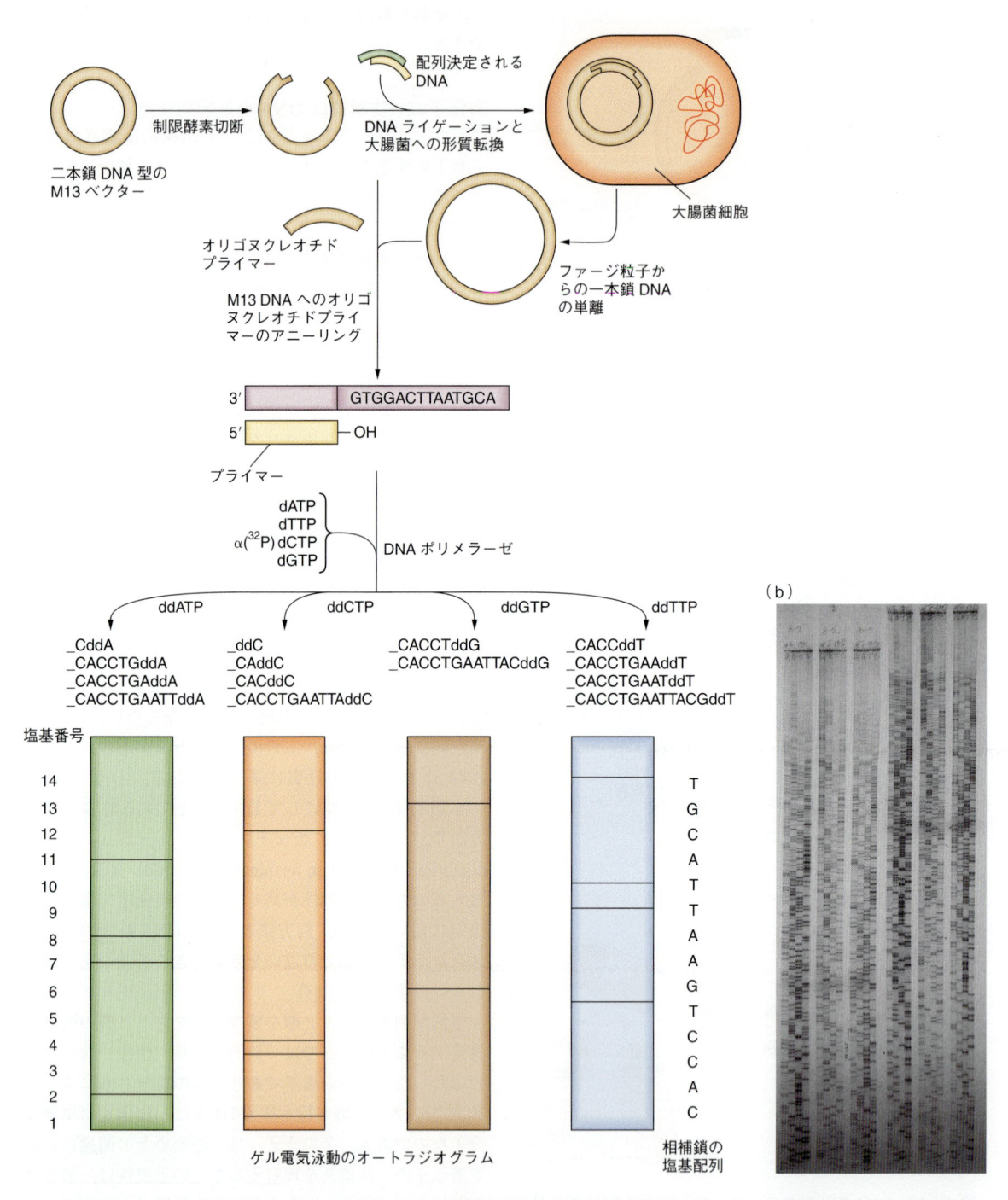

図 5・18 ジデオキシヌクレオチドを用いた DNA 塩基配列決定法．(a) 塩基配列を決定したい DNA 断片は，一本鎖の組換え DNA 分子を合成可能なベクターにクローニングする．合成された一本鎖 DNA はジデオキシヌクレオチド存在下で試験管内で DNA を合成するための鋳型として使用される．得られた DNA 断片は電気泳動ゲルで分離されることにより塩基配列が決定できるようになる．(b) ジデオキシ法のオートラジオグラムの例．(Adrienne Kovacs 博士提供)

的には，今日の自動化技術で得られる大量のデータを分析し，利用する方法である．バイオインフォマティクスは，将来，ある個人でなぜある薬剤の効きが悪いのかを割り出す際に非常に重要な力を発揮すると考えられている．後で述べるように，ゲノミクスとプロテオミクスとよばれる最新技術は，最終的には，"個人最適化医療"の実現につながるのである．

PCR（ポリメラーゼ連鎖反応）でゲノムの特定領域を増幅できる

本章で述べる技術は，細胞の働きについての理解に大変革をもたらした．しかしながら，その普及にはいくらか時間を要した．1987年に核酸配列を増幅する新しい技術が登場した．それは，DNAクローン化が不要な方法であった．この技術はPCR（polymerase chain reaction，ポリメラーゼ連鎖反応）とよばれ，増幅しようとする核酸配列領域の両端部分の核酸配列情報が必要である．その部分の塩基配列と相補的な合成ヌクレオチドをプライマーとして用い，高温下で生きている好熱菌から単離された特殊な耐熱性DNAポリメラーゼを使用する一連の反応である（図5・19）．

反応はまず，高温で二本鎖DNAを一本鎖に解離し，つぎに冷却してDNAとオリゴヌクレオチドプライマーとをアニーリング（対形成）させ，プライマーからDNAポリメラーゼの触媒能でDNAを伸長させるという3段階の反応を1サイクルとしたものである．試薬が高温でも失活しないので，解離，アニーリングと伸長の3段階の反応サイクルを1本のチューブで多数回繰返すことができる．1個の細胞の核から分離されたごく微量なDNAをマイクログラム量程度のDNAにまで増幅されるように，各サイクルで二本鎖DNA濃度は増加する（特定の塩基配列が，指数関数的に増幅される．たとえば，30サイクルの反応では，2^{28}回増幅されるので約2700万倍の増幅になる）．そのうえ，従来のDNAクローン技術では，何週間も何カ月も要したのに比べて，数時間でこれを達成できるのである．

PCRは比較的新しい技術であるが，急速に重要な診断技術になってきている．その迅速さと鋭敏さのおかげで，PCRは後天性免疫不全症候群（AIDS）のような感染症の臨床診断に不可欠な技術となった．ウイルスタンパク質の存在を抗体で検出して感染の有無を調べるには，ウイルス感染の数カ月後，あるいは数年後までかかっていたのに比べると，PCR技術は非常に早期に，ウイルスゲノムの存在を検出できる．さらに，PCRを用いる検査方法は，さまざまな遺伝病の出生前診断のためにも開発された．これまで述べてきたようにPCRは精度のよい技術なので，ついには，人間の髪ほどの小さな組織サンプルに含まれるDNAを分析することが可能となった．PCRは法医学にとっても理想的な技術なのである．

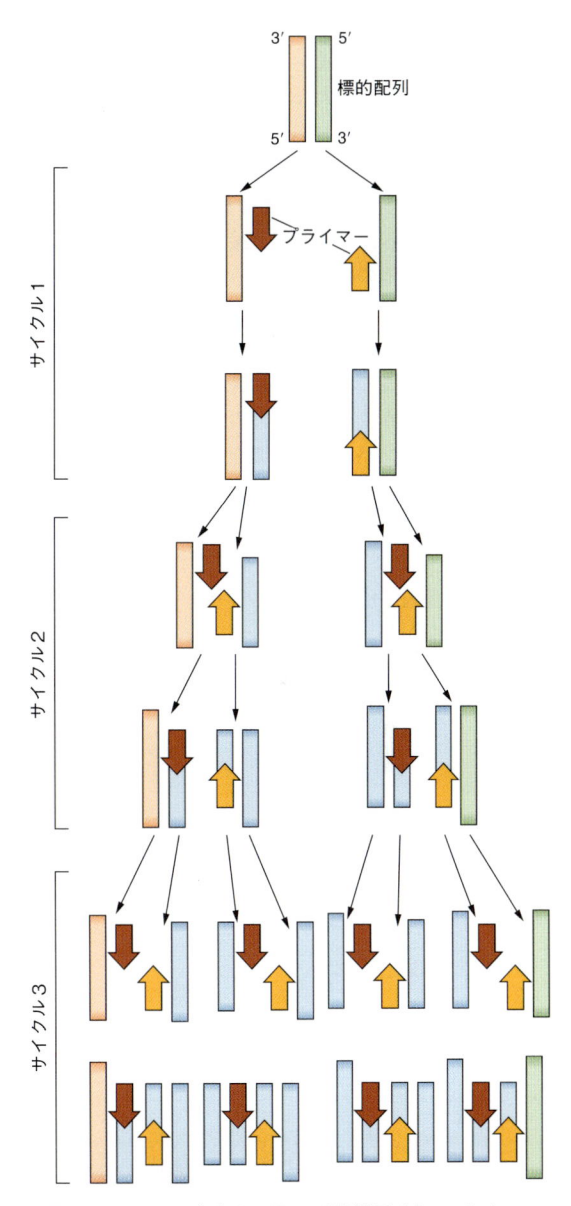

図5・19 **PCR（ポリメラーゼ連鎖反応）**．3サイクルのPCR実験によるDNA断片の増幅．それぞれのサイクルで，二本鎖DNAは一本鎖に解離され，合成オリゴヌクレオチドプライマーとアニーリングし，相補鎖DNAを伸長させる．各サイクルの終わりに，標的DNA量が指数関数的に増加し，その結果DNA断片が増幅される．

バイオインフォマティクス：ゲノムミクスとプロテオミクスは個人最適化医療の実現の可能性を提供する

比較ゲノミクスは新しい治療法を誕生させる

　DNA塩基配列決定の自動化によって，膨大な量のデータを系統立てて評価する必要が出てきた．このことは**バイオインフォマティクス**（生命情報工学，bioinformatics）とよばれる科学の新しい領域を生じさせた．本質的には，バイオインフォマティクスは自動化された実験から得られる膨大なデータを理解するためのコンピューターサイエンスの応用である．確かに，現在までに細菌からヒトまで多数の生物種で完全な塩基配列が解読された．今や，これらをどう利用するかが課題となっているのである．ゲノムの直接比較によって，多くのヒトの遺伝子が他の哺乳動物でみつけられた遺伝子と高い相同性を示すことが明らかになった（たとえばヒト/チンパンジーでは98％の相同性ヒト/マウスでは90％の相同性）．このような相同性は他の生物間でも同様である．このように高い相同性の遺伝子領域を特定することにより，タンパク質の重要な機能をコードする遺伝子上の重要な領域を予測できるのである．このような知見を拡大していくと，これらの研究はヒトの遺伝子構造と機能の理解により大きな情報をもたらすのみならず，一般的な多因子疾患に対するよりよい診断・治療法の開発にもつながる．遺伝子部分のみならず，遺伝子の周辺の塩基配列が，種間で類似しているとわかった．こういう種間保存の解析研究は，種間で保存されているゲノムの特徴的領域を見いだして，それによって遺伝子発現を制御するシグナルに関して重要な情報をもたらす．これはヒトの遺伝性疾患に対する，革新的な治療法につながるであろう．たとえば，ある霊長類はヒトと98％の塩基配列の相同性を共有するが，この霊長類はマラリアのような特定のヒトの疾患には罹患しない．このように，この霊長類がこれらの病気に罹患しない理由を解明すれば，特定のヒト疾患について，よりよい治療法をつくり出すことができることが期待される．

　ヒトゲノム全塩基配列解読プロジェクトから発展したもう一つの技術は，細胞や組織の中のあらゆる遺伝子あるいは潜在的遺伝子の発現を測定することである．この技術は**マイクロアレイ解析**（microarray analysis，図5・20）とよばれ，遺伝子に対応する核酸プローブの小さなスポットを固定させた特殊なスライドガラスやチップと細胞から抽出した総RNAをハイブリダイゼーションさせて，すべての遺伝子の発現を同時に測定することを可能にしたものである．このマイクロアレイ技術が広く利用されるようになったことには，二つの技術要因がある．一つは，全ゲノム解読情報を使うことにより全遺伝子に対応する特異的な短いプローブ塩基配列を設定して合成する能力である．もう一つは，特殊なスライドガラスのプレートにピコリットル単位のプローブDNA溶液をスポットする技術である．スポットしたスライドガラスまたは遺伝子チップに細胞の総RNAをハイブリダ

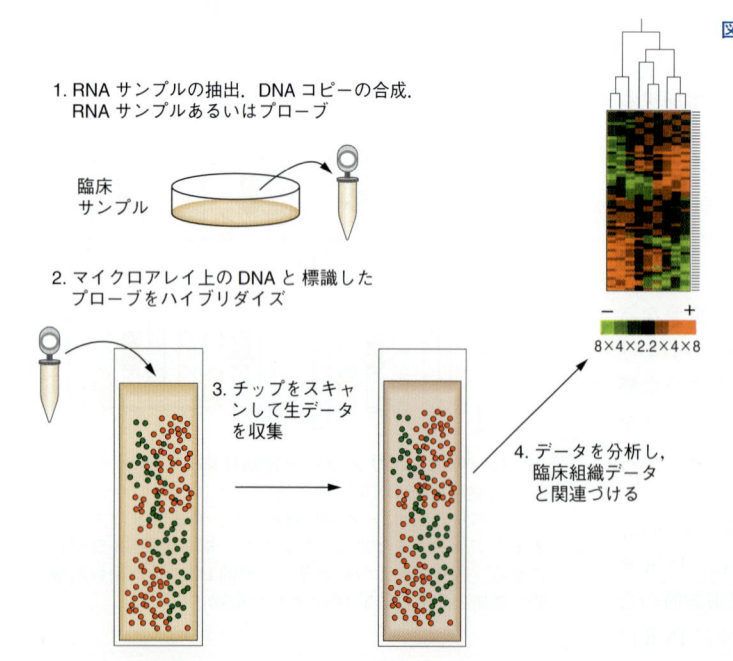

図5・20　マイクロアレイ解析の概要． マイクロアレイ解析とよばれる，細胞から抽出したRNAサンプルの発現プロファイリングの概要．1) 最初のステップはRNAのサンプルを細胞または組織から抽出する．サンプルには，腫瘍細胞と正常細胞，薬剤治療の前後，あるいはその他の臨床サンプルなどを用いる．RNAはDNAのコピー（cDNA）に変換される．このとき，コピーされたDNAに蛍光色素を取込ませる．これが遺伝子チップにハイブリダイズさせるためのDNAプローブとなる (2)．これはヒトゲノムのすべての遺伝子に対応する核酸の小さなスポットを含む特殊なスライドガラスである．ハイブリダイゼーションが実行された後，スライドガラスは，発現データを収集するためにスキャンされ (3)，データはバイオインフォマティクスにより解析される (4)．発現していたRNAによって経路全体（たとえば糖新生経路やシグナル伝達経路のような）が細胞を処理することによって活性化されていたかどうか判断することができ，この情報は患者の治療方針に影響を及ぼす臨床データに関連づけることができる．

1. RNAサンプルの抽出．DNAコピーの合成．RNAサンプルあるいはプローブ
2. マイクロアレイ上のDNAと標識したプローブをハイブリダイズ
3. チップをスキャンして生データを収集
4. データを分析し，臨床組織データと関連づける

イズさせることによって，興味をもって調べたい細胞の全ゲノムのうちどの遺伝子の転写がオンになっていてどの遺伝子の転写がオフになっているのかを正確に知ることができる．さらに新しい技術を利用すると，異なる蛍光色素で標識したRNAをマイクロアレイ解析に利用できるのである．たとえば腫瘍細胞のRNAと正常細胞のRNAを異なる蛍光色素で標識して，同じマイクロアレイ遺伝子チップにハイブリダイズさせることにより腫瘍細胞と正常細胞で発現量に差のあるRNAを知ることができる．高感度スキャナーと検出装置によって全ゲノム発現パターンを調べることができるのみならず，同じ患者由来の癌細胞と正常細胞で全遺伝子の発現パターンがどのように変化しているのかを知ることが可能になっている．医者が患者の腫瘍細胞や，特定の薬物治療によって遺伝子発現にどのような影響が生じるかを知りたい細胞のマイクロアレイ解析をオーダーするだけで，どの代謝経路が腫瘍化や薬物治療で影響されているのかを素早く判断できるわけで，いわば医学に革命がもたらされた．このように，現在は実験的段階ではあるが，遺伝子チップマイクロアレイは個人最適化医療を含む医学の大きな発展の可能性を秘めている．

ゲノム塩基配列のバイオインフォマティクス解析の直接的な応用は，個々の患者に対して，特定の薬剤の効果がどれほど期待できるかを予測することである．多くの薬剤について，通常は効果的であるが，特定の患者には効果が現れないという例があることが知られている．しばしば，薬物の効果がみられない患者を何らかのの基準によって他の非応答患者とともにグループ化することにより，薬物治療に対する応答性の個人差が遺伝子的な個人差によるものではないかと示唆される．鬱病患者の例をみると，患者の20〜40％で薬物療法の効果がない．そのうえ重要なことは，このような患者の一部は，喘息，潰瘍，および降圧の薬剤療法への抵抗性も示す．このように個体間の遺伝子比較解析によって，薬物代謝をつかさどる酵素系（シトクロムP450系）の変異が原因だと判明した．薬物療法への応答性とその遺伝に関する学問は**薬理遺伝学**（pharmacogenetics）とよばれる．そして，薬理遺伝学的解析にバイオインフォマティクスを応用する学問は**ファーマコゲノミクス**（pharmacogenomics）とよばれる．表5・3に示されるように，シトクロムP450酵素系の多数の変異は薬物療法への応答性の個人差に反映される．

他の代謝障害について同様のファーマコゲノミクス解析が進められている．したがって，将来，薬物は患者の遺伝子情報に基づいて個人最適化されるだろう．個人最適化医療は薬物療法のより効率的な方針を導くと考えられる．

つぎのレベルの解明されるべき生物学的複雑性はタンパク質の構造と機能，あるいはプロテオミクスの研究である

ヒトゲノムの全塩基配列が決定されたので，中心的な課題はDNAによってコードされているすべてのタンパク質の構造と機能を解析することとなった．タンパク質は細胞の中の生物学的機能の大部分を発揮する．したがって，細胞がどのように働くかを完全に理解するため

表 5・3　シトクロム P450 系の薬理遺伝学（臨床的に重要な例）

疾 患	影響を受ける酵素	正常集団の用量に対する変化の割合（%）		例
		代謝上昇	代謝低下	
鬱病	CYP2C9	—	—	双極性障害とバルプロ酸
	CYP2C19	—	40	選択的セロトニン再取込み阻害剤
	CYP2D6	200	30	三環系抗鬱剤の副作用
精神病	CYP2D6	160	30	ハロペリドールとパーキンソン病様副作用
				過鎮静とチオリダジン
潰瘍	CYP2C19	—	20	プロトンポンプインヒビターとpH/ガストリン
癌	CYP2B6	—	—	シクロホスファミド代謝
	CYP2D6	250	60	制吐薬の非応答性
心臓血管	CYP2C9	—	30	ワルファリン投与と血圧応答
痛み	CYP2D6			コデイン投与と非応答性
てんかん	CYP2C9			フェニトイン投与と副作用

† CYP: シトクロム P450〔T. Katzung, "Pharmacology", McGraw-Hill, New York (2002) より〕

には，どのタンパク質が細胞の中で発現しているか，そして，それらが細胞の機能を発揮するためにどのように相互作用するのかを知らなければならない．ある細胞で発現されている全タンパク質を総称して，細胞のプロテオーム（proteome）とよぶ．プロテオミクス（proteomics）という語句はプロテオームよりも広い概念で，タンパク質のアミノ酸配列，翻訳後修飾，タンパク質のコピー数，細胞中のタンパク質のネットワーク形成，タンパク質の構造と機能，タンパク質の細胞内局在もその概念に含んでいる．プロテオミクスは，第1章で説明したような技術，すなわちタンパク質精製，タンパク質分離，およびゲル電気泳動を含んでいるが，最近の精巧な質量分析の応用によって，細胞プロテオーム分野には新しいレベルの情報ももたらされている．

プロテオミクス分析法としてはバリエーションも含め，二つの基本的な質量分析技術がある．両方法とも，最初に分析するタンパク質を扱いやすいようにプロテアーゼで消化し，小さなペプチド断片にする（図5・21）．ペプチド試料を質量分析計に入れて気化し，さらにイオン化して個々のペプチドの質量/電荷比を測定する．MALDI（matrix-assisted laser desorption/ionization，マトリックス支援レーザー脱離イオン化）とよばれる技術では，試料ペプチドは，マトリックスとよばれる特定の波長の光を吸収する発色団をもつ小さな有機分子と混合される．試料とマトリックスはその後乾燥し，その結晶格子はレーザー光線を照射されて励起される．マトリックスは光子を吸収してイオン化して飛び出すペプチドへ，エネルギーを転移する．飛程計測機によって個々のペプチドの質量/電荷比を測定する．この（ペプチド）マスフィンガープリンティング分析（PMF分析）では，ペプチドの分子量のデータベースと比較することで，高い特異性でどのペプチドであるのかを同定する．ESI（electron spray inonization，電子スプレーイオン化）法においては，酸性溶液に懸濁された試料ペプチドは，電子スプレーでイオン化され，高電圧でキャピラリーを通過して噴霧される．生成した正荷電イオンは，タンデム質量分析計（tandem mass spectrometer）の一段目の質量分析部に入り，スペクトルを示す（図5・21）．そこで一つの質量のイオン化されたペプチドを選んで，特定の気体との衝突でペプチド鎖が切断されて生じた分解物であるペプチド断片をタンデム質量分析計の二段目の質量分析部で解析する．このプロセスが **MS/MS分析**（MS/MS analysis）とよばれるものである．断片化パターンはペプチド組成に特徴的であり，データベースに対して断片化パターンを調べることで最初のペプチド断片のアミノ酸配列を得ることができる．そのうえ，MS/MS技術は非常に鋭敏なのでペプチド鎖の残基への翻訳後修飾も決定できる．このように，質量分析では，ペプチド断片が"プロテオーム"の情報をもたらすものであり，ある細胞においてどのタンパク質が発現されているのかの情報をもたらし，分析したい細胞ライセート（溶解）標品での特定のタンパク質の状態の情報をひき出すこともできる．これは，疾患や薬物療法に対応して変化する細胞の状態を決定するのに重要であり，細胞の諸過程の分子制御に関する情報を提供することを可能にした．

質量分析実験の結果から計算された多数のペプチドの質量をデータベースと比較する自動化したデータ処理（バイオインフォマティクス）を利用すると，ペプチド断片のセットをもとに"ペプチドフットプリント"によってタンパク質を特定することができる．いっそう自動化した技術の組合わせとデータ処理技術の改善によって，プロテオミクスとMS/MSは創薬と診断法の強力な技術となった．たとえば，多くの会社が現在試験的に体液（血液と尿）のプロテオミクス解析を実施することで，癌のステージを特定するための診断法を開発中である．さらに，ハイスループット（大量迅速処理）のプロテオミクスの技術を使用して体液マーカーを調べ，治療の有効性をモニターすることは可能である．疾患群と対照群，あるいは，特定の処置をした疾患群としなかった疾患群でのプロテオームの比較は，タンパク質プロファイリングとよばれる．このように治療は，ゲノミクスとプロテオミクスの利用によって個人最適化されるようになるであろう．医療は健康管理を改良し，健康管理の提供のされ方を変革するだろう．

遺伝子導入マウスは遺伝病モデルである

実験動物で疾患進行をモデル化することができたことによって，医学は劇的に進歩した．まず，マウスの遺伝学の非常に膨大な観察結果自体が多くの優れたヒトの疾患モデルを提供した．ヒト疾患のヒト遺伝子上へのマッピング研究の多くは，マウス細胞に使用されていた体細胞操作技術に依存してもたらされたものである．マウス遺伝子がヒトの対応する遺伝子の機能を補完できる例や，ヒトとマウスの多くの遺伝子の一次構造（DNA塩基配列）に類似点があること，染色体上の限局された領域の遺伝子の配置がヒトとマウスで保存されていることが，ヒトの疾患モデルとしてマウスを使用できることを示唆していた．

いろいろな真核生物で，細胞に導入された直鎖状のDNA断片がつなぎ合わされてタンデムな配列（DNA分子は端と端で結合する）を形成することと，それが染色体上のランダムな位置でゲノムに組込まれることまでも

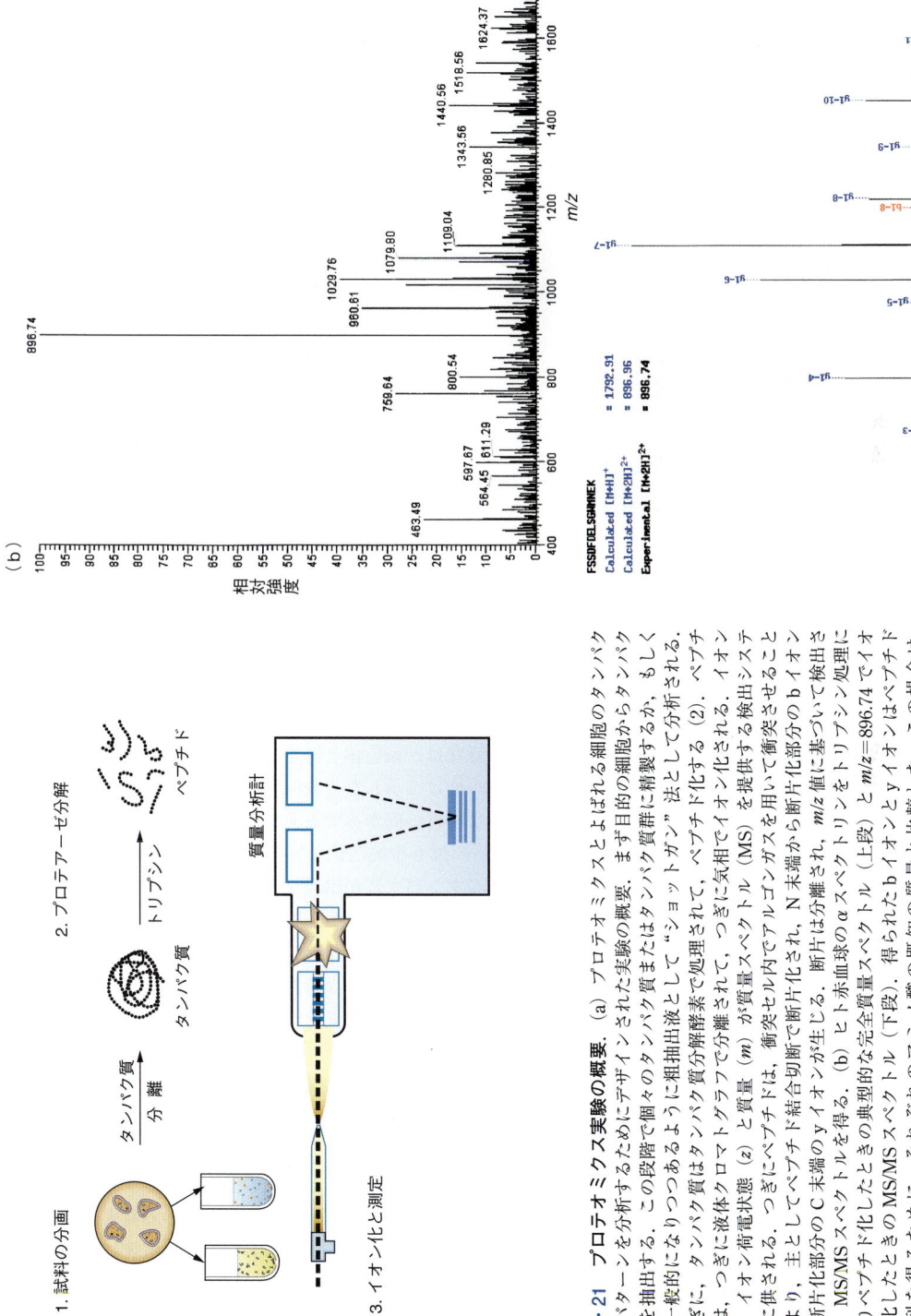

図 5・21 プロテオミクス実験の概要. (a) プロテオミクスとよばれる細胞のタンパク質パターンを分析するためにデザインされた実験の概要. まず目的の細胞からタンパク質を抽出する. この段階で個々のタンパク質または一般的になりつつあるように粗抽出液として"ショットガン"法として分析される. つぎに, タンパク質は液体クロマトグラフで分離されて, ペプチド化する (2). ペプチドは, つぎに気相でイオン化される. イオンは, イオン荷電状態 (z) と質量 (m) が質量スペクトル (MS) を提供する検出システムに供される. つぎにペプチドは, 衝突セル内でアルゴンガスを用いて衝突させることにより, 主としてペプチド結合切断で断片化される. 断片化部分のbイオンと断片化部分のC末端のyイオンが生じる. (b) ヒト赤血球のαスペクトリンをトリプシン処理によりペプチド化したときの典型的な完全質量スペクトル (上段) と$m/z=896.74$ でイオン化したときのMS/MSスペクトル (下段). 得られたbイオンとyイオンはペプチド配列を得るために, それぞれのアミノ酸の既知の質量と比較した. この場合, FSSDFDELSFWMNEK のアミノ酸配列をもつペプチドは, 赤血球の α スペクトリンからのみ得られる. この配列解析により, ペプチドとそのペプチドが得られたもとのタンパク質を明確に解析することができる. [(a) R. Aebersold, M. Mann, 'Mass spectrometry-based proteomics', Nature, 422, 198〜207 (2003). (b) S. Goodman 提供 の MS/MS スペクトル]

が示されていた．これは，ある遺伝子の機能を外来DNAの受け手側の細胞で調べるための技術を提供するものである．もし遺伝子を改変された染色体を生殖系列細胞に入れることができるならば，そこから子孫に受継がれる．それが維持されるならば，これらの動物は永久に改変されたゲノムをもち続けることになり，外来のDNAを**トランスジーン**（transgene）とよぶことからトランスジェニック動物とよばれる．

遺伝子ターゲッティングマウスの例を，図5・22で示す．この特別なマウスは，平滑筋細胞に発現する遺伝子

図5・22　*Nkx3.2*欠損マウスは四肢形成異常を示す．制御分子*Nkx3.2*を発現しない2ヵ月齢のマウス．これらのマウスは正常な胃腸の発生がなく，写真のように前肢の異常な成長を示す．この四肢異常は事前には予測できなかったが，このマウスの表現型の解析により一つの分子が複数の器官に影響を及ぼすことが示された．さらには小児遺伝学や発生学の年報では，先天性のある骨発達と胃腸障害が結びつく事例も報告されている．したがって一見無関係な臓器間における異常の分子メカニズムを説明するのに役立ち，ヒト疾患の重要なモデルとなっている．（Monique Stanfel博士提供）

群を制御する重要な因子をコードしている遺伝子の領域を相同組換え技術でマウスゲノムから削除して，その遺伝子の発現をオフにしたものである．このマウスでは胃と腸が形態異常を示すので，この遺伝子（*Nkx3.2*とよばれている）がまさに消化管平滑筋の正常な発育にとって重要であることがわかった．この実験のもう一つの興味深くしかも予想外の結果は，*Nkx3.2*欠損がマウスに四肢発達異常と"曲がって変な"尾の異常をもたらしたことから，*Nkx3.2*が特定の骨の構造に対しても効果を及ぼしたことである（図5・22）．これは，たとえば*Nkx3.2*欠損マウスでみられる前肢などに限られた骨構造の成長の制御の異常から起こる．この結果は複数の中間葉由来の構造が一つの制御分子と関係して結合することを示しており，一見無関係な器官や組織システムで同時に異常を示すヒトの先天性欠損症のメカニズム解明に手掛かりをもたらした．

疾患につながる変異を含むヒト遺伝子の導入によって，多くのトランスジェニックマウスがつくられて，そのヒト遺伝子の機能が調べられた．さらにまた最近では，マウスゲノムの特定領域に遺伝子DNAを加える（遺伝子ターゲッティング）ことにより，遺伝子発現量を改変したトランスジェニックマウスや改変した遺伝子産物を発現するトランスジェニックマウスをつくることができるようになった．それはゲノムの情報保管のレベルの改変である．疾患をモデル化することによってヒトの病状についての有用な知識がもたらされ，今ではヒトの病気に対する遺伝子を利用する治療法がわれわれの手の届く範囲になりつつあるほどに，このような一連の実験は遺伝学的な知識をたくさんもたらした．

遺伝子発現：DNAからタンパク質への情報伝達

標準的な定義によると，**遺伝子**（gene）という単語は"染色体と関連する複雑な分子，遺伝で特定の遺伝形質を伝えるさまざまな生化学的に決められている組合わせの複雑な分子"と定義される．**発現**（expression）という単語の意味は"外部に向けて何らかの感じ，状態，品質を示唆あるいは表明すること"などと定義される．したがって**遺伝子発現**（gene expression）という言葉の意味は，染色体と関連して合成された複雑な分子を外部へ向けて示したり表明することといえる．

この外へ向かって表明するための手段とは何であろうか？　最も単純明快な答えは，所定の細胞の中に機能をもつタンパク質が出現すること，それが遺伝子発現の外への表明手段である．特定の細胞の中で発現されたタンパク質の集団の総和としての機能的な働きは，細胞の生化学的，表現型的な特性を決定する．たとえば，細長い多核細胞から成り立っている骨格筋は，これらの骨格筋細胞で発現されるタンパク質の総合的な組合わせのおかげで，ニューロンで刺激されると収縮することができる．骨格筋で発現しているすべてのタンパク質がこの細胞にだけ発現するということではなく，実際は，骨格筋で発現しているタンパク質の多くは，さまざまな細胞でも発現している．しかし，骨格筋にのみ特異的に発現するタンパク質がいくつかあることは，厳密にこれらの発現を決定するメカニズムが存在することを示唆している．細胞の中のタンパク質が出現することは，タンパク質合成を請け負う装置に遺伝物質から情報が転移される

ことによって起こる．つまり，タンパク質発現を制御するメカニズムは，何らかの形で情報の輸送に対して働きかけるメカニズムである．

情報伝達の基本的なステップは，転写と翻訳である

　DNAからタンパク質までの情報が転送する過程で特に重要なのは，転写と翻訳の二つのステップである（図5・23）．転写は核で起こり，二本鎖DNA分子の中に収納された情報のコピーが一本鎖RNAとして合成されることである．RNAの合成はRNAポリメラーゼという名の酵素によって触媒される．DNAからのRNAの合成は非対称である．すなわち，DNAの片方の一本鎖だけが，転写されてRNAのコピーをつくるための鋳型となる．

真核生物では三つのタイプのRNA分子が転写される．転移RNA（tRNA），リボソームRNA（rRNA），およびmRNAが，それぞれ異なるRNAポリメラーゼによって合成されている．リボソームRNA（RNAポリメラーゼⅠで転写される）とtRNA（RNAポリメラーゼⅢによって転写される）は，リボソームという翻訳装置の一部として不可欠な役割を果たすので，この2種類のRNAがしばしば構造的なRNAであると考えられる．RNAポリメラーゼⅡによって合成されるRNA分子には特別な役割があり，DNAからリボソームまでタンパク質配列をコードするために必要な情報を運搬している．RNAポリメラーゼⅡによって合成されるRNAに保存されるこの情報は三つのヌクレオチドからなる"言葉"として定義づけられるもので，**コドン**（codon）とよばれる．このRNAがゲノムとタンパク質合成装置をつなぐ役割をするのでそれは**メッセンジャーRNA**（messenger RNA, mRNA）とよばれている．

　どの種類のRNAの合成に際しても，転写の過程は遺伝子上や遺伝子の近傍のDNAの特定の配列にRNAポリメラーゼが結合して開始される．その遺伝子の近傍のDNAの特定の配列は，**プロモーターDNAエレメント**（promoter DNA element）とよばれる．つぎつぎに5′側から3′側の一方向にリボヌクレオチドが追加されてRNA鎖が合成される．このように転写は多段階の過程であり，転写に必要なステップのどれもが転写を抑制したり転写を強化したりといった発現調節の重要な標的となりうる．DNA鋳型からのRNAの合成が遺伝子発現の第一のステップなので，転写調節は最も重要な調節機構であると考えられる．

　情報伝達の第二の基本的なステップはmRNAの核酸配列のコドンにある情報をアミノ酸鎖に運ぶ翻訳のステップである．タンパク質はリボソームで合成される．そして，真核生物細胞では，タンパク質合成は細胞の細胞質コンパートメントで起こる．リボソームはRNAとタンパク質の大きな集合体である．リボソームは，大サブユニットと小サブユニット一つずつからなりタンパク質合成装置を構成している．小サブユニットの基本的な機能はmRNAとtRNAを結びつけることである．一方，大サブユニットは，合成するタンパク質のペプチド結合を促進させるために必要である．このようにタンパク質の合成のためには，核で合成された3種のRNAが細胞質で協力して働くことが必要である．

　翻訳は，一連のステップを経て起こる（図5・24）．第一歩は，リボソームの小サブユニットとmRNA分子との結合である．リボソームの小サブユニットは**開始因子**（initiation factor）とよばれるいくつかのタンパク質

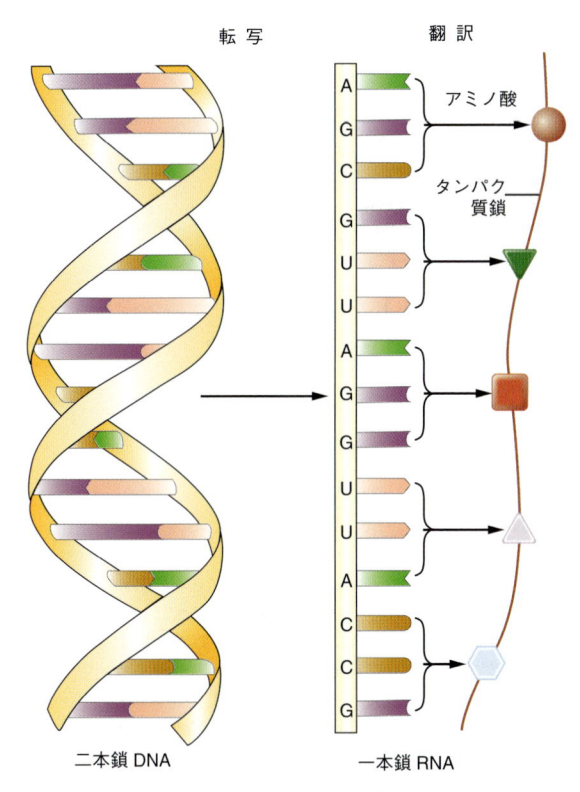

図5・23　DNAからタンパク質への情報伝達における主要な2段階．第一段階は二本鎖DNAの鋳型から一本鎖RNA分子の合成である．RNAポリメラーゼによって触媒されるこの過程は転写とよばれる．真核細胞のRNAポリメラーゼⅡによる転写産物は，リボソームという翻訳装置でタンパク質分子の合成を担うRNAである．二本鎖DNAで保存されている三つのヌクレオチド単位からなるコドンとよばれる遺伝情報は，タンパク質配列を規定するために特定のアミノ酸を指定する"言葉"である一本鎖のRNA分子（メッセンジャーRNA）に渡される．

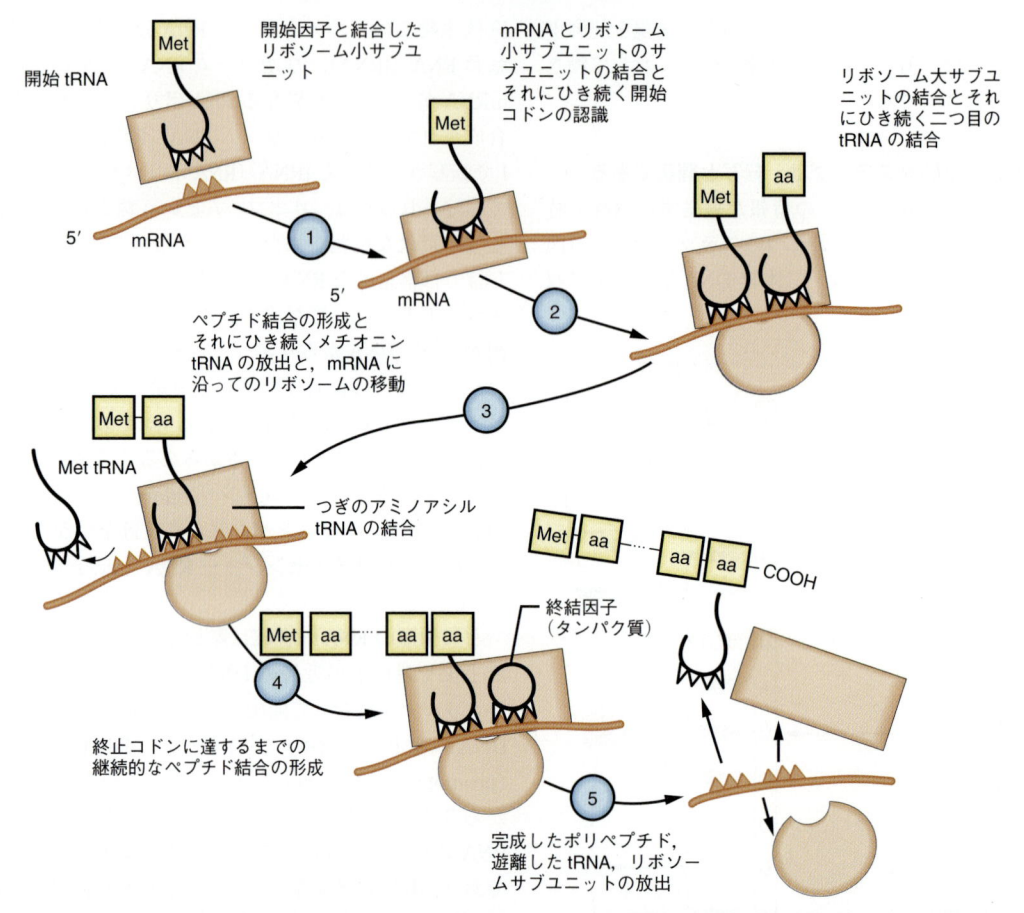

図 5・24 メッセンジャー RNA (mRNA) 分子からのタンパク質翻訳. 翻訳の過程は活性型リボソーム小サブユニットと mRNA との結合で開始する. 開始コドン (AUG) を識別すると, リボソーム大サブユニットは mRNA の三つのコドンで指定される tRNA を集める翻訳装置を形成するために結合する. このことにより, リボソームはポリペプチド鎖のアミノ酸を結合させることができるようになる. 終止コドンに遭遇するとタンパク質α鎖は開放され, 翻訳装置は解離してばらばらになるが, リボソーム小サブユニットがエネルギー供給されて活性化されると, 翻訳装置は再形成できるようになる. 〔C. Widnell, K. Pfenninger, "Essential Cell Biology", Williams & Wilkins, Baltimore (1990) より〕

と結合して, mRNA およびメチオニン残基をもつ**開始 tRNA** (initiator tRNA) とよばれる特別な tRNA と結合する準備をしている. リボソームの小サブユニットは mRNA の 5′末端か 5′末端の近傍に結合する. その後, 活性化されたリボソームの小サブユニットはメチオニンをコードする AUG 開始コドンをみつけるまでスキャンして横すべりする. この結果, 開始複合体が形成される.

開始複合体を形成した後, リボソームの大サブユニットがリボソームの小サブユニットと mRNA からなる開始複合体に結合して, 下流のコドン"解読"が進められる. mRNA の解読はヌクレオチド 3 残基のトリプレットコドンを認識することと, 適切な tRNA-アミノ酸複合体をリボソームへ運び, アミノ酸を結合することを含

む. tRNA が結合すると, それに運ばれてきたアミノ酸はリボソームの大サブユニットによって触媒されて, 合成中のタンパク質とペプチド結合する. ペプチド結合が形成されると, 前のサイクルで使った tRNA が放出され, リボソーム複合体内の tRNA 鎖がシフトし, つぎのコドン配列が読まれ始める. このサイクルは**終止コドン** (termination codon) あるいは**停止コドン** (stop codon) とよばれるタンパク質合成終了を指示するコドンが出てくるまで続き, その後完成したタンパク質がリボソームから放出される. リボソームと mRNA の複合体は分離して, つぎのタンパク質を合成するために使用されるリボソームの小サブユニットに必要なエネルギーが補充される.

mRNA は四つのヌクレオシド (アデノシン, シチジ

ン，グアノシン，およびウリジン）で構成される．アミノ酸を指定するにはトリプレットコドンを利用するので64通りの組合わせが可能である．UGA，UAA，UAG の三つのコドンはアミノ酸を指定せず，タンパク質の合成を終わらせるようにリボソームに命令する．それらは終止コドンとよばれる．残りの61通りの組合わせが20種のアミノ酸をコードする．アミノ酸は特定の tRNA 分子に運ばれた相補的なヌクレオチドで指定される．メチオニンとトリプトファンの二つのアミノ酸は，単一のコドンによってコードされているが，他の18種のアミノ酸は複数のコドンによってコードされている．したがって，遺伝情報は重複していて，ほとんどのアミノ酸が一つ以上の組合わせのトリプレットコドンによって指定されている．

原核細胞では，mRNA は転写されるとすぐに翻訳装置で利用可能となる．転写プロセスが終わる前に，翻訳が始まることもしばしばある．真核生物では異なっており，転写と翻訳の装置がひき離されている．真核細胞では核で転写が起こり，**RNA 一次転写産物**（RNA primary transcript）とよばれるものは，しばしば最終産物である成熟 mRNA より大きい．一次転写産物はスプライスされて成熟 RNA になってからタンパク質を合成するために核から細胞質へ輸送される．このように，真核生物の遺伝子発現は原核細胞のものより複雑で，いくつかの追加ステップが必要であり，転写過程における各ステップは転写調節の潜在的標的ポイントとなっている．

多細胞生物のすべての種類の細胞は完全な一そろいの遺伝子をもつ

生物では全体の設計図あるいは遺伝的な計画が，すべての種類の細胞の核に含まれているということをつぎの二つの実験から示す．まず，あらゆる種類の体細胞生物の DNA 含有量が調べられた．すべての体細胞には，ほぼ等しい量の DNA があることがわかった．そして，この DNA 含有量は生殖細胞の2倍量であった．つまり，物理的実験でも，化学的実験でも，動力学的実験でも，肝細胞と脳細胞には同じ量の DNA が含まれることが示された．これは **DNA の不変性**（constancy of DNA）とよばれる．しかし，細胞の発生過程の分化途上で劇的に構造や機能が変化する細胞では，遺伝物質に何らかの不可逆的な変化（たとえば不可欠でない遺伝子の欠失など）が起こらないと想像することは難しい．細胞では全遺伝物質のうち一部しか発現しないので，総 DNA 含有量を調べるときに見落とされるほど少量の遺伝物質の喪失があると考えるのが合理的だと思われた．しかしこの説は Gurdon らによる明快なカエルの分化実験によって，誤りであることが証明された．この発生実験を図 5・25 で図解する．

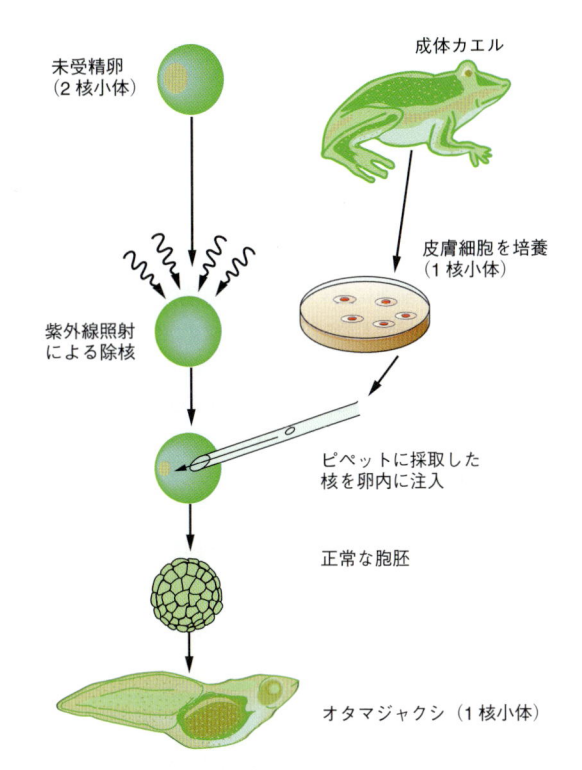

図 5・25 **真核細胞における DNA の不変性を調べるための核移植実験**．この図は，すでに成体に分化した組織の核が，特定の遺伝子発現を指示する能力をもつかどうかを調べた実験の概略を示す．成体のカエルの腸管上皮膜から取出した核を，紫外線光照射で遺伝物質を破壊した卵母細胞に注入する．2種類の核の遺伝マーカーは，細胞で出現した核小体の数の違いである．ドナー核は一つ，アクセプター卵母細胞は二つの核小体をもっている．注入された核にはオタマジャクシの成長と，その後，カエルの成長に必要なすべての遺伝子を発現する能力があり，このことは成熟した生物の多種類の分化した細胞は，必要なすべての遺伝子をもっていることを示している．〔J. B. Gurdon, *Sci. Am.*, **219**, 24〜35（1968）より〕

完全に分化したカエル細胞（たとえば腸上皮細胞）の核を，核を除去したカエル卵に注入すると，注入されたドナー核は，レシピエント卵細胞を正常なオタマジャクシに成長させるようにプログラムできた．オタマジャクシは成熟したカエルにあるあらゆる分化した細胞をもっているので，最初の完全に分化した移植用ドナー細胞の核に，カエルが多種多様な細胞に分化するためのすべての必要な情報が含まれていたと結論された．分化した細

胞核には重要なDNAの不可逆的な欠失は起こっていなかったのである．つまり正常な成長には発生過程の適切な時期に特定の遺伝子のセットを発現させることが必要なのである．最近，ヒツジ，ウシ，ネコ，およびハツカネズミを含む多くの哺乳類のクローンがつくられたことにより，この結論が広く裏付けられた．さらに技術が進むと，組織培養で育てて新しく構築された患者本人のゲノムをもつ組織と，その患者の病気の組織を交換できるようになる可能性がある．医学的治療をよりよい技術に展開していくことになるだろう．そのような**再生医療**（regenerative medicine）とよばれる治療法には，非常に多くの病気を治療したり回復させる可能性があるが，科学と倫理の両面において，この可能性がどのように使われるべきか判断しなければならない．

情報の"ユニット"としての遺伝子の分子的な定義

ゲノムの第一の機能がRNA分子を生産することであり，DNA配列の特定の領域だけが，タンパク質をコードするmRNAや構造的なRNA分子（転移RNAやリボソームRNA）として機能するRNAに転写される．したがって，機能的なRNAを生産するDNA分子のあらゆる部位を，遺伝子と定義しうる．

最近まで，遺伝子はおもに細胞に生化学的または表現型的特徴を与える能力として定義されていた．DNA分子クローン技術を利用することによって，DNA塩基配列の構造に基づく遺伝子の定義が可能になった．RNA解析研究の最も注目に値する結果の一つは，RNAポリメラーゼⅡによって転写されるDNA配列の多くが細胞質のmRNAより長いということである．

余分なDNA配列が特定された最初の真核生物の遺伝子の一つは，ニワトリのオボアルブミン遺伝子であった（図5・26）．余分な長さのヌクレオチドは，情報をもったDNAの部分を中断する非コードのDNAの長い配列からなる．情報のあるコード配列は**エキソン**（exon）とよばれ，非コードのDNAの中断配列は**イントロン**（intron）とよばれる．したがって，**RNA一次転写産物**（RNA primary transcript）とよばれるDNAを鋳型にして合成されたRNAからその情報をもたない部分のRNAを取除かなければならず，情報をもつ部分同士は，成熟mRNAを形成するために結合しなければならない．これらのことは核で起こり，これを**RNAスプライシング**（RNA splicing）とよぶ．したがって，真核生物では遺

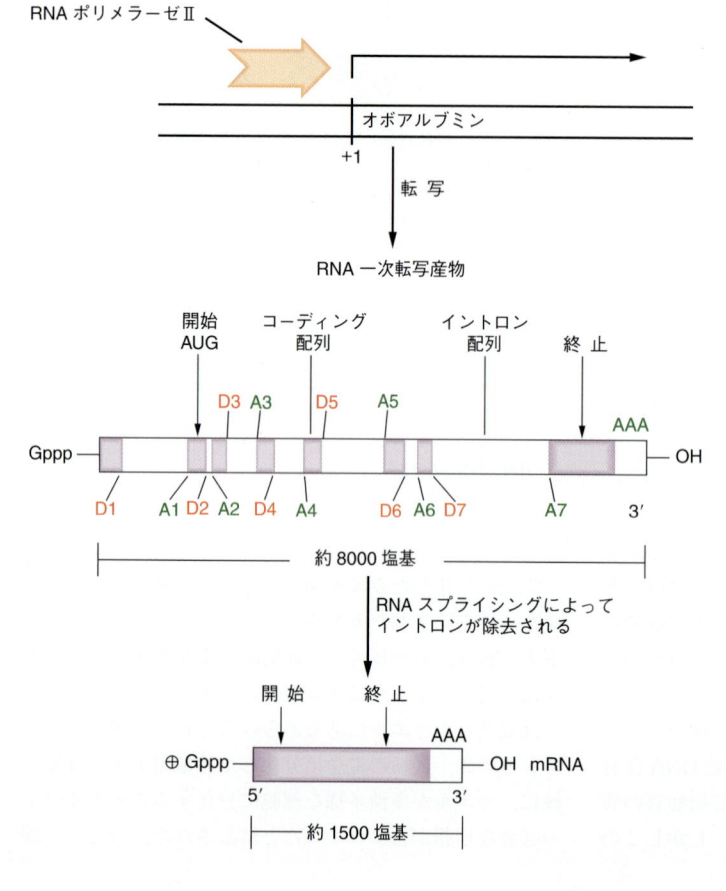

図5・26 ニワトリオボアルブミン遺伝子は翻訳されたメッセンジャーRNA（mRNA）より大きいRNAをつくる． オボアルブミン遺伝子の転写産物は，翻訳のために細胞質でみつかるRNAより大きい．このより大きなRNA（一次転写産物）は，遺伝子の二重鎖DNAでみつかる情報をもたない部分（イントロン）を含む．イントロン部分は切出され，情報の内容を含んでいる部分は特定の配列，ドナー（D）配列とアクセプター（A）配列で結合する．そして，これらはRNAプロセシングのメカニズムで成熟したmRNAを形成する．

伝子が必ずタンパク質に反映されるというわけではなく，機能的RNAをコードするヌクレオチドのためのヌクレオチドの部分もある．

遺伝子を定義する第二の考え方は，活発な転写を示すクロマチン領域を可視化する実験技術と，DNA配列とを関係づけることで見いだされた．転写されたDNA部分（遺伝子）を電子顕微鏡写真で見ると，RNAポリメラーゼ分子が1本のRNA分子の尾を伴った球状粒子として見える．RNAポリメラーゼ分子はクロマチン（約11 nmのクロマチン線維）上の糸上のビーズ領域として観察される．転写している活性RNAポリメラーゼII分子は多くの場合1個だけ観察され，多くの遺伝子セグメントは頻繁に転写されるわけではないことが示されている．しかし，ときには，多くのポリメラーゼ粒子とそこから伸びる転写産物が，高速転写する遺伝子上で観察される．そのような状況では，ポリメラーゼ粒子から伸びるRNA分子の長さは転写方向に伸長していくことが観測される．そのような遺伝子領域の電子顕微鏡写真は"クリスマスツリー"という独特のパターンを示す．これらの実験でわかったさらに重要なことは，転写されるDNA部分は，転写単位を定義するある点で始まり，ある点で終わることを示したことである（図5・27）．

転写はポリメラーゼ分子を特定のDNA部分に結合させることで始まるので，転写単位としての遺伝子は拡大して定義され，転写された部分と関連しているDNAの部分を考慮しなければならない．これら転写に関連するDNA領域は，転写を指示したり，促進したりすると考えられた．いくつかの遺伝子を比較すると，DNA配列と転写された配列との相対的位置が保存されている領域がいくつかみつかった．

多細胞生物の体細胞の核には，完全な全遺伝物質が含まれている．多細胞ではそれぞれの組合わせの遺伝子群が発現することによって，それぞれの細胞の特徴的な生理学的，生化学特徴が生じる．適切な転写調節に必要な塩基配列は転写される部位に隣接したDNA配列とRNA分子として読まれる部分の塩基配列にあることもある．さらに，真核生物遺伝子から最初に転写される一次転写産物は，遺伝子の情報部分であるエキソンと，情報部分でないイントロンを含んでおり，機能的なRNA配列を形成するためにはそこからかなり修飾される．

したがって，真核生物細胞におけるDNAからタンパク質への情報伝達の経路は，複雑な段階を経る．これらの段階のどれもが遺伝子発現調節の標的となる．図5・28に示すように，細胞は以下のステップのようにタンパク質の生合成をしていると考えられる．

1. 遺伝子配列がいつ，そして，どれくらいの速度でRNAにコピーされるかについて指定している転写調節ステップ
2. 一次転写産物をプロセシングして機能的RNA分子にするステップ
3. 成熟mRNAのみが核から細胞質まで輸送される選択的RNA輸送のステップ
4. 細胞質で選択的にmRNA分子を分解させているmRNAの安定性
5. 細胞質の中でどのmRNAを翻訳するのかを選ぶ翻訳調節
6. 翻訳後，特定のポリペプチド鎖を活性化したり，不活性化したり，限局的に局在させているタンパク質翻訳後修飾による調節

これらのステップがそれぞれ遺伝子発現調節の標的ポイントとして機能することを示す証拠があるが，むしろ

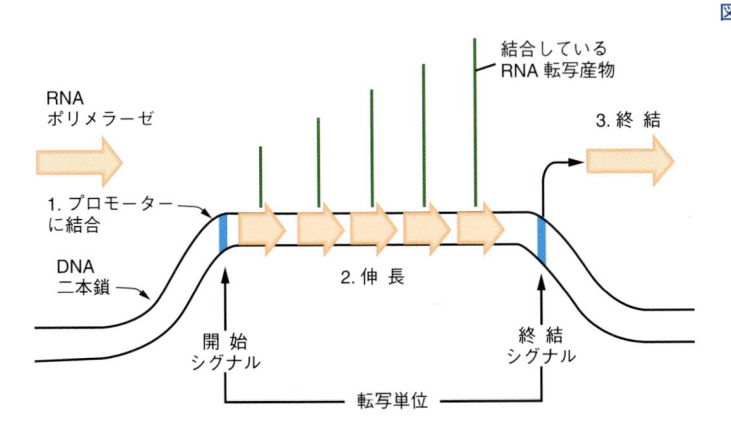

図5・27 転写されている最中のDNAを視覚化する電子顕微鏡の実験から得られた転写単位のモデル．DNAの転写されている最中の部分は11 nmのクロマチン線維にまでほどかれて染色体上からループ状に突き出ている．転写はRNA分子の重合のための転写開始地点を指定するプロモーターDNA配列とRNAポリメラーゼが結合することから始まる．転写が続くと，伸長しているRNA鎖はポリメラーゼに結合し続け，電子顕微鏡で観測すると"クリスマスツリー"様の独特のパターンを形成する．転写は一次RNA転写産物を放出することで終結する（一次RNA転写産物は成熟RNAにプロセシング処理される）．したがって，転写単位は転写プロセスの特定の開始点と特定の終結点によって定義される．〔B. Alberts, D. Bray, J. Lewis, et al., "Molecular Biology of the Cell, 2nd Ed.", Garland Publishing, New York (1989) より〕

の微調整である（図 5・29）．

　クロマチンが最も小さく折りたたまれた状態にある細胞周期の中期では，RNA 転写ほとんど起こらない．転写を起こす非ヒストンタンパク質（RNA ポリメラーゼ，転写調節因子，その他）が近づきにくくなるように，非常にしっかり折りたたまれて，中期の染色体が形成されると転写は抑制される．転写するには，まず遺伝子配列が RNA ポリメラーゼや他の転写調節タンパク質に近づける状況にならなければならず，そうなれば調節タンパク質は転写効率に影響するような機能を発揮できる．

　転写単位（転写されている DNA セグメント）の電子顕微鏡写真では，クロマチンは 11 nm の線維として観察される．ヌクレオソームが存在するものの，これは，DNA の転写部位が伸長したクロマチン線維上に並んだものである．これらの観察は転写が活発な遺伝子部位は，不活発な遺伝子とは生化学的に異なるクロマチン構

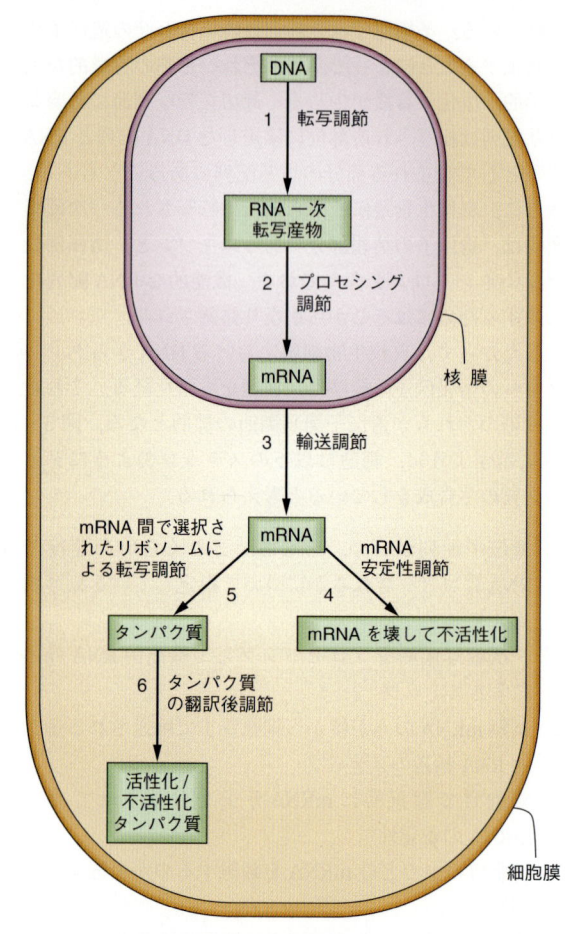

図 5・28　遺伝子発現の潜在的調節ポイントである真核生物の 6 段階の情報伝達．潜在的な調節の 3 段階は細胞の核で起こる．1) 転写，2) RNA プロセシング，3) 核から細胞質へのメッセンジャー RNA（mRNA）の輸送．細胞質に輸送されると，RNA は分解にさらされる．4) mRNA の安定性の調節もしくは選択的な翻訳．5) 細胞質でのリボソーム翻訳調節．6) 翻訳されたタンパク質は活性化タンパク質を形成，タンパク質を不活性化する．または翻訳後調節により，タンパク質を分画するために修飾を受ける．

どんな遺伝子の発現でも情報移送パスウェイ上に沿ってステップの相互作用の総合的な組合わせで制御されている．

転写調節は基本的な 2 ステップが必要：遺伝子配列の活性化と調節

　遺伝子転写の調節は二つのレベルで起こる．一つは活性化とよばれ，折りたたまれたクロマチンを広げることであり，二つ目は，**転写因子**（transcription factor）とよばれる DNA 結合タンパク質によって調節される転写

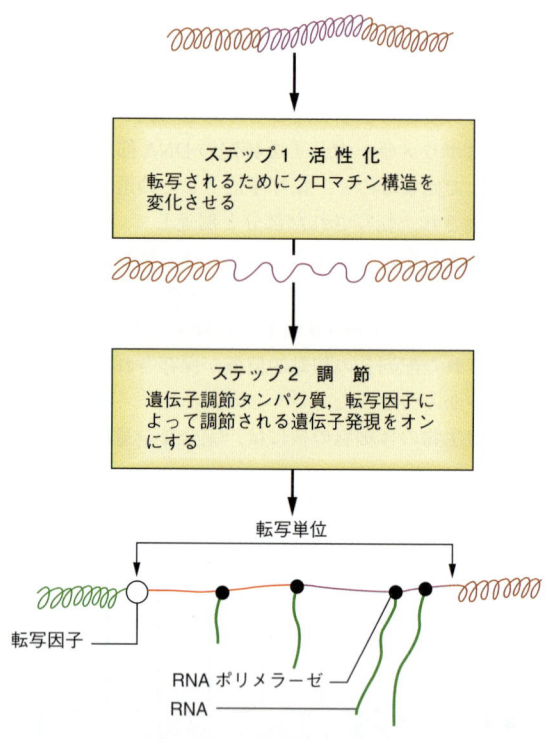

図 5・29　遺伝子配列の転写調節段階．遺伝子発現における転写調節は二つの別々の段階で起こる．第一段階（活性化）では，転写される DNA 配列を含むクロマチンの構造が変化する．クロマチン構造のこの変化をひき起こす分子間相互作用は未知であるが，それらは不活性な（凝縮した）クロマチンとは生化学的に異なった DNA-タンパク質複合体の領域を形成する．転写調節の第二段階（調節）では，遺伝子調節タンパク質が活性型 DNA 配列に結合して特定の遺伝子の転写について微調整をする．

造をとることを示す実験と一致している．たとえば，ある遺伝子配列が骨格筋で発現し肝細胞では発現しないとすると，骨格筋の核から分離したその遺伝子 DNA 配列は肝細胞から単離したその遺伝子配列 DNA よりもプローブにつきやすい．到達しやすい状態のクロマチンは**活性クロマチン**（active chromatin）とよばれている．そこでは，ヌクレオソームは，より凝縮されない様式で折りたたまれていると考えられている．

活性化クロマチンを形成する正確なメカニズムはわかっていない．活性化クロマチンは周囲の非常に凝縮したクロマチンから現れるループ構造を形成すると考えられている．発現するとき遺伝子配列を認識する何らかの方法，たとえば，特異的なタンパク質と DNA の相互作用が，より凝縮度の低い転写が活性化される形になるような分子モデルがあるべきである．DNA 合成には不活発なクロマチンを活発なクロマチンに転換することが必要で，転写が活発な遺伝子配列の付近の DNA には修飾された塩基，特にメチル化されたシトシン残基が少ないことが現在では実証されている．さらに，転写の活発なクロマチンでは少数のヒストン H1 と，多数の非ヒストンタンパク質が存在する．これらの変化が遺伝子配列に特異的な何らかの活性をひき起こすのか，またはクロマチンが活発なアクセシブルな状態へ転換するのかは不明である．

真核細胞は転写スイッチをオンにしたりオフにしたりすることによって遺伝子発現を調節する，さまざまな配列特異的な DNA 結合タンパク質をもっている．一括して，このようなタンパク質は**遺伝子調節タンパク質**（gene regulatory protein）として知られている．これらのタンパク質は特異的な DNA 配列を識別して結合できる構造ドメインをもっている．ヘリックス・ループ・ヘリックス，ホメオドメイン，ジンクフィンガー，またはロイシンジッパータンパク質などと広範囲に分類される，DNA 結合ドメインの機能は保存されている．遺伝子調節タンパク質は，一般に，個々の細胞の中にわずかに存在していて，特定の DNA 塩基配列に結合することによって，それらの機能を発揮する．これらのタンパク質によって認識された DNA 配列は大きく二つに分類できる．すなわち，コアまたは基本プロモーター配列と，エンハンサー配列である（図 5・30）．

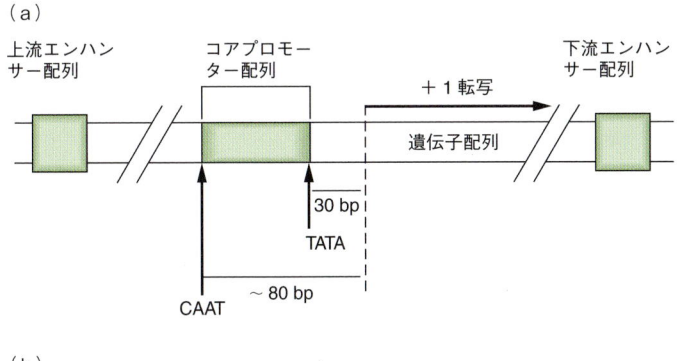

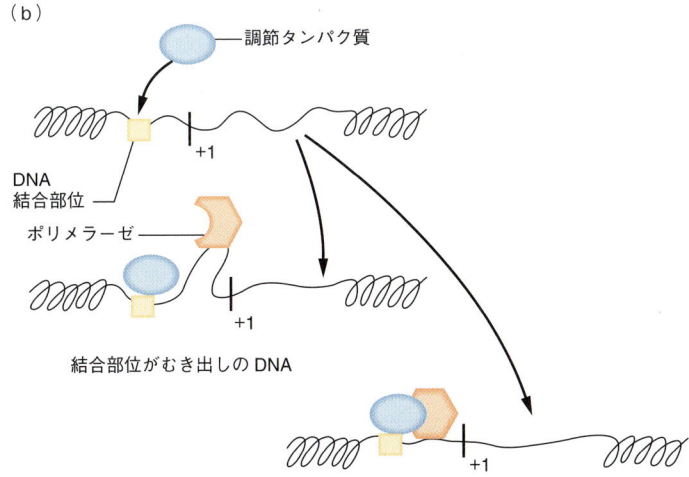

図 5・30 遺伝子調節タンパク質が結合することにより転写調節する DNA 領域． いくつかの DNA 配列は遺伝子調節タンパク質と結合する可能性をもっており，転写調節に重要な働きをする．(a) これらは，二つのカテゴリーに分類される．基礎転写活動に必要な，保存された A–T に富む DNA 配列をもつコアプロモーター配列と，遺伝子に対して 5′（上流）側または 3′（下流）側に位置するエンハンサー配列．(b) DNA 結合部位の作用を説明するために，二つの一般的なメカニズムが考えられている．転写装置（ポリメラーゼ）がより結合しやすいように，あるいは，結合した調節タンパク質が転写装置と直接相互作用することができるように，遺伝子調節タンパク質の結合が周囲の DNA を変化させる．

コアプロモーター配列は，一般に，DNAの転写開始点の近くに位置していて，正確にRNA転写開始点を指定するために機能する．コア配列はアデニン，チミンが多いことが多く，転写されるDNA部分の5′末端からおよそ20～30塩基対（**TATAボックス**，TATA box），および70～80塩基対（**CAATボックス**，CAAT box）に位置する．これらは，あらゆる細胞で機能するので，これらの配列が基礎的な転写活動をもたらすと考えられる．第二のDNA要素，エンハンサー配列はコアプロモーターからの転写を活性化または増強する．エンハンサー配列は，コアプロモーターによって指定された転写開始点から転写されるDNAとの上流や下流といった相対的位置関係や方向にかかわらずに機能すると考えられる調節DNA配列である．エンハンサー配列はさまざまで，転写される遺伝子から比較的遠くに位置して，機能を果たしていることもある．エンハンサー配列は転写される遺伝子の下流すなわち3′側で発見された例もいくつかある．それぞれのエンハンサー配列は，それぞれ特異的なタンパク質因子と結合し，核内にタンパク質因子があるかないかによって，機能するかしないかが決まる．

RNAポリメラーゼは1秒当たりおよそ30～40個のヌクレオチドの速度でDNAを鋳型にしてRNA合成を触媒する．合成速度が一定なので，遺伝子が転写される絶対的な速度は遺伝子配列からRNAを転写するポリメラーゼの数によって，効率的に管理されている．つまり，遺伝子調節タンパク質の主要な役割は，DNAの与えられたセグメントからRNAを活発に合成するポリメラーゼ分子の数を調節することである．すなわち，転写の促進は活性化したRNAポリメラーゼ分子が増加する

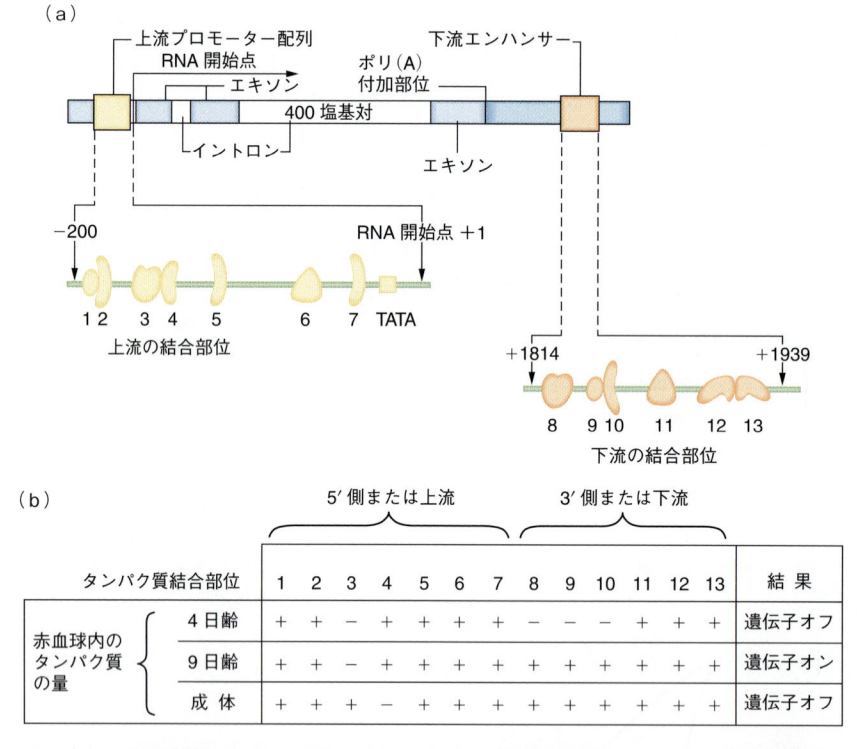

タンパク質結合部位	1	2	3	4	5	6	7	8	9	10	11	12	13	結果
赤血球内のタンパク質の量 4日齢	+	+	−	+	+	+	+	−	−	−	+	+	+	遺伝子オフ
9日齢	+	+	−	+	+	+	+	+	+	+	+	+	+	遺伝子オン
成体	+	+	+	−	+	+	+	+	+	+	+	+	+	遺伝子オフ

図 5・31　発生過程においてニワトリのβグロビンの発現を調節するタンパク質が結合する領域．（a）13個の異なる遺伝子調節タンパク質の既知の結合部位があるニワトリβグロビン遺伝子の図．いくつかの調節タンパク質（異なる形によって示されている）のうちいくつかは，二つの調節因子間のタンパク質-タンパク質相互作用を促すために二つの結合部位をもっていたり（たとえば，サイト3と8など），1と2, 3と4, 9と10, 12と13など，二つの結合部位が近接している場合がある．（b）発生の各時期に赤血球内におけるタンパク質の相対量が大きい場合（＋）と小さい場合（－）を示す．この図が示すようにβグロビン遺伝子がオン（発生9日）オフ（発生4日と成体）になっている違いは，遺伝子の近傍の異なるDNA配列の遺伝子調節タンパク質の活性のバランスの違いに起因する．〔B. Alberts, D. Bray, J. Lewis, *et al.*, "Molecular Biology of the Cell, 2nd Ed., Garland Publishing, New York (1989) より〕

ことが必要で，活性化 RNA ポリメラーゼ分子が減少すれば，転写は抑制される．特異的な DNA 配列にタンパク質が結合することが，遺伝子の転写速度に影響を与える二つの方法がある（図 5・30）．

一つ目は，調節タンパク質が結合すると周辺の DNA のコンホメーションに影響を及ぼすということである．転写を促進するために，ポリメラーゼ結合部位を最適な状態で塩基配列をむき出しにするかで転写を活性化する．逆に，DNA コンホメーションを閉じた状態にしておくか，ポリメラーゼ結合部位を他の因子が先に結合したり占拠してしまうか，あるいはその両方で転写を抑制する．

二つ目は調節因子がポリメラーゼと直接相互作用するメカニズムである．遺伝子近傍の特異的配列へ調節タンパク質が結合することによってポリメラーゼ分子を引寄せてポリメラーゼと調節タンパク質の転写に最適な複合体をつくる．最近の研究では，いくつかのタンパク質は直接 DNA に結合するのではなく，調節因子に結合して，おそらくはそれによって RNA ポリメラーゼと相互作用しやすいようにして，転写を制御することがわかった．実験では，両方のメカニズムが用いられていて（組合わせられたりして），調節因子の主要な機能が RNA ポリメラーゼ分子を特定の遺伝子配列に引寄せることであるという結論が出た．

組織や細胞で特異的に遺伝子が転写されるのは，それぞれの遺伝子にそれぞれ一つの調節領域があるからだと考えられていた．その考え方では転写は一つのタンパク質−DNA 相互作用で転写が調節されると考えられた．しかしながら，ほとんどの真核生物の遺伝子が異なった調節因子に結合する複数の DNA 配列を含んでいる．そして，遺伝子の合成速度は複数のタンパク質−DNA 相互作用から得られた影響の総和によって決定される．この制御システムの最もよい例はβグロビン遺伝子の発現である．ニワトリβグロビン遺伝子周辺の DNA には 13 箇所の異なった結合配列（5′側が七つ，3′側が六つ）があり，八つの異なった調節因子タンパク質に結合できる（図 5・31）．

発生初期では，βグロビン遺伝子を含むクロマチンは活発な状態に変化して，九つの調節因子の結合部位には調節因子が結合しているが遺伝子は転写されない．一つを除いてすべての結合部位に調節因子に結合すると，転写が始まる．その後結合部位に遺伝子から転写されたタンパク質が結合すると，再びβグロビン遺伝子の転写量が抑制される．これは一例であるが，ほとんどの真核生物の遺伝子が複数の調節タンパク質から転写調節を受けている．その結果，遺伝子転写の細胞特異性は調節タンパク質の微妙なバランスによって決められるのである．

特定の細胞の種類を特徴づける複数の遺伝子を制御する調節因子が定義された（図 5・32）．MyoD1，これは

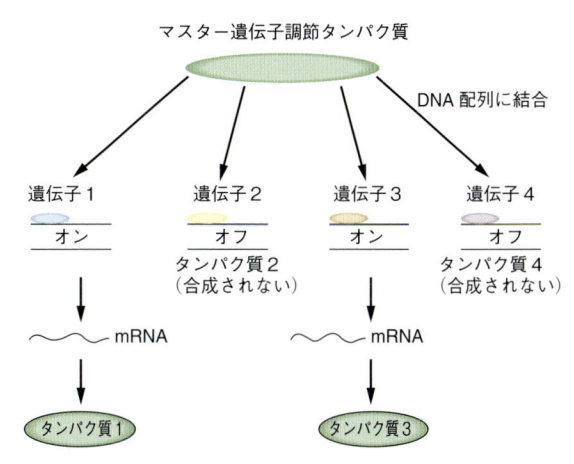

図 5・32 マスター遺伝子調節タンパク質の活性の仕組み．MyoD1 のように，あるものはオン，あるものはオフというように複数の遺伝子を制御する能力をもつタンパク質が発現すると，細胞は特定の細胞へ分化する．マスター遺伝子によって制御されるタンパク質は，骨格筋中のアクチンやミオシンのような，分化した細胞の生化学的特徴であったり，分化した細胞の特異的な遺伝子を制御するために核内で必要なタンパク質であったりする．

骨格筋でみつけられた核タンパク質で，調節因子のマスター調節タンパク質の例である．培養された線維芽細胞（筋肉特異的な遺伝子産物を決して発現しない細胞）に MyoD1 の遺伝子を含む DNA を注入すると，表現型的にも生化学的にも線維芽細胞を筋細胞に変換できる．MyoD1 が細胞を骨格筋の表現型に変換できる正確な過程は不明である．しかしながら，このタンパク質はいくつかの（すべてでないが）骨格筋特異的な遺伝子の調節領域に結合している．このタンパク質が骨格筋遺伝子の調節領域のすべてに結合しているわけではないことは，筋肉の表現型の発現には他の調節因子の作用が必要なことから示唆される．さらに，調節因子の結合活性の組合わせによって特異的な遺伝子配列が制御される．結合の仕方にかかわらず，細胞分化に至る転写調節はいくつかの配列特異的調節因子が結合することによる修飾によって結合配列を介する協調的活性化と同様に支配されている．

一次転写産物は修飾されて
　　　　　　成熟メッセンジャー RNA を形成する

RNA ポリメラーゼ II（mRNA）によって合成される

RNA は，核内で 3 段階の反応によって修飾される．すなわち 5′ 末端にキャップの付加，3′ 末端にポリアデニル酸〔ポリ(A)〕が追加され，転写情報をもたないイントロンは削除される．タンパク質へ翻訳されるためには，これらの修飾によって成熟した RNA を形成することが必要で，一連の反応は **RNA プロセシング**（RNA processing）とよばれている．

一次転写産物 mRNA の 5′ 末端は，メチル化されたグアニンが付加される．5′ 側に付加されたキャップ構造は mRNA の主要な最初の修飾で，転写開始後すぐに起こる（図 5・33）．

キャップの形成は，一次転写産物の 5′ 末端で，ヌクレオチドの二リン酸基と GTP 分子の三リン酸との縮合が必要である．キャップ反応を触媒する酵素は RNA ポリメラーゼ II のサブユニット上に存在すると考えられている．5′ 側のキャップ構造の付加は細胞質で翻訳される mRNA にとってきわめて重要であることに加えて，核で合成途中の RNA 鎖を分解から保護するために必要であることが明らかになってきた．

mRNA 転写の 2 番目の修飾は，3′ 末端にポリ(A) が付加されることである．RNA ポリメラーゼの転写産物の 3′ 末端は転写終了で定義されるのではなく 3′ 末端から RNA 分子の特定部位が切断され，別のポリメラーゼであるポリ(A)ポリメラーゼでアデニル酸残基が付加されることによって定義される．切断シグナルは合成中の RNA 鎖に AAUAAA 配列が出現することであり，このシグナル配列から 10〜30 塩基離れたところで切断が起こる．切断後速やかに切断された RNA の 3′ 末端に 100 から 500 のアデニル酸残基がポリ(A)ポリメラーゼによって付加される．おそらく，5′ キャップ構造がないと，RNA は素早く分解されるので，RNA ポリメラーゼ II は，切断部位を超えて転写を続けると考えられる．ポリ(A) 尾部の本当の機能は不明だが，実験上の証拠は，成熟 mRNA の核から細胞質までの輸送で重要な役割を果たしていること示唆している．いくつかの遺伝子は複数のポリ(A) 付加部位をもつので，これは制御機能を果たしているといえる．

一次転写産物の 5′ 末端と 3′ 末端の修飾後，非情報領域であるイントロン部分は削除され，RNA スプライシングによって，コーディングエキソン配列同士が結合される．開始点（5′ 側ドナー部位とよばれる）を示すシグナル配列の存在と，イントロン配列セグメントの終わり（3′ 側アクセプター部位とよばれる）を示すシグナル配列の存在によって，エキソン接合部位の特異性が生じる（図 5・34）．

スプライスのシグナル配列は高度に保存されていて（既知のすべてのイントロンのスプライスシグナル配列でほとんど同一），これらの塩基配列の置換は異常な mRNA 分子につながる．たとえば，遺伝病の β サラセミア症候群（β-thalassemia syndrome；ヘモグロビンの発現が異常に低いことが特徴的）とよばれる一群の病気は，エキソンセグメントが適切に接合できないような β グロビン遺伝子の接合点におけるゲノム上の一塩基置換が原因である．このように，機能的 RNA 分子が形成さ

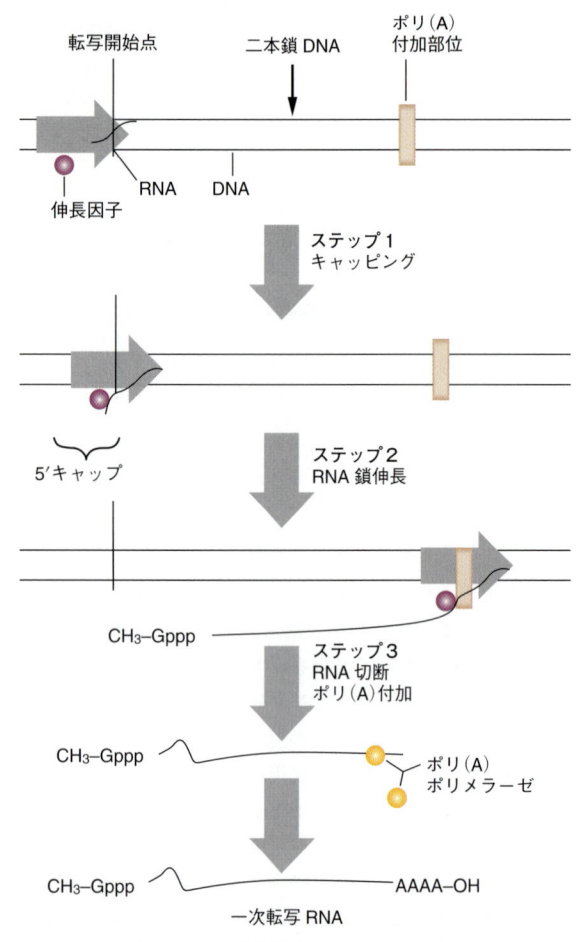

図 5・33　RNA 一次転写産物の合成では RNA 鎖に二つの修飾が起こる． RNA 合成が開始される直後に RNA の 5′ 末端にはグアノシン残基によってキャップが付加される（ステップ 1）．キャップは RNA 鎖が伸長する間に RNA 分解から保護する（ステップ 2）．RNA 鎖の伸長が 3′ 側ポリアデニル酸（ポリ(A)尾部）付加のためのシグナル配列に達すると，RNA は切断され（ステップ 3），ポリ(A)ポリメラーゼが RNA の 3′ 末端に複数のアデノシンを付加できるようになる．この RNA は，一次転写産物であり，これは mRNA を形成するためにイントロンをスプライシングする準備ができている．転写終結にかかわるステップは明確ではないものの，あるモデルでは，ポリメラーゼ活性が変化して，RNA を合成し続ける一方で，この合成は RNA が分解しているので，生産的でないというものである．

遺伝子発現調節

(a)

5'エキソン	イントロン配列	3'エキソン
C A 5'---or AG GU or AGU	U U U U U U U U U U ----or or or or or or or or or N C C C C C C C C C C C C	C G or AG or---3' A U
5'スプライス部位 コンセンサス配列 (ドナー部位)	ピリミジンに 富んだ配列	3'スプライス部位 コンセンサス配列 (アクセプター部位)

(b)

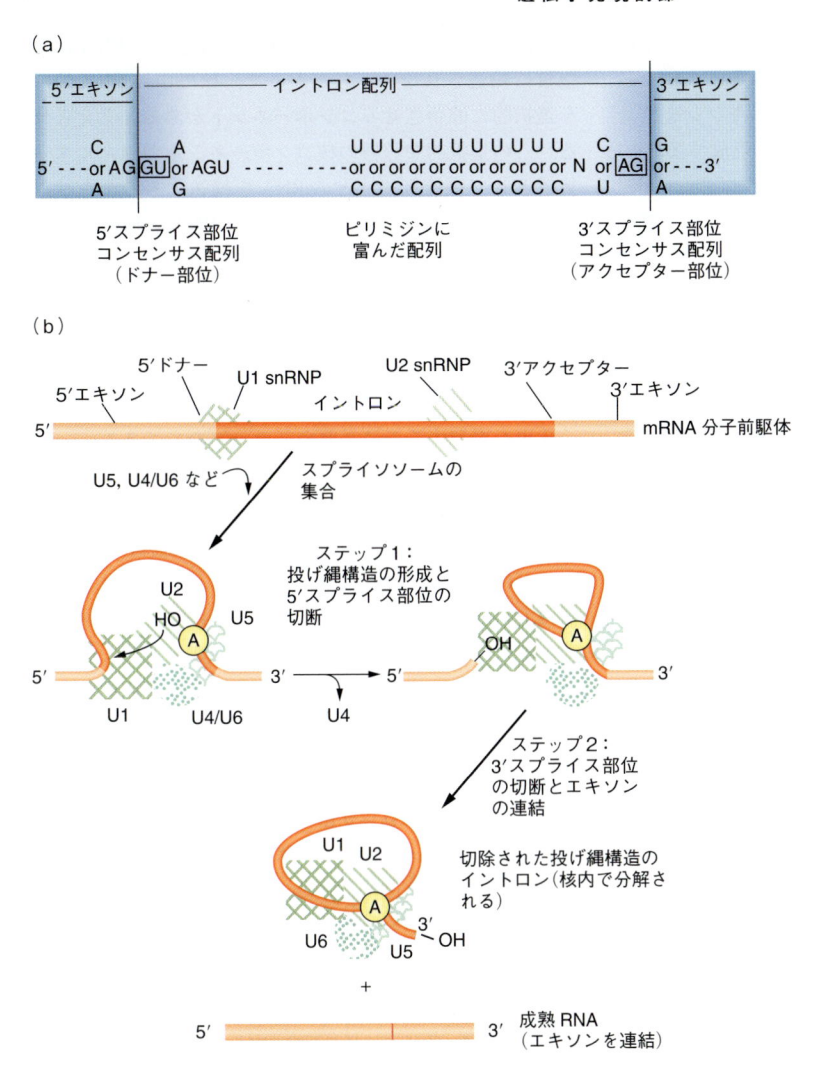

図 5・34 成熟したメッセンジャーRNA (mRNA) 分子を形成するスプライシングの仕組み. (a) RNA のスプライシングは, 保存された配列によって規定される特定の位置で起こる. ここに記載された RNA スプライシングのコンセンサス配列は, 多くの真核生物のポリメラーゼ II 遺伝子配列を比較して決定された. 最も保存されている塩基配列 (枠で囲んだ GU と AG) はイントロンの境界部位を示す. (b) RNA スプライシングの仕組みは, スプライソーム (多くの核内低分子リボ核タンパク質 snRNP が組合わさった分子) を構成する U1 (5'ドナー) と U2 (ポリピリミジン配列) によりシグナル配列を認識することから始まる. いったん, スプライソームがつくられたら, 5'側ドナーが RNA 投げ縄構造をつくって切断し, 3'側アクセプターに連結する. 切取られたイントロンは核内で分解される. 〔B. Alberts, D. Bray, J. Lewis, *et al.*, "Molecular Biology of the Cell, 2nd Ed.", Garland Publishing, New York (1989) より〕

れるためにはスプライシング反応はきわめて正確に起こらなければならない.

RNA からイントロン配列の除去は**スプライソーム** (spliceosome) とよばれる RNA-タンパク質複合体によって行われる. スプライソームは U1 から U12 とよばれる一連の小さい RNA 分子と, 定義づけされていないいくつかのタンパク質とで形成される複合体である. スプライシング反応は以下のステップで起こる. 1) 5'ドナー側と 3'アクセプター側のコンセンサス配列の配列認識. 2) 5'側スプライスの切断と, **投げ縄構造** (lariat) とよばれる輪状の RNA 構造の形成. 3) RNA 分子の 3'側スプライス切断とその後のライゲーション. スプライソームの個々の構成分子の正確な役割は現在研究中であるが, イントロンの切除が ATP 加水分解のエネルギーを必要とすることはわかっている. 切除されたイントロンは, RNA 一次転写産物から切離された直後に, 分解される.

RNA のスプライシングは 5'側イントロンから順に 3'側へ向けて順次切除されるのが理論的ではあるが, 実験によると, イントロン切除は転写産物の内側から先にイントロン除去されることもしばしばある. しかしながら, 単一の遺伝子が異なった mRNA を形成するという, いくつかのエキソンの選択によって, 複数の異なったタンパク質を合成するという最近の発見は, イントロン除去の経路を解明する新しい観点をもたらした. たとえば, タンパク質トロポニン T をコード化する単一の遺伝子は, コード化された各エキソン組合わせによって, 少なくとも 10 の異なったタンパク質を合成できる. 細胞の種類や細胞に影響する外的な因子がこのスプライシングの選択可能性に影響を及ぼしタンパク質アイ

ソフォームの性状を可能とした．アイソフォーム生成によって，細胞代謝経路の変化に対応できるようになった．ある遺伝子が一次転写産物の異なるエキソンを結合することによって，複数のタンパク質を形成するという能力は，**オルタナティブスプライシング**（alternative splicing，選択的スプライシング）とよばれて，"一遺伝子，一タンパク質"の概念の再検討をひき起こした．

核膜孔複合体を通過して，RNA は細胞質へ輸送される

一次転写産物が制御された後，タンパク質の合成を指示するためには，機能的 mRNA は核膜から細胞質へ輸送される必要がある．このステップは重要であるが，遺伝子発現経路のなかで最も解明が進んでいない．細胞質への mRNA の輸送は，おそらく，直接 RNA を認識するか，RNA と結合したタンパク質を認識する核膜孔複合体を通過させる能動輸送メカニズムによって，あるいは，直接核膜孔複合体に関連している受容体分子と結合することによって輸送されると推測される（図5・35）．

実験では，適切にプロセスできなかった一次転写産物は核に貯留されてから分解されることが示された．すなわち，すべてのプロセスが完了されるまで，RNA は細胞質に輸送されない．したがって，核の中に RNA 分子を選択的に貯留させるコンポーネントがあると考えられる．この選択的な貯留の核コンポーネントがフィルター装置として機能して，どの RNA を輸送するのかを試みている可能性がある．今のところ，RNA の輸送を可能にするメカニズムは不明だが，この輸送がなければ，RNA は情報転移の経路を完了することはできない．タンパク質の核内輸送の過程と同様に，この輸送システムは受容体とエネルギーに依存的であることは明らかである（図5・4）．このように，RNA 輸送システムは遺伝子発現を調節するのに必要なステップなのである．

細胞質の RNA は分解されやすい

いったん細胞質に達した RNA は，細胞質のヌクレアーゼによって分解されやすい．つまり，他の分子と同様に RNA や細胞構成因子は，合成と分解のバランスによって連続的に補充されている．真核細胞では，mRNA はそれぞれ選択的に異なる速度で分解されている．特定の mRNA の分解速度の測定は**半減期**（half-life；初期量

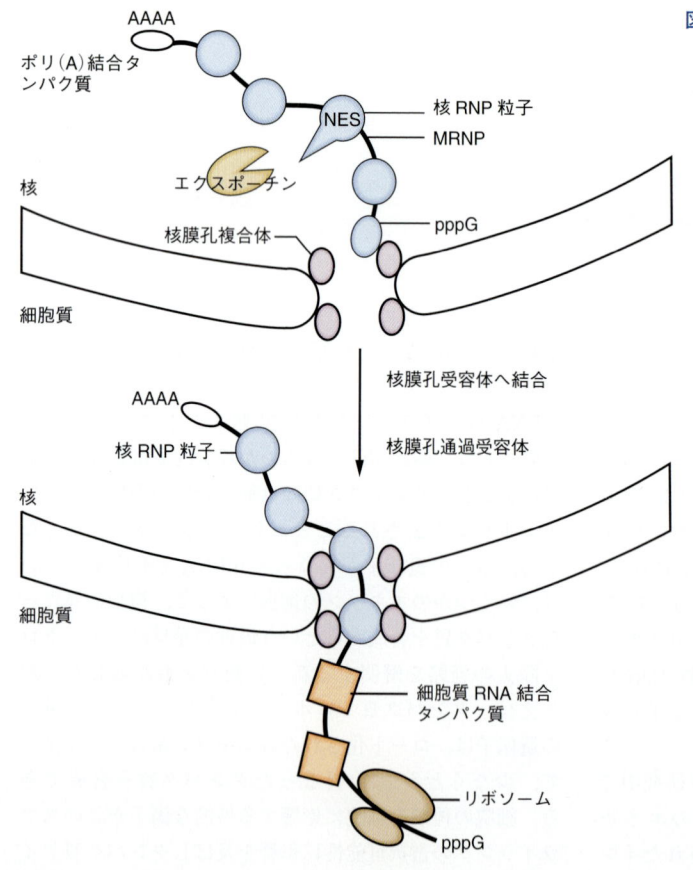

図 5・35 核膜孔複合体を通過するメッセンジャー RNA（mRNA）の想像される輸送メカニズム． 細胞質への輸送準備ができた mRNA は，ポリアデニル化を含むいろいろなタンパク質，ポリ(A)尾部結合タンパク質，リボ核タンパク質（RNP）粒子などが付加される．これらのタンパク質は mRNA を分解から保護して，おそらく核膜孔複合体上で受容体分子と結合すると考えられる．いったん結合すれば，核にタンパク質輸送するメカニズムと類似した方法で，核膜孔受容体は細胞質への mRNA の輸送を促進するのである．NES: 核搬出シグナル，pppG: リン酸基三つにグアノシンのキャップ構造，MRNP: messenger ribonucleoprotein.

の半分にRNA量を分解するのにかかる時間）とよばれ，半減期の長いRNAはより安定しているといわれる．たとえば，βグロビンmRNAには，10時間以上の半減期があるが，同じ細胞でのfosやmycとよばれる成長因子（増殖因子）をコード化するRNAの測定半減期は30分である．したがって，fosやmycのRNAより，βグロビンRNAは安定で，これらの実験によって，細胞の中に選択的なmRNAの分解能力があることが示された．加えて，この例はmRNAの発現を調節するように選択的に分解が半減期を制御していることを示

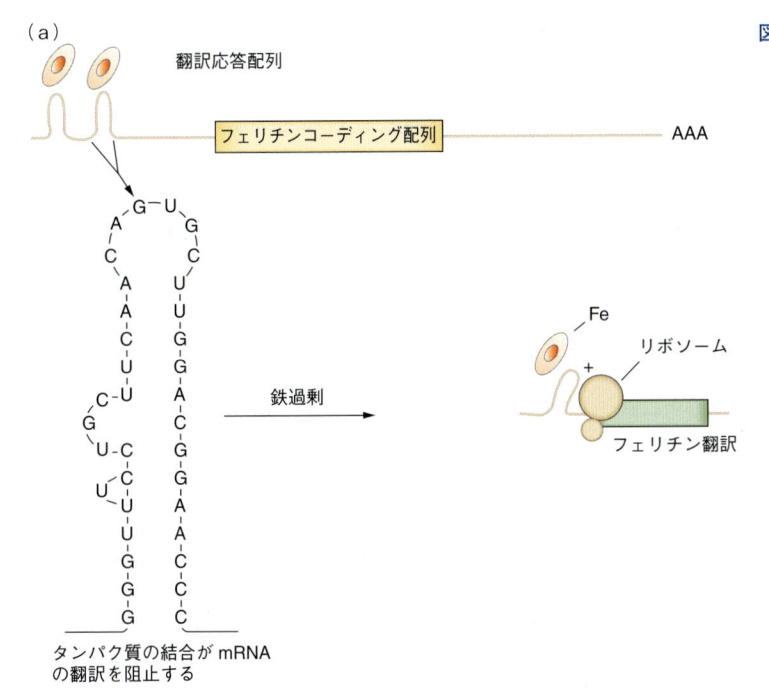

図 5・36 **細胞における鉄の代謝は，フェリチンの翻訳の調節とトランスフェリンmRNAの不安定化によって制御される．** 鉄感受性受容体タンパク質はフェリチンとトランスフェリンmRNA受容体に特異的な配列に結合できる．(a) フェリチンの結合配列はmRNAの5′側の非翻訳領域にあり，ここに結合したタンパク質は，このmRNAの翻訳を阻止する．(b) トランスフェリンmRNAは同様に結合配列をもっていて，これらの配列と同じように鉄感受性の受容体タンパク質と結合すると，このmRNAは安定した状態になりより多くのタンパク質を翻訳する．細胞内の鉄の増加はこの受容体に感知され，過剰な鉄と結合すると，それがmRNAにもはや結合しないように，タンパク質の形状を変えるのである．その結果，フェリチンmRNAの翻訳は阻止されて放出され，トランスフェリンmRNAは不安定になる．したがって，細胞内の鉄が増加すると，速やかに遺伝子発現が転写後調節される．

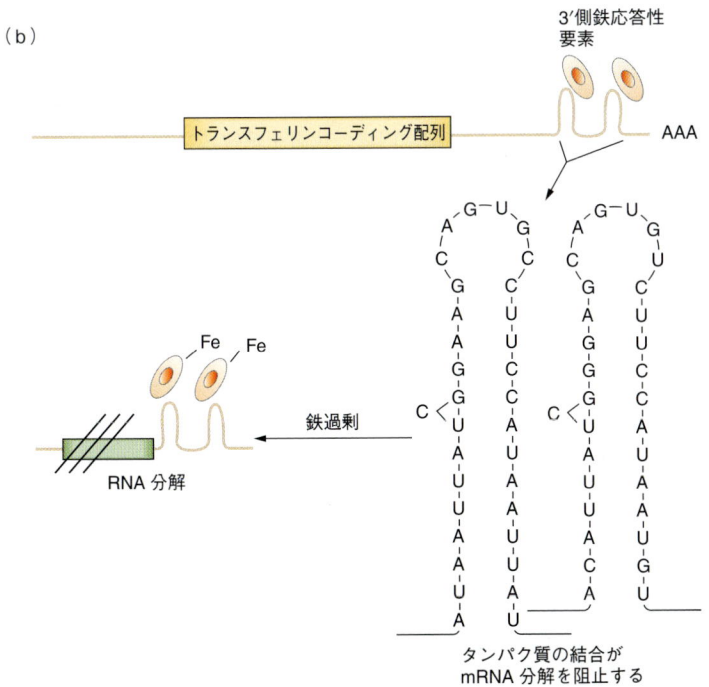

す．簡単にいえば，βグロビンmRNAは，細胞質での滞在時間が長いので，fosやmycよりもタンパク質合成装置であるリボソームと接触している時間が長い．したがって，より多くのタンパク質の合成を指示することができる．

細胞外シグナルはmRNAの安定性に影響を及ぼす．ステロイドホルモンに対する細胞の一次反応は特定の標的遺伝子の転写速度の増加である．しかしながら，ステロイドホルモンは細胞質のmRNAの安定性を増大させることによっても，これらの遺伝子産物の発現に影響を及ぼす．特定のシグナルはRNAの選択的な分解をひき起こして合成されるタンパク質量を，減少させているかもしれない．たとえば，細胞へ鉄を添加すると，イオン排除トランスフェリン受容体をコードするmRNAの安定性を減少させる（図5・36）．

mRNAの選択的な安定性は，分子の3'側の非翻訳領域の中の特定の塩基配列によって制御される．トランスフェリン受容体mRNAの領域は，鉄感受性受容体タンパク質が結合するとRNA分解から守られる．過剰に鉄が存在すると，受容体タンパク質は3'側非翻訳領域の結合部位から解離して，RNAは速やかに分解されてトランスフェリン受容体の合成が妨げられる．

トランスフェリンmRNAの安定性を調べた実験によると，多くのmRNAの選択的な分解は，少なくとも一つには，RNA分子の3'非翻訳領域の特異的配列によって制御されていた．この概念は，さまざまな安定性を示すRNAの領域を遺伝子工学的に混ぜたり組合わせたりする実験によって裏付けられた．不安定な成長因子のmRNA（たとえば，fosなど）の3'側非翻訳領域をグロビンなどの安定したmRNAの3'側非翻訳領域を置き換えると，その結果，成長因子mRNAはグロビンRNAのものと同程度の安定性を示す．すなわち，成長因子RNAは新しい3'非翻訳領域によってより安定になる．同様に，DNAの細胞周期S期で選択的安定性状態のRNAであるヒストンRNAの3'側末端をグロビンmRNAにつなぐとグロビンmRNAは，ヒストンmRNAと同様に細胞周期に依存して分解される．これらのミックス-マッチ実験から，RNA分子のタンパク質の3'側非翻訳領域内の配列によって，RNAの特殊な能力が管理されているということが結論づけられた．この選択的分解過程の細胞構成分子は，まだ未解明である．

遺伝子発現は，メッセンジャーRNAの選択的な翻訳によって調節される

遺伝子発現のつぎの基本的なステップはmRNAからタンパク質への翻訳である．真核生物のタンパク質の翻訳は細胞質で行われる．しかしながら，すべてのmRNAが細胞質に到着してすぐに翻訳されるというわけではない．細胞質のRNA分子は核でそうであるように，たえずタンパク質に結合していて，そういうタンパク質のあるものは翻訳を調節するために作用することもある．積極的に，あるいは増加させる方向に翻訳が調節されているという証拠もウイルス性のRNAの研究からいくつかもたらされたものの，翻訳を調節するメカニズムの大部分は，タンパク質の合成を抑制する翻訳調節である．翻訳調節は多くの受精卵において重要である．受精時には停止状態を保つのに必要なタンパク質から細胞分裂と成長に必要なタンパク質に素早く切替える必要がある．卵では，受精するまでは翻訳されないようにRNA-タンパク質複合体の形で母由来のmRNAが保存されている．

抑制的翻訳調節の重要な例をほかにもあげると，抑制的翻訳調節は鉄の貯蔵タンパク質フェリチンの発現でも示された．細胞質のフェリチンmRNAは細胞内に鉄が増加すると，不活性なRNA-タンパク質複合体から，活性化され翻訳しているポリソームに移動する．フェリチンmRNA翻訳の妨害は分子5'側の非翻訳領域のRNAの30から40塩基の部分を介して起こる（図5・36）．RNAのこの部位はリボソームと結合して活性複合体の形成を妨げるリプレッサータンパク質と結合する部分である．前項で説明したトランスフェリン受容体とよばれるこの**鉄応答性タンパク質**（iron response protein）は3'側非翻訳領域に結合する同じタンパク質で，したがってこの鉄応答性タンパク質はRNAの分解を増加させてトランスフェリン受容体タンパク質を抑制し，同時に鉄結合タンパク質フェリチンの翻訳を妨げることによって，細胞内鉄の代謝を絶妙にコントロールする．これは，mRNAの合成速度つまり転写調節をせずに，遺伝子の発現量を急速かつ鋭敏に転写を制御している．

タンパク質の翻訳後修飾は，活性をもつ，機能的な分子の発現に影響する

タンパク質が細胞質のリボソーム複合体でいったん合成されても，修飾されるまではタンパク質の機能的な能力が発揮されないことも多い．これらのメカニズムはひとまとめにして翻訳後修飾（posttranslational modification）とよばれる．しばしばというわけではないが，翻訳後修飾は遺伝子発現調節として，タンパク質が細胞内でその機能を発揮して，遺伝子発現が完結するということは認識されている．翻訳後修飾のよい例は，機能的なインスリンタンパク質の合成である．インスリンは，小胞体上に結合しているリボソーム上で合成される分泌ポ

リペプチドであり，ホルモンである．それはまずプレプロインスリン（preproinsulin）とよばれる単一ペプチドとして合成される．接頭語"pre"は，プロインスリン分子が小胞体膜を通過することを指示するシグナルペプチド配列をもつことによる．この前駆体のプレ部分はプロテアーゼによってすぐに除去される．これが最初の翻訳後修飾となる．プロインスリンのアミノ末端とカルボキシ末端が折り重なるように接近して，ジスルフィド結合を形成する．つづいてCペプチドが除去されるまで，プロインスリンは不活性のままである．こうして，プロインスリンペプチドのアミノ末端とカルボキシ末端がつながった状態の2本のペプチド鎖が合成される．このようにして，複数の翻訳後修飾が，活性のあるインスリンホルモンを形成するために必要であることがわかった．さらに，いくつかのタンパク質では細胞の特定の場所に局在することによって機能的な特性を発揮するという制御を行っていて，分泌小胞へホルモンを移動させることも制御の一段階である．リン酸化，メチル化，糖鎖付加などなど多くの反応あるいは修飾がタンパク質の活性を変化させたり，ユビキチン分子の付加による修飾などが選択的な分解指示の役割を果たしていることも遺伝子発現調節の一環である．

構造的なRNA（転移RNAとリボソームRNA）も調節を受ける

前節ではRNAポリメラーゼIIによって合成されたRNAに限定して述べた．しかし，構造的なクラスのRNA（rRNAとtRNA）も調節を受けることがあるのも同様に重要である．RNAポリメラーゼIIIは，5S RNAとよばれる転写後修飾される前駆体分子を合成する．その前駆体RNAは，それぞれが機能的な分子を形成するようにtRNAといくつかの小分子RNAへと切断される．そのうえ，これらのRNAの転写はこれらの遺伝子のプロモーターにいくつかの転写調節タンパク質を結合させて転写を促進する．その一つは転写因子（TF）IIICとよばれる．同様にRNAポリメラーゼIはリボソームRNAを転写する．この過程もいくつかの結合因子によって促進される．たとえば，45S rRNA前駆体は核小体で18S（小サブユニット）と28S（大サブユニット）rRNAに切断されるが，この45S rRNA前駆体はTFIDとよばれるタンパク質によって転写が調節される．それぞれのリボ核酸（mRNA，rRNA，tRNA）が機能タンパク質を細胞に提供するために協調して働かなければならないので，情報がDNAからタンパク質までの転移される途中にそれぞれのRNAが制御されていることの重要性は明らかである．

遺伝子治療

効果的な遺伝子治療法の開発には多くのハードルがある

組換えDNA技術の発展は，医療を劇的に改良する可能性がある．確かに，DNA技術のいろいろな面で進歩が認められたことに並行して，新しい方法を患者の臨床管理に利用することが期待される．RFLP解析は特定の遺伝性疾患の診断に使用される．PCR技術の鋭敏な感度は，それを遺伝性疾患や潜伏期の長いウイルス病（AIDSなど）の診断のためにだけでなく，法医学にも有用である．ヒトの病気の原因で特定の遺伝子産物の役割を理解することで，正確で効果的な臨床介入応用が可能となった．さらに，組換えDNA技術によって，細菌と真核生物細胞で遺伝子組換え標品の過剰発現ができたことによって，新しい治療的な製品の開発につながった．組換えDNA技術が診断と治療の双方へ重要な可能性を示したが，患者へ遺伝物質を投与することによる病気の治療（遺伝子治療など）は医療現場でまだ一般的ではない．

遺伝子ベースの効果的な治療を実施する前に，一般にいろいろな疑問点を解決しなければならない．まず何より，遺伝性疾患の根本的原因である遺伝子はよく研究されたものでなければならない．細胞での遺伝子産物の制御と機能に関する知識と同様に，DNAクローニング産物とその塩基配列とからも同一の結果が得られるものでなければならないということである．二番目に，遺伝子を適切な細胞に運び，細胞の中の適正なレベルで安定した発現を維持しなければならない．たとえば，脳のニューロンで正常なβグロビン分子を発現させても鎌状赤血球性貧血には効果的でなかった．つまり最終的には，遺伝子産物の発現によって，病気の進行を止めるか，回復させることができなければならないのである．特に後述する生体の体細胞を使う治療法のために，これは重要である．適切な遺伝子産物の発現レベルで治癒的な反応を生じることができ，それは病気の症状を改善させることである．多くの遺伝性疾患については，今までに概説したような複雑な過程がほとんど理解されていない．しかし，遺伝性疾患の基礎をなしている分子レベルのわれわれの知識の日々の増加は，まもなく最前線の医療現場に遺伝子治療をもたらすだろう．遺伝子治療の研究と遺伝子置換戦略考案のために適切な推奨モデル系として考慮するべきものは，生殖系と体細胞系である．

遺伝子治療には多くの戦略を用いることができる

遺伝子治療の成功は，遺伝子置換に多くの方策を利用

できることにその本質がある．基本的に2種類の遺伝子補充療法がある．すなわち，生殖系細胞を用いる方法と体細胞を用いる方法である．生殖系細胞を使用すると潜在的には完治できる可能性はあるが，これが実行可能な案になる前に，多くの倫理的問題を解決しなければならない．遺伝子治療が最適なのは，病的な遺伝子をもつ体細胞の遺伝子発現を変える能力を発揮するときである．先にも述べたように，方策を考案する前に分子レベルで突きつめて病気を研究しておかなければならない．おそらく，現在まで最高の症例と方策が練られた疾患は，鎌状赤血球貧血，アデノシンデアミナーゼ欠損症，嚢胞性線維症，デュシェンヌ筋ジストロフィーと家族性高コレステロール血症である．それぞれの場合，どの遺伝子欠損が原因なのかが明らかとなり，その表現型パターンは十分に研究された．そして，発現遺伝子産物の機能も解析された．

遺伝子治療を成功させるためには，適切な細胞に標的遺伝子を発現させなければならない．これは，生体の外側（*ex vivo*；細胞を生体の外側に出す）と生体内（*in vivo*；細胞を生体内のままで）の二つの方法で行われる．多くのプロトコルは，遺伝分子の中の細胞培養環境をコントロールできるので，生体外（*ex vivo*）の技術を利用する．家族性高コレステロール血症の遺伝子を介した *ex vivo* の治療方針を，図5・37で概説する．

潜在的に治療的に役立つDNAは，それがレシピエント細胞のゲノムの一部になる方法で，細胞に導入されなければならない．これを達成する基本的な二つの方法がある．すなわち，物理的にDNAを加えてそれをゲノムに組込ませる方法，あるいは，DNAの取込みを容易にするためにウイルスを使う方法である．高効率で細胞にDNAを組込ませるので，ウイルスによるアプローチがよく使われた．しかし，ウイルス（レトロウイルスまたはDNAウイルスかその両方が使われる）は後で免疫学的問題をひき起こすことがある．いずれにせよ，組換え遺伝子を導入した細胞は，生体に入れられなければならない．

遺伝性疾患があるのと同じくらい数多くの方策がある．そして，どの一つのアプローチもすべての病気に適用できるというわけではない．たとえば，骨格の筋細胞でより長い期間の間安定してタンパク質を発現することは可能である．たとえば，$α_1$アンチトリプシンは肝臓でつくられる分泌タンパク質だが，これがないと，肺疾患につながる．このように，合成された遺伝子産物が細胞の外で使われる場合，合成タンパク質"工場"として骨格の筋肉を使うことが可能であった．遺伝子治療の効率がより高くなり，われわれの知識がより深くなり，よりよい分子を取扱う技術と，より広範囲に適用できるモデルシステムができれば，特異的にデザインしたDNA分子を用いてヒトの疾患を治療することがかなり期待できる．

まとめ

細胞機能の主要な制御は核で行われる．核は細胞の中

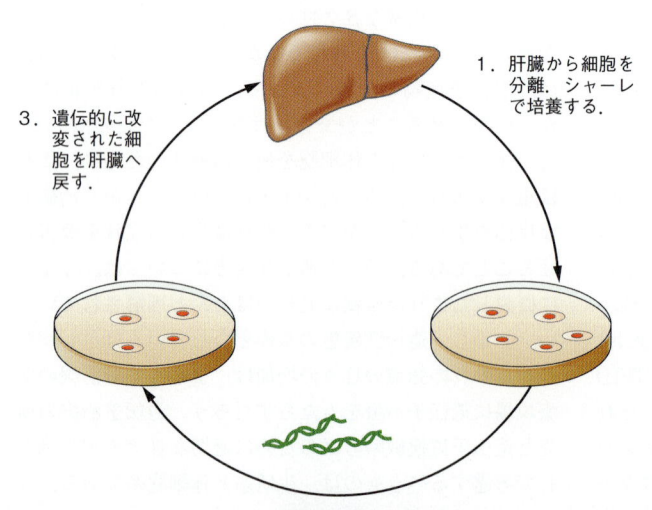

図 5・37 肝疾患の遺伝子治療のための *ex vivo* 法．肝細胞は，まず肝臓から分離されて，肝細胞として維持されるように，適切な培養液入りの培養皿に入れる．改変された遺伝子をもつDNAは，物理的にあるいは，ウイルスベクターのいずれかで細胞に導入される．遺伝子をもつ細胞は選択的に培養される．改変された遺伝子を含む培養細胞は，もとの肝臓組織へ戻される．遺伝的に改変された細胞が治療上効果的であるためには，改変された細胞が選択される利点をもつか，あるいは肝臓組織を再生する能力をもっている必要がある．

1. 肝臓から細胞を分離．シャーレで培養する．
2. 機能的遺伝子を含むDNAを添加する．発現を維持している細胞を選択する．
3. 遺伝的に改変された細胞を肝臓へ戻す．

のDNAの大部分を収容し，細胞が成長し生存し続けるために保持している情報を使用する．生体のゲノムは核内で細胞に必要とされる特異的な遺伝子を特定して，適切な方法でこれらの遺伝子を発現させるために必要なタンパク質によって動かされている．この過程は数段階あり，遺伝子発現調節はこれらのステップのいずれにも起こっている．遺伝子の誤発現は，疾患発症の根本的な原因となりうる．つまり，細胞は変異が起こると，ゲノムのどの部分の変異であるのか検出し，修理する効果的な方法をもっている．特定の酵素系の変異は，外からの作用に生体がどう反応するかということに影響を及ぼす．たとえば，肝臓で発現するシトクロムP450遺伝子の突然変異は，特定の薬剤の代謝を低下させて，その薬剤が処方されてしまうと，有害事象をひき起こす原因にもなる．ヒトゲノム全塩基配列決定とプロテオミクスの新技術で，医療は現在，個人最適化治療（オーダーメイド医療）へという新しい方向を目指している．これは，個人の遺伝子を知ることによって，医療チームが個人個人に最適化された治療方針を提供できるということである．これは，望ましくない副作用を排除できるので，薬剤投与方法において大きな変化となるだろう．したがって，遺伝学を理解し，遺伝学がどう役に立つのかということについて理解していけば，将来医療はさらに進歩するだろう．

参考文献

R. Asbersold, M. Mann, 'Mass spectrometry-based proteomics', *Nature*, **422**, 198〜207（2003）.

D. A. Dean, D.D. Strong, W.E. Zimmer, 'Nuclear entry of nonviral vectors', *Gene Therapy*, **11**, 881〜890（2005）.

J. C. Dewar, I. P. Hall, 'Personalized prescribing for asthma: is pharmacogenetics the answer?', *J. Pharm. Pharmacol.*, **55**, 279〜289（2003）.

M. Dietel, C. Sers, 'Personalized medicine and development of target therapies: the upcoming challenge for diagnostic molecular pathology. A review', *Virchows Arch.*, **6**, 744〜755（2006）.

C. V. Hunter, L. S. Tiley, H. M. Sang, 'Developments in transgenic technology: applications for medicine', *Trends Mol. Med.*, **11**, 293〜298（2005）.

M. Ingelman-Sundberg, 'Pharmacogenetics of cytochrome P450 and its application in drug therapy: the past, present, future', *Trends Pharmacol. Sci.*, **16**, 337〜342（2004）.

A. Kozarova, S. Petrinac, A. Ali, J.W. Hudson, 'Array of informatics: applications in modern research', *J. Proteome Res.*, **5**, 1051（2006）.

"Genes, 7th Ed.", ed. by B. Lewin, Oxford University Press, New York（1999）.

G.J. Tsongalis, L.M. Silverman, 'Molecular diagnostics: a historical perspective', *Clin. Chim. Acta*, **2**, 350〜355（2006）.

6

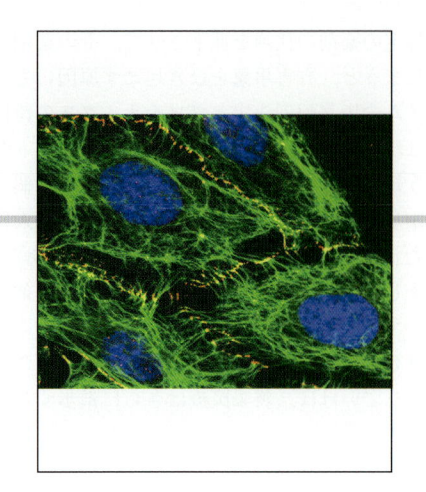

細胞接着と
細胞外マトリックス

　細胞には互いに接着できるという利点があり，これにより多細胞生物体をつくることができるが，この性質を**細胞接着**（cell adhesion）とよぶ．細胞は**細胞-細胞間接着**（cell-cell adhesion）により，互いに直接接着するほか，細胞の結合に関して構造的基盤となる細胞外の因子に結合することもある．この細胞外の因子は一括して**細胞外マトリックス**（extracellular matrix, **ECM**；細胞外基質ともいう）とよばれる．ECMへの細胞の結合は，**細胞-マトリックス間結合**（cell-matrix adhesion）あるいは**細胞-基質間結合**（cell-substratum adhesion）とよばれる．

　細胞接着とECMはともに，組織の構築とその機能にとってきわめて重要である．マトリックスあるいは接着の異常によって，各組織の機能に障害が起こり，ヒトの病気をひき起こすことがある．たとえば白血球の接着に関与する特定の分子の遺伝子変異や，癌をひき起こす変異の蓄積などとして現れることもある．後者の場合では，接着性の低下は，転移や他の組織への癌細胞の伸展を促進する．

　細胞接着は単に二つのものを一つに結合するというだけのものではなく，高度にダイナミックな過程である．たとえば，ケラチノサイト（keratinocyte）とよばれる表皮細胞は皮膚のバリアーとしての性質をもたせるため互いに強く結合し，この性質によってヒトを水分の喪失，感染および毎日の摩耗や裂傷から防護している．しかしながら，表皮のケラチノサイトはつねに表皮から剝がれ落ち，多層の表皮基底層からの細胞によって置き換わっている．このことにより，体の部位にも依存するが，約28日ですべての細胞が入れ替わることになる．したがって，ケラチノサイトはつねに基底層から上方へ移動しており，これには細胞-細胞間接着や細胞-基質間接着が関与している．他の細胞，たとえば血小板は血中を自由に循環する必要があり，非接着性である．しかし，創傷が起こると，急激に接着性を獲得し，血液凝固をひき起こすことによって出血を止める，すなわち止血が起こる．明らかに，細胞はその接着性を制御する機構をもっており，細胞表面の固さを変えることができるような細胞内からのシグナルが存在するはずである．一方で，細胞接着に関与するシグナルは決してすべてが一方向性ではありえない．"内から外への"シグナルのほかに，細胞接着は外側の環境に関する情報を提供する"外から内への"シグナルをも生み出す．そのようなシグナルは，種々の細胞機能にとっても重要であり，遺伝子発現，細胞分化，細胞増殖，プログラム細胞死やアポトーシスなどがその例である．細胞とECMとの間にもダイナミックな関係が存在する．細胞はマトリックスをつくるほかに，それを分解する酵素をもつくり出す．そのことによって，その組成や代謝回転などの調節を行う．ECMの第一の機能は組織に形状，強度，弾性を与え，同時に細胞接着の基質として働くことである．しかしながら，マトリックスはまた細胞機能をも制御する．それは成長因子の重要な貯蔵装置であり，細胞とマトリックスが特異的な結合をすることによって，多くの"外から内への"細胞接着シグナルが生み出されることになる．

　細胞接着を理解するためには，それを仲介する分子とその構造について知らなければならない．構造への理解から，つぎには接着のダイナミクスへ，そして細胞の行

動と機能を制御する接着シグナルへと向かう必要がある．同様に，ECM の構成因子とその構造を理解することは，細胞がどのようにマトリックスと相互作用するのかを調べるのに重要である．

細胞接着を仲介する分子は**細胞接着分子**（cell adhesion molecule, **CAM**）とよばれ，またある場合には細胞接着受容体（cell adhesion receptor）ともよばれることがある．それはマトリックスタンパク質や他の CAM などのリガンドとの特異的な結合を意味している．

ドメイン，そして細胞骨格への結合に関与する細胞質ドメインである．ほとんどの場合アミノ末端は細胞外に，そしてカルボキシ末端は細胞内に存在する．細胞質ドメインはまた細胞においてシグナル分子と相互作用する領域でもあり，シグナル伝達や接着の制御に関与している．接着分子による結合には，同じタイプの分子同士が結合する**同型**（homophilic）結合の場合と，異なったタイプの分子との間に結合ができる**異型**（heterophilic）結合の場合がある（図 6・2）．細胞-細胞間接着は必ずというわけではないが，一般に同型結合であり，細胞-基質間接着の場合はつねに異型結合である．

細 胞 接 着
たいていの細胞接着分子は，四つの遺伝子ファミリーのうちのどれかに属している

すべてではないにしても，多くの CAM は四つの遺伝子ファミリー；カドヘリン，免疫グロブリン（Ig）ファミリー，セレクチン，インテグリンのうちのどれか一つに属している．ヒトの組織では，たいていの接着分子は1回膜貫通型である．それらは，細胞接着に関与する細胞外ドメイン，膜へアンカー（係留）するための膜貫通

カドヘリンはカルシウム感受性の細胞-細胞間接着分子である

カドヘリンはカルシウム感受性の細胞-細胞間接着分子からなる大きなファミリーを形成している（図 6・1を参照）．**E カドヘリン**（E-cadherin, epithelial cadherin; 上皮細胞カドヘリン）が典型的な例で，上皮細胞に広く発現し，哺乳類の胎児における初期発生における役割の重要性から最初に発見された．カドヘリンに典

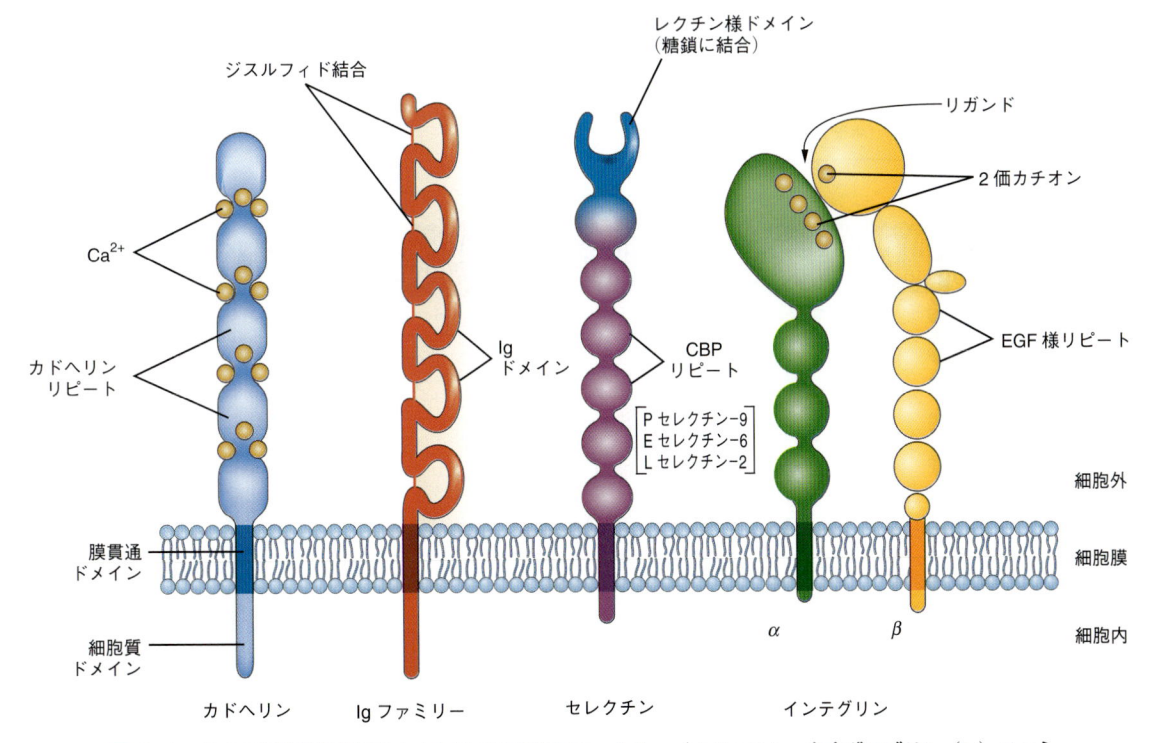

図 6・1 多くの細胞接着分子はおもな四つの遺伝子ファミリー（カドヘリン，免疫グロブリン（**Ig**）ファミリー，セレクチン，インテグリン）のどれかに属する．それぞれの分子構造を図式的に示す．CBP: complement binding protein（補体結合タンパク質）〔D. R. Garrod, 'Cell to cell and cell to matrix adhesion', "Basic Molecular & Cell Biology, 3rd Ed.", ed. by D. Latchman, p.80～91, Blackwell BMJ Books, Oxford, United Kingdom（1997）より改変〕

型的なように，細胞外（EC）ドメインは，五つのよく似たサブドメインからなり，それらはバレル（樽）型の構造をとり，Ca^{2+}が結合することによって伸展した構造をとるようになる．Ca^{2+}を除去すると，ECドメインは折りたたまれ接着性が失われる．EカドヘリンなどのKOカドヘリンによる接着結合は，おもに同型結合であり，分子の末端にあるサブドメインが，別の細胞の表面にある分子との間の結合に関与する（図6・2）．

カドヘリンの細胞質ドメインは接着活性にとって重要であり，**αカテニン**（α-catenin），**βカテニン**（β-catenin），およびp120カテニンとよばれる分子に結合する（図6・9）．（注意：ここでの命名は奇妙である．βカテニンとp120カテニンは同じファミリーのなかでも遠い親戚に属するが，αカテニンは違ったファミリーに属する．）Eカドヘリンの細胞質ドメインへの実験的な変異導入によって，カテニンへの結合を阻害すると，細胞接着は失われる．Eカドヘリンと，βカテニンおよびαカテニンが複合体をつくり，アクチン細胞骨格への結合することによって，細胞における接着分子の係留を担っているものと考えられている．しかしながら，最近，αカテニンはアクチン，あるいはEカドヘリンやβカテニンと複合体をつくるが，これら四つの分子が同時に複合体を形成することはないというデータも提出されている．

カドヘリンによる同型結合は，胎児の発生の期間に，組織の分離に貢献していると考えられている．たとえば，中枢神経系の前駆体である神経管が最初に形成されるとき，それはNカドヘリンを発現するが，それが出てきたもとの外胚葉はEカドヘリンを発現している．ある種の癌，たとえば胃癌や肺癌では，Eカドヘリンに変異や発現低下が起こることにより，癌の伸展を容易にしている可能性がある．

免疫グロブリンファミリーには多くの重要な細胞接着分子が含まれている

CAMの細胞外ドメインは，抗体分子あるいは免疫グロブリン（Ig）のサブドメインに似た，少なくとも1個の，通常は複数のサブドメインが存在することが特徴である（図6・1）．これらのIgサブドメインはジスルフィド結合によって安定化され，Ca^{2+}によっては影響を受けないので，これらの分子による接着はCa^{2+}に非感受性である．接着は同型結合の場合もあれば（図6・2），異型結合の場合もあり，多くの場合は細胞–細胞間接着であるが，細胞–基質間接着の場合も知られている．神経系におけるいくつかの接着分子はこのグループに属し，**神経細胞接着分子**（neural cell adhesion

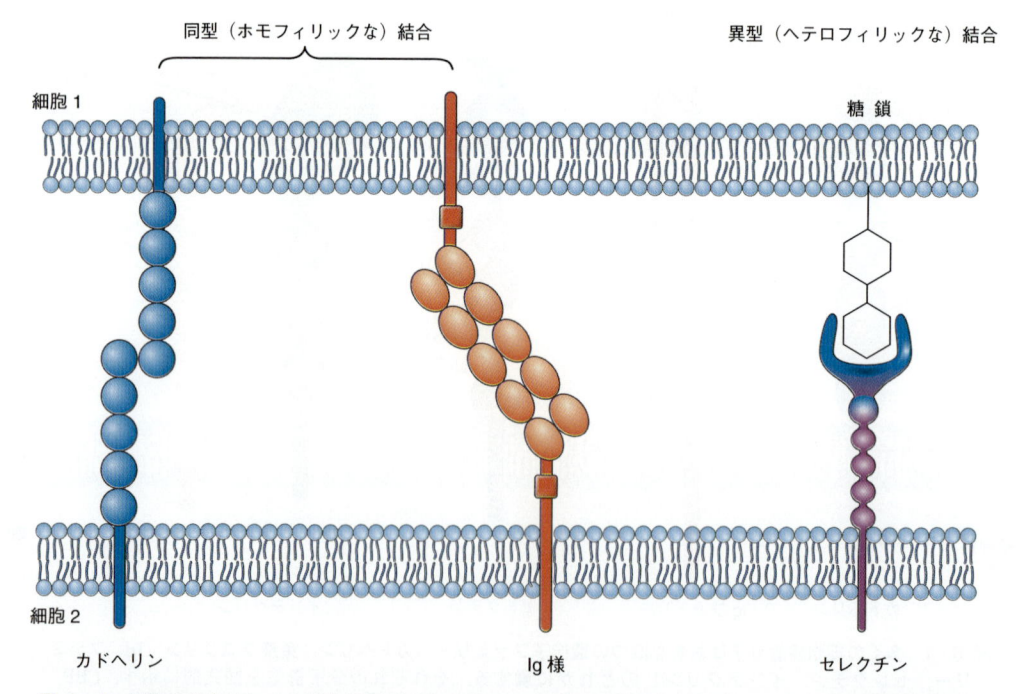

図6・2 細胞接着分子による結合は同型（ホモフィリック）か異型（ヘテロフィリックな）結合形式をとる．同型接着においては，一方の細胞の表面にある分子がもう一方の細胞の同じ分子と結合する．異型接着においては，別々の細胞上の異なった分子同士の結合が起こる．

molecule, **NCAM**), L1CAM, TAG1などがある. これらは神経系の発生や再生過程において, 神経細胞移動や線維束形成などに関与している. 上皮細胞においては, Igファミリー分子ネクチンがEカドヘリンと強く会合している. Igファミリーの分子はまた, 白血球の接着においても重要である. 二つのIg様分子, LFA (lymphocyte function-related antigen, リンパ球機能関連抗原) 2およびLFA3が異型結合することで, T細胞の細胞-細胞間接着が形成される. 白血球の内皮細胞への接着は, 炎症反応として重要であるが, これは内皮細胞上の**細胞間接着分子**（**ICAM**, intercellular adhesion molecule）あるいは**血管細胞接着分子**（**VCAM**, vascular cell adhesion molecule）と白血球上のインテグリン（後述）との間の異型結合によって仲介される.

接着分子の多様なグループにおける細胞質ドメインは, アクチン細胞骨格との相互作用に関与する. たとえば, NCAMの場合, 1個の遺伝子から**メッセンジャーRNAの選択的スプライシング**（splicing of messenger RNA）によって, 異なったカルボキシ末端をもついくつかの分子がつくられる. これによって, 膜へのアンカー領域をもたない可溶性の分子1種類と, それぞれ120, 140, 180 kDaの大きさの3種類の膜アンカー型の分子をつくることができる（図6・3）.

二つの大きな分子は膜貫通領域と細胞質領域とをもつが, 120 kDaの分子はどちらももたず, GPI（グリコシルホスファチジルイノシトール）結合によって細胞膜へアンカーされる. 構造におけるこの多様性によって, 異なった機能制御の可能性がもたらされる. 140 kDa型分子の細胞質ドメインは, 細胞骨格タンパク質のαアクチニンに結合し, 180 kDa型分子のそれは, αアクチニン, アクチンおよびスペクトリンに結合する. アクチン結合タンパク質の別のファミリーである, エズリン (ezrin), ラディキシン (radixin), モエシン (moesin) は, **ERMタンパク質**とよばれ, L1CAMの細胞質ドメインと相互作用する. ネクチン (nectin) の細胞質ドメインは接着分子を細胞骨格につないでいるアファディン (afadin) と結合する. ICAMはまたアクチン細胞骨格と相互作用し, 細胞骨格の再編成をひき起こす外から内へのシグナル伝達に関与する.

Igファミリーは多様性に富んでいるが, これはおそ

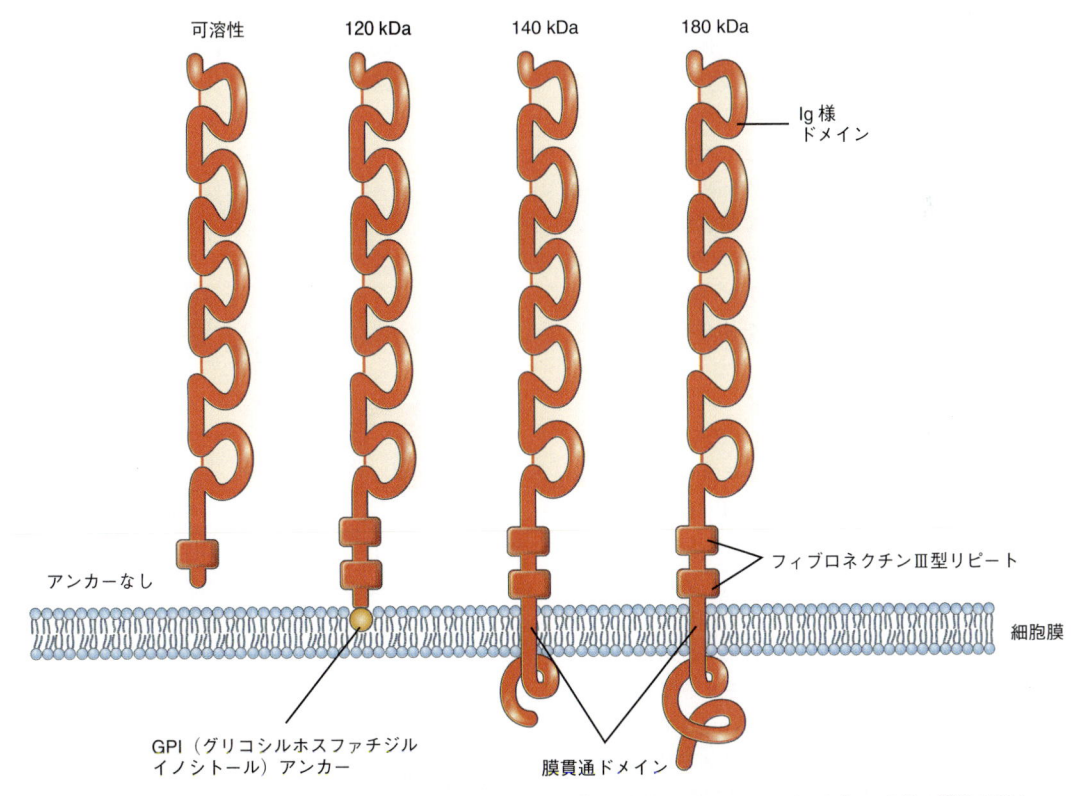

図6・3 **神経細胞接着分子（NCAM）の選択的スプライシング**. 選択的スプライシングによりC末端の構造が異なった分子がつくられ, 細胞膜へのアンカーができなかったり, 異なった機構による接着様式をとったりする.

らくIgサブドメインの基本構造が融通性に富み，異なった結合機能に容易に適応できることに対応している．しかしT細胞受容体と免疫グロブリンだけが，抗原認識に必要な可変領域をもっているのであって，Igファミリーサブドメインの大多数は，一定の構造をもっている．この点でも，接着におけるIgファミリーメンバーが進化過程における免疫システムに先行していたことは興味深いことである．生物の多細胞化における細胞接着の必要性は，複雑な免疫応答の発達よりはるかに古い時代からあったものなのである．

セレクチンは炭水化物結合性の接着分子受容体である

セレクチンは異型結合型の細胞-細胞間接着にのみ関与する．それはセレクチンがアミノ末端に**レクチン** (lectin) 様ドメインをもち，相手側の細胞表面の特定の糖鎖に結合するからである（図6・1, 図6・2）．細胞外ドメインの残りの部分は，上皮成長因子（EGF）様ドメインとそれに続く一連の補体結合タンパク質（CBP）リピートからなり，その後に膜貫通ドメインと細胞骨格と相互作用する短い細胞質ドメインが続く．

セレクチンファミリーは三つのメンバーからなる．L (leukocyte) セレクチン，E (endothelial) セレクチン，および P (platelet) セレクチンである．接着活性はカルシウム感受性である．セレクチンのリガンドはいわゆるシアリルLe^{x}糖を含み，最もよく調べられた受容体は白血球に存在するムチン様糖タンパク質（GP），PセレクチンGPリガンド-1である．セレクチンは炎症や出血反応の際に，白血球や血小板の接着を誘導するというおもな生理的役割をもっている．Lセレクチンはまた"ホーミング受容体"ともよばれ，リンパ球が末梢リンパ節において内皮細胞に結合するのを仲介する．

インテグリンは細胞-細胞間および細胞-基質間接着に働く二量体の受容体である

他の接着分子受容体と違って，インテグリンはαおよびβサブユニットからなる**ヘテロ二量体** (heterodimer) を形成する（図6・1）．細胞-基質間，および細胞間接着に重要なファミリーであり，異なったもの同士の相互作用にだけ働いている．脊椎動物では，18種類のαサブユニットと8種類のβサブユニットが知られている．これらのサブユニットは，2対ずつのさまざまの組合わせをつくり，どのβサブユニットが用いられているかによって，インテグリンは異なったサブファミリーに分けられる．β1サブユニットは9種のαサブユニットのどれかと会合し，異なったリガンド特異性をもった一連の

基質受容体を構成する．一方，β2インテグリンは，3種のどれかのαサブユニットと結合することでリンパ球の細胞間接着受容体となる．さらに，ある種のαサブユニットは，α6β1やα6β4のように，異なったβサブユニットと会合する場合もある．

ある種のインテグリンはきわめて特異的な結合特性をもつ場合があり，別のものではまったくでたらめのようにみえる場合もある．α5β1はECMタンパク質のフィブロネクチン上の**RGD配列**（アルギニン-グリシン-アスパラギン酸を一文字表記したもの）に結合する．一方αVβ3はビトロネクチン，フィブロネクチン，フィブリノーゲン，フォン ウィルブランド因子（von Willebrand factor, vWF），トロンボスポンジンやオステオポンチンなどの基質成分に結合する．興味深い例は，α4β1である．これはフィブロネクチンの特定のドメインに結合することができるが，同時に内皮細胞上のIg（免疫グロブリン）ファミリーの接着分子VCAMにも結合できる．さらに複雑なことには，それぞれ別のタイプの細胞は，同時にいくつものインテグリンを発現している．たとえば，血中の血小板は主としてαIIbβ3 (GPIIb-IIIa) を発現し，これはフィブリノーゲン，フィブロネクチン，ビトロネクチンなどに結合するが，同時に少量ではあるが，αVβ3，α5β1（コラーゲン結合性をもつ），α6β1（ラミニンに結合する）などをも発現している（図6・22）．

インテグリンサブユニットは，大きな細胞外ドメイ

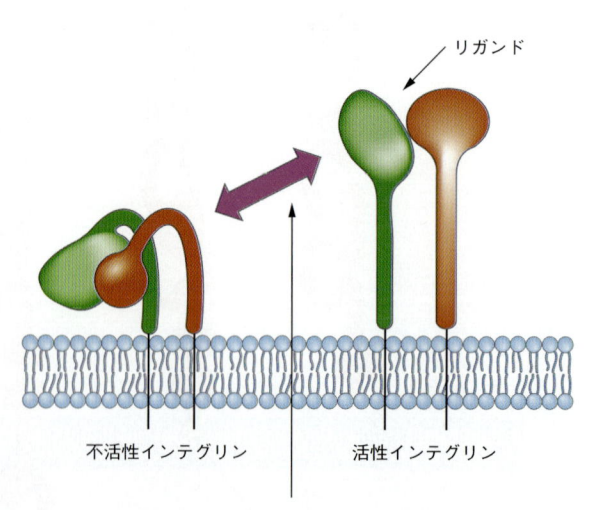

図6・4 細胞内からのシグナルによってインテグリンの結合活性が制御される．折れた形のインテグリンはリガンドへの結合に関して不活性であり，伸びた形のものがリガンド結合活性をもつ．

ン，1回膜貫通ドメインおよび小さな細胞内ドメインをもつ（β4 は例外であり，大きな細胞内ドメインをもっている）．α サブユニットも β サブユニットもリガンドへの結合に関与している．細胞外ドメインはリガンドへ結合できない低親和性状態と，リガンドに結合した状態である高親和性状態との間を切替えることができる（図 6・4）．この切替えは，細胞内から出てくるシグナルによってスイッチが入り，細胞を非結合性から結合性へと変えることができる．この機構は，細胞の挙動を制御するのに重要であり（後述），**インテグリン活性化**（integrin activation）とよばれる．高親和性状態は 2 価の陽イオン，Mn^{2+} あるいは Mg^{2+} に依存し，低親和性状態は Ca^{2+} によって安定化される．

インテグリンの細胞内ドメインは接着活性を制御する，"内から外"向きのシグナル伝達に関与している．またインテグリンを，アクチン細胞骨格や"外から内"向きのシグナル伝達に関与する一連のシグナル分子などとの相互作用を制御する．

細胞間のジャンクション（連結）

CAM は細胞表面に広く分布している．しかしながら，それらはしばしば細胞表面の構造や細胞小器官と一緒にくくられて，ジャンクション（junction）とよばれる．これらのジャンクションが，おもに細胞間および細胞–基質間接着に関与するのに加えて，細胞間の空隙をふさいだり，細胞の極性を制御したり，あるいは細胞間連絡に直接関係したりするものもある．

細胞のジャンクションは，それらの分子的実体が明らかになるずっと以前から，電子顕微鏡によって研究されてきた．細胞間ジャンクションは**ジャンクション複合体**（junctional complex）の超微構造において示され，腸管粘膜のような単純な上皮細胞の上側面間の境界にみられる三つのタイプのジャンクションが観察されている（図 6・5）．ジャンクション複合体は，上面から基底面へ順に，1) **タイトジャンクション**（**密着結合**）あるいは密着帯 ZO（zonula occuludens，複数形は zonulae occludentes となる），2) **接着結合**（adherens junction）あるいは接着帯（zonula adherens，複数形 zonulae adherentes），そして 3) **デスモゾーム**（desmosome）あるいは接着斑（macula adherens，複数形 maculae adherentes）である．上側面上での，これらのジャンクションの順序は，細胞や組織の機能にとってきわめて重要であり，この点については，後の章で詳しく説明する．四つ目の細胞間のジャンクションは，**ギャップ結合**（ギャップジャンクション，gap junction）あるいは**ネクサス**（nexus）とよばれ，細胞間の連絡において主要な役割を果たす．

種々の上皮細胞における細胞–基質境界では，基質への接着はヘミデスモゾームによって維持されている．ヘ

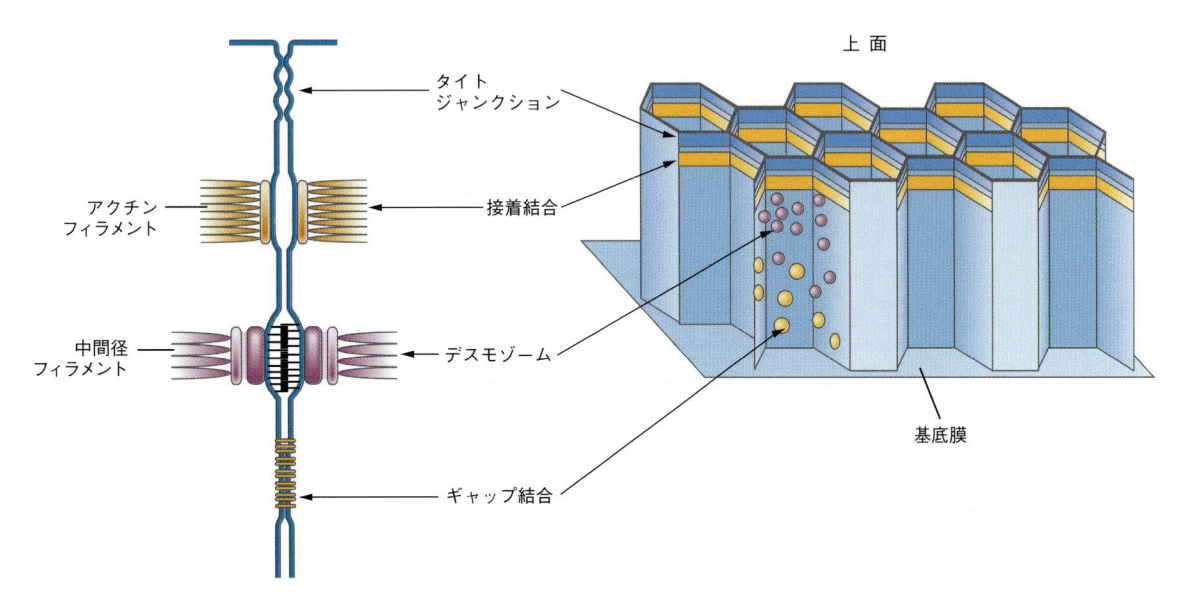

図 6・5　細胞間結合と結合複合体．単層上皮細胞はその上側面に結合複合体をもつ．その結合は，上から順にタイトジャンクション，接着結合（アドヘレンスジャンクション），デスモゾームである．タイトジャンクションと接着結合は帯状に細胞を取囲んでいるが，デスモゾームは点状である．デスモゾームはもう一つの点状の結合であるギャップ結合と同様に，側面の結合複合体の下部に存在する．

ミデスモゾームはデスモゾームの半分と構造的には類似しているが，構成する分子の種類が異なっている．他の型の細胞-基質間ジャンクションはフォーカルコンタクトあるいはフォーカルアドヒージョンであるが，主として培養細胞で研究されており，細胞-基質間ジャンクションに関して多くの研究がある．これらのジャンクションの構造と機能については後の章で詳しく述べる．

タイトジャンクションは細胞間隙透過性および細胞極性を制御する

タイトジャンクションは細胞膜の一領域であり，そこでは隣合う細胞の細胞膜の外側同士が，いわゆる膜のキッスによって接触し，それによって細胞間間隙の幅がほとんどゼロに近くなることを，電子顕微鏡によって見ることができる．細胞膜の脂質二重層を内側と外側の層で分断する，凍結割断法（freeze fracture）とよばれる手法と電子顕微鏡的手法を組合わせることによって，タイトジャンクションは細胞の上側面の周りでゾーンあるいは帯を形成するような膜のネットワークからなっていることが明らかにされた（図6・6）．上皮細胞の層の上に電子不透過性の物質を加えることにより，その物質は，タイトジャンクションを通り抜けて基底面の細胞間間隙に達することができないことが示された．このような観察から，zonula occuludens という命名の正しさが証明された．すなわち "zonula" とは，タイトジャンクションが細胞の周りに伸ばしていく領域の意味であり，"occuludens" とは，いわゆる隣合う細胞間の溝（細胞間の間隙）を閉塞したりブロックしたりすることの意味である．

ゲート機能（gate function）とよばれるタイトジャンクションの主要な役割の一つは，細胞間の空隙を閉塞することである．もっと正確には，それらの空隙の透過性を選択的に制御することであるということができる（図6・7a）．この機能は，小腸，腎管，気管などに沿ってみられる細胞層や，血管に沿って存在する血管内皮細胞にみられるように，**上皮細胞のバリアー機能**（barrier properties of epithelia）として重要である．このことは，上皮細胞層が種々の生体物質を隔離するバリアーとして機能すること，またそのバリアーの構成因子としての細胞が，一つの区画から他の区画へ何を通過させるかの制御を行うことができることを意味している．もし，上面と側面の構成成分の間の電気的な抵抗が測定されれば，それはどちらの面においても溶液や培養液のものよりずっと大きな値を示すはずである．それは，緊密に詰まった脂質層からなる細胞膜が，**上皮細胞間抵抗**（transepithelial resistance）とよばれる高い電気抵抗をもち，細胞間空隙がタイトジャンクションによって閉塞されていることによる（図6・7b）．したがって，電流を運ぶイオンは，上皮細胞層を横切るよりは，上面あるいは側面の液中をずっと速く移動する．もし実験的にタイトジャンクションを破壊すれば，上皮の高い電気抵抗は失われ，イオンやタンパク質のような高分子物質が上面と側面の区画の間を容易に通過することができる．上皮のバリアー機能が低下すると，小腸における炎症性腸疾患（inflammatory bowel disease）やクローン病（Crohn's disease），あるいはアレルギー性鼻炎や気管に

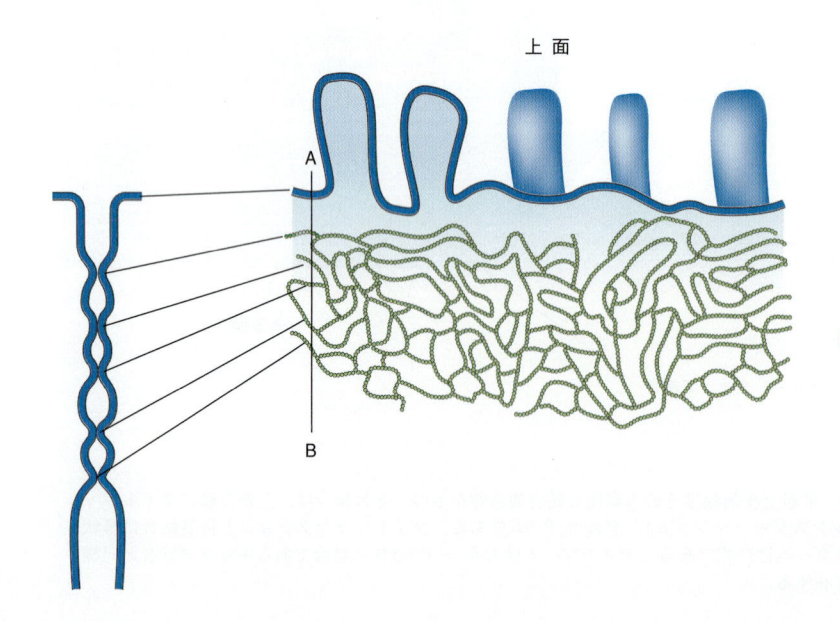

図6・6 タイトジャンクションの超微細構造．小腸上皮細胞の上側面の縁を凍結割断電子顕微鏡観察をすると，膜上の粒子が糸状につながった網目様のネットワークが見られる．A-B面の切片が左に示される．タイトジャンクションにおける "膜のキッス" はこの粒子の糸状鎖に対応している．結合は帯状であり細胞を取囲んでいる．

おける喘息などのヒトの病気に重大な影響をもたらす.

タイトジャンクションの第二の生命にかかわる役割は，**フェンス機能**（fence function）とよばれる機能である（図6・7a）．上皮細胞は極性をもつ．つまり細胞の上下別々の区画に，異なった機能をもつ異なった面を提示し，この**極性**（polarity）は細胞機能にとって重要である．この機能の鍵となるポイントは，細胞膜の上面および側底面に異なった分子が存在していることである．それらが細胞骨格への連結によって拘束されていなければ，細胞膜内での分子の側方拡散はきわめて速く，つまり，分子は膜面上で自由に動き回り，互いにその位置を速やかに変化させてしまう．このように，もし何も拘束するものがなければ，細胞の上面および側底面はすぐに混ざり合ってしまうはずである．タイトジャンクションは"フェンス"として機能することによって，細胞膜の上面および側底面にある分子を隔離している．細胞極性の喪失は，未分化な上皮細胞の癌（癌腫）に共通にみられる現象である．

タイトジャンクションは"接着"に関与する主要なジャンクションとは考えられていないので，その構成分子は前に述べられたCAMの仲間ではない．しかしながら，隣合う細胞上のタイトジャンクションによって互いに結合することは，閉塞という機能にとって明らかに重要である．タイトジャンクションの膜タンパク質は**オクルーディン**（occludin）と**クローディン**（claudin）である（図6・7c）．オクルーディンは単一遺伝子の産物であり，タイトジャンクションに共通している．クローディンは約20ほどのタンパク質からなるファミリーをもち，それらが，異なった上皮細胞のタイトジャンクションにおいて，その組成と機能を別々に担うのに貢献している．たとえば，クローディン5は血液脳関門を構成する内皮細胞のタイトジャンクションに重要であり，クローディン16は腎管におけるマグネシウムの吸収に重要である．家族性低マグネシウム血症（familial hypomagnesia）はクローディン16の遺伝子変異によって生じる．

互いに関連してはいないが，オクルーディンもクローディンもどちらもテトラスパニンタンパク質である．どちらも4回膜貫通型タンパク質であり，アミノ末端およびカルボキシ末端はいずれも細胞質に向いているので，二つの細胞外ループと一つの細胞内ループをもつことになる（図6・7c）．細胞外ループは隣合う細胞同士で同型結合に関与し，カルボキシ末端は主として細胞質因子との相互作用に関係している．オクルーディンもクローディンも，タイトジャンクションの凍結割断による電子顕微鏡写真に特徴的にみられる膜粒子の構成因子である．

タイトジャンクションの細胞質構成因子は多く同定されている．そのなかには細胞質のアダプター分子であ

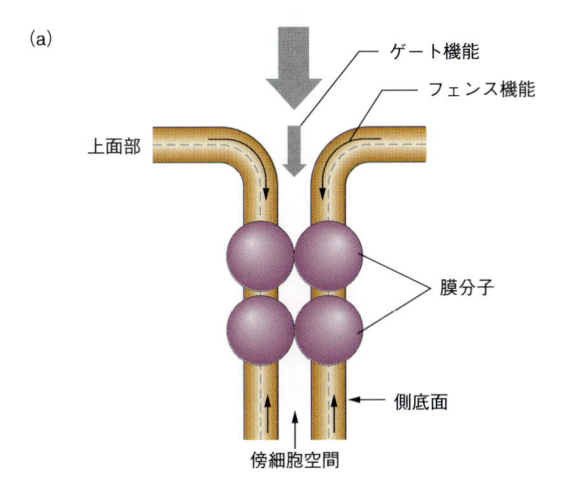

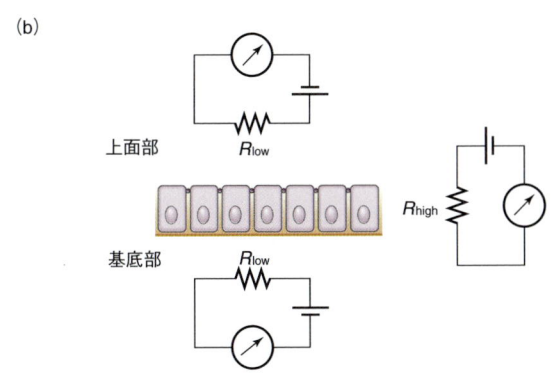

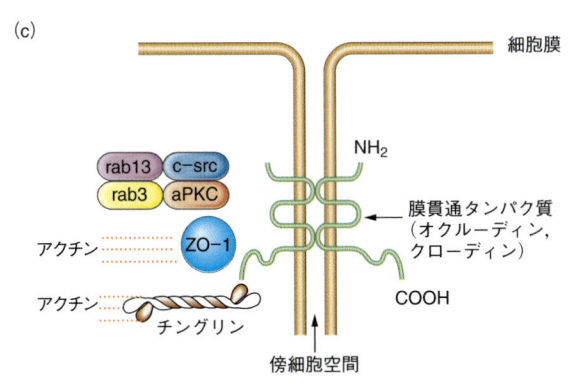

図 6・7 タイトジャンクションの構造と機能. (a) タイトジャンクションの"ゲート機能"は，傍細胞間空間の透過性を制御する性質をいい，その"フェンス機能"は細胞膜の上面と側底面の間で分子を隔離する性質をいう．(b) タイトジャンクションの透過性の低さによって，上皮細胞層を挟んで上面と底面との間の高い電気抵抗がもたらされる．(c) タイトジャンクションの構造と機能に関与する分子のいくつかが示されている．

るZO-1，ZO-2，ZO-3やチングリンなどが含まれ，これらは膜タンパク質と相互作用するほかに，アクチン細胞骨格，**プロテインキナーゼ**（protein kinase），**ホスファターゼ**（phosphatase），**低分子量GTPアーゼ**（small GTPase；GTPaseはグアノシントリホスファターゼ guanosine triphosphatase の略）や**Gタンパク質**（G protein），およびタイトジャンクションと核とを往復するある種の**転写因子**（transcription factor）などに相互作用している（図6・7c）．これらの分子の存在とそれらに関連した実験的事実の多くは，タイトジャンクションが増殖および分化を含む多くの細胞機能の制御に貢献していることを示唆している．

接着結合は細胞間接着に重要である

接着複合体のなかでタイトジャンクションのすぐ下に存在する接着結合は，約20 nmの幅の細胞間空隙によって隔てられた平行の細胞膜と，電子密度の低い細胞質プラークおよび**アクチン細胞骨格**（actin cytoskeleton）のミクロフィラメントとの相互作用によって特徴づけられる（図6・5）．

単一の上皮細胞においては接着結合は帯状であり（このことから zonula adherens, **接着帯**という名前がついた），アクチン細胞骨格と並行しながら細胞の全領域に広がっている．他の型の細胞においては，接着結合は心筋の**筋膜接着**（fascia adherens）や線維芽細胞と他の運動性細胞によって形成される．

接着結合の主要な機能は細胞間接着である．接着結合とデスモゾームが存在する上皮細胞においては，どちらも組織の密着性に寄与している．デスモゾームが比較的少ない単層上皮細胞においては，接着結合がおそらく主要な接着性に寄与しているが，デスモゾームが豊富に存在する重層上皮においては，接着結合の寄与はおそらく小さい．それらの二つがともに生じるような場所では，接着結合とデスモゾームは互いに依存している．細胞間の最初の接触が糸状仮足（filopodia，フィロポディア；単数形は filopodium）とよばれる細かな突起によってなされる場合には，糸状仮足は指を合わせるようにして，接着ジッパーを形成して互いに接着する（図6・8a）．その接触はデスモゾームを形成することによって安定化される．接着結合のいっそうの成熟はデスモゾームによる安定化に依存している．もしデスモゾームによる接着が実験的にマウスにおいて失われたり，あるいはヒトの遺伝病によって失われたりすると，接着結合は安定化せず上皮はケラチノサイト間の接着を欠くことによってばらばらになる．接着帯の下にあるアクチンリングの収縮は，細胞層の形態的な変化をひき起こす．たとえば，初

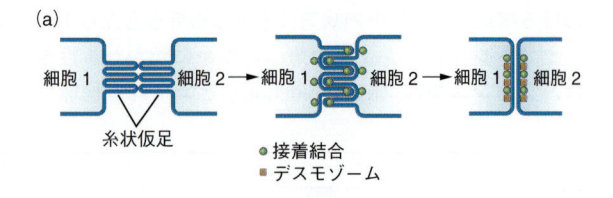

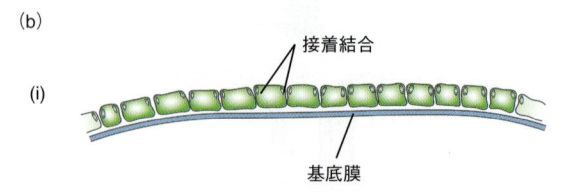

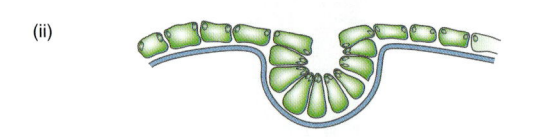

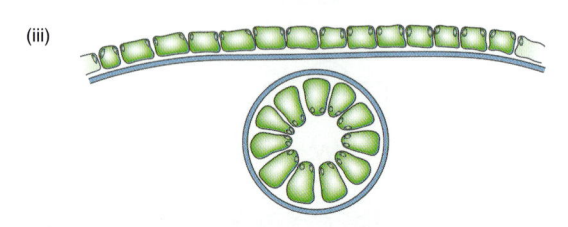

図6・8 接着結合の機能．(a) 糸状仮足によって最初の接触がなされ，指状あるいは点状の接着結合が形成され，接着ジッパーをつくる．この接着がついで伸展して，デスモゾームが形成されることで安定化される．(b) 胚発生における上皮細胞層の屈曲は，上側面の接着結合の内側にあるアクチンフィラメントの収縮によって起こる．ちょうど財布のひもを締めるように，細胞の頭を狭くして締め，それによって神経管の形成など管構造をつくることになる．

期発生において中央神経系の前駆体である神経管を形成する**神経板**（neural plate）のくぼみの形成などに，それはみられる（図6・8b）．そのような収縮性はおそらくより広い重要性をもっていると思われるが，十分には研究は進んでいない．接着帯はおそらく単層上皮におけるタイトジャンクションの安定化に寄与している．

上皮細胞においては接着結合のおもな接着分子はEカドヘリンであるが，他の組織においては他の種類のカドヘリンが働いている（図6・9）．Igファミリー分子の一つである**ネクチン**（nectin）もまた上皮における他の接着結合の構成因子である．接着結合のこれら二つのCAMのそれぞれの役割は明らかではない．しかしながら，接着結合の形成とその安定性には実験的な条件下で

はカルシウム依存性があることから，Eカドヘリンの役割が最も重要であると考えられている．

先に述べたように，Eカドヘリンの細胞質パートナーはαおよびβカテニンである．そしてネクチンのパートナーは**アファディン**（afadin）である．最近カテニンおよびEカドヘリンがアクチンと複合体をつくりうる能力に関して疑問が投げられている．この点からはネクチン-アファディン複合体は接着結合を細胞骨格に結びつけるのにより重要であるかもしれない．接着結合の細胞質側のプラークは，**ビンキュリン**（vinculin）や**αアクチニン**（α–actinin）などの他のアクチン結合タンパク質を含んでいるが，これらが結合に関与しているかどうかははっきりしていない．

接着結合の構成因子であることに加えてβカテニンは重要なシグナル分子でもある（図6・10）．βカテニンが細胞質においてフリーな形で存在しているときは，どれも通常はタンパク質分解によって速やかに分解される．Wnt分子が細胞表面の受容体に結合することによる**Wntシグナル経路**（Wnt signaling pathway）の活性化は，βカテニンの分解を抑制し，細胞質における安定性を増大させる．βカテニンはついで核に入り**TCF/LEF**（T-cell factor/leukemia enhancer factor，T細胞因子/白血病促進因子）ファミリーメンバーと複合体を形成し，細胞増殖や悪性転換に影響する多くの遺伝子の転

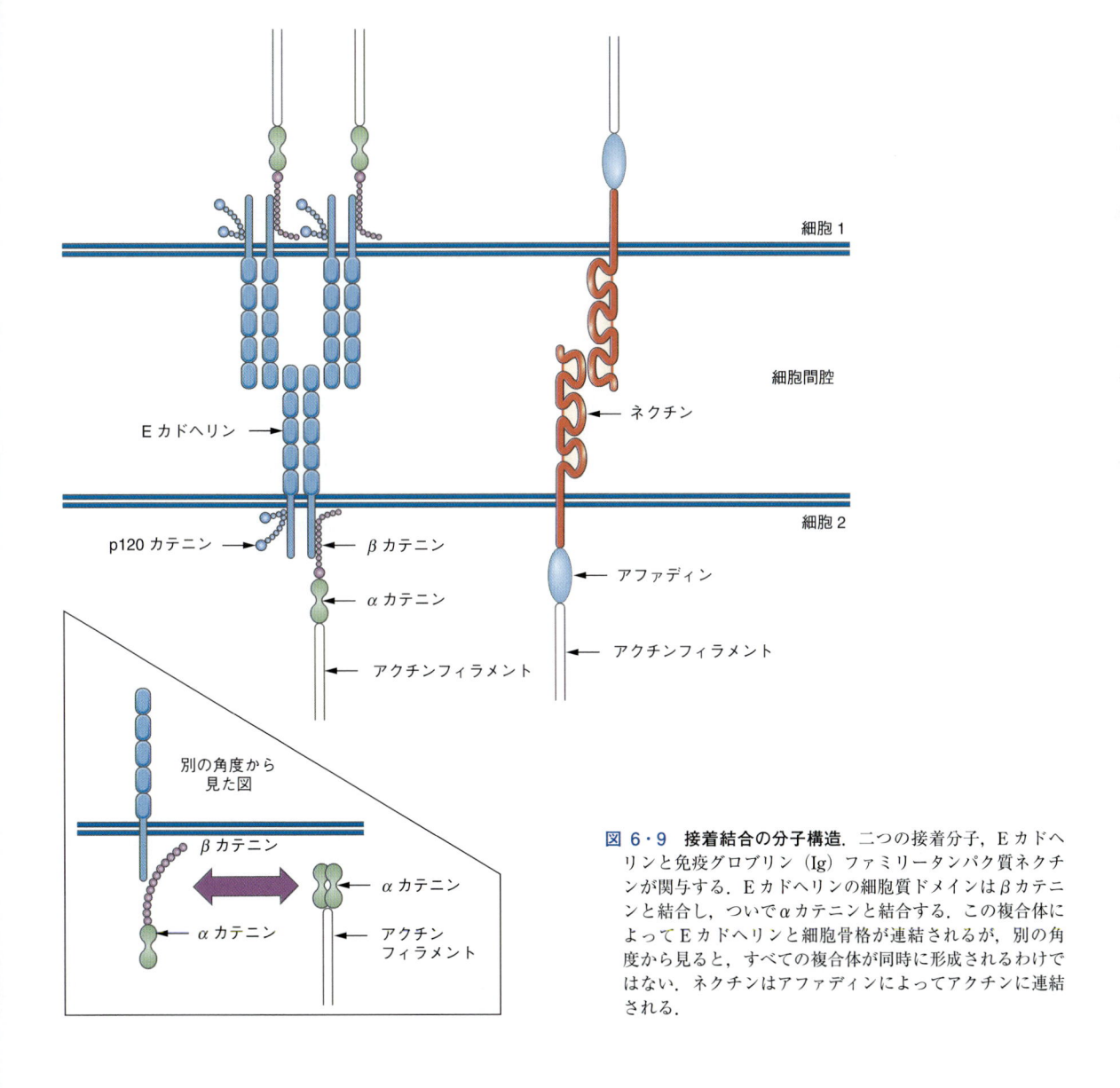

図 6・9 接着結合の分子構造．二つの接着分子，Eカドヘリンと免疫グロブリン（Ig）ファミリータンパク質ネクチンが関与する．Eカドヘリンの細胞質ドメインはβカテニンと結合し，ついでαカテニンと結合する．この複合体によってEカドヘリンと細胞骨格が連結されるが，別の角度から見ると，すべての複合体が同時に形成されるわけではない．ネクチンはアファディンによってアクチンに連結される．

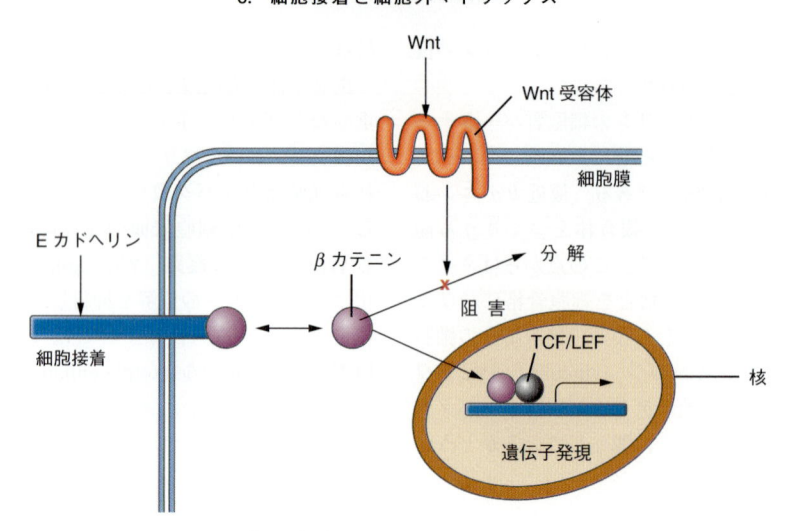

図6・10 **Wnt**シグナル経路．TCF/LEF：T細胞因子/白血病促進因子．詳細は本文参照．

写を活性化する．Wntシグナル経路は初期発生において，また正常な組織の維持において重要であり，もしそれが異常に活性化されると癌をひき起こす．

デスモゾームは組織の完全性を維持する

第三の，そして最も基本的な接着複合体はデスモゾームである（図6・5）．密着帯（zonula occludens）や接着帯（zonula adherens）などとは異なり，デスモゾームは細胞表面に0.5 µmあるいはそれよりも小さい直径をもつほぼ円形の領域を占める点状の，あるいは斑点状の結合である．しかしながらデスモゾームは接着複合体にのみ限るものではなく，一般に細胞と細胞の間隙に広く分布している．そのおもな機能は強力な細胞間接着および接着細胞の細胞骨格の間を連結することにより，組織の完全性を保つことにある（図6・11）．多くの組織は細胞を貫通して延びる構造的な足場をもっている．細胞骨格の一つ中間径フィラメント（たとえばサイトケラチン）は足場となる極を提供し，デスモゾームはそれらをつなぐ役割を果たす．**デスモゾーム-中間径フィラメント複合体**（desmosome-intermediate filament complex）は，一定のずり応力や摩耗にさらされているような表皮などの組織において特によく発達し，組織の構造を維持するのに基本的な重要性をもっている．

電子顕微鏡による観察では，デスモゾームの細胞質側の面は中間径フィラメントの束が集まってくる密度の高い円盤状構造からなっている（図6・12）．細胞間の間隙は30 nm以上の幅をもち，隣合う細胞の細胞膜同士の間の中間層（midline）にはタンパク質が伸びている．この構造はおそらく接着物質が高度に組織化された配列をしていることを表し，そしてこの組織化が，つぎにはなぜデスモゾームがそれほどに強い接着性をもつのかを説明することになる．

デスモゾームは，二つの型の接着分子**デスモコリン**（desmocollin）と**デスモグレイン**（desmoglein）をもっている．これら二つはカドヘリンファミリーの代表であり，デスモゾームカドヘリンとして知られている（図6・13）．それらの細胞外ドメインは中間層の構造をなし，またそれらの細胞質ドメインは三つの分子**プラコグロビン**（plakoglobin），**プラコフィリン**（plakophilin）そして**デスモプラキン**（desmoplakin）などと結合する高密度のプラークに存在している．さらに，これら三つの分子は細胞骨格に連結している．プラコグロビンとプラコフィリンは接着結合の構成因子の一つであるβカテニンに関係している．一方，デスモプラキンは細胞骨格リンカータンパク質であるプラキンファミリーに属している．

デスモゾームを含むヒトの病気は，まれではあるが自己免疫疾患や遺伝性疾患の両者を含んでいる．それらの疾患においては，皮膚の異常あるいは心筋症などがひき起こされる．デスモゾームに影響を与える自己免疫疾患，天疱瘡は臨床例6・1で考察する．デスモゾームは組織における基本的な構造維持の役割をもっているが，デスモゾームによる接着はダイナミックであり可逆的でもある．デスモゾームは表皮のような上皮細胞が新しく変わるために必要とされる細胞の上方への移動（層化）を許さなければならないし，また一方で傷が閉じたり，あるいは再上皮化する場合などでは，移動のために細胞を遊離させるということもしなければならない．

細胞間のジャンクション

(a)

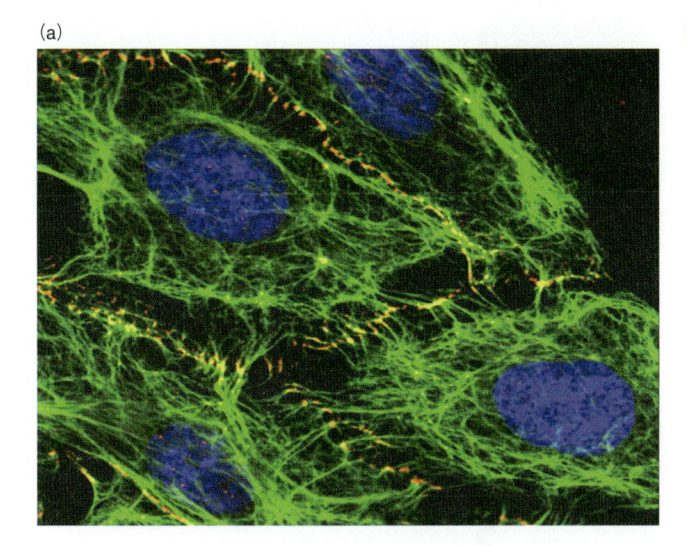

図 6・11 デスモゾーム−中間径フィラメント複合体によって，上皮，特に表皮の強度が付与される．(a) 培養上皮細胞におけるデスモゾーム−中間径フィラメント複合体の蛍光顕微鏡写真．デスモゾームは赤で，中間径フィラメントは緑，核は青く染まっている．(b) 基底真皮層におけるデスモゾーム−中間径フィラメント複合体の図解．〔(a) D. R. Garrod, *Retinoids and Lipid-Soluble Vitamins in Clinical Practice*, **18**, 115〜118（2002）より．(b) J. E. Ellison, D. R. Garrod, *J. Cell Sci.*, **72**, 163〜172（1984）より改変〕

(b)

表皮 — デスモゾーム — 中間径フィラメント — ヘミデスモゾーム — 基底膜 — 真皮

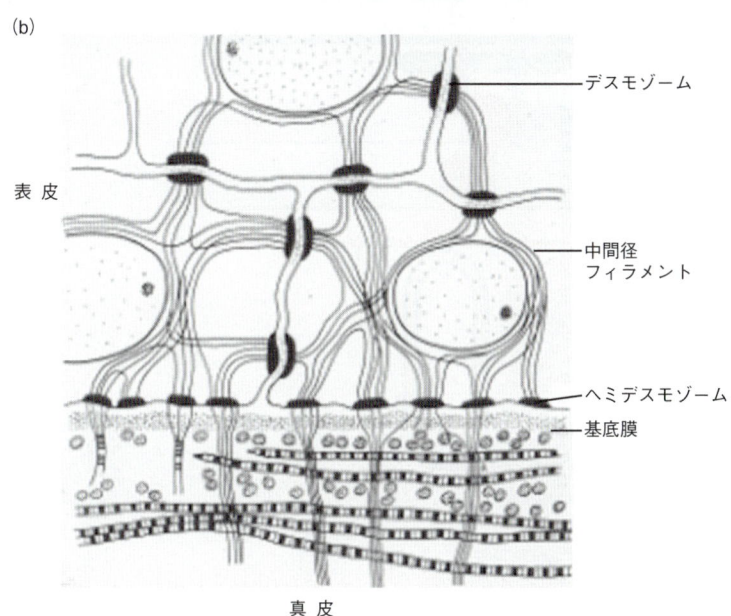

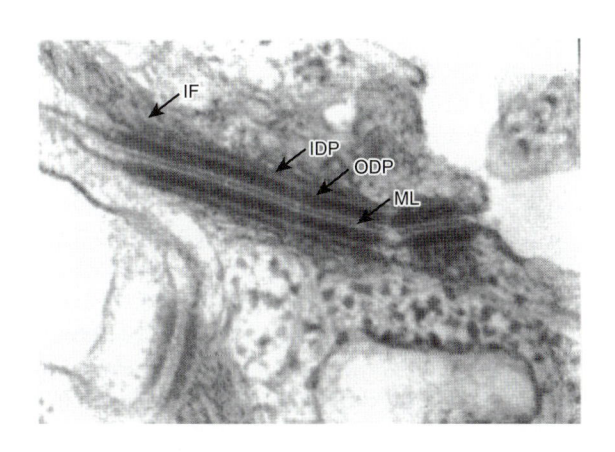

図 6・12 ヒト表皮のデスモゾーム（電子顕微鏡写真）．IDP: 内部緻密層，IF: 中間径フィラメント，ML: 中間層，ODP: 外側緻密層．デスモゾームは約 0.5 μm の幅．〔D. R. Garrod, *Retinoids and Lipid-Soluble Vitamins in Clinical Practice*, **18**, 115〜118（2002）より〕

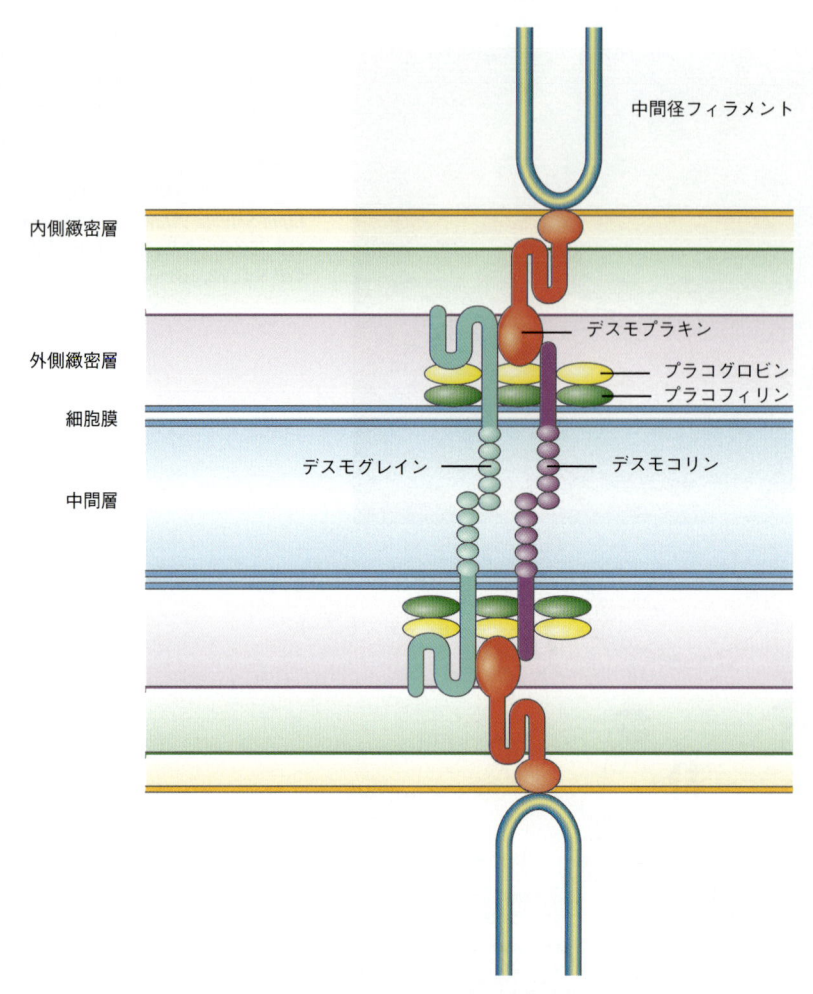

図中ラベル（上から）:
- 中間径フィラメント
- 内側緻密層
- 外側緻密層 — デスモプラキン／プラコグロビン／プラコフィリン
- 細胞膜
- 中間層 — デスモグレイン／デスモコリン

図 6・13　デスモゾームの分子組成

臨床例 6・1

　フィリス・ジェイコブソン（Phyllis Jacobson）は 56 歳の白人，既婚でありシナゴーグ（ユダヤ教会堂）の秘書をしていたが，現在は口の中の頑固な潰瘍のために大学の歯学部で受診している．2 カ月以上にわたって彼女の頬の内側に彼女が"ヘルペス（cold sore）"と考える症状を感じていた．彼女は二つの別々の潰瘍を，過去に彼女のために処方された売薬で手当てした．しかしながら 2 週間の間，何の効果もなかった．そして，舌にさらに 2 箇所か 3 箇所の潰瘍ができた．そこで彼女は地域の歯医者を訪れた．歯科医はこの病変はウイルス性であると信じ，綿棒で硝酸銀を塗布した．これは事態をいっそう悪くしただけであった．そして，部分的な潰瘍と炎症をひき起こした．2 週間後，歯科医を訪れ，何も改善がないことを告げた．歯科医はその小水疱を見，彼女にアシクロビル（acyclovir）の経口投与を指示した．3 週間後再び検査したところ，さらにいくつかの病変がみつかり，声がかすれ，咽頭にも異常が認められ，これは口腔カンジダによるものと考えられた．血球計測値は正常であり，アシクロビルをやめてナイスタチン（nystatin）のうがい薬を処方した．彼女が知りたがったので，医師はそれが口腔癌ではないことを保証した．病変の表面が多層ではなかったからである．

　うがい薬の処方から 10 日経って，ジェイコブソン夫人は，噛むことも飲込むことも困難になり，歯科医師に対する信頼を失ってゆき，大学の歯学部を受診することになった．歯学部の 3 年次の学生は彼女の口を診るまえに，前頭の中央にいくつかの小さな弛緩性の水疱を認めた．口中に幾層もの，今は潰瘍性となった病変を認めた彼は，暫定的な診断の後，年配の歯科医師に判断を仰いだ．彼は前頭の皮膚への簡単な試験を行って，すぐに学

尋常性天疱瘡の細胞生物学，診断，および治療

ジェイコブソン夫人は尋常性天疱瘡と診断されたが，これは中年のアシュケナージ（ドイツ・ポーランド・ロシア系）ユダヤ人にしばしばみられる自己免疫疾患である．年配の歯科医が行った簡単なテストは，水疱に近接する，一見正常にみえる前頭の皮膚を，指で強く横へ滑らせる力を加えるものであった．これによってただちに基底膜とその直上の層が部分的に痛みなしに乖離する．これは Nikolsky 徴候とよばれ，天疱瘡の特徴的症状である．臨床経過は典型的である．口腔の最初の水疱はしばしばアフタ性口内炎あるいはウイルスや真菌の感染と間違われる．また，処置しないと，咽頭や鼻腔の粘膜にも同様の症状が認められ，非粘膜性の皮膚にも症状の進行することがある．

以前はしばしば致死でもあったこの疾患の病理発生は，ケラチノサイトの膜貫通接着タンパク質であるデスモグレイン（desmoglein）に対する自己抗体を獲得することに起因する．デスモグレインはデスモゾームの接着分子であり，正常には有棘赤血球を互いに結合させている．自己抗体はこれらカドヘリン型の分子の膜上のエピトープを標的にし，直接その接着活性をブロックするか，タンパク質分解を誘導する．本当の機構が何であるにしても，抗体はその標的の接着性に干渉することによって，ケラチノサイトが，皮膚という驚くべき安定性，弾性，易変形性および複雑性をもった器官を形成することを妨げる．この棘融解という現象は，水疱を誘導するとともに，Nikolsky 徴候によって示されるように，構造的脆弱性をもひき起こす．

皮膚のバイオプシー（生検）がジェイコブソン夫人の前頭部の水疱から得られた．免疫染色によってその表皮の全域にわたっていわゆる細胞間 IgG 自己抗体が検出された．血中を循環している自己抗体を同時に示すことによって，学生の臨床診断の正しさが確かめられた．ツベルクリンテスト，グルコース負荷試験，そしてステロイド療法に対する主要な禁忌を排除するための迅速な臨床評価をクリアしたのち，ジェイコブソン夫人は1日に 60 mg のプレドニゾロンを処方された．3週間以内に，彼女の兆候と症状は速やかに改善した．用量を減らすことによって，低用量のステロイドによって維持し，永続性の後遺症を可能な限り低減することが期待された．

より抵抗性の患者の場合は，IgG の静脈注射，プラズマフェレーシス（血漿分離；血液分離の一手法），ダプソン（ジアフェニルスルホン），さらには抗代謝剤やアルキル化剤などの，もっと強い抗免疫療法が必要となる．しかしながら，このような医療設備，医薬によってたいていの患者の治療は有効であり，症状も以前のような致死的な徴候は示さなくなった．

ギャップ結合は細胞間連絡のためのチャネルである

細胞結合の第四の型は，接着複合体を形成しないが，細胞膜上により一般的に分布するもので，**ギャップ結合**とよばれる．名前の由来は，電子顕微鏡によって細胞間の間隙あるいはギャップが一定で，2 nm の幅をもつことによるが，ギャップ結合の主要な役割は**細胞−細胞間の連絡**（cell−cell communication）である．組織から分離し，電子顕微鏡で切片ではなく，透視図として観察すると，ギャップ結合はそれぞれが 7 nm の直径をもつ円形の粒子状に見え，それぞれの中心には小さな点状構造が見える．それぞれの粒子を**コネクソン**（connexon）とよび，その点状の構造は，コネクソンの中心を通るチャネルの端である（図 6・14）．細胞間連絡の経路を提供するのはこのチャネルである．

ギャップ結合による連絡は，神経や心筋といった興奮性の組織や，上皮のような非興奮性の組織において，細胞機能において集積回路のような重要な働きをもつ．心筋においては，ギャップ結合は電気的な刺激が筋線維の間を伝える経路を提供し，心臓の拍動を同期するのに重要であり，電気的にカップルしているといわれる．上皮細胞においては，小さな代謝物質やシグナル分子が細胞の間を通抜ける，いわゆる**代謝の協調的役割**（metabolic co-operation）を果たしている．後者の例は，大人の組織だけでなく，胎児の発生の時期においても不可欠である．

コネクソンの中央のチャネルが，隣合う細胞の細胞質をつなぐ水性の通路となるので，その中を可溶性の低分子物質が通過することによって，細胞間連絡が可能になる．チャネルのサイズの制限は約 1000 Da であり，したがって無機イオンや低分子の糖やペプチドなどは通過することができるが，タンパク質や核酸などは通過できない．

コネクソンは**コネキシン**（connexin）という単一のタンパク質からなっている（現在では20の遺伝子ファミリーが知られている．図 6・14a）．コネキシンは四つの膜貫通ドメインをもつタンパク質であり，タイトジャンクションのタンパク質であるオクルーディンやクローディンと似てはいるが直接の関係はない．コネキシンのアミノ末端およびカルボキシ末端は，細胞の内部にある．したがって膜貫通ドメインは一つの細胞内のループおよび二つの細胞外ループによって連結している．6個のコネキシン分子は，六量体を形成し，チャネルの半分であるコネクソンを構成する（図 6・14b）．コネキシンの細胞外のループが，もう一方の細胞の表面にあるコネクソンの細胞外ループにドッキングすることにより，

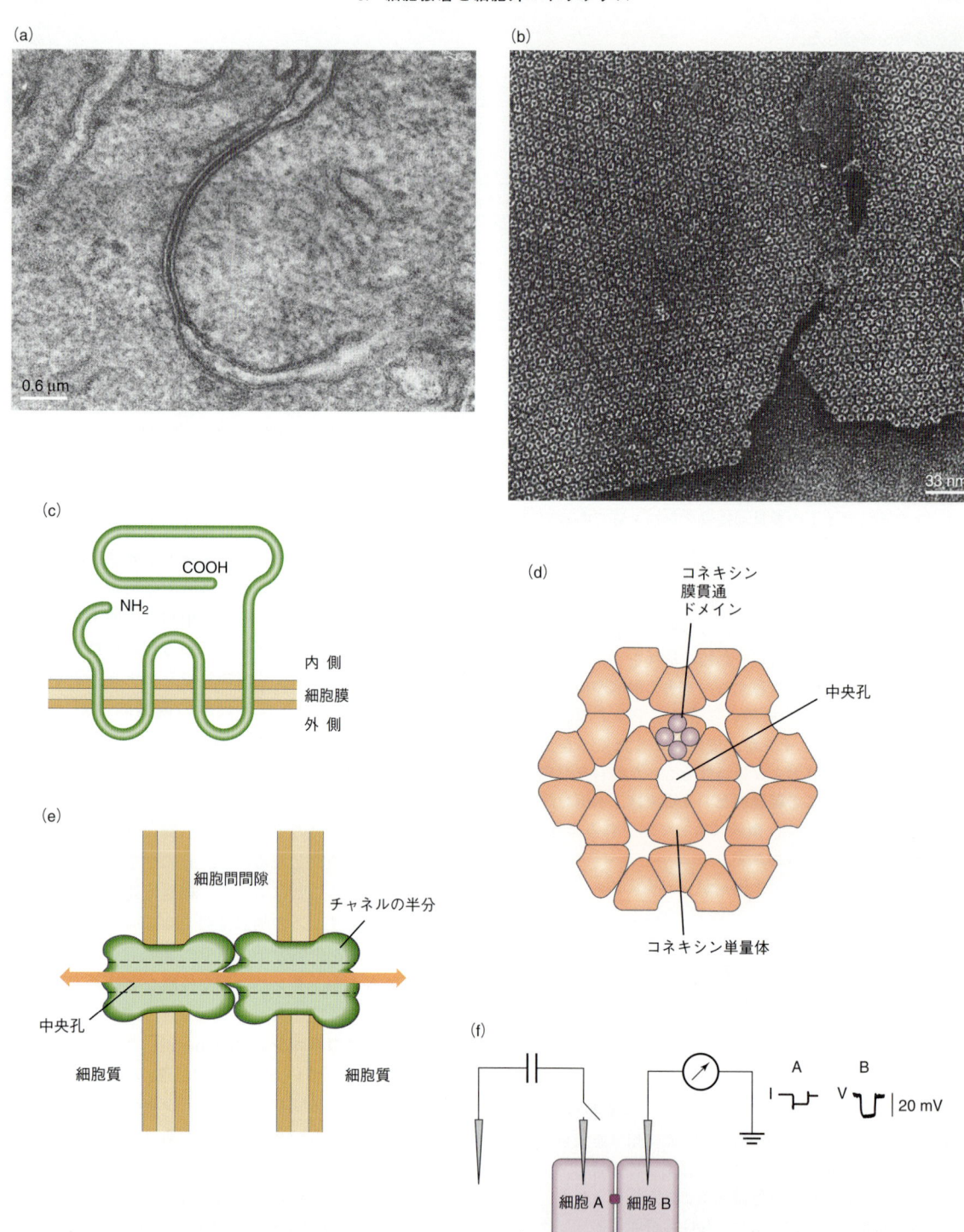

図 6・14　ギャップ結合の分子構造と機能．(a) ギャップ結合の電子顕微鏡写真．細胞膜が近接している様子を示す (2 nm)．スケールバー: 0.6 μm．(b) 単離されたギャップ結合を表面から見た電子顕微鏡写真．中央孔をもつコネクソンが見られる．スケールバー: 33 nm．(c) コネキシンは4回膜貫通タンパク質である．(d) コネキシンが6個集まって半分のチャネルをつくる．(e) 半分ずつのチャネルが二つドッキングすることで隣合う細胞間の連絡が形成される．(f) 隣合う細胞同士は，ギャップ結合により，電気的に連絡される．〔(a), (b): N. B. Gilula, 'Gap junctional contact between cells', "The Cell in Contact: Adhesions and Junctions as Morphogenetic Determinants", ed. by G.M. Edelman, J.-P. Thiery, p.395〜405, John Wiley & Sons, New York (1985) より〕

ギャップ結合による細胞間連絡が確立される（図6・14c）．コネクソンのチャネルは細胞内のシグナルにより，開放型と閉鎖型に調節することができ，それによって細胞間の連絡が調節されることになる．ギャップ結合を介した細胞間連絡は，細胞内に微小電極を挿入することによって細胞間の電流の通過として示すことができる（図6・14d）．あるいは低分子の蛍光物質を一方の細胞に注入し，もう一方の細胞への移行を蛍光顕微鏡によって検出することによって示すこともできる．

コネキシン遺伝子の変異は，心臓の奇形や白内障などのさまざまなヒトの病気に関連している．たとえば，ファミリーメンバーの一つ，コネキシン43α₁の変異は，眼歯指形成異常症（oculodentodigital dysplasia）という症候群に関係しているが，この疾患では顔面・眼・手足そして歯などの発生異常がみられる．

ヘミデスモゾームは細胞-マトリックス間の接着を維持する

ある種の上皮細胞，特に表皮などにおける細胞-マトリックス間接着は，ヘミデスモゾームとよばれる特殊な接着によって仲介される．ヘミデスモゾームという名前は，電子顕微鏡による観察からデスモゾームの片側半分に似ていることから名前がついた．ヘミデスモゾームは，上皮細胞の基底面とその下にある基底膜との間の強い結合に関与している．細胞の内部では，ヘミデスモゾームは細胞骨格のうち，中間径フィラメントにリンクしている．

ヘミデスモゾームは，細胞質側に，細胞骨格と相互作用する高密度のプラークをもっている（図6・15）．基底膜の内部で，アンカリング フィラメント（anchoring filament，係留線維）とよばれる細いフィラメントがプラークの反対側にある細胞膜の外側表面へつながっている．ついでアンカリング フィラメントは，アンカリング フィブリル（係留線維束）に連結している．アンカリング フィブリルはその下にある基底膜からその直下にあるコラーゲンマトリックスへと伸びている．このようにヘミデスモゾームは，一連のフィラメントからなるリンクを形成しているようにみえる．細胞質から，基底膜を通ってマトリックスの下部へ至るフィラメント構造である．

超微構造的にはデスモゾームの半分に似通ってはいるが，ヘミデスモゾームの構成因子を分子的に解析するとその類似は消滅する（図6・16）．ヘミデスモゾームの主たる接着分子は，α6β4インテグリン（α6β4 integrin）である．また，**BP180**とよばれるⅡ型膜タンパク質も存在している（N末端が細胞質側に，そしてC末端が細胞外にあるタンパク質をⅡ型膜タンパク質という）．BPとは，水疱性類天疱瘡（bullous pemphigoid）を表す．これは，180kDaのタンパク質を自己抗体のターゲットとする水疱性自己免疫疾患である．プラークのなかでは，二つの分子，**BP230**と**プレクチン**（plectin）がケラチンへの連結に関与している．いずれもプラキンファミリーに属し，デスモプラキンに関係している．膜の外側では，アンカリング フィラメントはECMタンパク質のうちで，ラミニンファミリーの一種，ラミニン5である．これはα6β4インテグリンと基質とをつないでいる．アンカリング フィブリルは，コラーゲンファミリーの一員であるⅦ型コラーゲンからなっている．

ケラチンフィラメント，ヘミデスモゾーム，**アンカリング フィラメント**（anchoring filament），そして**アンカリング フィブリル**（anchoring fibril）によって形成される構造の連続性によって，表皮は真皮に連結される．さまざまな遺伝的疾患が，この**真皮-表皮結合**（dermal-epidermal junction）に関係している．特定の**ケラチン**（keratin），**α6β4インテグリン**（α6β4 integrin），**ラミニン5**（laminin 5），あるいは**Ⅶ型コラーゲン**（collagen Ⅶ）遺伝子の変異によってさまざまな種類の**表皮水疱症**（epidermolysis bullosa，EB）が発症する．これは，水疱を生じる一群の病態であり，表皮の剥離の程度の違いによって，極端な衰弱から新生児の致死性に至る種々の強さの病態を示す（単純型表皮水疱症はケラチンフィラメントの異常による表皮の水疱化をひき起こす．接合部型表皮水疱症はα6β4インテグリンとラミニン5の両方に関連し，新生児期の初期において致死性となる．栄養障害型表皮水疱症は，アンカリ

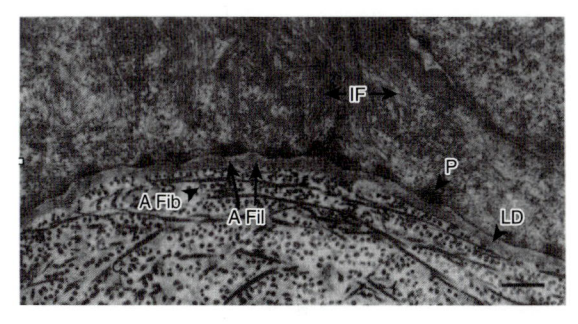

図6・15 ヘミデスモゾームの構造を示す電子顕微鏡写真．A Fib：固定線維束，A Fil：固定フィラメント，IF：中間径フィラメント，LD：基底膜の緻密帯，P：プラーク．スケールバー：0.4μm．〔J. E. Ellison, D. R. Garrod, *J. Cell Sci.*, **72**, 163〜172（1984）より〕

ング ファイバーが関係し，表皮の水疱化をひき起こすことによって，合指症をひき起こす）．デスモゾームと同様にヘミデスモゾームも強い接着性を提供する必要があるが，一方で必要な場合にはこれを消滅させる必要もある．たとえば，表皮への細胞の供給は，基底層において行われる．必要に応じて細胞は基底層から表皮の上方に移動する．これが可能となるためには，細胞は基底膜との接触を破棄する必要があり，そのためにはヘミデスモゾームによる接着性を正しく制御された様式によって失わなくてはならない．同様に上皮における傷害部位のすぐ近くへ細胞が移動する場合には，細胞はヘミデスモゾームによる接着性を失い，傷の修復が完成した際には，再び接着性を獲得しなければならない．

フォーカルコンタクトは培養細胞と基質との間につくられる接着である

組織培養においてガラスあるいはプラスチックの表面に細胞が培養された場合，細胞は基質の表面に接着し，その上に伸展する．そして，その形はしばしば薄い縁と中央部に大きな卵黄が位置する卵焼きのような形を呈す

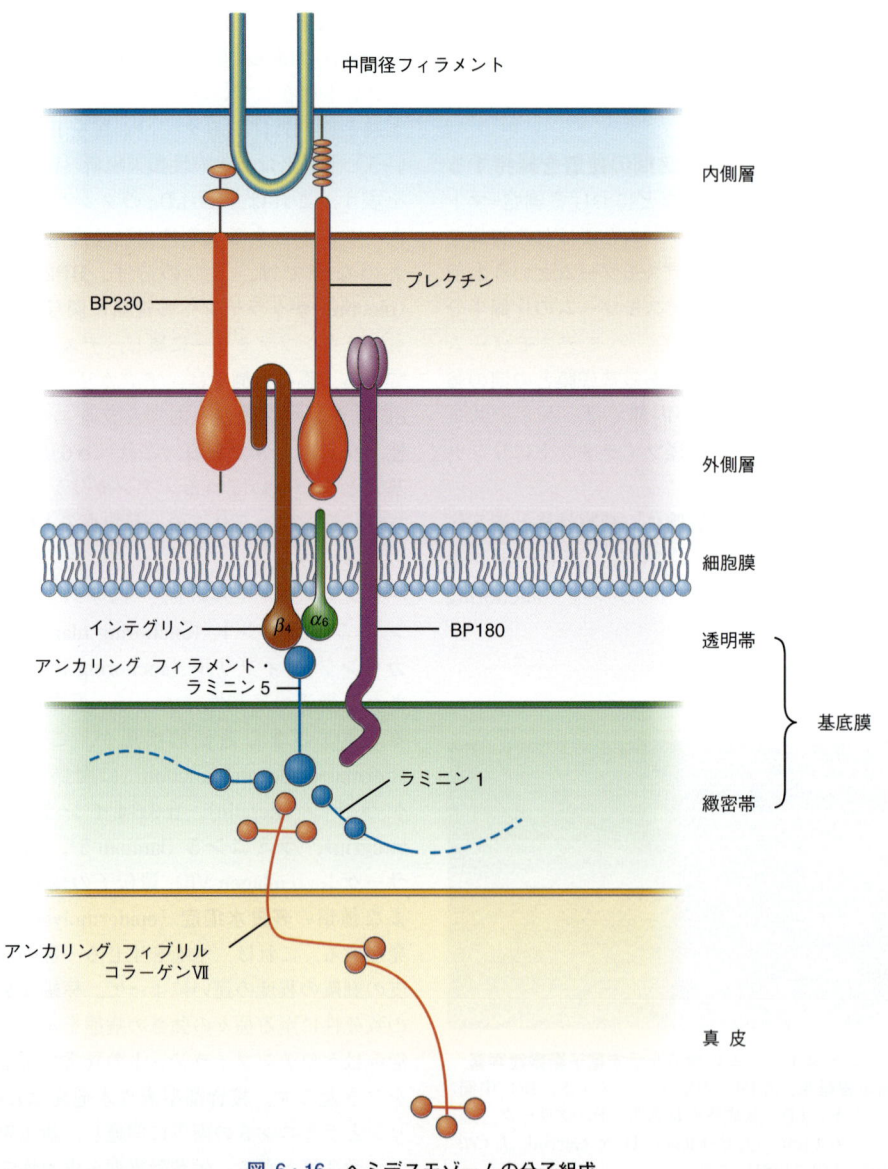

図 6・16　ヘミデスモゾームの分子組成

る．細胞は実際には，ガラスやプラスチックに直接接着するのではなく，その表面に吸着されたECM分子の薄い膜に接着するのである．それらのうちのおもなものはフィブロネクチンである．フィブロネクチンは，組織培養液に加えられる血清成分の中に豊富に存在し，また細胞によって常に分泌されてもいる（図6・17）．

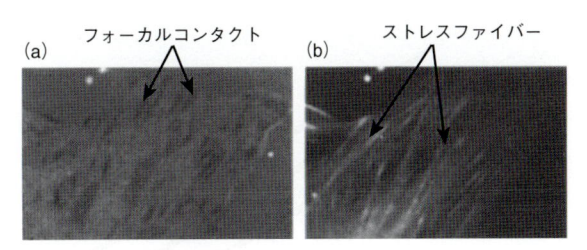

図6・18 培養細胞のフォーカルコンタクトとストレスファイバー．(a) フォーカルコンタクトの干渉顕微鏡像．(b) アクチンストレスファイバーを示す蛍光顕微鏡像．1本1本のストレスファイバーが，それぞれフォーカルコンタクトの部位にどのように収束しているかに注意．〔J. Morgan, D. R. Garrod, *J. Cell Sci.*, **66**, 133〜145（1984）より〕

図6・17 培養細胞によってつくられたフィブロネクチンの蛍光写真．〔D. L. Mattey, D. R. Garrod, *J. Cell Sci.*, **67**, 171〜188（1984）より〕

この薄い層への接着は，主としてインテグリンによって仲介される．フィブロネクチン受容体のおもなものは，**α5β1インテグリン**（α5β1 integrin）である．効率よく働くためには，インテグリンは細胞表面にクラスターを形成しなければならない．伸展している細胞の縁では，インテグリンは**フォーカルコンプレックス**（focal complex，接着複合体）とよばれる1μmより小さい構造を形成する．細胞が伸展するにつれて，これらの複合体はより大きくなり，**フォーカルアドヒージョン**（focal adhesion，接着斑）あるいは**フォーカルコンタクト**（focal contact）とよばれる伸展した構造をとる（図6・18）．これらは細胞と基質の間に形成される効率的な接着結合である．細胞の基底面は，平坦ではない．フォーカルコンタクトは，細胞と基質の間で最も距離の近い領域であり，通常15nm程度である．細胞質側ではフォーカルコンタクトはアクチン細胞骨格と会合している．よく伸展した細胞においては，アクチンフィラメントは束となって**ストレスファイバー**（stress fiber）を形成し，それは細胞の中心部からフォーカルコンタクトまで伸びている．

フォーカルコンタクトは，接着点として重要であるばかりではなく，シグナル伝達の場としても重要である．細胞の外側からのシグナルは，細胞機能を制御するが，一方で細胞の内部から出るシグナルは細胞接着を制御する．インテグリンサブユニットの細胞質側のドメインは，50種類にも及ぶ構造分子やシグナル分子を集合させ，それらは接着のリンカーやシグナル伝達機能に重要な役割を果たしている．

最初に形成された接着複合体が，ビンキュリンやパキシリンといった細胞骨格との連結タンパク質を細胞質側の膜上に集合させ，接着斑キナーゼ（**フォーカルアドヒージョンキナーゼ**, focal adhesion kinase, **FAK**）と会合する（図6・19）．FAKはチロシンキナーゼ（tyrosine kinase）であり，これは基質であるタンパク質の特異的なチロシン残基をリン酸化する酵素である．プロテインキナーゼによる**リン酸化**（phosphorylation）およびプロテインホスファターゼによる脱リン酸は，タンパク質の活性や機能の重要な制御因子である．接着複合体の構成成分のリン酸化によって，他の構造成分，リンカータンパク質である**テーリン**（talin）や**テンシン**（tensin），**ジクシン**（zyxin）のようなある種のシグナル伝達能をもった分子，また他のチロシンキナーゼである**サーク**（src）などを集合させることができる．

アクチン細胞骨格を制御することによってフォーカルコンタクトやストレスファイバーの形成を決定することもできる．この過程にかかわる鍵となるシグナル分子は**低分子量GTP結合タンパク質**（低分子量GTPアーゼともいう）であるRhoファミリータンパク質である．これらのタンパク質はGTPが結合しているときは活性であるが，GTPがグアノシン二リン酸（GDP）に加水分解されると不活性となる．このファミリーに属する重要な分子として，**Cdc42**, **Rac**あるいは**Rho**などがある．Rhoはフォーカルコンタクトやストレスファイバー

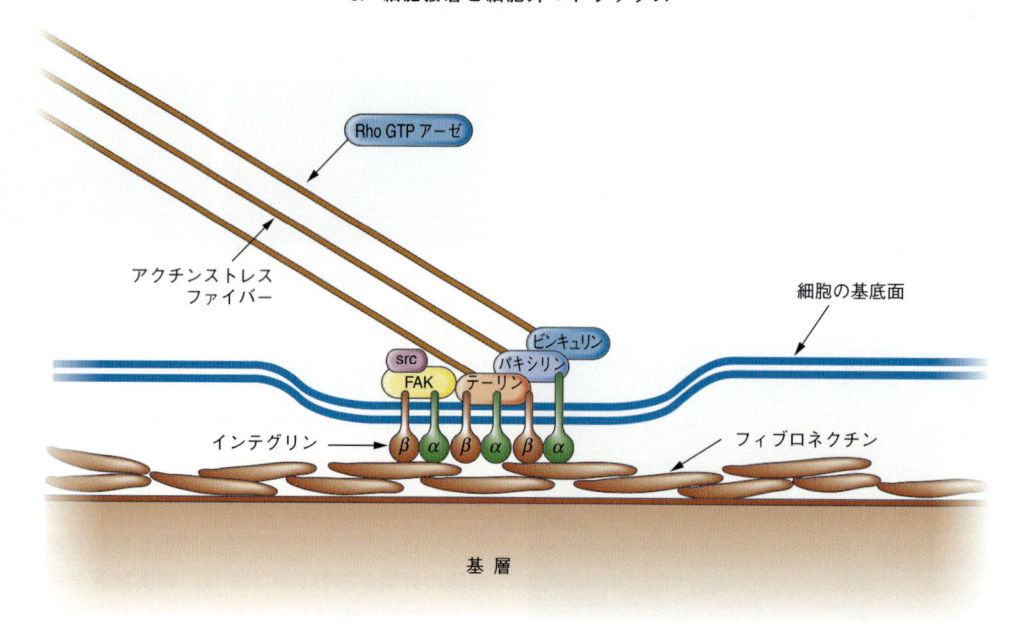

図 6・19 フォーカルコンタクトの分子組成

形成を促進するが，一方で Rac は細胞の最縁部で接触する，大きな薄い **葉状仮足**（ラメリポディア，lamellipodia）の形成を促進する．Cdc42 は **糸状仮足**（フィロポディア，filopodia）の形成を促進するが，それは細胞表面から突き出た構造をもち，内部ではアクチンフィラメント束によって支えられ，基質との間に長い接着をもたらす．

フォーカルコンタクトおよびその制御については，培養系で比較的研究しやすいことから多くの知見が得られている．細胞接着の動的な性質やその制御の複雑さについても，さまざまの知見が得られつつある．そのような制御は in vivo において，細胞運動を制御するのに重要であると考えられている．特定の細胞は，その正常な機能の一部として大きな運動性をもっている．それができるためには，細胞は接着性と細胞骨格を動的に制御しなければならない．上皮細胞のようなある種の細胞では，運動性はずっと小さい．しかしそれがたとえば癌をつくるような場合には，癌細胞は周りを取囲む基質に侵入し，身体の他の部分に広がったり，**転移**（metastasize）したりする．このような過程では，最初の場所での細胞-細胞間接着が失われ，細胞移動の間に接着のダイナミックな制御が行われる．このように，正常あるいは異常な細胞の構造をともに理解するためには，接着機構を研究することが重要である．

細胞接着は組織の機能において多くの重要な役割を果たす

ここまで，この章では細胞接着のナットとボルト――接着分子と細胞間結合――について扱ってきた．これからは，いよいよ細胞接着がどのように組織の機能と細胞の挙動にかかわっているか，について考えることにしよう．

結合は上皮のバリアー機能と極性を維持する

ヒトの体には 200 以上の異なったタイプの細胞が存在し，驚くことにおそらくこれらの約 65 % が上皮系である．すなわち，それらは体表面と腔（cavity）の表面を覆う細胞シートを構成する．**上皮**（epithelium）によって，体は機能的および物理的に各区画に分けられ，また上皮はしばしば保護機能やバリアー機能をもつ．このように，表皮は水分損失，環境中の病原体や毒素の侵入からヒトの体を守り，たえずさらされている軽い摩耗（擦過）やずり応力（shear stress）に耐えるものとなっている．気道上皮は，吸気を組織液から隔離することで吸収面を提供しつつ，しかもまた気道を清潔に維持し，空中の病原体やアレルゲンの侵入に対する保護バリアーとなる．腸管粘膜は腸の内容物を組織液から隔離することで，消化機能や消化されたものの選択的吸収を行い，アレルゲンや細菌の侵入を阻止する．

細胞接着は組織の機能において多くの重要な役割を果たす

(a) 重層上皮

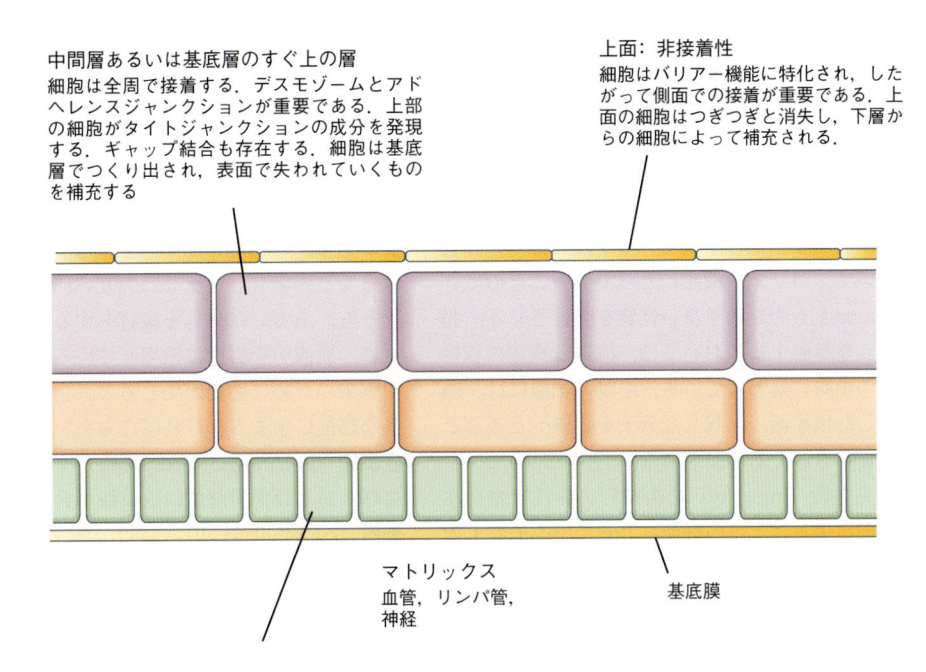

中間層あるいは基底層のすぐ上の層
細胞は全周で接着する．デスモゾームとアドヘレンスジャンクションが重要である．上部の細胞がタイトジャンクションの成分を発現する．ギャップ結合も存在する．細胞は基底層でつくり出され，表面で失われていくものを補充する

上面：非接着性
細胞はバリアー機能に特化され，したがって側面での接着が重要である．上面の細胞はつぎつぎと消失し，下層からの細胞によって補充される．

マトリックス
血管，リンパ管，神経

基底膜

基底層
他の細胞との側面での接着と，基底面直上の細胞との上面での接着にはデスモゾームとアドヘレンスジャンクションがかかわっている．インテグリンとヘミデスモゾームによる基底膜との接着．幹細胞が分裂し，表面から失われていく細胞の補充を行う．基底層から上面への細胞の移動は，層形成として知られる

(b) 単層上皮

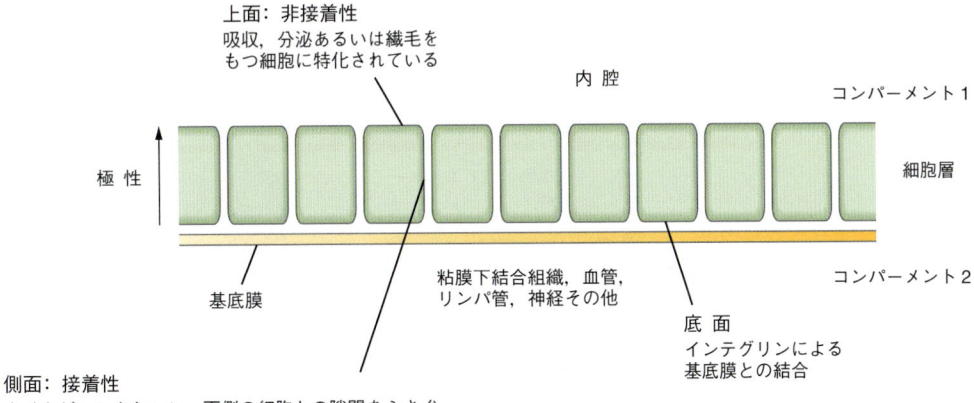

上面：非接着性
吸収，分泌あるいは繊毛をもつ細胞に特化されている

内腔

コンパーメント1

極性

細胞層

基底膜

粘膜下結合組織，血管，リンパ管，神経その他

底面
インテグリンによる基底膜との結合

コンパーメント2

側面：接着性
タイトジャンクション：両側の細胞との隙間をふさぐ
アドヘレンスジャンクション，デスモゾーム：接着
ギャップ結合：細胞間連絡

図 6・20　上皮における細胞接着

これらの機能を遂行するためには，すべての上皮は極性をもっていなければならない．つまり，上皮の頂端面は構造的にも機能的にも基底面と異なっているのである（図6・20）．表皮のような重層上皮においては，基底層はその下にあるマトリックスへの接着に関与するとともに，外表面から失われてゆく細胞を補充するために，**幹細胞**（stem cell）から新しい細胞を産生することにもかかわっている．皮膚の最外層はすでに死んだ細胞，あるいは死につつある細胞からなっているが，上方への移行の過程において，バリアー機能にとって欠くことのできない，強くしかもものを通さない性質を発達させる．腸管粘膜のような単層上皮においては，構造と機能の極性がそれぞれの細胞に備わっている．小腸の細胞には，吸収に特殊化した頂端面，吸収した分子を組織へと運ぶという別の性質をもった基底面がある．

細胞層の完全性（integrity）を維持し，極性を維持するために，細胞接着は上皮の機能にとって中心的なものである．単層上皮においては，細胞-細胞間接着の接合点は側面にあり，基底面に位置するインテグリンを介して基底部の膜への接着が行われる．頂端面が接着性をもっていないことは大変重要である．もしそうでなければ，腸の反対側の面はくっつき合い，管腔は閉塞してしまう．

白血球は感染や傷害と闘うために接着し，また移動する必要がある

つねに接着した状態でいる必要のある上皮系細胞と対照的に，他の型の細胞は構成的には非接着性であり，しかし機能的に必要になった場合には接着性を獲得する必要がある．白血球はその代表的な例である（図6・21）．ほとんどの場合，白血球はお互い同士でも，他の血球細胞とも，あるいは血管を裏打ちする上皮細胞とも接着せずに，血液中を自由に循環している．しかし，組織損傷や感染のために必要が生じると，白血球は血流を出て適当な部位に集まらなければならない．これがいわゆる**炎症反応**（inflammatory response）である．炎症反応は白血球，および傷害部位に近い微小血管を裏打ちする**上皮細胞**（endothelial cell）の両方の接着性の変化を伴う．

炎症反応は，拡散性分子である炎症性メディエーターの傷害組織からの放出や，補体活性化によって始まる．これにより，細胞内の**バイベル・パラーデ小体**（Weibel–Palade body）とよばれる小胞に蓄えられている

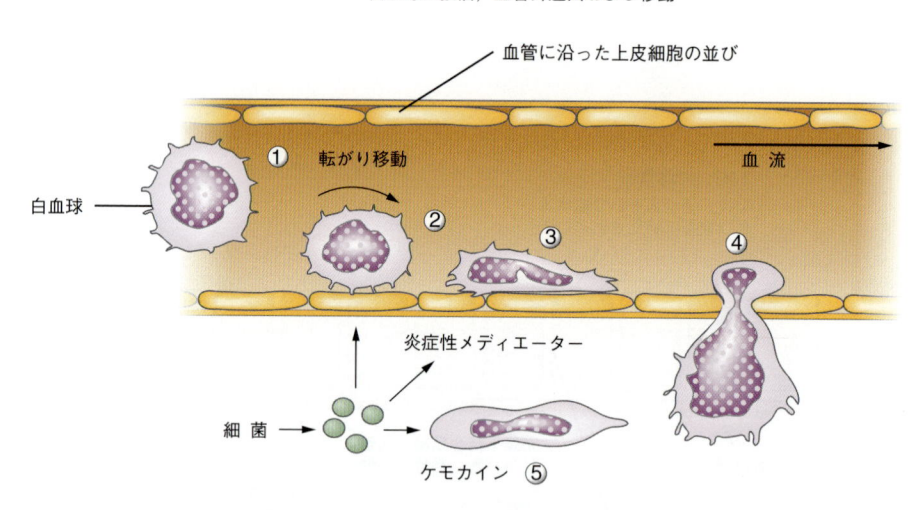

白血球の接着，血管外遊出および移動

1. 血流中のフリーの白血球：内皮細胞に対して非接着性
2. 白血球が内皮細胞につなぎとめられ，血流の流れの中で回転する（秒の単位）：セレクチン
3. 白血球が強く内皮細胞に結合し移動する：インテグリン，ICAM
4. 白血球の血管外遊出（分の単位）：JAM，PECAM
5. 白血球が感染や傷害部位まで移動する：インテグリン

図6・21 **白血球の接着と移動**．JAM: junction adhesion molecule（結合接着分子），PECAM: platelet endothelial cess adhesion molecule（血小板内皮細胞接着分子）〔D. R. Garrod, 'Cell to cell and cell to matrix adhesion', "Basic Molecular & Cell Biology, 3rd Ed.", ed. by D. Latchman, p.80〜91, Blackwell BMJ Books, Oxford, United Kingdom（1997）より改変〕

Pセレクチン（P-selectin）の上皮細胞表面における急速な発現や，Eセレクチン（E-selectin）のよりゆっくりとした発現上昇がひき起こされる．新たに露出したセレクチンは循環している白血球表面の糖に結合し，それらを上皮細胞に緩く接着させる．この初期の接着によって，白血球が血流の力のもとで上皮細胞表面に沿って転がるようになる．

初期の接着と**炎症性メディエーター**（inflammatory mediator）によって，白血球は内皮細胞へ強固に接着することになる．この応答には"inside-out"シグナルがかかわる．すなわち，白血球表面で通常は非機能性のインテグリン二量体を活性化し，Igファミリー接着タンパク質であるICAMへ結合することでインテグリン二量体が内皮細胞に強固に接着することが可能となるのである．この接着は強固ではあるが，つぎの段階である血管外遊走へ向けての細胞の移動を可能にする．この段階で白血球は内皮細胞間を移動し，組織のマトリックス内へと侵入する．血管外遊走のためには，炎症性メディエーターに応答して内皮細胞の接着結合が緩くなり，まだ十分わかっていない白血球と内皮細胞上の接着分子との相互作用が必要になる．血管外へ遊走した後，白血球は，**ケモカイン**（chemokine）とよばれる組織からの拡散性の分子に向かって**ケモタキシス**（chemotaxis, 走化性）によって導かれながら，傷害や感染箇所へと移動する．この移動機構はよくわかっていないが，おそらくフォーカルコンタクトのところで述べたような，接着と細胞骨

(a) 血漿，血小板および内皮細胞基底膜における接着分子

血漿
　フォン ウィルブランド因子（vWF）
　フィブリノーゲン
　フィブロネクチン
　ビトロネクチン

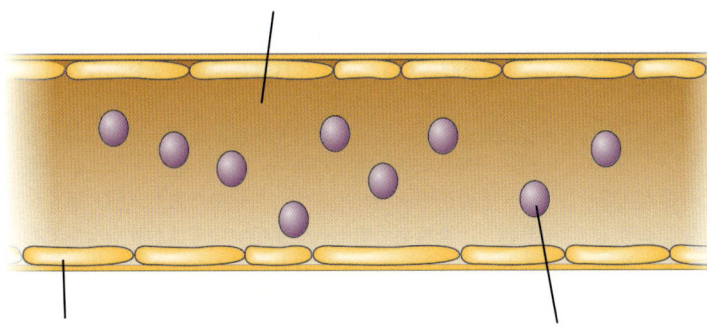

内皮細胞基底膜
　コラーゲン
　ラミニン
　フォン ウィルブランド因子（vWF）
　フィブリノーゲン
　フィブロネクチン
　ビトロネクチン
　トロンボスポンジン

血小板α顆粒
　フォン ウィルブランド因子（vWF）
　フィブリノーゲン
　フィブロネクチン
　ビトロネクチン
　トロンボスポンジン

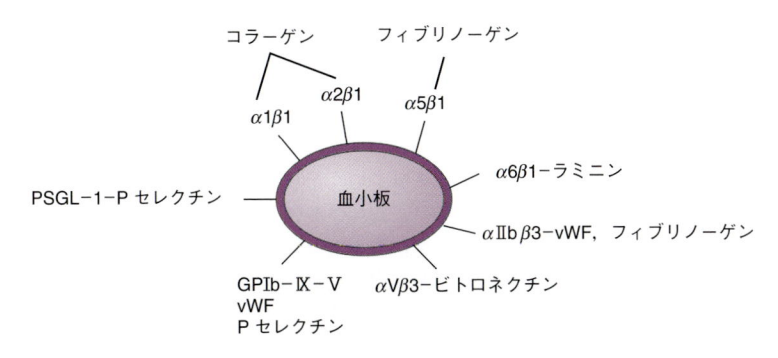

図6・22 血小板の接着．(a) 接着環境．図は血漿，血小板および内皮細胞基底膜における接着分子を示している．(b) 血小板の接着受容体とそのリガンド．PSGL-1: Pセレクチン糖タンパク質リガンド1．

(b) 血小板接着受容体

コラーゲン　　フィブリノーゲン
　α1β1　α2β1　α5β1
PSGL-1-Pセレクチン
　　　　　　　　　　　α6β1-ラミニン
　　　　　血小板
　　　　　　　　　　　αIIbβ3-vWF, フィブリノーゲン
GPIb-IX-V　　αVβ3-ビトロネクチン
vWF
Pセレクチン

格のダイナミックな制御が関与しているのであろう．

炎症反応は，傷害や局所的な感染が起こったとき，恒常性を回復するための防御反応である．それはよく制御された機構のもとに働くことが何より大切である．しかしながら，それが過剰に働く場合，たとえば関節炎のような炎症性疾患においては組織の傷害につながる場合もある．逆に，まれな遺伝子疾患であるが，β2インテグリン遺伝子の変異によって**白血球接着欠損症**（leukocyte adheshion deficiency）という疾患が起こることもある．この病気の患者では，白血球の蓄積からなる**膿**（pus）をつくり，過度の感染によって死に至る場合が多い．

血小板は接着して血液凝固を形成する

血小板（blood platelet）は小型の核をもたない細胞であり，通常は血中を自由に循環している．しかし，血管壁に傷害が起こった箇所では，**血液凝固**（blood clot）を形成するために急激に接着性を獲得する．血小板は血中にきわめて多く存在し，1L当たり $1.5 \sim 4.0 \times 10^{11}$ 個程度となる．いったん活性化されると，血小板は種々のマトリックス成分と接着するようになる．それらのなかには血管が傷害されたときに露出されるコラーゲン，内皮細胞のバイベル・パラーデ小体や血小板の**α顆粒**（α granule）から分泌されるマトリックスタンパク質vWF（フォン ウィルブランド因子），さらに凝結をつくるために結晶から精製されるタンパク質フィブリンなどである（図6・22）．血小板はお互い同士凝集することもできる．血小板の活性化は，さまざまなアゴニスト（作動薬）によってひき起こされるが，それらには**トロンビン**（thrombin），アデノシン二リン酸，およびコラーゲンに由来するペプチドなどが含まれる．血小板の接着にはさまざまな細胞表面の接着受容体が含まれるが，それらの多くは命名が複雑である．それらが，インテグリンや他の接着分子が明らかになる前に名づけられたものであることに由来する．血小板の接着受容体として，三つの主要なものがある．**GPIIb-IIIa**（αIIbβ3インテグリン），**GPIa-IIa**（α2β1インテグリン），および四つの遺伝子産物からなる非インテグリン性接着複合体**GPIb-IX-V**などである．GPIIb-IIIaは，多くのマトリックス分子，フィブリノーゲン，vWF，フィブロネクチン，ビトロネクチン，およびトロンボスポンジンなどを含む多くのマトリックスに結合性をもつ多様なインテグリン分子である．GPIa-IIaは，コラーゲンに対する主要な受容体であり，GPIb-IX-Vは，不溶性のvWFに対する受容体である．血小板の活性化によって，これらの受容体の活性化が起こり，vWFが自由になり，その結果として接着性の結合が起こる．

血小板の接着は，フォン ウィルブランド病をはじめとする接着タンパク遺伝子の変異によるヒトのさまざまな遺伝病に結びつきやすい（臨床例6・2を参照）．ほかに**ベルナール・スーリエ症候群**（Bernard-Soulier syndrome, GPIb-IX-V）および**グランツマン血小板無力症**（Glanzmann thrombasthenia, GPIIb-IIIa）などがある．炎症反応における白血球と同じような方法で内皮細胞に接着することによって，血小板の接着が不都合な反応をひき起こすこともある．このような場合には，**アテローム性動脈硬化症**（atherosclerotic lesion）や**アテローム性血栓症**（atherosclerotic thrombosis）などがひき起こされる．いずれもヒトの健康にきわめて重大な問題である．

臨床例 6・2

ヒョーディス（Hjordis）は，フィンランドとスウェーデンの間のバルト海に浮かぶ小さな島に生まれたブロンドの少女である．彼女には多くの肉親とともに，数十人の従姉妹や若い叔母や叔父がいる．他の多くの同じ島の住民たちも同じ名字ヒョーディスをもっていた．

5歳の時，ヒョーディスは最初の重篤な鼻からの出血をみた．それは3日間止まらなかった．島の医師は，綿を詰めることによってそれを治療したが，警戒はしたものの，特にこれで驚くということはなかった．なぜなら，その子の両親も生きている兄弟たちも，同じように鼻血や，重篤な出血——少年についてはわずかな傷で起こり，少女たちについては月経のたびに大量の出血を繰返していたからである．驚くべきことに10人の兄弟姉妹たちのうち，3人が制御不能となった胃腸の出血で亡くなり，他の1人は抜歯後の出血で，そして5人目の兄弟は突然の吐血で亡くなった．彼女の近親者の多く，あるいは他の島人たちも同様の病歴をもっていた．

鼻出血のひどさから島の医師は，本土から来ている客員教授に診察を求めた．家族の病歴からその教授は，すぐさま遺伝性の出血性の病態であることを認識した．ヒョーディスを診察したとき，教授は肉体的な異常を見いださなかった．すなわち，膝や肘など身体的な異常は見いださなかった．しかしながら，彼が彼女の耳たぶに小さな約3mmほどの切開を施したとき，彼女は圧迫包帯によってその出血を止めるまで28分間出血し続けた．つぎに，彼は単純なガラス活性化法による凝固時間を調べ，それが約5分という正常な値であることを見いだした．最後に彼は，塗抹標本をつくり，鉄欠乏性貧血の兆候のみ認めたが，血小板の数は正常であった．これらの観察から彼は彼女の病気の診断を下した．

彼女の最初の鼻出血はたまたま軽減されたが，彼女の

出血傾向は成長しても継続した．7歳のとき，彼女は再び重篤な鼻の出血をみた．8歳のとき，彼女は胃腸の出血により黒色のタール便（メレナ）の症状を呈した．そして11歳のとき，大きなお祝いの夕食の後，重篤な吐血に陥った．それは，制酸薬に応答し，十二指腸潰瘍による出血と考えられた．

不幸なことに12歳のとき，ヒョーディスは月経が始まったが，最初の3回の間，きわめて多量のおりものがあった．4回目になって出血はよりいっそう顕著となり，タンポンの挿入によっても制御できなくなった．大量の輸血も効果がなく，3日後に彼女は出血により死亡した．

フォン ウィルブランド病の細胞生物学・診断 そして治療

この不幸な若い女性は，フォン ウィルブランド病であった．上に述べた臨床的な簡単なスケッチは，実際のこの病気の発端者であるヒョーディスの病歴からその概略をとってきたものである．Erik von Willebrand 博士は，彼の名前に由来するこの病気を彼女を診察することによって定義し，1926年に発表した．そのときもその後も，診断上の鍵は，正常な凝固時間と正常な血小板の数にもかかわらず，異常な出血時間によって定義される（抗生物質リストセチンによる血小板の凝集試験は，ある種の患者に対してはより感受性の高い方法として用いられることがある）．現代の輸血による治療法は1926年当時，この幼児に対してまだ有用ではなく，物理的な方法以上の治療法はヒョーディスには適用できなかった．この病気は男女両性にみられたので，von Willebrand 博士はこれが古典的な男性のみにみられる血友病とは異なる新しい病気であると考えた．そこで彼はこれを遺伝性の類血友病と名づけた．しかしながら，この病気はすぐに彼の名前を冠した病気としてよばれることになった．皮肉なことに，それよりちょうど100年前の1826年に，俊敏なボストンの医師 Francis Minot* が男女両性の新生児において，臍帯からの重篤な出血を46例報告していた．これらの症例には，ほぼ確実にフォン ウィルブランド病の多くの患者が含まれていた．ある場合には，それらはミノー・フォン ウィルブランド病とよばれることになった．

フォン ウィルブランド病の病態生理学的な基盤は，フォン ウィルブランド因子（vWF）の質的あるいは量的な欠陥に由来する．主として内皮細胞によって合成されるこの大きな糖タンパク質は，きわめて重要な生理的な意味をもっている．それは，障害箇所のコラーゲンに血小板が最初に接着し，そしてひき続いて凝集を起こすのに必須の役割をもっている．この接着現象は，これらの血小板の活性化や分泌を促進するのに必須のものである．そして，そのことによって正常な止血や血液凝固の進展を開始したり，それを強化したりする．

vWFの量的な欠損（I型病型）は，最も一般的なものである（おそらく人口の1％程度にみられる）．それらは通常，優性遺伝をし，たいていは表面的な傷や粘膜の傷といった比較的良性の症状を呈する（これは血友病の場合と対照的であり，血友病では大きな関節の出血がみられることで有名である）．しかしながら，それらの場合でも手術の傷跡の場合には大きな問題を残す．

vWFの質的な欠陥（II型およびIII型の病型）の場合は，通常より深刻であり，往々にして自然に内臓の出血が起こる．それらの場合には，劣性および優性の両方の遺伝形質を示すが，遺伝的な表現系は混乱をまねきやすい．なぜなら劣性の場合も複雑な異形接合性を示し，優性の場合にも浸透性の低い場合があるからである．これらの質的欠損による病変においては，フォン ウィルブランドタンパク質の構造上の変異やタンパク質分解などのいくつかの複雑な生化学的な欠陥によって，フォン ウィルブランドタンパク質の高分子量多量体形成が妨げられる．そのことによって，十分な接着機能が障害され，重篤な血小板の接着に障害が起こり，さらにタンパク質の結合にも障害が起こる．後者はvWFが血漿凝固因子前駆体VIII因子への不十分な結合をもたらす．これがつぎには凝固カスケードにおける必須の因子の安定性や活性に影響を与えることになる．ヒョーディスの場合は，明らかにこれらのより重篤な変異の一つをもっていたものと考えられた．臨床的には普通にみられる I 型病型において大切な要素は，それを正しく認識することである．そのことによって，外科的治療の正しい処置がなされ，また患者にはアスピリンや他の血小板活性を阻害する薬品の使用を避けるように警告することができる．他のより重篤な型，血漿の寒冷沈降物やVIII因子と複合体をつくったvWFを含む他の凝集物などの場合には，しばしばvWFを入替えることが必要になる．最終的には，患者自身の内皮によって合成されたバソプレッシンの作用を用いてvWFの合成や放出を刺激するのが，いずれのタイプの患者に対しても，出血のストレスにさらされた場合には有効な方法となる．

胚発生には多くの細胞接着に依存する現象が関係する

細胞接着は，胚発生の全期間にわたってきわめて重要な働きをしている．哺乳類の発生において形態形成の最初のイベントは，**コンパクション**（胚細胞緊密化，compaction）である．そこでは，8細胞期の割球が，ジッパーを締めるように接着し，互いに強く結合するようになる（図6・23a i, ii）．この事象には，接着分子のEカドヘリンおよび他の接着結合因子が関与する．ま

---

* Francis Minot は，同じ1926年に悪性貧血のきわめて重要な治療法を発見した George Minot の大伯父である．

た，この時期には，タイトジャンクションが細胞間に形成され始める．細胞の中空の球，**桑実胚**（blastocyst）が形成される時期までに，将来**胎盤**（placenta）を形成することになる最初の上皮組織，**栄養外胚葉**（trophectoderm）は，タイトジャンクション，接着結合，およびデスモゾームの一そろいの接着装置を備えることになる．これは，まだ着床以前のできごとである（図6・23b）が，着床後，すぐに**原腸形成**（gastrulation）が開始する．これは，われわれの生命にとって最も重要な過程の一つであるが，3層からなる胎児の組織を形成する．外側を**外胚葉**（ectoderm），内側を**内胚葉**（endoderm），そしてその間にある組織を**中胚葉**（mesoderm）という（図6・23c；外胚葉は表皮や神経組織を形成し，中胚葉は筋肉や骨を，そして内胚葉は胃や胃腸や他の関係した器官を形成する）．原腸形成には，大量の細胞移動を伴う．これによって胚の正しい形態形成がなされ，互いの位置関係を決める細胞層が決定される．このできごとは，細胞接着に強く依存し，そこではEカドヘリンのような分子が重要な役割を果たす．

神経管はのちの中枢神経系になる前駆体であるが，神経管の形成には，神経管と神経管をつくり出した外胚葉との間に異なった種類のカドヘリンの発現が関与している（図6・23d）．神経管と外胚葉との間の結合部から，**神経冠**（neural crest）あるいは外胚葉性間充織とよばれる細胞集団の移動が行われる（図6・24）．これは主として，頭における神経や骨を形成し，また体幹におけ

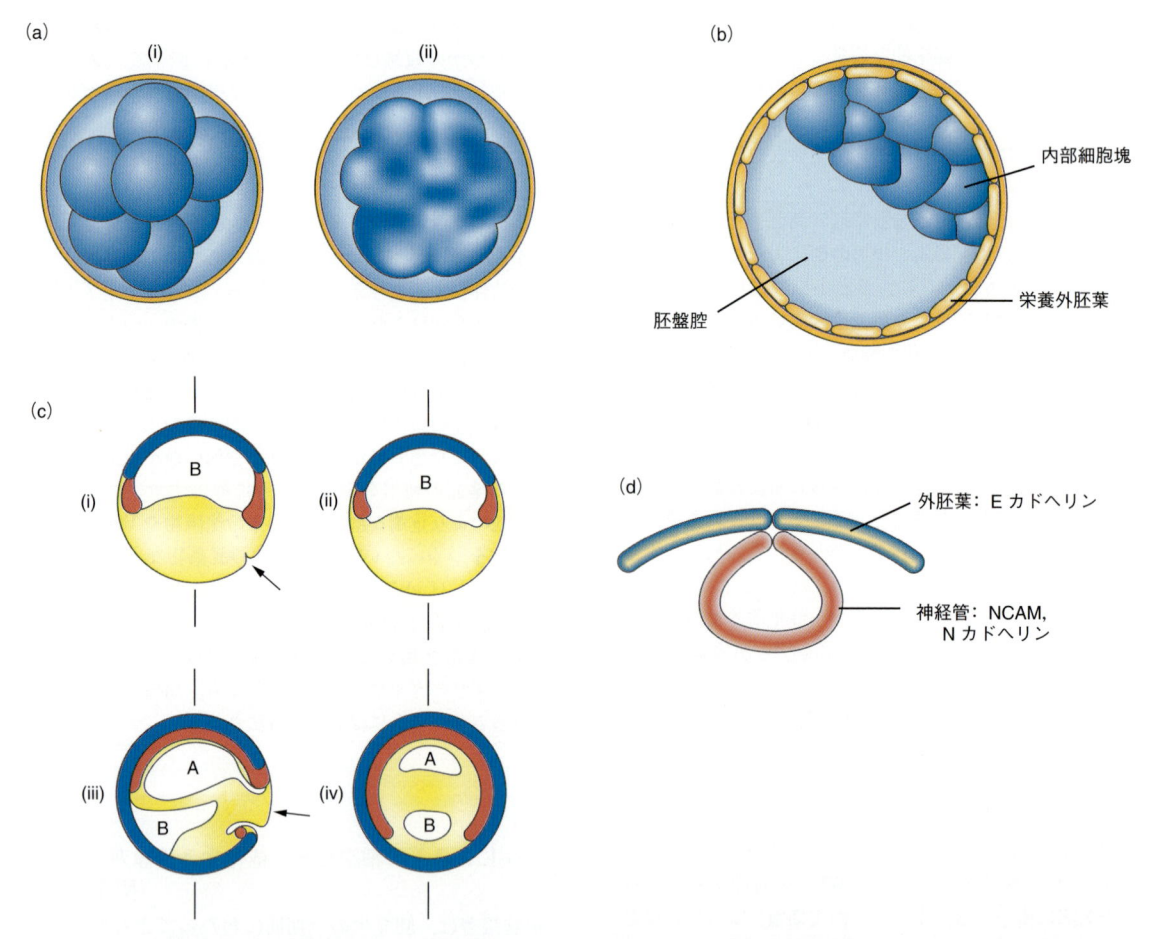

図 6・23 胚発生における細胞接着．(a) 哺乳類胚のコンパクション．(i) 8細胞期の初期胚においては，細胞は割球の状態で，緩く接着している．(ii) それ以上の分裂をしないで，接着面がジッパーを締めるようにつながる．(b) 胚盤胞形成期では，最初の上皮細胞である栄養外胚葉がつくられ，この中に内部細胞塊と液体の詰まった胚盤胞腔が含まれる．(c) 両生類胚における原腸形成を示す．哺乳類では胎盤を形成する胚外組織の存在によって，原腸形成はいっそう複雑なものになる．初期原腸胚の縦断面 (i) と横断面 (ii)．細胞の陥入がまさに始まろうとしており，原口唇（矢印）の形成も起こっている．(iii, iv) 陥入がほぼ完成した後期の対応する断面であるが，原口（矢印）はまだ完全には閉じていない．外胚葉（青），中胚葉（赤），内胚葉（黄）．Aは将来の腸になる原腸，Bは胚盤腔．垂線は断面の関係を表す．(d) 将来の中枢神経系になる神経管の形成は，種々の接着分子の発現を伴っている．

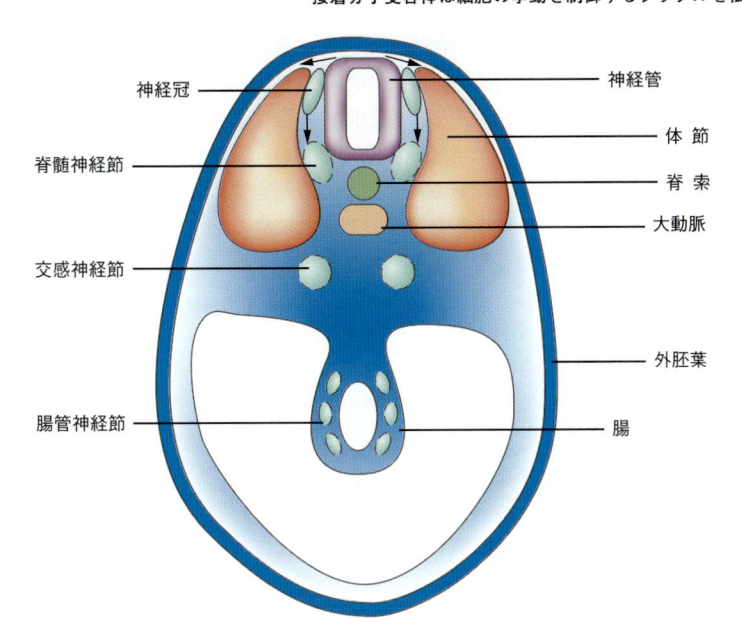

図 6・24　神経冠と体幹におけるその誘導体．矢印は神経冠細胞の移動経路を示す．腹側経路は神経節およびそれに付随した神経を生じる．背側経路は皮膚の色素細胞を生じる．細胞接着は移動のガイドと最終的な位置決定に必須である．

る自律神経系や末梢神経系の一部を形成する．神経冠細胞の移動や正しい配置は，一連の接着分子の発現の変化によって制御されている．それらには，カドヘリンやフィブロネクチン，インテグリンなどが関与する．それらの分子は，移動の開始や移動の誘導を行い，そして正しい場に到達したときには，細胞の停止や凝集を誘導する．

　神経系の発生は，一定方向の細胞移動と神経線維の伸長などの多くの要素を含んでいる．これらのそれぞれの過程で，移動している細胞はそれぞれの正しい標的をみつけなければならない．たとえば，運動ニューロンは適正な骨格筋と運動神経終末とよばれるシナプスを形成しなければならない．同様に感覚神経線維は，脳内の正確な位置に一連の連結を形成しなければならない．たとえば，目からの感覚神経線維は，ニワトリやカエルにおいては反対側の**視蓋**（optic tectum）と，哺乳類においては**視覚皮質**（visual cortex）に投射する．免疫グロブリンファミリーやカドヘリンファミリーのメンバーを含む特殊な接着分子が，この複雑な連結過程に重要な役割を果たしている．

接着分子受容体は細胞の挙動を制御するシグナルを伝達する

　細胞接着分子（CAM）によるあるいは CAM の関係したシグナル伝達については，これまでにも何度か簡単に触れてきた．ここではより詳しく考えることにする．

組織にとって必須の一員であるためには，細胞は周りの環境を感知し，それが受取るシグナルに正しく反応しなければならない．それゆえ細胞は，**成長因子**（増殖因子，growth factor）やケモカインなどの拡散性の分子からのシグナルを受取るためのさまざまな細胞表面受容体をもっている．しかしながら細胞はまた，周辺の不溶性の成分からのシグナルをも受容している．すなわち，ECM からのシグナルや他の細胞からのシグナルがそれにあたる．これらのシグナルの伝達は，接着分子や接着分子受容体の第二の重要な機能である．

　接着分子が報告される以前に研究されていた接着シグナルの重要な例は，**接触阻害**（contact inhibition）として知られるものである（図 6・25）．組織培養基質の表面を運動している線維芽細胞のような細胞が，他の細胞に遭遇し接触したとき，その先端の葉状仮足はまずもう一つの細胞の表面と接触し，そしてその方向への移動・進展を停止する．接触によって最初の方向への移動が止められるので，つぎに細胞は別の方向への運動を始める．このような細胞の挙動の最終的な結果として，細胞は培養上の互いの細胞を乗越えて移動することはできず，基質上に 1 層のままとどまることになる．一般的にみて，連続した 1 層の細胞が互いに接触している状態，すなわちコンフルエント（集密的）な細胞層の中の細胞は，完全に静止しているわけではないが，激しく動き回ることはない．しかしながら，1 層の細胞層に掻き取るなどの傷をつけ，フリーの辺縁（エッジ）をつくりだすと，細胞はその縁において，傷の方に動き始める．接触

阻害という現象について，多くの，特に悪性に形質転換をした細胞種において，それらがこの法則に従わないという発見が最初の興奮をもたらした．逆にそれらの腫瘍細胞は，他の細胞に積み重なるように自由に動き回ることができ，腫瘍細胞の**浸潤**（invasion）によく似た振舞いをすることがわかった．細胞の運動に関する接触阻害は，細胞の増殖に関する**密度依存的な阻害**（density-dependent inhibition）と混同してはならない．後者は形質転換していない細胞が，いったんコンフルエントになると分裂能を低下させ，最終的には分裂をやめるという性質をいう．この増殖の停止は，主として成長因子の枯渇に起因し，細胞間の接触によるものではない．往々にして，増殖の接触阻害という言葉がみられるが，これは誤りである．実際多くの細胞種において，コンフルエントになった後も分裂をし続ける，すなわち互いに他の細胞と密に接触した後も分裂を続ける細胞が多い．そののち，細胞分裂は緩やかに低下する．増殖の接触阻害が in vivo において一般には起こらないことは明白である．さもなければ，つねに連続したシートとして存在している上皮細胞は，傷がつけられる場合を除いて分裂することができず，それでは消失した細胞を補充することができないことになる．

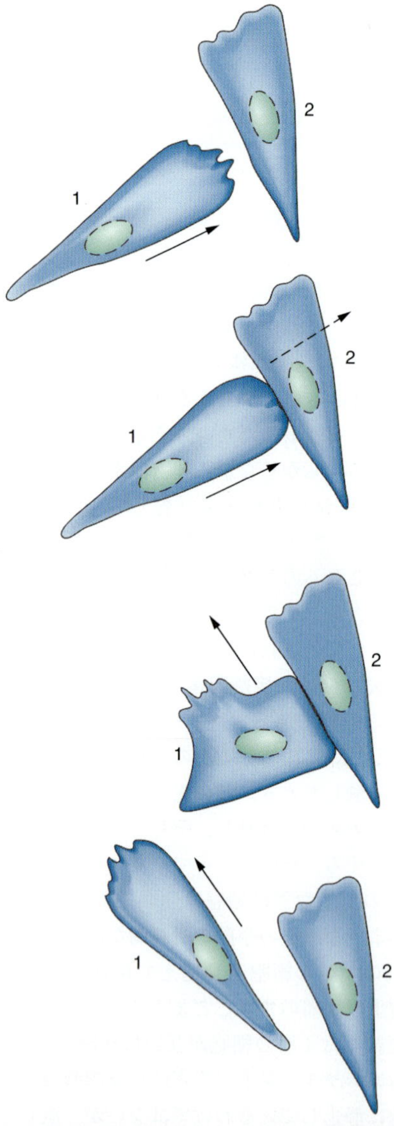

最近の研究によって，特定の接着分子によるシグナル伝達に関して多くの例が報告された．そのうちいくつかの重要な例を次節以降考えることにする．

細胞増殖および細胞の生存は接着に依存する

細胞–基質間の接着は，細胞分裂の重要な制御因子である．増殖をするためには細胞は基質上に基質に接触し接着し伸展しなければならない（図6・26）．よく伸展した細胞は，そうでない細胞に比べてより速く増殖する．このような細胞制御を**足場依存性**（anchorage dependence）という．これは正常細胞あるいは形質転換をしていない細胞の性質である．一方，形質転換をした細胞（すなわち腫瘍をつくりうる細胞）では，一般に足場非依存的である．それゆえ，形質転換した細胞は，培養基質に対する接着性が著しく低く，軟寒天（soft agar）中でも浮遊した状態で増殖することができる．培養中での足場非依存的な増殖は，in vivo での腫瘍細胞が異常な状況下においても増殖できる性質に似ている．すなわち，基底膜から離れてもあるいは腹腔中で腹水の中に浮遊した状態でも腫瘍細胞は増殖できる．基質への接着によって細胞増殖の制御が行われるシグナル経路は，インテグリンやERKとよばれる細胞質プロテインキナーゼを含んでいる．細胞が基質に接着したときは，ERKは核に入って増殖を制御することができる．しかし，細胞が浮遊状態にある時は，ERKは細胞質ゾルに留まり，増殖が起こることはない．ERKの活性制御はアクチン細胞骨格に依存し，インテグリンを介してストレスファイバーへの集合を制御する．

逆に基質から遊離した細胞は，**プログラム細胞死**（programmed cell death）あるいは**アポトーシス**（apoptosis）をまねきやすい（図6・26）．基質から剥がれることによって，ひき起こされるこの特殊な細胞死は，アノイキス（anoikis）ともよばれる．多くの悪性

図 6・25　**細胞運動の接触阻害**．細胞1が矢印の方向へ運動しており，細胞2と接触して接着する．最初の方向への移動が阻害されると，細胞1は新しい誘導層板（ラメラ），糸状仮足を出して別方向へ移動を始める．

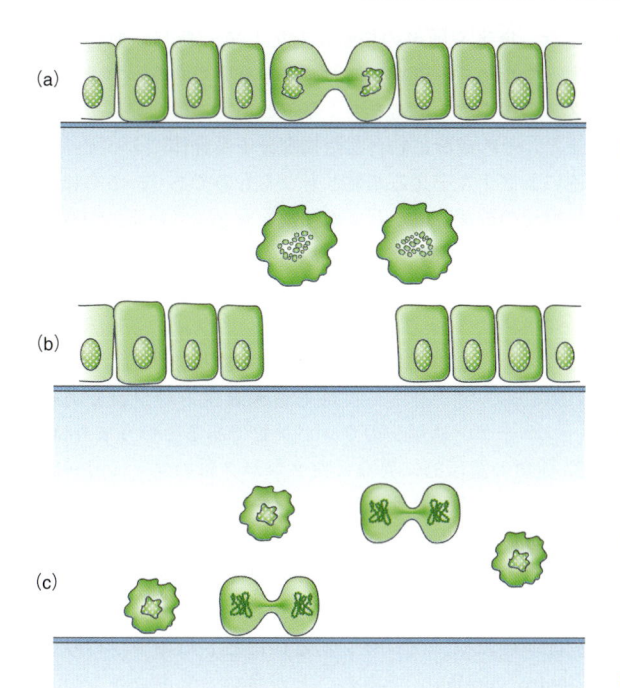

転換した．また腫瘍細胞のもう一つの性質は，たとえばアノイキスに感受性をもたないような，異常な状況においても生存できる能力である．正常細胞は，細胞-基質間接着によってアノイキスを避ける生存シグナルが必要である．多くの腫瘍細胞はそのようなシグナルを必要とはしない．

正常な組織の機能における細胞の生存，あるいは細胞死の制御に関する例として，**乳腺**（mammary gland）がある（図6・27）．妊娠期間中 ECM の働きによって乳腺は大きくなり，乳腺上皮は増殖する．その結果，乳をより多くつくるようになる．授乳期間が終わるとこの過程は逆に進み，マトリックスメタロプロテアーゼ（matrix metalloproteinase, MMP）とよばれる酵素がマトリックスを分解する．その結果，多くの上皮細胞は接着すべきマトリックスを失い，それゆえインテグリン経由の生存シグナルを失ってアポトーシスをひき起こす．

細胞接着は細胞分化を制御する

乳腺はまた，細胞接着による細胞分化の制御のよく知られた例である（図6・27）．乳腺の第一の働きは，**授乳**（lactation）期間中，ミルクをつくりだすことである．乳タンパク質をコードする遺伝子の活性化が，二つのシグナルの組合わせに依存することが知られている．一つはホルモンである**プロラクチン**（prolactin）からの

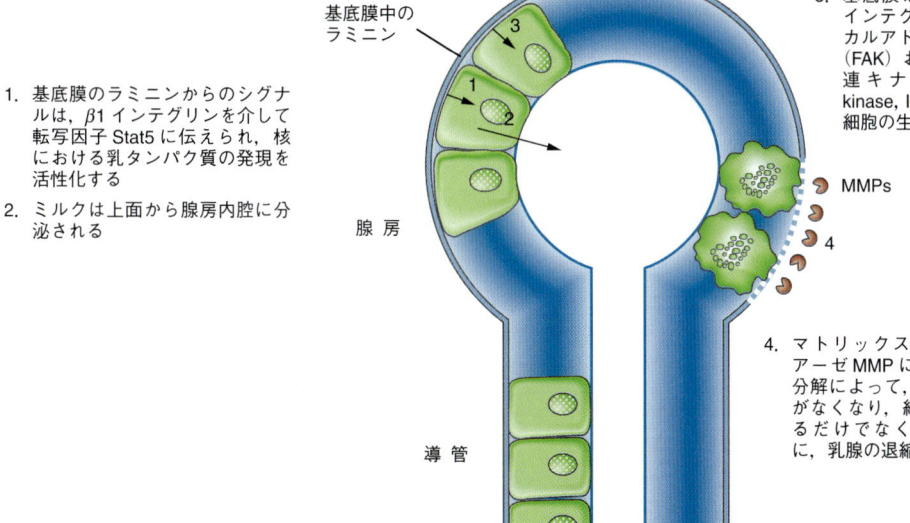

図6・26 **細胞接着，分裂そして死**．(a) 正常細胞は足場依存性をもち，増殖のためには基質との接着が必要である．(b) 基質から剥がれると，アノイキス（anoikis）がひき起こされ，プログラム細胞死あるいはアポトーシスに陥る．(c) 多くの腫瘍細胞では浮遊状態で増殖し，生存することができる．

1. 基底膜のラミニンからのシグナルは，β1 インテグリンを介して転写因子 Stat5 に伝えられ，核における乳タンパク質の発現を活性化する
2. ミルクは上面から腺房内腔に分泌される

3. 基底膜からのシグナルは β1 インテグリンを介してフォーカルアドヒージョンキナーゼ（FAK）およびインテグリン関連キナーゼ（integrin-linked kinase, ILK）に伝えられて，細胞の生存と増殖を促進する

4. マトリックスメタロプロテアーゼ MMP による基底膜の分解によって，生存シグナルがなくなり，細胞死を促進するだけでなく，授乳終了時に，乳腺の退縮をひき起こす

基底膜中のラミニン

腺房

導管

MMPs

図6・27 **乳腺**．細胞接着シグナルによって細胞の生存と分化が制御される好例である．

拡散性のシグナルであり，もう一方はβインテグリンによって仲介される接着シグナルである．このように，もし授乳期の乳腺からの上皮細胞が，プロラクチン存在下にコラーゲン上で培養されると，それらは生存はするが，乳タンパク質をつくることはない．しかしながら，もしラミニンが培養基質にコートされていると乳タンパク質がつくられる．細胞の接触および接着を介してなされるシグナルによる，遺伝子発現および細胞分化の制御にはほかにも多くの例がある．

細胞外マトリックス

すべての組織は二つの成分，すなわち細胞内の成分と細胞外の成分とから成り立っている．後者はさまざまな種類の特化した構造体からなっており，細胞外マトリックス（ECM）を構成する．このマトリックスを形成する分子は分泌され，組織の細胞によってある程度集合させられる．

ECMの量は，組織の違いによって大きく変動する．**骨**（bone）や**軟骨**（cartilage）あるいは皮膚の**真皮**（dermis）においては，組織の大部分がマトリックスからなる．逆に上皮細胞や筋肉においては，組織の大部分は細胞成分を取囲んだり，細胞成分の下に局在したりする基底膜や基底板（basal lamina）に限局している．ECMの組成や量はまた組織の機能によっても異なっている．骨は強度を得るために石灰化し，おもにECMからなっている．そのことで，力を与えたり軟組織を支えたり，あるいは筋肉が接着して移動の際のてこ（梃）の働きをするのを容易にするなどの機能を満たす．軟骨もまた主としてECMからなっている．しかし，それは骨とは大きく異なっている．軟骨は関節の連結部を構成するとともに，同時に圧縮にも耐えねばならず，また硬い骨の間の緩衝作用をも担わなければならないからである．真皮は表皮をその下の組織に連結する役割をもち，皮膚にかかるストレスを拡散させるために大きな強度と弾性をもたなければならない．基底膜は基本的には，細胞接着のための薄い支持膜であるが，腎臓のような組織においては，他の特殊な機能をももっている．

成人の器官においては，細胞外マトリックスの大部分は代謝回転が遅く，永続的であるか，ほぼ永続的な性質をもっている．しかしながら，それらはまた，骨折や損傷からの治癒の場合のような障害に対して，応答できる能力をももたねばならない．他のタイプのマトリックス，たとえば凝血などは，傷害に対して正しい場所に素早く形成されなければならないが，傷害が治癒した際には，拡散し消滅してしまう必要もある．ECMの調整はまた，傷害や腫瘍の増殖に対応して，新しい血管の新生，すなわち脈管新生においても重要である．マトリックスの役割は，構造をつくることだけではない．それはまた，その成分に結合した接着分子受容体によって，細胞にシグナルを送る基盤ともなるものであり，さらに成長因子の貯蔵装置としての役割ももっている．つぎの節からは，ECMのおもな成分について詳しく説明する．

コラーゲンは細胞外マトリックスのなかで最も豊富なタンパク質である

コラーゲンは単一のタンパク質であるというよりは，27種類の遺伝的に異なったタンパク質のファミリーからなっている．コラーゲンは，すべての結合組織の主要な構成因子である．それらは，三つのアミノ酸の，すなわち**グリシン-X-Y**のトリペプチド（tripeptide）の繰返し配列の存在によって特徴づけられる．ここでXとYは一般には，プロリンあるいは**ヒドロキシプロリン**（hydroxyproline）であることが多い（ヒドロキシプロリンは翻訳後修飾によって，ヒドロキシ基が付加されたプロリンである）．すべてのコラーゲンは三量体をつくり，少なくとも一部または大部分において三重らせん（トリプルヘリックス）を形成している．このグリシン-X-Yのトリペプチドは，三重らせん構造形成に重要な役割を果たしている．コラーゲンは，その構造によっていくつかのグループに分けられる．すなわち，線維を形成する**線維形成コラーゲン**（fibrillar collagen），線維に会合するコラーゲン，ネットワークを構成するコラーゲン，アンカーリングフィブリルを形成するコラーゲン，膜貫通コラーゲン，**基底膜コラーゲン**（basement-membrane collagen），および他のものである．それらのうち，最も大量に存在するのは線維形成コラーゲンであり，全コラーゲンの90％を占める．これらのうち，I型およびV型コラーゲンからなる線維は，骨の構造基質をつくり，II型およびXI型コラーゲンは関節軟骨の線維性のマトリックス形成に関与する．これらのコラーゲンの構造は大きな張力を生み出し，またねじれに対する安定性ももたらすが，いずれもこれらの組織の性質には必須である．IV型コラーゲンのフレキシブルな三重らせんは，基底膜の網目構造をつくる．IX型，XII型およびXIV型コラーゲンは，線維会合性コラーゲンであり，他のタイプのコラーゲンによって形成されたコラーゲン線維に会合する．以前はヘミデスモゾームの接着分子としてBP180とよばれていたXVII型コラーゲンは，基底膜の内部にコラーゲンドメインをもち，ヘミデスモゾームのプラークに非コラーゲン性ドメインを伸ばした

異なった種類のコラーゲンは，それぞれ特有の構造と性質をもつ．それは，コラーゲンを構成するタンパク質鎖の組合わせが，それぞれに異なっているからである（図6・28）．ある場合は，三つの同一の鎖からなるホモ三量体であることもあれば，二つあるいは三つの異なった鎖からなるヘテロ三量体である場合もある．II型およびIII型コラーゲンはホモ三量体の例であり，I型およびIV型コラーゲンはヘテロ三量体である．それぞれの鎖はα鎖とよばれる．したがって，II型コラーゲンの分子構造を表す式は$[\alpha 1(\mathrm{II})]_3$であり，I型コラーゲンの場合は$[\alpha 1(\mathrm{I})]_2 \alpha 2(\mathrm{I})$である．それぞれの異なったα鎖は，別々の遺伝子にコードされている．

すべてのコラーゲンの特徴は，三つのα鎖が互いにコイルを形成することでつくられる**三重らせん**（トリプルヘリックス，triple helix）の存在である．三重らせんを形成するいわゆる**コラーゲンドメイン**（collagenous domain）は，αヘリックス形成に必須の$[\mathrm{Gly}-\mathrm{X}-\mathrm{Y}]_n$からなるリピートをもっている．コラーゲンドメインは，I型コラーゲンのような線維性コラーゲンについては，分子の大部分を占めている．一方でXVII型コラーゲンのような特殊なコラーゲンにおいては，その一部に存在するだけである．多くのトリペプチドリピートにおいて，XあるいはYの位置に存在するヒドロキシプロリンは，分子間の水素結合を形成することによって，三重らせんの安定性に寄与するのに必須である．線維形成コラーゲンにおいては，三重らせんドメインは，300 nm（約1000アミノ酸）もの長さになる（図6・28）．これらの三重らせんをつくるコラーゲンの多くは，分子の端にある非ヘリックス性ドメインとヘリックスの表面に露出したアミノ酸の側鎖との相互作用を通じて，線維を形成する．これらの線維においては，ヘリックスをつくったモノマー（単量体）同士の間隔は40 nmであり，隣合う線維同士が67 nmずれながら並んでいる．このことによって，約67 nmの周期性（D周期）がつくられる．このずれながら配列する性質によって，光学顕微鏡あるいは電子顕微鏡で観察された**線維形成コラーゲンの縞模様**（banded appearance of fibrillar collagens）が説明できる．

コラーゲンの多様な構造についてさらに立入るのは，ここではふさわしくないだろう．この節では基底膜について述べるなかで，IV型コラーゲンについて以下に考えることにしたい．

コラーゲン線維によってつくられる構造は実に驚くべきものである．たとえば，**腱**（tendon）は大きな直径をもつ長さの一定しないコラーゲン線維からなる．それらは互いに厳密に平行に並び，そのことによって腱が，繰返しかかる張力に耐えられるようになる．これらの長い線維束形成は，コラーゲン分子の自動的な集合に一部依存し，一方でそれらを生みだす細胞の活性にも依存している．

コラーゲンタンパク質の合成は線維芽細胞の**小胞体**（endoplasmic reticulum）で行われる（図6・29）．小胞体では，プロリン残基のヒドロキシ化や糖鎖付加などの翻訳後修飾が行われ，さらにα鎖の会合が行われて，いわゆる**プロコラーゲン**（procollagen）とよばれる三重らせんを形成する．プロコラーゲンにおいては，成熟し

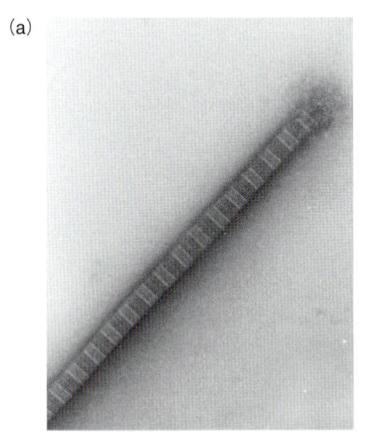

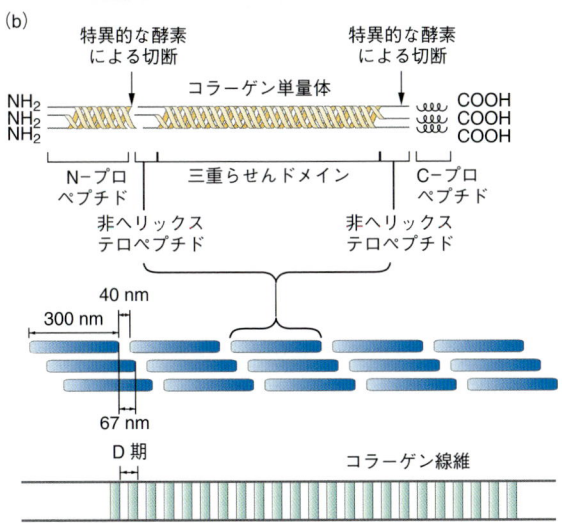

図6・28　線維形成コラーゲンの分子構造．（a）腱から分離したI型コラーゲンの電子顕微鏡像．縞模様が見える．（b）線維会合の様子．プロコラーゲンのN-プロペプチドとC-プロペプチドが切断されて，三重らせん領域が非ヘリックステロペプチドに両側を挟まれたコラーゲン単量体ができる．単量体が規則正しく会合することによって縞模様の見えるコラーゲン線維束を形成する．

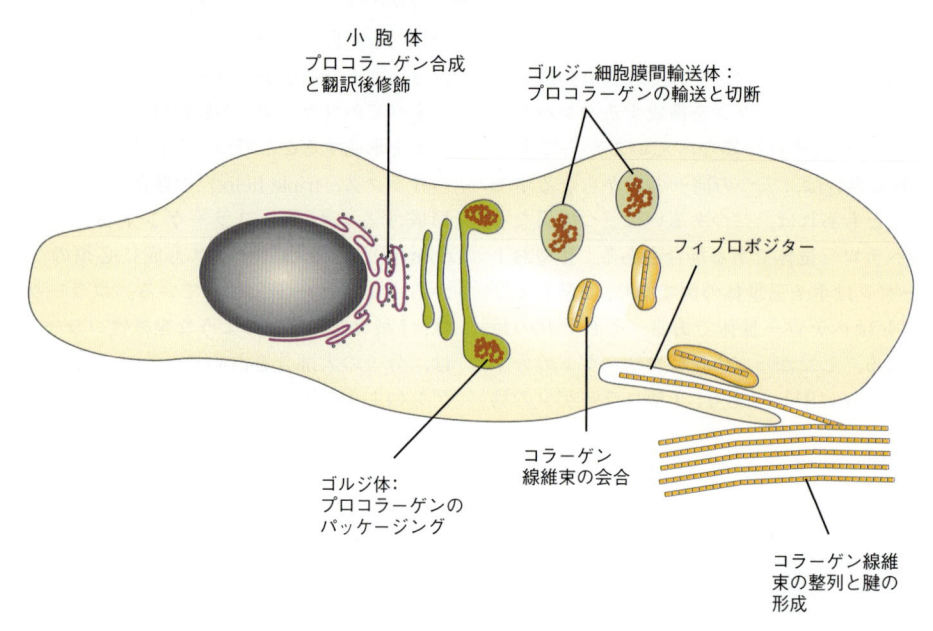

図 6・29 細胞内におけるコラーゲン生合成とコラーゲン線維束が平行に会合することによる腱の合成

たコラーゲンよりアミノ末端およびカルボキシ末端が長く，それらはそれぞれ N-プロペプチド，C-プロペプチドとよばれる．C-プロペプチドは三重らせん形成の開始に関係し，そこから N 末端方向へ三重らせんが伸びてゆく．プロコラーゲンはさらに**ゴルジ体**（Golgi apparatus）へ輸送され，**トランスゴルジ網**（trans-Golgi network, TGN）において，**ゴルジ-細胞膜間輸送体**（Golgi to plasma membrane carrier, GPC）とよばれる小胞に積み込まれる．GPC 形成の間に，特殊な酵素が N-および C-プロペプチドを切断するが，これは**自発的に会合**（self-assembly）してコラーゲン線維束をつくるのに必須の過程である．新生微線維は，GPC 内において長さと数を増す．GPC は細胞表面に達して，**フィブロポジター**（fibropositor）とよばれる構造を形成し，そこで他の線維と会合して，規則正しく平行に並んだ線維束を形成する．その後，腱の線維芽細胞によって，線維束は平行に整列させられる．この過程は胚発生の時期においてのみ起こり，それ以降，腱はさらに線維束が平行に並ぶことによって成長する．

コラーゲン遺伝子の変異によってさまざまのヒトの遺伝病が起こる．そのなかには，軟骨異形成症（chondroplasia），**骨形成不全症**（osteogenesis imperfecta），アルポート症候群（Alport syndrome），エーラース・ダンロス症候群（Ehlers–Danlos syndrome），栄養障害型表皮水疱症（dystrophic epidermolysis bullosa）などがあり，他のコラーゲン異常も変形性関節症（osteoarthritis）や骨粗鬆症などに影響を与える．創傷治癒の間には，コラーゲンのリモデリングが起こる必要がある．マトリックスメタロプロテアーゼファミリーのある種のメンバーがこの過程におけるコラーゲンの分解にかかわっている．このような酵素は，肥大軟骨細胞，骨芽細胞や，関節や骨のリモデリングに関与する破骨細胞などだけではなく，線維芽細胞，顆粒球などの炎症細胞などさまざまの細胞においてつくられている．

グリコサミノグリカンとプロテオグリカンは水を吸収し，圧縮に耐える

その他の主要な ECM の構成成分は**グリコサミノグリカン**（glycosaminoglycan, **GAG**）とよばれる長い炭素鎖である．GAG はたいていタンパク質と結合し，プロテオグリカンを形成している．GAG は二糖の繰返しからなる長い分枝のない鎖でできている．繰返し単位中の糖の一つは N-アセチルグルコサミンという**アミノ糖**（amino sugar）であり，もう一つは**ウロン酸**（uronic acid），つまりグルクロン酸もしくはイズロン酸である（図 6・30）．GAG は糖のほとんどが**カルボン酸基**（carboxylic acid group）をもっているため強い負電荷を示し，**コンドロイチン硫酸**（chondroitin sulfate），**デルマタン硫酸**（dermatan sulfate），**ヘパラン硫酸**（heparan sulfate），**ケラタン硫酸**（keratan sulfate）中で

細胞外マトリックス

図 6・30 硫酸化された，また硫酸化されていないグリコシルアミノグリカンからなる，糖鎖の繰返しのユニット

イズロン酸　　N-アセチルグルコサミン 4-硫酸

二糖のリピート

→ n デルマタン硫酸

グルクロン酸　　N-アセチルグルコサミン

→ n ヒアルロン酸

アミノ糖は通常，**硫酸化**される．これらの長い糖鎖は組織の構造と機能において，主要な役割を果たすための二つの重要な特性をもっている．一つ目はタンパク質の鎖とは違って糖鎖はコンパクトな単位に折りたたまれないことである．二つ目は，負電荷が**浸透活性**のある (osmotically active) Na^+ のような陽イオンを引付け，大量の**水** (water) を集めることである．これらの特性によって，かなりの空間を GAG が満たすことになり，関節の軟骨にかかる強い圧縮力などの負荷に対する耐性をもたらしている．

硫酸化されていない GAG である**ヒアルロン酸** (hyaluronic acid, **HA**) は 25,000 にも及ぶ二糖の単位か

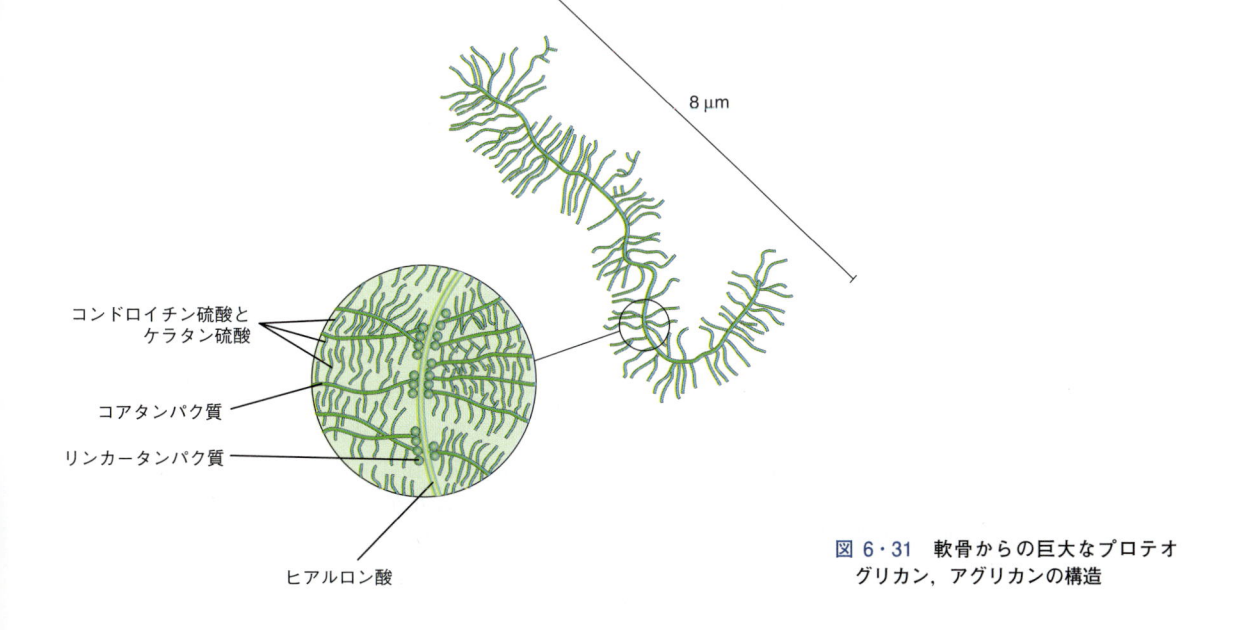

図 6・31 軟骨からの巨大なプロテオグリカン，アグリカンの構造

らなり，広く組織に分布している．HA分子は数百万もの分子量に達し，水を十分に含んだ1分子は$10^7 nm^3$の容積を占めることになる．HAは**関節**（joint）においては潤滑剤として働き，胚発生や創傷治癒において細胞遊走を促進する．

プロテオグリカンは硫酸化されたGAGからなり，そのGAGが**コアタンパク質**（core protein）のポリペプチド鎖に共有結合している（図6・31）．それらは大きさや糖の構成を大きく変化させる．最も大きなものは重量で95％が糖からなっており，軟骨の主要な構成成分である**アグリカン**（aggrecan）は300万もの分子量をもっている．逆に**デコリン**（decorin）は分子量4万で糖鎖を一つもつ．それ自体ですでに巨大な分子であるアグリカンは，軟骨において，1億程度の分子量をもつ巨大な複合体を形成し，$5×10^{16} nm^3$の容積を占める．アグリカン凝集体はHA分子を中核とし，その側面にリンカータンパク質を介して多くのアグリカン分子が並行に結合している．全体の基本構造は顕微鏡で見ると瓶洗浄ブラシのようである．プロテオグリカンは空間充填や力学的な特性のほかに，さらにいくつかの機能をもっている．たとえば，**線維芽細胞成長因子**（fibroblast growth factor, FGF）やトランスフォーミング成長因子α（transforming growth factor-α, TNF-α）のような成長因子とケモカインに結合することで，拡散性のシグナル分子の活性化を調節することができる．プロテオグリカンの一例として，デコリンはそのような調節力をもち，コラーゲンとの結合能によってコラーゲン線維の形成にも関与している．**パールカン**（perlecan）とよばれる別のプロテオグリカンは腎臓の基底膜の重要な構成物質であり，その特性はそこでの血漿の沪過に貢献している．いくつかのプロテオグリカンはECMの構成成分というより膜タンパク質である．たとえば，**シンデカン**（syndecan）はフォーカルコンタクトの接着性には欠くことのできない膜タンパク質である．

エラスチンとフィブリリンは組織に弾性を与えている

張力，ねじり負荷，圧縮力への耐性に加え，組織は変形した後に元の形に戻るための能力としてかなりの弾性を必要としている．この特性は皮膚，肺，血管で特に必要である．**組織の弾性**（tissue elasticity）はコラーゲン繊維で織り合わされた弾性線維のネットワークに大部分が存在する．**弾性線維**（elastic fiber）のおもな構成成分はエラスチンとフィブリリンというタンパク質である（図6・32）．エラスチンは主要な構成物質であり，大きな動脈の約50％の重量を占めている．エラスチンは，

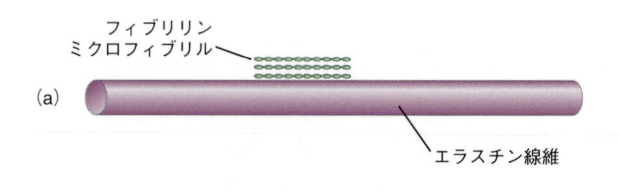

図6・32 **弾性線維**．(a) 弾性線維は，エラスチンのコアが，フィブリリンミクロフィブリルに取囲まれた構造をしている．(b) エラスチン分子は親水性ドメイン（紫）と疎水性ドメイン（ピンク）が一列に並んだ構造をしている．(c) 疎水性ドメインが弾性を生じるのに必要である．

その弾性的な性質に寄与する一続きの**疎水的なドメイン**（hydrophobic domain）と，隣合う分子と架橋を形成するための，リシン残基に富んだαヘリックスリンカー領域をもっている．形成されたECM複合体は一つのネットワークから構成され，同サイズの輪ゴムの5倍もの伸張性を線維に与える．

弾性線維はフィブリリンタンパク質でできた直径10 nmの鞘（**ミクロフィブリル**，microfibril）で覆われている．これらは線維の会合に重要である．フィブリリン遺伝子の変異は**マルファン症候群**（Marfan syndrome）とよばれるヒトの遺伝性疾患をひき起こし，弾性線維全体が機能しなくなると結果として，重度の患者では**大動脈**（aorta）の破裂が起こる．エラスチン遺伝子の変異は大動脈の狭窄をひき起こす．

フィブロネクチンは細胞接着に重要である

フィブロネクチンは多くの非コラーゲンECMタンパク質のなかで最もよく研究されていて，細胞接着と細胞行動を調節する役割をもっている．最初に発見されたときには，大きな興奮をもたらした．なぜなら，通常の細胞よりも癌細胞の培養液中で相当に量が少ないことがわかり，癌細胞の接着性と転移特性を低減することに働くかもしれないと考えたからである．

フィブロネクチンは胚発生に必要であり，原腸胚形成運動と神経冠細胞の移動を導くために基礎となる．ECMの構成物質同様にフィブロネクチンの可溶性型は血漿中にたくさん存在し，血液凝固，創傷治癒，**貪食**（phagocytosis）に関与している．

フィブロネクチンはそれぞれ分子量約20万の二つの

類似，または同一のタンパク質鎖がカルボキシ末端の近傍で，二つのジスルフィド結合によって結合した二量体である（図6・33）．これらの鎖の主要な構造成分は樽様のIII型フィブロネクチン（fibronectin type III）リピートである．ヘパリンやコラーゲン，細胞に結合するための，または自己会合するためのドメインなど他の分子と結合するためのさまざまな領域が鎖に沿って配置されている．主要な細胞結合部位はトリペプチド配列（Arg-Gly-Aspまたはアミノ酸の一文字表記で**RGD**）からなり，その配列はIII型リピートの一つから伸長する露出したループ上に存在する．これは主要な細胞フィブロネクチン受容体である$\alpha 5\beta 1$インテグリンの結合部位である．RGD配列は後に，凝血塊のタンパク質であるフィブリノーゲンなど，他のマトリックスタンパク質でも発見された．ある種のヘビはその毒の中に，RGDを含んだタンパク質ディスインテグリンを産生し，血液凝固を抑制する．また，RGDペプチドをもとにつくった薬が抗血液凝固剤として開発されている．

ラミニンは基底膜の主要成分である

　基底膜の重要な構成成分は，三量体タンパク質のラミニンである．ラミニンは，異なる遺伝子産物である3種類のタンパク質（α，β，γ）から構成される．3種類のラミニン遺伝子は，それぞれ遺伝子ファミリーをもち，5種類のα鎖，3種類のβ鎖，3種類のγ鎖が，さまざまな組合わせにより多様なラミニンをつくり出す．

　古典的なラミニン分子として**ラミニン1**（laminin 1）が知られており，ラミニン1は，約400 kDaのα鎖および200 kDaのβ，γ鎖からなる（図6・34）．ラミニン1は，α，β，γ鎖が，十字架状の構造をとる分子である．球状の構造が，α，β，γ鎖のN末端と，α鎖のC末端に存在する．β鎖とγ鎖のC末端は，αヘリックスが互いに巻き合ったコイルドコイルとよばれるドメイン構造をとり，α鎖の棒状の構造領域と結合する．十字架状に交差したN末端の球状の構造には，自己会合するためのドメインが存在し，ラミニンがネットワーク構造を形成することを可能にしており，このラミニンネットワーク構造が基底膜構造の基礎となっている．α鎖C末端の球状の構造には，たとえば$\alpha 6\beta 1$インテグリンを介した細胞結合部位がある．他のラミニン，たとえばラミニン5は，N末端が切断された三つの鎖から構成され，ラミニン1のような十字架様の構造を形成しないにもかかわらず，ヘミデスモゾーム接着の基層を形成するため，他の基底膜構成成分と結合する．

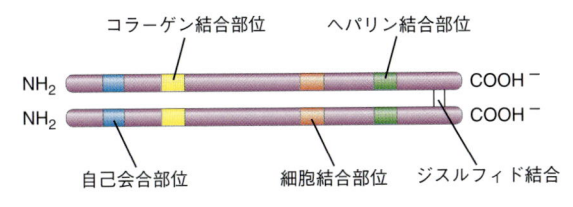

図6・33　**フィブロネクチン二量体**．種々の結合部位を示す．

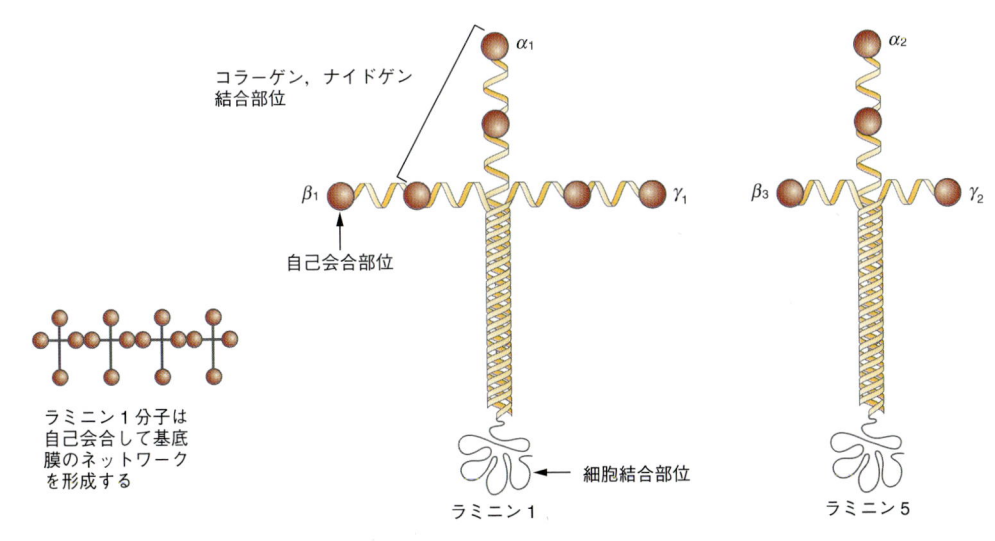

図6・34　**ラミニンの構造**

基底膜は細胞接着に特化した薄いマトリックスの層をなす

基底膜は薄く（50〜100 nm），連続したECMの層であり，上皮および内皮細胞層を支え，筋細胞，脂肪細胞，そしてシュワン細胞などを取囲んでいる．基底膜は，その下に存在する結合組織に接着したり，リンクをつくったりするための基礎構造を形成する．電子顕微鏡観察によると，基底膜には2成分あり，一つが電子密度の薄い透明な層で，その下に電子密度の濃い黒い層がある．これら層構造は，それぞれ，**透明帯**（lamina lucida）および**緻密帯**（lamina densa）とよばれる（図6・15）．

基底膜は，数多く架橋された，いくつかのタンパク質およびプロテオグリカンの複合体である（図6・35）．おもな構成成分は，**IV型コラーゲン**（type IV collagen），ラミニン，**ナイドゲン**（nidogen，**エンタクチン** entactin ともいう），およびヘパラン硫酸プロテオグリカンである．これまで全体で，およそ50種類の基底膜タンパク質が同定されているが，すべての基底膜構成成分のうち，50％がIV型コラーゲンである．異なった組織の基底膜は，細胞接着という一般的な役割に加えて，その特異的な性質をもっている．その特異性は，IV型コラーゲン，ラミニンそしてヘパラン硫酸プロテオグリカンのアイソフォームの違いによって付与されている．これまで，7種のIV型コラーゲン，12種のラミニンが知られている．基底膜の特異的な性質は，異なった組織や器官の多様な機能の制御に重要である．基底膜の主要な構成成分であるラミニンとIV型コラーゲンは，自己会合し，シート状の構造を形成することができるが，他の基底膜構成成分はできない．培養細胞を用いた基底膜形成の研究から，ラミニンが，最初にネットワーク構造を形成し，接着受容体であるインテグリン（特に$\beta 1$）および膜貫通型プロテオグリカンであるジストログリカンと結合することが示されている．IV型コラーゲンは独立してネットワーク構造を形成し，形成後にラミニンネットワークと結合する．この結合は，ナイドゲン／エンタクチンによって促進される．このラミニンとIV型コラーゲンのネットワーク複合体は，その他の基底膜成分が結合するための足場となる．

基底膜は，いくつかのヒト疾患の原因となる．IV型コラーゲンのα_5鎖の変異は，**アルポート症候群**（Alport syndrome）と関連し，この疾患は腎炎や聴覚喪失をひき起こす．皮膚における重篤な水疱形成病であり，誕生後早い時期において致死となる接合部型表皮水疱症の場合，ラミニン5鎖をコードする遺伝子の変異と関連がある．一方，合指症をひき起こす，重篤な衰弱性の水疱形成病である栄養障害型表皮水疱症は，コラーゲンVII遺伝子の変異が原因であり，係留線維の欠失によりひき起こされる．IV型コラーゲンのα_3鎖に対する自己抗体は，腎臓の糸状体において**グッドパスチャー症候群**（Goodpasture syndrome）の発症にかかわる．

腫瘍増殖（tumor growth）の主要因子は，**血管新生**（angiogenesis）である．成長中の腫瘍は，血液の供給なしには，2〜3 mmの大きさを上回ることができず，無酸素状態をきたして死ぬことになる．腫瘍細胞は成長因子を産生し，血管新生を促進する．基底膜は，内皮細

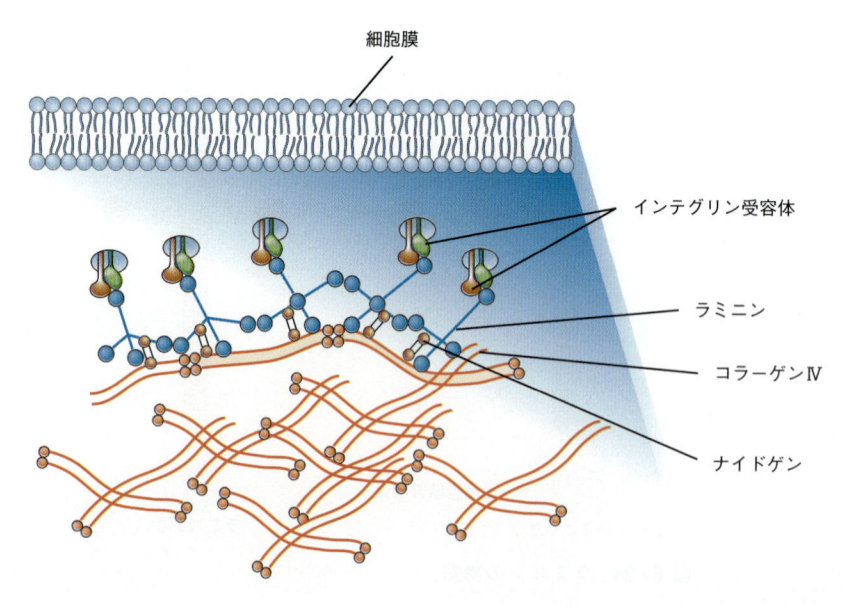

図6・35 基底膜の分子組成

胞の細胞増殖や細胞遊走を抑制することにより，新たな血管新生を阻止する．腫瘍増殖の間，腫瘍付近のマトリックスに存在する炎症細胞および間質細胞が，マトリックスメタロプロテアーゼを産生し，血管の基底膜を分解する．このようにして，内皮細胞が細胞増殖や細胞遊走できるようになることで，新しい血管がつくられ，腫瘍に血液が供給される．この過程に関する研究は，血管新生の抑制によって腫瘍の増殖を防げるかもしれないという希望につながっている．

フィブリンは必要時，速やかに血栓マトリックスの形成と会合を行う

フィブリン（fibrin）は血栓に含まれる細胞外マトリックスの主要な構成タンパク質で，細胞や他の細胞外マトリックスと結合する**弾性ネットワーク**（elastic network）を形成する．フィブリンの重合，ネットワーク形成は，フィブリン前駆体であるフィブリノーゲン（fibrinogen）が血中に相当量（2〜4 g/L）存在して，トロンビンによる切断を受けたときに起こる．フィブリノーゲンはAα鎖，Bβ鎖，γ鎖それぞれ2本ずつ，計6本のポリペプチド鎖がジスルフィド結合で架橋された構造をもち，伸ばした状態で45 nmの長さの分子である（図6・36）．各複合体分子は中央のEドメインと両端の二つのDドメインがコイルドコイル構造で連結された構造をもつ．トロンビンはフィブリノーゲンのAα鎖からフィブリノペプチドA（fibrinopeptide A）とよばれる部分を切断し，重合を誘導する．この重合には二つの形式があり，一つはDドメインとEドメインの結合を介した重合，もう一つは血栓のネットワーク形成のための，外側での枝分かれ状の重合である．このネットワークは，XIII因子や**トランスグルタミナーゼ**（transglutaminase）とよばれる酵素の働きで，分子間の**ε-（γ-グルタミル）リシン結合**（ε-(γ-glutamyl)-lysine bond）で共有結合的に架橋されることで安定化される．架橋された血栓は十分な弾性をもち，長さにして1.8倍まで伸長されても元に戻ることができる．このような凝血過程は，トロンビンの産生やXIII因子の活性を阻害するメカニズムの存在により，制御可能なものとなっている．

フィブリンは，細胞外マトリックスの構成因子であるフィブロネクチン，ヘパリンや，成長因子であるFGF-2，血管内皮成長因子（VEGF），サイトカインである**インターロイキン1**（interleukin-1）など多様な細胞外因子と結合する．またフィブリンは，**血管内皮カドヘリン**（vascular endothelial (VE)-cadherin），血小板インテグリンαIIbβ3，白血球インテグリンMac-1などのCAMと結合する部位をもつ．これらの結合は血管新生や，**血栓**（thrombus）形成時の血小板，**単球**（monocyte），**好中球**（neutrophil）の集合に重要である．

血栓は必要時に速やかに形成されなければならないのと同時に，必要がなくなったり，あるいは不適切な形成があった場合には，速やかに消失しなくてはならない．この消失過程は線維素溶解（fibrinolysis）とよばれ，フィブリンを切断する**プラスミン**（plasmin）とよばれる酵素の働きで起こる．プラスミンは前駆体タンパク質

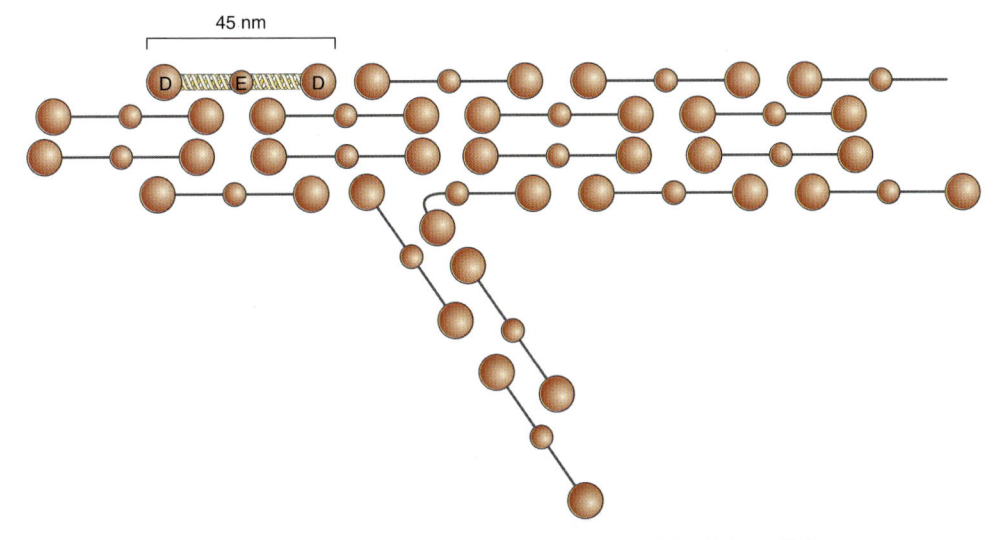

図6・36　フィブリン分子の構造と血液凝固の際に重要な枝分かれ構造

であるプラスミノーゲン（plasminogen）の切断，成熟によって産生され，この切断作用を行うのはフィブリンに結合する酵素である組織プラスミノーゲンアクチベーター（tissue plasminogen activator）である．

正常および異常な血栓形成とフォン ウィルブランド因子

血管障害時に，血小板が凝血の開始と進行を促進する反応において，フォン ウィルブランド因子が重要な役割を果たしている（図 6・37）．血管壁の付近では血流による強いずり応力（shear force）が生じ，細胞が付着することを困難にしている．フォン ウィルブランド因子は血管壁のコラーゲンと血小板を架橋することで血小板の細胞壁への付着を可能にする．

成熟型のフォン ウィルブランド因子は同一のサブユニットが多数のジスルフィド結合で連結された多量体タンパク質である．各前駆体サブユニットは 2050 アミノ酸長で，多数の糖鎖修飾を受けている．これらのサブユニットはまず C 末端でジスルフィド結合を介した分子量約 50 万の二量体を形成する．さらなる多量体化にはフューリン（furin）とよばれる酵素による N 末端のプロペプチドの切断が必要となる．切断後，N 末端でのジスルフィド結合を介した多量体化が起こる．こうして形成された多量体は分子量 1000 万に達することもある．電子顕微鏡観察によれば，この種の多量体のうちの最大のものは長径 1300 nm，断面の直径 200〜300 nm に達する．フォン ウィルブランド因子多量体は細胞内で合成され，内皮細胞のバイベル・パラーデ小体，白血球の

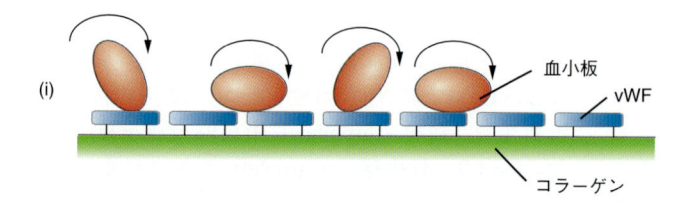

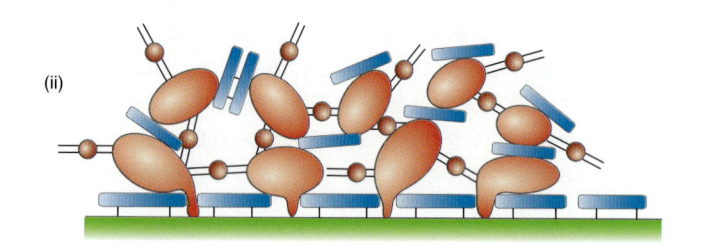

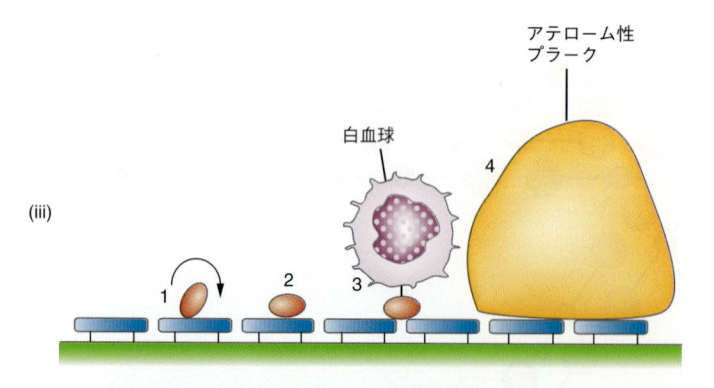

1. 血小板が回転しながら血管内皮細胞に接着する：GP Ib, P セレクチン/フォン ウィルブランド因子, PGSL-1-P セレクチン
2. 血管内皮細胞との強い接着：αⅡβ1 インテグリン，フィブリノーゲン
3. 他の血小板や白血球のリクルート：PGSL-1-P セレクチン，Mac-1-内皮細胞受容体
4. アテローム性プラークの形成

図 6・37　血小板の正常および異常な接着．(i) フォン ウィルブランド因子（青）が，露出した上皮細胞基底膜のコラーゲン（緑）に接着すると，血小板が，血流の流れによって回転しながら緩く接着する．(ii) 血小板はつぎにコラーゲンに安定に結合し，フォン ウィルブランド因子やフィブリノーゲン（茶）によって，より多くの血小板の結合が促進される．血栓が持続的に成長していく．(iii) 血小板が上皮細胞の表面に接着することが，他の血小板や白血球をよび集め，そのことによってさらに血栓形成が進み，やがてアテローム性プラークの形成に結びつく．

α顆粒，巨核球（巨大な細胞で，血小板を生成する）などの内部に蓄積される．ある程度のフォン ウィルブランド因子は，内皮細胞から**恒常的に分泌**されており，若干の濃度で血中に存在しているが，血管に傷害の起こったときには，内皮細胞および血小板より，フォン ウィルブランド因子の**制御性の分泌**が起こる．フォン ウィルブランド因子単量体は，コラーゲンや血小板接着受容体 GPIb（GPIb–IX–V 複合体の一部として存在する），GPIIbβ3，および凝固タンパク質VIII因子と結合する部位をもつ．このように，この多量体はいわば結合部位で毛羽立ったひものように見える．多量体が大きくなるほど，血栓の形成により効果的となる．

血小板の血管への接着はまず血小板上の GPIb がフォン ウィルブランド因子に結合し，ついで，フォン ウィルブランド因子がコラーゲンに結合することで起こる．この結合は容易に剥がれるようなもので，強い接着とはならない．その代わり，この種の接着をしている血小板は血流に従って，血管の表面を転がっていくのである．おそらく血小板表面のセレクチン分子とフォン ウィルブランド因子の糖鎖も接着の初期に貢献しているだろう．

GPIb とフォン ウィルブランド因子の結合は，血小板内部のカルシウム濃度と**プロテインキナーゼC**（protein kinase C）の活性の変化をひき起こすなど，細胞内シグナルを惹起する．このシグナルによって血小板インテグリン GPIIbβ3 が活性化され，フォン ウィルブランド因子との結合を堅固なものにする．

フォン ウィルブランド因子は多様な血小板接着分子と結合できるため，血小板同士の集合を架橋することもできる．血小板はさらに，フィブリノーゲン，フィブリンやその他血栓形成に重要な因子群とも結合する．このことから，フォン ウィルブランド因子とフィブリンは血栓形成において相補的な役割をもつと考えられる．フォン ウィルブランド因子はフィブリノーゲンのないとき，堅いが不安定な血栓を形成し，フィブリノーゲンがあるときには，速度は遅いがより堅固な血栓を形成する．したがって，フォン ウィルブランド因子かフィブリノーゲンのどちらか一方に先天性の障害をもつ患者は，血液凝固に異常をきたす．

フィブリンの場合と同様，フォン ウィルブランド因子による血栓形成過程も制御を必要とする．この制御は細胞外の酵素 **ADAMTS13** の働きによる．ADAMTS13 はフォン ウィルブランド因子多量体を切断し，サイズを縮めることで，おそらく過剰な血栓形成を抑制しているのだろう．ADAMTS13 遺伝子の変異が**慢性再発性血小板減少性紫斑病**（chronic relapsing thrombocytopenic purpura）をひき起こすことからも ADAMTS13 による制御が重要であることがわかる．血栓形成の異常は**脳卒中**（stroke），**冠動脈血栓**（coronary thrombosis），**静脈炎**（phlebitis），**静脈血栓症**（phlebothrombosis）などの病気をひき起こすので，血栓形成のメカニズムを理解することは重要である．

まとめ

細胞接着と細胞外マトリックスは人体組織の構造と機能の基盤を支えるものである．細胞接着を仲介する分子はほとんどの場合，カドヘリン，免疫グロブリン（Ig）受容体，セレクチン，インテグリンの四つの細胞接着受容体ファミリーのどれかに属している．一般的に，これらの細胞接着受容体は細胞間接着であるデスモゾームとアドヘレンスジャンクション，細胞と細胞外マトリックスの接着であるヘミデスモゾームとフォーカルコンタクトなどの細胞接着部位に集中して局在している．さらに，細胞間接着には，傍細胞透過性チャネルや細胞極性を制御するタイトジャンクションと，細胞間連絡を仲介するギャップ結合がある．これらに加えて，細胞接着受容体は細胞接着を仲介するほか，細胞移動，増殖，分化，生存などさまざまな細胞動態にかかわるシグナル伝達にも関与する．細胞接着はダイナミックな過程であり，たとえば炎症反応における白血球，血液凝固における血小板など，特に浮遊性の細胞が速やかに接着性に変化する場合に顕著である．

細胞外マトリックスは多様な構成因子からなり，なかでも最も多量に存在するのが線維性コラーゲンである．コラーゲンは腱や真皮に強度を与え，骨や軟骨の基礎となる．たいていの場合，組織には多量のグリコサミノグリカン，プロテオグリカンなど，負に帯電したポリマーが含まれ，水分を吸収して圧力への耐性を獲得しており，特に軟骨において顕著である．組織の弾性はエラスチンやフィブリリンなどの弾性繊維に依存している．内皮などさまざまな組織において，IV型コラーゲンやラミニンを主要な成分とする基底膜上に細胞が接着している．それぞれの組織において基底膜構成成分の比率は異なり，基底膜の特異的な性質をつくり出している．ほとんどの細胞外マトリックスは通常，半永久的なものであるが，血栓のみは傷害に応じて速やかに形成される．血栓マトリックスの主要成分はフォン ウィルブランド因子とフィブリンであり，この両者によって血小板接着の基層が形づくられる．

参考文献

細胞接着分子とシグナル伝達
R. L. Juliano, 'Signal transduction by cell adhesion receptors and the cytoskeleton: functions of integrins, cadherins, selectins and immunoglobulin family members', *Annu. Rev. Pharmacol. Toxicol.*, **42**, 283〜323 (2002).

細胞間結合
S. Aijaz, M. S. Balda, K. Matter, 'Tight junctions: molecular architecture and function', *Int. Rev. Cytol.*, **248**, 261〜298 (2006).

D. R. Garrod, A. J. Merritt, N. Zhuxiang, 'Desmosomal adhesion: structural basis, molecular mechanism and regulation', *Mol. Membr. Biol.*, **19**, 81〜94 (2002).

C-J. Wei, X. Xu, C. Lo, 'Connexins and cell signalling in development and disease', *Annu. Rev. Cell Dev. Biol.*, **20**, 811〜838 (2004).

細胞-マトリックス間結合
M. C. Frame, N. O. Carragher, 'Focal adhesion and actin dynamics: a place where kinases and proteins meet to promote invasion', *Trends Cell Biol.*, **14**, 241〜249 (2004).

機能的側面からみた細胞接着
I. Ramasay, 'Inherited bleeding disorders: disorders of platelet adhesion and aggregation', *Crit. Rev. Oncol. Hematol.*, **49**, 1〜35 (2004).

細胞外マトリックス
K. Gelse, E. Pöschl, T. Aigner, 'Collagens: structure, function, and biosynthesis', *Adv. Drug Deliv. Rev.*, **55**, 1531〜1546 (2003).

R. Kalluri, 'Basement membranes; structure, assembly and role in tumour angiogenesis', *Nat. Rev. Cancer*, **3**, 422〜433 (2003).

G. L. Mendolicchio, Z. M. Ruggeri, 'New perspectives on von Willebrand factor functions in hemostasis and thrombosis', *Semin. Hematol.*, **42**, 5〜14 (2005).

M. W. Mosesson, 'Fibrinogen and fibrin structure and function', *J. Thromb. Haemost.*, **3**, 1894〜1904 (2005).

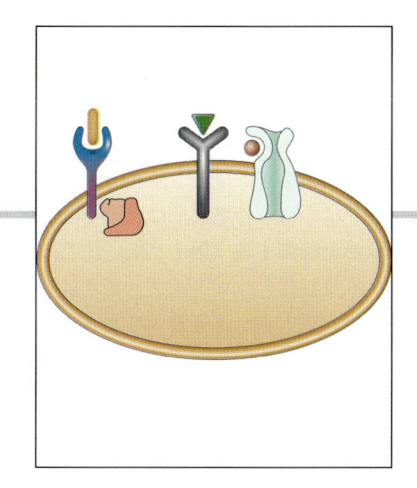

7

細胞間シグナル伝達

細胞間シグナル伝達の一般的様式
リガンドとして機能する細胞間シグナル伝達分子

　化学構造にかかわらず，すべての細胞間シグナル伝達分子は**リガンド**（ligand）として働き，特定の**受容体**（receptor）と結合して標的となる細胞に生物学的応答をひき起こす（図7・1）．細胞膜を通抜けることができない巨大な，あるいは親水性の分子は，細胞膜の受容体を使って標的細胞内へシグナルを伝える．細胞膜の受容体は細胞外リガンド結合ドメイン，膜貫通ドメイン，そして生物学的応答を導く細胞内イベントをひき起こす細胞内ドメインをもつ．これらの細胞膜受容体はイオンチャネルであったり，酵素であったり，あるいは酵素とつながるものである．より小さくて疎水性のリガンドは，細胞膜を通過して拡散し，標的細胞内に存在する受

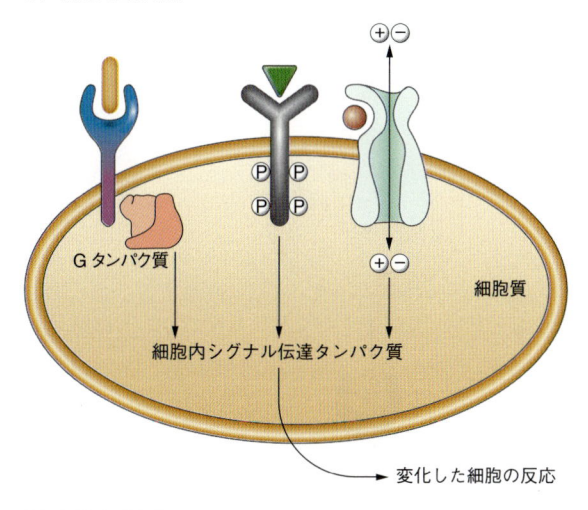

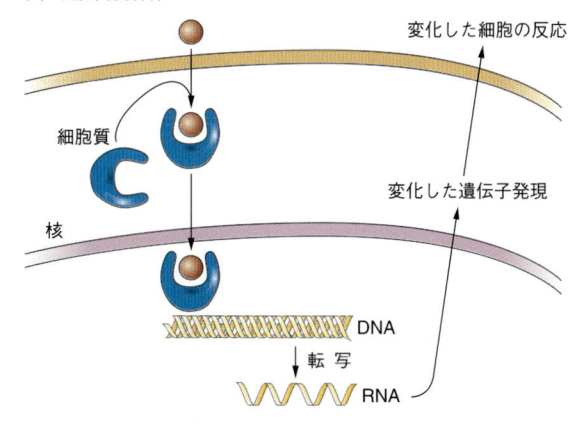

図7・1　**細胞間シグナル伝達分子はリガンドであり，標的細胞の特定の受容体との相互作用を通じて作用を与える．**巨大で親水性のシグナル伝達分子は拡散により標的細胞に入ることができず，細胞表面の受容体との相互作用を通じて作用する（a）．これらの受容体はイオンチャネル，Gタンパク質共役型，あるいは酵素結合型である．受容体を介した下流のセカンドメッセンジャー経路の変化が細胞の行動を変える．小さな疎水性のシグナル伝達分子は標的細胞内に容易に拡散して入ることができ，細胞内に存在する受容体と相互作用する（b）．これらのリガンド–受容体複合体はつぎにDNAの制御領域に結合し，細胞の行動を変える新しい遺伝子産物の転写を促進する．

容体を活性化する．これらの細胞内受容体はしばしば転写因子であり，遺伝子発現を変化させる．分子間シグナル伝達リガンドや受容体は発現レベルが低く，伝統的な生化学的アプローチでの単離，特性解析には向かない．近年の分子生物学と薬理学の進展はこれらの問題を克服し，細胞間リガンドと受容体の同定，特性解析の速度を速めてきた．この情報はつねに変化し続ける外部環境の変化に対応するための複雑な細胞現象，あるいは分子現象に新たな知識をもたらした．

細胞はシグナル伝達分子に対して異なる反応を示す

細胞はいくつかのシグナルに選択的に反応し，同時に他のシグナルを無視しなければならない．さまざまな応答は，リガンド，受容体，細胞間シグナル伝達経路の組合わせなどの変化に帰することができる．もしリガンドがない，あるいは量が減少していれば，応答は起こらないかもしれない．リガンドが高濃度に存在したとしても，標的細胞が適切な受容体を発現していなければ，やはり応答は生じない．さらに，同じリガンドがすべての細胞に同じ生物学的効果を起こすとも限らない．たとえば，アセチルコリンは心臓や骨格筋では収縮を制御するが，唾液腺では分泌を制御する（図7・2）．

リガンドの異なる受容体のサブタイプ，または同じ受容体の異なる細胞間シグナル伝達経路へのカップリングの相互作用は，異なる応答をひき起こす．最後に，細胞がさらされるすべての個々のリガンドへの反応の総計が，細胞が起こす行動の変化を決定する．高度に多様な反応が，リガンドの組合わせや標的細胞の生理学的な状態，あるいはその両方によるほんのわずかな変化によって観察されうる．

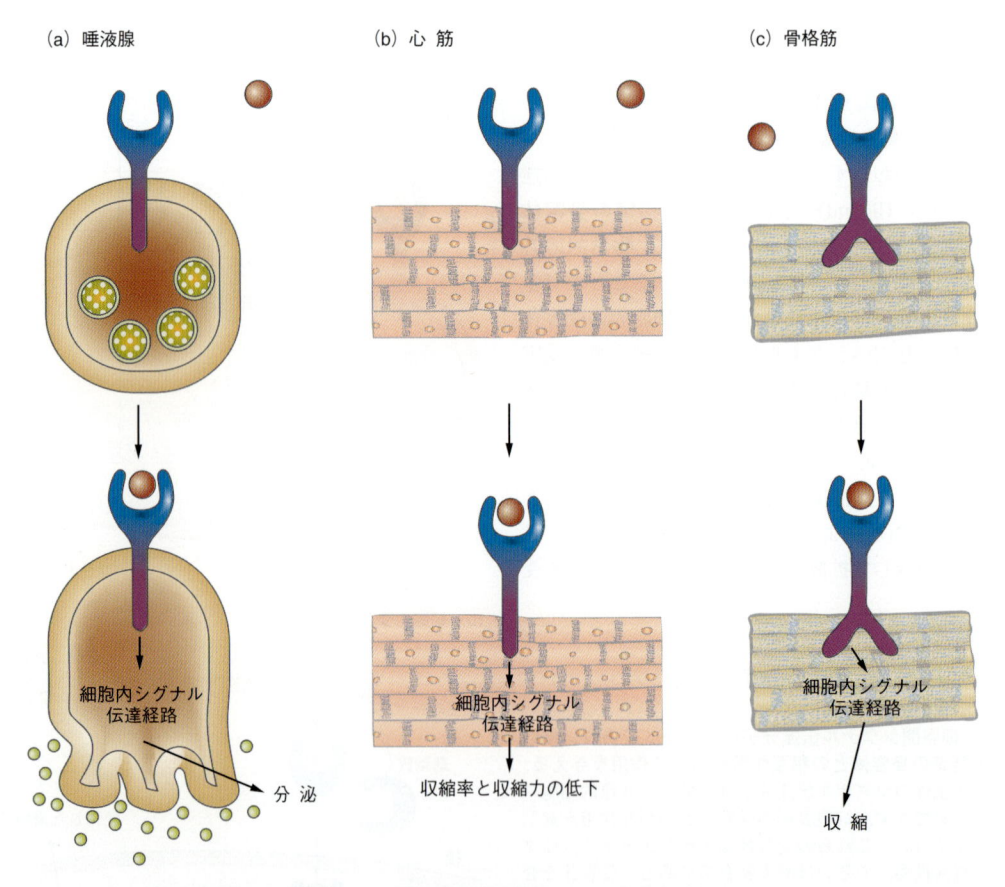

図 7・2　シグナル伝達分子は多様であり異なる応答を誘導する． 唾液腺 (a) では，アセチルコリンはムスカリン性受容体サブタイプを活性化し，分泌をひき起こす．心臓 (b) では，同じムスカリン性受容体サブタイプのアセチルコリンによる活性化は，心拍数と収縮力の低下という異なる生物学的効果をもつ．細胞の行動における異なる効果は，ムスカリン性受容体の2種の細胞種における異なる細胞内シグナル伝達経路とのカップリングによる．骨格筋 (c) では，アセチルコリンは異なる受容体サブタイプ，ニコチン性受容体を活性化し，筋細胞の脱分極と収縮をひき起こす．

細胞間シグナル伝達分子は複数の機構によって作用する

細胞間シグナル伝達に関する事象についてのわれわれの理解が増えるにつれ，細胞間シグナル伝達分子のクラス間の区別は不明瞭になってきている．古典的には，シグナル伝達分子はリガンドの源から作用部位までの距離によって内分泌（エンドクリン），傍分泌（パラクリン），自己分泌（オートクリン），ジャクスタクリン（隣接分泌）と分類されてきた（図7・3）．

しかし，個々のシグナル伝達分子は複数の機構によって作用しうる．たとえば，表皮（上皮）成長因子（epidermal growth factor, EGF）は膜貫通タンパク質であり，隣合う細胞との直接の結合によりシグナルを伝達しうる（ジャクスタクリンシグナル伝達）．しかし，そ

(a) 傍分泌シグナル伝達

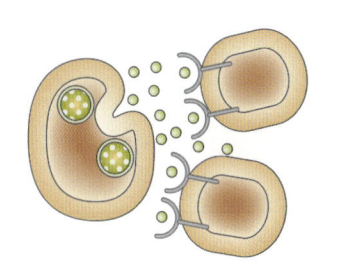

(b) 自己分泌シグナル伝達

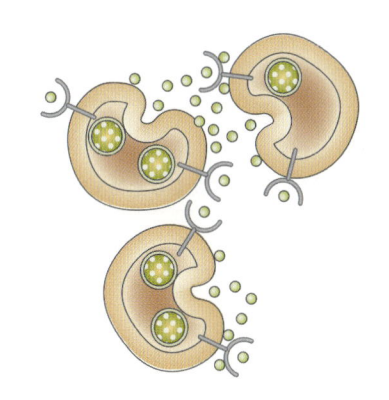

(c) ジャクスタクリンシグナル伝達

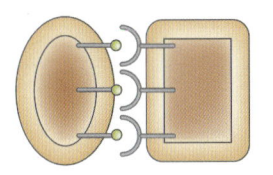

(d) 内分泌シグナル伝達

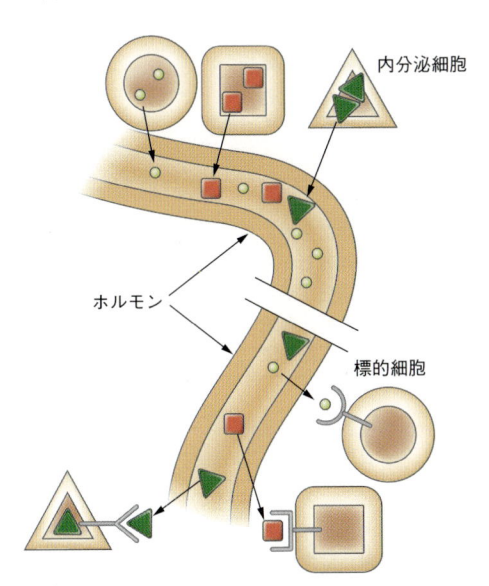

内分泌細胞

ホルモン

標的細胞

(e) シナプスシグナル伝達

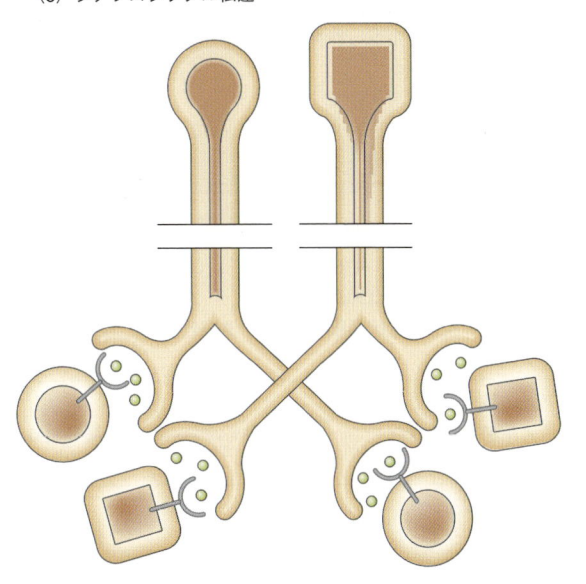

図7・3 **細胞間シグナル伝達の一般的な仕組み**．細胞同士のシグナル伝達は短い（a～c），あるいは長い（d, e）距離にわたって起こる．傍分泌シグナル伝達（a）では，化学物質は細胞外環境に放出されて，適切な受容体を発現する隣の標的細胞に影響を及ぼす．自己分泌シグナル伝達（b）では，シグナル分子を合成・放出する細胞自身が標的細胞でもある．ジャクスタクリンシグナル伝達（c）では，シグナル伝達分子は細胞膜に結合したまま残り，隣合う標的細胞の受容体と相互作用する．内分泌シグナル伝達（d）では，ホルモンは循環系に放出され，体中にゆきわたるが，適切な受容体を発現する細胞においてのみその行動を変化させる．シナプスシグナル伝達（e）は，個体の全長にさえ及ぶ神経細胞の突起に沿ってシグナルが伝えられるために，長距離にわたって生じる傍分泌の特異的な形である．シナプスシグナル伝達の特異性はシナプス接合の形成によって生じるものであり，シグナル伝達分子や神経伝達物質によるものではない．

れはまたタンパク質分解酵素により切断されて循環系に放出され，ホルモンとしても働く（内分泌シグナル伝達）．アドレナリン（エピネフリン）は神経伝達物質（傍分泌シグナル伝達）として，また全身ホルモン（内分泌シグナル伝達）として働く．このリガンドの構造や生化学と，リガンドの合成，分布，代謝，さらには標的細胞の受容体などの幅広い多様性が，たった100程度の細胞間シグナル伝達分子に無数のシグナルを生みだすことを可能にする．以下の節に，臨床的に関連のある細胞間シグナル伝達経路の例を用いて，異なるクラスの細胞間シグナル伝達分子のユニークな細胞生物学的特性を示す．

ホルモン

ホルモンは，生物が遠く離れた細胞のさまざまな活動を調節することを可能にする．特殊化した内分泌腺（下垂体，甲状腺，副甲状腺，膵臓，副腎，生殖腺）と他の器官は，表に掲げたような多くの，化学的に多様なホルモンを分泌，放出する（表7・1）．これらのホルモンは循環系に入り，全身の標的細胞で働く．ホルモンは全身に分散するので，多くの異なる器官に同時に変化を起こすことができる．しかし，標的細胞に届くまでホルモンが旅する長い距離は，生殖，成長，発生，代謝といった生理学的作用の制御行動を，分単位から年単位までの時

表 7・1 代表的ホルモンの主要な生物学的活性

ホルモン	起源部位	主要な生物学的活性
タンパク質（ポリペプチド）		
インスリン	膵臓β細胞	炭水化物の利用
成長ホルモン放出ホルモン（GHRH）	視床下部	成長ホルモンの分泌刺激
成長ホルモン	下垂体前葉	全般的な成長の促進
黄体形成ホルモン（LH）	下垂体前葉	黄体形成の促進
副甲状腺ホルモン	副甲状腺	骨吸収の増加
卵胞刺激ホルモン（FSH）	下垂体前葉	卵胞の成長と精子形成の促進
甲状腺刺激ホルモン（TSH）	下垂体前葉	甲状腺ホルモン分泌刺激
エリスロポエチン	腎臓	赤血球産生の増加
プロラクチン	下垂体前葉	乳汁産生の促進
グルカゴン	膵臓	グルコース合成の促進
インスリン様成長因子1（IGF−1）	肝臓	骨，筋肉成長の促進
小ペプチド		
ソマトスタチン	視床下部	下垂体前葉からの成長ホルモン放出の抑制
TSH放出ホルモン（TRH）	視床下部	下垂体前葉からのTSH放出の促進
LH放出ホルモン（LRH）	視床下部	下垂体前葉からのLH放出の促進
バソプレッシン（抗利尿ホルモン，ADH）	下垂体後葉	血圧上昇，腎臓における水の再吸収増加
オキシトシン	下垂体後葉	平滑筋収縮刺激
アミノ酸		
ノルアドレナリン	副腎髄質	血圧と心拍の上昇
ドーパミン	視床下部	プロラクチン分泌の抑制
脂溶性ホルモン		
エストラジオール	卵巣，胎盤	雌の二次性徴の発達と維持
コルチゾール	副腎皮質	代謝；炎症反応の抑制
プロゲステロン	卵巣，胎盤	子宮における妊娠の準備；妊娠の維持
テストステロン	精巣	雄の二次性徴の発達と維持
チロキシン	甲状腺	多くの細胞における代謝活性の増加
レチノイン酸	食餌	上皮細胞の分化

† GHRH: growth hormone releasing hormone, LH: leuteinizing hormone, FSH: follicle-stimulating hormone, TSH: thyroid-stimulating hormone, IGF: insulin-like growth factor, TRH: TSH-releasing hormone, LRH: LH-releasing hormone, ADH: antidiuretic hormone

間スケールで規定する．ホルモンは**細胞内受容体**（intracellular receptor，核内受容体ともいう）と相互作用する小さな脂溶性の分子と，**細胞表面受容体**（cell-surface receptor）と結合する親水性の分子という，二つの異なるグループに分けることができる．それぞれのクラスの異なる特徴は続く節で記述される．最後に，視床下部-下垂体軸をとり上げて，これら二つのクラスのホルモン間の相互作用とホルモンの機能を微調整する複雑な正および負のフィードバック機構を説明しよう．

脂溶性ホルモンは細胞内受容体を活性化する

小さな脂溶性ホルモンは多くの生物学的プロセスを制御する．プロゲステロン，エストラジオール，テストステロンなどの性ホルモンは生殖腺で合成され，性分化と性機能を制御する．コルチコステロイドは副腎で合成され，機能により二つのグループに分類される．グルココルチコイド（糖質コルチコイド）は多くの異なった細胞種においてグルコース合成を増加させ，ミネラルコルチコイド（鉱質コルチコイド）は腎臓で塩分と水分のバランスを調節する．チロキシンは甲状腺で合成され，ほぼすべての器官の代謝を制御する．ビタミンD_3はカルシウム代謝と骨増殖を制御する．レチノイン酸と他のレチノイドは発生において重要な役割を果たす．すべての脂溶性ホルモンは脂質二重膜を自由に通過し，細胞質受容体と結合し，特定の遺伝子の発現を変化させる．標的細胞や組織でホルモンの最終的な効果を決定するのは，活性化あるいは不活性化されるこれらの特定の遺伝子である．

脂溶性ホルモンが働く時間枠は，それらの合成と代謝によって決定される．すべてのステロイドはコレステロールから合成され，似たような化学的骨格をもつ．ステロイド産生細胞はホルモン前駆体の供給源をほんの少ししか貯蔵せず，成熟した活性をもつホルモンを貯蔵しない．細胞は刺激を受けると，前駆体を活性化型ホルモンへと変換し，それらは細胞膜を通過して循環系に入る．このプロセスには数時間から数日を要する．これらのホルモンの水性環境での溶解度は低いので，ステロイドは血流中でキャリヤー（担体）タンパク質と強く結合している．この結合がホルモンの分解速度を劇的に遅くし，ステロイドホルモンが数時間から数日間循環系に存在できるようにしている．したがって，一度ステロイドホルモン応答が起こると，それは長期にわたって持続する．

ステロイドホルモンと構造的に相関があるが，レチノイドはコレステロールではなくレチノール（ビタミンA）から合成される．レチノールは肝臓と血液中に高濃度に存在し，そこで血清レチノール結合タンパク質と複合体を形成している．レチノールは細胞膜を通過して拡散し，細胞質のレチノール結合タンパク質と複合体を形成している．細胞質レチノールは一連の脱水素酵素によりレチノイン酸に変換される．新しく合成されたレチノイン酸は拡散により細胞外に出て，隣あう細胞に作用する．レチノイン酸は合成細胞の細胞質に残り，その細胞にシグナルを送ることができる点においてユニークである．

甲状腺ホルモン合成は独特かつ複雑である．甲状腺は**チログロブリン**（thyroglobulin）とよばれる，大きく，多重結合した細胞外の糖タンパク質に甲状腺ホルモンをアミノ酸残基として大量に貯蔵する．チログロブリンは頂端膜においてエンドサイトーシスによって取込まれ，細胞内にコロイド状の小滴として出現する．これらの小滴はリソソームと融合し，そこでチログロブリンは分解され，チロキシン（T_4）と3,3',5-トリヨードチロニン（T_3）が遊離する．この過程は非常に効率が悪く，数時間から数日を要する．2から5個のチロキシン分子の遊離にはチログロブリンの1分子（およそ5500アミノ酸残基と300炭水化物残基）の完全な分解を必要とする．T_3とT_4はつぎに基底膜を通り抜け，循環系に入る．これらの血液中の水溶性環境下での溶解度は低いので，T_3とT_4はキャリヤータンパク質と強く結合している．この結合はホルモンを分解から防ぎ，数時間から数日反応が継続できるようにする．

脂溶性ホルモンに対する受容体は核内受容体スーパーファミリーのメンバーである

脂溶性ホルモンに対する受容体は同一のものではないが，それらは進化的につながりがあり，**核内受容体スーパーファミリー**（nuclear receptor superfamily）とよばれる巨大なスーパーファミリーに属する．このスーパーファミリーは細胞内代謝産物によって活性化される受容体も含む．DNA配列のみから同定されたものやリガンドが同定されていないファミリーの受容体は，**オーファン受容体**（orphan receptor）とよばれる．核内受容体ファミリーのメンバーは類似したリガンド結合，DNA結合，そして転写活性化ドメインをもつ．

脂溶性ホルモン受容体は細胞質，核，またはその両方に存在し，他のタンパク質と複合体を形成している（図7・4）．リガンドの結合後，複合体は解離し，受容体は二量体化，リン酸化し，DNAと結合し，特定の遺伝子の発現を活性化する．不活性化型の甲状腺ホルモン受容体は核内に存在し，DNAと結合し，転写抑制型の構造をとる（図7・4参照）．リガンドと受容体の複合体はDNAと結合したまま構造を変化させ，転写を活性化さ

7. 細胞間シグナル伝達

(a) グルココルチコイド受容体

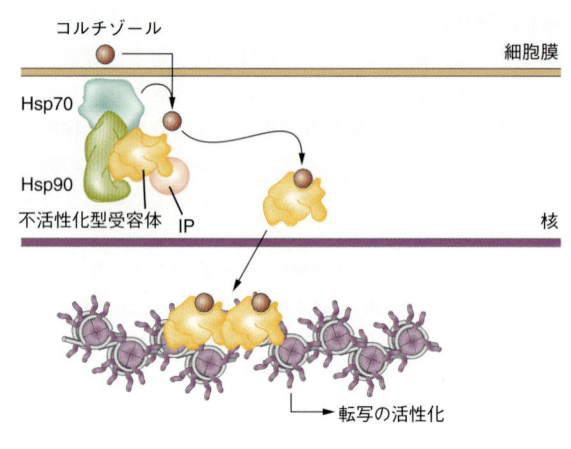

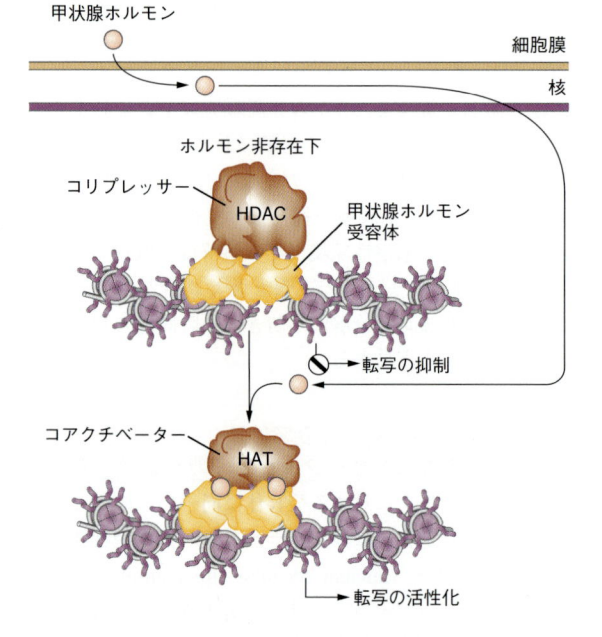

(b) エストロゲン受容体

(c) 甲状腺ホルモン受容体

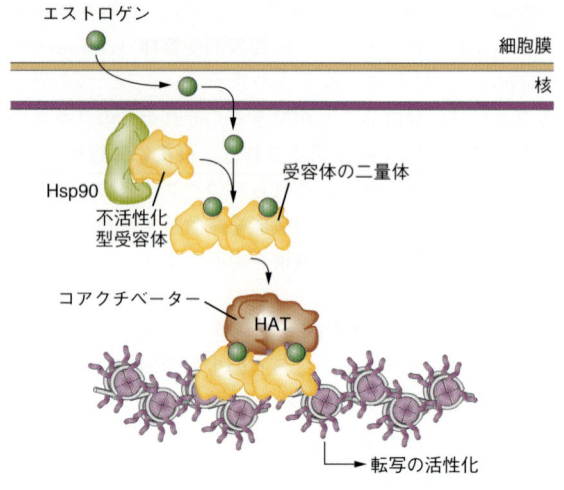

図 7・4 核内受容体スーパーファミリーのメンバーによる遺伝子制御．(a) 不活性化型グルココルチコイド受容体は細胞質にあり，熱ショックタンパク質 90 と 70 (Hsp90 と Hsp70) とイムノフィリン (IP) を含む複合体中にある．コルチゾールの受容体への結合は補助タンパク質を移動させ，活性化されたリガンド-受容体複合体は核内へ移行し，そこで標的遺伝子を活性化する．(b) 不活性化型のエストロゲン受容体と Hsp90 複合体は核内に局在する．エストロゲンの結合は Hsp90 を解離させ，活性化型の受容体は二量体化し，DNA と結合し，コアクチベーターであるヒストンアセチルトランスフェラーゼ (HAT) と結合し，標的遺伝子を活性化する．(c) 甲状腺ホルモン受容体はリガンド存在下でも非存在下でも DNA と結合する．リガンド非存在下では，受容体はコリプレッサーであるヒストンデアセチラーゼ (HDAC) と複合体を形成し，遺伝子発現を抑制する．ホルモンの存在下では，リガンド-受容体複合体はコアクチベーター (HAT) と結合し，標的遺伝子の発現を活性化する．

せる．リガンドが離れると，受容体は脱リン酸され，不活性化型の状態，分布に戻る．最初は，これらの受容体は少数の特定の遺伝子の転写を直接活性化する．これらの初期に発現が上昇する遺伝子産物が他の遺伝子発現を活性化し，遅い，二次的な反応を生みだす．これらの受容体の活性は転写と同義とされてきたが，小さな疎水性ホルモンの効果のいくらかは，転写とは異なる直接の細胞作用の制御によるという証拠も増えてきている．

ペプチドホルモンは膜結合型受容体を活性化する

ペプチドホルモンは単純なトリペプチド (甲状腺刺激ホルモン放出ホルモン) から，198 アミノ酸タンパク質 (プロラクチン)，さらにグリコシル化されたマルチサブユニットオリゴマー (ヒト絨毛性性腺刺激ホルモン) まで存在し，サイズが大きく異なる．これらの作用物質は環境に対する素早い応答を仲介するので，細胞膜近くの分泌小胞に蓄えられ，すぐにでも放出が可能な状態にある．ペプチドホルモンの合成と放出はエキソサイトーシス経路によって行われる (第4章参照)．ペプチドホルモンの放出をひき起こす環境シグナルは，同時にペプチドホルモンの合成も促進し，放出されたホルモンが置き換えられるようになっている．放出されたホルモンはほんの数秒から数分血液中に存在した後，血液または組織のタンパク質分解酵素によって分解されるか，細胞中に

取込まれる．水溶性のホルモンは細胞膜を通抜けることができず，標的細胞の表面にある受容体と結合して効果を発揮する．このシグナルは受容体の細胞質領域に伝えられ，セカンドメッセンジャーの産生に関与する（第8章参照）．いくつかの受容体は一連のリン酸化カスケードを活性化し，他はGタンパク質を活性化する．脂溶性ホルモンとは対照的に，ペプチドホルモンの効果はほぼ即時のものであり，一般的には短時間しか持続しない．一つの例外は成長ホルモンであり，下流の遺伝子転写の変化により，長期にわたる，ときには不可逆的な変化をもたらす．

臨床例 7・1

身体的診察では，キャロリン（Carolyn）はやせてはいるが年齢にふさわしく成長した少女である．彼女は正常な二次性徴をみせている．血圧と脈拍は正常である．彼女のHEENT（頭，目，耳，鼻，喉）試験は眼底も含めて正常で，心音や呼吸音はきれいで，腹部診察も正常である．しかし，診断の途中で，彼女は排尿し水を飲む許可を求めた．彼女の神経学的検査は正常である．医師は血液サンプルを隣の血液検査室に送り，尿サンプルを依頼した．

彼女の血液検査値はヘモグロビン量 10.5 g/dL，白血球数は少なくて 3400/μL，血小板数 110,000/μL であった．細胞計数器は自動的に彼女の平均赤血球容積（MCV）を報告したが，それは 105 fL（$\times 10^{-15}$L）であった．彼女のヘモグロビン A_{1c} は 8.5% であり，血糖は 360 mg/dL である．尿は低比重であり，医師の診療室の尿試験紙により糖に対して 4+ を示し，わずかなアセトンが検出される．

母親に尋ねて，医師は若年性心疾患，癌，糖尿病の家族歴はないと診断を下した．キャロリンの母方の祖父は悪性貧血で亡くなっていた．

I 型糖尿病の細胞生物学，診断，治療

キャロリンはI型糖尿病である．彼女は現在高血糖，グルコース依存性の浸透圧利尿，そしておそらく脱水症状を示す．この若年性の糖尿病は通常若い患者に起こる．思春期のストレスによって発症することは少なく，糖尿病の家族歴とは関係しない．むしろ，β細胞特異的抗体による膵臓のインスリン分泌細胞の"自己免疫"の崩壊によることがわかってきている．また，しばしば他の自己免疫現象と関係している．キャロリンの大赤血球性貧血症が悪性貧血，あるいは前に示した早期の甲状腺炎である可能性は，どちらも起こりうる原因として考えられる．インスリンを用いた速やかな治療は，彼女の高血糖と多尿症を抑えるだろう．悪性貧血が起こる可能性は骨髄生検で詳しく調べられ，もし陽性であれば，定期

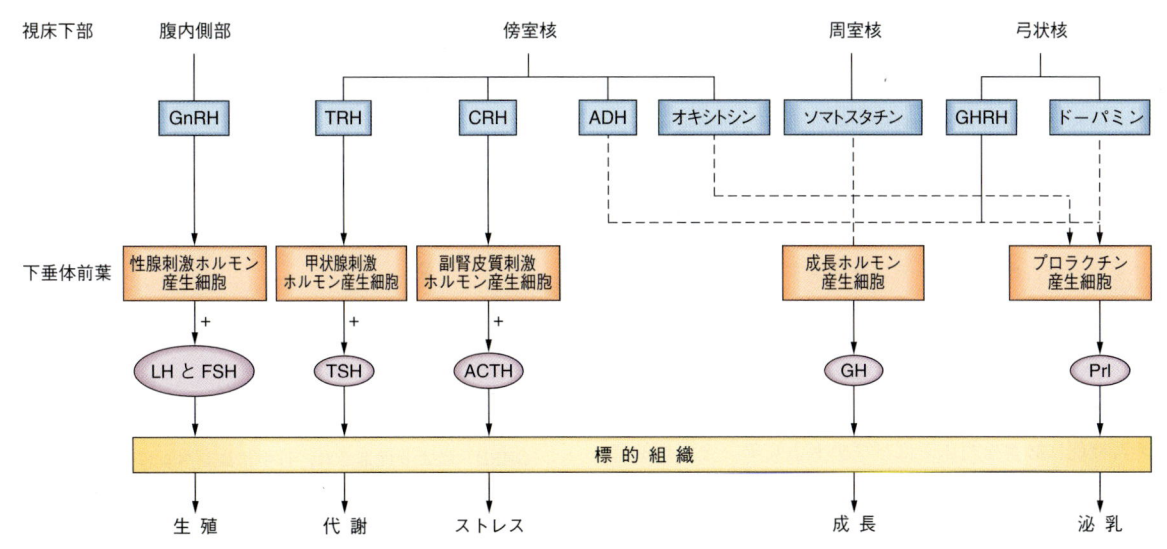

図 7・5 下垂体刺激ホルモンによる下垂体ホルモンの制御．多くの視床下部の核あるいは領域の神経細胞は，シグナル伝達分子をシナプスよりもむしろ血液中に放出する．これらのシグナル伝達分子（青）は血液中を下垂体まで移動し，そこで1種あるいはより多くの下垂体ホルモン（紫）の放出を促進（実線）または抑制（破線）する．ACTH: 副腎皮質刺激ホルモン，ADH: 抗利尿ホルモン，CRH: 副腎皮質刺激ホルモン放出ホルモン，FSH: 卵胞刺激ホルモン，GH: 成長ホルモン，GHRH: 成長ホルモン放出ホルモン，GnRH: 性腺刺激ホルモン放出ホルモン，LH: 黄体形成ホルモン，Prl: プロラクチン，TRH: TSH放出ホルモン，TSH: 甲状腺刺激ホルモン．

的なビタミン B$_{12}$ の筋肉注射治療が行われるだろう．

　キャロリンは支援してくれる家族をもつ聡明な若い女性である．彼女は高血糖とケトアシドーシスの危険性を避けるための注意深い血糖コントロールの必要性を理解するだろう．彼女の医師はすでに血中グルコース濃度の自己監視と携帯用インスリンポンプ（インスリン注入器）のもつ有効性を彼女に伝えた．さらに，食事の基本に関する指示を始めれば，グルコース代謝に対する彼女の一生涯続く注意が始まるだろう．

　彼女が慢性疾患が突然みつかったことに慣れるにつれて，医師は彼女が心臓血管，腎臓，さらに眼の合併症のいくつかについて理解するのを助けるだろう．医師はまた彼女が HbA$_{1c}$（グリコシル化ヘモグロビン）値によって観察することができる適切な血糖コントロールにより，これらの合併症の発症を遅らせる，あるいは防ぐことができるかもしれないと認識するよう勧めるだろう．

視床下部−下垂体軸

　古典的な下垂体ホルモンの合成は，視床下部神経細胞と末梢内分泌腺の複雑かつ統合されたフィードバックループによって調節される（図7・5）．これらの複雑な**正および負のフィードバック**（positive and negative feedback）ループが，下垂体ホルモンの分泌がすべての生物環境の状況に適応することを保証している．

　古典的な見方では，下垂体は5種の異なる細胞種から構成され，それぞれが固有の生物学的に重要なホルモンを分泌する．成長ホルモン産生細胞は成長ホルモンを，プロラクチン産生細胞はプロラクチンを，副腎皮質刺激ホルモン産生細胞は副腎皮質刺激ホルモン（ACTH）を，甲状腺刺激ホルモン産生細胞は甲状腺刺激ホルモン（TSH）を，性腺刺激ホルモン産生細胞は卵胞刺激ホルモン（FSH）と黄体形成ホルモン（LH）を分泌する．下垂体はまた成長因子，サイトカイン，神経伝達物質など多くの非古典的なホルモンを合成する．古典的な下垂体ホルモンの分泌は，標的組織からの入力，ホルモンのフィードバック，そして他の脳領域からの刺激を受取る視床下部の神経細胞によって制御されている．これらの神経細胞は，定期的な間隔で発火し，適切な内分泌システム機能に必要な視床下部ペプチドホルモンを周期的に放出させる．これらの仲介者は血流，特に上下垂体動脈や下下垂体動脈に放出されるので，ホルモンと定義される．視床下部ホルモンは門脈系を通り，特定の下垂体細胞の受容体を活性化し，一種または複数の下垂体ホルモンの放出を促進，あるいは阻害する．下垂体ホルモンはつぎに生殖腺など標的組織に働きかけ，ペプチド性とステロイド性の別のホルモンの放出を促進する．成長ホルモンの分泌は下垂体ホルモンの分泌に影響を与えるさまざまな要素を示す素晴らしい例となる．成長ホルモンの

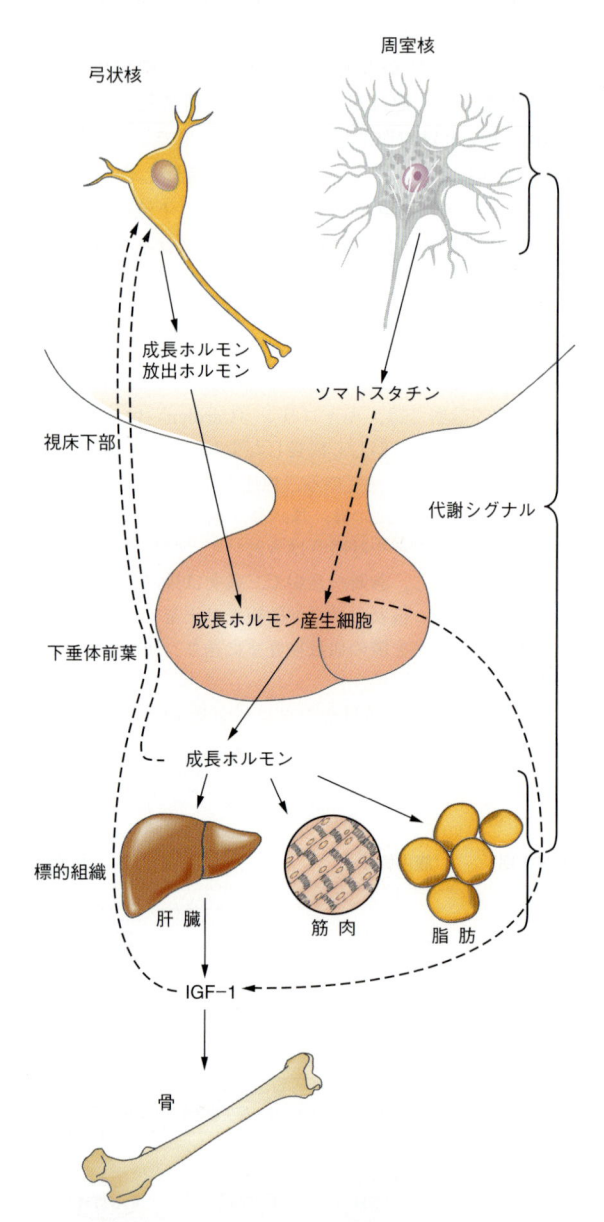

図 7・6　成長ホルモン（GH）放出の制御． 下垂体からのGHの放出は夜にピークになる成長ホルモン放出ホルモン（GHRH）により促進され，日中に高レベルになるソマトスタチンにより抑制される．GHはつぎに，インスリン様成長因子1（IGF-1）の肝臓からの放出とともに，筋肉と脂肪細胞の増殖を促進する．IGF-1はつぎに骨の増殖を促進する．もし適度な代謝燃料があれば，末梢の標的組織からの代謝シグナルが視床下部に働き，GHの放出を促進する．GHとIGF-1は負のフィードバックをもたらし，GHRHの視床下部からの放出を抑制する．IGF-1はまた下垂体の成長ホルモン産生細胞からのGHの放出を抑制する．

量は出生前あるいは出生後の成長スパート期や思春期における代謝燃料の供給量に対して，協調的に制御されなければならない（図7・6）．

成長因子

成長因子（増殖因子ともいう）は，妊娠から死までの，細胞の増殖と生存に重要な働きをする多くのポリペプチドを含んでいる．すべての細胞は1種またはそれ以上の成長因子を合成する（表7・2）．多くの場合，成長因子のもともとの名前は現在わかっている生物学的役割を反映していない．通常，それらの生理学的な効果は傍分泌であるが，いくつかの成長因子はより長距離に働くこともある．それゆえ，いくつかの成長因子をホルモンに分類したり，細胞増殖を制御するホルモンを成長因子に分類することもまれではない．成長因子は以下の3通りのうちのどれかの方法で機能する：**分裂促進因子**（マイトジェン，mitogen）は細胞の増殖を制御する，**栄養因子**（trophic factor）は増殖を促進する，そして**生存因子**（survival factor）はアポトーシスを抑制する．多く

表7・2 主要な成長因子ファミリー

シグナル伝達分子	源	主要な生物学的活性
神経栄養因子		
神経成長因子（NGF）	脳，心臓，脾臓	神経細胞の分化と生存
脳由来神経栄養因子（BDNF）	脳，心臓	神経細胞の分化と生存
ニューロトロフィン-3（NT-3）	脳，心臓，腎臓，肝臓，胸腺	神経細胞の分化と生存
表皮（上皮）成長因子（EGF）ファミリー		
EGF	唾液腺	細胞増殖
トランスフォーミング成長因子α（TGF-α）	多くの細胞，組織	細胞増殖
線維芽細胞成長因子（FGF）ファミリー		
線維芽細胞成長因子（全22種類）	多くの細胞，組織	細胞分裂促進
トランスフォーミング成長因子（TGF）-βファミリー		
TGF-β	広範囲	増殖抑制
インヒビン/アクチビン	生殖腺，視床下部	卵胞刺激ホルモン（FSH）分泌抑制
骨形成タンパク質（全30種類以上）	多くの細胞，組織	骨形成，胚軸の確立
血小板由来成長因子（PDGF）ファミリー		
PDGF	血小板	組織修復
血管内皮成長因子（VEGF）	神経組織，血管平滑筋	内皮細胞増殖，血管透過性の増加
造血成長因子		
エリスロポエチン	腎臓	赤血球産生増加
コロニー刺激因子（CSF）	内皮，T細胞，線維芽細胞，マクロファージ	赤血球産生増加
トロンボポエチン	肝臓	血小板産生増加
インスリン様成長因子（IGF）ファミリー		
IGF-1	多くの細胞，組織	細胞分裂促進，細胞栄養，生存維持
IGF-2	多くの細胞，組織	胎児期の成長
腫瘍壊死因子（TNF）ファミリー		
TNF-αおよび-β	マクロファージ，ナチュラルキラー細胞，T細胞	腫瘍退化
インターフェロン（I型およびII型）	ヘルパーT細胞	抗ウイルス作用
インターロイキン（全33種類）	主としてT細胞，B細胞，マスト細胞	T細胞，B細胞の増殖と分化

† NGF: nerve growth factor, BDNF: brain-derived neurotrophic factor, NT: neurotrophin, EGF: epidermal growth factor, TGF: transforming growth factor, FGF: fibroblast growth factor, PDGF: platelet-derived growth factor, VEGF: vascular endothelial growth factor, CSF: colony-stimulating factor, IGF: insulin-like growth factor, TNF: tumor necrosis factor

の成長因子は**多面性**（pleiotropic）をもつ．というのは，それらは同じ細胞内で複数の効果をもち，異なる細胞タイプに異なる反応をひき起こす，あるいはその両方の効果をもつからである．細胞環境に応じて，成長因子はあるときには細胞増殖を促進し，またあるときには抑制する．成長因子シグナル伝達の異常は多種の癌の原因となる．神経変性障害の治療，化学療法とウイルス感染による副作用，さらに骨髄移植のための幹細胞の収集などは，成長因子シグナル伝達経路を研究対象にしている．

神経成長因子

神経成長因子（NGF）は1950年代に発見され，成長因子のなかで最初に明らかにされたものである．NGFは他の神経栄養因子ファミリー（表7・2参照）とともに神経細胞の発生と生存を制御する．神経栄養因子ファミリーのなかでの主要な区別法は，それらが合成される場所と作用する標的細胞による．神経発生においては，脳，脊髄，末梢神経系の50％かそれ以上の神経細胞は定期的に細胞死を起こす．この過剰な神経細胞はすべてのシナプス後細胞が神経支配を受けられるようにすることを保証している．NGFは将来のシナプス後細胞から分泌されて，最も近くに投射してくる神経軸索の成長円錐にある受容体と結合する．成長円錐上のNGF受容体の活性化は遺伝子発現を変化させる．特にプログラム細胞死を促進する遺伝子の発現を抑制し（第10章参照），細胞の生き残りと神経突起の伸長を促進する遺伝子を活性化する．NGFを受取らない神経細胞は最終的に死滅する．NGFを受取る神経細胞だけが生き残り，シナプス後細胞に神経を伸ばす．アルツハイマー病，パーキンソン病，ハンチントン病，多発性動脈硬化症，脳脊髄炎，糖尿病性神経障害，脊髄損傷などの神経変性障害において，NGFと，場合によっては他の神経栄養因子を用いて，神経細胞死を最小限にすることには大きな関心がもたれている．

成長因子ファミリー

すべての成長因子はアミノ酸配列と，活性化する受容体をもとに分類される（表7・2参照）．成長因子ファミリーのサイズと生物活性の違いはかなり大きい．EGFファミリーの2種の主要なメンバーはEGFとトランスフォーミング成長因子α（TGF-α）である．EGFとTGF-αは同じ受容体に相互作用し，多くの組織において分裂促進因子として働く．血小板由来成長因子（PDGF）の2種のメンバーであるPDGFと血管内皮成長因子（VEGF）は損傷後の組織の修繕に重要である．

線維芽細胞成長因子（FGF）ファミリーは最も大きなファミリーの一つであり，22種の分裂促進因子を含む．FGFファミリーの因子は新たな血管形成において中心的な役割を担う．TGF-βファミリーもまた大きなファミリーであり，それらの生物活性は多岐にわたる．TGF-βは低濃度では増殖を促進するが，高濃度では抑制する．骨形成タンパク質は骨形成と初期胚の体軸の確立を促進する．インヒビン/アクチビンはFSHの分泌を抑制する古典的なホルモンとして，あるいは胚期の脊索，体節，神経管の形成を制御する成長因子として働く．もう一つのホルモンと重複するファミリーはインスリン様成長因子（IGF）ファミリーである．インスリンとIGF（IGF-1とIGF-2）は似た構造をもつが，これらの生物活性はまったく異なる．インスリンは同化作用を促進するが細胞分裂活性はもたないのに対し，IGFは分裂促進因子，栄養因子，そして生存因子である．他の2種の臨床的に重要な成長因子ファミリーは抗ウイルス活性を示し，C型肝炎に対する治療に使われるインターフェロンファミリーと癌退縮因子として働く腫瘍壊死因子（TNF）ファミリーである．

成長因子の合成と放出

事実上すべての細胞はポリペプチド性の成長因子を合成し，"古典的"に調節されているエキソサイトーシス（第4章参照）によって分泌している．おもな例外は造血成長因子ファミリーで，これらは蓄積されず，必要とされるときに急速に合成される．成長因子の放出とプロセシングに関与する機構は多様である．FGFファミリーのほとんどのメンバーは，古典的なリーダー配列をもっていて，それによって古典的に調節されるエキソサイトーシス経路によって効率よく分泌される．しかしFGF-1はストレス状態では非古典的放出機構によって放出される．いくつかのFGFメンバーは細胞質や核に蓄積し，他のタンパク質と複合体を形成する．EGFファミリーの二つのメンバーであるEGFとTGF-αは，膜結合型前駆体として合成され，それが分解してより小さい可溶性のペプチドを生じる．前駆体も可溶性のペプチドも生物学的活性をもつ．乳腺ではもっぱら前駆体のみの発現が起こる．PDGFも静電的相互作用によって細胞膜上に維持される．これは膜貫通ドメインをもたない．IGF-1とIGF-2はIGF結合タンパク質と結合して血清中に見いだされる．この結合はいくつかの機能をもっている．それは成長因子の半減期を延長し，成長因子のリザーブを形成し，その受容体との相互作用を阻害することで活性を抑制する．成長因子のシグナル伝達を終了させる主要な機構は，受容体依存性エンドサイトー

成長因子受容体は酵素結合型受容体である

すべての成長因子受容体は膜結合型で酵素結合型である．他の膜受容体と同様に，それらは三つのドメインをもつ．すなわち，細胞外リガンド（成長因子）結合ドメイン，膜貫通ドメイン，酵素として作用するかあるいは酵素として作用する他のタンパク質と結合している細胞内ドメイン，である．大部分の成長因子受容体は受容体型チロシンキナーゼである．成長因子が結合すると細胞内シグナル伝達分子の多くに存在するチロシン残基のリン酸化が起こり，これらの分子が細胞内部にシグナルを伝達する．FGF 受容体（FGFR）チロシンキナーゼの活性化は本章の後半で詳細に述べられる．しかしすべての成長因子受容体がチロシンキナーゼであるわけではない．TGF-β は受容体型セリン/トレオニンキナーゼを活性化し，それが転写因子である Smad をリン酸化し，それが遺伝子転写という下流の変化をもたらす．エリスロポエチンなどのサイトカイン，成長ホルモン，プロラクチンおよびコロニー刺激因子（CSF）などは Jak（ヤヌスキナーゼ）-STAT 経路を経てシグナルを伝える．これらの細胞内シグナル伝達経路は第8章でもっと詳しく解説される．

成長因子は傍分泌と自己分泌シグナル伝達物質である

成長因子はこれらの生物学的効果を発揮するために種々の異なるシグナル様式を用いる．多くの成長因子は傍分泌によってシグナルを伝達する．成長因子はある細胞で合成され，隣りあう細胞に作用するのである．しかし，成長因子は自己分泌により働く場合もある．その一例は免疫応答時のヘルパー T 細胞の増殖である．抗原提示マクロファージはインターロイキン 1（IL-1）を分泌し，IL-1 は休止状態にあるヘルパー T 細胞の IL-1 受容体と結合し，活性化ヘルパー T 細胞へと変化させる．これらの活性化された細胞は IL-2 を合成，分泌し，IL-2 受容体を発現する．分泌された IL-2 は合成した細胞表面上の IL-2 受容体と結合し増殖を誘導する．T 細胞が増殖できない場合には，免疫応答は上昇しない．もう一つの例は PDGF である．PDGF は創傷治癒時の平滑筋細胞や線維芽細胞における傍分泌が最もよく知られている．胎盤形成は細胞栄養芽層の素早いクローナルな増殖を必要とする．この増殖は細胞栄養芽層による PDGF の分泌の結果として起こる．なぜなら，これらの細胞は PDGF 受容体も同時に発現するので，PDGF に応答して増殖するからである．

いくつかの成長因子は長距離に働きうる

成長因子が長距離でシグナルを送る能力は治療薬としての利用を可能にしてきた．事実，化学療法中の癌患者への CSF の投与は一般的な治療法となってきた．その源は異なっても，外来性の CSF は内在性の CSF と同様に働き，化学療法によって破壊された分裂能力の高い造血細胞集団を再び増やすために必要な幹細胞の数を増やす．これと同様のアプローチが，骨髄移植手術で使用されるために集められた骨髄が数多くの幹細胞を含むようにするのにも用いられている．より最近では，果粒球 CSF が脳梗塞の動物モデルにおいて血液脳関門を通過して脳内で受容体と相互作用することで，梗塞面積を減少させることが示された．

いくつかの成長因子は細胞外マトリックス構成要素と相互作用する

種々の成長因子とサイトカインが特定の糖鎖と結合することが報告されてきた．FGF と糖質の相互作用は広く研究されてきた（図 7・7）．4種すべての FGFR はチ

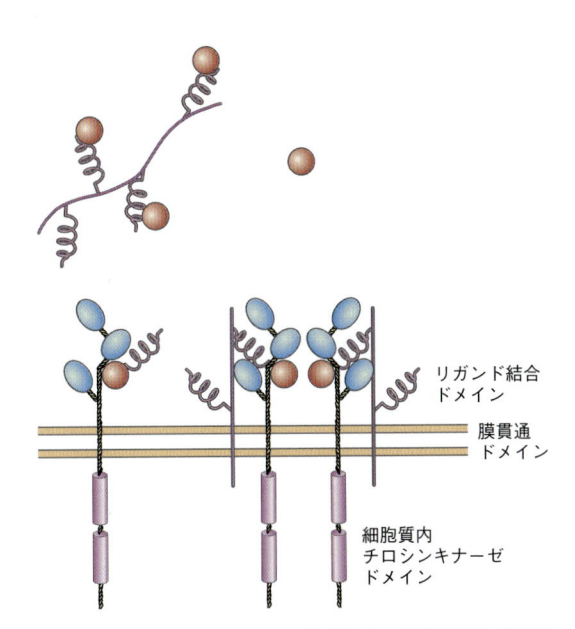

図 7・7 細胞外マトリックス構成因子は線維芽細胞成長因子（FGF）の活性を調節する． FGF は，細胞外マトリックス中のプロテオグリカンにみられ，細胞膜に結合しているヘパラン硫酸の側鎖と相互作用する．これらのプロテオグリカンは FGF に対する低い結合能の受容体として機能し，FGF を隔離し，分解を抑制する．FGF のヘパラン硫酸との相互作用は，FGF の受容体（FGFR）との高い結合能の相互作用に必要である．FGF-FGFR-ヘパラン硫酸（HS）（2:2:2）二量体の形成は受容体の細胞質領域のチロシンキナーゼドメインの相互リン酸化を促し，それが FGF シグナル伝達を活性化し，細胞の行動を変化させる．

ロシンキナーゼ受容体である．細胞外マトリックスタンパク質であるヘパラン硫酸（HS）とグリコサミノグリカン（第6章参照）が存在すると，強固な FGF–FGFR–HS（2:2:2）二量体が形成される．この二量体はつぎに細胞内ドメインを活性化し，受容体のリン酸転移が起こる．ひとたびリン酸化されると，受容体は下流のシグナル伝達カスケードを活性化する．受容体を活性化するとともに，成長因子と細胞外マトリックス因子はこれらの特異的な成長因子を蓄積し，濃縮する機構をもたらすのかもしれない．FGF だけでなく，TNF-α とインターロイキン 2 もまた糖鎖を認識し，その認識がこれらの生物活性を調節する．しかし，これはすべての成長因子受容体に一般的な特徴ではなく，たとえば EGFR の二量体化は EGF の結合のみによる．

ヒスタミン

ヒスタミンは即時型過敏反応，アレルギー反応，胃酸分泌，気管支収縮，神経伝達物質の放出などさまざまな反応を仲介する．すべての組織はヒスタミンを含むが，最もヒスタミンの濃度が高いのは皮膚，気管支粘膜，腸粘膜である．内在性のヒスタミンは局所的な環境において放出され，隣あう細胞の活動に影響を及ぼす傍分泌として働く．毒物，細菌，植物は臨床的に重要な外来性のヒスタミンの根源である．多くの一般的な店頭に並ぶアレルギー反応薬品（ベナドリル；ジフェンヒドラミン塩酸塩とドラマミン；ジメンヒドリナート）と潰瘍・胸やけ用薬品（タガメット；シメチジン）はヒスタミンシグナルを中和する．

内在性のヒスタミンは局所的に合成され，多くの組織では分泌顆粒に蓄積される．細胞質性のヒスチジンはヒスチジンデカルボキシラーゼによってヒスタミンに変換される．ヒスタミンは分泌顆粒に運ばれ，そこでヘパリンまたはコンドロイチン硫酸プロテオグリカンと複合体を形成し，細胞が活性化されるまで貯蓄される．末梢組織では，マスト細胞（肥満細胞）と好塩基球がヒスタミンの主要な放出源になる．多くの，内在性，あるいは外来性の化合物がヒスタミンの開口分泌（エキソサイトーシス）を促進する．いくつかの薬，毒，高分子タンパク質，塩基性化合物，X 線造影剤などはマスト細胞の膜を変化させ，開口分泌ではないヒスタミンの放出を誘導する．加えて，温度性あるいは機械性のストレス（引っかき傷）はヒスタミンを放出させる．細胞が貯蓄していたヒスタミンを一度放出すると，再び供給が通常量まで戻るのに数週間かかる．代わりに，免疫システムの数種の細胞（血小板，単核白血球/マクロファージ，好中球，T 細胞，B 細胞）は大量のすぐに放出されるヒスタミンを合成する．ヒスタミンシグナル経路は代謝作用によって不活性化状態にするか，または特定のトランスポーターの取込みによって終了する．

ヒスタミン受容体のサブタイプ

H_1，H_2，H_3，H_4 とよばれる4種の異なる受容体がヒスタミンの働きを仲介する（表 7·3）．これらの G タンパク質共役型受容体は Ca^{2+} または cAMP，あるいはその両方をセカンドメッセンジャーとして用いる（第 8 章参照）．H_1 と H_2 の受容体は抗ヒスタミン治療の主要な標的であり，最初に記載されたのは 1960 年代半ばであった．H_3 と H_4 の受容体は近年になって性質が明らかになった．H_1 受容体は平滑筋と内皮細胞で発現し，多

表 7·3 ヒスタミン受容体のサブタイプ

受容体	G タンパク質セカンドメッセンジャー	分 布	主要な生物学的活性
H_1	$G_{q/11}$ Ca^{2+} 上昇；サイクリックアデノシン一リン酸（cAMP）上昇	平滑筋 内皮細胞 神経細胞	気管支拡張および血管拡張
H_2	G_s cAMP 上昇	胃壁細胞 心 筋 マスト細胞 神経細胞	胃酸分泌
H_3	$G_{i/o}$ cAMP 低下	神経細胞	神経伝達物質放出
H_4	$G_{i/o}$ cAMP 低下；Ca^{2+} 低下	マスト細胞 造血細胞	マスト細胞と好塩基球の化学走性

くのアレルギー性疾患やアナフィラキシーの症状に関与する．H_2 受容体は胃腸管にみられ，胃酸分泌の主要な仲介者である．H_3 受容体はヒスタミン含有神経細胞で発現し，前シナプス側の自己受容体としてヒスタミンの放出と合成のフィードバック抑制をつかさどる．H_4 受容体は造血細胞，免疫応答細胞で選択的に発現し，マスト細胞や好酸球の走化性と補充に関与する．近年の研究により，喘息の治療に H_1 受容体拮抗物質が無効なのは，それが H_4 受容体によって制御されるマスト細胞，好塩基球，好酸球の肺への再帰を阻害することができないことによることが示された．さらなるヒスタミン受容体サブタイプの解明が，ヒスタミンシグナル伝達を制御する細胞現象を明らかにするのに必要であろう．

マスト細胞のヒスタミンの放出とアレルギー反応

最もよくわかっているヒスタミンの作用の一つはアレルギー反応における役割である（図 7・8）．ハチ毒や食品などの抗原への最初の提示は B 細胞を活性化させて，B 細胞は抗原のさまざまな場所を認識する抗体を作製する．これらの抗体のいくつかは IgE 分子である．マスト細胞はこれらの IgE 抗体と結合する Fc 受容体を発現し，結果としてできる IgE-Fc 受容体複合体は抗原に対する受容体を形成する．二次抗原の感染が起こると，新しい抗原はこれらの固定化した IgE-Fc 受容体と結合し二量体化する．二量体化は細胞内 Ca^{2+} レベルを上昇させ，ヒスタミン含有分泌顆粒の開口分泌という**脱顆粒**（degranulation）をひき起こす一連の細胞内シグナル伝達現象を活性化する．放出されたヒスタミンはつぎに内皮細胞の H_1 受容体と結合し，毛細血管の透過性を上昇させる．白血球細胞と好酸球は抗原を中性化し，組織損傷を修繕するためにその領域に移動する．内皮細胞の H_1 受容体の活性化も，局所的な一酸化窒素（NO）を含む血管拡張基質の産生を促進する．平滑筋細胞ヒスタミンの活性化も血管拡張に寄与する．局所的なマスト細胞の脱顆粒が起こる組織では，ヒスタミン濃度が近傍の好酸球の H_4 受容体を活性化するのに十分な濃度になり，これらの細胞はアレルギー反応が生じている場所に移動する．これらの反応が誇大化された現象では，潜在的に致命的なアナフィラキシー反応が起こりうる．事前の感作はマスト細胞からのヒスタミンの放出には必要ではない．事実，いくつかの薬品に対するアレルギー反応は，事前の脱感作なしにマスト細胞の脱顆粒を活性化する能力によると考えられる．

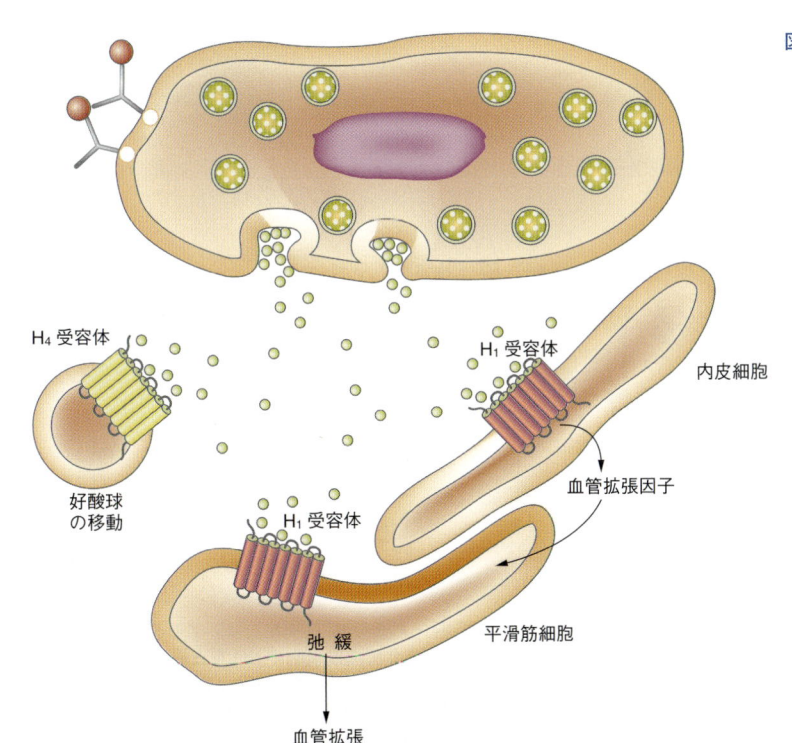

図 7・8 マスト細胞の脱顆粒とヒスタミンシグナル伝達． マスト細胞と血液中の好酸球はヒスタミンが詰まった多数の分泌顆粒を含む．アレルギー反応において，マスト細胞上に固定された IgE 抗体への抗原の結合は，ヒスタミン含有顆粒の放出を誘導する．放出されたヒスタミンは内皮と平滑筋の H_1 受容体と結合し，血管拡張を誘導する．濃度が十分に高ければ，放出されたヒスタミンは好酸球の H_4 受容体に働きかけ，好酸球が患部に移動するよう誘導する．これらの好酸球は，つぎにさらなるヒスタミンを放出することにより反応を増幅させることができる．

ガス：一酸化窒素と一酸化炭素

　一酸化炭素（CO）と一酸化窒素（NO）はかつてはただの有害な汚染物質であると考えられていたが，現在ではそれらは重要な細胞間シグナル伝達分子であると認識されている．NOは神経系，免疫系，そして循環系における主要な傍分泌シグナル伝達因子である．循環系では，COとNOはともに血管拡張を仲介する．実際に，NOは多くの内在性，あるいは外来性の平滑筋弛緩剤に共通する最終的なメディエーターである．ニトログリセリンが狭心症の患者に処方されると，ニトログリセリンは血流内ですぐにNOに変換される．結果として生じたNOは冠血管系に入り，血管拡張と血流の増加をひき起こす．敗血性ショックでは，グラム陰性菌から放出された細胞壁物質がマクロファージからのNOの放出の引き金となり，広範囲の血管の拡張と，劇的な，時として致命的な血圧低下をひき起こす．勃起不全の治療薬はNOの下流のセカンドメッセンジャーであるグアニル酸シクラーゼを阻害する．

　NOによる血管拡張作用はよく調べられてきた（図7・9）．酵素である一酸化窒素シンターゼ（NOS）はL-アルギニンをシトルリンに変換し，NOを遊離させる．細胞や組織は3種のNOSのアイソザイムを発現する．神経型NOS（nNOS; NOS-1）は脳で発見され，誘導型のNOS（iNOS; NOS-2）は最初はマクロファージから生成され，内皮型のNOS（eNOS; NOS-3）は内皮細胞で発見された．これらの酵素はNO依存的なシグナル伝達を制御する主要な位置にある．eNOSは内皮細胞で構成的に発現し，通常の血管緊張の維持に必要な基本的なNOの産生に不可欠である．NOはすぐに細胞外に拡散する．NOの半減期はわずか数秒なので，NOは隣の平滑筋のみに作用しうる．グアニル酸シクラーゼの活

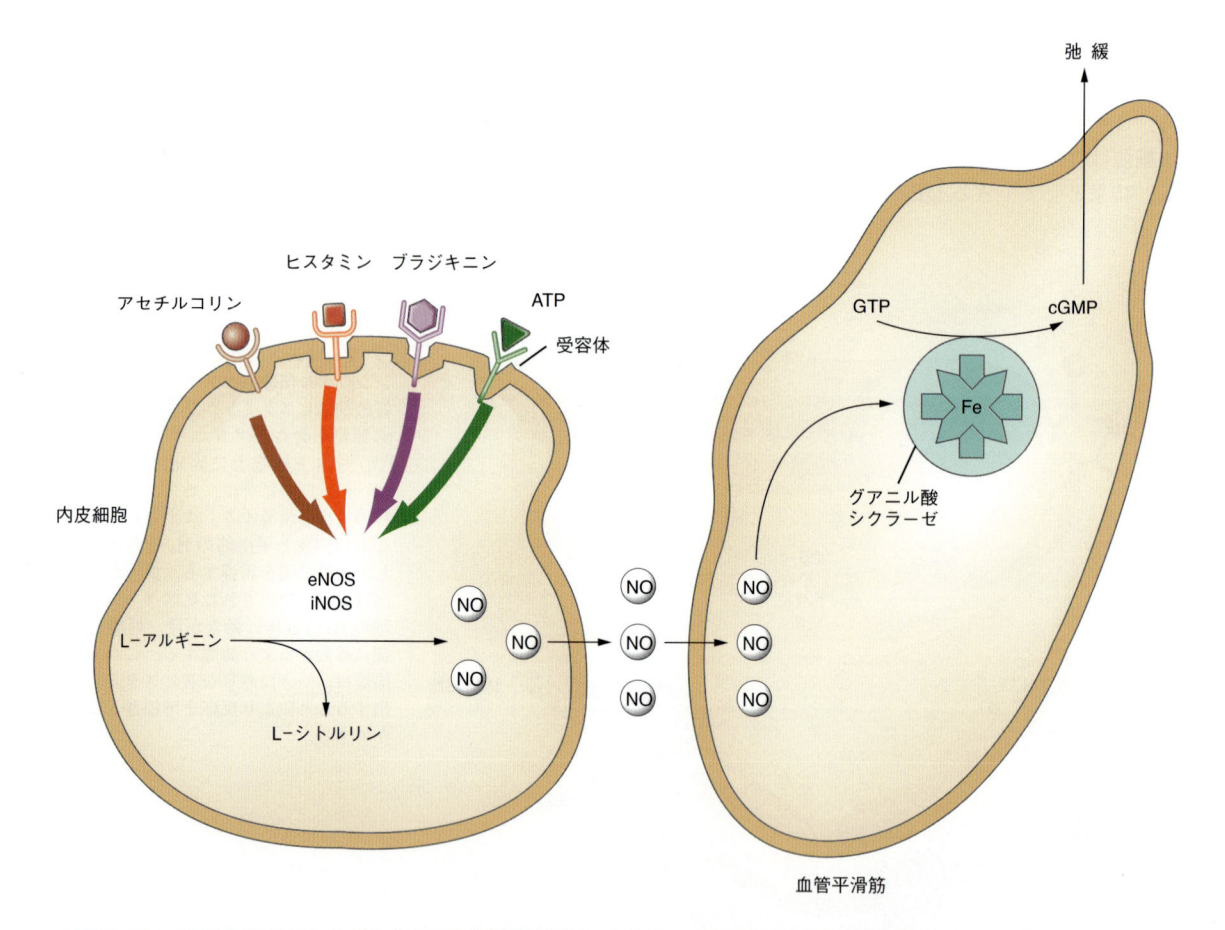

図7・9　一酸化窒素（NO）に仲介される内皮細胞の弛緩．内皮型一酸化窒素シンターゼ（eNOS）は，アセチルコリン，ヒスタミン，ブラジキニン，ATPを含むさまざまな細胞間シグナル伝達分子に応じて内皮細胞でNOを合成する．NOは内皮細胞から拡散し，血管の平滑筋細胞に入り込み，そこでグアニル酸シクラーゼのヘム（鉄）部分と結合する．これはサイクリックグアノシン一リン酸（cGMP）量を増加させ，cGMP依存性プロテインキナーゼを活性化し，最終的に平滑筋弛緩と血管拡張を誘導する．ストレス下では，誘導型NOS（iNOS）が活性化され，NOレベルが増加すると考えられる．

性のある場所でのNOのヘム基（鉄）への結合は酵素を活性化させ，細胞内サイクリックグアノシン一リン酸（cGMP）量を増加させる．これがつぎに，平滑筋弛緩をひき起こすタンパク質のリン酸化と活性化に必要なcGMP依存性プロテインキナーゼを活性化する．ストレス環境下では，NOSの誘導型であるiNOSが発現する．iNOSは基本的に制限されておらず，一度誘導されると長期間にわたり高NOレベルを維持しうるので，臨床的に深刻な低血圧に陥る．

COの細胞間調節作用は，つい最近になってわかってきた．ミクロソームのヘムオキシゲナーゼがヘム分解を触媒するときの排除物質として，かなりの量のCOが産生される．ヘムオキシゲナーゼはすべての組織にみられ，COはすべての細胞でつくられる．COは比較的不活性であり，鉄を含む化合物のみに反応する．COはNOが活性化するのと同じ水溶性のグアニル酸シクラーゼを活性化するが，NOよりもその能力は低い．いくつかの例では，COはNOシグナル伝達と拮抗する．また，COは酸素検知，酸素依存的遺伝子発現変化，神経系シグナル伝達にも関与する．

エイコサノイド

エイコサノイドは**プロスタグランジン**（prostaglandin），**トロンボキサン**（thromboxane），**ロイコトリエン**（leukotriene），**内因性カンナビノイド**（endocannabinoid），**イソエイコサノイド**（isoeicosanoid）を含む20炭素鎖不飽和脂肪酸の酸化誘導体ファミリーである．これらは素早く分解されるので，エイコサノイドは自己分泌と傍分泌シグナル伝達に限定される．エイコサ

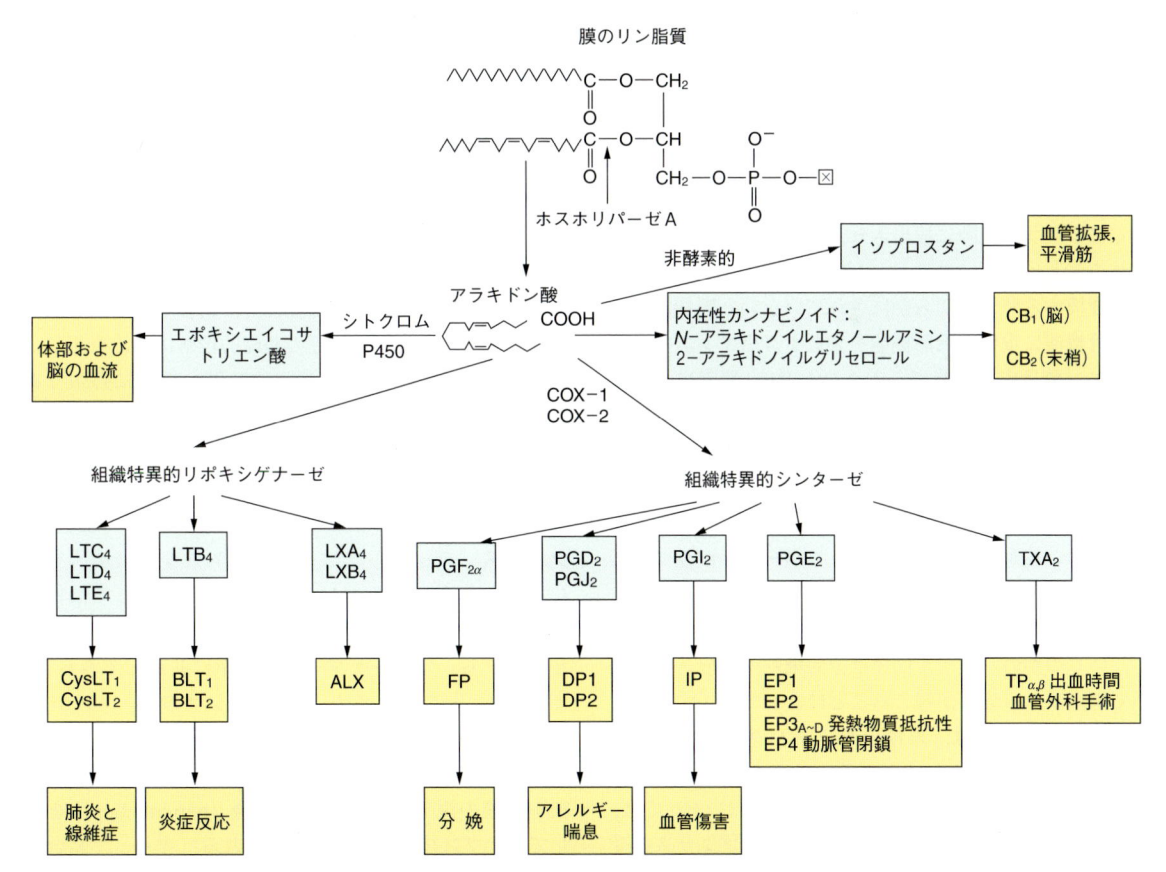

図7・10 エイコサノイドに仲介される細胞間シグナル伝達． 細胞膜リン脂質のホスホリパーゼAによる加水分解で遊離するアラキドン酸は，エイコサノイドファミリーのすべてのメンバーの前駆体である．主要なシグナル伝達代謝産物（青緑），それらの受容体（黄），生物学的反応（黄）が図示されている．LT: ロイコトリエン，LX: リポキシン，PG: プロスタグランジン，TX: トロンボキサン，CysLT: ペプチドLT受容体，BLT: LTB$_4$受容体，ALX: LXA$_4$受容体，FP: PGF$_{2\alpha}$受容体，DP: PGD$_2$受容体，IP: PGI$_2$受容体，EP: PGE$_2$受容体，TP: TXA$_2$受容体，CB: カンナビノイド受容体．

ノイドシグナル伝達の異常は，誕生時の動脈管の閉鎖異常，血小板凝集，炎症と免疫反応，気管支収縮，自然流産などと関係する．一般的な店頭医薬品の非ステロイド抗炎症薬（NSAID）アスピリン，アセトアミノフェン（タイレノール），イブプロフェン（アドビル）はエイコサノイドが仲介するシグナル経路を標的にする．

　細胞は必要に応じて，物理的，化学的，あるいはホルモンの刺激に反応してエイコサノイドを合成する．すべてのエイコサノイドは共通の前駆体であるアラキドン酸から合成される（図7・10）．細胞質表面の細胞膜に位置するリン脂質のホスホリパーゼAによる加水分解がアラキドン酸を放出する．刺激を受けていない細胞では，アラキドン酸は膜の内側で再吸収される．刺激を受けた細胞では，複数の異なる経路がアラキドン酸をエイコサノイドに変換する．COX-1とCOX-2という2種の**シクロオキシゲナーゼ**（cyclooxygenase）があり，それらはアラキドン酸をプロスタグランジンに変換する．これらの酵素はどちらも，刺激を受けないときも受けたときも，プロスタグランジン合成に寄与し，NSAIDの標的である．ヒトには5種の**リポキシゲナーゼ**（lipoxygenase）があり，アラキドン酸をロイコトリエンに変換する．このファミリーの最も新しいメンバーである内因性カンナビノイドは最初に神経系で合成され，すぐにシナプス間隙に放出され，シナプス小胞内に保持されることはない．アラキドン酸を内因性カンナビノイドに変換する酵素は明らかにされていない．腎機能や心臓血管機能に重要な調節機能を果たすエポキシエイコサトリエン酸は内皮細胞でシトクロムP450酵素によって合成される．イソエイコサノイドは，非酵素性の遊離基（ラジカル）のアラキドン酸への攻撃によって産生されるという点で独特である．一度合成されると，エイコサノイドは細胞外に運ばれる．プロスタサイクリンとトロンボキサンに対する特定のトランスポーターがみつかってきた．内因性のエイコサノイドシグナル伝達を停止するのにかかわる分子メカニズムは明らかにされていないが，いくつかのシグナル伝達は標的細胞への取込みに続いて酵素による分解が起こることによって終了する．

　エイコサノイドは，多種のGタンパク質共役型の細胞表面受容体との結合によりその効果を発揮する（図7・10）．たとえば，プロスタグランジンについては，EP_1，EP_2，EP_{3A-D}，EP_4の8種の異なるサブクラスの受容体が同定されている．EP_3受容体は発熱反応に関与し，EP_4受容体は動脈管の閉鎖に関与する．内因性カンナビノイドはカンナビノイド受容体CB_1およびCB_2に対する内因性リガンドである．これらは大麻Cannabis sativaの葉，マリファナ，ハシシに含まれる精神活性物質に対するものと同じ受容体である．CB_1は神経系において特異的に発現し，マリファナによって生みだされる"ハイ"な状況に関与する．脳内の内因性カンナビノイドシグナル伝達は動作，学習と記憶，痛み認識，食欲，体温，嘔吐のコントロールに関係する．CB_2はおもに免疫系において発現する．これらの受容体は最近になって同定されたにもかかわらず，CB_1とCB_2に対する作用薬は痛みや多発性硬化症に対する治療の臨床試験にすでに用いられている．プロスタグランジンの濃度や補充のほんの小さな変化に対する多種多様な応答は，細胞が複数のエイコサノイド受容体を発現することによっている．加えて，エイコサノイドファミリーのいくつかは同じ受容体と相互作用する．たとえば，イソエイコサノイドはトロンボキサン受容体の一つとの相互作用を通じて，血管平滑筋の活動を変化させる．

神経伝達物質

　神経伝達物質（neurotransmitter）は活性化されたシナプス前ニューロンから放出され，シナプス後標的細胞の膜と結合し，標的細胞に抑制性または興奮性の応答をひき起こす化学物質として定義される．いくつかの神経伝達物質は，神経伝達物質としてもホルモンとしても働きうる．たとえば，神経伝達物質であるアドレナリンは副腎でも合成され，細胞内グリコーゲンの分解の信号を送る．神経伝達の異常は神経性の，精神病理学的な疾患と関係する．シナプス伝達の基礎的理解は，治療用および麻薬性の向精神薬の薬理学的基礎の理解に必須である．

電気シナプスと化学シナプス

　神経系において，情報はある細胞からつぎの細胞へ，**シナプス**（synapse）とよばれる特異的な結合場所を通して送られる（図7・11）．化学物質を利用して情報を伝達するシナプスは**化学シナプス**（chemical synapse）とよばれる．化学シナプスは神経系に共通してみられ，また神経系に限定される．**電気シナプス**（electrical synapse）は相対的にまれであり，ニューロンおよび非ニューロンでみられる．電気シナプスでは，シナプス前細胞の膜の脱分極は**ギャップ結合**（gap junction）を通してシナプス後細胞に直接伝えられる．ギャップ結合は双方向性であり，イオン電流は両方向に流れることができる．電気シナプスを通過する情報はほとんど一瞬で起こり，絶対確実である．つまり，シナプス前神経細胞の活動電位はつねにシナプス後細胞に活動電位を生じさせる．無脊椎動物では，電気シナプスは逃避反射を制御

し，動物が素早く危険から回避することを可能にする．ヒトでは，電気シナプスは器官のすべての細胞が一つの大きなユニットすなわち**シンシチウム**（syncytium, 融合細胞）として機能することを可能にする．電気シナプスは心臓の同期した拍動，腸の蠕動運動（分節運動），発達中の神経系の協調的な増殖および成熟，成体脳の特定の部位の隣合うニューロン間の同期した活動を可能にする．

化学シナプスは傍分泌の特殊化した形であり，長距離にわたる素早く正確なシグナルの伝達を可能にする．中枢神経系（CNS）では，化学シナプスが神経細胞間の信号を伝える．末梢神経系においては，化学シナプスは神経細胞から筋細胞と腺細胞に情報を運ぶ．化学シナプスでは，シナプス前細胞は電気信号を化学信号に変換する．この化学シグナルは標的細胞に伝えられ，そこで再び電気信号に変換される．成長因子やホルモンと異なり，ほんのミリ秒単位またはそれ以下で化学物質はシナプス間隙の20〜50 nmの距離を横断する．全か無かの電気シナプスと異なり，化学シナプスは複数の発信元からのインプットを受取り，合算することができる．このプロセスは学習と記憶，さらにより高次の脳機能に必須である．

原型的な化学シナプス：神経筋接合部

神経筋接合部は，脳および脊髄の運動ニューロンの軸索終末と骨格筋細胞の間に形成される（図7・12）．筋肉に到達する前，軸索は複数のシナプス瘤，つまりシナプスボタン（synaptic bouton）に分かれる．これらのシナプスボタンはシュワン細胞の細胞膜に覆われているが，ミエリン化はされておらず，単一の軸索が数百の筋

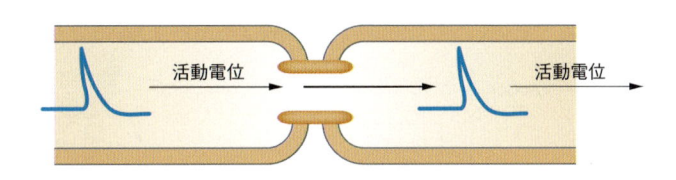

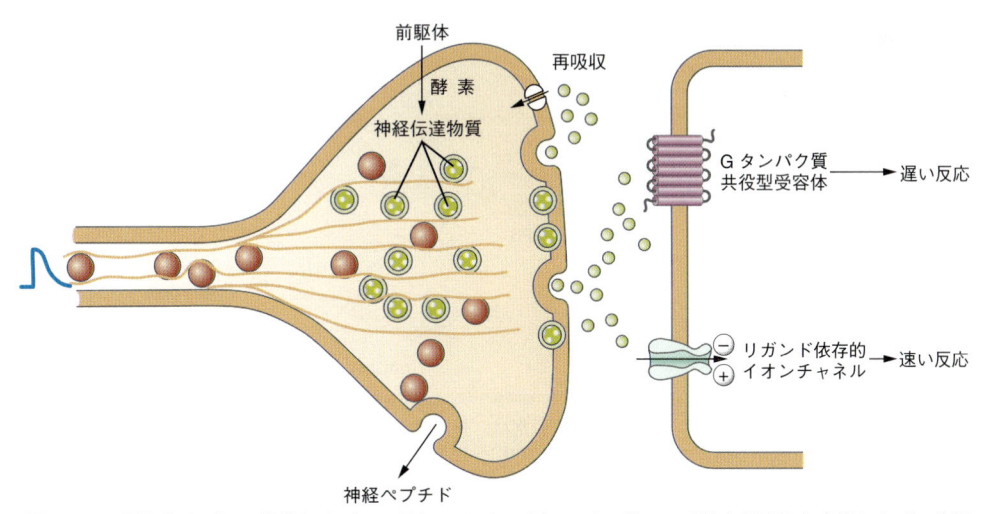

図7・11 **電気シナプス，化学シナプス**．電気シナプス（a）では，ギャップ結合が電流を直接シナプス前細胞からシナプス後細胞に流すのを可能にする．化学シナプス（b）では，シナプス前細胞は電流を化学シグナルに変換する．シナプス小胞に局在する神経伝達物質（○）と，有芯小胞に局在するより大きな神経ペプチドとが化学シグナルを形成する．神経伝達物質はシナプス間隙へ放出され，シナプス後細胞のリガンド依存性Gタンパク質共役型受容体またはリガンド依存性イオンチャネル受容体と相互作用する．神経ペプチド（●）の放出はシナプス間隙のすぐ近傍で起こる．これらの化学物質が十分な脱分極を生みだすときにのみ，活動電位がシナプス後細胞で生みだされる．

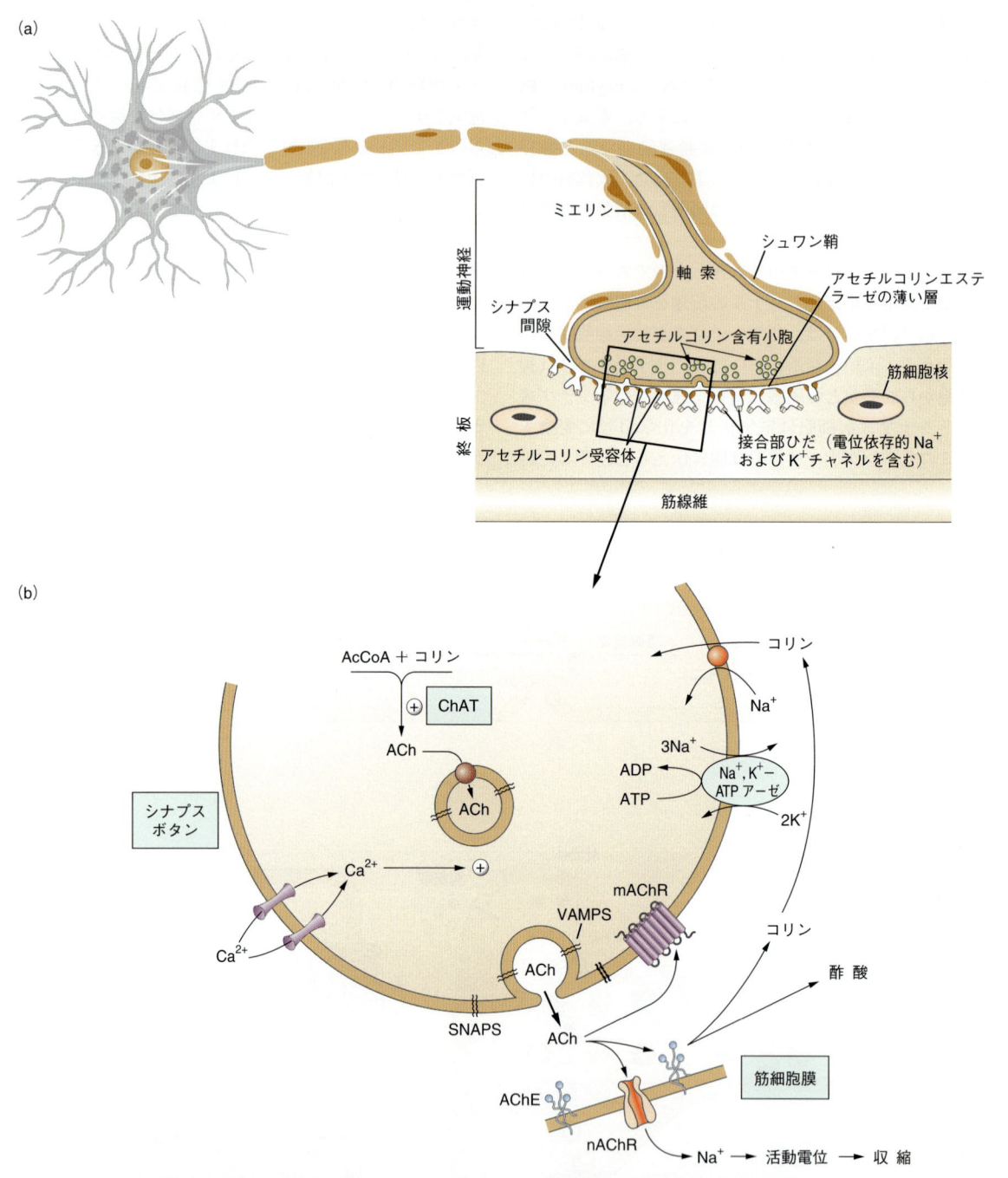

図 7・12 **神経筋接合部のシナプス伝達**．(a) 神経筋接合部は，神経投射する α 運動神経細胞のシナプスボタンと，筋線維上の特異化された運動終板から構成される．アセチルコリン（ACh）は運動神経細胞の末端で合成され，シナプス小胞に取込まれる（●）．(b) 放出の際に，アセチルコリンはシナプス間隙に拡散し，リガンド依存性イオンチャネル（赤）に結合する．筋細胞に入る Na^+ 分子の数は神経細胞から放出されるアセチルコリンの数に依存する．もし十分な脱分極が起こると，つぎに活動電位が筋細胞で生じ，収縮が起こるだろう．シナプス間隙中のアセチルコリンエステラーゼ（AChE）はアセチルコリンを酢酸とコリンに加水分解する．コリンはシナプス前細胞に再び取込まれ，シナプス小胞に補充される．mAChR: ムスカリン性アセチルコリン受容体，nAChR: ニコチン性アセチルコリン受容体，VAMP: vesicle-associated membrane protein，SNAP: soluble NSF attachment protein，ChAT: コリン O-アセチルトランスフェラーゼ．

肉中の筋線維に神経支配するのを可能にする．すべてのシナプス終末，または軸索終末は，筋膜上の接合部のひだ，または陥入部と密接している．神経筋接合部のシナプス前側およびシナプス後側はともに高度に組織化されている．神経支配が行われる筋肉細胞の細胞膜の特異化された場所は，**運動終板**（motor end plate）とよばれる．

電気的な活動電位はシナプス前細胞で化学信号に変換される．活動電位はシナプス前細胞膜を脱分極させ，電位感受性の Ca^{2+} チャネルを開かせる．この Ca^{2+} の流入は，それぞれが神経伝達物質であるアセチルコリンをおよそ1000から50,000分子含むシナプス小胞を動員させる．およそ10%の小胞は活性領域の細胞膜に係留されており，すぐに細胞外に放出される．残りの小胞は活性領域の近くに位置し，そこではこれら小胞がリンタンパク質のファミリーであるシナプシンを通してアクチン骨格系と化学的につながれている．これらの小胞は活性領域に移動し，必要なときにエキソサイトーシスできるよう準備されている．2種のシナプス小胞のプールを維持していることは，他の活動電位がすぐ続けて到達したときにアセチルコリンが利用できるようにすることを保証している．神経伝達物質のエキソサイトーシスは，非神経系の細胞における制御されたエキソサイトーシス中に起こるのと同様の，小胞のターゲッティングと融合イベントを多く含んでいる（第4章参照）．しかし，神経伝達物質の分泌は，これが軸索終末の活動電位の到達と強く結びついているということや，シナプス小胞は局所的にリサイクルされるという点で異なっている．シナプス小胞の回収と補充の全プロセスは1分未満で行われる．

放出された神経伝達物質はつぎにシナプス後標的細胞にシグナルを送る．アセチルコリンとすべての神経伝達物質はシナプス間隙を拡散し，シナプス後細胞膜上の特定の受容体と結合する．神経筋接合部では，アセチルコリン受容体は筋細胞膜上の接合部ひだの起始部に集中している．アセチルコリンの受容体への結合により，イオンチャネルがおよそ1ミリ秒開き，その間におよそ50,000個の Na^+ 分子が筋細胞に流入する．これらの Na^+ 分子は終板電位を脱分極させ，応答・脱分極は放出された神経伝達物質の総量に比例する．脱分極が閾値を超えると，電位依存的な Na^+ チャネルが開き，活動電位は筋細胞全体に広がり，筋収縮に必要な細胞内の現象が始まる（第2章，3章参照）．重症筋無力症は，筋細胞に発現するアセチルコリン受容体のサブタイプに対する自己抗体がつくられる自己免疫疾患の一種である．これらの抗体は受容体を阻害し，運動終板からの除去を促進する．受容体がないと，化学シグナルがまだ産生されていてもシグナルは伝達されない．

臨床例 7・2

ジェーン・クロフォード（Jane Crawford）は37歳の既婚の母親で，内科医に倦怠感を伝えにきた．彼女は子供たちの育児中には簡単にこなせたわずかな労働でさえ苦しいことを伝えた．彼女はまた，しばしば瞼（まぶた）が重くなり，朝テレビを見ながら寝てしまうことを伝えた．彼女の夫はジェーンの声が変わってきて，最近では鼻声になってきたと言った．

クロフォード夫人は，以前は比較的体力に恵まれた方だった．彼女が10代のときに，指が左右ともに痛く，腫れ上がり，彼女の校医は早期の関節リウマチかもしれないと考えた．しかし，2カ月の高用量のアスピリンの投与は，彼女を腹痛で悩ませはしたが，それらの症状を軽減し，症状が再び起こることはなかった．

検査で，クロフォード夫人の血圧は130/85 mmHgで，心拍は正常で規則正しく，心臓は正常なサイズで心雑音もなく，甲状腺は触診では正常であった．彼女は肥満ではなく，腹部診察は正常であった．貧血の徴候はなく，深部腱反射を含む徹底的な神経学的検査も正常であった．しかし，彼女は眼球運動テストで試験者の指の上下を追うのが困難であった．これは反復すると誇張された．さらに，手の平を上にして腕を体の前で伸ばすよういわれると，彼女はその姿勢を約2.5分しか保つことができなかった．彼女に静脈注射を含む簡単なテストの許可を得，必要に応じて少量のアトロピンの準備をしてから，医師は彼女に2 mgのエドロホニウムを含む生理食塩水を注射した．5分後，医師は彼女に腕を伸ばす動作を繰返すよう指示した．嬉しいことに，ジェーンは今回は6分以上腕を伸ばし続けられた．さらに，彼女はもう瞼が重いとは感じないことを伝えた．

重症筋無力症の細胞生物学，診断，治療

クロフォード夫人は初期の重症筋無力症である．これは神経が分布する終板と隣合う筋細胞膜上に正常数のアセチルコリン受容体がないことにより起こる後天性疾患である．クロフォード夫人の疾患が自己免疫から始まっていることは，以前のリウマチ症状の履歴によって示され，血清中の高力価のIgG抗コリンエステラーゼ受容体抗体の検出によって確認された．

治療を開始する前に医師は，紅斑性狼瘡，関節リウマチ，甲状腺疾患が筋無力症と併発している可能性を除外するために，いくつかの血液検査を指示した．また彼は，胸腺腫の可能性を除くために，縦隔コンピューター断層撮影を指示した．これらのテストすべてが陰性だったので，彼はクロフォード夫人に低用量のアセチルコリンエステラーゼ類似薬物であるピリドスチグミンを経口

で日に3回投与し始めた．
　クロフォード夫人は素晴らしい反応，著しい筋力の回復と疲労の低下をみせた．現在では彼女の医師は自己免疫治療が必要だとは考えていない．しかし彼女に，今後の人生において比較的頻繁にフォローアップが必要であり，用量の変更や他の治療が最終的には必要になるかもしれないと警告している．

化学シグナルすなわち神経伝達物質は，隣合う細胞に影響を与えるだけでなく，つぎの神経伝達物質のパルスが放出される前に取除かれることが必須である．アセチルコリンの場合には，シナプス間隙の酵素であるアセチルコリンエステラーゼがアセチルコリンを酢酸塩とコリンに加水分解する．アセチルコリンの加水分解に要する時間はミリ秒以下である．多くの神経ガスと神経毒はアセチルコリンエステラーゼを阻害し，アセチルコリンの活性をひき延ばす．もしこれらの物質の濃度が十分に高いときには，それらは呼吸に必要な筋肉の弛緩を阻害し，致死的である．神経細胞膜上の Na^+/コリン共輸送体はコリンを神経細胞内に戻し，そこでコリンはさらなる神経伝達物質の合成に使われる．

神経伝達物質の特徴，合成，代謝

神経伝達物質はアミノ酸，アミン，ペプチドの3種に分類することができる（表7・4）．アミノ酸とアミンは，中枢神経系においてミリ秒かそれ以下の素早いシナプス伝達を仲介する．アセチルコリンはすべての神経筋接合部で素早い伝達物質を仲介する．アミノ酸とアミンの伝達物質は軸索終末で合成され，シナプス小胞に蓄えられる．アミノ酸であるグルタミン酸とグリシンはタンパク質中にみられ，すべての細胞の細胞質に豊富に存在する．γ-アミノ酪酸（GABA）と他のアミンは，前駆

表 7・4　主要な神経伝達物質とその受容体

伝達物質	受容体のサブタイプ	伝達機構
アミノ酸		イオンチャネル
グルタミン酸（Glu）	NMDAR, AMPAR	Gタンパク質共役
	$MGluR_1$, $MGluR_2$, $MGluR_3$, $MGluR_4$, $MGluR_5$, $MGluR_6$, $MGluR_7$	イオンチャネル
グリシン（Gly）	GlyR	イオンチャネル/Cl^-伝達上昇
γ-アミノ酪酸（GABA）	$GABA_A$	Gタンパク質共役/K^+伝達上昇
	$GABA_B$	イオンチャネル/Cl^-伝達上昇
	$GABA_C$	
ヌクレオチド		
ATP	P2X	イオンチャネル
	P2Y	Gタンパク質共役
アミン		
アセチルコリン	ニコチン性（N_m と N_n）	イオンチャネル
	M1, M2, M3, M4, M5	G_q と G_i タンパク質共役
ノルアドレナリン	α1A, α1B, α1D	G_q 共役
アドレナリン	α2A, α2B, α2C	G_i イオンチャネル共役
	$β_1$, $β_2$, $β_3$	G_s タンパク質共役
ドーパミン	D1, D2, D3, D4, D5	Gタンパク質共役
セロトニン	$5-HT_3$	イオンチャネル
	$5-HT_1$, $5-HT_2$, $5-HT_4$, $5-HT_5$	Gタンパク質共役 cAMP; PLC
ヒスタミン	H_1, H_2., H_3, H_4	Gタンパク質共役
神経ペプチド		
コレシストキニン（CCK）	CCK_1, CCK_2	Gタンパク質共役
ニューロペプチドY	Y_1, Y_2, Y_3, Y_4, Y_5	Gタンパク質共役
エンケファリン，ダイノルフィン	μ, δ, κ	Gタンパク質共役

† AMPAR: α-アミノ-3-ヒドロキシ-5-メチルイソオキサゾール-4-プロピオン酸受容体, N_m: 運動神経終末ニコチン性受容体, N_n: 自律神経節前線維終末ニコチン性受容体, cAMP: サイクリックアデノシン一リン酸, NMDAR: N-メチル-D-アスパラギン酸受容体, PLC: ホスホリパーゼC．

体からそれらを合成するのに必要な特定の酵素をもつ神経細胞のみにみられる．コリンアセチルトランスフェラーゼはミトコンドリアからのアセチル CoA を供与体として使用し，細胞質のコリンのアセチル化を触媒する．一度合成されると，これらの神経伝達物質は小胞膜に埋込まれたトランスポーターによって**シナプス小胞**（synaptic vesicle）に集中する．アセチルコリンを例外として，神経伝達物質は Na^+ と神経伝達物質共輸送体によるシナプス前細胞への再取込みによって，シナプス間隙から除かれる．これらの輸送体は治療薬剤と嗜好品としての麻薬の作用の主要なサイトである．たとえば，コカインはノルアドレナリン，セロトニン，ドーパミンの再取込みを阻害する．古典的抗鬱剤はノルアドレナリンとセロトニンの再取込みを阻害する．また新しい抗鬱剤（フルオキセチン塩酸塩，プロザック）はセロトニンの再取込みを特異的に阻害する．

神経ペプチド伝達物質は腸と神経系全般でみられる．これらのペプチドやポリペプチドは細胞体の小胞体で合成され，分泌小胞に詰められ，素早い軸索輸送により軸索終末に運ばれる．オピオイド神経ペプチドはエンケファリン，エンドルフィン，ダイノルフィンという3種類の異なるファミリーに分類される．3種類すべてが大きな前駆分子として合成され，複雑な切断や翻訳後修飾を受けて生物学的活性をもつ分子になる．個々の分泌小胞は複数の神経ペプチドを含む．**分泌小胞**（secretory vesicle）はシナプス小胞よりも大きく，軸索終末により不規則に散らばっている（図7・11参照）．これらの小胞は電子顕微鏡下で暗い像をつくることから，巨大な有芯小胞ともよばれる．シナプス小胞と同様，分泌小胞のエキソサイトーシスは Ca^{2+} の増加によってひき起こされる．しかし，分泌小胞の細胞膜への融合は活性領域やシナプス間隙内ではなく，軸索の辺縁の不規則な場所で起こる．分泌小胞はシナプス間隙からいくらか離れて位置するため，分泌小胞の放出には複数の高頻度の活動電位が必要かもしれない．したがって，神経ペプチドの放出にかかる時間はアミノ酸やアミンの放出にかかる時間よりも長く，50ミリ秒かそれ以上である．神経ペプチドは細胞外タンパク質分解酵素によって分解され，これがシグナル伝達を終了させる．

神経伝達物質受容体

伝達物質依存性イオンチャネル（transmitter-gated ion channel）と **G タンパク質共役型受容体**（G-protein-coupled receptor）の2種の神経伝達物質受容体が存在する．**高速化学シナプス伝達**（fast chemical synaptic transmission）は伝達物質依存性イオンチャネルによって行われる．これらの受容体は膜貫通孔を形成する多量体タンパク質である．神経伝達物質が受容体に結合するときに，孔が開き，イオン流が細胞質に流れ込む．興奮性の神経伝達物質（アセチルコリンとグルタミン酸）の受容体は陽イオンチャネルであり，Na^+ あるいは Na^+ と K^+ の流入を可能にし，この流入がシナプス後膜に，活動電位が生じるための閾値電位に向けた脱分極を起こす．抑制性の神経伝達物質（GABAとグリシン）の受容体は K^+ または Cl^- チャネルであり，シナプス後膜を過分極させ，活動電位を抑制する．ジアゼパム（バリウム）などのバルビツール酸塩催眠剤や精神安定剤は GABA 受容体に結合し，イオン依存性チャネルを活性化するのに必要な GABA の濃度を減らすことにより，GABA による抑制性の活動を促進する．

低速シナプス伝達（slow synaptic transmission）は G タンパク質共役型受容体によって行われる．これらの受容体は，これらがひき起こす広範囲の代謝効果から，しばしば代謝調節型受容体とよばれる．3種すべての神経伝達物質は G タンパク質共役型受容体と結合し，中枢神経系で低速シナプス伝達を仲介する．G タンパク質共役型受容体は単一のポリペプチドであり，7個の膜貫通ドメインをもつ．リガンドの受容体への結合は，シナプス後細胞内に位置するスモール G タンパク質を活性化する．この活性化された G タンパク質はつぎに直接イオンチャネルを開くか，あるいはイオンチャネルを開くための一連の細胞内イベントを開始させることができる（第8章参照）．たとえば，μ, δ, κ, の3種の古典的なオピオイド受容体は，cAMP レベルを減少させるアデニル酸シクラーゼを抑制し，K^+ の流れを活性化し，Ca^{2+} の流れを抑制する．モルヒネはこれらのオピオイド受容体との相互作用を介して鎮痛効果を発揮する．

神経伝達物質機能の分岐と収束

神経伝達物質は，分岐と収束を示す．**分岐**（divergence）は1種類の神経伝達物質が複数の受容体を活性化することを示す．アセチルコリンは単独の神経伝達物質が，活性化する受容体によって異なる効果を生じるよい例である．ニコチン性アセチルコリン受容体はリガンドによって開くチャネルであり，ミリ秒しか続かない興奮性の応答をひき起こす．一例は，前節で詳細に述べた神経筋接合部である．それと比較して，ムスカリン性アセチルコリン受容体は G タンパク質共役型受容体であり，さまざまな異なる反応をひき起こす．たとえば，心臓にみられる M2 サブタイプは K^+ チャネルを開き，数秒持続する脱分極をひき起こす．M1, M3, M5 サブタイプはセカンドメッセンジャーであるホスホリパーゼを

活性化する．さらに，M4 はまた別のセカンドメッセンジャーであるアデニル酸シクラーゼを抑制する（図7・2参照）．**収束**（convergence）は複数の伝達物質が個々の受容体を通して同じ下流のシグナル経路を活性化することを示す．

時空間的加重

中枢神経系は生物のニーズと周囲の環境からの要求のバランスをとるために，さまざまな場所からの情報を統合しなければならない．中枢神経系では，単一のシナプス後神経細胞は数千のシナプスからの入力を受取るだろう．これらすべての入力をやがて単一の神経細胞の出力に統合する処理は，**時空間的加重**（spatiotemporal summation）とよばれる．各シナプスにおいて，神経伝達物質の放出はシナプス後標的細胞の膜電位の局所的な変化をひき起こす．これらシナプスのいくらかは興奮性であり，**興奮性シナプス後電位**（excitatory postsynaptic potential, EPSP）とよばれる小さな脱分極を生みだす．他のシナプスは抑制性であり，**抑制性シナプス後電位**（inhibitory postsynaptic potential, IPSP）といわれる小さな過分極を生みだす．IPSP と EPSP はともに規模と持続時間はさまざまである．これらのシグナルは軸索小丘まで進み，そこでシグナルは空間的，時間的に統合される．もし興奮性の入力が優勢であれば，細胞体は脱分極し，電位依存的ナトリウムチャネルが開くだろう．もし十分な数のチャネルが開いていれば，活動電位が生みだ

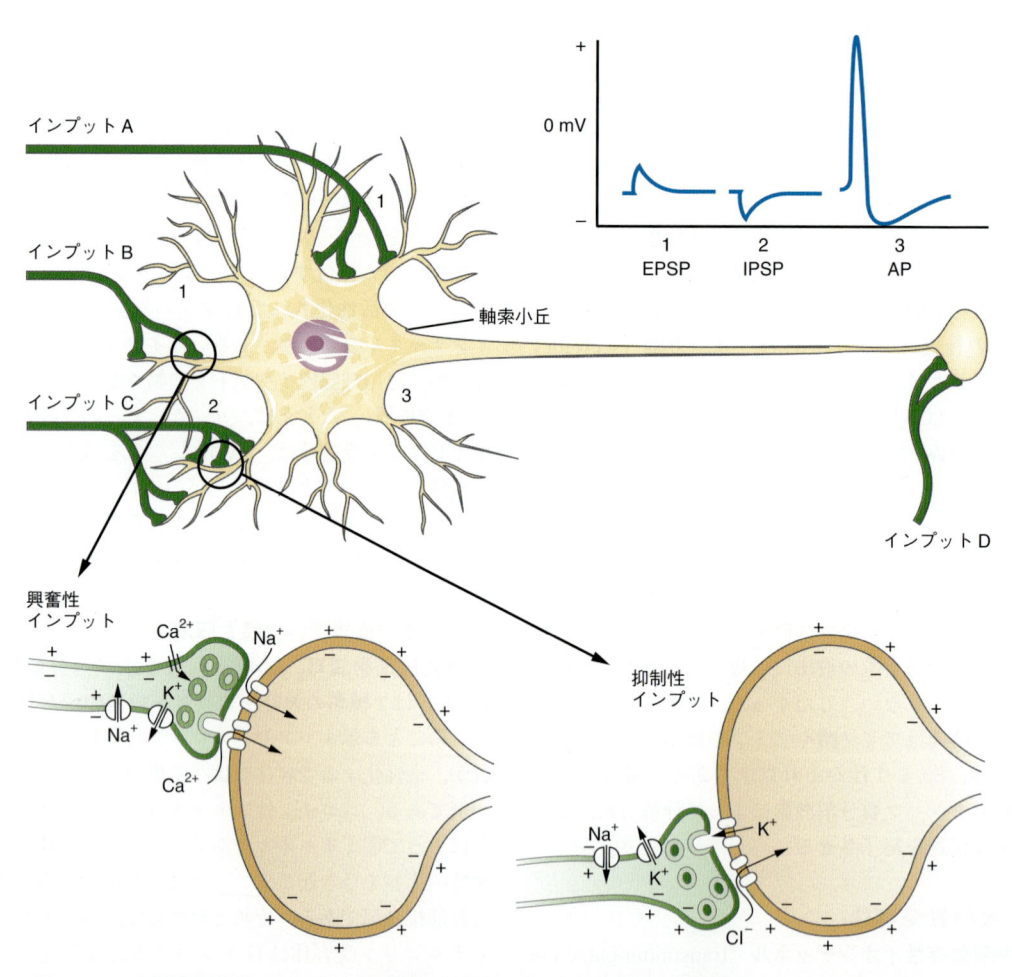

図7・13 中枢神経系におけるシナプス伝達．中枢神経系の神経細胞は，細胞体上（インプットA），樹上突起上（インプットBとC），そして神経線維末端上（インプットD）に散らばる多くのシナプス結合をもつ．これらのいくつかは興奮性であり，興奮性シナプス後電位（EPSP；インプットAとB）を生じ，他は抑制性であり，抑制性シナプス後電位（IPSP；インプットC）を生じる．活動電位（AP）を発火するか否かの最終的な決定は，すべてのこれらのインプットが加重された総計によって決定される．

まとめ

 多細胞生物の日々の生理機能と行動の調整には，個々の細胞が周囲の環境の変化を察知し，それに対して応答する必要がある．この仕事を達成するために，細胞はほとんど無限の空間的，時間的に調節されたシグナルを生みだすための数百の異なる細胞間シグナル伝達分子を用いる．細胞間シグナル伝達に関係する細胞間あるいは分子間イベントの基本的な理解は，ヒトの疾患に対する診察と治療に必須である．細胞間シグナル伝達の欠損は，内分泌障害，神経変性疾患，そしてすべてのタイプの癌を含む，多くの疾患の引き金となる事象である．さらに，細胞間シグナル伝達分子の作用を模倣したり，中和したりする作用物質は，薬の一般的な標的である．これらの作用物質は，アスピリン，アセトアミノフェン，イブプロフェンなど広く用いられている店頭で買うことができる鎮痛剤，インスリンとエストロゲンといったホルモン補充療法のための処方薬，成長ホルモンとエリスロポエチンなどの運動能力を向上させるために乱用される薬物，マリファナやコカインなどの嗜好品としての薬を含む．

参考文献

G. Beniot, M. Malewicz, T. Perlmann, 'Digging deep into the pockets of orphan nuclear receptors: insights from structural studies', *Trends Cell Biol.*, **14**, 369〜376 (2004).

A. Bishop, J.E. Anderson, 'NO signaling in the CNS: from the physiological to the pathological', *Toxicology*, **208**, 193〜205 (2005).

F. F. Bolander, "Molecular Endocrinology, 3rd Ed.", Elsevier Academic Press, San Diego (2004).

L. L. Branton, J. S. Lazo, K.L. Parker, "Goodman & Gillman's the Pharmacological Basis of Therapeutics". McGraw-Hill Medical Publishing Division, New York (2006).

P. M. Comoglio, C. Boccaccio, L. Trusolino, Interactions between growth factor receptors and adhesion molecules: breaking the rules', *Curr. Opin. Cell Biol.*, **15**, 565〜571 (2004).

"The Eicosanoids", ed.by P. Curtis-Prior, John Wiley & Sons, Ltd., West Sussex, United Kingdom (2004).

R. W. Davies, B. J. Morris, "Molecular Biology of the Neuron, 2nd Ed.", Oxford University Press, New York (2004).

M. Jutel, K. Blaser, C.A. Akdis, 'Histamine in allergic inflammation and immune modulation', *Int. Arch. Allergy Immunol.*, **137**, 82〜92 (2005).

S. W. Ryter, L. E. Otterbein, 'Carbon monoxide in biology and medicine', *BioEssays*, **26**, 270〜280 (2004).

"Cell signaling and growth factors in development: from molecules to organogenesis", ed. by K. Unsicker, K. Krieglstein, Wiley-VCH Verlag GmbH and Company, Weinheim, Federal Republic of German (2006).

8

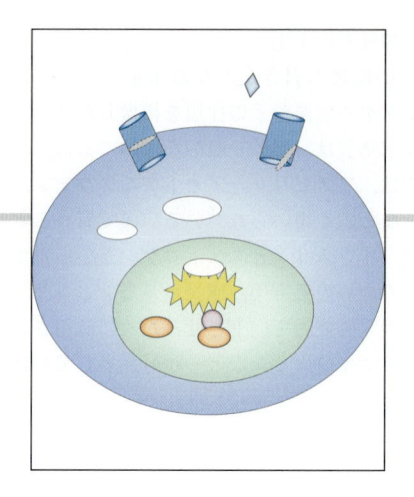

細胞内シグナル伝達

　細胞同士が相互に連絡する手立てがなければ，複雑な脊椎動物の出現に至る多細胞生物の進化はありえなかったであろう．受精から出生を経て正常な活動を営める個体を形成するためには，脊椎動物であろうと無脊椎動物であろうと，細胞をつくり出し，それらを配列して組織をつくり，さらにそれらを材料として正常な機能を果たす器官をつくらなければならない．このように恐ろしく複雑なプロセスの根底には，個々の細胞が他の細胞と相互作用し，情報交換するという，一見，単純な過程が存在する．こうした相互作用なしに組織や器官が形成され機能を果たすことはありえない．あらゆる型の細胞間情報伝達には，指令を送る側の"シグナル発信細胞"と，それを受取る側の"応答細胞"の二つが含まれる．ある細胞が外からの指令を受容し，解釈し，その挙動を変化させるメカニズムを"**シグナル伝達**（signal transduction）"とよぶ．また，その指令が応答細胞の表面から新たな遺伝子発現や細胞挙動のプログラムが実行される場である核へと伝達される過程は，"**シグナル伝達経路**（signal transduction pathway）"とよばれる．脊椎動物の組織や器官を形成する細胞の多様性は，シグナル伝達経路の複雑さにも反映されている．すなわち，複数の複雑な経路が組合わさることにより，個々の応答細胞の挙動を適切かつ正確に制御することが可能となっている．しかし，一般化してみるとすべてのシグナル伝達経路は基本的には同じ原理に基づいて機能しているようにみえる．すなわち，"指令"を担った可溶性細胞外分子は，受容細胞の表面受容体に結合し，細胞内シグナル伝達カスケードを活性化して指令を核に至らしめ，応答遺伝子の発現をひき起こす．本章では，種々のシグナル伝達経路がいかにして細胞外シグナルを遺伝子応答に結びつけるのかについて，例をあげて紹介する．

シグナルは細胞表面の受容体を介して　　　　　　　　　　　　　　　　　　伝えられる場合が多い

　細胞間連絡に関する多くの事象において，シグナル分子はシグナル発信細胞によって生成・分泌され，応答細胞（標的細胞）の細胞表面受容体に結合する．細胞表面受容体へのこれらの分子（"リガンド"とよばれる）の結合は，シグナル伝達経路を活性化することによってシグナルを核へ伝え，特定の遺伝子プログラムを始動させる．酵素活性をもつタイプの細胞膜受容体の多くは，プロテインキナーゼ活性――すなわち，基質タンパク質中のセリン，トレオニン，チロシンなどのアミノ酸残基にリン酸基を共有結合させる活性――をもつ．多くのシグナル伝達系，特に受容体チロシンキナーゼを介した経路，において最初にリン酸化を受けるのは，同種の分子である．すなわち，1個のリガンドが2分子の受容体に結合することによって，受容体分子同士のホモ二量体（homodimer）が形成され，このような分子複合体内では，受容体分子間の相互リン酸化による活性化が起こりやすくなるのである．こうして活性化された受容体キナーゼは，今度は，細胞膜近傍に局在するか何らかの機構で受容体近傍に招集された他のシグナル伝達分子をリン酸化し，細胞内シグナル伝達経路のスイッチを入れる．細胞内シグナル伝達経路に含まれる因子の多くもまたプロテインキナーゼであり，受容体の場合と同様に，みずからがリン酸化されることによって活性化され，別

の分子をリン酸化できるようになる．数段階にわたるこのようなリン酸化反応の連鎖は，最終的に核内転写因子の活性化をもたらす．このようにして，細胞外からのシグナルは，リン酸化反応を介して細胞膜から核へと伝えられる．

チロシンキナーゼやセリン/トレオニンキナーゼのような酵素活性をもつ受容体を介するシグナル伝達は，高次脊椎動物を含む多くの生物に広くみられる主要な細胞間連絡方式の一つである．この種のシグナル伝達様式は，成体における多くの生理現象に関与するのみならず，細胞間相互作用が特に要求される発生期の組織誘導や形態形成においても中心的役割を演じる．事実，現在得られている受容体型キナーゼに関する知識の多くが，発生学的な研究からきており，こうした研究から多くの細胞外シグナル分子が発見され，標的細胞内におけるシグナル伝達経路が明らかにされた．また，近年，こうしたシグナルの特徴や，それらがどのように生産され，受容され，解釈されるのかに関するわれわれの理解が進むにつれ，細胞分化，組織形態形成，正常時および病的状態におけるさまざまな器官の機能などの分子基盤に関する洞察も得られるようになった．たとえば，心臓はこのような研究によって発生や環境中のストレスへの応答における種々のシグナル伝達経路の役割が判明しつつある臓器の好例である．

受容体型チロシンキナーゼとRas依存性シグナル伝達

シグナル分子の結合により活性化され，基質タンパク質のチロシン残基をリン酸化する細胞表面受容体は"**受容体型チロシンキナーゼ**"とよばれる．このような受容体は多数の細胞間相互作用において重要な役割を担って

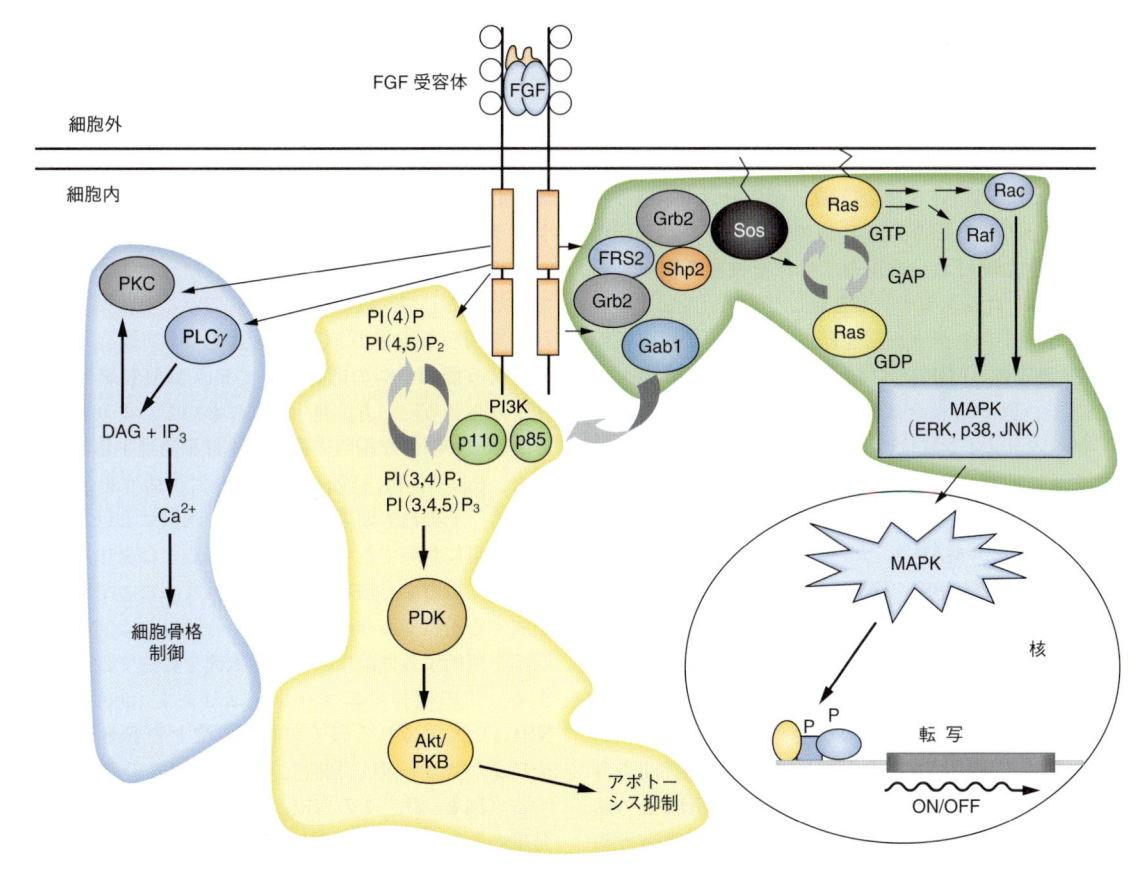

図 8・1 線維芽細胞成長因子（FGF）シグナル伝達経路．活性化型 FGF 受容体（FGFR: 橙色長方形）はホスホリパーゼ Cγ（PLCγ）経路（青色網かけ部分），ホスファチジルイノシトール 3-キナーゼ（PI3K）-Akt/プロテインキナーゼ B（PKB）経路（黄色網かけ部分），FRS2-Ras-MAP キナーゼ（MAPK）経路（緑色網かけ部分）を活性化する．活性化型 MAPK〔Extracellular signal-Regulated Kinase（ERK），p38 または c-Jun N-terminal kinase（JNK）〕は核へ移行し，転写因子をリン酸化（P）することにより標的遺伝子を調節する．〔L. Dailey, et al., Cytokine Growth Factor Rev., **16**, 233（2005）より改変〕

いる．この型の受容体に結合するシグナル分子には幅広い生物活性をもつ"成長因子（増殖因子）"が多く，たとえば，**血管内皮細胞成長因子**（vascular endothelial growth factor, **VEGF**），**血小板由来成長因子**（platelet-derived growth factor, **PDGF**），**表皮成長因子**（epidermal growth factor, **EGF**），インスリン，**神経成長因子**（nerve growth factor, **NGF**），**線維芽細胞成長因子**（fibroblast growth factor, **FGF**）などがこのカテゴリーに属する．これらの成長因子受容体は，三つのシグナル伝達経路，**ホスホリパーゼC**（phospholipase C, **PLC**），**Grb2-Sos**，**ホスファチジルイノシトール3-キナーゼ**（phosphatidylinositol 3-kinase, **PI3K**）を介して下流にシグナルを伝える（図8・1）．すべての受容体が同じ組合わせのシグナル伝達経路を用いるため，特定の成長因子に対する細胞応答の特異性は，主として，その因子に対応する受容体型チロシンキナーゼが細胞表面に発現しているかどうかで決まる．

線維芽細胞成長因子

線維芽細胞成長因子（FGF）ファミリーの成長因子は，幅広い生物現象において主要な役割を演じる．たとえば，胚の体軸形成，細胞の特異化や分化，器官や器官系（たとえば血管系）の形態形成，細胞分裂や細胞移動の制御などにかかわる．FGFシグナル伝達経路もまた発生や細胞生理において重要で多様な役割を担っており，受容体チロシンキナーゼを介したシグナル伝達の好例である．FGFシグナル伝達経路は，FGFが細胞表面の**FGF受容体**（**FGFR**）に結合することにより始まる（図8・1）．FGFの結合はFGFRの二量体化をひき起こし，細胞内ドメインに位置するチロシン残基を自己リン酸化することで，下流シグナル分子複合体の形成や集合を促す．FGFは，三つの主要な経路 1) **Ras**（Rat-associated sarcoma）**-MAPキナーゼ**（Mitogen-Activated Protein Kinase, **MAPK**）**経路**，2) **PLCγ-Ca^{2+}経路**，3) **PI3K-Akt経路**を介して伝達される（図8・1）．このうち，中心的なものはRas-MAPK経路であり，この経路は，活性化型FGFRがFGFR substrate 2α（FRS2α）とよばれる膜アンカー型タンパク質のチロシン残基に結合しリン酸化することによって活性化される．FRS2αのリン酸化はアダプター小分子Grb2との結合を促すが，Grb2は，ヌクレオチド交換因子Sosと複合体を形成している．Sosは，Ras経路の活性化においてきわめて重要な役割を果たす．細胞内において，Rasはグアノシン三リン酸（guanosine triphosphate, GTP）と結合している際に活性化状態にあり，グアノシン二リン酸（guanosine diphosphate, GDP）結合時には不活性化状態にある．Rasシグナルは，Rasに結合していたGDPがSosのような**グアニンヌクレオチド交換因子**（Guanine nucleotide Exchange Factors, **GEF**）の働きによってGTPに置き換えられたときに始まる．Rasの活性化はRafから**MEK**（Mitogen-activated protein kinase/Extracellular signal-regulated kinase Kinase），**ERK1**（Extracellular signal-Regulated Kinase 1）や**ERK2**などのMAPKへと続くリン酸化カスケードの引き金を引く．ERKは，核に入って転写因子のリン酸化による活性化をひき起こし，FGF応答遺伝子の転写を活性化することでFGFシグナルの伝達を完了させる．

ニューレギュリン

Ras-MAPKシグナル伝達経路は，脊椎動物における細胞間連絡の主要な経路の一つであり，多種多様なシグナル分子とその受容体がこの経路を介して細胞内シグナルを伝達している（図8・2）．チロシンキナーゼ受容体およびそのシグナル伝達経路の場合と同様に，Ras-MAPK経路は，異なるリガンド・受容体ペアと結びつき，いくつもの異なった生物活性を示す．そのよい例が心臓の発生においてみられる．心筋細胞は，発生過程で胞胚中胚葉にある前駆細胞から発生する．この前駆細胞から心筋細胞への誘導は，近接する内胚葉細胞層からのシグナルに依存するが，FGFがこの過程における必須シグナルの一つであることが多くの研究において示されている．そして，FGFRを発現している中胚葉由来前駆細胞を内胚葉由来のFGFが刺激し，心筋細胞系への誘導を行う際の一つの応答としてRas-MAPK経路の活性化がみられる．一方，発生後期において，より分化した心臓細胞が新たな細胞表面受容体群を発現するようになると，Ras-MAPK経路は，異なる生物活性を示すようになる．その最も顕著な例は，肉柱形成における細胞間相互作用においてみられる．肉柱形成とは発生期の心室において緻密な心筋層が進展・退縮することで心室腔を形成する過程であり，これにより心臓は，心筋層が自発収縮を開始する以前においても血流を維持することができる．この過程で**ニューレギュリン1**（neuregulin-1, **NRG1**）とよばれる因子が心筋細胞上の**Erb受容体型チロシンキナーゼ**に結合し，Ras-MAPK経路を活性化する（図8・2）．このNRGシグナルは，すでにかなり発生の進んだ器官に含まれる分化の進んだ細胞が，他の分化の進んだ細胞にどのような変化をもたらしうるのかについて，興味深い事例を提示している．この場合，心臓の内皮細胞層から発せられたNRG1シグナルは，心筋細胞層によって受容され，肉柱心筋層の形成が促されるわけである（図8・3）．

受容体型チロシンキナーゼと Ras 依存性シグナル伝達   261

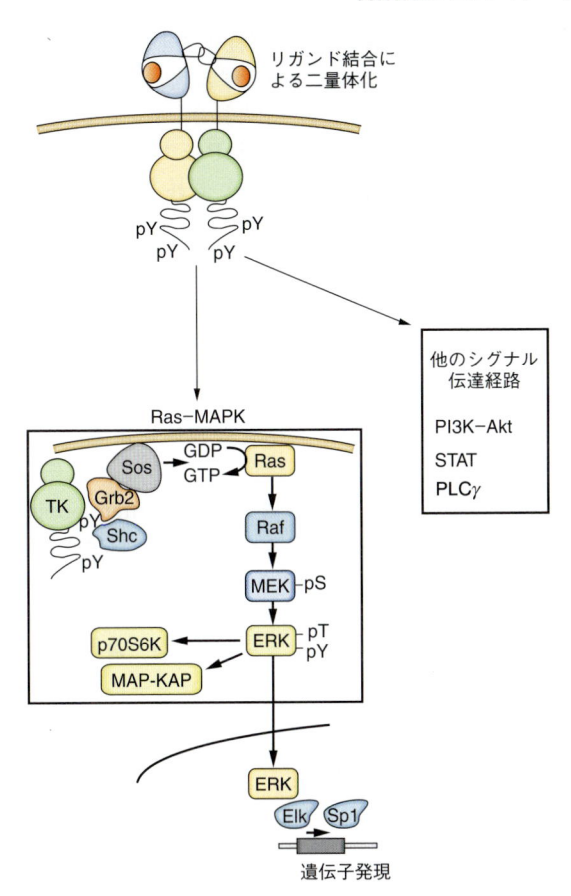

図 8・2　ErbB が誘導するシグナル伝達経路．リガンド結合により受容体はホモ二量体あるいはヘテロ二量体化することで，チロシンキナーゼの活性化および，ErbB の C 末端に含まれる特定のチロシン残基（pY）のリン酸化をひき起こす．pY を含むペプチドへの結合ドメインである SH2 あるいは PTB（phosphotyrosine binding）ドメインをもつエフェクターは，活性化された受容体に動員され，ErbB のシグナルを直接下流の特異的なシグナル伝達経路に伝える．これらのシグナル経路には Ras-MAP キナーゼ（MAPK），ホスファチジルイノシトール 3-キナーゼ（PI3K）-Akt，ホスホリパーゼ C-プロテインキナーゼ C（PLC-PKC），そして Jak-STAT シグナル伝達経路が含まれる．ほとんどすべての ErbB 受容体は Ras-MAPK 経路を介してシグナルを伝える．MAP-KAP: MAP kinase activated protein. [M. D. Marmor, et al., Int. J. Radiat. Oncol. Biol. Phys., **58**, 903（2004）より改変]

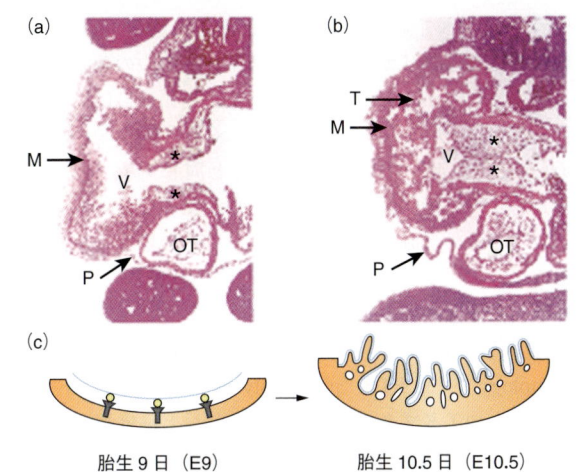

図 8・3　ErbB2-ErbB4 ヘテロ二量体を介してシグナル伝達するニューレギュリン 1（**NRG1**）の欠損はマウス胎生 10.5 日における心臓発生の過程で心室肉柱形成不全をきたす．(a) *NRG* 遺伝子欠損マウスの心臓断面（胎生 10.5 日）．(b) 野生型マウスの心臓断面（胎生 10.5 日）．M, 心筋（myocardium）; OT, 流出路（out flow）; P, 心周膜（pericardium）; T, 肉柱心筋（trabeculated myocardium）; V, 心室（ventricle）．アステリスクは心内膜床を示す．(c) 心内膜（青色）から心筋（橙色）への ErbB2-ErbB4 ヘテロ二量体を介した NRG1 のシグナル伝達．[A. N. Garrat, et al., Trends Cardiovasc. Med., **13**, 80（2003）より]

心臓において応答細胞への NRG1 シグナルは，脊椎動物ゲノム中にコードされている四つの ErbB 受容体のうち ErbB2 と ErbB4 のヘテロ二量体を介して伝えられる（図 8・4）．ErbB2 は，リガンドをもたない受容体の一つであり，リガンド結合能をもつ他の ErbB 受容体とヘテロ二量体を形成することによって機能する．したがって，心臓における NRG1 結合の特異性は，ErbB4

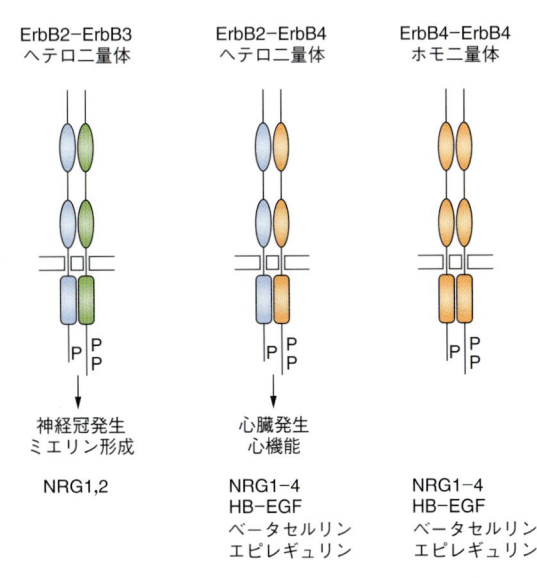

図 8・4　ErbB2，ErbB3，ErbB4 の構造．これらの受容体は，細胞外に二つのシステインに富むドメイン（楕円），膜貫通領域，細胞内にチロシンキナーゼドメイン（長方形）をもつ．ヘテロ二量体，ホモ二量体のどちらも形成するが，それぞれの受容体に対し，さまざまなリガンドが特異的に結合することが明らかになっている．HB-EGF, heparin-binding EGF-like growth factor; NRG, ニューレギュリン．[A. N. Garrat, et al., Trends Cardiovasc. Med., **13**, 80（2003）より]

受容体によって発揮されるものと考えられる．ErbB受容体には細胞外リガンド結合ドメインと一つの疎水性膜貫通ドメインが存在する．また，細胞内領域には，強く保存されたチロシンキナーゼドメインが存在する．ErbB受容体がリガンドと結合すると同じタイプの受容体とのホモ二量体あるいは異なるタイプの受容体とのヘテロ二量体の形成が促進される．どちらの場合も二量体形成は互いの受容体上のチロシンリン酸化による酵素活性の上昇をもたらす．さらに受容体のカルボキシ末端部のチロシン残基がリン酸化されることで，**SH2**（Src homology 2）や**PTB**（phosphotyrosine binding）ドメインをもつアダプタータンパク質の動員と活性化がひき起こされる（図8・2）．これらの特徴的構造をもつタンパク質は，活性化した受容体に結合し集積することで多タンパク質複合体を形成する．これによりリガンドのシグナルが下流のシグナル伝達経路へと伝えられることとなる．活性化受容体へのアダプタータンパク質の結合は，細胞内シグナルカスケードの最初のステップであり，どの下流シグナル伝達経路が使われるかを決定する役割を担う．ErbBシグナルでは四つの異なる経路：Ras–MAPK経路，PI3K–プロテインキナーゼB（PKB）/Akt経路，ホスホリパーゼC–プロテインキナーゼC（PLC–PKC）経路，Jak–STAT経路，が用いられうる．肉柱形成におけるErbB2-4受容体がどのシグナル伝達経路を使っているかは明らかにされていないが，一方で，すべてのErbBリガンドとその受容体がRas–MAPK経路を活性化することが知られている．したがって，この経路が心筋細胞におけるNRG1シグナルの伝達にも関与する可能性が高い．心筋細胞において，この経路はNRG1のErbB2-4受容体への結合により，受容体細胞内ドメインの互いのチロシン残基が受容体自身の酵素活性によりリン酸化されることから始まる．このリン酸化には二つの効果がある．第一に，受容体の酵素活性を上昇させる．第二に，Ras–MAPK経路のエフェクタータンパク質複合体の動員や結合に適したドメイン構造を形成させる．この複合体はRas活性化因子とRasとを近接させ，Rasを活性化することでErbB受容体とRasシグナル伝達経路の間の橋渡しをする．この複合体の主要な構成因子は，アダプタータンパク質Grb2と，Rasの実質的なアクチベーターとして働くグアニンヌクレオチド交換因子Sosである．Grb2はSosと複合体を形成する一方，SH2ドメインを介して受容体上の特定のリン酸化チロシン残基と結合することによって，リン酸化ErbB受容体に動員される．こうして細胞膜の内側でRasと接近したSosは，RasのGDPヌクレオチド（GDPと結合状態のRasは不活性化されている）をGTP（Rasと結合し活性化させる働きをもつ）と交換することでRasを活性化する．いったん，活性化されたRasは，Rafキナーゼと結合してこれを活性化する．Rafはリン酸化により**MAPキナーゼキナーゼ**（**MAPKK/MEK**）の酵素活性を上昇させ，さらにMAPKKはMAPK/ERKをリン酸化し，活性化させる．MAPKは種々の細胞質あるいは膜結合基質をリン酸化するとともに核へと輸送され，特定の転写因子をリン酸化，活性化することで新たな遺伝子発現をもたらす．

セリン/トレオニンキナーゼ受容体によるシグナル伝達

トランスフォーミング成長因子β（transforming growth factor-β，**TGF-β**）ファミリーのシグナル分子と結合することにより活性化され，基質タンパク質のセリン残基やトレオニン残基をリン酸化する細胞表面受容体も多く存在する．TGF-βファミリーは，構造的，機能的類似性からいくつかのサブファミリーに分類できる．すなわち，**骨形成タンパク質**（bone morphogenic protein，**BMP**；臓器形成，組織誘導），**アクチビン**（activin，中胚葉誘導），TGF-β（造血作用，上皮，間葉細胞増殖，分化）などである（図8・5）．

TGF-β受容体の構成や活性化はチロシンキナーゼ受容体とは異なる．すなわち，TGF-β受容体は二つの異なる受容体サブタイプ，I型（TβR-I）とII型（TβR-II）よりなるが，個々のサブタイプはリガンドと結合してそのシグナルを伝達することができない．リガンド結合によって双方が複合体を形成して初めて機能的受容体となるのである（図8・6）．

一般的にII型受容体がリガンド結合受容体であり，I型受容体がシグナル伝達受容体と考えられている．TGF-βがII型受容体に結合するとTGF-βに立体構造の変化が生じ，I型受容体にも認識されるようになる．こうしてII型受容体に近接するようになったI型受容体は，II型受容体によってリン酸化され，その酵素活性を上昇させる．その結果，I型受容体が下流のシグナル伝達分子をリン酸化できるようになり，TGF-βシグナルが伝達される．

BMP（骨形成タンパク質）

TGF-β受容体ファミリーに属するBMP受容体のシグナルは，発生初期および骨形成期における主要なシグナル伝達経路の一つである．多機能分子であるBMPは，幅広い細胞種においてさまざまな生物活性を示すため，TGF-β受容体スーパーファミリーを介するシグナ

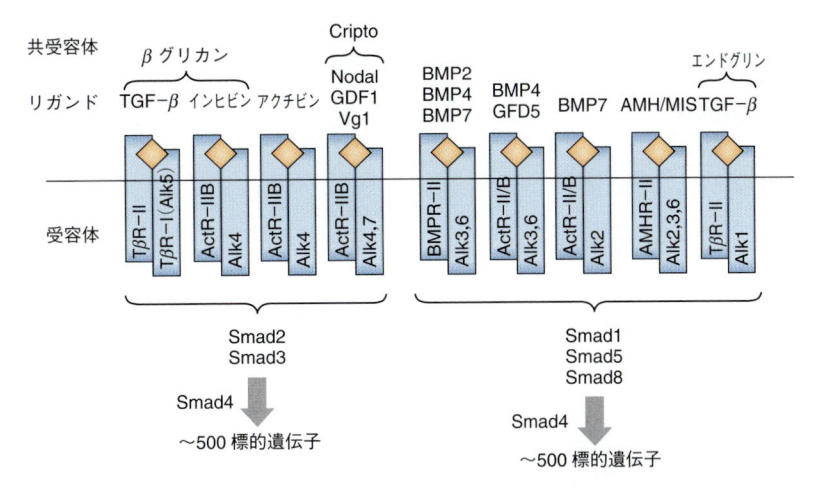

図 8・5 脊椎動物におけるトランスフォーミング成長因子β（TGF-β）とTGF-β様リガンド，およびそれらのI型，II型受容体．NodalリガンドはActR-IIB-Alk4ヘテロ二量体と結合する．この受容体の活性化によりNodalのシグナルはSmad2と3がSmad4とヘテロ二量体化し，標的遺伝子を活性化する．骨形成タンパク質（BMP）のシグナル伝達経路を比較のために右に示した．〔Y. Shi, J. Massague, Cell, 113, 685（2003）より改変〕

ル伝達について説明するうえで好適な例といえよう．BMPは二つの異なるBMP受容体サブタイプ（I型およびII型）に結合し，これらの二つの受容体を近接させる．これによりII型受容体キナーゼによるI型受容体のリン酸化が起こり，BMPシグナル伝達経路が活性化される．I型受容体は一度リン酸化されると，BMPシグナルを下流のエフェクターへと伝えるキナーゼとしての働きを獲得する．この段階で，二つのシグナル伝達経路：**TAK1-MKK3/6-p38/JNK**（c-Jun N-terminal kinase）経路（図8・6）と**Smad経路**（図8・7），が活性化されると考えられている．TAK1はMAPキナーゼキナーゼキナーゼ（mitogen-activated protein kinase kinase kinase, MAPKKK）スーパーファミリーに属している．TAK1のリン酸化は，リン酸化反応カスケードを

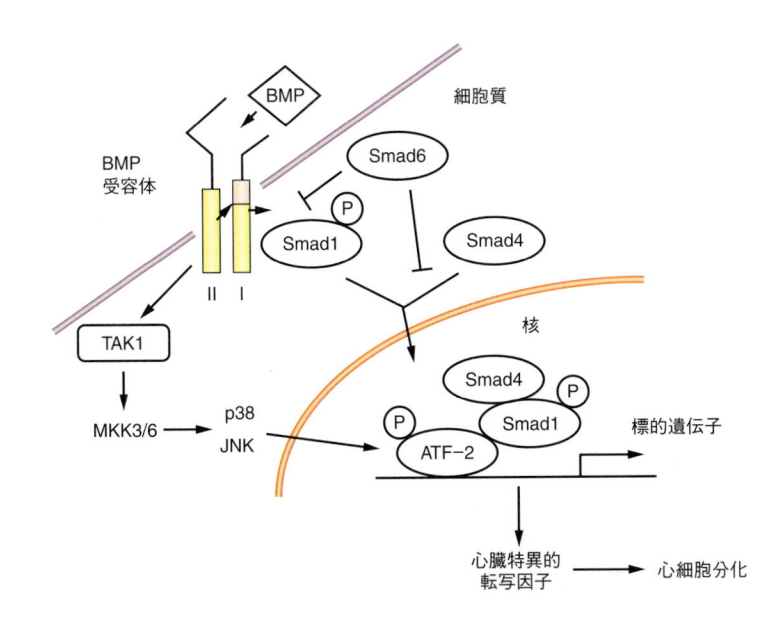

図 8・6 心臓原基誘導に関与する骨形成タンパク質（BMP）シグナル伝達経路の概略図．BMPシグナルはTAK1シグナル経路もしくはSmadタンパク質（特にSmad1, Smad4）を介した経路により伝達される．Smad1/4ヘテロ二量体はATF-2転写因子と結合し，BMP応答遺伝子の転写を活性化する．同様の効果がTAK1経路においても，MAPキナーゼであるMKK3/6を介してもたらされる．MKK3/6はstress-activated protein kinaseであるp38やc-Jun N-terminal kinase（JNK）をリン酸化することにより活性化し，これらがさらにATF-2を活性化する．〔K. Monzen, R. Nagai, I. Komuro, Trends Cardiovasc. Med., 12, 263（2002）より改変〕

なる時期など）において使われうること，また，正しい応答をひき起こすためには，複数の経路を介して伝達される複数のシグナルが組合わさって働く必要があることを示唆する．

Nodal（ノーダル）

受容体セリン/トレオニンキナーゼを介したシグナル伝達経路は，発生のあらゆる段階において，異なる状況の中で使われている．同じ経路が異なる応答をひき起こせる要因としては，リガンドやシグナル伝達分子の性質

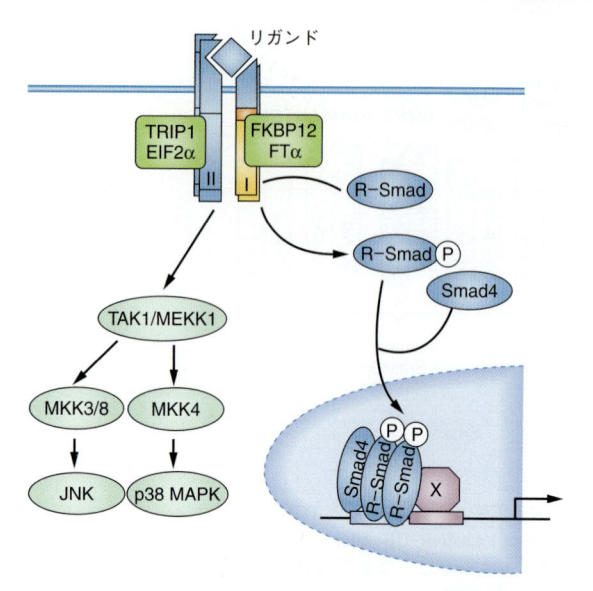

図 8・7 Smad 非依存的経路を介する TGF-β 受容体シグナル伝達経路． TGF-β シグナルは TAK1/MEKK1 もしくは Smad 経路のような異なるシグナル伝達経路を誘導する．これにより c-Jun N-terminal kinase (JNK) や p38, MAP キナーゼ (MAPK)，Smad などのさまざまな転写調節エフェクターを介して種々の遺伝子発現プログラムを活性化することができる．〔R. Derynck, Y. E. Zhang, *Nature*, **425**, 577（2003）より改変〕

介して核内転写因子 ATF-2 の活性化をもたらし，標的遺伝子の転写を亢進する．

一方，Smad シグナル伝達経路においては，BMP によるリガンド刺激が I 型受容体への Smad1 の結合とリン酸化を促す．リン酸化された（BMP リガンド特異的な）Smad は，つぎに Smad4（受容体との結合能をもたない）と結合し，細胞質から核へと移行する．核内の Smad1/4 ヘテロ二量体は，ATF-2 転写因子と結合しこれを活性化することで BMP 応答遺伝子の転写を活性化する．

BMP は，細胞表面に BMP 受容体をもつような中胚葉細胞を心臓前駆細胞（cardiogenic cell）へと誘導する際に必要な因子である．BMP アイソフォームのうち BMP2 と BMP4 のみが心臓前駆細胞を誘導できると考えられている．これらの BMP は中胚葉細胞から分泌され標的細胞表面の BMP 受容体に結合してこれを活性化する．BMP2/4 シグナルは，このように心臓原基誘導の初期段階に働くだけでなく，発生後期に他の因子が作用し心筋細胞への分化が完了するまでの間，心臓形成能を維持する作用をもつことも知られている．発生初期に連続的に BMP シグナルが要求されるという事実は，同じシグナル伝達経路が異なる状況（たとえば，発生過程の

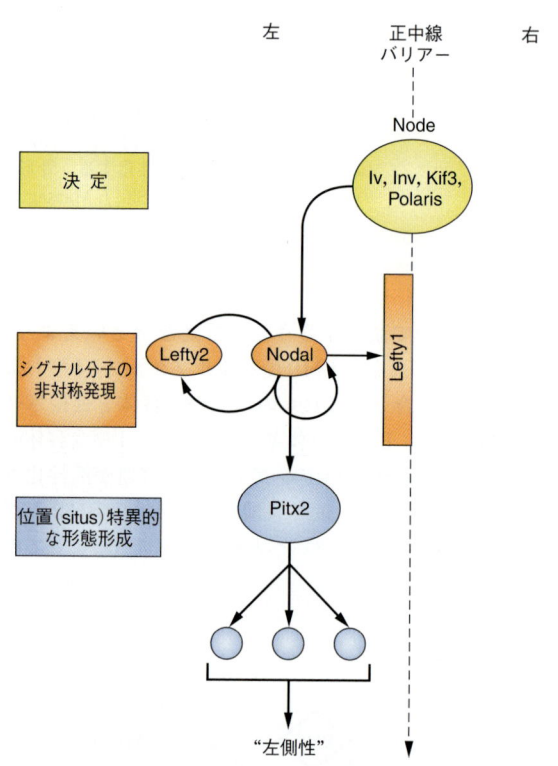

図 8・8 左右非対称性決定のためのシグナル伝達経路． Node およびその周囲に存在する繊毛により潜在的なエフェクター分子が右から左に"掃かれる"ことは，左右非対称性の発端となる些細であるが重要な過程である．キネシンスーパーファミリーに属するタンパク質 Kif3, Polaris, Iv, Inv がこの過程に関与している．胎生期の対称性の破綻が生まれることにより TGF-β 様シグナル分子 Nodal の左側優位の発現がもたらされる．Nodal の作用は別の TGF-β 様シグナル分子であり Nodal をフィードバック抑制する Lefty2 により限局化される．Nodal シグナル伝達経路は最終的に Pitx2 転写因子の活性化をもたらすが，Pitx2 の下流遺伝子は"左側性"という特徴を発揮するように働く．Nodal はまた同じく TGF-β 様シグナル分子である Lefty1 の発現も誘導するが，Lefty1 は"左側性"を規定するシグナルが正中線の境界を越えないようにするためのバリアーとして働く．〔H. Hamada, *et al*., *Nat. Rev*., **3**, 102（2002）より〕

の違い，リガンドの生成される時期や場所の違い，シグナル調節機構の違いなどがあげられる．たとえば，BMPシグナルが発生初期における心臓の誘導を促進するのに対し，同じセリン/トレオニンキナーゼ型受容体シグナル伝達経路を使う**Nodal**は，心臓原基の左右非対称性をもたらし，最終的に心臓を胸腔内の正しい位置（左側）におくとともに左右の心室腔を誘導する．左右非対称性の確立における第一段階は，Nodalシグナル分子自身の分布の非対称性である（図8・8）．すなわち，Nodalは，左側優位の発現分布を示し，これ自体はHedgehogシグナル経路（後述）の働きによるものと考えられているが，これより下流のNodalシグナルはすべてNodalの発現を胚の特定の領域（すなわち左側）に限局し維持するように働く．後で論じるように，この系は，シグナル伝達分子や下流のシグナル経路が正のフィードバック調節を介して維持される機構，また，負の制御因子の誘導を介して限られた領域にシグナルを局在化させる機構に関して興味深い例を提示している．

　NodalリガンドはTGF-βのシグナル分子ファミリーに属し，BMPファミリーのリガンドとはⅠ型およびⅡ型受容体との作用に違いがみられる（NodalはⅠ型よりⅡ型受容体に対して強い親和性をもち，この特性がシグナル受容体形成の仕方に影響を与えている）．また下流のSmadタンパク質群もBMPの場合とは異なる．NodalシグナルはNodalリガンドが二量体を形成し，Ⅱ型受容体である**ActR-Ⅱb**と結合することによって開始される（図8・9）．この結合は，Ⅰ型受容体の結合を容易にする．NodalのⅠ型受容体は，**Alk4**とよばれ，あらかじめ**Cripto**（あるいはCryptic）という共受容体（coreceptor）と結合している．Criptoは，表皮成長因子（epidermal growth factor, EGF）-CFC（cripto/FRL-1/cryptic）ファミリーのグリコシルホスファチジルイノシトール（glycosylphosphatidylinositol, GPI）アンカー型タンパク質で，Nodalシグナル伝達において重要な役割を担っている．いったんこの三量体受容体複合体が形成されるとⅡ型受容体はⅠ型受容体をリン酸化し，その酵素活性を上昇させる．活性化されたⅠ型受容体は，Smad2とSmad3を直接リン酸化し，これらの核移行を促す．核に入ったSmadは細胞の種類に特異的なDNA結合型転写活性化因子と複合体を形成し，Nodalの標的遺伝子の発現を促す．

　Nodalは，胚において心臓の正常な発生および位置の決定にとって必要な，左右の非対称性をつくり出す．Nodalは拡散性の分子であるため，もしNodalが胚全体に均一に拡散したとすると，すべての細胞を活性化してしまい，この非対称性は失われてしまう．したがって，Nodalが機能するためには，心臓発生の特定の時期においてその活性が胚の左側にのみ限局した状態を保つことが重要となってくる．Nodalは，発現維持のために，自己調節（autoregulation）という機構を用いている．すなわち，Nodalはそれ自身の遺伝子転写を，別のシグナル伝達経路（異なるⅠ型受容体やSmadの組合わせからなる）を介して活性化することができる．また，Nodalは，発現を胚の左側に限局するために，そのアンタゴニストである二つのTGF-β様分子**Lefty1**，**Lefty2**の発現を誘導する．これらの因子はその名に反し，胚の左側

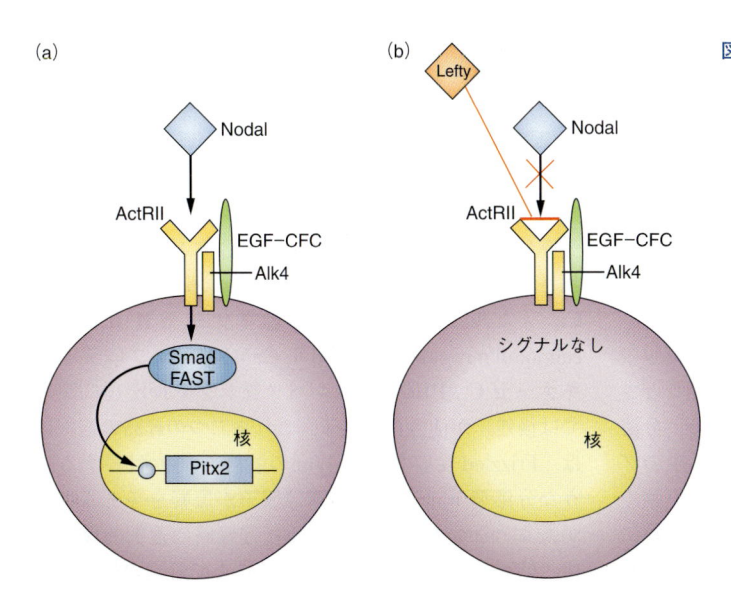

図8・9　NodalおよびLeftyタンパク質の作用機構． LeftyタンパクはActRⅡ受容体に結合し，Nodalと競合することでNodalのアンタゴニストとして働く．NodalおよびLeftyの共受容体である表皮成長因子（EGF）-CFCタンパク質はAlk4とは相互作用するがActRⅡとは相互作用しない．(a) NodalシグナルはActRⅡ受容体を介し，SmadやFASTなどの転写因子の核内移行をひき起こし，Pitx2などの下流遺伝子を活性化する．(b) LeftyタンパクはActRⅡと結合するが，この際，シグナルは伝達されない．〔H. Hamada, et al., Nat. Rev., **3**, 102（2002）より〕

以外の側板中胚葉領域において Nodal の発現を阻害する．Lefty1 は正中線上の細胞に発現し，Nodal シグナルが胚の右側へと拡散するのを防ぐ．一方，Lefty2 は左側板中胚葉に発現し，Nodal シグナルが他の領域へと拡散するのを防ぐとともに，Nodal の作用の持続時間を制限する働きをもつ．Lefty2 は Nodal のアンタゴニストであるため，Lefty2 濃度が一定以上に達して Nodal シグナルを阻害できるようになるまでは Nodal シグナルは阻害されないと考えられる．Lefty2 による Nodal シグナル阻害は EGF-CFC 型共受容体 Cripto への結合によるもので，これにより Nodal-I 型受容体-II 型受容体の複合体形成が阻害される（図 8・9）．Nodal による発現誘導を受けているにもかかわらず，Lefty2 は Nodal 自体よりも容易に周囲の細胞へと拡散するらしく，この性質が，Nodal を完全に阻害するような境界線をつくり出すのに役立つものと思われる．すなわち，Lefty2 は Nodal よりも先回りして未結合の EGF-CFC 受容体をもつ細胞に到達し，この受容体に結合することで，後からくる Nodal に依存した活性化型受容体形成を阻害し，これが Nodal シグナルの時間的・空間的な限局化をひき起こすものと考えられる．

非キナーゼ型受容体によるシグナル伝達

リガンドを介する細胞間情報伝達には，キナーゼ型受容体やその下流で働くシグナル伝達分子を介さない経路も存在する．それらのうち，発生学において重要な三つのシグナル伝達経路として Wnt, Notch, Hedgehog シグナル伝達経路がある．これらの経路は，タンパク質リン酸化ではなく，転写活性化因子の分解阻害（Wnt シグナル伝達経路の場合），転写活性化因子の転写阻害因子への変換（Hedgehog シグナル伝達経路の場合）のような機構によってシグナルを伝達する．また，Notch シグナルにおける細胞表面から核へのシグナル伝達においては，タンパク質切断によって細胞内シグナル伝達分子が遊離され，これが転写抑制因子を取除くことで Notch 応答遺伝子の転写を活性化する．

Wnt ファミリー

Wnt は，一群の分泌型糖タンパク質であり，細胞の運命決定，分化，細胞極性，細胞遊走，細胞増殖などさまざまな発生現象に関与することが知られている．分泌された Wnt タンパク質は，細胞外マトリックス中のグリコサミノグリカンと結合し，また，細胞表面とも強く結合し，産生細胞自身や近傍の細胞に作用する．これに加え，Wnt は長い距離で作用する**形態形成因子**（モルフォゲン，morphogen）としても働くことが知られており，この場合，Wnt 産生細胞からの距離によって異なる応答をひき起こす．このような多様性は，Wnt がある応答細胞に作用して他の分泌シグナル分子を生産させるというような，細胞間の長距離リレー機構によって生じるものと考えられている．

伝達機構に関していえば，Wnt シグナルは複雑である．多数の Wnt アイソフォーム（ヒトゲノム中には 19 の *Wnt* 遺伝子）の存在，**Frizzled**（***Fzd***）ファミリーと**低密度リポタンパク質受容体関連タンパク質**（low-density lipoprotein receptor-related protein, **LRP**）ファミリーという 2 種類の受容体ファミリーの存在，さらに Wnt が活性化と抑制の両方の伝達経路を介してシグナルを伝えることなどが知られており，したがって，正しい生物効果を発揮するためにはすべての因子が調和的に制御されなければならない．Wnt シグナルは，Wnt タンパク質が細胞表面受容体に結合し，細胞内シグナル経路を活性化することによって開始される．Wnt タンパク質は多様な生物作用を示すが，これらは，Wnt が異なるシグナル伝達経路を介して働くためと考えられる．経路の選択はどの Frizzled 受容体がどの Wnt によって活性化されるかに依存する．Wnt により活性化されるシグナル伝達経路としては，古典的な **Wnt-β カテニン経路**, **Wnt-Ca^{2+} 経路**, **Wnt-極性経路**などが知られている（図 8・10）．

古典的 Wnt-β カテニン経路においては，β カテニン（β-catenin）とよばれる分子が不活性型転写因子 LEF/TCF ファミリーを活性化することによってシグナルが伝達される．すなわち，Wnt による刺激がない場合，β カテニンは素早く分解され，β カテニンによる LEF/TCF 転写因子の活性化は抑制されている．一方，Wnt 刺激があると，この分解反応が阻害されるため遊離 β カテニン量が増加し，LEF/TCF 転写因子に結合し，標的遺伝子の発現が活性化される．一方，Wnt-Ca^{2+} 経路は，β カテニンを介さない経路で，別の種類の Wnt, Frizzled 受容体によって活性化される．Wnt が Frizzled 受容体に結合するとヘテロ三量体 G タンパク質が活性化され，細胞内 Ca^{2+} レベルが上昇する．これにより，**Ca^{2+}/カルモジュリン依存性キナーゼ II**（calcium/calmodulin-regulated kinase II, **CaMKII**）やプロテインキナーゼ **C**（**PKC**；G タンパク質シグナル伝達に関しては後述）が活性化される．これら二つの経路の選択には，Frizzled 受容体への Wnt の結合を拮抗阻害するような分泌型 Wnt シグナル調節因子が影響を与える場合がある．三つの Wnt シグナル伝達経路の選択的な活性化，抑制，あるいは双方が起こることで特定の生物効果

非キナーゼ型受容体によるシグナル伝達　267

(a) Wnt-βカテニン・シグナル伝達

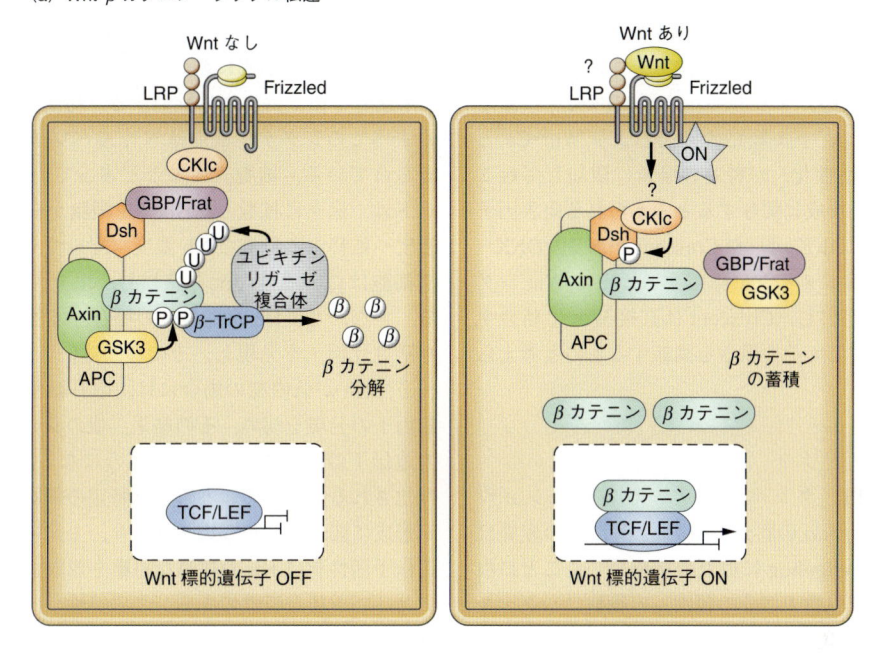

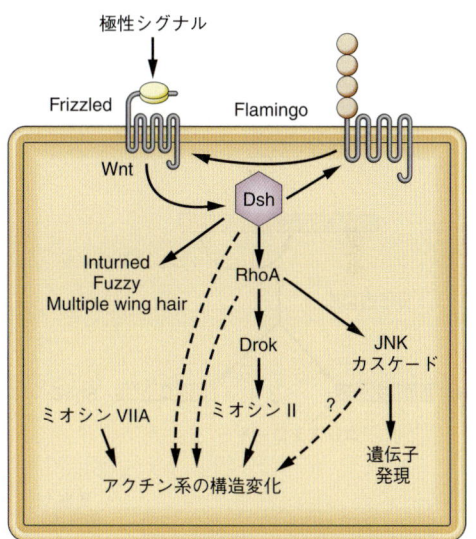

図 8・10　既知の Wnt シグナル経路．(a) Wnt-β カテニン経路．Wnt 経路は多機能タンパク質である β カテニンの安定性に依存している．Wnt がないとき，β カテニンはリン酸化され，β-TrCP (β-transducin repeat containing protein) との結合およびユビキチン化が促進され，プロテアソームで破壊される．細胞が Wnt にさらされると，disheveled (Dsh) がリン酸化される．Dsh は，細胞質足場タンパク質の一種であり，β カテニンのリン酸化，ユビキチン化，分解を抑制する．その結果，細胞内に蓄積した β カテニンは，核内へ移行し，TCF/LEF 転写因子ファミリーのメンバーと相互作用し，標的遺伝子を活性化する．(b) Wnt-Ca^{2+}経路は G タンパク質の活性化をもたらし，細胞内 Ca^{2+} 濃度の上昇や Ca^{2+}/カルモジュリン依存性キナーゼⅡやプロテインキナーゼ C (ともに Wnt 依存性の応答) の活性化をひき起こす．(c) Wnt-極性経路 (ショウジョウバエ *Drosophila* でみられる)．脊椎動物において Wnt-極性経路は原腸陥入や神経管形成における極性をもった細胞移動の調節を行うと考えられている．Wnt11 は，おそらくこの経路に用いられている．〔J. R. Miller, 'The Wnts', *Genome Biol.*, 3, 3001.1 (2001) より〕

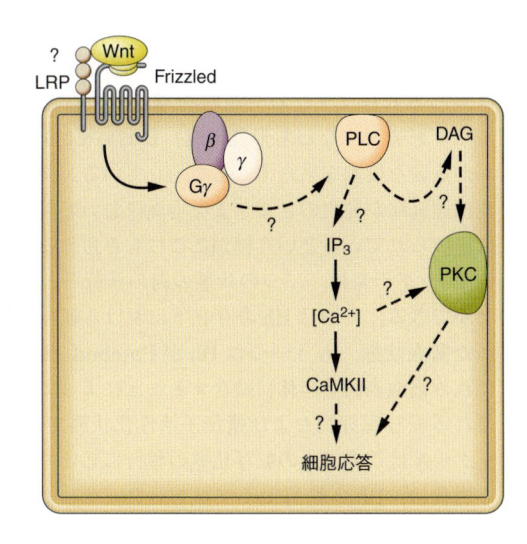

が規定される．このような協調的なシグナル伝達の例として中胚葉細胞からの心臓原基の誘導があげられる．中胚葉由来の心臓前駆細胞が適切な誘導を受けるためには二つの相反する反応，すなわち，心形成抑制性に働くWnt-βカテニンシグナル経路の抑制およびWnt-Ca^{2+}，Wnt-極性経路の活性化，が特定の場所に限局して起こる必要がある．心形成に関与すると考えられる阻害因子としてDickkopf（DKK-1）やCrescentがある．DKK-1はLRPの細胞外ドメインに作用することでWntシグナルの活性化を阻害し，Crescentは直接Wntに結合することで状況に応じてその働きを調節するものと考えられている．

Hedgehog ファミリー

Hedgehog（**Hh**）タンパク質（この名称はショウジョウバエ *Drosophila* の胚が *Hedgehog* 遺伝子の変異によりハリネズミ hedgehog に似た外見を呈したことに由来）は，近傍（細胞数十個分の範囲）の細胞にシグナルを伝達する分泌型タンパク質である．この特徴は，Hh が自己タンパク質分解により N 末端ペプチドと C 末端ペプチドへと切断され，さらに N 末端ペプチドに脂質分子が共有結合するという特殊な翻訳後修飾を受けることに起因する（図8・11）．

N 末端ペプチドは，その合成や修飾の場である細胞表面の受容体と強固に結合し，そこにとどまる．一方，C 末端ペプチドは自由に拡散する．切断された Hh 分子のすべてのシグナル機能は N 末端ペプチドがもつと考えられている．細胞表面にとどまっていた N 末端ペプチドは，徐々に拡散し，Hh 産生細胞から離れるほど低濃度へ推移する急峻な Hh 濃度勾配をつくり出す．近傍の細胞はこの濃度勾配を感知し，以下のように解釈する．すなわち，Hh が高濃度の場合，応答細胞はある転写活性化因子を発現し，その標的遺伝子を活性化する．一方，Hh が低濃度の場合には，応答細胞はある転写抑制因子の発現を弱め，その結果，他のシグナルによる標的遺伝子の活性化を許容するようになる．Hh により活性化される遺伝子のほとんどは特定の細胞によるパターン形成に関与する転写因子であり，上記の濃度依存的な遺伝子活性化は Hh の複雑な組織を形成するという機能にとって重要な特性である．この特性は，神経系における特定の細胞のパターン形成や脊椎動物の指のパターン形成において役立てられていることが知られている．さらに，Hh リガンドやその受容体，あるいはその下流のシグナル伝達因子に変異をもつマウスの解析から，Hh シグナルが心臓の発生に関与することが示唆されている．これらの研究は，特定の中胚葉細胞が心筋細胞系へと変わる過程（すなわち組織誘導）や，心管の適切なループ形成（すなわち形態形成）において，Hh シグナルが重要な役割を果たすことを示している．同じシグナル伝達経路が発生のさまざまな場面において異なる用途に用いられているという例がここにもみられる．

Hh シグナルは，二つの状態の間の移行ととらえることができる．一つは Hh 非存在下における転写が抑制された基底状態，もう一つは Hh が **Patched**（**Ptc**）とよばれる細胞表面受容体に結合することによってひき起こされる転写脱抑制および遺伝子活性化状態である．Hh シグナルはこの二つの転写状態の移行に必要であり，この過程は，Hh 応答遺伝子プロモーターへの **Gli 転写因子ファミリー** の近づきやすさを制御する **Smoothened**（**Smo**）とよばれる，"門番"のような役割を果たす分子を介して行われている（図8・12）．

基底転写抑制状態（すなわち Hh 非存在下）では非結合状態の Hh 受容体 Patched は同じく膜貫通タンパク質である Smoothened の機能を抑制している．その結果，多タンパク質複合体が形成され，Gli 転写因子の Hh 応答遺伝子への移行が阻害される．この複合体は少なくとも三つのタンパク質〔キナーゼ Fused タンパク質（Fu），キネシンモータータンパク質 Costal2（Cos2），

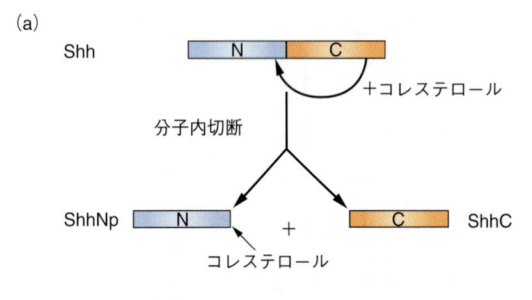

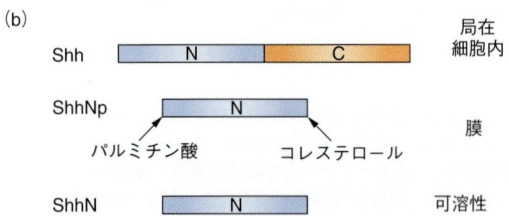

図 8・11 ソニックヘッジホッグ（**Sonic hedgehog, Shh**）の切断．（a）Shh が受ける分子内切断反応の概略図．どちらのドメインも分泌されるが，ShhNp の大部分は膜に結合するのに対し，ShhC は膜に結合しない．（b）Shh の構造と位置関係．ShhNp に結合したコレステロールは，Shh を細胞膜上につなぎとめ，その作用範囲を限局化する．〔J. A. Goetz, *et al.*, *Bioassays*, **24**, 157（2002）より〕

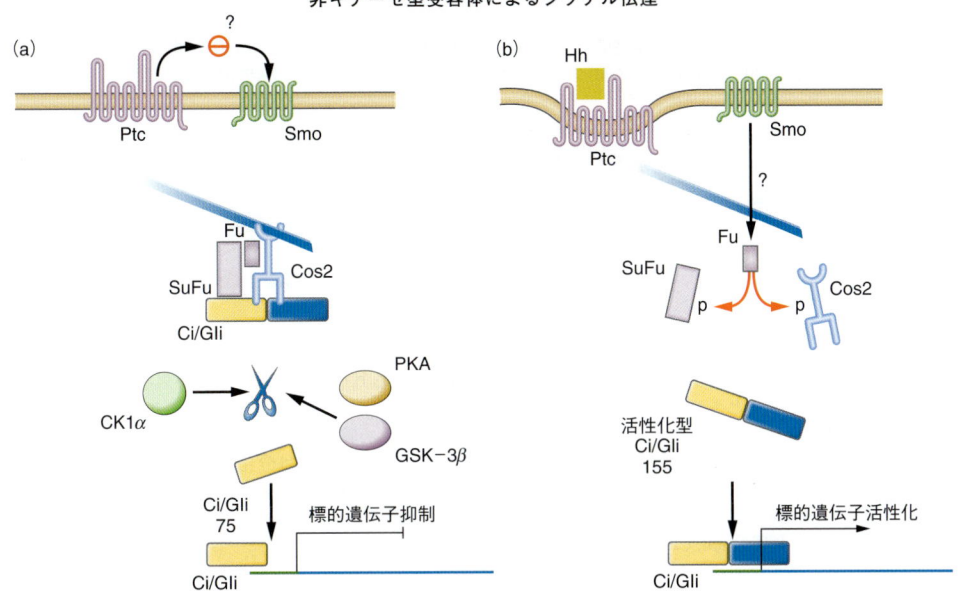

図 8・12　Hedgehog 非存在下（a）または存在下（b）における Hedgehog シグナル伝達経路．（a）Hedgehog がないとき，Patched 受容体（Ptc）は膜タンパク質 Smoothened（Smo）の抑制を受け，Fused（Fu），Costal2（Cos2），Suppressor of Fused（SUFU）の複合体が形成され，これがジンクフィンガー型転写因子 Gli を拘束している．拘束された Gli は切断され 75 kDa の断片を放出するが，これは Hedgehog の標的遺伝子を抑制する．このため，シグナルはまったく伝達されない．（b）Hedgehog が Ptc に結合すると Smo の阻害活性が失われる．活性化した Smo は未解明の機構によって Fu および Cos2 のリン酸化を誘導し，これが Fu-Cos2-SUFU 複合体の微小構造の破壊と全長 Gli の遊離を促す．遊離した全長 Gli は核内へと移行し Hedgehog 標的遺伝子の転写を活性化する．〔M. F. Bijisma, et al., Bioassays, **26**, 387（2004）より〕

Hh シグナルのアンタゴニスト Suppressor of Fused（SUFU）〕を含む．この複合体は細胞質内の微小管や Gli 転写因子と強固に結合し，Gli 転写因子を二つの断片へと切断する．この断片の一方はジンクフィンガー DNA 結合ドメインをもつが，転写活性化ドメインをもたない．この断片が核へ移行し，Hh 応答遺伝子のプロモーター領域に結合することで，切断を受けていない機能的 Gli タンパク質の結合や転写活性化を効果的に阻害する．この転写抑制状態は，12 回膜貫通型細胞表面受容体である Patched 受容体への Hh リガンドの結合により解除される．Hh-Patched（リガンド-受容体）複合体は，細胞内へエンドサイトーシスにより取込まれ，リソソーム経路により分解される．Patched の分解は Smoothened の抑制を解き，Hh シグナル経路の活性化をもたらす．活性化型 Smoothened は何らかの機序により Fu-Cos2-SUFU-Gli 複合体を微小管より解離させ，タンパク質分解による Gli タンパク質の切断を阻止する．遊離した切断を受けていない Gli は核へ移行し，Hh 応答遺伝子のプロモーター領域に結合することでこれらの転写を活性化させ，Hh シグナルの伝達が完了する．

Notch

これまで紹介したシグナル経路とは異なり，**Notch** というのはシグナル分子ではなく受容体をさす〔Notch という名称は，この遺伝子に変異をもつショウジョウバエが切れ込み（notch）を入れたような特徴的な形の翅をもつことに由来する〕．また，Notch 受容体に作用する **Jagged** や **Delta** とよばれるリガンドや Notch 受容体自身がともに I 型膜貫通タンパク質であるということも他の経路とは異なっている．リガンドも受容体も膜に結合しているということは，発信細胞と標的細胞が接着したときにのみシグナルが伝えられるということを意味する．これが，Notch シグナルがその及ぶ範囲を調節し限定する方法なのであろう．すなわち，Notch シグナルはジャクスタクリンシグナルの形式をとると考えられる（7 章 p. 237 参照）．この種のシグナル形式が用いられる状況として，緻密な細胞層から細胞が遊走する際にこれらの細胞の剥離を調節する過程があげられる．このようなシグナルや細胞動態の典型例として心臓発生における弁形成の初期過程がある．心臓弁形成の初期においては，内膜層の細胞が剥離し，心筋細胞層と内膜細胞層の

270   8. 細胞内シグナル伝達

指　定　　　離脱／再増殖　　　分化転換／移動　　　リモデリング
Specification　　Delamination　　Transdifferentiation　　Remodeling
　　　　　　　repopulation　　　migration

内皮細胞

心臓ゼリー

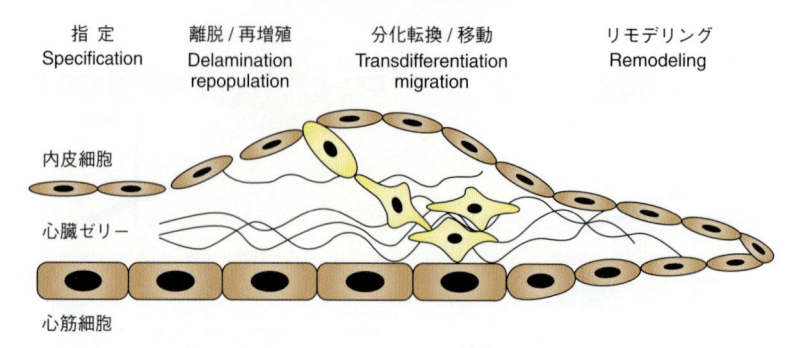

心筋細胞

図 8・13　**心臓発生の解剖学的概略**．発生中の心管は心筋からなる外層および内皮細胞からなる内層をもち，この二つが心臓ゼリーとよばれる細胞外基質によって隔てられている．心臓弁の形成に際して，将来弁となる部位の表面に存在する内皮細胞の一部が特化し，剥離，分化，心臓ゼリーへの遊走を起こす．この過程を上皮間葉転換（endothelial-to-mesenchymal transformation, EMT）あるいは分化転換（transdifferentiation）とよぶ．心臓ゼリーおよび間葉細胞からなる局所的な膨隆を心内膜床（cardial cushion）という．未解明の過程を経て心内膜床は広汎なリモデリングを起こし，球状の膨隆から徐々に薄くなる心臓弁が形成される．
〔E. J. Armstrong, J. Bischoff, *Circ. Res.*, **95**, 459（2004）より〕

間を仕切る**心臓ゼリー**（cardiac jelly）へと遊走する必要がある（図 8・13）．このため，これらの細胞は**上皮間葉転換**（endothelial-to-mesenchymal transformation, **EMT**）を起こす．心臓ゼリーに到達した細胞は，そこで増殖し組織を細胞化させることで"**心内膜床**（cardiac cushion）"とよばれる心臓弁の原基を形成する．Notch は心内膜細胞層においてこの過程をひき起こす（図 8・14）．

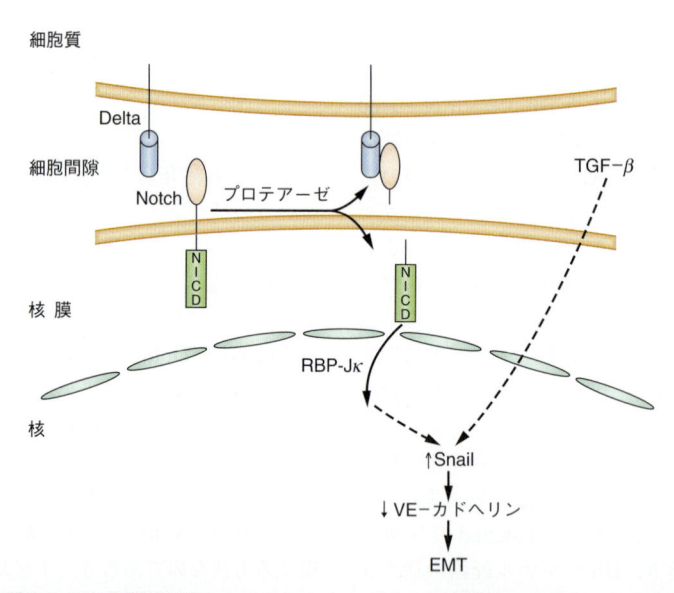

図 8・14　**心内膜床での内皮間葉転換における Notch シグナル伝達経路のモデル**．心内膜床の発生に際し，Notch シグナルにより TGF-β_2 濃度が上昇する．TGF-β_2 は，転写因子である Snail/Slug の活性を上昇させることが知られている．Snail の活性はおそらく VE-カドヘリン（細胞間結合に必要な接着分子）の発現を抑制する．内皮細胞層における細胞間接着の低下は，おそらく内皮細胞の剥離および心臓ゼリーへの遊走における第一段階と考えられる．Notch シグナル経路が TGF-β シグナル経路とは独立に Snail を活性化するという証拠がいくつか存在する（破線）．このシグナル経路は心内膜細胞同士の間のジャクスタクリンシグナル系であり，心内膜細胞と心筋細胞間のシグナル経路ではないことに注目せよ．RBP-Jκ: recombination signal binding protein for immunoglobulin kappa J region〔E. J. Armstrong, J. Bischoff, *Circ. Res.*, **95**, 459（2004）より〕

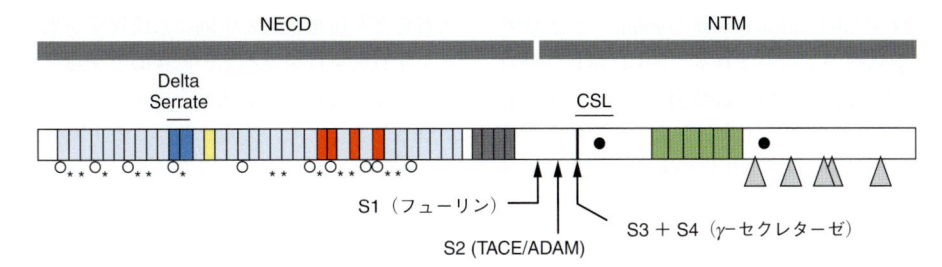

非キナーゼ型受容体によるシグナル伝達　271

図 8・15 **Notch のドメイン構成**. Notch の細胞外ドメインは表皮成長因子（EGF）リピート（薄い青色）よりなるが，そのリピート数は種間および Notch のサブタイプ間で異なる．細胞外ドメインにはまた三つの Lin12/Notch リピート（LNR：濃い灰色）が含まれる．EGF リピートの 11, 12 番目（濃い青色）は，リガンドである Delta や Serrate との結合に必要かつ十分である．細胞内ドメインには六つのアンキリンリピート（緑色），二つの核移行シグナル（黒点），DNA 結合タンパク質 CSL との結合部位などがある．プロテアーゼによる切断部位 S1 から S4 の位置も示した（矢印）．S1 部位での切断により，Notch 受容体を構成する 2 本のペプチド（NECD とよばれる細胞外ドメインと NTM とよばれる膜結合型細胞内ドメイン）が生じる．＊：進化的保存領域，○：予測される O-フコシル化部位，△：Notch Mcd タンパク質の予測される C 末端．〔F. Schweisguth, *Curr. Biol.*, **14**, R129（2004）より〕

　Notch シグナルが生じるためには細胞が Delta や Jagged などのリガンドによるシグナルを受取ることができる状態にあることが前提条件である．この状態は，標的細胞において Notch 前駆体タンパク質が分子内のある領域（S1 とよぶ）でタンパク質分解により切断され，ヘテロ二量体受容体を形成することで実現される（図 8・15，図 8・16）．タンパク質分解産物の一つは **NECD**（Notch extracellular domain）とよばれる細胞外ドメインと NTM とよばれる膜アンカー型細胞内ドメインよりなる．Notch シグナルは，近傍の細胞の表面に存在する Delta や Jagged が NECD に結合し NTM が細胞外タンパク質分解酵素により S2 とよばれる領域で切断されることにより始まる．この切断により Notch の細胞外ドメインが遊離し，**NEXT**（Notch extracellular truncation）とよばれる活性型の膜結合型 Notch が形成される．NEXT はさらに S3 と S4 の 2 箇所において切

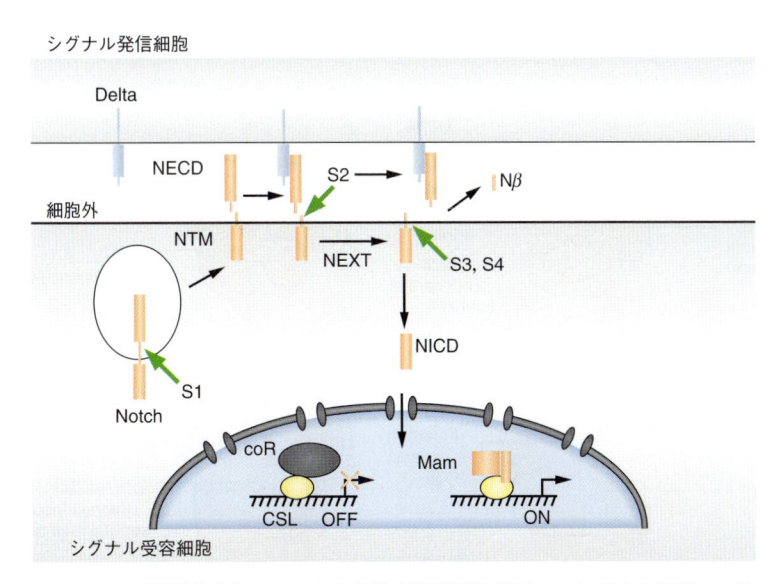

図 8・16 **Delta によって活性化された Notch から核内転写因子 CSL へのシグナル伝達**．シグナル発信細胞上に存在する Delta は，シグナル応答細胞上に存在する S1 部位で切断された Notch と結合する．リガンドと結合した Notch は，S2 部位で切断され，活性型膜結合断片 NEXT（Notch extracellular truncation）が生じ，これがさらに S3, S4 部位において切断され，NICD（Notch intracellular domain）が生じる．NICD は核内へ移行し，コリプレッサー（coR）と置き換わることにより CSL の抑制を解除する．〔F. Schweisguth, *Curr. Biol.*, **14**, R129（2004）より〕

断され，**NICD**（Notch intracellular domain）とよばれるペプチドが細胞内へと切出される．NICDは核へ移行し，CSL（CBF1/Suppressor of hairless/Lag1）とよばれるDNA結合タンパク質と3分子からなる複合体を形成する．Notchシグナルや核内NICDの非存在下ではCSLはNotchの標的遺伝子に転写抑制因子を結合させ，その発現を抑制する．NICDが結合したCSLはこれらの転写抑制因子と結合できなくなり，みずから転写活性化因子として働く．すなわち，活性化型Notch受容体は転写活性化補助因子（coactivator）として働く．

個々のシグナル伝達経路を考察する際に，われわれは，多細胞生物を形成する個々の細胞がたえず多様な指示的シグナルにさらされており，細胞はこれらを受容，統合し，よく調和した挙動をとらなければならないという事実を忘れがちである．このような指示的シグナルは，特定の遺伝子群の発現を誘導し，細胞の分化状態，また細胞がどのように機能し他の細胞と相互作用することによって臓器のような高次構造をつくり上げるかを決定する．細胞がこのような指示的シグナルを受容，伝達，あるいは統合し，適切な挙動に置き換える過程で欠陥が生じると，臓器形成異常や臓器機能障害がもたらされる．近年のヒトの疾患に対する遺伝子解析の進展に伴い，多くの疾患や症候群が少数の重要な遺伝子の発現や機能異常によってもたらされることが明らかになってきた．新生児の間で最も症例の多い欠損症の一つに**心房中隔欠損症**（atrial septal defect, **ASD**）がある．この疾患は右房と左房を仕切る中隔に形成異常が生じる疾患である．左右房室は房室同士の直接的な交通を遮断する間仕切りとして働く中隔が共通心房を二つに分割するように形成されることでつくられる．この中隔は，一次中隔と二次中隔という二つの中隔が成長し，融合することで形成される．この二つの中隔は心房の後壁より形成され心内膜床へと伸長し，互いに融合することで左房と右房を分断する（図8・17）．

正常な中隔が形成されるためには心筋層が適正に成長し，再吸収されることが必要である．つまり，心筋，あるいは非心筋細胞の協調した増殖，遊走，アポトーシスといった過程が必要である．このような過程では心筋同士，あるいは心内膜から心筋へといった，中隔や心管の弁形成における細胞間シグナルと類似のシグナルが関与している可能性が高い．中隔や心血管の弁の形成過程はよく研究されており，心内膜と心筋間の複雑なシグナル伝達ネットワーク現象によって制御されていることが知られている（図8・18）．

したがって，同様に複雑なシグナル伝達が心房中隔形成の際にも働いている可能性がある．二つの転写因子，Tbx5とNkx2.5の変異がASDをひき起こすことが知られている．しかし，ASDの新生児における頻度の高さから考えて，他の遺伝子変異も原因となりうることが考えられる．弁形成におけるシグナル伝達の例から考えると，それらは，特定の転写因子や遺伝子プログラムを活性化し，中隔形成を制御するような複雑なシグナル伝達

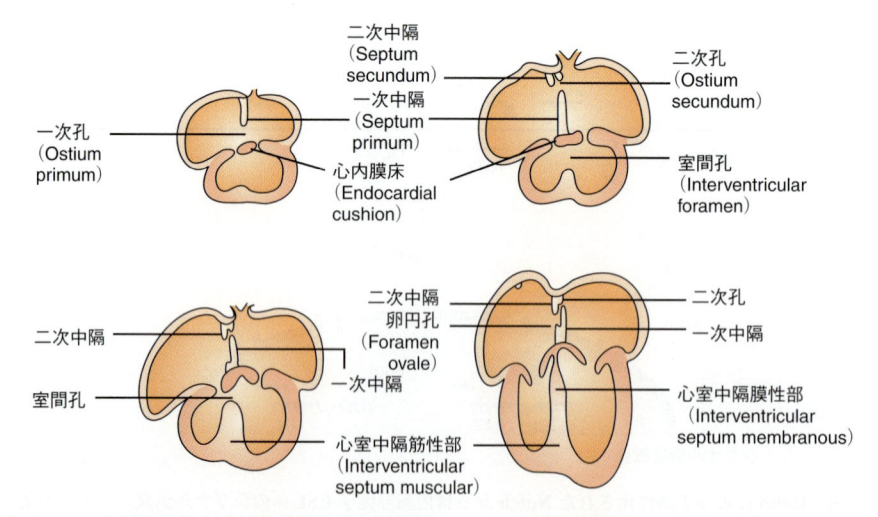

図8・17 心房中隔および心室中隔形成の外略図．ヒトにおいて心管から4腔構造をもつ心臓へと移行するのは妊娠4週から8週の間である．これには四つの段階が含まれる．共通心房の中隔形成，共通心室の中隔形成，心内膜床の増殖，心球や流出路を分割している心球隆線の増殖による大動脈や肺動脈となる構造の形成．〔'Congenital Heart Disease: A Deductive Approach to Its Diagnosis', Chicago, Burton W. Fink Year Book Medical Publishers（1985）より〕

ステロイドホルモン受容体を介したシグナル伝達　273

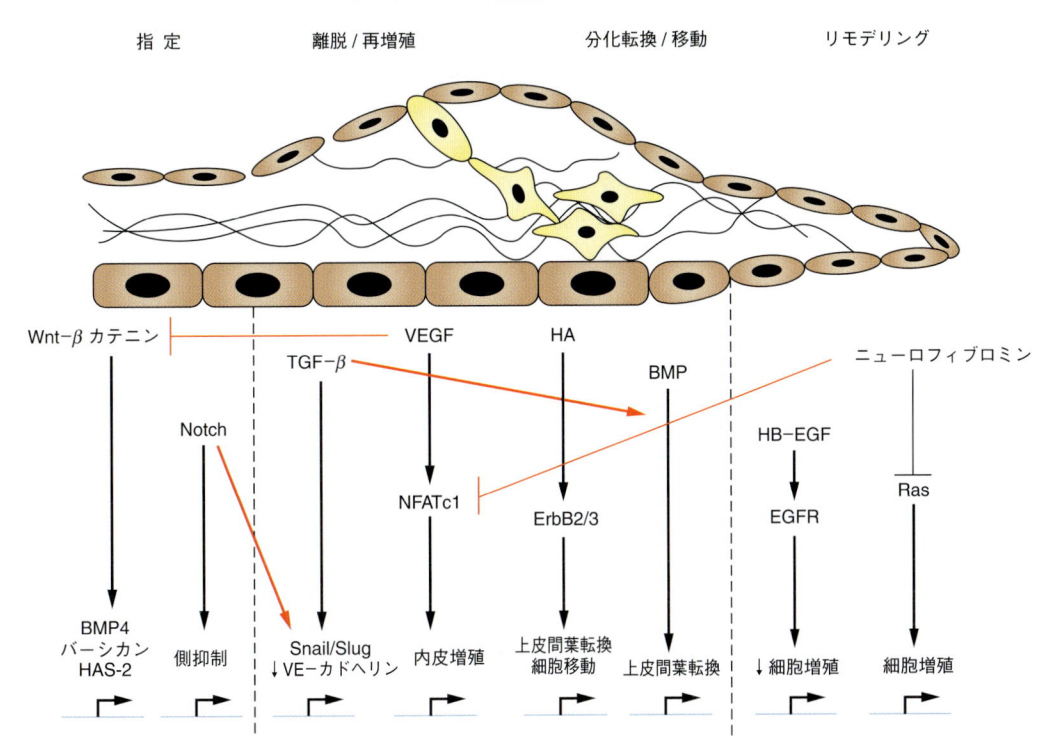

| 指定 | 離脱/再増殖 | 分化転換/移動 | リモデリング |

図 8・18　**心臓弁形成およびリモデリングにおけるシグナル伝達ネットワークモデル**．この心内膜床発生におけるシグナル伝達ネットワークモデルでは，多数のシグナル伝達経路および転写調節因子が協調して心臓弁形成過程を調節する．リモデリングとは内膜床形成の結果生じる弁尖の形成を意味するが，現在この過程は分子レベルでは完全には解明されていない．厚みの薄い茶色細胞は血管内皮細胞，黄色い細胞は間葉転換を起こして剝離した内皮細胞を表す．分厚い茶色細胞は心筋細胞である．〔E. J. Armstrong, J. Bischoff, *Circ. Res.*, **95**, 459（2004）より〕

ネットワークに関与する分子の変異であることが予想される．

ステロイドホルモン受容体を介したシグナル伝達

　キナーゼやタンパク質分解反応に依存しない，三つ目のタイプの細胞間シグナル伝達は，ペプチドあるいは非ペプチドホルモンを介したシグナル伝達である．ペプチドホルモンは特定の細胞から分泌され，そのホルモンに特異的な受容体をもつ標的細胞の挙動を変化させる．このようなタイプの細胞間シグナル伝達においては，遺伝子発現の変化に依存せずに標的細胞内に生化学的な変化がひき起こされる．この点において，この章で考察してきたような特定の標的遺伝子の発現誘導を主たる作用としてもつシグナル伝達機構とは異なる．しかし，特定の標的遺伝子の発現調節を主たる作用としてもつようなホルモン群も存在する．ステロイドホルモンがこのグループに属する．これらのホルモンは，構造的にはコレステロール由来の非ペプチド分子であり，**プロゲステロン，17β-エストラジオール，テストステロン，コルチゾール，アルドステロン，1,25-ジヒドロキシビタミン D_3** などのホルモンが含まれる．またステロイドホルモン様分子のサブクラスに属する重要な因子として，**レチノイン酸（ビタミン A）**や **3,3′,5-L-トリヨードチロニン（甲状腺ホルモン）**があげられる．これらは，ステロイドホルモンとは構造的に異なるものの，受容体の構造や機能がステロイドホルモンと類似している．

　ステロイドホルモンのシグナル伝達経路は，結果的には遺伝子発現の変化がひき起こされるという点ではサイトカインや成長因子のシグナル経路に類似するが，ステロイドホルモンはこれをまったく異なる方法で行っている．通常の膜受容体タンパク質とは異なり，ステロイドホルモン受容体は細胞質や核内に遊離状態で存在する．したがって，細胞表面でリガンドが受容体に結合し，そのシグナルは細胞内のプロテインキナーゼカスケードを介して核に伝えられるという非ホルモン型のシグナル伝達と場合とは異なり，ステロイドホルモン（リガンド）

は，受容体と結合するためにみずから細胞内にまで移行しなければならない．この過程は，ステロイドホルモンのもつ，脂溶性で細胞膜を通って拡散しうるという特性に一部依存している．非ホルモン型シグナル伝達との2番目の違いとして，ステロイドホルモン受容体がプロテインキナーゼなどの伝達因子を介さず，直接，遺伝子発現を変化させることができるという点があげられる．この意味において，ステロイドホルモン受容体を"リガンド活性化型転写因子"ととらえることができよう．

ステロイドホルモン受容体の構造をみることにより，ステロイドホルモン・シグナル伝達の特徴について多くを知ることができる．ステロイドホルモンは三つの主要な機能ドメイン，すなわちC末端のステロイド結合ドメイン，分子の中間部に位置するDNA結合ドメイン，N末端の転写活性化ドメインをもつ（図8・19）．

ステロイドホルモンによるシグナルは，シグナル発信細胞におけるホルモン合成と細胞外への分泌により始まる．胎生期や出生後の脊椎動物では，ホルモンは血流に入り，循環系を介して全身に行き渡る．その後ホルモンは細胞膜を通って拡散し，細胞内受容体に結合する．細胞内受容体はグルココルチコイド受容体のように細胞質に存在する場合と，エストラジオール，プロゲステロン，アンドロゲン，ビタミンD_3受容体のように核内に存在する場合もある（図8・20）．

リガンド結合していない核内ステロイド受容体は，すでに標的遺伝子プロモーターの特定のDNA配列に結合しており，転写抑制作用をもつという可能性も指摘されている．細胞質内ステロイド受容体は，リガンドの結合に伴って核に輸送されるが，核内ステロイド受容体は，ホルモンの結合により活性化状態へと構造が変化する．どちらの場合も，リガンドと結合した受容体は，ホルモン応答遺伝子のプロモーターにある特定の配列をもった部位に結合する．すると受容体中の転写活性化ドメインが転写装置の構成要素をこの部位に動員させ，複合体を形成させるため，標的遺伝子のメッセンジャーRNA合成が活性化される．これらの標的遺伝子は，ステロイドホルモンに応答して細胞の挙動を変化させるようなタンパク質をコードしている．

ステロイドホルモンの作用例として心臓機能へのアルドステロンの作用をみてみよう．アルドステロンは細胞内へのNa^+，K^+イオン輸送を調節し，血管内へのコラーゲン蓄積による血管リモデリング作用を介して心臓の線維化や心肥大をひき起こすとともに，炎症反応の惹起にも関与する．このようにアルドステロンは，心血管系にとって重大な影響力をもつホルモンの一つである．アルドステロン合成は基本的に**レニン－アンギオテンシン－アルドステロン系**（**RAAS**，後述）によって調節され，またACTH（adrenocorticotropic hormone，副腎皮質刺激ホルモン）によっても調節される．細胞外K^+濃度の上昇はアルドステロン分泌を促進する．細胞外においてアルドステロンは上皮細胞の**ミネラルコルチコイド受容体**（**MR**）と結合する．このアルドステロン–MR複合体は核内に移行し，標的遺伝子のステロイド応答配列（steroid-response element）に結合して遺伝子発現を調節する．

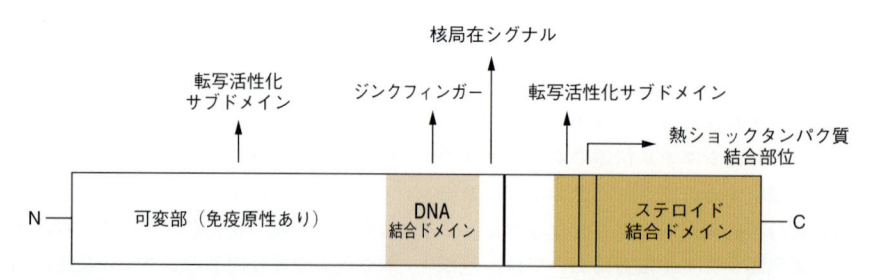

図8・19　典型的なステロイドホルモン受容体の構造．グルココルチコイド受容体は，典型的なステロイドホルモン受容体である．機能につながる構造的特徴としては，1) C末端に位置するステロイド結合ドメイン，2) ステロイド応答遺伝子のプロモーター内に存在する特異的応答配列との結合に関与するDNA結合ドメインの二つがある．他の機能ドメインとしては，転写活性化サブドメイン（転写に必要な因子を応答遺伝子プロモーターに誘導する），核内移行シグナル，熱ショックタンパク質結合部位〔ホルモン非結合時に受容体がDNAと結合することを防ぐためにHsp90（heat shock protein 90）と結合する際に用いられる〕，ジンクフィンガー（DNAらせんの溝に挟まることで受容体がDNAと物理的に強固に結合するようになるタンパク質構造モチーフ）などが存在する．〔"Textbook of Biochemistry with Clinical Correlations, 5th Ed.", ed. by T. M. Devlin, Wiley-Liss, New York（2002）より〕

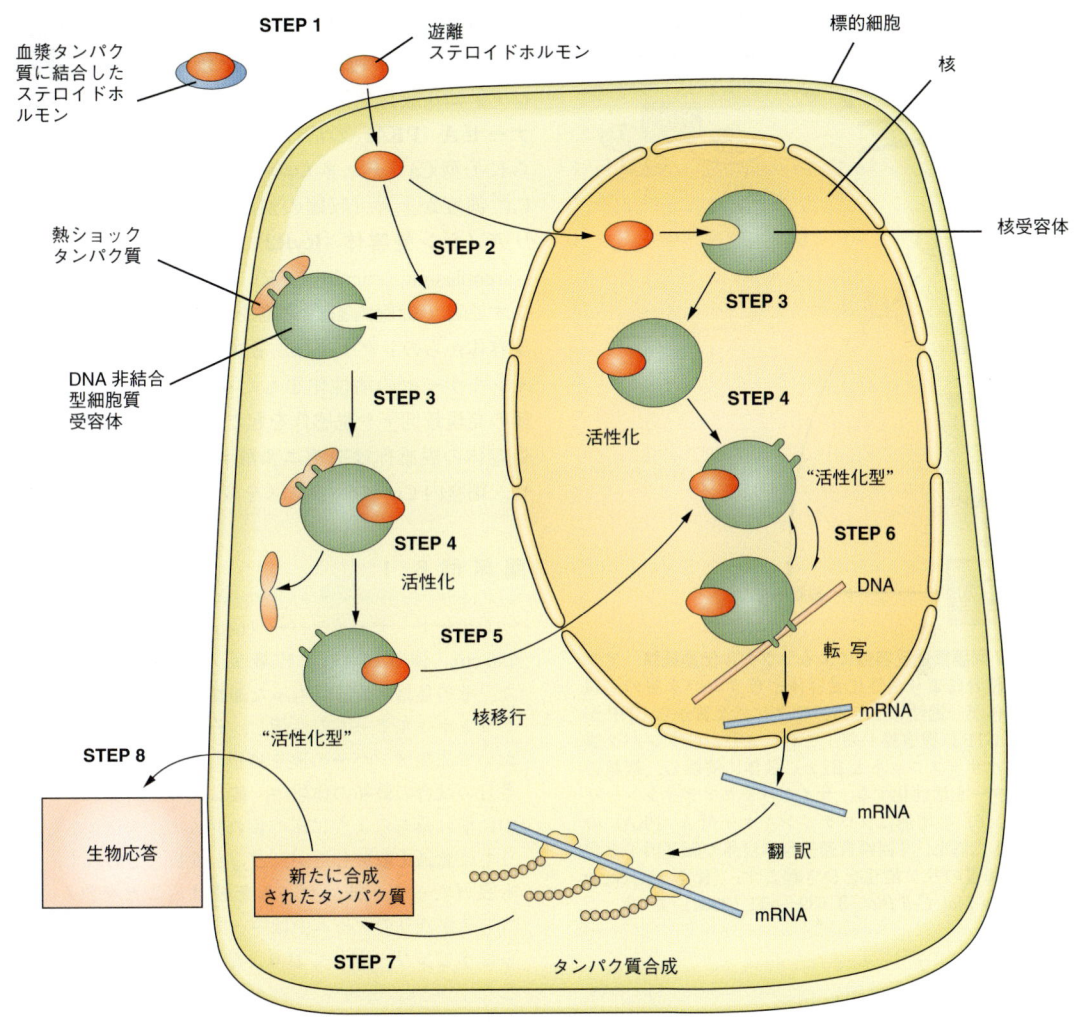

図 8・20 ステロイドホルモン作用の段階的モデル. STEP1: 循環している輸送タンパク質からのホルモンの遊離. STEP2: 遊離リガンドの細胞質または核への拡散. STEP3: リガンドの細胞質内または核内の不活性化型受容体への結合. STEP4: 細胞質内または核内受容体-ホルモン複合体の活性化による DNA 結合型への変化. STEP5: ホルモン-活性化細胞質受容体複合体の核内への移行. STEP6: ホルモン-活性化ホルモン受容体複合体の DNA 上の特異的応答配列への結合. STEP7: ホルモン応答遺伝子にコードされるタンパク質の新規合成. STEP8: 特異的に発現誘導されたタンパク質による標的細胞の表現型や代謝活性の変化. 〔Textbook of Biochemistry with Clinical Correlations, 5th Ed.", ed. by T.M. Devlin, Wiley-Liss, New York (2002) より〕

G タンパク質共役型受容体を介したシグナル伝達

細胞内シグナル伝達の主要な型の一つとして **G タンパク質共役型受容体** (GPCR) を介した経路がある. 受容体がリガンドと結合することで G タンパク質が G_α および $G_{\beta\gamma}$ **サブユニット**へと分かれ, この G_α に結合している GDP が GTP と交換されることで, 活性化型 GTP 結合 G_α 複合体が形成される. G_α と GTP との相互作用はシグナルの大きさを規定しており, GTP 分解酵素活性をもつ Regulator of G protein signaling (RGS) タンパク質が GTP を GDP へと加水分解することでシグナルが終結する (図 8・21).

G_α および $G_{\beta\gamma}$ サブユニットは**サイクリック AMP** (**cAMP**) やイノシトール 1,4,5-トリスリン酸 (**IP$_3$**), ジアシルグリセロール (**DAG**) などのセカンドメッセンジャーの活性化において重要な役割を担っている. G タンパク質共役型受容体が関与する主要なシグナル伝達系として, レニン-アンギオテンシン-アルドステロン

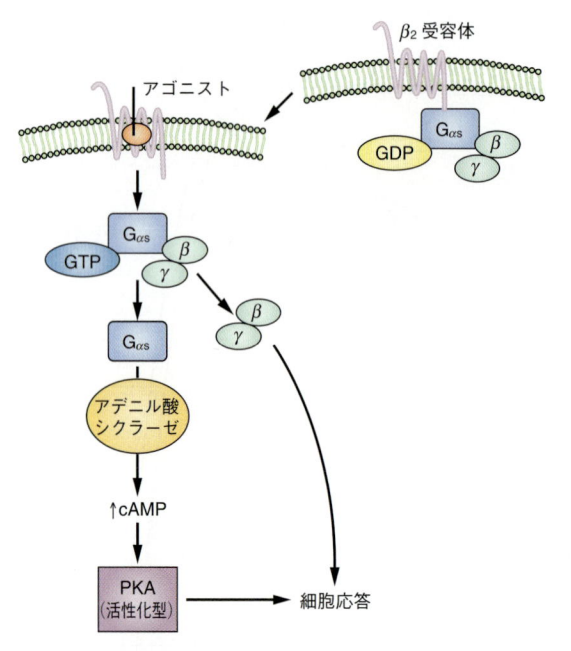

図 8・21 7回膜貫通受容体によるシグナル伝達経路. アゴニストの結合により活性化受容体とGタンパク質の高親和性複合体が一過性に生じる. Gタンパク質からGDPが遊離されGTPに置き換わる. これにより, Gタンパク質複合体はαサブユニットとβ/γ二量体に解離し, 複数のエフェクターを活性化する. サイクリックアデノシン一リン酸 (cAMP) の増加はプロテインキナーゼA (PKA) の活性化をもたらし, 7回膜貫通受容体自体や転写因子を含む種々の基質のリン酸化をひき起こす. 〔K. L. Pierce, et al., Nat. Rev. Mol. Cell Biol., **3**, 639〜650 (2002) より〕

率は逆転する. βアドレナリン作動性応答は $G_{\alpha s}$ (β_1 受容体) や $G_{\alpha i}$ (β_2 受容体) を介して伝達される. $G_{\alpha s}$ はアデニル酸シクラーゼ活性を上昇させ, **プロテインキナーゼA (PKA)** の活性化をもたらす. これによりさらにL型 Ca^{2+} チャネルのリン酸化が起こり, 細胞内 Ca^{2+} 濃度が上昇 (収縮の初期段階) する. PKAはまた**リアノジン受容体 (RyR2)** をリン酸化し, 筋小胞体 (sarcoplasmic reticulum, SR) より Ca^{2+} の放出をひき起こすことで細胞内 Ca^{2+} 濃度を上昇させる. 慢性的な β_1 受容体からのシグナルは, βアドレナリン受容体プロテインキナーゼの活性化をもたらし, これにより β_1 受容体の発現量低下や脱感作を起こす. 心不全において, β_1 受容体の脱感作はアデニル酸シクラーゼ活性を低下させ, 細胞内 Ca^{2+} のバランスを変化させる.

臨床例 8・1

レナード・チェインバー (Leonard Chamber) は身長190 cm, 体重74.8 kg, 17歳黒人で, 高校2年生だった. その体格と生まれもった運動能力を生かし, バスケットボールチームで活躍し, その地区の常勝チームにおいて先発メンバーの座を獲得した. そのシーズンの4番目の試合の最初の休憩中, 彼は失神し, 歩いている途中に崩れ落ちるように床へ倒れ込んだ. 1分もたたないうちに意識を取戻したが, どこも骨折しておらず, 気分も良好だった. 彼はゲームを続けることを望んだが, コーチが残りのゲーム中は座っているよう指示した (彼らはすでにリードしており, 結局12ポイント差で勝利した).

つぎの朝, コーチたちは彼を校医に見せたが, その医師は, 彼が生傷の絶えない若き黒人男性でしごく健康であるということ以外は見いだせなかった. 彼の血圧は115/75 mmHg, 脈拍は良好. 神経内科学的診察の結果はまったく正常で, HEENT (頭, 目, 耳, 鼻, 喉) 試験の所見も正常であった. 肺野は清 (訳者注: 呼吸音に異常なし) で, 心臓は胸骨左縁下部にて収縮期中期雑音を聴診する以外は正常であった. 腹部所見は脾臓を触知した際に脈と一致する二連拍動を認めた以外, 異常は認められなかった. 四肢の所見は右膝と右肘に失神の際の擦り傷を認める以外は正常であった. 彼の指は, 細くはなかった.

彼には2人の兄弟と1人の姉妹がおり, 皆健康である. 年上の兄は会計士で数年前にレスリングチームに入っていた際に何度か"短い失神"を経験したことがあった. 彼の母は健康で, 父については彼が2歳の時に突然死したので覚えていない. 校医は彼に心電図と心エコーの予約を入れた. "それまでは無茶しないように"と指示を受けたにもかかわらず, 彼は, つぎの日もチー

系 (RAAS, 後述), 交感神経のβアドレナリン作動性経路の二つがある. RAASやβアドレナリン作動性の応答反応では, ともに7回膜貫通型GPCRが用いられており, **アドレナリン受容体 (AR)** もこれに含まれる. GPCRを介したシグナル伝達の一例が心臓においてみられる. RAASやβアドレナリン作動性経路は, 心肥大の非代償期に関与するシグナル受容体/ホルモン相互作用のなかで最もよく研究されているものである. この時期, 心臓は心室壁の圧を正常化すべく, 心筋細胞の肥大性成長による肥厚化を起こすが, 結局, 負荷の増大を代償しきれず, アポトーシスや変性をきたした状態に陥る. β_1 受容体を介したシグナルは肥大をひき起こす刺激への応答をひき起こし, 心臓のペースメーカー細胞の発火数を増加させることで心臓の収縮性を短時間のうちに増強する. 心臓には β_1 と β_2 という2種類のARがあり, β_1 が β_2 の4倍多く存在する. しかし, 心不全時には β_1 ARの発現量の低下あるいは脱感作により, この比

ムで練習をした．
　おおいに走り回りシュートをした後に，彼は再び突然倒れ込み，そのまま亡くなった．

特発性大動脈下心肥大症（ブラウンワルド病）に対する細胞生物学，診断，治療

　レナードは特発性大動脈下心肥大症，すなわちブラウンワルド病に罹患していた．予定されていた心電図では，右室についての電気波形は正常である一方，左前胸部の誘導においてQ波が見られるという左室肥大の所見があったと推測される．心エコーでは肥大した左心流出路，特に心室中隔の厚さの不均等な肥厚が見られたであろう．ダイナミックエコーでは僧帽弁の前尖が肥大し，狭窄した心室流出路を間欠性に閉塞する様子が観察されたと考えられる．

　生化学的遺伝学的検査では，第14染色体上のβミオシン遺伝子に変異がみつかっただろう．剖検によるレナードの心臓の組織学的検査としては，まとまりを欠き破損した筋原線維や肥大した筋内動脈や小動脈が見られた．

　残念ながら，この病気の最初の兆候が非常に激しい運動後の突然死というケースがままある．機序は判明していないが，突発性の流出路閉塞による奇異性不整脈が関与するものと考えられる．他の症状としては，疲労や失神，労作時胸部痛，心不整脈があり，最も頻度が高い症状としては呼吸困難がある．呼吸困難は，不全状態に陥った肥大心臓における心室充満量減少や拡張期圧上昇のために起こる．

　β遮断薬，カルシウムチャネル遮断薬，アミオダロン型抗不整脈薬，心房細動に対する電気的ペーシング，さらにエタノール硬化療法や心筋中隔切除といった種々の治療手段が症状緩和目的でしばしば行われる．しかし残念ながら，上述の諸症状や治療も，いつ起こるかわからない突然死のリスクとは無関係のようである．

レニン-アンギオテンシン-アルドステロン系（RAAS）によるシグナル伝達

　RAASのなかで最も活性をもつ因子はオクタペプチドである**アンギオテンシンⅡ（AngⅡ）**であり，**アンギオテンシン転換酵素（ACE）**によるアンギオテンシノーゲンの切断により生成される．**AT1**および**AT2**という二つの受容体がAngⅡシグナル伝達に関与するが，これらはGタンパク質共役受容体スーパーファミリーに属する．AngⅡの機能のほとんどはAT1受容体により伝達される．AT2受容体の機能についてはあまり知られていないが，AT1と相反する効果をもたらすと考えられている．AngⅡは一過性の強い細胞内Ca^{2+}シグナルを誘発する．これは，興奮収縮連関という面だけでなく，Ca^{2+}依存性シグナルをひき起こすという意味からも重要である．AT1受容体を介するシグナル伝達経路のうち最もよく知られているものは$G_{αq}$により**ホスホリパーゼC（PLC）**が活性化される経路である．PLC活性化によるイノシトール1,4,5-トリスリン酸（IP_3）の生成がIP_3受容体（IP_3R）の活性化やジアシルグリセロール（DAG）の生成をひき起こし，これにより筋小胞体からのCa^{2+}放出がひき起こされる．RAASは心臓の細胞肥大（仕事量の増大により心臓の細胞の大きさが増大する）に関与する複数のシグナル伝達経路を活性化する．このような経路のうち有名なものは**MAPK，Jak-STAT**（Janus kinase/Signal Transducer and Activators of Transcription），Ca^{2+}/**カルモジュリン（CaM）依存性カルシニューリン**（後述）などである．RAASは活性酸素種の生成やサイトカイン分泌をひき起こすような炎症を惹起する反応にも関与している．ACEはAngⅡの産生のみならず**ブラジキニン（bradykinin）**の分解にも関与する．ブラジキニンは，血管拡張および一酸化窒素産生を誘導する．RAASは心血管系疾患との関連で研究されてきた系のなかでは，最も強力な血管収縮作用をもつ機構である．

Jak-STAT経路によるシグナル伝達

　Janus（ヤヌス）キナーゼ（Jak1, Jak2, Jak3, Tyk2）および**STAT**（Signal Transducer and Activators of Transcription）タンパク質（STAT1, STAT2, STAT3, STAT5, STAT6）は，**Jak-STATシグナル伝達経路**における主要な因子である．AT1受容体C末端の細胞質ドメインは，チロシンキナーゼJak2と直接結合する．リガンド結合に伴うJak2のリン酸化は，STATファミリータンパク質のリン酸化と核移行の誘導を介してシグナルを伝える．核移行したSTATは，標的遺伝子プロモーター中のGAS（γ-interferon-activating sequence）とよばれるDNA配列に結合する（図8・22）．

　AngⅡ/GPCR，IL-6/gp130などのリガンド受容体相互作用に伴い，特定のSTATタンパク質の遊離が起こる．活性化されたSTATタンパク質は核内に輸送され，細胞の生存，肥大，死などに固有の遺伝子発現プログラムへの移行を促す．ことにSTAT3は心肥大において重要な役割を果たしており，肥大形質に特徴的な遺伝子発現パターンをひき起こす．しかし，驚くべきことに，STAT3は，細胞の生存（抗アポトーシス）にかかわる遺伝子発現プログラムにも寄与する．この生存と肥大という相反するSTAT3の役割の正確な機構は判明していない．しかし，サイトカインの誘導によるSTAT3の活性化はプ

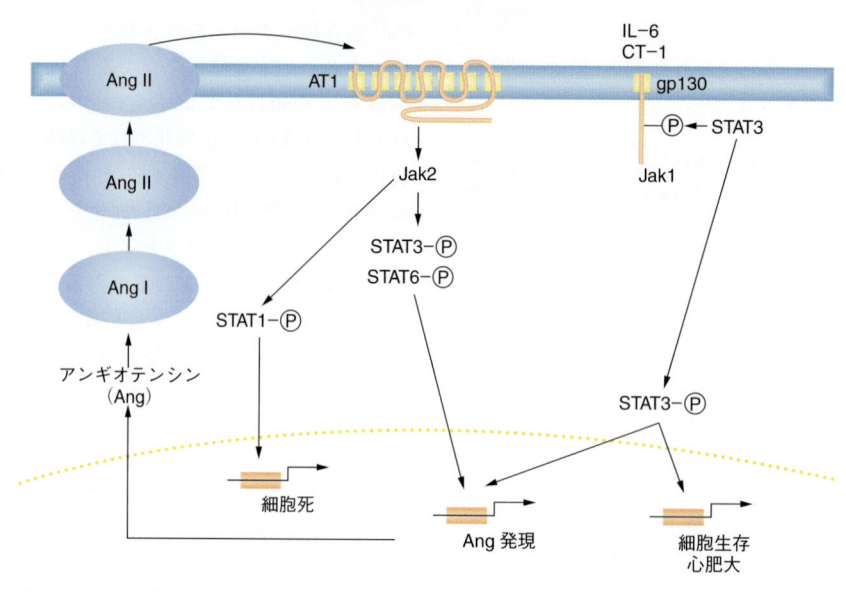

図 8・22 アゴニストによりひき起こされる **Jak-STAT シグナル伝達系のモデル**. おのおのの受容体に結合するアゴニストはチロシンキナーゼである Jak2 のチロシンリン酸化をひき起こす. これにより Jak2 は AT1 受容体と結合し,下流因子 STAT などを活性化する. 活性化された STAT は,ヘテロ二量体を形成して核へと移行し,標的遺伝子の転写を活性化する.

ロホルモンであるアンギオテンシノーゲンの転写を誘導し,結果として RAAS の活性化をひき起こすことが知られている. Jak2 の活性化とアンギオテンシノーゲンの転写活性化は同期して起こる. アンギオテンシノーゲン・プロモーターの調節領域には GAS 配列が存在し,STAT タンパク質の結合部位として働く. 一方で,STAT1 はアポトーシス誘導因子 Bax の遺伝子プロモーター領域を標的としており,これにより心臓のアポトーシスに関与する. 活性化型 STAT により,アポトーシス誘導と細胞生存という二つのプログラムのバランスがどのようにとられているかについてはよくわかっていない. AT1 受容体の G タンパク質に結合する部分を取除くと,これらの間の相互作用が失われ,Src や ERK 経路といった他のシグナル伝達経路の活性化と顕著な心肥大が生じる. これは,RAAS-Jak2 シグナル伝達系の複雑さを如実に物語っている. $G_{\alpha q}$ および $G_{\alpha i}$ を欠損したマウスに圧負荷をかけると左室肥大を発症する. ただし,AT1 トランスジェニックマウスと比べると,アポトーシスや細胞外沈着物は少ない.

カルシウム / カルモジュリン・シグナル伝達経路

多くの臓器において,細胞外 Ca^{2+} 濃度は細胞内濃度のほぼ 10^4 倍である. Ca^{2+} を用いたシグナルはこの濃度差を活用しており,神経伝達物質やホルモンといった一次的な (primary) シグナル伝達因子の下でシグナル依存性に Ca^{2+} 細胞内流入をひき起こす. 一次的細胞外シグナルのつぎの段階で用いられることから,シグナル依存性 Ca^{2+} 流入を"セカンドメッセンジャー (second messenger)"とよぶこともある. シグナル依存性 Ca^{2+} 流入は,細胞内 Ca^{2+} 濃度上昇をひき起こし,プロテインキナーゼやホスファターゼ,プロテアーゼ,エンドヌクレアーゼといった,種々の Ca^{2+} 依存性タンパク質を活性化する. このような多彩な効果をもつ Ca^{2+} 流入は,もし適切に監視されなければ Ca^{2+} 過負荷をひき起こし,有害な酵素の異常活性化や細胞死を誘発しうる. これを回避するために,多くの Ca^{2+} 緩衝タンパク質や Ca^{2+} 感応性タンパク質が進化の過程で生みだされ,Ca^{2+} シグナルを調節したり,緩衝したり,特異的な作用へと方向づけたりするのに役立っている. これらのタンパク質と Ca^{2+} チャネルとともに働き,Ca^{2+} の流入経路や細胞内局在を制御することで,Ca^{2+} シグナルに特異性を与える. ほかにも Ca^{2+} の流入方法や細胞内貯蔵期間も Ca^{2+} シグナルに特異性を与える. 近年の研究では,Ca^{2+} は波状,あるいは息を吹きかけるように細胞内に流入し,細胞内濃度に限られた頻度や強さでゆらぎを与えるということが判明した. この頻度や強さは,特異的なシグナル情報をコードでき,その差によって異なった効果(たとえば異なる遺伝子の活性化など)をもたらすことができるようである.

カルモジュリン（**CaM**）の最も重要な機能の一つは、Ca^{2+}に付添い、三つのCa^{2+}/カルモジュリン依存性酵素を特異的に活性化することである。三つの酵素とは、**Ca^{2+}/カルモジュリン依存性キナーゼ（CaMK）、プロテインホスファターゼ2B（カルシニューリン）、ミオシン軽鎖キナーゼ（MLCK, 心筋細胞のみでみられる）**である。CaMKファミリーはCaMK-I, II, IVからなり、至るところでCa^{2+}シグナルのメディエーターとして働く（図8・23）。CaMKは種々の基質をリン酸化し、多数の細胞機能を調節する。CaMKによって調節される主要な細胞機能の一つにCa^{2+}シグナル依存性の転写がある。Ca^{2+}とCaMはともに細胞核へと輸送されうるが、その結果、核内局在型CaMKIIであるCaMKIIδ$_B$を活性化し、ある種の一般的な転写因子をリン酸化し活性化する。酵素活性化の場合と同様に、遺伝子活性化の特異性もCa^{2+}シグナルの強さや頻度、流入源、細胞内の局在によって制御されると考えられる。

他のCa^{2+}/カルモジュリン依存性因子として、ホスファターゼ2B、すなわちカルシニューリン（calcineurin）とよばれる分子がある。この酵素はセリン/トレオニンプロテインホスファターゼ（タンパク質脱リン酸酵素）であり、細胞内Ca^{2+}濃度が持続的に上昇することで活性化される。心臓細胞や神経細胞のようにCa^{2+}の制御を受ける細胞で顕著にみられるカルシニューリンの働きの一つは、**イノシトールトリスリン酸受容体（IP$_3$R）**の制御である。IP$_3$Rは小胞体に局在する細胞内Ca^{2+}放出チャネルである。IP$_3$Rは、細胞膜に局在するGタンパク質共役型受容体の活性化によってIP$_3$が生成されると、これに応答し、内部に貯蓄されていたCa^{2+}を放出するとともに、細胞膜結合型Ca^{2+}チャネルの開口を促しCa^{2+}の急速流入をもたらす。カルシニューリンもCaMKIIと同様にCa^{2+}依存性の遺伝子発現調節を行うが、その機構は異なる。カルシニューリンは、よく用いられる転写因子の一つであるNFATのリン酸化状態を調節し、NFATの細胞質から核への移行を制御するという方法によって、細胞質内にとどまったまま遺伝子

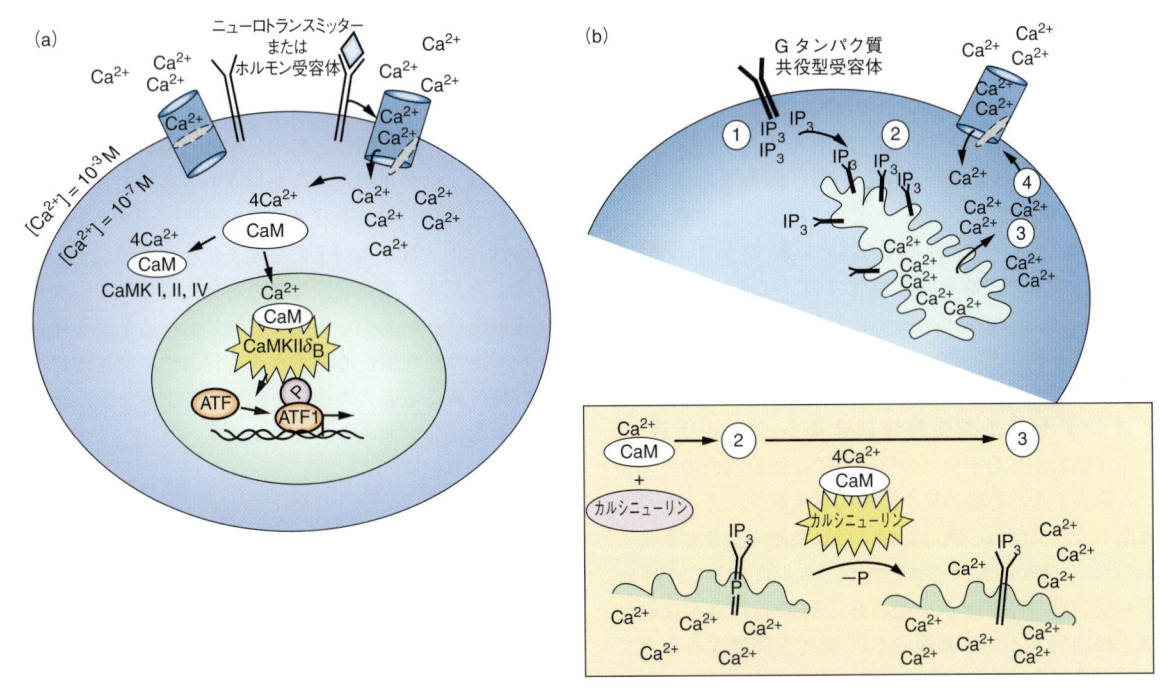

図8・23 （a）**CaMキナーゼの活性化**。ニューロトランスミッターやホルモン受容体の活性化により調節されるCa^{2+}の細胞内流入は、細胞内Ca^{2+}濃度を上昇させる。Ca^{2+}はカルモジュリン（CaM）と結合し、Ca^{2+}/カルモジュリン複合体はCaMKI, II, IVなどのキナーゼを活性化する。Ca^{2+}/カルモジュリンはまた核に移行し、CaMKIIの核内アイソフォームであるCaMKIIδ$_B$を活性化する。活性化されたCaMKIIδ$_B$はよく使われる転写因子（例ATF1）をリン酸化し、活性化する。（b）**カルシニューリンの活性化**。Ca^{2+}によるカルモジュリンの活性化（図a）によりホスファターゼであるカルシニューリンが活性化される。Gタンパク質共役型受容体の活性化により1）イノシトール1,4,5-トリスリン酸（IP$_3$）が生成され、2）これが小胞体（ER）上のIP$_3$受容体に結合し、それを活性化する。カルシニューリンはIP$_3$受容体を脱リン酸し、3）小胞体に貯蓄されたCa^{2+}の細胞質への放出を促進する。4）その後、細胞膜Ca^{2+}チャネルの活性化が起こる。

発現調節を行う（下記参照）．以上の例からわかるように，Ca^{2+}シグナルの緩衝，調節，方向づけにおけるカルモジュリンの重要性を過小評価することはできない．事実，Ca^{2+}検出／緩衝系を阻害すると，心肥大でみられるような心筋細胞の肥大化，神経変性疾患や神経脱落（例：脳梗塞）の際にみられるような神経細胞死がひき起こされることが示されている．

カルシニューリン-NFAT経路によるシグナル伝達

不適応性心肥大（後述）において，Gタンパク質共役型受容体によりCa^{2+}依存性にひき起こされるシグナル経路に**カルシニューリン-NFAT経路**がある．ストレス下ではGタンパク質のサブユニットである$G_{\alpha q}$や$G_{\alpha 11}$がホスホリパーゼC（PLC）を細胞膜に動員し，**PIP_2**（phosphatidylinositol 4,5-bisphosphate，ホスファチジルイノシトール4,5-ビスリン酸）の加水分解によるIP_3やジアシルグリセロール（DAG）の放出をひき起こす．IP_3は筋小胞体からのCa^{2+}放出をひき起こし，細胞質内Ca^{2+}濃度を上昇させる．カルモジュリンはプロテインホスファターゼであるカルシニューリンを活性化し，細胞質内の転写因子NFATを脱リン酸（活性化）し，NFATの核移行を促し，これが肥大に関与する遺伝子群を転写活性化する．NFATはMEF2やGATA4といった他の転写因子とも相互作用し，転写応答を増強する．DAGは，プロテインキナーゼC（PKC）を活性化し，コリプレッサーであるヒストン脱アセチル酵素（HDAC5および9）をリン酸化する．このリン酸化によってHDACは不活性化され，核外へと排除される．

イオンチャネル型受容体によるシグナル伝達

左室肥大から心不全への移行期には細胞質内のカルシウム除去不全，心臓の筋小胞体内容量減少，カルシウム放出不全，高度の心臓の拡張，収縮機能不全などがよくみられる．RAASや交感神経性シグナルによるCa^{2+}チャネル受容体（リアノジン受容体，RyR2）の厳密な制御は，細胞外あるいは細胞内Ca^{2+}濃度を調節するうえで重要な役割を担っている．左室肥大から心不全への移行期においては，肥大化刺激に対する心筋細胞の非代償性応答が起こり，心臓収縮期の細胞内Ca^{2+}増加および拡張期のCa^{2+}減少を阻害する．β_1受容体を介した交感神経シグナルに対する最初の反応であるcAMP上昇はプロテインキナーゼA（PKA）の活性化をもたらす．PKAはcalstabin 2をリン酸化し，これをリアノジン受容体RyRから遊離させることで，RyRチャネルの開口を容易にし，収縮期における細胞内Ca^{2+}の増加をもたらす．AT1受容体を介したシグナルはPLCを活性化し，IP_3の産生を介して筋小胞体からのCa^{2+}放出をひき起こす．同時に産生されるDAGは，プロテインキナーゼC（PKC）を活性化しNa^+-H^+交換体のリン酸化を介してNa^+の取込みを促進し，これによるNa^+-Ca^{2+}交換体の活性化を介して細胞内Ca^{2+}濃度をさらに上昇させる．

心肥大症におけるシグナル伝達

左室肥大は心血管系疾患への罹患率や死亡率に影響を与える単一の寄与因子として最も重要な位置を占める．複数の因子が左室肥大の発生に関与しており，高血圧，冠動脈疾患，弁疾患，肥満あるいはこれらの因子の組合わせなどがあげられる．一つの仮説として，高血圧が左室肥大をひき起こし，その結果，心室拡張や収縮不全が起こるということが考えられる．負荷の増大に対する生理学的な初期応答は代償的なものであり，収縮活性の変化や心室リモデリングの誘導である．しかし，心臓が持続的な機械的負荷にさらされた場合には，酸素やエネルギー消費の増大，腔の肥大，収縮能減少といった非代償性応答をひき起こし，ついには心不全に至る（図8・24）．

代償性応答，非代償性応答のいずれにおいても，細胞レベルでは，上で述べたような種々のセカンドメッセンジャーの活性化，イオンバランスの変化，シグナル伝達経路の活性化，特定遺伝子の発現変化などが関与するものと考えられる．興奮収縮連関の維持に関与するシグナル伝達経路は，いくつかの研究機関における主要な研究テーマであり，代償性心肥大から非代償性左室拡張症への移行期に起こる有害な変化を制圧するような新たな治療法の研究開発が進められている．

まとめ

細胞間のシグナル伝達は，多細胞生物の発生や活動において重要であり，その異常は種々の病態をひき起こす要因となる．細胞が他の細胞からのシグナルを受容し，それに基づいて性質を変える過程はシグナル伝達（signal transduction）とよばれる．シグナルを遺伝子レベルでの応答に変換する過程は種々の細胞内シグナル伝達経路によって仲介される．このような経路には，受容体型チロシンキナーゼやセリン／トレオニンキナーゼ型受容体などの触媒活性をもつ受容体群が含まれ，タンパク質リン酸化カスケードを介して細胞外シグナルを伝える．

まとめ

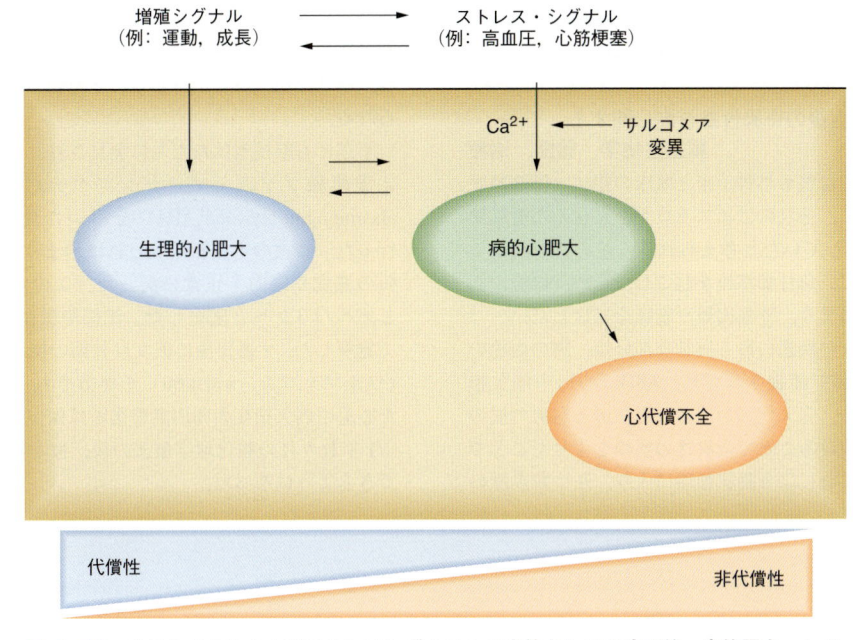

```
増殖シグナル      →    ストレス・シグナル
（例：運動，成長） ←   （例：高血圧，心筋梗塞）
```

                              Ca²⁺ ← サルコメア変異
                ↓   ↓
         ┌──────────┐   ┌──────────┐
         │ 生理的心肥大 │ ⇌ │ 病的心肥大 │
         └──────────┘   └──────────┘
                              ↓
                         ┌──────────┐
                         │ 心代償不全 │
                         └──────────┘

   代償性 ◁──────────────────────▷ 非代償性

図 8・24　成長シグナルおよびストレスシグナルへの応答としての生理的・病的肥大． シグナルカスケードの活性化に伴う心筋細胞の生理的反応（代償性）および病的反応（非代償性応答）．〔N. Frey, *et al.*, *Circulation*, **109**, 1580〜1589（2004）より改変〕

また別の経路では，調節因子のタンパク質分解酵素による切断に伴い，転写調節因子の活性が制御される．さらに第三のシグナル伝達経路として非ペプチドホルモンを介した経路がある．この経路の特徴は，受容体がリガンドによって活性化される転写因子として働くということである．これらに加え，成人において重要な役割をもち，またしばしば疾患（特に心疾患）に関与するシグナル伝達経路がある．Gタンパク質共役型受容体，レニン−アンギオテンシン−アルドステロン系（RAAS），Jak/STAT経路，カルシニューリン−NFAT経路，イオンチャネル型受容体を介した経路などがその例である．これらすべてのシグナル伝達経路が器官発生や器官機能，あるいは機能異常に関与する過程は，心臓においてみることができる．これらのシグナルが細胞間情報伝達をいかにして行うかを理解することは，心疾患や他の病態の背景にある分子レベルでの原因に光を当て，将来の治療開発への土台を提供することになるであろう．

臨床例 8・2

プロテニス選手スーザン・ピーターズ Susan Peters（27歳）は，生来健康であったが，試合中に転倒し，左膝の腱を何本か損傷した．彼女はただちに運動整形外科にて拡大再建手術を受けた．手術は手技的には成功し，担当の外科医は1週間の臥床後に体重負荷をかけることが可能で，適切な理学療法を行えば，3カ月後には復帰できると確信していた．しかし，外科手術による外傷は想定以上に大きく，痛みもひどかったため，彼女は5日間ベッドから動くことができなかった．その後，歩こうと試みた際，彼女は付添いの看護師に右足が痛むことを訴え，ベッドに戻った．看護師は彼女の顔面が紅潮しており，39℃の発熱があることに気づいた．

整形外科医は夕方の回診において，彼女の右ふくらはぎが発熱，腫脹し，有痛性で，さらにその痛みが内股へと放散していることに気づいた．Homanサインが陽性であった．胸部の所見は正常で呼吸音は正常，わずかに収縮期中期雑音が心基部を最強点として聴取された．医師はただちに深部静脈血栓症の診断を下し，薬剤部に経静脈（IV）ヘパリン投与を指示した．彼は病室より立去る際，スーザンが過去3年間ピルを服用していたという病歴を聴取した．

数分後，IVヘパリンを投与する前にスーザンは咳込み，突然の胸部の痛みに泣き出し，急性の呼吸困難となった．脈は128まで上昇した．看護師はアラームを押し，整形外科医に連絡した．20分後に彼が到着したときには，彼女の呼吸困難はある程度治まっており，彼は胸部の痛みに対してモルヒネを投与した．しかし，彼女が痛みについて訴えている際に，発語が不明瞭であることに気づき，また彼女は，右腕に力が入らず感覚がないこと

も訴えた．整形外科医はヘパリン投与の指示を取下げ，緊急に血液学の専門家から助言を受けることにした．

深部静脈血栓症後の奇異性塞栓症に関する細胞生物学，診断，治療

この若い女性は整形外科手術と臥床の後に，深部静脈血栓症を発症し，それにはエストロゲンを含んだ避妊薬（ピル）も関与していたと考えられる．さらに彼女はこの血栓によって，急性肺塞栓を起こしたため，血栓が肺の終末循環に詰まり，呼吸困難や胸痛を発症した．

しかし，彼女の疾患の最も異常な部分は，脚の血栓の小さな断片が肺で捕捉されずに，ASD（心房中隔欠損症）とよばれる，先天性に形成された左房と右房の間の中隔欠損を通抜けることで奇異性の塞栓を生じたことである．血栓はこれにより動脈循環に入り，左中脳動脈の枝に捕捉されたと考えられる．痛みや咳の原因である最初の塞栓により房室間に一過性に右左シャントが形成され，小さな血栓断片が奇異性に体循環へと入ったと考えられる．

幸運にも脳梗塞はただちに発見され，血液学者が組換え型組織プラスミノーゲンアクチベーター（tissue plasminogen activator, tPA）を用いた血栓溶解療法を行った．彼女の不整脈は翌日には治まり，3日後には右腕の感覚や筋力も正常に戻った．このためtPAを中止し，ヘパリンへと変更した．深部静脈血栓症は約10日で寛解した．2週間後に彼女は長期の抗凝固剤クマリン（ワルファリン，warfarin）を処方され，退院した．また心房中隔欠損症の卵円窩整復術は保留となった．

1年数カ月の強化理学療法の後，彼女は再びテニスができるようになった．

参考文献

チロシンキナーゼ
M. D. Marmor, B. S. Kochupurakkal, Y. Yarden, 'Signal transduction and oncogenesis by ErbB/HER receptors', *Int. J. Radiat. Oncol. Biol. Phys.*, **58**, 903〜913 (2004).

B. Thisse, C. Thisse, 'Functions and regulations of fibroblast growth factor signaling during embryonic development', *Dev. Biol.*, **287**, 390〜402 (2005).

セリン/トレオニンキナーゼ
Y. Shi, J. Massague, 'Mechanisms of TGF-β signaling from cell membrane to the nucleus', *Cell*, **113**, 685〜700 (2003).

非キナーゼ型受容体によるシグナル伝達
M.F. Bijisma, A. Spek, M.P. Peppelenbosch, 'Hedgehog: an unusual signal transducer', *BioEssays*, **26**, 387〜394 (2004).

F. Schweisguth, 'Regulation of Notch signaling activity', *Curr. Biol.*, **14**, R129〜R138 (2004).

A. Wodarz, R. Nusse, 'Mechanisms of Wnt signaling in development', *Annu. Rev. Cell Dev. Biol.*, **14**, 59〜88 (1998).

ステロイドホルモン受容体を介したシグナル伝達
I. Nemere, R. J. Pietras, P. F. Blackmore, 'Membrane receptors for steroid hormones: signal transduction and physiological significance', *J. Cell Biochem.*, **88**, 438〜445 (2003).

心臓の発生におけるシグナル伝達
S. Zaffran, M. Frasch, 'Early signals in cardiac development', *Circ. Res.*, **91**, 457〜469 (2002).

Gタンパク質共役型受容体
H. A. Rockman, W. J. Koch, R. J. Lefkowitz, 'Seven-transmembrane-spanning receptors and heart function', *Nature*, **415**, 206〜212 (2002).

Jak/STAT経路によるシグナル伝達
J. S. Rawlings, K. M. Rosler, D. A. Harrison, 'The JAK/STAT signaling pathway', *J. Cell Sci.*, **117**, 1281〜1283 (2004).

9

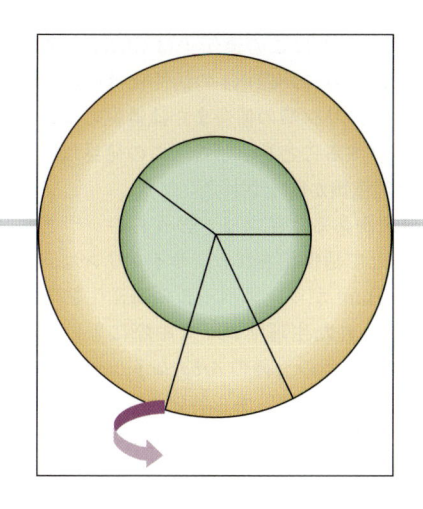

細胞周期と癌

細胞周期研究の歴史

　ヒトの成体は約 2×10^{14} 個の細胞からなるが，そのすべてはたった一つの細胞，すなわち受精卵から生じる．成体内では，つねに分裂している細胞群や分裂能を保持している細胞があり，それらが細胞死やその他の理由で失われた細胞と置き換わっている．細胞が増殖，分裂するプロセスには，多様で複雑な制御機構がある．細胞は大きさを増し，DNA，染色体を正確に複製し，複製した染色体が娘細胞に正確に1セットずつゆき渡るように分配しなければならない．細胞周期を通じて，これらの各プロセスが協調的に制御されている．2001年度のノーベル医学生理学賞は，Leland Hartwell, Paul Nurse, Tim Hunt ら3人の細胞生物学者に贈られた．彼らは，遺伝学と分子生物学の手法を用い，細胞周期制御のメカニズム解明にとって核となるような先駆的発見を成し遂げた．他の多くの優れた研究者とともに彼らが発見した，**サイクリンおよびサイクリン依存性キナーゼ（CDK）** と名づけられたタンパク質は，細胞周期の各期を秩序立った様式で進行させる．CDKをエンジン，サイクリンをギアボックスにたとえる人もいる．これは，ギアボックス（サイクリン）によってエンジン（CDK）がアイドリング（空吹かし）状態になるか，細胞周期をドライブするかが決まるからである．

　細胞周期を進行させる機構は，進化上，高度に保存されている．そのため，細胞周期の過程についての知見は，酵母，植物，ウニ，二枚貝，カエルなど，多くの単細胞生物および多細胞生物から得られている．細胞周期がより細かな時期に分けられるという基礎的な知見は，Alma Howard と Stephen Pelc が1953年に発表した論文に述べられている．1950年代以前には，細胞生物学者および病理学者は，顕微鏡により区別できる二つの時期——すなわち間期と分裂期——しか認識していなかった．Howard と Pelc は，ソラマメの一種である *Vicia faba* を用いた実験に基づき，間期はさらに三つの時期に分けられると推論した．彼らは，標識 ^{32}P を用いたオートラジオグラフィーによる実験で，DNA合成が間期の途中の，目ではわからない一時期に行われることを示し，この時期を **S期** とよんだ（Sは合成 synthesis のS）．彼らはさらに，分裂期終了後からS期が開始するまでと，S期終了後から分裂が開始するまでの間に間隙（gap, ギャップ期）があることを示した．このギャップはそれぞれ **G_1期**（gap 1-period）および **G_2期**（gap 2-period）として知られるようになった（図9・1）．

　1960年代末頃，Hartwell は，細胞周期を解明する手法として遺伝学が有効であることに気づいていた．彼は，パン酵母（**出芽酵母**, *Saccharomyces cerevisiae*）をモデル生物として用い，これが細胞周期の解析に有用であることを証明した．洗練された一連の実験により，彼は細胞周期を制御する遺伝子に条件的変異をもつ酵母変異体群を単離した．これらの変異体群は，低い温度（許容温度）では増殖できるが，比較的高い温度（制限温度）では増殖が阻害される．この方法により彼らは細胞周期制御にかかわる100種類以上の遺伝子群を同定することに成功し，これらの遺伝子群は **CDC遺伝子群**（cell division cycle genes）とよばれるようになった．このうちの一つである，*S. cerevisiae* の *cdc28* は，細胞周

期を G_1 期から進める最初の段階を調節する CDK であり，そのため start ともよばれた．

Hartwell により提唱された，細胞周期制御におけるもう一つの重要な概念が細胞周期チェックポイントであり，これはストレスや環境曝露により活性化される機構である．外部からの撹乱を加えない酵母の遺伝学による細胞周期解析に加え，Hartwell は放射線による DNA 損傷に対する酵母の感受性を研究した．細胞は DNA 損傷を受けると細胞周期を停止するという発見に基づいて，彼は "細胞が細胞周期を停止し，DNA 損傷を修復してから，のちに細胞周期のつぎの段階に進む" という概念を強調するため "**チェックポイント**（checkpoint）" という言葉をつくった．

Paul Nurse は，Hartwell の用いた酵母と似て非なるタイプの酵母である**分裂酵母** Schizosaccharomyces pombe をモデル生物として用いた．この酵母は，パン酵母とは遠縁の関係にあたり，進化の早い段階で分かれたと考えられている．1970 年代中頃に，Nurse は S. pombe において cdc2 遺伝子を発見し，この遺伝子が G_2 期から**分裂期**（**M 期**）への移行に重要であることを示した．その後，Nurse はこの遺伝子が細胞周期の他の部分の進行にも必要であること，Hartwell がそれ以前にみつけていたパン酵母の cdc28 遺伝子（start 遺伝子）と同一のものであること，この遺伝子が G_1 期から S 期への進行を調節していることなどを発見した．つづいて，Nurse は S. pombe の cdc2 に該当し，CDK をコードしているヒト遺伝子を単離した．のちにこの遺伝子は CDK1 と名づけられた．Nurse はさらに，CDK1 の活性化は可逆的なリン酸化（すなわち，リン酸の結合または離脱による可逆的な修飾）に依存することを示した．この発見以降，他のヒト CDK が何種類か同定された．

CDK は何種類かあるサイクリンのうちの一つと複合体を形成することで活性化される．サイクリンは，1980 年初期に，Tim Hunt がウッズホールの海洋生物学研究所（MBL）で行われた生理学コースの際に思いがけず発見した．彼は，ウニの一種の Arbacia punctulata の胚が同期して卵割を行う際に，ある特定のタンパク質が 1 回の分裂ごとに分解され，つぎの分裂周期の間にまた合成されるということに気づいた．彼は，このタンパク質が合成と分解を連続して繰返すことから**サイクリン**（cyclin）と名づけた．Hunt の発見が，二枚貝の胚，のちにはヒトの細胞でも成り立つことが Joan Ruderman によって確かめられた．さらに，多彩なサイクリンが，さまざまな CDK と細胞周期におけるさまざまな時期において相互作用することも確かめられた．これらの相互作用は，どのような調節タンパク質をリン酸化して活性化あるいは不活性化するかを規定することにより，細胞周期調節に特異性を与えている．注目すべきことに，細胞周期の調節機構についての重要な原理のほとんどは植物や 2 種類の酵母，ウニ胚，二枚貝胚，およびカエルを用いた実験から得られており，生命の基本過程の発見および解析における非哺乳類細胞の重要性を例示している．

無統制な細胞増殖は，癌の主要な特徴の一つである．ほとんどのヒトの腫瘍において，一つ以上のチェックポイントに異常がみられ，これが無統制な細胞増殖の原因となっている．細胞増殖の間に起こる諸事象を協調的に制御する機構については，不完全ではあるが，詳細な知見が得られており，これらは，ヒトの腫瘍や正常組織，動物モデルなどの分子レベルでの解析により得られたものである．サイクリンや CDK に加え，多数のタンパク質や経路が細胞周期の進行を調節しており，そのうちの多くが "癌遺伝子産物" や "癌抑制遺伝子産物" に分類される．**癌遺伝子**（oncogene）は，その産物が細胞周期進行を促進するような正常遺伝子（**癌原遺伝子**，protooncogene）が変異したものである．癌原遺伝子が変異すると，癌遺伝子となり無統制な増殖を促進する．**癌抑制遺伝子産物**（tumor suppressor）は，無統制な細胞増殖を抑制する作用をもつので，癌抑制遺伝子が変異したり失われたりすると異常な増殖が起こる．すなわち，癌遺伝子は細胞増殖のアクセルであり，癌抑制遺伝子はブレーキである．一般に，癌遺伝子は，Ras 遺伝子

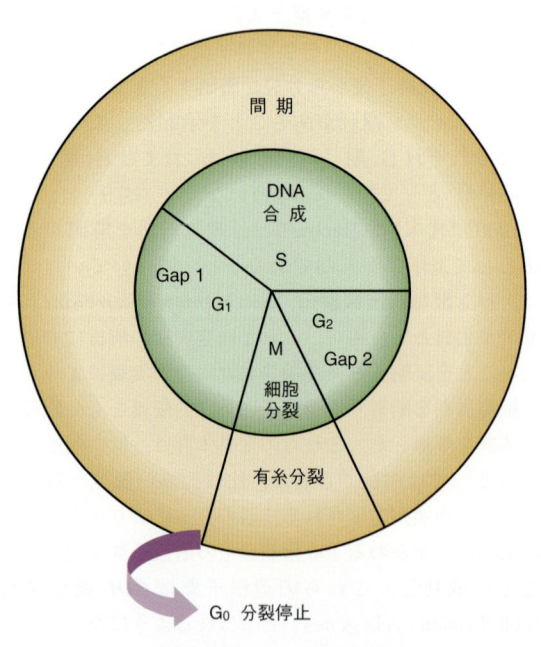

図 9・1 細胞周期は四つの相に分けられる

でみられるように，活性化変異によって活性化される．一方，癌抑制遺伝子の機能は，変異，エピジェネティックな変化（DNAメチル化など），分裂期における組換え（相同染色体間における組換え）による**ヘテロ接合性の消失**（loss of heterozygosity, **LOH**），欠失，染色体欠損などにより失われる．

サイクリンによる細胞周期の制御
サイクリン

細胞周期の制御において中心的な役割を果たすタンパク質ファミリーの一つサイクリンは，"サイクリンボックス（cyclin box）"とよばれる保存されたドメインをもつ．サイクリンボックスは，約150アミノ酸残基の長さをもち，5個のらせん構造を形成する．このらせん構造は，CDKを含む他のタンパク質との相互作用に重要である．サイクリンおよびサイクリンと似た構造をもつタンパク質は20種類以上みつかっているが，そのほとんどの機能はよくわかっていない．サイクリンのうち，機能のわかっているものは分子サイズ56 kDa前後の分子群で，有糸分裂を含む細胞周期の進行において決定的な役割を果たす（図9・2）．

サイクリンは，CDKホロ酵素複合体の調節サブユニットとして働く．CDKホロ酵素複合体は，標的タンパク質をリン酸化し不活性化することで，細胞周期がチェックポイントを越えて進行するよう制御している（図9・2）．サイクリンの発現異常が発癌に関与するという最初の証拠は，B細胞リンパ腫（B-cell lymphoma）においてみられる染色体転座点の配列をクローニングしたところサイクリンD1をコードしていたというものだった．ほぼ同時期に，副甲状腺腫（parathyroid adenoma）における第11染色体の逆位においてもサイクリンD1遺伝子の関与が発見された．この場合には，副甲状腺ホルモン遺伝子の調節領域とサイクリンD1遺伝子が隣接する位置につながっていた．その後，その他のサイクリン（特にサイクリンE）も腫瘍における細胞周期異常に関係することがわかった．サイクリンEの高発現によりG_1期が短縮され，細胞は未熟なままS期に入ってしまえるようになる．サイクリンEは，中心体の複製と染色体安定性の維持に重要である．図9・2は，細胞周期進行にかかわる基本的なサイクリンであるサイクリンA，B1，D1，D3とそのパートナーとして細胞周期のさまざまな時期に働くCDKを表したものである．種々のサイクリンが腫瘍においてしばしば過剰発現しているという事実は，細胞増殖の調節メカニズムの異常が腫瘍形成に重要であるという考えと合致する．

サイクリン依存性キナーゼ（CDK）

CDK（cyclin-dependent kinase, Cdk）はサイクリン-CDK複合体の触媒サブユニットである．約20種のCDKおよびCDK様タンパク質が同定されているが，そのうち一部についてはいまだにその機能や基質が判明していない．CDKは一般に，サイクリンに結合するためのドメインをもち，このドメインはPSTAIREという七つのアミノ酸残基からなるコンセンサス配列を含む．CDKは，多様な基質をリン酸化できるセリン/トレオニンキナーゼであり，その基質には**網膜芽細胞腫**（retinoblastoma, **Rb**）タンパク質（pRb）や**E2F**転写因子が含まれる．G_1期の進行は少なくとも三つのCDK，すなわちCDK4，CDK6，CDK2により調節される（図9・2）．サイクリンD-CDK4複合体の一つの作用は，Rbファミリータンパク質のリン酸化を触媒することである．これにひき続き，pRbは，サイクリンD-CDK6，サイクリンE-CDK2によるリン酸化も受ける．これら一連のリン酸化は，他の現象とも相まって，G_1期の秩序立った進行を可能にする．サイクリンA-CDK2活性は，G_1期からS期への移行および中心体（M期における染色体の正確な分配に必要）の複製にとって不可欠である．S期の進行もまたサイクリンA-CDK2に依存する．S期の間，サイクリンA-CDK2は，転写，DNA合成，修復にかかわるタンパク質群のほか，S期完了やG_2期移行に重要なタンパク質群をリン酸化する．サイクリンA-CDK2によりリン酸化されるタンパク質には，転写因子E2F1やB-Myb，一重鎖DNA結

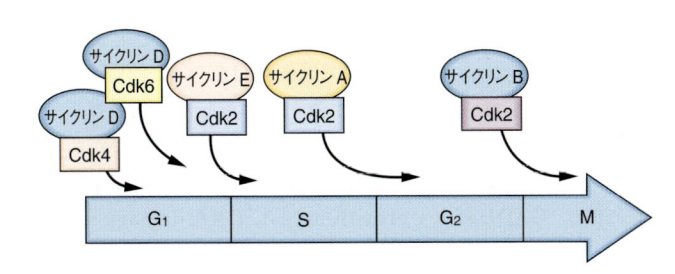

図9・2 細胞周期のさまざまな時期におけるサイクリン-CDK複合体の形成

合タンパク質であり DNA 複製に関与する RPA，DNA 修復にかかわる BRCA1，BRCA2，Ku70 などが含まれる．細胞が S 期を終え G_2 期に入り始める頃には，A 型サイクリン群は CDK1（歴史的な経緯から Cdc2 ともよばれる）と複合体を形成し始める．G_2 期が進行するにつれ，サイクリン A はユビキチン依存性タンパク質分解系によって分解され，一方でサイクリン B が合成されてくる．G_2 期の中盤から終盤には，サイクリン B–CDK1 複合体が形成され，G_2/M の移行および M 期の進行に必要な種々の役割を果たす（図 9・2）．少なくとも 70 以上のタンパク質がサイクリン B–CDK1 複合体の基質として同定されている．有糸分裂前期においては，サイクリン B–CDK1 複合体は細胞質で中心体に結合しており（後述），そこに局在するモータータンパク質をリン酸化することによって中心体の分離を助ける．また，サイクリン B–CDK1 複合体は，染色体凝集（ヒストンタンパク質のリン酸化を介する），前期におけるゴルジ体の崩壊，核ラミナの崩壊（ラミン B 受容体のリン酸化を介する）などにも関与する．細胞が M 期から G_1 期に移行するためには，サイクリン B–CDK1 複合体が不活性化されることが重要である．これは，ユビキチンリガーゼの一種である**後期促進複合体**（anaphase-promoting complex，**APC**）によるサイクリン B のユビキチン化と分解により起こる．

CDK 阻害タンパク質

もし仮にキナーゼの活性化や，基質のリン酸化がつねに起こっていたとしたら，細胞周期の調節回路は機能しないだろう．それを考えると，CDK の阻害物質が生体内に存在することは驚くにあたらない．**CDK 阻害タンパク質**（CDK inhibitor，**CKI**）は，少なくとも二つのグループに分けられる．そのうちの一つ **CIP/KIP** ファミリーのプロトタイプは **p21** である．このタンパク質は，三つの研究グループにより同時かつ独立に発見されたため，さまざまな命名がなされた．現在では，タンパク質の分子量から，一般的に p21 もしくは $p21^{WAF1/Cip1}$ とよばれている．CIP/KIP ファミリーには，$p21^{WAF1/Cip1}$ 以外にも p21 関連タンパク質である p27 や p57 が含まれる．p21，p27，p57 はすべて，CDK1–サイクリン B，CDK2–サイクリン A，CDK2–サイクリン E，CDK4–サイクリン D，CDK6–サイクリン D，と結合し，キナーゼ活性を阻害することができる．CDK 阻害タンパク質のもう一つのグループは，**INK4** ファミリーで，そのプロトタイプは **p16** である．p16 は，Rb あるいは Rb 関連タンパク質の p107 や p130 に依存して作用する．構造と機能の面から INK4 クラスに分類される他のタンパク質と

して p15，p18，p19 が知られている．このファミリーのタンパク質は，"$p16^{INK4}$"のように，上付き文字の "INK4" を付して標記される．p21 クラス（CIP/KIP ファミリー）のキナーゼ阻害タンパク質と異なり，INK4 ファミリーのタンパク質は CDK4 および CDK6 とのみ結合し，これらがサイクリンと結合するのを阻害することでキナーゼ活性を阻害する．

Cdc25 ホスファターゼ

基質のリン酸化状態に可逆性をもたせる第二の戦略として，特定の基質に特異的に働くホスファターゼ（脱リン酸酵素）がある．細胞周期制御にかかわるホスファターゼとしては **Cdc25** ファミリーが知られている．細胞周期制御に関与する Cdc25 ファミリータンパク質の第一の役割は，リン酸化されたさまざまな CDK を脱リン酸することにより細胞周期をつぎの段階に進めることである．たとえば，CDK2 の 14 番目のトレオニン残基と 15 番目のチロシン残基がリン酸化されていると，細胞は G_1 期から S 期に進むことができない．Cdc25A により 15 番目のホスホチロシン残基のリン酸基が外されると，初めて細胞は S 期に進行できる．同様の機構が CDK1 にもある．CDK1 は，CDK2 と場合と同じ部位のアミノ酸残基が，それぞれ **wee1** および **CAK**（CDK-activating kinase，CDK 活性化キナーゼ）という二つの特異的なキナーゼによりリン酸化される．CDK1 の 15 番目のチロシン残基が脱リン酸されない限り細胞は G_2/M の境界を越えることができず，M 期に進むことができない．Cdc25C ホスファターゼは，CDK1 を脱リン酸するため，細胞周期は M 期に進むことができる．Cdc25C が存在しないときには，近縁の Cdc25A が代役を果たすことができる．

p53

p53 はヒトの腫瘍において最も高頻度（すべてのヒト腫瘍中 50% 以上）に変異のみられる癌抑制タンパク質の一つである．p53 は G_1/S および G_2/M チェックポイントの鍵を握る調節因子である．p53 の機能は非常に重要なため"ゲノムの守護神（guardian of the genome）"あるいは"細胞における増殖・分裂の門番（the cellular gatekeeper for growth and division）"などとよばれることもある．p53 の N 末端配列は転写活性化ドメインとして働き，C 末端はホモ二量体もしくはヘテロ二量体形成に必要である．p53 は細胞周期の調節にかかわる多くの遺伝子を転写活性化する．そのなかには，$p21^{waf1/cip1}$，**GADD45**（a growth arrest, DNA damage-inducible gene），**MDM2**（p53 の負の調節因子）などをコードす

る遺伝子が含まれる．p53の重要な仕事の一つとして，ゲノムが損傷を受けた際に細胞周期をG_1期で停止させるという役割がある．この停止がDNA複製や細胞分裂が起こる前にDNA修復が完了する機会を与えるものと推測される．ゲノムの受けた損傷が大きい場合，p53は，重大な損傷を受けた細胞の細胞周期進行を防ぐべくアポトーシスを誘導する．p53の機能を欠く腫瘍細胞は，G_1期でうまく停止できず，S期やG_2/M期に進行してしまう．このように損傷を受けた細胞の中に細胞死を回避できるものが出現し，腫瘍進行に寄与するものと考えられる．

p53は，適切なリン酸化を受けることにより，多くの標的遺伝子を活性化できる転写因子として機能できるようになる．細胞周期チェックポイントの面から最も重要な標的の一つは$p21^{WAF1/Cip1}$遺伝子である．DNAが損傷を受けると，p53は決まった残基のリン酸化を受けて活性化され，$p21^{WAF1/Cip1}$遺伝子の転写活性を高め，p21 mRNAおよびp21タンパク質を増加させる．増えたp21は，サイクリンE–CDK2，サイクリンD–CDK4，サイクリンD–CDK6複合体と結合し，これらのキナーゼ活性を阻害する．CDK2の標的の一つに**pRb**があるが，これはp53と並ぶ有名な癌抑制タンパク質である．pRbのCDKによるリン酸化は，細胞周期をG_1からS期に進行させるうえで必要である．すなわち，$p21^{WAF1/Cip1}$は，CDK-サイクリン複合体に結合し，pRbのリン酸化を防ぐことによりG_1/S期での停止をもたらす．

pRb

前述のように，**網膜芽細胞腫タンパク質**（pRb）は，p53と並ぶ主要な癌抑制タンパク質であり，ヒト腫瘍の約半分で変異している．pRbという名称は，小児の網膜にできる腫瘍である網膜芽細胞腫（retinoblastoma）に由来する．網膜芽細胞腫のうち約40％は遺伝性のものであり，それら遺伝性網膜芽細胞腫のほとんどが両側性に腫瘍を生じる．残りのほとんどは散発性であるが，その場合にはたいてい片側性である．細胞遺伝学的な研究において，第13染色体の（特に長腕の）欠失が遺伝性網膜芽細胞腫の患者に高頻度でみられた（遺伝性網膜芽細胞腫の患者は，不完全な第13染色体を一つもっている）．この観察に基づき，Alfred Knudsonは1970年代前半に，癌の"ツーヒット"説（"two-hit" theory）を提唱し，その後この業績によりラスカー賞を受賞した．"ツーヒット"説とは，癌抑制遺伝子の一方のアレルが変異しているヒトでは，他方のアレルの変異（すなわち"セカンドヒット"）のみが腫瘍発生および進行に必要であるとする説である．"セカンドヒット"は，正常アレルの独立な変異により，もしくは正常アレルが有糸分裂組換え（相同染色体間で起こる組換え）を起こし，その結果LOH（ヘテロ接合性の消失）を起こすことによって生じる．この仮説は，網膜芽細胞腫のほか，いくつかの遺伝性腫瘍および非遺伝性腫瘍において正しいことが確認されている．遺伝性の腫瘍でない場合には，体細胞で"ファーストヒット"が起こり，その後同じ細胞で"セカンドヒット"が起こると考えられる．

臨床例 9・1

プリシラ・ワックスマン（Priscilla Waxman）は18カ月の白人女児である．きわめて健康で，成長も順調だった．あるとき，新しい子犬と遊んでいる最中に瞼を傷つけてしまった．母親が傷の様子を確かめたところ，プリシラの左目の虹彩の色が変わっていることに気づいた．2週間様子をみた後，母親は小児科医にこのことを話した．小児科医はプリシラの目を検眼鏡で観察し，網膜で通常見えるはずの赤い反射が見られないことと，水晶体の後ろに白い小さな腫瘤があることに気づいた．小児科医はプリシラをすぐに眼科医に紹介し，いくつかの検査が行われた．超音波検査およびCTなどによる眼窩検査と，腰椎穿刺による脳脊髄液の細胞組成検査が行われ，イヌ回虫 *Toxocara canis* 寄生の有無を調べるための免疫学的検査が行われた．プリシラには6歳と8歳になる2人の兄弟および両親がおり，皆いたって健康である．

網膜芽細胞腫の細胞生物学，診断，治療

プリシラには網膜芽細胞腫が生じていた．エコー（超音波検査）およびCTの結果から眼球より外への浸潤は存在しないことが示唆され，腰椎穿刺で得られた脳脊髄液にも異常細胞は含まれていなかった．外科的な根治術の施行を予定し，眼科医によりMRI検査が行われ，視神経や眼窩軟部組織に浸潤がないことが確かめられた．

血清学的検査から *Toxocara* が陰性であることがわかり，非悪性の鑑別疾患のなかで最も重要なものが除外された．腫瘍細胞を播種する恐れがあるので，眼科医は生検をまったく行わないことにし，つぎの週にプリシラの左目と視神経を注意深く摘出した．手術の際，美容的観点から摘出後の眼窩にはプラスチックの眼球が入れられた．

プリシラの網膜芽細胞腫は，一般的な散発性非家族性型である可能性が高かった．病巣は単発性で，片目だけに存在し，家族歴もなかった．網膜芽細胞腫は小児の眼球腫瘍のなかでは最も頻度の高いものである．網膜芽細胞腫は通常4歳までに発見され，浸潤がなければ眼球摘出により根治する可能が高い．孤発例はおそらく第13染色体14q領域に存在する *RB1* 癌抑制遺伝子の段階的な消失により起こる．一方，家族性のものは孤発例と同

じ領域の異常により常染色体優性形式で遺伝する．浸透度（penetrance）は限られるものの，家族歴の影響は大きく，親がこの疾患をもつ小児のリスクは約 45 % にも達する．

　pRb 核タンパク質は細胞分裂および分化の調節を行う転写因子として重要な役割を担うことが明らかになっている．この遺伝子は，腫瘍生物学の研究分野において，癌抑制遺伝子の原型となったものである．

　pRb は細胞周期制御において幅広く多彩な役割を果たすが，特に際立ったものとして G_1 期から S 期への進行の制御がある．pRb は，低リン酸化状態のとき，サイクリン D–CDK4 やサイクリン E–CDK2 複合体と結合できる．また，転写因子 E2F（G_1 期から S 期への移行にとって重要な遺伝子群の転写を調節する）と結合し，これを不活性化する．このため，低リン酸化状態の pRb は，G_1 期から S 期への移行を阻害する．pRb のもつ複数のリン酸化部位のうち，一部が G_1 期の初期および中期にサイクリン D–CDK4 によるリン酸化を受け，G_1 後期にはサイクリン E–CDK2 によるリン酸化を受ける．pRb の C 末端領域が G_1 後期にサイクリン E–CDK2 によるリン酸化を受けると，E2F が pRb との複合体から解放され転写因子として機能できるようになる．低リン酸化状態の pRb は，E2F により転写調節される遺伝子群のプロモーター領域に結合しており，リン酸化を受けると解離する．つまり，pRb が高リン酸化状態となった結果として，G_1/S の移行に必要な E2F 標的遺伝子群の転写が活性化される（図 9・3）．

有糸分裂

有糸分裂とは何か？

　有糸分裂（mitosis）とは，**核分裂**（karyokinesis）と二つの娘細胞を生じる**細胞質分裂**（cytokinesis）を含む，厳密に調節されたプロセスである．M 期は，さらに前期・前中期・中期・後期・終期そして最後に細胞質分裂という段階に分けられる．有糸分裂によって，親細胞と同じ DNA 含量をもつ二つの娘細胞が生じる．親細胞の性質によって，二つの娘細胞はまったく同じ表現型の細胞になることもあるし，それぞれ異なった表現型になることもある．成体組織に存在する未分化幹細胞や前駆細胞の場合，一つの娘細胞は未分化なままでとどまり（self-renewing），もう一つの娘細胞が分化系列に入っていくこともある．

間期と有糸分裂期

　1950 年代初頭に至るまで，組織学者，細胞生物学者たちは，"間期とは細胞の休止期であり，細胞活動のほとんどは有糸分裂の間に起こる"と考えていた．この概念は，組織切片における形態観察に基づいていた．組織切片上では多くの場合に 95 % 以上の細胞は間期にあり，少数の細胞だけが細胞分裂（すなわち"有糸分裂"）

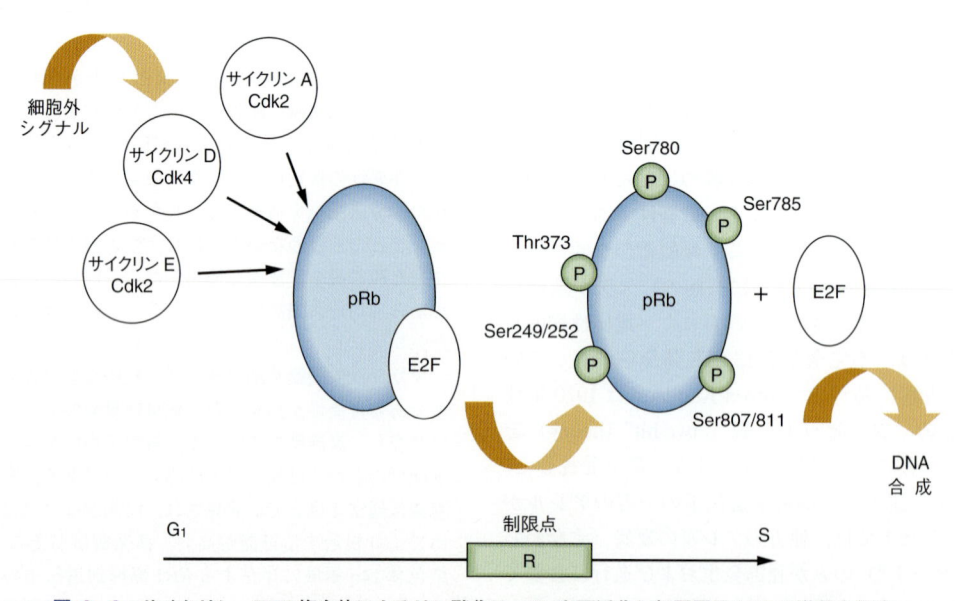

図 9・3　サイクリン–CDK 複合体によるリン酸化は pRb を不活化し転写因子 E2F の遊離を促す

のさまざまな時期にある．前述のAlma Howardと Stephen Pelcの実験が行われて初めて，科学者たちは間期における細胞活動の意義を理解するようになった．間期における細胞活動には，複製，転写をはじめとする細胞のあらゆる代謝活動が含まれ，その多くは有糸分裂の準備にかかわるものである（後述，図9・4）．

有糸分裂の各段階

前 期（Prophase）

前期には，核膜が崩壊し始め，核内クロマチンが凝集し始めるため，引き伸ばされた紡錘のような形の染色体が光学顕微鏡で見えるようになる．核小体は消失する．中心体はそれぞれ細胞の両極に移動してゆき，微小管フィラメントが中心体から中心体，あるいは中心体から個々の染色体の**セントロメア**（centromere）にある**キネトコア**（kinetochore）に向かって伸び，紡錘体が形成される．

前中期（Prometaphase）

核膜崩壊の完了が前中期開始の指標である．多彩なタンパク質がキネトコアに結合してセントロメアに局在するようになり，微小管がキネトコアと結合し染色体が細胞の中心に向かって移動し始める．

中 期（Metaphase）

染色体は凝集を続けさらにコンパクトになるが，同時に細胞の中央に並ぶ．これを中期板（metaphase plate）とよぶこともある．この段階では，それぞれの染色体はDNA複製の最終産物である一対の染色分体からなる．中期板として染色体が整然と配列されることで，つぎの段階である後期（染色分体を分配する時期）に，娘細胞が染色体をそれぞれ1コピーずつ確実に受取ることが可能となる．

後 期（Anaphase）

後期には，それまでキネトコアでつながっていた染色分体同士が離れ，それぞれ細胞の両極に向かって動いていく．染色分体（分離後は染色体とよばれる）の移動は，キネトコアの1) 細胞の中心から極に向かう紡錘糸微小管に沿った運動，2) 極から伸びた微小管との物理的相互作用，の両方によって起こる．

終 期（Telophase）

終期には，染色体が細胞の両極に到着し，娘核の周囲

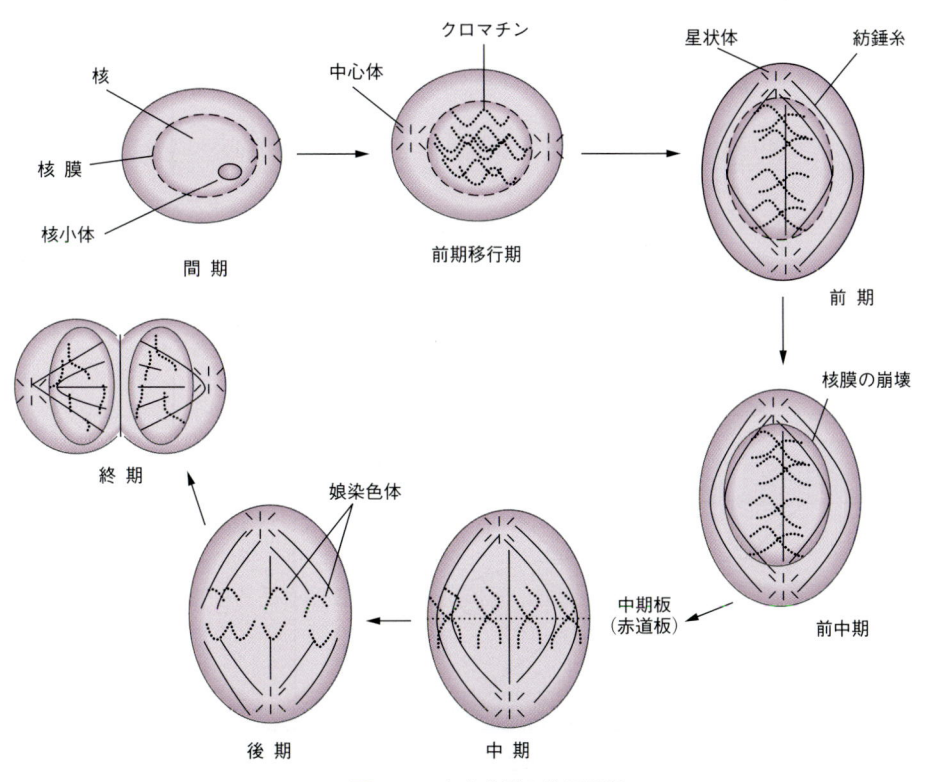

図 9・4 有糸分裂の進行過程

に新しい核膜が形成される．染色体は脱凝集し，光学顕微鏡では見えなくなる．紡錘糸は消え，細胞質分裂が始まる．

細胞質分裂（Cytokinesis）

動物細胞の場合，細胞質分裂は，指輪のようなアクチン線維の輪が両極からおよそ等距離の位置に生じ，これが収縮して細胞を締付け，核を1個ずつ含む2個の娘細胞に分けることで起こる．娘細胞は，新しい細胞周期に入るか，あるいは細胞分化のプログラムを開始し細胞周期を離脱してG_0期に入る．

細胞周期チェックポイント

細胞周期チェックポイント（cell-cycle checkpoint）の概念はLeland Hartwellによって1980年代に導入された．チェックポイントの基本概念は，細胞に傷害が与えられた場合，ランダムではないやり方で細胞周期を停止し，細胞周期が先に進む前に損傷を修復できるようにするというものである．種々のチェックポイントは，DNA損傷に応答して細胞周期の進行を特定の時点で遅延あるいは停止させようとする抑制的シグナルの結果として生じる．歴史的には，チェックポイントは，細胞周期において，つぎの段階に進む前にDNAの完全性をチェックする時期として定義づけられた．しかし，近年"チェックポイント"という言葉の意味は曖昧になり，DNA損傷に対する一連の細胞応答全体（細胞周期停止，DNA修復遺伝子の誘導，アポトーシスなどを含む）をよぶようになりつつある．この定義の拡大には合理性がないわけでもない．細胞周期停止にかかわるタンパク質の活性化が，DNA修復やアポトーシスにかかわる遺伝子の発現を誘導するからである．しかし，DNA修復やアポトーシスは，損傷による細胞周期停止とは無関係に起こりうることを知っておく必要がある．"**DNA損傷チェックポイント（DNA damage checkpoint）**"という言葉は，細胞周期の遅延や停止をもたらす場合にのみ用いるべきである．

すでに述べたように，傷害を受けていない細胞におけるG_1/S，G_2/Mの移行およびS期の進行は，厳密に制御されている．細胞周期の秩序だった進行を調節しているタンパク質の多くがチェックポイント応答にも関与する．すなわち，DNA損傷チェックポイントは，DNA損傷によって活性化される特殊な経路ではなく，正常な成長状態下でも機能しており，DNA修復の際に特に増強されるような生化学経路である．主たるチェックポイントは，G_1/S期の境界，S期の途中，G_2/M期の境界，M期の途中の4箇所に存在する．

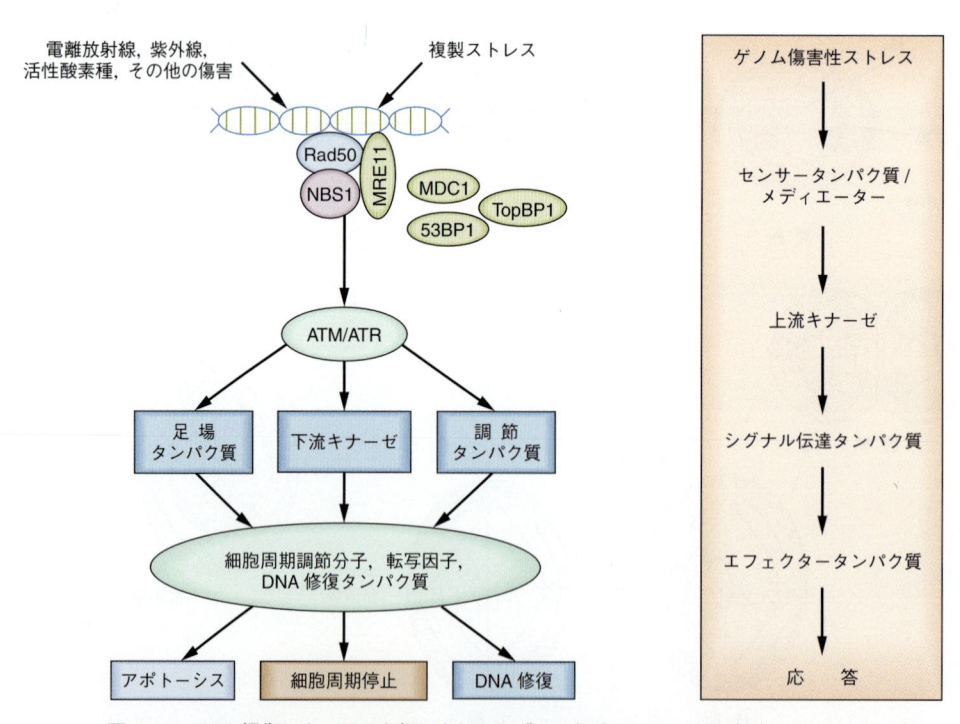

図9・5 DNA損傷によってひき起こされるシグナル伝達カスケード．（右）カスケードの各段階で働くシグナル伝達分子群

DNA損傷チェックポイントにかかわる分子群

　DNA損傷チェックポイントは，三つの要素からなる複雑なシグナル伝達経路の結果として機能する．すなわち1) 損傷を感知するセンサー，2) シグナル伝達因子，3) エフェクター，の三つである．酵母，また最近ではヒト細胞を用いた遺伝学，生化学的な研究によって，各ステップに関与するいくつものタンパク質が同定された（図9・5）．ただし，こうした機能による分類は絶対的なものではなく，複数の機能をもつ因子も少なくない．たとえば，損傷センサータンパク質である**ATM**（p. 293参照）は，シグナル伝達因子としても働く．また，チェックポイントタンパク質の4番目のクラス（これらはしばしば，**メディエーター**とよばれる）に属する因子としてBRCA1, Claspin, 53BP1, MDC1などが同定されている．概念上，このタイプの因子は，センサーとシグナル伝達因子の間に位置する．しかし，メディエータータンパク質も，ATMの場合同様，チェックポイント応答の複数の段階に関与するものと考えられている．

　G_1/S, S, G_2/Mのチェックポイントは，それぞれ独立したものであるが，これらを活性化する損傷センサー分子群は，すべてに共通なもの，あるいは，一部で主たるセンサー，その他でバックアップとして用いられているものいずれかである．同様に，シグナル伝達因子として働くキナーゼやホスファターゼも，程度の差はあれ，さまざまなDNA損傷に対する応答経路において共用されている．チェックポイントの**エフェクター**（細胞周期移行を直接阻害するタンパク質）は，チェックポイントの特異性を規定する．これに対し，個々のセンサー，メディエーター，シグナル伝達因子は，あるチェックポイントでは中心的に働くが，別のチェックポイントではそうでもないという程度である．

減数分裂

　有糸分裂と**減数分裂**（meiosis）は，機能と構造の両面で異なる．有糸分裂の目的は二つの娘細胞が親細胞と同じゲノムをもてるよう，複製したゲノムをまったく均等に分配することである．分裂中の体細胞にいて，DNA量は，$2N$（一倍体のときのDNA量をNという）から始まり，DNA複製を経て$4N$となり，有糸分裂によって$2N$（二倍体）に戻る．一方，精原細胞や卵原細胞は，減数分裂の過程で，$4N$のDNA量から分裂を2回繰返し，この間にS期を挟まないため，$1N$（一倍体）のDNA量をもった配偶子が4個生じる．ただし，精子形成の結果生じるのは四つの精子細胞であるが，卵形成の場合には，1個の卵母細胞と3個の極体が生じる．減数分裂の主たる機能として，DNA量を$4N$から$1N$に減らすことのほかに，2回の減数分裂によって生じる配偶子のなかにまったく同じゲノムをもつものがいないようにすること，すなわち配偶子の遺伝的多様性を確保することがある．これは，相同染色体間で組換えを起こすことによって達成されるが，この組換えは，減数分裂における正確な染色体分配にも必要らしい．

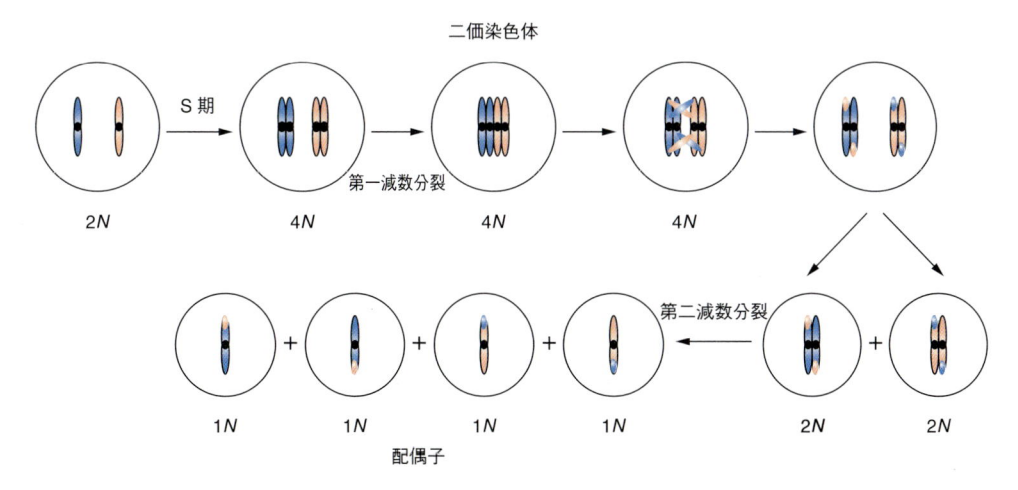

図9・6　**減数分裂の進行過程**．第一減数分裂において相同染色体が対合し，父母由来染色体間の組換えにより遺伝的に異なった配偶子が生じる．

減数分裂は，増殖力をもった生殖細胞がDNA複製を終えて$4N$のDNA量となったときに開始される．雄ではこの段階の細胞を**精原細胞**，雌では**卵原細胞**という．第一減数分裂では，核膜が崩壊し，一つの染色体から生じた一対の染色分体は一つのキネトコアを共有し，付着したままとなる（第一減数分裂前期）．このため，相同染色体同士が細胞の中央で対合すると，4個の**染色分体**よりなる"**二価染色体**（bivalent）"とよばれるものが形成される．対合した父親および母親由来染色体は，全長にわたって結合し，いわゆる"シナプトネマ構造（synaptonemal complex）"を形成する．第一減数分裂前期のうち，この時期を**太糸期**（pachytene）というが，これは対合した染色体が凝集して太く見えるためである．これに続く複糸期（diplotene）には，相同染色体が数箇所の接着点〔これを**キアズマ** chiasma（複数形 chiasmata）とよぶ〕を残して分離し始める．キアズマは，対合した染色体間で相互組換えが起こっている点である．この組換えは，第一減数分裂における染色体の正しい分配にとって必要であり，進化における多様性の基盤ともなっている．

接着点をもつ相同染色体対は，細胞中央に整列し（この時期を"第一減数分裂中期"とよぶ），それに続く"第一減数分裂後期"において細胞の両極にランダムに分配され始める．その直後の"第一減数分裂終期"には，組換え点よりも遠位の部分以外はホモ接合体であるような2個の細胞が生じる．この後，核膜が再構成される場合もあるが，そのまますぐに第二減数分裂が始まる場合もある．第二減数分裂で起こる現象は，形態上，有糸分裂と似ているが，S期を挟まずに起こるため，生じる配偶子は一倍体（DNA量が$1N$）となる．減数分裂の概略および減数分裂組換え（meiotic recombination）の結果を図9・6に示す．

減数分裂のメカニズムは基本的には雌雄で同じであるが，明らかな違いもある．どちらの場合にも，第一減数分裂前期が最も長い．ヒトの女性では減数分裂は胚形成期に始まり，妊娠5カ月の段階で**卵母細胞**は第一減数分裂前期の複糸期で細胞周期を停止し，数十年その時期にとどまり続ける．個々の卵母細胞の減数分裂は排卵の直前まで完了せず，排卵期において卵母細胞は減数分裂を2度行い，一つの成熟した卵子と三つの**極体**を生じる．細胞質分裂は不均等に起こるので，将来卵子となる細胞のみが大部分の細胞質を受継ぎ，極体はほとんど細胞質を受取れないため最終的には消滅する．卵子形成過程をたどってみると，まず卵原細胞が増殖しその一部がG_2期で細胞周期を停止し（DNA量は$4N$），分化を開始する．第一減数分裂の複糸期で停止したこれらの細胞は，**一次卵母細胞**（primary oocyte）とよばれる．排卵前に減数分裂がひき起こされ，**二次卵母細胞**（secondary oocyte）とよばれる$2N$細胞と$2N$極体が生じる．第二減数分裂によって$1N$卵子と$1N$極体が生じる．第一減数分裂で生じた$2N$極体もまた分裂し，最終的に一つの卵子と三つの極体（すべて一倍体）が生ずる．雄における減数分裂も構造的には雌のそれに類似するが，時期と結果は異なる．雄生殖細胞の減数分裂は思春期までは開

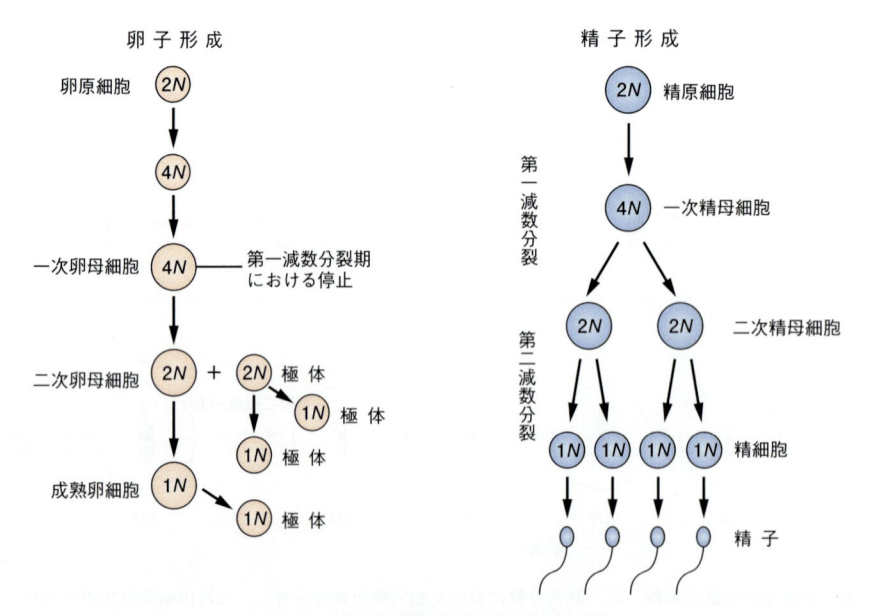

図9・7 卵子形成と精子形成の比較

始しないが，開始した後は数十年続く．減数分裂が始まると，比較的長い第一減数分裂前期を除き，その後の周期は中断なく進む．精原細胞から生じた**第一次精母細胞**は第一減数分裂により，二つの**第二次精原細胞**を生じる．それらは第二減数分裂を経て合計四つの一倍体**精子細胞**が生じる．減数分裂の過程および卵子形成と精子形成の間の差異を図9・7に示す．

有糸分裂において細胞周期の制御にかかわる因子のいくつかは有糸分裂の制御にもかかわっている．1970年代に増井禎夫は，のちに**MPF**（maturation-promoting factor）とよばれるようになる因子がカエル卵母細胞の成熟に必要であることを発見した．のちにMPFはCdk1とサイクリンBを含む複合体（体細胞に有糸分裂を始めさせる因子と同じ）であることが発見された．最初Maloneyマウス肉腫ウイルスの癌遺伝子として発見された *mos* 癌原遺伝子が，のちにマウスおよびヒトの生殖細胞で高発現していること，また，減数分裂の正常な進行に必要であることが明らかとなった．この遺伝子の活性が阻害されると減数分裂の進行が阻害される．

DNA損傷のセンサー分子
ATMとATR

細胞周期を停止するには，まず**ATM**（ataxia telangiectasia mutatedの略）などのセンサー分子がDNA損傷の存在およびその位置を感知し，チェックポイントが始動することが必要である．*ATM* 遺伝子の変異は，まれな遺伝性疾患である**毛細血管拡張性運動失調症**（ataxia telangiectasia，略して**A-T**）の原因となる．A-Tの特徴として，小脳変性，免疫不全，ゲノム不安定性，放射線治療に対する脆弱性，高発癌などがあげられる．ATMは350 kDaの多量体タンパク質で，その配列はホスファチジルイノシトール3-キナーゼ（PI3K）と相同性をもつが，脂質リン酸化活性は示さず，タンパク質リン酸化活性をもつ．この活性は，DNA二本鎖切断を誘導するような因子により活性化される．ATMはDNA損傷部位にある遊離末端に選択的に結合する．このときのATMは，単量体と考えられている．細胞が電離放射線に曝露されると，ATMは，自己リン酸化によって活性化され，Chk2，p53，NBS1，BRCA1などを含む多くの標的タンパク質を，グルタミンの前にセリンまたはトレオニンがある配列（それぞれ**SQモチーフ**，**TQモチーフ**という）においてリン酸化する．SQモチーフ，TQモチーフの周囲の配列もATMの選択性に関与する．たとえば，p53の$S_{15}Q$配列はATMによりリン酸化されるが，$S_{37}Q$配列はリン酸化されない．

臨床例9・2

ジェニー・マーロー（Jennie Marlowe）は16歳の白人女子で，テレビをみているときに一時的に物が二重に見えるなどの，目の異常が頻繁に起こるようになったため，眼科医を受診した．

検査の結果，斜視や，側方注視の際のかなりの眼振がみられ，単眼検査により両眼間における画像変位がみられた．検査をしている際に，眼科医は彼女の眼の結膜血管が拡張していることや，鼻筋および顔の中央に細い血管による皮疹がチョウ（蝶）のような形で広がっていることに気づいた．

ジェニーは成長期の間，つねに不安定で変わった歩き方をしており，また最初に何歩か歩いてからでないと暗い中で歩くことがほとんどできなかった．彼女は上気道感染を繰返しており，少なくとも4回は細菌性肺炎にかかり，抗生物質投与が必要だった．また，副鼻腔感染の回数も数えきれないほどあった．ジェニーは初経がきておらず，二次性徴も少ししかみられなかった．

彼女の父親は食品化学者である．彼女の母親はX線技師であったが，転移性乳癌のため仕事を続けられなくなっていた．ジェニーには姉妹1人と兄弟2人がいたが，皆いたって健康だった．

眼科医は眼振を軽減させるため，プリズムを含む矯正レンズの着用を指示したうえ，より詳しい検査のため内科医を紹介した．内科医は，いくつかの検査を指示した．副鼻腔を撮影したX線フィルムでは，長期間続いた慢性副鼻腔炎を示す，すりガラス様陰影がみられた．さらに憂慮すべきことに，胸部X線撮影フィルムでは縦隔にリンパ腫を強く疑わせる腫瘤がみられた．血液検査により，αフェトプロテイン（AFP）の高値が認められた．さらに，定量的血清タンパク質電気泳動によりIgAおよびIgEの著明な減少がみられた．

毛細血管拡張性運動失調症の細胞生物学，診断，治療

ジェニーは毛細血管拡張性運動失調症だった．毛細血管拡張性運動失調症は，*ATM* 遺伝子の変異による常染色体劣性遺伝病である．この遺伝子変異はホスファチジルイノシトールキナーゼシグナル伝達経路に影響を与えることが判明している．この経路は小脳機能の発達にかかわる可能性が高い．この疾患の最も顕著な症状が小脳性運動失調だからである．また，女性患者においては卵巣の低形成や無形成がしばしばみられるため，生殖器官の発達にも関与するらしい．この遺伝子変異はDNA修復にも不具合をもたらすため，ホモ接合性キャリヤーは，放射線などのDNA損傷による発癌を非常に起こしやすい．この疾患は，常染色体劣性遺伝形式をとるので，ジェニーの両親は必ずヘテロ接合性キャリヤー（保因者）であり，彼らもまた放射線による発癌を起こしや

毛細血管拡張性運動失調症は液性免疫の異常とも関連がある．液性免疫異常を起こす機構は明らかでないが，慢性副鼻腔炎や他の細菌感染はこの疾患の患者に一般的にみられる．

彼女は，新しい眼鏡のほかに，感染症予防のための経静脈 IgG 療法を受けることになるだろう．さらに，より重要な検査として，リンパ腫診断のために，CT を用いた縦隔リンパ節生検を受ける必要があるだろう．

PI3K の一種である ATR は，ATM の関連タンパク質である．その遺伝子は，ATM および分裂酵母の SpRad3 と相同性をもつため **ATR**（ATM and Rad3 related）と名づけられた．ATR タンパク質は，303 kDa の大型タンパク質で C 末端にキナーゼドメインをもち，それ以外にも他の PI3K ファミリータンパク質と相同な領域をもつ．マウスで ATR 遺伝子を欠損させると，胎生致死形質を示す．ヒトでは，ATR 遺伝子の変異による活性の部分的喪失がゼッケル（Seckel）症候群を起こす．ゼッケル症候群は，常染色体劣性遺伝病であり，その特徴の一部は毛細血管拡張性運動失調症と共通している．ATM 同様，ATR はプロテインキナーゼであり，SQ/TQ モチーフ内のセリンおよびトレオニン残基をリン酸化する．ATR は，ATM の基質はすべてリン酸化することができる．ATM と違って，ATR は電離放射線ではなく紫外線によって活性化される．ATR は，紫外線によって誘発される DNA 損傷を直接認識できる．すなわち，ATR は紫外線によって生じる(6-4)光産物を含む DNA に結合しやすい．ATR と DNA との相互作用を電子顕微鏡で観察するという実験から，DNA に ATR が結合する度合いは紫外線照射により増加することがわかった．また，ATM と異なり ATR は線状 DNA の末端に結合することはまれであることもわかり，ATR は DNA 二本鎖切断を認識しないことが示唆された．試験管内キナーゼアッセイを用いた実験では，ATR による p53 のリン酸化は，損傷を受けていない DNA の添加によっても活性化されるが，紫外線で損傷を受けた DNA の添加により，容量依存的により強く活性化される．すなわち ATM は DNA 二本鎖切断に対する応答においてセンサーおよびシグナル伝達分子として働くのに対し，ATR は紫外線照射による塩基損傷への応答において ATM と類似の機能を果たすと考えられる．

メディエーターはセンサーとシグナル伝達分子に同時に結合する

メディエータータンパク質は，細胞周期の特定の時期において，DNA 損傷センサーおよびシグナル伝達タンパク質の両方と同時に結合する．このため，メディエータータンパク質は，活性化された種々のシグナル伝達経路に特異性を与えることができる．メディエータータンパク質のプロトタイプは，酵母の scRad9 タンパク質である．scRad9 タンパク質は酵母において scMec1（哺乳類の ATR に対応する）から scRad53（哺乳類の CHEK2 に対応する）へとシグナルを伝達する機能をもつ．メディエータータンパク質にはほかに Mrc1（mediator of replication checkpoint）があるが，これは出芽酵母，分裂酵母の両方でみつかっている．Mrc1 は S 期にのみ発現し，S 期チェックポイントにおいて scMec1/spRad3（ATR）から scRad53/spCds1（CHEK2）へのシグナル伝達に必要である．**BRCT モチーフ**はタンパク質間相互作用にかかわる保存されたモチーフで，メディエータータンパク質に含まれる．ヒトにおいては，BRCT モチーフをもつタンパク質は少なくとも三つ存在する．このなかには，p53 と結合する **53BP1**，トポイソメラーゼと結合する **TopBP1**，**MDC1**（mediator of DNA damage checkpoint 1）が含まれる．これらのタンパク質は ATM のような DNA 損傷センサー，**BRCA1** や **Mre11-Rad50-NBS1**（**M-R-N**）**複合体**のような DNA 修復タンパク質，CHEK2 のようなシグナル伝達分子，p53 のようなエフェクタータンパク質と相互作用する．これらのタンパク質の発現量低下や欠失は，DNA 損傷チェックポイント応答の機能不全をもたらす．

細胞周期制御にかかわるキナーゼ CHEK1，CHEK2

ヒトは，**CHEK1** と **CHEK2** という二つのキナーゼをもつ．CHEK1 と CHEK2 の主要な機能は，細胞周期制御およびチェックポイント応答におけるシグナル伝達である（p.299〜300 参照）．CHEK1，CHEK2 は，酵母の scMec1/spRad3，scRad53/spCds1 との相同性から発見された．CHEK1（マウスでは Chk1）と CHEK2（マウスでは Chk2）は，どちらもセリン/トレオニンキナーゼであるが，互いの相同性はそれほど高くない．また，基質特異性は，さほど厳格ではない．哺乳類細胞において，DNA 二本鎖切断は ATM によって感知され，おもに CHEK2 に伝えられる．一方，紫外線による DNA 損傷は ATR によって感知され，おもに CHEK1 に伝えられる．しかしながら，CHEK1 と CHEK2 の間にはある程度のオーバーラップがある．Chk1 を欠く（$Chk1^{-/-}$）マウスは胎生致死形質を示すのに対し，Chk2 を欠く（$Chk2^{-/-}$）マウスは生存可能であり，ほぼ正常なチェックポイント応答を示す．ヒト CHEK2 の変異は，リー・フラウメニ様腫瘍多発症候群（multitumor Li-Fraumeni

(LFS)-like cancer syndrome）にみられるように，乳癌のリスクを高める．

細胞周期制御における重要なエフェクター p53 と Cdc25 ホスファターゼ

二つの主要なエフェクタータンパク質として，p53 と Cdc25 ホスファターゼ（前述）があげられる．Cdc25 ファミリータンパク質は，さまざまな CDK を脱リン酸することによって細胞周期の進行を可能にする．Cdc25 タンパク質のリン酸化は，14-3-3 タンパク質による捕捉，核からの放出，ユビキチン化による分解をひき起こす．そのため，DNA 損傷を受けた細胞では，Cdc25 ホスファターゼが CDK を脱リン酸できなくなり，細胞周期が停止する．例として，低リン酸化状態の Cdc25A は CDK2 の脱リン酸を介して G_1/S 移行を促進する．また，低リン酸化状態の Cdc25C は CDK1 の脱リン酸を介して G_2/M 移行を促進する（図 9・8）．

G_1/S チェックポイント

DNA 損傷を受けた後，細胞は **G_1/S チェックポイント**で細胞周期を停止する．G_1/S チェックポイントでは，DNA 複製開始を阻害することで S 期への進入が阻止される．損傷がない場合，細胞は G_1 期から"**制限点 (restriction point) あるいは R 点**"（哺乳類），または"**start**"（出芽酵母）を越えて S 期に進入する．増殖中の哺乳類細胞では，制限点は実際の DNA 複製開始より約 2 時間先行する．しかし，DNA 損傷を受けた場合，制限点を越えているかどうかにかかわらず，細胞の S 期への進入は阻止される．DNA が電離放射線や，放射線様化学物質（一部の抗癌剤）により二本鎖切断を含む損傷を受けると，ATM が活性化され，p53，CHEK2 を含む多くの標的タンパク質をリン酸化，活性化する．ATM によるリン酸化の一つの帰結は，G_1 期から S 期への移行の停止であるが，これには二つの経路がある．そのうちの一つでは，まず ATM が CHEK2 をリン酸化し，CHEK2 が Cdc25A をリン酸化する．リン酸化 Cdc25A は核外輸送とユビキチン化を介した分解を受け，その結果，リン酸化（不活性化型）CDK2 が蓄積するためその標的である Cdc45 のリン酸化が行えなくなる．Cdc45 のリン酸化は，すでに生じた複製開始点複合体における DNA 複製の開始に必須である．第二の経路は，よりゆっくりと進行するが持続的なもので，ATM と CHEK2 による p53 のリン酸化を含む．ATM は，p53 の 15 番目のセリン残基をリン酸化し，CHEK2 は p53 の 20 番目のセリン残基をリン酸化する．これらのリン酸化により p53 の核外輸送と分解が阻害され，p53 が $p21^{WAF1/Cip1}$（CDK2-サイクリン E および CDK4-サイクリン D の阻害タンパク質）の発現を活性化できるようになる．このため，細胞は G_1/S チェックポイントで停止することになる．

DNA 損傷が電離放射線ではなく紫外線または紫外線類似因子によりひき起こされた場合，DNA 損傷の型が

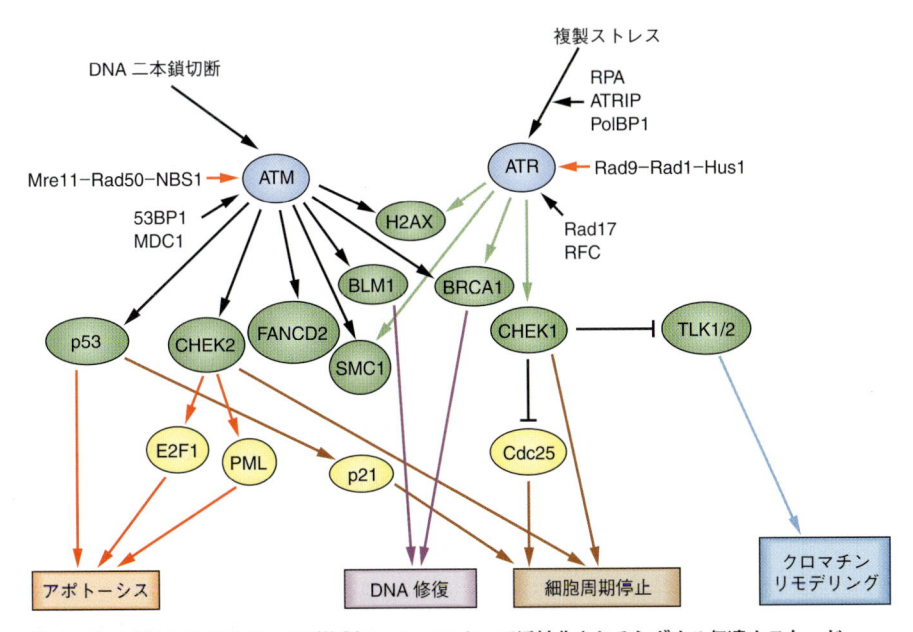

図 9・8 DNA 二本鎖切断および複製ストレスによって活性化されるシグナル伝達カスケードと細胞応答

異なるため，これに対する細胞応答も，DNA二本鎖切断の場合とは若干異なる．すなわち，紫外線照射によるDNA損傷は，ATMではなく，ATR，Rad17-RFC，9-1-1複合体（Rad9，Rad1，Hus1からなる複合体）によって感知される．損傷を認識したATRはシグナル伝達因子CHEK1をリン酸化し，CHEK1はCdc25Aをリン酸化し不活性化するためG_1期での細胞周期停止がもたらされる（図9・8参照）．

S期チェックポイント

S期チェックポイントは，細胞がDNA複製の際に損傷を受けた場合，もしくは細胞が修復されないDNA損傷をもったままG_1/Sチェックポイントを越えてしまった場合に活性化される．どちらの場合にも，細胞は複製を抑制する．チェックポイントの元来の定義は，"つぎの相に移行する前にその相における反応が完遂したことを保証するための生化学的な機構"というものであるが，S期チェックポイントは，厳密にはこの定義に合致しない．しかし，チェックポイントを支配する分子機構への理解が進むにつれ，チェックポイントの概念も拡張され，S期チェックポイントも含まれるようになった．すなわち，細胞周期チェックポイントとは，細胞周期に含まれる事象が秩序正しく連続的に起こることを保証するための分子制御機構，あるいはシグナル伝達カスケードの最終産物であり，何らかの障害が生じた場合には，細胞周期停止をもたらすものととらえることができる（図9・9）．

S期チェックポイントにおける損傷センサーは，チェックポイントタンパク質およびDNA修復タンパク質の集合体である．DNA損傷が断裂，もしくはニックやギャップをもつDNAを複製したことによって生じる二本鎖切断である場合，ATM，M-R-N複合体，BRCA1がチェックポイント活性化に関与する．これらのDNA修復タンパク質は，おそらくDNA二本鎖切断部位に結合（ATM）したりDNA分岐構造に結合（M-R-N複合体，BRCA1，BRCA2）したりすることによってセンサーとして機能する．これらのタンパク質は，CHEK1やCHEK2を含む経路の前段階であるキナーゼシグナルの開始に関与する（図9・8）．

S期チェックポイントの乱れがひき起こす顕著な例として**放射線抵抗性DNA合成**（**RDS**）があり，これは，S期チェックポイントとDNA二本鎖切断修復との密接な関係を描き出すものとなっている．正常細胞が電離放射線によって照射された場合，能動的なDNA合成はただちに停止する．ところが，A-T患者由来の細胞が電離放射線により照射された場合，S期は遅延することなく進行する．同様のRDSは，M-R-N複合体のサブユニットや**FANCD2**（**BRCA2**）に変異をもつ細胞においてもみられ，S期チェックポイントの機能不全の現れと考えられる．

紫外線照射（ピリミジン二量体）や，化学物質（"かさばるDNA付加物，bulky DNA adducts"）によってDNAが損傷された場合，ATRタンパク質，正確にはATR-ATRIPヘテロ二量体がDNA損傷の主要なセンサーとして働く．ATRはクロマチン，特に紫外線による損傷部位によく結合し，活性化される．活性化型ATRは，CHEK1をリン酸化し，CHEK1はCdc25Aのリン酸化による分解をひき起こすことにより，複製開始点における複製開始が抑制される（図9・6，図9・7）．

G_2/Mチェックポイント

G_2/Mチェックポイントは，細胞のM期への進入，M期の進行，M期からの離脱を調節する多彩な機能をもつチェックポイントである．S期後期（細胞が分裂することを決定した後）にDNAが損傷を受けると，細胞はG_2後期で細胞周期を停止する．この際の細胞周期停止は，やはりATM（DNA二本鎖切断が起こった場合）やATR（DNA損傷が化学物質や紫外線照射によって起こった場合）を介して行われる．このときのシグナル伝達は，それぞれCHEK2，CHEK1を介して起こり，p53のリン酸化および活性化とCDK阻害タンパク質p21の

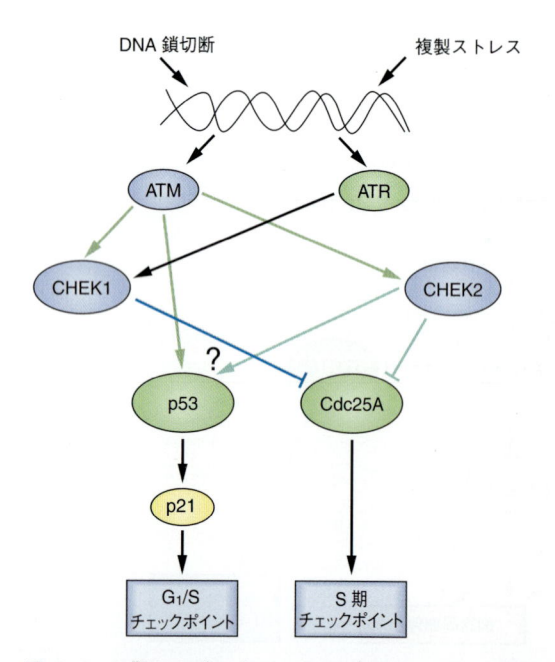

図9・9 S期およびG_1/Sチェックポイントにおいて細胞周期停止をもたらすシグナル伝達経路

発現誘導をひき起こす．これらの経路は，Cdc25Aおよび Cdc25C の分解を介して，CDK1-サイクリンBの活性化を防ぎ，G_2 期からM期への進行を防ぐ（図9・10）．こうした解明の進んでいる阻害経路のほかに，

イクリンBの分解は，M期からの離脱に必要であり，セキュリンの分解は染色分体の分離のために必要である．MAD，BUB1，BUBR1，Cdc20などのタンパク質がAPCと結合やAPCの選択的なタンパク質分解活性の調節を行っている．これらの因子のうちのどれかが欠損すると，紡錘糸微小管集合体に問題が生じた場合にも細胞周期を停止できなくなる．これによって生じる結果の一つが"**有糸分裂カタストロフィー（mitotic catastrophe）**"とよばれる状況であり，異常な分裂像，異常な染色体数をもつ細胞の生成，細胞死などが観察される．

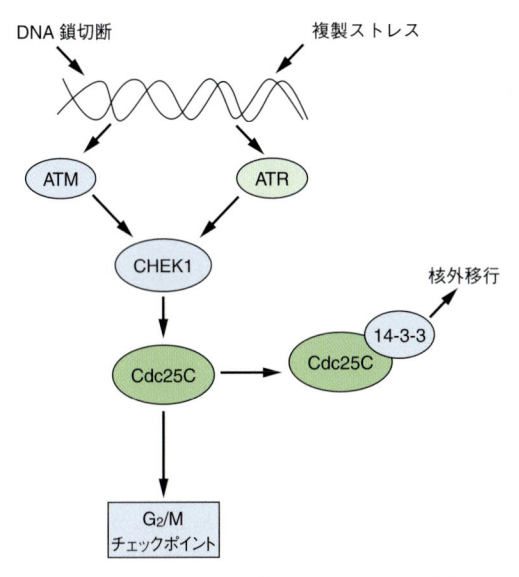

図9・10 G_2/M チェックポイントにおけるシグナル伝達経路

細胞周期の異常と癌

ここまでは，正常細胞の細胞周期制御に必要なシグナル伝達分子および経路について述べてきた．変異やエピジェネティックな修飾による異常がこれらの経路の一つあるいは複数で起こると，腫瘍発生のリスクが増す．ほとんどすべてのヒト腫瘍は，細胞周期制御に影響をもつ遺伝子の変異を一つ以上もち，正常な細胞増殖調節から逸脱している．原則的に，細胞周期の異常は，どのチェックポイントにも，どの相にも起こりうるし，これらは進行癌に至る一段階になりうる．また，細胞周期機構の障害は，進行した癌が発生するまでの一段階でもある．したがって，ヒトの癌は，細胞周期制御機構のどの側面を失っているかによって特徴づけることができる．

発癌における G_1/S 移行の異常

過剰発現などにより過剰な活性化を受けたサイクリンD1がCDK4やCDK6と複合体を形成すると，細胞はあたかもpRbが欠失や不活性化を受けたかのように振舞う．すなわち，細胞周期制御シグナルを無視するようになる．このような細胞は，正常細胞であればpRbを介した経路によりS期進行が停止するような損傷を与えても，かまわず増殖を続ける．CDKの異常活性化やpRbの欠失の癌化への関与は明白であり，実際，pRbの欠失やCDK4，CDK6の過剰活性化，あるいはこの両方が，ヒトの腫瘍において高頻度にみつかる．CDK4，CDK6の過剰活性化は，D型サイクリン群の発現調節異常や $p16^{INK4}$ の欠失，エピジェネティックなサイレンシング，（CDK阻害活性を消失させるような）変異などによって起こる．すなわち，pRb経路に関与する要素の中心的なもの（$p16^{INK4}$，D型サイクリン，CDK4，CDK6，pRb自身）はすべて，癌遺伝子や癌抑制遺伝子の候補といえよう．

ヒト癌の解析結果は，この考えを完全に支持してい

オーロラキナーゼ（aurora kinase）やポロキナーゼ（polo kinase）といった，詳しく解明されていないが G_2 後期からM期への移行を調節する重要なタンパク質も発見されている．また，M期前期の開始を調節する重要なタンパク質として **Chfr** が知られている．Chfrは，微小管と中心体が完全な状態にあるかどうかをモニタリングする分子であることが判明している．微小管およびその動態を障害するような薬剤に細胞がさらされると，染色体凝集および中心体分離が遅延する．このような薬剤や類似のストレスにさらされると，ChfrはCDK1-サイクリンBの核内への移行（細胞がM期前期に進入し，M期前期が進行するために必要）を抑制すると考えられる．

いったんM期が開始されると，細胞周期は新たなチェックポイントである**紡錘体形成チェックポイント**（spindle assembly checkpoint）の影響を受ける．このチェックポイントは複雑であり，ユビキチンリガーゼ活性をもつ **APC**（後期促進複合体）とよばれる巨大分子複合体（サイクリンBやセキュリン securin などの重要なタンパク質の分解に必要）の阻害を介して起こる．サ

る．たとえば，サイクリン D1 遺伝子の増幅や再構成，サイクリン D1 タンパク質の過剰発現は，幅広いヒト癌（頭頸部癌や子宮頸癌などの重層扁平上皮癌，星状細胞腫，肺非小細胞癌や軟部組織肉腫など）でみられる．よく研究されている例として，乳癌におけるサイクリン D1 の関与があげられる．全症例の 15〜20% でサイクリン D1 遺伝子の増幅が，また，50% 以上でサイクリン D1 タンパク質の過剰発現がみられる．非浸潤性乳管癌 (ductal carcinoma in situ, DCIS) のような最も初期の段階からサイクリン D1 の過剰発現がみられる一方，異型乳管過形成のような前癌病変ではみられない．すなわち，サイクリン D1 の過剰発現を乳腺上皮細胞の悪性転換のマーカーとして用いることができる．腫瘍細胞でサイクリン D1 が一度過剰発現すると，この発現レベルは乳癌が DCIS から浸潤性癌になるまで保たれ，転移巣においてもサイクリン D1 の過剰発現がみられる．

サイクリン D2, D3 など，他のサイクリン D 遺伝子ファミリーのメンバーに関しても，遺伝子増幅やタンパク質過剰発現が多くのヒトの癌でみられる．たとえば，サイクリン D2 の過剰発現は，B 細胞リンパ性白血病，リンパ形質細胞性リンパ腫，慢性リンパ性白血病，精巣性および卵巣性の胚細胞腫瘍などにおいても高頻度にみられる．サイクリン D3 の過剰発現は膠芽腫，腎細胞癌，膵臓腺癌，そして，びまん性大細胞型 B 細胞リンパ腫や多発性骨髄腫のようないくつかの B 細胞の悪性疾患においてみられる．

CDK4 の過剰発現は乳癌，神経膠腫，多形性膠芽腫，肉腫，髄膜腫，においてみられる．CDK4 の過剰発現は，しばしば遺伝子増幅によりひき起こされる．さらに，網膜芽細胞腫，骨肉腫，肺小細胞癌，膀胱癌など別のクラスの癌では，CDK4 の阻害タンパク質である $p16^{INK4}$ をコードする遺伝子の欠失，変異，サイレンシングにより pRb タンパク質の消失がみられる．

pRb 経路と癌

注目すべきことに，ヒト癌の大部分では，pRb 経路の一要素または一段階のみに異常がみられる．たとえば，サイクリン D1 が過剰発現している腫瘍では，たいていの場合 pRb や $p16^{INK4}$ 自体は変化を受けておらず，正常に発現している．これはおそらく，過剰になったサイクリン D1 と CDK4, CDK6 複合体のみで十分 $p16^{INK4}$ の阻害機能を回避でき，pRb の機能を打消せるからであろう．この知見は，癌の増殖に関していえば，pRb 経路が直線的であることや，pRb が CDK4 および CDK6 の主要な基質であり CDK4 および CDK6 の効果は pRb に収束するということを示唆している．この観点から考えると，pRb 経路における pRb などの構成要素の不活性化，およびそれによる転写因子 E2F 調節機構の消失は，細胞周期制御にとって致命的であり，腫瘍における細胞周期，細胞増殖の動態の乱れを生みだすのに十分と思われる．pRb 経路による負の調節機構の消失は，サイクリン E が癌遺伝子としてたとえば乳癌の悪性化に寄与する機構とは対照的である．腫瘍においてサイクリン E の過剰発現がみられる頻度より，サイクリン E の過剰発現が pRb 経路の主要因子の変異と相関していることが示唆される．pRb 経路の変異が存在するにもかかわらず，サイクリン E の過剰発現が明らかに正の選択を受けているのは，おそらくサイクリン E1 が pRb 経路の"下流"として複製調節などを行い，D 型サイクリン群，CDK4, CDK6（pRb 欠失細胞では必須でない）などの，pRb を中心とした機能を強化するように働くからであろう．

ATM と癌

前述のように，DNA 損傷をひき起こす因子は，生じる DNA 損傷のタイプに応じて，一部重なり合いながらも違いをもった細胞応答をひき起こす．かさばる DNA 付加物や DNA 鎖切断など，特定の型の損傷を特定の分子が検出し，特定の細胞応答がひき起こされる．DNA 二本鎖切断は，電離放射線，放射線類似物質，トポイソメラーゼ阻害剤などを含むさまざまな DNA 損傷因子によってひき起こされるが，これらの因子はすべて ATM キナーゼを活性化する．A-T（毛細血管拡張性運動失調症）患者から得られた細胞は，DNA 二本鎖切断をひき起こす DNA 損傷因子に対する感受性が極端に高く，またこのような DNA 損傷ストレスに対する細胞応答を仲介しているシグナル伝達経路が著しく減弱している．A-T は，リンパ網内系悪性腫瘍の発生や電離放射線に対する脆弱性などさまざまな表現型により特徴づけられる．ATM 遺伝子の変異は A-T をひき起こすが，A-T 患者の大部分では，ATM 遺伝子はフレームシフトを起こし，活性が減弱した短縮タンパク質となり，不活性化されている．Atm 遺伝子を破壊したマウスは，ヒト A-T と同様の表現型を示す．

ATM 遺伝子変異をヘテロ接合性にもつ人が癌に罹患しやすいかどうかについて現在関心が高まっている．具体的な例としては，ATM 遺伝子変異のキャリヤーの女性は，診断目的のマンモグラフィーなどの低線量放射線により発癌のリスクが上昇するかどうかといった問題である．低線量 X 線による ATM 遺伝子の LOH は，ほかの発癌素因をもつ女性にとっては，おそらく発癌のリスクを上昇させる．ATM 遺伝子の変異は，少なくとも一

つの悪性疾患（T細胞前リンパ球性白血病，T-prolymphocytic leukemia，**T-PLL**）と相関性があることが示されている．このことから*ATM*遺伝子が体細胞において癌抑制遺伝子として機能していることが示唆される．T-PLL患者から得られた腫瘍組織のうち，50％以上から*ATM*遺伝子の両アレルの再構成，点変異などの体細胞変異による不活化が検出されたという報告がある．これは，*ATM*遺伝子が癌抑制遺伝子であり，T-PLLの発症に関与することを示唆している．

*Atm*の機能を破壊したマウス（*Atm*$^{-/-}$）は，進行性の胸腺悪性リンパ腫を発症し，そのほとんどが生後4カ月で死亡した．近縁だが異なる系統のマウスで*Atm*の機能を破壊したところ，発癌までの時間はかなり長くなり，50％以上が10カ月以上生存した．この2系統間で発癌しやすさに差があるのは，おそらく遺伝的背景の差によるものであり，これはA-T患者の間でみられる病態の個人差とも符合する．

p53と癌

ヒト癌の半数以上においてp53タンパク質の変異がみられる．p53は，四量体を形成し，転写因子として働く．p53は，傷害を受けていない正常細胞では低いレベルでしか発現されていない．細胞がストレスを受けると，p53は翻訳後修飾を受けて安定化し，細胞内に蓄積する．細胞がストレスを受けると，p53は転写因子として働くようになり，細胞周期停止やアポトーシスにかかわるさまざまな遺伝子を，細胞の状況，DNA損傷の程度，その他未知の条件に応じて発現促進する．p53機能を喪失した腫瘍や細胞の約90％で変異p53タンパク質の発現がみられ，残りの10％ではp53タンパク質が完全に消失している．p53変異をもつ腫瘍のほとんどは，p53を含むDNA領域のヘテロ接合性を消失しており，これは古典的な癌抑制遺伝子の特徴と一致する．p53の変異に関するモデルとして，"p53のアレルの片方が変異すると，もう片方のアレルは有糸分裂組換え（相同染色体間の組換え）の結果起こるLOH（ヘテロ接合性の消失）によって失われる"というモデルがあるが，これはいくつかの腫瘍で実証されている．この知見は，*p53*遺伝子のLOHを起こしている腫瘍においては，第17染色体短腕のp53と連鎖している領域にもLOHが起こっているという観察結果とも一致する．

p53はいくつかのシグナル伝達経路に含まれる．したがって，これらの経路に含まれる他の遺伝子の変異や発現変化がp53の機能，そしてp53により調節されるシグナルカスケードに影響を与える場合がある．最も顕著な例は**MDM2**タンパク質である．MDM2は，p53に物理的に結合し，ユビキチン化およびプロテアソームへの輸送と分解をひき起こす．MDM2の発現は多くの腫瘍（特に肉腫）において上昇しており，それは，遺伝子増幅，転写活性化，翻訳促進などによって起こる．正常細胞では，ATMによってリン酸化されたp53はMDM2との親和性が低下するため，p53が細胞内に蓄積し，転写因子としての機能を発揮するようになる．MDM2が過剰発現すると，p53タンパク質量が減少するため，p53欠損と似た表現型がもたらされるものと考えられる．

ウイルスゲノムにコードされたタンパク質のなかのいくつかはMDM2様の機能をもち，細胞のp53機能を障害する．子宮頸癌や喉頭癌の発生にかかわるヒトパピローマウイルス（*Human papillomavirus*，**HPV**）の一部のサブタイプ（特にHPV16やHPV18）は，発癌作用をもつ2種類のタンパク質E6，E7を産生する．E6タンパク質は，p53と結合しその分解を促す．これは，子宮頸癌でp53の変異がまれである理由についても説明を与えている．興味深いことに，E7タンパク質の方はpRbに結合する．

チェックポイントキナーゼと癌
CHEK1と癌

腫瘍における*CHEK1*の変異は，非常にまれではあるがみつかる．*CHEK1*の変異がみつかるのは，今のところ大腸癌，胃癌，子宮体癌に限られる．マイクロサテライト不安定性をもつ大腸癌や子宮体癌の一部で，*CHEK1*中のアデニンが連続してみられる部位にアデニン1塩基の挿入または欠失によるフレームシフト変異が見いだされている．この変異によって短縮したCHEK1タンパク質は，触媒ドメインのC末端側とSQ（セリン-グルタミン）を多く含む調節領域を欠き，機能を失っている．また，肺小細胞癌では，触媒ドメイン内の保存された配列をもたない短いCHEK1アイソフォームが発現している例が見いだされている．この配列は，基質選択性に関与すると考えられている．この配列をもたないアイソフォームの発現は，胎児肺および肺小細胞癌でみられ，正常な成体の肺や他の癌ではみられない．しかし，このことの意味は，今のところよくわかっていない．*Chk1*欠損マウスは胎児早期に死ぬ．しかし，*p53*遺伝子を欠くニワトリ腫瘍細胞株においてCHEK1を欠損させても生存できる．上述の例のように，ヒト癌細胞の一部もまた，*CHEK1*短縮変異をヘテロ接合性にもちながら生存できる．CHEK1のDNA損傷応答における役割を考えると，CHEK1の機能低下変異や機能喪失変異

が，一部の癌の発癌過程における遺伝的不安定性にかかわっている可能性が高い．

CHEK2と癌

　CHEK2の遺伝子変化が発癌素因となることを示す証拠として最初に見いだされたのは，LFS（リー・フラウメニ症候群）の一部の家系において，まれに生殖細胞におけるCHEK2の変異がみられるということだった．LFSは，家族性癌症候群の一種で，最初はp53の生殖細胞変異との関連が指摘されていた．この症候群の特徴は，さまざまな癌の多発，特に乳癌と肉腫が小児期から発生することである．CHEK2遺伝子の多型の一つであるCHEK2*1100delCは，一つのシトシン塩基の欠失に伴い，短縮したCHEK2タンパク質を発現する．この多型は，フィンランドのLFS様症候群を示す家系群からみつかった．これらの家系ではp53が正常であったため，CHEK2の変異がLFSの原因となる可能性が示唆された．

　CHEK2*1100delCがLFSでみつかったことに刺激されて，遺伝性乳癌とCHEK2*1100delCとの相関を調べる大規模な疫学調査が行われた．これらの調査の結果，CHEK2*1100delCは，一般のヒト集団中で1.5％の遺伝子頻度を示す，低浸透度の乳癌感受性アレルであることがわかった．注目すべきことに，CHEK2*1100delCは，既知の乳癌感受性遺伝子BRCA1，BRCA2をもつ家系においては発癌リスクを上昇させなかった．この知見は，CHEK2，BRCA1，BRCA2はすべてDNA損傷応答における同じネットワーク上で働いており，これらの遺伝子のうち一つでも変異するとネットワークの機能が障害されてしまうという可能性を支持する．分子レベルでは，1100delC変異によって生じる短縮タンパク質は，キナーゼドメインを欠き，キナーゼ活性を欠損しており，安定性も低下している．もう一方の正常アレルも，腫瘍においてはしばしば消失している．すなわち，これらの癌においては，CHEK2の機能は，CHEK2タンパク質量の著しい低下や消失によって失われている．興味深いことに，CHEK2*1100delCは，上記のまれな家系のなかでも特に大腸癌と乳癌を合併しやすい家系で多くみられる．

　CHEK2*1100delCは西ヨーロッパ，北米，フィンランドにおいて同程度の頻度でみられる．ミスセンス変異であるバリアントのCHEK2 1157TはCHEK2*1100delC同様LFS中のまれな家系で発見された変異であるが，CHEK2*1100delCと違い，正常なフィンランド人集団においても高頻度にみられる（5〜6％；これは，他の地域と比べて非常に高い頻度である）．CHEK2 1157Tは，乳癌患者から任意抽出したコホート（集団）において顕著に高い頻度でみられるため，フィンランド人の乳癌の多くにおいて原因遺伝子となっている可能性がある．作用機構の面からは，CHEK2 1157TとCHEK2*1100delCは異なる．CHEK2*1100delCバリアントから生じるタンパク質は不安定であり，ホモ接合体はまるで欠損変異体のように振舞う．一方，CHEK2 1157Tから生じるタンパク質は安定で，優性ネガティブ変異体のように振舞う（すなわち，もう一方のアレルが野生型であっても表現型がみられる）．1157T型変異タンパク質は，電離放射線に細胞が曝露された際に野生型CHEK2がその生理的基質と結合するのを阻害する．

まとめ

　この10年間，細胞周期とその制御機構についてのわれわれの理解は指数関数的に進んだ．われわれは今や，細胞周期の進行や細胞分裂を制御する経路，回路の正常な働きとその異常を包括的に理解し始めようとしている．細胞周期回路は非常に複雑であるが，これにかかわる分子群のなかには，診断あるいは予後のマーカーとして臨床応用されつつあるものもあり，抗癌剤の標的として期待がもたれているものもある．プログラム細胞死（アポトーシス）をひき起こす経路と細胞周期制御系には同じ分子が多くかかわるが，これらもまた，抗癌剤の標的となりうる．抗癌剤探索の基本戦略は，1）腫瘍細胞の増殖を止めること，2）腫瘍細胞をアポトーシスによって除去すること，の二つである．この章で取上げたタンパク質のほとんどは抗癌剤の標的となりうると考えられており，大学研究室や製薬企業において精力的な研究が続けられている．しかし，腫瘍細胞は，これまでのほとんどの癌治療に対して抵抗性を獲得するよう進化してきた．したがって，今後，開発される癌治療においては，単独の手法ではなく，複合的な手法がとられることになるだろう．いずれにしても，細胞周期やアポトーシスの制御機構への理解が進むにつれ，現在は手の施しようのないような癌に対しても，近い将来，生活の質（quality of life, QOL）をも考慮に入れた優れた治療法が開発されるものと期待される．

参考文献

A. Howard, S. Pelc, 'Synthesis of deoxyribonucleic acid in normal and irradiated cells and its relation to chromosome breakage', *Heredity*, **6** (Suppl.), 261〜273 (1953).

J. Lukas, C. Lukas, J. Bartek, 'Mammalian cell cycle checkpoints: signalling pathways and their organization in space and time', *DNA Repair*, **3**, 997〜1007 (2004).

A. Murray, T. Hunt, "The Cell Cycle, an Introduction", W. H. Freeman and Company, New York (1993).

I. Sánchez, B. D. Dynlacht, 'New insights into cyclins, CDKs, and cell cycle control', *Sem. Cell Dev. Biol.*, **16**, 311〜321 (2005).

D. Santamaria, S. Ortega, 'Cyclins and CDKs in development and cancer: lessons from genetically modified mice', *Front Biosci.*, **11**, 1164〜1188 (2006).

10

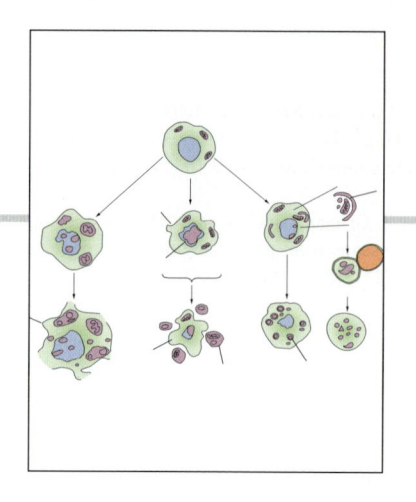

プログラム細胞死

　正常な動物の発生は，種々の細胞現象が調和的に調節されることに依存している．それによって，全体として複雑な生物体を構成するさまざまなタイプの組織に存在する種々の細胞集団をつくり上げ，維持する．このような調和的な調節の明らかな一例は，前駆細胞すなわち祖先細胞の増殖と，その後の異なる細胞タイプへの特異化，すなわち分化である．一方，プログラム細胞死は，ほとんどの組織タイプの形成と維持に重要であるもう一つの細胞運命であるがその役割はそれほど明白ではない．**プログラム細胞死**（programmed cell death）という用語は元来，このような細胞死が予言可能な体の部位で予言可能な発生期に，生物のあらかじめ決まっている発生プランの一部として起こることを強調して用いられた．プログラム細胞死は発生の途上で，体の形を整え，一時的な構造を取除く．その例としては，オタマジャクシがカエルに変態するときの尾の細胞の除去，脊椎動物の四肢における指の形成を促す指間組織の除去，そして脊椎動物の腔所を形成する際の組織の中空化，などがあ

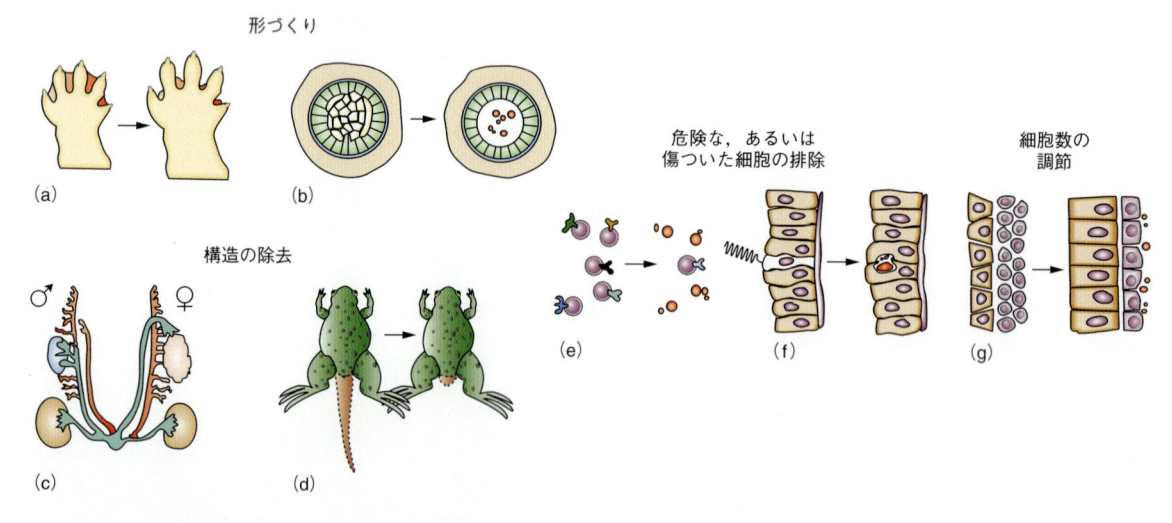

図 10・1　動物の発生におけるプログラム細胞死．（a）発生中の指間における細胞の除去．（b）中実の構造からの腔所の形成．（c）雄におけるミュラー管（雌で子宮と卵管を形成する）の消失．逆に雌ではウォルフ管（雄で精巣上体，輸精管，精嚢）が退化する．（d）発生中のカエルにおける尾の消失．（e）自己抗原に反応するリンパ球の消失．（f）放射線や化学薬剤によって傷害された細胞や形質転換（癌化）した細胞はプログラム細胞死によって排除される．（g）過剰生産された細胞や余分な細胞もプログラム細胞死によって排除される．〔Jacobson *et al.*, *Cell*, **88**, 347〜354（1997）より改変〕

る（図10・1）．

さらに，プログラム細胞死は動物から余分な，あるいは望ましくない細胞を取除く．たとえば，自己抗原反応性の多くのリンパ球や，有用な抗原特異的受容体を産生できないリンパ球が，プログラム細胞死によって除かれる．発生中の神経系では，生みだされたニューロンのおよそ半数は，成熟してまもなくプログラム細胞死に至る．それによって，新たに産生されたニューロン間に最適な連絡が確立する．プログラム細胞死は成体でも重要な役割を果たし続ける．成体では細胞分裂とのバランスをとり，それによって組織，器官，および体のサイズを調節する．生体にとって危険な細胞，たとえば形質転換した細胞（癌細胞），傷害を受けた細胞，ウイルスなどの病原体が感染した細胞もプログラム細胞死の活性化によって除去される．

プログラム細胞死を行う細胞と，損傷などの急性の傷を受けた細胞に起こる病的細胞死との間には明瞭な形態的区別が存在する．後者の場合は，細胞とその小器官が膨潤し，**壊死**（necrosis）とよばれるプロセスで内容物を外に放出する．細胞内物質の放出はリソソーム酵素を含むので，細胞の壊死は周囲の細胞に傷害を与え，周囲の組織に炎症反応を誘起する．マクロファージその他の免疫系の細胞の活動と分泌物が近傍の組織の傷害にかかわる．プログラム細胞死では細胞内容物の漏出は起こらない．実は，自然状態でプログラム細胞死が起こる頻度は，比較的最近までひどく低く見積もられていた．それは，細胞死のプロセスとその後の死んだ細胞の物質の処理がきわめて秩序正しく，しかも炎症なしに進行するからである．現在では，標準的な成人では1日に10億個の細胞が死滅すると見積もられ，それによって生物全体が生存するという利益を得ている．実際は，多細胞生物の健康は，個々の細胞が不要となったときに自己破壊する能力に完全に依存している．

プログラム細胞死のいろいろな種類

脊椎動物の組織に関する最近の微細形態学的研究は，プログラム細胞死が，光学顕微鏡や電子顕微鏡を用いた形態学的基準によって区別できる，少なくとも3種類に分かれることを示した．最初に記載され，最も研究の進んでいる種類は**アポトーシス**（apoptosis；ギリシャ語で，"植物体からの季節ごとの落葉"という意味にちなむ）とよばれる．これはまれに**タイプ1細胞死**（type 1 cell death）ともいわれる．アポトーシスを起こす細胞は縮小し，核とクロマチンの凝縮を示す．外見的には，細胞は膜が小突起（ブレッブ）を形成するので，沸騰しているように見える．これは膜の"ブレッブ形成"とよばれる現象である．ついで細胞はアポトーシス小体（apoptotic body）とよばれる，膜に包まれた，細胞小器官やときには凝縮したクロマチン塊を含む小体に断片化する．アポトーシス小体はついで，食作用によって貪食される．

オートファジー細胞死（autophagic cell death），あるいは**タイプ2細胞死**（type 2 cell death）は，プログラム細胞死のもう一つの形態で，あまり研究は進んでいない．これは多数の細胞質小胞によって特徴づけられ，リソソーム活性の上昇を伴っている．オートファジー細胞死では，主として小胞体（endoplasmic reticulum, ER）に由来する二重膜のシートが細胞質小胞を形成し，これが細胞小器官や細胞質物質を飲み込んでいる．この小胞はリソソームと融合してオートリソソームとよばれる構造となり，そこで隔離された細胞要素は消化される（図10・2）．オートファジー（autophagy；ギリシャ語の"自分を食う"という意味から）は進化的に保存されたプロセスで，健康な細胞でも低レベルで起こっており，実際，細胞が小器官や生存期間の長いタンパク質を分解する主要な機構となっている．オートファジー細胞死では，正常状態では調節されていて細胞に有利に作用するこのプロセスが，高頻度に起こり，細胞の死をもたらすのである．

タイプ3細胞死（type 3 cell death）は，研究が最も遅れている細胞死で，細胞小器官の膨潤と，細胞質におけるリソソーム非依存的な"空隙"の形成によって特徴づけられる．これはある程度壊死と似ている．クロマチンの凝縮は起こらないが，ときとしてクロマチンの集合がみられる．多くの発生中の動物にみられるアポトーシスやオートファジー細胞死とは対照的に，タイプ3細胞死（あるいは非リソソーム細胞死）は非病的状況では普通にはみられない．最近，アノイキス（細胞がマトリックスなどとの接着を失ったときに生じる細胞死），興奮性毒性，そしてカスパーゼ非依存的細胞死といった他の細胞死の種類が記載されている．しかしこれらが本当に異なるものなのか，これまでに記載した主要な細胞死の種類の単なる変形であるのか，まだはっきりしない．

アポトーシスは後生動物の細胞除去の主要なメカニズムであるので，プログラム細胞死の基礎にある機構の大部分の研究はアポトーシスによる細胞死に集中している．オートファジー細胞死については比較的わずかしか知られておらず，タイプ3細胞死や他のよくわからない細胞死のタイプについては事実上何も知られていない．本章は，主としてアポトーシスによる細胞死に焦点を合わせている．

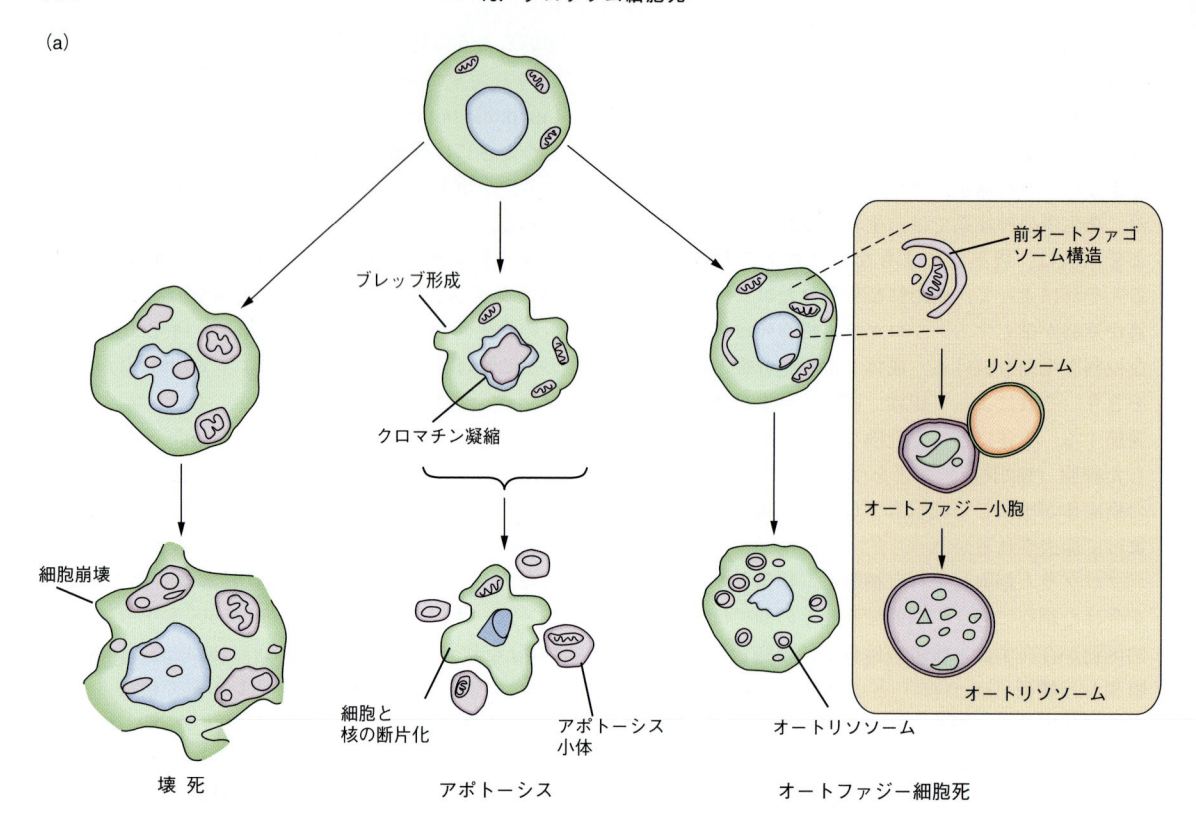

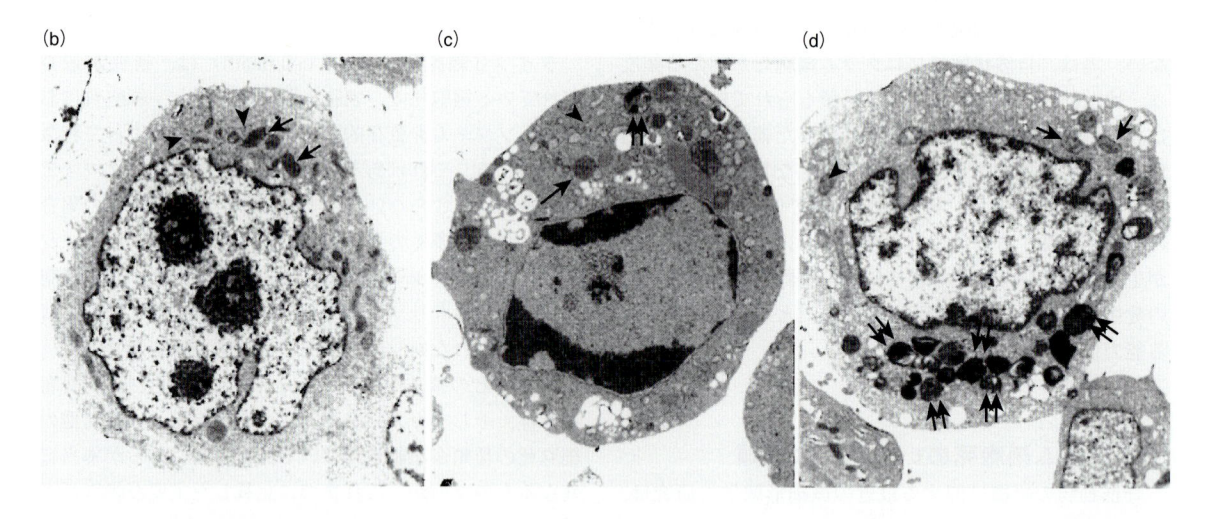

図 10・2 細胞死の種々の形態. (a) 壊死，アポトーシス，およびオートファジーによる細胞死を特徴づける形態的変化の模式図．壊死細胞死は細胞の崩壊に至り，炎症を誘起するのに対して，アポトーシス細胞はアポトーシス小体に集中化して炎症反応なしに近隣の細胞によって貪食される．オートファジー細胞死は細胞質の大部分と小器官を飲込む細胞質小胞の出現で特徴づけられる．小胞の内容物は，同じ細胞中のオートファジー小胞とリソソームの融合後に，リソソーム酵素によって消化される．囲み：オートファジー小胞とリソソームの融合によって，オートファジー細胞中にオートリソソームが形成される．(b)〜(d)：アポトーシス細胞死とオートファジー細胞死を起こしている細胞の微細形態的特徴．(b) 正常細胞．(c) アポトーシス細胞．(d) オートファジー細胞．ポリソーム（矢じり），ミトコンドリア（矢印）およびオートファジー小胞（二重矢印）が示されている．オートファジー小胞は正常細胞やアポトーシス細胞にもみられるが，オートファジー細胞死でははるかに多い．〔Bursch, et al., *J. Cell Sci.*, **113**, 1189〜1198（2000）より〕

正常状態で起こるニューロンの死は，他の細胞から供給される因子によって制御される

　周囲の細胞が生存するなかで，ある細胞が死ぬのはなぜだろう．細胞の生存を制御する機構は何だろう．すべての細胞は内在的な"自殺"プログラムをもっていて，生存するにはそれをつねに不活性化しなければならない．細胞の生存は，普通は他の細胞から供給される自殺プログラムを無効にするのに役立つシグナルに依存する．いいかえれば，すべての細胞は，細胞外からの自殺抑制シグナルを受容しなければ死ぬようにプログラムされているのである．このようなシグナルの最も普通のタイプは，栄養因子とよばれるポリペプチド性の分泌因子である．これらの因子は細胞表面に存在する特異的受容体に結合する．発現している受容体の特異的なタイプによって，異なるタイプの細胞はその生存に異なる栄養因子のセットを必要とする．十分な量の適切な栄養因子を受容できないと，細胞内の自殺プログラムが活性化され，死に至る．

　1940年代に Rita Levi-Montalcini と Viktor Hamburger は発生中のニワトリ神経系における細胞生存に栄養因子が必要であることを初めて記載した．これらの科学者は，発生中に生存する多くの脊髄の運動ニューロンや感覚ニューロンは，それらが結合する標的の大きさに依存することを観察した．たとえば，発生中のニワトリの翼芽や肢芽を摘出すると，正常ではこれらの四肢に結合する感覚ニューロンや運動ニューロンの集団で細胞死の量が増加する（図10・3）．

　肢芽を部分的に摘出すると，全摘出にみられるよりニューロンの損失がそれほどひどくなく，余分な肢芽を本来の肢芽の隣に移植すると正常より多くの運動ニューロンの生存をもたらす．さらに，これらの過剰なニューロンは付加された標的に親和性をもって突起を伸ばす．

　しかし標的は，そこを神経支配するニューロンの生存をどのように制御するのだろうか．Levi-Montalcini と Hamburger は，余分な肢芽と同じように，ある特別なマウスの**肉腫**（sarcoma，結合組織の腫瘍）をニワトリに移植すると，肉腫は神経突起の支配を受け，いくつかのニューロン集団の劇的な増加がもたらされることを発見した．このことは，肉腫が発生中の肢芽にみられたのと同じような様式で，ニューロンの生存を促進する因子を供給することを示唆した．これらの実験で重要な観察は，腫瘍と明瞭な物理的接触がないあるニューロン集団

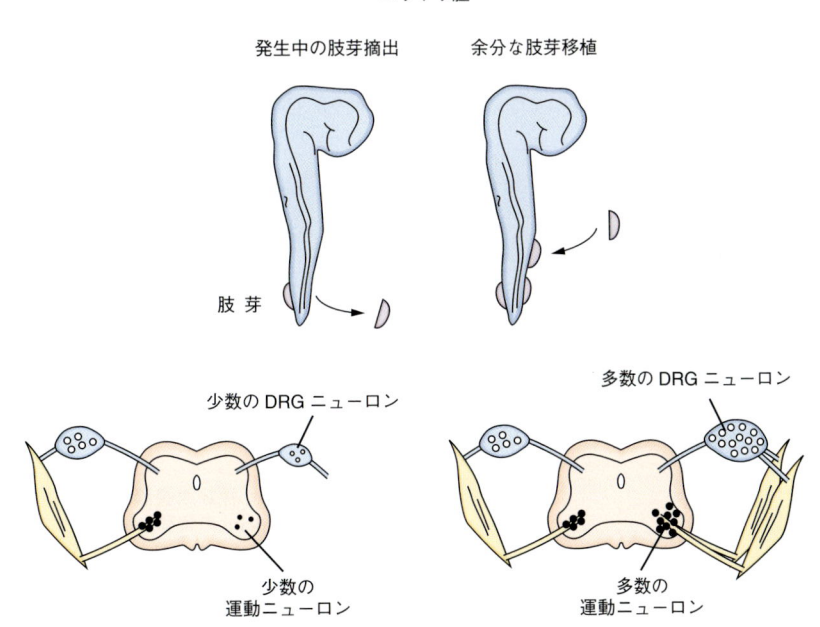

図10・3　運動ニューロンの生存は標的組織の量によって制御される． ニューロンの生存に対する標的組織の影響を調べるのにニワトリ胚が用いられてきた．肢芽（運動ニューロンの標的）を外科的に摘出するか，あるいは胚の片側に余分な肢芽を移植する．数日後に胚を検査すると，肢芽のない側の脊髄の運動ニューロン数は明らかに減少している（左）．対照的に，余分な肢芽の移植は，正常より多数の運動ニューロンの生存をもたらす（右）．余分な肢芽のある側では，感覚神経（背根神経節，DRG）の増加もみられる．〔V. Hamburger（1943）より改変〕

の生存も腫瘍によって大幅に増加するということで，これは生存促進シグナルが可溶性の因子であることを示している．生存促進因子を単離するための in vitro のアッセイ系が開発された．それは，組織培養皿の中に交感神経節を単独で，あるいは肉腫の隣に置く，というものである．腫瘍の近くに置かれたニューロンは濃密な神経突起を伸ばし，培養皿中で生存した．さらに，腫瘍そのものは必要でないことも観察された．ニューロンは，腫瘍は存在しないがそれ以前に腫瘍を培養した培養液を与えられても生存した．このことは，腫瘍が培養液に分泌した可溶性因子にニューロンが反応したことを示している．細胞が，分泌性の，あるいは可溶性の因子によって互いに作用しあうという考えは，これらの実験が行われた時代（1940年代）には新しいものだった．腫瘍が分泌する栄養因子の性質を明らかにする一歩として，Levi-Montalcini は，それがタンパク質であるか核酸であるかをテストすることにした．彼女は鋭い直感で，ヘビ毒を用いた．ヘビ毒は核酸を分解する酵素であるホスホジエステラーゼを多量に含んでいることが知られていた．もし生存促進活性が核酸によって提供されるなら，ヘビ毒を培養皿に添加すれば腫瘍がニューロンの生存を促進する能力は消失するはずだった．しかしヘビ毒は，腫瘍が分泌する栄養活性を阻害しなかったばかりでなく，強力な生存促進活性をもつことが示された．これは生存促進活性が，哺乳類のヘビの毒腺に対応する器官である唾液腺にも見いだされることを示唆した．事実，マウスの顎下腺が生存因子の豊富な源であることが示され，Levi-Montalcini と，彼女とともに研究していた生化学者である Steve Cohen が，その物質を純粋に単離してアミノ酸配列を決定することを可能にした．この因子は**神経成長因子**（nerve growth factor, NGF）とよばれた．純粋な NGF を外植（試験管内の培養）した交感神経ニューロンや感覚神経節に添加すると，神経節から膨大な突起が伸張した．ヘビ毒やマウス顎下腺から精製した NGF を直接齧歯類の新生仔に注射すると，生存する感覚ニューロンや交感神経ニューロンの数が劇的に増加し，一方 NGF タンパク質に対して作成された抗体（抗血清）を注射すると，正常なら生存するはずのニューロンの死が導かれた（図10・4）．

遺伝子工学技術の到来とともに，NGF 遺伝子を欠損したマウスをつくり出すことによって，抗体処理の効果を再現することができた．これらの突然変異マウスの解析から，すべての末梢および中枢神経系のニューロンが発生中に生存のために NGF に依存するのではないことが明らかになり，NGF に反応しないニューロンの生存が他の栄養因子に依存する可能性が生じた．実際，NGF は全体として**神経栄養因子**（ニューロトロフィン，ニューロトロピン；neurotrophin）とよばれる構造的にも機能的にも関連のある栄養因子のファミリーに属している．このファミリーの他のメンバーは，脳由来神経栄養因子（BDNF），ニューロトロフィン（ニューロトロピン）-3（NT-3），および NT-4/5 である．NT-6 と

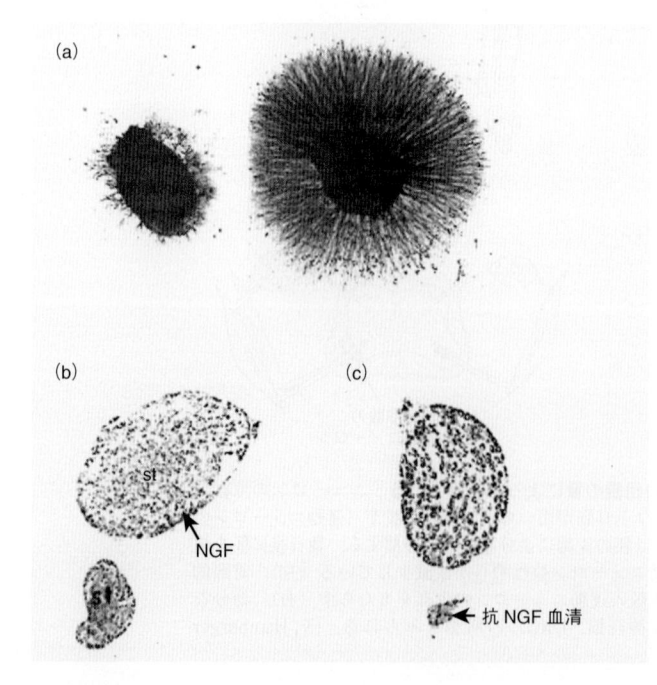

図10・4 **神経成長因子（NGF）を同定した Levi-Montalcini の実験**．(a) マウスの唾液腺から精製された NGF をニワトリ胚から外植された感覚神経節に加えた．正常培養液（左）と唾液腺 NGF を添加した培養液（右）中の神経節の様子を示す．NGF の添加は，神経突起の明瞭な成長を促す．(b) 生後19日の正常マウスと唾液腺 NGF を注射されたマウスの星状神経節（St）の外見．NGF 投与マウスの神経節は正常よりずっと大きい．(c) 生後9カ月の正常マウスと唾液腺 NGF に対する抗血清を生後1週間注射したマウスの上頸神経節の外見．NGF 抗血清を注射されたマウスの神経節は小さくなっている．

神経栄養因子受容体

NT-7とよばれる他の二つの神経栄養因子は魚類のみで合成される．すべての神経栄養因子は前駆体タンパク質として合成され，翻訳後修飾を受けておよそ120アミノ酸からなるペプチドを生じる．生物学的活性のある神経栄養因子は同一のペプチドの二量体（ダイマー）である．

神経栄養因子だけがニューロンの栄養因子であるわけではない．インスリン様成長因子（IGF-1）や線維芽細胞成長因子（FGF）はいくつかのタイプのニューロンの生存を維持することができる．毛様体神経栄養因子（CNTF），グリア由来神経栄養因子（GDNF），そして肝細胞成長因子/細胞分散因子（HGF/SF）もニューロンの生存を促進できる．

神経栄養因子受容体

神経栄養因子も他の成長因子と同様に，ニューロンの表面に存在する受容体に結合することで生物学的効果を現す．^{125}I標識神経栄養因子を用いた結合の研究は，2種類の受容体があることを示した．一方は親和性の高い結合部位をもち，他方は親和性が低い結合部位をもつ．親和性の高い神経栄養因子受容体はTrkとよばれるチロシンキナーゼのファミリーに属している．TrkにはTrkA，TrkB，TrkCという3種類のタンパク質が同定されている（図10・5）．

それぞれのTrk受容体は，細胞外ドメインに2本の免疫グロブリン様リピートを，細胞内ドメインにチロシンキナーゼドメインをもつ．細胞外ドメインはおよそ50％の相同性をもつが，それぞれのTrkは一つまたは二つの神経栄養因子に特異的親和性をもつ．TrkAはNGFによって活性化され，TrkBはBDNFとNT-4/5，TrkCはNT-3によって活性化される．NT-3はTrk-Cに対して特に親和性が高いが，TrkAやTrkBも活性化することができる．リガンドが存在しないとTrkは単量体（モノマー）である．二量体の神経栄養因子がTrkタンパク質に結合すると，二つの受容体単量体がくっついて二量体の受容体-リガンド複合体が形成される．二量体Trk受容体のそれぞれのサブユニットが，他のサブユニットの細胞内ドメインのいくつかのチロシン残基をリン酸化して，受容体が活性化される．親和性の低い神経栄養因子受容体は75 kDaの糖タンパク質で，p75^{NTR}とよばれる．これは神経栄養因子ファミリーの異なるメンバーに同じ程度の親和性をもって結合するので，神経栄養因子の活性の特異性はそれに結合するTrkに由来することが示唆される．p75^{NTR}は神経栄養因子の生存促進活性に絶対に必要というわけではないが，Trk受容体と協同して，リガンド結合性とリン酸化を非常に増強してニューロンの生存を助ける．少し意外なことに，p75^{NTR}はTrkA非存在下でNGFと結合するとニューロンの死を促進することもある．最近の研究により，p75^{NTR}と高い親和性をもって結合して死促進活性を与えるのは，成熟したNGFではなく，NGFの非修飾型（プロNGF）であることが示されている．

アポトーシスは細胞内在性の遺伝プログラムによって制御される

一般的にアポトーシスによる細胞死は，細胞の死を導くタンパク質の合成をもたらす遺伝子の活性化によって達成される．事実，RNA合成やタンパク質合成の薬理学的阻害剤による処理は，しばしば細胞死を遅らせたり阻止することができる．したがって壊死の受動的な性質とは対照的に，アポトーシスは能動的なプロセスであると考えることができる．線虫 Caenorhabditis elegans（C. elegans）における遺伝的研究は，細胞死プログラムの中心的要素の最初の研究にとって基本的であった．この線虫の発生においては正確に1090個の細胞が産生され，そのうち131個は死ぬ．131個のそれぞれの細胞死は特定の時期に特定の体部で起こり，それは個体ごとに不変

図 10・5　**神経栄養因子とその受容体**．それぞれの神経栄養因子は，リガンドから受容体に向かう実線矢印のように，受容体型チロシンキナーゼファミリーのメンバーに高い親和性をもって結合する．ニューロトロフィン-3（NT-3）は，破線の矢印で示されているように，TrkAやTrkBとも低い親和性をもって結合できる．さらに，ニューロトロフィンは，独立にあるいはTrkとともに，p75^{NTR}とよばれる別の受容体に低い親和性で結合する．神経成長因子のプロフォーム（プロNGF）は，p75^{NTR}の高親和性リガンドであることが最近示された．プロNGFとp75^{NTR}の相互作用は神経死に至るシグナル伝達経路を活性化する．BDNF: 脳由来神経栄養因子．

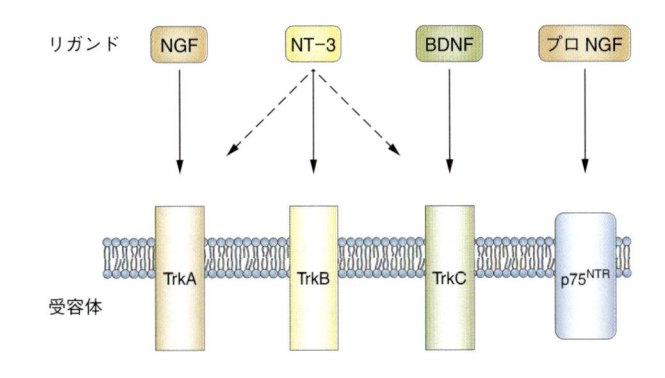

である．細胞死に必要な二つの遺伝子，CED-3とCED-4が同定された．どちらかの遺伝子の不活性化突然変異はC. elegansの発生途上で起こる細胞死をすべて阻害した．この観察は，細胞死が内在性の自殺プログラムによることの最初の直接的な証拠を与えた．CED-3はプロテアーゼであり，一方CED-4は死にゆく細胞中でCED-3と相互作用してそれを活性化するタンパク質である．もう一つの遺伝子，CED-9は細胞をプログラム細胞死から保護するように働く（図10・6）．

EGL-1 ──┤ CED-9 ──┤ CED-4 ──→ CED-3

図 10・6 線虫 C. elegans におけるプログラム細胞死の基本的な遺伝子経路． CED-3とCED-4の活性化が線虫の細胞死を導く．CED-9はCED-4がCED-3を活性化することを阻害して細胞死を阻止する．EGL-1はCED-9に結合し，CED-4から引き離して細胞死を促進する．

CED-9はCED-4に作用し，それがCED-3を活性化することを阻害して細胞死を阻止する．CED-9の不活性化突然変異は，正常では発生中に生存する細胞の死を導く．したがって，CED-9突然変異のC. elegansは初期に死亡する．問題を複雑にしているのは，CED-9は発生中に死亡するように運命づけられている131個の細胞の多くにも発現することである．それでは，これらの細胞はどのようにして死ぬのだろうか．これらの細胞の死は別の遺伝子であるEGL-1の発現を必要とする．EGL-1はCED-9と物理的に作用してその活性に対抗し，CED-4がCED-3を活性化することを許可する．遺伝学的研究は，EGL-1の過剰発現，あるいはEGL-1を過剰に活性化する突然変異はC. elegansに異所的な細胞死を誘導することがあることを示した．この細胞死は，CED-9の機能獲得突然変異やCED-3またはCED-4の機能欠失突然変異によって抑制されうる．対照的に，EGL-1の機能欠失突然変異はCED-9活性の欠失（CED-9の機能欠失）による細胞死を抑制できない．これらの結果は，細胞死を制御する遺伝子経路において，EGL-1がCED-3，CED-4，およびCED-9の上流で作用するという考えと一致する．

C. elegansにおける遺伝的プログラムの鍵になる要素が同定されたことは，哺乳類におけるそれらのホモログの探索へと導いた．その研究はCED-3の哺乳類ホモログとして，カスパーゼ（caspase）と総称される一群のタンパク質の同定をもたらした．哺乳類におけるCED-4のホモログはApaf-1とよばれるタンパク質で，一方CED-9の配列に類似したタンパク質はBcl-2ファミリーを構成する．しかしCED-9が抗アポトーシス的であるC. elegansにおける状況とは対照的に，Bcl-2タンパク質ファミリーは抗アポトーシス的とプロアポトーシス（アポトーシス促進）的であるタンパク質の両者からなっている．このようなプロアポトーシス的Bcl-2タンパク質のいくつかは，EGL-1の哺乳類相同タンパク質として機能する．アポトーシスの底流にあるメカニズムが進化的に保存されていることと相応して，C. elegansのタンパク質であるCED-3やCED-4を哺乳類細胞で過剰発現するとアポトーシスをもたらし，一方Bcl-2の過剰発現はC. elegansでCED-9の欠如を補償することができる．哺乳類におけるアポトーシスの制御における重要性にかんがみて，次節ではカスパーゼとBcl-2ファミリーをより詳細にみることにしよう．

カスパーゼ

カスパーゼは，システインプロテアーゼであり，CED-3の哺乳類ホモログである．現在ヒトでは12種類のカスパーゼが同定されている（訳注：現在，哺乳類では15種類が知られている）．

このファミリーのメンバーは，一次配列も基質特異性も異なっているが，どれも普通は健康な細胞でプロ酵素として合成され，存在している．プロカスパーゼは分解されて二つの小サブユニット（およそ10～13 kDa）と大サブユニット（およそ17～21 kDa）のヘテロ二量体を構成し，それが酵素の活性型である（図10・7）．

活性型カスパーゼは基質中の4ペプチド残基を認識し，配列中のP1の位置のアスパラギン酸の後ろで開裂する．たとえばカスパーゼ-1の認識配列はチロシン-バリン-アラニン-アスパラギン酸（Y-V-A-D）であり，一方カスパーゼ-3が好む認識配列はアスパラギン酸-グルタミン酸-バリン-アスパラギン酸（D-E-V-D）である．

大部分のカスパーゼはアポトーシスを制御する機能をもっているが，カスパーゼファミリーのいくつかのメンバー（たとえばカスパーゼ-1, -4, -5）はサイトカインの成熟に関与する．アポトーシスを制御するカスパーゼは，**イニシエーターカスパーゼ**（initiator caspase）と**エフェクターカスパーゼ**（effector caspase）とよばれる2グループに分類されてきた．イニシエーターカスパーゼ（たとえばカスパーゼ-8, -9, -10）は長いプロドメインによって特徴づけられ，プロ酵素型においても低い内在的酵素活性をもっている．この状態ではイニシエーターカスパーゼは細胞に傷害を与えることはできな

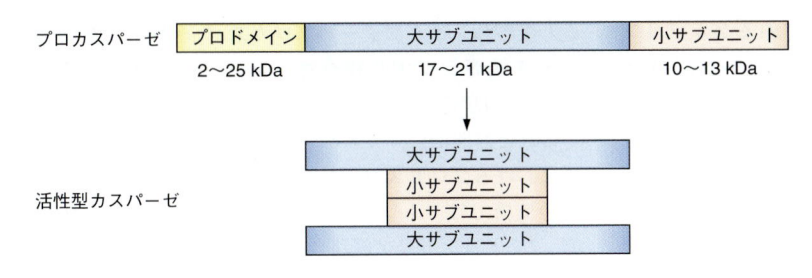

図 10・7 **カスパーゼの活性化**．カスパーゼはプロ酵素として合成され，その活性化にはタンパク質分解過程が必要である．プロ酵素の特異的なアスパラギン酸残基における分解によって N 末端のプロドメインが除去される．大きいサブユニットと小さいサブユニットが切断され，2 本のヘテロ二量体が結合して四量体を形成することにより，活性のあるカスパーゼを生成する．

い．しかしこれらのカスパーゼが凝集したりオリゴマーを形成すると，みずからを開裂し活性化する．オリゴマー形成にはプロドメインを必要とする．イニシエーターカスパーゼのプロドメインを分子生物学的方法で削除すると，オリゴマー形成が起こらず，アポトーシス活性も消失する．イニシエーターカスパーゼは活性化されるとエフェクターカスパーゼ（カスパーゼ-3, -6, -7）を開裂し，それらを活性化する．エフェクターカスパーゼは**実行カスパーゼ**（処刑カスパーゼ, executioner caspase）ともよばれ，多様な細胞基質を分解して正常な細胞機能を破壊し，細胞死へと導く．今日までに 250 以上のカスパーゼの基質がわかっている．そのなかには，細胞質や核のスカフォールド形成に関与するタンパク質，シグナル伝達や転写調節タンパク質，DNA 合成や修復にかかわるタンパク質，細胞周期の要素タンパク質などがある．アポトーシスに特有の形態的特徴は，カスパーゼの活性化の直接的な結果である．たとえば，アポトーシス細胞死の特徴的な性質である膜のブレッ

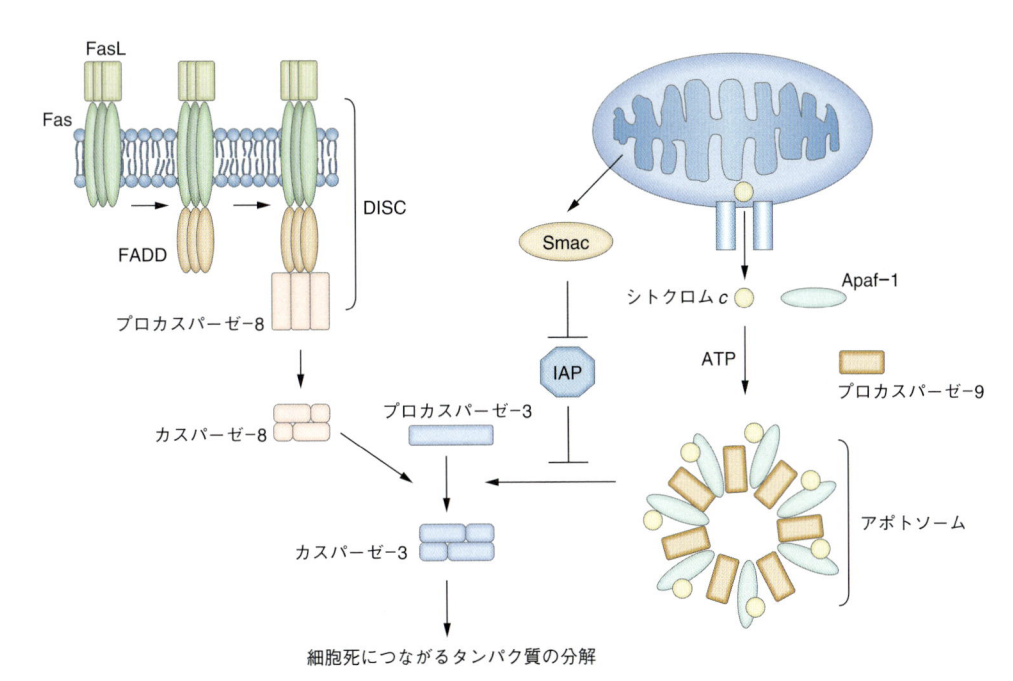

図 10・8 **外因経路および内因経路によるカスパーゼの活性化**．外因経路，あるいはデス受容体経路（左）は，FasL のようなリガンドがその受容体である Fas に結合し，ついでアダプタータンパク質であるデスドメイン含有 Fas 結合タンパク質（FADD），プロカスパーゼ-8 と順次結合することで活性化される．デス誘導シグナル複合体（DISC）の形成はプロカスパーゼ-8 の活性化をひき起こし，それはつぎにカスパーゼ-3 を加水分解して活性化する．ミトコンドリア経路（右）もカスパーゼ-3 の活性化をもたらす．この経路はミトコンドリアからのシトクロム c の放出を伴う．シトクロム c は細胞質に出ると，それぞれ 7 分子の Apaf-1 とプロカスパーゼ-9 を含む大きな複合体の形成を促進する．アポトソーム中の活性化カスパーゼ-9 はカスパーゼ-3 を分解する．シトクロム c 以外にも，Smac/Diablo などの他のプロアポトーシスタンパク質も放出される．Smac/Diablo はアポトーシス阻害因子（IAP）をカスパーゼから分離して，細胞死が起こることを促進する．

ブ形成は，アクチン結合タンパク質であるゲルゾリンのカスパーゼによる分解や，ROCK-1（Rho-associated, coiled-coil-containing kinase）-1 や PAK（p21-activated kinase）-2 などの細胞骨格機能に関与するキナーゼの分解による．

カスパーゼの活性化は，細胞に対する死刑宣告の重要な1段階である．哺乳類では，カスパーゼ依存的細胞死には二つの主要な経路が知られている．一つは**外因経路**〔extrinsic pathway; デス（細胞死）受容体依存的経路ともよばれる〕で，組織のホメオスタシス，とりわけ免疫系のホメオスタシスの維持に重要な役割を果たす．もう一つは**内因経路**（intrinsic pathway, あるいはミトコンドリア経路）で，これは一般的に栄養物質の欠如のような外因性の原因や，DNA傷害のような内因性の原因に対応するのに用いられる（図10・8）．

外因経路は，"デス受容体（death receptor）"とよばれる受容体の小さいファミリーのメンバーに細胞外リガンドが結合することで，細胞膜から始まる．低親和性のNGF受容体である p75[NTR] は細胞死の外因経路を開始することのできるデス受容体の一例である．よく研究されているデス受容体の他の二つの例には，腫瘍壊死因子受容体-1（TNF-R1）と，Fasリガンドの受容体であるFasがある．これらの受容体は細胞内領域におよそ80アミノ酸からなる**デスドメイン**（death domain）とよばれる共通のドメインをもっている．リガンド（p75[NTR] の場合はNGF，TNF-R1の場合はTNF）が結合すると，これらの受容体が活性化される．活性化された受容体はついでアダプタータンパク質（たとえばデスドメイン含有Fas結合タンパク質 Fas-associating protein with death domain, FADD）に作用して，このアダプタータンパク質を介してプロカスパーゼ-8を細胞膜にリクルートする．アダプタータンパク質の主要な役割は，複数のプロカスパーゼ-8分子を近接させ，自己分解を誘起し，活性のあるカスパーゼ-8を遊離させることである．受容体-アダプター-プロカスパーゼ-8の複合体は**デス誘導シグナル複合体**（death-inducing signaling complex, DISC）とよばれる．

これと対照的に，カスパーゼ活性化の内因経路は細胞質におけるプロカスパーゼの活性化に始まる．細胞死のこの機構ではミトコンドリアが重要な役割を果たすので，"ミトコンドリア経路（mitochondrial pathway）"ともよばれる．多くの細胞死刺激に反応して，通常はミトコンドリアの膜間腔で電子伝達に関与しているシトクロム c が細胞質に放出される．シトクロム c は細胞質で Apaf-1（C. elegans の CED-4 の哺乳類ホモログ）と結合する．これによってATPがApaf-1と結合しやすくなり，その構造を変化させ，オリゴマー形成を促す．プロカスパーゼ-9のいくつかの分子がオリゴマー化したApaf-1に結合する．シトクロム c，Apaf-1，カスパーゼ-9，そしてATPのこのような高分子量複合体は**アポトソーム**（apoptosome）とよばれる．アポトソーム中に近接して存在するカスパーゼ-9の凝集体形成は，自己分解と活性化をもたらす．より最近の研究で，カスパーゼ-9はミトコンドリア経路によってアポトーシスを行っている細胞で分解されているが，その分解は酵素活性には重要ではなく，一方活性化酵素の回転を調節しているかもしれないということが示されている．いずれにしても，活性化カスパーゼ-9は実行部隊であるカスパーゼ-3, -6, -7 などを分解して活性化し，これらのカスパーゼが細胞死に導く多くのタンパク質を分解する．

哺乳類のアポトーシスは C. elegans の細胞死とかなり類似しているが，いくつか重要な違いもある．たとえば，活性化にシトクロム c を必要とするApaf-1とは対照的に，CED-4は構成的に活性化されている．したがって C. elegans の細胞死はシトクロム c の放出には依存せず，むしろCED-9とCED-4の相互作用の中断に依存している．この顕著な差は，Apaf-1には存在す

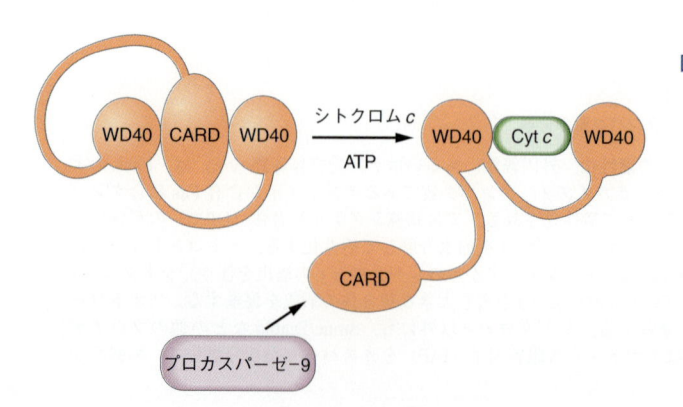

図 10・9 Apaf-1によるプロカスパーゼ-9の活性化の分子モデル． Apaf-1はカルボキシ末端に12個あるいは13個のWD40リピートをもち，それが負の制御領域として働く．正常状態ではApaf-1中のカスパーゼリクルートドメイン（CARD）はプロカスパーゼ-9にアクセスできない．ATPの存在下でミトコンドリアからシトクロム c（Cyt c）が放出されると，シトクロム c はApaf-1のWD40リピートに結合できるようになり，その構造が変化してCARDドメインが露出するようになる．CED-4はWD40リピートを欠いていて，その活性化にはシトクロム c やATPを必要としない．

るがCED-4には存在しない"WD40リピート（WD40 repeat)"とよばれるモチーフに起因する（図10・9). WD40リピートはApaf-1がプロカスパーゼ-9と相互作用する能力を抑制するのである．生化学的研究により，WD40ドメインを欠くApaf-1タンパク質は，シトクロムcがなくても活性化されていて，CED-4に似ていることが示された．

哺乳類のシトクロムcやその他の膜間腔の構成成分がどのように放出されるかは正確にはわかっていないが，この放出を説明する二つの重要なモデルが提出されている．その一つによると，細胞があるアポトーシスシグナルにさらされると，ミトコンドリア壁の内膜に**膜透過性遷移孔**（permeability transition pore, PTP）とよばれる孔がつくられる．PTPが開口すると水が流入してイオンが平衡化し，ミトコンドリアの膜電位が消滅する．水の流入によってもたらされるミトコンドリアの膨潤によって外膜が破壊され，膜間腔に存在するシトクロムcなどの放出がひき起こされる．広く受入れられている第二の機構は，Bcl-2ファミリーの特別なプロアポトーシスメンバー（後述）が，おそらく他のタンパク質と結合して，ミトコンドリアの外膜に直接作用して穴をあけ，そこからシトクロムcが放出されるというものである．

近年の研究により，ミトコンドリアに加えてアポトーシスの内因経路にかかわる第二の要素として，小胞体（ER）があることが示された．ERの主要な機能は適切に折りたたまれ修飾されたタンパク質だけがそれらの異なる行き先に運ばれることを保証することである．しかし化学毒性や酸化ストレスによるERに対する継続的なストレスは，折りたたまれないタンパク質の集積とERからの過剰なカルシウムの放出をもたらす．ERから放出されたカルシウムはミトコンドリアに吸収され，その結果ミトコンドリアからの劇的なシトクロムcの放出が起こり，それがつぎにカスパーゼを活性化する．ERのストレスが介在するアポトーシスで重要な役割を担うもう一つの分子はカスパーゼ-12で，これは普通はERに局在するカスパーゼファミリーの一員である．カスパーゼ-12はストレス誘導性の刺激にさらされるとER内部で活性化され，細胞質に移動し，そこでプロカスパーゼ-9を直接分解してカスパーゼ-3を活性化する．

哺乳類細胞では，外因経路や内因経路のほかに，他のカスパーゼ活性化機構が記載されている．たとえば，細胞傷害性T細胞は標的細胞に，**パーフォリン-グランザイムB依存性経路**（perforin-granzyme B-dependent pathway）とよばれる機構によってアポトーシスを誘導する．この経路は，免疫系において形質転換した細胞やウイルス感染細胞を監視するときにおもに用いられ，パーフォリンという細胞膜に孔を開けるタンパク質や，活性化された細胞傷害性T細胞によって標的細胞の細胞質に注入されるグランザイムBというセリンプロテアーゼを含んでいる．グランザイムBはプロカスパーゼ-3を直接分解して活性化し，標的細胞にアポトーシスを誘導する．

カスパーゼ阻害

アポトーシスの制御はチェックとバランスの複雑なシステムのもとにある．カスパーゼ活性は細胞内の内在性タンパク質によって負に制御される．そのようなカスパーゼ阻害タンパク質の存在の証拠は最初ウイルスからもたらされた．同定された最初のウイルス性阻害因子の一つは，牛痘ウイルスによって産生されるCrmAである．CrmAはセリンプロテアーゼの阻害因子ファミリーに属するセルピンに構造的に類似している．しかしCrmAは，セリンプロテアーゼを阻害するのではなく，カスパーゼを標的とする．いくつかのヘルペスウイルスは，v-FLIP（ウイルス性FLICE阻害タンパク質，FLICEはカスパーゼ-8のこと）とよばれるタンパク質を産生してアポトーシスを阻害する．これはアダプタータンパク質であるFADDに結合し，それがカスパーゼ-8をTNFデスタンパク質にリクルートすることを阻止する．バキュロウイルスはp35とよばれる強力なカスパーゼ阻害因子を合成する．これはこのウイルスが感染した昆虫細胞のアポトーシスを阻止する．バキュロウイルスはp35以外にも**アポトーシス阻害因子**（inhibitor of apoptosis, IAP）とよばれる抗アポトーシスタンパク質を発現する．IAPはp35やCrmA/セルピンとは構造的に関連はないが，哺乳類細胞にも見いだされ，酵母，線虫，ショウジョウバエにも広く保存されている．哺乳類は8種類の異なるIAPタンパク質を発現する．構造上は，IAPはバキュロウイルス阻害リピート領域というアミノ酸配列によって特徴づけられる．いくつかのIAPタンパク質の機能はアポトーシスの制御と無関係であるが，大部分のIAPファミリーのメンバーは実際にカスパーゼ活性を阻害する．IAPはいくつかの実行カスパーゼの活性型に結合して，それらが細胞性タンパク質を分解する能力を阻害することで作用する．IAPはおそらくカスパーゼ-9のプロ型にも結合し，Apaf-1との相互作用を阻害して，プロカスパーゼ-9が活性型酵素になるプロセスを阻止する．IAPの活性自身は，内因性アポトーシスシグナル伝達時にシトクロムcとともにミトコンドリアから放出される他のタンパク質によって負に制御されている．このようなタンパク質の一つは，Smac（あるいはDiablo）とよばれる．Smac/DiabloはIAPに

結合し，カスパーゼ阻害作用を阻止する．

前述のように，それぞれのカスパーゼは基質中のテトラペプチドを認識する．研究者たちは，このテトラペプチド配列をフルオロメチルケトン（FMK）のような化学基と結合させ，ペプチドが膜を通過できるように修飾した．修飾され分解不能になったテトラペプチドはカスパーゼによって認識されて酵素に不可逆的に結合する．このような偽基質ペプチドはカスパーゼの強力かつ高度に特異的な阻害剤として作用し，組織培養系や動物個体で，異なるさまざまのアポトーシス刺激に反応して起こる細胞死を阻害することができる（図10・10）．

何種類かのカスパーゼ欠損マウスが作成されていて，それらは組織あるいは細胞特異的な，あるいは刺激依存的なアポトーシスの欠如を示す．カスパーゼ-9欠損マウスは巨大な脳をもっていて，子宮内で死亡する．このマウスではカスパーゼ-3の活性がない．脳の形態異常

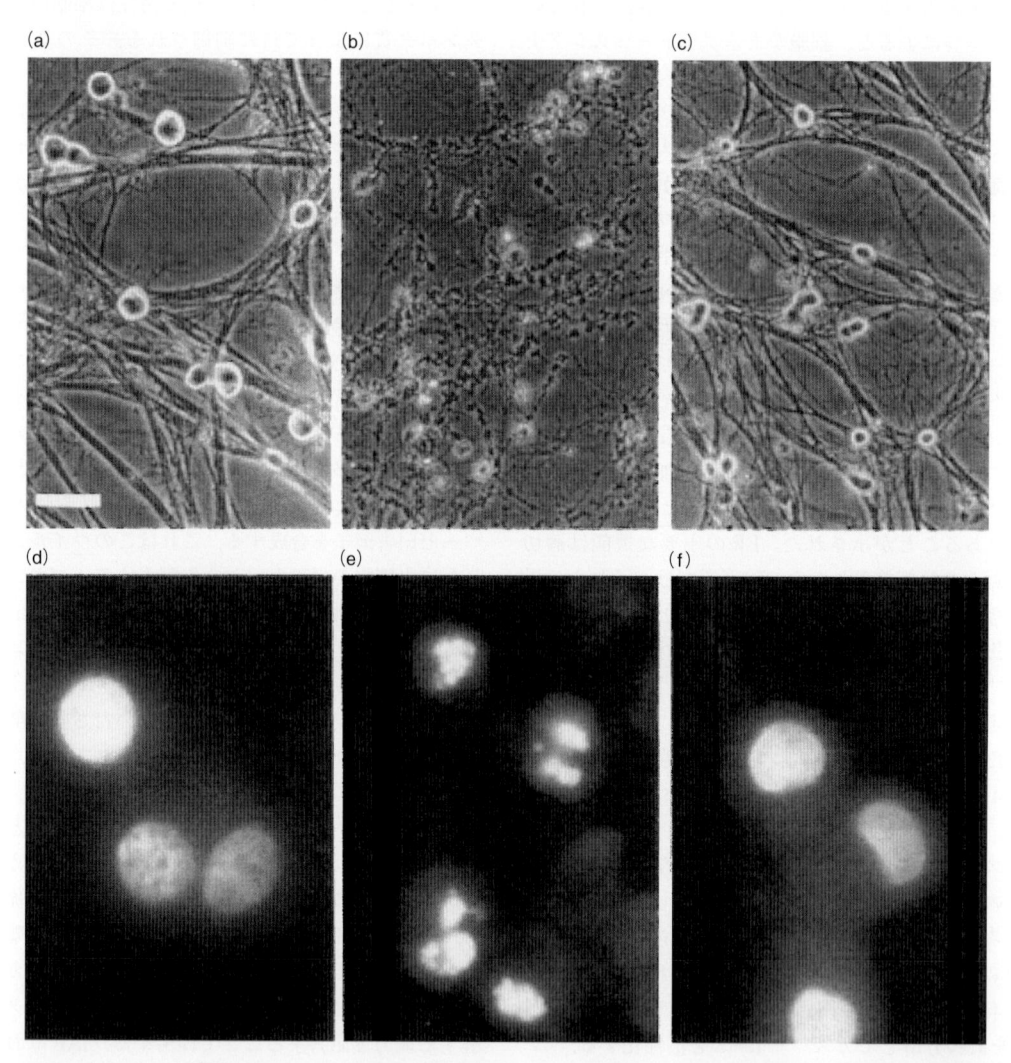

図10・10 **カスパーゼの阻害はニューロンを死から保護する．** ラットあるいはマウスの上頸神経節由来の交感神経ニューロンは神経成長因子（NGF）を添加した組織培養液中で生存できる．培養液からNGFを除去するとアポトーシスが誘導される．(a)〜(c): 位相差顕微鏡像．(a) NGF存在下で維持するとニューロンは光って見え，突起はスムースで数も多い．(b) NGFを取除くとニューロンの細胞体と突起は退化する．(c) NGF除去によって誘導されるニューロンの細胞死は，ペプチド性汎カスパーゼ阻害剤 z-VAD-fmk を培養液に加えると阻止される．(d)〜(f): 蛍光性のDNA結合色素で染色した核の像．(d) NGFを受容している核ではクロマチンが拡散している．(e) しかしNGF欠乏状態で培養された核のクロマチンは凝縮し，断片化する．これはアポトーシス細胞死の特徴である．(f) z-VAD-fmk の添加によってカスパーゼを阻害すると，NGFがなくてもクロマチンの凝縮と断片化は抑制される．〔Deshmukh, et al., *J. Cell Biol.*, **135**, 1341〜1354（1996）より〕

は，カスパーゼ-9が正常な脳の発生において起こる，ニューロンの調節された排除に必要であることを示している．Apaf-1欠損マウスも大きい脳をもって出生前に死亡することは驚くにあたらない．カスパーゼ-3欠損マウスは正常より小型で，脳のいくつかの領域では余分なニューロンを含む異所的な組織塊を示す．このマウスは生後3週間しか生存できない．カスパーゼ-3ノックアウトマウスの表現型がカスパーゼ-9ノックアウトマウスの表現型に比べて穏やかなのは，たぶんカスパーゼ-7のようなカスパーゼ-9によって活性化される実行カスパーゼの機能によると考えられる．カスパーゼ-8とFADDを欠損したマウスは，重大な心臓の欠陥を示し，子宮内で死亡する．これはカスパーゼの外因経路が胚発生にとって決定的に重要であることを示している．

Bcl-2 タンパク質

Bcl-2タンパク質ファミリーは，最初に発見されたメンバーであるBcl-2にちなんで命名された．Bcl-2タンパク質ファミリーのメンバーは，シトクロムcやその他のアポトーシス因子，たとえばSmac/Diabloなどのミトコンドリアからの放出を制御することによって作用する，重要なアポトーシス制御因子である．ヒトは20以上のBcl-2ファミリータンパク質をもっている．すべてのBcl-2ファミリータンパク質は，BH1からBH4とよばれる，四つの保存されたBcl-2相同（BH）ドメインの少なくとも一つをもっている．四つのドメインすべてをもつBcl-2タンパク質は細胞をアポトーシスから保護することが知られている（図10・11）．

これらの抗アポトーシスメンバーは普通，膜貫通ドメインももっていて，しばしばミトコンドリア膜に局在し，そこでシトクロムcの放出を阻止する働きをする．抗アポトーシスBcl-2タンパク質は C. elegans のCED-9のホモログであるとみなされている．Bcl-2タンパク質のうちこのグループは一般にグループⅠBcl-2タンパク質とよばれる．グループⅠファミリーで最もよく研究されているメンバーは，Bcl-2自身とBcl-X_Lである．一方プロアポトーシスBcl-2タンパク質は，2種類に分かれる．BH4を欠くマルチドメインメンバー（グループⅡファミリーとよばれる）と，BH3ドメインのみをもつもの（グループⅢファミリーとよばれる）である．デスシグナル（あるタイプのニューロンにおけるNGFの欠損など）に反応して，細胞質に存在するプロアポトーシスBcl-2ファミリーのタンパク質はミトコンドリア膜に移動し，形態が変化し，オリゴマーを形成し，膜に挿入されて，シトクロムcが放出される孔を形成する．マルチドメインプロアポトーシスBcl-2タンパク質のうち，BaxとBakとよばれる二つが細胞死には特に重要である．なぜなら，これらのタンパク質を欠く細胞は広範囲のアポトーシス誘導刺激に反応したアポトーシスを実行できなくなるからである．Bcl-2や

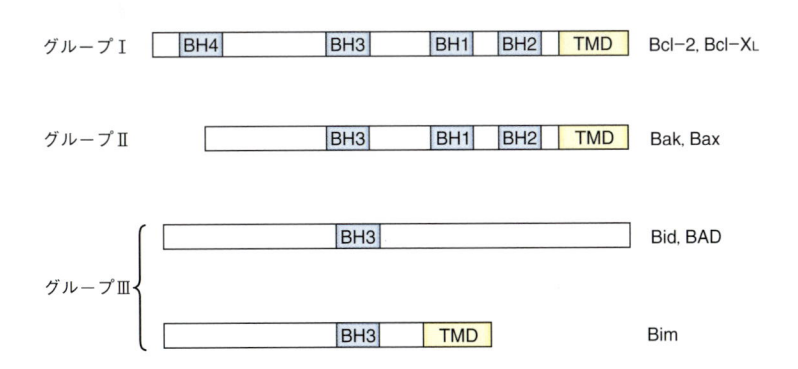

図10・11 **Bcl-2 タンパク質ファミリー**．Bcl-2ファミリーは機能および構造の特徴から3グループに分けられる．グループⅠファミリーのメンバーは抗アポトーシス的であり，四つのBHドメイン（BH1～4）をすべてもっている．大部分のグループⅠBcl-2タンパク質はC末端に膜貫通ドメイン（TMD）をもち，それによってミトコンドリア膜など種々の細胞内膜に付着する．グループⅡのBcl-2タンパク質は強力にプロアポトーシス的であり，N末端のBH4ドメインを欠いている．グループⅢはBH3ドメインのみを含むプロアポトーシス的タンパク質の大きなグループである．いくつかのメンバーはTMDを欠いている．図にはそれぞれのサブファミリーのメンバーも示した．

Bcl-X_L のような抗アポトーシスタンパク質は Bax や Bak とヘテロ二量体を形成し，機能的な孔の形成を阻害する．BH-3 のみをもつタンパク質のいくつかは抗アポトーシスタンパク質である Bcl-2 とヘテロ二量体を形成して阻害するが，他のメンバーは Bax や Bak の孔形成活性を増長してプロアポトーシス活性を表す．したがって，一般的にいえば，抗アポトーシス Bcl-2 タンパク質とプロアポトーシス Bcl-2 タンパク質のレベルの相対的なバランスが，細胞が生きるか死ぬかを決定する重要な因子ということになる．

他の細胞においてもみられるように，Bcl-2 タンパク質はニューロンのアポトーシスにとっても重要な制御因子である．このファミリーの最初のメンバーであり抗アポトーシス活性をもつ Bcl-2 の過剰発現は，培養ニューロンを，栄養因子の欠如による細胞死から保護する．Bcl-2 を過剰発現するように操作されたマウスは脳の多くの領域で正常マウスより多くのニューロンをもつ．対照的に，Bcl-2 欠損マウスは生後数カ月以内に死亡する．これらのマウスでは，脳の発生においてアポトーシスが正常に起こるが，すべてのタイプのニューロンが生後に崩壊する．このことは Bcl-2 が生後のニューロンの生存を維持するのに重要であることを示している．またこのマウスは，胸腺や脾臓でも極度のアポトーシスが起こり，Bcl-2 が神経系以外の器官でも重要であることを示している．

Bcl-2 欠損マウスのニューロンが発生中には正常に生存することは，出生以前のニューロンの維持には他のメンバーの関与がより重要であることを示唆する．そのようなメンバーの一つは Bcl-X_L である．Bcl-X_L を欠くマウスは発生中の中枢神経，末梢神経のさまざまな異なる領域での大量の細胞死を示し，胚期に死亡する．これと対照的に，プロアポトーシスタンパク質である Bax を欠損するマウスは脳のいくつかの領域でニューロン数の増加を示す．これらの発見は，異なる Bcl-2 タンパク質がそれぞれ独自の役割をもつことを示唆する．Bcl-X_L と Bax は発生途上で適正な数のニューロンを創出する相反した作用をもつし，Bcl-2 は出生後のニューロンの生存に関与するのである．

多くのウイルスは Bcl-2 の機能的なホモログをコードしている．最もよく研究されているのは，アデノウイルスがコードしている E1B という 19 kDa のタンパク質である．ウイルスが感染した細胞は免疫系によって認識され，TNF を含む多くの炎症性サイトカインの放出をもたらす．TNF はその受容体の活性化によって感染細胞にアポトーシスを誘導する．TNF が宿主細胞を殺す能力は E1B タンパク質によってブロックされる．つまり，このタンパク質はウイルスに免疫反応の一つの武器を無力化することで，特異的に複製する利点を与えているのである．

アポトーシス細胞の貪食

アポトーシスの最も重要な側面は，おそらく，死にゆく細胞に対する急速な貪食作用であろう．貪食過程は死ぬべく運命づけられた細胞内の事象とあまりにも密接に関係しているので，貪食はしばしば細胞死プログラムそのものの一部であるかのように思われる．貪食細胞は広範囲の可能な認識機構のいくつかを利用するが，一方アポトーシス細胞は"自分を食べて"というシグナルを異なる方法で提示する．たとえばアポトーシス細胞は，アポトーシス過程の初期に，膜のブレッブ形成の結果として，通常は膜の細胞質側に存在するリン脂質であるホスファチジルセリンのような分子を，その表面に提示する．食作用細胞の表面にある多くの異なる受容体，たとえばある種のスカベンジャー受容体やインテグリンが"自分を食べて"シグナルを認識し，反応する．血清中の特別なタンパク質がホスファチジルセリンと結合し，アポトーシス細胞と食作用細胞を結びつける細胞外の橋渡し分子として作用する．

C. elegans では，貪食細胞がアポトーシス細胞の食作用に必要とする 6 個の遺伝子が同定されている．その一つは CED-7 とよばれるタンパク質をコードしている．このタンパク質は細胞膜に局在し，死にゆく細胞のシグナルを認識することに関与しているらしい．もう一つのタンパク質である CED-5 は，貪食細胞の引き伸ばされた細胞表面がアポトーシス細胞を包み込むのに必要である．細胞表面の延長は細胞骨格の配置転換によると思われる．実際，貪食細胞の食作用能を阻害するタンパク質変異は，ときとして本来死ぬべき細胞の生存を許容する．アポトーシス細胞の食作用を制御するより詳細な遺伝的機構はあまりよく理解されていないが，活発に研究が行われている．

細胞の生存を促進するシグナル伝達経路

神経栄養因子などの生存因子は，カスパーゼその他のプロアポトーシス分子の活性化を抑制することで作用する．神経栄養や関連の成長因子の場合，その受容体への結合が，受容体の二量体化と受容体の特定のチロシン残基の自己リン酸化へと導く．これらのリン酸化残基を含む細胞内ドメインは，PI3K-Akt や Raf-MEK(MAPK/ERK kinase)-ERK 経路の活性を調節するタンパク質など，種々のタンパク質の結合部位として作用する．この

二つのシグナル伝達経路は，多くの他のタイプの細胞生存シグナル伝達経路でも働いている．

PI3K-Akt シグナル伝達経路

PI3K（ホスファチジルイノシトール3-キナーゼ）-Akt 経路は，異なる刺激によって活性化されるが，成長因子のシグナル伝達経路と関連づけて研究されることが多い．PI3K は脂質キナーゼであり，調節サブユニット p85 と，それと緊密に結合している触媒サブユニット p110 からなる．神経栄養因子が特異的受容体であるチロシンキナーゼ（RTK）に結合すると，調節サブユニットと p110 触媒サブユニットが引寄せられる（図 10・12）．この誘引は，直接のこともあるが，多くの場合，低分子量グアノシントリホスファターゼ（GTPase）である Ras や，Shc や Grb2 などのある種のアダプタータンパク質が関与する．

活性型の PI3K は膜内で，ホスファチジルイノシトール 4,5-ビスリン酸 PI(4,5)P_2 をホスファチジルイノシトール 3,4,5-トリスリン酸 PI(3,4,5)P_3 へとリン酸化する．PI(3,4,5)P_3 は標的タンパク質のプレクストリン相同（PH）ドメインに結合してそれらを膜の近くに誘引する．PI3K の細胞生存の促進における主要な標的は，セリン/トレオニンキナーゼである Akt（プロテインキナーゼ B ともよばれる）である．近年，アポトーシスの制御に関与する Akt の基質として多くのタンパク質が同定されてきた．Akt の基質の1グループは，Akt によってリン酸化されたときに不活性化されるプロアポトーシスタンパク質である．そのなかには，フォークヘッド関連転写因子である FOXO ファミリーのメンバーがある．Akt によるリン酸化は FOXO を細胞質に隔離する．生存因子がなくて Akt が不活性のときには，FOXO は核に移行してプロアポトーシス遺伝子の発現を活性化する．Akt によってリン酸化されるもう一つのプロアポトーシスタンパク質はプロアポトーシス性の Bcl-2 ファミリーのメンバーである BAD である．BAD はリン酸化されていないときには，Bcl-X_L やその他の抗アポトーシス Bcl-2 ファミリーのメンバーを，ミトコンドリアにおいて直接的な結合によって阻害する．しかし，ひとたびリン酸化されると，BAD は 14-3-3 タンパク質を高い親和性をもって結合し，細胞質に局在

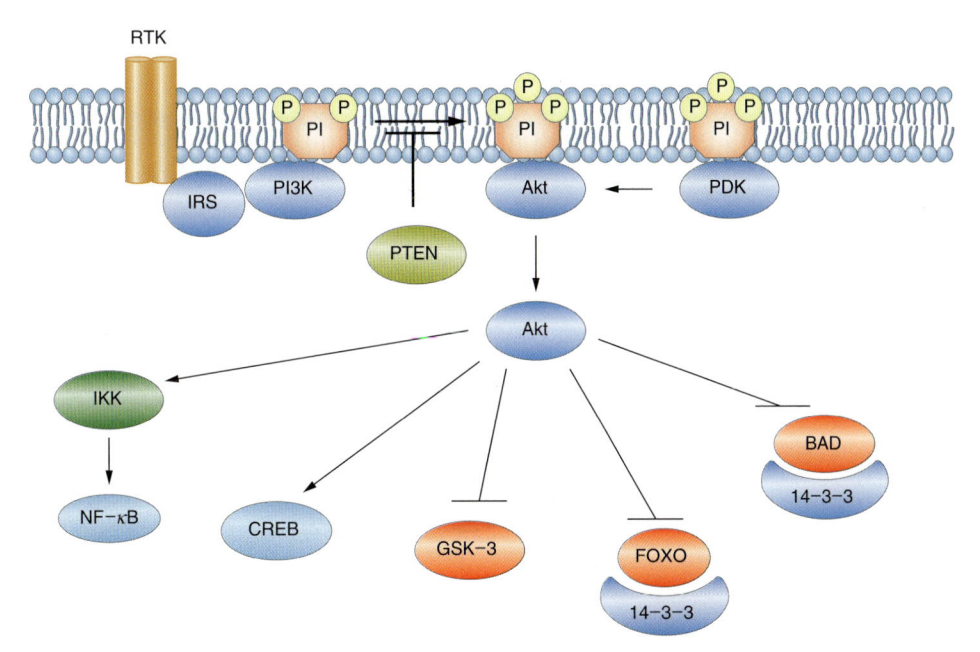

図 10・12 PI3K（ホスファチジルイノシトール3-キナーゼ）-Akt シグナル伝達経路．受容体型チロシンキナーゼ（RTK）の活性化は直接に，あるいはアダプタータンパク質〔インスリン受容体基質-1（IRS）など〕を介して，PI3K の移動と活性化に導く．PI3K は PI(4,5)P_2 の PI(3,4,5)P_3 へのリン酸化を触媒し，Akt と 3-ホスホイノシチド依存性プロテインキナーゼ（PDK-1）を膜に誘導し，Akt が活性化される．活性化された Akt は GSK-3β，FOXO，BAD などいくつかのプロアポトーシスタンパク質をリン酸化して不活性化する．FOXO と BAD のリン酸化は 14-3-3 タンパク質による細胞質での隔離へと導き，それぞれが核とミトコンドリア膜へ移動することを阻止する．Akt は IκB キナーゼ（IKK）と抗アポトーシスタンパク質である CREB をリン酸化し，活性化する．IKK のリン酸化は強力な抗アポトーシス作用をもつ核因子 κB（NF-κB）の活性化をもたらす．PI3K の作用は，PI(3,4,5)P_3 を PI(4,5)P_2 へ逆行させる脂質ホスファターゼである PTEN（phosphatase and tensin homolog）によって拮抗される．

し，そのアポトーシス活性が効果的に中和される．FOXO や BAD のリン酸化は 14-3-3 タンパク質との相互作用の親和性を増大させるが，グリコーゲンシンターゼキナーゼ（GSK）-3β などのある種のプロアポトーシスタンパク質のリン酸化は，それらの酵素活性を阻害する．細胞から生存促進因子を除外すると，Akt の不活性化とその結果として GSK-3β の脱リン酸が導かれ，その活性化とプロアポトーシス活性の束縛解除がもたらされる．

Akt によってリン酸化される第二のグループのタンパク質は，抗アポトーシス機能をもっている．この場合，Akt 依存的なリン酸化はそれらの活性化につながる．たとえば，Akt は転写因子 CREB（cAMP 応答配列結合性）タンパク質をリン酸化し，活性化する．リン酸化された CREB は核に入り，Bcl-2 などの抗アポトーシスタンパク質の発現を増加させる．Akt はまた，IκB キナーゼ（IKK）もリン酸化する．これは活性化によって核因子 κB（NF-κB）という転写因子の活性を促進するタンパク質である．NF-κB は多くの異なるタイプの細胞の生存を促進する．

Raf-MEK-ERK シグナル伝達経路

Raf-MEK-ERK 経路は，細胞増殖における役割が最もよく知られている MAPK（mitogen-activated protein kinase，マイトジェン活性化プロテインキナーゼ）シグナル伝達カスケードである．この経路は多くのタイプの細胞の生存にも重要である．第 8 章で述べたように，MAPK ファミリーの異なるメンバー（JNK や p38 MAPK を含む）は連鎖的に活性化されるセリン/トレオニンキナーゼによって活性化される．Raf-MEK-ERK シグナル伝達経路の活性化は，実際は細胞膜中で GTP 結合タンパク質である Ras が，活性化された成長因子，サイトカイン，あるいは G タンパク質共役型受容体と相互作用することに始まる（図 10・13）．

他のアダプタータンパク質（Shc, Grb, Sos）もこの過程に含まれる．GTP-Ras はセリン/トレオニンキナーゼである Raf を細胞膜に誘引し，そこで Raf は活性化される．Raf は活性化されると MEK（MAPK/ERK キナーゼ）をリン酸化し，ついで MEK が ERK（extracellular signal-regulated kinase，細胞外シグナル調節キ

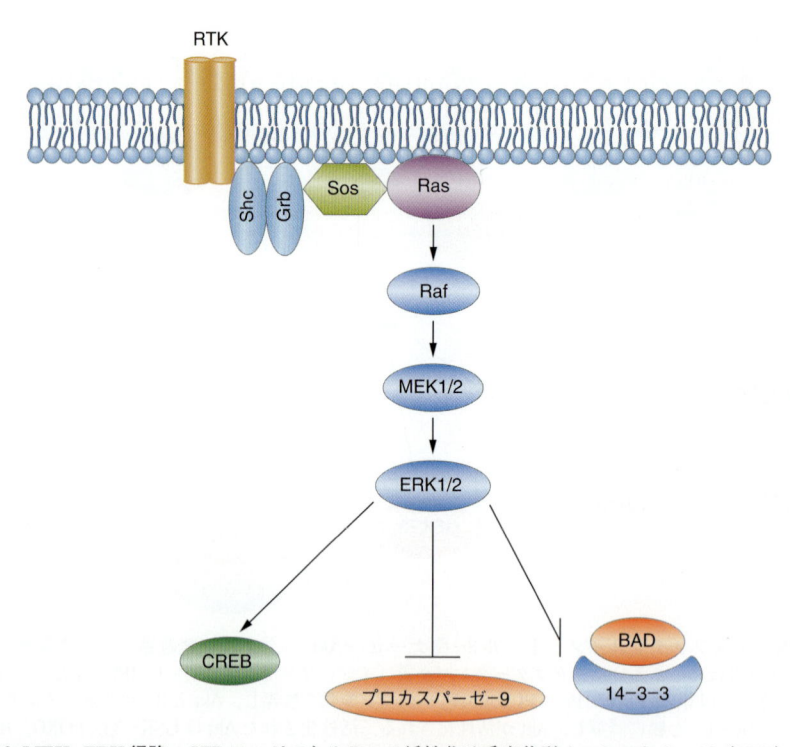

図 10・13 Raf-MEK-ERK 経路． GTP アーゼである Ras の活性化は受容体型チロシンキナーゼ（RTK）の刺激後に起こり，このプロセスには Shc, Grb, Sos などのアダプタータンパク質も含まれる．Ras はひとたび活性化されると，Raf を活性化し，それが MEK を活性化し，ついで ERK が活性化される．ERK の活性化はプロカスパーゼ-9 のリン酸化をもたらし，活性化を阻害して不活性化する．ERK はまた，BAD をリン酸化して 14-3-3 タンパク質による細胞質への隔離へと導く．最後に，ERK の活性化は抗アポトーシス効果をもつタンパク質である CREB の活性化を誘導する．

ナーゼ）を活性化する．Raf-MEK-ERK 経路が生存を維持している細胞では ERK の活性化は CREB の活性化ももたらす．活性化 ERK は Akt について前述したように，BAD をリン酸化することで生存を促進する．さらに ERK のもう一つの標的はプロカスパーゼ-9 である．プロカスパーゼ-9 のリン酸化はその処理と続いて起こるカスパーゼ-3 の活性化を阻害し，アポトーシスにおけるカスパーゼカスケードを抑制する．

細胞のタイプと生存促進刺激に依存して，PI3K-Akt か Raf-MEK-ERK 経路が活性化される．これらのシグナル伝達経路は BAD や CREB のような共通の分子や，IKK や GSK-3β のように PI3K-Akt シグナル伝達経路に選択的な分子に作用することで細胞の生存を促進する．

臨床例 10・1

ピーター・グレゴリーは 3 カ月前まで "生涯で 1 日たりとも病気だったことはない"，68 歳，肥満体のマンハッタンのタクシードライバーである．3 カ月前に彼は左足の親指に痛みを感じていた．また，42 番街でスケートボーダーをよけようと急ブレーキをかけたときに "胃" をハンドルの下のほうにしたたかに打ちつけた．それでも彼は，その晩，妻が "胃がとっても固いわ" と感じるまで，そのことには気にもとめなかった．そう言われて彼は，この 2 カ月間に体重は 10 ポンド（4.5 kg）も減ったのに，ズボンは以前よりきつくなったことに気づいた．翌日彼は近所の開業医を訪れた．医師は，彼の診察結果は正常であるが，ただ少し顔色が蒼白で，腹部の左上に大きく硬くて無痛性の塊があることを見いだした．それは呼吸をすると胸腔から 10 cm も下まで下降してきた．医師はそれが肥大した脾臓であり，グレゴリー氏が "ちょっとやつれて見える" と確信して，血液サンプルを採り，グレゴリー氏と医療保険の書類について話している間，試験管をそばのコップに立てておいた．15 分後，医師は振り向いてその血液サンプルを取り，そして診断を下した．

慢性骨髄性白血病の細胞生物学，診断および治療

グレゴリー氏は慢性骨髄性白血病（CML）である．コップに立てておいた血液サンプルの試験管は，15 分間に重力のみによって，あたかも血液を遠心したかのように，驚くほど明瞭に血漿と細胞層に分離していた．さらに赤血球の部分は少なく，赤血球と血漿の間のふわふわした薄い層の代わりに血漿のほとんどのスペースを，緑黄色の白血球の，厚い雲のような層が占めていた．医師はすぐに簡単な血液検査で自分の診断を確認した．検査は，ヘマトクリット値が 17 ％で，白血球が 190,000/μL であることを示した．医師は大学時代の顕微鏡をまだもっていたので，一歩進めて血液の塗抹標本を作製した．そして白血球の大部分は成熟したように見える多形核白血球であり，少数の大型で丸い細胞が含まれることを見て取った．

病院におけるもっと詳しい検査は，骨髄芽球が 6 ％であり白血球のアルカリホスファターゼ値は 10 IU/L 以下，そして血小板は 600,000/μL であることを示した．尿酸値は 10.2 mg/dL であった．骨髄検査は，細胞過多で特に強度の骨髄肥大であることを示した．新鮮骨髄サンプルの "押しつぶし" 標本は，微小な非典型的な染色体断片を示した．のちに骨髄サンプルの蛍光 in situ ハイブリダイゼーションは，フィラデルフィア染色体の存在を示し，PCR 解析では染色体 9 と 22 の BCR-ABL 領域の相互転座が陽性に出た．

チロシンキナーゼの阻害剤であるイマチニブによる 3 カ月に及ぶ治療で，グレゴリー氏のズボンはぴったりし，足の親指の痛みもなくなり，タイムズスクエアで客を拾っている．

アポトーシスとヒトの病気

アポトーシスを正しく制御することは正常な組織のホメオスタシスにとって重要であり，その誤りは生物の健康に重大な結果をもたらすことがある．アポトーシスの調節の異常を伴う病気は 2 群に分けられる．すなわち，アポトーシスが起こらなくて細胞の生存が異常に延長される病気と，アポトーシスが早期に起こってしまって望ましくない細胞死が増加する病気である．不十分なアポトーシスに起因する病気には種々の癌が含まれる．多くのタイプの癌は，かつては増殖制御がなされない結果だと信じられていたが，今ではそれらは細胞がアポトーシスを起こすことができない結果だということが確立されている．Bcl-2 はもともと癌原遺伝子として同定され，その染色体の転座がいろいろなリンパ腫の原因であるとされたのである．Bcl-2 の過剰発現は多くのタイプの癌で観察され，現在では前立腺癌や結腸癌の悪性化診断の予測因子とみなされている．遺伝子工学的に Bcl-2 を過剰発現するようにされたマウスは，とりわけ B 細胞の系列で過剰発現する場合に，12 カ月で濾胞性リンパ腫を発症するので，アポトーシスのみを阻害することで癌が生じるという証拠となっている．Akt ももともと癌原遺伝子として同定された．Akt の遺伝子増幅や活性の増大が，いくつかのヒトの癌で見いだされている．分子生物学的アプローチで細胞内の Akt シグナル伝達を阻害すると，癌形成の組織培養モデルでは形質転換した細胞の表現型を元に戻すことができる．

ヒトの癌を治療するのに用いられる化学療法剤の大部分は，腫瘍細胞内のアポトーシス機構を活性化することで作用している．その1例は，染色体の転座によってc-*Abl*癌遺伝子が過剰発現することでひき起こされる血液の癌である慢性骨髄性白血病（CML）の治療に用いられるイマチニブ（グリベック，メシル酸イマチニブ）である．グリベックは，c-Ablによって活性化される生存促進経路を阻害して，癌細胞にアポトーシスを誘導することで作用を現す．やっかいなことに，いくつかの癌が通常の化学療法剤や放射線に抵抗性を示すのも，アポトーシスに対する抵抗性が増しているからなのである．たとえば，通常の化学療法剤に反応しない致死的な癌である悪性メラノーマ（黒色腫）ではApaf-1発現が低下していることが観察される．メチル化阻害剤である5-アザ-2′-デオキシシチジン処理によってApaf-1発現を回復させると，培養悪性メラノーマ細胞の通常の化学療法剤に対する感受性を増加させ，それらの細胞におけるアポトーシスの欠失を解決することができる．前臨床的な研究で，特異的なIAPタンパク質のレベルを，そのmRNAに対するアンチセンスオリゴヌクレオチドの発現で低下させると，腫瘍の成長を抑えることが示された．

臨床例 10・2

ルース・デーリーは75歳，不動産業から引退し，2カ月前までは元気であった．2カ月前に，数時間を浜辺で孫たちと過ごした後，車で家に帰る途中で彼女はめまいをおぼえた．彼女は車を止めたが，自分がどこにいるのかはっきりしないことと，心臓が"おかしな打ち方"をすることに気づいた．5分ほど眠り込んで目が覚めると，"少し気分がいいけど，ひどく疲れている"と感じた．30分ほどして自宅に戻ると，彼女はすっかりよくなった．

今日ルースは犬を連れて近所を歩いていたが，突然自分がどこにいるのかわからないことに気づいた．犬は彼女を隣の引退した婦人科医のところに連れて行った．彼がドアをノックする音に返事をすると，彼女は曖昧ではあるが彼を認識し，5分前からの混乱について簡単な説明をすることができた．医者は彼女のぶつぶついう不明瞭な言葉を理解するのが難しかったので，すぐに救急車を呼んで彼女を近くの大学病院に連れて行った．そのとき，彼はアスピリンとコップ1杯の水を与えた．

18分後，救急室でルースはきちんと話ができず，右腕を動かすことができなかった．血圧は190/140 mmHg，脈拍は90回/分で不規則であった．急いで行われた検査では血糖値が290 mg/dLある以外は正常であった．

ルースのこれまでの病歴は，軽い糖尿病と高血圧に限られていた．糖尿病は15年前に発症し，1日1回の持続性インスリンによってよくコントロールされていた．高血圧は，利尿剤と低用量のアテノロールで130/85 mmHgの範囲にコントロールされていた．彼女はまた軽度の高脂血症（脂質異常症）を抑えるために毎晩スタチン製剤を服用していた．

理学的検査は，脈拍以外は心臓にも肺にも特別のことがないことを示した．頸動脈には特別な雑音がなかった．胴部は少し肥満であったが，器官肥大は認められなかった．足には水腫がなく，ふくらはぎは柔らかくて痛みはなかった．神経系の検査では，意識はあるものの時間と場所については混乱していて，右腕は完全に麻痺して無感覚であった．右足は動くがきわめてゆっくりであり，痛覚は著しく低下していた．

救急部の医師は急性発作と診断し，すぐに脳のコンピューター断層撮影（CT）をオーダーした．これによって急性の変化はみつからず，また古い，あるいは新しい出血もなかった．脳の磁気共鳴像（MRI）が次の日に予定された．それ以上の検査をする以前に，遺伝子組換えでつくられた組織プラスミノーゲンアクチベーター（tPA）の静脈注射（IV）が開始された．隣人が救急車を呼んでからの全時間は2時間10分であった．彼女はつぎに血糖を正常にするためにインスリンを静脈投与され，できるだけ体温を低下させるために冷やしたシーツに寝かされた．

脳血栓の細胞生物学，診断および治療

デーリー夫人は左中脳の動脈にある細い枝における脳卒中があった．それはおそらく血栓によるもので，海岸からの帰途に始まった心房細動の結果である一過性の虚血性発作のときからその兆候があった．病院の2日目に行われた脳の最初の拡散強調MRIは，この領域に拡散の欠損の小領域があることを示した．この知見に基づいて，ガドリニウム造影剤を用いた検査が行われた．それは，同じ部位を囲むかなり広い範囲で灌流が低下していることを示した．これは放射線科医によって虚血性境界域と解釈された．

翌日ルースの構音障害と見当識障害は著しく改善され，tPA注射は打ちきられた．続く3週間のうちに右側の障害はほとんど改善された．3カ月に及ぶ集中的な理学療法によるリハビリによって，彼女は家に帰れることになった．

ルースは右腕にごくわずかな障害を残してはいるが，足は問題なく，発声も正常になった．そして孫たちと再び遊ぶことができるようになった．

アポトーシスの低下はまた，ある種の自己免疫疾患にも関係している．免疫系の正常発生においては，自己反

応性のリンパ球はアポトーシスによって排除される．こ
の自己反応性リンパ球の死がうまくいかないと，自己免
疫の原因になる．全身性エリテマトーデスのようないく
つかの自己免疫疾患は，自己反応性リンパ球をアポトー
シスに対して抵抗性にするプロアポトーシス分子の突然
変異と関連している．口蓋裂のような発生上の奇形も胚
発生時に細胞がアポトーシスを起こせないことに基づい
ている．

一方，早期の，あるいは過剰なアポトーシスは，アル
ツハイマー病，パーキンソン病，筋萎縮性側索硬化症
(ALS)，網膜色素変性症のような神経変性疾患で起こ
る．アポトーシスはまた，脳梗塞や神経毒因子によって
ひき起こされるニューロンの退化にも重要な役割をもっ
ている．脳梗塞，たとえば脳血栓（脳の血管内に血栓が
できることで起こる梗塞）におけるニューロンの即時の
死は本質的に壊死であるが，脳梗塞患者が苦しむ長期に
わたる神経障害は，梗塞によって生じる壊死領域の周辺
に生じるアポトーシスによる神経変性に基づくのであ
る．遅発的なこのアポトーシスを予防することは，患者
の神経的障害を大幅に減少させる．

神経変性疾患の患者の脳に神経栄養因子を注入するこ
とが，障害を受けている細胞内の生存促進シグナル伝達
経路を活性化することで，ニューロンの損失を減速させ
ることができるかどうかという検討が，ヒトに対する臨
床試験（治験）で行われている．同様に，組織培養や動
物の神経変性モデルでアポトーシスを阻害する化学薬品
が，パーキンソン病その他の神経変性疾患の患者につい
て，臨床試験がなされている．脊髄や脳の運動ニューロ
ンの死を伴う進行性の病気である家族性 ALS はしばし
ば Cu/Zn スーパーオキシドジスムターゼ-1 (SOD1)

遺伝子の突然変異によってひき起こされる．変異したヒ
ト SOD1 遺伝子を遺伝子工学的に発現するマウスは，
ALS に似た運動ニューロンの変性病理を示す．突然変
異マウスは ALS のヒトと同様の麻痺を示すので，この
病気の発症機序のメカニズムを理解し，可能な治療方法
を発展されるための有用なモデルとなっている．Bcl-2
をこの"ALS マウス"に過剰発現させると，症状は遅
延する．同様にこのマウスに薬理学的なカスパーゼ阻害
剤を投与したり IAP タンパク質を過剰発現させると，病
気の進行を遅らせ，寿命を延長させる．これらの勇気を
与える結果は，アポトーシスを阻害する薬品や治療が，
ヒトの ALS の治療やその他の神経変性症の治療にも有
効である可能性を示している．

神経系以外では，アポトーシスの増加が HIV（ヒト免
疫不全ウイルス）感染患者の $CD4^+$ 細胞の減少，そして
心筋梗塞，鬱血性心不全，腎障害，肝硬変などの組織障
害を伴う病気でも関与することがわかっている．

まとめ

アポトーシスは，胚発生，生後および成体での発達で
基本的な役割を果たす，形態的にも生化学的にもはっき
りした特徴をもつプログラム細胞死である．しかしアポ
トーシスの制御不能は種々のヒトの病気の発症にかか
わっている．1990年代から，哺乳類のアポトーシス機
構の中心的要素が同定され，この複雑な機構がどのよう
にして制御されているかに関する情報が多く集積されて
きた．現在の研究は，このプロセスを制御する機構を完
全に解き明かし，その知識を種々のヒトの病気に対する
治療法の発展に生かすことに集中している．

参考文献

アポトーシスと病気
B. Fadeel, S. Orrenius, 'Apoptosis: a basic phenomenon with wide-ranging implications in human disease', *J. Int. Med.*, **258**, 479〜517 (2005).

カスパーゼと Bcl-2 タンパク質
S. Cory, J. M. Adams, 'The Bcl2 family: regulators of the cellular life-or-death switch', *Nat. Rev. Cancer*, **2**, 647〜656 (2002).
X. Jiang, X. Wang, 'Cytochrome C-mediated apoptosis', *Annu. Rev. Biochem.*, **73**, 87〜106 (2004).
L. Scorrano, S. J. Korsmeyer, 'Mechanisms of cytochrome c release by proapoptotic BCL-2 family members', *Biochem. Biophys. Res. Commun.*, **304**, 437〜444 (2003).

神経栄養因子とシグナル伝達
D. A. Cantrell, 'Phosphoinositide 3-kinase signalling pathways', *J. Cell Sci.*, **114**, 1439〜1445 (2001).
N. Y. Ip, G. D. Yancopoulos, 'The neurotrophins and CNTF: two families of collaborative neurotrophic factors', *Annu. Rev. Neurosci.*, **19**, 491〜515 (1996).
D. R. Kaplan, F. D. Miller, 'Neurotrophin signal transduction in the nervous system', *Curr. Opin. Neurobiol.*, **10**, 381〜391 (2000).

プログラム細胞死
"Apoptosis", ed.by M.D. Jacobson, N. McCarthy, Oxford University Press, New York (2002).
S. H. Kaufmann, M. O. Hengartner, 'Programmed cell death: alive and well in the new millennium', *Trends Cell Biol.*, **11**, 526〜534 (2001).
M. M. Metzstein, G. M. Stanfield, H.R. Horvitz, 'Genetics of programmed cell death in *C. elegans*: past, present and future', *Trends Genet.*, **14**, 410〜416 (1998).

欧文索引

A

α-actinin 205
α-catenin 198
α granule 218
αIIbβ3 integrin 200
α5β1 integrin 200,213
α6β1 integrin 200
α6β4 integrin 211
αVβ3 integrin 200
A23187 51
A band 62
ABC(ATP-binding cassette) 36
actin 5,85
actin cytoskeleton 204
actin depolymerizing factor 81
actin filament 60
actin protofilament 85
actin-related protein 82
action potential 56
active chromatin 185
activin 262
ActR-Ⅱb 265
ADAMTS13 233
adaptor 121
adaptor protein 1 131
ADH(antidiuretic hormone) 238
adherens junction 201
adhesion plaque 79
Aequorea victoria 15
afadin 199,205
affinity chromatography 11
AFM(atomic-force microscope) 20
aggrecan 228
Akt 315
Alk4 265
allophycocyanin 41
Alport syndrome 226,230
ALS(amyotrophic lateral sclerosis) 319
alternative splicing 190
γ-aminobutyric acid 254
amino sugar 226
ampholyte 13
amyloid precursor protein 99
amyotrophic lateral sclerosis 319
anaphase 289
anaphase-promoting complex 286
anchorage dependence 222
anchorage requirement 24
anchoring fibril 211

anchoring filament 211
angiogenesis 230
angular aperture 6
animal cell culture 22
ankyrin 86
anoikis 222
anterograde transport 105
antibody 8
antidiuretic hormone 238
antiport 50
aorta 228
AP-1(adaptor protein 1) 131
AP-2(adaptor protein 2) 132
Apaf-1 310
APC(allophycocyanin) 41
APC(anaphase-promoting complex) 286,297
apical membrane 104
apoptosis 4,222,303
apoptosome 310
apoptotic body 303
apotransferrin 134
APP(amyloid precursor protein) 99
Arf1 127,131,132
ASD(atrial septal defect) 272
A-T(ataxia telangiectasia) 293
ataxia telangiectasia 293
ataxia telangiectasia mutated 293
atherosclerotic lesion 218
atherosclerotic thrombosis 218
ATM(ataxia telangiectasia mutated) 291,293,298
atomic force microscope 5,20
ATP(adenosine 5'-triphosphate) 254
ATP-binding cassette 36
ATP synthase 4
ATR(ATM and Rad3 related) 294
atrial septal defect 272
aurora kinase 297
Autographa californica 15
autophagic cell death 303
autophagy 4,303
axon 56
axon hillock 56

B

β-catenin 198,266
β-thalassemia syndrome 188
BAD 315
Bak 314
band 3 38

barrier properties of epithelia 202
basal body 99
basal lamina 224
base excision repair 163
basement-membrane collagen 224
basolateral membrane 104
Bax 314
B cell 8
Bcl-2 313
Bcl-XL 314
BDNF(brain-derived neurotrophic factor) 243,306
Bernard-Soulier syndrome 218
BFP(blue fluorescent protein) 15
BH domain 313
bioinformatics 174
biological membrane 29
BiP 118
blastocyst 220
blood clot 218
blood platelet 218
BMP(bone morphogenic protein) 262
bone 224
bone morphogenic protein 262
BP180 211
BP230 211
bradykinin 277
brain-derived neurotrophic factor 243,306
BRCA1 296
BRCA2 296
buoyant density 27

C

CAAT sequence 186
Caenorhabditis elegans 307
CAK(CDK-activating kinase) 286
calcineurin 279
calcium/calmodulin-regulated kinase 279
calcium/calmodulin-regulated kinase Ⅱ 266
calmodulin 76
calsequestrin 71
CAM(cell adhesion molecule) 197
CaMK(calcium/calmodulin-regulated kinase) 279

CaMKⅡ(calcium/calmodulin-regulated kinase Ⅱ) 266
cAMP(cyclic AMP) 275
Cap Z 67
cardiac cushion 270
cardiac jelly 270
cartilage 224
caspase 5,308
catalase 4
catastrophin 99,101
catenin → α-catenin, β-catenin
caveola(*pl.*caveolae) 3
CBP(complement binding protein) 197
CCK(cholecystokinin) 254
Cdc25 286
Cdc25A 295
Cdc42 91,213
CDK(cyclin-dependent kinase) 283,285
CDK-activating kinase 286
CDK inhibitor 286
cDNA(complementary DNA) 170
CED 308
cell adhesion 196
cell adhesion molecule 197
cell adhesion receptor 197
cell-cell adhesion 196
cell-cell communication 209
cell cycle 160
cell-cycle checkpoint 290
cell division cycle genes 283
cell-matrix adhesion 196
cell membrane 5
cell motility 81
cell sorting 25
cell strain 24
cell-substratum adhesion 196
cell-surface receptor 239
cellular senescence 23
centriole 5
centromere 160,289
centrosome 5
CFP(cyan fluorescent protein) 15
CFTR(cystic fibrosis transmembrane conductance regulator) 120
CGN(cis-Golgi network) 104,125
chaperone 118
CHEK1 294,299
CHEK2 294,300
checkpoint 284
chemical synapse 250

chemiosmotic coupling 138
chemokine 217
chemotaxis 217
Chfr 297
chiasma 292
cholecystokinin 254
chondroitin sulfate 226
chondroplasia 226
chromatin 164
chromosome 1,159
chronic relapsing thrombo-
　　　　　　cytopenic purpura 233
CIP/KIP 286
cis cisterna 3
cis-Golgi network 3,104,125
citric acid cycle 4,138
c-Jun N-terminal kinase 263
CKI(CDK inhibitor) 286
class switching 9
clathrin 3,130
clathrin-coated pit 3
clathrin-coated vesicle 3
claudin 203
coat 121
coatomer 127
coat protein I 127
codon 159,179
cofilin 81
collagen Ⅶ 211
collagenous domain 225
colligative property 46
colloidal gold 18
colony-stimulating factor 243
compaction 219
complement binding protein 197
connexin 209
connexon 209
constancy of DNA 181
contact inhibition 221
contact inhibition of growth 23
convergence 256
COP I (coat protein I) 127
core protein 228
coronary thrombosis 233
COX-1(cyclooxygenase-1) 250
COX-2(cyclooxygenase-2) 250
CREB(cAMP response element
　　　　　　　　binding) 316
cri du chat syndrome 166
Cripto 265
crisis 23
cristae 4,138
CrmA 311
cross-bridge interaction 69
cryoelectron microscope 17
cryoelectron microscopy 19
CSF(colony-stimulating factor)
　　　　　　　　　243,245
Cu/Zn superoxide dismutase-1
　　　　　　　　　319
cyclic AMP 275
cyclin 284
cyclin-dependent kinase 283
cyclooxygenase 250
cystic fibrosis transmembrane
　　　　conductance regulator
　　　　　　　　　120
cytochrome *c* 4
cytokinesis 288,290

cytometry 25
cytoplasm 5
cytoskeleton 5,60
cytosol 5

D

DAG(diacylglycerol) 275
DCIS(ductal carcinoma *in situ*)
　　　　　　　　　298
DEAF(nonsyndromic deafness)
　　　　　　　　　147
death domain 310
death-inducing signaling complex
　　　　　　　　　310
death receptor 310
decorin 228
degranulation 247
Delta 269
dendrite 55
dense body 74
density-dependent inhibition 222
deoxyribonucleic acid 152
depolarize 55
dermal-epidermal junction 211
dermatan sulfate 226
dermis 224
desmin 5
desmocollin 206
desmoglein 206
desmoplakin 206
desmosome 73,201
desmosome-intermediate filament
　　　　　　complex 206
DHSR(dihydropyridine-sensitive
　　　　　　receptor) 71
Diablo 311
diacidic signal 124
diacylglycerol 275
dideoxynucleotide chain
　　　termination method 171
differential centrifugation 25
diffraction 6
diffusion coefficient 44
dihydropyridine-sensitive
　　　　　　receptor 71
diplotene 292
DISC(death-inducing signaling
　　　　　　complex) 310
divergence 255
DNA(deoxyribonucleic acid) 152
DNA cloning 169
DNA damage checkpoint 290
DNA glycosylase 163
DNA replication origin 159
Dounce homogenizer 25
ductal carcinoma in situ 298
dynactin 99
dynamic instability 95
dynein 5,99
dystrophic epidermolysis bullosa
　　　　　　　　　226

E

E1 136
E2 136

E2F 285
E3 136
early endosome 3
EB(epidermolysis bullosa) 211
E-cadherin 79,197
ECM(extracellular matrix) 196
ectoderm 220
effector caspase 308
EGF(epidermal growth factor)
　　　　　　　　　237,243
Ehlers-Danlos syndrome 226
elastic fiber 228
elastic network 231
electrical synapse 250
electrogenic 55
electron microscope 5,17
electron spray inonization 176
electron transport system 4
EM(electron microscope) 5,17
EMT(endothelial-to-mesenchymal
　　　　　　transformation) 270
endocannabinoid 249
endoderm 220
endomysium 62
endoplasmic reticulum 3,107,225
endothelial cell 216
endothelial selectin 200
endothelial-to-mesenchymal
　　　　　transformation 270
eNOS(endothelial NOS) 248
entactin 230
epidermal growth factor 237,243
epidermolysis bullosa 211
epidermolysis bullosa simplex 5
epimysium 62
epithelial cadherin 197
epithelium(*pl*. epithelia) 214
epitope 9
epitope tagging 10
EPSP(excitatory postsynaptic
　　　　　　potential) 256
equilibrium density gradient
　　　　centrifugation 25,27
equilibrium potential 54
ER(endoplasmic reticulum) 3,
　　　　　　　　　104,107
ERAD(ER-associated degradation)
　　　　　　　　　119
ER-associated degradation 119
ERGIC53 124
ERK(extracellular signal-regulated
　　　　　　kinase) 222,316
ERK1(extracellular signal-
　　　　regulated kinase 1) 260
ERM family 83
ERp57 119
E-selectin(endothelial selectin)
　　　　　　　　　200,217
ESI(electron spray inonization)
　　　　　　　　　176
established cell line 24
N-ethylmaleimide sensitive factor
　　　　　　　　　123
euchromatin 165
excitatory postsynaptic potential
　　　　　　　　　256
executioner caspase 309
exon 182
expression 178

extracellular matrix 196
extracellular matrix protein 22
extracellular signal-regulated
　　　　　　　kinase 316
extracellular signal-regulated
　　　　　　　kinase 1 260
extrinsic pathway 310
ex vivo 194
ezrin 85,199

F

Fab domain 8
facilitated diffusion 48
FACS(fluorescence-activated cell
　　　　　　sorter) 24
F-actin 63
FADD(Fas-associating protein
　　　　with death domain) 310
FAK(focal adhesion kinase) 213
familial hypomagnesia 203
Fas 310
Fas-associating protein with death
　　　　　　　domain 310
fascia adherens 73,204
fasciculus 62
fascin 82
fast chemical synaptic
　　　　　　transmission 255
Fc domain 8
feedback 242
fence function 203
FGF(fibroblast growth factor)
　　　　　　228,243〜245,260
FGF receptor 260
FGFR(FGF receptor) 260
fibrillar collagen 224
fibrin 231
fibrinogen 231
fibrinolysis 231
fibroblast growth factor 228,243,
　　　　　　　　　260
fibronectin type Ⅲ 229
fibropositor 226
filamentous actin 63
filopodia 214
fimbrin 80
FLICE 311
flippase 110
flow cytometry 22,24
fluidity 35
fluorescence-activated cell sorter
　　　　　　　　　24
fluorescence microscope 8
fluorescence resonance energy
　　　　　　　transfer 15
focal adhesion 213
focal adhesion kinase 213
focal complex 213
focal contact 79,213
follicle-stimulating hormone 238
formin 82
FOXO 315
freeze-etching 19
freeze fracture 18,202
FRET(fluorescence resonance
　　　　energy transfer) 15,16
Frizzled 266

欧文索引

FSH(follicle-stimulating hormone) 238
fusion pore 21

G

γ-tubulin ring complex 96
GABA(γ-aminobutyric acid) 254
G-actin 63
GADD45 286
GAG(glycosaminoglycan) 226
gap junction 53,73,201,250
gap 1-period 283
gap 2-period 283
gastrulation 220
gate function 202
gating 52
G banding 166
GEF(guanine nucleotide exchange factor) 122,260
gel-filtration chromatography 11
gelsolin 81
gene 178
gene expression 178
gene regulatory protein 185
genetic tagging 8
GFAP(glial fibrillary acidic protein) 92
GFP(green fluorescent protein) 10,15
GH(growth hormone) 242
GHRH(growth hormone releasing hormone) 238
Glanzmann thrombasthenia 218
glial fibrillary acidec protein 92
Glu(glutamic acid) 254
GLUT1(glucose transporter 1) 116
ε-(γ-glutamyl)lysine bond 231
glutamic acid 254
glutathione S-transferase 11
Gly(glycine) 254
glycine 254
glycocalyx 40
glycosaminoglycan 226
glycosylphosphatidylinositol-anchored protein 39
Golgi apparatus 3,226
Golgi body 3
Golgi to plasma membrane carrier 226
Goodpasture syndrome 230
GPIa-IIa 218
GPIb-IX-V 218
GPIIb-IIIa 200,218
GPC(Golgi to plasma membrane carrier) 226
GPCR(G-protein-coupled receptor) 34,275
GPI(glycosylphosphatidylinositol)-anchored protein 39
G protein 204
G-protein-coupled receptor 34,255,275
Grb2 315
Grb2-Sos 260

green fluorescent protein 8,15
growth cone 81
growth hormone 242
growth hormone releasing hormone 238
GST(glutathione S-transferase) 11
guanine nucleotide exchange factor 122,260

H

HA(hyaluronic acid) 227
HAT(histone acetyltransferase) 240
H band 62
HDAC(histone deacetylase) 240
heavy chain 8
HECT(homologous to E6-AP carboxyl terminus) 136
Hedgehog 268
heparan sulfate 226
hereditary spherocytosis 86
heterochromatin 165
heterophilic binding 197
Hh(Hedgehog) 268
H1 histone 165
H2A histone 164
H2B histone 164
H3 histone 164
H4 histone 164
high-mobility group of protein 164
histone 164
histone acetyltransferase 240
histone deacetylase 240
HIV(human immunodeficiency virus) 134
hnRNA(heterogenous nuclear RNA) 158
homophilic binding 197
homotypic fusion 125
HPV(Human papillomavirus) 299
HS (hereditary spherocytosis) 86
Hsp60 147
Hsp70 147,240
Hsp90 240
human immunodeficiency virus 134
Human papillomavirus 299
hyaluronic acid 227
hybridoma 10
hydrophobic domain 228
hydrophobic effect 29
hydroxyproline 224
hyperpolarize 55
hypertonic 47
hypotonic 47

I, J

IAP(inhibitor of apoptosis) 311
I band 62
ICAM(intercellular adhesion molecule) 199

I cell disease 129
IEF(isoelectric focusing) 13
IF(intermediate filament) 60
IgA 9
IgD 9
IgE 9
IGF(insulin-like growth factor) 243,244
IGF-1 238,242
IgG 9
IgM 9
IκB kinase 316
IKK(IκB kinase) 316
IL-1 245
immunoaffinity chromatography 11
immunoblotting 12
immunoglobulin 8
immunolabeling 4
inclusion body 15
inclusion body disease 129
inflammatory bowel disease 202
inflammatory mediator 217
inflammatory response 216
inhibitor of apoptosis 311
inhibitory postsynaptic potential 256
initiation complex 160
initiation factor 179
initiator caspase 308
initiator tRNA 180
INK4 286
inner nuclear membrane 152
iNOS(inducible NOS) 248
inositol 1,4,5-trisphosphate 34,275
insulin-like growth factor 243
insulin-like growth factor-1 238
integrin activation 201
intercalated disk 72
intercellular adhesion molecule 199
interleukin-1 231
intermediate filament 5,60
intracellular receptor 239
intrinsic pathway 310
intron 182
invasion 222
in vivo 194
ion-exchange chromatography 11
ionophore 51
IP₃(inositol 1,4,5-trisphosphate) 34,275
IPSP(inhibitory postsynaptic potential) 256
iron response molecule 192
isoeicosanoid 249
isoelectric focusing 13
isoelectric point 13
isoosmotic solution 46
isopycnic density gradient centrifugation 25
isotonic 47

Jagged 269
JNK(c-Jun N-terminal kinase) 263
joint 228

junction 201
junctional complex 201

K

karyokinesis 288
katanin 97
Kearns-Sayre syndrome 145
keratan sulfate 226
keratin 5,211
keratinocyte 196
kinesin 5
kinesin-related protein 98
kinetochore 101,160,289
K⁺ leak channel 53
Krebs cycle 138
KRP(kinesin-related protein) 98
KSS(Kearns-Sayre syndrome) 145

L

lactation 223
lamellipodia 214
lamin 5,106,155
lamina densa 230
lamina lucida 230
laminin 1 229
laminin 5 211
lariat 189
late endosome 3
L1CAM 199
LDL(low-density lipoprotein) 132,133
lead salt 18
leading strand 161
Leber's hereditary optic neuropathy 145
lectin-like domain 200
LEF/TCF 266
Lefty 1 265
leukocyte selectin 200
leukotriene 249
leuteinizing hormone 238
LFA(lymphocyte function-related antigen) 199
LH(leuteinizing hormone) 238
LHON(Leber's hereditary optic neuropathy) 145
LH-releasing hormone 238
ligand 235
ligand-gated channel 52
light chain 8
light-gathering property 6
light microscope 5
lipid raft 4,131
lipoxin 249
lipoxygenase 250
liquid chromatography 11
LOH(loss of heterozygosity) 285
loss of heterozygosity 285
low-density lipoprotein 132
low-density lipoprotein receptor-related protein 266
LRH(LH-releasing hormone) 238
LRP(low-density lipoprotein receptor-related protein) 266

L-selectin(leukocyte selectin) 200
LT(leukotriene) 249
LX(lipoxin) 249
lymphocyte function-related antigen 199
lysosomal storage disease 4
lysosome 3,4

M

mAChR(muscarinic acetylcholine receptor) 252
macula adherens 73,201
magnification 6
MALDI(matrix-assisted laser desorption/ionization) 176
mammary gland 223
MAMR(membrane-associated motor receptor) 99
MAP(microtubule-associated protein) 93,97
MAPK(mitogen-activated protein kinase) 260,316
MAPK/ERK kinase 316
MAPKKK(mitogen-activated protein kinase kinase kinase) 263
Marfan syndrome 228
mass spectrometry 27
matrix 4
matrix-assisted laser desorption/ionization 176
matrix metalloproteinase 223
maturation-promoting factor 293
MDM2 286,299
MDR(multidrug resistance) 36
mechanosensitive channel 53
medial cisterna 3
meiosis 291
meiotic recombination 292
MEK(MAPK/ERK kinase) 260,316
membrane potential 54
membrane-associated motor receptor 99
merlin 85
MERRF(myoclonic epilepsy and ragged-red fiber disease) 147
mesoderm 220
messenger RNA 179
metal replica 18
metal shadowing 18
metaphase 289
methionine bristle 112
microarray 27
microarray analysis 174
microfibril 228
microfilament 5,63
microtubule 5,60
microtubule-associated protein 93
microvillus(*pl*.microvilli) 80
mitochondrial DNA 144
mitochondrial pathway 310
mitochondrion(*pl*.mitochondria) 4

mitogen 243
mitogen-activated protein kinase 260,316
mitogen-activated protein kinase kinase 263
mitogen-activated protein kinase/extracellular signal-regulated kinase kinase 260
mitosis 288
mitotic catastrophe 297
MLCK(myosin light chain kinase) 75
M line 62
MMP(matrix metalloproteinase) 223
mobility 35
modulator protein 76
moesin 85,199
monoclonal antibody 10,15
monocyte 231
morphogen 266
mos 293
motor end plate 253
motor protein 5
MPF(maturation-promoting factor) 293
mRNA(messenger RNA) 179
MS/MS analysis 176
mtDNA(mitochondrial DNA) 144
mtHsp60 148
mtHsp70 147
multidrug resistance 36
multipass membrane protein 115
multitumor Li-Fraumeni like cancer syndrome 294
multivesicular body 3,134
multivesicular endosome 134
muscarinic acetylcholine receptor 252
myelin 57
myelin sheath 57
myeloma cell 10
myoclonic epilepsy and ragged-red fiber disease 147
MyoD1 187
myosin 5
myosin II 65
myosin light chain kinase 75

N

nAChR(nicotinic acetylcholine receptor) 252
NBD(nitrobenzoxadiazole) 41
NCAM(neural cell adhesion molecule) 199
nebulin 67
NECD(Notch extracellular domain) 271
necrosis 303
nectin 199,204
negative staining 18
nerve growth factor 243,306
neural cell adhesion molecule 198
neural crest 220
neural plate 204

neuregulin-1 260
neurofibromatosis 85
neurofilament protein 5
neurotransmitter 250
neurotrophin 306
neurotrophin-3 243,307
neutrophil 231
NEXT(Notch extracellular truncation) 271
nexus 201
NFAT 280
NGF(nerve growth factor) 243,306
NICD(Notch intracellular domain) 272
nicotinic acetylcholine receptor 252
nidogen 230
nine-plus-two 99
nitric oxide synthase 248
nitrobenzoxadiazole 41
N-linked 118
NLS(nuclear localization sequence/signal) 154
nNOS(neuronal NOS) 248
Nodal 264
node of Ranvier 58
nonsteroidal anti-inflammatory drug 250
nonsyndromic deafness 147
NOR(nucleolar-organizing region) 168
NOS(nitric oxide synthase) 248
Notch 269
Notch extracellular domain 271
Notch extracellular truncation 271
Notch intracellular domain 272
NRG1(neuregulin-1) 260
NSAID(nonsteroidal anti-inflammatory drug) 250
NT-3(neurotrophin-3) 243,307
nuclear envelope 106,152
nuclear localization sequence 154
nuclear localization signal 154
nuclear matrix 106,158
nuclear pore 152
nuclear pore complex 1
nuclear receptor superfamily 239
nucleolar-organizing region 168
nucleolus 1,2,168
nucleosomal bead 164
nucleosomal histone 164
nucleosome 164
nucleotide excision repair 163
nucleus 1
numerical aperture 6

O

occludin 203
oculodentodigital dysplasia 211
Okazaki fragment 161
O-linked 125
oncogene 284
optic tectum 221
orphan receptor 239

osmium tetraoxide 18
osmolar concentration 46
osmosis 46
osmotic coefficient 46
osmotic pressure 46
osteoarthritis 226
osteogenesis imperfecta 226
outer nuclear membrane 152
Oxa1 148
oxidative phosphorylation 4

P

p16 286
p21 286
p27 286
p35 311
p53 286,295,299
p57 286
p75^{NTR} 307
pachytene 292
packing 35
PAM(presequence translocase-associated motor) 147
passive transport 49
Patched 268
PC(phosphatidylcholine) 30,36
PCR(polymerase chain reaction) 173
PDGF(platelet-derived growth factor) 243〜245
PE(phosphatidylethanolamine) 30,36
PEO(progressive external ophthalmoplegia) 145
perforin-granzyme B-dependent pathway 311
pericentriolar material 96
perimysium 62
perinuclear space 152
perlecan 228
permeability transition pore 311
peroxisomal targeting signal 150
peroxisome 4
Pex5p 150
Pex7p 150
PG(prostaglandin) 249
phagocytosis 228
phagosome 131
pharmacogenetics 175
pharmacogenomics 175
phlebitis 233
phlebothrombosis 233
phosphatase 204
phosphatidylcholine 30
phosphatidylethanolamine 30
phosphatidylinositol 3-kinase 260
phosphatidylserine 30
phospholipase C 260
phosphorylation 213
phosphotyrosine binding 262
PI3K(phosphatidylinositol 3-kinase) 260
pinocytosis 132
PIP$_2$(phosphatidylinositol 4,5-bisphosphate) 34,280
PKC(protein kinase C) 266

placenta 220
plakoglobin 206
plakophilin 206
plasma cell 9
plasmalogen 4
plasma membrane 5
plasmin 231
plasminogen 232
platelet-derived growth factor 243
platelet selectin 200
PLC(phospholipase C) 260
plectin 211
PMF(proton motive force) 141
polarity 203
polo kinase 297
polyclonal antiserum 9,15
polymerase chain reaction 173
polypeptide growth factor 23
pore membrane 152
porin 138
posttranslational modification 192
pRb 287,298
preproinsulin 193
presequence 147
presequence translocase-associated motor 147
primary active transport 49
procollagen 225
programmed cell death 222,302
progressive external ophthalmoplegia 145
prolactin 223
prometaphase 289
promoter DNA element 179
prophase 289
prostaglandin 249
protein 4.1 85
protein A 18
protein disulfide isomerase 119
protein kinase 204
protein kinase C 233,266
protein-expression vector 15
proteome 176
proteomics 176
proton motive force 141
protooncogene 284
PS(phosphatidylserine) 30,36
P-selectin(platelet selectin) 200,217
PTB(phosphotyrosine binding) 262
Ptc(Patched) 268
PTEN(phosphatase and tensin homolog) 315
PTP(permeability transition pore) 311
PTS(peroxisomal targeting signal) 150

R

RAAS(renin-angiotensin-aldosteron system) 277
Rab27a 122
Rab protein 122
Rac 91,213

radioresistant DNA synthesis 296
radixin 85,199
Raf 316
raft 35
Ras 116,260,315
rate-zonal centrifugation 25
Rb(retinoblastoma) 285
RDS(radioresistant DNA synthesis) 296
reactive oxygen species 32
receptor 235
receptor-mediated endocytosis 3,132
recombinant DNA 169
recombinant DNA technology 168
refractive index 6
regenerative medicine 182
replication fork 161
replication origin 160
RER(rough endoplasmic reticulum) 104,110
resolution 6
restriction fragment 169
restriction fragment length polymorphism 169
restriction map 169
retinoblastoma 285
retrograde transport 105
RFLP(restriction fragment length polymorphism) 169
RGD 229
Rho 91,213
Rho-associated,coiled-coil-containing kinase 91
ribonucleic acid 152
ribosomal RNA 106,179
ribosome 2
rigor mortis 69
RNA(ribonucleic acid) 152
RNA primary transcript 181,182
RNA processing 188
RNA splicing 182
ROCK(Rho-associated,coiled-coil-containing kinase) 91
ROS(reactive oxygen species) 32
rough endoplasmic reticulum (rough ER) 3,110
rRNA(ribosomal RNA) 106,179
18S rRNA 193
28S rRNA 193
ryanodine receptor 71,276
RyR2(ryanodine receptor 2) 276

S

Saccharomyces cerevisiae 283
SAM(sorting and assembly machinery) 148
Sar1 124
sarcoma 305
sarcomere 62
sarcomere unit 67
sarcoplasmic reticulum 3,71
scanning electron microscope 19
scanning EM 17
Scar 91

SDS-PAGE(sodium dodecyl sulfate polyacrylamide gel electrophoresis) 11,13
Sec12 124
Sec13/Sec31 124
Sec23 124
Sec24 124
Sec61 113
second messenger 278
secondary active transport 50
secondary lymphoid tissue 9
secretory vesicle 255
sedimentation coefficient 27
semiconservative process 161
SER(smooth endoplasmic reticulum) 104,107
SH2(Src homology 2) 262
Shc 315
shear force 232
Shh(Sonic hedgehog) 268
signal hypothesis 110
signal peptide 111
signal recognition particle 111
signal sequence 111
signal transducer and activators of transcription 277
signal transduction 258
signal transduction pathway 258
sliding filament model 68
slow synaptic transmission 255
SM(sphingomyelin) 36
Smac 311
Smad 263
small GTPase 204
SmMLCK(smooth-muscle myosin light chain kinase) 76
Smo(Smoothened) 268
smooth endoplasmic reticulum (smooth ER) 3,107
Smoothened 268
smooth-muscle myosin light chain kinase 76
SNAP(soluble NSF attachment protein) 252
SNARE 122
SOD1(Cu/Zn superoxide dismutase-1) 319
sodium dodecyl sulfate polyacrylamide gel electrophoresis 11
soluble immunoglobulin 8
soluble NSF attachment protein 252
somatic hypermutation 9
Sonic hedgehog 268
sorting and assembly machinery 148
sorting signal 122
Sos 316
Southern hybridization 169
spatiotemporal summation 256
spectrin I 85
spectrin II 89
spectrin membrane skeleton 83
spectrin supergene family 90
sphingomyelin 36
spindle assembly checkpoint 297
spliceosome 189
spoke 152

SR(sarcoplasmic reticulum) 71
Src homology 2 262
SRP(signal recognition particle) 111
STAT(signal transducer and activators of transcription) 277
stathmin 97
stem cell 216
stop codon 180
stress fiber 79,213
stroke 233
subcellular fractionation 22
surface immunoglobulin M 9
survival factor 243
svedberg 27
symport 50
synapse 53,250
synaptic bouton 251
synaptic vesicle 255
synaptonemal complex 292
syncytium 251
syndecan 228
systems biology 27

T, U

T_3(3,3′,5-triiodothyronine) 239
T_4(thyroxine) 239
TAG1 199
TAK1 263
talin 79,213
TATA sequence 186
tau protein 97
Taxol 94
T-cell factor/leukemia enhancer factor 205
TCF/LEF(T-cell factor/leukemia enhancer factor) 205
telomerase 2,24
telomere 24,160
telophase 289
tendon 225
tensin 213
terminal cisternae 71
terminal sac 71
terminal web 80
termination codon 180
TGF(transforming growth factor)-α 243,244
TGF(transforming growth factor)-β 243,262
TGN(trans-Golgi network) 104,125,226
thrombin 218
thromboxane 249
thrombus 231
thymosin 81
thyroglobulin 239
thyroid-stimulating hormone 238
Tim9 148
Tim10 148
tissue elasticity 228
tissue plasminogen activator 232
titin 67
TnC(troponin C) 65
TNF(tumor necrosis factor) 243
TnI(troponin I) 65

TnT(troponin T) 65
TOM(translocase of the outer membrane) 147
Tom40 147
Tom70 148
topoisomerase 161
t-PA(tissue plasminogen activator) 232,318
T-PLL(T-prolymphocytic leukemia) 299
T-prolymphocytic leukemia 299
trans cisterna 3
transcription factor 184,204
transcytosis 4,129
transepithelial resistance 202
transfer RNA 179
transferrin 23
transforming growth factor-α 243
transforming growth factor-β 243,262
transgene 178
transglutaminase 231
trans-Golgi network 3,104,125,226
transitional ER 3
translocase of the outer membrane 147
translocon 113
transmission electron microscope 7,17
transmitter-gated ion channel 255
transport vesicle 3
transverse tubule 71

treadmill 64
TRH(TSH-releasing hormone) 238
tricarboxylic acid cycle 140
triple helix 225
triskelion 131
Trk 307
tRNA(transfer RNA) 179
trophectoderm 220
trophic factor 243
tropomodulin 85
tropomyosin 85
trypsinizing 23
TSH(thyroid-stimulating hormone) 238
TSH-releasing hormone 238
t-SNARE 122,123
tubulin 5
tumor growth 230
tumor necrosis factor 243
tumor suppressor 284
two-dimensional gel electrophoresis 13
TX(thromboxane) 249
type 1 cell death 303
type 2 cell death 303
type 3 cell death 303
type IV collagen 230
type II protein 115
tyrosine kinase 213

unfolded protein response 120
UPR(unfolded protein response) 120
uranium salt 18

urea cycle 137
uronic acid 226
uvomorulin 79

V

VAMP(vesicle-associated membrane protein) 252
vascular cell adhesion molecule 199
vascular endothelial (VE)-cadherin 231
vascular endothelial growth factor 243
VCAM(vascular cell adhesion molecule) 199
VEGF(vascular endothelial growth factor) 243,244
velocity sedimentation 25
vesicle-associated membrane protein 252
vesicular tubular compartment 125
v-FLIP 311
villin 80
vimentin 5
vinculin 79,205
visual cortex 221
voltage-gated channel 52
von Gierke disease 107
von Willebrand factor 200
v-SNARE 122,123
VTC(vesicular tubular compartment) 125

vWF(von Willebrand factor) 200

W ～ Z

WASP(Wiskott-Aldrich syndrome protein) 91
WASP family verprolin-homologous protein 91
water 227
WAVE(WASP family verprolin-homologous protein) 91
WD40 repeat 311
wee1 286
Weibel-Palade body 216
western blotting 10,12
Wilson's disease 147
Wiskott-Aldrich syndrome protein 91
Wnt 266
Wnt signaling pathway 205

X-ALD(X-linked adrenoleuko-dystrophy) 151
X-linked adrenoleukodystrophy 4,151

Z disk 62
Zellweger syndrome 4
Z line 62
ZO(zonula occuludens) 201
ZO-1 204
zonula adherens 201
zonula occuludens 201
zyxin 213

和文索引

あ

IκB キナーゼ（IκB kinase, IKK） 316
I 細胞病（I cell disease） 129, 136
I 帯（I band） 62
アクアポリン（aquaporin） 46
アクチビン（activin） 243, 262
アクチン（actin） 5, 63, 85
　——の重合 63
アクチン関連タンパク質（actin-related protein） 82
アクチン結合タンパク質（actin-binding protein） 83
アクチン細胞骨格（actin cytoskeleton） 204
アクチン脱重合因子（actin depolymerizing factor） 81
アクチンフィラメント（actin filament） 60
アクチンプロトフィラメント（actin protofilament） 85
アグリカン（aggrecan） 227, 228
アシアロ糖タンパク質受容体（asialoglycoprotein receptor） 116
足場依存性（anchorage dependence） 24, 222
足場要求性（anchorage requirement）
　増殖の—— 24
アスピリン（aspirin） 250
N-アセチルグルコサミンホスホトランスフェラーゼ（N-acetylglucosamine phosphotransferase） 130
アセチルコリン（acetylcholine） 53, 236, 253, 254
アセチルコリン受容体（acetylcholine receptor） 52
アセトアミノフェン（acetaminophen） 250
アダプター（adaptor） 121
アダプタータンパク質（adaptor protein） 315
アダプタータンパク質 1（adaptor protein 1, AP-1） 131
アダプタータンパク質 2（adaptor protein 2, AP-2） 132
アデニル酸シクラーゼ（adenylate cyclase） 276
アデニンヌクレオチドトランスロケーター（adenine nucleotide translocator） 143
アテローム性血栓症（atherosclerotic thrombosis） 218
アテローム性動脈硬化症（atherosclerotic lesion） 218
アドビル（Advil） 250

アドヘレンスジャンクション（adherens junction） 201
アドレナリン（adrenaline） 238, 254
アドレナリン受容体（adrenergic receptor） 276
アニーリング（annealing） 173
アノイキス（anoikis） 222, 303
アファディン（afadin） 199, 205
アフィニティークロマトグラフィー（affinity chromatography） 11, 12
ErbB 受容体（ErbB receptor） 261
Arf1 タンパク質（Arf1 protein） 127, 131, 132
アポトーシス（apoptosis） 4, 37, 222, 303
　——とヒトの病気 317
アポトーシス小体（apoptotic body） 303
アポトーシス阻害因子（inhibitor of apoptosis, IAP） 311
アポトソーム（apoptosome） 310
アポトランスフェリン（apotransferrin） 134
アポ B-100（apo B-100） 132
アポリポタンパク質 B-100（apolipoprotein B-100） 132
アミノ糖（amino sugar） 226
γ-アミノ酪酸（γ-aminobutyric acid, GABA） 254
アミロイド前駆体タンパク質（amyloid precursor protein, APP） 99
アラキドン酸（arachidonic acid） 34
RNA 一次転写産物（RNA primary transcript） 181, 182
RNA スプライシング（RNA splicing） 182
RNA プロセシング（RNA processing） 188
RNA ポリメラーゼⅠ（RNA polymerase Ⅰ） 193
RNA ポリメラーゼⅡ（RNA polymerase Ⅱ） 179, 182
RNA ポリメラーゼⅢ（RNA polymerase Ⅲ） 193
RFLP 解析（RFLP analysis） 193
アルカリホスファターゼ（alkaline phosphatase） 12
RGD 配列（RGD sequence） 200, 229
アルツハイマー病（Alzheimer's disease） 99
アルドステロン（aldosterone） 277
α アクチニン（α-actinin） 67, 90, 205
α カテニン（α-catenin） 198
α 顆粒（α granule） 218
α5β1 インテグリン（α5β1 integrin） 200, 213
α6β1 インテグリン（α6β1 integrin） 218, 200
α6β4 インテグリン（α6β4 integrin） 211

αIIbβ3 インテグリン（αIIbβ3 integrin） 200, 218
αVβ3 インテグリン（αVβ3 integrin） 200
アルポート症候群（Alport syndrome） 226, 230
アロフィコシアニン（allophycocyanin） 41
アンカリングフィブリル（anchoring fibril） 211
アンカリングフィラメント（anchoring filament） 211
アンギオテンシン（angiotensin） 277
アンキリン（ankyrin） 86
アンフォライト（ampholyte） 13
アンモニア（ammonia） 137

い

ERM タンパク質（ERM protein） 199
ERM ファミリー（ERM family） 83
イオノホア（ionophore） 51
イオン交換クロマトグラフィー（ion-exchange chromatography） 11, 12
イオンチャネル（ion channel） 51
イオンチャネル型受容体（ion channel receptor） 280
E カドヘリン（E-cadherin） 79, 197, 204
異型結合（heterophilic binding） 197
移行型小胞体（transitional endoplasmic reticulum） 3, 124
異常タンパク質応答（unfolded protein response, UPR） 120
E セレクチン（E-selectin） 200, 217
イソエイコサノイド（isoeicosanoid） 249
Ⅰ型タンパク質（type Ⅰ protein） 114
Ⅰ型糖尿病（type Ⅰ diabetes mellitus） 241
Ⅰ型内在性膜タンパク質（type Ⅰ integral membrane protein） 115
一次抗体（primary antibody） 12
一次性能動輸送（primary active transport） 49
1 回膜貫通タンパク質（single-pass transmembrane protein） 38
一酸化炭素（corbon monoxide, CO） 248
一酸化窒素（nitric oxide, NO） 248
一酸化窒素シンターゼ（nitric oxide synthase, NOS） 248
遺伝暗号（genetic code）
　ヒトミトコンドリアの—— 145
遺伝子（gene） 178
遺伝子クローニング（gene cloning） 169

遺伝子ターゲッティング(gene targeting) 178
遺伝子ターゲッティングマウス(gene-targeting mouse) 178
遺伝子調節タンパク質(gene regulatory protein) 185
遺伝子治療(genetic therapy) 193
遺伝子導入マウス(transgenic mouse) 176
遺伝子発現(gene expression) 178
遺伝子発現調節(regulation of gene expression) 168
遺伝性球状赤血球症(hereditary spherocytosis, HS) 86
遺伝性痙性対麻痺(hereditary spastic paraplegia) 147
遺伝的タグ法(genetic tagging) 8
遺伝的標識法(gene tagging) 15
遺伝病モデル(model of genetic disease) 176
イニシエーターカスパーゼ(initiator caspase) 308
イノシトール 1,4,5-トリスリン酸(inositol 1,4,5-trisphosphate, IP_3) 34, 275
イブプロフェン(ibuprofen) 250
イマチニブ(imatinib) 318
イムノブロット法(immunoblotting) 12
飲作用(pinocytosis) 132
インスリン(insulin) 129, 192, 238
インスリン様成長因子(insulin-like growth factor, IGF) 243, 244
インスリン様成長因子 1 (insulin-like growth factor, IGF-1) 238, 242
インターフェロン(interferon) 243
インターロイキン(interleukin, IL) 243
インターロイキン 1 (interleukin 1, IL-1) 231, 245
インテグリン(integrin) 200
インテグリン活性化(integrin activation) 201
イントロン(intron) 182
インヒビン(inhibin) 243

う

ウィスコット・アルドリッチ症候群タンパク質(Wiskott-Aldrich syndrome protein, WASP) 91
ウイルス性 FLICE 阻害タンパク質(v-FLIP) 311
ウィルソン病(Wilson's disease) 147
Wnt-Ca^{2+} 経路(Wnt-Ca^{2+} pathway) 267
Wnt-極性経路(Wnt-polarity pathway) 267
Wnt シグナル経路(Wnt signaling pathway) 205, 206
Wnt ファミリー (Wnt family) 266
Wnt-β カテニン経路(Wnt-β catenin pathway) 267
ウェスタンブロット法(western blotting) 10, 11, 14
ウボモルリン(uvomorulin) 79
ウラン塩(uranium salt) 18
ウロン酸(uronic acid) 226
ウワバイン(ouabain) 51

運動終板(motor end plate) 253
運動性(mobility) 35
運動ニューロン(motor neuron) 305

え

Arp2/3 核化複合体(Arp2/3 nucleating complex) 82
エイコサノイド(eicosanoid) 249
栄養因子(trophic factor) 243
栄養外胚葉(trophectoderm) 220
栄養障害型表皮水疱症(dystrophic epidermolysis bullosa) 226
エキソサイトーシス(exocytosis) 32, 33
エキソン(exon) 182
液体クロマトグラフィー (liquid chromatography) 11
エクオリン(aequorin) 15
壊死(necrosis) 303
SRP 受容体(SRP receptor) 112
Sf9 細胞(Sf9 cell) 15
S 期(S phase) 283
S 期チェックポイント(intra-S-phase checkpoint) 296
SQ モチーフ(SQ motif) 293
エスコートタンパク質(escort protein) 124
SDS-ポリアクリルアミドゲル電気泳動 (SDS-polyacrylamide gel electrophoresis, SDS-PAGE) 13
エストラジオール(estradiol) 238
エストロゲン受容体(estrogen receptor) 240
エズリン(ezrin) 85, 199
A 帯(A band) 62
N-エチルマレイミド感受性因子(N-ethylmaleimide sensitive factor) 123
X 染色体性アドレノロイコジストロフィー (X-linked adrenoleukodystrophy, X-ALD) 4, 151
エッジ効果(edge effect) 6
HMG タンパク質(high-mobility group of protein) 164
H_1 受容体(H_1 receptor) 246
H_2 受容体(H_2 receptor) 247
H_3 受容体(H_3 receptor) 247
H_4 受容体(H_4 receptor) 247
H 帯(H band) 62
ATR (ATM and Rad3 related) 293
ATM (ataxia telangiectasia mutated) ——と癌 298
ATP (アデノシン 5'-三リン酸) 254
ATP アーゼ(ATPase) 50
ATP 結合カセット(ATP-binding cassette, ABC) 36
ATP 合成(ATP synthesis) 4
ATP 合成酵素(ATP synthase) 4, 143
ATP 産生(ATP production) 138
A23187 51
NADH—ユビキノンオキシドレダクターゼ複合体(NADH—ubiquinone oxidoreductase complex) 140
N 結合型(N-linked) 118

N 結合型オリゴ糖鎖(N-linked oligosaccharide) 125
N 結合型糖鎖付加(N-linked glycosylation) 118
N-プロペプチド(N-propeptide) 225
AP-3 複合体(AP-3 complex) 131
エピトープ(epitope) 9
エピトープタグ法(epitope tagging) 10
エピネフリン(epinephrine) 238
F アクチン(F-actin) 63
FRS2-Ras-MAPK 経路 259
エフェクター (effector) 291
エフェクターカスパーゼ(effector caspase) 308, 309
Fab ドメイン(Fab domain) 8
Fc ドメイン(Fc domain) 8
FGF シグナル伝達経路(FGF signal transduction pathway) 259
FGF 受容体(FGF receptor, FGFR) 260
M-R-N 複合体(M-R-N complex) 294
MS/MS 分析(MS/MS analysis) 176
M 線(M line) 62
エーラース・ダンロス症候群(Ehlers-Danlos syndrome) 226
エラスチン(elastin) 228
エリスロポエチン(erythropoietin) 238, 243
LH 放出ホルモン(LH-releasing hormone, LRH) 238
L セレクチン(L-selectin) 200
LDL (低密度リポタンパク質) 132, 133
LDL 受容体(LDL receptor) 132
塩基除去修復(base excision repair) 163
塩基配列決定(sequencing) 171
エンケファリン(enkephalin) 254
炎症性腸疾患(inflammatory bowel disease) 202
炎症性メディエーター (inflammatory mediator) 217
炎症反応(inflammatory response) 216
遠心分離法(centrifugation) 25
エンタクチン(entactin) 230
エンドクリン(endocrine) 237
エンドサイトーシス(endocytosis) 4, 32, 33, 104, 131
エンドソーム(endosome) 104, 131, 134
エンハンサー配列(enhancer sequence) 185

お

横行管(transverse tubule) 71
黄色蛍光タンパク質(yellow fluorescent protein, YFP) 15
黄体形成ホルモン(leuteinizing hormone, LH) 238
横紋筋(striated muscle) 72
岡崎フラグメント(Okazaki fragment) 161
オキシトシン(oxytocin) 238
オクルーディン(occludin) 203
O 結合型(O-linked) 125
O 結合型糖鎖(O-linked carbohydrate) 125
オステオポンチン(osteopontin) 200
オスモル濃度(osmolar concentration) 46
オートクリン(autocrine) 237

和文索引

オートファジー(autophagy) 4, 135, 303
オートファジー細胞死(autophagic cell death) 303
オピオイド受容体(opioid receptor) 255
オーファン受容体(orphan receptor) 239
オリゴデンドロサイト(oligodendrocyte) 58
オリゴ糖タンパク質転移酵素(oligosaccharide protein transferase) 118
オリゴヌクレオチド(oligonucleotide) 173
オルタナティブスプライシング(alternative splicing) 190
オーロラキナーゼ(aurora kinase) 297
オワンクラゲ(*Aequorea victoria*) 15

か

外因経路(extrinsic pathway) 310
開口角(angular aperture) 6
開口数(numerical aperture) 6, 7
開始因子(initiation factor) 179
開始コドン(initiation codon) 180
開始tRNA(initiator tRNA) 180
開始複合体(initiation complex) 160
回折(diffraction) 6
解糖経路(glycolytic pathway) 139
外胚葉(ectoderm) 220
外膜(outer membrane) 138
化学シナプス(chemical synapse) 250
化学浸透共役(chemiosmotic coupling) 138, 140
架橋相互作用(cross-bridge interaction) 69
核(nucleus, *pl.* nuclei) 1, 25, 106, 152
核移行シグナル(nuclear localization sequence/signal, NLS) 154
核局在化シグナル(nuclear localization signal) 155
核孔(nuclear pore) 104
拡散定数(diffusion coefficient) 44
核質(nucleoplasm) 106
核小体(nucleolus) 1, 2, 106, 168
核小体形成部位(nucleolar organizing region, NOR) 168
核内受容体(nuclear receptor) 239
核内受容体スーパーファミリー(nuclear receptor superfamily) 239
核の外膜(outer nuclear membrane) 152
核の内膜(inner nuclear membrane) 152
核分裂(karyokinesis) 288
核膜(nuclear envelope, nuclear membrane) 104, 106, 107, 152
——細胞構造と 153
核膜間腔(perinuclear space) 107, 152
核膜孔(nuclear pore) 104, 152
——の開閉 21
核膜孔複合体(nuclear pore complex) 1, 153
核膜孔膜(pore membrane) 152
核マトリックス(nuclear matrix) 106, 152, 158
核ラミナ(nuclear lamina) 106, 155
カーゴ(cargo) 121
過酸化水素(hydrogen peroxide) 4, 149
下垂体ホルモン(pituitary hormone) 241
加水分解酵素(hydrolytic enzyme) 4

カスパーゼ(caspase) 5, 308
カスパーゼ阻害(caspase inhibition) 311
家族性高コレステロール血症(familial hypercholesterolemia) 132
家族性低マグネシウム血症(familial hypomagnesia) 203
カタストロフィン(catastrophin) 99, 101
カタニン(katanin) 97
カタラーゼ(catalase) 4, 150
活性クロマチン(active chromatin) 185
活性酸素種(reactive oxygen species, ROS) 32
活動電位(action potential) 55, 56
滑面小胞体(smooth endoplasmic reticulum, SER) 3, 104, 107, 108
カテニン → αカテニン, βカテニン
カドヘリン(cadherin) 197
過分極(hyperpolarization) 55
カベオラ(caveola, *pl.*caveolae) 3
カベオリン(caveolin) 131
鎌状赤血球(sickle cell) 88
鎌状赤血球症(sickle cell disease) 43, 44
鎌状赤血球貧血(sickle cell anemia) 43, 171
可溶性免疫グロブリン(soluble immunoglobulin) 8
カラムクロマトグラフィー(column chromatography) 12
K^+漏えいチャネル(K^+ leak channel) 53
カルシウム(calcium) 108
カルシウムイオノホア(calcium ionophore) 51
Ca^{2+}/カルモジュリン依存性キナーゼ(calcium/calmodulin-regulated kinase, CaMK) 279
Ca^{2+}/カルモジュリン依存性キナーゼⅡ(calcium/calmodulin-regulated kinaseⅡ, CaMKⅡ) 266
カルシウム/カルモジュリン・シグナル伝達経路(calcium/calmodulin signal transduction pathway) 278
カルシウム調節(calcium regulation)
  骨格筋収縮の—— 70
カルシウムポンプ(calcium pump) 51
カルジオリピン(cardiolipin) 138
カルシニューリン(calcineurin) 279
カルシニューリン-NFAT経路(calcineurin-NFAT pathway) 280
カルセケストリン(calsequestrin) 71
カルデスモン(caldesmon) 78
カルネキシン(calnexin) 119
カルモジュリン(calmodulin) 76, 278
カルレティキュリン(calreticulin) 119
癌(cancer) 283
癌遺伝子(oncogene) 284
ガングリオシド(ganglioside) 110
癌原遺伝子(protooncogene) 116, 284
肝硬変(liver cirrhosis) 36
幹細胞(stem cell) 216
癌細胞(cancer cell) 24
眼歯指形成異常症(oculodentodigital dysplasia) 211
干渉(diffraction) 6
関節(joint) 228
冠動脈血栓(coronary thrombosis) 233
γチューブリン(γ-tubulin) 96

γチューブリンリング複合体(γ-tubulin ring complex) 96
癌抑制遺伝子産物(tumor suppressor) 284

き

キアズマ(chiasma) 292
奇異性塞栓症(paradoxical embolus) 282
機械受容チャネル(mechanosensitive channel) 53
基底小体(basal body) 99
基底板(basal lamina) 224
基底膜(basement membrane) 229
——の主要成分 229
——の分子組成 230
基底膜コラーゲン(basement-membrane collagen) 224
キネシン(kinesin) 5, 98
キネシン関連タンパク質(kinesin-related protein, KRP) 98
キネトコア(kinetochore) 160, 289
キーホールリンペットヘモシアニン(keyhole limpet hemocyanin) 10
基本インポート孔(general import pore) 147
基本プロモーター配列(basal promoter sequence) 185
ギムザ染色(Giemsa-staining) 167
逆行性輸送(retrograde transport) 105, 126
逆行性輸送選別シグナル(retrograde sorting signal) 127
キャップ(cap) 188
ギャップ結合(gap junction) 53, 73, 201, 209, 250
——の分子構造と機能 210
ギャップジャンクション(gap junction) 201
キャップZ(Cap Z) 67
キャリヤータンパク質(carrier protein) 148
球状赤血球症(spherocytosis) 87
9+2(nine-plus-two)の構造 99
共役輸送(coupled transport) 50
共輸送(symport) 50
極性(polarity) 203
極性細胞(polarized cell) 104
筋萎縮性側索硬化症(amyotrophic lateral sclerosis, ALS) 319
筋外膜(epimysium) 62
筋細胞(muscle cell) 54
筋収縮(muscle contraction) 68
筋周膜(perimysium) 62
筋小胞体(sarcoplasmic reticulum, SR) 3, 71
筋線維束(fasciculus) 62
筋線維内鞘(endomysium) 62
筋肉組織(muscle tissue) 60
筋膜接着(fascia adherens) 73, 204

く

グアニンヌクレオチド交換因子(guanine nucleotide exchange factor, GEF) 122, 260

和文索引

く

グアノシントリホスファターゼ（guanosine triphosphatase） 204
クエン酸回路（citric acid cycle） 4, 138, 141
グッドパスチャー症候群（Goodpasture syndrome） 230
組換え DNA（recombinant DNA） 169
組換え DNA 技術（recombinant DNA technology） 168
組み手構造（intercalated disk） 72
クライシス（crisis） 23
クラススイッチ（class switching） 9
クラスリン（clathrin） 3, 130
クラスリン依存性エンドサイトーシス（clathrin-dependent endocytosis） 132, 133
クラスリン非依存性エンドサイトーシス（clathrin-independent endocytosis） 131
クラスリン被覆小孔（clathrin-coated pit） 3, 132
クラスリン被覆小胞（clathrin-coated vesicle） 3
グラミシジン A（gramicidin A） 51
グランザイム B（granzyme B） 311
グランツマン血小板無力症（Glanzmann thrombasthenia） 218
グリア細胞（glial cell） 58
グリア線維性酸性タンパク質（glial fibrillary acidic protein, GFAP） 92
グリコーゲン（glycogen） 107
グリコーゲン蓄積症（glycogen storage disease） 107
グリコサミノグリカン（glycosaminoglycan, GAG） 226
N-グリコシド結合（N-glycoside linkage） 40
O-グリコシド結合（O-glycoside linkage） 40
グリコシルホスファチジルイノシトールアンカー（glycosylphosphatidylinositol anchor） 117
グリコシルホスファチジルイノシトール（GPI）アンカー型タンパク質（glycosylphosphatidylinositol-anchored protein） 39
グリコホリン A（glycophorin A） 38
グリシン（glycine） 254
クリステ（cristae） 4, 138
クリスマスツリー（Christmas tree） 183
グリセロリン脂質（glycerophospholipid） 30
グルカゴン（glucagon） 238
グルココルチコイド（glucocorticoid） 239
グルココルチコイド受容体（glucocorticoid receptor） 240
グルコーストランスポーター（glucose transporter） 49
グルコース-Na$^+$共輸送タンパク質（glucose-Na$^+$ symport protein） 50
グルコース-6-ホスファターゼ（glucose-6-phosphatase） 107
"グルタチオン S-トランスフェラーゼ"タグ（"glutathione S-transferase" tag） 11, 15
ε-（γ-グルタミル）リシン結合（ε-（γ-glutamyl）lysine bond） 231
グルタミン酸（glutamic acid） 254
クレブス回路（Krebs cycle） 138
CREB タンパク質（cAMP response element binding protein） 316
クローディン（claudin） 203
クロマチン（chromatin） 106, 164, 165

け

Kearns-Sayre 症候群（Kearns-Sayre syndrome, KSS） 145
蛍光活性化セルソーター（fluorescence-activated cell sorter, FACS） 24
蛍光共鳴エネルギー移動（fluorescence resonance energy transfer, FRET） 15, 16
蛍光顕微鏡（fluorescence microscope） 7, 8
蛍光退色（fluorescence bleaching） 39
軽鎖（light chain） 8
形質細胞（plasma cell） 9
形質膜（plasma membrane） 5, 104
係留（tethering） 122, 123
係留線維（anchoring filament） 211
KKXX 配列（KKXX sequence） 127
血液凝固（blood clot） 218
血管拡張（vasodilation） 248
血管細胞接着分子（vascular cell adhesion molecule, VCAM） 199
血管新生（angiogenesis） 230
血管内皮カドヘリン（vascular endothelial (VE)-cadherin） 231
血管内皮成長因子（vascular endothelial growth factor, VEGF） 243, 244
血小板（blood platelet） 218
——の接着 217
血小板活性化（platelet activation） 37
血小板由来成長因子（platelet-derived growth factor, PDGF） 243, 244, 245
血清（serum） 22
血栓（thrombus） 231
KDEL 配列（KDEL sequence） 127
ゲーティング（gating） 52
ゲート機能（gate function） 202
解毒酵素（detoxifying enzyme） 3
ゲノミクス（genomics） 27, 168
ケモカイン（chemokine） 217
ケモタキシス（chemotaxis） 217
ケラタン硫酸（keratan sulfate） 226
ケラチノサイト（keratinocyte） 196
ケラチン（keratin） 5, 211
ケラチンフィラメント（keratin filament） 92
ゲラニル基（geranyl group） 116
ゲルゾリン（gelsolin） 81
ゲル沪過クロマトグラフィー（gel-filtration chromatography） 11, 12
腱（tendon） 225
原子間力顕微鏡（atomic force microscope, AFM） 5, 20
減数分裂（meiosis） 291
減数分裂組換え（meiotic recombination） 292
原腸形成（gastrulation） 220
顕微鏡（microscope） 5, 40

こ

コアタンパク質（core protein） 228
高移動度群タンパク質（high-mobility group of protein） 164
光学顕微鏡（light microscope） 5, 6, 7
後期（anaphase） 289
後期エンドソーム（late endosome） 3, 104, 131, 132
後期促進複合体（anaphase-promoting complex, APC） 286, 297
抗原（antigen） 8
甲状腺刺激ホルモン（thyroid-stimulating hormone, TSH） 238
甲状腺ホルモン受容体（thyroid hormone receptor） 240
構成性分泌（constitutive secretion） 128, 129
合成培地（synthetic medium） 23
高速化学シナプス伝達（fast chemical synaptic transmission） 255
酵素結合型受容体（enzyme-linked receptor） 245
酵素補充療法（enzyme replacement therapy） 136
抗体（antibody） 8
好中球（neutrophil） 231
高張（hypertonic） 47
興奮性シナプス後電位（excitatory postsynaptic potential, EPSP） 256
抗ペプチド抗体（antipeptide antibody） 10
高密度構造（dense body） 74
抗利尿ホルモン（antidiuretic hormone, ADH） 238
極長鎖脂肪酸（very long chain fatty acid） 150
ゴーシェ病（Gaucher's disease） 136
骨格筋（skeletal muscle） 61, 62
骨形成タンパク質（bone morphogenic protein, BMP） 243, 262
骨形成不全症（osteogenesis imperfecta） 226
骨髄腫細胞（myeloma cell） 10
COP I コート（COP I coat） 127
COP I 被覆小胞（COP I -coated vesicle） 127
COP II 被覆小胞（COP II -coated vesicle） 124
コート（coat） 121
コートマー（coatomer） 127
コドン（codon） 159, 179
コネキシン（connexin） 209
コネクソン（connexon） 209
コネクチン（connectin） 67
コハク酸—ユビキノンオキシドレダクターゼ複合体（succinate — ubiquinone oxidoreductase complex） 140
コフィリン（cofilin） 81
コラーゲン（collagen） 224
コラーゲンドメイン（collagenous domain） 225
ゴルジ-細胞膜間輸送体（Golgi to plasma membrane carrier, GPC） 226
ゴルジ装置（Golgi apparatus） 3, 104

和文索引

ゴルジ体(Golgi body)　3, 104, 124, 125, 226
　　──における逆行性輸送　126
　　──における順行性輸送　128
ゴルジ複合体(Golgi complex)　104
コルチゾール(cortisol)　238
ゴールド(gold)
　　コロイド状(colloidal gold)──　18
ゴールドマン式(Goldman equation)　55
コルヒチン(colchicine)　93
コレシストキニン(cholecystokinin, CCK)　254
コレステロール(cholesterol)　30, 38
コレステロール合成(cholesterol synthesis)　110
コロイデレミア(choroideremia)　122
コロニー刺激因子(colony-stimulating factor, CSF)　243, 245
昆虫バキュロウイルス(*Autographa californica*)　15
コンドロイチン硫酸(chondroitin sulfate)　226
コンパクション(compaction)　219

さ

サイクリック AMP(cyclic AMP, cAMP)　275
サイクリン(cyclin)　283〜285
サイクリン依存性キナーゼ(cyclin-dependent kinase, CDK)　283, 285
サイクリン D1(cyclin D1)　297
再生医療(regenerative medicine)　182
サイトカラシン(cytochalasin)　83
サイトメトリー(cytometry)　25
細胞運動(cell motility)　81
細胞外シグナル調節キナーゼ(extracellular signal-regulated kinase, ERK)　316
細胞外マトリックス(extracellular matrix, ECM)　104, 196, 224, 245
細胞外マトリックスタンパク質(extracellular matrix protein)　22
細胞株(cell strain)　23, 24
細胞間結合(intercellular junction)
　　──と結合複合体　201
細胞間シグナル伝達(intercellular signaling)　235
　　──の一般的な仕組み　237
細胞間接着分子(intercellular adhesion molecule, ICAM)　199
細胞-基質間結合(cell-substratum adhesion)　196
細胞骨格(cytoskeleton)　5, 60
細胞骨格線維(cytoskeletal filament)
　　──の低温電子顕微鏡像　19
細胞-細胞間接着(cell-cell adhesion)　196
細胞-細胞間の連絡(cell-cell communication)　209
細胞死受容体依存的経路(death receptor-mediated pathway)　310
細胞質(cytoplasm)　5
細胞質ゾル(cytosol)　5, 104
細胞質微小管(cytoplasmic microtubule)　94, 97

細胞質分裂(cytokinesis)　288, 290
細胞周期(cell cycle)　160, 283
　　──の異常と癌　297
細胞周期チェックポイント(cell-cycle checkpoint)　290
細胞小器官(organelle)　1, 104
　　──の全体像　105
細胞接着(cell adhesion)　196
　　上皮における──　215
細胞接着受容体(cell adhesion receptor)　197
細胞接着分子(cell adhesion molecule, CAM)　197
細胞選別(cell sorting)　41
細胞内 Ca^{2+} プール(intracellular Ca^{2+} pool)　3
細胞内構造(cell substructure)　1
細胞内受容体(intracellular receptor)　235, 239
細胞培養(cell culture)　22
細胞破砕(cell disruption)　25
細胞表面受容体(cell-surface receptor)　235, 239
細胞表面免疫グロブリン M(surface immunoglobulin M)　8
細胞分画法(subcellular fractionation)　22, 25
細胞膜(cell membrane)　5, 104
　　──の全体像　105
細胞-マトリックス間結合(cell-matrix adhesion)　196
細胞老化(cellular senescence)　23
サイモシン(thymosin)　81
サザンハイブリダイゼーション(Southern hybridization)　169
サザンブロット解析(Southern blotting)　170
左右非対称性(left-right asymmetry)　264
サルコメア(sarcomere)　62
サルコメア単位(sarcomere unit)　67
Ⅲ型タンパク質(type Ⅲ protein)　114
Ⅲ型フィブロネクチン(fibronectin type Ⅲ)　229
Ⅲ型膜貫通タンパク質(type Ⅲ membrane protein)　115
酸化的リン酸化(oxidative phosphorylation)　4, 137, 138
酸化的リン酸化系(oxidative phosphorylation system)　142
三次元像(three-dimensional image)　19
　　低温電子顕微鏡による──　19
三重らせん(triple helix)　225
酸性加水分解酵素(acid hydrolase)　135
3T3 細胞系(3T3 cell line)　24

し

G アクチン(G-actin)　63
ジアシディックシグナル(diacidic signal)　124
ジアシルグリセロール(diacylglycerol, DAG)　275
シアン蛍光タンパク質(cyan fluorescent protein, CFP)　15

CAAT ボックス(CAAT box)　186
"GST"タグ("GST" tag)　11, 15
Gli 転写因子(Gli transcription factor)　268
Cl^- トランスポーター(chloride transporter)　120
視蓋(optic tectum)　221
視覚皮質(visual cortex)　221
色素性乾皮症(xeroderma pigmentosa)　162
軸糸(axoneme)　100
時空間的加重(spatiotemporal summation)　256
シークエンシング(sequencing)　171
軸索(axon)　56
軸索小丘(axon hillock)　56
ジクシン(zyxin)　213
シグナルアンカー配列(signal-anchor sequence)　115
シグナル仮説(signal hypothesis)　110
シグナル伝達(signal transduction)　258
シグナル伝達経路(signal transduction pathway)　258
シグナル認識粒子(signal recognition particle, SRP)　3, 111
シグナル配列(signal sequence)　3, 111
シグナルペプチダーゼ(signal peptidase)　111, 114
シグナルペプチド(signal peptide)　111
シクロオキシゲナーゼ(cyclooxygenase)　250
ジゴキシン(digoxin)　51
死後硬直(rigor mortis)　69
自己分泌(autocrine)　237
四酸化オスミウム(osmium tetraoxide)　18
GGA コート(GGA coat)　131
脂質(lipid)　30
脂質代謝(lipid metabolism)　3
脂質二重層(lipid bilayer)　29
脂質メディエーター(lipid mediator)　34
脂質ラフト(lipid raft)　4, 131
糸状仮足(filopodium, *pl.* filopodia)　82, 214
視床下部-下垂体軸(hypothalamic-pituitary axis)　242
自食(self-eating)　135
シスゴルジ網(cis-Golgi network, CGN)　3, 104, 125
シス槽(cis cisterna)　3
システム生物学(systems biology)　27
ジストロフィン(dystrophin)　90, 169
G タンパク質(G-protein)　34, 204, 275
G タンパク質共役型受容体(G-protein-coupled receptor, GPCR)　34, 275
　　──と高速シナプス伝達　255
G_2/M チェックポイント(G_2/M checkpoint)　296
G_2 期(gap 2-period)　283
実行カスパーゼ(executioner caspase)　309
質量分析法(mass spectrometry)　27
CDK 活性化キナーゼ(CDK-activating kinase, CAK)　286
CDK 阻害タンパク質(CDK inhibitor, CKI)　286
CDC 遺伝子群(cell division cycle genes)　283
Cdc25 ホスファターゼ(Cdc25 phosphatase)　286
Cdc42 タンパク質(Cdc42 protein)　91, 213

和文索引

GTP/GDPサイクル（GTP/GDP cycle）　122
GTPタンパク質（GTP-binding protein）　34
ジデオキシチェインターミネーション法
　　（dideoxynucleotide chain termination method）　171
シトクロム c（cytochrome c）　4, 311
シトクロム c オキシダーゼ複合体
　　（cytochrome c oxidase complex）　140
シトクロム b–c_1 複合体（cytochrome b–c_1 complex）　140
シトクロム P450（cytochrome P450）　109, 175
シナプス（synapse）　53, 250
シナプス間隙（synaptic cleft）　252
シナプスシグナル伝達（synaptic signaling）　237
シナプス小胞（synaptic vesicle）　255
シナプスボタン（synaptic bouton）　251
シナプトネマ構造（synaptonemal complex）　292
Gバンド核型（G-binding karyotype）　167
Gバンドパターン（G banding）　166
GPI（グリコシルホスファチジルイノシトール）アンカー（GPI anchor）　117, 199
GPIアンカー型タンパク質（GPI-anchored protein）　39
ジヒドロピリジン感受性受容体
　　（dihydropyridine-sensitive receptor, DHSR）　71
ジフェンヒドラミン塩酸塩
　　（diphenhydramine hydrochloride）　246
C-プロペプチド（C-propeptide）　225
Cペプチド（C peptide）　193
シメチジン（cimetidine）　246
ジメンヒドリナート（dimenhydrinate）　246
ジャクスタクリン（juxtacrine）　237
Jak-STAT経路（Jak-STAT pathway）　262, 277
シャペロン（chaperone）　118
ジャンクション（junction）　201
ジャンクション複合体（junctional complex）　201
終期（telophase）　289
集光性（light-gathering property）　6
重鎖（heavy chain）　8
終止コドン（termination codon）　180
収縮（contraction）
　　筋肉の―　68
収縮環（contractile ring）　78
重症筋無力症（myasthenia gravis）　253
収束（convergence）
　　神経伝達物質の―　256
修復複合体（repair complex）　163
終末槽（terminal cisternae）　71
終末網（terminal web）　80
終末嚢（terminal sac）　71
樹状突起（dendrite）　55
受精（fertilization）　135
出芽（budding）
　　ウイルスの―　134
　　小胞の―　121, 122
出芽酵母（Saccharomyces cerevisiae）　283
受動輸送（passive transport）　5, 49
授乳（lactation）　223

腫瘍壊死因子（tumor necrosis factor, TNF）　243
腫瘍増殖（tumor growth）　230
受容体（receptor）　235
受容体依存性エンドサイトーシス（receptor-mediated endocytosis）　3, 132
受容体型チロシンキナーゼ（receptor tyrosine kinase）　259, 315
樹立細胞系（established cell line）　23, 24
シュワン細胞（Schwann cell）　58
シュワン鞘（Schwann cell sheath）　252
順行性輸送（anterograde transport）　105, 128
脂溶性ホルモン（lipophilic hormone）　239
上皮（epithelium）　214
上皮間葉転換（endothelial-to-mesenchymal transformation, EMT）　270
上皮細胞（endothelial cell）　216
　　―のバリアー機能　202
上皮細胞カドヘリン（epithelial cadherin）　197
上皮細胞間抵抗（transepithelial resistance）　202
上皮成長因子（epidermal growth factor, EGF）　237, 243
小胞（vesicle）
　　―の輸送　98
小胞シャトルモデル（vesicle shuttle model）　128
小胞小管コンパートメント（vesicular tubular compartment, VTC）　125
小胞体（endoplasmic reticulum, ER）　3, 104, 107, 118, 124, 225
小胞体関連分解（ER-associated degradation, ERAD）　119
小胞融合（vesicle fusion）　122
小胞輸送（vesicular traffic）　121, 124
静脈炎（phlebitis）　233
静脈血栓症（phlebothrombosis）　233
初期エンドソーム（early endosome）　3, 104, 132
食作用（phagocytosis）　131, 135
処刑カスパーゼ（executioner caspase）　309
初代細胞（primary cell）　24
G_1/Sチェックポイント（G_1/S checkpoint）　295
G_1期（gap 1-period）　283
心筋組織（myocardial tissue）　72
ジンクフィンガー（zinc finger）　185
神経栄養因子（neurotrophin）　243, 306
神経栄養因子受容体（neurotrophin receptor）　307
神経冠（neural crest）　220
神経筋接合部（neuromuscular junction）　53, 251
神経細胞（neuron）　54, 56
神経細胞接着分子（neural cell adhesion molecule, NCAM）　198
神経成長因子（nerve growth factor, NGF）　243, 244, 306
神経線維腫症（neurofibromatosis）　85
神経伝達物質（neurotransmitter）　53, 250
　　―とその受容体　254
神経板（neural plate）　204
神経ペプチド（neuropeptide）　254

神経変性疾患（neurodegenerative disease）　319
進行性外眼筋麻痺（progressive external ophthalmoplegia, PEO）　145
シンシチウム（syncytium）　251
浸潤（invasion）　222
尋常性天疱瘡（pemphigus vulgaris）　209
心臓ゼリー（cardiac jelly）　270
心臓発生（heart development）　270
シンデカン（syndecan）　228
浸透（osmosis）　46
浸透圧（osmotic pressure）　46
浸透圧定数（osmotic coefficient）　46
心内膜床（cardiac cushion）　270
真皮（dermis）　224
心肥大症（myocardial hypertrophy）　280
真皮-表皮結合（dermal-epidermal junction）　211
深部静脈血栓症（deep vein thrombosis）　282
心房中隔欠損症（atrial septal defect, ASD）　272

す

スタスミン（stathmin）　97
ステロイドホルモン（steroid hormone）　273
ステロイドホルモン受容体（steroid hormone receptor）　273, 274
ストレスファイバー（stress fiber）　79, 213
スフィンゴミエリン（sphingomyelin, SM）　30, 36
スプライソソーム（spliceosome）　189
スペクトリンⅠ（spectrin Ⅰ）　85
スペクトリン超遺伝子ファミリー（spectrin supergene family）　90
スペクトリンⅡ（spectrin Ⅱ）　80, 89
スペクトリン膜骨格（spectrin membrane skeleton）　83, 85
スベドベリ単位（svedberg unit）　27
滑り説（sliding filament model）　68
スポーク（spoke）　152
スポークタンパク質（spoke protein）　99
ずり応力（shear force）　232

せ

生検（biopsy）
　　ヒト染色体の―　22
制限酵素（restriction enzyme, restriction nuclease）　168
精原細胞（spermatogonium）　292
制限断片（restriction fragment）　169
制限断片長多型（restriction fragment length polymorphism, RFLP）　169
制限地図（restriction map）　169
青色蛍光タンパク質（blue fluorescent protein, BFP）　15
生存因子（survival factor）　243
生体外（ex vivo）　194
生体内（in vivo）　194

和文索引

生体膜(biological membrane) 29
生体膜輸送(transport across biological membranes) 45
成長因子(growth factor) 22, 243, 260
成長因子ファミリー(growth factor family) 243
成長円錐(growth cone) 81
成長ホルモン(growth hormone, GH) 238, 242
成長ホルモン放出ホルモン(growth hormone releasing hormone, GHRH) 238
セカンドメッセンジャー(second messenger) 278
赤色蛍光タンパク質(red fluorescent protein, RFP) 15
赤色ぼろ線維・ミオクローヌスてんかん症候群(myoclonic epilepsy and ragged-red fiber disease, MERRF) 147
赤血球(red blood cell) 41
赤血球膜(red blood cell membrane) 39
接触阻害(contact inhibition) 221
　　細胞運動の―― 222
接着結合(adherens junction) 201, 204
　　――の機能 204
　　――の分子構造 205
接着帯(zonula adherens) 201, 204
接着斑(macula adherens) 73, 201
接着斑(focal contact, focal adhesion, adhesion plaque) 79, 213
接着斑キナーゼ(focal adhesion kinase, FAK) 213
接着複合体(focal complex) 213
Z線(Z line) 62
Z板(Z disk) 62
セラミド(ceramide) 32, 34, 110
セリン/トレオニンキナーゼ受容体(serine/threonine kinase receptor) 262
セルソーター(cell sorter) 41
セルソーティング(cell sorting) 25
セレクチン(selectin) 200
セロトニン(serotonin) 254, 255
線維芽細胞(fibroblast) 23
線維芽細胞成長因子(fibroblast growth factor, FGF) 228, 243～245, 260
線維形成コラーゲン(fibrillar collagen) 224
　　――の縞模様 225
線維素溶解(fibrinolysis) 231
前期(prophase) 289
染色体(chromosome) 1, 159
選択的スプライシング(alternative splicing) 190
選択透過性(selective permeability) 44
線虫(Caenorhabditis elegans) 307
前中期(prometaphase) 289
セントロメア(centromere) 160, 289
全脈絡膜萎縮(choroideremia) 122
繊毛(cillium, pl.cilia) 99

そ

走化性(chemotaxis) 217
造血成長因子(hematopoietic growth factor) 243

走査型電子顕微鏡(scanning electron microscope) 17, 19
桑実胚(blastocyst) 220
増殖因子(growth factor)→成長因子
増殖の接触阻止(contact inhibition of growth) 23
槽成熟モデル(cisternal progression model) 128
相同組換え(homologous recombination) 178
束一性(colligative property) 46
促進拡散(facilitated diffusion) 5, 48
側底膜(basolateral membrane) 104
組織の弾性(tissue elasticity) 228
組織プラスミノーゲンアクチベーター(tissue plasminogen activator, t-PA) 232, 318
疎水効果(hydrophobic effect) 29, 30
疎水的ドメイン(hydrophobic domain) 228
ソーティングシグナル(sorting signal) 122
ソマトスタチン(somatostatin) 238
粗面小胞体(rough endoplasmic reticulum, RER) 3, 104, 107, 108, 110

た

対向輸送(antiport) 50
体細胞高頻度変異(somatic hypermutation) 9
大腸菌発現系(Escherichia coli expression system) 15
タイチン(titin) 67
大動脈(aorta) 228
タイトジャンクション(tight junction) 201
　　――の構造と機能 203
　　――の超微細構造 202
ダイナクチン(dynactin) 99
ダイニン(dynein) 5, 99
ダイニン腕(dynein arm) 100
ダイノルフィン(dynorphin) 254
胎盤(placenta) 220
タイプ1細胞死(type 1 cell death) 303
タイプ2細胞死(type 2 cell death) 303
タイプ3細胞死(type 3 cell death) 303
タイレノール(Tylenol) 250
タウタンパク質(tau protein) 97
ダウンスホモジェナイザー(Dounce homogenizer) 25
多価不飽和脂肪酸(polyunsaturated fatty acid) 32
タガメット(Tagamet) 246
タキソール(Taxol) 94
多クローン抗血清(polyclonal antiserum) 9, 15
ターゲッティング(targeting) 121, 122
　　遺伝子―― 178
多剤耐性(multidrug resistance, MDR) 36
多剤耐性ATPアーゼ(multidrug resistance transporting ATPase) 36
TATAボックス(TATA box) 186
脱顆粒(degranulation) 247
脱チロシン(detyrosination) 97
脱分極(depolarization) 55

タバコラトルウイルス(tabacco rattle virus) 18
多発性硬化症(multiple sclerosis) 58
WD40リピート(WD40 repeat) 311
多胞エンドソーム(multivesicular endosome) 134
多胞体(multivesicular body) 3, 134
単球(monocyte) 231
単クローン抗体(monoclonal antibody) 10, 15
単純性表皮水疱症(epidermolysis bullosa simplex) 5
弾性線維(elastic fiber) 228
弾性ネットワーク(elastic network) 231
断層面像(tomography) 19
　　低温電子顕微鏡による―― 19
タンパク質(protein)
　　――の精製 11
　　――の糖鎖付加 117
タンパク質合成(protein synthesis) 2
タンパク質発現ベクター(protein-expression vector) 15
タンパク質プロファイリング(protein profiling) 176
タンパク質分解(protein degradation) 136

ち, つ

CHEK1 294
　　――と癌 299
CHEK2 294
　　――と癌 300
チェックポイント(checkpoint) 284, 290
チェックポイントキナーゼ(checkpoint kinase)
　　――と癌 299
緻密帯(lamina densa) 230
チャネル(channel) 5, 51
中間径フィラメント(intermediate filament, IF) 5, 60, 92, 206
中間槽(medial cisterna) 3
中期(metaphase) 289
中心小体(centriole) 5
中心体(centrosome) 5, 95
中枢神経系(central nervous system)
　　――におけるシナプス伝達 256
中胚葉(mesoderm) 220
チューブリン(tubulin) 5, 95
長鎖脂肪酸(long chain fatty acid) 4
調節性分泌(regulated secretion) 128, 129
調節タンパク質(modulator protein) 76
頂膜(apical membrane) 104
チロキシン(thyroxine, T_4) 238, 239
チログロブリン(thyroglobulin) 239
チロシンキナーゼ(tyrosine kinase) 213, 259
チングリン(cingulin) 204
沈降係数(sedimentation coefficient) 27
沈降速度法(velocity sedimentation) 25
対形成(pairing) 173
ツェルベーガー症候群(Zellweger syndrome) 4, 151

積み荷(cargo) 121

て

TSH 放出ホルモン(TSH-releasing hormone, TRH) 238
DNA グリコシラーゼ(DNA glycosylase) 163
DNA クローニング(DNA cloning) 169
DNA 修復(DNA repair) 162
DNA 損傷チェックポイント(DNA damage checkpoint) 290
DNA の不変性(constancy of DNA) 181
DNA 複製開始点(DNA replication origin) 159
DNA 複製起点(DNA replication origin) 159
DNA ポリメラーゼ(DNA polymerase) 160
低温電子顕微鏡(cryoelectron microscope) 17
低温電子顕微鏡法(cryoelectron microscopy) 19
T 管(T tubule) 62, 71
TQ モチーフ(TQ motif) 293
T 細胞因子／白血病促進因子(T-cell factor/leukemia enhancer factor, TCF/LEF) 205
T 細胞前リンパ球性白血病(T-prolymphocytic leukemia, T-PLL) 299
テイ・サックス病(Tay-Sachs disease) 136
停止コドン(stop codon) 180
低速シナプス伝達(slow synaptic transmission) 255
低張(hypotonic) 47
ディープエッチング(deep etching) 19
低分子量 GTP アーゼ(small GTPase) 204, 213
低分子量 GTP 結合タンパク質(small GTP-binding protein) 116, 122, 124, 132, 213
低密度リポタンパク質(low-density lipoprotein, LDL) 132, 133
低密度リポタンパク質受容体関連タンパク質(low-density lipoprotein receptor-related protein, LRP) 266
Tim タンパク質(Tim protein) 148
TIM22 複合体(TIM22 complex) 148
TIM23 複合体(TIM23 complex) 147
デオキシリボ核酸(deoxyribonucleic acid, DNA) 152
デコリン(decorin) 228
デス受容体(death receptor) 310
デス受容体依存的経路(death-receptor-mediated pathway) 310
テストステロン(testosterone) 238
デスドメイン(death domain) 310
デスドメイン含有 Fas 結合タンパク質(Fas-associating protein with death domain, FADD) 310
デスミン(desmin) 5, 92
デスモグレイン(desmoglein) 206
デスモコリン(desmocollin) 206
デスモゾーム(desmosome) 73, 201, 206
──の分子組成 208
デスモゾーム-中間径フィラメント複合体(desmosome-intermediate filament complex) 206
デスモプラキン(desmoplakin) 206
デス誘導シグナル複合体(death-inducing signaling complex, DISC) 310
鉄応答性タンパク質(iron response protein) 192
デュシェンヌ筋ジストロフィー(Duchenne's muscular dystrophy, DMD) 90, 169
テーリン(talin) 79, 213
デルマタン硫酸(dermatan sulfate) 226
テロメア(telomere) 24, 160
テロメラーゼ(telomerase) 2, 24
転移 RNA(transfer RNA, tRNA) 179, 193
電位依存性 K$^+$ チャネル(voltage-sensitive K$^+$ channel) 56
電位依存性チャネル(voltage-gated channel) 52
電位依存性 Na$^+$ チャネル(voltage-gated Na$^+$ channel) 56, 57
電気化学的勾配(electrochemical gradient) 143
電気シナプス(electrical synapse) 250
電気発生的(electrogenic) 55
電子顕微鏡(electron microscope, EM) 5, 17
──の分解能 17
電子スプレーイオン化(electron spray ionization, ESI) 176
電子伝達系(electron transport system) 4
転写因子(transcription factor) 184, 204
テンシン(tensin) 213
伝達物質依存性イオンチャネル(transmitter-gated ion channel) 255

と

Cu/Zn スーパーオキシドジスムターゼ-1(Cu/Zn superoxide dismutase-1) 319
糖衣(glycocalyx) 40
透過型電子顕微鏡(transmission electron microscope) 6, 7, 17
同型結合(homophilic binding) 197
凍結エッチング(freeze-etching) 19
凍結割断法(freeze fracture) 18, 202
動原体(kinetochore) 101
糖鎖付加(glycosylation) 3, 125
糖脂質(glycolipid) 30
同種融合(homotypic fusion) 125
糖スフィンゴ脂質(glycosphingolipid) 110
等張(isotonic) 47
等張性溶液(isoosmotic solution) 46
動的不安定性(dynamic instability) 95
等電点(isoelectric point) 13
等電点電気泳動法(isoelectric focusing, IEF) 13
糖尿病(diabetes mellitus) 241
動物細胞培養法(animal cell culture) 22
等密度勾配遠心法(isopycnic density gradient centrifugation) 25
透明帯(lamina lucida) 230
特発性大動脈下心肥大症(idiopathic subaortic cardiac hypertrophy) 277
ドデシル硫酸ナトリウムポリアクリルアミドゲル電気泳動法(sodium dodecyl sulfate polyacrylamide gel electrophoresis, SDS-PAGE) 11
ドナン効果(Donnan effect) 47
ドーパミン(dopamine) 238, 254, 255
トポイソメラーゼ(topoisomerase) 161
ドラマミン(Dramamine) 246
トランスグルタミナーゼ(transglutaminase) 231
トランスゴルジ網(trans-Golgi network, TGN) 3, 104, 125, 130, 131, 226
トランスサイトーシス(transcytosis) 4, 129
トランスジェニックマウス(transgenic mouse) 178
トランスジーン(transgene) 178
トランス槽(trans cisterna) 3
トランスフェリン(transferrin) 23, 132, 133, 134
トランスフェリン受容体(transferrin receptor) 134, 192
トランスフォーミング成長因子 α(transforming growth factor-α, TGF-α) 243, 244
トランスフォーミング成長因子 β(transforming growth factor-β, TGF-β) 243, 262
トランスポーター(transporter) 169
トランスロコン(translocon) 113, 115
トリカルボン酸回路(tricarboxylic acid cycle) 140
トリスケリオン(triskelion) 131
トリプシン処理(trypsinization) 23
トリプルヘリックス(triple helix) 225
3,3′,5-トリヨードチロニン(3,3′,5-triiodothyronine, T$_3$) 239
トレッドミル(treadmill) 64
トロポニン(troponin) 63, 65
トロポニン I(troponin I, TnI) 65
トロポニン C(troponin C, TnC) 65
トロポニン T(troponin T, TnT) 65
トロポミオシン(tropomyosin) 63, 85
トロポモジュリン(tropomudulin) 63, 85
トロンビン(thrombin) 218
トロンボキサン(thromboxane) 34, 249
トロンボスポンジン(thrombospondin) 200
トロンボポエチン(thrombopoietin) 243
貪食(phagocytosis) 4, 228
  アポトーシス細胞の── 314

な

内因経路(intrinsic pathway) 310
内因性カンナビノイド(endocannabinoid) 249
内在性膜タンパク質(integral membrane protein) 38, 39
ナイドゲン(nidogen) 230
内胚葉(endoderm) 220
内分泌(endocrine) 237
内膜(inner membrane) 138
投げ縄構造(lariat) 189

和文索引

Na$^+$, K$^+$-ATP アーゼ (Na$^+$, K$^+$-ATPase) 47, 49, 54, 58
7回膜貫通受容体 (seven-transmembrane receptor) 276
Ⅶ型コラーゲン (collagen Ⅶ) 211
ナノゴールド粒子 (nanogold particle) 10
鉛塩 (lead salt) 18
軟骨 (cartilage) 224
軟骨異形成症 (chondroplasia) 226
難聴・ジストニー症候群 (deafness-dystonia syndrome) 148

に

Ⅱ型タンパク質 (type Ⅱ protein) 114, 115
肉腫 (sarcoma) 305
ニコチン性アセチルコリン受容体 (nicotinic acetylcholine receptor, nAChR) 236, 252
二次元ゲル電気泳動法 (two-dimensional gel electrophoresis) 13, 14
二次抗体 (secondary antibody) 12
二次性能動輸送 (secondary active transport) 50
二次リンパ組織 (secondary lymphoid tissue) 9
ニトロセルロース膜 (nitrocellulose membrane) 12
ニトロベンゾオキサジアゾール (nitrobenzoxadiazole, NBD) 41
乳腺 (mammary gland) 223
ニューレギュリン 1 (neuregulin-1, NRG1) 260
ニューロトロピン (neurotrophin) 306
ニューロトロフィン (neurotrophin) 306
ニューロトロフィン-3 (neurotrophin-3, NT-3) 243, 307
ニューロフィラメント (neurofilament) 92
ニューロフィラメントタンパク質 (neurofilament protein) 5
ニューロペプチド Y (neuropeptide Y) 254
ニューロン (neuron) 305
尿素回路 (urea cycle) 137
二連微小管 (doublet microtubule) 99

ぬ～の

ヌクレオシド (nucleoside) 180
ヌクレオソーム (nucleosome) 164
ヌクレオソームビーズ (nucleosomal bead) 164
ヌクレオソームヒストン (nucleosomal histone) 164
ヌクレオチド除去修復 (nucleotide excision repair) 163
ネガティブ染色法 (negative staining) 18
ネキシン (nexin) 99
ネクサス (nexus) 201
ネクチン (nectin) 199, 204
猫鳴き症候群 (cri du chat syndrome) 166

熱ショックタンパク質 (heat shock protein) 147
ネブリン (nebulin) 67
ネルンスト式 (Nernst equation) 54
脳血栓 (cerebral thrombosis) 318
脳卒中 (stroke) 233
能動輸送 (active transport) 5, 49
囊胞性線維症 (cystic fibrosis) 120, 169
囊胞性線維症膜貫通調節タンパク質 (cystic fibrosis transmembrane conductance regulator, CFTR) 120
脳由来神経栄養因子 (brain-derived neurotrophic factor, BDNF) 243, 306
ノコダゾール (nocodazole) 94
Nodal 264
Notch 269
——のドメイン構成 271
Notch シグナル伝達経路 (Notch signaling pathway) 270
ノルアドレナリン (noradrenaline) 238, 254, 255

は

バイオインフォマティクス (bioinformatics) 171, 174
バイオプシー (biopsy)
　ヒト染色体の—— 22
胚細胞緊密化 (compaction) 219
媒質の屈折率 (refractive index of the medium) 6
配送シグナル (address signal) 105
胚発生 (embryonic development) 219
——における細胞接着 220
ハイブリドーマ (hybridoma) 10
バイベル・パラーデ小体 (Weibel-Palade body) 216
倍率 (magnification) 6
パクリタキセル (paclitaxel) 94
バソプレッシン (vasopressin) 238
波長 (wavelength) 6
パッキング (packing) 35
白血球 (leukocyte)
——の接着と移動 216
白血球接着欠損症 (leukocyte adhesion deficiency) 218
発現 (expression) 178
発生 (development)
——におけるプログラム細胞死 302
パーフォリン-グランザイム B 依存性経路 (perforin-granzyme B-dependent pathway) 311
Hermansky-Pudlak 症候群 2 型 (Hermansky-Pudlak syndrome type 2) 131
パラクリン (paracrine) 237
バリアー機能 (barrier property) 202
パールカン (perlecan) 228
搬出シグナル (export signal) 124
バンド 3 (band 3) 38
半保存的方法 (semiconservative process) 161
反矢じり端 (barbed end) 66

ひ

p53 286
——と癌 299
p120 カテニン (p120 catenin) 198
PI3K-Akt (シグナル伝達) 経路 (PI3K-Akt signaling pathway) 259, 260, 315
Pearson 骨髄膵臓症候群 (Pearson's marrow-pancreas syndrome) 145
BRCT モチーフ (BRCT motif) 294
pRb 285, 287
——経路と癌 298
ヒアルロン酸 (hyaluronic acid, HA) 227
BH ドメイン (BH domain) 313
PMF 分析 (PMF analysis) 176
PLCγ-Ca^{2+} 経路 (PLCγ-Ca^{2+} pathway) 259, 260
比較ゲノミクス (comparative genomics) 174
P 型 ATP アーゼ (P class of ATPase) 50
非キナーゼ型受容体 (nonkinase receptor) 266
B 細胞 (B cell) 8
Bcl-2 相同ドメイン (Bcl-2 homology domain) 313
Bcl-2 タンパク質 (Bcl-2 protein) 313
Bcl-2 ファミリー (Bcl-2 family) 308
微絨毛 (microvillus, pl.microvilli) 80, 104
微小管 (microtubule) 5, 60, 94
——の動的不安定性 95
微小管結合タンパク質 (microtubule-associated protein, MAP) 93, 97
非症候性難聴 (nonsyndromic deafness, DEAF) 147
非浸潤性乳管癌 (ductal carcinoma in situ, DCIS) 298
ヒスタミン (histamine) 246, 254
ヒスタミン受容体 (histamine receptor) 246
"6×ヒスチジン" タグ ("6×histidine" tag) 11, 15
非ステロイド抗炎症薬 (nonsteroidal anti-inflammatory drug, NSAID) 250
ヒストン (histone) 164
ヒストンアセチルトランスフェラーゼ (histone acetyl transferase, HAT) 240
ヒストンデアセチラーゼ (histone deacetylase, HDAC) 240
P セレクチン (P-selectin) 200, 217
脾臓 (spleen) 9
ビタミン (vitamin) 22
ヒトゲノムプロジェクト (human genome project) 1
ヒト成長ホルモン受容体 (human growth hormone receptor) 116
ヒトパピローマウイルス (Human papillomavirus, HPV) 299
ヒト免疫不全ウイルス (human immunodeficiency virus, HIV) 134
ヒドロキシプロリン (hydroxyproline) 224
ビトロネクチン (vitronectin) 200
ヒドロパシープロット (hydropathy plot) 116

非ヒストンタンパク質(nonhistone protein) 184
肥満細胞(mast cell) 246
ビメンチン(vimentin) 5, 92
表在性膜タンパク質(peripheral membrane protein) 38, 39
表皮水疱症(epidermolysis bullosa, EB) 211
表皮成長因子(epidermal growth factor, EGF) 134, 237, 243
HeLa細胞系(HeLa cell line) 24
ビリン(villin) 80
ビンキュリン(vinculin) 79, 205
品質管理(quality control) 118
ビンブラスチン(vinblastine) 94

ふ

ファゴサイトーシス(phagocytosis) 4, 131
ファゴソーム(phagosome) 131
ファシン(fascin) 82
Fas 310
ファブリ病(Fabry disease) 136
ファーマコゲノミクス(pharmacogenomics) 175
ファルネシル基(farnesyl group) 116
ファロイジン(phalloidin) 83
ファンコーニ貧血(Fanconi's anemia) 164
ファンデルワールス力(van der Waals force) 31
フィックの第一法則(Fick's first law) 44
フィードバック(feedback) 242
フィブリノーゲン(fibrinogen) 200, 231
フィブリリン(fibrillin) 228
フィブリン(fibrin) 231
フィブロネクチン(fibronectin) 200, 228
フィブロポジター(fibropositor) 226
フィラメント状のアクチン(filamentous actin) 63
フィロポディア(filopodia) 214
フィンブリン(fimbrin) 80
封入体(inclusion body) 15
封入体病(inclusion body disease) 129
フェリチン(ferritin) 10, 192
フェンス機能(fence function) 203
フォーカルアドヒージョン(focal adhesion) 213
フォーカルアドヒージョンキナーゼ(focal adhesion kinase, FAK) 213
フォーカルコンタクト(focal contact) 212
フォーカルコンプレックス(focal complex) 213
フォトブリーチ(photo bleaching) 39
フォールディング(folding) 118
フォルミン(formin) 82
フォンウィルブランド因子(von Willebrand factor, vWF) 200, 219, 232
フォンウィルブランド病(von Willebrand disease) 219
フォンギールケ病(von Gierke disease) 107
複糸期(diplotene) 292
副甲状腺ホルモン(parathormone) 238
複合体Ⅰ(complex Ⅰ) 140
複合体Ⅱ(complex Ⅱ) 140
複合体Ⅲ(complex Ⅲ) 140
複合体Ⅳ(complex Ⅳ) 140
複合体Ⅴ(complex Ⅴ) 143
複数回膜貫通タンパク質(multipass membrane protein) 38, 115
複製開始点(replication origin) 160
複製フォーク(replication fork) 161
太糸期(pachytene) 292
太いフィラメント(thick filament) 65
普遍遺伝暗号(universal genetic code) 145
浮遊密度(buoyant density) 27
プライマー(primer) 173
ブラウンワルド病(Brownwald's disease) 277
プラコグロビン(plakoglobin) 206
プラコフィリン(plakophilin) 206
ブラジキニン(bradykinin) 277
プラス端(plus end) 66
プラスマローゲン(plasmalogen) 4, 150
プラスミノーゲン(plasminogen) 232
プラスミン(plasmin) 231
フリッパーゼ(flippase) 36, 38, 41, 110
フリップ・フロップ(flip-flop) 35, 36
フリードライヒ運動失調症(Friedreich's ataxia) 147
フルオキセチン塩酸塩(fluoxetine hydrochloride) 255
フルオレセイン(fluorescein) 10
プルキンエ線維(Purkinje fiber) 73
プレクチン(plectin) 211
プレ配列(presequence) 147
プレ配列トランスロカーゼ(presequence translocase) 147
プレプロインスリン(preproinsulin) 193
プロインスリン(proinsulin) 193
プロNGF(pro NGF) 307
プログラム細胞死(programmed cell death) 4, 37, 222, 302
プロゲステロン(progesterone) 238
プロコラーゲン(procollagen) 225
フローサイトメーター(flow cytometer) 40
フローサイトメトリー(flow cytometry) 22, 24, 40
プロザック(Prozac) 255
プロスタグランジン(prostaglandin) 249
プロテアソーム(proteasome) 136
26SプロテアソームS複合体(26S proteasomal complex) 136
プロテインA(protein A) 18
プロテインA結合ゴールド粒子(protein A-coated gold particle) 17
プロテインキナーゼ(protein kinase) 204
プロテインキナーゼA(protein kinase A, PKA) 276
プロテインキナーゼC(protein kinase C, PKC) 233, 266
プロテインキナーゼB(protein kinase B) 315
プロテインジスルフィドイソメラーゼ(protein disulfide isomerase) 119
プロテオグリカン(proteoglycan) 227
プロテオミクス(proteomics) 27, 168, 176
プロテオーム(proteome) 176
プロトン駆動力(proton motive force, PMF) 141
プロトン輸送性ATPアーゼ(proton-translocating ATPase) 132, 135
プロフィリン(profilin) 81
プロモーターDNAエレメント(promoter DNA element) 179
プロラクチン(prolactin) 223, 238
分解能(resolution) 6
分画遠心法(differential centrifugation) 25, 26
分岐(divergence) 255
　神経伝達物質の—— 255
分子病(molecular disease) 43
分泌タンパク質(secretory protein) 110
分泌小胞(secretory vesicle) 255
分裂溝(cleavage furrow) 78
分裂促進因子(mitogen) 243

へ

平滑筋(smooth muscle) 74
平滑筋弛緩剤(smooth muscle relaxant) 248
平滑筋ミオシン軽鎖キナーゼ(smooth-muscle myosin light chain kinase, SmMLCK) 76
平衡電位(equilibrium potential) 54
平衡密度勾配遠心法(equilibrium density gradient centrifugation) 25, 26, 27
βカテニン(β-catenin) 198, 266
βグロビン遺伝子(β-globin gene) 187
βサラセミア(β-thalassemia) 171
βサラセミア症候群(β-thalassemia syndrome) 188
β地中海貧血(β-thalassemia) 171
PEX遺伝子(PEX gene) 151
Hedgehogファミリー(Hedgehog family) 268
ヘテロ核RNA(heterogeneous nuclear RNA, hnRNA) 158
ヘテロクロマチン(heterochromatin) 165
ヘテロ接合性の消失(loss of heterozygosity, LOH) 285
ヘテロプラスミー変異(heteroplasmic mutation) 145
ベナドリル(Benadryl) 246
ヘパラン硫酸(heparan sulfate) 226
ペプチドフットプリント(peptide footprint) 176
ペプチドホルモン(peptide hormone) 240
ヘミデスモゾーム(hemidesmosome) 211
ヘモグロビンβ鎖遺伝子(hemoglobin β chain gene) 171
ヘリックス・ループ・ヘリックス(helix-loop-helix) 185
ペルオキシソーム(peroxisome) 4, 25, 105, 149
ペルオキシソーム移行シグナル(peroxisomal targeting signal, PTS) 150
ペルオキシソーム形成障害病(peroxisomal biogenesis disorder) 151
ベルナール・スーリエ症候群(Bernard-Soulier syndrome) 218
変形性関節症(osteoarthritis) 226
鞭毛(flagellum, pl. flagella) 99

ほ

放射線抵抗性 DNA 合成(radioresistant DNA synthesis, RDS) 296
紡錘体形成チェックポイント(spindle assembly checkpoint) 297
傍中心小体物質(pericentriolar material) 96
傍分泌(paracrine) 237
補酵素 Q（coenzyme Q) 140
ホスファターゼ(phosphatase) 204
ホスファチジルイノシトール 3-キナーゼ (phosphatidylinositol 3-kinase, PI3K) 260, 315
ホスファチジルイノシトール 4,5-ビスリン酸(phosphatidylinositol 4,5-bisphosphate, PIP$_2$) 34, 280
ホスファチジルエタノールアミン(phosphatidylethanolamine, PE) 30, 36
ホスファチジルコリン(phosphatidylcholine, PC) 30, 36
ホスファチジルセリン(phosphatidylserine, PS) 30, 36
ホスホスフィンゴ脂質(phosphosphingolipid) 110
ホスホリパーゼ(phospholipase) 33, 34
ホスホリパーゼ A$_2$（phospholipase A$_2$) 33
ホスホリパーゼ C（phospholipase C, PLC) 33, 260
ホスホリパーゼ D（phospholipase D) 33
細いフィラメント(thin filament) 63
補体結合タンパク質(complement binding protein, CBP) 197
哺乳動物リボソーム(mammalian ribosome) 27
骨(bone) 224
ホーミング受容体(homing receptor) 200
ホメオドメイン(homeodomain) 185
ホモプラスミー変異(homoplasmic mutation) 145
ポリアデニル酸(polyadenylic acid) 188
ポリ(A)（poly (A)) 188
ポリソーム(polysome) 192
ポリペプチド性成長因子(polypeptide growth factor) 23
ポリメラーゼ連鎖反応(polymerase chain reaction) 173
ポリユビキチン化(polyubiquitination) 136
ポリン(porin) 138
ホルモン(hormone) 193, 238
ポロキナーゼ(polo kinase) 297
ポンプ(pump) 49
翻訳後修飾(posttranslational modification) 192

ま

マイクロアレイ(microarray) 27
マイクロアレイ解析(microarray analysis) 174
マイトジェン(mitogen) 243
マイトジェン活性化プロテインキナーゼ (mitogen-activated protein kinase, MAPK) 316
マイナス端(minus end) 66
膜(membrane) 40
膜間腔(intermembrane space) 138
膜結合型受容体(membrane-bound receptor) 240
膜結合のモーター受容体(membrane-associated motor receptor, MAMR) 99
膜タンパク質(membrane protein) 39
膜電位(membrane potential) 51, 54
膜透過性遷移孔(permeability transition pore, PTP) 311
膜透過停止アンカー配列(stop-transfer anchor sequence) 114
マクロピノサイトーシス(macropinocytosis) 131
マスト細胞(mast cell) 247
マスフィンガープリンティング分析(mass fingerprinting analysis) 176
MAP キナーゼ(mitogen-activated protein kinase, MAPK) 260, 316
MAP キナーゼキナーゼ(MAP kinase kinase, MAPKK) 262
MAP キナーゼキナーゼキナーゼ(MAP kinase kinase kinase, MAPKKK) 263
MAPK/ERK キナーゼ(MAPK/ERK kinase, MEK) 316
マトリックス(matrix) 4, 138
マトリックスプロセシングペプチダーゼ (matrix processing peptidase) 147
マトリックスメタロプロテアーゼ(matrix metalloproteinase, MMP) 223
マーリン(merlin) 85
マルファン症候群(Marfan syndrome) 228
慢性骨髄性白血病(chronic myelogenous leukemia, CML) 317
慢性再発性血小板減少性紫斑病(chronic relapsing thrombocytopenic purpura) 233
マンノース 6-リン酸(mannose 6-phosphate) 125, 129, 130
マンノース 6-リン酸経路(mannose-6-phosphate pathway) 128, 130
マンノース 6-リン酸シグナル(mannose 6-phosphate signal) 129
マンノース 6-リン酸受容体(mannose 6-phosphate receptor) 125, 130

み, む

ミエリン(myelin) 57, 58
ミエリン鞘(myelin sheath) 57
ミオシン(myosin) 5, 65
ミオシンⅡ(myosin Ⅱ) 65
ミオシン軽鎖キナーゼ(myosin light chain kinase, MLCK) 75
ミカエリス・メンテン式(Michaelis-Menten equation) 49
ミクロソーム(microsome) 25
ミクロフィブリル(microfibril) 228
ミクロフィラメント(microfilament) 5, 60, 63
水(water) 227
水チャネル(water channel) 46
ミセル(micell) 29
密着結合(tight junction) 201
密着帯(zonula occuludens, ZO) 201
密度依存的な阻害(density-dependent inhibition) 222
ミトコンドリア(mitochondrion, pl. mitochondria) 4, 25, 105, 137
——の構造 138
——の酸化的リン酸化系 142
ミトコンドリア移行配列(mitochondrial targeting sequence) 147
ミトコンドリア Hsp70（mitochondrial Hsp70, mtHsp70) 147
ミトコンドリア経路(mitochondrial pathway) 310
ミトコンドリアゲノム(mitochondrial genome) 138, 144
ミトコンドリアターゲッティングシグナル (mitochondrial targeting signal) 147
ミトコンドリア DNA（mitochondrial DNA, mtDNA) 144
ミトコンドリア病(mitochondrial disease) 145, 148
ミネラル(mineral) 22
ミネラルコルチコイド(mineralocorticoid) 239
ミネラルコルチコイド受容体 (mineralocorticoid receptor) 274
無細胞タンパク質合成系(cell free protein synthesis system) 112
ムスカリン性アセチルコリン受容体 (muscarinic acetylcholine receptor, mAChR) 236, 252

め, も

メタルシャドウイング(metal shadowing) 18, 19
メタルレプリカ(metal replica) 18
メチオニンブリッスル(methionine bristle) 112
メッセンジャー RNA（messenger RNA, mRNA) 179
——の選択的スプライシング 199
メディエーター（mediator) 291
免疫アフィニティークロマトグラフィー (immunoaffinity chromatography) 11
免疫グロブリン(immunoglobulin, Ig) 8
免疫グロブリンファミリー(immunoglobulin family) 198
免疫標識法(immunolabeling) 8, 10
Mohr-Tranebjaerg 症候群 (Mohr-Tranebjaerg syndrome) 148
毛細血管拡張性運動失調症(ataxia telangiectasia, A-T) 293
網膜芽細胞腫(retinoblastoma, Rb) 285, 287

和 文 索 引

網膜芽細胞腫タンパク質（retinoblastoma protein, pRb） 285, 287
モエシン（moesin） 85, 199
モータータンパク質（motor protein） 5
モータードメイン（motor domain） 98
モノクローナル抗体（monoclonal antibody） 10
モノユビキチン化（monoubiquitination） 134
モルヒネ（morphine） 255
モルフォゲン（morphogen） 266

や 行

薬理遺伝学（pharmacogenetics） 175
矢じり端（arrow head） 66
Janus キナーゼ（Janus kinase） 277

融合（fusion） 121, 123
融合細孔（fusion pore） 21, 22
融合細胞（syncytium） 251
有糸分裂（mitosis） 288
有糸分裂カタストロフィー（mitotic catastrophe） 297
ユークロマチン（euchromatin） 165
輸送小胞（transport vesicle） 3
輸送体（transporter） 5
ユビキチン（ubiquitin） 136
ユビキチン化（ubiquitination） 134
ユビキチン化経路（ubiquitination pathway） 137
ユビキチン活性化酵素（ubiquitin-activating enzyme） 136
ユビキチン結合酵素（ubiquitin-conjugating enzyme） 136
ユビキチン–タンパク質リガーゼ（ubiquitin— protein ligase） 136
ユビキチン-プロテアソーム系（ubiquitin-proteasome system） 136
ユビキノール—シトクロム c オキシドレダクターゼ複合体（ubiquinol — cytochrome c oxidoreductase complex） 140
ユビキノン（ubiquinone） 140

葉状仮足（lamellipodium, *pl.* lamellipodia） 82, 214
抑制性シナプス後電位（inhibitory postsynaptic potential, IPSP） 256
4.1 タンパク質（protein 4.1） 85

IV型コラーゲン（type IV collagen） 230
IV型タンパク質（type IV protein） 114
IV型内在性膜タンパク質（type IV integral membrane protein） 115

ら 行

Ras 依存性シグナル伝達（Ras-dependent signal transduction） 259
Ras タンパク質（Ras protein） 116, 315
Ras-MAP キナーゼ経路（Ras-MAP kinase pathway） 260
Rac タンパク質（Rac protein） 91, 213
ラディキシン（radixin） 85, 199
ラトランキュリン（latrunculin） 83
Raf タンパク質（Raf protein） 316
Rab タンパク質（Rab protein） 122
ラフト（raft） 35
Raf-MEK-ERK シグナル伝達経路（Raf-MEK-ERK signaling pathway） 316
ラミナ（lamina） 152
ラミニン 1（laminin 1） 229
ラミニン 5（laminin 5） 211
ラミン（lamin） 5, 106, 155
ラメリポディア（lamellipodia） 214
卵原細胞（oogonium） 292
ランビエ絞輪（Ranvier's constriction） 58
ランビエ節（node of Ranvier） 58
卵胞刺激ホルモン（follicle-stimulating hormone, FSH） 238

リアノジン受容体（ryanodine receptor） 71, 276, 280
リガーゼ（ligase） 169
リガンド（ligand） 235
リガンド依存性チャネル（ligand-gated channel） 52
リサイクリング（recycling） 123, 132
リソソーム（lysosome） 3, 4, 25, 104, 125, 130, 131, 134
リソソーム酵素（lysosomal enzyme） 129, 130
リソソーム蓄積症（lysosomal storage disease） 4, 136
リゾホスファチジン酸（lysophosphatidic acid） 34
リゾリン脂質（lysophospholipid） 32
リーディング鎖（leading strand） 161

リー・フラウメニ様腫瘍多発症候群（multitumor Li-Fraumeni like cancer syndrome） 294
リボ核酸（ribonucleic acid, RNA） 152
リポキシゲナーゼ（lipoxygenase） 250
リポキシン（lipoxin, LX） 249
リボソーム（ribosome） 2
——小サブユニット 179
——大サブユニット 179
リボソーム RNA（ribosomal RNA, rRNA） 2, 106, 168, 179, 193
　18S —— 193
　28S —— 193
流動性（fluidity） 35
流動モザイクモデル（fluid mosaic model） 29
緑色蛍光タンパク質（green fluorescent protein, GFP） 8, 15
RING ドメイン（RING domain） 136
リン酸化（phosphorylation） 213
リン酸トランスポーター（phosphate transporter） 143
リン脂質（phospholipid） 30, 34, 35, 109
——の構造 31
リンパ球機能関連抗原（lymphocyte function-related antigen, LFA） 199
リンパ節（lymph node） 9

レクチン様ドメイン（lectin-like domain） 200
レチノイン酸（retinoic acid） 238, 239
レチノール（retinol） 239
レートゾーン遠心法（rate-zonal centrifugation） 25, 26
レニン（renin） 277
レニン-アンギオテンシン-アルドステロン系（renin-angiotensin-aldosterone system） 277
Leber 遺伝性視神経萎縮症（Leber's hereditary optic neuropathy, LHON） 145

ロイコトリエン（leukotriene） 34, 249
ロイシンジッパータンパク質（leucine zipper protein） 185
Rho キナーゼ（Rho-associated, coiled-coil-containing kinase, ROCK） 91
Rho タンパク質（Rho protein） 91, 213
Rho タンパク質ファミリー（Rho protein family） 91

永田 和宏
- 1947年 滋賀県に生まれる
- 1971年 京都大学理学部 卒
- 現 京都大学再生医科学研究所 教授
- 専攻 分子細胞生物学
- 理学博士

竹縄 忠臣
- 1944年 山口県に生まれる
- 1967年 京都大学薬学部 卒
- 現 神戸大学大学院医学研究科 教授
- 東京大学名誉教授
- 専攻 細胞内情報伝達, 細胞生物学
- 薬学博士

田代 啓
- 1961年 京都府に生まれる
- 1987年 京都大学医学部 卒
- 1991年 京都大学大学院医学研究科 修了
- 現 京都府立医科大学大学院医学研究科 教授
- 専攻 生化学, 分子生物学, ゲノム医科学
- 医学博士

野田 亮
- 1952年 東京都に生まれる
- 1975年 慶應義塾大学工学部 卒
- 1981年 慶應義塾大学大学院医学研究科 修了
- 現 京都大学大学院医学研究科 教授
- 専攻 分子腫瘍学
- 医学博士

森 正敬
- 1940年 京都府に生まれる
- 1965年 京都大学医学部 卒
- 1970年 京都大学大学院医学研究科 修了
- 現 崇城大学薬学部 教授
- 熊本大学名誉教授
- 専攻 生化学, 細胞生物学, 遺伝医学
- 医学博士

八杉 貞雄
- 1943年 東京都に生まれる
- 1966年 東京大学理学部 卒
- 現 京都産業大学工学部 教授
- 首都大学東京 (東京都立大学) 名誉教授
- 専攻 発生生物学
- 理学博士

第1版 第1刷 2009年12月9日 発行

医学細胞生物学 (原著第3版)

ⓒ 2009

訳 者	永田和宏・竹縄忠臣
	田代 啓・野田 亮
	森 正敬・八杉貞雄
発行者	小澤美奈子
発 行	株式会社 東京化学同人

東京都文京区千石3丁目36-7 (〒112-0011)
電話 03-3946-5311・FAX 03-3946-5316
URL: http://www.tkd-pbl.com/

印 刷	株式会社 廣済堂
製 本	株式会社 松岳社

ISBN978-4-8079-0720-5
Printed in Japan